U0256974

广视角·全方位·多品种

环境竞争力绿皮书

**GREEN BOOK** OF
ENVIRONMENT COMPETITIVENESS

# "十二五"中期中国省域环境竞争力发展报告

REPORT ON CHINA'S PROVINCIAL ENVIRONMENT COMPETITIVENESS
IN THE MID OF THE 12TH FIVE-YEAR PLAN

主　　编／李建平　李闽榕　王金南
副 主 编／李建建　苏宏文
执行主编／黄茂兴

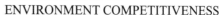

社会科学文献出版社
SOCIAL SCIENCES ACADEMIC PRESS (CHINA)

图书在版编目(CIP)数据

"十二五"中期中国省域环境竞争力发展报告/李建平，李闽榕，
王金南主编. —北京：社会科学文献出版社，2014.11
（环境竞争力绿皮书）
ISBN 978 - 7 - 5097 - 6665 - 1

Ⅰ.①十… Ⅱ.①李… ②李… ③王… Ⅲ.①省 - 区域经济 -
环境经济 - 竞争力 - 研究报告 - 中国 - 2011～2015 Ⅳ.①X196

中国版本图书馆 CIP 数据核字（2014）第 242095 号

环境竞争力绿皮书

# "十二五"中期中国省域环境竞争力发展报告

主　　编／李建平　李闽榕　王金南
副主编／李建建　苏宏文
执行主编／黄茂兴

出 版 人／谢寿光
项目统筹／王　绯
责任编辑／曹长香

出　　版／社会科学文献出版社·社会政法分社 （010）59367156
　　　　　　地址：北京市北三环中路甲 29 号院华龙大厦　邮编：100029
　　　　　　网址：www. ssap. com cn
发　　行／市场营销中心 （010）59367081　59367090
　　　　　　读者服务中心 （010）59367028
印　　装／三河市东方印刷有限公司

规　　格／开　本：787mm × 1092mm　1/16
　　　　　　印　张：49.25　字　数：1188 千字
版　　次／2014 年 11 月第 1 版　2014 年 11 月第 1 次印刷
书　　号／ISBN 978 - 7 - 5097 - 6665 - 1
定　　价／198.00 元

皮书序列号／B - 2010 - 141

全国经济综合竞争力研究中心 2014 年重点项目

中央财政支持地方高校发展专项项目"福建师范大学产业与区域经济综合竞争力研究创新团队"2013～2014 年重大研究成果

中央组织部首批"万人计划"青年拔尖人才支持计划（组厅字〔2013〕33 号文件）2013～2014 年的阶段性研究成果

国家社科基金一般项目（项目编号：10BJL046）的阶段性研究成果

福建省特色重点学科和福建省重点学科福建师范大学理论经济学 2013～2014 年的阶段性研究成果

福建省高等学校科技创新团队培育计划（项目编号：闽教科〔2012〕03 号）的阶段性研究成果

福建省社科规划项目（项目编号：2010B046）的最终研究成果

福建省社会科学研究基地——福建师范大学竞争力研究中心 2014 年重大项目研究成果

福建师范大学创新团队建设计划 2013～2014 年的阶段性研究成果

# 环境竞争力绿皮书编委会

## 编委会组成人员

主　　任　韩　俊　李慎明　李建平

副 主 任　高燕京　谢寿光　李闽榕　洪亚雄

委　　员　王金南　苏宏文　李建建　黄茂兴

## 项目承担单位

福建师范大学、中国环境保护部环境规划院

## 编著人员

主　　编　李建平　李闽榕　王金南

副 主 编　李建建　苏宏文

执 行 主 编　黄茂兴

编写组人员　黄茂兴　李军军　林寿富　叶　琪　王珍珍

陈洪昭　陈伟雄　易小丽　周利梅　郑　蔚

张宝英　杨雪星　陈贤龙　郭少康　叶婉君

张　璇　邱雪萍　李师源　兰筱琳　陈志龙

贾学凯　季　鹏　邹尔明　肖　蕾　蒋洪强

葛察忠　曹　颖

# 主要编撰者简介

**李建平**　男，1946 年出生于福建莆田，浙江温州人。曾任福建师范大学政治教育系副主任、主任，经济法律学院院长，副校长、校长。现任全国经济综合竞争力研究中心福建师范大学分中心主任，教授，博士生导师。理论经济学一级学科博士点和博士后科研流动站学术带头人，福建省特色重点建设学科与福建省省级重点建设学科理论经济学学科负责人。同时兼任福建省人民政府经济顾问、中国《资本论》研究会副会长、全国马克思主义经济学说史研究会副会长、中国经济规律研究会副会长、全国历史唯物主义研究会副会长等。长期从事马克思主义经济思想发展史、《资本论》和社会主义市场经济、经济学方法论、区域经济发展等问题研究，已发表学术论文 100 多篇，撰写、主编学术著作、教材 60 多部。科研成果获得教育部第六届社科优秀成果二等奖，八次获得福建省哲学社会科学优秀成果一等奖，两次获得二等奖，还获得全国第七届"五个一工程"优秀理论文章奖，专著《〈资本论〉第一卷辩证法探索》获世界政治经济学学会颁发的第七届"21 世纪世界政治经济学杰出成果奖"。福建省优秀专家，享受国务院特殊津贴专家，国家有突出贡献中青年专家，2009 年被评为福建省第二届杰出人民教师。

**李闽榕**　男，1955 年生，山西安泽人。经济学博士。现为福建省新闻出版广电局党组书记。福建师范大学兼职教授、博士生导师，中国区域经济学会副理事长。主要从事宏观经济学、区域经济竞争力、现代物流等问题研究，已出版著作《中国省域经济综合竞争力研究报告（1998～2004）》《中国省域农业竞争力发展报告（2004～2006）》《中国省域林业竞争力发展报告（2004～2006）》，以及在台湾出版的《海西经济区与台湾》等著作 20 多部（含合著），并在《人民日报》《求是》《管理世界》《经济学动态》等国家级报纸杂志上发表学术论文 200 多篇。近年来主持了国家社科基金"中国省域经济综合竞争力评价与预测研究""实验经济学的理论与方法在区域经济中的应用研究"等多项国家和省级重大研究课题。科研成果曾荣获新疆维吾尔自治区第二届、第三届社会科学优秀成果三等奖，以及福建省科技进步一等奖（排名第三），福建省第七届、第八届、第九届、第十届社会科学优秀成果一等奖，福建省第六届社会科学优秀成果二等奖，福建省第七届社会科学优秀成果三等奖等 10 多项省部级奖励（含合作），并有 20 多篇论文和主持完成的研究报告获其他省厅级奖励。

**王金南**　男，1963 年生，浙江武义人。先后获清华大学学士、硕士和博士学位。中国环境保护部环境规划院副院长兼总工程师，国家环境规划与政策模拟重点实验室主任，博士生导师，北京大学、南京大学、香港城市大学兼职教授。中国农工民主党中央常委、中央生态环境工作委员会主任、北京市委副主委，北京市人大常委会城市建设环境保护委员会副主委。担任国家重大科技水专项总体组专家和主题组组长、国家清洁空气研究计划总体专家组专家、全球中国环境专家协会主席、环境保护部科技委员会委员、中国环境科学学会常务理事、东亚环境与资源经济学协会常务理事、联合国环境经济核算委员会委员、国际自然资源保护协会高级顾问等20多个学术机构理事和顾问；担任《中国环境政策》等7个国内外杂志的主编和编委；出版了《环境经济学》《环境安全管理：评估与预警》《排放绩效：电力减排新机制》《绿色国民经济核算》等15部专著以及4套丛书，发表了200多篇论文。1997年获第一届中国环境科学学会青年科技奖。1998年被批准为"百千万人才工程"第一层次人选。1998年被聘任为中共中央直接联系的高级专家。1998年获国务院政府特殊津贴。2001年获中国青年科技奖。2002年获全国环境法制先进个人奖。2006年获绿色中国人物特别奖。2008年获中国环境科学学会30周年纪念奖。2009年获环境保护部先进个人称号。2010年获可持续发展研究地球奖。2011年获全国环境科技先进工作者称号。主要从事环境规划、环境经济和环境政策研究，自1988年以来主持过50多个国家科研和国际合作项目，前后获18项国家和部级科技奖。

**李建建**　男，1954年生，福建仙游人。经济学博士。福建师范大学经济学院原院长，教授、博士生导师。享受国务院特殊津贴专家。福建师范大学政治经济学的学科带头人之一。主要从事《资本论》与社会主义市场经济、经济思想史、城市土地经济问题等方面的研究，先后主持和参加了国家自然科学基金、福建省社科规划项目以及福建省发改委、福建省教育厅和国际合作研究课题20余项，已出版专著、合著《中国城市土地市场结构研究》《〈资本论〉在社会主义市场经济中的运用与发展》《社会主义市场经济和改革开放》等10多部，主编《〈资本论〉选读课教材》《政治经济学》《发展经济学与中国经济发展策论》等教材，在《经济研究》《当代经济研究》《中国房地产》等刊物上发表论文70余篇。科研成果荣获国家教委优秀教学成果二等奖（合作）、福建省哲学社会科学优秀成果一等奖（合作）、福建省社会科学优秀成果二等奖、福建省社会科学优秀成果三等奖和福建师范大学优秀教学成果一等奖等多项省部级奖励。曾获福建省高校优秀共产党员、福建省教学名师和学校教学科研先进工作者称号。

**黄茂兴**　男，1976年生，福建莆田人。经济学博士，教授、博士生导师。现为福建师范大学经济学院副院长（主持工作）、全国经济综合竞争力研究中心福建师范大学分中心常务副主任、福建师范大学青年联合会副主席。同时兼任中国数量经济学会常务理事、中国区域经济学会常务理事、中国青年政治经济学学者年会学术委员会执行主席、中国环境科学学会环境经济学分会专家委员、福建省中青年经济研究会副会长等社会职务。主要从事技术经济、区域经济、竞争力问题研究，主持国家社科基金、教育部人文社科基金等国家级、部厅级课题40多项；出版专著、合著《技术选择与产业结构升级》《论技术选择与经济增长》等著作31部（含合作），在《经济研究》《管理世界》《经济学动态》《新华文摘》《人民日报》《光明日报》等国家权威报刊上发表论文120多篇。科研成果曾获得教育部第六届社科优秀成果二等奖 1 项（合作），国务院第一次全国经济普查优秀论文一等奖 1 项（合作），福建省第七届、第八届、第九届、第十届社会科学优秀成果一等奖 5 项（合作），福建省第八届、第九届、第十届社会科学优秀成果二等奖 3 项，共获得 10 多项省部级奖励。入选"中组部首批'万人计划'青年拔尖人才支持计划人选"、"教育部新世纪优秀人才支持计划人选"、"全国新世纪百千万人才工程"第三层次人选、"福建省高校领军人才"、"福建省首批哲学社会科学领军人才"。获 2014 年团中央、全国青联授予的第 18 届"中国青年五四奖章"提名奖、"福建省第六届优秀青年社会科学专家"、"福建省第七届'五四'青年奖章"等荣誉称号。所带领的科研团队先后入选财政部支持的国家创新团队、福建省高校科技创新团队和福建师范大学科技创新团队。

# 摘　要

　　加强环境保护是推进生态文明建设的重要支撑。党的十八大报告强调，"把生态文明建设放在突出地位，融入经济建设、政治建设、文化建设、社会建设各方面和全过程"。环境保护既是生态文明建设的具体途径，也是生态文明建设的重要体现。加强环境保护，不断改善人类生存环境，可以有力提升生态文明意识、推进生态文明建设，从而掌握国际竞争主动权。当前，我国将积极应对全球气候变化，保护生态环境，建设美丽中国，提升中国省域环境竞争力，打造中国经济发展新的竞争优势。

　　全书共分四大部分。第一部分为总报告，旨在从总体上评价分析"十二五"中期中国省域环境竞争力的发展状况，揭示各省级区域环境竞争力的优劣势和变化特征，提出增强省域环境竞争力的基本路径、方法和对策，为我国加强环境保护、走向生态文明新时代提供有价值的分析依据。第二部分为分报告，通过对中国内地 31 个省级区域的环境竞争力进行比较分析和评价，揭示不同类型和发展水平的各个省级区域环境竞争力的特点及其相对差异性，为各省提升环境竞争力提供可靠依据。第三部分为专题报告，通过专题分析研究"十二五"中期我国生态省建设、低碳经济发展、大气污染防治、美丽乡村建设等方面的进展情况，为深入了解我国生态文明建设进程提供有益参考。第四部分为附录，简要介绍了环境竞争力的内涵、要素构成，以及中国省域环境竞争力指标评价体系和评价方法，同时还附上了 2010~2012 年中国省域环境竞争力评价指标得分和排名情况，以备读者进一步查询。

# Abstract

Strengthening environmental protection is important support to promote ecological progress. The report of the 18th Party Congress stressed that "We must give high priority to making ecological progress and incorporate it into all aspects and the whole process of advancing economic, political, cultural, and social progress". Environmental protection is not only the specific way of making ecological progress, but also an important manifestation of it. Strengthen environmental protection and constantly improve the human environment can effectively raise our ecological awareness and promote ecological progress, and thus grasp the initiative in the international competition. Currently, China will actively address global climate change, protect the eco-environment and build a beautiful China, to enhance the environment competitiveness of Chinese provincial economy and create new competitive advantage for China's economic development.

The book consists of four parts. The first part is the general report. It aims to analyze and evaluate the overall development situation of the environment competitiveness of China's provincial economy in the mid of the 12th Five-Year Plan, reveals the advantages and disadvantages of various province's environment competitiveness and their changing characteristics, and proposes the basic paths, methods and strategies of enhancing environment competitiveness to provide valuable analyzing basis for China to strengthen environmental protection and usher in a new era of ecological progress. The second part includes sub-reports. It reveals the characteristics and the relative differences of environment competitiveness of provinces with different types and development levels through the comparative analysis and assessment of environment competitiveness of 31 provinces. It provides a reliable basis for each province to enhance its environment competitiveness. The third part is special reports. It analyzes the progress of China's eco-province construction, low-carbon economy, the control of air pollution, beautiful countryside and other aspects in the mid of the 12th Five-Year Plan, to provide useful reference for in-depth understanding of our country's ecological process. The fourth part is the appendix section which briefly describes the meaning and elements of the environment competitiveness as well as the index evaluation system and evaluation methods of environment competitiveness. At the end of this book, the index score and ranking situation of the environment competitiveness of China's provincial economy in the period of 2010 – 2012 is attached in order to prepare the readers for further inquiries.

# 前　言

　　环境是人类赖以生存的基础和依托，良好的环境是维系人类可持续发展的重要保证。环境问题是不合理的资源利用方式和经济增长模式的产物，根本上反映了人与自然的矛盾冲突，究其本质是经济结构、生产方式和消费模式问题。当前全球面临着经济、能源、粮食、气候变化等多种危机，各个国家纷纷将实现经济发展的绿色转型作为突破口，出台绿色新政，挖掘绿色财富，打造绿色经济转型升级版。处理好经济发展与环境保护的关系，正考量着全球各国政府的执政能力和智慧。面对日趋强化的资源环境约束，我们必须增强危机意识，转变对经济与环境关系的认识，使经济社会发展建立在资源环境承载力基础上，着力提升环境竞争力，加快构建资源节约、环境友好的生产方式和消费模式，扎实推进经济结构的转型升级。可以说，环境竞争力已成为一个国家或地区综合竞争力的重要组成部分。

　　环境竞争力研究与环境问题研究是一脉相承的，环境问题百年来的研究成果为开展环境竞争力研究提供了前提和基础，而环境竞争力研究是将环境与竞争力有机结合起来，突破单一环境问题研究的局限，从经济学、管理学、环境科学、生态学、运筹学、社会学等多学科、多角度深入探讨环境竞争力问题，更加突出对环境能力问题的深度探索，催生崭新的经济模式、发展模式和生活方式。可以说，开展环境竞争力研究既是对环境和竞争力理论的进一步深化与提升，又符合当前国际国内环境保护的变化趋势，具有重要的理论意义和现实意义。党的十八大报告强调，"把生态文明建设放在突出地位，融入经济建设、政治建设、文化建设、社会建设各方面和全过程"。推进生态文明建设，是涉及生产方式和生活方式根本性变革的战略任务，要求我们从文明进步的高度认识和加强环境保护，并将环境保护作为一个时期内生态文明建设的攻坚方向。这是具有里程碑意义的战略抉择，昭示着要从建设生态文明的战略高度来认识和解决我国的环境问题。党的十八届三中全会通过的《中共中央关于全面深化改革若干重大问题的决定》明确提出，要用制度保护生态环境，并对消费税、资源税、环境税费、自然资源产权制度、基于市场的自然资源及其产品价格改革、生态补偿、绿色资本市场等环境经济政策的探索创新提出了明确要求。因此，开展环境竞争力研究正是顺应了生态文明建设的趋势和要求，以竞争的独特视角诠释生态文明建设所包含的生态伦理、生态制度、生态安全、生态环境等深刻内涵，把建设生态文明从口号层面深化至具体细致的环境绩效评价；同时又赋予了生态文明新的理念和意境，生态文明不仅是文明形态的进步、价值观念的提升，也是社会制度的完善、生产生活方式的转变，更是相互影响提携，促进经济增长的巨大动力。

　　环境竞争力既是环境问题，也是发展问题，它与经济系统密切相关，又超出经济系统的尺度，涵盖了社会、政治、文化等多个领域。在应对国际金融危机的过程中，世界各国纷纷反思传统发展方式带来的弊端，更加注重人与自然的和谐发展，更加注意环境保护与经济转型的有机契合，努力走出一条资源消耗少、环境污染轻的新型发展道路。

改革开放 30 多年是我国环境事业大发展的 30 多年，也是不懈探索中国环境保护新道路的 30 多年。这 30 多年集中出现了发达国家百年工业化过程中分阶段出现的环境问题，特别是随着我国工业化、城镇化和新农村建设进程的加快，经济社会发展与资源环境约束的矛盾越来越显现出来，环境形势日益严峻，环境压力不断加大。目前，我国因大气污染造成的损失已占 GDP 的 3% ~ 7%；江河湖海普遍受到污染，全国 75% 的湖泊出现不同程度的富营养化现象；酸雨污染突出，国土面积的 1/3 左右受酸雨影响；等等。未来 15 年，我国的人口将达到 14.6 亿，经济总量翻两番，按现在的污染控制水平预测，污染负荷将增加 4 ~ 5 倍，我国环境与发展的矛盾在当前已经表现得较为突出。在应对国际金融危机的过程中，世界各国纷纷反思传统发展方式带来的弊端，发展绿色经济、低碳经济、循环经济，已成为全球经济发展不可逆转的大趋势，我国的发展也要以此为方向，推动经济发展方式的转型。转变经济发展方式，调整经济结构的目的就是要以最小的资源环境代价换取最大的经济和社会效益，加强环境保护，破除环境的束缚，促进经济与环境相协调，显著提升环境竞争力。2013 年 9 月 7 日，中国国家主席习近平在哈萨克斯坦纳扎尔巴耶夫大学发表演讲并回答学生们提出的问题，在谈到环境保护问题时指出："我们既要绿水青山，也要金山银山。宁要绿水青山，不要金山银山，而且绿水青山就是金山银山。"这生动形象地表达了我们党和政府大力推进生态文明建设的鲜明态度和坚定决心。要按照尊重自然、顺应自然、保护自然的理念，贯彻节约资源和保护环境的基本国策，把生态文明建设融入经济建设、政治建设、文化建设、社会建设各方面和全过程，建设美丽中国，努力走向社会主义生态文明新时代。

我国是一个发展中国家，又是一个处于工业化中后期的大国，在环境方面采取的手段和措施是全世界关注的焦点，也是作为一个负责任大国的表率，增强环境竞争力才能更加彰显一个持续进步的中国，一个低碳的中国，一个和谐稳定的中国。有鉴于此，为了适应国际竞争力发展和应对全球气候变化的需要，全国经济综合竞争力研究中心福建师范大学分中心具体负责中国省域环境竞争力系列绿皮书的研究工作。该分中心于 2009 年初着手启动了这项研究计划，并得到了中国环境保护部环境规划研究院副院长兼总工程师王金南研究员的大力支持。2011 年全国两会期间在中国社会科学院发布了第一部绿皮书《中国省域环境竞争力发展报告（2005 ~ 2009）》，引起了中央及各级政府、理论界和新闻界的高度关注，产生了很大的社会反响。该书先后荣获福建省第九届社会科学优秀成果一等奖、中国第六届高校科研优秀成果奖（人文社会科学）二等奖。2012 年全国两会期间又在中国社会科学院发布了第二部绿皮书《中国省域环境竞争力发展报告（2009 ~ 2010）》，引起了联合国环境规划署的关注。在联合国环境规划署的支持与帮助下，2013 年 11 月，课题组在瑞士日内瓦联合国环境大厦举行了首部《全球环境竞争力报告（2013）》英文版介绍会，向来自 30 多个国际组织、科研院所的专家学者进行推介，得到国际学术同行的广泛认可。值得一提的是，首部英文版《全球环境竞争力报告（2013）》于 2014 年 8 月由世界著名出版集团德国斯普林格

（Springer）正式向全球出版发行。我们希望通过深化对环境竞争力问题的研究，赋予环境经济新的内涵，并从理论、方法和实证三个维度来深入探讨中国及全球环境竞争力的发展与建设问题。

本书是我们系列环境竞争力研究的又一最新研究成果，是在紧密跟踪环境科学、环境经济学、竞争力经济学等学科的最新研究动态基础上，深入分析当前全国及各省级区域环境竞争力的特点、变化趋势及动因，根据已经建立起来的中国省域环境竞争力指标体系及数学模型，通过对"十二五"中期（即2010~2012年，由于国家环境统计数据一般要滞后两年才能公布，所以目前最新的数据是截止到2012年）中国内地31个省级区域环境竞争力进行全面深入、科学的比较分析和评价，深刻揭示不同类型和发展水平的省域环境竞争力的特点及其相对差异性，明确各自内部的竞争优势和薄弱环节，追踪研究省域环境竞争力的演化轨迹和提升路径，为提升中国环境竞争力提供有价值的理论指导和实践对策。全书共四大部分，基本框架如下。

第一部分：总报告，即全国环境竞争力总体评价报告。全国总报告是对"十二五"中期中国除港澳台外的31个省、区、市环境竞争力进行评价分析，在首部绿皮书《中国省域环境竞争力发展报告（2005~2009）》中所构建评价指标的基础上，根据新的形势和要求，对原有的指标进行修改完善，形成了1个一级指标、5个二级指标、14个三级指标、130个四级指标组成的评价体系。通过对全国2010~2012年中国省域环境竞争力变化态势的评价分析，阐明各省、区、市环境竞争力的区域分布情况，明示我国各省级区域的环境优劣势和相对地位，剖析评价期内我国省域环境竞争力的变化特征及发展启示，提出增强中国环境竞争力的基本路径、方法和对策，为我国环境发展战略选择提供有价值的分析依据。

第二部分：分报告，即分省域进行环境竞争力评价分析。对2010~2012年中国内地31个省级区域的环境竞争力进行全面、深入、科学的比较分析和评价，深刻揭示不同类型和发展水平的各省域环境竞争力的特点及其相对差异性，明确各自内部的竞争优势和薄弱环节，追踪研究各省、区、市环境竞争力的演化轨迹和提升路径。

第三部分：专题报告，即通过专题报告的形式，分析研究"十二五"中期我国生态环境保护、生态省建设、低碳经济发展、大气污染防治、美丽乡村建设等方面的进展情况，为深化了解我国环境发展事业提供有益参考。

第四部分：附录，即交代本报告研究对象的基本内涵和评价方法。阐述环境竞争力的内涵、要素构成，以及中国省域环境竞争力指标评价体系和评价方法，同时还附上了2010~2012年中国省域环境竞争力评价指标得分和排名情况，为读者深入了解本报告内容提供基本的参考素材。

本书是在借鉴国内外前期研究成果的基础上，综合吸收了经济学、管理学、环境科学、生态学、社会学等多学科的理论知识与分析方法，力图在环境竞争力的理论、方法研究和实践评价上不断作出一定的创新和突破。当然，这是一个跨越多个学科的研究领域，受到知识结构、研究能力和占有资料有限等主客观因素的制约，我们在一些方面的认识和研究仍然不够深入和全面，还有许多需要深入研究的问题未及研究。有鉴于此，我们将继续深化研究，

不断完善理论体系和分析方法，力图作出我们新的探索与思考。课题组愿与关注此项研究的各级政府机关、科研机构的专家学者和环保人士一道，继续深化对环境竞争力理论和方法的研究，使环境竞争力的评价更加符合客观实际，希冀对中国及各省级区域的可持续发展提供有价值的决策借鉴。

作　者

2014 年 7 月

# 目 录

# G Ⅲ 专题报告

# Ⓖ Ⅳ 附 录

皮书数据库阅读 **使用指南**

# CONTENTS

## Gr I    General Report

## Gr II    Sub Reports

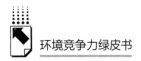

# ᏀⅢ  Special Report

# GⅣ　Appendix

# GI 总报告

General Report

## Gr.1 全国环境竞争力总体评价报告

中国位于亚欧大陆的东部、太平洋西岸，陆地面积 960 多万平方公里，陆地边界长达 2.28 万公里；海域面积 473 万平方公里，大陆海岸线长约 1.8 万公里。2012 年全国年末总人口为 13.54 亿人，实现国内生产总值 51.95 万亿元，人均 GDP 达到 38459 元。"十二五"中期 (2010~2012 年)，我国二氧化硫排放量下降了 3.1%，万元 GDP 综合能耗下降了 5.4%，森林覆盖率达到 20.4%。省域是我国最大的行政区划，省域经济是全国经济承上启下的一个中观层次，也是我国社会主义市场经济的特色之一。省域环境竞争力是中国环境竞争力的重要组成部分，省域环境竞争力在一定程度上决定着中国生态文明建设进程及其国际竞争力水平。

## 1　全国环境竞争力发展评价

### 1.1　全国环境竞争力评价结果

根据中国省域环境竞争力指标体系和数学模型，课题组对 2010~2012 年全国除港澳台外 31 个省、市、区的环境竞争力进行了评价，图 1-1、图 1-2、图 1-3 和表 1-1 是本评价期内全国 31 个省、市、区环境竞争力排位和排位变化情况及其下属 5 个二级指标的评价结果。

#### 1.1.1　全国环境竞争力综合排名

2012 年全国 31 个省、市、区环境竞争力处于上游区 (1~10 位) 的依次是：辽宁省、广东省、山东省、四川省、内蒙古自治区、福建省、江苏省、江西省、安徽省、浙江省；排在中游区 (11~20 位) 的依次是：山西省、河北省、陕西省、北京市、河南省、湖北省、

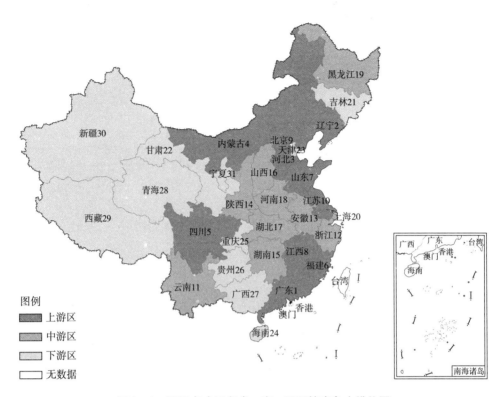

图 1 - 1 2010 年全国各省、市、区环境竞争力排位图

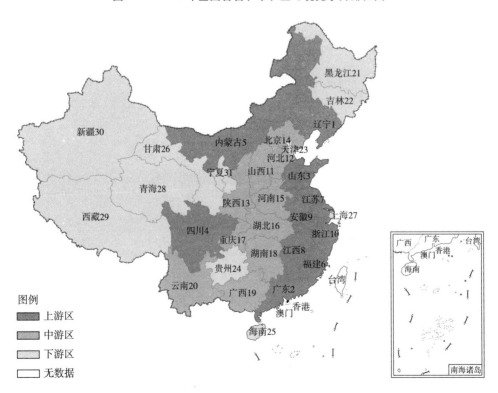

图 1 - 2 2012 年全国各省、市、区环境竞争力排位图

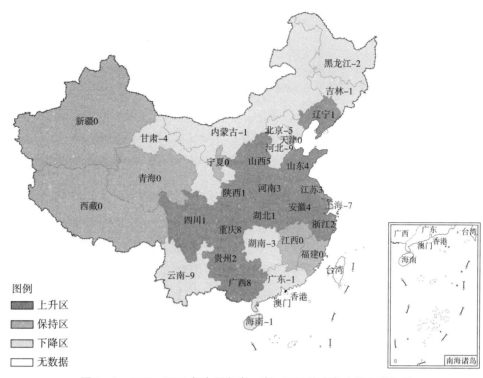

图 1 - 3　2010～2012 年全国各省、市、区环境竞争力排位变化图

图例
■ 上升区
▨ 保持区
▢ 下降区
□ 无数据

（地图标注）黑龙江-2、吉林-1、辽宁1、新疆0、甘肃-4、内蒙古-1、北京-5、天津0、河北-9、山西5、山东0、宁夏0、青海0、陕西1、河南3、江苏3、上海-7、西藏0、四川1、重庆8、湖北1、安徽4、浙江2、湖南-3、江西0、福建0、贵州2、云南-9、广西8、广东-1、香港、澳门、海南-1、台湾

表 1 - 1　2010～2012 年全国各省、市、区环境竞争力评价比较表

| 项目<br>地区 | 2012 年 生态环境竞争力 | 资源环境竞争力 | 环境管理竞争力 | 环境影响竞争力 | 环境协调竞争力 | 环境竞争力 | 2011 年 生态环境竞争力 | 资源环境竞争力 | 环境管理竞争力 | 环境影响竞争力 | 环境协调竞争力 | 环境竞争力 | 2010 年 生态环境竞争力 | 资源环境竞争力 | 环境管理竞争力 | 环境影响竞争力 | 环境协调竞争力 | 环境竞争力 | 综合变化 |
|---|---|---|---|---|---|---|---|---|---|---|---|---|---|---|---|---|---|---|---|
| 北京 | 52.4<br>8 | 44.7<br>16 | 38.2<br>24 | 84.1<br>2 | 57.1<br>27 | 52.5<br>14 | 52.3<br>5 | 46.4<br>13 | 36.0<br>27 | 85.1<br>2 | 45.8<br>30 | 50.8<br>17 | 53.6<br>6 | 42.0<br>18 | 36.9<br>24 | 87.4<br>2 | 59.4<br>20 | 52.7<br>9 | -0.2<br>-5 |
| 天津 | 46.4<br>14 | 37.2<br>26 | 42.5<br>21 | 81.8<br>3 | 44.5<br>31 | 48.3<br>23 | 46.4<br>14 | 38.5<br>25 | 43.2<br>20 | 84.4<br>3 | 47.6<br>29 | 49.5<br>22 | 46.1<br>15 | 34.6<br>28 | 41.2<br>19 | 85.0<br>3 | 44.8<br>30 | 47.9<br>23 | 0.4<br>0 |
| 河北 | 42.9<br>22 | 36.9<br>27 | 65.9<br>5 | 66.7<br>24 | 62.4<br>12 | 53.5<br>12 | 42.6<br>23 | 37.3<br>26 | 65.5<br>3 | 72.1<br>16 | 63.0<br>9 | 54.2<br>7 | 45.4<br>19 | 35.9<br>25 | 70.0<br>1 | 76.0<br>11 | 58.5<br>22 | 55.7<br>3 | -2.2<br>-9 |
| 山西 | 41.4<br>24 | 36.5<br>28 | 65.9<br>4 | 67.9<br>21 | 65.7<br>4 | 53.6<br>11 | 40.8<br>24 | 36.5<br>28 | 60.1<br>27 | 62.2<br>27 | 68.2<br>2 | 51.6<br>15 | 40.8<br>27 | 35.7<br>26 | 55.2<br>6 | 68.3<br>23 | 67.9<br>2 | 51.0<br>16 | 2.6<br>5 |
| 内蒙古 | 49.3<br>11 | 54.2<br>3 | 67.0<br>3 | 49.6<br>31 | 59.0<br>22 | 56.1<br>14 | 49.7<br>5 | 53.1<br>5 | 56.1<br>31 | 52.8<br>31 | 59.1<br>16 | 53.7<br>9 | 49.3<br>10 | 51.9<br>4 | 62.5<br>5 | 55.1<br>31 | 57.3<br>23 | 55.0<br>4 | 1.0<br>-1 |
| 辽宁 | 52.5<br>7 | 46.2<br>12 | 69.6<br>1 | 63.4<br>27 | 60.7<br>17 | 58.2<br>1 | 51.1<br>7 | 46.1<br>14 | 69.8<br>1 | 73.7<br>10 | 62.3<br>10 | 59.5<br>1 | 55.5<br>2 | 43.8<br>13 | 53.3<br>7 | 72.2<br>18 | 65.0<br>3 | 56.3<br>2 | 1.9<br>1 |
| 吉林 | 46.3<br>15 | 47.0<br>10 | 35.1<br>27 | 72.7<br>14 | 58.5<br>24 | 49.1<br>22 | 45.9<br>15 | 46.7<br>11 | 37.0<br>26 | 71.2<br>17 | 64.8<br>4 | 50.1<br>20 | 46.6<br>13 | 45.6<br>10 | 35.0<br>26 | 66.5<br>26 | 63.8<br>21 | 48.7<br>21 | 0.3<br>-1 |
| 黑龙江 | 50.8<br>9 | 52.3<br>5 | 36.4<br>25 | 66.0<br>26 | 54.4<br>28 | 50.2<br>21 | 52.5<br>4 | 54.6<br>3 | 38.2<br>25 | 70.8<br>19 | 61.0<br>12 | 53.1<br>10 | 51.8<br>9 | 52.6<br>27 | 32.6<br>27 | 71.6<br>19 | 53.9<br>28 | 50.3<br>19 | -0.1<br>-2 |

续表

| 项目\地区 | 2012年 | | | | | | 2011年 | | | | | | 2010年 | | | | | | 综合变化 |
|---|---|---|---|---|---|---|---|---|---|---|---|---|---|---|---|---|---|---|---|
| | 生态环境竞争力 | 资源环境竞争力 | 环境管理竞争力 | 环境影响竞争力 | 环境协调竞争力 | 环境竞争力 | 生态环境竞争力 | 资源环境竞争力 | 环境管理竞争力 | 环境影响竞争力 | 环境协调竞争力 | 环境竞争力 | 生态环境竞争力 | 资源环境竞争力 | 环境管理竞争力 | 环境影响竞争力 | 环境协调竞争力 | 环境竞争力 | |
| 上海 | 43.4 20 | 38.4 24 | 34.2 29 | 74.9 9 | 61.1 14 | 47.0 27 | 43.9 19 | 40.1 23 | 41.0 21 | 76.1 6 | 54.3 22 | 48.4 24 | 44.2 21 | 37.2 24 | 41.6 18 | 79.8 4 | 60.8 13 | 49.5 20 | -2.5 -7 |
| 江苏 | 54.4 3 | 35.0 30 | 62.5 6 | 70.8 18 | 58.8 23 | 55.5 7 | 54.4 3 | 35.9 29 | 60.5 4 | 72.3 14 | 53.1 25 | 54.5 5 | 52.4 8 | 33.2 31 | 56.2 5 | 76.1 10 | 51.4 29 | 52.7 10 | 2.8 3 |
| 浙江 | 50.3 10 | 45.3 14 | 50.3 10 | 70.2 20 | 63.3 9 | 53.9 10 | 50.1 8 | 45.6 17 | 47.6 14 | 68.5 22 | 51.9 28 | 51.4 16 | 47.8 12 | 42.9 16 | 48.0 11 | 77.5 7 | 58.7 21 | 52.6 12 | 1.3 2 |
| 安徽 | 45.9 17 | 41.2 21 | 58.0 7 | 73.8 11 | 64.1 8 | 54.4 9 | 45.5 17 | 41.3 21 | 56.9 7 | 74.2 7 | 64.7 5 | 54.2 8 | 46.0 16 | 39.9 21 | 49.6 9 | 76.7 9 | 63.6 6 | 52.5 13 | 2.0 4 |
| 福建 | 49.3 12 | 50.6 7 | 49.8 12 | 79.5 4 | 60.6 18 | 55.5 6 | 48.9 10 | 51.0 7 | 44.6 16 | 79.2 4 | 61.3 11 | 54.3 6 | 54.3 4 | 48.3 6 | 43.8 15 | 73.0 16 | 61.9 11 | 54.2 6 | 1.3 0 |
| 江西 | 52.5 6 | 49.2 8 | 47.3 15 | 75.5 7 | 60.3 19 | 54.9 8 | 48.3 13 | 48.0 8 | 43.4 18 | 70.6 21 | 59.7 15 | 51.8 13 | 52.5 7 | 48.1 7 | 47.4 13 | 67.7 24 | 59.8 18 | 53.5 8 | 1.4 0 |
| 山东 | 54.8 2 | 34.1 31 | 67.8 2 | 71.0 17 | 64.7 7 | 57.6 3 | 54.9 2 | 34.9 30 | 68.3 2 | 72.1 15 | 52.8 26 | 56.3 3 | 54.4 3 | 33.9 29 | 59.3 3 | 73.0 16 | 54.7 26 | 54.2 6 | 3.4 4 |
| 河南 | 46.1 16 | 38.3 25 | 51.7 9 | 72.9 12 | 64.8 6 | 52.3 15 | 45.7 16 | 37.0 27 | 54.2 8 | 70.8 18 | 63.7 7 | 52.1 12 | 46.3 14 | 34.8 27 | 49.1 10 | 72.7 17 | 61.9 11 | 50.6 18 | 1.8 3 |
| 湖北 | 44.0 19 | 44.5 18 | 50.2 11 | 67.2 22 | 65.2 5 | 51.9 16 | 43.2 20 | 45.9 15 | 52.6 9 | 62.4 26 | 63.4 8 | 51.6 14 | 45.7 18 | 43.6 15 | 44.6 16 | 68.6 22 | 63.9 4 | 50.8 17 | 1.1 1 |
| 湖南 | 53.0 4 | 46.4 11 | 42.5 22 | 61.1 28 | 59.8 20 | 51.2 18 | 48.7 11 | 46.5 12 | 43.2 19 | 58.4 29 | 60.2 14 | 49.9 21 | 54.2 5 | 43.6 14 | 38.2 22 | 66.4 27 | 63.1 8 | 51.1 15 | 0.1 -3 |
| 广东 | 65.1 1 | 46.2 13 | 48.2 14 | 75.6 6 | 58.1 25 | 57.6 2 | 65.8 1 | 46.7 10 | 48.1 13 | 74.1 8 | 52.5 27 | 56.9 2 | 65.7 1 | 44.0 12 | 56.8 4 | 77.9 6 | 60.4 17 | 60.1 1 | -2.5 -1 |
| 广西 | 38.9 25 | 50.6 6 | 49.0 13 | 67.2 23 | 61.4 13 | 50.9 19 | 39.5 25 | 51.5 6 | 44.0 17 | 66.5 24 | 58.1 18 | 49.4 23 | 35.4 30 | 46.4 9 | 46.0 15 | 61.1 29 | 56.9 24 | 46.8 27 | 4.1 8 |
| 海南 | 37.5 26 | 47.8 9 | 36.1 26 | 75.0 8 | 57.8 26 | 47.3 25 | 38.9 26 | 46.9 9 | 33.0 28 | 72.9 12 | 54.8 21 | 46.0 27 | 44.4 20 | 46.7 8 | 28.9 28 | 77.4 8 | 54.5 24 | 47.1 24 | 0.2 -1 |
| 重庆 | 44.9 18 | 43.4 19 | 40.6 23 | 77.6 5 | 68.4 1 | 51.4 17 | 44.3 18 | 43.9 20 | 40.8 22 | 76.4 5 | 65.0 2 | 50.7 18 | 41.7 25 | 41.3 20 | 35.3 25 | 73.2 14 | 60.5 14 | 47.1 25 | 4.4 8 |
| 四川 | 48.9 13 | 54.0 4 | 53.0 8 | 72.0 15 | 68.2 2 | 56.9 4 | 48.5 12 | 53.7 4 | 51.7 11 | 70.7 20 | 64.5 4 | 55.7 4 | 45.7 17 | 51.5 5 | 50.8 8 | 73.8 12 | 63.3 7 | 54.5 5 | 2.4 1 |
| 贵州 | 34.1 29 | 44.6 17 | 46.8 18 | 72.8 13 | 52.7 29 | 47.4 24 | 34.9 29 | 44.4 19 | 45.1 15 | 65.6 25 | 53.4 24 | 46.2 25 | 38.8 29 | 41.9 19 | 40.3 20 | 67.4 25 | 61.5 12 | 47.0 26 | 0.4 2 |
| 云南 | 37.1 27 | 55.3 2 | 47.7 16 | 66.4 25 | 60.9 16 | 50.8 20 | 33.3 30 | 55.2 2 | 51.2 10 | 68.1 23 | 54.3 23 | 50.1 19 | 42.8 23 | 54.9 2 | 46.0 14 | 70.5 21 | 62.5 9 | 52.6 11 | -1.9 -9 |
| 西藏 | 52.6 5 | 59.2 1 | 0.9 31 | 89.5 1 | 45.4 30 | 45.3 29 | 51.5 6 | 59.1 1 | 6.5 31 | 91.7 1 | 40.6 31 | 45.9 28 | 49.2 11 | 59.2 1 | 0.6 31 | 87.9 1 | 41.5 31 | 43.5 29 | 1.8 0 |
| 陕西 | 43.3 21 | 45.2 15 | 47.7 15 | 74.3 10 | 67.3 3 | 52.5 13 | 43.0 22 | 45.9 16 | 48.7 12 | 73.8 9 | 69.8 1 | 53.1 11 | 43.4 22 | 44.0 11 | 47.6 12 | 71.4 20 | 70.1 1 | 52.2 14 | 0.3 1 |

续表

| 项目\地区 | 2012 年 | | | | | | 2011 年 | | | | | | 2010 年 | | | | | | 综合变化 |
|---|---|---|---|---|---|---|---|---|---|---|---|---|---|---|---|---|---|---|---|
| | 生态环境竞争力 | 资源环境竞争力 | 环境管理竞争力 | 环境影响竞争力 | 环境协调竞争力 | 环境竞争力 | 生态环境竞争力 | 资源环境竞争力 | 环境管理竞争力 | 环境影响竞争力 | 环境协调竞争力 | 环境竞争力 | 生态环境竞争力 | 资源环境竞争力 | 环境管理竞争力 | 环境影响竞争力 | 环境协调竞争力 | 环境竞争力 | |
| 甘肃 | 35.4 28 | 40.4 22 | 43.3 20 | 71.5 16 | 62.8 10 | 47.3 26 | 35.9 28 | 40.9 22 | 39.7 23 | 72.5 13 | 58.4 17 | 46.1 26 | 41.1 26 | 39.2 22 | 37.8 23 | 79.2 5 | 60.4 16 | 48.0 22 | -0.7 -4 |
| 青海 | 42.1 23 | 39.0 23 | 30.8 30 | 70.3 19 | 62.5 11 | 45.5 29 | 43.2 21 | 39.9 24 | 30.6 29 | 73.6 11 | 56.8 19 | 45.6 29 | 42.0 24 | 39.0 23 | 23.8 30 | 73.5 19 | 59.6 19 | 43.8 28 | 1.7 0 |
| 宁夏 | 21.1 31 | 35.2 29 | 43.6 19 | 57.8 29 | 61.0 15 | 40.2 31 | 20.5 31 | 33.9 31 | 39.5 24 | 56.9 30 | 60.5 13 | 38.6 31 | 21.4 31 | 33.4 30 | 39.7 21 | 55.6 30 | 60.7 14 | 38.6 31 | 1.6 0 |
| 新疆 | 32.0 30 | 42.1 20 | 34.3 28 | 50.6 30 | 59.5 21 | 41.1 30 | 36.5 18 | 45.0 18 | 29.1 30 | 59.8 20 | 55.2 20 | 42.3 30 | 40.6 28 | 42.5 17 | 26.7 28 | 63.3 28 | 56.8 25 | 43.0 30 | -1.9 0 |
| 最高分 | 65.1 | 59.2 | 69.6 | 89.5 | 68.4 | 58.2 | 65.8 | 59.1 | 69.8 | 91.7 | 69.8 | 59.5 | 65.7 | 59.2 | 70.0 | 87.9 | 70.1 | 60.1 | -2.0 |
| 最低分 | 21.1 | 34.1 | 0.9 | 49.6 | 44.5 | 40.2 | 20.5 | 33.9 | 6.5 | 52.8 | 40.6 | 38.6 | 21.4 | 33.2 | 0.6 | 55.1 | 41.5 | 38.6 | 1.6 |
| 平均分 | 45.5 | 44.5 | 47.0 | 70.6 | 60.4 | 51.3 | 45.2 | 44.9 | 46.0 | 70.9 | 58.1 | 50.8 | 46.4 | 43.0 | 43.4 | 72.4 | 59.3 | 50.4 | 0.9 |
| 标准差 | 8.4 | 6.6 | 13.9 | 8.5 | 5.5 | 4.6 | 8.2 | 6.5 | 12.8 | 8.2 | 6.1 | 4.4 | 7.7 | 6.7 | 13.1 | 7.8 | 6.3 | 4.5 | 0.1 |

注：各省份对应的两行数据中，上一行为指标得分，下一行为指标排名。本报告中各级指标的得分计算原始数据精确到小数点后三位或四位，本书中指标得分只保留到小数点后 1 位数，由于四舍五入的原因，存在一定误差，误差范围为 ±0.1。下同。

重庆市、湖南省、广西壮族自治区、云南省；处于下游区（21～31 位）的依次是：黑龙江省、吉林省、天津市、贵州省、海南省、甘肃省、上海市、青海省、西藏自治区、新疆维吾尔自治区、宁夏回族自治区。

2010 年全国 31 个省、市、区环境竞争力处于上游区（1～10 位）的依次是：广东省、辽宁省、河北省、内蒙古自治区、四川省、福建省、山东省、江西省、北京市、江苏省；排在中游区（11～20 位）的依次是：云南省、浙江省、安徽省、陕西省、湖南省、山西省、湖北省、河南省、黑龙江省、上海市；处于下游区（21～31 位）的依次是：吉林省、甘肃省、天津市、海南省、重庆市、贵州省、广西壮族自治区、青海省、西藏自治区、新疆维吾尔自治区、宁夏回族自治区。

### 1.1.2 全国环境竞争力综合得分情况

从 2012 年全国 31 个省、市、区的环境竞争力综合评价来看，有 7 个省份的环境竞争力综合得分已经在 55 分以上，最高达到 58.2 分，14 个省份处于 50～55 分，50 分以下的有 10 个省份。环境竞争力得分较高的省份主要分布在东部地区，排名前 10 位的省份中有 5 个是东部省份，分别是广东省、山东省、福建省、江苏省、浙江省。长期以来，这些省份的经济发展基础比较好，对环境治理的投入也比较大，有效地保护了自然和人居环境，具有比较强的环境竞争力。环境竞争力得分较低的省份主要分布在西部地区，排名后 11 位的省份中有 6 个是西部省份，这主要是由于这些地区的经济基础和经济实力比较弱，在环境治理投入、环境效益等方面还存在不足，需要不断加大对环境治理的投入与保护力度，不断提升环境竞争力。

### 1.1.3 全国环境竞争力要素得分情况

表1-1列出了2010~2012年各省、市、区环境竞争力二级指标的评价结果，展示了环境竞争力5个二级指标的得分和排名及其波动情况。

从得分的变化情况来看，2012年，环境竞争力的最高得分为58.2分，比2010年降低了2.0分；最低得分为40.2分，比2010年提高了1.6分；平均分为51.3分，比2010年提高了0.9分。这表明全国整体的环境竞争力水平有一定的提高。反映在二级指标上，则是环境管理竞争力的得分上升最快，平均分从43.4分上升到47.0分；资源环境竞争力、环境协调竞争力的平均分得分均有所上升，分别上升了1.6分和1.0分。而环境影响竞争力和生态环境竞争力的平均分分别下降了1.8分和1.0分。

从得分的差异情况来看，2012年，环境竞争力的标准差比较小，为4.6，比2010年上升了0.1。环境管理竞争力的标准差最高，达到13.9，表明这个指标的地区差异最大，是影响各地区环境竞争力差异的最主要因素。环境影响竞争力和生态环境竞争力的标准差也比较高，分别为8.5和8.4，表明这两个指标也是影响各地区环境竞争力差异的重要因素。而环境协调竞争力的标准差最小，为5.5，表明它对各地区环境竞争力差异的影响最小。2010年和2012年的情况类似，环境管理竞争力对各地区环境竞争力差异的影响最大，而环境协调竞争力的影响最小。

通过对比2010~2012年各地区环境竞争力的得分及差异变化可知，环境竞争力的整体水平有一定程度的提高，这主要是由环境管理竞争力、资源环境竞争力、环境协调竞争力得分上升拉动的，环境影响竞争力和生态环境竞争力的得分都出现了下降。在今后的环保工作中，需要特别关注环境影响竞争力和生态环境竞争力这两个方面的内容；同时，环境管理竞争力、环境影响竞争力和生态环境竞争力是造成地区间环境竞争力差异的主要原因，环境竞争力较弱的地区应该重点关注这三个方面。

## 1.2 全国环境竞争力评价比较分析

### 1.2.1 全国环境竞争力排序变化比较分析

从图1-4可以看出，2012年与2010年相比，环境竞争力排位上升的有13个省、市、区，上升幅度最大的是重庆市和广西壮族自治区，排位均上升了8位，而山西省上升了5位，山东省和安徽省上升了4位，江苏省和河南省上升了3位，浙江省和贵州省上升了2位，辽宁省、四川省、陕西省和湖北省上升了1位；7个省、市、区排位没有变化，分别为福建省、江西省、天津市、青海省、西藏自治区、新疆维吾尔自治区、宁夏回族自治区；排位下降的有11个省、市、区，下降幅度最大的是河北省和云南省，均下降了9位，其次是上海市，下降了7位，北京市下降了5位，甘肃省下降了4位，湖南省下降了3位，黑龙江省下降了2位，广东省、内蒙古自治区、吉林省和海南省下降了1位。

### 1.2.2 全国环境竞争力跨区段变化情况分析

从表1-2中2010~2012年全国各省、市、区各区段环境竞争力平均得分情况可以看出，环境竞争力上、中、下游区的平均得分均呈上升趋势，分别上升了1.2分、0.7分和0.7分。

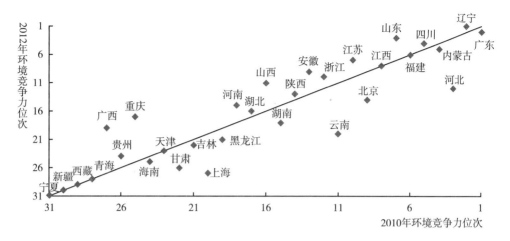

图 1 - 4　2010～2012 年全国各省、市、区环境竞争力位次变化图

说明：位于直线上的省、市、区两年的排名相同；直线上方的 2012 年位次比 2010 年高，排位上升；直线下方的 2012 年位次比 2010 年低，排位下降。

表 1 - 2　2010～2012 年全国各省、市、区各区段环境竞争力平均得分情况表

单位：分

| 项目<br>得分平均值 | 2012 年 | | | 2011 年 | | | 2010 年 | | | 得分变化 | | |
|---|---|---|---|---|---|---|---|---|---|---|---|---|
| | 上游区 | 中游区 | 下游区 | 上游区 | 中游区 | 下游区 | 上游区 | 中游区 | 下游区 | 上游区 | 中游区 | 下游区 |
| 环境竞争力 | 56.0 | 52.1 | 46.2 | 55.2 | 51.3 | 46.2 | 54.9 | 51.3 | 45.6 | 1.2 | 0.7 | 0.7 |
| 生态环境竞争力 | 53.8 | 46.5 | 36.9 | 53.1 | 46.0 | 37.2 | 54.4 | 46.3 | 39.3 | -0.5 | 0.2 | -2.4 |
| 资源环境竞争力 | 52.0 | 44.9 | 37.5 | 52.0 | 45.6 | 37.8 | 50.5 | 43.0 | 36.1 | 1.5 | 1.9 | 1.4 |
| 环境管理竞争力 | 61.2 | 47.4 | 33.8 | 59.6 | 46.0 | 33.8 | 56.3 | 44.6 | 30.5 | 4.9 | 2.7 | 3.3 |
| 环境影响竞争力 | 78.8 | 71.8 | 62.2 | 78.9 | 71.9 | 62.9 | 80.5 | 73.0 | 64.6 | -1.7 | -1.2 | -2.4 |
| 环境协调竞争力 | 65.5 | 61.1 | 55.1 | 64.9 | 59.0 | 51.0 | 64.5 | 60.5 | 53.6 | 0.9 | 0.6 | 1.5 |

在二级指标中，生态环境竞争力中游区的平均得分小幅上升，上游区得分小幅下降，而下游区的得分下降非常明显，下降了2.4分；资源环境竞争力和环境管理竞争力上游区、中游区和下游区的平均得分均呈快速上升趋势；环境影响竞争力的得分变化情况则刚好相反，上游区、中游区和下游区的平均得分下降幅度较大，分别下降了1.7分、1.2分和2.4分；环境协调竞争力上游区、中游区和下游区的平均得分也有一定程度的上升。

二级指标的这种变化状况可以从图1-5、图1-6和图1-7直观地表现出来。

从各省、市、区环境竞争力排名的跨区段变化来看（如图1-8所示），2010～2012年有8个省、市、区的环境竞争力在全国的位次发生了大幅度变动。河北省和北京市由上游区下降到中游区，黑龙江省和上海市由中游区下降到下游区；而浙江省和安徽省则由中游区上升到上游区，重庆市和广西壮族自治区由下游区上升到中游区。

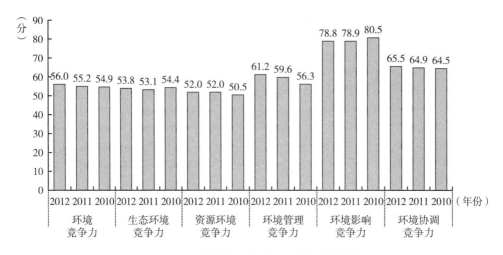

图1-5 上游区各二级指标的得分比较情况

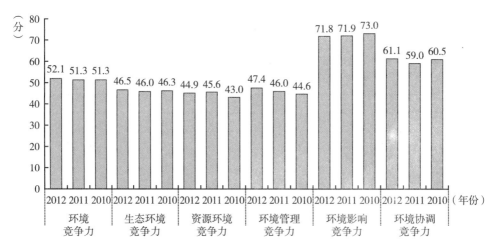

图1-6 中游区各二级指标的得分比较情况

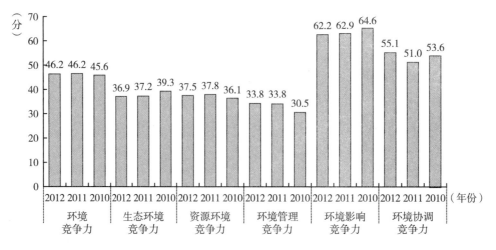

图1-7 下游区各二级指标的得分比较情况

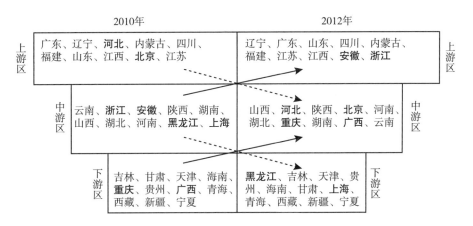

图1-8　2010～2012年全国各省、市、区环境竞争力的大幅变动情况

注：图中加粗的省、市、区为区段发生变化的地区。

# 2　全国环境竞争力的区域分布

## 2.1　全国环境竞争力均衡性分析

按照阈值法进行无量纲化处理和加权求和后得到的各省、市、区环境竞争力得分及排位，反映的只是单个地区的环境竞争力状况，要更为准确地反映全国各地区环境竞争力的实际差异及整体状况，还需要分析各级指标的得分及分布情况，对竞争力得分的实际差距及其均衡性进行深入研究和分析。图2-1是2010～2012年全国各省、市、区环境竞争力评价分值的分布情况。

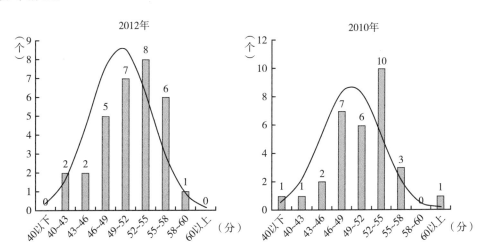

图2-1　2010～2012年全国各省、市、区环境竞争力评价分值分布图

从图 2-1 中可以看出，环境竞争力得分的地区分布很不均衡，全国多数省份的竞争力得分集中于 46~58 分。整体上看，不是呈现对称分布，更不是呈现正态分布。从 2010~2012 年的变化来看，各省份的得分变得更为集中，得分在 49~58 分的省份由 19 个增加到 21 个，而且得高分的省份增多，55 分以上的达到 7 个，增加了 3 个。

从不同省份环境竞争力的综合得分来看，差距较为悬殊，分布的均衡性也比较差（见表 1-1）。2012 年，得分最低的宁夏回族自治区只有 40.2 分，与第一名辽宁省相差 18.0 分。另外，下游区内部各省份的得分差距也比较明显，排在第 31 位的宁夏回族自治区与排在第 21 位的黑龙江省相差 10.0 分；但上游区和中游区内部省份得分比较接近，差距相对较小，内部最大分差分别为 4.3 分和 2.8 分。但从三个区段的平均得分来看，相差不是很大，处于上游区的 10 个省、市、区平均分值为 56.0 分，处于中游区的 10 个省、市、区的平均分值为 52.1 分，处于下游区的 11 个省、市、区的平均分值为 46.2 分，比差仅为 1.2:1.1:1。

从 2010~2012 年得分升降来看，全国 31 个省份中有 8 个省份的得分下降，其中广东省和上海市下降最多，均下降了 2.5 分；有 23 个省份的得分上升，上升最多的是重庆市，上升了 4.4 分。整体上看，上升的省份多于下降的省份，表明"十二五"中期各省份的环境竞争力水平整体呈上升趋势。

## 2.2 全国环境竞争力区域评价分析

表 2-1 列出了 2010~2012 年全国四大区域环境竞争力平均得分及其变化情况。

从得分情况来看，2012 年全国四大区域环境竞争力的平均分值为：东部地区 52.9 分、中部地区 53.0 分、西部地区 48.8 分、东北地区 52.5 分，比差为 1.084:1.086:1:1.076，标准差为 1.8，差距很小。西部地区的分值最低，与最高的中部地区相差 4.2 分，差距还比较大。2010 年，东部地区的得分最高，西部地区的得分最低，四大区域的比差为 1.105:1.082:1:1.086，标准差为 1.9，差距也很小。总体来说，2010~2012 年，四大区域间的差异比较小，而且它们的标准差呈缩小趋势，表明区域间的差异在逐渐缩小。

从分值变化情况来看，2010~2012 年，四大区域的得分均有所上升，中部地区和西部地区上升迅速，分别上升了 1.5 分和 1.1 分，东北地区和东部地区分别上升了 0.7 分和 0.2 分。

表 2-1 全国四大区域环境竞争力平均得分及其变化

单位：分

| 地 区 | 东部地区 | 中部地区 | 西部地区 | 东北地区 | 标准差 |
|---|---|---|---|---|---|
| 2012 年 | 52.9 | 53.0 | 48.8 | 52.5 | 1.8 |
| 2011 年 | 52.2 | 51.9 | 48.1 | 54.2 | 2.2 |
| 2010 年 | 52.7 | 51.6 | 47.7 | 51.8 | 1.9 |
| 分值变化 | 0.2 | 1.5 | 1.1 | 0.7 | — |

### 2.3 全国环境竞争力区域内部差异分析

全国四大区域之间的环境竞争力得分差距比较小，但在东部地区、中部地区、西部地区内部，有些省份之间存在较大差距。为了分析我国四大区域各自内部省份的环境竞争力差异情况，表2-2、表2-3、表2-4和表2-5分别列出了2010~2012年东部地区、中部地区、西部地区和东北地区所属省份的排位情况。这里用各省份排位来进行差异分析，主要是考虑到通过排位比较，可以清楚地看到各省份在区域内部的位次以及在全国的位次，可以从全国和区域两个维度来分析差异，更全面、客观；同时，还可以看出各省份所属区段，以及跨区段的变化。

表2-2 东部地区环境竞争力排位比较表

| 地 区 | 东部地区排位 | | | | 全国排位 | | | |
|---|---|---|---|---|---|---|---|---|
| | 2012 年 | 2011 年 | 2010 年 | 排名变化 | 2012 年 | 2011 年 | 2010 年 | 排名变化 |
| 广　东 | 1 | 1 | 1 | 0 | 2 | 2 | 1 | -1 |
| 山　东 | 2 | 2 | 4 | 2 | 3 | 3 | 7 | 4 |
| 福　建 | 3 | 4 | 3 | 0 | 6 | 6 | 6 | 0 |
| 江　苏 | 4 | 3 | 6 | 2 | 7 | 5 | 10 | 3 |
| 浙　江 | 5 | 6 | 7 | 2 | 10 | 16 | 12 | 2 |
| 河　北 | 6 | 5 | 2 | -4 | 12 | 7 | 3 | -9 |
| 北　京 | 7 | 7 | 5 | -2 | 14 | 17 | 9 | -5 |
| 天　津 | 8 | 8 | 9 | 1 | 23 | 22 | 23 | 0 |
| 海　南 | 9 | 10 | 10 | 1 | 25 | 27 | 24 | -1 |
| 上　海 | 10 | 9 | 8 | -2 | 27 | 24 | 20 | -7 |

从表2-2中可以看出，2011年和2012年，全国范围内，东部地区10个省份的环境竞争力排位处于上游区的占了一半，2010年东部有6个省份处于上游区。但需要注意的是，也有30%左右的省份处于下游区。这表明在东部地区内部，有些省份之间存在较大差异。

从得分上看，2012年，东部第1名广东省的得分为57.6分，排在全国第2位，处于上游区，而倒数第1名上海市的得分为47.0分，排在全国第27位，处于下游区，两者的差距非常大。

总的来看，东部地区一些省份的排位变化很大，如河北省、上海市、北京市，分别下降了9位、7位和5位，而山东省和江苏省分别上升了4位和3位。

表2-3 中部地区环境竞争力排位比较表

| 地 区 | 中部地区排位 | | | | 全国排位 | | | |
|---|---|---|---|---|---|---|---|---|
| | 2012 年 | 2011 年 | 2010 年 | 排名变化 | 2012 年 | 2011 年 | 2010 年 | 排名变化 |
| 江　西 | 1 | 3 | 1 | 0 | 8 | 13 | 8 | 0 |
| 安　徽 | 2 | 1 | 2 | 0 | 9 | 8 | 13 | 4 |
| 山　西 | 3 | 5 | 4 | 1 | 11 | 15 | 16 | 5 |
| 河　南 | 4 | 2 | 6 | 2 | 15 | 12 | 18 | 3 |
| 湖　北 | 5 | 4 | 5 | 0 | 16 | 14 | 17 | 1 |
| 湖　南 | 6 | 6 | 3 | -3 | 18 | 21 | 15 | -3 |

从表 2-3 中可以看出，全国范围内，中部地区 6 个省份中大多数省份的环境竞争力排位处于中游区，2010~2012 年分别有 5 个、4 个和 4 个省份处于中游区。

从得分上看，2012 年，中部第 1 名江西省的得分为 54.9 分，排在全国第 8 位，处于上游区，而倒数第 1 名湖南省的得分为 51.2 分，排在全国第 18 位，处于中游区，两者的差距比较大。这表明在中部地区内部，各省份之间的整体差异比较小，但个别省份的差距还是比较大。

总的来看，中部地区各省的排位变化比较大，有 4 个省份的排位升降超过 2 位，分别是山西省、安徽省、河南省和湖南省。

表 2-4 西部地区环境竞争力排位比较表

| 地 区 | 西部地区排位 | | | | 全国排位 | | | |
| --- | --- | --- | --- | --- | --- | --- | --- | --- |
| | 2012 年 | 2011 年 | 2010 年 | 排名变化 | 2012 年 | 2011 年 | 2010 年 | 排名变化 |
| 四 川 | 1 | 1 | 2 | 1 | 4 | 4 | 5 | 1 |
| 内 蒙 古 | 2 | 2 | 1 | -1 | 5 | 9 | 4 | -1 |
| 陕 西 | 3 | 3 | 4 | 1 | 13 | 11 | 14 | 1 |
| 重 庆 | 4 | 4 | 6 | 2 | 17 | 18 | 25 | 8 |
| 广 西 | 5 | 6 | 8 | 3 | 19 | 23 | 27 | 8 |
| 云 南 | 6 | 5 | 3 | -3 | 20 | 19 | 11 | -9 |
| 贵 州 | 7 | 7 | 7 | 0 | 24 | 25 | 26 | 2 |
| 甘 肃 | 8 | 8 | 5 | -3 | 26 | 26 | 22 | -4 |
| 青 海 | 9 | 10 | 9 | 0 | 28 | 29 | 28 | 0 |
| 西 藏 | 10 | 9 | 10 | 0 | 29 | 28 | 29 | 0 |
| 新 疆 | 11 | 11 | 11 | 0 | 30 | 30 | 30 | 0 |
| 宁 夏 | 12 | 12 | 12 | 0 | 31 | 31 | 31 | 0 |

从表 2-4 中可以看出，全国范围内，西部地区 12 个省份中大多数省份的环境竞争力排位处在下游区，2010~2012 年分别有 8 个、7 个和 6 个省份处于下游区，说明西部地区的整体环境竞争力水平比较低。

在西部地区内部，有些省份之间的差异也比较大。2012 年，西部第 1 名四川省的得分为 56.9 分，排在全国第 4 位，处于上游区，而倒数第 1 名宁夏回族自治区的得分为 40.2 分，排在全国第 31 位，处于下游区，两者的差距非常大。

总的来看，西部地区大部分省份的排位比较稳定，但也有 4 个省份的排位升降超过 3 位，分别是云南省、重庆市、广西壮族自治区和甘肃省。

表 2-5 东北地区环境竞争力排位比较表

| 地 区 | 东北地区排位 | | | | 全国排位 | | | |
| --- | --- | --- | --- | --- | --- | --- | --- | --- |
| | 2012 年 | 2011 年 | 2010 年 | 排名变化 | 2012 年 | 2011 年 | 2010 年 | 排名变化 |
| 辽 宁 | 1 | 1 | 1 | 0 | 1 | 1 | 2 | 1 |
| 黑 龙 江 | 2 | 2 | 2 | 0 | 21 | 10 | 19 | -2 |
| 吉 林 | 3 | 3 | 3 | 0 | 22 | 20 | 21 | -1 |

从表 2 - 5 中可以看出, 2012 年, 全国范围内, 东北地区 3 个省份的环境竞争力排位主要分布在下游区, 吉林省和黑龙江省均处于下游区, 但辽宁省处于上游区。这说明在东北地区内部, 省份之间的差异比较大。

从得分上看, 2012 年, 东北地区第 1 名辽宁省的得分为 58.2 分, 排在全国第 1 位, 处于上游区, 而倒数第 1 名吉林省的得分为 49.1 分, 排在全国第 22 位, 处于下游区, 两者的差距非常大。

总的来看, 东北各省的排位比较稳定, 辽宁省的排位上升了 1 位, 而黑龙江省和吉林省的排位分别下降了 2 位和 1 位。

# 3 全国生态环境竞争力评价分析

## 3.1 全国生态环境竞争力评价结果

根据生态环境竞争力的指标体系和数学模型, 课题组对 2010～2012 年全国 31 个省、市、区的生态环境竞争力进行评价, 图 3 - 1、图 3 - 2、图 3 - 3 和表 3 - 1 是本评价期内生态环境竞争力排位和排位变化情况及其下属 2 个三级指标的评价结果。

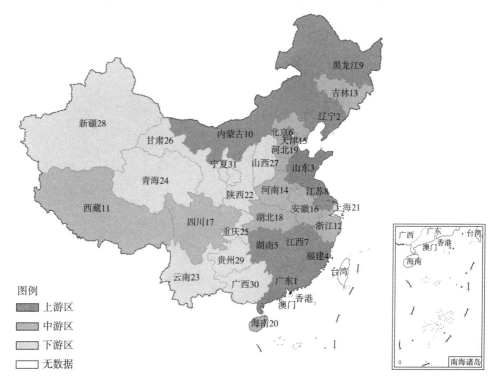

图 3 - 1 2010 年全国各省、市、区生态环境竞争力排位图

从 2012 年全国 31 个省、市、区的生态环境竞争力综合评价来看, 有 1 个省份已经超过 60 分, 达到 65.1 分, 9 个省份在 50～60 分, 14 个省份在 40～50 分, 6 个省份在 30～40 分,

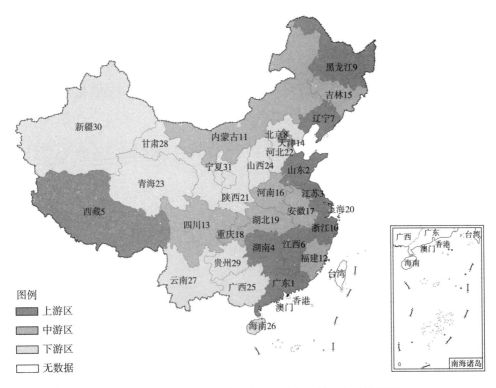

图 3 - 2　2012 年全国各省、市、区生态环境竞争力排位图

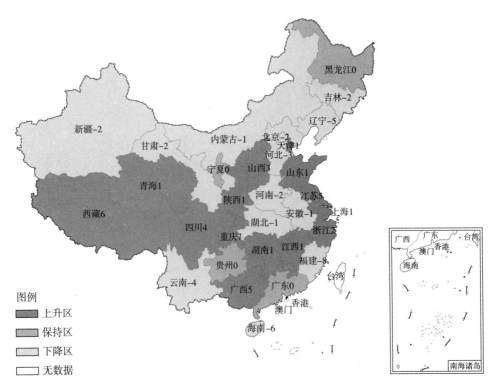

图 3 - 3　2010~2012 年全国各省、市、区生态环境竞争力排位变化图

表 3 – 1　2010~2012 年全国各省、市、区生态环境竞争力评价比较表

| 项目<br>地区 | 2012 年 | | | 2011 年 | | | 2010 年 | | | 综合<br>变化 |
|---|---|---|---|---|---|---|---|---|---|---|
| | 生态建设<br>竞争力 | 生态效益<br>竞争力 | 生态环境<br>竞争力 | 生态建设<br>竞争力 | 生态效益<br>竞争力 | 生态环境<br>竞争力 | 生态建设<br>竞争力 | 生态效益<br>竞争力 | 生态环境<br>竞争力 | |
| 北 京 | 23.0<br>16 | 96.5<br>1 | 52.4<br>8 | 22.9<br>14 | 96.4<br>1 | 52.3<br>5 | 25.3<br>12 | 95.9<br>1 | 53.6<br>6 | -1.2<br>-2 |
| 天 津 | 14.4<br>30 | 94.5<br>2 | 46.4<br>14 | 14.3<br>30 | 94.6<br>2 | 46.4<br>14 | 14.3<br>30 | 93.7<br>3 | 46.1<br>15 | 0.4<br>1 |
| 河 北 | 19.8<br>24 | 77.4<br>22 | 42.9<br>22 | 19.2<br>24 | 77.7<br>19 | 42.6<br>23 | 20.1<br>23 | 83.3<br>11 | 45.4<br>19 | -2.5<br>-3 |
| 山 西 | 24.0<br>13 | 67.5<br>24 | 41.4<br>24 | 20.2<br>21 | 71.8<br>24 | 40.8<br>24 | 20.7<br>22 | 71.1<br>25 | 40.8<br>27 | 0.6<br>3 |
| 内蒙古 | 27.7<br>9 | 81.9<br>15 | 49.3<br>11 | 27.5<br>9 | 83.1<br>13 | 49.7<br>9 | 27.0<br>11 | 82.7<br>12 | 49.3<br>10 | 0.1<br>-1 |
| 辽 宁 | 32.3<br>6 | 82.7<br>12 | 52.5<br>7 | 29.2<br>6 | 83.9<br>12 | 51.1<br>7 | 36.3<br>3 | 84.3<br>10 | 55.5<br>2 | -3.0<br>-5 |
| 吉 林 | 21.0<br>20 | 84.3<br>10 | 46.3<br>15 | 20.6<br>19 | 83.9<br>11 | 45.9<br>15 | 21.2<br>20 | 84.7<br>9 | 46.6<br>13 | -0.3<br>-2 |
| 黑龙江 | 29.5<br>7 | 82.6<br>13 | 50.8<br>9 | 29.4<br>5 | 87.3<br>4 | 52.5<br>4 | 28.0<br>8 | 87.6<br>5 | 51.8<br>9 | -1.1<br>0 |
| 上 海 | 11.0<br>31 | 92.0<br>4 | 43.4<br>20 | 11.0<br>31 | 93.1<br>3 | 43.9<br>19 | 11.2<br>31 | 93.7<br>2 | 44.2<br>21 | -0.8<br>1 |
| 江 苏 | 32.8<br>5 | 86.9<br>5 | 54.4<br>3 | 32.6<br>3 | 87.1<br>6 | 54.4<br>3 | 28.3<br>7 | 88.4<br>4 | 52.4<br>8 | 2.1<br>5 |
| 浙 江 | 26.6<br>10 | 85.8<br>8 | 50.3<br>10 | 25.7<br>11 | 86.8<br>8 | 50.1<br>8 | 21.9<br>19 | 86.8<br>8 | 47.8<br>12 | 2.4<br>2 |
| 安 徽 | 21.8<br>19 | 82.1<br>14 | 45.9<br>17 | 21.4<br>17 | 81.7<br>16 | 45.5<br>17 | 22.0<br>17 | 82.0<br>13 | 46.0<br>16 | -0.1<br>-1 |
| 福 建 | 28.9<br>8 | 80.0<br>17 | 49.3<br>12 | 31.0<br>4 | 75.5<br>22 | 48.9<br>10 | 36.2<br>4 | 81.5<br>16 | 54.3<br>4 | -5.0<br>-8 |
| 江 西 | 35.8<br>2 | 77.6<br>21 | 52.5<br>6 | 28.9<br>7 | 77.5<br>21 | 48.3<br>13 | 34.3<br>5 | 79.7<br>19 | 52.5<br>7 | 0.0<br>0 |
| 山 东 | 33.8<br>4 | 86.3<br>7 | 54.8<br>2 | 33.7<br>2 | 86.7<br>9 | 54.9<br>2 | 32.8<br>6 | 87.0<br>7 | 54.4<br>3 | 0.3<br>1 |
| 河 南 | 22.4<br>18 | 81.8<br>16 | 46.1<br>16 | 21.5<br>16 | 82.1<br>15 | 45.7<br>16 | 22.5<br>16 | 81.9<br>14 | 46.3<br>14 | -0.1<br>-2 |
| 湖 北 | 20.4<br>21 | 79.3<br>19 | 44.0<br>19 | 20.3<br>20 | 77.5<br>20 | 43.2<br>20 | 23.3<br>15 | 79.3<br>21 | 45.7<br>18 | -1.7<br>-1 |
| 湖 南 | 35.2<br>3 | 79.7<br>18 | 53.0<br>4 | 28.1<br>8 | 79.7<br>17 | 48.7<br>11 | 37.4<br>2 | 79.4<br>20 | 54.2<br>5 | -1.2<br>1 |
| 广 东 | 51.6<br>1 | 85.2<br>9 | 65.1<br>1 | 51.8<br>1 | 86.9<br>7 | 65.8<br>1 | 51.5<br>1 | 87.1<br>6 | 65.7<br>1 | -0.6<br>0 |

续表

| 项目<br>地区 | 2012 年 | | | 2011 年 | | | 2010 年 | | | 综合<br>变化 |
|---|---|---|---|---|---|---|---|---|---|---|
| | 生态建设<br>竞争力 | 生态效益<br>竞争力 | 生态环境<br>竞争力 | 生态建设<br>竞争力 | 生态效益<br>竞争力 | 生态环境<br>竞争力 | 生态建设<br>竞争力 | 生态效益<br>竞争力 | 生态环境<br>竞争力 | |
| 广 西 | 23.0<br>17 | 62.8<br>26 | 38.9<br>25 | 22.1<br>15 | 65.7<br>26 | 39.5<br>25 | 23.8<br>13 | 52.7<br>30 | 35.4<br>30 | 3.6<br>5 |
| 海 南 | 20.0<br>23 | 63.8<br>25 | 37.5<br>26 | 20.9<br>18 | 65.8<br>25 | 38.9<br>26 | 27.5<br>10 | 69.9<br>28 | 44.4<br>20 | -6.9<br>-6 |
| 重 庆 | 19.6<br>25 | 83.0<br>11 | 44.9<br>18 | 18.4<br>27 | 83.1<br>14 | 44.3<br>18 | 18.6<br>27 | 76.3<br>23 | 41.7<br>25 | 3.2<br>7 |
| 四 川 | 23.8<br>14 | 86.6<br>6 | 48.9<br>13 | 23.6<br>12 | 85.8<br>10 | 48.5<br>12 | 21.9<br>18 | 81.4<br>17 | 45.7<br>17 | 3.2<br>4 |
| 贵 州 | 18.0<br>28 | 58.4<br>28 | 34.1<br>29 | 17.8<br>28 | 60.5<br>29 | 34.9<br>29 | 17.9<br>28 | 70.2<br>26 | 38.8<br>29 | -4.7<br>0 |
| 云 南 | 24.4<br>12 | 56.3<br>29 | 37.1<br>27 | 19.2<br>23 | 54.5<br>30 | 33.3<br>30 | 19.9<br>24 | 77.1<br>22 | 42.8<br>23 | -5.7<br>-4 |
| 西 藏 | 26.0<br>11 | 92.6<br>3 | 52.6<br>5 | 26.0<br>10 | 89.6<br>4 | 51.5<br>6 | 27.5<br>9 | 81.8<br>15 | 49.2<br>11 | 3.4<br>6 |
| 陕 西 | 19.4<br>26 | 79.3<br>20 | 43.3<br>21 | 18.8<br>26 | 79.5<br>18 | 43.0<br>22 | 19.2<br>26 | 79.5<br>19 | 43.4<br>22 | 0.0<br>1 |
| 甘 肃 | 19.4<br>27 | 59.5<br>27 | 35.4<br>28 | 19.0<br>25 | 61.3<br>28 | 35.9<br>28 | 19.6<br>25 | 73.3<br>24 | 41.1<br>26 | -5.7<br>-2 |
| 青 海 | 23.3<br>15 | 70.3<br>23 | 42.1<br>23 | 23.3<br>13 | 73.0<br>23 | 43.2<br>21 | 23.5<br>14 | 69.7<br>29 | 42.0<br>24 | 0.1<br>1 |
| 宁 夏 | 16.5<br>29 | 28.0<br>31 | 21.1<br>31 | 16.5<br>29 | 26.6<br>31 | 20.5<br>31 | 16.5<br>29 | 28.7<br>31 | 21.4<br>31 | -0.3<br>0 |
| 新 疆 | 20.0<br>22 | 50.1<br>30 | 32.0<br>30 | 19.7<br>22 | 61.7<br>27 | 36.5<br>27 | 21.1<br>21 | 69.9<br>27 | 40.6<br>28 | -8.6<br>-2 |
| 最高分 | 51.6 | 96.5 | 65.1 | 51.8 | 96.4 | 65.8 | 51.5 | 95.9 | 65.7 | -0.6 |
| 最低分 | 11.0 | 28.0 | 21.1 | 11.0 | 26.6 | 20.5 | 11.2 | 28.7 | 21.4 | -0.3 |
| 平均分 | 24.7 | 76.6 | 45.5 | 23.7 | 77.4 | 45.2 | 24.9 | 78.7 | 46.4 | -1.0 |
| 标准差 | 7.8 | 14.8 | 8.4 | 7.5 | 14.1 | 8.2 | 8.1 | 12.7 | 7.7 | 0.7 |

注：各地区对应的两行数据中，上一行为指标得分，下一行为指标排名。

在 30 分以下的只有 1 个省份。生态环境竞争力的得分分布比较集中，主要集中在 40~60 分。

从得分的变化情况来看，2012 年，生态环境竞争力的最高得分为 65.1 分，比 2010 年降低了 0.6 分；最低得分为 21.1 分，比 2010 年降低了 0.3 分；平均分为 45.5 分，比 2010 年降低了 1.0。这表明全国整体的生态环境竞争力水平有所降低。反映在三级指标上，生态建设竞争力和生态效益竞争力的得分变化幅度差不多。2010~2012 年，生态建设竞争力的最高分上升了 0.1 分，最低分下降了 0.2 分，平均分下降了 0.2 分；生态效益竞争力的最高分上升了 0.6 分，最低分下降了 0.7 分，平均分下降了 2.1 分。

从得分的差异来看，2012 年，生态环境竞争力的标准差为 8.4，比 2010 年上升了 0.7。生态效益竞争力的标准差比较大，为 14.8，表明生态效益竞争力的地区差异很大，是影响各地区生态环境竞争力差异的主要因素。而生态建设竞争力的标准差相对较小，为 7.8，表明生态建设竞争力对各地区生态环境竞争力差异的影响相对较小。2010 年的情况类似，生态效益竞争力对各地区生态环境竞争力差异的影响很大，而生态建设竞争力的影响相对较小。从 2010~2012 年的变化趋势来看，各地区生态环境竞争力的差异在扩大，而这主要是由生态效益竞争力的差异扩大导致的。

通过对比 2010~2012 年各地区生态环境竞争力的得分及差异变化可知，生态环境竞争力的整体水平有所降低，地区间差异呈扩大趋势，而生态效益竞争力是影响生态环境竞争力地区间差异的主要因素。

### 3.2 全国生态环境竞争力排序变化比较

从图 3-4 可以看出，2012 年与 2010 年相比，生态环境竞争力排位上升的有 14 个省份，上升幅度最大的是重庆市，排位上升了 7 位，其次是西藏自治区，上升了 6 位，而江苏省和广西壮族自治区上升了 5 位，四川省上升了 4 位，山西省上升了 3 位，浙江省上升了 2 位，天津市、上海市、江西省、山东省、湖南省、陕西省、青海省上升了 1 位；4 个省份的排位没有发生变化，分别为黑龙江省、广东省、贵州省、宁夏回族自治区；排位下降的有 13 个省份，下降幅度最大的是福建省，排位下降了 8 位，其次是海南省，下降了 6 位，辽宁省下降了 5 位，云南省下降了 4 位，河北省下降了 3 位，北京市、吉林省、河南省、甘肃省、新疆维吾尔自治区均下降了 2 位，内蒙古自治区、安徽省和湖北省均下降了 1 位。

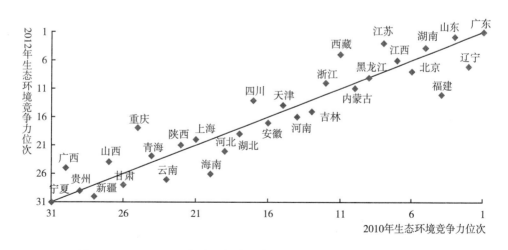

**图 3-4　2010~2012 年全国各省、市、区生态环境竞争力位次变化图**

注：位于直线上的省、市、区两年的排名相同；直线上方的 2012 年位次比 2010 年高，排位上升；直线下方的 2012 年位次比 2010 年低，排位下降。

### 3.3 全国生态环境竞争力跨区段变化情况

2012 年全国 31 个省、市、区生态环境竞争力处于上游区（1~10 位）的依次是：广东省、山东省、江苏省、湖南省、西藏自治区、江西省、辽宁省、北京市、黑龙江省、浙江省；排在中游区（11~20 位）的依次为：内蒙古自治区、福建省、四川省、天津市、吉林省、河南省、安徽省、重庆市、湖北省、上海市；处于下游区（21~31 位）的依次排序为：陕西省、河北省、青海省、山西省、广西壮族自治区、海南省、云南省、甘肃省、贵州省、新疆维吾尔自治区、宁夏回族自治区。

2010 年全国 31 个省、市、区生态环境竞争力处于上游区（1~10 位）的依次是：广东省、辽宁省、山东省、福建省、湖南省、北京市、江西省、江苏省、黑龙江省、内蒙古自治区；排在中游区（11~20 位）的依次为：西藏自治区、浙江省、吉林省、河南省、天津市、安徽省、四川省、湖北省、河北省、海南省；处于下游区（21~31 位）的依次排序为：上海市、陕西省、云南省、青海省、重庆市、甘肃省、山西省、新疆维吾尔自治区、贵州省、广西壮族自治区、宁夏回族自治区。

不同区段是衡量竞争力水平高低的重要标志。"十二五"中期，一些省、市、区生态环境竞争力排位出现了跨区段变化。在跨区段上升方面，重庆市、上海市由下游区升入中游区，西藏自治区、浙江省由中游区升入上游区；在跨区段下降方面，福建省、内蒙古自治区由上游区降入中游区，海南省、河北省由中游区降入下游区。

### 3.4 全国生态环境竞争力动因分析

作为环境竞争力的二级指标，生态环境竞争力的变化又是三级指标变化综合作用的结果，表 3-1 列出了 2 个三级指标的变化情况。

生态建设竞争力方面，2012 年排在前 10 位的省、市、区依次为：广东省、江西省、湖南省、山东省、江苏省、辽宁省、黑龙江省、福建省、内蒙古自治区、浙江省；2010 年排在前 10 位的省、市、区依次为：广东省、湖南省、辽宁省、福建省、江西省、山东省、江苏省、黑龙江省、西藏自治区、海南省。

生态效益竞争力方面，2012 年排在前 10 位的省、市、区依次为：北京市、天津市、西藏自治区、上海市、江苏省、四川省、山东省、浙江省、广东省、吉林省；2010 年排在前 10 位的省、市、区依次为：北京市、上海市、天津市、江苏省、黑龙江省、广东省、山东省、浙江省、吉林省、辽宁省。

从上述生态环境竞争力排位跨区段升降的省、市、区看，重庆市生态环境竞争力排位上升 7 位，是由生态建设竞争力和生态效益竞争力排位分别上升 2 位和 12 位共同推动的；福建省生态环境竞争力排位下降了 8 位，由上游区降入中游区，是受到生态建设竞争力排位下降 4 位和生态效益竞争力排位下降 1 位的影响。其他排位发生变化的省份情况类似。

# 4 全国资源环境竞争力评价分析

## 4.1 全国资源环境竞争力评价结果

根据资源环境竞争力的指标体系和数学模型，课题组对 2010～2012 年全国 31 个省、市、区的资源环境竞争力进行评价，图 4 – 1、图 4 – 2、图 4 – 3 和表 4 – 1 是本评价期内资源环境竞争力排位和排位变化情况及其下属 6 个三级指标的评价结果。

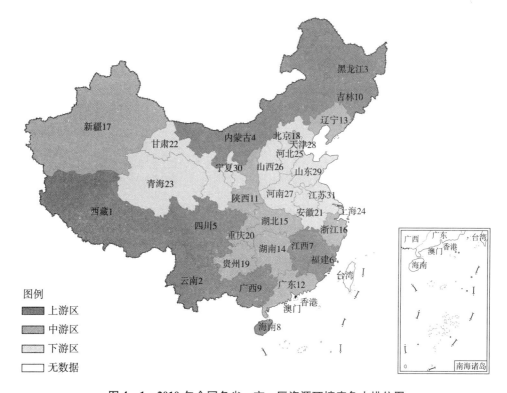

**图 4 – 1　2010 年全国各省、市、区资源环境竞争力排位图**

从 2012 年全国 31 省、市、区的资源环境竞争力综合评价来看，有 7 个省份的得分在 50～60 分，15 个省份在 40～50 分，9 个省份在 30～40 分，没有低于 30 分的省份。资源环境竞争力的得分分布比较集中，主要集中在 40～50 分。

从得分的变化情况来看，2012 年，资源环境竞争力的最高得分为 59.2 分，与 2010 年持平；最低得分为 34.1 分，比 2010 年上升了 0.9 分；平均分为 44.5 分，比 2010 年上升了 1.6 分。这表明全国整体的资源环境竞争力水平有所上升。反映在三级指标上，水环境竞争力、大气环境竞争力、能源环境竞争力的平均分分别上升了 1.3 分、1.5 分、7.5 分；而土地环境竞争力和森林环境竞争力的平均分分别下降了 0.1 分和 0.7 分；矿产环境竞争力的平均分保持不变，仍然是 19.3 分。

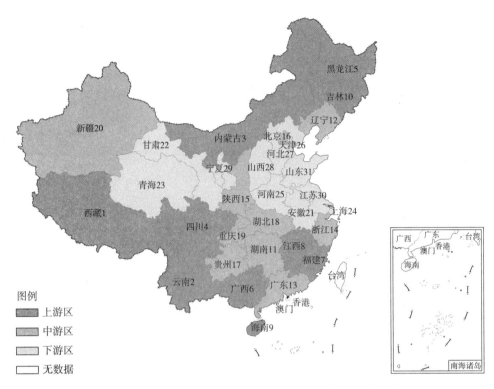

图 4－2　2012 年全国各省、市、区资源环境竞争力排位图

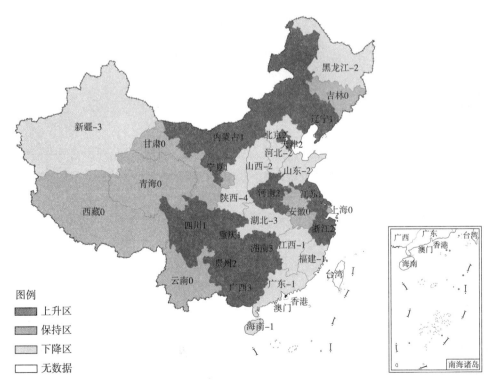

图 4－3　2010～2012 年全国各省、市、区资源环境竞争力排位变化图

表4-1 2010~2012年全国各省、市、区资源环境竞争力评价比较表

| 项目\地区 | 2012年 | | | | | | | 2011年 | | | | | | | 2010年 | | | | | | | 综合变化 |
|---|---|---|---|---|---|---|---|---|---|---|---|---|---|---|---|---|---|---|---|---|---|---|
| | 水环境竞争力 | 土地环境竞争力 | 大气环境竞争力 | 森林环境竞争力 | 矿产环境竞争力 | 能源环境竞争力 | 资源环境竞争力 | 水环境竞争力 | 土地环境竞争力 | 大气环境竞争力 | 森林环境竞争力 | 矿产环境竞争力 | 能源环境竞争力 | 资源环境竞争力 | 水环境竞争力 | 土地环境竞争力 | 大气环境竞争力 | 森林环境竞争力 | 矿产环境竞争力 | 能源环境竞争力 | 资源环境竞争力 | |
| 北京 | 58.2<br>3 | 28.1<br>13 | 73.2<br>18 | 14.6<br>26 | 11.0<br>27 | 79.7<br>3 | 44.7<br>16 | 58.0<br>3 | 27.7<br>13 | 74.8<br>16 | 14.4<br>27 | 10.8<br>28 | 88.7<br>2 | 46.4<br>13 | 50.5<br>8 | 28.0<br>13 | 73.3<br>13 | 14.4<br>27 | 10.4<br>28 | 73.1<br>4 | 42.0<br>18 | 2.8<br>2 |
| 天津 | 46.2<br>19 | 23.6<br>25 | 60.7<br>25 | 2.0<br>30 | 11.0<br>26 | 77.7<br>5 | 37.2<br>27 | 46.1<br>17 | 23.2<br>26 | 67.1<br>24 | 2.1<br>30 | 10.8<br>27 | 81.2<br>3 | 38.5<br>25 | 45.0<br>20 | 23.1<br>26 | 64.8<br>24 | 2.1<br>30 | 10.7<br>27 | 62.1<br>15 | 34.6<br>28 | 2.5<br>2 |
| 河北 | 46.3<br>17 | 24.3<br>22 | 45.9<br>30 | 24.7<br>18 | 15.7<br>14 | 59.4<br>25 | 36.9<br>27 | 46.4<br>16 | 24.4<br>22 | 45.9<br>30 | 24.6<br>18 | 16.6<br>13 | 61.2<br>25 | 37.3<br>26 | 43.1<br>24 | 24.6<br>22 | 53.5<br>27 | 24.9<br>19 | 18.2<br>13 | 49.3<br>25 | 35.9<br>25 | 1.0<br>-2 |
| 山西 | 45.9<br>20 | 22.3<br>28 | 54.4<br>28 | 19.1<br>24 | 37.9<br>2 | 44.6<br>30 | 36.5<br>28 | 47.2<br>14 | 22.5<br>28 | 55.8<br>28 | 19.3<br>24 | 36.7<br>2 | 42.2<br>30 | 36.5<br>28 | 53.1<br>3 | 22.2<br>29 | 53.3<br>28 | 19.5<br>24 | 31.0<br>4 | 36.5<br>30 | 35.7<br>26 | 0.8<br>-2 |
| 内蒙古 | 55.3<br>5 | 39.7<br>1 | 70.1<br>22 | 69.8<br>3 | 34.4<br>3 | 52.6<br>26 | 54.2<br>1 | 53.5<br>4 | 39.8<br>1 | 72.7<br>18 | 69.8<br>3 | 32.2<br>3 | 48.0<br>29 | 53.1<br>1 | 50.9<br>6 | 39.9<br>1 | 67.0<br>21 | 69.7<br>3 | 38.4<br>2 | 44.7<br>28 | 51.9<br>1 | 2.2<br>1 |
| 辽宁 | 44.4<br>23 | 26.3<br>14 | 63.6<br>23 | 30.5<br>15 | 51.4<br>1 | 69.5<br>18 | 46.2<br>12 | 43.7<br>22 | 26.4<br>15 | 65.7<br>25 | 30.7<br>15 | 51.5<br>1 | 67.9<br>19 | 46.1<br>14 | 42.8<br>27 | 26.3<br>25 | 62.8<br>25 | 30.2<br>16 | 52.8<br>1 | 57.7<br>20 | 43.8<br>13 | 2.4<br>1 |
| 吉林 | 43.7<br>25 | 25.5<br>18 | 83.4<br>4 | 39.7<br>13 | 15.2<br>10 | 74.9<br>10 | 47.0<br>11 | 42.7<br>24 | 26.2<br>17 | 82.4<br>8 | 39.8<br>11 | 13.7<br>19 | 75.0<br>11 | 46.7<br>11 | 43.4<br>23 | 25.9<br>17 | 82.9<br>4 | 40.5<br>22 | 13.1<br>6 | 67.7<br>6 | 45.6<br>11 | 1.4<br>0 |
| 黑龙江 | 52.4<br>8 | 32.7<br>6 | 83.1<br>5 | 54.1<br>4 | 18.2<br>12 | 70.2<br>17 | 52.3<br>8 | 51.6<br>5 | 32.9<br>6 | 84.3<br>6 | 62.1<br>6 | 17.3<br>17 | 75.5<br>6 | 54.4<br>5 | 52.0<br>6 | 32.7<br>6 | 81.1<br>6 | 63.8<br>6 | 17.3<br>14 | 64.6<br>10 | 52.6<br>3 | -0.3<br>-2 |
| 上海 | 43.4<br>26 | 37.5<br>2 | 51.6<br>29 | 1.9<br>31 | 9.8<br>29 | 80.9<br>2 | 38.4<br>24 | 43.6<br>23 | 38.0<br>2 | 52.1<br>29 | 1.9<br>31 | 9.7<br>30 | 89.8<br>1 | 40.1<br>23 | 42.9<br>26 | 38.6<br>2 | 51.3<br>30 | 1.9<br>31 | 9.4<br>29 | 74.1<br>3 | 37.2<br>24 | 1.2<br>0 |
| 江苏 | 40.7<br>28 | 24.1<br>23 | 56.4<br>27 | 6.5<br>29 | 9.6<br>31 | 70.7<br>14 | 35.0<br>30 | 41.0<br>28 | 23.9<br>23 | 57.2<br>27 | 6.5<br>29 | 9.5<br>31 | 74.9<br>13 | 35.9<br>29 | 39.4<br>24 | 23.6<br>26 | 54.4<br>26 | 7.0<br>31 | 9.1<br>31 | 63.3<br>13 | 33.2<br>31 | 1.9<br>0 |
| 浙江 | 44.6<br>22 | 29.0<br>10 | 76.9<br>13 | 36.8<br>13 | 9.7<br>30 | 71.7<br>13 | 45.3<br>14 | 41.5<br>27 | 29.4<br>10 | 72.4<br>19 | 36.8<br>13 | 9.8<br>29 | 80.1<br>4 | 45.6<br>17 | 42.9<br>25 | 29.3<br>9 | 72.3<br>19 | 36.5<br>13 | 9.3<br>30 | 63.9<br>16 | 42.9<br>16 | 2.4<br>1 |
| 安徽 | 44.3<br>24 | 21.5<br>31 | 74.4<br>17 | 21.3<br>17 | 14.4<br>12 | 72.0<br>12 | 41.2<br>21 | 44.1<br>21 | 21.6<br>31 | 72.4<br>23 | 21.4<br>15 | 14.6<br>14 | 74.0<br>14 | 41.3<br>21 | 45.5<br>24 | 21.6<br>31 | 69.5<br>19 | 21.5<br>23 | 13.7<br>20 | 67.2<br>8 | 39.9<br>21 | 1.3<br>0 |
| 福建 | 47.7<br>13 | 33.8<br>4 | 83.7<br>3 | 46.2<br>2 | 12.8<br>26 | 76.2<br>5 | 50.6<br>7 | 42.4<br>7 | 33.6<br>4 | 84.8<br>6 | 47.7<br>7 | 13.8<br>18 | 82.4<br>3 | 51.0<br>7 | 47.2<br>7 | 33.6<br>4 | 81.0<br>6 | 45.0<br>7 | 12.1<br>24 | 67.6<br>7 | 48.3<br>7 | 2.3<br>-1 |
| 江西 | 49.6<br>10 | 22.3<br>27 | 81.8<br>8 | 46.4<br>4 | 13.4<br>20 | 79.2<br>4 | 49.2<br>9 | 45.6<br>18 | 22.5<br>27 | 81.5<br>8 | 46.8<br>4 | 13.4<br>21 | 76.8<br>10 | 48.0<br>10 | 49.0<br>9 | 22.5<br>21 | 80.8<br>8 | 47.5<br>4 | 13.4<br>21 | 73.1<br>4 | 48.1<br>10 | 1.1<br>-1 |
| 山东 | 40.0<br>29 | 26.2<br>15 | 42.5<br>31 | 14.6<br>25 | 15.1<br>16 | 62.3<br>22 | 34.1<br>31 | 40.4<br>29 | 26.3<br>16 | 43.5<br>31 | 15.0<br>26 | 14.2<br>16 | 66.1<br>23 | 34.9<br>30 | 44.7<br>21 | 26.7<br>14 | 41.6<br>31 | 15.1<br>17 | 14.5<br>23 | 55.8<br>29 | 33.9<br>29 | 0.2<br>-2 |
| 河南 | 39.1<br>30 | 21.8<br>30 | 57.6<br>26 | 21.1<br>23 | 11.7<br>24 | 76.0<br>8 | 38.3<br>25 | 39.7<br>30 | 22.0<br>30 | 58.0<br>26 | 21.6<br>22 | 11.8<br>21 | 67.1<br>21 | 37.0<br>27 | 39.4<br>29 | 22.4<br>29 | 52.4<br>29 | 21.6<br>23 | 12.2<br>21 | 57.7<br>21 | 34.8<br>27 | 3.5<br>2 |
| 湖北 | 45.1<br>21 | 25.0<br>21 | 72.6<br>19 | 30.5<br>14 | 30.5<br>6 | 67.2<br>20 | 44.5<br>18 | 44.4<br>19 | 24.9<br>21 | 73.3<br>16 | 30.7<br>16 | 32.3<br>15 | 73.8<br>15 | 45.9<br>15 | 44.2<br>22 | 24.8<br>22 | 73.6<br>15 | 30.9<br>15 | 30.0<br>5 | 62.4<br>14 | 43.6<br>15 | 0.9<br>-3 |
| 湖南 | 47.3<br>14 | 25.1<br>20 | 75.0<br>16 | 45.7<br>5 | 10.6<br>15 | 70.7<br>11 | 46.4<br>11 | 44.3<br>20 | 25.2<br>20 | 75.8<br>15 | 46.0<br>9 | 14.0<br>17 | 71.5<br>12 | 46.5<br>12 | 46.8<br>15 | 25.1<br>20 | 66.7<br>22 | 44.0<br>9 | 18.6<br>12 | 58.2<br>19 | 43.6<br>14 | 2.8<br>3 |

续表

| 项目\地区 | 2012年 | | | | | | | 2011年 | | | | | | | 2010年 | | | | | | | 综合变化 |
|---|---|---|---|---|---|---|---|---|---|---|---|---|---|---|---|---|---|---|---|---|---|---|
| | 水环境竞争力 | 土地环境竞争力 | 大气环境竞争力 | 森林环境竞争力 | 矿产环境竞争力 | 能源环境竞争力 | 资源环境竞争力 | 水环境竞争力 | 土地环境竞争力 | 大气环境竞争力 | 森林环境竞争力 | 矿产环境竞争力 | 能源环境竞争力 | 资源环境竞争力 | 水环境竞争力 | 土地环境竞争力 | 大气环境竞争力 | 森林环境竞争力 | 矿产环境竞争力 | 能源环境竞争力 | 资源环境竞争力 | |
| 广东 | 38.9/31 | 30.2/7 | 80.3/11 | 41.9/10 | 12.3/22 | 72.6/11 | 46.2/13 | 37.6/31 | 30.5/7 | 80.2/11 | 42.2/10 | 12.2/23 | 76.9/9 | 46.7/10 | 39.2/31 | 30.6/7 | 73.0/15 | 41.9/10 | 19.5/11 | 60.3/16 | 44.0/12 | 2.2/-1 |
| 广西 | 51.1/9 | 25.8/16 | 83.2/5 | 51.2/6 | 21.5/16 | 70.5/6 | 50.6/6 | 48.7/8 | 26.0/18 | 83.7/6 | 51.3/6 | 20.4/10 | 78.1/7 | 51.5/6 | 47.3/13 | 25.9/23 | 65.9/6 | 51.4/6 | 20.9/12 | 63.6/9 | 46.4/9 | 4.3/3 |
| 海南 | 46.3/18 | 32.9/2 | 98.2/20 | 23.6/19 | 13.7/9 | 75.2/9 | 47.8/9 | 46.6/15 | 33.1/5 | 98.5/5 | 23.6/20 | 13.7/5 | 69.0/9 | 46.9/9 | 45.7/17 | 32.8/5 | 98.2/5 | 23.6/21 | 14.2/6 | 69.3/5 | 46.7/8 | 1.1/-1 |
| 重庆 | 42.7/27 | 25.6/17 | 76.7/14 | 26.5/17 | 12.3/23 | 76.4/6 | 43.4/19 | 42.7/25 | 27.0/14 | 76.7/14 | 27.2/17 | 12.1/24 | 77.0/8 | 43.9/20 | 41.9/28 | 26.5/15 | 73.1/14 | 27.7/17 | 11.5/25 | 66.3/9 | 41.3/20 | 2.1/1 |
| 四川 | 53.7/7 | 28.1/12 | 80.3/10 | 61.1/3 | 32.6/5 | 68.3/19 | 54.0/4 | 50.6/6 | 28.2/12 | 81.7/3 | 62.9/3 | 32.7/4 | 67.6/20 | 53.7/4 | 50.9/6 | 28.0/10 | 75.5/3 | 65.1/3 | 29.5/6 | 59.3/17 | 51.5/5 | 2.4/1 |
| 贵州 | 54.7/6 | 23.9/24 | 78.1/12 | 30.3/16 | 33.9/5 | 51.6/27 | 44.6/17 | 47.5/13 | 23.4/25 | 78.8/7 | 31.1/14 | 32.2/5 | 59.0/19 | 44.4/19 | 48.1/10 | 23.4/25 | 80.2/9 | 31.4/14 | 27.9/27 | 45.4/27 | 41.9/19 | 2.8/2 |
| 云南 | 57.1/4 | 29.7/9 | 82.2/7 | 70.6/1 | 27.2/8 | 62.1/23 | 55.3/2 | 49.3/7 | 29.5/9 | 82.4/7 | 72.0/1 | 29.0/8 | 68.2/18 | 55.2/2 | 51.5/5 | 30.0/9 | 86.2/3 | 73.4/1 | 31.5/3 | 57.4/22 | 54.9/2 | 0.4/0 |
| 西藏 | 67.1/1 | 34.4/1 | 98.9/1 | 51.8/5 | 11.4/25 | 85.5/1 | 59.2/1 | 66.9/1 | 34.4/3 | 99.0/1 | 51.5/5 | 11.3/26 | 85.4/1 | 59.1/1 | 66.9/1 | 34.7/1 | 99.1/1 | 51.8/5 | 11.3/24 | 85.5/1 | 59.2/1 | 0.0/0 |
| 陕西 | 47.3/15 | 28.6/21 | 71.7/21 | 38.5/11 | 19.1/16 | 64.5/15 | 45.2/15 | 47.9/10 | 28.9/11 | 72.5/19 | 38.8/11 | 18.3/22 | 67.0/22 | 45.9/16 | 46.4/16 | 28.5/11 | 72.0/17 | 39.8/12 | 17.2/18 | 58.8/18 | 44.0/11 | 1.2/-4 |
| 甘肃 | 48.6/12 | 23.1/26 | 72.5/20 | 22.5/21 | 15.9/13 | 59.6/24 | 40.4/22 | 48.5/9 | 23.8/24 | 71.2/22 | 22.8/21 | 15.5/14 | 63.3/24 | 40.9/22 | 47.8/11 | 24.2/23 | 71.6/18 | 23.7/20 | 15.1/16 | 52.9/24 | 39.2/22 | 1.1/0 |
| 青海 | 48.9/11 | 25.4/19 | 81.1/25 | 17.0/25 | 21.1/28 | 45.1/28 | 39.0/23 | 47.8/12 | 25.5/19 | 83.7/5 | 17.6/25 | 21.9/9 | 48.1/24 | 39.9/24 | 47.5/12 | 25.6/19 | 82.6/5 | 17.0/25 | 24.2/29 | 43.0/29 | 39.0/23 | 0.1/0 |
| 宁夏 | 47.3/16 | 22.1/29 | 76.1/15 | 12.2/28 | 14.1/18 | 42.3/29 | 35.2/29 | 47.9/11 | 21.8/30 | 77.1/12 | 12.3/28 | 13.0/28 | 34.0/31 | 33.9/31 | 45.5/19 | 21.8/30 | 73.8/11 | 12.4/28 | 13.8/31 | 36.1/30 | 33.4/30 | 1.8/1 |
| 新疆 | 61.3/2 | 29.8/8 | 61.2/24 | 23.9/19 | 30.4/7 | 45.0/29 | 42.1/20 | 60.4/2 | 30.0/8 | 68.3/24 | 24.2/19 | 29.2/7 | 57.7/27 | 45.0/18 | 59.3/2 | 30.3/8 | 67.3/20 | 25.0/18 | 26.3/8 | 46.0/26 | 42.5/17 | -0.4/-3 |
| 最高分 | 67.1 | 39.7 | 98.9 | 70.6 | 51.4 | 85.5 | 59.2 | 66.9 | 39.8 | 99.0 | 72.0 | 51.5 | 89.8 | 59.1 | 66.9 | 39.9 | 99.1 | 73.4 | 52.8 | 85.5 | 59.2 | 0.0 |
| 最低分 | 38.9 | 21.5 | 42.5 | 1.9 | 9.6 | 42.3 | 34.1 | 37.6 | 21.6 | 43.5 | 1.9 | 9.5 | 34.0 | 33.9 | 39.2 | 21.6 | 41.6 | 1.9 | 9.1 | 36.1 | 33.4 | 0.9 |
| 平均分 | 48.4 | 27.4 | 72.5 | 32.2 | 19.3 | 66.9 | 44.5 | 47.0 | 27.5 | 73.3 | 32.7 | 19.2 | 69.3 | 44.9 | 47.1 | 27.5 | 71.0 | 32.9 | 19.0 | 59.4 | 43.0 | 1.6 |
| 标准差 | 6.6 | 4.7 | 13.5 | 18.5 | 10.4 | 11.8 | 6.6 | 6.2 | 4.7 | 13.2 | 19.0 | 10.2 | 13.1 | 6.5 | 5.7 | 4.8 | 13.1 | 19.2 | 10.1 | 11.3 | 6.7 | -0.1 |

注：各地区对应的两行数据中，上一行为指标得分，下一行为指标排名。

从得分的差异来看，2012年，资源环境竞争力的标准差为6.6，比2010年下降了0.1。森林环境竞争力的标准差最高，为18.5，表明森林环境竞争力的地区差异最大，是影响各地区资源环境竞争力差异的最主要因素。大气环境竞争力、能源环境竞争力、矿产环境竞争力的标准差也比较大，均超过10。而土地环境竞争力的标准差最小，为4.7，表明土地环境竞争力对各地区资源环境竞争力差异的影响最小。2010年的情况与2012年类似。

通过对比2010～2012年各地区资源环境竞争力的得分及差异变化可知，资源环境竞争力的整体水平有所上升，地区间差异呈缩小趋势，而森林环境竞争力是影响资源环境竞争力地区间差异的最主要因素。

## 4.2 全国资源环境竞争力排序变化比较

从图4-4可以看出，2012年与2010年相比，资源环境竞争力排位上升的有13个省份，上升幅度最大的是湖南省和广西壮族自治区，均上升了3位，北京市、天津市、浙江省、河南省、贵州省上升了2位，内蒙古自治区、辽宁省、江苏省、重庆市、四川省、宁夏回族自治区上升了1位；7个省份排位没有变化，分别为吉林省、上海市、安徽省、云南省、西藏自治区、甘肃省、青海省；排位下降的有11个省份，下降幅度最大的是陕西省，下了4位，其次是湖北省、新疆维吾尔自治区，均下降了3位，河北省、山西省、黑龙江省、山东省下降了2位，而福建省、江西省、广东省、海南省均下降了1位。

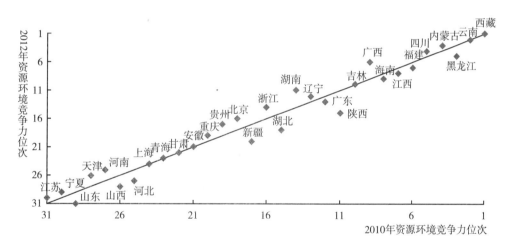

**图4-4 2010～2012年全国各省、市、区资源环境竞争力位次变化图**

注：位于直线上的省、市、区两年的排名相同；直线上方的2012年位次比2010年高，排位上升；直线下方的2012年位次比2010年低，排位下降。

## 4.3 全国资源环境竞争力跨区段变化情况

2012年全国31个省、市、区资源环境竞争力处于上游区（1～10位）的依次是：西藏自治区、云南省、内蒙古自治区、四川省、黑龙江省、广西壮族自治区、福建省、江西省、海南省、吉林省；排在中游区（11～20位）的依次为：湖南省、辽宁省、广东省、浙江省、陕西省、北京市、贵州省、湖北省、重庆市、新疆维吾尔自治区；处于下游区（21～31位）的依次排序为：安徽省、甘肃省、青海省、上海市、河南省、天津市、河北省、山西省、宁夏回族自治区、江苏省、山东省。

2010年全国31个省、市、区资源环境竞争力处于上游区（1~10位）的依次是：西藏自治区、云南省、黑龙江省、内蒙古自治区、四川省、福建省、江西省、海南省、广西壮族自治区、吉林省；排在中游区（11~20位）的依次为：陕西省、广东省、辽宁省、湖南省、湖北省、浙江省、新疆维吾尔自治区、北京市、贵州省、重庆市；处于下游区（21~31位）的依次排序为：安徽省、甘肃省、青海省、上海市、河北省、山西省、河南省、天津市、山东省、宁夏回族自治区、江苏省。

不同区段是衡量竞争力水平高低的重要标志。"十二五"中期，各省份的资源环境竞争力排位都没有出现跨区段变化，这说明各省份的资源环境竞争力水平变化较小。

## 4.4　全国资源环境竞争力动因分析

作为环境竞争力的二级指标，资源环境竞争力的变化又是三级指标变化综合作用的结果，表4-1还列出了6个三级指标的变化情况。

水环境竞争力方面，2012年排在前10位的省、市、区依次为：西藏自治区、新疆维吾尔自治区、北京市、云南省、内蒙古自治区、贵州省、四川省、黑龙江省、广西壮族自治区、江西省；2010年排在前10位的省、市、区依次为：西藏自治区、新疆维吾尔自治区、山西省、黑龙江省、云南省、四川省、内蒙古自治区、北京市、江西省、贵州省。

土地环境竞争力方面，2012年排在前10位的省、市、区依次为：内蒙古自治区、上海市、西藏自治区、福建省、海南省、黑龙江省、广东省、新疆维吾尔自治区、云南省、浙江省；2010年排在前10位的省、市、区依次为：内蒙古自治区、上海市、西藏自治区、福建省、海南省、黑龙江省、广东省、新疆维吾尔自治区、云南省、浙江省。

大气环境竞争力方面，2012年排在前10位的省、市、区依次为：西藏自治区、海南省、福建省、吉林省、广西壮族自治区、黑龙江省、云南省、江西省、青海省、四川省；2010年排在前10位的省、市、区依次为：西藏自治区、海南省、云南省、吉林省、青海省、黑龙江省、福建省、江西省、贵州省、四川省。

森林环境竞争力方面，2012年排在前10位的省、市、区依次为：云南省、内蒙古自治区、四川省、黑龙江省、西藏自治区、广西壮族自治区、江西省、福建省、湖南省、广东省；2010年排在前10位的省、市、区依次为：云南省、内蒙古自治区、四川省、黑龙江省、西藏自治区、广西壮族自治区、江西省、福建省、湖南省、广东省。

矿产环境竞争力方面，2012年排在前10位的省、市、区依次为：辽宁省、山西省、内蒙古自治区、贵州省、四川省、湖北省、新疆维吾尔自治区、云南省、广西壮族自治区、青海省；2010年排在前10位的省、市、区依次为：辽宁省、内蒙古自治区、云南省、山西省、湖北省、四川省、贵州省、新疆维吾尔自治区、青海省、广西壮族自治区。

能源环境竞争力方面，2012年排在前10位的省、市、区依次为：西藏自治区、上海市、北京市、江西省、天津市、重庆市、福建省、河南省、海南省、吉林省；2010年排在前10位的省、市、区依次为：西藏自治区、上海市、江西省、北京市、海南省、吉林省、福建省、安徽省、重庆市、黑龙江省。

从上述资源环境竞争力排位升降的省、市、区看，广西壮族自治区资源环境竞争力排位上升 3 位，是由水环境竞争力排位上升 4 位、土地环境竞争力上升 2 位、大气环境竞争力上升 18 位、矿产环境竞争力上升 1 位共同推动的；陕西省资源环境竞争力排位下降了 4 位，是受到大气环境竞争力排位下降 4 位、能源环境竞争力排位下降 3 位的影响。

## 5  全国环境管理竞争力评价分析

### 5.1  全国环境管理竞争力评价结果

根据环境管理竞争力的指标体系和数学模型，课题组对 2010～2012 年全国 31 个省、市、区的环境管理竞争力进行评价，图 5 - 1、图 5 - 2、图 5 - 3 和表 5 - 1 是本评价期内环境管理竞争力排位和排位变化情况及其下属 2 个三级指标的评价结果。

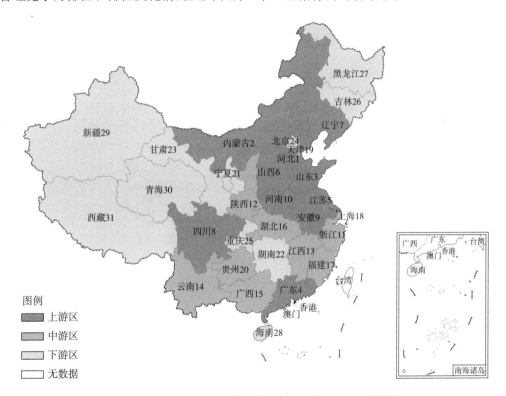

图 5 - 1  2010 年全国各省、市、区环境管理竞争力排位图

从 2012 年全国 31 个省、市、区的环境管理竞争力综合评价来看，有 6 个省份在 60 分以上，5 个省份在 50～60 分，12 个省份在 40～50 分，7 个省份在 30～40 分，30 分以下的只有 1 个省份，即最低分的西藏，仅为 0.9 分。环境管理竞争力的得分分布比较集中，主要集中在 30～50 分。

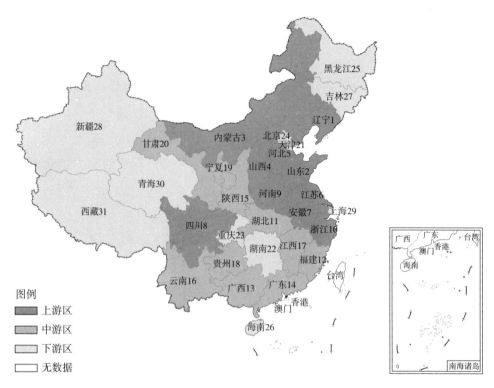

图例
上游区
中游区
下游区
无数据

图 5 - 2　2012 年全国各省、市、区环境管理竞争力排位图

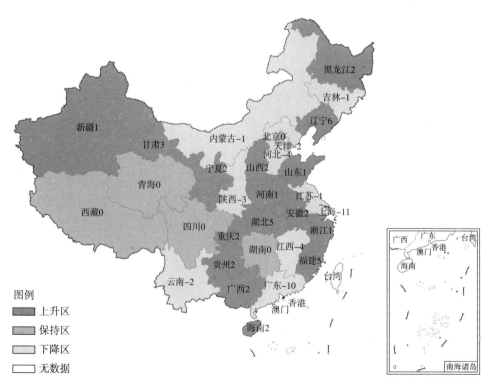

图例
上升区
保持区
下降区
无数据

图 5 - 3　2010～2012 年全国各省、市、区环境管理竞争力排位变化图

表 5 - 1   2010～2012 年全国各省、市、区环境管理竞争力评价比较表

| 项目<br>地区 | 2012 年 | | | 2011 年 | | | 2010 年 | | | 综合<br>变化 |
|---|---|---|---|---|---|---|---|---|---|---|
| | 环境治理<br>竞争力 | 环境友好<br>竞争力 | 环境管理<br>竞争力 | 环境治理<br>竞争力 | 环境友好<br>竞争力 | 环境管理<br>竞争力 | 环境治理<br>竞争力 | 环境友好<br>竞争力 | 环境管理<br>竞争力 | |
| 北 京 | 15.3<br>26 | 56.1<br>25 | 38.2<br>24 | 9.1<br>29 | 56.9<br>24 | 36.0<br>27 | 12.8<br>27 | 55.7<br>22 | 36.9<br>24 | 1.3<br>0 |
| 天 津 | 8.7<br>28 | 68.8<br>12 | 42.5<br>21 | 10.5<br>28 | 68.6<br>11 | 43.2<br>20 | 10.1<br>29 | 65.3<br>11 | 41.2<br>19 | 1.4<br>-2 |
| 河 北 | 47.8<br>4 | 79.9<br>5 | 65.9<br>5 | 48.0<br>3 | 79.1<br>4 | 65.5<br>3 | 44.1<br>3 | 90.1<br>1 | 70.0<br>1 | -4.1<br>-4 |
| 山 西 | 37.6<br>6 | 87.9<br>1 | 65.9<br>4 | 27.8<br>10 | 85.1<br>1 | 60.1<br>5 | 28.9<br>11 | 75.6<br>3 | 55.2<br>6 | 10.8<br>2 |
| 内蒙古 | 44.3<br>5 | 84.6<br>3 | 67.0<br>3 | 36.6<br>6 | 71.3<br>8 | 56.1<br>7 | 51.2<br>2 | 71.3<br>4 | 62.5<br>2 | 4.5<br>-1 |
| 辽 宁 | 48.5<br>3 | 86.1<br>2 | 69.6<br>1 | 50.8<br>1 | 84.6<br>2 | 69.8<br>1 | 31.4<br>7 | 70.4<br>5 | 53.3<br>7 | 16.3<br>6 |
| 吉 林 | 12.2<br>27 | 52.9<br>26 | 35.1<br>27 | 15.4<br>23 | 53.8<br>27 | 37.0<br>26 | 17.2<br>22 | 48.9<br>24 | 35.0<br>26 | 0.1<br>-1 |
| 黑龙江 | 20.5<br>19 | 48.8<br>27 | 36.4<br>25 | 24.0<br>16 | 49.2<br>28 | 38.2<br>25 | 22.5<br>16 | 40.6<br>28 | 32.6<br>27 | 3.8<br>2 |
| 上 海 | 15.9<br>25 | 48.4<br>29 | 34.2<br>29 | 17.1<br>21 | 59.5<br>21 | 41.0<br>21 | 18.1<br>21 | 59.9<br>18 | 41.6<br>18 | -7.4<br>-11 |
| 江 苏 | 49.4<br>2 | 72.8<br>8 | 62.5<br>6 | 44.3<br>4 | 73.1<br>7 | 60.5<br>4 | 41.8<br>4 | 67.4<br>8 | 56.2<br>5 | 6.3<br>-1 |
| 浙 江 | 29.1<br>12 | 66.8<br>15 | 50.3<br>10 | 24.0<br>15 | 66.0<br>14 | 47.6<br>14 | 29.4<br>9 | 62.5<br>15 | 48.0<br>11 | 2.3<br>1 |
| 安 徽 | 33.5<br>7 | 77.1<br>7 | 58.0<br>7 | 33.7<br>7 | 74.9<br>6 | 56.9<br>6 | 29.3<br>10 | 65.4<br>10 | 49.6<br>9 | 8.4<br>2 |
| 福 建 | 20.9<br>17 | 72.2<br>10 | 49.8<br>12 | 13.1<br>26 | 69.2<br>11 | 44.6<br>16 | 15.4<br>24 | 65.9<br>9 | 43.8<br>17 | 5.9<br>5 |
| 江 西 | 29.3<br>11 | 61.4<br>19 | 47.3<br>17 | 24.2<br>14 | 58.3<br>22 | 43.4<br>18 | 21.4<br>17 | 67.5<br>7 | 47.4<br>13 | 0.0<br>-4 |
| 山 东 | 49.8<br>1 | 81.9<br>4 | 67.8<br>2 | 49.5<br>2 | 82.9<br>3 | 68.3<br>2 | 37.4<br>5 | 76.4<br>2 | 59.3<br>3 | 8.5<br>1 |
| 河 南 | 18.9<br>23 | 77.2<br>6 | 51.7<br>9 | 27.3<br>11 | 75.2<br>5 | 54.2<br>8 | 24.3<br>15 | 68.3<br>6 | 49.1<br>10 | 2.6<br>1 |
| 湖 北 | 29.3<br>10 | 66.4<br>17 | 50.2<br>11 | 36.9<br>5 | 64.8<br>18 | 52.6<br>9 | 25.3<br>12 | 59.7<br>19 | 44.6<br>16 | 5.6<br>5 |
| 湖 南 | 20.6<br>18 | 59.5<br>21 | 42.5<br>22 | 22.0<br>17 | 59.8<br>20 | 43.2<br>19 | 21.2<br>19 | 51.5<br>23 | 38.2<br>22 | 4.3<br>0 |

续表

| 地区 | 项目 | 2012 年 | | | 2011 年 | | | 2010 年 | | | 综合变化 |
|---|---|---|---|---|---|---|---|---|---|---|---|
| | | 环境治理竞争力 | 环境友好竞争力 | 环境管理竞争力 | 环境治理竞争力 | 环境友好竞争力 | 环境管理竞争力 | 环境治理竞争力 | 环境友好竞争力 | 环境管理竞争力 | |
| 广东 | | 22.9 | 68.0 | 48.2 | 26.7 | 64.8 | 48.1 | 51.3 | 61.1 | 56.8 | -8.6 |
| | | 16 | 14 | 14 | 12 | 17 | 13 | 1 | 17 | 4 | -10 |
| 广西 | | 18.7 | 72.6 | 49.0 | 17.0 | 64.9 | 44.0 | 21.2 | 65.2 | 46.0 | 3.0 |
| | | 24 | 9 | 13 | 22 | 16 | 17 | 18 | 12 | 15 | 2 |
| 海南 | | 7.7 | 58.2 | 36.1 | 3.1 | 56.3 | 33.0 | 6.3 | 46.5 | 28.9 | 7.2 |
| | | 30 | 22 | 26 | 31 | 25 | 28 | 30 | 27 | 28 | 2 |
| 重庆 | | 19.3 | 57.2 | 40.6 | 19.5 | 57.4 | 40.8 | 19.9 | 47.2 | 35.3 | 5.3 |
| | | 22 | 24 | 23 | 18 | 23 | 22 | 20 | 26 | 25 | 2 |
| 四川 | | 30.6 | 70.3 | 53.0 | 32.2 | 66.3 | 51.7 | 34.3 | 63.5 | 50.8 | 2.2 |
| | | 8 | 11 | 8 | 8 | 13 | 11 | 6 | 13 | 8 | 0 |
| 贵州 | | 19.5 | 68.1 | 46.8 | 18.7 | 65.7 | 45.1 | 15.4 | 59.6 | 40.3 | 6.6 |
| | | 20 | 13 | 18 | 20 | 15 | 15 | 23 | 20 | 20 | 2 |
| 云南 | | 30.3 | 61.2 | 47.7 | 28.2 | 70.6 | 52.1 | 24.8 | 62.6 | 46.0 | 1.7 |
| | | 9 | 20 | 16 | 9 | 9 | 10 | 14 | 14 | 14 | -2 |
| 西藏 | | 2.0 | 0.0 | 0.9 | 14.9 | 0.0 | 6.5 | 1.4 | 0.0 | 0.6 | 0.3 |
| | | 31 | 31 | 31 | 24 | 31 | 31 | 31 | 31 | 31 | 0 |
| 陕西 | | 23.4 | 66.6 | 47.7 | 24.6 | 67.4 | 48.7 | 29.7 | 61.5 | 47.6 | 0.1 |
| | | 14 | 16 | 15 | 13 | 12 | 12 | 8 | 16 | 12 | -3 |
| 甘肃 | | 24.9 | 57.7 | 43.3 | 19.5 | 55.5 | 39.7 | 25.1 | 47.7 | 37.8 | 5.5 |
| | | 13 | 23 | 20 | 19 | 26 | 23 | 13 | 25 | 23 | 3 |
| 青海 | | 7.9 | 48.6 | 30.8 | 6.8 | 49.1 | 30.6 | 11.0 | 33.9 | 23.8 | 6.9 |
| | | 29 | 28 | 30 | 30 | 29 | 29 | 28 | 30 | 30 | 0 |
| 宁夏 | | 19.3 | 62.5 | 43.6 | 13.3 | 59.8 | 39.5 | 14.9 | 59.0 | 39.7 | 3.9 |
| | | 21 | 18 | 19 | 25 | 19 | 24 | 25 | 21 | 21 | 2 |
| 新疆 | | 23.3 | 42.9 | 34.3 | 11.5 | 42.7 | 29.1 | 14.6 | 36.1 | 26.7 | 7.6 |
| | | 15 | 30 | 28 | 27 | 30 | 30 | 26 | 29 | 29 | 1 |
| 最高分 | | 49.8 | 87.9 | 69.6 | 50.8 | 85.1 | 69.8 | 51.3 | 90.1 | 70.0 | -0.4 |
| 最低分 | | 2.0 | 0.0 | 0.9 | 3.1 | 0.0 | 6.5 | 1.4 | 0.0 | 0.6 | 0.3 |
| 平均分 | | 25.2 | 64.0 | 47.0 | 24.2 | 63.0 | 46.0 | 24.2 | 58.3 | 43.4 | 3.6 |
| 标准差 | | 12.9 | 16.7 | 13.9 | 12.6 | 15.6 | 12.8 | 12.1 | 16.2 | 13.1 | 0.8 |

注：各地区对应的两行数据中，上一行为指标得分，下一行为指标排名。

从得分的变化情况来看，2012 年，环境管理竞争力的最高得分为 69.6 分，比 2010 年下降了 0.4 分；最低得分为 0.9 分，比 2010 年上升了 0.3 分；平均分为 47.0 分，比 2010 年上升了 3.6 分。这表明全国整体的环境管理竞争力水平有所上升。反映在三级指标上，则是环境友好竞争力的得分变化最快，平均分上升了 5.7 分，上升幅度明显；而环境治理竞争力的平均分仅上升了 1 分。

从得分的差异来看，2012 年，环境管理竞争力的标准差为 13.9，比 2010 年上升了 0.8。

环境友好竞争力的标准差非常高，为 16.7，表明环境友好竞争力的地区差异比较大，是影响各地区环境管理竞争力差异的最主要因素。而环境治理竞争力的标准差也比较大，为 12.9，表明环境治理竞争力对各地区环境管理竞争力差异的影响也比较大。2010 年的情况与 2012 年类似。

通过对比 2010~2012 年各地区环境管理竞争力的得分及差异变化可知，环境管理竞争力的整体水平有较大幅度的上升，但环境管理竞争力的地区间差异呈扩大趋势，而环境友好竞争力是地区间差异扩大的最主要原因，当然环境治理竞争力在一定程度上也促进了环境管理竞争力的提升和区域间差异的扩大。

### 5.2 全国环境管理竞争力排序变化比较

从图 5-4 可以看出，2012 年与 2010 年相比，环境管理竞争力排位上升的有 16 个省份，上升幅度最大的是辽宁省，上升了 6 位，其次是湖北省和福建省，均上升了 5 位，甘肃省上升了 3 位，山西省、黑龙江省、安徽省、广西壮族自治区、海南省、重庆市、贵州省、宁夏回族自治区上升了 2 位，浙江省、山东省、河南省、新疆维吾尔自治区上升了 1 位；5 个省份的排位没有变化，分别为北京市、湖南省、四川省、西藏自治区、青海省；排位下降的有 10 个省份，下降幅度最大的是上海市，下降了 11 位，广东省下降了 10 位，河北省和江西省下降了 4 位，陕西省下降了 3 位，天津市和云南省下降了 2 位，内蒙古自治区、吉林省和江苏省下降了 1 位。

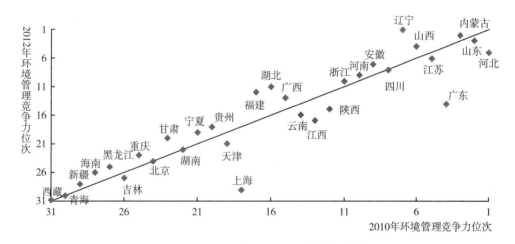

**图 5-4 2010~2012 年全国各省、市、区环境管理竞争力位次变化图**

注：位于直线上的省、市、区两年的排名相同；直线上方的 2012 年位次比 2010 年高，排位上升；直线下方的 2012 年位次比 2010 年低，排位下降。

### 5.3 全国环境管理竞争力跨区段变化情况

2012 年全国 31 个省、市、区环境管理竞争力处于上游区（1~10 位）的依次是：辽宁省、山东省、内蒙古自治区、山西省、河北省、江苏省、安徽省、四川省、河南省、浙江省；排在中游区（11~20 位）的依次为：湖北省、福建省、广西壮族自治区、广东省、陕

西省、云南省、江西省、贵州省、宁夏回族自治区、甘肃省；处于下游区（21～31位）的依次为：天津市、湖南省、重庆市、北京市、黑龙江省、海南省、吉林省、新疆维吾尔自治区、上海市、青海省、西藏自治区。

2010年全国31个省、市、区环境管理竞争力处于上游区（1～10位）的依次是：河北省、内蒙古自治区、山东省、广东省、江苏省、山西省、辽宁省、四川省、安徽省、河南省；排在中游区（11～20位）的依次为：浙江省、陕西省、江西省、云南省、广西壮族自治区、湖北省、福建省、上海市、天津市、贵州省；处于下游区（21～31位）的依次为：宁夏回族自治区、湖南省、甘肃省、北京市、重庆市、吉林省、黑龙江省、海南省、新疆维吾尔自治区、青海省、西藏自治区。

不同区段是衡量竞争力水平高低的重要标志。在评价期内，一些省、市、区环境管理竞争力排位出现了跨区段变化。在跨区段上升方面，浙江省由中游区升入上游区，宁夏回族自治区和甘肃省由下游区升入中游区。在跨区段下降方面，广东省由上游区降入中游区，上海市和天津市由中游区降入下游区。

### 5.4 全国环境管理竞争力动因分析

作为环境竞争力的二级指标，环境管理竞争力的变化是三级指标变化综合作用的结果，表5-1还列出了2个三级指标的变化情况。

环境治理竞争力方面，2012年排在前10位的省、市、区依次为：山东省、江苏省、辽宁省、河北省、内蒙古自治区、山西省、安徽省、四川省、云南省、湖北省；2010年排在前10位的省、市、区依次为广东省、内蒙古自治区、河北省、江苏省、山东省、四川省、辽宁省、陕西省、浙江省、安徽省。

环境友好竞争力方面，2012年排在前10位的省、市、区依次为：山西省、辽宁省、内蒙古自治区、山东省、河北省、河南省、安徽省、江苏省、广西壮族自治区、福建省；2010年排在前10位的省、市、区依次为：河北省、山东省、山西省、内蒙古自治区、辽宁省、河南省、江西省、江苏省、福建省、安徽省。

从上述环境管理竞争力排位跨区段升降的省、市、区看，宁夏回族自治区的环境管理竞争力排位上升2位，由下游区升入中游区，是由环境治理竞争力排位上升4位和环境友好竞争力排位上升3位共同推动的；上海市的环境管理竞争力排位下降了11位，是受到环境治理竞争力排位下降4位和环境友好竞争力排位下降11位的影响。

## 6 全国环境影响竞争力评价分析

### 6.1 全国环境影响竞争力评价结果

根据环境影响竞争力的指标体系和数学模型，课题组对2010～2012年全国31个省、市、区的环境影响竞争力进行评价，图6-1、图6-2、图6-3和表6-1是本评价期内环境影响竞争力排位和排位变化情况及其下属2个三级指标的评价结果。

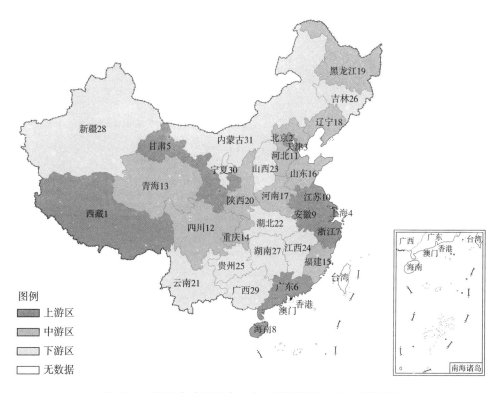

**图 6-1　2010 年全国各省、市、区环境影响竞争力排位图**

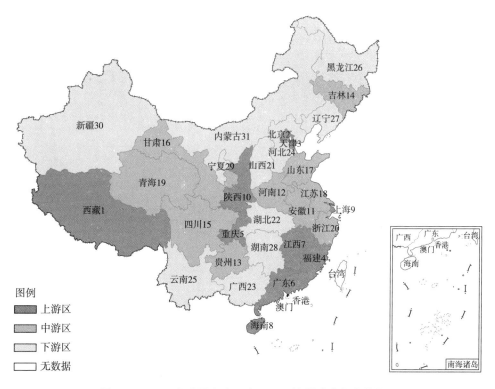

**图 6-2　2012 年全国各省、市、区环境影响竞争力排位图**

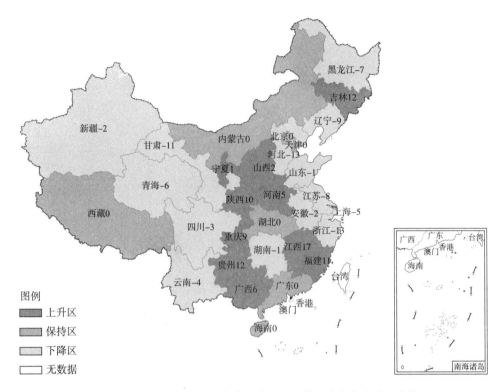

**图例**
- 上升区
- 保持区
- 下降区
- 无数据

图 6-3　2010～2012 年全国各省、市、区环境影响竞争力排位变化图

表 6-1　2010～2012 年全国各省、市、区环境影响竞争力评价比较表

| 项目地区 | 2012 年 | | | 2011 年 | | | 2010 年 | | | 综合变化 |
|---|---|---|---|---|---|---|---|---|---|---|
| | 环境安全竞争力 | 环境质量竞争力 | 环境影响竞争力 | 环境安全竞争力 | 环境质量竞争力 | 环境影响竞争力 | 环境安全竞争力 | 环境质量竞争力 | 环境影响竞争力 | |
| 北京 | 83.3 5 | 84.7 2 | 84.1 2 | 87.0 3 | 83.8 2 | 85.1 2 | 84.6 2 | 89.4 2 | 87.4 2 | -3.40 |
| 天津 | 87.0 1 | 78.1 4 | 81.8 3 | 90.5 1 | 80.1 4 | 84.4 3 | 90.3 1 | 81.3 5 | 85.0 3 | -3.30 |
| 河北 | 64.4 26 | 68.4 19 | 66.7 24 | 75.3 16 | 69.7 19 | 72.1 16 | 78.5 10 | 74.2 16 | 76.0 11 | -9.3 -13 |
| 山西 | 80.1 10 | 59.2 28 | 67.9 21 | 61.0 26 | 63.0 28 | 62.2 27 | 76.7 13 | 62.4 27 | 68.3 23 | -0.4 2 |
| 内蒙古 | 57.1 30 | 44.2 29 | 49.6 31 | 59.0 27 | 48.4 29 | 52.8 31 | 57.2 27 | 53.7 30 | 55.1 31 | -5.6 0 |
| 辽宁 | 64.1 27 | 62.9 25 | 63.4 27 | 82.9 6 | 67.1 22 | 73.7 10 | 74.7 16 | 70.4 24 | 72.2 18 | -8.8 -9 |
| 吉林 | 83.3 4 | 65.1 24 | 72.7 14 | 77.6 12 | 66.6 25 | 71.2 17 | 59.9 26 | 71.2 22 | 66.5 26 | 6.2 12 |
| 黑龙江 | 71.7 21 | 62.0 26 | 66.0 26 | 77.0 13 | 66.3 26 | 70.8 19 | 65.9 21 | 75.7 14 | 71.6 19 | -5.6 -7 |

续表

| 项目<br>地区 | 2012年 | | | 2011年 | | | 2010年 | | | 综合变化 |
|---|---|---|---|---|---|---|---|---|---|---|
| | 环境安全竞争力 | 环境质量竞争力 | 环境影响竞争力 | 环境安全竞争力 | 环境质量竞争力 | 环境影响竞争力 | 环境安全竞争力 | 环境质量竞争力 | 环境影响竞争力 | |
| 上海 | 79.3<br>12 | 71.7<br>10 | 74.9<br>9 | 79.9<br>9 | 73.5<br>12 | 76.1<br>6 | 82.0<br>7 | 78.2<br>9 | 79.8<br>4 | -4.9<br>-5 |
| 江苏 | 78.1<br>15 | 65.5<br>23 | 70.8<br>18 | 80.3<br>8 | 66.6<br>24 | 72.3<br>14 | 83.7<br>4 | 70.7<br>23 | 76.1<br>10 | -5.3<br>-8 |
| 浙江 | 70.6<br>22 | 69.9<br>16 | 70.2<br>20 | 65.1<br>24 | 70.9<br>17 | 68.5<br>22 | 83.8<br>3 | 73.0<br>20 | 77.5<br>7 | -7.3<br>-13 |
| 安徽 | 77.4<br>16 | 71.2<br>11 | 73.8<br>11 | 75.7<br>15 | 73.1<br>13 | 74.2<br>7 | 75.3<br>14 | 77.7<br>10 | 76.7<br>9 | -2.9<br>-2 |
| 福建 | 86.6<br>2 | 74.5<br>6 | 79.5<br>4 | 83.6<br>5 | 76.0<br>6 | 79.2<br>4 | 70.8<br>20 | 74.5<br>15 | 73.0<br>15 | 6.6<br>11 |
| 江西 | 79.2<br>13 | 72.7<br>8 | 75.5<br>7 | 65.8<br>23 | 74.0<br>10 | 70.6<br>21 | 54.3<br>28 | 77.3<br>11 | 67.7<br>24 | 7.8<br>17 |
| 山东 | 72.6<br>20 | 69.9<br>17 | 71.0<br>17 | 72.5<br>20 | 71.8<br>15 | 72.1<br>15 | 72.8<br>17 | 73.1<br>19 | 73.0<br>16 | -2.0<br>-1 |
| 河南 | 75.4<br>19 | 71.1<br>12 | 72.9<br>12 | 68.2<br>21 | 72.6<br>14 | 70.8<br>18 | 71.9<br>19 | 73.2<br>18 | 72.7<br>17 | 0.2<br>5 |
| 湖北 | 68.4<br>24 | 66.3<br>21 | 67.2<br>22 | 56.4<br>28 | 66.8<br>23 | 62.4<br>26 | 63.5<br>23 | 72.2<br>21 | 68.6<br>22 | -1.4<br>0 |
| 湖南 | 42.6<br>31 | 74.4<br>7 | 61.1<br>28 | 33.5<br>31 | 76.3<br>5 | 58.4<br>29 | 51.7<br>30 | 77.0<br>12 | 66.4<br>27 | -5.3<br>-1 |
| 广东 | 79.7<br>11 | 72.7<br>9 | 75.6<br>6 | 73.3<br>19 | 74.7<br>8 | 74.1<br>8 | 75.3<br>15 | 79.7<br>8 | 77.9<br>6 | -2.3<br>0 |
| 广西 | 68.6<br>23 | 66.1<br>22 | 67.2<br>23 | 63.0<br>25 | 69.0<br>20 | 66.5<br>24 | 62.9<br>24 | 59.8<br>28 | 61.1<br>29 | 6.1<br>6 |
| 海南 | 82.2<br>8 | 69.8<br>18 | 75.0<br>8 | 76.1<br>14 | 70.6<br>18 | 72.9<br>12 | 82.0<br>8 | 74.1<br>17 | 77.4<br>8 | -2.4<br>0 |
| 重庆 | 80.4<br>9 | 75.5<br>5 | 77.6<br>5 | 78.1<br>11 | 75.1<br>7 | 76.4<br>5 | 82.6<br>6 | 66.4<br>26 | 73.2<br>14 | 4.4<br>9 |
| 四川 | 58.1<br>29 | 82.0<br>3 | 72.0<br>15 | 54.1<br>29 | 82.5<br>3 | 70.7<br>20 | 60.9<br>25 | 83.0<br>4 | 73.8<br>12 | -1.7<br>-3 |
| 贵州 | 76.6<br>17 | 70.1<br>14 | 72.8<br>13 | 53.3<br>30 | 74.4<br>9 | 65.6<br>25 | 48.2<br>31 | 81.2<br>6 | 67.4<br>25 | 5.3<br>12 |
| 云南 | 61.6<br>28 | 69.9<br>15 | 66.4<br>25 | 67.7<br>22 | 68.4<br>21 | 68.1<br>23 | 52.2<br>29 | 83.5<br>3 | 70.5<br>21 | -4.1<br>-4 |
| 西藏 | 82.2<br>7 | 94.7<br>1 | 89.5<br>1 | 87.1<br>2 | 95.1<br>1 | 91.7<br>1 | 78.5<br>11 | 94.7<br>1 | 87.9<br>1 | 1.6<br>0 |
| 陕西 | 78.9<br>14 | 71.1<br>13 | 74.3<br>10 | 73.6<br>18 | 73.9<br>11 | 73.8<br>9 | 64.1<br>22 | 76.6<br>13 | 71.4<br>20 | 2.9<br>10 |

续表

| 项目<br>地区 | 2012 年 | | | 2011 年 | | | 2010 年 | | | 综合<br>变化 |
|---|---|---|---|---|---|---|---|---|---|---|
| | 环境安全<br>竞争力 | 环境质量<br>竞争力 | 环境影响<br>竞争力 | 环境安全<br>竞争力 | 环境质量<br>竞争力 | 环境影响<br>竞争力 | 环境安全<br>竞争力 | 环境质量<br>竞争力 | 环境影响<br>竞争力 | |
| 甘 肃 | 75.9<br>18 | 68.4<br>20 | 71.5<br>16 | 74.4<br>17 | 71.2<br>16 | 72.5<br>13 | 77.5<br>12 | 80.4<br>7 | 79.2<br>5 | -7.7<br>-11 |
| 青 海 | 84.9<br>3 | 59.9<br>27 | 70.3<br>19 | 85.6<br>4 | 65.1<br>27 | 73.6<br>11 | 80.1<br>9 | 68.9<br>25 | 73.5<br>13 | -3.3<br>-6 |
| 宁 夏 | 82.7<br>6 | 40.0<br>30 | 57.8<br>29 | 81.9<br>7 | 39.1<br>31 | 56.9<br>30 | 83.4<br>5 | 35.7<br>31 | 55.6<br>30 | 2.2<br>1 |
| 新 疆 | 67.1<br>25 | 38.8<br>31 | 50.6<br>30 | 79.5<br>10 | 45.2<br>30 | 59.8<br>28 | 72.7<br>18 | 56.5<br>29 | 63.3<br>28 | -12.7<br>-2 |
| 最高分 | 87.0 | 94.7 | 89.5 | 90.5 | 95.1 | 91.7 | 90.3 | 94.7 | 87.9 | 1.6 |
| 最低分 | 42.6 | 38.8 | 49.6 | 33.5 | 39.1 | 52.8 | 48.2 | 35.7 | 55.1 | -5.6 |
| 平均分 | 74.2 | 68.1 | 70.6 | 72.2 | 70.0 | 70.9 | 71.5 | 73.1 | 72.4 | -1.8 |
| 标准差 | 10.1 | 11.5 | 8.5 | 12.3 | 10.7 | 8.2 | 11.4 | 11.1 | 7.8 | 0.7 |

注：各地区对应的两行数据中，上一行为指标得分，下一行为指标排名。

从 2012 年全国 31 个省、市、区的环境影响竞争力综合评价来看，环境影响竞争力的得分比较高，有 1 个省份达到 89.5 分，共有 3 个省份在 80～90 分，17 个省份在 70～80 分，8 个省份在 60～70 分，在 60 分以下的只有 3 个省份，即宁夏回族自治区、新疆维吾尔自治区和内蒙古自治区。环境影响竞争力的得分分布比较集中，主要集中在 70～80 分。

从得分的变化情况来看，2012 年，环境影响竞争力的最高得分为 89.5 分，比 2010 年上升了 1.6 分；最低得分为 49.6 分，比 2010 年下降了 5.6 分；平均分为 70.6 分，比 2010 年下降了 1.8 分。这表明全国整体的环境影响竞争力水平有所下降。反映在三级指标上，则是环境质量竞争力的平均分下降较快，下降了 5.0 分，而环境安全竞争力的平均分则上升了 2.7 分。

从得分的差异来看，2012 年，环境影响竞争力的标准差为 8.5，比 2010 年上升了 0.7。环境质量竞争力的标准差相对较高，为 11.5，表明环境质量竞争力的地区差异比较大，是影响各地区环境影响竞争力差异的最主要因素。而环境安全竞争力的标准差相对较小，为 10.1，表明环境安全竞争力对各地区环境影响竞争力差异的影响相对较小。2010 年的情况相反，环境安全竞争力的标准差比环境质量竞争力的标准差高了 0.3，分别为 11.4 和 11.1。

通过对比 2010～2012 年各地区环境影响竞争力的得分及差异变化可知，环境影响竞争力的整体水平有一定程度的下降，且环境影响竞争力的地区间差异呈扩大趋势，环境质量竞争力的下降是造成这一现状的最主要原因。

## 6.2  全国环境影响竞争力排序变化比较

从图 6-4 可以看出，2012 年与 2010 年相比，环境影响竞争力排位上升的有 10 个省份，上升幅度最大的是江西省，上升了 17 位，其次是贵州省和吉林省，均上升了 12 位，福建省上升了 11 位，陕西省上升了 10 位，重庆市上升了 9 位，广西壮族自治区上升了 6 位，河南省上升了 5 位，山西省上升了 2 位，宁夏回族自治区上升了 1 位；7 个省份排位没有变化，分别为北京市、天津市、内蒙古自治区、湖北省、广东省、海南省、西藏自治区；排位下降的有 14 个省份，下降幅度最大的是河北省和浙江省，均下降了 13 位，其次是甘肃省，下降了 11 位，辽宁省下降了 9 位，江苏省下降了 8 位，黑龙江省下降了 7 位，青海省下降了 6 位，上海市下降了 5 位，云南省下降了 4 位，四川省下降了 3 位，安徽省和新疆维吾尔自治区下降了 2 位，山东省和湖南省下降了 1 位。

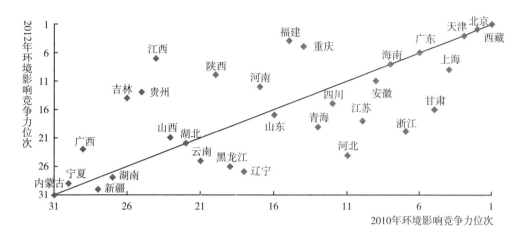

**图 6 - 4　2010 ~ 2012 年全国各省、市、区环境影响竞争力位次变化图**

注：位于直线上的省、市、区两年的排名相同；直线上方的 2012 年位次比 2010 年高，排位上升；直线下方的 2012 年位次比 2010 年低，排位下降。

## 6.3　全国环境影响竞争力跨区段变化情况

2012 年全国 31 个省、市、区环境影响竞争力处于上游区（1 ~ 10 位）的依次是：西藏自治区、北京市、天津市、福建省、重庆市、广东省、江西省、海南省、上海市、陕西省；排在中游区（11 ~ 20 位）的依次为：安徽省、河南省、贵州省、吉林省、四川省、甘肃省、山东省、江苏省、青海省、浙江省；处于下游区（21 ~ 31 位）的依次为：山西省、湖北省、广西壮族自治区、河北省、云南省、黑龙江省、辽宁省、湖南省、宁夏回族自治区、新疆维吾尔自治区、内蒙古自治区。

2010 年全国 31 个省、市、区环境影响竞争力处于上游区（1 ~ 10 位）的依次是：西藏自治区、北京市、天津市、上海市、甘肃省、广东省、浙江省、海南省、安徽省、江苏省；排在中游区（11 ~ 20 位）的依次为：河北省、四川省、青海省、重庆市、福建省、山东省、河南省、辽宁省、黑龙江省、陕西省；处于下游区（21 ~ 31 位）的依次为：云南省、湖北省、山西省、江西省、贵州省、吉林省、湖南省、新疆维吾尔自治区、广西壮族自治区、宁夏回族自治区、内蒙古自治区。

不同区段是衡量竞争力水平高低的重要标志。在评价期内，一些省、市、区环境影响竞

争力排位出现了跨区段变化。在跨区段上升方面，贵州省、吉林省由下游区升入中游区，重庆市、福建省和陕西省由中游区升入上游区，江西省由下游区升入上游区。在跨区段下降方面，甘肃省、浙江省、安徽省和江苏省由上游区降入中游区，河北省、辽宁省和黑龙江省由中游区降入下游区。

## 6.4　全国环境影响竞争力动因分析

作为环境竞争力的二级指标，环境影响竞争力的变化是三级指标变化综合作用的结果，表6-1还列出了2个三级指标的变化情况。

环境安全竞争力方面，2012年排在前10位的省、市、区依次为：天津市、福建省、青海省、吉林省、北京市、宁夏回族自治区、西藏自治区、海南省、重庆市、山西省；2010年排在前10位的省、市、区依次为：天津市、北京市、浙江省、江苏省、宁夏回族自治区、重庆市、上海市、海南省、青海省、河北省。

环境质量竞争力方面，2012年排在前10位的省、市、区依次为：西藏自治区、北京市、四川省、天津市、重庆市、福建省、湖南省、江西省、广东省、上海市；2010年排在前10位的省、市、区依次为：西藏自治区、北京市、云南省、四川省、天津市、贵州省、甘肃省、广东省、上海市、安徽省。

从上述环境影响竞争力排位跨区段升降的省、市、区看，江西省的环境影响竞争力排位上升17位，由下游区升入上游区，是由环境安全竞争力排位上升15位和环境质量竞争力排位上升3位共同推动的；河北省环境影响竞争力排位下降了13位，由中游区降入下游区，是受到环境安全竞争力排位下降16位和环境质量竞争力排位下降3位的影响。

# 7　全国环境协调竞争力评价分析

## 7.1　全国环境协调竞争力评价结果

根据环境协调竞争力的指标体系和数学模型，课题组对2010～2012年全国31个省、市、区的环境协调竞争力进行评价，图7-1、图7-2、图7-3和表7-1是本评价期内环境协调竞争力排位和排位变化情况及其下属2个三级指标的评价结果。

从2012年全国31个省、市、区的环境协调竞争力综合评价来看，19个省份在60～70分，10个省份在50～60分，2个省份在40～50分，没有低于40分的省份。环境协调竞争力的得分比较高，且分布比较集中，主要集中在60～70分。

从得分的变化情况来看，2012年，环境协调竞争力的最高得分为68.4分，比2010年降低了1.7分；最低得分为44.5分，比2010年上升了3.0分；平均分为60.4分，比2010年提高了1.0分。这表明全国整体的环境协调竞争力水平有一定提升。反映在三级指标上，则是经济与环境协调竞争力的平均分上升比较快，上升了2.3分；而人口与环境协调竞争力的平均分下降了0.9分。

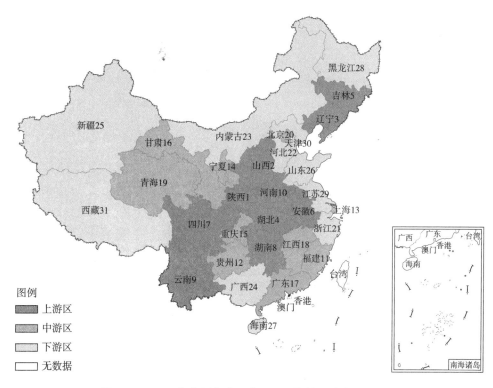

图 7 - 1　2010 年全国各省、市、区环境协调竞争力排位图

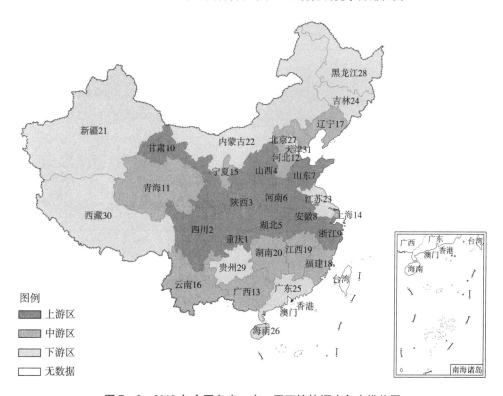

图 7 - 2　2012 年全国各省、市、区环境协调竞争力排位图

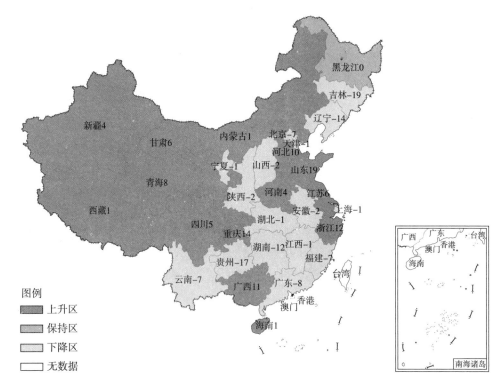

图 7 - 3　2010～2012 年全国各省、市、区环境协调竞争力排位变化图

表 7 - 1　2010～2012 年全国各省、市、区环境协调竞争力评价比较表

| 项目<br>地区 | 2012 年 | | | 2011 年 | | | 2010 年 | | | 综合<br>变化 |
|---|---|---|---|---|---|---|---|---|---|---|
| | 人口与<br>环境协调<br>竞争力 | 经济与<br>环境协调<br>竞争力 | 环境协调<br>竞争力 | 人口与<br>环境协调<br>竞争力 | 经济与<br>环境协调<br>竞争力 | 环境协调<br>竞争力 | 人口与<br>环境协调<br>竞争力 | 经济与<br>环境协调<br>竞争力 | 环境协调<br>竞争力 | |
| 北 京 | 54.4<br>9 | 58.9<br>26 | 57.1<br>27 | 56.2<br>9 | 39.1<br>31 | 45.8<br>30 | 65.1<br>2 | 55.8<br>25 | 59.4<br>20 | -2.3<br>-7 |
| 天 津 | 54.7<br>8 | 37.9<br>31 | 44.5<br>31 | 56.7<br>5 | 41.6<br>30 | 47.6<br>29 | 49.1<br>24 | 41.9<br>31 | 44.8<br>30 | -0.2<br>-1 |
| 河 北 | 45.0<br>27 | 73.8<br>7 | 62.4<br>12 | 46.7<br>25 | 73.7<br>5 | 63.0<br>9 | 48.3<br>25 | 65.2<br>17 | 58.5<br>22 | 3.9<br>10 |
| 山 西 | 49.6<br>21 | 76.2<br>3 | 65.7<br>4 | 48.3<br>23 | 81.1<br>1 | 68.2<br>2 | 50.0<br>22 | 79.6<br>2 | 67.9<br>2 | -2.2<br>-2 |
| 内蒙古 | 51.9<br>15 | 63.7<br>22 | 59.0<br>22 | 51.5<br>16 | 64.1<br>19 | 59.1<br>16 | 49.6<br>23 | 62.4<br>20 | 57.3<br>23 | 1.7<br>1 |
| 辽 宁 | 42.6<br>28 | 72.6<br>9 | 60.7<br>17 | 52.9<br>14 | 68.4<br>13 | 62.3<br>10 | 47.9<br>26 | 76.2<br>3 | 65.0<br>3 | -4.3<br>-14 |
| 吉 林 | 48.8<br>25 | 64.9<br>20 | 58.5<br>24 | 58.5<br>3 | 69.0<br>12 | 64.8<br>4 | 56.0<br>9 | 69.0<br>10 | 63.8<br>5 | -5.3<br>-19 |
| 黑龙江 | 49.5<br>22 | 57.6<br>27 | 54.4<br>28 | 61.7<br>2 | 60.5<br>20 | 61.0<br>12 | 52.1<br>16 | 55.2<br>26 | 53.9<br>28 | 0.5<br>0 |

续表

| 项目<br>地区 | 2012 年 | | | 2011 年 | | | 2010 年 | | | 综合<br>变化 |
|---|---|---|---|---|---|---|---|---|---|---|
| | 人口与<br>环境协调<br>竞争力 | 经济与<br>环境协调<br>竞争力 | 环境协调<br>竞争力 | 人口与<br>环境协调<br>竞争力 | 经济与<br>环境协调<br>竞争力 | 环境协调<br>竞争力 | 人口与<br>环境协调<br>竞争力 | 经济与<br>环境协调<br>竞争力 | 环境协调<br>竞争力 | |
| 上 海 | 77.1<br>1 | 50.7<br>30 | 61.1<br>14 | 70.4<br>1 | 43.8<br>28 | 54.3<br>22 | 79.1<br>1 | 48.8<br>29 | 60.8<br>13 | 0.3<br>−1 |
| 江 苏 | 51.3<br>16 | 63.6<br>23 | 58.8<br>23 | 56.7<br>7 | 50.7<br>26 | 53.1<br>25 | 51.5<br>18 | 51.4<br>28 | 51.4<br>29 | 7.3<br>6 |
| 浙 江 | 61.7<br>2 | 64.3<br>21 | 63.3<br>9 | 58.5<br>4 | 47.7<br>27 | 51.9<br>28 | 62.7<br>3 | 56.1<br>24 | 58.7<br>21 | 4.6<br>12 |
| 安 徽 | 55.6<br>7 | 69.6<br>13 | 64.1<br>8 | 50.6<br>18 | 74.0<br>4 | 64.7<br>5 | 55.2<br>11 | 69.2<br>9 | 63.6<br>6 | 0.4<br>−2 |
| 福 建 | 51.2<br>17 | 66.7<br>17 | 60.6<br>18 | 56.7<br>6 | 64.3<br>18 | 61.3<br>11 | 57.4<br>5 | 64.8<br>18 | 61.9<br>11 | −1.3<br>−7 |
| 江 西 | 49.1<br>24 | 67.7<br>16 | 60.3<br>19 | 49.5<br>21 | 66.4<br>17 | 59.7<br>15 | 56.8<br>6 | 61.8<br>21 | 59.8<br>18 | 0.5<br>−1 |
| 山 东 | 56.6<br>6 | 70.0<br>12 | 64.7<br>7 | 50.9<br>17 | 54.1<br>24 | 52.8<br>26 | 56.5<br>8 | 53.6<br>27 | 54.7<br>26 | 10.0<br>19 |
| 河 南 | 54.2<br>11 | 71.8<br>10 | 64.8<br>6 | 54.1<br>12 | 70.0<br>9 | 63.7<br>7 | 55.1<br>12 | 66.4<br>15 | 61.9<br>10 | 2.9<br>4 |
| 湖 北 | 52.3<br>14 | 73.7<br>8 | 65.2<br>5 | 53.7<br>13 | 69.7<br>10 | 63.4<br>8 | 55.2<br>10 | 69.6<br>7 | 63.9<br>4 | 1.3<br>−1 |
| 湖 南 | 50.2<br>20 | 66.1<br>18 | 59.8<br>20 | 50.0<br>20 | 66.9<br>15 | 60.2<br>14 | 57.5<br>4 | 66.7<br>14 | 63.1<br>8 | −3.3<br>−12 |
| 广 东 | 52.5<br>13 | 61.8<br>24 | 58.1<br>25 | 51.5<br>15 | 53.1<br>25 | 52.5<br>27 | 56.5<br>7 | 62.9<br>19 | 60.4<br>17 | −2.2<br>−8 |
| 广 西 | 49.4<br>23 | 69.2<br>14 | 61.4<br>13 | 44.5<br>27 | 67.0<br>14 | 58.1<br>18 | 51.2<br>19 | 60.6<br>22 | 56.9<br>24 | 4.5<br>11 |
| 海 南 | 54.3<br>10 | 60.0<br>25 | 57.8<br>26 | 49.0<br>22 | 58.6<br>21 | 54.8<br>21 | 45.3<br>27 | 60.5<br>23 | 54.5<br>27 | 3.3<br>1 |
| 重 庆 | 60.0<br>3 | 73.9<br>6 | 68.4<br>1 | 56.6<br>8 | 70.4<br>8 | 65.0<br>3 | 51.8<br>17 | 66.2<br>16 | 60.5<br>15 | 8.0<br>14 |
| 四 川 | 56.9<br>4 | 75.7<br>4 | 68.2<br>2 | 55.0<br>10 | 70.7<br>7 | 64.5<br>6 | 54.1<br>15 | 69.3<br>8 | 63.3<br>7 | 5.0<br>5 |
| 贵 州 | 51.0<br>18 | 53.8<br>28 | 52.7<br>29 | 47.7<br>24 | 57.2<br>22 | 53.4<br>24 | 50.2<br>21 | 68.9<br>11 | 61.5<br>12 | −8.8<br>−17 |
| 云 南 | 53.9<br>12 | 65.5<br>19 | 60.9<br>16 | 50.2<br>19 | 56.9<br>23 | 54.3<br>23 | 54.3<br>14 | 67.8<br>12 | 62.5<br>9 | −1.6<br>−7 |
| 西 藏 | 36.0<br>30 | 51.5<br>29 | 45.4<br>30 | 38.8<br>28 | 41.8<br>29 | 40.6<br>31 | 34.1<br>30 | 46.4<br>30 | 41.5<br>31 | 3.8<br>1 |
| 陕 西 | 56.7<br>5 | 74.2<br>5 | 67.3<br>3 | 54.9<br>11 | 79.6<br>2 | 69.8<br>1 | 54.5<br>13 | 80.3<br>1 | 70.1<br>1 | −2.8<br>−2 |

续表

| 项目 地区 | 2012 年 | | | 2011 年 | | | 2010 年 | | | 综合变化 |
| --- | --- | --- | --- | --- | --- | --- | --- | --- | --- | --- |
| | 人口与环境协调竞争力 | 经济与环境协调竞争力 | 环境协调竞争力 | 人口与环境协调竞争力 | 经济与环境协调竞争力 | 环境协调竞争力 | 人口与环境协调竞争力 | 经济与环境协调竞争力 | 环境协调竞争力 | |
| 甘肃 | 50.2 | 71.0 | 62.8 | 46.0 | 66.5 | 58.4 | 50.3 | 67.1 | 60.4 | 2.4 |
| | 19 | 11 | 10 | 26 | 16 | 17 | 20 | 13 | 16 | 6 |
| 青海 | 37.7 | 78.8 | 62.5 | 33.3 | 72.3 | 56.8 | 39.5 | 72.8 | 59.6 | 2.9 |
| | 29 | 2 | 11 | 31 | 6 | 19 | 28 | 6 | 19 | 8 |
| 宁夏 | 28.3 | 82.5 | 61.0 | 34.2 | 77.7 | 60.5 | 39.2 | 74.8 | 60.7 | 0.4 |
| | 31 | 1 | 15 | 29 | 3 | 13 | 29 | 4 | 14 | -1 |
| 新疆 | 45.0 | 69.0 | 59.5 | 33.7 | 69.4 | 55.2 | 30.1 | 74.3 | 56.8 | 2.6 |
| | 26 | 15 | 21 | 30 | 11 | 20 | 31 | 5 | 25 | 4 |
| 最高分 | 77.1 | 82.5 | 68.4 | 70.4 | 81.1 | 69.8 | 79.1 | 80.3 | 70.1 | -1.7 |
| 最低分 | 28.3 | 37.9 | 44.5 | 33.3 | 39.1 | 40.6 | 30.1 | 41.9 | 41.5 | 3.0 |
| 平均分 | 51.2 | 66.3 | 60.4 | 50.9 | 62.8 | 58.1 | 52.1 | 64.0 | 59.3 | 1.0 |
| 标准差 | 8.4 | 9.3 | 5.5 | 8.1 | 11.6 | 6.6 | 9.0 | 9.4 | 5.9 | -0.4 |

注：各地区对应的两行数据中，上一行为指标得分，下一行为指标排名。

从得分的差异来看，2012 年，环境协调竞争力的标准差为 5.5，比 2010 年下降了 0.4。经济与环境协调竞争力的标准差比较高，为 9.3，表明经济与环境协调竞争力的地区差异比较大，是影响各地区环境协调竞争力差异的主要因素。而人口与环境协调竞争力的标准差相对较小，为 8.4，表明人口与环境协调竞争力对各地区环境协调竞争力差异的影响相对较小。2010 年的情况类似。

通过对比 2010～2012 年各地区环境协调竞争力的得分及差异变化可知，环境协调竞争力的整体水平有一定程度的提升，地区间差异呈缩小趋势，而经济与环境协调竞争力是影响环境协调竞争力提升和地区间差异的最主要因素。

### 7.2 全国环境协调竞争力排序变化比较

从图 7-4 可以看出，2012 年与 2010 年相比，环境协调竞争力排位上升的有 14 个省份，上升幅度最大的是山东省，上升了 19 位，重庆市上升了 14 位，浙江省上升了 12 位，广西壮族自治区上升了 11 位，河北省上升了 10 位，青海省上升了 8 位，江苏省和甘肃省上升了 6 位，四川省上升了 5 位，河南省和新疆维吾尔自治区上升了 4 位，内蒙古自治区、海南省和西藏自治区上升了 1 位；只有黑龙江省的排位保持不变；排位下降的有 16 个省份，下降幅度最大的是吉林省，排位下降了 19 位，其次是贵州省，下降了 17 位，辽宁省下降了 14 位，湖南省下降了 12 位，广东省下降了 8 位，北京市、福建省和云南省下降了 7 位，山西省、安徽省和陕西省下降了 2 位，天津市、上海市、江西省、湖北省、宁夏回族自治区下降了 1 位。

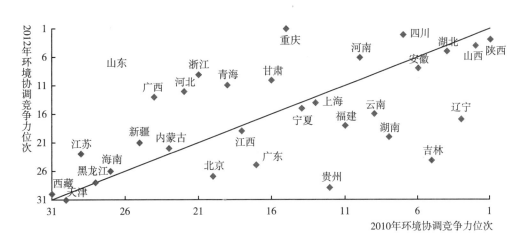

**图 7 - 4   2010 ～ 2012 年全国各省、市、区环境协调竞争力位次变化图**

注：位于直线上的省、市、区两年的排名相同；直线上方的 2012 年位次比 2010 年高，排位上升；直线下方的 2012 年位次比 2010 年低，排位下降。

### 7.3  全国环境协调竞争力跨区段变化情况

2012 年全国 31 个省、市、区环境协调竞争力处于上游区（1 ～ 10 位）的依次是：重庆市、四川省、陕西省、山西省、湖北省、河南省、山东省、安徽省、浙江省、甘肃省；排在中游区（11 ～ 20 位）的依次为：青海省、河北省、广西壮族自治区、上海市、宁夏回族自治区、云南省、辽宁省、福建省、江西省、湖南省；处于下游区（21 ～ 31 位）的依次为：新疆维吾尔自治区、内蒙古自治区、江苏省、吉林省、广东省、海南省、北京市、黑龙江省、贵州省、西藏自治区、天津市。

2010 年全国 31 个省、市、区环境协调竞争力处于上游区（1 ～ 10 位）的依次是：陕西省、山西省、辽宁省、湖北省、吉林省、安徽省、四川省、湖南省、云南省、河南省；排在中游区（11 ～ 20 位）的依次为：福建省、贵州省、上海市、宁夏回族自治区、重庆市、甘肃省、广东省、江西省、青海省、北京市；处于下游区（21 ～ 31 位）的依次为：浙江省、河北省、内蒙古自治区、广西壮族自治区、新疆维吾尔自治区、山东省、海南省、黑龙江省、江苏省、天津市、西藏自治区。

不同区段是衡量竞争力水平高低的重要标志。在评价期内，一些省、市、区环境协调竞争力排位出现了跨区段变化。在跨区段上升方面，浙江省、山东省由下游区升入上游区，河北省、广西壮族自治区由下游区升入中游区，重庆市、甘肃省由中游区升入上游区。在跨区段下降方面，吉林省由上游区降入下游区，辽宁省、湖南省、云南省由上游区降入中游区，贵州省、广东省、北京市由中游区降入下游区。

### 7.4  全国环境协调竞争力动因分析

作为环境竞争力的二级指标，环境协调竞争力的变化又是三级指标变化综合作用的结

果，表 7－1 还列出了 2 个三级指标的变化情况。

人口与环境协调竞争力方面，2012 年排在前 10 位的省、市、区依次为：上海市、浙江省、重庆市、四川省、陕西省、山东省、安徽省、天津市、北京市、海南省；2010 年排在前 10 位的省、市、区依次为：上海市、北京市、浙江省、湖南省、福建省、江西省、广东省、山东省、吉林省、湖北省。

经济与环境协调竞争力方面，2012 年排在前 10 位的省、市、区依次为：宁夏回族自治区、青海省、山西省、四川省、陕西省、重庆市、河北省、湖北省、辽宁省、河南省；2010 年排在前 10 位的省、市、区依次为：陕西省、山西省、辽宁省、宁夏回族自治区、新疆维吾尔自治区、青海省、湖北省、四川省、安徽省、吉林省。

从上述环境协调竞争力排位跨区段升降的省、市、区看，山东省环境协调竞争力排位上升 19 位，由下游区升入上游区，是人口与环境协调竞争力排位上升 2 位和经济与环境协调竞争力排位上升 15 位共同推动的；吉林省环境协调竞争力排位下降了 19 位，由上游区降入下游区，是受到人口与环境协调竞争力排位下降 16 位和经济与环境协调竞争力排位下降 10 位的影响。

# 8  全国环境竞争力变化的基本特征与重要启示

环境竞争力的评价指标体系由 1 个一级指标、5 个二级指标、14 个三级指标和 130 个四级指标构成，包括生态环境竞争力、资源环境竞争力、环境管理竞争力、环境影响竞争力和环境协调竞争力等五个方面的内容，是一个综合性的评价体系。在该体系内部，各个部分之间是紧密联系、相互渗透、相互制约的，具有内在的独特性。其评价结果综合反映了各个省份在生态环境、资源环境、环境管理、环境影响和环境协调等五个方面的综合能力和水平及其在全国的竞争地位。同时，各方面的发展又共同促进、共同影响各省域环境竞争力的排位和变化趋势，表现出一定的变化特征和规律。既有各个省份普遍存在的一般性规律，也有不同省情、市情、区情所决定的特殊规律。

本报告通过对"十二五"中期全国 31 个省、市、区环境竞争力的评价，客观、全面地分析我国各省域环境竞争力的水平、差距及其变化态势，深刻地认识和把握这些规律和特征，认清环境竞争力变化的实质和内在特性，有利于研究和发现提升环境竞争力的正确路径、方法和对策，对于指导各省域有效提升环境竞争力，并根据具体情况采取相应的对策措施具有重要意义。

## 8.1  环境竞争力是各因素综合作用的结果，综合体现了各省份的可持续发展水平

环境竞争力涵盖了生态环境、资源环境、环境管理、环境影响和环境协调等五个方面，除了受自然资源环境自身的因素影响之外，还反映了经济和社会因素对自然环境的综合影响。可以说，环境竞争力是经济、社会和自然环境的综合反映和共同结果，它全面体现了各省份可持续发展的能力和水平，可以从环境竞争力的指标体系设置中看出这一特征。此外，环境竞争力评价结果的变化也很好地体现了这一特征。

表8－1列出了2010～2012年全国各省、市、区环境竞争力的排位及变化情况。由该表可以看出，2010～2012年，全国各省份环境竞争力（一级指标）的整体排位比较稳定，变化比较小，排位处于上游区的10个省、市、区当中，有8个省份始终处于上游区。中游区和上游区的变化情况也类似，大部分省份始终处于同一个区段。环境竞争力排位的稳定性一定程度上说明，一个省份的竞争优势或劣势是多种因素长期积累、综合发展的结果。

表8－1　2010～2012年全国各省、市、区环境竞争力排位变化分析表

| 地 区 | 2012 年 | 2010 年 | 区 段 | 地 区 | 2012 年 | 2010 年 | 区 段 | 地 区 | 2012 年 | 2010 年 | 区 段 |
|---|---|---|---|---|---|---|---|---|---|---|---|
| 辽 宁 | 1 | 2 | | 山 西 | 11 | 16 | | 黑龙江 | 21 | 19 | |
| 广 东 | 2 | 1 | | 河 北 | 12 | 3 | | 吉 林 | 22 | 21 | |
| 山 东 | 3 | 7 | | 陕 西 | 13 | 14 | | 天 津 | 23 | 23 | |
| 四 川 | 4 | 5 | | 北 京 | 14 | 9 | | 贵 州 | 24 | 26 | |
| 内蒙古 | 5 | 4 | | 河 南 | 15 | 18 | | 海 南 | 25 | 24 | |
| 福 建 | 6 | 6 | 上游区 | 湖 北 | 16 | 17 | 中游区 | 甘 肃 | 26 | 22 | 下游区 |
| 江 苏 | 7 | 10 | | 重 庆 | 17 | 25 | | 上 海 | 27 | 20 | |
| 江 西 | 8 | 8 | | 湖 南 | 18 | 15 | | 青 海 | 28 | 28 | |
| 安 徽 | 9 | 13 | | 广 西 | 19 | 27 | | 西 藏 | 29 | 29 | |
| 浙 江 | 10 | 12 | | 云 南 | 20 | 11 | | 新 疆 | 30 | 30 | |
| | | | | | | | | 宁 夏 | 31 | 31 | |

"十二五"中期，环境竞争力的整体排位变化不大，有10个省份的排位变化超过了3位，其中排位变化最大的是河北省和云南省，排位均下降了9位。但二级指标的变化幅度非常大，如生态环境竞争力排位变化最大的福建省，排位下降了8位；环境影响竞争力排位变化最大的江西省，排位上升了17位；环境协调竞争力排位变化最大的山东省、吉林省，排位分别上升、下降了19位。再如，2010～2012年，甘肃省的环境竞争力排位从全国第22位下降到第26位，下降了4位。从二级指标来看，甘肃省的环境协调竞争力上升了6位，环境管理竞争力上升了3位，资源环境竞争力排位保持不变，但生态环境竞争力和环境影响竞争力的排位分别下降了2位和11位，极大地拉低了整体的排名，使得最终环境竞争力下降了4位。这说明，环境竞争力是五个二级指标共同作用的结果，对各方面都要有足够的重视，一个二级指标的大幅度变化反映在一级指标上，可能变化不会太明显，但它的短板会拖累整体竞争力的提升，导致整体环境竞争力的下降，只有各个指标均有良好表现才能支撑整体水平的优势地位。此外，这也说明对二级指标乃至三级指标、四级指标的分析至关重要，如果只是分析一级指标，可能无法正确分析环境竞争力的内在因素和变化特征，其本质很可能被表面现象所掩盖。只有加强对二级、三级和四级指标的分析，才能更深入地探究环境竞争力的本质特征及其变化的真正原因。在今后的发展过程中，各省份应该全面关注环境竞争力的各个方面，使各方面统筹协调发展、共同推进，特别是那些下降幅度较大的指标更要引起注意，只有这样才能保持环境竞争优势。

上述这些分析都说明，环境竞争力位次的提升是长期积累的结果，不是一种偶然，需要经过长期不懈的努力，逐步积累，形成一种全面、持续上升的态势。只有这样，即使某些年份因为一些特殊因素的影响，综合排位暂时受到影响，在后来的年份中也会回归到正常水平。当然，这也提醒各个省份，百舸争流，不进则退，每个省份都应不断努力，奋起直追，处于上游区的省份应该再接再厉，努力保持竞争优势，避免出现下降趋势；处于中游区和下游区的省份应该加倍努力，注重自然与经济社会协调发展，提升环境竞争力；对于那些已经处于下降趋势并处于区段边缘的省份，更要采取有效措施扭转下降趋势，以保证有利的竞争优势。

## 8.2 我国环境竞争力呈现上升趋势，但整体水平与理想状态差距仍然较远

2010～2012年，我国环境竞争力的整体平均得分分别为50.4分、50.8分和51.3分，呈逐年上升的趋势，但均只略高于50分。如果将环境竞争力水平的最高值100分视为理想标准的话，可以发现我国环境竞争力与理想状态相距甚远，整体水平还非常低，环境竞争力的整体提升还任重而道远。

我国环境竞争力整体水平较低是由生态环境竞争力、资源环境竞争力和环境管理竞争力水平较低造成的，整个"十二五"中期，它们的平均得分均未超过50分。相对而言，环境影响竞争力和环境协调竞争力的得分较高，环境影响竞争力的平均得分超过70分，环境协调竞争力的平均得分也在60分左右。

环境竞争力各二级指标的得分变化比较稳定，变化幅度最大的是环境管理竞争力，上升了3.6分。我国环境竞争力整体水平的上升主要是由环境管理竞争力、资源环境竞争力和环境协调竞争力的得分上升拉动的，"十二五"中期，它们的平均分分别上升了3.6分、1.6分和1.0分。这说明我国各省份在环境管理、资源环境和环境协调方面做得比较好，环境管理取得积极成效，资源环境状况日益改善，环境与人口和经济愈加和谐，竞争力水平有较大提高。正是在这三个指标的作用下，虽然生态环境竞争力和环境影响竞争力的得分下降，仍然使得整体的环境竞争力得分上升。今后，各省份应该在充分保持环境管理竞争力、资源环境竞争力和环境协调竞争力稳步上升的基础上，特别关注生态环境竞争力和环境影响竞争力，避免其进一步下滑。

## 8.3 我国环境竞争力在区域分布上呈现阶梯状分布，西部地区与其他地区差距非常明显

我国环境竞争力在区域上从东至西呈阶梯状分布，环境竞争力依次降低，西部地区的环境竞争力水平最低，与其他地区的差距非常明显。表8－2列出了我国四大区域环境竞争力的平均得分以及这四大区域中处于上游区的省份个数。由该表可以看出，2012年，东部地区的环境竞争力平均得分仅次于中部地区，2012年略低了0.1分，但从2010～2012年的总体情况来看，东部地区的环境竞争力得分比较稳定，而且东部地区处于上游区的省份个数最多，10个省份中，2011～2012年有50%的省份处于上游区，说明东部地区的环境竞争力最强；东北地区和中部地区的环境竞争力平均得分也比较高，均在50分以上，2010年进入上

游区的省份占比均为 33.3%；西部地区环境竞争力的平均得分最低，2012 年仅为 48.8 分，12 个省份中只有 2 个省份进入上游区，占比仅为 16.7%，而且每年均有 6 个左右省份处于下游区，说明西部地区的环境竞争力水平是最低的。

今后，东部地区应该继续巩固自身的优势地位，东北地区和中部地区应该加倍努力，争取有更多的省份进入上游区。西部地区更应该奋起直追，迎头赶上，不断加大对环境的投入和保护力度，提高环境效益，有效提升环境竞争力，争取更多的省份进入中游区和上游区，逐步缩小与其他地区的差距。

表 8－2　全国四大区域环境竞争力平均得分及上游区省份个数

| 地区 \ 指标 | 平均得分（分） | | | 上游区省份个数（个） | | |
|---|---|---|---|---|---|---|
| | 2012 年 | 2011 年 | 2010 年 | 2012 年 | 2011 年 | 2010 年 |
| 东部地区 | 52.9 | 52.2 | 52.7 | 5 | 5 | 6 |
| 中部地区 | 53.0 | 51.9 | 51.6 | 2 | 1 | 1 |
| 西部地区 | 48.8 | 48.1 | 47.7 | 2 | 2 | 2 |
| 东北地区 | 52.5 | 54.2 | 51.8 | 1 | 2 | 1 |

### 8.4　我国大气环境竞争力整体水平有所提升，大气质量略微改善

大气环境是社会各界关注的焦点。表 8－3 列出了 2010～2012 年全国各省、市、区大气环境竞争力及其下属两个指标的得分情况。

从该表可知，我国大气环境竞争力的平均得分呈波动上升趋势，2011 年比 2010 年上升了 2.3 分，但 2012 年比 2011 年降低了 0.8 分。从区域分布来看，大气环境竞争力得分比较高的省份主要有吉林、黑龙江、福建、广东、海南、江西、广西、四川、云南、西藏、青海，2012 年的得分均在 80 分以上，西部地区省份占比较大。而且西部地区大气环境竞争力的平均得分在四大区域中基本是最高的，这说明我国西部地区的大气环境具有比较大的竞争优势。而东部地区的大气环境竞争力得分最低，中部地区次之，它们的平均得分均未超过70 分；东北地区的大气环境竞争力得分也比较高，比西部地区低 1 分左右。

大气环境竞争力有两个重要的下级指标——全省设区市优良天数比例、可吸入颗粒物（PM10）浓度，虽然这两个指标只是大气环境竞争力三级指标的一部分，但是一定程度上也可以说明各个省份大气环境的基本状况。

2010～2012 年，全省设区市优良天数比例和 PM10 浓度均呈波动下降趋势，其中 PM10浓度得分下降得比较快，从 64.9 分下降到 62.8 分。分区域来看，2012 年，东北地区的全省设区市优良天数比例得分最高，平均分达到 78.4 分，而西部地区最低，为 65.5 分，中部地区和东部地区则分别达到 74.8 分和 70.1 分。虽然西部地区的整体得分比较低，但从具体省份来看，西部地区一些省份的得分非常高，如西藏达到 96.2 分，广西达到 95.4 分；其他三个地区一些省份的全省设区市优良天数比例得分也比较高，尤其是东部的海南、福建、浙江、广东等。2012 年，东北地区的 PM10 浓度得分最高，平均分达到 73.7 分，其次为西部地区，为 63.6 分，中部地区的得分最低，为 57.2 分。但从具体省份来看，西部一些省份的

得分非常高，如云南、西藏、广西，分别为 96.3 分、95.1 分和 88.9 分，只比海南（100
分）和广东（97.5 分）略低。东部一些省份的得分非常低，如山东、北京、天津，均未超
过 30 分，其中山东是全国所有省份中得分最低的。

总体来说，"十二五"中期，我国的大气环境竞争力整体水平有所提升，大气环境有所
改善。西部地区和东北地区的大气环境竞争力水平较高，中部地区和东部地区的大气环境竞
争力水平相对较低。

表 8-3  2010~2012 年全国各省、市、区大气环境竞争力及其下属两个指标得分情况

| 地区 \ 指标 | 2012 年 | | | 2011 年 | | | 2010 年 | | |
|---|---|---|---|---|---|---|---|---|---|
| | 大气环境竞争力 | 全省设区市优良天数比例(%) | PM10 浓度（毫克/立方米） | 大气环境竞争力 | 全省设区市优良天数比例(%) | PM10 浓度（毫克/立方米） | 大气环境竞争力 | 全省设区市优良天数比例(%) | PM10 浓度（毫克/立方米） |
| 北 京 | 73.2 | 17.6 | 24.7 | 74.8 | 30.3 | 27.5 | 73.3 | 30.3 | 29.8 |
| 天 津 | 60.7 | 36.3 | 29.6 | 67.1 | 60.3 | 50.5 | 64.8 | 49.7 | 53.8 |
| 河 北 | 45.9 | 74.0 | 64.2 | 45.9 | 77.1 | 69.2 | 53.5 | 75.2 | 74.0 |
| 上 海 | 51.6 | 77.1 | 71.6 | 52.1 | 75.2 | 74.7 | 51.3 | 75.2 | 77.9 |
| 江 苏 | 56.4 | 69.1 | 45.7 | 57.2 | 69.0 | 50.5 | 54.7 | 64.2 | 52.9 |
| 浙 江 | 76.9 | 94.7 | 70.4 | 72.4 | 70.6 | 63.7 | 72.3 | 90.0 | 73.1 |
| 福 建 | 83.7 | 98.5 | 71.6 | 84.9 | 94.2 | 74.7 | 81.0 | 90.0 | 77.9 |
| 山 东 | 42.5 | 39.3 | 0.0 | 43.5 | 48.7 | 0.0 | 41.6 | 48.7 | 0.0 |
| 广 东 | 80.3 | 94.7 | 97.5 | 80.2 | 95.5 | 93.4 | 73.0 | 92.9 | 94.2 |
| 海 南 | 98.2 | 100.0 | 100.0 | 98.5 | 100.0 | 100.0 | 98.2 | 100.0 | 100.0 |
| 东部平均分 | 66.9 | 70.1 | 57.5 | 67.7 | 72.1 | 60.4 | 66.4 | 71.6 | 63.4 |
| 山 西 | 54.4 | 81.3 | 70.4 | 55.8 | 84.2 | 73.6 | 53.3 | 84.2 | 76.9 |
| 安 徽 | 74.4 | 86.6 | 61.7 | 72.4 | 88.1 | 42.9 | 69.5 | 87.7 | 50.0 |
| 江 西 | 81.8 | 95.4 | 80.2 | 81.5 | 96.1 | 74.7 | 80.8 | 96.1 | 82.7 |
| 河 南 | 57.6 | 59.2 | 35.8 | 58.0 | 62.9 | 42.9 | 52.8 | 60.6 | 50.0 |
| 湖 北 | 72.6 | 72.5 | 30.9 | 73.3 | 74.2 | 36.3 | 73.6 | 76.5 | 42.3 |
| 湖 南 | 75.0 | 53.8 | 64.2 | 75.8 | 61.0 | 64.8 | 66.7 | 61.0 | 69.2 |
| 中部平均分 | 69.3 | 74.8 | 57.2 | 69.5 | 77.7 | 55.9 | 66.1 | 77.7 | 61.9 |
| 内 蒙 古 | 70.1 | 80.2 | 75.3 | 72.7 | 81.3 | 73.6 | 67.0 | 79.7 | 79.8 |
| 广 西 | 83.2 | 95.4 | 88.9 | 83.7 | 96.1 | 84.6 | 65.9 | 77.1 | 50.0 |
| 重 庆 | 76.7 | 72.9 | 48.1 | 76.7 | 63.9 | 53.8 | 73.1 | 63.9 | 59.6 |
| 四 川 | 80.3 | 88.2 | 76.5 | 81.7 | 92.3 | 84.6 | 75.3 | 92.3 | 81.7 |
| 贵 州 | 78.1 | 84.4 | 74.1 | 78.8 | 85.8 | 67.0 | 80.2 | 85.8 | 72.1 |
| 云 南 | 82.2 | 73.3 | 96.3 | 82.4 | 67.7 | 97.5 | 86.2 | 83.9 | 89.4 |
| 西 藏 | 98.9 | 96.2 | 95.1 | 99.0 | 96.1 | 95.6 | 99.1 | 96.2 | 96.2 |
| 陕 西 | 71.7 | 58.8 | 56.8 | 72.5 | 66.8 | 51.6 | 72.0 | 65.5 | 54.8 |
| 甘 肃 | 72.5 | 0.0 | 59.3 | 71.2 | 0.0 | 47.3 | 71.6 | 0.0 | 53.8 |
| 青 海 | 81.1 | 48.9 | 35.8 | 83.7 | 56.9 | 42.9 | 82.6 | 52.3 | 50.0 |
| 宁 夏 | 76.1 | 61.5 | 56.8 | 77.1 | 65.5 | 58.2 | 73.8 | 65.5 | 59.6 |
| 新 疆 | 61.2 | 26.0 | 0.0 | 68.3 | 38.4 | 8.8 | 67.3 | 36.5 | 18.3 |

续表

| 指标<br>地区 | 2012 年 | | | 2011 年 | | | 2010 年 | | |
|---|---|---|---|---|---|---|---|---|---|
| | 大气环境<br>竞争力 | 全省设区市<br>优良天数<br>比例（%） | PM10 浓度<br>（毫克/<br>立方米） | 大气环境<br>竞争力 | 全省设区市<br>优良天数<br>比例（%） | PM10 浓度<br>（毫克/<br>立方米） | 大气环境<br>竞争力 | 全省设区市<br>优良天数<br>比例（%） | PM10 浓度<br>（毫克/<br>立方米） |
| 西部平均分 | 77.7 | 65.5 | 63.6 | 79.0 | 67.6 | 63.8 | 76.2 | 66.6 | 63.8 |
| 辽　　宁 | 63.6 | 82.4 | 67.9 | 65.7 | 84.2 | 62.6 | 62.8 | 83.2 | 69.2 |
| 吉　　林 | 83.4 | 74.8 | 69.1 | 82.4 | 78.7 | 72.5 | 82.9 | 78.7 | 76.9 |
| 黑　龙　江 | 83.1 | 77.9 | 84.0 | 84.3 | 78.1 | 81.3 | 81.2 | 74.8 | 79.8 |
| 东北平均分 | 76.7 | 78.4 | 73.7 | 77.5 | 80.3 | 72.2 | 75.6 | 78.9 | 75.3 |
| 最　高　分 | 98.9 | 100.0 | 100.0 | 99.0 | 100.0 | 100.0 | 99.1 | 100.0 | 100.0 |
| 最　低　分 | 42.5 | 0.0 | 0.0 | 43.5 | 0.0 | 0.0 | 41.6 | 0.0 | 0.0 |
| 平　均　分 | 72.5 | 71.5 | 62.8 | 73.3 | 72.5 | 62.7 | 71.0 | 72.2 | 64.9 |

## 8.5　生态环境竞争力是环境竞争力的基础内容，也是环境竞争力的直接体现

表 8 - 4 列出了 2010 年至 2012 年各省、市、区环境竞争力得分与 5 个二级指标竞争力得分的相关系数及变化情况。

表 8 - 4　环境竞争力得分与各要素相关系数表

| 项目<br>年份 | 生态环境竞争力 | 资源环境竞争力 | 环境管理竞争力 | 环境影响竞争力 | 环境协调竞争力 |
|---|---|---|---|---|---|
| 2010 | 0.762 | 0.104 | 0.721 | 0.171 | 0.289 |
| 2011 | 0.739 | 0.114 | 0.694 | 0.167 | 0.261 |
| 2012 | 0.735 | 0.120 | 0.692 | 0.104 | 0.343 |

从表 8 - 4 来看，与环境竞争力得分相关系数最大的二级指标是生态环境竞争力，其次为环境管理竞争力，相关系数都比较大，远高于其他 3 个二级指标。说明生态环境竞争力是环境竞争力最直接的体现，也是环境竞争力的基础内容。也就是说，各省在经济社会发展过程中，保障生态环境，环境竞争力就有较好的表现。而资源环境竞争力和环境影响竞争力两个二级指标与环境竞争力得分的相关系数特别小。

图 8 - 1 和图 8 - 2 分别显示了 2010 年和 2012 年全国各省、市、区生态环境竞争力和环境竞争力排位的对比情况。从图中可以看出，各省的生态环境竞争力和环境竞争力排位都比较接近，有的省份完全相同，如广东省（2010 年）和新疆维吾尔自治区（2012 年）；当然，也有一些省份两者的排位表现出较大的差距，如河北省、山西省、四川省等，这也正说明生态环境竞争力并不能完全替代环境竞争力，只是环境竞争力的基础部分。

总之，环境竞争力是多种要素的综合反映，反映了环境与人口、经济、社会的复杂关系。而人类的各种生产、生活活动对环境产生综合影响，都要通过生态环境表现出来，所以生态环境竞争力是环境竞争力的基础内容，也是环境竞争力的直接体现。

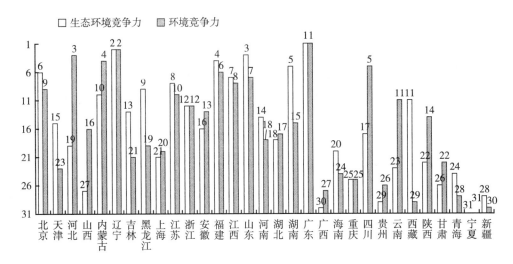

图 8-1 2010 年生态环境竞争力和环境竞争力排位对比图

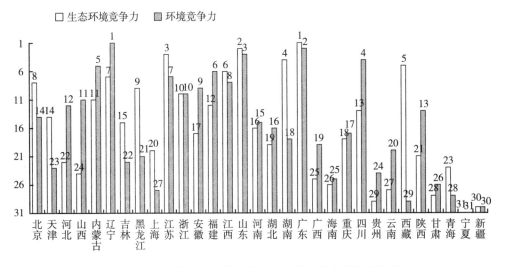

图 8-2 2012 年生态环境竞争力和环境竞争力排位对比图

## 8.6 环境管理竞争力是促进环境竞争力提升的主要因素和中坚力量，它对环境竞争力变化的影响作用显著

环境管理主要涉及环境治理和环境友好两个方面，是为达到一定的环境目标而进行的一系列综合性活动。人类在生产和生活过程中，会对环境造成很大的影响，如对环境的污染造成环境质量的下降。虽然环境具有一定的自我再生净化能力，但是如果仅仅靠环境的自身力量，环境质量的恢复将会是一个漫长的过程，甚至如果对环境破坏过度，再生能力也会受到极大破坏，形成恶性循环，环境质量将无法恢复，最终导致环境资源耗竭的恶果。而如果对环境施加有效的管理，将能有效降低人类行为对自然环境的影响、破坏，提高环境的再生能力和承载力，保证环境质量，使人与环境和谐相处，这也是国家提出环境友好型社会的一个

重要原因。因此，环境管理竞争力是反映环境竞争力的一个极为重要的指标。同时，环境管理竞争力很好地反映了环境竞争力的动态变化过程。一个地区的生态环境、资源环境相对固定，在短时期内变化较小，而环境管理行为却是可以在短期内发生很大变化的，而且它的变化对环境竞争力的影响必然是很大的。从某种程度上说，环境管理竞争力是环境竞争力提升的重要着力点。图 8 - 3 和图 8 - 4 分别显示了 2010 年和 2012 年全国各省、市、区环境管理竞争力与环境竞争力的得分变化关系。

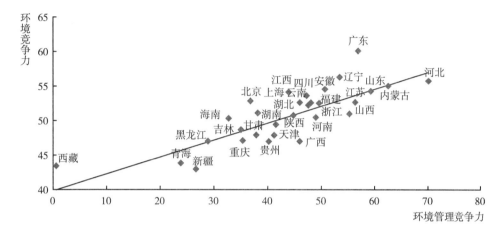

图 8 - 3　2010 年全国各省、市、区环境竞争力和环境管理竞争力得分关系

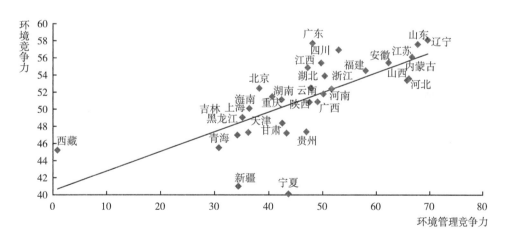

图 8 - 4　2012 年全国各省、市、区环境竞争力和环境管理竞争力得分关系

从图中可以看出，各省、市、区环境竞争力和环境管理竞争力基本上是同方向变化的，具有明显的正向线性关系，大部分省份都聚集在趋势线附近。也就是说，环境管理竞争力指标得分较高的省份，其环境竞争力指标得分也比较高，2010 年和 2012 年的图形非常接近。不管是处于上游区、中游区还是下游区的省份，它们的环境竞争力排名升降与环境管理竞争力的排名升降基本同方向变动，两者关系密切。而且可以发现，环境管理竞争力处于上游区的省份，其环境竞争力排名也大多处于上游区；环境管理竞争力处于中游区的省份，其环境

竞争力排名也大多处于中游区；下游区的情况也类似。当然，也有几个比较特殊的省份，如广东省、江西省、四川省、新疆维吾尔自治区和宁夏回族自治区等就较大幅度地偏离了趋势线，说明两者存在不一致性，这也说明环境管理竞争力对环境竞争力有直接的影响，但同时还要受到其他因素的影响。

综合来看，环境管理竞争力是促进环境竞争力提升的主要因素和中坚力量，它对环境竞争力变化的影响作用显著。因此，各省份要大力提升环境竞争力，必须紧紧抓住环境管理竞争力这一关键指标。特别是一些环境管理竞争力处于劣势地位的省份，更应该加强对环境的管理，加大环境污染治理力度，加快环境友好建设步伐，降低人类行为对环境的不利影响，有效提升环境管理竞争力。

## 8.7 提升环境竞争力的本质是促进经济与环境协调发展，实现环境与经济相互促进、和谐共赢

环境与经济的关系，实质是环境与人的关系、经济发展与环境保护的关系，归根到底是人与自然的关系。提高环境竞争力，关键是要处理好人与自然、经济发展与环境保护的关系。提高环境竞争力的努力，也是处理经济发展与环境保护对立统一关系的客观要求。环境保护与经济发展不应该只是对立的，不能认为保护环境必然要牺牲经济发展，要发展经济就必然破坏环境，这种认识已经不能适应人和自然和谐相处的现代文明的要求。实践证明，环境与经济是可以相互促进、和谐共赢的。

我国还是发展中国家，生产力还比较低，经济发展水平还比较落后，要解决经济社会发展的基本矛盾，消除贫困，提高人民生活水平，就必须毫不动摇地把发展经济放在首位。只有经济发展起来了，才能提高生产力，提高人民生活水平和人口素质，才能增强综合国力，实现现代化。不发展经济，以落后和贫穷为代价来保护环境是不可想象的，实践证明，落后的生产方式同样对生态环境造成严重的破坏，只有生产力提高了，才能提高自然资源利用效率，只有人民生活水平提高以后，才有能力实施真正意义上的生态环境保护。图8－5显示了环境竞争力得分与各地区人均GDP的关系。

从图8－5来看，环境竞争力得分与人均GDP总体上呈先上升后下降的倒U型关系，即当人均GDP小于6万元（现价）时，人均GDP越高，环境竞争力得分越高；而当人均GDP大于6万元时，人均GDP越高，环境竞争力得分越低。西部一些省份，如宁夏回族自治区、新疆维吾尔自治区、青海省等经济欠发达省份，环境竞争力得分明显偏低。这说明，在经济发展水平达到一定程度之前，经济的发展有利于自然环境保护，可以显著提升环境竞争力；但在经济发展水平达到一定程度之后，受各种因素的制约，如自然资源禀赋的限制、环境管理的瓶颈等，经济的发展并不一定能带来更高水平的环境竞争力。

当前我国大部分省份的经济发展处于较低水平，仍须不断加快经济发展速度，快速提高经济发展水平。只有经济发展起来了，才能更有效地保护环境。但同时需要注意的是，并不是说要以牺牲环境为代价来发展经济，而是要将两者有机协调起来，走科学发展之路，切实改变经济增长和环境保护之间的对立与冲突关系，实现"包容性增长"，这样才能实现环境竞争力的提高。而要实现这个目标，必须加快转变经济发展方式，提高资源利

用效率和环境管理能力，减少对环境的破坏，实现经济与环境协调发展，从而实现环境竞争力的显著提升。

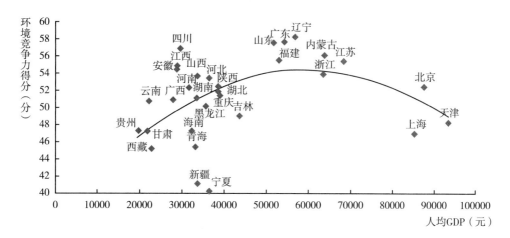

**图 8 - 5　环境竞争力和人均 GDP 关系图**

## 8.8　固强扶优、增升抑降、优化指标结构，才能有效提升环境竞争力

表 8 - 5 列出了 2012 年全国各省、市、区环境竞争力四级指标的优劣度结构，以反映竞争力指标优劣度及其结构对环境竞争力排位的影响。表 8 - 6 列出了 2012 年全国各省、市、区环境竞争力四级指标的变化趋势结构，以反映竞争力指标排位波动及其结构对环境竞争力排位的影响。

**表 8 - 5　2012 年全国各省、市、区环境竞争力四级指标优劣度结构**

单位：个，%

| 项目<br>地区 | 强势指标<br>个数及比重 | 优势指标<br>个数及比重 | 中势指标<br>个数及比重 | 劣势指标<br>个数及比重 | 强势和优势指标总数及比重 | 综合排位 | 所属区位 |
|---|---|---|---|---|---|---|---|
| 辽　宁 | 15<br>11.5 | 29<br>22.3 | 51<br>39.2 | 35<br>26.9 | 44<br>33.8 | 1 | 上游区 |
| 广　东 | 18<br>13.8 | 29<br>22.3 | 38<br>29.2 | 45<br>34.6 | 47<br>36.2 | 2 | 上游区 |
| 山　东 | 20<br>15.4 | 30<br>23.1 | 41<br>31.5 | 39<br>30.0 | 50<br>38.5 | 3 | 上游区 |
| 四　川 | 18<br>13.8 | 42<br>32.3 | 41<br>31.5 | 29<br>22.3 | 60<br>46.2 | 4 | 上游区 |
| 内蒙古 | 25<br>19.2 | 30<br>23.1 | 30<br>23.1 | 45<br>34.6 | 55<br>42.3 | 5 | 上游区 |
| 福　建 | 10<br>7.7 | 34<br>26.2 | 56<br>43.1 | 30<br>23.1 | 44<br>33.8 | 6 | 上游区 |

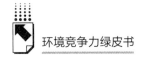

| 项目<br>地区 | 强势指标<br>个数及比重 | 优势指标<br>个数及比重 | 中势指标<br>个数及比重 | 劣势指标<br>个数及比重 | 强势和优势指标总数及比重 | 综合排位 | 所属区位 |
|---|---|---|---|---|---|---|---|
| 江 苏 | 16<br>12.3 | 28<br>21.5 | 36<br>27.7 | 50<br>38.5 | 44<br>33.8 | 7 | 上游区 |
| 江 西 | 9<br>6.9 | 33<br>25.4 | 57<br>43.8 | 31<br>23.8 | 42<br>32.3 | 8 | 上游区 |
| 安 徽 | 10<br>7.7 | 27<br>20.8 | 61<br>46.9 | 32<br>24.6 | 37<br>28.5 | 9 | 上游区 |
| 浙 江 | 14<br>10.8 | 38<br>29.2 | 30<br>23.1 | 48<br>36.9 | 52<br>40.0 | 10 | 上游区 |
| 山 西 | 11<br>8.5 | 29<br>22.3 | 49<br>37.7 | 41<br>31.5 | 40<br>30.8 | 11 | 中游区 |
| 河 北 | 17<br>13.1 | 23<br>17.7 | 44<br>33.8 | 46<br>35.4 | 40<br>30.8 | 12 | 中游区 |
| 陕 西 | 7<br>5.4 | 28<br>21.5 | 60<br>46.2 | 35<br>26.9 | 35<br>26.9 | 13 | 中游区 |
| 北 京 | 34<br>26.2 | 21<br>16.2 | 23<br>17.7 | 52<br>40.0 | 55<br>42.3 | 14 | 中游区 |
| 河 南 | 7<br>5.4 | 24<br>18.5 | 58<br>44.6 | 41<br>31.5 | 31<br>23.8 | 15 | 中游区 |
| 湖 北 | 6<br>4.6 | 20<br>15.4 | 72<br>55.4 | 32<br>24.6 | 26<br>20.0 | 16 | 中游区 |
| 重 庆 | 9<br>6.9 | 29<br>22.3 | 55<br>42.3 | 37<br>28.5 | 38<br>29.2 | 17 | 中游区 |
| 湖 南 | 8<br>6.2 | 31<br>23.8 | 55<br>42.3 | 36<br>27.7 | 39<br>30.0 | 18 | 中游区 |
| 广 西 | 4<br>3.1 | 36<br>27.7 | 50<br>38.5 | 40<br>30.8 | 40<br>30.8 | 19 | 中游区 |
| 云 南 | 22<br>16.9 | 27<br>20.8 | 37<br>28.5 | 44<br>33.8 | 49<br>37.7 | 20 | 中游区 |
| 黑龙江 | 14<br>10.8 | 34<br>26.2 | 41<br>31.5 | 41<br>31.5 | 48<br>36.9 | 21 | 下游区 |
| 吉 林 | 8<br>6.2 | 33<br>25.4 | 50<br>38.5 | 39<br>30.0 | 41<br>31.5 | 22 | 下游区 |
| 天 津 | 19<br>14.6 | 29<br>22.3 | 18<br>13.8 | 64<br>49.2 | 48<br>36.9 | 23 | 下游区 |
| 贵 州 | 10<br>7.7 | 25<br>19.2 | 51<br>39.2 | 44<br>33.8 | 35<br>26.9 | 24 | 下游区 |
| 海 南 | 24<br>18.5 | 22<br>16.9 | 29<br>22.3 | 55<br>42.3 | 46<br>35.4 | 25 | 下游区 |

| 地区＼项目 | 强势指标个数及比重 | 优势指标个数及比重 | 中势指标个数及比重 | 劣势指标个数及比重 | 强势和优势指标总数及比重 | 综合排位 | 所属区位 |
|---|---|---|---|---|---|---|---|
| 甘　肃 | 5<br>3.8 | 37<br>28.5 | 37<br>28.5 | 51<br>39.2 | 42<br>32.3 | 26 | 下游区 |
| 上　海 | 29<br>22.3 | 24<br>18.5 | 13<br>10.0 | 64<br>49.2 | 53<br>40.8 | 27 | 下游区 |
| 青　海 | 19<br>14.6 | 22<br>16.9 | 29<br>22.3 | 60<br>46.2 | 41<br>31.5 | 28 | 下游区 |
| 西　藏 | 46<br>35.4 | 11<br>8.5 | 14<br>10.8 | 59<br>45.4 | 57<br>43.8 | 29 | 下游区 |
| 新　疆 | 19<br>14.6 | 22<br>16.9 | 28<br>21.5 | 61<br>46.9 | 41<br>31.5 | 30 | 下游区 |
| 宁　夏 | 15<br>11.5 | 29<br>22.3 | 16<br>12.3 | 70<br>53.8 | 44<br>33.8 | 31 | 下游区 |

注：各地区对应的两行数据中，上一行为各类指标个数，下一行为各类指标个数占总指标数的比重。

从表8-5可以看出，上游区各省份的强势和优势指标所占比重较高，综合排位前5名的省份的平均比重达到39.4%，上游区平均比重为36.5%，而中游区平均比重为30.2%，下游区平均比重为34.7%，中下游区与上游区的差距比较大。一般来说，拥有较高比重强势和优势指标的省份，其环境竞争力将处于优势地位。当然，也存在特殊情况，如西藏自治区，它的强势和优势指标所占比重为43.8%，但它的劣势指标比重同样很高，高达45.4%，这极大地拉低了它的综合排位。上海市与西藏自治区的情况类似，它的强势和优势指标所占比重和劣势指标比重都很高，分别为40.8%和49.2%。因此，除了看强势和优势指标所占比重外，还需要综合考虑劣势指标比重。在今后的发展过程中，各省份应该有针对性地采取有效措施，继续巩固强势指标，积极扶持优势指标向强势指标转变，同时努力减少劣势指标，不断优化指标结构，只有这样，才能巩固和提升环境竞争力，保证环境竞争力的优势地位。

同样，从表8-6可以看出，上游区各省份的上升指标所占比重较高，平均比重为31.6%，只有3个省份的环境竞争力排位下降，且下降幅度较小；中游区平均比重为32.2%，有6个省份排位下降，而且下降幅度比较大；下游区平均比重为26.8%，有6个省份排位下降。一般来说，上升指标比重大于下降指标比重的省份，其环境竞争力将处于上升趋势。当然，也存在特殊情况，如吉林，它的上升指标所占比重为36.9%，下降指标比重为33.1%，两者相差3.8个百分点，但它的综合排位仍下降了1位。但总体来说，上升指标比重比较大的省份，其环境竞争力排位将上升。在今后的发展过程中，各省份应该力促有优势的指标排位上升，不断增加上升指标个数及比重，同时避免或减少劣势指标排位下降，降低下降指标个数及比重，只有这样，才能有效地促进环境竞争力整体水平的显著提升。

表8-6 2012年全国各省、市、区环境竞争力四级指标变化趋势结构

单位：个，%

| 项目<br>地区 | 上升指标<br>个数 | 保持指标<br>个数 | 下降指标<br>个数 | 变化<br>趋势 | 综合<br>排位 | 综合排位<br>变化 | 所属<br>区位 |
|---|---|---|---|---|---|---|---|
| 辽 宁 | 43<br>33.1 | 49<br>37.7 | 38<br>29.2 | 上升 | 1 | 1 | 上游区 |
| 广 东 | 31<br>23.8 | 56<br>43.1 | 43<br>33.1 | 下降 | 2 | -1 | 上游区 |
| 山 东 | 39<br>30.0 | 59<br>45.4 | 32<br>24.6 | 上升 | 3 | 4 | 上游区 |
| 四 川 | 47<br>36.2 | 50<br>38.5 | 33<br>25.4 | 上升 | 4 | 1 | 上游区 |
| 内蒙古 | 37<br>28.5 | 57<br>43.8 | 36<br>27.7 | 下降 | 5 | -1 | 上游区 |
| 福 建 | 48<br>36.9 | 52<br>40.0 | 30<br>23.1 | 保持 | 6 | 0 | 上游区 |
| 江 苏 | 36<br>27.7 | 57<br>43.8 | 37<br>28.5 | 上升 | 7 | 3 | 上游区 |
| 江 西 | 45<br>34.6 | 45<br>34.6 | 40<br>30.8 | 保持 | 8 | 0 | 上游区 |
| 安 徽 | 45<br>34.6 | 47<br>36.2 | 38<br>29.2 | 上升 | 9 | 4 | 上游区 |
| 浙 江 | 40<br>30.8 | 51<br>39.2 | 39<br>30.0 | 上升 | 10 | 2 | 上游区 |
| 山 西 | 42<br>32.3 | 51<br>39.2 | 37<br>28.5 | 上升 | 11 | 5 | 中游区 |
| 河 北 | 37<br>28.5 | 44<br>33.8 | 49<br>37.7 | 下降 | 12 | -9 | 中游区 |
| 陕 西 | 35<br>26.9 | 47<br>36.2 | 48<br>36.9 | 上升 | 13 | 1 | 中游区 |
| 北 京 | 32<br>24.6 | 68<br>52.3 | 30<br>23.1 | 下降 | 14 | -5 | 中游区 |
| 河 南 | 39<br>30.0 | 49<br>37.7 | 42<br>32.3 | 上升 | 15 | 3 | 中游区 |
| 湖 北 | 51<br>39.2 | 43<br>33.1 | 36<br>27.7 | 上升 | 16 | 1 | 中游区 |
| 重 庆 | 50<br>38.5 | 45<br>34.6 | 35<br>26.9 | 上升 | 17 | 8 | 中游区 |
| 湖 南 | 44<br>33.8 | 43<br>33.1 | 43<br>33.1 | 下降 | 18 | -3 | 中游区 |

续表

| 地区 \ 项目 | 上升指标个数 | 保持指标个数 | 下降指标个数 | 变化趋势 | 综合排位 | 综合排位变化 | 所属区位 |
|---|---|---|---|---|---|---|---|
| 广　西 | 53 / 40.8 | 46 / 35.4 | 31 / 23.8 | 上升 | 19 | 8 | 中游区 |
| 云　南 | 36 / 27.7 | 47 / 36.2 | 47 / 36.2 | 下降 | 20 | −9 | 中游区 |
| 黑龙江 | 39 / 30.0 | 43 / 33.1 | 48 / 36.9 | 下降 | 21 | −2 | 下游区 |
| 吉　林 | 48 / 36.9 | 39 / 0.0 | 43 / 33.1 | 下降 | 22 | −1 | 下游区 |
| 天　津 | 28 / 21.5 | 65 / 50.0 | 37 / 28.5 | 保持 | 23 | 0 | 下游区 |
| 贵　州 | 38 / 29.2 | 47 / 36.2 | 45 / 34.6 | 上升 | 24 | 2 | 下游区 |
| 海　南 | 34 / 26.2 | 60 / 46.2 | 36 / 27.7 | 下降 | 25 | −1 | 下游区 |
| 甘　肃 | 35 / 26.9 | 54 / 41.5 | 41 / 31.5 | 下降 | 26 | −4 | 下游区 |
| 上　海 | 29 / 22.3 | 62 / 47.7 | 39 / 30.0 | 下降 | 27 | −7 | 下游区 |
| 青　海 | 41 / 31.5 | 59 / 45.4 | 30 / 23.1 | 保持 | 28 | 0 | 下游区 |
| 西　藏 | 28 / 21.5 | 71 / 54.6 | 31 / 23.8 | 保持 | 29 | 0 | 下游区 |
| 新　疆 | 28 / 21.5 | 55 / 42.3 | 47 / 36.2 | 保持 | 30 | 0 | 下游区 |
| 宁　夏 | 35 / 26.9 | 54 / 41.5 | 41 / 31.5 | 保持 | 31 | 0 | 下游区 |

注：各地区对应的两行数据中，上一行为各类指标个数，下一行为各类指标个数占总指标数的比重。

# 9　提升全国环境竞争力的基本路径、方法和对策

在全球产业结构大调整进程中，环境问题成为各个国家和地区必须正视、无法跨越的坎儿，各个国家和地区在其他领域的认识和合作中，从未像在环境问题领域这样一致过，环境问题的全球性和扩散性恰似一条无形的纽带把各国的利益联结在一起。环境问题又和各国的政治、经济等问题紧密相关，是未来各国争夺国际地位和话语权的重要筹码，提升环境竞争力是引领经济新一轮增长的突破瓶颈，是彰显国家竞争实力的重要表现。当前，以绿色经济、低碳技术为代表的新一轮产业和科技变革方兴未艾，可持续发展已成为时代潮流，绿

色、循环、低碳发展正成为新的趋向。顺应这一变化趋势，我国政府提出了建设生态文明和美丽中国的战略构想，从文明进步的新高度来把握和统筹解决资源环境等一系列问题，力求在更高层次上实现人与自然、环境与经济、人与社会的和谐发展，对环境问题的理解更加深刻，也为参与全球环境竞争提供新的思路。

环境竞争力代表着国家或区域经济发展的一种潜力和可持续性，是其他方面竞争力的基础，关系着国家或区域经济的长远发展，提升环境竞争力是我国参与国际竞争、累积核心竞争优势的重要步骤。提升中国环境竞争力，既要准确把握环境竞争力的现状、变化过程、水平差距及不同省域的优劣势所在，更要深入探索环境竞争力变化发展的基本规律，探寻一条既适合解决中国环境问题，又能提升中国环境竞争力的适宜路径。

## 9.1 提升全国环境竞争力的基本路径和方法

环境竞争力是一个包括生态环境、资源环境、环境管理、环境影响和环境协调的综合体系，加之环境的无界性和不可割裂性，提升环境竞争力是一项整体的、系统的工程。同时环境竞争力又会受到个体指标的影响，这些指标的作用机制会层层向上传导，形成一个由点带面的作用过程。结合中国环境竞争力动态评价结果，沿着点—线—面—网的思路层层推进，探寻提升中国环境竞争力的正确路径和方法，形成提升中国环境竞争力的强大合力，实现中国环境竞争力个体指标优化与整体实力推进的协调。

（1）点层面：精选指标，精心培育。在环境竞争力的指标体系中，四级指标是环境竞争力最基础的来源点。在各省域中，这些四级指标的表现参差不齐，可以划分为强势、优势、中势和劣势等不同的等级，其中强势指标和优势指标是提升省域环境竞争力的核心力量。从指标纵向波动来看，根据各指标的变动趋势可以分为上升指标和下降指标，其中，上升指标是环境竞争力持续改善的动力。由于资源的有限性，不可能同时对全部指标进行同等的培育，可以从指标点层面着力精选强势指标、优势指标和上升指标进行重点培育，形成核心竞争优势，再通过这些指标辐射带动其他指标的发展，形成有序推进的局面。例如，2012年环境竞争力排名第一的辽宁省，强势指标和优势指标共有 44 个，这些指标是支撑辽宁省环境竞争优势的中坚力量，应同时从上升幅度较大的中势指标中选择若干指标作为后备力量精心培育，使其发展成为优势指标和强势指标，找出影响下降指标下降的因素，及时制订措施缓解下降指标的下降趋势，探寻上升的动力，以不断增加优质指标的数量，确保环境竞争力提升的持续性。

（2）线层面：纵横交错，环环相扣。中国环境竞争力的评价指标体系在纵向上包含四个层级，分别对应着系统层、模块层、要素层、基础层，指标的影响是沿着自下而上的线路层层递进的，四级指标综合决定三级指标的表现，三级指标又相互促进、相互制约共同决定二级指标的表现，二级指标最终综合决定了一级指标即各个省域环境竞争力在全国的表现。正是由于环境竞争力指标体系影响的纵向传递性，各个层级指标紧密联系在一起。从横向来看，处于同一层级的各个指标并不是孤立的，而是相互影响的，如二级指标中，对环境管理越严格，环境管理竞争力越强，则越有利于生态环境和资源环境改善；三级指标中，环境治理竞争力和环境友好竞争力越强，也会越有利于各项资源的节约和高效利用。因此，提升环境竞争力的某项措施必须充分考虑对其他相关方面的影响。要从指标体系的纵向和横向进行综合考虑，全面把握某省域劣势表现主要是受哪一环节的影响，哪些指标是主要影响因素，影响范围有多大，从而找到最基础、最本质、最核心的原因，只有把每个环节都考虑到，才能从根本上进行治理。

（3）面层面：取长补短，良性循环。环境竞争力指标体系中，有强势指标和优势指标，也有中势指标和劣势指标，强势指标和优势指标对省域环境竞争力具有积极的正向作用，而劣势指标却会带来负面影响，环境竞争力的最终表现正是正向作用和负面影响综合作用的结果。因此，每个地区的环境竞争力既有自己的特长和优势，也有需要不断完善的短板和软肋，应通过取长补短，将好的做法和经验运用于不足之处，逐步改善劣势指标的不利影响，共同推动环境竞争力的整体提升。由于人类活动不可避免会对环境产生影响，原有环境问题解决的同时不可避免又会产生一些新的问题，因此，指标体系也要随之不断调整。随着社会生产力发展和社会文明的进步，人们对环境问题的认识越来越深刻，保护环境的手段也越来越科学，绿色经济、循环经济、低碳经济等理念的兴起和实践探索也将为环境竞争力评价指标体系不断注入新的内容。每一个环境问题的解决都会为环境竞争力的提升注入积极因素，而这些积极因素又会累积成解决下一个环境问题的基础和能力，环境竞争力就在这样与时俱进的良性循环中不断提升。

（4）网层面：强化合作，协调互动。全国环境竞争力提升是全部省域共同的责任和义务，由于环境的影响是不受区域限制的，环境破坏和污染的蔓延性和不可控制性，某个省域发生的环境污染事件或影响环境安全事件，往往会危及周边省域，因此，环境问题的解决需要各个省域之间通力合作，共同应对，特别是一些全国性的环境问题，更需要各个省域之间的协调与合作，形成应对环境问题的合力。在2012年的省域环境竞争力评价结果中，排名前10位的省份中有5个是东部省份，环境竞争力得分较低的省份主要分布在西部地区，排名后11位的省份中有6个是西部省份，这反映了我国环境竞争力的分布具有典型的区域性特征。如果不对环境竞争力表现较弱的地区进行积极干预，大气污染、海洋污染、水污染等污染源的扩散，会对环境竞争力表现较好的地区形成强烈的冲击和侵蚀。因此，要从全国统一的环境网络利益出发，相互合作、相互支持，立足于环境管理和环境影响的一致性和连贯性，打破省域行政的限制，致力于环境的共同改善，加强省域之间的合作，促进环境要素的合理流动。在省域的协调互动中，共同推动全国环境竞争力的整体提升。

## 9.2 提升中国环境竞争力的主要对策

党的十八届三中全会决定提出："紧紧围绕建设美丽中国深化生态文明体制改革，加快建立生态文明制度，健全国土空间开发、资源节约利用、生态环境保护的体制机制，推动形成人与自然和谐发展现代化建设新格局。"生态文明建设已经广泛渗透于我国的经济建设、政治建设、文化建设之中，在中国特色社会主义建设事业"五位一体"的布局中居于基础性的地位，生态文明建设也成为引领中国环境竞争力提升的重要理念和动力。应在这一理念的引导下，从生态环境、资源环境、环境影响、环境管理和环境安全等方面探寻适合中国国情的特色环境发展道路，把提升环境竞争力融入全面深化改革的中国特色社会主义事业发展

大潮中。

（1）以生态文明建设为引领，以美丽中国建设为目标，以主体功能区规划为依据，以改革创新为动力，统筹经济发展与环境保护的关系，着力增强生态环境竞争力。

生态环境是指影响人类生存和发展的水资源、土地资源、生物资源以及气候资源等资源的数量与质量的总称，是关系到社会和经济持续发展的复合生态系统。生态环境包括生态建设和生态效益两方面，其中生态建设是生态环境塑造的途径，生态效益是生态建设效果的检验，生态环境竞争力正是体现了环境保护过程和结果的统一。

生态文明建设是生态环境竞争力提升的重要指导思想和理念，凸显人与自然的和谐。要以我国当前深化改革为动力，树立生态文明意识，把生态环境保护摆在转变经济发展方式和调整经济布局的重要战略地位，在统筹推进工业化、城镇化、农业现代化和信息化建设进程中，解决好"四化"建设同资源环境约束之间的矛盾，不断提高生态环境的承载能力。要积极化解产能过剩问题，严控增量，逐步消化存量。积极推进产业结构升级，以高新技术改造传统产业部门，逐步淘汰落后的生产方式，减少工业生产废弃物的排放，大力发展战略性新兴产业和先进制造业，积极运用高新技术对农业、工业等生产过程进行生态化改造，推广清洁生产。努力攻克生态环境建设的技术难题，突破大气污染控制、水体污染治理、废弃物资源化利用等关键技术，形成我国产业发展新的竞争优势。国土是我国生态环境建设的空间载体，要根据我国国土空间的多样性、非均衡性、脆弱性特征，以主体功能区建设为依据，科学谋划开发格局，促进生产空间的集约利用。

（2）节约集约利用资源，推动能源生产和消费革命，以创新驱动资源结构调整，进一步提升资源环境竞争力。

资源虽然不是一个地区经济发展的决定性因素，但却是经济发展不可或缺的物质基础，随着不可再生资源的日益耗竭和可再生资源的污染破坏，资源危机倒逼着人类不得不加大对可再生资源的保护力度，同时开发新的资源接续替代。节约集约利用资源，推动资源利用方式的根本转变，提高资源利用效率和效益。大力发展新能源和可再生能源，有利于推进能源多元化清洁发展，支撑战略性新兴产业发展壮大，同时也是应对气候变化、实现可持续发展的迫切需要。

目前，我国是世界第一大能源消费国，也是世界最大的二氧化碳排放国。我国能源消费主要来自煤炭，消费结构单一，并且造成了较为严重的污染，必须通过提高清洁能源、新能源在一次能源消费中的比重，从过度依赖传统化石能源转向努力实现能源清洁化利用来优化能源消费结构。大力发展新能源等战略性新兴产业，大力发展生物质能、风能、太阳能、浅层地温能等可再生能源，推广应用清洁煤发电技术，制订分产业能耗技术标准，淘汰高耗能技术装备，通过结构节能、技术节能、管理节能提高能源利用效率。着力实施科技创新和体制创新的创新驱动战略，加强资源的综合利用和再生利用，加强高效能、可循环技术研发，推广循环生产模式，构筑循环经济产业链。推动能源的绿色发展，清洁、高效、可持续地开发、转化和利用化石能源，合理布局石化园区建设，搞好页岩气示范区建设，努力实现制约煤层气发展的技术突破。在创新驱动战略的推动下，促进社会生产的资源结构不断升级，也为资源环境竞争力的提升源源不断地注入新的力量。

（3）深化生态文明体制改革，建立健全生态环境保护管理体制，做好顶层设计，加强环境监管，提高环境质量，合力提升环境管理竞争力。

环境是公共物品，发达国家的工业化正是以牺牲环境为代价来换取经济的繁荣，完全依托市场机制的调节难以实现环境的自我改善，必须引入行政调控手段加强对环境的监管，制订环境管理机制和奖惩措施，以外界力量的注入加快环境系统内部的更新，确保环境系统有序运转，形成一种"保护在先，有序发展"的人与自然和谐共生的社会形态。

按照十八届三中全会的精神，加快推进生态文明体制改革，实行最严格的源头保护制度，包括健全自然资源的产权制度和资产管理体制，通过明晰产权促使对资源的保护成为自觉的行动；建立和完善损害赔偿制度，包括资源品价格改革，生态补偿机制的完善等；建立严格的责任追究制度，环境管理的每一个环节都必须落实到具体的个人；完善环境治理和生态修复制度，用制度保护生态环境。建立健全生态环境保护管理体制，建立和完善严格监管所有污染物排放的环境保护管理制度，对所有污染物排放进行独立的环境监管和行政执法，建立陆海统筹的生态系统保护修复和污染防治区域联动机制，完善环境信息的公布制度，实行污染物排放总量控制制度等，对造成环境破坏的责任者依法进行惩罚。要做好顶层设计，确保我国环境保护方面的各项改革顺利推进。通过制定完善的制度和建立统一的监管模式，维护环境的系统性、多样性和可持续性，进而增强环境监管的统一性和有效性，确保环境质量的安全，也能提高我国环境管理的权威性和实效性，切实提升我国环境管理竞争力。

（4）全面构建环境安全保障体系，不断提高环境应急综合能力，有效防范环境风险，确保国家环境安全，进一步提升环境影响竞争力。

随着工业生产的发展和人们生活水平的提高，环境污染源也随之扩大，各种自然灾害愈加频繁，环境污染也从显性转向隐性，放射性物质、电子产品污染、无时不在的辐射都成为影响环境安全和人类健康的"隐形杀手"。当前，我国防范环境风险的压力不断加大，突发环境事件呈高发势头，自然灾害引发的次生环境问题不容忽视，保障环境安全的不确定性因素增多，环境安全问题和环境质量问题是各区域面临的共同问题，亟须构建环境安全长效保障机制，强化对环境的正面影响，防范各类环境风险。

要从环境风险的排查与评估、环境预防设施的建立和完善、环境应急预案的制订和抵御自然灾害等方面来进一步加强环境安全。在防范环境风险方面，要开展重金属污染治理和修复试点示范，强化核与辐射监管能力，确保核与辐射安全，加大对重大环境风险源的动态监测与风险预警及控制，提高环境与健康风险评估能力。在环境预防方面，深入开展环境安全隐患排查治理工作和环境安全隐患督查行动，及时治理和排除存在的安全隐患，构建良好的生态安全战略格局。在环境应急方面，要采用与推广先进的监测、预测、预警、预防和应急处置技术及设施，充分发挥专家队伍和专业人员的作用，提高应对自然灾害的科技水平。建立健全统一指挥、结构合理、反应灵敏、保障有力、运转高效的国家突发事件应急体系，提高危机管理和风险管理能力。在抵御自然风险方面，要积极应对全球气候变化，加强适应气候变化特别是应对阶段性气候事件的能力建设，提高防御和减轻自然灾害的能力。总体而言，对环境的风险预防比应急预案的制订更加重要，只有建立起环境风险防范有效的运行机

制，才能切实确保国家环境安全，维护社会和谐稳定。

（5）秉承人口资源环境相均衡、经济社会生态效益相统一的原则，促进生产空间、生活空间和生态空间和谐相融，显著提升环境协调竞争力。

人口、经济与环境的协调发展不仅是当前经济发展要着力理顺的关系，也关乎着代际发展的公平与延续，环境的承载能力决定了人类经济活动的广度和深度，人类的活动必须在环境阈值可承受的范围内，一旦超过阈值，环境与人口、经济发展不相适应，就会引发环境安全问题，影响环境可持续发展，构建生产空间集约、生活空间宜居、生态空间优美的环境空间格局是环境协调发展追求的目标。

要妥善处理好人与环境之间的关系。我国人口基数大、增长快，人口素质总体不高，人均资源相对不足，人口对环境的压力日渐增大。要妥善协调人口与环境之间的关系，首先就必须要严格控制人口数量，减轻人口对资源、环境的压力；其次要提高人口素质，加快培养公民的生态文明意识，通过建立制度化、系统化和大众化的生态文明教育体系，使生态文明的价值观在整个社会得以理解和流传；再次，要塑造人们良好的与环境相协调的生活习惯，在消费方式上，引导居民合理适度消费，节约消费，鼓励购买绿色低碳产品，使用环保可循环利用产品。要着力解决好经济发展与环境之间的矛盾，加快转变经济发展方式，把经济持续稳定增长与环境持续改善有机统一起来。大力调整产业结构和布局，以严格环境准入和限期淘汰制度优化产业结构，以环境容量优化产业布局；大力发展战略性新兴产业，采用先进的生产方式，鼓励生产企业和服务业优先采用资源利用率高、污染物产生量少的清洁生产技术、工艺和设备。只有秉承人口资源环境相均衡、经济社会生态效益相统一的原则，才能给国土资源的修复提供更大的空间，给生产生活的发展提供更多的承载空间，实现人口、经济与环境的和谐发展。

# ⑤Ⅱ 分报告

Sub Reports

## ⑤.2

### 1

# 北京市环境竞争力评价分析报告

北京市简称京，是中华人民共和国的首都，为历史悠久的世界著名古城。位于华北平原西北边缘，东南距渤海约 150 公里，与河北省、天津市相接。北京市总面积为 16410 平方公里，2012 年末总人口 2069 万人，人均 GDP 达到 87475 元，万元 GDP 能耗为 0.46 吨标准煤。"十二五"中期（2010～2012 年），北京市环境竞争力的综合排位呈波动下降趋势，2012 年排名第 14 位，比 2010 年下降了 5 位，在全国处于中势地位。

## 1.1 北京市生态环境竞争力评价分析

### 1.1.1 北京市生态环境竞争力评价结果

2010～2012 年北京市生态环境竞争力排位和排位变化情况及其下属 2 个三级指标和 18 个四级指标的评价结果，如表 1－1－1 所示；生态环境竞争力各级指标的优劣势情况，如表 1－1－2 所示。

2010～2012 年北京市生态环境竞争力的综合排位从 2010 年的第 6 位上升到 2011 年的第 5 位，进而又下降到 2012 年的第 8 位，比 2010 年下降了 2 位，在全国处于上游区。

从生态环境竞争力要素指标的变化趋势来看，有 1 个指标处于持续下降趋势，即生态建设竞争力；有 1 个指标排位持续保持，为生态效益竞争力。

表1-1-1 2010~2012年北京市生态环境竞争力各级指标的得分、排名及优劣度分析表

| 项目<br>指标 | 2012年 | | | 2011年 | | | 2010年 | | | 综合变化 | | |
| --- | --- | --- | --- | --- | --- | --- | --- | --- | --- | --- | --- | --- |
| | 得分 | 排名 | 优劣度 | 得分 | 排名 | 优劣度 | 得分 | 排名 | 优劣度 | 得分变化 | 排名变化 | 趋势变化 |
| **生态环境竞争力** | 52.4 | 8 | 优势 | 52.3 | 5 | 优势 | 53.6 | 6 | 优势 | -1.2 | -2 | 波动↓ |
| （1）生态建设竞争力 | 23.0 | 16 | 中势 | 22.9 | 14 | 中势 | 25.3 | 12 | 中势 | -2.3 | -4 | 持续↓ |
| 　国家级生态示范区个数 | 17.2 | 16 | 中势 | 17.2 | 16 | 中势 | 17.2 | 16 | 中势 | 0.0 | 0 | 持续→ |
| 　公园面积 | 17.5 | 7 | 优势 | 16.0 | 7 | 优势 | 16.0 | 7 | 优势 | 1.4 | 0 | 持续→ |
| 　园林绿地面积 | 28.1 | 8 | 优势 | 28.5 | 7 | 优势 | 28.5 | 7 | 优势 | -0.4 | -1 | 持续↓ |
| 　绿化覆盖面积 | 13.9 | 14 | 中势 | 13.4 | 14 | 中势 | 13.4 | 14 | 中势 | 0.4 | 0 | 持续→ |
| 　本年减少耕地面积 | 90.2 | 6 | 优势 | 90.2 | 6 | 优势 | 90.2 | 6 | 优势 | 0.0 | 0 | 持续→ |
| 　自然保护区个数 | 4.4 | 27 | 劣势 | 4.4 | 27 | 劣势 | 4.4 | 27 | 劣势 | 0.0 | 0 | 持续→ |
| 　自然保护区面积占土地总面积比重 | 20.1 | 13 | 中势 | 20.1 | 13 | 中势 | 20.1 | 13 | 中势 | 0.0 | 0 | 持续→ |
| 　野生动物种源繁育基地数 | 5.9 | 18 | 中势 | 5.3 | 12 | 中势 | 5.3 | 12 | 中势 | 0.6 | -6 | 持续↓ |
| 　野生植物种源培育基地数 | 0.0 | 23 | 劣势 | 0.5 | 20 | 中势 | 0.5 | 20 | 中势 | -0.5 | -3 | 持续↓ |
| （2）生态效益竞争力 | 96.5 | 1 | 强势 | 96.4 | 1 | 强势 | 95.9 | 1 | 强势 | 0.5 | 0 | 持续→ |
| 　工业废气排放强度 | 100.0 | 1 | 强势 | 97.0 | 2 | 强势 | 97.0 | 2 | 强势 | 3.0 | 1 | 持续↑ |
| 　工业二氧化硫排放强度 | 100.0 | 1 | 强势 | 100.0 | 1 | 强势 | 100.0 | 1 | 强势 | 0.0 | 0 | 持续→ |
| 　工业烟（粉）尘排放强度 | 99.8 | 2 | 强势 | 99.8 | 2 | 强势 | 99.8 | 2 | 强势 | 0.0 | 0 | 持续→ |
| 　工业废水排放强度 | 100.0 | 1 | 强势 | 100.0 | 1 | 强势 | 100.0 | 1 | 强势 | 0.0 | 0 | 持续→ |
| 　工业废水中化学需氧量排放强度 | 100.0 | 1 | 强势 | 100.0 | 1 | 强势 | 100.0 | 1 | 强势 | 0.0 | 0 | 持续→ |
| 　工业废水中氨氮排放强度 | 100.0 | 1 | 强势 | 100.0 | 1 | 强势 | 100.0 | 1 | 强势 | 0.0 | 0 | 持续→ |
| 　工业固体废物排放强度 | 100.0 | 1 | 强势 | 100.0 | 1 | 强势 | 100.0 | 1 | 强势 | 0.0 | 0 | 持续→ |
| 　化肥施用强度 | 72.5 | 8 | 优势 | 73.2 | 8 | 优势 | 73.2 | 8 | 优势 | -0.7 | 0 | 持续→ |
| 　农药施用强度 | 90.0 | 11 | 中势 | 92.0 | 11 | 中势 | 92.0 | 11 | 中势 | -1.9 | 0 | 持续→ |

表1-1-2 2012年北京市生态环境竞争力各级指标的优劣度结构表

| 二级指标 | 三级指标 | 四级指标数 | 强势指标 | | 优势指标 | | 中势指标 | | 劣势指标 | | 优劣度 |
| --- | --- | --- | --- | --- | --- | --- | --- | --- | --- | --- | --- |
| | | | 个数 | 比重（%） | 个数 | 比重（%） | 个数 | 比重（%） | 个数 | 比重（%） | |
| 生态环境竞争力 | 生态建设竞争力 | 9 | 0 | 0.0 | 3 | 33.3 | 4 | 44.4 | 2 | 22.2 | 中势 |
| | 生态效益竞争力 | 9 | 7 | 77.8 | 1 | 11.1 | 1 | 11.1 | 0 | 0.0 | 强势 |
| | 小　　计 | 18 | 7 | 38.9 | 4 | 22.2 | 5 | 27.8 | 2 | 11.1 | 优势 |

　　从生态环境竞争力基础指标的优劣度结构①来看，在18个基础指标中，指标的优劣度结构比为38.9：22.2：27.8：11.1。强势和优势指标所占比重大于劣势指标的比重，占主导地位。

---

① 指标的优劣度结构是指强势指标、优势指标、中势指标、劣势指标个数的比重之比。以下同。

### 1.1.2 北京市生态环境竞争力比较分析

图 1 - 1 - 1 将 2010 ~ 2012 年北京市生态环境竞争力与全国最高水平和平均水平进行比较。由图可知，评价期内北京市生态环境竞争力得分普遍高于 52 分，说明北京市生态环境竞争力处于较高水平。

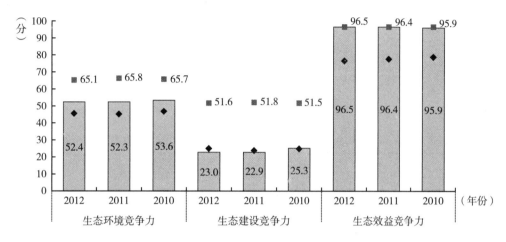

图 1 - 1 - 1 2010 ~ 2012 年北京市生态环境竞争力指标得分比较

从生态环境竞争力的整体得分比较来看，2010 年，北京市生态环境竞争力得分与全国最高分相比有 12.1 分的差距，但与全国平均分相比，则高出 7.2 分；到了 2012 年，北京市生态环境竞争力得分与全国最高分的差距扩大为 12.7 分，高于全国平均分 7.0 分。总的来说，2010 ~ 2012 年尽管北京生态环境竞争力在全国仍保持上游水平，但生态环境竞争力与最高分的差距呈扩大趋势。

从生态环境竞争力的要素得分比较来看，2012 年，北京市生态建设竞争力和生态效益竞争力的得分分别为 23.0 分和 96.5 分，前者比最高分低 28.6 分，后者处于最高水平，前者低于平均分 1.7 分，后者高于平均分 19.9 分；与 2010 年相比，北京市生态建设竞争力得分与最高分的差距扩大了 2.4 分，生态效益竞争力得分与最高分一直处在最高水平。

### 1.1.3 北京市生态环境竞争力变化动因分析

二级指标生态环境竞争力的变化是三级要素指标变化综合作用的结果，而三级要素指标变化又是四级基础指标变化作用的结果。三级和四级指标的变动情况如表 1 - 1 - 1 所示。

从要素指标来看，北京市生态环境竞争力的 2 个要素指标中，2012 年相较于 2010 年，生态建设竞争力的排名下降了 4 位，生态效益竞争力的排名保持不变，受指标排位升降的综合影响，北京市生态环境竞争力下降了 2 位。

从基础指标来看，北京市生态环境竞争力的 18 个基础指标中，上升指标有 1 个，占指标总数的 5.6%，分布在生态效益竞争力指标组；下降指标有 3 个，占指标总数的 16.7%，分布在生态建设竞争力指标组。下降指标的数量大于上升指标的数量，受此综合影响，评价期内北京市生态环境竞争力排名下降了2位。

## 1.2 北京市资源环境竞争力评价分析

### 1.2.1 北京市资源环境竞争力评价结果

2010~2012年北京市资源环境竞争力排位和排位变化情况及其下属6个三级指标和56个四级指标的评价结果，如表1-2-1所示；资源环境竞争力各级指标的优劣势情况，如表1-2-2所示。

表1-2-1　2010~2012年北京市资源环境竞争力各级指标的得分、排名及优劣度分析表

| 指标项目 | 2012年 | | | 2011年 | | | 2010年 | | | 综合变化 | | |
|---|---|---|---|---|---|---|---|---|---|---|---|---|
| | 得分 | 排名 | 优劣度 | 得分 | 排名 | 优劣度 | 得分 | 排名 | 优劣度 | 得分变化 | 排名变化 | 趋势变化 |
| **资源环境竞争力** | 44.7 | 16 | 中势 | 46.4 | 13 | 中势 | 42.0 | 18 | 中势 | 2.8 | 2 | 波动↑ |
| （1）水环境竞争力 | 58.2 | 3 | 强势 | 58.0 | 3 | 强势 | 50.5 | 8 | 优势 | 7.8 | 5 | 持续↑ |
| 水资源总量 | 0.7 | 28 | 劣势 | 0.4 | 28 | 劣势 | 0.3 | 29 | 劣势 | 0.4 | 1 | 持续↑ |
| 人均水资源量 | 0.0 | 29 | 劣势 | 0.0 | 29 | 劣势 | 0.0 | 30 | 劣势 | 0.0 | 1 | 持续↑ |
| 降水量 | 0.5 | 29 | 劣势 | 0.5 | 29 | 劣势 | 0.4 | 29 | 劣势 | 0.1 | 0 | 持续→ |
| 供水总量 | 2.3 | 28 | 劣势 | 2.4 | 28 | 劣势 | 0.0 | 31 | 劣势 | 2.3 | 3 | 持续↑ |
| 用水总量 | 97.7 | 1 | 强势 | 97.6 | 1 | 强势 | 97.6 | 1 | 强势 | 0.1 | 0 | 持续→ |
| 用水消耗量 | 98.9 | 1 | 强势 | 98.7 | 1 | 强势 | 98.4 | 1 | 强势 | 0.5 | 0 | 持续→ |
| 耗水率 | 41.9 | 1 | 强势 | 41.9 | 1 | 强势 | 40.0 | 1 | 强势 | 1.9 | 0 | 持续→ |
| 节灌率 | 100.0 | 1 | 强势 | 100.0 | 1 | 强势 | 100.0 | 1 | 强势 | 0.0 | 0 | 持续→ |
| 城市再生水利用率 | 100.0 | 1 | 强势 | 100.0 | 1 | 强势 | 22.4 | 2 | 强势 | 77.6 | 1 | 持续↑ |
| 工业废水排放总量 | 96.3 | 4 | 优势 | 96.6 | 3 | 强势 | 97.2 | 3 | 强势 | -0.9 | -1 | 持续↓ |
| 生活污水排放量 | 80.4 | 16 | 中势 | 78.0 | 18 | 中势 | 76.5 | 19 | 中势 | 3.9 | 3 | 持续↑ |
| （2）土地环境竞争力 | 28.1 | 13 | 中势 | 27.7 | 13 | 中势 | 28.0 | 13 | 中势 | 0.1 | 0 | 持续→ |
| 土地总面积 | 0.6 | 29 | 劣势 | 0.6 | 29 | 劣势 | 0.6 | 29 | 劣势 | 0.0 | 0 | 持续→ |
| 耕地面积 | 0.3 | 30 | 劣势 | 0.3 | 30 | 劣势 | 0.3 | 30 | 劣势 | 0.0 | 0 | 持续→ |
| 人均耕地面积 | 0.9 | 30 | 劣势 | 1.0 | 30 | 劣势 | 1.0 | 30 | 劣势 | -0.1 | 0 | 持续→ |
| 牧草地面积 | 0.0 | 27 | 劣势 | 0.0 | 27 | 劣势 | 0.0 | 27 | 劣势 | 0.0 | 0 | 持续→ |
| 人均牧草地面积 | 0.0 | 25 | 劣势 | 0.0 | 25 | 劣势 | 0.0 | 25 | 劣势 | 0.0 | 0 | 持续→ |
| 园地面积 | 11.7 | 23 | 劣势 | 11.7 | 23 | 劣势 | 11.7 | 23 | 劣势 | 0.0 | 0 | 持续→ |
| 人均园地面积 | 8.6 | 19 | 中势 | 8.7 | 19 | 中势 | 8.9 | 19 | 中势 | -0.3 | 0 | 持续→ |
| 土地资源利用效率 | 34.2 | 2 | 强势 | 32.7 | 2 | 强势 | 31.8 | 2 | 强势 | 2.5 | 0 | 持续→ |
| 建设用地面积 | 88.9 | 6 | 优势 | 88.9 | 6 | 优势 | 88.9 | 6 | 优势 | 0.0 | 0 | 持续→ |
| 单位建设用地非农产业增加值 | 64.1 | 2 | 强势 | 61.2 | 2 | 强势 | 59.5 | 2 | 强势 | 4.6 | 0 | 持续→ |
| 单位耕地面积农业增加值 | 41.2 | 9 | 优势 | 41.6 | 10 | 优势 | 46.6 | 10 | 优势 | -5.5 | 1 | 持续↑ |
| 沙化土地面积占土地总面积的比重 | 92.9 | 17 | 中势 | 92.9 | 17 | 中势 | 92.9 | 17 | 中势 | 0.0 | 0 | 持续→ |
| 当年新增种草面积 | 1.2 | 28 | 劣势 | 0.4 | 29 | 劣势 | 0.3 | 29 | 劣势 | 0.8 | 1 | 持续↑ |

续表

| 指标 项目 | 2012 年 | | | 2011 年 | | | 2010 年 | | | 综合变化 | | |
|---|---|---|---|---|---|---|---|---|---|---|---|---|
| | 得分 | 排名 | 优劣度 | 得分 | 排名 | 优劣度 | 得分 | 排名 | 优劣度 | 得分变化 | 排名变化 | 趋势变化 |
| (3)大气环境竞争力 | 73.2 | 18 | 中势 | 74.8 | 16 | 中势 | 73.3 | 13 | 中势 | -0.1 | -5 | 持续↓ |
| 工业废气排放总量 | 95.3 | 3 | 强势 | 93.8 | 3 | 强势 | 91.6 | 4 | 优势 | 3.7 | 1 | 持续↑ |
| 地均工业废气排放量 | 90.6 | 21 | 劣势 | 86.2 | 26 | 劣势 | 85.8 | 27 | 劣势 | 4.7 | 6 | 持续↑ |
| 工业烟(粉)尘排放总量 | 97.2 | 3 | 强势 | 98.0 | 3 | 强势 | 95.5 | 3 | 强势 | 1.7 | 0 | 持续→ |
| 地均工业烟(粉)尘排放量 | 81.3 | 17 | 中势 | 82.9 | 16 | 中势 | 71.8 | 18 | 中势 | 9.5 | 1 | 波动↑ |
| 工业二氧化硫排放总量 | 96.2 | 3 | 强势 | 96.3 | 3 | 强势 | 95.9 | 3 | 强势 | 0.3 | 0 | 持续→ |
| 地均二氧化硫排放量 | 88.2 | 17 | 中势 | 88.7 | 17 | 中势 | 90.0 | 17 | 中势 | -1.9 | 0 | 持续→ |
| 全省设区市优良天数比例 | 17.6 | 30 | 劣势 | 30.3 | 30 | 劣势 | 30.3 | 30 | 劣势 | -12.8 | 0 | 持续→ |
| 可吸入颗粒物(PM10)浓度 | 24.7 | 29 | 劣势 | 27.5 | 29 | 劣势 | 29.8 | 29 | 劣势 | -5.1 | 0 | 持续→ |
| (4)森林环境竞争力 | 14.6 | 26 | 劣势 | 14.4 | 27 | 劣势 | 14.4 | 27 | 劣势 | 0.2 | 1 | 持续↑ |
| 林业用地面积 | 2.1 | 29 | 劣势 | 2.1 | 29 | 劣势 | 2.1 | 29 | 劣势 | 0.0 | 0 | 持续→ |
| 森林面积 | 2.0 | 28 | 劣势 | 2.0 | 28 | 劣势 | 2.0 | 28 | 劣势 | 0.0 | 0 | 持续→ |
| 森林覆盖率 | 46.9 | 14 | 中势 | 46.9 | 15 | 中势 | 46.9 | 15 | 中势 | 0.0 | 1 | 持续↑ |
| 人工林面积 | 6.3 | 26 | 劣势 | 6.3 | 26 | 劣势 | 6.3 | 26 | 劣势 | 0.0 | 0 | 持续→ |
| 天然林比重 | 31.6 | 26 | 劣势 | 31.6 | 26 | 劣势 | 31.6 | 26 | 劣势 | 0.0 | 0 | 持续→ |
| 造林总面积 | 4.4 | 27 | 劣势 | 2.7 | 28 | 劣势 | 1.9 | 29 | 劣势 | 2.5 | 2 | 持续↑ |
| 森林蓄积量 | 0.4 | 28 | 劣势 | 0.4 | 28 | 劣势 | 0.4 | 28 | 劣势 | 0.0 | 0 | 持续→ |
| 活立木总蓄积量 | 0.5 | 28 | 劣势 | 0.4 | 28 | 劣势 | 0.4 | 28 | 劣势 | 0.1 | 0 | 持续→ |
| (5)矿产环境竞争力 | 11.0 | 27 | 劣势 | 10.8 | 28 | 劣势 | 10.4 | 28 | 劣势 | 0.6 | 1 | 持续↑ |
| 主要黑色金属矿产基础储量 | 2.2 | 19 | 中势 | 1.6 | 21 | 劣势 | 1.2 | 22 | 劣势 | 1.1 | 3 | 持续↑ |
| 人均主要黑色金属矿产基础储量 | 4.8 | 17 | 中势 | 3.6 | 17 | 中势 | 2.6 | 17 | 中势 | 2.1 | 0 | 持续→ |
| 主要有色金属矿产基础储量 | 0.0 | 30 | 劣势 | 0.0 | 30 | 劣势 | 0.0 | 30 | 劣势 | 0.0 | 0 | 持续→ |
| 人均主要有色金属矿产基础储量 | 0.0 | 30 | 劣势 | 0.0 | 30 | 劣势 | 0.0 | 30 | 劣势 | 0.0 | 0 | 持续→ |
| 主要非金属矿产基础储量 | 0.0 | 25 | 劣势 | 0.0 | 25 | 劣势 | 0.0 | 24 | 劣势 | 0.0 | -1 | 持续↓ |
| 人均主要非金属矿产基础储量 | 0.0 | 25 | 劣势 | 0.0 | 25 | 劣势 | 0.0 | 24 | 劣势 | 0.0 | -1 | 持续↓ |
| 主要能源矿产基础储量 | 0.4 | 23 | 劣势 | 0.5 | 23 | 劣势 | 0.4 | 24 | 劣势 | 0.0 | 1 | 持续↑ |
| 人均主要能源矿产基础储量 | 0.7 | 20 | 中势 | 0.8 | 21 | 劣势 | 0.6 | 21 | 劣势 | 0.1 | 1 | 持续↑ |
| 工业固体废物产生量 | 98.4 | 3 | 强势 | 98.2 | 3 | 强势 | 96.0 | 3 | 强势 | 2.3 | 0 | 持续→ |
| (6)能源环境竞争力 | 79.2 | 3 | 强势 | 88.7 | 2 | 强势 | 73.1 | 4 | 优势 | 6.1 | 1 | 波动↑ |
| 能源生产总量 | 99.4 | 4 | 优势 | 99.4 | 4 | 优势 | 99.3 | 4 | 优势 | 0.1 | 0 | 持续→ |
| 能源消费总量 | 81.7 | 6 | 优势 | 81.3 | 7 | 优势 | 80.1 | 8 | 优势 | 1.5 | 2 | 持续↑ |
| 单位地区生产总值能耗 | 80.7 | 2 | 强势 | 85.3 | 2 | 强势 | 78.4 | 2 | 强势 | 2.4 | 0 | 持续→ |
| 单位地区生产总值电耗 | 96.3 | 2 | 强势 | 94.2 | 2 | 强势 | 94.2 | 2 | 强势 | 2.1 | 0 | 持续→ |
| 单位工业增加值能耗 | 60.1 | 21 | 劣势 | 85.5 | 4 | 优势 | 57.9 | 21 | 劣势 | 2.2 | 0 | 波动→ |
| 能源生产弹性系数 | 55.7 | 12 | 中势 | 75.6 | 13 | 中势 | 60.8 | 5 | 优势 | -5.1 | -7 | 波动↓ |
| 能源消费弹性系数 | 84.1 | 9 | 优势 | 100.0 | 1 | 强势 | 45.3 | 3 | 强势 | 38.9 | -6 | 波动↓ |

表 1 – 2 – 2　2012 年北京市资源环境竞争力各级指标的优劣度结构表

| 二级指标 | 三级指标 | 四级指标数 | 强势指标 | | 优势指标 | | 中势指标 | | 劣势指标 | | 优劣度 |
|---|---|---|---|---|---|---|---|---|---|---|---|
| | | | 个数 | 比重(%) | 个数 | 比重(%) | 个数 | 比重(%) | 个数 | 比重(%) | |
| 资源环境竞争力 | 水环境竞争力 | 11 | 5 | 45.5 | 1 | 9.1 | 1 | 9.1 | 4 | 36.4 | 强势 |
| | 土地环境竞争力 | 13 | 2 | 15.4 | 2 | 15.4 | 2 | 15.4 | 7 | 53.8 | 中势 |
| | 大气环境竞争力 | 8 | 3 | 37.5 | 0 | 0.0 | 2 | 25.0 | 3 | 37.5 | 中势 |
| | 森林环境竞争力 | 8 | 0 | 0.0 | 0 | 0.0 | 1 | 12.5 | 7 | 87.5 | 劣势 |
| | 矿产环境竞争力 | 9 | 1 | 11.1 | 0 | 0.0 | 3 | 33.3 | 5 | 55.6 | 劣势 |
| | 能源环境竞争力 | 7 | 2 | 28.6 | 3 | 42.9 | 1 | 14.3 | 1 | 14.3 | 强势 |
| 小　计 | | 56 | 13 | 23.2 | 6 | 10.7 | 10 | 17.9 | 27 | 48.2 | 中势 |

2010～2012 年北京市资源环境竞争力的综合排位呈现波动上升趋势，2012 年排名第 16 位，与 2010 年相比上升 2 位，在全国处于中游区。

从资源环境竞争力的要素指标变化趋势来看，有 4 个指标处于上升趋势，即水环境竞争力、森林环境竞争力、矿产环境竞争力和能源环境竞争力；有 1 个指标处于保持趋势，为土地环境竞争力；有 1 个指标处于下降趋势，为大气环境竞争力。

从资源环境竞争力的基础指标分布来看，在 56 个基础指标中，指标的优劣度结构为 23.2∶10.7∶17.9∶48.2。强势和优势指标所占比重低于劣势指标的比重，受其综合影响，北京资源环境竞争力处于中势地位。

### 1.2.2　北京市资源环境竞争力比较分析

图 1 – 2 – 1 将 2010～2012 年北京资源环境竞争力与全国最高水平和平均水平进行比较。由图可知，评价期内北京市资源环境竞争力得分普遍高于 42 分，呈现波动上升趋势，在全国保持中等水平。

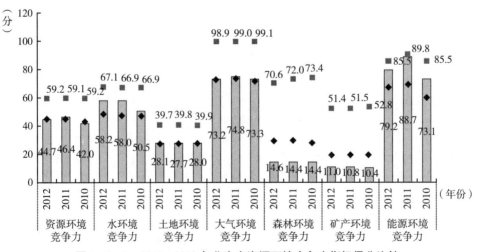

图 1 – 2 – 1　2010～2012 年北京市资源环境竞争力指标得分比较

从资源环境竞争力的整体得分比较来看，2010年，北京市资源环境竞争力得分与全国最高分相比还有17.2分的差距，与全国平均分相比，则低了1.0分；到2012年，北京市资源环境竞争力得分与全国最高分的差距缩小为14.4分，高于全国平均分0.2分。总的来说，2010～2012年北京市资源环境竞争力与最高分的差距呈缩小趋势，在全国处于中游地位。

从资源环境竞争力的要素得分比较来看，2012年，北京市水环境竞争力、土地环境竞争力、大气环境竞争力、森林环境竞争力、矿产环境竞争力和能源环境竞争力的得分分别为58.2分、28.1分、73.2分、14.6分、11.0分和79.2分，比最高分分别低8.9分、11.6分、25.7分、56.0分、40.4分和6.3分；与2010年相比，北京市水环境竞争力、土地环境竞争力、大气环境竞争力、矿产环境竞争力、能源环境竞争力和森林环境竞争力6项要素的得分与最高分的差距都缩小了。

### 1.2.3　北京市资源环境竞争力变化动因分析

二级指标资源环境竞争力的变化是三级要素指标变化综合作用的结果，而三级要素指标变化又是四级基础指标变化作用的结果。三级和四级指标的变动情况如表1-2-1所示。

从要素指标来看，北京市资源环境竞争力的6个要素指标中，水环境竞争力、森林环境竞争力、矿产环境竞争力和能源环境竞争力的排位出现了上升，而大气环境竞争力的排位呈下降趋势。受指标排位升降的综合影响，北京市资源环境竞争力呈波动上升趋势。

从基础指标来看，北京市资源环境竞争力的56个基础指标中，上升指标有16个，占指标总数的28.6%，主要分布在水环境竞争力、大气环境竞争力和矿产环境竞争力等指标组；下降指标有5个，占指标总数的8.9%，主要分布在矿产环境竞争力和能源环境竞争力等指标组。排名下降指标数量低于排名上升的指标数量，其余的35个指标呈波动保持或持续保持，使得2012年北京市资源环境竞争力排名有所上升。

## 1.3　北京市环境管理竞争力评价分析

### 1.3.1　北京市环境管理竞争力评价结果

2010～2012年北京市环境管理竞争力排位和排位变化情况及其下属2个三级指标和16个四级指标的评价结果，如表1-3-1所示；环境管理竞争力各级指标的优劣势情况，如表1-3-2所示。

2010～2012年北京市环境管理竞争力的综合排位呈波动保持，2012年排名第24位，与2010年持平，在全国处于下游区。

从环境管理竞争力的要素指标变化趋势来看，环境治理竞争力指标处于波动上升趋势，而环境友好竞争力处于持续下降趋势。

从环境管理竞争力的基础指标分布来看，在16个基础指标中，指标的优劣度结构为0∶25.0∶6.3∶68.8。强势和优势指标所占比重显著小于劣势指标的比重，表明劣势指标占主导地位。

表 1 - 3 - 1　2010～2012 年北京市环境管理竞争力各级指标的得分、排名及优劣度分析表

| 指标项目 | 2012 年 | | | 2011 年 | | | 2010 年 | | | 综合变化 | | |
|---|---|---|---|---|---|---|---|---|---|---|---|---|
| | 得分 | 排名 | 优劣度 | 得分 | 排名 | 优劣度 | 得分 | 排名 | 优劣度 | 得分变化 | 排名变化 | 趋势变化 |
| **环境管理竞争力** | 38.2 | 24 | 劣势 | 36.0 | 27 | 劣势 | 36.9 | 24 | 劣势 | 1.3 | 0 | 波动→ |
| （1）环境治理竞争力 | 15.3 | 26 | 劣势 | 9.1 | 29 | 劣势 | 12.8 | 27 | 劣势 | 2.5 | 1 | 波动↑ |
| 环境污染治理投资总额 | 46.1 | 7 | 优势 | 31.3 | 13 | 中势 | 16.3 | 6 | 优势 | 29.7 | -1 | 波动↓ |
| 环境污染治理投资总额占地方生产总值比重 | 49.6 | 9 | 优势 | 17.4 | 17 | 中势 | 52.4 | 10 | 优势 | -2.7 | 1 | 波动↑ |
| 废气治理设施年运行费用 | 3.8 | 28 | 劣势 | 4.9 | 28 | 劣势 | 8.6 | 27 | 劣势 | -4.7 | -1 | 持续↓ |
| 废水治理设施处理能力 | 1.6 | 29 | 劣势 | 0.9 | 29 | 劣势 | 6.2 | 26 | 劣势 | -4.6 | -3 | 持续↓ |
| 废水治理设施年运行费用 | 5.2 | 26 | 劣势 | 4.5 | 26 | 劣势 | 12.4 | 24 | 劣势 | -7.1 | -2 | 持续↓ |
| 矿山环境恢复治理投入资金 | 11.8 | 16 | 中势 | 12.6 | 25 | 劣势 | 5.1 | 28 | 劣势 | 6.7 | 12 | 持续↑ |
| 本年矿山恢复面积 | 1.4 | 28 | 劣势 | 1.0 | 25 | 劣势 | 1.7 | 25 | 劣势 | -0.3 | -3 | 持续↓ |
| 地质灾害防治投资额 | 1.6 | 26 | 劣势 | 0.3 | 30 | 劣势 | 0.0 | 31 | 劣势 | 1.6 | 5 | 持续↑ |
| 水土流失治理面积 | 4.4 | 27 | 劣势 | 5.2 | 26 | 劣势 | 5.0 | 26 | 劣势 | -0.6 | -1 | 持续↓ |
| 土地复垦面积占新增耕地面积的比重 | 4.3 | 23 | 劣势 | 4.3 | 23 | 劣势 | 4.3 | 23 | 劣势 | 0.0 | 0 | 持续→ |
| （2）环境友好竞争力 | 56.1 | 25 | 劣势 | 56.9 | 24 | 劣势 | 55.7 | 22 | 劣势 | 0.4 | -3 | 波动↓ |
| 工业固体废物综合利用量 | 4.3 | 29 | 劣势 | 3.9 | 29 | 劣势 | 4.6 | 28 | 劣势 | -0.4 | -1 | 波动↓ |
| 工业固体废物处置量 | 1.8 | 26 | 劣势 | 2.5 | 24 | 劣势 | 6.5 | 16 | 中势 | -4.7 | -10 | 持续↓ |
| 工业固体废物处置利用率 | 97.9 | 7 | 优势 | 95.9 | 9 | 优势 | 100.0 | 1 | 强势 | -2.1 | -6 | 波动↓ |
| 工业用水重复利用率 | 40.4 | 25 | 劣势 | 48.8 | 25 | 劣势 | 33.9 | 28 | 劣势 | 6.5 | 3 | 持续↑ |
| 城市污水处理率 | 87.8 | 25 | 劣势 | 86.4 | 21 | 劣势 | 87.9 | 16 | 中势 | -0.1 | -9 | 持续↓ |
| 生活垃圾无害化处理率 | 99.2 | 4 | 优势 | 98.2 | 3 | 强势 | 97.0 | 4 | 优势 | 2.2 | 0 | 波动→ |

表 1 - 3 - 2　2012 年北京市环境管理竞争力各级指标的优劣度结构表

| 二级指标 | 三级指标 | 四级指标数 | 强势指标 | | 优势指标 | | 中势指标 | | 劣势指标 | | 优劣度 |
|---|---|---|---|---|---|---|---|---|---|---|---|
| | | | 个数 | 比重（%） | 个数 | 比重（%） | 个数 | 比重（%） | 个数 | 比重（%） | |
| 环境管理竞争力 | 环境治理竞争力 | 10 | 0 | 0.0 | 2 | 20.0 | 1 | 10.0 | 7 | 70.0 | 劣势 |
| | 环境友好竞争力 | 6 | 0 | 0.0 | 2 | 33.3 | 0 | 0.0 | 4 | 66.7 | 劣势 |
| | 小　计 | 16 | 0 | 0.0 | 4 | 25.0 | 1 | 6.3 | 11 | 68.8 | 劣势 |

## 1.3.2　北京市环境管理竞争力比较分析

图 1 - 3 - 1 将 2010～2012 年北京市环境管理竞争力与全国最高水平和平均水平进行比较。由图可知，评价期内北京市环境管理竞争力得分呈上升趋势，但均未超过 39 分，也都低于当时全国平均水平。

从环境管理竞争力的整体得分比较来看，2010 年，北京市环境管理竞争力得分与全国最高分相比还有 33.1 分的差距，但与全国平均分相比，则低 6.5 分；到 2012 年，北京市环境管理竞争力得分与全国最高分的差距为 31.4 分，比全国平均分低 8.8 分。总的来说，2010～2012 年北京市环境管理竞争力与最高分的差距虽呈缩小趋势，但处在较低水平。

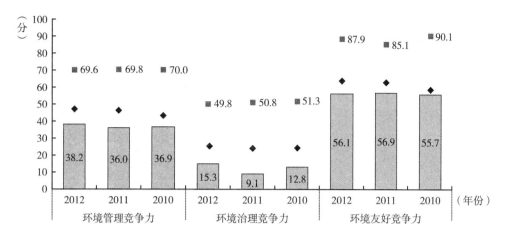

**图1-3-1 2010～2012年北京市环境管理竞争力指标得分比较**

从环境管理竞争力的要素得分比较来看，2012年，北京市环境治理竞争力和环境友好竞争力的得分分别为15.3分和56.1分，分别比最高分低34.5分和31.8分，分别低于平均分9.9分和7.9分；与2010年相比，北京市环境治理竞争力得分与最高分的差距缩小了3.9分，环境友好竞争力得分与最高分的差距缩小了2.6分。

### 1.3.3 北京市环境管理竞争力变化动因分析

二级指标环境管理竞争力的变化是三级要素指标变化综合作用的结果，而三级要素指标变化又是四级基础指标变化作用的结果。三级和四级指标的变动情况如表1-3-1所示。

从要素指标来看，北京市环境管理竞争力的2个要素指标中，环境治理竞争力的排名呈波动上升，环境友好竞争力的排名呈持续下降，受指标排位升降的综合影响，北京市环境管理竞争力排位呈波动保持。

从基础指标来看，北京市环境管理竞争力的16个基础指标中，上升指标有4个，占指标总数的25%，主要分布在环境治理竞争力指标组；下降指标有10个，占指标总数的62.5%，也主要分布在环境治理竞争力指标组。其余2个指标排位保持不变。下降指标数量大于上升指标数量，但受其他外部因素的综合影响，2012年北京市环境管理竞争力排名呈波动保持。

## 1.4 北京市环境影响竞争力评价分析

### 1.4.1 北京市环境影响竞争力评价结果

2010～2012年北京市环境影响竞争力排位和排位变化情况及其下属2个三级指标和21个四级指标的评价结果，如表1-4-1所示；环境影响竞争力各级指标的优劣势情况，如表1-4-2所示。

表 1 - 4 - 1　2010～2012 年北京市环境影响竞争力各级指标的得分、排名及优劣度分析表

| 指　　　　　项<br>标　　　目 | 2012 年 | | | 2011 年 | | | 2010 年 | | | 综合变化 | | |
|---|---|---|---|---|---|---|---|---|---|---|---|---|
| | 得分 | 排名 | 优劣度 | 得分 | 排名 | 优劣度 | 得分 | 排名 | 优劣度 | 得分变化 | 排名变化 | 趋势变化 |
| **环境影响竞争力** | 84.1 | 2 | 强势 | 85.1 | 2 | 强势 | 87.4 | 2 | 强势 | -3.4 | 0 | 持续→ |
| （1）环境安全竞争力 | 83.3 | 5 | 优势 | 87.0 | 3 | 强势 | 84.6 | 2 | 强势 | -1.4 | -3 | 持续↓ |
| 自然灾害受灾面积 | 97.6 | 4 | 优势 | 98.1 | 4 | 优势 | 99.9 | 2 | 强势 | -2.3 | -2 | 持续↓ |
| 自然灾害绝收面积占受灾面积比重 | 62.7 | 22 | 劣势 | 62.6 | 18 | 中势 | 0.0 | 31 | 劣势 | 62.7 | 9 | 波动↑ |
| 自然灾害直接经济损失 | 57.9 | 26 | 劣势 | 96.2 | 3 | 强势 | 99.6 | 3 | 强势 | -41.7 | -23 | 持续↓ |
| 发生地质灾害起数 | 99.5 | 7 | 优势 | 99.9 | 6 | 优势 | 99.9 | 5 | 优势 | -0.5 | -2 | 持续↓ |
| 地质灾害直接经济损失 | 100.0 | 1 | 强势 | 100.0 | 4 | 优势 | 100.0 | 3 | 强势 | 0.0 | 0 | 波动→ |
| 地质灾害防治投资额 | 0.0 | 31 | 劣势 | 0.3 | 30 | 劣势 | 0.0 | 31 | 劣势 | 0.0 | 0 | 波动→ |
| 突发环境事件次数 | 89.1 | 25 | 劣势 | 81.7 | 30 | 劣势 | 81.4 | 28 | 劣势 | 7.7 | 3 | 波动↑ |
| 森林火灾次数 | 99.9 | 2 | 强势 | 99.7 | 3 | 强势 | 99.9 | 2 | 强势 | 0.0 | 0 | 波动→ |
| 森林火灾火场总面积 | 100.0 | 2 | 强势 | 100.0 | 2 | 强势 | 100.0 | 2 | 强势 | 0.0 | 0 | 持续→ |
| 受火灾森林面积 | 100.0 | 2 | 强势 | 99.9 | 3 | 强势 | 100.0 | 2 | 强势 | 0.0 | 0 | 波动→ |
| 森林病虫鼠害发生面积 | 97.9 | 3 | 强势 | 99.7 | 3 | 强势 | 97.1 | 3 | 强势 | 0.7 | 0 | 持续→ |
| 森林病虫鼠害防治率 | 100.0 | 1 | 强势 | 99.5 | 3 | 强势 | 99.2 | 3 | 强势 | 0.8 | 2 | 持续↑ |
| （2）环境质量竞争力 | 84.7 | 2 | 强势 | 83.8 | 2 | 强势 | 89.4 | 2 | 强势 | -4.7 | 0 | 持续→ |
| 人均工业废气排放量 | 91.4 | 2 | 强势 | 86.7 | 3 | 强势 | 90.8 | 9 | 优势 | 0.6 | 7 | 持续↑ |
| 人均二氧化硫排放量 | 73.1 | 18 | 中势 | 73.8 | 19 | 中势 | 91.8 | 3 | 强势 | -18.7 | -15 | 波动↓ |
| 人均工业烟（粉）尘排放量 | 95.7 | 3 | 强势 | 99.3 | 3 | 强势 | 95.8 | 3 | 强势 | -0.1 | 0 | 波动→ |
| 人均工业废水排放量 | 89.3 | 2 | 强势 | 90.4 | 3 | 强势 | 95.4 | 3 | 强势 | -6.0 | 1 | 持续↑ |
| 人均生活污水排放量 | 15.7 | 30 | 劣势 | 7.6 | 30 | 劣势 | 32.5 | 30 | 劣势 | -16.8 | 0 | 持续→ |
| 人均化学需氧量排放量 | 100.0 | 1 | 强势 | 100.0 | 1 | 强势 | 100.0 | 1 | 强势 | 0.0 | 0 | 持续→ |
| 人均工业固体废物排放量 | 100.0 | 1 | 强势 | 100.0 | 1 | 强势 | 99.9 | 9 | 优势 | 0.1 | 8 | 持续↑ |
| 人均化肥施用量 | 97.6 | 2 | 强势 | 97.8 | 2 | 强势 | 97.4 | 2 | 强势 | 0.0 | 0 | 持续→ |
| 人均农药施用量 | 100.0 | 1 | 强势 | 100.0 | 1 | 强势 | 100.0 | 1 | 强势 | 0.0 | 0 | 持续→ |

表 1 - 4 - 2　2012 年北京市环境影响竞争力各级指标的优劣度结构表

| 二级指标 | 三级指标 | 四级指标数 | 强势指标 | | 优势指标 | | 中势指标 | | 劣势指标 | | 优劣度 |
|---|---|---|---|---|---|---|---|---|---|---|---|
| | | | 个数 | 比重（%） | 个数 | 比重（%） | 个数 | 比重（%） | 个数 | 比重（%） | |
| 环境影响<br>竞争力 | 环境安全竞争力 | 12 | 6 | 50.0 | 2 | 16.7 | 0 | 0.0 | 4 | 33.3 | 优势 |
| | 环境质量竞争力 | 9 | 7 | 77.8 | 0 | 0.0 | 1 | 11.1 | 1 | 11.1 | 强势 |
| | 小　　计 | 21 | 13 | 61.9 | 2 | 9.5 | 1 | 4.8 | 5 | 23.8 | 强势 |

　　2010～2012 年北京市环境影响竞争力的综合排位呈持续保持，2012 年排名第 2 位，与 2010 年排位相同，在全国处于上游区。

　　从环境影响竞争力的要素指标变化趋势来看，环境安全竞争力指标处于持续下降趋势，而环境质量竞争力指标排名呈持续保持。

从环境影响竞争力的基础指标分布来看，在 21 个基础指标中，指标的优劣度结构为 61.9:9.5:4.8:23.8。强势指标所占比重明显高于其他指标的比重，表明强势指标占主导地位。

### 1.4.2 北京市环境影响竞争力比较分析

图 1-4-1 将 2010~2012 年北京市环境影响竞争力与全国最高水平和平均水平进行比较。由图可知，评价期内北京市环境影响竞争力得分普遍高于 84 分，虽呈持续下降趋势，但北京市环境影响竞争力仍保持较高水平。

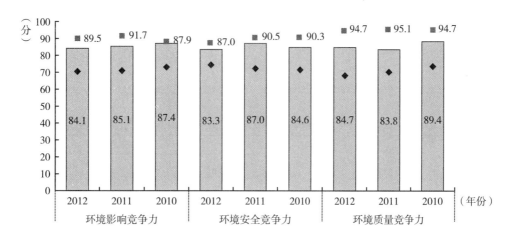

**图 1-4-1 2010~2012 年北京市环境影响竞争力指标得分比较**

从环境影响竞争力的整体得分比较来看，2010 年，北京市环境影响竞争力得分与全国最高分相比仅有 0.5 分的差距，与全国平均分相比，高了 15.0 分；到 2012 年，北京市环境影响竞争力得分与全国最高分相差 5.4 分，高于全国平均分 13.4 分。总的来说，2010~2012 年北京市环境影响竞争力与最高分的差距呈扩大趋势。

从环境影响竞争力的要素得分比较来看，2012 年，北京市环境安全竞争力和环境质量竞争力的得分分别为 83.3 分和 84.7 分，分别比最高分低 3.7 分和 10.0 分，但分别高出平均分 9.1 分和 16.6 分；与 2010 年相比，北京市环境安全竞争力得分与最高分的差距缩小了 2 分，环境质量竞争力得分与最高分的差距扩大了 4.7 分。

### 1.4.3 北京市环境影响竞争力变化动因分析

二级指标环境影响竞争力的变化是三级要素指标变化综合作用的结果，而三级要素指标变化又是四级基础指标变化作用的结果。三级和四级指标的变动情况如表 1-4-1 所示。

从要素指标来看，北京市环境影响竞争力的 2 个要素指标中，环境安全竞争力的排名下降了 3 位，环境质量竞争力的排名保持不变，受多种因素综合影响，北京市环境影响竞争力排名呈持续保持。

从基础指标来看，北京市环境影响竞争力的 21 个基础指标中，上升指标有 6 个，占指标总数的 28.6%，平均分布在环境安全竞争力和环境质量竞争力指标组；下降指标有 4 个，占指标总数的 19.0%，主要分布在环境安全竞争力指标组。排位上升的指标数量大于排位下降的指标数量，但受其他外部因素的综合影响，2012 年北京市环境影响竞争力排名呈现持续保持。

## 1.5 北京市环境协调竞争力评价分析

### 1.5.1 北京市环境协调竞争力评价结果

2010~2012 年北京市环境协调竞争力排位和排位变化情况及其下属 2 个三级指标和 19 个四级指标的评价结果，如表 1-5-1 所示；环境协调竞争力各级指标的优劣势情况，如表 1-5-2 所示。

表 1-5-1　2010~2012 年北京市环境协调竞争力各级指标的得分、排名及优劣度分析表

| 指标项目 | 2012 年 | | | 2011 年 | | | 2010 年 | | | 综合变化 | | |
|---|---|---|---|---|---|---|---|---|---|---|---|---|
| | 得分 | 排名 | 优劣度 | 得分 | 排名 | 优劣度 | 得分 | 排名 | 优劣度 | 得分变化 | 排名变化 | 趋势变化 |
| **环境协调竞争力** | 57.1 | 27 | 劣势 | 45.8 | 30 | 劣势 | 59.4 | 20 | 中势 | -2.3 | -7 | 波动↓ |
| （1）人口与环境协调竞争力 | 54.4 | 9 | 优势 | 56.2 | 9 | 优势 | 65.1 | 2 | 强势 | -10.6 | -7 | 持续↓ |
| 人口自然增长率与工业废气排放量增长率比差 | 10.0 | 30 | 劣势 | 64.1 | 15 | 中势 | 80.4 | 9 | 优势 | -70.4 | -21 | 持续↓ |
| 人口自然增长率与工业废水排放量增长率比差 | 79.3 | 19 | 中势 | 87.3 | 11 | 中势 | 89.5 | 3 | 强势 | -10.2 | -16 | 持续↓ |
| 人口自然增长率与工业固体废物排放量增长率比差 | 94.9 | 7 | 优势 | 60.1 | 10 | 优势 | 89.7 | 7 | 优势 | 5.2 | 0 | 波动→ |
| 人口自然增长率与能源消费量增长率比差 | 61.4 | 20 | 中势 | 58.0 | 30 | 劣势 | 97.4 | 4 | 优势 | -36.0 | -16 | 波动↓ |
| 人口密度与人均水资源量比差 | 32.3 | 3 | 强势 | 32.1 | 3 | 强势 | 31.9 | 3 | 强势 | 0.4 | 0 | 持续→ |
| 人口密度与人均耕地面积比差 | 20.9 | 20 | 中势 | 20.4 | 20 | 中势 | 20.0 | 20 | 中势 | 0.9 | 0 | 持续→ |
| 人口密度与森林覆盖率比差 | 81.2 | 8 | 优势 | 80.8 | 8 | 优势 | 80.4 | 8 | 优势 | 0.8 | 0 | 持续→ |
| 人口密度与人均矿产基础储量比差 | 34.2 | 4 | 优势 | 33.8 | 4 | 优势 | 33.3 | 4 | 优势 | 0.9 | 0 | 持续→ |
| 人口密度与人均能源生产量比差 | 68.1 | 26 | 劣势 | 68.2 | 26 | 劣势 | 68.5 | 24 | 劣势 | -0.5 | -2 | 持续↓ |
| （2）经济与环境协调竞争力 | 58.9 | 26 | 劣势 | 39.1 | 31 | 劣势 | 55.8 | 25 | 劣势 | 3.1 | -1 | 波动↓ |
| 工业增加值增长率与工业废气排放量增长率比差 | 56.6 | 28 | 劣势 | 0.0 | 31 | 劣势 | 31.9 | 27 | 劣势 | 24.6 | -1 | 波动↓ |
| 工业增加值增长率与工业废水排放量增长率比差 | 72.3 | 16 | 中势 | 0.0 | 31 | 劣势 | 57.7 | 21 | 劣势 | 14.6 | 5 | 波动↑ |
| 工业增加值增长率与工业固体废物排放量增长率比差 | 88.3 | 10 | 优势 | 0.0 | 31 | 劣势 | 59.9 | 16 | 中势 | 28.4 | 6 | 波动↑ |
| 地区生产总值增长率与能源消费量增长率比差 | 14.1 | 29 | 劣势 | 0.0 | 31 | 劣势 | 32.7 | 29 | 劣势 | -18.6 | 0 | 波动→ |
| 人均工业增加值与人均水资源量比差 | 71.5 | 14 | 中势 | 69.4 | 16 | 中势 | 64.9 | 21 | 劣势 | 6.6 | 7 | 持续↑ |
| 人均工业增加值与人均耕地面积比差 | 66.2 | 21 | 劣势 | 64.3 | 21 | 劣势 | 59.5 | 23 | 劣势 | 6.8 | 2 | 持续↑ |
| 人均工业增加值与人均工业废气排放量比差 | 41.4 | 26 | 劣势 | 48.5 | 22 | 劣势 | 50.7 | 16 | 中势 | -9.3 | -10 | 持续↓ |
| 人均工业增加值与森林覆盖率比差 | 87.6 | 6 | 优势 | 89.7 | 6 | 优势 | 94.9 | 5 | 优势 | -7.3 | -4 | 持续↓ |
| 人均工业增加值与人均矿产基础储量比差 | 68.3 | 18 | 中势 | 66.6 | 20 | 中势 | 61.7 | 22 | 劣势 | 6.6 | 4 | 持续↑ |
| 人均工业增加值与人均能源生产量比差 | 37.6 | 21 | 劣势 | 40.7 | 20 | 中势 | 47.2 | 19 | 中势 | -9.6 | -2 | 持续↓ |

表1－5－2　2012年北京市环境协调竞争力各级指标的优劣度结构表

| 二级指标 | 三级指标 | 四级指标数 | 强势指标 | | 优势指标 | | 中势指标 | | 劣势指标 | | 优劣度 |
|---|---|---|---|---|---|---|---|---|---|---|---|
| | | | 个数 | 比重（%） | 个数 | 比重（%） | 个数 | 比重（%） | 个数 | 比重（%） | |
| 环境协调竞争力 | 人口与环境协调竞争力 | 9 | 1 | 11.1 | 3 | 33.3 | 3 | 33.3 | 2 | 22.2 | 优势 |
| | 经济与环境协调竞争力 | 10 | 0 | 0.0 | 2 | 20.0 | 3 | 30.0 | 5 | 50.0 | 劣势 |
| | 小　计 | 19 | 1 | 5.3 | 5 | 26.3 | 6 | 31.6 | 7 | 36.8 | 劣势 |

2010～2012年北京市环境协调竞争力的综合排位呈波动下降，2012年排名第27位，比2010年下降了7位，在全国处于下游区。

从环境协调竞争力的要素指标变化趋势来看，有1个指标呈持续下降，即人口与环境协调竞争力；有1个指标呈波动下降，为经济与环境协调竞争力。

从环境协调竞争力的基础指标分布来看，在19个基础指标中，指标的优劣度结构为5.3∶26.3∶31.6∶36.8。劣势指标所占比重高于强势指标与优势指标的比重，表明劣势指标占主导地位。

### 1.5.2　北京市环境协调竞争力比较分析

图1－5－1将2010～2012年北京市环境协调竞争力与全国最高水平和平均水平进行比较。由图可知，评价期内北京市环境协调竞争力得分基本低于60分，2012年北京市环境协调竞争力得分低于全国平均水平，仍处于较低水平。

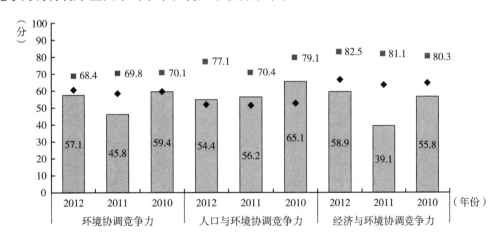

图1－5－1　2010～2012年北京市环境协调竞争力指标得分比较

从环境协调竞争力的整体得分比较来看，2010年，北京市环境协调竞争力得分与全国最高分相比还有10.6分的差距，但与全国平均分相比，则高出0.1分；到2012年，北京市环境协调竞争力得分与全国最高分的差距拉大为11.3分，低于全国平均分3.2分。总的来说，2010～2012年北京市环境协调竞争力与最高分的差距呈扩大趋势，在全国处于下游。

从环境协调竞争力的要素得分比较来看，2012年，北京市人口与环境协调竞争力和经济与环境协调竞争力的得分分别为54.4分和58.9分，分别比最高分低22.7分和23.6分，前者高于平均分3.2分，后者低于平均分7.5分；与2010年相比，北京市人口与环境协调竞争力得分与最高分的差距扩大了8.5分，经济与环境协调竞争力得分与最高分的差距缩小了0.8分。

### 1.5.3 北京市环境协调竞争力变化动因分析

二级指标环境协调竞争力的变化是三级要素指标变化综合作用的结果，而三级要素指标变化又是四级基础指标变化作用的结果。三级和四级指标的变动情况如表1-5-1所示。

从要素指标来看，北京市环境协调竞争力的2个要素指标中，人口与环境协调竞争力的排名下降7位，经济与环境协调竞争力的排名下降了1位，受指标排位升降的综合影响，北京市环境协调竞争力下降了7位。

从基础指标来看，北京市环境协调竞争力的19个基础指标中，上升指标有5个，占指标总数的26.3%，都分布在经济与环境协调竞争力指标组；下降指标有8个，占指标总数的42.1%，主要分布在人口与环境协调竞争力指标组。排位上升的指标数量小于排位下降的指标数量，使得2012年北京市环境协调竞争力排名下降了7位。

## 1.6 北京市环境竞争力总体评述

从对北京市环境竞争力及其5个二级指标在全国的排位变化和指标结构的综合分析来看，"十二五"中期（2010～2012年）环境竞争力中下降指标的数量大于上升指标的数量，下降的拉力大于上升的拉力，使得2012年北京市环境竞争力的排位下降了5位，在全国居第14位。

### 1.6.1 北京市环境竞争力概要分析

北京市环境竞争力在全国所处的位置及变化如表1-6-1所示，5个二级指标的得分和排位变化如表1-6-2所示。

表1-6-1 2010～2012年北京市环境竞争力一级指标比较表

| 项目　　年份 | 2012 | 2011 | 2010 |
|---|---|---|---|
| 排名 | 14 | 17 | 9 |
| 所属区位 | 中游 | 中游 | 上游 |
| 得分 | 52.5 | 50.8 | 52.7 |
| 全国最高分 | 58.2 | 59.5 | 60.1 |
| 全国平均分 | 51.3 | 50.8 | 50.4 |
| 与最高分的差距 | -5.7 | -8.7 | -7.4 |
| 与平均分的差距 | 1.2 | 0.0 | 2.3 |
| 优劣度 | 中势 | 中势 | 优势 |
| 波动趋势 | 上升 | 下降 | — |

表 1 - 6 - 2  2010 ~ 2012 年北京市环境竞争力二级指标比较表

| 年份 \ 项目 | 生态环境竞争力 | | 资源环境竞争力 | | 环境管理竞争力 | | 环境影响竞争力 | | 环境协调竞争力 | | 环境竞争力 | |
|---|---|---|---|---|---|---|---|---|---|---|---|---|
| | 得分 | 排名 | 得分 | 排名 | 得分 | 排名 | 得分 | 排名 | 得分 | 排名 | 得分 | 排名 |
| 2010 | 53.6 | 6 | 42.0 | 18 | 36.9 | 24 | 87.4 | 2 | 59.4 | 20 | 52.7 | 9 |
| 2011 | 52.3 | 5 | 46.4 | 13 | 36.0 | 27 | 85.1 | 2 | 45.8 | 30 | 50.8 | 17 |
| 2012 | 52.4 | 8 | 44.7 | 16 | 38.2 | 24 | 84.1 | 2 | 57.1 | 27 | 52.5 | 14 |
| 得分变化 | -1.2 | — | 2.8 | — | 1.3 | — | -3.4 | — | -2.3 | — | -0.2 | — |
| 排位变化 | — | -2 | — | 2 | — | 0 | — | 0 | — | -7 | — | -5 |
| 优劣度 | 优势 | 优势 | 中势 | 中势 | 劣势 | 劣势 | 强势 | 强势 | 劣势 | 劣势 | 中势 | 中势 |

（1）从指标排位变化趋势看，2012 年北京市环境竞争力综合排名在全国处于第 14 位，表明其在全国处于中势地位；与 2010 年相比，排位下降了 5 位。总的来看，评价期内北京市环境竞争力呈波动下降趋势。

在 5 个二级指标中，有 2 个指标处于下降趋势，为生态环境竞争力和环境协调竞争力，这是北京市环境竞争力下降的主要拉力所在，有 1 个指标处于上升趋势，为资源环境竞争力，其余 2 个指标排位保持不变。在指标排位升降的综合影响下，评价期内北京市环境竞争力的综合排位下降了 5 位，在全国排名第 14 位。

（2）从指标所处区位看，2012 年北京市环境竞争力处于中游区，其中，环境影响竞争力为强势指标，生态环境竞争力为优势指标，资源环境竞争力为中势指标，环境管理竞争力和环境协调竞争力为劣势指标。

（3）从指标得分看，2012 年北京市环境竞争力得分为 52.5 分，比全国最高分低 5.7 分，比全国平均分高 1.2 分，尽管与 2010 年相比，北京市环境竞争力得分下降了 0.2 分，但与最高分和全国平均分的差距却有所缩小。

2012 年，北京市环境竞争力二级指标的得分均高于 38 分，与 2010 年相比，得分上升最多的为资源环境竞争力，上升了 2.8 分；得分下降最多的为环境影响竞争力，下降了 3.4 分。

### 1.6.2  北京市环境竞争力各级指标动态变化分析

2010 ~ 2012 年北京市环境竞争力各级指标的动态变化及其结构，如图 1 - 6 - 1 和表 1 - 6 - 3 所示。

从图 1 - 6 - 1 可以看出，北京市环境竞争力的四级指标中上升指标的比例大于下降指标的比例，表明上升指标居于主导地位。表 1 - 6 - 3 中的数据进一步说明，北京市环境竞争力的 130 个四级指标中，上升的指标有 32 个，占指标总数的 24.6%；保持的指标有 68 个，占指标总数的 52.3%；下降的指标为 30 个，占指标总数的 23.1%。虽然上升指标的数量大于下降指标的数量，但在指标升降幅度等其他综合因素的作用下，评价期内北京市环境竞争力排位下降了 5 位，在全国居第 14 位。

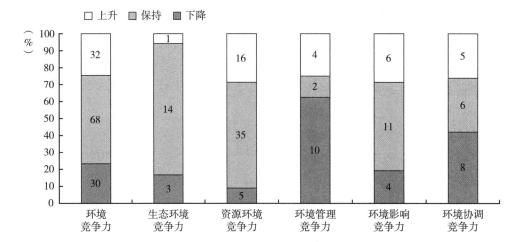

图 1 - 6 - 1  2010~2012 年北京市环境竞争力动态变化结构图

表 1 - 6 - 3  2010~2012 年北京市环境竞争力各级指标排位变化态势比较表

| 二级指标 | 三级指标 | 四级指标数 | 上升指标 | | 保持指标 | | 下降指标 | | 变化趋势 |
|---|---|---|---|---|---|---|---|---|---|
| | | | 个数 | 比重（%） | 个数 | 比重（%） | 个数 | 比重（%） | |
| 生态环境竞争力 | 生态建设竞争力 | 9 | 0 | 0.0 | 6 | 66.7 | 3 | 33.3 | 持续↓ |
| | 生态效益竞争力 | 9 | 1 | 11.1 | 8 | 88.9 | 0 | 0.0 | 持续→ |
| | 小　计 | 18 | 1 | 5.6 | 14 | 77.8 | 3 | 16.7 | 波动↓ |
| 资源环境竞争力 | 水环境竞争力 | 11 | 5 | 45.5 | 5 | 45.5 | 1 | 9.1 | 持续↑ |
| | 土地环境竞争力 | 13 | 2 | 15.4 | 11 | 84.6 | 0 | 0.0 | 持续→ |
| | 大气环境竞争力 | 8 | 3 | 37.5 | 5 | 62.5 | 0 | 0.0 | 持续↓ |
| | 森林环境竞争力 | 8 | 2 | 25.0 | 6 | 75.0 | 0 | 0.0 | 持续↑ |
| | 矿产环境竞争力 | 9 | 3 | 33.3 | 4 | 44.4 | 2 | 22.2 | 持续↑ |
| | 能源环境竞争力 | 7 | 1 | 14.3 | 4 | 57.1 | 2 | 28.6 | 波动↑ |
| | 小　计 | 56 | 16 | 28.6 | 35 | 62.5 | 5 | 8.9 | 波动↑ |
| 环境管理竞争力 | 环境治理竞争力 | 10 | 3 | 30.0 | 1 | 10.0 | 6 | 60.0 | 波动↑ |
| | 环境友好竞争力 | 6 | 1 | 16.7 | 1 | 16.7 | 4 | 66.7 | 持续↓ |
| | 小　计 | 16 | 4 | 25.0 | 2 | 12.5 | 10 | 62.5 | 波动→ |
| 环境影响竞争力 | 环境安全竞争力 | 12 | 3 | 25.0 | 6 | 50.0 | 3 | 25.0 | 持续↓ |
| | 环境质量竞争力 | 9 | 3 | 33.3 | 5 | 55.6 | 1 | 11.1 | 持续→ |
| | 小　计 | 21 | 6 | 28.6 | 11 | 52.4 | 4 | 19.0 | 持续→ |
| 环境协调竞争力 | 人口与环境协调竞争力 | 9 | 0 | 0.0 | 5 | 55.6 | 4 | 44.4 | 持续↓ |
| | 经济与环境协调竞争力 | 10 | 5 | 50.0 | 1 | 10.0 | 4 | 40.0 | 波动↓ |
| | 小　计 | 19 | 5 | 26.3 | 6 | 31.6 | 8 | 42.1 | 波动↓ |
| 合　计 | | 130 | 32 | 24.6 | 68 | 52.3 | 30 | 23.1 | 波动↓ |

### 1.6.3　北京市环境竞争力各级指标变化动因分析

2012 年北京市环境竞争力各级指标的优劣势变化及其结构，如图 1 - 6 - 2 和表 1 - 6 - 4 所示。

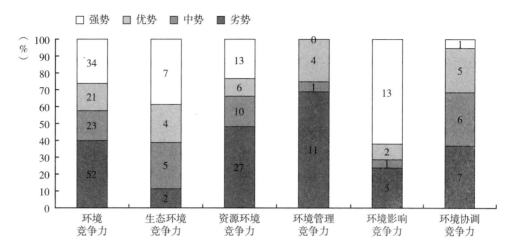

图 1 - 6 - 2　2012 年北京市环境竞争力优劣度结构图

表 1 - 6 - 4　2012 年北京市环境竞争力各级指标优劣度比较表

| 二级指标 | 三级指标 | 四级指标数 | 强势指标 | | 优势指标 | | 中势指标 | | 劣势指标 | | 优劣度 |
| --- | --- | --- | --- | --- | --- | --- | --- | --- | --- | --- | --- |
| | | | 个数 | 比重（%） | 个数 | 比重（%） | 个数 | 比重（%） | 个数 | 比重（%） | |
| 生态环境竞争力 | 生态建设竞争力 | 9 | 0 | 0.0 | 3 | 33.3 | 4 | 44.4 | 2 | 22.2 | 中势 |
| | 生态效益竞争力 | 9 | 7 | 77.8 | 1 | 11.1 | 1 | 11.1 | 0 | 0.0 | 强势 |
| | 小　计 | 18 | 7 | 38.9 | 4 | 22.2 | 5 | 27.8 | 2 | 11.1 | 优势 |
| 资源环境竞争力 | 水环境竞争力 | 11 | 5 | 45.5 | 1 | 9.1 | 1 | 9.1 | 4 | 36.4 | 强势 |
| | 土地环境竞争力 | 13 | 2 | 15.4 | 2 | 15.4 | 2 | 15.4 | 7 | 53.8 | 中势 |
| | 大气环境竞争力 | 8 | 3 | 37.5 | 0 | 0.0 | 2 | 25.0 | 3 | 37.5 | 中势 |
| | 森林环境竞争力 | 8 | 0 | 0.0 | 0 | 0.0 | 1 | 12.5 | 7 | 87.5 | 劣势 |
| | 矿产环境竞争力 | 9 | 1 | 11.1 | 0 | 0.0 | 3 | 33.3 | 5 | 55.6 | 劣势 |
| | 能源环境竞争力 | 7 | 2 | 28.6 | 3 | 42.9 | 1 | 14.3 | 1 | 14.3 | 强势 |
| | 小　计 | 56 | 13 | 23.2 | 6 | 10.7 | 10 | 17.9 | 27 | 48.2 | 中势 |
| 环境管理竞争力 | 环境治理竞争力 | 10 | 0 | 0.0 | 2 | 20.0 | 1 | 10.0 | 7 | 70.0 | 劣势 |
| | 环境友好竞争力 | 6 | 0 | 0.0 | 2 | 33.3 | 0 | 0.0 | 4 | 66.7 | 劣势 |
| | 小　计 | 16 | 0 | 0.0 | 4 | 25.0 | 1 | 6.3 | 11 | 68.8 | 劣势 |
| 环境影响竞争力 | 环境安全竞争力 | 12 | 6 | 50.0 | 2 | 16.7 | 0 | 0.0 | 4 | 33.3 | 优势 |
| | 环境质量竞争力 | 9 | 7 | 77.8 | 0 | 0.0 | 1 | 11.1 | 1 | 11.1 | 强势 |
| | 小　计 | 21 | 13 | 61.9 | 2 | 9.5 | 1 | 4.8 | 5 | 23.8 | 强势 |
| 环境协调竞争力 | 人口与环境协调竞争力 | 9 | 1 | 11.1 | 3 | 33.3 | 3 | 33.3 | 2 | 22.2 | 优势 |
| | 经济与环境协调竞争力 | 10 | 0 | 0.0 | 2 | 20.0 | 3 | 30.0 | 5 | 50.0 | 劣势 |
| | 小　计 | 19 | 1 | 5.3 | 5 | 26.3 | 6 | 31.6 | 7 | 36.8 | 劣势 |
| 合　　计 | | 130 | 34 | 26.2 | 21 | 16.2 | 23 | 17.7 | 52 | 40.0 | 中势 |

　　从图 1 - 6 - 2 可以看出，2012 年北京市环境竞争力的四级指标中强势和优势指标的比例略大于劣势指标的比例，表明强势和优势指标居于主导地位。表 1 - 6 - 4 进一步表明，

2012 年北京市环境竞争力的 130 个四级指标中，强势指标有 34 个，占指标总数的 26.2%；优势指标为 21 个，占指标总数的 16.2%；中势指标 23 个，占指标总数的 17.7%；劣势指标有 52 个，占指标总数的 40.0%；强势指标和优势指标之和占指标总数的 42.3%，数量与比重均大于劣势指标。从三级指标来看，四级指标中强势指标和优势指标之和占四级指标总数一半以上的分别有生态效益竞争力、水环境竞争力、能源环境竞争力、环境安全竞争力、环境质量竞争力，共计 5 个指标，占三级指标总数的 35.7%。反映到二级指标上来，强势指标 1 个，占二级指标总数的 20%，优势指标 1 个，占二级指标总数的 20%，中势指标 1 个，占二级指标总数的 20%，劣势指标 2 个，占二级指标总数的 40%。强势指标、优势指标之和与劣势指标比重相当，使得北京市环境竞争力处于中势地位，在全国居第 14 位，处于中游区。

为了进一步明确北京市环境竞争力各级指标的具体情况，以便于对相关指标进行深入分析，为提升北京市环境竞争力提供相应参考，表 1 - 6 - 5 列出了环境竞争力指标体系中影响北京市环境竞争力升降的强势指标、优势指标和劣势指标。

表 1 - 6 - 5　2012 年北京市环境竞争力四级指标优劣度统计表

| 指标 | 强势指标 | 优势指标 | 劣势指标 |
|---|---|---|---|
| 生态环境竞争力（18 个） | 工业废气排放强度、工业二氧化硫排放强度、工业烟（粉）尘排放强度、工业废水排放强度、工业废水中化学需氧量排放强度、工业废水中氨氮排放强度、工业固体废物排放强度（7 个） | 公园面积、园林绿地面积、本年减少耕地面积、化肥施用强度（4 个） | 自然保护区个数、野生植物种源培育基地数（2 个） |
| 资源环境竞争力（56 个） | 用水总量、用水消耗量、耗水率、节灌率、城市再生水利用率、土地资源利用效率、单位建设用地非农产业增加值、工业废气排放总量、工业烟（粉）尘排放总量、工业二氧化硫排放总量、工业固体废物产生量、单位地区生产总值能耗、单位地区生产总值电耗（13 个） | 工业废水排放总量、建设用地面积、单位耕地面积农业增加值、能源生产总量、能源消费总量、能源消费弹性系数（6 个） | 水资源总量、人均水资源量、降水量、供水总量、土地总面积、耕地面积、人均耕地面积、牧草地面积、人均牧草地面积、园地面积、当年新增种草面积、地均工业废气排放量、全省设区市优良天数比例、可吸入颗粒物（PM10）浓度、林业用地面积、森林面积、人工林面积、天然林比重、造林总面积、森林蓄积量、活立木总蓄积量、主要有色金属矿产基础储量、人均主要有色金属矿产基础储量、主要非金属矿产基础储量、人均主要非金属矿产基础储量、主要能源矿产基础储量、单位工业增加值能耗（27 个） |
| 环境管理竞争力（16 个） | （0 个） | 环境污染治理投资总额、环境污染治理投资总额占地方生产总值比重、工业固体废物处置利用率、生活垃圾无害化处理率（4 个） | 废气治理设施年运行费用、废水治理设施处理能力、废水治理设施年运行费用、本年矿山恢复面积、地质灾害防治投资额、水土流失治理面积、土地复垦面积占新增耕地面积的比重、工业固体废物综合利用量、工业固体废物处置量、工业用水重复利用率、城市污水处理率（11 个） |

续表

| 指标 | 强势指标 | 优势指标 | 劣势指标 |
|---|---|---|---|
| 环境影响竞争力（21个） | 地质灾害直接经济损失、森林火灾次数、森林火灾火场总面积、受火灾森林面积、森林病虫鼠害发生面积、森林病虫鼠害防治率、人均工业废气排放量、人均工业烟（粉）尘排放量、人均化学需氧量排放量、人均工业固体废物排放量、人均化肥施用量、人均农药施用量（13个） | 自然灾害受灾面积、发生地质灾害起数（2个） | 自然灾害绝收面积占受灾面积比重、自然灾害直接经济损失、地质灾害防治投资额、突发环境事件次数、人均生活污水排放量（5个） |
| 环境协调竞争力（19个） | 人口密度与人均水资源量比差（1个） | 人口自然增长率与工业固体废物排放量增长率比差、人口密度与森林覆盖率比差、人口密度与人均矿产基础储量比差、工业增加值增长率与工业固体废物排放量增长率比差、人均工业增加值与森林覆盖率比差（5个） | 人口自然增长率与工业废气排放量增长率比差、人口密度与人均能源生产量比差、工业增加值增长率与工业废气排放量增长率比差、地区生产总值增长率与能源消费量增长率比差、人均工业增加值与人均耕地面积比差、人均工业增加值与人均工业废气排放量比差、人均工业增加值与人均能源生产量比差（7个） |

# Gr.3

2

# 天津市环境竞争力评价分析报告

天津市简称津，位于华北平原东北部，与北京市、河北省相接，是中国北方最大的沿海开放城市，素有"渤海明珠"之称。全市总面积11919.7平方公里，2012年末总人口为1413万人，人均GDP达到93173元，万元GDP能耗为0.7吨标准煤。"十二五"中期（2010~2012年），天津市环境竞争力的综合排位呈波动保持，2012年排名第23位，与2010年排位相同，在全国处于劣势地位。

## 2.1 天津市生态环境竞争力评价分析

### 2.1.1 天津市生态环境竞争力评价结果

2010~2012年天津市生态环境竞争力排位和排位变化情况及其下属2个三级指标和18个四级指标的评价结果，如表2-1-1所示；生态环境竞争力各级指标的优劣势情况，如表2-1-2所示。

表2-1-1 2010~2012年天津市生态环境竞争力各级指标的得分、排名及优劣度分析表

| 指标项目 | 2012年 | | | 2011年 | | | 2010年 | | | 综合变化 | | |
|---|---|---|---|---|---|---|---|---|---|---|---|---|
| | 得分 | 排名 | 优劣度 | 得分 | 排名 | 优劣度 | 得分 | 排名 | 优劣度 | 得分变化 | 排名变化 | 趋势变化 |
| 生态环境竞争力 | 46.4 | 14 | 中势 | 46.4 | 14 | 中势 | 46.1 | 15 | 中势 | 0.4 | 1 | 持续↑ |
| （1）生态建设竞争力 | 14.4 | 30 | 劣势 | 14.3 | 30 | 劣势 | 14.3 | 30 | 劣势 | 0.1 | 0 | 持续→ |
| 国家级生态示范区个数 | 10.9 | 21 | 劣势 | 10.9 | 21 | 劣势 | 10.9 | 21 | 劣势 | 0.0 | 0 | 持续→ |
| 公园面积 | 1.8 | 29 | 劣势 | 1.7 | 29 | 劣势 | 1.7 | 29 | 劣势 | 0.2 | 0 | 持续→ |
| 园林绿地面积 | 8.6 | 24 | 劣势 | 8.6 | 24 | 劣势 | 8.6 | 24 | 劣势 | 0.0 | 0 | 持续→ |
| 绿化覆盖面积 | 4.9 | 27 | 劣势 | 4.6 | 27 | 劣势 | 4.6 | 27 | 劣势 | 0.3 | 0 | 持续→ |
| 本年减少耕地面积 | 72.5 | 15 | 中势 | 72.5 | 15 | 中势 | 72.5 | 15 | 中势 | 0.0 | 0 | 持续→ |
| 自然保护区个数 | 1.1 | 30 | 劣势 | 1.1 | 30 | 劣势 | 1.1 | 30 | 劣势 | 0.0 | 0 | 持续→ |
| 自然保护区面积占土地总面积比重 | 20.4 | 12 | 中势 | 20.4 | 12 | 中势 | 20.4 | 12 | 中势 | 0.0 | 0 | 持续→ |
| 野生动物种源繁育基地数 | 0.7 | 28 | 劣势 | 0.0 | 28 | 劣势 | 0.0 | 28 | 劣势 | 0.7 | 0 | 持续→ |
| 野生植物种源培育基地数 | 0.0 | 23 | 劣势 | 0.0 | 24 | 劣势 | 0.0 | 24 | 劣势 | 0.0 | 1 | 持续↑ |
| （2）生态效益竞争力 | 94.5 | 2 | 强势 | 94.6 | 2 | 强势 | 93.7 | 3 | 强势 | 0.7 | 1 | 持续↑ |
| 工业废气排放强度 | 95.0 | 3 | 强势 | 96.7 | 3 | 强势 | 96.7 | 3 | 强势 | -1.7 | 0 | 持续→ |
| 工业二氧化硫排放强度 | 95.9 | 5 | 优势 | 95.6 | 5 | 优势 | 95.6 | 5 | 优势 | 0.3 | 0 | 持续→ |

续表

| 指　标　项　目 | 2012 年 | | | 2011 年 | | | 2010 年 | | | 综合变化 | | |
|---|---|---|---|---|---|---|---|---|---|---|---|---|
| | 得分 | 排名 | 优劣度 | 得分 | 排名 | 优劣度 | 得分 | 排名 | 优劣度 | 得分变化 | 排名变化 | 趋势变化 |
| 工业烟（粉）尘排放强度 | 99.7 | 3 | 强势 | 98.8 | 4 | 优势 | 98.8 | 4 | 优势 | 0.9 | 1 | 持续↑ |
| 工业废水排放强度 | 98.2 | 2 | 强势 | 96.1 | 2 | 强势 | 96.1 | 2 | 强势 | 2.1 | 0 | 持续→ |
| 工业废水中化学需氧量排放强度 | 97.9 | 3 | 强势 | 98.4 | 3 | 强势 | 98.4 | 3 | 强势 | -0.5 | 0 | 持续→ |
| 工业废水中氨氮排放强度 | 95.5 | 5 | 优势 | 95.9 | 5 | 优势 | 95.9 | 5 | 优势 | -0.4 | 0 | 持续→ |
| 工业固体废物排放强度 | 100.0 | 1 | 强势 | 100.0 | 1 | 强势 | 100.0 | 1 | 强势 | 0.0 | 0 | 持续→ |
| 化肥施用强度 | 68.6 | 11 | 中势 | 69.6 | 11 | 中势 | 69.6 | 11 | 中势 | -1.1 | 0 | 持续→ |
| 农药施用强度 | 94.9 | 7 | 优势 | 96.1 | 7 | 优势 | 96.1 | 7 | 优势 | -1.1 | 0 | 持续↓ |

**表 2－1－2　2012 年天津市生态环境竞争力各级指标的优劣度结构表**

| 二级指标 | 三级指标 | 四级指标数 | 强势指标 | | 优势指标 | | 中势指标 | | 劣势指标 | | 优劣度 |
|---|---|---|---|---|---|---|---|---|---|---|---|
| | | | 个数 | 比重（%） | 个数 | 比重（%） | 个数 | 比重（%） | 个数 | 比重（%） | |
| 生态环境竞争力 | 生态建设竞争力 | 9 | 0 | 0.0 | 0 | 0.0 | 2 | 22.2 | 7 | 77.8 | 劣势 |
| | 生态效益竞争力 | 9 | 5 | 55.6 | 3 | 33.3 | 1 | 11.1 | 0 | 0.0 | 强势 |
| | 小　计 | 18 | 5 | 27.8 | 3 | 16.7 | 3 | 16.7 | 7 | 38.9 | 中势 |

　　2010～2012 年天津市生态环境竞争力的综合排位呈现上升趋势，2012 年排名第 14 位，比 2010 年上升了 1 位，在全国处于中游区。

　　从生态环境竞争力要素指标的变化趋势来看，有 1 个指标呈持续保持，即生态建设竞争力；有 1 个指标处于持续上升趋势，为生态效益竞争力。

　　从生态环境竞争力基础指标的优劣度结构来看，在 18 个基础指标中，指标的优劣度结构为 27.8∶16.7∶16.7∶38.9。尽管强势和优势指标所占比重大于劣势指标的比重，但受内外部因素的综合影响，生态环境竞争力仍处于中势地位。

### 2.1.2　天津市生态环境竞争力比较分析

　　图 2－1－1 将 2010～2012 年天津市生态环境竞争力与全国最高水平和平均水平进行比较。由图可知，评价期内天津市生态环境竞争力得分普遍高于 46 分，处于中等水平。

　　从生态环境竞争力的整体得分比较来看，2010 年，天津市生态环境竞争力得分与全国最高分相比有 19.6 分的差距，与全国平均分相比仅差 0.3 分；到了 2012 年，天津市生态环境竞争力得分与全国最高分的差距缩小为 18.7 分，高于全国平均分 1 分。总的来看，2010～2012 年天津市生态环境竞争力与最高分的差距呈缩小趋势，表明天津市的生态建设和生态效益得到不断提升。

　　从生态环境竞争力的要素得分比较来看，2012 年，天津市生态建设竞争力和生态效益

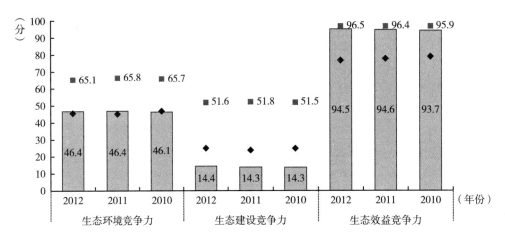

图 2 - 1 - 1　2010~2012 年天津市生态环境竞争力指标得分比较

竞争力的得分分别为 14.4 分和 94.5 分，分别比最高分低 37.2 和 2.0 分，前者低于平均分 10.3 分，后者高于平均分 17.8 分；与 2010 年相比，天津市生态建设竞争力得分与最高分的差距不变，生态效益竞争力得分与最高分的差距缩小了 0.2 分。

### 2.1.3　天津市生态环境竞争力变化动因分析

二级指标生态环境竞争力的变化是三级要素指标变化综合作用的结果，而三级要素指标变化又是四级基础指标变化作用的结果。三级和四级指标的变动情况如表 2 - 1 - 1 所示。

从要素指标来看，天津市生态环境竞争力的 2 个要素指标中，生态建设竞争力的排名保持不变，生态效益竞争力的排名上升了 1 位，受指标排位上升的影响，天津市生态环境竞争力持续上升了 1 位。

从基础指标来看，天津市生态环境竞争力的 18 个基础指标中，上升指标有 2 个，占指标总数的 11.1%，均匀分布在生态建设竞争力指标组和生态效益竞争力指标组；没有下降的指标。由于上升和保持不变的指标占主导地位，评价期内天津市生态环境竞争力排名上升了 1 位。

## 2.2　天津市资源环境竞争力评价分析

### 2.2.1　天津市资源环境竞争力评价结果

2010~2012 年天津市资源环境竞争力排位和排位变化情况及其下属 6 个三级指标和 56 个四级指标的评价结果，如表 2 - 2 - 1 所示；资源环境竞争力各级指标的优劣势情况，如表 2 - 2 - 2 所示。

表 2 - 2 - 1 2010～2012 年天津市资源环境竞争力各级指标的得分、排名及优劣度分析表

| 指标项目 | 2012 年 | | | 2011 年 | | | 2010 年 | | | 综合变化 | | |
|---|---|---|---|---|---|---|---|---|---|---|---|---|
| | 得分 | 排名 | 优劣度 | 得分 | 排名 | 优劣度 | 得分 | 排名 | 优劣度 | 得分变化 | 排名变化 | 趋势变化 |
| **资源环境竞争力** | 37.2 | 26 | 劣势 | 38.5 | 25 | 劣势 | 34.6 | 28 | 劣势 | 2.5 | 2 | 波动↑ |
| （1）水环境竞争力 | 46.2 | 19 | 中势 | 46.1 | 17 | 中势 | 45.0 | 20 | 中势 | 1.1 | 1 | 波动↑ |
| 水资源总量 | 0.5 | 30 | 劣势 | 0.2 | 30 | 劣势 | 0.0 | 31 | 劣势 | 0.5 | 1 | 持续↑ |
| 人均水资源量 | 0.1 | 28 | 劣势 | 0.0 | 30 | 劣势 | 0.0 | 31 | 劣势 | 0.1 | 3 | 持续↑ |
| 降水量 | 0.3 | 30 | 劣势 | 0.2 | 30 | 劣势 | 0.0 | 31 | 劣势 | 0.3 | 1 | 持续↑ |
| 供水总量 | 0.0 | 31 | 劣势 | 0.0 | 31 | 劣势 | 1.4 | 30 | 劣势 | -1.4 | -1 | 持续↓ |
| 用水总量 | 97.7 | 1 | 强势 | 97.6 | 1 | 强势 | 97.6 | 1 | 强势 | 0.1 | 0 | 持续→ |
| 用水消耗量 | 98.9 | 1 | 强势 | 98.7 | 1 | 强势 | 98.4 | 1 | 强势 | 0.5 | 0 | 持续→ |
| 耗水率 | 41.9 | 1 | 强势 | 41.9 | 1 | 强势 | 40.0 | 1 | 强势 | 1.9 | 0 | 持续→ |
| 节灌率 | 59.5 | 3 | 强势 | 56.0 | 4 | 优势 | 52.6 | 4 | 优势 | 6.9 | 1 | 持续↑ |
| 城市再生水利用率 | 5.1 | 18 | 中势 | 7.0 | 14 | 中势 | 1.2 | 13 | 中势 | 3.9 | -5 | 持续↓ |
| 工业废水排放总量 | 92.0 | 6 | 优势 | 92.1 | 7 | 优势 | 92.8 | 8 | 优势 | -0.8 | 2 | 持续↑ |
| 生活污水排放量 | 90.8 | 6 | 优势 | 92.9 | 6 | 优势 | 91.5 | 7 | 优势 | -0.6 | 1 | 持续↑ |
| （2）土地环境竞争力 | 23.6 | 25 | 劣势 | 23.2 | 26 | 劣势 | 23.1 | 26 | 劣势 | 0.5 | 1 | 持续↑ |
| 土地总面积 | 0.3 | 30 | 劣势 | 0.3 | 30 | 劣势 | 0.3 | 30 | 劣势 | 0.0 | 0 | 持续→ |
| 耕地面积 | 2.1 | 28 | 劣势 | 2.1 | 28 | 劣势 | 2.1 | 28 | 劣势 | 0.0 | 0 | 持续→ |
| 人均耕地面积 | 7.6 | 28 | 劣势 | 8.0 | 28 | 劣势 | 8.4 | 28 | 劣势 | -0.8 | 0 | 持续→ |
| 牧草地面积 | 0.0 | 29 | 劣势 | 0.0 | 29 | 劣势 | 0.0 | 29 | 劣势 | 0.0 | 0 | 持续→ |
| 人均牧草地面积 | 0.0 | 29 | 劣势 | 0.0 | 29 | 劣势 | 0.0 | 29 | 劣势 | 0.0 | 0 | 持续→ |
| 园地面积 | 3.3 | 27 | 劣势 | 3.3 | 27 | 劣势 | 3.3 | 27 | 劣势 | 0.0 | 0 | 持续→ |
| 人均园地面积 | 3.0 | 27 | 劣势 | 3.1 | 27 | 劣势 | 3.3 | 27 | 劣势 | -0.3 | 0 | 持续→ |
| 土地资源利用效率 | 34.0 | 3 | 强势 | 31.3 | 3 | 强势 | 28.6 | 3 | 强势 | 5.4 | 0 | 持续→ |
| 建设用地面积 | 87.7 | 7 | 优势 | 87.7 | 7 | 优势 | 87.7 | 7 | 优势 | 0.0 | 0 | 持续→ |
| 单位建设用地非农产业增加值 | 39.9 | 3 | 强势 | 36.5 | 3 | 强势 | 33.2 | 4 | 优势 | 6.7 | 1 | 持续↑ |
| 单位耕地面积农业增加值 | 19.0 | 18 | 中势 | 20.4 | 18 | 中势 | 24.0 | 17 | 中势 | -5.1 | -1 | 持续↓ |
| 沙化土地面积占土地总面积的比重 | 97.1 | 14 | 中势 | 97.1 | 14 | 中势 | 97.1 | 14 | 中势 | 0.0 | 0 | 持续→ |
| 当年新增种草面积 | 0.3 | 30 | 劣势 | 0.4 | 30 | 劣势 | 0.3 | 30 | 劣势 | 0.0 | 0 | 持续→ |
| （3）大气环境竞争力 | 60.7 | 25 | 劣势 | 67.1 | 24 | 劣势 | 64.8 | 24 | 劣势 | -4.1 | -1 | 持续↓ |
| 工业废气排放总量 | 86.8 | 6 | 优势 | 88.6 | 5 | 优势 | 86.4 | 6 | 优势 | 0.4 | 0 | 波动→ |
| 地均工业废气排放量 | 64.0 | 30 | 劣势 | 65.4 | 30 | 劣势 | 68.5 | 30 | 劣势 | -4.4 | 0 | 持续→ |
| 工业烟（粉）尘排放总量 | 94.5 | 4 | 优势 | 95.0 | 4 | 优势 | 92.5 | 5 | 优势 | 2.0 | 1 | 持续↑ |
| 地均工业烟（粉）尘排放量 | 50.7 | 28 | 劣势 | 47.7 | 28 | 劣势 | 36.6 | 30 | 劣势 | 14.1 | 2 | 持续↑ |
| 工业二氧化硫排放总量 | 86.1 | 6 | 优势 | 86.4 | 6 | 优势 | 84.3 | 5 | 优势 | 1.8 | -1 | 持续↓ |
| 地均二氧化硫排放量 | 40.7 | 30 | 劣势 | 43.8 | 30 | 劣势 | 47.5 | 30 | 劣势 | -6.8 | 0 | 持续→ |
| 全省设区市优良天数比例 | 36.3 | 28 | 劣势 | 60.3 | 26 | 劣势 | 49.7 | 27 | 劣势 | -13.4 | -1 | 波动↓ |
| 可吸入颗粒物（PM10）浓度 | 29.6 | 28 | 劣势 | 50.5 | 21 | 劣势 | 53.8 | 21 | 劣势 | -24.2 | -7 | 持续↓ |
| （4）森林环境竞争力 | 2.0 | 30 | 劣势 | 2.1 | 30 | 劣势 | 2.1 | 30 | 劣势 | -0.1 | 0 | 持续→ |
| 林业用地面积 | 0.2 | 30 | 劣势 | 0.2 | 30 | 劣势 | 0.2 | 30 | 劣势 | 0.0 | 0 | 持续→ |
| 森林面积 | 0.1 | 30 | 劣势 | 0.1 | 30 | 劣势 | 0.1 | 30 | 劣势 | 0.0 | 0 | 持续→ |
| 森林覆盖率 | 6.5 | 28 | 劣势 | 6.5 | 28 | 劣势 | 6.5 | 28 | 劣势 | 0.0 | 0 | 持续→ |

续表

| 指 标 项 目 | 2012 年 | | | 2011 年 | | | 2010 年 | | | 综合变化 | | |
|---|---|---|---|---|---|---|---|---|---|---|---|---|
| | 得分 | 排名 | 优劣度 | 得分 | 排名 | 优劣度 | 得分 | 排名 | 优劣度 | 得分变化 | 排名变化 | 趋势变化 |
| 人工林面积 | 1.1 | 28 | 劣势 | 1.1 | 28 | 劣势 | 1.1 | 28 | 劣势 | 0.0 | 0 | 持续→ |
| 天然林比重 | 4.7 | 28 | 劣势 | 4.7 | 28 | 劣势 | 4.7 | 28 | 劣势 | 0.0 | 0 | 持续→ |
| 造林总面积 | 0.5 | 30 | 劣势 | 0.9 | 30 | 劣势 | 1.5 | 30 | 劣势 | -1.0 | 0 | 持续→ |
| 森林蓄积量 | 0.0 | 30 | 劣势 | 0.0 | 30 | 劣势 | 0.0 | 30 | 劣势 | 0.0 | 0 | 持续→ |
| 活立木总蓄积量 | 0.0 | 30 | 劣势 | 0.0 | 30 | 劣势 | 0.0 | 30 | 劣势 | 0.0 | 0 | 持续→ |
| （5）矿产环境竞争力 | 11.0 | 26 | 劣势 | 10.8 | 27 | 劣势 | 10.7 | 27 | 劣势 | 0.3 | 1 | 持续↑ |
| 主要黑色金属矿产基础储量 | 0.0 | 29 | 劣势 | 0.0 | 29 | 劣势 | 0.0 | 29 | 劣势 | 0.0 | 0 | 持续→ |
| 人均主要黑色金属矿产基础储量 | 0.0 | 29 | 劣势 | 0.0 | 29 | 劣势 | 0.0 | 29 | 劣势 | 0.0 | 0 | 持续→ |
| 主要有色金属矿产基础储量 | 2.1 | 25 | 劣势 | 1.6 | 25 | 劣势 | 2.0 | 25 | 劣势 | 0.1 | 0 | 持续→ |
| 人均主要有色金属矿产基础储量 | 6.4 | 21 | 劣势 | 5.1 | 19 | 中势 | 6.6 | 19 | 中势 | -0.2 | -2 | 持续↓ |
| 主要非金属矿产基础储量 | 0.0 | 25 | 劣势 | 0.0 | 25 | 劣势 | 0.0 | 24 | 劣势 | 0.0 | -1 | 持续↓ |
| 人均主要非金属矿产基础储量 | 0.0 | 25 | 劣势 | 0.0 | 25 | 劣势 | 0.0 | 24 | 劣势 | 0.0 | -1 | 持续↓ |
| 主要能源矿产基础储量 | 0.3 | 25 | 劣势 | 0.4 | 25 | 劣势 | 0.4 | 26 | 劣势 | -0.1 | 1 | 持续↑ |
| 人均主要能源矿产基础储量 | 0.9 | 19 | 中势 | 1.0 | 19 | 中势 | 0.8 | 20 | 中势 | 0.1 | 1 | 持续↑ |
| 工业固体废物产生量 | 96.8 | 4 | 优势 | 96.8 | 4 | 优势 | 94.2 | 5 | 优势 | 2.6 | 1 | 持续↑ |
| （6）能源环境竞争力 | 77.7 | 5 | 优势 | 81.2 | 5 | 优势 | 62.1 | 15 | 中势 | 15.6 | 10 | 持续↑ |
| 能源生产总量 | 94.1 | 12 | 中势 | 93.6 | 13 | 中势 | 92.1 | 15 | 中势 | 1.9 | 3 | 持续↑ |
| 能源消费总量 | 79.0 | 8 | 优势 | 79.6 | 8 | 优势 | 80.5 | 7 | 优势 | -1.5 | -1 | 持续↓ |
| 单位地区生产总值能耗 | 70.5 | 9 | 优势 | 77.3 | 10 | 优势 | 67.8 | 10 | 优势 | 2.7 | 1 | 持续↑ |
| 单位地区生产总值电耗 | 93.4 | 4 | 优势 | 90.1 | 6 | 优势 | 90.4 | 4 | 优势 | 3.0 | 0 | 波动→ |
| 单位工业增加值能耗 | 76.1 | 6 | 优势 | 85.2 | 5 | 优势 | 74.4 | 6 | 优势 | 1.8 | 0 | 波动→ |
| 能源生产弹性系数 | 64.6 | 5 | 优势 | 79.5 | 9 | 优势 | 29.3 | 30 | 劣势 | 35.3 | 25 | 持续↑ |
| 能源消费弹性系数 | 68.1 | 21 | 劣势 | 63.6 | 18 | 中势 | 4.0 | 30 | 劣势 | 64.0 | 9 | 波动↑ |

表 2-2-2　2012 年天津市资源环境竞争力各级指标的优劣度结构表

| 二级指标 | 三级指标 | 四级指标数 | 强势指标 | | 优势指标 | | 中势指标 | | 劣势指标 | | 优劣度 |
|---|---|---|---|---|---|---|---|---|---|---|---|
| | | | 个数 | 比重（%） | 个数 | 比重（%） | 个数 | 比重（%） | 个数 | 比重（%） | |
| 资源环境竞争力 | 水环境竞争力 | 11 | 4 | 36.4 | 2 | 18.2 | 1 | 9.1 | 4 | 36.4 | 中势 |
| | 土地环境竞争力 | 13 | 2 | 15.4 | 1 | 7.7 | 2 | 15.4 | 8 | 61.5 | 劣势 |
| | 大气环境竞争力 | 8 | 0 | 0.0 | 3 | 37.5 | 0 | 0.0 | 5 | 62.5 | 劣势 |
| | 森林环境竞争力 | 8 | 0 | 0.0 | 0 | 0.0 | 0 | 0.0 | 8 | 100.0 | 劣势 |
| | 矿产环境竞争力 | 9 | 0 | 0.0 | 1 | 11.1 | 1 | 11.1 | 7 | 77.8 | 劣势 |
| | 能源环境竞争力 | 7 | 0 | 0.0 | 5 | 71.4 | 1 | 14.3 | 1 | 14.3 | 优势 |
| 小　计 | | 56 | 6 | 10.7 | 12 | 21.4 | 5 | 8.9 | 33 | 58.9 | 劣势 |

2010~2012 年天津市资源环境竞争力的综合排位呈波动上升，2012 年排名第 26 位，比 2010 年排名上升 2 位，在全国处于下游区。

从资源环境竞争力的要素指标变化趋势来看，有 4 个指标处于上升趋势，即水环境竞争力、土地环境竞争力、矿产环境竞争力和能源环境竞争力；有 1 个指标处于保持趋势，为森林环境竞争力；有 1 个指标处于下降趋势，为大气环境竞争力。

从资源环境竞争力的基础指标分布来看，在 56 个基础指标中，指标的优劣度结构为 10.7∶21.4∶8.9∶58.9。强势和优势指标所占比重显著低于劣势指标的比重，表明劣势指标占主导地位。

### 2.2.2　天津市资源环境竞争力比较分析

图 2 - 2 - 1 将 2010～2012 年天津市资源环境竞争力与全国最高水平和平均水平进行比较。由图可知，评价期内天津市资源环境竞争力得分普遍低于 39 分，虽然呈现波动上升趋势，但天津市资源环境竞争力仍处于较低水平。

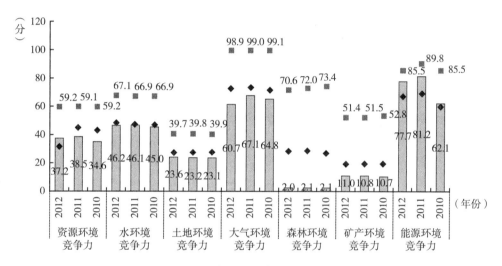

图 2 - 2 - 1　2010～2012 年天津市资源环境竞争力指标得分比较

从资源环境竞争力的整体得分比较来看，2010 年，天津市资源环境竞争力得分与全国最高分相比有 24.5 分的差距，与全国平均分相比，则低了 8.3 分；到 2012 年，天津市资源环境竞争力得分与全国最高分的差距缩小为 22.0 分，低于全国平均分 7.4 分。总的来看，虽然 2010～2012 年天津市资源环境竞争力与最高分的差距呈缩小趋势，但在全国仍处于下游地位。

从资源环境竞争力的要素得分比较来看，2012 年，天津市水环境竞争力、土地环境竞争力、大气环境竞争力、森林环境竞争力、矿产环境竞争力和能源环境竞争力的得分分别为 46.2 分、23.6 分、60.7 分、2.0 分、11.0 分和 77.7 分，分别比最高分低 21.0 分、16.1 分、38.2 分、68.6 分、40.4 分和 7.8 分；与 2010 年相比，天津市水环境竞争力、土地环境竞争力、森林环境竞争力、矿产环境竞争力和能源环境竞争力的得分与最高分的差距都缩小了，但大气环境竞争力的得分与最高分的差距有所扩大。

### 2.2.3　天津市资源环境竞争力变化动因分析

二级指标资源环境竞争力的变化是三级要素指标变化综合作用的结果，而三级要素指标变化又是四级基础指标变化作用的结果。三级和四级指标的变动情况如表 2 - 2 - 1 所示。

从要素指标来看，天津市资源环境竞争力的 6 个要素指标中，水环境竞争力、土地环境竞争力、矿产环境竞争力和能源环境竞争力的排位出现了上升，而大气环境竞争力的排位呈下降趋势。排位上升的指标数量多于排位下降的指标，使得天津市资源环境竞争力排名波动上升了 2 位。

从基础指标来看，天津市资源环境竞争力的 56 个基础指标中，上升指标有 16 个，占指标总数的 28.6%，主要分布在水环境竞争力和能源环境竞争力等指标组；下降指标有 10 个，占指标总数的 17.9%，主要分布在大气环境竞争力和矿产环境竞争力等指标组。排位上升指标数量大于排位下降的指标数量，其余 30 个指标呈现波动保持或持续保持，使得 2012 年天津市资源环境竞争力排名上升了 2 位。

## 2.3 天津市环境管理竞争力评价分析

### 2.3.1 天津市环境管理竞争力评价结果

2010~2012 年天津市环境管理竞争力排位和排位变化情况及其下属 2 个三级指标和 16 个四级指标的评价结果，如表 2-3-1 所示；环境管理竞争力各级指标的优劣势情况，如表 2-3-2 所示。

表 2-3-1　2010~2012 年天津市环境管理竞争力各级指标的得分、排名及优劣度分析表

| 指标项目 | 2012 年 | | | 2011 年 | | | 2010 年 | | | 综合变化 | | |
|---|---|---|---|---|---|---|---|---|---|---|---|---|
| | 得分 | 排名 | 优劣度 | 得分 | 排名 | 优劣度 | 得分 | 排名 | 优劣度 | 得分变化 | 排名变化 | 趋势变化 |
| **环境管理竞争力** | 42.5 | 21 | 劣势 | 43.2 | 20 | 中势 | 41.2 | 19 | 中势 | 1.4 | -2 | 持续↓ |
| (1)环境治理竞争力 | 8.7 | 28 | 劣势 | 10.5 | 28 | 劣势 | 10.1 | 29 | 劣势 | -1.5 | 1 | 持续↑ |
| 环境污染治理投资总额 | 20.9 | 22 | 劣势 | 24.9 | 15 | 中势 | 7.7 | 21 | 劣势 | 13.2 | -1 | 波动↓ |
| 环境污染治理投资总额占地方生产总值比重 | 26.0 | 20 | 中势 | 23.2 | 12 | 中势 | 37.4 | 19 | 中势 | -11.4 | -1 | 波动↓ |
| 废气治理设施年运行费用 | 11.4 | 21 | 劣势 | 26.0 | 13 | 中势 | 17.7 | 20 | 中势 | -6.3 | -1 | 波动↓ |
| 废水治理设施处理能力 | 4.4 | 26 | 劣势 | 2.1 | 27 | 劣势 | 9.9 | 23 | 劣势 | -5.5 | -3 | 波动↓ |
| 废水治理设施年运行费用 | 13.1 | 18 | 中势 | 16.5 | 19 | 中势 | 12.6 | 23 | 劣势 | 0.5 | 5 | 持续↑ |
| 矿山环境恢复治理投入资金 | 0.0 | 30 | 劣势 | 6.1 | 27 | 劣势 | 5.2 | 27 | 劣势 | -5.2 | -3 | 持续↓ |
| 本年矿山恢复面积 | 0.0 | 30 | 劣势 | 0.2 | 30 | 劣势 | 0.2 | 30 | 劣势 | -0.2 | 0 | 持续→ |
| 地质灾害防治投资额 | 0.0 | 31 | 劣势 | 0.0 | 31 | 劣势 | 0.1 | 30 | 劣势 | -0.1 | -1 | 持续↓ |
| 水土流失治理面积 | 0.7 | 29 | 劣势 | 0.5 | 28 | 劣势 | 0.4 | 28 | 劣势 | 0.3 | -1 | 持续↓ |
| 土地复垦面积占新增耕地面积的比重 | 3.6 | 24 | 劣势 | 3.6 | 24 | 劣势 | 3.6 | 24 | 劣势 | 0.0 | 0 | 持续→ |
| (2)环境友好竞争力 | 68.8 | 12 | 中势 | 68.6 | 11 | 中势 | 65.3 | 11 | 中势 | 3.6 | -1 | 持续↓ |
| 工业固体废物综合利用量 | 8.9 | 28 | 劣势 | 9.3 | 28 | 劣势 | 10.3 | 25 | 劣势 | -1.3 | -3 | 持续↓ |
| 工业固体废物处置量 | 0.0 | 30 | 劣势 | 0.0 | 31 | 劣势 | 0.2 | 28 | 劣势 | -0.2 | -2 | 波动↓ |
| 工业固体废物处置利用率 | 99.3 | 2 | 强势 | 98.9 | 2 | 强势 | 78.7 | 2 | 强势 | 20.7 | 0 | 持续→ |
| 工业用水重复利用率 | 100.0 | 1 | 强势 | 100.0 | 1 | 强势 | 100.0 | 1 | 强势 | 0.0 | 0 | 持续→ |
| 城市污水处理率 | 93.1 | 12 | 中势 | 91.8 | 9 | 优势 | 91.3 | 10 | 优势 | 1.8 | -2 | 波动↓ |
| 生活垃圾无害化处理率 | 99.9 | 2 | 强势 | 100.0 | 1 | 强势 | 100.0 | 1 | 强势 | -0.1 | -1 | 持续↓ |

表2-3-2 2012年天津市环境管理竞争力各级指标的优劣度结构表

| 二级指标 | 三级指标 | 四级指标数 | 强势指标 | | 优势指标 | | 中势指标 | | 劣势指标 | | 优劣度 |
|---|---|---|---|---|---|---|---|---|---|---|---|
| | | | 个数 | 比重（%） | 个数 | 比重（%） | 个数 | 比重（%） | 个数 | 比重（%） | |
| 环境管理竞争力 | 环境治理竞争力 | 10 | 0 | 0.0 | 0 | 0.0 | 2 | 20.0 | 8 | 80.0 | 劣势 |
| | 环境友好竞争力 | 6 | 3 | 50.0 | 0 | 0.0 | 1 | 16.7 | 2 | 33.3 | 中势 |
| | 小　计 | 16 | 3 | 18.8 | 0 | 0.0 | 3 | 18.8 | 10 | 62.5 | 劣势 |

　　2010～2012年天津市环境管理竞争力的综合排位呈现持续下降趋势，2012年排名第21位，比2010年下降了2位，在全国处于下游区。

　　从环境管理竞争力的要素指标变化趋势来看，环境治理竞争力指标持续上升，而环境友好竞争力则呈现持续下降趋势。

　　从环境管理竞争力的基础指标分布来看，在16个基础指标中，指标的优劣度结构为18.8∶0.0∶18.8∶62.5。强势和优势指标所占比重显著小于劣势指标的比重，表明劣势指标占主导地位。

### 2.3.2　天津市环境管理竞争力比较分析

　　图2-3-1将2010～2012年天津市环境管理竞争力与全国最高水平和平均水平进行比较。由图可知，评价期内天津市环境管理竞争力得分普遍低于44分，虽呈波动上升趋势，但天津市环境管理竞争力仍保持较低水平。

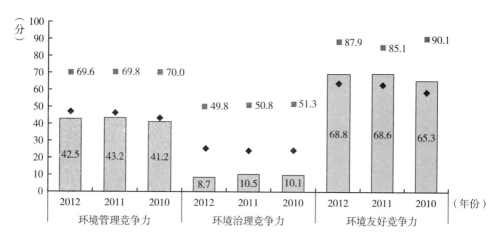

图2-3-1 2010～2012年天津市环境管理竞争力指标得分比较

　　从环境管理竞争力的整体得分比较来看，2010年，天津市环境管理竞争力得分与全国最高分相比还有28.8分的差距，与全国平均分相比低2.2分；到2012年，天津市环境管理竞争力得分与全国最高分的差距缩小为27.1分，但与全国平均分的差距扩大为4.5分。总的来看，2010～2012年天津市环境管理竞争力得分与全国平均分的差距有所拉大，环境管理竞争力在全国处于较低水平。

从环境管理竞争力的要素得分比较来看，2012年，天津市环境治理竞争力得分8.7分，比最高分低41.1分，比平均分低16.5分；而环境友好竞争力的得分为68.8分，比最高分低19.1分，但高于平均分4.9分；与2010年相比，天津市环境治理竞争力得分与最高分的差距保持不变，环境友好竞争力得分与最高分的差距缩小了5.7分。

### 2.3.3 天津市环境管理竞争力变化动因分析

二级指标环境管理竞争力的变化是三级要素指标变化综合作用的结果，而三级要素指标变化又是四级基础指标变化作用的结果。三级和四级指标的变动情况如表2-3-1所示。

从要素指标来看，天津市环境管理竞争力的2个要素指标中，环境治理竞争力的排名上升了1位，环境友好竞争力的排名下降了1位，受指标排位升降的综合影响，天津市环境管理竞争力持续下降了2位，其中环境友好竞争力是环境管理竞争力下降的主要因素。

从基础指标来看，天津市环境管理竞争力的16个基础指标中，上升指标有1个，占指标总数的6.3%，分布在环境治理竞争力指标组；下降指标有11个，占指标总数的68.8%，主要分布在环境治理竞争力指标组。排位下降的指标数量显著大于排位上升的指标数量，使得2012年天津市环境管理竞争力排名下降了2位。

## 2.4 天津市环境影响竞争力评价分析

### 2.4.1 天津市环境影响竞争力评价结果

2010~2012年天津市环境影响竞争力排位和排位变化情况及其下属2个三级指标和21个四级指标的评价结果，如表2-4-1所示；环境影响竞争力各级指标的优劣势情况，如表2-4-2所示。

**表2-4-1 2010~2012年天津市环境影响竞争力各级指标的得分、排名及优劣度分析表**

| 指标项目 | 2012年 | | | 2011年 | | | 2010年 | | | 综合变化 | | |
|---|---|---|---|---|---|---|---|---|---|---|---|---|
| | 得分 | 排名 | 优劣度 | 得分 | 排名 | 优劣度 | 得分 | 排名 | 优劣度 | 得分变化 | 排名变化 | 趋势变化 |
| **环境影响竞争力** | 81.8 | 3 | 强势 | 84.4 | 3 | 强势 | 85.0 | 3 | 强势 | -3.3 | 0 | 持续→ |
| （1）环境安全竞争力 | 87.0 | 1 | 强势 | 90.5 | 1 | 强势 | 90.3 | 1 | 强势 | -3.3 | 0 | 持续→ |
| 自然灾害受灾面积 | 95.1 | 5 | 优势 | 100.0 | 1 | 强势 | 99.0 | 3 | 强势 | -3.9 | -2 | 波动↓ |
| 自然灾害绝收面积占受灾面积比重 | 51.8 | 26 | 劣势 | 89.8 | 7 | 优势 | 90.7 | 4 | 优势 | -38.9 | -22 | 持续↓ |
| 自然灾害直接经济损失 | 92.6 | 7 | 优势 | 100.0 | 1 | 强势 | 99.9 | 2 | 强势 | -7.3 | -5 | 波动↓ |
| 发生地质灾害起数 | 99.6 | 6 | 优势 | 100.0 | 1 | 强势 | 100.0 | 1 | 强势 | -0.4 | -5 | 持续↓ |
| 地质灾害直接经济损失 | 100.0 | 1 | 强势 | 100.0 | 1 | 强势 | 100.0 | 1 | 强势 | 0.0 | 0 | 持续→ |
| 地质灾害防治投资额 | 0.4 | 30 | 劣势 | 0.0 | 31 | 劣势 | 0.1 | 30 | 劣势 | 0.4 | 0 | 波动→ |
| 突发环境事件次数 | 97.4 | 15 | 中势 | 99.5 | 2 | 强势 | 100.0 | 1 | 强势 | -2.6 | -14 | 持续↓ |

续表

| 指标项目 | 2012年得分 | 排名 | 优劣度 | 2011年得分 | 排名 | 优劣度 | 2010年得分 | 排名 | 优劣度 | 得分变化 | 排名变化 | 趋势变化 |
|---|---|---|---|---|---|---|---|---|---|---|---|---|
| 森林火灾次数 | 98.8 | 6 | 优势 | 99.4 | 5 | 优势 | 99.6 | 5 | 优势 | -0.8 | -1 | 持续↓ |
| 森林火灾火场总面积 | 99.4 | 7 | 优势 | 99.6 | 5 | 优势 | 99.9 | 3 | 强势 | -0.5 | -4 | 持续↓ |
| 受火灾森林面积 | 99.9 | 5 | 优势 | 99.8 | 4 | 优势 | 99.9 | 5 | 优势 | -0.1 | 0 | 波动→ |
| 森林病虫鼠害发生面积 | 97.3 | 4 | 优势 | 99.7 | 4 | 优势 | 96.5 | 4 | 优势 | 0.8 | 0 | 持续→ |
| 森林病虫鼠害防治率 | 100.0 | 1 | 强势 | 100.0 | 1 | 强势 | 100.0 | 1 | 强势 | 0.0 | 0 | 持续→ |
| (2)环境质量竞争力 | 78.1 | 4 | 优势 | 80.1 | 4 | 优势 | 81.3 | 5 | 优势 | -3.2 | 1 | 持续↑ |
| 人均工业废气排放量 | 57.1 | 24 | 劣势 | 59.6 | 25 | 劣势 | 77.2 | 25 | 劣势 | -20.1 | 1 | 持续↑ |
| 人均二氧化硫排放量 | 91.0 | 7 | 优势 | 92.2 | 7 | 优势 | 69.4 | 20 | 中势 | 21.6 | 13 | 持续↑ |
| 人均工业烟(粉)尘排放量 | 86.0 | 7 | 优势 | 88.0 | 7 | 优势 | 86.5 | 7 | 优势 | -0.5 | 0 | 持续→ |
| 人均工业废水排放量 | 59.9 | 14 | 中势 | 58.3 | 14 | 中势 | 66.1 | 15 | 中势 | -6.2 | 1 | 持续↑ |
| 人均生活污水排放量 | 47.0 | 27 | 劣势 | 64.1 | 26 | 劣势 | 66.8 | 28 | 劣势 | -19.8 | 1 | 波动→ |
| 人均化学需氧量排放量 | 77.8 | 8 | 优势 | 75.8 | 8 | 优势 | 89.9 | 7 | 优势 | -12.1 | -1 | 持续↓ |
| 人均工业固体废物排放量 | 100.0 | 1 | 强势 | 100.0 | 1 | 强势 | 100.0 | 1 | 强势 | 0.0 | 0 | 持续→ |
| 人均化肥施用量 | 84.4 | 6 | 优势 | 83.5 | 6 | 优势 | 79.7 | 6 | 优势 | 4.7 | 0 | 持续→ |
| 人均农药施用量 | 98.1 | 3 | 强势 | 98.3 | 3 | 强势 | 98.3 | 2 | 强势 | -0.2 | -1 | 持续↓ |

表2-4-2　2012年天津市环境影响竞争力各级指标的优劣度结构表

| 二级指标 | 三级指标 | 四级指标数 | 强势指标个数 | 比重(%) | 优势指标个数 | 比重(%) | 中势指标个数 | 比重(%) | 劣势指标个数 | 比重(%) | 优劣度 |
|---|---|---|---|---|---|---|---|---|---|---|---|
| 环境影响竞争力 | 环境安全竞争力 | 12 | 2 | 16.7 | 7 | 58.3 | 1 | 8.3 | 2 | 16.7 | 强势 |
| | 环境质量竞争力 | 9 | 2 | 22.2 | 4 | 44.4 | 1 | 11.1 | 2 | 22.2 | 优势 |
| | 小　计 | 21 | 4 | 19.0 | 11 | 52.4 | 2 | 9.5 | 4 | 19.0 | 强势 |

2010~2012年天津市环境影响竞争力的综合排位呈持续保持，2012年排名第3位，与2010年排位相同，在全国处于上游区。

从环境影响竞争力的要素指标变化趋势来看，有1个指标处于持续保持趋势，即环境安全竞争力；有1个指标处于持续上升趋势，为环境质量竞争力。

从环境影响竞争力的基础指标分布来看，在21个基础指标中，指标的优劣度结构为19.0∶52.4∶9.5∶19.0。强势和优势指标所占比重明显高于劣势指标的比重，使得天津环境影响竞争力处于强势地位。

### 2.4.2　天津市环境影响竞争力比较分析

图2-4-1将2010~2012年天津市环境影响竞争力与全国最高水平和平均水平进行比较。由图可知，评价期内天津市环境影响竞争力得分普遍高于81分，虽呈持续下降趋势，但天津市环境影响竞争力仍保持较高水平。

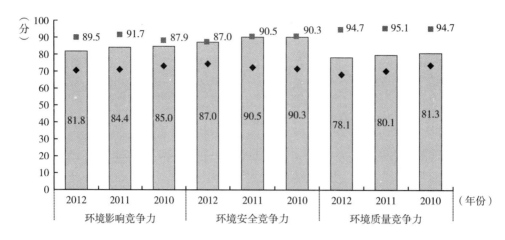

图 2-4-1　2010~2012 年天津市环境影响竞争力指标得分比较

从环境影响竞争力的整体得分比较来看，2010 年，天津市环境影响竞争力得分与全国最高分相比还有 2.9 分的差距，与全国平均分相比，则高了 12.6 分；到 2012 年，天津市环境影响竞争力得分与全国最高分差距扩大为 7.7 分，高于全国平均分 11.1 分。总的来看，2010~2012 年，尽管天津市环境影响竞争力与最高分的差距呈扩大趋势，但高于全国平均水平。

从环境影响竞争力的要素得分比较来看，2012 年，天津市环境安全竞争力得分为 87.0 分，为全国最高水平，并高出平均分 12.8 分；而环境质量竞争力为 78.1 分，低于最高分 16.6 分，高于平均分 10.0 分；2010~2012 年，天津市环境安全竞争力得分一直为最高分，环境质量竞争力得分与最高分的差距扩大了 12.2 分。

### 2.4.3　天津市环境影响竞争力变化动因分析

二级指标环境影响竞争力的变化是三级要素指标变化综合作用的结果，而三级要素指标变化又是四级基础指标变化作用的结果。三级和四级指标的变动情况如表 2-4-1 所示。

从要素指标来看，天津市环境影响竞争力的 2 个要素指标中，环境安全竞争力的排名持续保持不变，环境质量竞争力的排名持续上升了 1 位，受指标排位升降的综合影响，天津市环境影响竞争力排名持续保持。

从基础指标来看，天津市环境影响竞争力的 21 个基础指标中，上升指标有 4 个，占指标总数的 19%，主要分布在环境质量竞争力指标组；下降指标有 9 个，占指标总数的42.9%，主要分布在环境安全竞争力指标组。排位下降的指标数量大于排位上升的指标数量，但受其他外部因素的综合影响，2012 年天津市环境影响竞争力排名得以持续保持。

## 2.5　天津市环境协调竞争力评价分析

### 2.5.1　天津市环境协调竞争力评价结果

2010~2012 年天津市环境协调竞争力排位和排位变化情况及其下属 2 个三级指标和 19

个四级指标的评价结果，如表2-5-1所示；环境协调竞争力各级指标的优劣势情况，如表2-5-2所示。

表2-5-1　2010～2012年天津市环境协调竞争力各级指标的得分、排名及优劣度分析表

| 指标项目 | 2012年 | | | 2011年 | | | 2010年 | | | 综合变化 | | |
|---|---|---|---|---|---|---|---|---|---|---|---|---|
| | 得分 | 排名 | 优劣度 | 得分 | 排名 | 优劣度 | 得分 | 排名 | 优劣度 | 得分变化 | 排名变化 | 趋势变化 |
| **环境协调竞争力** | 44.5 | 31 | 劣势 | 47.6 | 29 | 劣势 | 44.8 | 30 | 劣势 | -0.2 | -1 | 波动↓ |
| （1）人口与环境协调竞争力 | 54.7 | 8 | 优势 | 56.7 | 5 | 优势 | 49.1 | 24 | 劣势 | 5.5 | 16 | 波动↑ |
| 人口自然增长率与工业废气排放量增长率比差 | 51.3 | 18 | 中势 | 82.3 | 7 | 优势 | 94.6 | 3 | 强势 | -43.3 | -15 | 持续↓ |
| 人口自然增长率与工业废水排放量增长率比差 | 73.2 | 22 | 劣势 | 77.5 | 18 | 中势 | 71.2 | 19 | 中势 | 1.9 | -3 | 波动↓ |
| 人口自然增长率与工业固体废物排放量增长率比差 | 73.6 | 14 | 中势 | 74.1 | 4 | 优势 | 63.6 | 19 | 中势 | 10.0 | 5 | 波动↑ |
| 人口自然增长率与能源消费量增长率比差 | 86.7 | 10 | 优势 | 79.2 | 16 | 中势 | 19.6 | 30 | 劣势 | 67.1 | 20 | 持续↑ |
| 人口密度与人均水资源量比差 | 30.3 | 4 | 优势 | 29.6 | 4 | 优势 | 28.9 | 4 | 优势 | 1.4 | 0 | 持续→ |
| 人口密度与人均耕地面积比差 | 26.5 | 14 | 中势 | 25.8 | 14 | 中势 | 25.4 | 14 | 中势 | 1.1 | 0 | 持续→ |
| 人口密度与森林覆盖率比差 | 38.2 | 22 | 劣势 | 37.3 | 22 | 劣势 | 36.6 | 23 | 劣势 | 1.7 | 1 | 持续↑ |
| 人口密度与人均矿产基础储量比差 | 32.2 | 5 | 优势 | 31.4 | 5 | 优势 | 30.5 | 5 | 优势 | 1.7 | 0 | 波动→ |
| 人口密度与人均能源生产量比差 | 82.3 | 22 | 劣势 | 84.7 | 22 | 劣势 | 89.5 | 18 | 中势 | -7.2 | -4 | 持续↓ |
| （2）经济与环境协调竞争力 | 37.9 | 31 | 劣势 | 41.6 | 30 | 劣势 | 41.9 | 31 | 劣势 | -4.0 | 0 | 波动→ |
| 工业增加值增长率与工业废气排放量增长率比差 | 58.6 | 27 | 劣势 | 82.9 | 11 | 中势 | 60.0 | 22 | 劣势 | -1.3 | -5 | 波动↓ |
| 工业增加值增长率与工业废水排放量增长率比差 | 44.9 | 27 | 劣势 | 46.6 | 16 | 中势 | 96.4 | 2 | 强势 | -51.4 | -25 | 持续↓ |
| 工业增加值增长率与工业固体废物排放量增长率比差 | 53.9 | 28 | 劣势 | 75.0 | 10 | 优势 | 00.0 | 1 | 强势 | -46.1 | -27 | 持续↓ |
| 地区生产总值增长率与能源消费量增长率比差 | 61.1 | 20 | 中势 | 54.1 | 25 | 劣势 | 0.0 | 31 | 劣势 | 61.1 | 11 | 持续↑ |
| 人均工业增加值与人均水资源量比差 | 0.1 | 30 | 劣势 | 0.0 | 30 | 劣势 | 0.0 | 30 | 劣势 | 0.1 | 0 | 持续→ |
| 人均工业增加值与人均耕地面积比差 | 0.0 | 31 | 劣势 | 0.0 | 31 | 劣势 | 0.0 | 31 | 劣势 | 0.0 | 0 | 持续→ |
| 人均工业增加值与人均工业废气排放量比差 | 57.3 | 18 | 中势 | 60.6 | 15 | 中势 | 81.7 | 6 | 优势 | -24.3 | -12 | 持续↓ |
| 人均工业增加值与森林覆盖率比差 | 0.0 | 31 | 劣势 | 0.0 | 31 | 劣势 | 0.0 | 31 | 劣势 | 0.0 | 0 | 持续→ |
| 人均工业增加值与人均矿产基础储量比差 | 0.0 | 31 | 劣势 | 0.0 | 31 | 劣势 | 0.0 | 31 | 劣势 | 0.0 | 0 | 持续→ |
| 人均工业增加值与人均能源生产量比差 | 100.0 | 1 | 强势 | 100.0 | 1 | 强势 | 96.6 | 2 | 强势 | 3.4 | 1 | 持续↑ |

表2-5-2　2012年天津市环境协调竞争力各级指标的优劣度结构表

| 二级指标 | 三级指标 | 四级指标数 | 强势指标 | | 优势指标 | | 中势指标 | | 劣势指标 | | 优劣度 |
|---|---|---|---|---|---|---|---|---|---|---|---|
| | | | 个数 | 比重（%） | 个数 | 比重（%） | 个数 | 比重（%） | 个数 | 比重（%） | |
| 环境协调竞争力 | 人口与环境协调竞争力 | 9 | 0 | 0.0 | 3 | 33.3 | 3 | 33.3 | 3 | 33.3 | 优势 |
| | 经济与环境协调竞争力 | 10 | 1 | 10.0 | 0 | 0.0 | 2 | 20.0 | 7 | 70.0 | 劣势 |
| | 小　计 | 19 | 1 | 5.3 | 3 | 15.8 | 5 | 26.3 | 10 | 52.6 | 劣势 |

2010～2012年天津市环境协调竞争力的综合排位波动下降，2012年排名第31位，比2010年下降了1位，在全国处于下游区。

从环境协调竞争力的要素指标变化趋势来看，有1个指标呈波动上升，即人口与环境协

调竞争力；有 1 个指标呈波动保持，为经济与环境协调竞争力。

从环境协调竞争力的基础指标分布来看，在 19 个基础指标中，指标的优劣度结构为 5.3∶15.8∶26.3∶52.6。强势和优势指标所占比重明显低于劣势指标的比重，表明劣势指标占主导地位。

### 2.5.2 天津市环境协调竞争力比较分析

图 2-5-1 将 2010~2012 年天津市环境协调竞争力与全国最高水平和平均水平进行比较。由图可知，评价期内天津市环境协调竞争力得分普遍低于 48 分，且呈波动下降趋势，说明天津市环境协调竞争力依然处于较低水平。

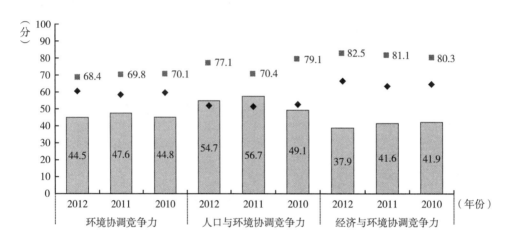

图 2-5-1 2010~2012 年天津市环境协调竞争力指标得分比较

从环境协调竞争力的整体得分比较来看，2010 年，天津市环境协调竞争力得分与全国最高分相比有 25.3 分的差距，与全国平均分相比，则低了 14.6 分；到 2012 年，天津市环境协调竞争力得分与全国最高分的差距缩小为 23.9 分，低于全国平均分 15.8 分。总的来说，2010~2012 年天津市环境协调竞争力与最高分的差距有所缩小，但均低于全国平均分，仍处于全国下游地位。

从环境协调竞争力的要素得分比较来看，2012 年，天津市人口与环境协调竞争力和经济与环境协调竞争力的得分分别为 54.7 分和 37.9 分，分别比最高分低 22.4 分和 44.6 分，其中人口与环境协调竞争力得分高于平均分 3.4 分，而经济与环境协调竞争力低于平均分 28.5 分；与 2010 年相比，天津市人口与环境协调竞争力得分与最高分的差距缩小了 7.6 分，但经济与环境协调竞争力得分与最高分的差距扩大了 6.2 分。

### 2.5.3 天津市环境协调竞争力变化动因分析

二级指标环境协调竞争力的变化是三级要素指标变化综合作用的结果，而三级要素指标变化又是四级基础指标变化作用的结果。三级和四级指标的变动情况如表 2-5-1 所示。

从要素指标来看，天津市环境协调竞争力的 2 个要素指标中，人口与环境协调竞争力的排名波动上升16位，经济与环境协调竞争力的排名呈波动保持，但受其他外部因素的综合影响，天津市环境协调竞争力波动下降了1位。

从基础指标来看，天津市环境协调竞争力的19个基础指标中，上升指标有5个，占指标总数的26.3%，主要分布在人口与环境协调竞争力指标组；下降指标有7个，占指标总数的36.8%，主要分布在经济与环境协调竞争力指标组。由于排位上升的指标数量小于排位下降的指标数量，2012年天津市环境协调竞争力排名波动下降了1位。

## 2.6　天津市环境竞争力总体评述

从对天津市环境竞争力及其5个二级指标在全国的排位变化和指标结构的综合分析来看，"十二五"中期（2010~2012年）环境竞争力中上升指标的数量与下降指标的数量相当，上升的动力等于下降的拉力，使得2012年天津市环境竞争力的排位呈波动保持，在全国居第23位。

### 2.6.1　天津市环境竞争力概要分析

天津市环境竞争力在全国所处的位置及变化如表2-6-1所示，5个二级指标的得分和排位变化如表2-6-2所示。

表2-6-1　2010~2012年天津市环境竞争力一级指标比较表

| 项目 ＼ 年份 | 2012 | 2011 | 2010 |
| --- | --- | --- | --- |
| 排名 | 23 | 22 | 23 |
| 所属区位 | 下游 | 下游 | 下游 |
| 得分 | 48.3 | 49.5 | 47.9 |
| 全国最高分 | 58.2 | 59.5 | 60.1 |
| 全国平均分 | 51.3 | 50.8 | 50.4 |
| 与最高分的差距 | -9.9 | -9.9 | -12.3 |
| 与平均分的差距 | -3.0 | -1.2 | -2.6 |
| 优劣度 | 劣势 | 劣势 | 劣势 |
| 波动趋势 | 下降 | 上升 | — |

表2-6-2　2010~2012年天津市环境竞争力二级指标比较表

| 项目 ＼ 年份 | 生态环境竞争力 | | 资源环境竞争力 | | 环境管理竞争力 | | 环境影响竞争力 | | 环境协调竞争力 | | 环境竞争力 | |
| --- | --- | --- | --- | --- | --- | --- | --- | --- | --- | --- | --- | --- |
| | 得分 | 排名 | 得分 | 排名 | 得分 | 排名 | 得分 | 排名 | 得分 | 排名 | 得分 | 排名 |
| 2010 | 46.1 | 15 | 34.6 | 28 | 41.2 | 19 | 85.0 | 3 | 44.8 | 30 | 47.9 | 23 |
| 2011 | 46.4 | 14 | 38.5 | 25 | 43.2 | 20 | 84.4 | 3 | 47.6 | 29 | 49.5 | 22 |
| 2012 | 46.4 | 14 | 37.2 | 26 | 42.5 | 21 | 81.8 | 3 | 44.5 | 31 | 48.3 | 23 |
| 得分变化 | 0.4 | — | 2.5 | — | 1.4 | — | -3.3 | — | -0.2 | — | 0.4 | — |
| 排位变化 | — | 1 | — | 2 | — | -2 | — | 0 | — | -1 | — | 0 |
| 优劣度 | 中势 | 中势 | 劣势 | 劣势 | 劣势 | 劣势 | 强势 | 强势 | 劣势 | 劣势 | 劣势 | 劣势 |

（1）从指标排位变化趋势看，2012年天津市环境竞争力综合排名在全国处于第23位，表明其在全国处于劣势地位；与2010年相比，排位保持不变。总的来看，评价期内天津市环境竞争力呈现波动保持。

在5个二级指标中，有2个指标处于上升趋势，为生态环境竞争力和资源环境竞争力，这是天津市环境竞争力的上升动力所在；有2个指标处于下降趋势，为环境管理竞争力和环境协调竞争力，其余1个指标排位保持不变。受指标排位升降的综合影响，评价期内天津市环境竞争力的综合排位呈波动保持，在全国排名第23位。

（2）从指标所处区位看，2012年天津市环境竞争力处于下游区，其中，环境影响竞争力指标为强势指标，生态环境竞争力为中势指标，资源环境竞争力、环境管理竞争力和环境协调竞争力指标为劣势指标。

（3）从指标得分看，2012年天津市环境竞争力得分为48.3分，比全国最高分低9.9分，比全国平均分低3.0分；与2010年相比，天津市环境竞争力得分上升了0.4分，与当年最高分的差距缩小了，但与全国平均分的差距却有所扩大。

2012年，天津市环境竞争力二级指标的得分均高于37分，与2010年相比，得分上升最多的为资源环境竞争力，上升了2.5分；得分下降最多的为环境影响竞争力，下降了3.3分。

### 2.6.2　天津市环境竞争力各级指标动态变化分析

2010～2012年天津市环境竞争力各级指标的动态变化及其结构，如图2-6-1和表2-6-3所示。

从图2-6-1可以看出，天津市环境竞争力的四级指标中上升指标的比例小于下降指标，表明下降指标居于主导地位。表2-6-3中的数据进一步说明，天津市环境竞争力的130个四级指标中，上升的指标有28个，占指标总数的21.5%；保持的指标有65个，占指标总数的50%；下降的指标为37个，占指标总数的28.5%。虽然下降指标的数量大于上升指标的数量，但受变动幅度与外部因素的综合影响，评价期内天津市环境竞争力排位呈现波动保持，在全国居第23位。

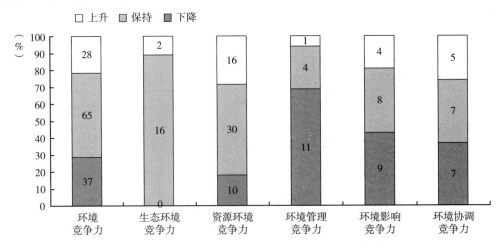

图2-6-1　2010～2012年天津市环境竞争力动态变化结构图

表 2 - 6 - 3　2010～2012 年天津市环境竞争力各级指标排位变化态势比较表

| 二级指标 | 三级指标 | 四级指标数 | 上升指标 | | 保持指标 | | 下降指标 | | 变化趋势 |
|---|---|---|---|---|---|---|---|---|---|
| | | | 个数 | 比重（%） | 个数 | 比重（%） | 个数 | 比重（%） | |
| 生态环境竞争力 | 生态建设竞争力 | 9 | 1 | 11.1 | 8 | 88.9 | 0 | 0.0 | 持续→ |
| | 生态效益竞争力 | 9 | 1 | 11.1 | 8 | 88.9 | 0 | 0.0 | 持续↑ |
| | 小　计 | 18 | 2 | 11.1 | 16 | 88.9 | 0 | 0.0 | 持续↑ |
| 资源环境竞争力 | 水环境竞争力 | 11 | 6 | 54.5 | 3 | 27.3 | 2 | 18.2 | 波动↑ |
| | 土地环境竞争力 | 13 | 1 | 7.7 | 11 | 84.6 | 1 | 7.7 | 持续↑ |
| | 大气环境竞争力 | 8 | 2 | 25.0 | 3 | 37.5 | 3 | 37.5 | 持续↓ |
| | 森林环境竞争力 | 8 | 0 | 0.0 | 8 | 100.0 | 0 | 0.0 | 持续→ |
| | 矿产环境竞争力 | 9 | 3 | 33.3 | 3 | 33.3 | 3 | 33.3 | 持续↑ |
| | 能源环境竞争力 | 7 | 4 | 57.1 | 2 | 28.6 | 1 | 14.3 | 持续↑ |
| | 小　计 | 56 | 16 | 28.6 | 30 | 53.6 | 10 | 17.9 | 波动↑ |
| 环境管理竞争力 | 环境治理竞争力 | 10 | 1 | 10.0 | 2 | 20.0 | 7 | 70.0 | 持续↑ |
| | 环境友好竞争力 | 6 | 0 | 0.0 | 2 | 33.3 | 4 | 66.7 | 持续↓ |
| | 小　计 | 16 | 1 | 6.3 | 4 | 25.0 | 11 | 68.8 | 持续↓ |
| 环境影响竞争力 | 环境安全竞争力 | 12 | 0 | 0.0 | 5 | 41.7 | 7 | 58.3 | 持续→ |
| | 环境质量竞争力 | 9 | 4 | 44.4 | 3 | 33.3 | 2 | 22.2 | 持续↑ |
| | 小　计 | 21 | 4 | 19.0 | 8 | 38.1 | 9 | 42.9 | 持续→ |
| 环境协调竞争力 | 人口与环境协调竞争力 | 9 | 3 | 33.3 | 3 | 33.3 | 3 | 33.3 | 波动↑ |
| | 经济与环境协调竞争力 | 10 | 2 | 20.0 | 4 | 40.0 | 4 | 40.0 | 波动→ |
| | 小　计 | 19 | 5 | 26.3 | 7 | 36.8 | 7 | 36.8 | 波动↓ |
| 合　计 | | 130 | 28 | 21.5 | 65 | 50.0 | 37 | 28.5 | 波动→ |

### 2.6.3　天津市环境竞争力各级指标变化动因分析

2012 年天津市环境竞争力各级指标的优劣势变化及其结构，如图 2 - 6 - 2 和表 2 - 6 - 4 所示。

从图 2 - 6 - 2 可以看出，2012 年天津市环境竞争力的四级指标中强势和优势指标的比例小于劣势指标的比例，表明劣势指标居于主导地位。表 2 - 6 - 4 中的数据进一步说明，2012 年天津市环境竞争力的 130 个四级指标中，强势指标有 19 个，占指标总数的 14.6%；优势指标为 29 个，占指标总数的 22.3%；中势指标 18 个，占指标总数的 13.8%；劣势指标有 64 个，占指标总数的 49.2%；强势指标和优势指标之和占指标总数 36.9%，数量与比重均小于劣势指标。从三级指标来看，四级指标中强势指标和优势指标之和占四级指标总数一半以上的，分别有生态效益竞争力、水环境竞争力、能源环境竞争力、环境安全竞争力和环境质量竞争力，共 5 个指标，占三级指标总数的 35.7%。反映到二级指标上来，强势指标有 1 个，占二级指标总数的 20%，中势指标有 1 个，占二级指标总数的 20%，劣势指标有 3 个，占二级指标总数的 60%。由于劣势指标比重较大，天津市环境竞争力处于劣势地位，在全国位居第 23 位，处于下游区。

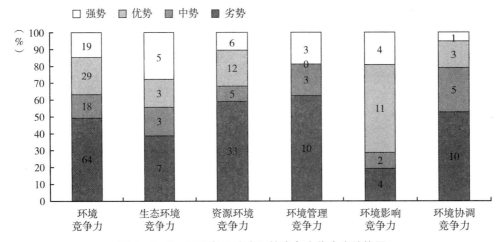

图 2 - 6 - 2　2012 年天津市环境竞争力优劣度结构图

表 2 - 6 - 4　2012 年天津市环境竞争力各级指标优劣度比较表

| 二级指标 | 三级指标 | 四级指标数 | 强势指标 | | 优势指标 | | 中势指标 | | 劣势指标 | | 优劣度 |
|---|---|---|---|---|---|---|---|---|---|---|---|
| | | | 个数 | 比重（%） | 个数 | 比重（%） | 个数 | 比重（%） | 个数 | 比重（%） | |
| 生态环境竞争力 | 生态建设竞争力 | 9 | 0 | 0.0 | 0 | 0.0 | 2 | 22.2 | 7 | 77.8 | 劣势 |
| | 生态效益竞争力 | 9 | 5 | 55.6 | 3 | 33.3 | 1 | 11.1 | 0 | 0.0 | 强势 |
| | 小　计 | 18 | 5 | 27.8 | 3 | 16.7 | 3 | 16.7 | 7 | 38.9 | 中势 |
| 资源环境竞争力 | 水环境竞争力 | 11 | 4 | 36.4 | 2 | 18.2 | 1 | 9.1 | 4 | 36.4 | 中势 |
| | 土地环境竞争力 | 13 | 2 | 15.4 | 1 | 7.7 | 2 | 15.4 | 8 | 61.5 | 劣势 |
| | 大气环境竞争力 | 8 | 0 | 0.0 | 3 | 37.5 | 0 | 0.0 | 5 | 62.5 | 劣势 |
| | 森林环境竞争力 | 8 | 0 | 0.0 | 0 | 0.0 | 0 | 0.0 | 8 | 100.0 | 劣势 |
| | 矿产环境竞争力 | 9 | 0 | 0.0 | 1 | 11.1 | 1 | 11.1 | 7 | 77.8 | 劣势 |
| | 能源环境竞争力 | 7 | 0 | 0.0 | 5 | 71.4 | 1 | 14.3 | 1 | 14.3 | 优势 |
| | 小　计 | 56 | 6 | 10.7 | 12 | 21.4 | 5 | 8.9 | 33 | 58.9 | 劣势 |
| 环境管理竞争力 | 环境治理竞争力 | 10 | 0 | 0.0 | 0 | 0.0 | 2 | 20.0 | 8 | 80.0 | 劣势 |
| | 环境友好竞争力 | 6 | 3 | 50.0 | 0 | 0.0 | 1 | 16.7 | 2 | 33.3 | 中势 |
| | 小　计 | 16 | 3 | 18.8 | 0 | 0.0 | 3 | 18.8 | 10 | 62.5 | 劣势 |
| 环境影响竞争力 | 环境安全竞争力 | 12 | 2 | 16.7 | 7 | 58.3 | 1 | 8.3 | 2 | 16.7 | 强势 |
| | 环境质量竞争力 | 9 | 2 | 22.2 | 4 | 44.4 | 1 | 11.1 | 2 | 22.2 | 优势 |
| | 小　计 | 21 | 4 | 19.0 | 11 | 52.4 | 2 | 9.5 | 4 | 19.0 | 强势 |
| 环境协调竞争力 | 人口与环境协调竞争力 | 9 | 0 | 0.0 | 3 | 33.3 | 3 | 33.3 | 3 | 33.3 | 优势 |
| | 经济与环境协调竞争力 | 10 | 1 | 10.0 | 0 | 0.0 | 2 | 20.0 | 7 | 70.0 | 劣势 |
| | 小　计 | 19 | 1 | 5.3 | 3 | 15.8 | 5 | 26.3 | 10 | 52.6 | 劣势 |
| 合　计 | | 130 | 19 | 14.6 | 29 | 22.3 | 18 | 13.8 | 64 | 49.2 | 劣势 |

　　为了进一步明确影响天津市环境竞争力变化的具体因素，以便于对相关指标进行深入分析，为提升天津市环境竞争力提供决策参考，表 2 - 6 - 5 列出了环境竞争力指标体系中直接影响天津市环境竞争力升降的强势指标、优势指标和劣势指标。

表2-6-5 2012年天津市环境竞争力四级指标优劣度统计表

| 指标 | 强势指标 | 优势指标 | 劣势指标 |
|---|---|---|---|
| 生态环境竞争力（18个） | 工业废气排放强度、工业烟（粉）尘排放强度、工业废水排放强度、工业废水中化学需氧量排放强度、工业固体废物排放强度（5个） | 工业二氧化硫排放强度、工业废水中氨氮排放强度、农药施用强度（3个） | 国家级生态示范区个数、公园面积、园林绿地面积、绿化覆盖面积、自然保护区个数、野生植物种源培育基地数、野生动物种源繁育基地数（7个） |
| 资源环境竞争力（56个） | 用水总量、用水消耗量、耗水率、节灌率、土地资源利用效率、单位建设用地非农产业增加值（6个） | 工业废水排放总量、生活污水排放量、建设用地面积、工业废气排放总量、工业二氧化硫排放总量、工业烟（粉）尘排放总量、工业固体废物产生量、能源消费总量、单位地区生产总值能耗、单位地区生产总值电耗、单位工业增加值能耗、能源生产弹性系数（12个） | 水资源总量、人均水资源量、降水量、供水总量、土地总面积、耕地面积、人均耕地面积、牧草地面积、人均牧草地面积、园地面积、人均园地面积、当年新增种草面积、地均工业废气排放量、地均工业烟（粉）尘排放量、地均二氧化硫排放量、全省设区市优良天数比例、可吸入颗粒物（PM10）浓度、林业用地面积、森林面积、森林覆盖率、人工林面积、天然林比重、造林总面积、森林蓄积量、活立木总蓄积量、主要黑色金属矿产基础储量、人均主要黑色金属矿产基础储量、主要有色金属矿产基础储量、人均主要有色金属矿产基础储量、主要非金属矿产基础储量、人均主要非金属矿产基础储量、主要能源矿产基础储量、能源消费弹性系数（33个） |
| 环境管理竞争力（16个） | 工业固体废物处置利用率、工业用水重复利用率、生活垃圾无害化处理率（3个） | （0个） | 环境污染治理投资总额、废气治理设施年运行费用、废水治理设施处理能力、矿山环境恢复治理投入资金、本年矿山恢复面积、地质灾害防治投资额、水土流失治理面积、土地复垦面积占新增耕地面积的比重、工业固体废物综合利用量、工业固体废物处置量（10个） |
| 环境影响竞争力（21个） | 地质灾害直接经济损失、森林病虫鼠害防治率、人均工业固体废物排放量、人均农药施用量（4个） | 自然灾害受灾面积、自然灾害直接经济损失、发生地质灾害起数、森林火灾次数、森林火灾火场总面积、受火灾森林面积、森林病虫鼠害发生面积、人均二氧化硫排放量、人均工业烟（粉）尘排放量、人均化学需氧量排放量、人均化肥施用量（11个） | 自然灾害绝收面积占受灾面积比重、地质灾害防治投资额、人均工业废气排放量、人均生活污水排放量（4个） |
| 环境协调竞争力（19个） | 人均工业增加值与人均能源生产量比差（1个） | 人口自然增长率与能源消费量增长率比差、人口密度与人均水资源量比差、人口密度与人均矿产基础储量比差（3个） | 人口自然增长率与工业废水排放量增长率比差、人口密度与森林覆盖率比差、人口密度与人均能源生产量比差、工业增加值增长率与工业废气排放量增长率比差、工业增加值增长率与工业废水排放量增长率比差、工业增加值增长率与工业固体废物排放量增长率比差、人均工业增加值与人均水资源量比差、人均工业增加值与人均耕地面积比差、人均工业增加值与森林覆盖率比差、人均工业增加值与人均矿产基础储量比差（10个） |

# G.4

# 3

# 河北省环境竞争力评价分析报告

河北省简称冀，位于黄河下游以北，东部濒临渤海，东南部和南部与山东、河南两省接壤，西部隔太行山与山西省为邻，西北部、北部和东北部同内蒙古自治区、辽宁省相接。河北省总面积为18.77万平方公里，2012年末总人口7288万人，人均GDP达到36584元，万元GDP能耗为1.28吨标准煤。"十二五"中期（2010～2012年），河北省环境竞争力的综合排位呈持续下降趋势，2012年排名第12位，比2010年下降了9位，在全国处于中势地位。

## 3.1 河北省生态环境竞争力评价分析

### 3.1.1 河北省生态环境竞争力评价结果

2010～2012年河北省生态环境竞争力排位和排位变化情况及其下属2个三级指标和18个四级指标的评价结果，如表3-1-1所示；生态环境竞争力各级指标的优劣势情况，如表3-1-2所示。

表3-1-1 2010～2012年河北省生态环境竞争力各级指标的得分、排名及优劣度分析表

| 指标项目 | 2012年 | | | 2011年 | | | 2010年 | | | 综合变化 | | |
|---|---|---|---|---|---|---|---|---|---|---|---|---|
| | 得分 | 排名 | 优劣度 | 得分 | 排名 | 优劣度 | 得分 | 排名 | 优劣度 | 得分变化 | 排名变化 | 趋势变化 |
| **生态环境竞争力** | 42.9 | 22 | 劣势 | 42.6 | 23 | 劣势 | 45.4 | 19 | 中势 | -2.5 | -3 | 波动↓ |
| （1）生态建设竞争力 | 19.8 | 24 | 劣势 | 19.2 | 24 | 劣势 | 20.1 | 23 | 劣势 | -0.2 | -1 | 持续↓ |
| 国家级生态示范区个数 | 46.9 | 8 | 优势 | 46.9 | 8 | 优势 | 46.9 | 8 | 优势 | 0.0 | 0 | 持续→ |
| 公园面积 | 23.4 | 4 | 优势 | 21.0 | 5 | 优势 | 21.0 | 5 | 优势 | 2.3 | 1 | 持续↑ |
| 园林绿地面积 | 29.7 | 6 | 优势 | 32.3 | 5 | 优势 | 32.3 | 5 | 优势 | -2.7 | -1 | 持续↓ |
| 绿化覆盖面积 | 17.3 | 11 | 中势 | 17.1 | 10 | 优势 | 17.1 | 10 | 优势 | 0.2 | -1 | 持续↓ |
| 本年减少耕地面积 | 39.4 | 24 | 劣势 | 39.4 | 24 | 劣势 | 39.4 | 24 | 劣势 | 0.0 | 0 | 持续→ |
| 自然保护区个数 | 10.7 | 21 | 劣势 | 8.5 | 22 | 劣势 | 8.5 | 22 | 劣势 | 2.2 | 1 | 持续↑ |
| 自然保护区面积占土地总面积比重 | 6.5 | 29 | 劣势 | 4.9 | 29 | 劣势 | 4.9 | 29 | 劣势 | 1.5 | 0 | 持续→ |
| 野生动物种源繁育基地数 | 5.4 | 19 | 中势 | 2.3 | 17 | 中势 | 2.3 | 17 | 中势 | 3.1 | -2 | 持续↓ |
| 野生植物种源培育基地数 | 0.0 | 23 | 劣势 | 0.0 | 24 | 劣势 | 0.0 | 24 | 劣势 | 0.0 | 1 | 持续↑ |
| （2）生态效益竞争力 | 77.4 | 22 | 劣势 | 77.7 | 19 | 中势 | 83.3 | 11 | 中势 | -5.9 | -11 | 持续↓ |
| 工业废气排放强度 | 54.1 | 25 | 劣势 | 52.1 | 28 | 劣势 | 52.1 | 28 | 劣势 | 2.0 | 3 | 持续↑ |
| 工业二氧化硫排放强度 | 80.7 | 21 | 劣势 | 80.6 | 21 | 劣势 | 80.6 | 21 | 劣势 | 0.1 | 0 | 持续→ |

续表

| 指 标 \ 项 目 | 2012 年 | | | 2011 年 | | | 2010 年 | | | 综合变化 | | |
|---|---|---|---|---|---|---|---|---|---|---|---|---|
| | 得分 | 排名 | 优劣度 | 得分 | 排名 | 优劣度 | 得分 | 排名 | 优劣度 | 得分变化 | 排名变化 | 趋势变化 |
| 工业烟(粉)尘排放强度 | 63.0 | 23 | 劣势 | 59.4 | 25 | 劣势 | 59.4 | 25 | 劣势 | 3.6 | 2 | 持续↑ |
| 工业废水排放强度 | 61.4 | 18 | 中势 | 65.2 | 17 | 中势 | 65.2 | 17 | 中势 | -3.8 | -1 | 持续↓ |
| 工业废水中化学需氧量排放强度 | 88.6 | 19 | 中势 | 89.5 | 17 | 中势 | 89.5 | 17 | 中势 | -0.8 | -2 | 持续↓ |
| 工业废水中氨氮排放强度 | 88.1 | 18 | 中势 | 87.8 | 19 | 中势 | 87.8 | 19 | 中势 | 0.2 | 1 | 持续↑ |
| 工业固体废物排放强度 | 100.0 | 1 | 强势 | 99.9 | 8 | 优势 | 99.9 | 8 | 优势 | 0.1 | 7 | 持续↑ |
| 化肥施用强度 | 69.2 | 10 | 优势 | 70.3 | 10 | 优势 | 70.3 | 10 | 优势 | -1.1 | 0 | 持续→ |
| 农药施用强度 | 90.2 | 10 | 优势 | 92.4 | 10 | 优势 | 92.4 | 10 | 优势 | -2.2 | 0 | 持续→ |

表 3 - 1 - 2 2012 年河北省生态环境竞争力各级指标的优劣度结构表

| 二级指标 | 三级指标 | 四级指标数 | 强势指标 | | 优势指标 | | 中势指标 | | 劣势指标 | | 优劣度 |
|---|---|---|---|---|---|---|---|---|---|---|---|
| | | | 个数 | 比重(%) | 个数 | 比重(%) | 个数 | 比重(%) | 个数 | 比重(%) | |
| 生态环境竞争力 | 生态建设竞争力 | 9 | 0 | 0.0 | 3 | 33.3 | 2 | 22.2 | 4 | 44.4 | 劣势 |
| | 生态效益竞争力 | 9 | 1 | 11.1 | 2 | 22.2 | 3 | 33.3 | 3 | 33.3 | 劣势 |
| | 小 计 | 18 | 1 | 5.6 | 5 | 27.8 | 5 | 27.8 | 7 | 38.9 | 劣势 |

2010～2012 年河北省生态环境竞争力的综合排位呈波动下降趋势，2012 年排名第 22 位，比 2010 年下降了 3 位，在全国处于下游区。

从生态环境竞争力要素指标的变化趋势来看，2 个指标即生态效益竞争力和生态建设竞争力都呈持续下降趋势。

从生态环境竞争力基础指标的优劣度结构来看，在 18 个基础指标中，指标的优劣度结构为 5.6∶27.8∶27.8∶38.9。强势和优势指标所占比重小于劣势指标的比重，表明劣势指标占主导地位。

### 3.1.2 河北省生态环境竞争力比较分析

图 3 - 1 - 1 将 2010～2012 年河北省生态环境竞争力与全国最高水平和平均水平进行比较。由图可知，评价期内河北省生态环境竞争力得分普遍低于 46 分，说明河北省生态环境竞争力处于较低水平。

从生态环境竞争力的整体得分比较来看，2010 年，河北省生态环境竞争力得分与全国最高分相比有 20.4 分的差距，与全国平均分相比低了 1.1 分；到了 2012 年，河北省生态环境竞争力得分与全国最高分的差距扩大为 22.2 分，低于全国平均分 2.6 分。可见，2010～2012 年河北省生态环境竞争力与最高分、平均分的差距呈扩大趋势，从全国中游地位滑落到下游地位。

从生态环境竞争力的要素得分比较来看，2012 年，河北省生态建设竞争力和生态效益

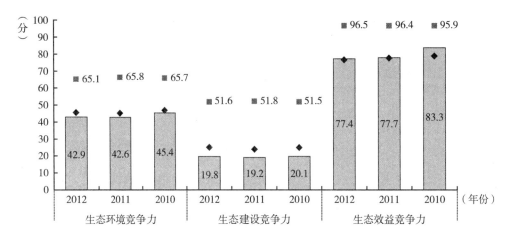

图 3 – 1 – 1　2010～2012 年河北省生态环境竞争力指标得分比较

竞争力的得分别为 19.8 分和 77.4 分，分别比最高分低 31.8 分和 19.1 分，前者比平均分低 4.8 分，后者比平均分高 0.8 分；与 2010 年相比，河北省生态建设竞争力得分与最高分的差距扩大了 0.4 分，生态效益竞争力得分与最高分的差距扩大了 6.4 分。

### 3.1.3　河北省生态环境竞争力变化动因分析

二级指标生态环境竞争力的变化是三级要素指标变化综合作用的结果，而三级要素指标变化又是四级基础指标变化作用的结果。三级和四级指标的变动情况如表 3 – 1 – 1 所示。

从要素指标来看，河北省生态环境竞争力的 2 个要素指标中，生态建设竞争力的排名下降了 1 位，生态效益竞争力的排名下降了 11 位，受指标排位升降的综合影响，河北省生态环境竞争力波动下降了 3 位，其中生态效益竞争力是生态环境竞争力下降的主要因素。

从基础指标来看，河北省生态环境竞争力的 18 个基础指标中，上升指标有 7 个，占指标总数的 38.9%，主要分布在生态效益竞争力指标组；下降指标有 5 个，占指标总数的 27.8%，主要分布在生态建设竞争力指标组。尽管下降指标的数量小于上升指标的数量，但受指标波动幅度以及其他外部因素的综合影响，评价期内河北省生态环境竞争力排名波动下降了 3 位。

## 3.2　河北省资源环境竞争力评价分析

### 3.2.1　河北省资源环境竞争力评价结果

2010～2012 年河北省资源环境竞争力排位和排位变化情况及其下属 6 个三级指标和 56 个四级指标的评价结果，如表 3 – 2 – 1 所示；资源环境竞争力各级指标的优劣势情况，如表 3 – 2 – 2 所示。

**表 3-2-1　2010～2012 年河北省资源环境竞争力各级指标的得分、排名及优劣度分析表**

| 指　标　　项　目 | 2012 年 | | | 2011 年 | | | 2010 年 | | | 综合变化 | | |
|---|---|---|---|---|---|---|---|---|---|---|---|---|
| | 得分 | 排名 | 优劣度 | 得分 | 排名 | 优劣度 | 得分 | 排名 | 优劣度 | 得分变化 | 排名变化 | 趋势变化 |
| **资源环境竞争力** | 36.9 | 27 | 劣势 | 37.3 | 26 | 劣势 | 35.9 | 25 | 劣势 | 1.0 | -2 | 持续↓ |
| （1）水环境竞争力 | 46.3 | 17 | 中势 | 46.4 | 16 | 中势 | 43.1 | 24 | 劣势 | 3.2 | 7 | 波动↑ |
| 　水资源总量 | 5.4 | 26 | 劣势 | 3.4 | 26 | 劣势 | 2.8 | 26 | 劣势 | 2.5 | 0 | 持续→ |
| 　人均水资源量 | 0.1 | 24 | 劣势 | 0.1 | 27 | 劣势 | 0.1 | 27 | 劣势 | 0.0 | 3 | 持续↑ |
| 　降水量 | 16.0 | 21 | 劣势 | 12.4 | 24 | 劣势 | 13.0 | 24 | 劣势 | 3.1 | 3 | 持续↑ |
| 　供水总量 | 30.4 | 15 | 中势 | 32.4 | 15 | 中势 | 33.2 | 15 | 中势 | -2.9 | 0 | 持续→ |
| 　用水总量 | 97.7 | 1 | 强势 | 97.6 | 1 | 强势 | 97.6 | 1 | 强势 | 0.1 | 0 | 持续→ |
| 　用水消耗量 | 98.9 | 1 | 强势 | 98.7 | 1 | 强势 | 98.4 | 1 | 强势 | 0.5 | 0 | 持续→ |
| 　耗水率 | 41.9 | 1 | 强势 | 41.9 | 1 | 强势 | 40.0 | 1 | 强势 | 1.9 | 0 | 持续→ |
| 　节灌率 | 41.9 | 11 | 中势 | 40.1 | 12 | 中势 | 39.0 | 12 | 中势 | 2.9 | 1 | 持续↑ |
| 　城市再生水利用率 | 45.2 | 4 | 优势 | 45.9 | 2 | 强势 | 9.1 | 4 | 优势 | 36.1 | 0 | 波动→ |
| 　工业废水排放总量 | 48.1 | 26 | 劣势 | 52.0 | 25 | 劣势 | 56.8 | 25 | 劣势 | -8.7 | -1 | 持续↓ |
| 　生活污水排放量 | 72.4 | 22 | 劣势 | 74.2 | 21 | 劣势 | 72.7 | 22 | 劣势 | -0.3 | 0 | 波动↓ |
| （2）土地环境竞争力 | 24.3 | 22 | 劣势 | 24.4 | 22 | 劣势 | 24.6 | 22 | 劣势 | -0.3 | 0 | 持续→ |
| 　土地总面积 | 10.9 | 12 | 中势 | 10.9 | 12 | 中势 | 10.9 | 12 | 中势 | 0.0 | 0 | 持续→ |
| 　耕地面积 | 52.6 | 5 | 优势 | 52.6 | 5 | 优势 | 52.6 | 5 | 优势 | 0.0 | 0 | 持续→ |
| 　人均耕地面积 | 26.1 | 16 | 中势 | 26.2 | 16 | 中势 | 26.4 | 16 | 中势 | -0.3 | 0 | 持续→ |
| 　牧草地面积 | 1.2 | 12 | 中势 | 1.2 | 12 | 中势 | 1.2 | 12 | 中势 | 0.0 | 0 | 持续→ |
| 　人均牧草地面积 | 0.1 | 15 | 中势 | 0.1 | 15 | 中势 | 0.1 | 15 | 中势 | 0.0 | 0 | 持续→ |
| 　园地面积 | 69.9 | 6 | 优势 | 69.9 | 6 | 优势 | 69.9 | 6 | 优势 | 0.0 | 0 | 持续→ |
| 　人均园地面积 | 15.1 | 10 | 优势 | 15.0 | 10 | 优势 | 15.0 | 10 | 优势 | 0.1 | 0 | 持续→ |
| 　土地资源利用效率 | 4.4 | 11 | 中势 | 4.3 | 11 | 中势 | 4.0 | 11 | 中势 | 0.4 | 0 | 持续→ |
| 　建设用地面积 | 29.3 | 28 | 劣势 | 29.3 | 28 | 劣势 | 29.3 | 28 | 劣势 | 0.0 | 0 | 持续→ |
| 　单位建设用地非农产业增加值 | 10.9 | 15 | 中势 | 10.8 | 15 | 中势 | 10.1 | 13 | 中势 | 0.8 | -2 | 持续↓ |
| 　单位耕地面积农业增加值 | 28.8 | 15 | 中势 | 29.6 | 15 | 中势 | 32.3 | 14 | 中势 | -3.5 | -1 | 持续↓ |
| 　沙化土地面积占土地总面积的比重 | 74.8 | 25 | 劣势 | 74.8 | 25 | 劣势 | 74.8 | 25 | 劣势 | 0.0 | 0 | 持续→ |
| 　当年新增种草面积 | 6.9 | 15 | 中势 | 7.8 | 13 | 中势 | 7.3 | 13 | 中势 | -0.4 | -2 | 持续↓ |
| （3）大气环境竞争力 | 45.9 | 30 | 劣势 | 45.9 | 30 | 劣势 | 53.5 | 27 | 劣势 | -7.6 | -3 | 持续↓ |
| 　工业废气排放总量 | 0.0 | 31 | 劣势 | 0.0 | 31 | 劣势 | 0.0 | 31 | 劣势 | 0.0 | 0 | 持续→ |
| 　地均工业废气排放量 | 82.9 | 28 | 劣势 | 81.0 | 28 | 劣势 | 85.3 | 28 | 劣势 | -2.4 | 0 | 持续→ |
| 　工业烟（粉）尘排放总量 | 0.0 | 31 | 劣势 | 0.0 | 31 | 劣势 | 19.2 | 29 | 劣势 | -19.2 | -2 | 持续↓ |
| 　地均工业烟（粉）尘排放量 | 44.0 | 29 | 劣势 | 37.8 | 30 | 劣势 | 58.2 | 25 | 劣势 | -14.1 | -4 | 波动↓ |
| 　工业二氧化硫排放总量 | 19.8 | 29 | 劣势 | 19.1 | 30 | 劣势 | 28.2 | 26 | 劣势 | -8.4 | -3 | 波动↓ |
| 　地均二氧化硫排放量 | 78.4 | 24 | 劣势 | 78.8 | 24 | 劣势 | 84.8 | 21 | 劣势 | -6.4 | -3 | 持续↓ |
| 　全省设区市优良天数比例 | 74.0 | 17 | 中势 | 77.1 | 15 | 中势 | 75.2 | 17 | 中势 | -1.1 | 0 | 波动→ |
| 　可吸入颗粒物（PM10）浓度 | 64.2 | 17 | 中势 | 69.2 | 14 | 中势 | 74.0 | 13 | 中势 | -9.8 | -4 | 持续↓ |
| （4）森林环境竞争力 | 24.7 | 18 | 中势 | 24.6 | 18 | 中势 | 24.9 | 19 | 中势 | -0.3 | 1 | 持续↑ |
| 　林业用地面积 | 15.9 | 18 | 中势 | 15.9 | 18 | 中势 | 15.9 | 18 | 中势 | 0.0 | 0 | 持续→ |
| 　森林面积 | 17.5 | 19 | 中势 | 17.5 | 19 | 中势 | 17.5 | 19 | 中势 | 0.0 | 0 | 持续→ |
| 　森林覆盖率 | 30.9 | 19 | 中势 | 30.9 | 19 | 中势 | 30.9 | 19 | 中势 | 0.0 | 0 | 持续→ |

续表

| 指标项目 | 2012年 | | | 2011年 | | | 2010年 | | | 综合变化 | | |
|---|---|---|---|---|---|---|---|---|---|---|---|---|
| | 得分 | 排名 | 优劣度 | 得分 | 排名 | 优劣度 | 得分 | 排名 | 优劣度 | 得分变化 | 排名变化 | 趋势变化 |
| 人工林面积 | 40.8 | 14 | 中势 | 40.8 | 14 | 中势 | 40.8 | 14 | 中势 | 0.0 | 0 | 持续→ |
| 天然林比重 | 49.4 | 21 | 劣势 | 49.4 | 21 | 劣势 | 49.4 | 21 | 劣势 | 0.0 | 0 | 持续→ |
| 造林总面积 | 39.9 | 5 | 优势 | 39.1 | 6 | 优势 | 42.8 | 5 | 优势 | -2.9 | 0 | 波动→ |
| 森林蓄积量 | 3.7 | 22 | 劣势 | 3.7 | 22 | 劣势 | 3.7 | 22 | 劣势 | 0.0 | 0 | 持续→ |
| 活立木总蓄积量 | 4.4 | 22 | 劣势 | 4.4 | 22 | 劣势 | 4.4 | 22 | 劣势 | 0.0 | 0 | 持续→ |
| （5）矿产环境竞争力 | 15.7 | 14 | 中势 | 16.6 | 13 | 中势 | 18.2 | 13 | 中势 | -2.5 | -1 | 持续↓ |
| 主要黑色金属矿产基础储量 | 44.0 | 3 | 强势 | 51.3 | 3 | 强势 | 49.6 | 3 | 强势 | -5.6 | -1 | 持续↓ |
| 人均主要黑色金属矿产基础储量 | 26.5 | 5 | 优势 | 31.0 | 5 | 优势 | 30.2 | 2 | 强势 | -3.7 | -3 | 持续↓ |
| 主要有色金属矿产基础储量 | 18.4 | 9 | 优势 | 16.0 | 9 | 优势 | 16.8 | 11 | 中势 | 1.6 | 2 | 持续↑ |
| 人均主要有色金属矿产基础储量 | 11.1 | 16 | 中势 | 9.7 | 15 | 中势 | 10.2 | 14 | 中势 | 0.9 | -2 | 持续↓ |
| 主要非金属矿产基础储量 | 23.7 | 5 | 优势 | 21.3 | 5 | 优势 | 29.5 | 7 | 优势 | -5.8 | 2 | 持续↑ |
| 人均主要非金属矿产基础储量 | 13.7 | 7 | 优势 | 15.9 | 8 | 优势 | 20.3 | 8 | 优势 | -6.6 | 1 | 持续↑ |
| 主要能源矿产基础储量 | 4.4 | 12 | 中势 | 4.6 | 12 | 中势 | 7.2 | 11 | 中势 | -2.8 | -1 | 持续↓ |
| 人均主要能源矿产基础储量 | 2.2 | 17 | 中势 | 2.3 | 17 | 中势 | 2.7 | 14 | 中势 | -0.5 | -3 | 持续↓ |
| 工业固体废物产生量 | 0.0 | 31 | 劣势 | 0.0 | 31 | 劣势 | 0.0 | 31 | 劣势 | 0.0 | 0 | 持续→ |
| （6）能源环境竞争力 | 59.4 | 25 | 劣势 | 61.2 | 25 | 劣势 | 49.3 | 25 | 劣势 | 10.2 | 0 | 持续→ |
| 能源生产总量 | 87.2 | 20 | 中势 | 88.4 | 19 | 中势 | 87.2 | 20 | 中势 | 0.0 | 0 | 波动→ |
| 能源消费总量 | 22.3 | 30 | 劣势 | 20.6 | 30 | 劣势 | 20.9 | 30 | 劣势 | 1.3 | 0 | 持续→ |
| 单位地区生产总值能耗 | 45.3 | 24 | 劣势 | 55.3 | 24 | 劣势 | 40.6 | 24 | 劣势 | 4.7 | 0 | 持续→ |
| 单位地区生产总值电耗 | 74.6 | 23 | 劣势 | 77.5 | 24 | 劣势 | 70.5 | 24 | 劣势 | 4.1 | 1 | 持续↑ |
| 单位工业增加值能耗 | 55.8 | 22 | 劣势 | 53.5 | 26 | 劣势 | 51.7 | 24 | 劣势 | 4.0 | 0 | 波动→ |
| 能源生产弹性系数 | 42.0 | 28 | 劣势 | 65.5 | 20 | 中势 | 42.9 | 23 | 劣势 | -1.0 | -3 | 波动↓ |
| 能源消费弹性系数 | 88.9 | 5 | 优势 | 67.4 | 6 | 优势 | 32.1 | 17 | 中势 | 56.9 | 12 | 持续↑ |

表3-2-2 2012年河北省资源环境竞争力各级指标的优劣度结构表

| 二级指标 | 三级指标 | 四级指标数 | 强势指标 | | 优势指标 | | 中势指标 | | 劣势指标 | | 优劣度 |
|---|---|---|---|---|---|---|---|---|---|---|---|
| | | | 个数 | 比重（%） | 个数 | 比重（%） | 个数 | 比重（%） | 个数 | 比重（%） | |
| 资源环境竞争力 | 水环境竞争力 | 11 | 3 | 27.3 | 1 | 9.1 | 2 | 18.2 | 5 | 45.5 | 中势 |
| | 土地环境竞争力 | 13 | 0 | 0.0 | 3 | 23.1 | 8 | 61.5 | 2 | 15.4 | 劣势 |
| | 大气环境竞争力 | 8 | 0 | 0.0 | 0 | 0.0 | 2 | 25.0 | 6 | 75.0 | 劣势 |
| | 森林环境竞争力 | 8 | 0 | 0.0 | 1 | 12.5 | 4 | 50.0 | 3 | 37.5 | 中势 |
| | 矿产环境竞争力 | 9 | 1 | 11.1 | 4 | 44.4 | 3 | 33.3 | 1 | 11.1 | 中势 |
| | 能源环境竞争力 | 7 | 0 | 0.0 | 1 | 14.3 | 1 | 14.3 | 5 | 71.4 | 劣势 |
| | 小 计 | 56 | 4 | 7.1 | 10 | 17.9 | 20 | 35.7 | 22 | 39.3 | 劣势 |

　　2010～2012年河北省资源环境竞争力的综合排位呈现持续下降，2012年排名第27位，与2010年排位相比下降了2位，在全国处于下游区。

　　从资源环境竞争力的要素指标变化趋势来看，有2个指标处于上升趋势，即水环境竞争力和森林环境竞争力；有2个指标保持不变，为土地环境竞争力和能源环境竞争力；有2个指标处于下降趋势，为大气环境竞争力和矿产环境竞争力。

从资源环境竞争力的基础指标分布来看，在56个基础指标中，指标的优劣度结构为7.1∶17.9∶35.7∶39.3。强势和优势指标所占比重显著低于劣势指标的比重，表明劣势指标占主导地位。

### 3.2.2 河北省资源环境竞争力比较分析

图3-2-1将2010～2012年河北省资源环境竞争力与全国最高水平和平均水平进行比较。由图可知，评价期内河北省资源环境竞争力得分虽有所增加，但普遍低于38分，表明河北省资源环境竞争力仍保持较低水平。

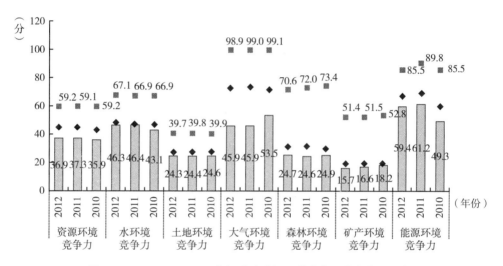

图3-2-1 2010～2012年河北省资源环境竞争力指标得分比较

从资源环境竞争力的整体得分比较来看，2010年，河北省资源环境竞争力得分与全国最高分相比还有23.3分的差距，与全国平均分相比，则低了7.1分；到2012年，河北省资源环境竞争力得分与全国最高分的差距缩小为22.3分，低于全国平均分7.7分。总的来看，2010～2012年河北省资源环境竞争力与最高分的差距虽有所缩小，但仍处于全国下游地位。

从资源环境竞争力的要素得分比较来看，2012年，河北省水环境竞争力、土地环境竞争力、大气环境竞争力、森林环境竞争力、矿产环境竞争力和能源环境竞争力的得分分别为46.3分、24.3分、45.9分、24.7分、15.7分和59.4分，分别比最高分低20.8分、15.4分、53.0分、45.9分、35.7分和26.0分；与2010年相比，河北省水环境竞争力、森林环境竞争力和能源环境竞争力的得分与最高分的差距缩小了，但土地环境竞争力、大气环境竞争力和矿产环境竞争力的得分与最高分的差距扩大了。

### 3.2.3 河北省资源环境竞争力变化动因分析

二级指标资源环境竞争力的变化是三级要素指标变化综合作用的结果，而三级要素指标变化又是四级基础指标变化作用的结果。三级和四级指标的变动情况如表 3 - 2 - 1 所示。

从要素指标来看，河北省资源环境竞争力的 6 个要素指标中，水环境竞争力和森林环境竞争力的排位出现了上升，而大气环境竞争力和矿产环境竞争力的排位呈下降趋势，受指标排位升降的综合影响，河北省资源环境竞争力呈持续下降趋势，其中大气环境竞争力和矿产环境竞争力是资源环境竞争力排位持续下降的主要影响因素。

从基础指标来看，河北省资源环境竞争力的 56 个基础指标中，上升指标有 8 个，占指标总数的 14.3%，主要分布在水环境竞争力和矿产环境竞争力等指标组；下降指标有 15 个，占指标总数的 26.8%，主要分布在大气环境竞争力和矿产环境竞争力等指标组。排位下降指标数量多于排位上升的指标数量，使得 2012 年河北省资源环境竞争力排名呈持续下降趋势。

## 3.3 河北省环境管理竞争力评价分析

### 3.3.1 河北省环境管理竞争力评价结果

2010～2012 年河北省环境管理竞争力排位和排位变化情况及其下属 2 个三级指标和 16 个四级指标的评价结果，如表 3 - 3 - 1 所示；环境管理竞争力各级指标的优劣势情况，如表 3 - 3 - 2 所示。

表 3 - 3 - 1  2010～2012 年河北省环境管理竞争力各级指标的得分、排名及优劣度分析表

| 指标项目 | 2012 年 | | | 2011 年 | | | 2010 年 | | | 综合变化 | | |
|---|---|---|---|---|---|---|---|---|---|---|---|---|
| | 得分 | 排名 | 优劣度 | 得分 | 排名 | 优劣度 | 得分 | 排名 | 优劣度 | 得分变化 | 排名变化 | 趋势变化 |
| 环境管理竞争力 | 65.9 | 5 | 优势 | 65.5 | 3 | 强势 | 70.0 | 1 | 强势 | -4.1 | -4 | 持续↓ |
| (1) 环境治理竞争力 | 47.8 | 4 | 优势 | 48.0 | 3 | 强势 | 44.1 | 3 | 强势 | 3.7 | -1 | 持续↓ |
| 环境污染治理投资总额 | 65.6 | 4 | 优势 | 100.0 | 1 | 强势 | 26.2 | 3 | 强势 | 39.4 | -1 | 波动↓ |
| 环境污染治理投资总额占地方生产总值比重 | 46.7 | 10 | 优势 | 47.9 | 5 | 优势 | 58.3 | 6 | 优势 | -11.6 | -4 | 波动↓ |
| 废气治理设施年运行费用 | 58.1 | 2 | 强势 | 86.0 | 2 | 强势 | 86.7 | 4 | 优势 | -28.5 | 2 | 持续↑ |
| 废水治理设施处理能力 | 100.0 | 1 | 强势 | 55.1 | 2 | 强势 | 100.0 | 1 | 强势 | 0.0 | 0 | 波动→ |
| 废水治理设施年运行费用 | 56.9 | 2 | 强势 | 57.7 | 5 | 优势 | 70.8 | 5 | 优势 | -13.9 | 3 | 持续↑ |
| 矿山环境恢复治理投入资金 | 35.1 | 7 | 优势 | 43.0 | 11 | 中势 | 26.6 | 8 | 优势 | 8.5 | 1 | 波动↑ |
| 本年矿山恢复面积 | 48.9 | 7 | 优势 | 4.8 | 8 | 优势 | 8.7 | 6 | 优势 | 40.1 | 2 | 波动↑ |
| 地质灾害防治投资额 | 8.2 | 20 | 中势 | 9.7 | 17 | 中势 | 2.6 | 18 | 中势 | 5.6 | -2 | 波动↓ |
| 水土流失治理面积 | 39.9 | 10 | 优势 | 56.6 | 6 | 优势 | 57.7 | 6 | 优势 | -17.8 | -4 | 持续↓ |
| 土地复垦面积占新增耕地面积的比重 | 25.4 | 12 | 中势 | 25.4 | 12 | 中势 | 25.4 | 12 | 中势 | 0.0 | 0 | 持续→ |
| (2) 环境友好竞争力 | 79.9 | 5 | 优势 | 79.1 | 4 | 优势 | 90.1 | 1 | 强势 | -10.2 | -4 | 持续↓ |
| 工业固体废物综合利用量 | 85.8 | 2 | 强势 | 100.0 | 1 | 强势 | 100.0 | 1 | 强势 | -14.2 | -1 | 持续↓ |
| 工业固体废物处置量 | 63.8 | 3 | 强势 | 50.8 | 4 | 优势 | 100.0 | 1 | 强势 | -36.2 | -2 | 波动↓ |
| 工业固体废物处置利用率 | 49.5 | 30 | 劣势 | 52.3 | 29 | 劣势 | 73.9 | 13 | 中势 | -24.5 | -17 | 持续↓ |
| 工业用水重复利用率 | 97.5 | 4 | 优势 | 97.4 | 4 | 优势 | 98.7 | 3 | 强势 | -1.2 | -1 | 持续↓ |
| 城市污水处理率 | 99.6 | 3 | 强势 | 99.3 | 3 | 强势 | 98.8 | 2 | 强势 | 0.8 | -1 | 持续↓ |
| 生活垃圾无害化处理率 | 81.5 | 22 | 劣势 | 72.6 | 24 | 劣势 | 69.8 | 23 | 劣势 | 11.7 | 1 | 波动↑ |

表 3 - 3 - 2　2012 年河北省环境管理竞争力各级指标的优劣度结构表

| 二级指标 | 三级指标 | 四级指标数 | 强势指标 | | 优势指标 | | 中势指标 | | 劣势指标 | | 优劣度 |
| --- | --- | --- | --- | --- | --- | --- | --- | --- | --- | --- | --- |
| | | | 个数 | 比重（%） | 个数 | 比重（%） | 个数 | 比重（%） | 个数 | 比重（%） | |
| 环境管理竞争力 | 环境治理竞争力 | 10 | 3 | 30.0 | 5 | 50.0 | 2 | 20.0 | 0 | 0.0 | 优势 |
| | 环境友好竞争力 | 6 | 3 | 50.0 | 1 | 16.7 | 0 | 0.0 | 2 | 33.3 | 优势 |
| | 小　　计 | 16 | 6 | 37.5 | 6 | 37.5 | 2 | 12.5 | 2 | 12.5 | 优势 |

2010~2012 年河北省环境管理竞争力的综合排位持续下降，2012 年排名第 5 位，比 2010 年下降了 4 位，在全国处于上游区。

从环境管理竞争力的要素指标变化趋势来看，环境治理竞争力和环境友好竞争力都处于下降趋势。

从环境管理竞争力的基础指标分布来看，在 16 个基础指标中，指标的优劣度结构为 37.5∶37.5∶12.5∶12.5。强势和优势指标所占比重显著大于劣势指标的比重，表明优势指标占主导地位。

### 3.3.2　河北省环境管理竞争力比较分析

图 3 - 3 - 1 将 2010~2012 年河北省环境管理竞争力与全国最高水平和平均水平进行比较。由图可知，评价期内河北省环境管理竞争力得分普遍高于 65 分，虽呈下降趋势，但河北省环境管理竞争力仍保持较高水平。

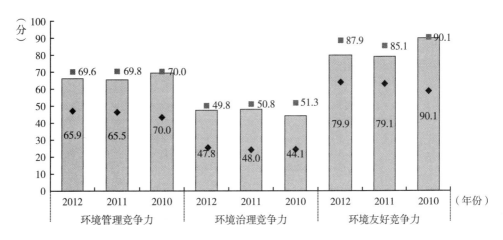

图 3 - 3 - 1　2010~2012 年河北省环境管理竞争力指标得分比较

从环境管理竞争力的整体得分比较来看，2010 年，河北省环境管理竞争力得分为全国最高分，与全国平均分相比，高出 26.6 分；到 2012 年，河北省环境管理竞争力得分与全国最高分的差距为 3.7 分，高出全国平均分 18.9 分。总的来看，2010~2012 年河北省环境管理竞争力与最高分的差距不大，在全国保持较高水平。

从环境管理竞争力的要素得分比较来看，2012 年，河北省环境治理竞争力和环境友好竞争力的得分分别为47.8分和79.9分，分别比最高分低2.0分和8.0分，分别高于平均分22.6分和16.0分；与2010年相比，河北省环境治理竞争力得分与最高分的差距缩小了5.2分，环境友好竞争力得分与最高分的差距扩大了8.0分。

### 3.3.3 河北省环境管理竞争力变化动因分析

二级指标环境管理竞争力的变化是三级要素指标变化综合作用的结果，而三级要素指标变化又是四级基础指标变化作用的结果。三级和四级指标的变动情况如表3-3-1所示。

从要素指标来看，河北省环境管理竞争力的2个要素指标中，环境治理竞争力的排名下降了1位，环境友好竞争力的排名持续下降了4位，致使河北省环境管理竞争力持续下降了4位，其中环境友好竞争力是导致环境管理竞争力下降的主要因素。

从基础指标来看，河北省环境管理竞争力的16个基础指标中，上升指标有5个，占指标总数的31.3%，主要分布在环境治理竞争力指标组；下降指标有9个，占指标总数的56.3%，主要分布在环境友好竞争力指标组。由于上升的指标数量显著小于下降的指标数量，2012年河北省环境管理竞争力排名下降了4位。

## 3.4 河北省环境影响竞争力评价分析

### 3.4.1 河北省环境影响竞争力评价结果

2010~2012年河北省环境影响竞争力排位和排位变化情况及其下属2个三级指标和21个四级指标的评价结果，如表3-4-1所示；环境影响竞争力各级指标的优劣势情况，如表3-4-2所示。

表3-4-1　2010~2012年河北省环境影响竞争力各级指标的得分、排名及优劣度分析表

| 指　标　项　目 | 2012年 | | | 2011年 | | | 2010年 | | | 综合变化 | | |
|---|---|---|---|---|---|---|---|---|---|---|---|---|
| | 得分 | 排名 | 优劣度 | 得分 | 排名 | 优劣度 | 得分 | 排名 | 优劣度 | 得分变化 | 排名变化 | 趋势变化 |
| **环境影响竞争力** | 66.7 | 24 | 劣势 | 72.1 | 16 | 中势 | 76.0 | 11 | 中势 | -9.3 | -13 | 持续↓ |
| （1）环境安全竞争力 | 64.4 | 26 | 劣势 | 75.3 | 16 | 中势 | 78.5 | 10 | 优势 | -14.1 | -16 | 持续↓ |
| 自然灾害受灾面积 | 45.6 | 25 | 劣势 | 46.5 | 21 | 劣势 | 52.5 | 20 | 中势 | -6.9 | -5 | 持续↓ |
| 自然灾害绝收面积占受灾面积比重 | 58.1 | 25 | 劣势 | 88.3 | 8 | 优势 | 70.6 | 20 | 中势 | -12.4 | -5 | 波动↓ |
| 自然灾害直接经济损失 | 1.3 | 30 | 劣势 | 81.0 | 13 | 中势 | 81.4 | 11 | 中势 | -80.1 | -19 | 持续↓ |
| 发生地质灾害起数 | 98.9 | 13 | 中势 | 99.8 | 9 | 优势 | 99.8 | 7 | 优势 | -0.8 | -6 | 持续↓ |
| 地质灾害直接经济损失 | 99.8 | 11 | 中势 | 98.9 | 16 | 中势 | 99.6 | 6 | 优势 | 0.2 | -5 | 波动↓ |
| 地质灾害防治投资额 | 8.6 | 20 | 中势 | 9.7 | 16 | 中势 | 2.6 | 18 | 中势 | 6.0 | -2 | 波动↓ |
| 突发环境事件次数 | 94.8 | 17 | 中势 | 91.9 | 22 | 劣势 | 95.7 | 18 | 中势 | -0.9 | 1 | 波动↑ |

续表

| 指 标 项 目 | 2012 年 | | | 2011 年 | | | 2010 年 | | | 综合变化 | | |
|---|---|---|---|---|---|---|---|---|---|---|---|---|
| | 得分 | 排名 | 优劣度 | 得分 | 排名 | 优劣度 | 得分 | 排名 | 优劣度 | 得分变化 | 排名变化 | 趋势变化 |
| 森林火灾次数 | 91.0 | 22 | 劣势 | 87.6 | 17 | 中势 | 98.7 | 12 | 中势 | -7.7 | -10 | 持续↓ |
| 森林火灾火场总面积 | 73.9 | 25 | 劣势 | 66.0 | 19 | 中势 | 99.2 | 10 | 优势 | -25.4 | -15 | 持续↓ |
| 受火灾森林面积 | 95.3 | 19 | 中势 | 90.2 | 17 | 中势 | 99.9 | 5 | 优势 | -4.7 | -14 | 持续↓ |
| 森林病虫鼠害发生面积 | 67.6 | 26 | 劣势 | 95.2 | 26 | 劣势 | 49.1 | 25 | 劣势 | 18.5 | -1 | 持续↓ |
| 森林病虫鼠害防治率 | 73.7 | 14 | 中势 | 81.1 | 13 | 中势 | 100.0 | 1 | 强势 | -26.3 | -13 | 持续↓ |
| （2）环境质量竞争力 | 68.4 | 19 | 中势 | 69.7 | 19 | 中势 | 74.2 | 16 | 中势 | -5.8 | -3 | 持续↓ |
| 人均工业废气排放量 | 36.5 | 27 | 劣势 | 33.1 | 28 | 劣势 | 69.8 | 28 | 劣势 | -33.3 | 1 | 持续↑ |
| 人均二氧化硫排放量 | 77.6 | 15 | 中势 | 81.8 | 16 | 中势 | 71.3 | 19 | 中势 | 6.3 | 4 | 持续↑ |
| 人均工业烟（粉）尘排放量 | 48.7 | 26 | 劣势 | 47.5 | 26 | 劣势 | 72.8 | 21 | 劣势 | -24.1 | -5 | 持续↓ |
| 人均工业废水排放量 | 49.2 | 22 | 劣势 | 52.8 | 21 | 劣势 | 64.1 | 17 | 中势 | -14.9 | -5 | 持续↓ |
| 人均生活污水排放量 | 81.1 | 8 | 优势 | 86.2 | 7 | 优势 | 87.3 | 10 | 优势 | -6.2 | 2 | 波动↑ |
| 人均化学需氧量排放量 | 93.9 | 2 | 强势 | 94.6 | 2 | 强势 | 80.7 | 17 | 中势 | 13.2 | 15 | 持续↑ |
| 人均工业固体废物排放量 | 100.0 | 1 | 强势 | 99.9 | 7 | 优势 | 98.7 | 13 | 中势 | 1.3 | 12 | 持续↑ |
| 人均化肥施用量 | 50.3 | 19 | 中势 | 48.8 | 19 | 中势 | 44.5 | 19 | 中势 | 5.9 | 0 | 持续→ |
| 人均农药施用量 | 77.2 | 16 | 中势 | 81.5 | 17 | 中势 | 80.7 | 17 | 中势 | -3.5 | 1 | 持续↑ |

表 3-4-2　2012 年河北省环境影响竞争力各级指标的优劣度结构表

| 二级指标 | 三级指标 | 四级指标数 | 强势指标 | | 优势指标 | | 中势指标 | | 劣势指标 | | 优劣度 |
|---|---|---|---|---|---|---|---|---|---|---|---|
| | | | 个数 | 比重（%） | 个数 | 比重（%） | 个数 | 比重（%） | 个数 | 比重（%） | |
| 环境影响竞争力 | 环境安全竞争力 | 12 | 0 | 0.0 | 0 | 0.0 | 6 | 50.0 | 6 | 50.0 | 劣势 |
| | 环境质量竞争力 | 9 | 2 | 22.2 | 1 | 11.1 | 3 | 33.3 | 3 | 33.3 | 中势 |
| | 小　计 | 21 | 2 | 9.5 | 1 | 4.8 | 9 | 42.9 | 9 | 42.9 | 劣势 |

2010～2012 年河北省环境影响竞争力的综合排位呈现持续下降，2012 年排名第 24 位，与 2010 年相比，排名下降了 13 位，在全国处于下游区。

从环境影响竞争力的要素指标变化趋势来看，环境安全竞争力和环境质量竞争力都处在持续下降趋势。

从环境影响竞争力的基础指标分布来看，在 21 个基础指标中，指标的优劣度结构为 9.5∶4.8∶42.9∶42.9。强势和优势指标所占比重明显低于劣势指标的比重，表明劣势指标占主导地位。

### 3.4.2　河北省环境影响竞争力比较分析

图 3-4-1 将 2010～2012 年河北省环境影响竞争力与全国最高水平和平均水平进行比较。由图可知，评价期内河北省环境影响竞争力得分尽管普遍高于 66 分，但呈现持续下降趋势，综合各方面因素河北省环境影响竞争力水平连续下降。

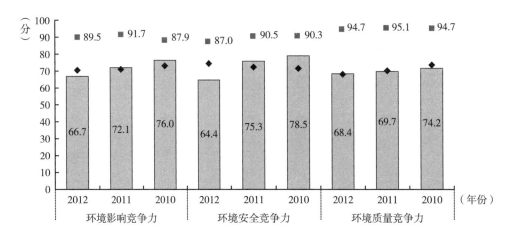

图 3-4-1　2010~2012 年河北省环境影响竞争力指标得分比较

从环境影响竞争力的整体得分比较来看，2010 年，河北省环境影响竞争力得分与全国最高分相比还有 12.0 分的差距，但与全国平均分相比，则高了 3.5 分；到 2012 年，河北省环境影响竞争力得分与全国最高分差距扩大为 22.8 分，低于全国平均分 3.9 分。总的来说，2010~2012 年河北省环境影响竞争力与最高分的差距呈扩大趋势。

从环境影响竞争力的要素得分比较来看，2012 年，河北省环境安全竞争力和环境质量竞争力的得分分别为 64.4 分和 68.4 分，分别比最高分低 22.6 分和 26.3 分，前者低于平均分 9.8 分，后者高于平均分 0.3 分；与 2010 年相比，河北省环境安全竞争力得分与最高分的差距扩大了 10.8 分，环境质量竞争力得分与最高分的差距扩大了 5.8 分。

### 3.4.3　河北省环境影响竞争力变化动因分析

二级指标环境影响竞争力的变化是三级要素指标变化综合作用的结果，而三级要素指标变化又是四级基础指标作用的结果。三级和四级指标的变动情况如表 3-4-1 所示。

从要素指标来看，河北省环境影响竞争力的 2 个要素指标中，环境安全竞争力的排名持续下降了 16 位，环境质量竞争力的排名持续下降了 3 位，致使河北省环境影响竞争力排名持续下降了 13 位，其中环境安全竞争力是环境影响竞争力呈现持续下降的主要因素。

从基础指标来看，河北省环境影响竞争力的 21 个基础指标中，上升指标有 7 个，占指标总数的 33.3%，主要分布在环境质量竞争力指标组；下降指标有 13 个，占指标总数的 61.9%，主要分布在环境安全竞争力指标组。由于上升的指标数量小于下降的指标数量，2012 年河北省环境影响竞争力排名呈现持续下降。

## 3.5　河北省环境协调竞争力评价分析

### 3.5.1　河北省环境协调竞争力评价结果

2010~2012 年河北省环境协调竞争力排位和排位变化情况及其下属 2 个三级指标和 19

个四级指标的评价结果,如表3-5-1所示;环境协调竞争力各级指标的优劣势情况,如表3-5-2所示。

表3-5-1 2010~2012年河北省环境协调竞争力各级指标的得分、排名及优劣度分析表

| 指标项目 | 2012年 | | | 2011年 | | | 2010年 | | | 综合变化 | | |
| --- | --- | --- | --- | --- | --- | --- | --- | --- | --- | --- | --- | --- |
| | 得分 | 排名 | 优劣度 | 得分 | 排名 | 优劣度 | 得分 | 排名 | 优劣度 | 得分变化 | 排名变化 | 趋势变化 |
| 环境协调竞争力 | 62.4 | 12 | 中势 | 63.0 | 9 | 优势 | 58.5 | 22 | 劣势 | 3.9 | 10 | 波动↑ |
| (1)人口与环境协调竞争力 | 45.0 | 27 | 劣势 | 46.7 | 25 | 劣势 | 48.3 | 25 | 劣势 | -3.2 | -2 | 持续↓ |
| 人口自然增长率与工业废气排放量增长率比差 | 41.3 | 20 | 中势 | 44.2 | 23 | 劣势 | 40.1 | 24 | 劣势 | 1.2 | 4 | 持续↑ |
| 人口自然增长率与工业废水排放量增长率比差 | 100.0 | 1 | 强势 | 91.6 | 6 | 优势 | 86.8 | 7 | 优势 | 13.2 | 6 | 持续↑ |
| 人口自然增长率与工业固体废物排放量增长率比差 | 38.3 | 24 | 劣势 | 37.3 | 22 | 劣势 | 29.0 | 28 | 劣势 | 9.2 | 4 | 波动↑ |
| 人口自然增长率与能源消费量增长率比差 | 44.5 | 27 | 劣势 | 63.4 | 26 | 劣势 | 87.0 | 13 | 中势 | -42.5 | -14 | 持续↓ |
| 人口密度与人均水资源量比差 | 8.7 | 15 | 中势 | 9.0 | 13 | 中势 | 9.3 | 14 | 中势 | -0.6 | -1 | 波动↓ |
| 人口密度与人均耕地面积比差 | 23.2 | 17 | 中势 | 23.3 | 18 | 中势 | 23.5 | 18 | 中势 | -0.4 | 1 | 持续↑ |
| 人口密度与森林覆盖率比差 | 41.5 | 21 | 劣势 | 41.5 | 21 | 劣势 | 41.6 | 21 | 劣势 | -0.1 | 0 | 持续→ |
| 人口密度与人均矿产基础储量比差 | 13.6 | 17 | 中势 | 14.0 | 17 | 中势 | 14.6 | 16 | 中势 | -1.0 | -1 | 持续↓ |
| 人口密度与人均能源生产量比差 | 96.1 | 11 | 中势 | 95.2 | 12 | 中势 | 95.4 | 12 | 中势 | 0.7 | 1 | 持续↑ |
| (2)经济与环境协调竞争力 | 73.8 | 7 | 优势 | 73.7 | 5 | 优势 | 65.2 | 17 | 中势 | 8.6 | 10 | 波动↑ |
| 工业增加值增长率与工业废气排放量增长率比差 | 98.2 | 2 | 强势 | 69.2 | 15 | 中势 | 29.7 | 28 | 劣势 | 68.5 | 26 | 持续↑ |
| 工业增加值增长率与工业废水排放量增长率比差 | 66.4 | 19 | 中势 | 74.9 | 5 | 优势 | 73.7 | 10 | 优势 | -7.3 | -9 | 波动↓ |
| 工业增加值增长率与工业固体废物排放量增长率比差 | 65.8 | 25 | 劣势 | 59.0 | 19 | 劣势 | 17.5 | 29 | 劣势 | 48.2 | 4 | 波动↑ |
| 地区生产总值增长率与能源消费量增长率比差 | 43.6 | 26 | 劣势 | 66.5 | 21 | 劣势 | 77.8 | 16 | 中势 | -34.2 | -10 | 持续↓ |
| 人均工业增加值与人均水资源量比差 | 67.8 | 20 | 中势 | 67.0 | 20 | 中势 | 67.6 | 19 | 中势 | 0.2 | -1 | 持续↓ |
| 人均工业增加值与人均耕地面积比差 | 89.8 | 8 | 优势 | 89.4 | 9 | 优势 | 90.2 | 7 | 优势 | -0.4 | 1 | 持续↑ |
| 人均工业增加值与人均工业废气排放量比差 | 100.0 | 1 | 强势 | 98.1 | 2 | 强势 | 70.3 | 11 | 中势 | 29.7 | 10 | 持续↑ |
| 人均工业增加值与森林覆盖率比差 | 97.7 | 3 | 强势 | 97.4 | 3 | 强势 | 98.1 | 3 | 强势 | -0.5 | 0 | 持续→ |
| 人均工业增加值与人均矿产基础储量比差 | 67.5 | 21 | 劣势 | 67.5 | 19 | 中势 | 68.1 | 18 | 中势 | -0.5 | -3 | 持续↓ |
| 人均工业增加值与人均能源生产量比差 | 46.9 | 15 | 中势 | 48.2 | 18 | 中势 | 49.5 | 18 | 中势 | -2.6 | 3 | 持续↑ |

表3-5-2 2012年河北省环境协调竞争力各级指标的优劣度结构表

| 二级指标 | 三级指标 | 四级指标数 | 强势指标 | | 优势指标 | | 中势指标 | | 劣势指标 | | 优劣度 |
| --- | --- | --- | --- | --- | --- | --- | --- | --- | --- | --- | --- |
| | | | 个数 | 比重(%) | 个数 | 比重(%) | 个数 | 比重(%) | 个数 | 比重(%) | |
| 环境协调竞争力 | 人口与环境协调竞争力 | 9 | 1 | 11.1 | 0 | 0.0 | 5 | 55.6 | 3 | 33.3 | 劣势 |
| | 经济与环境协调竞争力 | 10 | 3 | 30.0 | 1 | 10.0 | 3 | 30.0 | 3 | 30.0 | 优势 |
| | 小计 | 19 | 4 | 21.1 | 1 | 5.3 | 8 | 42.1 | 6 | 31.6 | 中势 |

2010~2012年河北省环境协调竞争力的综合排位呈现波动上升趋势,2012年排名第12位,比2010年上升了10位,在全国处于中游区。

从环境协调竞争力的要素指标变化趋势来看,有1个指标处于持续下降趋势,即人口与

环境协调竞争力；有 1 个指标处于波动上升趋势，为经济与环境协调竞争力。

从环境协调竞争力的基础指标分布来看，在 19 个基础指标中，指标的优劣度结构为 21.1∶5.3∶42.1∶31.6。中势指标所占比重明显高于其他指标所占的比重，表明中势指标占主导地位。

### 3.5.2　河北省环境协调竞争力比较分析

图 3 – 5 – 1 将 2010～2012 年河北省环境协调竞争力与全国最高水平和平均水平进行比较。由图可知，评价期内河北省环境协调竞争力得分普遍高于 58 分，且呈波动上升趋势，说明河北省环境协调竞争力处于中等水平。

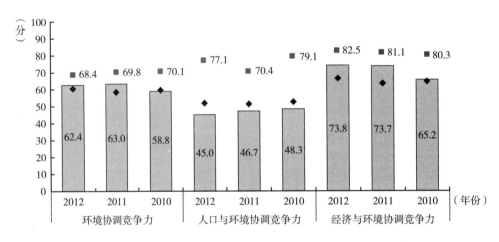

图 3 – 5 – 1　2010～2012 年河北省环境协调竞争力指标得分比较

从环境协调竞争力的整体得分比较来看，2010 年，河北省环境协调竞争力得分与全国最高分相比有 11.3 分的差距，与全国平均分相比低了 0.5 分；到 2012 年，河北省环境协调竞争力得分与全国最高分的差距缩小为 6.0 分，高于全国平均分 2.1 分。总的来看，2010～2012 年河北省环境协调竞争力与最高分的差距呈缩小趋势，从全国下游区上升到中游区。

从环境协调竞争力的要素得分比较来看，2012 年，河北省人口与环境协调竞争力得分为 45 分，比最高分低 32.0 分，比平均分低 6.2 分；而经济与环境协调竞争力的得分为 73.8 分，比最高分低 8.6 分，比平均分高 7.5 分。与 2010 年相比，河北省人口与环境协调竞争力得分与最高分的差距扩大了 1.1 分，但经济与环境协调竞争力得分与最高分的差距缩小了 6.5 分。

### 3.5.3　河北省环境协调竞争力变化动因分析

二级指标环境协调竞争力的变化是三级要素指标变化综合作用的结果，而三级要素指标变化又是四级基础指标变化作用的结果。三级和四级指标的变动情况如表 3 – 5 – 1 所示。

从要素指标来看，河北省环境协调竞争力的 2 个要素指标中，人口与环境协调竞争力的排名持续下降了 2 位，经济与环境协调竞争力的排名波动上升了 10 位，受指标排位升降的综合影响，河北省环境协调竞争力上升了 10 位，其中经济与环境协调竞争力是环境协调竞争力排名上升的主要动力。

从基础指标来看,河北省环境协调竞争力的19个基础指标中,上升指标有10个,占指标总数的52.6%,均匀分布在人口与环境协调竞争力和经济与环境协调竞争力指标组;下降指标有7个,占指标总数的36.8%,主要分布在经济与环境协调竞争力指标组。排位上升的指标数量大于排位下降的指标数量,使得2012年河北省环境协调竞争力排名波动上升了10位。

## 3.6 河北省环境竞争力总体评述

从对河北省环境竞争力及其5个二级指标在全国的排位变化和指标结构的综合分析来看,"十二五"中期(2010~2012年)环境竞争力中上升指标的数量小于下降指标的数量,上升的动力小于下降的拉力,使得2012年河北省环境竞争力的排位下降了9位,在全国居第12位。

### 3.6.1 河北省环境竞争力概要分析

河北省环境竞争力在全国所处的位置及变化如表3-6-1所示,5个二级指标的得分和排位变化如表3-6-2所示。

表3-6-1 2010~2012年河北省环境竞争力一级指标比较表

| 项目　　　　年份 | 2012 | 2011 | 2010 |
|---|---|---|---|
| 排名 | 12 | 7 | 3 |
| 所属区位 | 中游 | 上游 | 上游 |
| 得分 | 53.5 | 54.2 | 55.7 |
| 全国最高分 | 58.2 | 59.5 | 60.1 |
| 全国平均分 | 51.3 | 50.8 | 50.4 |
| 与最高分的差距 | -4.7 | -5.2 | -4.4 |
| 与平均分的差距 | 2.2 | 3.5 | 5.3 |
| 优劣度 | 中势 | 优势 | 强势 |
| 波动趋势 | 下降 | 下降 | — |

表3-6-2 2010~2012年河北省环境竞争力二级指标比较表

| 项目　　年份 | 生态环境竞争力 | | 资源环境竞争力 | | 环境管理竞争力 | | 环境影响竞争力 | | 环境协调竞争力 | | 环境竞争力 | |
|---|---|---|---|---|---|---|---|---|---|---|---|---|
| | 得分 | 排名 | 得分 | 排名 | 得分 | 排名 | 得分 | 排名 | 得分 | 排名 | 得分 | 排名 |
| 2010 | 45.4 | 19 | 35.9 | 25 | 70.0 | 1 | 76.0 | 11 | 58.5 | 22 | 55.7 | 3 |
| 2011 | 42.6 | 23 | 37.3 | 26 | 65.5 | 3 | 72.1 | 16 | 63.0 | 9 | 54.2 | 7 |
| 2012 | 42.9 | 22 | 36.9 | 27 | 65.9 | 5 | 66.7 | 24 | 62.4 | 12 | 53.5 | 12 |
| 得分变化 | -2.5 | — | 1.0 | — | -4.1 | — | -9.3 | — | 3.9 | — | -2.2 | — |
| 排位变化 | — | -3 | — | -2 | — | -4 | — | -13 | — | 10 | — | -9 |
| 优劣度 | 劣势 | 劣势 | 劣势 | 劣势 | 优势 | 优势 | 劣势 | 劣势 | 中势 | 中势 | 中势 | 中势 |

（1）从指标排位变化趋势看，2012年河北省环境竞争力综合排名在全国处于第12位，处于中势地位；与2010年相比，排位下降了9位。总的来看，评价期内河北省环境竞争力呈持续下降趋势。

在5个二级指标中，有1个指标处于上升趋势，为环境协调竞争力；有4个指标处于下降趋势，为生态环境竞争力、资源环境竞争力、环境管理竞争力和环境影响竞争力。在指标排位升降的综合影响下，评价期内河北省环境竞争力的综合排位下降了9位，在全国排名第12位。

（2）从指标所处区位看，2012年河北省环境竞争力处于中游区，其中，环境管理竞争力指标为优势指标，环境协调竞争力为中势指标，生态环境竞争力、资源环境竞争力和环境影响竞争力指标为劣势指标。

（3）从指标得分看，2012年河北省环境竞争力得分为53.5分，比全国最高分低4.7分，比全国平均分高2.2分；与2010年相比，河北省环境竞争力得分下降了2.2分，与当年最高分的差距扩大了；领先全国平均水平的幅度则不断缩小。

2012年，河北省环境竞争力二级指标的得分均高于36分，与2010年相比，得分上升最多的为环境协调竞争力，上升了3.9分；得分下降最多的为环境影响竞争力，下降了9.3分。

### 3.6.2　河北省环境竞争力各级指标动态变化分析

2010～2012年河北省环境竞争力各级指标的动态变化及其结构，如图3-6-1和表3-6-3所示。

从图3-6-1可以看出，河北省环境竞争力的四级指标中上升指标的比例小于下降指标，表明下降指标居于主导地位。表3-6-3中的数据进一步说明，河北省环境竞争力的130个四级指标中，上升的指标有37个，占指标总数的28.5%；保持的指标有44个，占指标总数的33.8%；下降的指标为49个，占指标总数的37.7%。由于下降指标的数量大于上升指标的数量，评价期内河北省环境竞争力排位下降了9位，在全国居第12位。

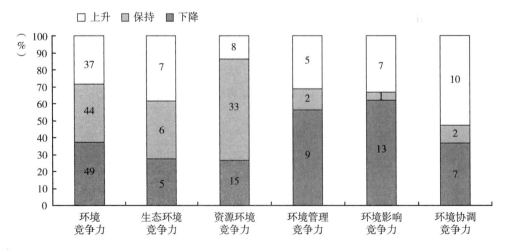

图3-6-1　2010～2012年河北省环境竞争力动态变化结构图

表3-6-3 2010~2012年河北省环境竞争力各级指标排位变化态势比较表

| 二级指标 | 三级指标 | 四级指标数 | 上升指标 | | 保持指标 | | 下降指标 | | 变化趋势 |
|---|---|---|---|---|---|---|---|---|---|
| | | | 个数 | 比重(%) | 个数 | 比重(%) | 个数 | 比重(%) | |
| 生态环境竞争力 | 生态建设竞争力 | 9 | 3 | 33.3 | 3 | 33.3 | 3 | 33.3 | 持续↓ |
| | 生态效益竞争力 | 9 | 4 | 44.4 | 3 | 33.3 | 2 | 22.2 | 持续↓ |
| | 小　计 | 18 | 7 | 38.9 | 6 | 33.3 | 5 | 27.8 | 波动↓ |
| 资源环境竞争力 | 水环境竞争力 | 11 | 3 | 27.3 | 7 | 63.6 | 1 | 9.1 | 波动↑ |
| | 土地环境竞争力 | 13 | 0 | 0.0 | 10 | 76.9 | 3 | 23.1 | 持续→ |
| | 大气环境竞争力 | 8 | 0 | 0.0 | 3 | 37.5 | 5 | 62.5 | 持续↓ |
| | 森林环境竞争力 | 8 | 0 | 0.0 | 8 | 100.0 | 0 | 0.0 | 持续↑ |
| | 矿产环境竞争力 | 9 | 3 | 33.3 | 1 | 11.1 | 5 | 55.6 | 持续↓ |
| | 能源环境竞争力 | 7 | 2 | 28.6 | 4 | 57.1 | 1 | 14.3 | 持续→ |
| | 小　计 | 56 | 8 | 14.3 | 33 | 58.9 | 15 | 26.8 | 持续↓ |
| 环境管理竞争力 | 环境治理竞争力 | 10 | 4 | 40.0 | 2 | 20.0 | 4 | 40.0 | 持续↓ |
| | 环境友好竞争力 | 6 | 1 | 16.7 | 0 | 0.0 | 5 | 83.3 | 持续↓ |
| | 小　计 | 16 | 5 | 31.3 | 2 | 12.5 | 9 | 56.3 | 持续↓ |
| 环境影响竞争力 | 环境安全竞争力 | 12 | 1 | 8.3 | 0 | 0.0 | 11 | 91.7 | 持续↓ |
| | 环境质量竞争力 | 9 | 6 | 66.7 | 1 | 11.1 | 2 | 22.2 | 持续↓ |
| | 小　计 | 21 | 7 | 33.3 | 1 | 4.8 | 13 | 61.9 | 持续↓ |
| 环境协调竞争力 | 人口与环境协调竞争力 | 9 | 5 | 55.6 | 1 | 11.1 | 3 | 33.3 | 持续↓ |
| | 经济与环境协调竞争力 | 10 | 5 | 50.0 | 1 | 10.0 | 4 | 40.0 | 波动↑ |
| | 小　计 | 19 | 10 | 52.6 | 2 | 10.5 | 7 | 36.8 | 波动↑ |
| 合　计 | | 130 | 37 | 28.5 | 44 | 33.8 | 49 | 37.7 | 持续↓ |

### 3.6.3 河北省环境竞争力各级指标变化动因分析

2012年河北省环境竞争力各级指标的优劣势变化及其结构,如图3-6-2和表3-6-4所示。

从图3-6-2可以看出,2012年河北省环境竞争力的四级指标中强势和优势指标的比例小于劣势指标,表明劣势指标居于主导地位。表3-6-4中的数据进一步说明,2012年河北省环境竞争力的130个四级指标中,强势指标有17个,占指标总数的13.1%;优势指标为23个,占指标总数的17.7%;中势指标44个,占指标总数的33.8%;劣势指标有46个,占指标总数的35.4%;强势指标和优势指标之和占指标总数的30.8%,数量与比重均小于劣势指标。从三级指标来看,优势指标有3个,占三级指标总数的21.4%。反映到二级指标上来,没有强势指标,中势指标有1个,占二级指标总数的20%,劣势指标有3个,占二级指标总数的60%,这使河北省环境竞争力处于中势地位,在全国位居第12位,处于中游区。

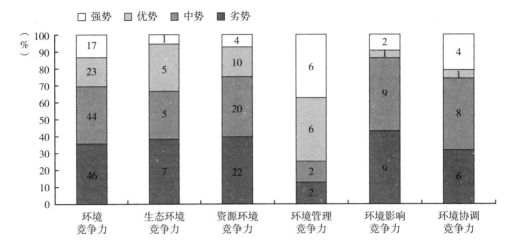

图 3 - 6 - 2　2012 年河北省环境竞争力优劣度结构图

表 3 - 6 - 4　2012 年河北省环境竞争力各级指标优劣度比较表

| 二级指标 | 三级指标 | 四级指标数 | 强势指标 | | 优势指标 | | 中势指标 | | 劣势指标 | | 优劣度 |
|---|---|---|---|---|---|---|---|---|---|---|---|
| | | | 个数 | 比重（%） | 个数 | 比重（%） | 个数 | 比重（%） | 个数 | 比重（%） | |
| 生态环境竞争力 | 生态建设竞争力 | 9 | 0 | 0.0 | 3 | 33.3 | 2 | 22.2 | 4 | 44.4 | 劣势 |
| | 生态效益竞争力 | 9 | 1 | 11.1 | 2 | 22.2 | 3 | 33.3 | 3 | 33.3 | 劣势 |
| | 小　计 | 18 | 1 | 5.6 | 5 | 27.8 | 5 | 27.8 | 7 | 38.9 | 劣势 |
| 资源环境竞争力 | 水环境竞争力 | 11 | 3 | 27.3 | 1 | 9.1 | 2 | 18.2 | 5 | 45.5 | 中势 |
| | 土地环境竞争力 | 13 | 0 | 0.0 | 3 | 23.1 | 8 | 61.5 | 2 | 15.4 | 劣势 |
| | 大气环境竞争力 | 8 | 0 | 0.0 | 0 | 0.0 | 2 | 25.0 | 6 | 75.0 | 劣势 |
| | 森林环境竞争力 | 8 | 0 | 0.0 | 1 | 12.5 | 4 | 50.0 | 3 | 37.5 | 中势 |
| | 矿产环境竞争力 | 9 | 1 | 11.1 | 4 | 44.4 | 3 | 33.3 | 1 | 11.1 | 中势 |
| | 能源环境竞争力 | 7 | 0 | 0.0 | 1 | 14.3 | 1 | 14.3 | 5 | 71.4 | 劣势 |
| | 小　计 | 56 | 4 | 7.1 | 10 | 17.9 | 20 | 35.7 | 22 | 39.3 | 劣势 |
| 环境管理竞争力 | 环境治理竞争力 | 10 | 3 | 30.0 | 5 | 50.0 | 2 | 20.0 | 0 | 0.0 | 优势 |
| | 环境友好竞争力 | 6 | 3 | 50.0 | 1 | 16.7 | 0 | 0.0 | 2 | 33.3 | 优势 |
| | 小　计 | 16 | 6 | 37.5 | 6 | 37.5 | 2 | 12.5 | 2 | 12.5 | 优势 |
| 环境影响竞争力 | 环境安全竞争力 | 12 | 0 | 0.0 | 0 | 0.0 | 6 | 50.0 | 6 | 50.0 | 劣势 |
| | 环境质量竞争力 | 9 | 2 | 22.2 | 1 | 11.1 | 3 | 33.3 | 3 | 33.3 | 中势 |
| | 小　计 | 21 | 2 | 9.5 | 1 | 4.8 | 9 | 42.9 | 9 | 42.9 | 劣势 |
| 环境协调竞争力 | 人口与环境协调竞争力 | 9 | 1 | 11.1 | 0 | 0.0 | 5 | 55.6 | 3 | 33.3 | 劣势 |
| | 经济与环境协调竞争力 | 10 | 3 | 30.0 | 1 | 10.0 | 3 | 30.0 | 3 | 30.0 | 优势 |
| | 小　计 | 19 | 4 | 21.1 | 1 | 5.3 | 8 | 42.1 | 6 | 31.6 | 中势 |
| 合　计 | | 130 | 17 | 13.1 | 23 | 17.7 | 44 | 33.8 | 46 | 35.4 | 中势 |

为了进一步明确影响河北省环境竞争力变化的具体因素，也便于对相关指标进行深入分析，从而为提升河北省环境竞争力提供决策参考，表3-6-5列出了环境竞争力指标体系中直接影响河北省环境竞争力升降的强势指标、优势指标和劣势指标。

表3-6-5　2012年河北省环境竞争力四级指标优劣度统计表

| 指标 | 强势指标 | 优势指标 | 劣势指标 |
| --- | --- | --- | --- |
| 生态环境竞争力（18个） | 工业固体废物排放强度（1个） | 国家级生态示范区个数、公园面积、园林绿地面积、化肥施用强度、农药施用强度（5个） | 本年减少耕地面积、自然保护区个数、自然保护区面积占土地总面积比重、野生植物种源培育基地数、工业废气排放强度、工业二氧化硫排放强度、工业烟（粉）尘排放强度（7个） |
| 资源环境竞争力（56个） | 用水总量、用水消耗量、耗水率、主要黑色金属矿产基础储量（4个） | 城市再生水利用率、耕地面积、园地面积、人均园地面积、造林总面积、人均主要黑色金属矿产基础储量、主要有色金属矿产基础储量、主要非金属矿产基础储量、人均主要非金属矿产基础储量、能源消费弹性系数（10个） | 水资源总量、人均水资源量、降水量、工业废水排放总量、生活污水排放量、建设用地面积、沙化土地面积占土地总面积的比重、工业废气排放总量、地均工业废气排放量、工业烟（粉）尘排放总量、工业二氧化硫排放总量、地均工业烟（粉）尘排放量、地均二氧化硫排放量、天然林比重、森林蓄积量、活立木总蓄积量、工业固体废物产生量、能源消费总量、单位地区生产总值能耗、单位地区生产总值电耗、单位工业增加值能耗、能源生产弹性系数（22个） |
| 环境管理竞争力（16个） | 废气治理设施年运行费用、废水治理设施处理能力、废水治理设施年运行费用、工业固体废物综合利用量、工业固体废物处置量、城市污水处理率（6个） | 环境污染治理投资总额、环境污染治理投资总额占地方生产总值比重、矿山环境恢复治理投入资金、本年矿山恢复面积、水土流失治理面积、工业用水重复利用率（6个） | 工业固体废物处置利用率、生活垃圾无害化处理率（2个） |
| 环境影响竞争力（21个） | 人均化学需氧量排放量、人均工业固体废物排放量（2个） | 人均生活污水排放量（1个） | 自然灾害受灾面积、自然灾害绝收面积占受灾面积比重、自然灾害直接经济损失、森林火灾次数、森林火灾火场总面积、森林病虫鼠害发生面积、人均工业废气排放量、人均工业烟（粉）尘排放量、人均工业废水排放量（9个） |
| 环境协调竞争力（19个） | 人口自然增长率与工业废水排放量增长率比差、工业增加值增长率与工业废气排放量增长率比差、人均工业增加值与人均工业废气排放量比差、人均工业增加值与森林覆盖率比差（4个） | 人均工业增加值与人均耕地面积比差（1个） | 人口自然增长率与工业固体废物排放量增长率比差、人口自然增长率与能源消费量增长率比差、人口密度与森林覆盖率比差、工业增加值增长率与工业固体废物排放量增长率比差、地区生产总值增长率与能源消费量增长率比差、人均工业增加值与人均矿产基础储量比差（6个） |

# 山西省环境竞争力评价分析报告

山西省简称晋，地处黄河以东，太行山之西，基本地形是中间为盆地，东西侧为山区，北与内蒙古自治区相接，东与河北省相接，南与河南省相连，西隔黄河与陕西省为邻，总面积为15.6万平方公里。2012 年总人口为 3611 万人，人均 GDP 达到 33628 元，万元 GDP 能耗为1.85 吨标准煤。"十二五"中期（2010～2012 年），山西省环境竞争力的综合排位呈现持续上升趋势，2012 年排名第 11 位，比 2010 年上升了 5 位，在全国处于中势地位。

## 4.1 山西省生态环境竞争力评价分析

### 4.1.1 山西省生态环境竞争力评价结果

2010～2012 年山西省生态环境竞争力排位和排位变化情况及其下属 2 个三级指标和 18个四级指标的评价结果，如表 4－1－1 所示；生态环境竞争力各级指标的优劣势情况，如表4－1－2 所示。

表 4－1－1　2010～2012 年山西省生态环境竞争力各级指标的得分、排名及优劣度分析表

| 指标项目 | 2012 年 | | | 2011 年 | | | 2010 年 | | | 综合变化 | | |
|---|---|---|---|---|---|---|---|---|---|---|---|---|
| | 得分 | 排名 | 优劣度 | 得分 | 排名 | 优劣度 | 得分 | 排名 | 优劣度 | 得分变化 | 排名变化 | 趋势变化 |
| 生态环境竞争力 | 41.4 | 24 | 劣势 | 40.8 | 24 | 劣势 | 40.8 | 27 | 劣势 | 0.6 | 3 | 持续↑ |
| （1）生态建设竞争力 | 24.0 | 13 | 中势 | 20.2 | 21 | 劣势 | 20.7 | 22 | 劣势 | 3.3 | 9 | 持续↑ |
| 国家级生态示范区个数 | 25.0 | 13 | 中势 | 25.0 | 13 | 中势 | 25.0 | 13 | 中势 | 0.0 | 0 | 持续→ |
| 公园面积 | 11.7 | 18 | 中势 | 9.8 | 19 | 中势 | 9.8 | 19 | 中势 | 1.9 | 1 | 持续↑ |
| 园林绿地面积 | 14.6 | 20 | 中势 | 14.5 | 20 | 中势 | 14.5 | 20 | 中势 | 0.1 | 0 | 持续→ |
| 绿化覆盖面积 | 8.1 | 23 | 劣势 | 7.5 | 23 | 劣势 | 7.5 | 23 | 劣势 | 0.6 | 0 | 持续→ |
| 本年减少耕地面积 | 87.6 | 7 | 优势 | 87.6 | 7 | 优势 | 87.6 | 7 | 优势 | 0.0 | 0 | 持续→ |
| 自然保护区个数 | 11.5 | 20 | 中势 | 11.5 | 20 | 中势 | 11.5 | 20 | 中势 | 0.0 | 0 | 持续→ |
| 自然保护区面积占土地总面积比重 | 18.2 | 16 | 中势 | 18.2 | 15 | 中势 | 18.2 | 15 | 中势 | 0.0 | -1 | 持续↓ |
| 野生动物种源繁育基地数 | 39.5 | 6 | 优势 | 0.0 | 28 | 劣势 | 0.0 | 28 | 劣势 | 39.5 | 22 | 持续↑ |
| 野生植物种源培育基地数 | 0.0 | 23 | 劣势 | 0.0 | 24 | 劣势 | 0.0 | 24 | 劣势 | 0.0 | 1 | 持续↑ |
| （2）生态效益竞争力 | 67.5 | 24 | 劣势 | 71.8 | 24 | 劣势 | 71.1 | 25 | 劣势 | -3.6 | 1 | 持续↑ |
| 工业废气排放强度 | 44.5 | 28 | 劣势 | 47.4 | 30 | 劣势 | 47.4 | 30 | 劣势 | -2.9 | 2 | 持续↑ |
| 工业二氧化硫排放强度 | 57.0 | 27 | 劣势 | 58.4 | 27 | 劣势 | 58.4 | 27 | 劣势 | -1.4 | 0 | 持续→ |

续表

| 指标 项目 | 2012 年 | | | 2011 年 | | | 2010 年 | | | 综合变化 | | |
|---|---|---|---|---|---|---|---|---|---|---|---|---|
| | 得分 | 排名 | 优劣度 | 得分 | 排名 | 优劣度 | 得分 | 排名 | 优劣度 | 得分变化 | 排名变化 | 趋势变化 |
| 工业烟（粉）尘排放强度 | 27.1 | 29 | 劣势 | 31.5 | 30 | 劣势 | 31.5 | 30 | 劣势 | -4.4 | 1 | 持续↑ |
| 工业废水排放强度 | 71.4 | 11 | 中势 | 81.6 | 5 | 优势 | 81.6 | 5 | 优势 | -10.2 | -6 | 持续↓ |
| 工业废水中化学需氧量排放强度 | 89.4 | 18 | 中势 | 90.4 | 15 | 中势 | 90.4 | 15 | 中势 | -0.9 | -3 | 持续↓ |
| 工业废水中氨氮排放强度 | 86.8 | 19 | 中势 | 88.0 | 18 | 中势 | 88.0 | 18 | 中势 | -1.1 | -1 | 持续↓ |
| 工业固体废物排放强度 | 78.6 | 28 | 劣势 | 91.3 | 27 | 劣势 | 91.3 | 27 | 劣势 | -12.7 | -1 | 持续↓ |
| 化肥施用强度 | 58.4 | 17 | 中势 | 61.2 | 15 | 中势 | 61.2 | 15 | 中势 | -2.7 | -2 | 持续↓ |
| 农药施用强度 | 87.4 | 13 | 中势 | 90.5 | 12 | 中势 | 90.5 | 12 | 中势 | -3.1 | -1 | 持续↓ |

表 4-1-2　2012 年山西省生态环境竞争力各级指标的优劣度结构表

| 二级指标 | 三级指标 | 四级指标数 | 强势指标 | | 优势指标 | | 中势指标 | | 劣势指标 | | 优劣度 |
|---|---|---|---|---|---|---|---|---|---|---|---|
| | | | 个数 | 比重（%） | 个数 | 比重（%） | 个数 | 比重（%） | 个数 | 比重（%） | |
| 生态环境竞争力 | 生态建设竞争力 | 9 | 0 | 0.0 | 2 | 22.2 | 5 | 55.6 | 2 | 22.2 | 中势 |
| | 生态效益竞争力 | 9 | 0 | 0.0 | 0 | 0.0 | 5 | 55.6 | 4 | 44.4 | 劣势 |
| | 小　计 | 18 | 0 | 0.0 | 2 | 11.1 | 10 | 55.6 | 6 | 33.3 | 劣势 |

2010~2012 年山西省生态环境竞争力的综合排位呈现持续上升趋势，2012 年排名第 24 位，比 2010 年上升了 3 位，在全国处于下游区。

从生态环境竞争力要素指标的变化趋势来看，2 个指标即生态建设竞争力、生态效益竞争力都处于持续上升趋势。

从生态环境竞争力基础指标的优劣度结构来看，在 18 个基础指标中，指标的优劣度结构为 0.0∶11.1∶55.6∶33.3。强势和优势指标所占比重小于劣势指标的比重，表明劣势指标占主导地位。

### 4.1.2　山西省生态环境竞争力比较分析

图 4-1-1 将 2010~2012 年山西省生态环境竞争力与全国最高水平和平均水平进行比较。由图可知，评价期内山西省生态环境竞争力得分普遍低于 42 分，说明山西省生态环境竞争力处于较低水平。

从生态环境竞争力的整体得分比较来看，2010 年，山西省生态环境竞争力得分与全国最高分相比有 24.9 分的差距，与全国平均分相比，也有 5.6 分的差距；到了 2012 年，山西省生态环境竞争力得分与全国最高分的差距缩小为 23.7 分，低于全国平均分 4.0 分。总的来看，2010~2012 年山西省生态环境竞争力与最高分的差距呈缩小趋势，表明生态建设水平和生态效益不断提升。

从生态环境竞争力的要素得分比较来看，2012 年，山西省生态建设竞争力和生态效益

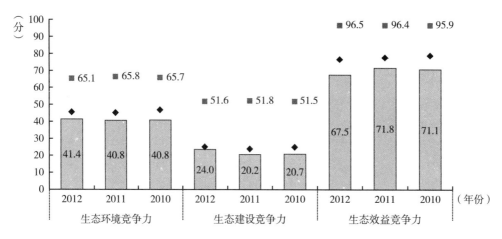

图 4-1-1　2010～2012 年山西省生态环境竞争力指标得分比较

竞争力的得分分别为 24.0 分和 67.5 分，分别比最高分低 27.7 分和 28.9 分，低于平均分 0.7 分和 9.1 分；与 2010 年相比，山西省生态建设竞争力得分与最高分的差距缩小了 3.1 分，生态效益竞争力得分与最高分的差距扩大了 4.1 分。

### 4.1.3　山西省生态环境竞争力变化动因分析

二级指标生态环境竞争力的变化是三级要素指标变化综合作用的结果，而三级要素指标变化又是四级基础指标变化作用的结果。三级和四级指标的变动情况如表 4-1-1 所示。

从要素指标来看，山西省生态环境竞争力的 2 个要素指标中，生态建设竞争力的排名上升了 9 位，生态效益竞争力的排名上升了 1 位，受指标排位上升的综合影响，山西省生态环境竞争力持续上升了 3 位。

从基础指标来看，山西省生态环境竞争力的 18 个基础指标中，上升指标有 5 个，占指标总数的 27.8%，主要分布在生态建设竞争力指标组；下降指标有 7 个，占指标总数的 38.9%，主要分布在生态效益竞争力指标组。受指标排位变化的综合影响，评价期内山西省生态环境竞争力排名上升了 3 位。

## 4.2　山西省资源环境竞争力评价分析

### 4.2.1　山西省资源环境竞争力评价结果

2010～2012 年山西省资源环境竞争力排位和排位变化情况及其下属 6 个三级指标和 56 个四级指标的评价结果，如表 4-2-1 所示；资源环境竞争力各级指标的优劣势情况，如表 4-2-2 所示。

表 4 - 2 - 1　2010～2012 年山西省资源环境竞争力各级指标的得分、排名及优劣度分析表

| 指标项目 | 2012 年 | | | 2011 年 | | | 2010 年 | | | 综合变化 | | |
|---|---|---|---|---|---|---|---|---|---|---|---|---|
| | 得分 | 排名 | 优劣度 | 得分 | 排名 | 优劣度 | 得分 | 排名 | 优劣度 | 得分变化 | 排名变化 | 趋势变化 |
| **资源环境竞争力** | 36.5 | 28 | 劣势 | 36.5 | 28 | 劣势 | 35.7 | 26 | 劣势 | 0.8 | -2 | 持续↓ |
| （1）水环境竞争力 | 45.9 | 20 | 中势 | 47.2 | 14 | 中势 | 53.1 | 3 | 强势 | -7.2 | -17 | 持续↓ |
| 水资源总量 | 2.3 | 27 | 劣势 | 2.6 | 27 | 劣势 | 1.8 | 27 | 劣势 | 0.5 | 0 | 持续→ |
| 人均水资源量 | 0.1 | 25 | 劣势 | 0.2 | 26 | 劣势 | 0.1 | 26 | 劣势 | 0.0 | 1 | 持续↑ |
| 降水量 | 10.9 | 26 | 劣势 | 12.6 | 22 | 劣势 | 9.7 | 27 | 劣势 | 1.2 | 1 | 波动↑ |
| 供水总量 | 8.9 | 25 | 劣势 | 9.6 | 25 | 劣势 | 9.0 | 26 | 劣势 | -0.2 | 1 | 持续↑ |
| 用水总量 | 97.7 | 1 | 强势 | 97.6 | 1 | 强势 | 97.6 | 1 | 强势 | 0.1 | 0 | 持续→ |
| 用水消耗量 | 98.9 | 1 | 强势 | 98.7 | 1 | 强势 | 98.4 | 1 | 强势 | 0.5 | 0 | 持续→ |
| 耗水率 | 41.9 | 1 | 强势 | 41.9 | 1 | 强势 | 40.0 | 1 | 强势 | 1.9 | 0 | 持续→ |
| 节灌率 | 37.3 | 13 | 中势 | 43.0 | 11 | 中势 | 43.0 | 10 | 优势 | -5.7 | -3 | 持续↓ |
| 城市再生水利用率 | 23.8 | 8 | 优势 | 24.5 | 6 | 优势 | 100.0 | 1 | 强势 | -76.2 | -7 | 持续↓ |
| 工业废水排放总量 | 79.7 | 16 | 中势 | 84.0 | 12 | 中势 | 81.3 | 18 | 中势 | -1.6 | 2 | 波动↑ |
| 生活污水排放量 | 87.4 | 11 | 中势 | 88.0 | 11 | 中势 | 87.7 | 11 | 中势 | -0.4 | 0 | 持续→ |
| （2）土地环境竞争力 | 22.3 | 28 | 劣势 | 22.5 | 28 | 劣势 | 22.2 | 29 | 劣势 | 0.1 | 1 | 持续↑ |
| 土地总面积 | 9.0 | 20 | 中势 | 9.0 | 20 | 中势 | 9.0 | 20 | 中势 | 0.0 | 0 | 持续→ |
| 耕地面积 | 33.1 | 15 | 中势 | 33.1 | 15 | 中势 | 33.1 | 15 | 中势 | 0.0 | 0 | 持续→ |
| 人均耕地面积 | 34.6 | 10 | 优势 | 34.8 | 10 | 优势 | 34.9 | 10 | 优势 | -0.3 | 0 | 持续→ |
| 牧草地面积 | 1.0 | 15 | 中势 | 1.0 | 15 | 中势 | 1.0 | 15 | 中势 | 0.0 | 0 | 持续→ |
| 人均牧草地面积 | 0.1 | 12 | 中势 | 0.1 | 12 | 中势 | 0.1 | 12 | 中势 | 0.0 | 0 | 持续→ |
| 园地面积 | 29.1 | 18 | 中势 | 29.1 | 18 | 中势 | 29.1 | 18 | 中势 | 0.0 | 0 | 持续→ |
| 人均园地面积 | 12.6 | 13 | 中势 | 12.5 | 14 | 中势 | 12.4 | 14 | 中势 | 0.1 | 1 | 持续↑ |
| 土地资源利用效率 | 2.4 | 18 | 中势 | 2.4 | 16 | 中势 | 2.2 | 16 | 中势 | 0.3 | -2 | 持续↓ |
| 建设用地面积 | 67.2 | 13 | 中势 | 67.2 | 13 | 中势 | 67.2 | 13 | 中势 | 0.0 | 0 | 持续→ |
| 单位建设用地非农产业增加值 | 11.0 | 14 | 中势 | 11.0 | 12 | 中势 | 10.1 | 12 | 中势 | 0.9 | -2 | 持续↓ |
| 单位耕地面积农业增加值 | 0.4 | 30 | 劣势 | 1.3 | 29 | 劣势 | 2.9 | 29 | 劣势 | -2.5 | -1 | 持续↓ |
| 沙化土地面积占土地总面积的比重 | 91.2 | 21 | 劣势 | 91.2 | 21 | 劣势 | 91.2 | 21 | 劣势 | 0.0 | 0 | 持续→ |
| 当年新增种草面积 | 8.7 | 11 | 中势 | 10.3 | 11 | 中势 | 4.7 | 16 | 中势 | 3.9 | 5 | 持续↑ |
| （3）大气环境竞争力 | 54.4 | 28 | 劣势 | 55.8 | 28 | 劣势 | 53.3 | 28 | 劣势 | 1.1 | 0 | 持续→ |
| 工业废气排放总量 | 43.7 | 28 | 劣势 | 45.4 | 28 | 劣势 | 37.5 | 29 | 劣势 | 6.2 | 1 | 持续↑ |
| 地均工业废气排放量 | 88.4 | 26 | 劣势 | 87.5 | 25 | 劣势 | 89.0 | 24 | 劣势 | -0.6 | -2 | 持续↓ |
| 工业烟（粉）尘排放总量 | 10.2 | 30 | 劣势 | 17.6 | 30 | 劣势 | 0.0 | 31 | 劣势 | 10.2 | 1 | 持续↑ |
| 地均工业烟（粉）尘排放量 | 39.6 | 30 | 劣势 | 38.4 | 29 | 劣势 | 37.8 | 29 | 劣势 | 1.8 | -1 | 持续↓ |
| 工业二氧化硫排放总量 | 22.6 | 28 | 劣势 | 20.5 | 29 | 劣势 | 17.1 | 28 | 劣势 | 5.6 | 0 | 波动→ |
| 地均二氧化硫排放量 | 74.9 | 27 | 劣势 | 75.0 | 27 | 劣势 | 78.9 | 27 | 劣势 | -4.0 | 0 | 持续→ |
| 全省设区市优良天数比例 | 81.3 | 12 | 中势 | 84.2 | 10 | 优势 | 84.2 | 10 | 优势 | -2.9 | -2 | 持续↓ |
| 可吸入颗粒物（PM10）浓度 | 70.4 | 13 | 中势 | 73.6 | 11 | 中势 | 76.9 | 11 | 中势 | -6.6 | -2 | 持续↓ |
| （4）森林环境竞争力 | 19.1 | 24 | 劣势 | 19.3 | 24 | 劣势 | 19.4 | 24 | 劣势 | -0.4 | 0 | 持续→ |
| 林业用地面积 | 17.0 | 17 | 中势 | 17.0 | 17 | 中势 | 17.0 | 17 | 中势 | 0.0 | 0 | 持续→ |
| 森林面积 | 9.1 | 25 | 劣势 | 9.1 | 25 | 劣势 | 9.1 | 25 | 劣势 | 0.0 | 0 | 持续→ |
| 森林覆盖率 | 17.2 | 23 | 劣势 | 17.2 | 23 | 劣势 | 17.2 | 23 | 劣势 | 0.0 | 0 | 持续→ |

| 指标项目 | 2012年 | | | 2011年 | | | 2010年 | | | 综合变化 | | |
|---|---|---|---|---|---|---|---|---|---|---|---|---|
| | 得分 | 排名 | 优劣度 | 得分 | 排名 | 优劣度 | 得分 | 排名 | 优劣度 | 得分变化 | 排名变化 | 趋势变化 |
| 人工林面积 | 19.4 | 22 | 劣势 | 19.4 | 22 | 劣势 | 19.4 | 22 | 劣势 | 0.0 | 0 | 持续→ |
| 天然林比重 | 53.7 | 18 | 中势 | 53.7 | 18 | 中势 | 53.7 | 18 | 中势 | 0.0 | 0 | 持续→ |
| 造林总面积 | 38.7 | 6 | 优势 | 40.9 | 5 | 优势 | 42.6 | 6 | 优势 | -3.9 | 0 | 波动→ |
| 森林蓄积量 | 3.4 | 23 | 劣势 | 3.4 | 23 | 劣势 | 3.4 | 23 | 劣势 | 0.0 | 0 | 持续→ |
| 活立木总蓄积量 | 3.8 | 23 | 劣势 | 3.8 | 23 | 劣势 | 3.8 | 23 | 劣势 | 0.0 | 0 | 持续→ |
| (5)矿产环境竞争力 | 37.9 | 2 | 强势 | 36.7 | 2 | 强势 | 31.0 | 4 | 优势 | 6.9 | 2 | 持续↑ |
| 主要黑色金属矿产基础储量 | 23.3 | 5 | 优势 | 25.7 | 5 | 优势 | 16.0 | 5 | 优势 | 7.2 | 0 | 持续→ |
| 人均主要黑色金属矿产基础储量 | 28.3 | 4 | 优势 | 31.3 | 4 | 优势 | 19.6 | 5 | 优势 | 8.6 | 1 | 持续↑ |
| 主要有色金属矿产基础储量 | 9.6 | 17 | 中势 | 10.4 | 13 | 中势 | 8.2 | 17 | 中势 | 1.5 | 0 | 波动→ |
| 人均主要有色金属矿产基础储量 | 11.7 | 14 | 中势 | 12.7 | 12 | 中势 | 10.0 | 15 | 中势 | 1.7 | 1 | 波动→ |
| 主要非金属矿产基础储量 | 9.9 | 9 | 优势 | 0.2 | 21 | 劣势 | 0.2 | 21 | 劣势 | 9.7 | 12 | 持续↑ |
| 人均主要非金属矿产基础储量 | 11.6 | 8 | 优势 | 0.3 | 20 | 中势 | 0.3 | 22 | 劣势 | 11.3 | 14 | 持续↑ |
| 主要能源矿产基础储量 | 100.0 | 1 | 强势 | 100.0 | 1 | 强势 | 100.0 | 1 | 强势 | 0.0 | 0 | 持续→ |
| 人均主要能源矿产基础储量 | 100.0 | 1 | 强势 | 100.0 | 1 | 强势 | 75.3 | 2 | 强势 | 24.7 | 1 | 持续↑ |
| 工业固体废物产生量 | 36.6 | 30 | 劣势 | 39.2 | 29 | 劣势 | 42.4 | 30 | 劣势 | -5.8 | 0 | 波动→ |
| (6)能源环境竞争力 | 44.6 | 30 | 劣势 | 42.2 | 30 | 劣势 | 36.5 | 30 | 劣势 | 8.1 | 0 | 持续→ |
| 能源生产总量 | 0.0 | 31 | 劣势 | 0.0 | 31 | 劣势 | 0.0 | 31 | 劣势 | 0.0 | 0 | 持续→ |
| 能源消费总量 | 50.4 | 23 | 劣势 | 50.7 | 23 | 劣势 | 51.8 | 22 | 劣势 | -1.4 | -1 | 持续↓ |
| 单位地区生产总值能耗 | 22.9 | 29 | 劣势 | 31.9 | 28 | 劣势 | 16.3 | 29 | 劣势 | 6.5 | 0 | 波动→ |
| 单位地区生产总值电耗 | 65.2 | 27 | 劣势 | 60.3 | 27 | 劣势 | 59.9 | 27 | 劣势 | 5.2 | 0 | 持续→ |
| 单位工业增加值能耗 | 43.5 | 25 | 劣势 | 31.5 | 30 | 劣势 | 37.1 | 26 | 劣势 | 6.4 | 1 | 波动↑ |
| 能源生产弹性系数 | 56.2 | 11 | 中势 | 53.9 | 27 | 劣势 | 43.1 | 24 | 劣势 | 13.1 | 13 | 波动↑ |
| 能源消费弹性系数 | 70.0 | 20 | 中势 | 64.1 | 14 | 中势 | 45.0 | 4 | 优势 | 25.0 | -16 | 持续↓ |

表4-2-2  2012年山西省资源环境竞争力各级指标的优劣度结构表

| 二级指标 | 三级指标 | 四级指标数 | 强势指标 | | 优势指标 | | 中势指标 | | 劣势指标 | | 优劣度 |
|---|---|---|---|---|---|---|---|---|---|---|---|
| | | | 个数 | 比重(%) | 个数 | 比重(%) | 个数 | 比重(%) | 个数 | 比重(%) | |
| 资源环境竞争力 | 水环境竞争力 | 11 | 3 | 27.3 | 1 | 9.1 | 3 | 27.3 | 4 | 36.4 | 中势 |
| | 土地环境竞争力 | 13 | 0 | 0.0 | 1 | 7.7 | 10 | 76.9 | 2 | 15.4 | 劣势 |
| | 大气环境竞争力 | 8 | 0 | 0.0 | 0 | 0.0 | 2 | 25.0 | 6 | 75.0 | 劣势 |
| | 森林环境竞争力 | 8 | 0 | 0.0 | 1 | 12.5 | 2 | 25.0 | 5 | 62.5 | 劣势 |
| | 矿产环境竞争力 | 9 | 2 | 22.2 | 4 | 44.4 | 2 | 22.2 | 1 | 11.1 | 强势 |
| | 能源环境竞争力 | 7 | 0 | 0.0 | 0 | 0.0 | 2 | 28.6 | 5 | 71.4 | 劣势 |
| | 小计 | 56 | 5 | 8.9 | 7 | 12.5 | 21 | 37.5 | 23 | 41.1 | 劣势 |

2010~2012年山西省资源环境竞争力的综合排位呈现持续下降趋势，2012年排名第28位，比2010年排位下降2位，在全国处于下游区。

从资源环境竞争力的要素指标变化趋势来看，有2个指标处于上升趋势，即土地环境竞争力和矿产环境竞争力；有3个指标处于保持趋势，为大气环境竞争力、森林环境竞争力和能源环境竞争力；有 1 个指标处于下降趋势，为水环境竞争力。

从资源环境竞争力的基础指标分布来看，在 56 个基础指标中，指标的优劣度结构为
8.9：12.5：37.5：41.1。强势和优势指标所占比重显著低于劣势指标的比重，表明劣势指标
占主导地位。

### 4.2.2 山西省资源环境竞争力比较分析

图 4 - 2 - 1 将 2010 ～ 2012 年山西省资源环境竞争力与全国最高水平和平均水平进行比
较。由图可知，评价期内山西省资源环境竞争力得分尽管有所上升，但普遍低于 37 分，说
明山西省资源环境竞争力保持较低水平。

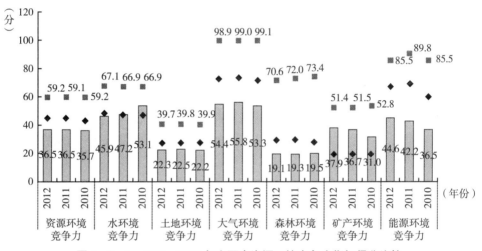

**图 4 - 2 - 1　2010 ～ 2012 年山西省资源环境竞争力指标得分比较**

从资源环境竞争力的整体得分比较来看，2010 年，山西省资源环境竞争力得分与全国
最高分有 23.5 分的差距，与全国平均分相比，则低了 7.3 分；到 2012 年，山西省资源环境
竞争力得分与全国最高分的差距缩小为 22.6 分，低于全国平均分 8.0 分。总的来说，
2010 ～ 2012 年山西省资源环境竞争力与最高分的差距呈缩小趋势，但低于平均分，在全国
继续处于下游地位。

从资源环境竞争力的要素得分比较来看，2012 年，山西省水环境竞争力、土地环境竞
争力、大气环境竞争力、森林环境竞争力、矿产环境竞争力和能源环境竞争力的得分分别为
45.9 分、22.3 分、54.4 分、19.1 分、37.9 分和 44.6 分，分别比同期最高分低 21.3 分、
17.5 分、44.4 分、51.5 分、13.5 分和 40.9 分；与 2010 年相比，山西省土地环境竞争力、
大气环境竞争力、森林环境竞争力、矿产环境竞争力和能源环境竞争力的得分与最高分的差
距都缩小了，但水环境竞争力的得分与最高分的差距扩大了。

### 4.2.3 山西省资源环境竞争力变化动因分析

二级指标资源环境竞争力的变化是三级要素指标变化综合作用的结果，而三级要素指标
变化又是四级基础指标变化作用的结果。三级和四级指标的变动情况如表 4 - 2 - 1 所示。

从要素指标来看，山西省资源环境竞争力的6个要素指标中，土地环境竞争力和矿产环境竞争力的排位上升，而水环境竞争力的排位呈下降趋势，受指标排位升降幅度和其他因素的综合影响，山西省资源环境竞争力呈现持续下降趋势，其中水环境竞争力是资源环境竞争力排位下降的主要因素。

从基础指标来看，山西省资源环境竞争力的56个基础指标中，上升指标有15个，占指标总数的26.8%，主要分布在矿产环境竞争力等指标组；下降指标有11个，占指标总数的19.6%，主要分布在土地环境竞争力和大气环境竞争力等指标组。排位上升的指标数量略高于排位下降的指标数量，但受指标升降幅度和其他外部因素的综合影响，2012年山西省资源环境竞争力排名呈现持续下降趋势。

## 4.3 山西省环境管理竞争力评价分析

### 4.3.1 山西省环境管理竞争力评价结果

2010~2012年山西省环境管理竞争力排位和排位变化情况及其下属2个三级指标和16个四级指标的评价结果，如表4-3-1所示；环境管理竞争力各级指标的优劣势情况，如表4-3-2所示。

表4-3-1 2010~2012年山西省环境管理竞争力各级指标的得分、排名及优劣度分析表

| 指标项目 | 2012年 | | | 2011年 | | | 2010年 | | | 综合变化 | | |
|---|---|---|---|---|---|---|---|---|---|---|---|---|
| | 得分 | 排名 | 优劣度 | 得分 | 排名 | 优劣度 | 得分 | 排名 | 优劣度 | 得分变化 | 排名变化 | 趋势变化 |
| **环境管理竞争力** | 65.9 | 4 | 优势 | 60.1 | 5 | 优势 | 55.2 | 6 | 优势 | 10.8 | 2 | 持续↑ |
| (1)环境治理竞争力 | 37.6 | 6 | 优势 | 27.8 | 10 | 优势 | 28.9 | 11 | 中势 | 8.8 | 5 | 持续↑ |
| 环境污染治理投资总额 | 44.1 | 9 | 优势 | 37.2 | 10 | 优势 | 14.6 | 7 | 优势 | 29.5 | -2 | 波动↓ |
| 环境污染治理投资总额占地方生产总值比重 | 76.6 | 4 | 优势 | 39.6 | 6 | 优势 | 72.5 | 2 | 强势 | 4.0 | -2 | 波动↓ |
| 废气治理设施年运行费用 | 30.9 | 6 | 优势 | 52.8 | 7 | 优势 | 48.1 | 7 | 优势 | -17.2 | 1 | 持续↑ |
| 废水治理设施处理能力 | 27.1 | 12 | 中势 | 15.6 | 11 | 中势 | 29.0 | 15 | 中势 | -1.9 | 3 | 波动↑ |
| 废水治理设施年运行费用 | 26.6 | 8 | 优势 | 44.2 | 8 | 优势 | 36.5 | 9 | 优势 | -9.8 | 0 | 波动→ |
| 矿山环境恢复治理投入资金 | 46.4 | 4 | 优势 | 21.9 | 19 | 中势 | 15.0 | 18 | 中势 | 31.4 | 14 | 波动↑ |
| 本年矿山恢复面积 | 28.0 | 4 | 优势 | 1.3 | 24 | 劣势 | 5.3 | 12 | 中势 | 22.8 | 6 | 波动↑ |
| 地质灾害防治投资额 | 19.6 | 10 | 优势 | 10.3 | 14 | 中势 | 3.9 | 13 | 中势 | 15.7 | 3 | 波动↑ |
| 水土流失治理面积 | 45.9 | 7 | 优势 | 49.6 | 8 | 优势 | 49.1 | 8 | 优势 | -3.3 | 1 | 持续↑ |
| 土地复垦面积占新增耕地面积的比重 | 7.1 | 18 | 中势 | 7.1 | 18 | 中势 | 7.1 | 18 | 中势 | 0.0 | 0 | 持续→ |
| (2)环境友好竞争力 | 87.9 | 1 | 强势 | 85.1 | 1 | 强势 | 75.6 | 3 | 强势 | 12.3 | 2 | 持续↑ |
| 工业固体废物综合利用量 | 100.0 | 1 | 强势 | 84.0 | 3 | 强势 | 67.1 | 3 | 强势 | 32.9 | 2 | 持续↑ |
| 工业固体废物处置量 | 61.2 | 4 | 优势 | 68.6 | 2 | 优势 | 43.9 | 4 | 优势 | 17.3 | 0 | 波动→ |
| 工业固体废物处置利用率 | 92.9 | 14 | 中势 | 88.6 | 15 | 中势 | 74.1 | 11 | 中势 | 18.7 | -3 | 波动↓ |
| 工业用水重复利用率 | 97.6 | 3 | 强势 | 97.8 | 3 | 强势 | 98.8 | 2 | 强势 | -1.2 | -1 | 持续↓ |
| 城市污水处理率 | 92.9 | 13 | 中势 | 91.4 | 10 | 优势 | 90.9 | 11 | 中势 | 2.0 | -2 | 波动↓ |
| 生活垃圾无害化处理率 | 80.4 | 23 | 劣势 | 77.5 | 21 | 劣势 | 73.6 | 19 | 中势 | 6.8 | -4 | 持续↓ |

表4-3-2  2012年山西省环境管理竞争力各级指标的优劣度结构表

| 二级指标 | 三级指标 | 四级指标数 | 强势指标 | | 优势指标 | | 中势指标 | | 劣势指标 | | 优劣度 |
| --- | --- | --- | --- | --- | --- | --- | --- | --- | --- | --- | --- |
| | | | 个数 | 比重（%） | 个数 | 比重（%） | 个数 | 比重（%） | 个数 | 比重（%） | |
| 环境管理竞争力 | 环境治理竞争力 | 10 | 0 | 0.0 | 8 | 80.0 | 2 | 20.0 | 0 | 0.0 | 优势 |
| | 环境友好竞争力 | 6 | 2 | 33.3 | 1 | 16.7 | 2 | 33.3 | 1 | 16.7 | 强势 |
| | 小  计 | 16 | 2 | 12.5 | 9 | 56.3 | 4 | 25.0 | 1 | 6.3 | 优势 |

2010～2012年山西省环境管理竞争力的综合排位呈现持续上升趋势，2012年排名第4位，比2010年上升了2位，在全国处于上游区。

从环境管理竞争力的要素指标变化趋势来看，2个指标即环境治理竞争力和环境友好竞争力都处于持续上升趋势。

从环境管理竞争力的基础指标分布来看，在16个基础指标中，指标的优劣度结构为12.5∶56.3∶25.0∶6.3。强势和优势指标所占比重显著大于劣势指标的比重，表明强势和优势指标占主导地位。

### 4.3.2  山西省环境管理竞争力比较分析

图4-3-1将2010～2012年山西省环境管理竞争力与全国最高水平和平均水平进行比较。由图可知，评价期内山西省环境管理竞争力得分普遍高于55分，且呈现持续上升趋势，说明山西省环境管理竞争力保持较高水平。

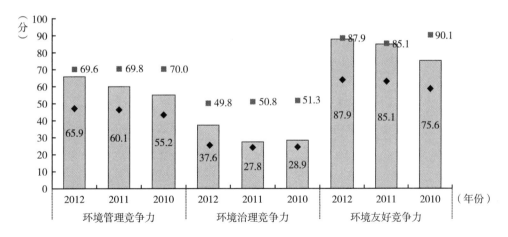

图4-3-1  2010～2012年山西省环境管理竞争力指标得分比较

从环境管理竞争力的整体得分比较来看，2010年，山西省环境管理竞争力得分与全国最高分相比还有14.8分的差距，但与全国平均分相比，则高出11.8分；到2012年，山西省环境管理竞争力得分与全国最高分的差距为3.7分，高出全国平均分18.9分。总的来说，2010～2012年山西省环境管理竞争力与最高分的差距逐渐缩小，并继续保持全国较高水平。

从环境管理竞争力的要素得分比较来看，2012 年，山西省环境治理竞争力和环境友好竞争力的得分分别为 37.6 分和 87.9 分，环境治理竞争力得分比最高分低 12.1 分，而环境友好竞争力的得分则为全国最高分，分别高于平均分 12.4 分和 23.9 分；与 2010 年相比，山西省环境治理竞争力得分与最高分的差距缩小了 10.3 分，环境友好竞争力得分与最高分的差距缩小了 14.5 分。

### 4.3.3 山西省环境管理竞争力变化动因分析

二级指标环境管理竞争力的变化是三级要素指标变化综合作用的结果，而三级要素指标变化又是四级基础指标变化作用的结果。三级和四级指标的变动情况如表 4－3－1 所示。

从要素指标来看，山西省环境管理竞争力的 2 个要素指标中，环境治理竞争力的排名上升了 5 位，环境友好竞争力的排名上升了 2 位，在指标排位上升的作用下，山西省环境管理竞争力上升了 2 位，其中环境治理竞争力是推动环境管理竞争力上升的主要动力。

从基础指标来看，山西省环境管理竞争力的 16 个基础指标中，上升指标有 7 个，占指标总数的 43.8%，主要分布在环境治理竞争力指标组；下降指标有 6 个，占指标总数的 37.5%，主要分布在环境友好竞争力指标组。排位上升的指标数量略大于排位下降的指标数量，使得 2012 年山西省环境管理竞争力排名上升了 2 位。

## 4.4 山西省环境影响竞争力评价分析

### 4.4.1 山西省环境影响竞争力评价结果

2010～2012 年山西省环境影响竞争力排位和排位变化情况及其下属 2 个三级指标和 21 个四级指标的评价结果，如表 4－4－1 所示；环境影响竞争力各级指标的优劣势情况，如表 4－4－2 所示。

表 4－4－1 2010～2012 年山西省环境影响竞争力各级指标的得分、排名及优劣度分析表

| 指标项目 | 2012 年 | | | 2011 年 | | | 2010 年 | | | 综合变化 | | |
|---|---|---|---|---|---|---|---|---|---|---|---|---|
| | 得分 | 排名 | 优劣度 | 得分 | 排名 | 优劣度 | 得分 | 排名 | 优劣度 | 得分变化 | 排名变化 | 趋势变化 |
| 环境影响竞争力 | 67.9 | 21 | 劣势 | 62.2 | 27 | 劣势 | 68.3 | 23 | 劣势 | -0.4 | 2 | 波动↑ |
| （1）环境安全竞争力 | 80.1 | 10 | 优势 | 61.0 | 26 | 劣势 | 76.7 | 13 | 中势 | 3.5 | 3 | 波动↑ |
| 自然灾害受灾面积 | 62.0 | 19 | 中势 | 60.8 | 16 | 中势 | 56.6 | 18 | 中势 | 5.5 | -1 | 波动↓ |
| 自然灾害绝收面积占受灾面积比重 | 67.6 | 17 | 中势 | 72.5 | 17 | 中势 | 69.8 | 22 | 劣势 | -2.2 | 5 | 持续↑ |
| 自然灾害直接经济损失 | 84.5 | 12 | 中势 | 79.6 | 15 | 中势 | 76.5 | 14 | 中势 | 8.0 | 2 | 波动↑ |
| 发生地质灾害起数 | 99.5 | 7 | 优势 | 99.8 | 7 | 优势 | 99.9 | 6 | 优势 | -0.4 | -1 | 持续↓ |
| 地质灾害直接经济损失 | 99.9 | 8 | 优势 | 99.2 | 13 | 优势 | 99.1 | 8 | 优势 | 0.7 | 0 | 波动→ |
| 地质灾害防治投资额 | 20.0 | 10 | 优势 | 10.3 | 13 | 中势 | 3.9 | 13 | 中势 | 16.1 | 3 | 持续↑ |
| 突发环境事件次数 | 100.0 | 1 | 强势 | 94.4 | 19 | 中势 | 94.4 | 20 | 中势 | 5.6 | 19 | 持续↑ |

续表

| 指　标　项　目 | 2012 年 | | | 2011 年 | | | 2010 年 | | | 综合变化 | | |
|---|---|---|---|---|---|---|---|---|---|---|---|---|
| | 得分 | 排名 | 优劣度 | 得分 | 排名 | 优劣度 | 得分 | 排名 | 优劣度 | 得分变化 | 排名变化 | 趋势变化 |
| 森林火灾次数 | 97.8 | 9 | 优势 | 95.4 | 9 | 优势 | 99.3 | 6 | 优势 | -1.5 | -3 | 持续↓ |
| 森林火灾火场总面积 | 94.1 | 17 | 中势 | 0.0 | 31 | 劣势 | 98.3 | 16 | 中势 | -4.2 | -1 | 波动↓ |
| 受火灾森林面积 | 98.0 | 13 | 中势 | 5.8 | 30 | 劣势 | 98.6 | 16 | 中势 | -0.6 | 3 | 波动↑ |
| 森林病虫鼠害发生面积 | 85.7 | 9 | 优势 | 98.0 | 8 | 优势 | 79.7 | 8 | 优势 | 6.1 | -1 | 持续↓ |
| 森林病虫鼠害防治率 | 55.9 | 21 | 劣势 | 32.8 | 26 | 劣势 | 52.2 | 22 | 劣势 | 3.7 | 1 | 波动↑ |
| （2）环境质量竞争力 | 59.2 | 28 | 劣势 | 63.0 | 28 | 劣势 | 62.4 | 27 | 劣势 | -3.2 | -1 | 持续↓ |
| 人均工业废气排放量 | 27.4 | 29 | 劣势 | 26.0 | 29 | 劣势 | 61.9 | 29 | 劣势 | -34.5 | 0 | 持续→ |
| 人均二氧化硫排放量 | 50.4 | 24 | 劣势 | 56.1 | 25 | 劣势 | 38.9 | 29 | 劣势 | 11.4 | 5 | 持续↑ |
| 人均工业烟（粉）尘排放量 | 6.1 | 28 | 劣势 | 9.9 | 30 | 劣势 | 29.0 | 28 | 劣势 | -22.9 | 0 | 波动→ |
| 人均工业废水排放量 | 60.6 | 12 | 中势 | 69.4 | 9 | 优势 | 69.3 | 12 | 中势 | -8.7 | 0 | 波动→ |
| 人均生活污水排放量 | 83.2 | 6 | 优势 | 87.6 | 4 | 优势 | 89.1 | 7 | 优势 | -5.9 | 1 | 波动↑ |
| 人均化学需氧量排放量 | 77.9 | 7 | 优势 | 79.1 | 7 | 优势 | 75.0 | 24 | 劣势 | 2.9 | 17 | 持续↑ |
| 人均工业固体废物排放量 | 71.4 | 29 | 劣势 | 79.8 | 27 | 劣势 | 42.4 | 29 | 劣势 | 29.0 | 0 | 波动→ |
| 人均化肥施用量 | 65.5 | 13 | 中势 | 65.7 | 11 | 中势 | 64.0 | 11 | 中势 | 1.5 | -2 | 持续↓ |
| 人均农药施用量 | 85.1 | 11 | 中势 | 88.4 | 11 | 中势 | 89.5 | 10 | 优势 | -4.4 | -1 | 持续↓ |

表 4-4-2　2012 年山西省环境影响竞争力各级指标的优劣度结构表

| 二级指标 | 三级指标 | 四级指标数 | 强势指标 | | 优势指标 | | 中势指标 | | 劣势指标 | | 优劣度 |
|---|---|---|---|---|---|---|---|---|---|---|---|
| | | | 个数 | 比重（%） | 个数 | 比重（%） | 个数 | 比重（%） | 个数 | 比重（%） | |
| 环境影响竞争力 | 环境安全竞争力 | 12 | 1 | 8.3 | 5 | 41.7 | 5 | 41.7 | 1 | 8.3 | 优势 |
| | 环境质量竞争力 | 9 | 0 | 0.0 | 2 | 22.2 | 3 | 33.3 | 4 | 44.4 | 劣势 |
| | 小　计 | 21 | 1 | 4.8 | 7 | 33.3 | 8 | 38.1 | 5 | 23.8 | 劣势 |

2010～2012 年山西省环境影响竞争力的综合排位呈现波动上升趋势，2012 年排名第 21 位，比 2010 年排位上升 2 位，在全国处于下游区。

从环境影响竞争力的要素指标变化趋势来看，有 1 个指标处于波动上升趋势，即环境安全竞争力；有 1 个指标处于持续下降趋势，为环境质量竞争力。

从环境影响竞争力的基础指标分布来看，在 21 个基础指标中，指标的优劣度结构为 4.8：33.3：38.1：23.8。劣势指标的比重明显高于强势指标，而优势指标的比重也小于中势指标，表明劣势指标占主导地位。

### 4.4.2　山西省环境影响竞争力比较分析

图 4-4-1 将 2010～2012 年山西省环境影响竞争力与全国最高水平和平均水平进行比较。由图可知，评价期内山西省环境影响竞争力得分呈波动上升趋势，但普遍低于 69 分，说明山西省环境影响竞争力仍处于较低水平。

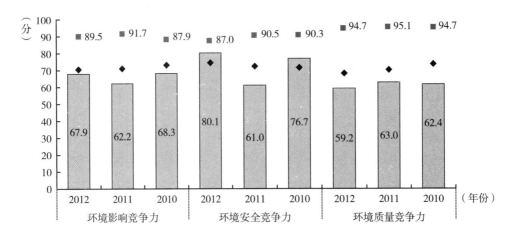

图4-4-1 2010~2012年山西省环境影响竞争力指标得分比较

从环境影响竞争力的整体得分比较来看，2010年，山西省环境影响竞争力得分与全国最高分有19.6分的差距，与全国平均分相比，低了4.1分；到2012年，山西省环境影响竞争力得分与全国最高分相差21.6分，低于全国平均分2.7分。总的来看，2010~2012年山西省环境影响竞争力与最高分的差距呈扩大趋势。

从环境影响竞争力的要素得分比较来看，2012年，山西省环境安全竞争力和环境质量竞争力的得分分别为80.1分和59.2分，分别比最高分低6.8分和35.5分，前者高出平均分5.9分，后者低于平均分8.9分；与2010年相比，山西省环境安全竞争力得分与最高分的差距缩小了6.8分，但环境质量竞争力得分与最高分的差距扩大了3.2分。

### 4.4.3 山西省环境影响竞争力变化动因分析

二级指标环境影响竞争力的变化是三级要素指标变化综合作用的结果，而三级要素指标变化又是四级基础指标变化作用的结果。三级和四级指标的变动情况如表3-4-1所示。

从要素指标来看，山西省环境影响竞争力的2个要素指标中，环境安全竞争力的排名上升了3位，环境质量竞争力的排名下降了1位，指标排位上升的幅度大于下降的幅度，山西省环境影响竞争力排名呈波动上升趋势，其中环境安全竞争力是环境影响竞争力上升的主要因素。

从基础指标来看，山西省环境影响竞争力的21个基础指标中，上升指标有9个，占指标总数的42.9%，主要分布在环境安全竞争力指标组；下降指标有7个，占指标总数的33.3%，也主要分布在环境安全竞争力指标组。排位上升的指标数量大于排位下降的指标数量，使得2012年山西省环境影响竞争力排名呈现波动上升趋势。

## 4.5 山西省环境协调竞争力评价分析

### 4.5.1 山西省环境协调竞争力评价结果

2010~2012年山西省环境协调竞争力排位和排位变化情况及其下属2个三级指标和19

个四级指标的评价结果，如表4－5－1所示；环境协调竞争力各级指标的优劣势情况，如表4－5－2所示。

表4－5－1 2010～2012年山西省环境协调竞争力各级指标的得分、排名及优劣度分析表

| 指标项目 | 2012年 | | | 2011年 | | | 2010年 | | | 综合变化 | | |
|---|---|---|---|---|---|---|---|---|---|---|---|---|
| | 得分 | 排名 | 优劣度 | 得分 | 排名 | 优劣度 | 得分 | 排名 | 优劣度 | 得分变化 | 排名变化 | 趋势变化 |
| **环境协调竞争力** | 65.7 | 4 | 优势 | 68.2 | 2 | 强势 | 67.9 | 2 | 强势 | －2.2 | －2 | 持续↓ |
| （1）人口与环境协调竞争力 | 49.6 | 21 | 劣势 | 48.3 | 23 | 劣势 | 50.0 | 22 | 劣势 | －0.4 | 1 | 波动↑ |
| 人口自然增长率与工业废气排放量增长率比差 | 77.3 | 9 | 优势 | 58.3 | 17 | 中势 | 73.2 | 13 | 中势 | 4.1 | 4 | 波动↑ |
| 人口自然增长率与工业废水排放量增长率比差 | 56.3 | 24 | 劣势 | 82.8 | 16 | 中势 | 60.8 | 24 | 劣势 | －4.5 | 0 | 波动→ |
| 人口自然增长率与工业固体废物排放量增长率比差 | 90.0 | 10 | 优势 | 52.4 | 14 | 中势 | 82.4 | 12 | 中势 | 7.6 | 2 | 波动↑ |
| 人口自然增长率与能源消费量增长率比差 | 77.5 | 16 | 中势 | 87.5 | 7 | 优势 | 100.0 | 1 | 强势 | －22.5 | －15 | 持续↓ |
| 人口密度与人均水资源量比差 | 4.4 | 23 | 劣势 | 4.8 | 22 | 劣势 | 5.0 | 23 | 劣势 | －0.6 | 0 | 波动→ |
| 人口密度与人均耕地面积比差 | 28.4 | 10 | 优势 | 28.6 | 10 | 优势 | 28.8 | 10 | 优势 | －0.3 | 0 | 持续→ |
| 人口密度与森林覆盖率比差 | 23.3 | 26 | 劣势 | 23.3 | 26 | 劣势 | 23.4 | 26 | 劣势 | －0.1 | 0 | 持续→ |
| 人口密度与人均矿产基础储量比差 | 93.9 | 2 | 强势 | 93.8 | 2 | 强势 | 81.2 | 3 | 强势 | 12.7 | 1 | 持续↑ |
| 人口密度与人均能源生产量比差 | 22.2 | 29 | 劣势 | 20.2 | 29 | 劣势 | 18.3 | 29 | 劣势 | 3.9 | 0 | 波动→ |
| （2）经济与环境协调竞争力 | 76.2 | 3 | 强势 | 81.1 | 1 | 强势 | 79.6 | 2 | 强势 | －3.4 | －1 | 波动↓ |
| 工业增加值增长率与工业废气排放量增长率比差 | 80.2 | 16 | 中势 | 92.4 | 4 | 优势 | 97.9 | 3 | 强势 | －17.6 | －13 | 持续↓ |
| 工业增加值增长率与工业废水排放量增长率比差 | 61.8 | 21 | 劣势 | 73.3 | 9 | 优势 | 19.1 | 30 | 劣势 | 42.6 | 9 | 波动↑ |
| 工业增加值增长率与工业固体废物排放量增长率比差 | 76.2 | 18 | 中势 | 83.2 | 6 | 优势 | 91.0 | 6 | 优势 | －14.7 | －12 | 持续↓ |
| 地区生产总值增长率与能源消费量增长率比差 | 68.3 | 16 | 中势 | 94.8 | 2 | 强势 | 100.0 | 1 | 强势 | －31.7 | －15 | 持续↓ |
| 人均工业增加值与人均水资源量比差 | 70.2 | 16 | 中势 | 68.0 | 19 | 中势 | 70.1 | 16 | 中势 | 0.2 | 0 | 波动→ |
| 人均工业增加值与人均耕地面积比差 | 100.0 | 1 | 强势 | 99.7 | 1 | 强势 | 100.0 | 1 | 强势 | 0.0 | 0 | 波动→ |
| 人均工业增加值与人均工业废气排放量比差 | 94.0 | 4 | 优势 | 91.7 | 4 | 优势 | 76.1 | 9 | 优势 | 17.9 | 5 | 持续↑ |
| 人均工业增加值与森林覆盖率比差 | 85.0 | 11 | 中势 | 83.1 | 12 | 中势 | 85.4 | 10 | 优势 | －0.4 | －1 | 波动↓ |
| 人均工业增加值与人均矿产基础储量比差 | 33.3 | 29 | 劣势 | 35.3 | 28 | 劣势 | 58.5 | 23 | 劣势 | －25.2 | －6 | 持续↓ |
| 人均工业增加值与人均能源生产量比差 | 94.0 | 2 | 强势 | 91.5 | 2 | 强势 | 93.1 | 3 | 强势 | 0.9 | 1 | 持续↑ |

表4－5－2 2012年山西省环境协调竞争力各级指标的优劣度结构表

| 二级指标 | 三级指标 | 四级指标数 | 强势指标 | | 优势指标 | | 中势指标 | | 劣势指标 | | 优劣度 |
|---|---|---|---|---|---|---|---|---|---|---|---|
| | | | 个数 | 比重（%） | 个数 | 比重（%） | 个数 | 比重（%） | 个数 | 比重（%） | |
| 环境协调竞争力 | 人口与环境协调竞争力 | 9 | 1 | 11.1 | 3 | 33.3 | 1 | 11.1 | 4 | 44.4 | 劣势 |
| | 经济与环境协调竞争力 | 10 | 2 | 20.0 | 1 | 10.0 | 5 | 50.0 | 2 | 20.0 | 强势 |
| | 小计 | 19 | 3 | 15.8 | 4 | 21.1 | 6 | 31.6 | 6 | 31.6 | 优势 |

2010～2012年山西省环境协调竞争力的综合排位呈现持续下降趋势，2012年排名第4位，比2010年下降了2位，在全国处于上游区。

从环境协调竞争力的要素指标变化趋势来看，有1个指标呈波动上升，即人口与环境协

调竞争力；有1个指标呈波动下降，为经济与环境协调竞争力。

从环境协调竞争力的基础指标分布来看，在19个基础指标中，指标的优劣度结构为15.8∶21.1∶31.6∶31.6。强势和优势指标所占比重略高于劣势指标的比重，表明优势指标占主导地位。

### 4.5.2 山西省环境协调竞争力比较分析

图4-5-1将2010～2012年山西省环境协调竞争力与全国最高水平和平均水平进行比较。由图可知，评价期内山西省环境协调竞争力得分普遍高于65分，呈波动上升趋势，说明山西省环境协调竞争力仍处于较高水平。

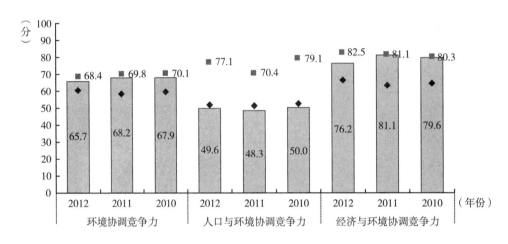

图4-5-1 2010～2012年山西省环境协调竞争力指标得分比较

从环境协调竞争力的整体得分比较来看，2010年，山西省环境协调竞争力得分与全国最高分相比还有2.2分的差距，但与全国平均分相比，则高出8.5分；到2012年，山西省环境协调竞争力得分与全国最高分的差距拉大为2.7分，高于全国平均分5.3分。总的来看，2010～2012年山西省环境协调竞争力与最高分的差距略有扩大，使得其仍处于全国上游地位。

从环境协调竞争力的要素得分比较来看，2012年，山西省人口与环境协调竞争力和经济与环境协调竞争力的得分分别为49.6分和76.2分，分别比最高分低27.5分和6.3分，前者低于平均分1.6分，后者高出平均分9.9分；与2010年相比，山西省人口与环境协调竞争力得分与最高分的差距缩小了1.7分，但经济与环境协调竞争力得分与最高分的差距扩大了5.6分。

### 4.5.3 山西省环境协调竞争力变化动因分析

二级指标环境协调竞争力的变化是三级要素指标变化综合作用的结果，而三级要素指标变化又是四级基础指标变化作用的结果。三级和四级指标的变动情况如表4-5-1所示。

从要素指标来看，山西省环境协调竞争力的2个要素指标中，人口与环境协调竞争力的排名波动上升1位，经济与环境协调竞争力的排名波动下降了1位，受指标排位升降的综合影响，山西省环境协调竞争力下降了2位，其中经济与环境协调竞争力是环境协调竞争力排名下降的主要因素。

从基础指标来看，山西省环境协调竞争力的 19 个基础指标中，上升指标有 6 个，占指标总数的 31.6%，平均分布在人口与环境协调竞争力和经济与环境协调竞争力指标组；下降指标有 6 个，占指标总数的 31.6%，主要分布在经济与环境协调竞争力指标组。排位上升的指标数量与排位下降的指标数量相同，但由于上升的幅度小于下降的幅度，使得 2012 年山西省环境协调竞争力排名持续下降了 2 位。

## 4.6　山西省环境竞争力总体评述

从对山西省环境竞争力及其 5 个二级指标在全国的排位变化和指标结构的综合分析来看，"十二五"中期（2010~2012 年）环境竞争力中上升指标的数量大于下降指标的数量，上升的动力大于下降的拉力，使得 2012 年山西省环境竞争力的排位上升了 5 位，在全国居第 11 位。

### 4.6.1　山西省环境竞争力概要分析

山西省环境竞争力在全国所处的位置及变化如表 4 - 6 - 1 所示，5 个二级指标的得分和排位变化如表 4 - 6 - 2 所示。

表 4 - 6 - 1　2010~2012 年山西省环境竞争力一级指标比较表

| 项目 ＼ 年份 | 2012 | 2011 | 2010 |
| --- | --- | --- | --- |
| 排名 | 11 | 15 | 16 |
| 所属区位 | 中游 | 中游 | 中游 |
| 得分 | 53.6 | 51.6 | 51.0 |
| 全国最高分 | 58.2 | 59.5 | 60.1 |
| 全国平均分 | 51.3 | 50.8 | 50.4 |
| 与最高分的差距 | -4.5 | -7.9 | -9.1 |
| 与平均分的差距 | 2.4 | 0.8 | 0.6 |
| 优劣度 | 中势 | 中势 | 中势 |
| 波动趋势 | 上升 | 上升 | — |

表 4 - 6 - 2　2010~2012 年山西省环境竞争力二级指标比较表

| 项目 ＼ 年份 | 生态环境竞争力 得分 | 生态环境竞争力 排名 | 资源环境竞争力 得分 | 资源环境竞争力 排名 | 环境管理竞争力 得分 | 环境管理竞争力 排名 | 环境影响竞争力 得分 | 环境影响竞争力 排名 | 环境协调竞争力 得分 | 环境协调竞争力 排名 | 环境竞争力 得分 | 环境竞争力 排名 |
| --- | --- | --- | --- | --- | --- | --- | --- | --- | --- | --- | --- | --- |
| 2010 | 40.8 | 27 | 35.7 | 26 | 55.2 | 6 | 68.3 | 23 | 67.9 | 2 | 51.0 | 16 |
| 2011 | 40.8 | 24 | 36.5 | 28 | 60.1 | 5 | 62.2 | 27 | 68.2 | 2 | 51.6 | 15 |
| 2012 | 41.4 | 24 | 36.5 | 28 | 65.9 | 4 | 67.9 | 21 | 65.7 | 4 | 53.6 | 11 |
| 得分变化 | 0.6 | — | 0.8 | — | 10.8 | — | -0.4 | — | -2.2 | — | 2.6 | — |
| 排位变化 | — | 3 | — | -2 | — | 2 | — | 2 | — | -2 | — | 5 |
| 优劣度 | 劣势 | 劣势 | 劣势 | 劣势 | 优势 | 优势 | 劣势 | 劣势 | 优势 | 优势 | 中势 | 中势 |

（1）从指标排位变化趋势看，2012年山西省环境竞争力综合排名在全国处于第11位，表明其在全国处于中势地位；与2010年相比，排位上升了5位。总的来看，评价期内山西省环境竞争力呈持续上升趋势。

在5个二级指标中，有3个指标处于上升趋势，为生态环境竞争力、环境管理竞争力和环境影响竞争力，这些是山西省环境竞争力的上升拉力所在；有2个指标处于下降趋势，为资源环境竞争力、环境协调竞争力。在指标排位升降的综合影响下，评价期内山西省环境竞争力的综合排位上升了5位，在全国排名第11位。

（2）从指标所处区位看，2012年山西省环境竞争力处于中游区，其中，环境管理竞争力和环境协调竞争力指标为优势指标，生态环境竞争力、资源环境竞争力和环境影响竞争力指标为劣势指标。

（3）从指标得分看，2012年山西省环境竞争力得分为53.6分，比全国最高分低4.5分，比全国平均分高2.4分；与2010年相比，山西省环境竞争力得分上升了2.6分，与当年最高分的差距缩小了，但超过全国平均分的幅度有所扩大。

2012年，山西省环境竞争力二级指标的得分均高于36分，与2010年相比，得分上升最多的为环境管理竞争力，上升了10.8分；得分下降最多的为环境协调竞争力，下降了2.2分。

### 4.6.2  山西省环境竞争力各级指标动态变化分析

2010～2012年山西省环境竞争力各级指标的动态变化及其结构，如图4－6－1和表4－6－3所示。

从图4－6－1可以看出，山西省环境竞争力的四级指标中上升指标的比例大于下降指标，表明上升指标居于主导地位。表4－6－3中的数据进一步说明，山西省环境竞争力的130个四级指标中，上升的指标有42个，占指标总数的32.3%；保持的指标有51个，占指标总数的39.2%；下降的指标为37个，占指标总数的28.5%。上升指标的数量大于下降指标的数量，使得评价期内山西省环境竞争力排位上升了5位，在全国居第11位。

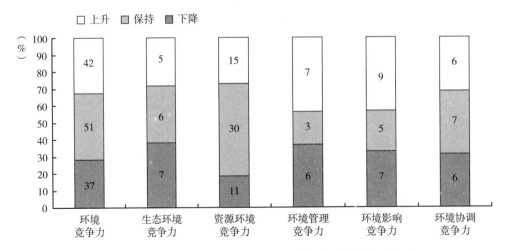

图4－6－1  2010～2012年山西省环境竞争力动态变化结构图

表4-6-3 2010~2012年山西省环境竞争力各级指标排位变化态势比较表

| 二级指标 | 三级指标 | 四级指标数 | 上升指标 | | 保持指标 | | 下降指标 | | 变化趋势 |
|---|---|---|---|---|---|---|---|---|---|
| | | | 个数 | 比重（%） | 个数 | 比重（%） | 个数 | 比重（%） | |
| 生态环境竞争力 | 生态建设竞争力 | 9 | 3 | 33.3 | 5 | 55.6 | 1 | 11.1 | 持续↑ |
| | 生态效益竞争力 | 9 | 2 | 22.2 | 1 | 11.1 | 6 | 66.7 | 持续↑ |
| | 小　计 | 18 | 5 | 27.8 | 6 | 33.3 | 7 | 38.9 | 持续↑ |
| 资源环境竞争力 | 水环境竞争力 | 11 | 4 | 36.4 | 5 | 45.5 | 2 | 18.2 | 持续↓ |
| | 土地环境竞争力 | 13 | 2 | 15.4 | 8 | 61.5 | 3 | 23.1 | 持续↑ |
| | 大气环境竞争力 | 8 | 2 | 25.0 | 2 | 25.0 | 4 | 50.0 | 持续→ |
| | 森林环境竞争力 | 8 | 0 | 0.0 | 8 | 100.0 | 0 | 0.0 | 持续→ |
| | 矿产环境竞争力 | 9 | 5 | 55.6 | 4 | 44.4 | 0 | 0.0 | 持续↑ |
| | 能源环境竞争力 | 7 | 2 | 28.6 | 3 | 42.9 | 2 | 28.6 | 持续→ |
| | 小　计 | 56 | 15 | 26.8 | 30 | 53.6 | 11 | 19.6 | 持续↓ |
| 环境管理竞争力 | 环境治理竞争力 | 10 | 6 | 60.0 | 2 | 20.0 | 2 | 20.0 | 持续↑ |
| | 环境友好竞争力 | 6 | 1 | 16.7 | 1 | 16.7 | 4 | 66.7 | 持续↑ |
| | 小　计 | 16 | 7 | 43.8 | 3 | 18.8 | 6 | 37.5 | 持续↑ |
| 环境影响竞争力 | 环境安全竞争力 | 12 | 6 | 50.0 | 1 | 8.3 | 5 | 41.7 | 波动↑ |
| | 环境质量竞争力 | 9 | 3 | 33.3 | 4 | 44.4 | 2 | 22.2 | 持续↓ |
| | 小　计 | 21 | 9 | 42.9 | 5 | 23.8 | 7 | 33.3 | 波动↑ |
| 环境协调竞争力 | 人口与环境协调竞争力 | 9 | 3 | 33.3 | 5 | 55.6 | 1 | 11.1 | 波动↑ |
| | 经济与环境协调竞争力 | 10 | 3 | 30.0 | 2 | 20.0 | 5 | 50.0 | 波动↑ |
| | 小　计 | 19 | 6 | 31.6 | 7 | 36.8 | 6 | 31.6 | 持续↓ |
| 合　计 | | 130 | 42 | 32.3 | 51 | 39.2 | 37 | 28.5 | 持续↑ |

### 4.6.3 山西省环境竞争力各级指标变化动因分析

2012年山西省环境竞争力各级指标的优劣势变化及其结构，如图4-6-2和表4-6-4所示。

从图4-6-2可以看出，2012年山西省环境竞争力的四级指标中中势指标比例最大，表明中势指标居于主导地位。表4-6-4中的数据进一步说明，2012年山西省环境竞争力的130个四级指标中，强势指标有11个，占指标总数的8.5%；优势指标为29个，占指标总数的22.3%；中势指标49个，占指标总数的37.7%；劣势指标有41个，占指标总数的31.5%；强势指标和优势指标之和占指标总数的30.8%，数量与比重均略小于劣势指标。从三级指标来看，下属四级指标中强势指标和优势指标之和占四级指标总数一半以上的有矿产环境竞争力和环境治理竞争力，共计2个指标，占三级指标总数的14.3%。反映到二级指标上来，优势指标有2个，占二级指标总数的40%，劣势指标有3个，占二级指标总数的60%，使得山西省环境竞争力处于中势地位，在全国位居第11位，处于中游区。

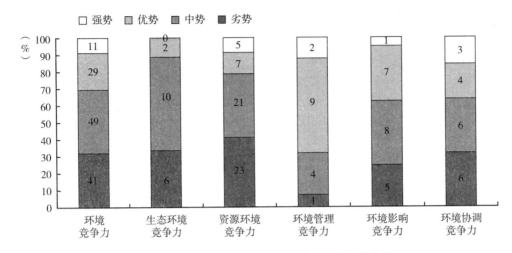

图4-6-2 2012年山西省环境竞争力优劣度结构图

表4-6-4 2012年山西省环境竞争力各级指标优劣度比较表

| 二级指标 | 三级指标 | 四级指标数 | 强势指标 | | 优势指标 | | 中势指标 | | 劣势指标 | | 优劣度 |
|---|---|---|---|---|---|---|---|---|---|---|---|
| | | | 个数 | 比重（%） | 个数 | 比重（%） | 个数 | 比重（%） | 个数 | 比重（%） | |
| 生态环境竞争力 | 生态建设竞争力 | 9 | 0 | 0.0 | 2 | 22.2 | 5 | 55.6 | 2 | 22.2 | 中势 |
| | 生态效益竞争力 | 9 | 0 | 0.0 | 0 | 0.0 | 5 | 55.6 | 4 | 44.4 | 劣势 |
| | 小　计 | 18 | 0 | 0.0 | 2 | 11.1 | 10 | 55.6 | 6 | 33.3 | 劣势 |
| 资源环境竞争力 | 水环境竞争力 | 11 | 3 | 27.3 | 1 | 9.1 | 3 | 27.3 | 4 | 36.4 | 中势 |
| | 土地环境竞争力 | 13 | 0 | 0.0 | 1 | 7.7 | 10 | 76.9 | 2 | 15.4 | 劣势 |
| | 大气环境竞争力 | 8 | 0 | 0.0 | 0 | 0.0 | 2 | 25.0 | 6 | 75.0 | 劣势 |
| | 森林环境竞争力 | 8 | 0 | 0.0 | 1 | 12.5 | 2 | 25.0 | 5 | 62.5 | 劣势 |
| | 矿产环境竞争力 | 9 | 2 | 22.2 | 4 | 44.4 | 2 | 22.2 | 1 | 11.1 | 强势 |
| | 能源环境竞争力 | 7 | 0 | 0.0 | 0 | 0.0 | 2 | 28.6 | 5 | 71.4 | 劣势 |
| | 小　计 | 56 | 5 | 8.9 | 7 | 12.5 | 21 | 37.5 | 23 | 41.1 | 劣势 |
| 环境管理竞争力 | 环境治理竞争力 | 10 | 0 | 0.0 | 8 | 80.0 | 2 | 20.0 | 0 | 0.0 | 优势 |
| | 环境友好竞争力 | 6 | 2 | 33.3 | 1 | 16.7 | 2 | 33.3 | 1 | 16.7 | 强势 |
| | 小　计 | 16 | 2 | 12.5 | 9 | 56.3 | 4 | 25.0 | 1 | 6.3 | 优势 |
| 环境影响竞争力 | 环境安全竞争力 | 12 | 1 | 8.3 | 5 | 41.7 | 5 | 41.7 | 1 | 8.3 | 优势 |
| | 环境质量竞争力 | 9 | 0 | 0.0 | 2 | 22.2 | 3 | 33.3 | 4 | 44.4 | 劣势 |
| | 小　计 | 21 | 1 | 4.8 | 7 | 33.3 | 8 | 38.1 | 5 | 23.8 | 劣势 |
| 环境协调竞争力 | 人口与环境协调竞争力 | 9 | 1 | 11.1 | 3 | 33.3 | 1 | 11.1 | 4 | 44.4 | 劣势 |
| | 经济与环境协调竞争力 | 10 | 2 | 20.0 | 1 | 10.0 | 5 | 50.0 | 2 | 20.0 | 强势 |
| | 小　计 | 19 | 3 | 15.8 | 4 | 21.1 | 6 | 31.6 | 6 | 31.6 | 优势 |
| 合　计 | | 130 | 11 | 8.5 | 29 | 22.3 | 49 | 37.7 | 41 | 31.5 | 中势 |

为了进一步明确影响山西省环境竞争力变化的具体因素，也便于对相关指标进行深入分析，从而为提升山西省环境竞争力提供决策参考，表4-6-5列出了环境竞争力指标体系中直接影响山西省环境竞争力升降的强势指标、优势指标和劣势指标。

表4-6-5　2012年山西省环境竞争力四级指标优劣度统计表

| 指标 | 强势指标 | 优势指标 | 劣势指标 |
|---|---|---|---|
| 生态环境竞争力（18个） | （0个） | 本年减少耕地面积、野生动物种源繁育基地数（2个） | 绿化覆盖面积、野生植物种源培育基地数、工业废气排放强度、工业二氧化硫排放强度、工业烟（粉）尘排放强度、工业固体废物排放强度（6个） |
| 资源环境竞争力（56个） | 用水总量、用水消耗量、耗水率、主要能源矿产基础储量、人均主要能源矿产基础储量（5个） | 城市再生水利用率、人均耕地面积、造林总面积、主要黑色金属矿产基础储量、人均主要黑色金属矿产基础储量、主要非金属矿产基础储量、人均主要非金属矿产基础储量（7个） | 水资源总量、人均水资源量、降水量、供水总量、单位耕地面积农业增加值、沙化土地面积占土地总面积的比重、工业废气排放总量、地均工业废气排放量、工业烟（粉）尘排放总量、地均工业烟（粉）尘排放量、工业二氧化硫排放量、地均二氧化硫排放量、森林面积、森林覆盖率、人工林面积、森林蓄积量、活立木总蓄积量、工业固体废物产生量、能源生产总量、能源消费总量、单位地区生产总值能耗、单位地区生产总值电耗、单位工业增加值能耗（23个） |
| 环境管理竞争力（16个） | 工业固体废物综合利用量、工业用水重复利用率（2个） | 环境污染治理投资总额、环境污染治理投资总额占地方生产总值比重、废气治理设施年运行费用、废水治理设施年运行费用、矿山环境恢复治理投入资金、本年矿山恢复面积、地质灾害防治投资额、水土流失治理面积、工业固体废物处置量（9个） | 生活垃圾无害化处理率（1个） |
| 环境影响竞争力（21个） | 突发环境事件次数（1个） | 发生地质灾害起数、地质灾害直接经济损失、地质灾害防治投资额、森林火灾次数、森林病虫鼠害发生面积、人均生活污水排放量、人均化学需氧量排放量（7个） | 森林病虫鼠害防治率、人均工业废气排放量、人均二氧化硫排放量、人均工业烟（粉）尘排放量、人均工业固体废物排放量（5个） |
| 环境协调竞争力（19个） | 人口密度与人均矿产基础储量比差、人均工业增加值与人均耕地面积比差、人均工业增加值与人均能源生产量比差（3个） | 人口自然增长率与工业废气排放量增长率比差、人口自然增长率与工业固体废物排放量增长率比差、人口密度与人均耕地面积比差、人均工业增加值与人均工业废气排放量比差（4个） | 人口自然增长率与工业废水排放量增长率比差、人口密度与人均水资源量比差、人口密度与森林覆盖率比差、人口密度与人均能源生产量比差、工业增加值增长率与工业废水排放量增长率比差、人均工业增加值与人均矿产基础储量比差（6个） |

# Ĝ.6

## 5

# 内蒙古自治区环境竞争力评价分析报告

内蒙古自治区位于我国北部边疆，地跨中国东北、西北、华北"三北"地区，西北紧邻蒙古和俄罗斯，内接黑龙江省、吉林省、辽宁省、河北省、山西省、宁夏回族自治区、甘肃省。内蒙古自治区总面积为118.3万平方公里，2012年末总人口2490万人，人均GDP达到63886元，万元GDP能耗为1.39吨标准煤。"十二五"中期（2010~2012年），内蒙古自治区环境竞争力的综合排位呈现波动下降趋势，2012年排名第5位，比2010年下降1位，在全国处于优势地位。

## 5.1 内蒙古自治区生态环境竞争力评价分析

### 5.1.1 内蒙古自治区生态环境竞争力评价结果

2010~2012年内蒙古自治区生态环境竞争力排位和排位变化情况及其下属2个三级指标和18个四级指标的评价结果，如表5-1-1所示；生态环境竞争力各级指标的优劣势情况，如表5-1-2所示。

表5-1-1 2010~2012年内蒙古自治区生态环境竞争力各级指标的得分、排名及优劣度分析表

| 指标项目 | 2012年 | | | 2011年 | | | 2010年 | | | 综合变化 | | |
|---|---|---|---|---|---|---|---|---|---|---|---|---|
| | 得分 | 排名 | 优劣度 | 得分 | 排名 | 优劣度 | 得分 | 排名 | 优劣度 | 得分变化 | 排名变化 | 趋势变化 |
| **生态环境竞争力** | 49.3 | 11 | 中势 | 49.7 | 9 | 优势 | 49.3 | 10 | 优势 | 0.0 | -1 | 波动↓ |
| （1）生态建设竞争力 | 27.7 | 9 | 优势 | 27.5 | 9 | 优势 | 27.0 | 11 | 中势 | 0.7 | 2 | 持续↑ |
| 国家级生态示范区个数 | 15.6 | 19 | 中势 | 15.6 | 19 | 中势 | 15.6 | 19 | 中势 | 0.0 | 0 | 持续→ |
| 公园面积 | 16.0 | 10 | 优势 | 14.9 | 10 | 优势 | 14.9 | 10 | 优势 | 1.1 | 0 | 持续→ |
| 园林绿地面积 | 17.8 | 15 | 中势 | 17.3 | 15 | 中势 | 17.3 | 15 | 中势 | 0.6 | 0 | 持续→ |
| 绿化覆盖面积 | 9.9 | 21 | 劣势 | 8.7 | 22 | 劣势 | 8.7 | 22 | 劣势 | 1.2 | 1 | 持续↑ |
| 本年减少耕地面积 | 82.6 | 8 | 优势 | 82.6 | 8 | 优势 | 82.6 | 8 | 优势 | 0.0 | 0 | 持续→ |
| 自然保护区个数 | 49.5 | 4 | 优势 | 49.5 | 4 | 优势 | 49.5 | 4 | 优势 | 0.0 | 0 | 持续→ |
| 自然保护区面积占土地总面积比重 | 31.2 | 9 | 优势 | 31.5 | 9 | 优势 | 31.5 | 9 | 优势 | -0.3 | 0 | 持续→ |
| 野生动物种源繁育基地数 | 17.9 | 10 | 优势 | 19.3 | 6 | 优势 | 19.3 | 6 | 优势 | -1.4 | -4 | 持续↓ |
| 野生植物种源培育基地数 | 0.9 | 17 | 中势 | 1.4 | 15 | 中势 | 1.4 | 15 | 中势 | -0.5 | -2 | 持续↓ |
| （2）生态效益竞争力 | 81.9 | 15 | 中势 | 83.1 | 13 | 中势 | 82.7 | 12 | 中势 | -0.8 | -3 | 持续↓ |
| 工业废气排放强度 | 72.5 | 20 | 中势 | 73.2 | 21 | 劣势 | 73.2 | 21 | 劣势 | -0.7 | 1 | 持续↑ |
| 工业二氧化硫排放强度 | 66.0 | 25 | 劣势 | 67.1 | 25 | 劣势 | 67.1 | 25 | 劣势 | -1.0 | 0 | 持续→ |

| 指标 项目 | 2012 年 | | | 2011 年 | | | 2010 年 | | | 综合变化 | | |
|---|---|---|---|---|---|---|---|---|---|---|---|---|
| | 得分 | 排名 | 优劣度 | 得分 | 排名 | 优劣度 | 得分 | 排名 | 优劣度 | 得分变化 | 排名变化 | 趋势变化 |
| 工业烟(粉)尘排放强度 | 62.0 | 25 | 劣势 | 67.5 | 22 | 劣势 | 67.5 | 22 | 劣势 | -5.5 | -3 | 持续↓ |
| 工业废水排放强度 | 91.4 | 3 | 强势 | 86.9 | 3 | 强势 | 86.9 | 3 | 强势 | 4.5 | 0 | 持续→ |
| 工业废水中化学需氧量排放强度 | 91.7 | 12 | 中势 | 92.1 | 10 | 优势 | 92.1 | 10 | 优势 | -0.4 | -2 | 持续↓ |
| 工业废水中氨氮排放强度 | 86.2 | 20 | 中势 | 87.1 | 20 | 中势 | 87.1 | 20 | 中势 | -0.8 | 0 | 持续→ |
| 工业固体废物排放强度 | 94.4 | 25 | 劣势 | 99.2 | 15 | 中势 | 99.2 | 15 | 中势 | -4.9 | -10 | 持续↓ |
| 化肥施用强度 | 75.8 | 6 | 优势 | 78.0 | 5 | 优势 | 78.0 | 5 | 优势 | -2.2 | -1 | 持续↓ |
| 农药施用强度 | 96.1 | 5 | 优势 | 97.8 | 5 | 优势 | 97.8 | 5 | 优势 | -1.7 | 0 | 持续→ |

表 5-1-2  2012 年内蒙古自治区生态环境竞争力各级指标的优劣度结构表

| 二级指标 | 三级指标 | 四级指标数 | 强势指标 | | 优势指标 | | 中势指标 | | 劣势指标 | | 优劣度 |
|---|---|---|---|---|---|---|---|---|---|---|---|
| | | | 个数 | 比重(%) | 个数 | 比重(%) | 个数 | 比重(%) | 个数 | 比重(%) | |
| 生态环境竞争力 | 生态建设竞争力 | 9 | 0 | 0.0 | 5 | 55.6 | 3 | 33.3 | 1 | 11.1 | 优势 |
| | 生态效益竞争力 | 9 | 1 | 11.1 | 2 | 22.2 | 3 | 33.3 | 3 | 33.3 | 中势 |
| | 小 计 | 18 | 1 | 5.6 | 7 | 38.9 | 6 | 33.3 | 4 | 22.2 | 中势 |

2010~2012 年内蒙古自治区生态环境竞争力的综合排位呈现波动下降趋势，2012 年排名第 11 位，比 2010 年下降了 1 位，在全国处于中游区。

从生态环境竞争力要素指标的变化趋势来看，生态建设竞争力指标处于持续上升趋势，较 2010 年上升 2 位；生态效益竞争力指标处于持续下降趋势，较 2010 年下降了 3 位。

从生态环境竞争力基础指标的优劣度结构来看，在 18 个基础指标中，指标的优劣度结构为 5.6∶38.9∶33.3∶22.2。优势和中势指标所占比重大于劣势指标的比重，表明优势和中势指标占主导地位。

## 5.1.2  内蒙古自治区生态环境竞争力比较分析

图 5-1-1 将 2010~2012 年内蒙古自治区生态环境竞争力与全国最高水平和平均水平进行比较。由图可知，评价期内内蒙古自治区生态环境竞争力得分普遍高于 49 分，说明内蒙古自治区生态环境竞争力处于较高水平。

从生态环境竞争力的整体得分比较来看，2010 年，内蒙古自治区生态环境竞争力得分与全国最高分相比有 16.4 分的差距，但与全国平均分相比，则高出 2.9 分；到了 2012 年，内蒙古自治区生态环境竞争力得分与全国最高分的差距缩小为 15.8 分，高于全国平均分 3.9 分。总的来看，2010~2012 年内蒙古自治区生态环境竞争力与最高分的差距呈缩小趋势，表明生态建设和生态效益不断提升。

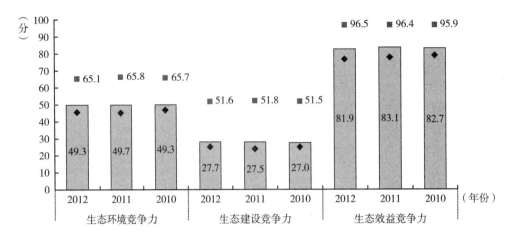

图5-1-1 2010~2012年内蒙古自治区生态环境竞争力指标得分比较

从生态环境竞争力的要素得分比较来看，2012年，内蒙古自治区生态建设竞争力和生态效益竞争力的得分分别为27.7分和81.9分，分别比最高分低23.9分和14.6分，分别高于平均分3.0分和5.3分；与2010年相比，内蒙古自治区生态建设竞争力得分与最高分的差距缩小了0.5分，生态效益竞争力得分与最高分的差距扩大了1.3分。

### 5.1.3 内蒙古自治区生态环境竞争力变化动因分析

二级指标生态环境竞争力的变化是三级要素指标变化综合作用的结果，而三级要素指标变化又是四级基础指标变化作用的结果。三级和四级指标的变动情况如表5-1-1所示。

从要素指标来看，内蒙古自治区生态环境竞争力的2个要素指标中，生态建设竞争力的排名上升了2位，生态效益竞争力的排名下降了3位，受指标排位升降的综合影响，内蒙古自治区生态环境竞争力波动下降了1位。

从基础指标来看，内蒙古自治区生态环境竞争力的18个基础指标中，上升指标有2个，占指标总数的11.1%，分布在生态建设竞争力指标组和生态效益竞争力指标组；下降指标有6个，占指标总数的33.3%，主要分布在生态效益竞争力指标组。下降指标的数量大于上升指标的数量，评价期内内蒙古自治区生态环境竞争力排名下降了1位。

## 5.2 内蒙古自治区资源环境竞争力评价分析

### 5.2.1 内蒙古自治区资源环境竞争力评价结果

2010~2012年内蒙古自治区资源环境竞争力排位和排位变化情况及其下属6个三级指标和56个四级指标的评价结果，如表5-2-1所示；资源环境竞争力各级指标的优劣势情况，如表5-2-2所示。

表5-2-1　2010~2012年内蒙古自治区资源环境竞争力各级指标的得分、排名及优劣度分表

| 指标项目 | 2012年 | | | 2011年 | | | 2010年 | | | 综合变化 | | |
|---|---|---|---|---|---|---|---|---|---|---|---|---|
| | 得分 | 排名 | 优劣度 | 得分 | 排名 | 优劣度 | 得分 | 排名 | 优劣度 | 得分变化 | 排名变化 | 趋势变化 |
| **资源环境竞争力** | 54.2 | 3 | 强势 | 53.1 | 5 | 优势 | 51.9 | 4 | 优势 | 2.2 | 1 | 波动↑ |
| （1）水环境竞争力 | 55.3 | 5 | 优势 | 53.5 | 4 | 优势 | 50.9 | 7 | 优势 | 4.4 | 2 | 波动↑ |
| 水资源总量 | 11.9 | 17 | 中势 | 9.3 | 20 | 中势 | 8.3 | 22 | 劣势 | 3.7 | 5 | 持续↑ |
| 人均水资源量 | 1.4 | 14 | 中势 | 1.1 | 13 | 中势 | 0.9 | 19 | 中势 | 0.5 | 5 | 波动↑ |
| 降水量 | 54.5 | 5 | 优势 | 38.3 | 6 | 优势 | 41.2 | 9 | 优势 | 13.2 | 4 | 持续↑ |
| 供水总量 | 28.4 | 16 | 中势 | 30.3 | 16 | 中势 | 31.0 | 16 | 中势 | -2.6 | 0 | 持续→ |
| 用水总量 | 97.7 | 1 | 强势 | 97.6 | 1 | 强势 | 97.6 | 1 | 强势 | 0.1 | 0 | 持续→ |
| 用水消耗量 | 98.9 | 1 | 强势 | 98.7 | 1 | 强势 | 98.4 | 1 | 强势 | 0.5 | 0 | 持续→ |
| 耗水率 | 41.9 | 1 | 强势 | 41.9 | 1 | 强势 | 40.0 | 1 | 强势 | 1.9 | 0 | 持续→ |
| 节灌率 | 59.0 | 4 | 优势 | 56.3 | 3 | 强势 | 53.2 | 3 | 强势 | 5.8 | -1 | 持续↓ |
| 城市再生水利用率 | 30.5 | 5 | 优势 | 30.5 | 4 | 优势 | 4.2 | 7 | 优势 | 26.3 | 2 | 波动↑ |
| 工业废水排放总量 | 85.9 | 11 | 中势 | 84.1 | 11 | 中势 | 85.2 | 15 | 中势 | 0.6 | 4 | 持续↑ |
| 生活污水排放量 | 90.0 | 9 | 优势 | 90.6 | 8 | 优势 | 90.6 | 8 | 优势 | -0.6 | -1 | 持续↓ |
| （2）土地环境竞争力 | 39.7 | 1 | 强势 | 39.8 | 1 | 强势 | 39.9 | 1 | 强势 | -0.2 | 0 | 持续→ |
| 土地总面积 | 70.9 | 3 | 强势 | 70.9 | 3 | 强势 | 70.9 | 3 | 强势 | 0.0 | 0 | 持续→ |
| 耕地面积 | 59.7 | 4 | 优势 | 59.7 | 4 | 优势 | 59.7 | 4 | 优势 | 0.0 | 0 | 持续→ |
| 人均耕地面积 | 92.8 | 2 | 强势 | 93.1 | 2 | 强势 | 93.5 | 2 | 强势 | -0.7 | 0 | 持续→ |
| 牧草地面积 | 100.0 | 1 | 强势 | 100.0 | 1 | 强势 | 100.0 | 1 | 强势 | 0.0 | 0 | 持续→ |
| 人均牧草地面积 | 12.6 | 3 | 强势 | 12.4 | 3 | 强势 | 12.4 | 3 | 强势 | 0.2 | 0 | 持续→ |
| 园地面积 | 7.0 | 25 | 劣势 | 7.0 | 25 | 劣势 | 7.0 | 25 | 劣势 | 0.0 | 0 | 持续→ |
| 人均园地面积 | 3.7 | 26 | 劣势 | 3.7 | 26 | 劣势 | 3.6 | 26 | 劣势 | 0.1 | 0 | 持续→ |
| 土地资源利用效率 | 0.4 | 27 | 劣势 | 0.4 | 27 | 劣势 | 0.3 | 27 | 劣势 | 0.1 | 0 | 持续→ |
| 建设用地面积 | 41.7 | 23 | 劣势 | 41.7 | 23 | 劣势 | 41.7 | 23 | 劣势 | 0.0 | 0 | 持续→ |
| 单位建设用地非农产业增加值 | 6.3 | 24 | 劣势 | 6.1 | 23 | 劣势 | 5.6 | 24 | 劣势 | 0.7 | 0 | 波动→ |
| 单位耕地面积农业增加值 | 3.0 | 26 | 劣势 | 3.6 | 26 | 劣势 | 4.7 | 26 | 劣势 | -1.7 | 0 | 持续→ |
| 沙化土地面积占土地总面积的比重 | 21.8 | 30 | 劣势 | 21.8 | 30 | 劣势 | 21.8 | 30 | 劣势 | 0.0 | 0 | 持续→ |
| 当年新增种草面积 | 100.0 | 1 | 强势 | 100.0 | 1 | 强势 | 100.0 | 1 | 强势 | 0.0 | 0 | 持续→ |
| （3）大气环境竞争力 | 70.1 | 22 | 劣势 | 72.7 | 18 | 中势 | 67.0 | 21 | 劣势 | 3.1 | -1 | 波动↓ |
| 工业废气排放总量 | 58.5 | 24 | 劣势 | 61.1 | 23 | 劣势 | 51.2 | 27 | 劣势 | 7.3 | 3 | 波动↑ |
| 地均工业废气排放量 | 98.9 | 5 | 优势 | 98.8 | 5 | 优势 | 98.9 | 6 | 优势 | 0.0 | 1 | 持续↑ |
| 工业烟（粉）尘排放总量 | 36.8 | 29 | 劣势 | 50.8 | 28 | 劣势 | 20.3 | 28 | 劣势 | 16.5 | -1 | 波动↓ |
| 地均工业烟（粉）尘排放量 | 94.4 | 7 | 优势 | 95.2 | 6 | 优势 | 93.5 | 7 | 优势 | 0.9 | 0 | 波动→ |
| 工业二氧化硫排放总量 | 19.6 | 30 | 劣势 | 23.3 | 30 | 劣势 | 13.7 | 30 | 劣势 | 5.8 | 0 | 波动→ |
| 地均二氧化硫排放量 | 96.6 | 6 | 优势 | 96.8 | 6 | 优势 | 97.1 | 7 | 优势 | -0.5 | 1 | 持续↑ |
| 全省设区市优良天数比例 | 80.2 | 13 | 中势 | 81.3 | 12 | 中势 | 79.7 | 13 | 中势 | 0.5 | 0 | 波动→ |
| 可吸入颗粒物（PM10）浓度 | 75.3 | 9 | 优势 | 73.6 | 11 | 中势 | 79.8 | 7 | 优势 | -4.5 | -2 | 波动↓ |
| （4）森林环境竞争力 | 69.8 | 2 | 强势 | 69.8 | 2 | 强势 | 69.7 | 2 | 强势 | 0.1 | 0 | 持续→ |
| 林业用地面积 | 100.0 | 1 | 强势 | 100.0 | 1 | 强势 | 100.0 | 1 | 强势 | 0.0 | 0 | 持续→ |
| 森林面积 | 100.0 | 1 | 强势 | 100.0 | 1 | 强势 | 100.0 | 1 | 强势 | 0.0 | 0 | 持续→ |
| 森林覆盖率 | 27.1 | 21 | 劣势 | 27.1 | 21 | 劣势 | 27.1 | 21 | 劣势 | 0.0 | 0 | 持续→ |

续表

| 指 标 项 目 | 2012 年 | | | 2011 年 | | | 2010 年 | | | 综合变化 | | |
|---|---|---|---|---|---|---|---|---|---|---|---|---|
| | 得分 | 排名 | 优劣度 | 得分 | 排名 | 优劣度 | 得分 | 排名 | 优劣度 | 得分变化 | 排名变化 | 趋势变化 |
| 人工林面积 | 58.7 | 7 | 优势 | 58.7 | 7 | 优势 | 58.7 | 7 | 优势 | 0.0 | 0 | 持续→ |
| 天然林比重 | 87.4 | 4 | 优势 | 87.4 | 4 | 优势 | 87.4 | 4 | 优势 | 0.0 | 0 | 持续→ |
| 造林总面积 | 100.0 | 1 | 强势 | 100.0 | 1 | 强势 | 99.0 | 2 | 强势 | 1.0 | 1 | 持续↑ |
| 森林蓄积量 | 52.4 | 5 | 优势 | 52.4 | 5 | 优势 | 52.4 | 5 | 优势 | 0.0 | 0 | 持续→ |
| 活立木总蓄积量 | 59.8 | 5 | 优势 | 59.8 | 5 | 优势 | 59.8 | 5 | 优势 | 0.0 | 0 | 持续→ |
| （5）矿产环境竞争力 | 34.4 | 3 | 强势 | 32.2 | 6 | 优势 | 38.4 | 2 | 强势 | -4.0 | -1 | 波动↓ |
| 主要黑色金属矿产基础储量 | 28.4 | 4 | 优势 | 26.1 | 4 | 优势 | 16.1 | 4 | 优势 | 12.3 | 0 | 持续→ |
| 人均主要黑色金属矿产基础储量 | 50.0 | 2 | 强势 | 46.1 | 2 | 强势 | 28.5 | 3 | 强势 | 21.5 | 1 | 持续↑ |
| 主要有色金属矿产基础储量 | 22.8 | 8 | 优势 | 18.2 | 8 | 优势 | 17.8 | 9 | 优势 | 5.0 | 1 | 持续↑ |
| 人均主要有色金属矿产基础储量 | 40.1 | 3 | 强势 | 32.2 | 3 | 强势 | 31.4 | 4 | 优势 | 8.7 | 1 | 持续↑ |
| 主要非金属矿产基础储量 | 1.5 | 17 | 中势 | 0.8 | 17 | 中势 | 0.9 | 20 | 中势 | 0.7 | 3 | 持续↑ |
| 人均主要非金属矿产基础储量 | 2.6 | 14 | 中势 | 1.7 | 16 | 中势 | 1.8 | 18 | 中势 | 0.9 | 4 | 持续↑ |
| 主要能源矿产基础储量 | 44.9 | 2 | 强势 | 44.9 | 2 | 强势 | 91.8 | 2 | 强势 | -46.9 | 0 | 持续→ |
| 人均主要能源矿产基础储量 | 65.1 | 2 | 强势 | 65.0 | 2 | 强势 | 100.0 | 1 | 强势 | -34.9 | -1 | 持续↓ |
| 工业固体废物产生量 | 47.2 | 28 | 劣势 | 48.1 | 28 | 劣势 | 46.4 | 28 | 劣势 | 0.8 | 0 | 持续→ |
| （6）能源环境竞争力 | 52.6 | 26 | 劣势 | 48.0 | 29 | 劣势 | 44.7 | 28 | 劣势 | 8.0 | 2 | 波动↑ |
| 能源生产总量 | 18.1 | 30 | 劣势 | 19.8 | 30 | 劣势 | 21.5 | 30 | 劣势 | -3.3 | 0 | 持续→ |
| 能源消费总量 | 49.2 | 24 | 劣势 | 49.6 | 24 | 劣势 | 51.8 | 23 | 劣势 | -2.6 | -1 | 持续↓ |
| 单位地区生产总值能耗 | 41.6 | 25 | 劣势 | 43.1 | 27 | 劣势 | 37.3 | 25 | 劣势 | 4.3 | 0 | 波动→ |
| 单位地区生产总值电耗 | 72.8 | 24 | 劣势 | 69.0 | 26 | 劣势 | 71.1 | 23 | 劣势 | 1.7 | -1 | 波动↓ |
| 单位工业增加值能耗 | 54.1 | 23 | 劣势 | 41.2 | 28 | 劣势 | 50.5 | 23 | 劣势 | 3.7 | 0 | 波动→ |
| 能源生产弹性系数 | 54.5 | 18 | 中势 | 53.0 | 28 | 劣势 | 41.7 | 26 | 劣势 | 12.8 | 8 | 波动↑ |
| 能源消费弹性系数 | 74.1 | 17 | 中势 | 57.9 | 27 | 劣势 | 36.7 | 12 | 中势 | 37.4 | -5 | 波动↓ |

表 5 - 2 - 2　2012 年内蒙古自治区资源环境竞争力各级指标的优劣度结构表

| 二级指标 | 三级指标 | 四级指标数 | 强势指标 | | 优势指标 | | 中势指标 | | 劣势指标 | | 优劣度 |
|---|---|---|---|---|---|---|---|---|---|---|---|
| | | | 个数 | 比重（%） | 个数 | 比重（%） | 个数 | 比重（%） | 个数 | 比重（%） | |
| 资源环境竞争力 | 水环境竞争力 | 11 | 3 | 27.3 | 4 | 36.4 | 4 | 36.4 | 0 | 0.0 | 优势 |
| | 土地环境竞争力 | 13 | 5 | 38.5 | 1 | 7.7 | 0 | 0.0 | 7 | 53.8 | 强势 |
| | 大气环境竞争力 | 8 | 0 | 0.0 | 4 | 50.0 | 1 | 12.5 | 3 | 37.5 | 劣势 |
| | 森林环境竞争力 | 8 | 3 | 37.5 | 4 | 50.0 | 0 | 0.0 | 1 | 12.5 | 强势 |
| | 矿产环境竞争力 | 9 | 4 | 44.4 | 2 | 22.2 | 2 | 22.2 | 1 | 11.1 | 强势 |
| | 能源环境竞争力 | 7 | 0 | 0.0 | 0 | 0.0 | 2 | 28.6 | 5 | 71.4 | 劣势 |
| | 小　计 | 56 | 15 | 26.8 | 15 | 26.8 | 9 | 16.1 | 17 | 30.4 | 强势 |

2010～2012 年内蒙古自治区资源环境竞争力的综合排位呈现波动上升趋势，2012 年排名第 3 位，比 2010 年上升 1 位，在全国处于上游区。

从资源环境竞争力的要素指标变化趋势来看，有 2 个指标处于上升趋势，即水环境竞争力和能源环境竞争力；有 2 个指标保持不变，为土地环境竞争力和森林环境竞争力；有 2 个指标处于下降趋势，为大气环境竞争力和矿产环境竞争力。

从资源环境竞争力的基础指标分布来看，在 56 个基础指标中，指标的优劣度结构为 26.8∶26.8∶16.1∶30.4。强势和优势指标所占比重显著高于劣势指标的比重，表明强势和优势指标占主导地位。

### 5.2.2　内蒙古自治区资源环境竞争力比较分析

图 5 - 2 - 1 将 2010 ~ 2012 年内蒙古自治区资源环境竞争力与全国最高水平和平均水平进行比较。由图可知，评价期内内蒙古自治区资源环境竞争力得分普遍高于 51 分，且呈现持续上升趋势，说明内蒙古自治区资源环境竞争力保持较高水平。

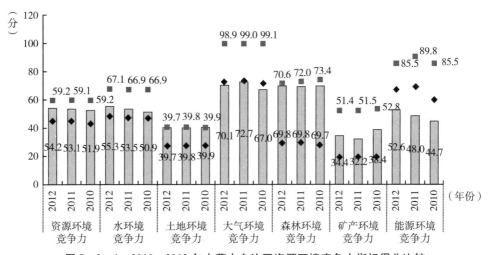

图 5 - 2 - 1　2010 ~ 2012 年内蒙古自治区资源环境竞争力指标得分比较

从资源环境竞争力的整体得分比较来看，2010 年，内蒙古自治区资源环境竞争力得分与全国最高分相比还有 7.3 分的差距，与全国平均分相比，则高了 9.0 分；到 2012 年，内蒙古自治区资源环境竞争力得分与全国最高分的差距缩小为 5.0 分，高于全国平均分 9.6 分。总的来看，2010 ~ 2012 年内蒙古自治区资源环境竞争力与全国最高分的差距呈缩小趋势，显示了资源环境竞争力继续保持在全国上游的强大实力。

从资源环境竞争力的要素得分比较来看，2012 年，内蒙古自治区水环境竞争力、土地环境竞争力、大气环境竞争力、森林环境竞争力、矿产环境竞争力和能源环境竞争力的得分分别为 55.3 分、39.7 分、70.1 分、69.8 分、34.4 分和 52.6 分，分别比最高分低 11.9 分、0 分、28.7 分、0.8 分、17.0 分和 32.9 分；与 2010 年相比，内蒙古自治区水环境竞争力、大气环境竞争力、森林环境竞争力和能源环境竞争力的得分与最高分的差距都缩小了，但矿产环境竞争力的得分与最高分的差距扩大了。

### 5.2.3　内蒙古自治区资源环境竞争力变化动因分析

二级指标资源环境竞争力的变化是三级要素指标变化综合作用的结果，而三级要素指标变化又是四级基础指标变化作用的结果。三级和四级指标的变动情况如表 5 - 2 - 1 所示。

从要素指标来看，内蒙古自治区资源环境竞争力的6个要素指标中，水环境竞争力和能源环境竞争力的排位出现了上升，而大气环境竞争力和矿产环境竞争力的排位呈下降趋势，受指标排位升降的综合影响，内蒙古自治区资源环境竞争力呈波动上升趋势，其中水环境竞争力是资源环境竞争力排位上升的主要因素。

从基础指标来看，内蒙古自治区资源环境竞争力的56个基础指标中，上升指标有15个，占指标总数的26.8%，主要分布在水环境竞争力和矿产环境竞争力等指标组；下降指标有8个，占指标总数的14.3%，主要分布在能源环境竞争力等指标组。排位下降的指标数量少于排位上升的指标数量，其余的33个指标呈波动保持或持续保持，2012年内蒙古自治区资源环境竞争力排名呈现波动上升。

## 5.3　内蒙古自治区环境管理竞争力评价分析

### 5.3.1　内蒙古自治区环境管理竞争力评价结果

2010～2012年内蒙古自治区环境管理竞争力排位和排位变化情况及其下属2个三级指标和16个四级指标的评价结果，如表5-3-1所示；环境管理竞争力各级指标的优劣势情况，如表5-3-2所示。

表5-3-1　2010～2012年内蒙古自治区环境管理竞争力各级指标的得分、排名及优劣度分析表

| 指标项目 | 2012年 | | | 2011年 | | | 2010年 | | | 综合变化 | | |
|---|---|---|---|---|---|---|---|---|---|---|---|---|
| | 得分 | 排名 | 优劣度 | 得分 | 排名 | 优劣度 | 得分 | 排名 | 优劣度 | 得分变化 | 排名变化 | 趋势变化 |
| **环境管理竞争力** | 67.0 | 3 | 强势 | 56.1 | 7 | 优势 | 62.5 | 2 | 强势 | 4.5 | -1 | 波动↓ |
| （1）环境治理竞争力 | 44.3 | 5 | 优势 | 36.6 | 6 | 优势 | 51.2 | 2 | 强势 | -6.8 | -3 | 波动↓ |
| 环境污染治理投资总额 | 60.0 | 5 | 优势 | 61.9 | 4 | 优势 | 16.9 | 5 | 优势 | 43.2 | 0 | 波动→ |
| 环境污染治理投资总额占地方生产总值比重 | 79.7 | 2 | 强势 | 53.1 | 2 | 强势 | 65.8 | 4 | 优势 | 13.9 | 2 | 持续↑ |
| 废气治理设施年运行费用 | 26.6 | 8 | 优势 | 31.1 | 12 | 中势 | 42.2 | 9 | 优势 | -15.6 | 1 | 波动↑ |
| 废水治理设施处理能力 | 17.5 | 18 | 中势 | 7.4 | 18 | 中势 | 16.9 | 20 | 中势 | 0.6 | 2 | 持续↑ |
| 废水治理设施年运行费用 | 10.4 | 20 | 中势 | 11.1 | 22 | 劣势 | 12.6 | 22 | 劣势 | -2.3 | 2 | 持续↑ |
| 矿山环境恢复治理投入资金 | 28.5 | 11 | 中势 | 34.3 | 13 | 中势 | 100.0 | 1 | 强势 | -71.5 | -10 | 波动↓ |
| 本年矿山恢复面积 | 58.1 | 2 | 强势 | 10.9 | 3 | 强势 | 100.0 | 1 | 强势 | -41.9 | -1 | 波动↓ |
| 地质灾害防治投资额 | 2.3 | 25 | 劣势 | 8.9 | 19 | 中势 | 6.8 | 7 | 优势 | -4.5 | -18 | 持续↓ |
| 水土流失治理面积 | 100.0 | 1 | 强势 | 100.0 | 1 | 强势 | 100.0 | 1 | 强势 | 0.0 | 0 | 持续→ |
| 土地复垦面积占新增耕地面积的比重 | 30.4 | 9 | 优势 | 30.4 | 9 | 优势 | 30.4 | 9 | 优势 | 0.0 | 0 | 持续→ |
| （2）环境友好竞争力 | 84.6 | 3 | 强势 | 71.3 | 8 | 优势 | 71.3 | 4 | 优势 | 13.4 | 1 | 波动↑ |
| 工业固体废物综合利用量 | 54.0 | 6 | 优势 | 72.8 | 4 | 优势 | 53.2 | 4 | 优势 | 0.8 | -2 | 持续↓ |
| 工业固体废物处置量 | 93.9 | 2 | 强势 | 55.4 | 3 | 强势 | 44.1 | 3 | 强势 | 49.8 | 1 | 持续↑ |
| 工业固体废物处置利用率 | 88.5 | 16 | 中势 | 87.4 | 16 | 中势 | 68.2 | 18 | 中势 | 20.3 | 2 | 持续↑ |
| 工业用水重复利用率 | 88.3 | 17 | 中势 | 42.0 | 28 | 劣势 | 88.4 | 13 | 中势 | -0.1 | -4 | 波动↓ |
| 城市污水处理率 | 90.4 | 19 | 中势 | 88.7 | 18 | 中势 | 86.3 | 19 | 中势 | 4.1 | 0 | 波动→ |
| 生活垃圾无害化处理率 | 91.3 | 12 | 中势 | 83.5 | 18 | 中势 | 82.8 | 14 | 中势 | 8.5 | 2 | 波动↑ |

表 5 – 3 – 2　**2012 年内蒙古自治区环境管理竞争力各级指标的优劣度结构表**

| 二级指标 | 三级指标 | 四级指标数 | 强势指标 | | 优势指标 | | 中势指标 | | 劣势指标 | | 优劣度 |
| --- | --- | --- | --- | --- | --- | --- | --- | --- | --- | --- | --- |
| | | | 个数 | 比重（%） | 个数 | 比重（%） | 个数 | 比重（%） | 个数 | 比重（%） | |
| 环境管理竞争力 | 环境治理竞争力 | 10 | 3 | 30.0 | 3 | 30.0 | 3 | 30.0 | 1 | 10.0 | 优势 |
| | 环境友好竞争力 | 6 | 1 | 16.7 | 1 | 16.7 | 4 | 66.7 | 0 | 0.0 | 强势 |
| | 小　　计 | 16 | 4 | 25.0 | 4 | 25.0 | 7 | 43.8 | 1 | 6.3 | 强势 |

2010~2012 年内蒙古自治区环境管理竞争力的综合排位呈现波动下降趋势，2012 年排名第 3 位，比 2010 年下降了 1 位，在全国仍处于上游区。

从环境管理竞争力的要素指标变化趋势来看，1 个指标处于波动上升趋势，即环境友好竞争力，1 个指标处于波动下降趋势，即环境治理竞争力。

从环境管理竞争力的基础指标分布来看，在 16 个基础指标中，指标的优劣度结构为 25.0∶25.0∶43.8∶6.3。强势和优势指标所占比重显著大于劣势指标的比重，表明强势和优势指标占主导地位。

### 5.3.2　内蒙古自治区环境管理竞争力比较分析

图 5 – 3 – 1 将 2010~2012 年内蒙古自治区环境管理竞争力与全国最高水平和平均水平进行比较。由图可知，评价期内内蒙古自治区环境管理竞争力得分普遍高于 56 分，呈波动上升趋势，说明内蒙古自治区环境管理竞争力保持较高水平。

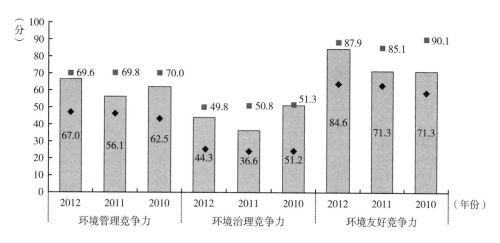

图 5 – 3 – 1　**2010~2012 年内蒙古自治区环境管理竞争力指标得分比较**

从环境管理竞争力的整体得分比较来看，2010 年，内蒙古自治区环境管理竞争力得分与全国最高分相比还有 7.5 分的差距，但与全国平均分相比，则高出 19.1 分；到 2012 年，内蒙古自治区环境管理竞争力得分与全国最高分的差距只有 2.6 分，但高出全国平均分 20.0 分。总的来看，2010~2012 年内蒙古自治区环境管理竞争力与最高分的差距呈缩小趋势，继续保持全国较高水平。

从环境管理竞争力的要素得分比较来看，2012 年，内蒙古自治区环境治理竞争力和环境友好竞争力的得分分别为 44.3 分和 84.6 分，分别比最高低 5.5 分和 3.3 分，但高于平均分 19.1 分和 20.7 分；与 2010 年相比，内蒙古自治区环境治理竞争力得分与最高分的差距扩大了 5.4 分，环境友好竞争力得分与最高分的差距缩小了 15.6 分。

### 5.3.3　内蒙古自治区环境管理竞争力变化动因分析

二级指标环境管理竞争力的变化是三级要素指标变化综合作用的结果，而三级要素指标变化又是四级基础指标变化作用的结果。三级和四级指标的变动情况如表 5 - 3 - 1 所示。

从要素指标来看，内蒙古自治区环境管理竞争力的 2 个要素指标中，环境治理竞争力的排名下降了 3 位，环境友好竞争力的排名上升了 1 位，受指标排位升降的综合影响，内蒙古自治区环境管理竞争力排名下降了 1 位，其中环境治理竞争力是环境管理竞争力排名下降的主要因素。

从基础指标来看，内蒙古自治区环境管理竞争力的 16 个基础指标中，上升指标有 7 个，占指标总数的 43.8%，主要分布在环境治理竞争力指标组；下降指标有 5 个，占指标总数的 31.3%，主要分布在环境治理竞争力指标组。在各种因素的综合影响下，2012 年内蒙古自治区环境管理竞争力排名下降了 1 位。

## 5.4　内蒙古自治区环境影响竞争力评价分析

### 5.4.1　内蒙古自治区环境影响竞争力评价结果

2010～2012 年内蒙古自治区环境影响竞争力排位和排位变化情况及其下属 2 个三级指标和 21 个四级指标的评价结果，如表 5 - 4 - 1 所示；环境影响竞争力各级指标的优劣势情况，如表 5 - 4 - 2 所示。

表 5 - 4 - 1　2010～2012 年内蒙古自治区环境影响竞争力各级指标的得分、排名及优劣度分析表

| 指　　　项<br>　标　　　目 | 2012 年 | | | 2011 年 | | | 2010 年 | | | 综合变化 | | |
|---|---|---|---|---|---|---|---|---|---|---|---|---|
| | 得分 | 排名 | 优劣度 | 得分 | 排名 | 优劣度 | 得分 | 排名 | 优劣度 | 得分变化 | 排名变化 | 趋势变化 |
| **环境影响竞争力** | 49.6 | 31 | 劣势 | 52.8 | 31 | 劣势 | 55.1 | 31 | 劣势 | -5.6 | 0 | 持续→ |
| （1）环境安全竞争力 | 57.1 | 30 | 劣势 | 59.0 | 27 | 劣势 | 57.2 | 27 | 劣势 | -0.1 | -3 | 持续↓ |
| 自然灾害受灾面积 | 15.3 | 30 | 劣势 | 21.1 | 27 | 劣势 | 36.8 | 25 | 劣势 | -21.5 | -5 | 持续↓ |
| 自然灾害绝收面积占受灾面积比重 | 8.2 | 30 | 劣势 | 32.2 | 30 | 劣势 | 27.7 | 29 | 劣势 | -19.5 | -1 | 持续↓ |
| 自然灾害直接经济损失 | 62.5 | 24 | 劣势 | 71.6 | 21 | 劣势 | 73.6 | 16 | 中势 | -11.1 | -8 | 持续↓ |
| 发生地质灾害起数 | 99.9 | 3 | 强势 | 99.9 | 5 | 优势 | 99.7 | 9 | 优势 | 0.2 | 6 | 持续↑ |
| 地质灾害直接经济损失 | 99.7 | 13 | 中势 | 99.6 | 11 | 中势 | 98.3 | 10 | 优势 | 1.4 | -3 | 持续↓ |
| 地质灾害防治投资额 | 2.7 | 25 | 劣势 | 8.9 | 18 | 劣势 | 6.8 | 7 | 优势 | -4.1 | -18 | 持续↓ |
| 突发环境事件次数 | 94.8 | 17 | 中势 | 92.9 | 21 | 劣势 | 96.9 | 15 | 中势 | -2.1 | -2 | 波动↓ |

| 指 项 标 目 | 2012 年 | | | 2011 年 | | | 2010 年 | | | 综合变化 | | |
|---|---|---|---|---|---|---|---|---|---|---|---|---|
| | 得分 | 排名 | 优劣度 | 得分 | 排名 | 优劣度 | 得分 | 排名 | 优劣度 | 得分变化 | 排名变化 | 趋势变化 |
| 森林火灾次数 | 93.8 | 18 | 中势 | 93.5 | 14 | 中势 | 96.5 | 18 | 中势 | -2.7 | 0 | 波动→ |
| 森林火灾火场总面积 | 44.7 | 29 | 劣势 | 72.7 | 17 | 中势 | 68.2 | 27 | 劣势 | -23.4 | -2 | 波动↓ |
| 受火灾森林面积 | 86.0 | 25 | 劣势 | 69.8 | 26 | 劣势 | 27.1 | 29 | 劣势 | 58.9 | 4 | 持续↑ |
| 森林病虫鼠害发生面积 | 26.9 | 30 | 劣势 | 0.0 | 31 | 劣势 | 0.0 | 31 | 劣势 | 26.9 | 1 | 持续↑ |
| 森林病虫鼠害防治率 | 43.0 | 26 | 劣势 | 31.6 | 29 | 劣势 | 28.8 | 28 | 劣势 | 14.3 | 2 | 持续↑ |
| (2)环境质量竞争力 | 44.2 | 29 | 劣势 | 48.4 | 29 | 劣势 | 53.7 | 30 | 劣势 | -9.5 | 1 | 持续↑ |
| 人均工业废气排放量 | 22.2 | 30 | 劣势 | 23.6 | 30 | 劣势 | 57.0 | 30 | 劣势 | -34.8 | 0 | 持续→ |
| 人均二氧化硫排放量 | 2.3 | 30 | 劣势 | 0.0 | 31 | 劣势 | 0.0 | 30 | 劣势 | 2.3 | 1 | 持续↑ |
| 人均工业烟(粉)尘排放量 | 4.0 | 29 | 劣势 | 22.4 | 29 | 劣势 | 17.7 | 29 | 劣势 | -13.7 | 0 | 持续→ |
| 人均工业废水排放量 | 60.0 | 13 | 中势 | 54.4 | 20 | 中势 | 63.8 | 20 | 中势 | -3.9 | 7 | 持续↑ |
| 人均生活污水排放量 | 76.8 | 12 | 中势 | 82.0 | 9 | 优势 | 86.3 | 12 | 中势 | -9.5 | 0 | 波动→ |
| 人均化学需氧量排放量 | 61.2 | 24 | 劣势 | 63.0 | 23 | 劣势 | 76.1 | 23 | 劣势 | -14.9 | -1 | 持续↓ |
| 人均工业固体废物排放量 | 86.0 | 26 | 劣势 | 96.9 | 18 | 劣势 | 96.0 | 19 | 劣势 | -10.1 | -7 | 波动↓ |
| 人均化肥施用量 | 12.7 | 30 | 劣势 | 15.2 | 29 | 劣势 | 7.0 | 30 | 劣势 | 5.7 | 0 | 波动→ |
| 人均农药施用量 | 76.3 | 18 | 中势 | 84.6 | 13 | 中势 | 84.5 | 13 | 中势 | -8.2 | -5 | 持续↓ |

表 5-4-2　2012 年内蒙古自治区环境影响竞争力各级指标的优劣度结构表

| 二级指标 | 三级指标 | 四级指标数 | 强势指标 | | 优势指标 | | 中势指标 | | 劣势指标 | | 优劣度 |
|---|---|---|---|---|---|---|---|---|---|---|---|
| | | | 个数 | 比重(%) | 个数 | 比重(%) | 个数 | 比重(%) | 个数 | 比重(%) | |
| 环境影响竞争力 | 环境安全竞争力 | 12 | 1 | 8.3 | 0 | 0.0 | 3 | 25.0 | 8 | 66.7 | 劣势 |
| | 环境质量竞争力 | 9 | 0 | 0.0 | 0 | 0.0 | 3 | 33.3 | 6 | 66.7 | 劣势 |
| | 小　计 | 21 | 1 | 4.8 | 0 | 0.0 | 6 | 28.6 | 14 | 66.7 | 劣势 |

2010～2012 年内蒙古自治区环境影响竞争力的综合排位呈现持续保持，2012 年排名第 31 位，与 2010 年排位相同，在全国处于下游区。

从环境影响竞争力的要素指标变化趋势来看，环境安全竞争力呈现持续下降趋势，环境质量竞争力呈现持续上升趋势。

从环境影响竞争力的基础指标分布来看，在 21 个基础指标中，指标的优劣度结构为 4.8∶0.0∶28.6∶66.7。强势和优势指标所占比重低于劣势指标的比重，表明劣势指标占主导地位。

## 5.4.2　内蒙古自治区环境影响竞争力比较分析

图 5-4-1 将 2010～2012 年内蒙古自治区环境影响竞争力与全国最高水平和平均水平进行比较。由图可知，评价期内内蒙古自治区环境影响竞争力得分普遍低于 56 分，且呈现持续下降趋势，说明内蒙古自治区环境影响竞争力保持较低水平。

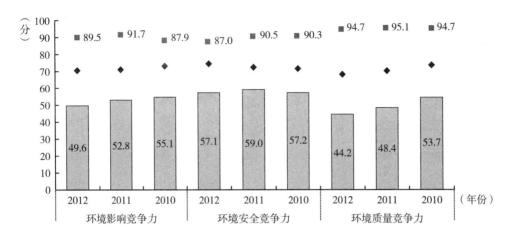

图 5 - 4 - 1　2010~2012 年内蒙古自治区环境影响竞争力指标得分比较

从环境影响竞争力的整体得分比较来看，2010 年，内蒙古自治区环境影响竞争力得分与全国最高分相比还有 32.8 分的差距，与全国平均分相比，还是低了 17.3 分；到 2012 年，内蒙古自治区环境影响竞争力得分与全国最高分相差 39.9 分，低于全国平均分 21.0 分。总的来说，2010~2012 年内蒙古自治区环境影响竞争力与最高分的差距呈扩大趋势。

从环境影响竞争力的要素得分比较来看，2012 年，内蒙古自治区环境安全竞争力和环境质量竞争力的得分分别为 57.1 分和 44.2 分，分别比最高分低 29.9 分和 50.5 分，比平均分低 17.1 分和 23.8 分；与 2010 年相比，内蒙古自治区环境安全竞争力得分与最高分的差距缩小了 3.2 分，但环境质量竞争力得分与最高分的差距扩大了 9.5 分。

### 5.4.3　内蒙古自治区环境影响竞争力变化动因分析

二级指标环境影响竞争力的变化是三级要素指标变化综合作用的结果，而三级要素指标变化又是四级基础指标变化作用的结果。三级和四级指标的变动情况如表 5 - 4 - 1 所示。

从要素指标来看，内蒙古自治区环境影响竞争力的 2 个要素指标中，环境安全竞争力的排名下降了 3 位，环境质量竞争力的排名上升了 1 位，受指标排位升降的综合影响，内蒙古自治区环境影响竞争力排名仍然处于全国的末位。

从基础指标来看，内蒙古自治区环境影响竞争力的 21 个基础指标中，上升指标有 6 个，占指标总数的 28.6%，主要分布在环境安全竞争力指标组；下降指标有 10 个，占指标总数的 47.6%，也是主要分布在环境安全竞争力指标组。排位上升的指标数量小于排位下降的指标数量，2012 年内蒙古自治区环境影响竞争力排名仍然在全国处于末位。

## 5.5　内蒙古自治区环境协调竞争力评价分析

### 5.5.1　内蒙古自治区环境协调竞争力评价结果

2010~2012 年内蒙古自治区环境协调竞争力排位和排位变化情况及其下属 2 个三级指

标和 19 个四级指标的评价结果，如表 5 - 5 - 1 所示；环境协调竞争力各级指标的优劣势情况，如表 5 - 5 - 2 所示。

表 5 - 5 - 1　2010 ~ 2012 年内蒙古自治区环境协调竞争力各级指标的得分、排名及优劣度分析表

| 指标项目 | 2012 年 | | | 2011 年 | | | 2010 年 | | | 综合变化 | | |
|---|---|---|---|---|---|---|---|---|---|---|---|---|
| | 得分 | 排名 | 优劣度 | 得分 | 排名 | 优劣度 | 得分 | 排名 | 优劣度 | 得分变化 | 排名变化 | 趋势变化 |
| 环境协调竞争力 | 59.0 | 22 | 劣势 | 59.1 | 16 | 中势 | 57.3 | 23 | 劣势 | 1.7 | 1 | 波动↑ |
| (1) 人口与环境协调竞争力 | 51.9 | 15 | 中势 | 51.5 | 16 | 中势 | 49.6 | 23 | 劣势 | 2.3 | 8 | 持续↑ |
| 人口自然增长率与工业废气排放量增长率比差 | 91.8 | 6 | 优势 | 70.5 | 10 | 优势 | 73.9 | 12 | 中势 | 17.8 | 6 | 持续↑ |
| 人口自然增长率与工业废水排放量增长率比差 | 100.0 | 2 | 强势 | 88.1 | 10 | 优势 | 20.1 | 30 | 劣势 | 79.9 | 28 | 持续↑ |
| 人口自然增长率与工业固体废物排放量增长率比差 | 35.0 | 25 | 劣势 | 64.8 | 8 | 优势 | 89.1 | 8 | 优势 | -54.1 | -17 | 持续↓ |
| 人口自然增长率与能源消费量增长率比差 | 89.3 | 6 | 优势 | 89.2 | 6 | 优势 | 77.7 | 19 | 中势 | 11.6 | 13 | 持续↑ |
| 人口密度与人均水资源量比差 | 0.0 | 31 | 劣势 | 0.0 | 31 | 劣势 | 0.0 | 31 | 劣势 | 0.0 | 0 | 持续→ |
| 人口密度与人均耕地面积比差 | 91.9 | 3 | 强势 | 92.3 | 3 | 强势 | 92.7 | 3 | 强势 | -0.8 | 0 | 持续→ |
| 人口密度与森林覆盖率比差 | 27.7 | 25 | 劣势 | 27.6 | 25 | 劣势 | 27.6 | 25 | 劣势 | 0.1 | 0 | 持续→ |
| 人口密度与人均矿产基础储量比差 | 67.4 | 3 | 强势 | 67.1 | 3 | 强势 | 99.5 | 2 | 强势 | -32.1 | -1 | 持续↓ |
| 人口密度与人均能源生产量比差 | 0.5 | 30 | 劣势 | 0.5 | 30 | 劣势 | 0.5 | 30 | 劣势 | 0.0 | 0 | 持续→ |
| (2) 经济与环境协调竞争力 | 63.7 | 22 | 劣势 | 64.1 | 19 | 中势 | 62.4 | 20 | 中势 | 1.4 | -2 | 波动↓ |
| 工业增加值增长率与工业废气排放量增长率比差 | 85.2 | 13 | 中势 | 84.9 | 9 | 优势 | 74.6 | 16 | 中势 | 10.5 | 3 | 波动↑ |
| 工业增加值增长率与工业废水排放量增长率比差 | 84.9 | 8 | 优势 | 42.2 | 17 | 劣势 | 0.0 | 31 | 劣势 | 84.9 | 23 | 持续↑ |
| 工业增加值增长率与工业固体废物排放量增长率比差 | 24.2 | 30 | 劣势 | 77.9 | 9 | 优势 | 91.5 | 3 | 优势 | -67.4 | -25 | 持续↓ |
| 地区生产总值增长率与能源消费量增长率比差 | 89.1 | 6 | 优势 | 79.7 | 16 | 中势 | 80.2 | 13 | 中势 | 8.9 | 7 | 波动↑ |
| 人均工业增加值与人均水资源量比差 | 33.5 | 28 | 劣势 | 34.1 | 28 | 劣势 | 37.3 | 27 | 劣势 | -3.7 | -1 | 持续↓ |
| 人均工业增加值与人均耕地面积比差 | 75.7 | 15 | 中势 | 74.1 | 15 | 中势 | 70.5 | 15 | 中势 | 5.2 | 0 | 持续→ |
| 人均工业增加值与人均工业废气排放量比差 | 52.6 | 21 | 劣势 | 55.8 | 20 | 劣势 | 96.5 | 2 | 强势 | -43.9 | -19 | 持续↓ |
| 人均工业增加值与森林覆盖率比差 | 56.2 | 23 | 劣势 | 57.5 | 22 | 劣势 | 61.0 | 22 | 劣势 | -4.8 | -1 | 持续↓ |
| 人均工业增加值与人均矿产储量比差 | 97.7 | 3 | 强势 | 98.4 | 3 | 强势 | 65.5 | 20 | 中势 | 32.2 | 17 | 持续↑ |
| 人均工业增加值与人均能源生产量比差 | 33.8 | 24 | 劣势 | 36.1 | 24 | 劣势 | 40.5 | 21 | 劣势 | -6.7 | -3 | 持续↓ |

表 5 - 5 - 2　2012 年内蒙古自治区环境协调竞争力各级指标的优劣度结构表

| 二级指标 | 三级指标 | 四级指标数 | 强势指标 | | 优势指标 | | 中势指标 | | 劣势指标 | | 优劣度 |
|---|---|---|---|---|---|---|---|---|---|---|---|
| | | | 个数 | 比重 (%) | 个数 | 比重 (%) | 个数 | 比重 (%) | 个数 | 比重 (%) | |
| 环境协调竞争力 | 人口与环境协调竞争力 | 9 | 3 | 33.3 | 2 | 22.2 | 0 | 0.0 | 4 | 44.4 | 中势 |
| | 经济与环境协调竞争力 | 10 | 1 | 10.0 | 2 | 20.0 | 2 | 20.0 | 5 | 50.0 | 劣势 |
| | 小　计 | 19 | 4 | 21.1 | 4 | 21.1 | 2 | 10.5 | 9 | 47.4 | 劣势 |

　　2010 ~ 2012 年内蒙古自治区环境协调竞争力的综合排位呈波动上升，2012 年排名第 22 位，比 2010 年上升了 1 位，在全国处于下游区。

　　从环境协调竞争力的要素指标变化趋势来看，有 1 个指标呈持续上升，为人口与环境协调竞争力；有 1 个指标呈波动下降，为经济与环境协调竞争力。

　　从环境协调竞争力的基础指标分布来看，在 19 个基础指标中，指标的优劣度结构为

21.1∶21.1∶10.5∶47.4。强势和优势指标所占比重低于劣势指标的比重，表明劣势指标占主导地位。

### 5.5.2 内蒙古自治区环境协调竞争力比较分析

图 5 - 5 - 1 将 2010～2012 年内蒙古自治区环境协调竞争力与全国最高水平和平均水平进行比较。由图可知，评价期内内蒙古自治区环境协调竞争力得分普遍低于 60 分，虽然得分呈波动上升趋势，但内蒙古自治区环境协调竞争力仍处于较低水平。

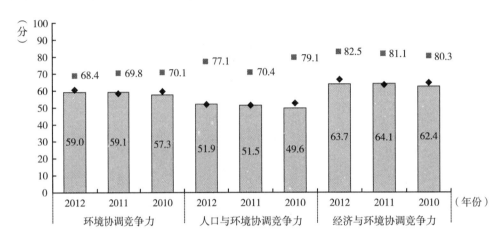

**图 5 - 5 - 1 2010～2012 年内蒙古自治区环境协调竞争力指标得分比较**

从环境协调竞争力的整体得分比较来看，2010 年，内蒙古自治区环境协调竞争力得分与全国最高分相比还有 12.8 分的差距，与全国平均分相比，则低了 2.0 分；到 2012 年，内蒙古自治区环境协调竞争力得分与全国最高分的差距缩小为 9.4 分，低于全国平均分 1.3 分。总的来看，2010～2012 年内蒙古自治区环境协调竞争力与最高分的差距呈缩小趋势，但仍处于全国下游地位。

从环境协调竞争力的要素得分比较来看，2012 年，内蒙古自治区人口与环境协调竞争力和经济与环境协调竞争力的得分分别为 51.9 分和 63.7 分，比最高分低 25.2 分和 18.8 分，但分别高于平均分 0.6 分和低于平均分 2.6 分；与 2010 年相比，内蒙古自治区人口与环境协调竞争力得分与最高分的差距缩小了 4.4 分，但经济与环境协调竞争力得分与最高分的差距扩大了 0.9 分。

### 5.5.3 内蒙古自治区环境协调竞争力变化动因分析

二级指标环境协调竞争力的变化是三级要素指标变化综合作用的结果，而三级要素指标变化又是四级基础指标变化作用的结果。三级和四级指标的变动情况如表 5 - 5 - 1 所示。

从要素指标来看，内蒙古自治区环境协调竞争力的 2 个要素指标中，人口与环境协调竞争力的排名持续上升 8 位，经济与环境协调竞争力的排名波动下降了 2 位，受指标排位升降的综合影响，内蒙古自治区环境协调竞争力上升了 1 位，其中人口与环境协调竞争力是环境协调竞争力排名上升的主要因素。

从基础指标来看,内蒙古自治区环境协调竞争力的 19 个基础指标中,上升指标有 7 个,占指标总数的 36.8%,主要分布在经济与环境协调竞争力指标组;下降指标有 7 个,占指标总数的 36.8%,也主要分布在经济与环境协调竞争力指标组。受多种因素综合影响,2012 年内蒙古自治区环境协调竞争力排名波动上升了 1 位。

## 5.6 内蒙古自治区环境竞争力总体评述

从对内蒙古自治区环境竞争力及其 5 个二级指标在全国的排位变化和指标结构的综合分析来看,"十二五"中期(2010~2012 年)环境竞争力中上升指标的数量等于下降指标的数量,但受其他因素影响,2012 年内蒙古自治区环境竞争力的排位下降了 1 位,在全国居第 5 位。

### 5.6.1 内蒙古自治区环境竞争力概要分析

内蒙古自治区环境竞争力在全国所处的位置及变化如表 5-6-1 所示,5 个二级指标的得分和排位变化如表 5-6-2 所示。

表 5-6-1 2010~2012 年内蒙古自治区环境竞争力一级指标比较表

| 项目 \ 年份 | 2012 | 2011 | 2010 |
|---|---|---|---|
| 排名 | 5 | 9 | 4 |
| 所属区位 | 上游 | 上游 | 上游 |
| 得分 | 56.1 | 53.7 | 55.0 |
| 全国最高分 | 58.2 | 59.5 | 60.1 |
| 全国平均分 | 51.3 | 50.8 | 50.4 |
| 与最高分的差距 | -2.1 | -5.7 | -5.1 |
| 与平均分的差距 | 4.8 | 3.0 | 4.6 |
| 优劣度 | 优势 | 优势 | 优势 |
| 波动趋势 | 上升 | 下降 | — |

表 5-6-2 2010~2012 年内蒙古自治区环境竞争力二级指标比较表

| 项目 \ 年份 | 生态环境竞争力 得分 | 排名 | 资源环境竞争力 得分 | 排名 | 环境管理竞争力 得分 | 排名 | 环境影响竞争力 得分 | 排名 | 环境协调竞争力 得分 | 排名 | 环境竞争力 得分 | 排名 |
|---|---|---|---|---|---|---|---|---|---|---|---|---|
| 2010 | 49.3 | 10 | 51.9 | 4 | 62.5 | 2 | 55.1 | 31 | 57.3 | 23 | 55.0 | 4 |
| 2011 | 49.7 | 9 | 53.1 | 5 | 56.1 | 7 | 52.8 | 31 | 59.1 | 16 | 53.7 | 9 |
| 2012 | 49.3 | 11 | 54.2 | 3 | 67.0 | 3 | 49.6 | 31 | 59.0 | 22 | 56.1 | 5 |
| 得分变化 | 0.0 | — | 2.2 | — | 4.5 | — | -5.6 | — | 1.7 | — | 1.1 | — |
| 排位变化 | — | -1 | — | 1 | — | -1 | — | 0 | — | 1 | — | -1 |
| 优劣度 | 中势 | 中势 | 强势 | 强势 | 强势 | 强势 | 劣势 | 劣势 | 劣势 | 劣势 | 优势 | 优势 |

（1）从指标排位变化趋势看，2012 年内蒙古自治区环境竞争力综合排名在全国处于第 5 位，表明其在全国处于优势地位；与 2010 年相比，排位下降了 1 位。总的来看，评价期内内蒙古自治区环境竞争力呈波动下降趋势。

在 5 个二级指标中，有 2 个指标处于下降趋势，为生态环境竞争力和环境管理竞争力，这些是内蒙古自治区环境竞争力的下降拉力所在；有 2 个指标处于上升趋势，为资源环境竞争力和环境协调竞争力，其余 1 个指标排位保持不变。在指标排位升降的综合影响下，评价期内内蒙古自治区环境竞争力的综合排位下降了 1 位，在全国排名第 5 位。

（2）从指标所处区位看，2012 年内蒙古自治区环境竞争力处于上游区，其中，资源环境竞争力和环境管理竞争力指标为强势指标，生态环境竞争力为中势指标，环境影响竞争力和环境协调竞争力指标为劣势指标。

（3）从指标得分看，2012 年内蒙古自治区环境竞争力得分为 56.1 分，比全国最高分低 2.1 分，比全国平均分高 4.8 分；与 2010 年相比，内蒙古自治区环境竞争力得分上升了 1.1 分，与当年最高分的差距缩小了，但与全国平均分的差距扩大了。

2012 年，内蒙古自治区环境竞争力二级指标的得分均高于 49 分，与 2010 年相比，得分上升最多为环境管理竞争力，上升了 4.5 分；得分下降最多的为环境影响竞争力，下降了 5.6 分。

### 5.6.2 内蒙古自治区环境竞争力各级指标动态变化分析

2010～2012 年内蒙古自治区环境竞争力各级指标的动态变化及其结构，如图 5－6－1 和表 5－6－3 所示。

从图 5－6－1 可以看出，内蒙古自治区环境竞争力的四级指标中上升指标的比例大于下降指标，表明上升指标居于主导地位。表 5－6－3 中的数据进一步说明，内蒙古自治区环境竞争力的 130 个四级指标中，上升的指标有 37 个，占指标总数的 28.5%；保持的指标有 57 个，占指标总数的 43.8%；下降的指标为 36 个，占指标总数的 27.7%。虽然上升指标的数量大于下降指标的数量，但在外部因素的综合影响下，评价期内内蒙古自治区环境竞争力排位下降了 1 位，在全国居第 5 位。

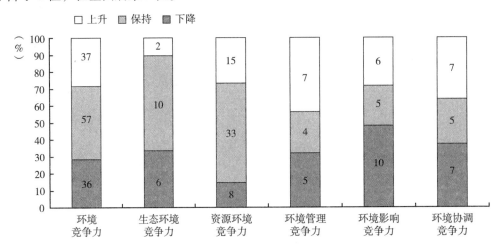

图 5－6－1　2010～2012 年内蒙古自治区环境竞争力动态变化结构图

表 5 - 6 - 3　2010～2012 年内蒙古自治区环境竞争力各级指标排位变化态势比较表

| 二级指标 | 三级指标 | 四级指标数 | 上升指标 | | 保持指标 | | 下降指标 | | 变化趋势 |
| --- | --- | --- | --- | --- | --- | --- | --- | --- | --- |
| | | | 个数 | 比重（%） | 个数 | 比重（%） | 个数 | 比重（%） | |
| 生态环境竞争力 | 生态建设竞争力 | 9 | 1 | 11.1 | 6 | 66.7 | 2 | 22.2 | 持续↑ |
| | 生态效益竞争力 | 9 | 1 | 11.1 | 4 | 44.4 | 4 | 44.4 | 持续↓ |
| | 小　计 | 18 | 2 | 11.1 | 10 | 55.6 | 6 | 33.3 | 波动↓ |
| 资源环境竞争力 | 水环境竞争力 | 11 | 5 | 45.5 | 4 | 36.4 | 2 | 18.2 | 波动↑ |
| | 土地环境竞争力 | 13 | 0 | 0.0 | 13 | 100.0 | 0 | 0.0 | 持续→ |
| | 大气环境竞争力 | 8 | 3 | 37.5 | 3 | 37.5 | 2 | 25.0 | 波动↓ |
| | 森林环境竞争力 | 8 | 1 | 12.5 | 7 | 87.5 | 0 | 0.0 | 持续→ |
| | 矿产环境竞争力 | 9 | 5 | 55.6 | 3 | 33.3 | 1 | 11.1 | 波动↓ |
| | 能源环境竞争力 | 7 | 1 | 14.3 | 3 | 42.9 | 3 | 42.9 | 波动↑ |
| | 小　计 | 56 | 15 | 26.8 | 33 | 58.9 | 8 | 14.3 | 波动↑ |
| 环境管理竞争力 | 环境治理竞争力 | 10 | 4 | 40.0 | 3 | 30.0 | 3 | 30.0 | 波动↓ |
| | 环境友好竞争力 | 6 | 3 | 50.0 | 1 | 16.7 | 2 | 33.3 | 波动↑ |
| | 小　计 | 16 | 7 | 43.8 | 4 | 25.0 | 5 | 31.3 | 波动↓ |
| 环境影响竞争力 | 环境安全竞争力 | 12 | 4 | 33.3 | 1 | 8.3 | 7 | 58.3 | 持续↓ |
| | 环境质量竞争力 | 9 | 2 | 22.2 | 4 | 44.4 | 3 | 33.3 | 持续↑ |
| | 小　计 | 21 | 6 | 28.6 | 5 | 23.8 | 10 | 47.6 | 持续→ |
| 环境协调竞争力 | 人口与环境协调竞争力 | 9 | 3 | 33.3 | 4 | 44.4 | 2 | 22.2 | 持续↑ |
| | 经济与环境协调竞争力 | 10 | 4 | 40.0 | 1 | 10.0 | 5 | 50.0 | 波动↓ |
| | 小　计 | 19 | 7 | 36.8 | 5 | 26.3 | 7 | 36.8 | 波动↑ |
| 合　计 | | 130 | 37 | 28.5 | 57 | 43.8 | 36 | 27.7 | 波动↓ |

### 5.6.3　内蒙古自治区环境竞争力各级指标变化动因分析

2012 年内蒙古自治区环境竞争力各级指标的优劣势变化及其结构，如图 5 - 6 - 2 和表 5 - 6 - 4 所示。

从图 5 - 6 - 2 可以看出，2012 年内蒙古自治区环境竞争力的四级指标中强势和优势指标的比例大于劣势指标，表明强势和优势指标居于主导地位。表 5 - 6 - 4 中的数据进一步说明，2012 年内蒙古自治区环境竞争力的 130 个四级指标中，强势指标有 25 个，占指标总数的 19.2%；优势指标为 30 个，占指标总数的 23.1%；中势指标 30 个，占指标总数的 23.1%；劣势指标有 45 个，占指标总数的 34.6%；强势指标和优势指标之和占指标总数的 42.3%，数量与比重均大于劣势指标。从三级指标来看，四级指标中强势指标和优势指标之和占四级指标总数一半以上的分别有生态建设竞争力、水环境竞争力、森林环境竞争力等，共计 6 个指标，占三级指标总数的 42.9%。反映到二级指标上来，强势指标有 2 个，占二级指标总数的 40%，中势指标有 1 个，占二级指标总数的 20%，劣势指标有 2 个，占二级指标总数的 40%。这保证了内蒙古自治区环境竞争力的优势地位，在全国位居第 5 位，处于上游区。

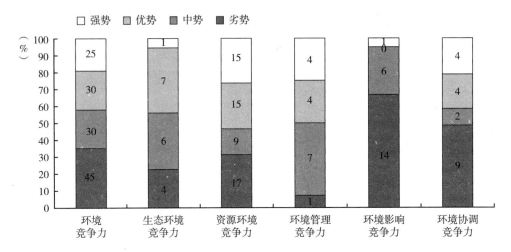

图 5 - 6 - 2　2012 年内蒙古自治区环境竞争力优劣度结构图

表 5 - 6 - 4　2012 年内蒙古自治区环境竞争力各级指标优劣度比较表

| 二级指标 | 三级指标 | 四级指标数 | 强势指标 | | 优势指标 | | 中势指标 | | 劣势指标 | | 优劣度 |
|---|---|---|---|---|---|---|---|---|---|---|---|
| | | | 个数 | 比重（%） | 个数 | 比重（%） | 个数 | 比重（%） | 个数 | 比重（%） | |
| 生态环境竞争力 | 生态建设竞争力 | 9 | 0 | 0.0 | 5 | 55.6 | 3 | 33.3 | 1 | 11.1 | 优势 |
| | 生态效益竞争力 | 9 | 1 | 11.1 | 2 | 22.2 | 3 | 33.3 | 3 | 33.3 | 中势 |
| | 小　　计 | 18 | 1 | 5.6 | 7 | 38.9 | 6 | 33.3 | 4 | 22.2 | 中势 |
| 资源环境竞争力 | 水环境竞争力 | 11 | 3 | 27.3 | 4 | 36.4 | 4 | 36.4 | 0 | 0.0 | 优势 |
| | 土地环境竞争力 | 13 | 5 | 38.5 | 1 | 7.7 | 0 | 0.0 | 7 | 53.8 | 强势 |
| | 大气环境竞争力 | 8 | 0 | 0.0 | 4 | 50.0 | 1 | 12.5 | 3 | 37.5 | 劣势 |
| | 森林环境竞争力 | 8 | 3 | 37.5 | 4 | 50.0 | 0 | 0.0 | 1 | 12.5 | 强势 |
| | 矿产环境竞争力 | 9 | 4 | 44.4 | 2 | 22.2 | 2 | 22.2 | 1 | 11.1 | 强势 |
| | 能源环境竞争力 | 7 | 0 | 0.0 | 0 | 0.0 | 2 | 28.6 | 5 | 71.4 | 劣势 |
| | 小　　计 | 56 | 15 | 26.8 | 15 | 26.8 | 9 | 16.1 | 17 | 30.4 | 强势 |
| 环境管理竞争力 | 环境治理竞争力 | 10 | 3 | 30.0 | 3 | 30.0 | 3 | 30.0 | 1 | 10.0 | 优势 |
| | 环境友好竞争力 | 6 | 1 | 16.7 | 1 | 16.7 | 4 | 66.7 | 0 | 0.0 | 强势 |
| | 小　　计 | 16 | 4 | 25.0 | 4 | 25.0 | 7 | 43.8 | 1 | 6.3 | 强势 |
| 环境影响竞争力 | 环境安全竞争力 | 12 | 1 | 8.3 | 0 | 25.0 | 3 | 25.0 | 8 | 66.7 | 劣势 |
| | 环境质量竞争力 | 9 | 0 | 0.0 | 0 | 0.0 | 3 | 33.3 | 6 | 66.7 | 劣势 |
| | 小　　计 | 21 | 1 | 4.8 | 0 | 0.0 | 6 | 28.6 | 14 | 66.7 | 劣势 |
| 环境协调竞争力 | 人口与环境协调竞争力 | 9 | 3 | 33.3 | 2 | 22.2 | 0 | 0.0 | 4 | 44.4 | 中势 |
| | 经济与环境协调竞争力 | 10 | 1 | 10.0 | 2 | 20.0 | 2 | 20.0 | 5 | 50.0 | 劣势 |
| | 小　　计 | 19 | 4 | 21.1 | 4 | 21.1 | 2 | 10.5 | 9 | 47.4 | 劣势 |
| 合　　计 | | 130 | 25 | 19.2 | 30 | 23.1 | 30 | 23.1 | 45 | 34.6 | 优势 |

为了进一步明确影响内蒙古自治区环境竞争力变化的具体因素，也便于对相关指标进行深入分析，从而为提升内蒙古自治区环境竞争力提供决策参考，表5-6-5列出了环境竞争力指标体系中直接影响内蒙古自治区环境竞争力升降的强势指标、优势指标和劣势指标。

表5-6-5　2012年内蒙古自治区环境竞争力四级指标优劣度统计表

| 指标 | 强势指标 | 优势指标 | 劣势指标 |
|---|---|---|---|
| 生态环境竞争力（18个） | 工业废水排放强度（1个） | 公园面积、本年减少耕地面积、自然保护区个数、自然保护区面积占土地总面积比重、野生动物种源繁育基地数、化肥施用强度、农药施用强度（7个） | 绿化覆盖面积、工业二氧化硫排放强度、工业烟（粉）尘排放强度、工业固体废物排放强度（4个） |
| 资源环境竞争力（56个） | 用水总量、用水消耗量、耗水率、土地总面积、人均耕地面积、牧草地面积、人均牧草地面积、当年新增种草面积、林业用地面积、森林面积、造林总面积、人均主要黑色金属矿产基础储量、人均主要有色金属矿产基础储量、主要能源矿产基础储量、人均主要能源矿产基础储量（15个） | 降水量、节灌率、城市再生水利用率、生活污水排放量、耕地面积、地均工业废气排放量、地均工业烟（粉）尘排放量、地均二氧化硫排放量、可吸入颗粒物（PM10）浓度、人工林面积、天然林比重、森林蓄积量、活立木总蓄积量、主要黑色金属矿产基础储量、主要有色金属矿产基础储量（15个） | 园地面积、人均园地面积、土地资源利用效率、建设用地面积、单位建设用地非农产业增加值、单位耕地面积农业增加值、沙化土地面积占土地总面积的比重、工业废气排放总量、工业烟（粉）尘排放总量、工业二氧化硫排放总量、森林覆盖率、工业固体废物产生量、能源生产总量、能源消费总量、单位地区生产总值能耗、单位地区生产总值电耗、单位工业增加值能耗（17个） |
| 环境管理竞争力（16个） | 环境污染治理投资总额占地方生产总值比重、本年矿山恢复面积、水土流失治理面积、工业固体废物处置量（4个） | 环境污染治理投资总额、废气治理设施年运行费用、土地复垦面积占新增耕地面积的比重、工业固体废物综合利用量（4个） | 地质灾害防治投资额（1个） |
| 环境影响竞争力（21个） | 发生地质灾害起数（1个） | （0个） | 自然灾害受灾面积、自然灾害绝收面积占受灾面积比重、自然灾害直接经济损失、地质灾害防治投资额、森林火灾火场总面积、受火灾森林面积、森林病虫鼠害发生面积、森林病虫鼠害防治率、人均工业废气排放量、人均二氧化硫排放量、人均工业烟（粉）尘排放量、人均化学需氧量排放量、人均工业固体废物排放量、人均化肥施用量（14个） |
| 环境协调竞争力（19个） | 人口自然增长率与工业废水排放量增长率比差、人口密度与人均耕地面积比差、人口密度与人均矿产基础储量比差、人均工业增加值与人均矿产基础储量比差（4个） | 人口自然增长率与工业废气排放量增长率比差、人口自然增长率与能源消费量增长率比差、工业增加值增长率与工业废水排放量增长率比差、地区生产总值增长率与能源消费量增长率比差（4个） | 人口自然增长率与工业固体废物排放量增长率比差、人口密度与人均水资源量比差、人口密度与森林覆盖率比差、人口密度与人均能源生产量比差、工业增加值增长率与工业固体废物排放量增长率比差、人均工业增加值与人均水资源量比差、人均工业增加值与人均工业废气排放量比差、人均工业增加值与森林覆盖率比差、人均工业增加值与人均能源生产量比差（9个） |

# 辽宁省环境竞争力评价分析报告

辽宁省简称辽，位于中国东北地区的南部沿海，东隔鸭绿江与朝鲜为邻，内接吉林省、内蒙古自治区、河北省，是中国东北经济区和环渤海经济区的重要结合部。全省陆地面积达14.59万平方公里，2012年末总人口4389万人，人均GDP达到56649元，万元GDP能耗为1.10吨标准煤。"十二五"中期（2010～2012年），辽宁省环境竞争力的综合排位呈现持续上升趋势，2012年排名第1位，比2010年上升了1位，在全国处于强势地位。

## 6.1　辽宁省生态环境竞争力评价分析

### 6.1.1　辽宁省生态环境竞争力评价结果

2010～2012年辽宁省生态环境竞争力排位和排位变化情况及其下属2个三级指标和18个四级指标的评价结果，如表6－1－1所示；生态环境竞争力各级指标的优劣势情况，如表6－1－2所示。

表6－1－1　2010～2012年辽宁省生态环境竞争力各级指标的得分、排名及优劣度分析表

| 指标项目 | 2012年 | | | 2011年 | | | 2010年 | | | 综合变化 | | |
|---|---|---|---|---|---|---|---|---|---|---|---|---|
| | 得分 | 排名 | 优劣度 | 得分 | 排名 | 优劣度 | 得分 | 排名 | 优劣度 | 得分变化 | 排名变化 | 趋势变化 |
| **生态环境竞争力** | 52.5 | 7 | 优势 | 51.1 | 7 | 优势 | 55.5 | 2 | 强势 | -3.0 | -5 | 持续↓ |
| （1）生态建设竞争力 | 32.3 | 6 | 优势 | 29.2 | 6 | 优势 | 36.3 | 3 | 强势 | -4.0 | -3 | 持续↓ |
| 国家级生态示范区个数 | 34.4 | 10 | 优势 | 34.4 | 10 | 优势 | 34.4 | 10 | 优势 | 0.0 | 0 | 持续→ |
| 公园面积 | 18.9 | 6 | 优势 | 18.3 | 6 | 优势 | 18.3 | 6 | 优势 | 0.6 | 0 | 持续→ |
| 园林绿地面积 | 32.9 | 4 | 优势 | 33.6 | 4 | 优势 | 33.6 | 4 | 优势 | -0.7 | 0 | 持续→ |
| 绿化覆盖面积 | 40.7 | 4 | 优势 | 22.1 | 6 | 优势 | 22.1 | 6 | 优势 | 18.7 | 2 | 持续↑ |
| 本年减少耕地面积 | 78.9 | 11 | 中势 | 78.9 | 11 | 中势 | 78.9 | 11 | 中势 | 0.0 | 0 | 持续→ |
| 自然保护区个数 | 27.7 | 9 | 优势 | 26.6 | 10 | 优势 | 26.6 | 10 | 优势 | 1.1 | 1 | 持续↑ |
| 自然保护区面积占土地总面积比重 | 33.6 | 7 | 优势 | 34.9 | 7 | 优势 | 34.9 | 7 | 优势 | -1.2 | 0 | 持续→ |
| 野生动物种源繁育基地数 | 0.8 | 26 | 劣势 | 0.6 | 25 | 劣势 | 0.6 | 25 | 劣势 | 0.2 | -1 | 持续↓ |
| 野生植物种源培育基地数 | 0.6 | 18 | 中势 | 0.5 | 20 | 中势 | 0.5 | 20 | 中势 | 0.1 | 2 | 持续↑ |
| （2）生态效益竞争力 | 82.7 | 12 | 中势 | 83.9 | 12 | 中势 | 84.3 | 10 | 优势 | -1.5 | -2 | 持续↓ |
| 工业废气排放强度 | 81.7 | 19 | 中势 | 84.7 | 18 | 中势 | 84.7 | 18 | 中势 | -3.0 | -1 | 持续↓ |
| 工业二氧化硫排放强度 | 84.2 | 18 | 中势 | 83.5 | 18 | 中势 | 83.5 | 18 | 中势 | 0.6 | 0 | 持续→ |

续表

| 指　标　项　目 | 2012 年 | | | 2011 年 | | | 2010 年 | | | 综合变化 | | |
|---|---|---|---|---|---|---|---|---|---|---|---|---|
| | 得分 | 排名 | 优劣度 | 得分 | 排名 | 优劣度 | 得分 | 排名 | 优劣度 | 得分变化 | 排名变化 | 趋势变化 |
| 工业烟（粉）尘排放强度 | 77.9 | 19 | 中势 | 80.3 | 16 | 中势 | 80.3 | 16 | 中势 | -2.4 | -3 | 持续↓ |
| 工业废水排放强度 | 74.0 | 10 | 优势 | 72.9 | 11 | 中势 | 72.9 | 11 | 中势 | 1.1 | 1 | 持续↑ |
| 工业废水中化学需氧量排放强度 | 94.2 | 5 | 优势 | 94.1 | 6 | 优势 | 94.1 | 6 | 优势 | 0.1 | 1 | 持续↑ |
| 工业废水中氨氮排放强度 | 93.7 | 9 | 优势 | 93.6 | 9 | 优势 | 93.6 | 9 | 优势 | 0.1 | 0 | 持续→ |
| 工业固体废物排放强度 | 92.8 | 26 | 劣势 | 98.6 | 19 | 中势 | 98.6 | 19 | 中势 | -5.8 | -7 | 持续↓ |
| 化肥施用强度 | 60.3 | 16 | 中势 | 58.7 | 18 | 中势 | 58.7 | 18 | 中势 | 1.6 | 2 | 持续↑ |
| 农药施用强度 | 79.4 | 22 | 劣势 | 82.9 | 22 | 劣势 | 82.9 | 22 | 劣势 | -3.5 | 0 | 持续→ |

表 6 - 1 - 2　2012 年辽宁省生态环境竞争力各级指标的优劣度结构表

| 二级指标 | 三级指标 | 四级指标数 | 强势指标 | | 优势指标 | | 中势指标 | | 劣势指标 | | 优劣度 |
|---|---|---|---|---|---|---|---|---|---|---|---|
| | | | 个数 | 比重（％） | 个数 | 比重（％） | 个数 | 比重（％） | 个数 | 比重（％） | |
| 生态环境竞争力 | 生态建设竞争力 | 9 | 0 | 0.0 | 6 | 66.7 | 2 | 22.2 | 1 | 11.1 | 优势 |
| | 生态效益竞争力 | 9 | 0 | 0.0 | 3 | 33.3 | 4 | 44.4 | 2 | 22.2 | 中势 |
| | 小　计 | 18 | 0 | 0.0 | 9 | 50.0 | 6 | 33.3 | 3 | 16.7 | 优势 |

2010～2012 年辽宁省生态环境竞争力的综合排位呈现持续下降趋势，2012 年排名第 7 位，比 2010 年下降了 5 位，但仍处于全国上游区。

从生态环境竞争力要素指标的变化趋势来看，生态建设竞争力和生态效益竞争力 2 个指标都处于持续下降趋势。

从生态环境竞争力基础指标的优劣度结构来看，在 18 个基础指标中，指标的优劣度结构为 0∶50.0∶33.3∶16.7。优势指标所占比重大于劣势指标的比重，表明优势指标占主导地位。

### 6.1.2　辽宁省生态环境竞争力比较分析

图 6 - 1 - 1 将 2010～2012 年辽宁省生态环境竞争力与全国最高水平和平均水平进行比较。由图可知，评价期内辽宁省生态环境竞争力得分普遍高于 51 分，说明辽宁省生态环境竞争力处于较高水平。

从生态环境竞争力的整体得分比较来看，2010 年，辽宁省生态环境竞争力得分与全国最高分相比有 10.2 分的差距，但与全国平均分相比，则高出 9.1 分；到了 2012 年，辽宁省生态环境竞争力得分与全国最高分的差距扩大为 12.6 分，高于全国平均分 7 分。总的来看，2010～2012 年辽宁省生态环境竞争力与最高分的差距呈扩大趋势，表明生态建设和生态效益水平呈下降趋势。

从生态环境竞争力的要素得分比较来看，2012 年，辽宁省生态建设竞争力和生态效益

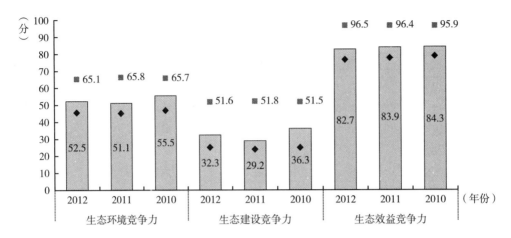

图6-1-1 2010～2012年辽宁省生态环境竞争力指标得分比较

竞争力的得分分别为32.3分和82.7分，分别比最高分低19.3分和13.8分，分别高于平均分7.6分和6.1分；与2010年相比，辽宁省生态建设竞争力得分与最高分的差距扩大了4.1分，生态效益竞争力得分与最高分的差距扩大了2.1分。

### 6.1.3 辽宁省生态环境竞争力变化动因分析

二级指标生态环境竞争力的变化是三级要素指标变化综合作用的结果，而三级要素指标变化又是四级基础指标变化作用的结果。三级和四级指标的变动情况如表6-1-1所示。

从要素指标来看，辽宁省生态环境竞争力的2个要素指标中，生态建设竞争力的排名下降了3位，生态效益竞争力的排名下降了2位，受指标排位下降的影响，辽宁省生态环境竞争力持续下降了5位。

从基础指标来看，辽宁省生态环境竞争力的18个基础指标中，上升指标有6个，占指标总数的33.3%，平均分布在生态建设竞争力和生态效益竞争力指标组；下降指标有4个，占指标总数的22.2%，主要分布在生态效益竞争力指标组。受指标排位升降变化的综合影响，评价期内辽宁省生态环境竞争力排名下降了5位。

## 6.2 辽宁省资源环境竞争力评价分析

### 6.2.1 辽宁省资源环境竞争力评价结果

2010～2012年辽宁省资源环境竞争力排位和排位变化情况及其下属6个三级指标和56个四级指标的评价结果，如表6-2-1所示；资源环境竞争力各级指标的优劣势情况，如表6-2-2所示。

表 6 - 2 - 1　2010～2012 年辽宁省资源环境竞争力各级指标的得分、排名及优劣度分析表

| 指标项目 | 2012 年 | | | 2011 年 | | | 2010 年 | | | 综合变化 | | |
|---|---|---|---|---|---|---|---|---|---|---|---|---|
| | 得分 | 排名 | 优劣度 | 得分 | 排名 | 优劣度 | 得分 | 排名 | 优劣度 | 得分变化 | 排名变化 | 趋势变化 |
| **资源环境竞争力** | 46.2 | 12 | 中势 | 46.1 | 14 | 中势 | 43.8 | 13 | 中势 | 2.4 | 1 | 波动↑ |
| （1）水环境竞争力 | 44.4 | 23 | 劣势 | 43.7 | 22 | 劣势 | 42.8 | 27 | 劣势 | 1.7 | 4 | 波动↑ |
| 水资源总量 | 12.8 | 16 | 中势 | 6.5 | 24 | 劣势 | 13.0 | 17 | 中势 | -0.2 | 1 | 波动↑ |
| 人均水资源量 | 0.8 | 19 | 中势 | 0.4 | 22 | 劣势 | 0.9 | 20 | 中势 | -0.1 | 1 | 波动↑ |
| 降水量 | 19.2 | 19 | 中势 | 11.6 | 26 | 劣势 | 19.2 | 19 | 中势 | 0.0 | 0 | 波动→ |
| 供水总量 | 21.0 | 18 | 中势 | 22.8 | 18 | 中势 | 23.9 | 18 | 中势 | -2.9 | 0 | 持续→ |
| 用水总量 | 97.7 | 1 | 强势 | 97.6 | 1 | 强势 | 97.6 | 1 | 强势 | 0.1 | 0 | 持续→ |
| 用水消耗量 | 98.9 | 1 | 强势 | 98.7 | 1 | 强势 | 98.4 | 1 | 强势 | 0.5 | 0 | 持续→ |
| 耗水率 | 41.9 | 1 | 强势 | 41.9 | 1 | 强势 | 40.0 | 1 | 强势 | 1.9 | 0 | 持续→ |
| 节灌率 | 25.3 | 19 | 中势 | 20.5 | 19 | 中势 | 17.6 | 22 | 劣势 | 7.7 | 3 | 持续↑ |
| 城市再生水利用率 | 20.2 | 9 | 优势 | 27.8 | 5 | 优势 | 4.7 | 6 | 优势 | 15.5 | -3 | 波动↓ |
| 工业废水排放总量 | 63.2 | 21 | 劣势 | 63.4 | 21 | 劣势 | 73.1 | 20 | 中势 | -9.9 | -1 | 持续↓ |
| 生活污水排放量 | 77.3 | 20 | 中势 | 77.2 | 20 | 中势 | 73.1 | 20 | 中势 | 4.2 | 0 | 持续↑ |
| （2）土地环境竞争力 | 26.3 | 14 | 中势 | 26.4 | 15 | 中势 | 26.3 | 16 | 中势 | 0.0 | 2 | 持续↑ |
| 土地总面积 | 8.5 | 21 | 劣势 | 8.5 | 21 | 劣势 | 8.5 | 21 | 劣势 | 0.0 | 0 | 持续→ |
| 耕地面积 | 33.4 | 14 | 中势 | 33.4 | 14 | 中势 | 33.4 | 14 | 中势 | 0.0 | 0 | 持续→ |
| 人均耕地面积 | 28.2 | 14 | 中势 | 28.2 | 14 | 中势 | 28.2 | 14 | 中势 | 0.0 | 0 | 持续→ |
| 牧草地面积 | 0.5 | 16 | 中势 | 0.5 | 16 | 中势 | 0.5 | 16 | 中势 | 0.0 | 0 | 持续→ |
| 人均牧草地面积 | 0.0 | 17 | 中势 | 0.0 | 17 | 中势 | 0.0 | 17 | 中势 | 0.0 | 0 | 持续→ |
| 园地面积 | 59.1 | 9 | 优势 | 59.1 | 9 | 优势 | 59.1 | 9 | 优势 | 0.0 | 0 | 持续→ |
| 人均园地面积 | 21.7 | 6 | 优势 | 21.5 | 6 | 优势 | 21.3 | 6 | 优势 | 0.4 | 0 | 持续→ |
| 土地资源利用效率 | 5.3 | 9 | 优势 | 4.9 | 9 | 优势 | 4.6 | 9 | 优势 | 0.7 | 0 | 持续→ |
| 建设用地面积 | 45.5 | 21 | 劣势 | 45.5 | 21 | 劣势 | 45.5 | 21 | 劣势 | 0.0 | 0 | 持续→ |
| 单位建设用地非农产业增加值 | 15.2 | 10 | 优势 | 14.3 | 10 | 优势 | 13.4 | 10 | 优势 | 1.8 | 0 | 持续→ |
| 单位耕地面积农业增加值 | 30.8 | 13 | 中势 | 30.4 | 14 | 中势 | 31.6 | 15 | 中势 | -0.8 | 2 | 持续↑ |
| 沙化土地面积占土地总面积的比重 | 91.7 | 18 | 中势 | 91.7 | 18 | 中势 | 91.7 | 18 | 中势 | 0.0 | 0 | 持续→ |
| 当年新增种草面积 | 16.5 | 7 | 优势 | 19.8 | 8 | 优势 | 19.1 | 8 | 优势 | -2.5 | 1 | 持续↑ |
| （3）大气环境竞争力 | 63.6 | 23 | 劣势 | 65.7 | 25 | 劣势 | 62.8 | 25 | 劣势 | 0.8 | 2 | 持续↑ |
| 工业废气排放总量 | 52.9 | 26 | 劣势 | 59.0 | 26 | 劣势 | 52.2 | 26 | 劣势 | 0.7 | 0 | 持续→ |
| 地均工业废气排放量 | 89.8 | 24 | 劣势 | 90.1 | 21 | 劣势 | 91.1 | 22 | 劣势 | -1.3 | -2 | 波动↓ |
| 工业烟（粉）尘排放总量 | 40.7 | 28 | 劣势 | 51.9 | 27 | 劣势 | 29.2 | 25 | 劣势 | 11.5 | -3 | 持续↓ |
| 地均工业烟（粉）尘排放量 | 57.9 | 27 | 劣势 | 61.9 | 26 | 劣势 | 53.5 | 26 | 劣势 | 4.4 | -1 | 持续↓ |
| 工业二氧化硫排放总量 | 36.6 | 26 | 劣势 | 35.6 | 26 | 劣势 | 37.9 | 23 | 劣势 | -1.3 | -3 | 持续↓ |
| 地均二氧化硫排放量 | 78.3 | 25 | 劣势 | 78.6 | 25 | 劣势 | 83.4 | 23 | 劣势 | -5.0 | -2 | 持续↓ |
| 全省设区市优良天数比例 | 82.4 | 11 | 中势 | 84.2 | 10 | 优势 | 83.2 | 12 | 中势 | -0.8 | 1 | 波动↑ |
| 可吸入颗粒物（PM10）浓度 | 67.9 | 16 | 中势 | 62.6 | 18 | 中势 | 69.2 | 16 | 中势 | -1.3 | 0 | 波动→ |
| （4）森林环境竞争力 | 30.5 | 15 | 中势 | 30.7 | 15 | 中势 | 30.2 | 16 | 中势 | 0.3 | 1 | 持续↑ |
| 林业用地面积 | 15.0 | 20 | 中势 | 15.0 | 20 | 中势 | 15.0 | 20 | 中势 | 0.0 | 0 | 持续→ |
| 森林面积 | 21.4 | 17 | 中势 | 21.4 | 17 | 中势 | 21.4 | 17 | 中势 | 0.0 | 0 | 持续→ |
| 森林覆盖率 | 51.7 | 12 | 中势 | 51.7 | 13 | 中势 | 51.7 | 13 | 中势 | 0.0 | 1 | 持续↑ |

续表

| 指标项目 | 2012年 | | | 2011年 | | | 2010年 | | | 综合变化 | | |
|---|---|---|---|---|---|---|---|---|---|---|---|---|
| | 得分 | 排名 | 优劣度 | 得分 | 排名 | 优劣度 | 得分 | 排名 | 优劣度 | 得分变化 | 排名变化 | 趋势变化 |
| 人工林面积 | 54.6 | 9 | 优势 | 54.6 | 9 | 优势 | 54.6 | 9 | 优势 | 0.0 | 0 | 持续→ |
| 天然林比重 | 44.8 | 22 | 劣势 | 44.8 | 22 | 劣势 | 44.8 | 22 | 劣势 | 0.0 | 0 | 持续→ |
| 造林总面积 | 31.5 | 7 | 优势 | 33.7 | 8 | 优势 | 28.7 | 17 | 中势 | 2.8 | 10 | 持续↑ |
| 森林蓄积量 | 9.0 | 16 | 中势 | 9.0 | 16 | 中势 | 9.0 | 16 | 中势 | 0.0 | 0 | 持续→ |
| 活立木总蓄积量 | 9.2 | 17 | 中势 | 9.2 | 17 | 中势 | 9.2 | 17 | 中势 | 0.0 | 0 | 持续→ |
| (5)矿产环境竞争力 | 51.4 | 1 | 强势 | 51.5 | 1 | 强势 | 52.8 | 1 | 强势 | −1.4 | 0 | 持续→ |
| 主要黑色金属矿产基础储量 | 100.0 | 1 | 强势 | 100.0 | 1 | 强势 | 100.0 | 1 | 强势 | 0.0 | 0 | 持续→ |
| 人均主要黑色金属矿产基础储量 | 100.0 | 1 | 强势 | 100.0 | 1 | 强势 | 100.0 | 1 | 强势 | 0.0 | 0 | 持续→ |
| 主要有色金属矿产基础储量 | 100.0 | 1 | 强势 | 100.0 | 1 | 强势 | 100.0 | 1 | 强势 | 0.0 | 0 | 持续→ |
| 人均主要有色金属矿产基础储量 | 100.0 | 1 | 强势 | 100.0 | 1 | 强势 | 100.0 | 1 | 强势 | 0.0 | 0 | 持续→ |
| 主要非金属矿产基础储量 | 10.3 | 8 | 优势 | 10.5 | 9 | 优势 | 12.0 | 10 | 优势 | −1.6 | 2 | 持续↑ |
| 人均主要非金属矿产基础储量 | 10.0 | 11 | 中势 | 12.9 | 11 | 中势 | 13.5 | 12 | 中势 | −3.6 | 1 | 持续↑ |
| 主要能源矿产基础储量 | 3.5 | 15 | 中势 | 3.7 | 14 | 中势 | 5.5 | 15 | 中势 | −2.0 | 0 | 波动→ |
| 人均主要能源矿产基础储量 | 2.9 | 15 | 中势 | 3.1 | 15 | 中势 | 3.4 | 13 | 中势 | −0.5 | −2 | 持续↓ |
| 工业固体废物产生量 | 40.5 | 29 | 劣势 | 37.6 | 30 | 劣势 | 45.5 | 29 | 劣势 | −5.0 | 0 | 波动→ |
| (6)能源环境竞争力 | 69.5 | 18 | 中势 | 67.9 | 19 | 中势 | 57.7 | 20 | 中势 | 11.8 | 2 | 持续↑ |
| 能源生产总量 | 91.9 | 18 | 中势 | 90.8 | 18 | 中势 | 89.4 | 18 | 中势 | 2.5 | 0 | 持续→ |
| 能源消费总量 | 39.6 | 26 | 劣势 | 38.9 | 26 | 劣势 | 39.9 | 26 | 劣势 | −0.3 | 0 | 持续→ |
| 单位地区生产总值能耗 | 53.5 | 22 | 劣势 | 58.4 | 23 | 劣势 | 49.7 | 22 | 劣势 | 3.8 | 0 | 波动→ |
| 单位地区生产总值电耗 | 86.0 | 17 | 中势 | 83.3 | 19 | 优势 | 82.7 | 18 | 中势 | 3.3 | 1 | 波动↑ |
| 单位工业增加值能耗 | 62.5 | 19 | 中势 | 66.0 | 18 | 中势 | 59.8 | 18 | 中势 | 2.7 | −1 | 持续↓ |
| 能源生产弹性系数 | 71.7 | 3 | 强势 | 73.6 | 14 | 中势 | 51.2 | 16 | 中势 | 20.5 | 13 | 持续↑ |
| 能源消费弹性系数 | 81.6 | 11 | 中势 | 64.0 | 17 | 中势 | 32.7 | 16 | 中势 | 48.9 | 5 | 波动↑ |

表6-2-2 2012年辽宁省资源环境竞争力各级指标的优劣度结构表

| 二级指标 | 三级指标 | 四级指标数 | 强势指标 | | 优势指标 | | 中势指标 | | 劣势指标 | | 优劣度 |
|---|---|---|---|---|---|---|---|---|---|---|---|
| | | | 个数 | 比重(%) | 个数 | 比重(%) | 个数 | 比重(%) | 个数 | 比重(%) | |
| 资源环境竞争力 | 水环境竞争力 | 11 | 3 | 27.3 | 1 | 9.1 | 6 | 54.5 | 1 | 9.1 | 劣势 |
| | 土地环境竞争力 | 13 | 0 | 0.0 | 5 | 38.5 | 6 | 46.2 | 2 | 15.4 | 中势 |
| | 大气环境竞争力 | 8 | 0 | 0.0 | 0 | 0.0 | 2 | 25.0 | 6 | 75.0 | 劣势 |
| | 森林环境竞争力 | 8 | 0 | 0.0 | 2 | 25.0 | 5 | 62.5 | 1 | 12.5 | 中势 |
| | 矿产环境竞争力 | 9 | 4 | 44.4 | 1 | 11.1 | 3 | 33.3 | 1 | 11.1 | 强势 |
| | 能源环境竞争力 | 7 | 1 | 14.3 | 0 | 0.0 | 4 | 57.1 | 2 | 28.6 | 中势 |
| | 小 计 | 56 | 8 | 14.3 | 9 | 16.1 | 26 | 46.4 | 13 | 23.2 | 中势 |

2010～2012年辽宁省资源环境竞争力的综合排位呈现波动上升趋势，2012年排名第12位，比2010年排位上升了1位，在全国处于中游区。

从资源环境竞争力的要素指标变化趋势来看，有5个指标处于上升趋势，即水环境竞争力、土地环境竞争力、大气环境竞争力、森林环境竞争力和能源环境竞争力；有1个指标处于保持趋势，为矿产环境竞争力。

从资源环境竞争力的基础指标分布来看，在 56 个基础指标中，指标的优劣度结构为 14.3∶16.1∶46.4∶23.2。中势指标所占比重显著高于其他指标的比重，表明中势指标占主导地位。

### 6.2.2 辽宁省资源环境竞争力比较分析

图 6 - 2 - 1 将 2010 ~ 2012 年辽宁省资源环境竞争力与全国最高水平和平均水平进行比较。由图可知，评价期内辽宁省资源环境竞争力得分普遍高于 43 分，且呈现持续上升趋势，说明辽宁省资源环境竞争力保持较高水平。

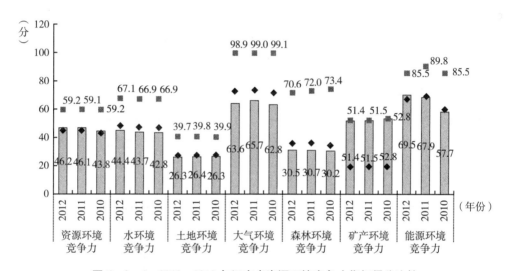

**图 6 - 2 - 1  2010 ~ 2012 年辽宁省资源环境竞争力指标得分比较**

从资源环境竞争力的整体得分比较来看，2010 年，辽宁省资源环境竞争力得分与全国最高分相比还有 15.4 分的差距，与全国平均分相比，则高了 0.9 分；到 2012 年，辽宁省资源环境竞争力得分与全国最高分的差距缩小为 13.0 分，高于全国平均分 1.8 分。总的来看，2010 ~ 2012 年辽宁省资源环境竞争力与最高分的差距呈缩小趋势，继续在全国处于中游地位。

从资源环境竞争力的要素得分比较来看，2012 年，辽宁省水环境竞争力、土地环境竞争力、大气环境竞争力、森林环境竞争力、矿产环境竞争力和能源环境竞争力的得分分别为 44.4 分、26.3 分、63.6 分、30.5 分、51.4 分和 69.5 分，比最高分低 22.7 分、13.4 分、35.3 分、40.1 分、0 分和 16 分；与 2010 年相比，辽宁省水环境竞争力、土地环境竞争力、大气环境竞争力、森林环境竞争力和能源环境竞争力的得分与最高分的差距都缩小了，而矿产环境竞争力的得分与最高分的差距不变。

### 6.2.3 辽宁省资源环境竞争力变化动因分析

二级指标资源环境竞争力的变化是三级要素指标变化综合作用的结果，而三级要素指标变化又是四级基础指标变化作用的结果。三级和四级指标的变动情况如表 6 - 2 - 1 所示。

从要素指标来看,辽宁省资源环境竞争力的6个要素指标中,水环境竞争力、土地环境竞争力、大气环境竞争力、森林环境竞争力和能源环境竞争力的排位出现了上升,而矿产环境竞争力的排位则持续不变,在指标排位上升的作用下,辽宁省资源环境竞争力呈现波动上升趋势,其中水环境竞争力和能源环境竞争力是资源环境竞争力排位上升的主要因素。

从基础指标来看,辽宁省资源环境竞争力的56个基础指标中,上升指标有13个,占指标总数的23.2%,主要分布在水环境竞争力和能源环境竞争力等指标组;下降指标有9个,占指标总数的16.1%,主要分布在大气环境竞争力等指标组。排位下降的指标数量略低于排位上升的指标数量,其余的34个指标呈波动保持或持续保持,2012年辽宁省资源环境竞争力排名呈现波动上升。

## 6.3 辽宁省环境管理竞争力评价分析

### 6.3.1 辽宁省环境管理竞争力评价结果

2010~2012年辽宁省环境管理竞争力排位和排位变化情况及其下属2个三级指标和16个四级指标的评价结果,如表6-3-1所示;环境管理竞争力各级指标的优劣势情况,如表6-3-2所示。

表6-3-1 2010~2012年辽宁省环境管理竞争力各级指标的得分、排名及优劣度分析表

| 指标项目 | 2012年 | | | 2011年 | | | 2010年 | | | 综合变化 | | |
|---|---|---|---|---|---|---|---|---|---|---|---|---|
| | 得分 | 排名 | 优劣度 | 得分 | 排名 | 优劣度 | 得分 | 排名 | 优劣度 | 得分变化 | 排名变化 | 趋势变化 |
| **环境管理竞争力** | 69.6 | 1 | 强势 | 69.8 | 1 | 强势 | 53.3 | 7 | 优势 | 16.3 | 6 | 持续↑ |
| (1)环境治理竞争力 | 48.5 | 3 | 强势 | 50.8 | 1 | 强势 | 31.4 | 7 | 优势 | 17.1 | 4 | 波动↑ |
| 环境污染治理投资总额 | 92.4 | 2 | 强势 | 58.6 | 5 | 优势 | 14.6 | 8 | 优势 | 77.9 | 6 | 持续↑ |
| 环境污染治理投资总额占地方生产总值比重 | 78.0 | 3 | 强势 | 26.9 | 10 | 优势 | 35.1 | 22 | 劣势 | 42.9 | 19 | 持续↑ |
| 废气治理设施年运行费用 | 27.0 | 7 | 优势 | 34.7 | 9 | 优势 | 40.9 | 10 | 优势 | -13.9 | 3 | 持续↑ |
| 废水治理设施处理能力 | 32.4 | 8 | 优势 | 100.0 | 1 | 强势 | 48.4 | 6 | 优势 | -16.0 | -2 | 波动↓ |
| 废水治理设施年运行费用 | 26.8 | 8 | 优势 | 37.2 | 10 | 优势 | 49.4 | 7 | 优势 | -22.6 | -1 | 波动↓ |
| 矿山环境恢复治理投入资金 | 34.9 | 8 | 优势 | 70.8 | 7 | 优势 | 60.5 | 2 | 强势 | -25.6 | -6 | 持续↓ |
| 本年矿山恢复面积 | 100.0 | 1 | 强势 | 100.0 | 1 | 强势 | 3.5 | 19 | 中势 | 96.5 | 18 | 持续↑ |
| 地质灾害防治投资额 | 13.4 | 14 | 中势 | 13.1 | 11 | 中势 | 4.6 | 11 | 中势 | 8.8 | -3 | 持续↑ |
| 水土流失治理面积 | 37.7 | 11 | 中势 | 57.8 | 5 | 优势 | 58.1 | 4 | 优势 | -20.4 | -7 | 持续↓ |
| 土地复垦面积占新增耕地面积的比重 | 4.4 | 22 | 劣势 | 4.4 | 22 | 劣势 | 4.4 | 22 | 劣势 | 0.0 | 0 | 持续→ |
| (2)环境友好竞争力 | 86.1 | 2 | 强势 | 84.6 | 2 | 强势 | 70.4 | 5 | 优势 | 15.7 | 3 | 持续↑ |
| 工业固体废物综合利用量 | 58.6 | 4 | 优势 | 57.1 | 6 | 优势 | 45.7 | 7 | 优势 | 12.9 | 3 | 持续↑ |
| 工业固体废物处置量 | 100.0 | 1 | 强势 | 100.0 | 1 | 强势 | 56.4 | 2 | 强势 | 43.6 | 1 | 持续↑ |
| 工业固体废物处置利用率 | 84.1 | 20 | 中势 | 82.9 | 19 | 中势 | 67.6 | 20 | 中势 | 16.5 | 0 | 波动→ |
| 工业用水重复利用率 | 95.7 | 9 | 优势 | 96.3 | 8 | 优势 | 96.4 | 5 | 优势 | -0.7 | -4 | 持续↓ |
| 城市污水处理率 | 89.3 | 21 | 劣势 | 88.9 | 16 | 中势 | 80.2 | 22 | 劣势 | 9.1 | 1 | 波动↓ |
| 生活垃圾无害化处理率 | 87.3 | 18 | 中势 | 80.5 | 19 | 中势 | 70.9 | 21 | 劣势 | 16.4 | 3 | 持续↑ |

表 6 – 3 – 2  2012 年辽宁省环境管理竞争力各级指标的优劣度结构表

| 二级指标 | 三级指标 | 四级指标数 | 强势指标 | | 优势指标 | | 中势指标 | | 劣势指标 | | 优劣度 |
| --- | --- | --- | --- | --- | --- | --- | --- | --- | --- | --- | --- |
| | | | 个数 | 比重（%） | 个数 | 比重（%） | 个数 | 比重（%） | 个数 | 比重（%） | |
| 环境管理竞争力 | 环境治理竞争力 | 10 | 3 | 30.0 | 4 | 40.0 | 2 | 20.0 | 1 | 10.0 | 强势 |
| | 环境友好竞争力 | 6 | 1 | 16.7 | 2 | 33.3 | 2 | 33.3 | 1 | 16.7 | 强势 |
| | 小　计 | 16 | 4 | 25.0 | 6 | 37.5 | 4 | 25.0 | 2 | 12.5 | 强势 |

2010～2012 年辽宁省环境管理竞争力的综合排位呈现持续上升趋势，2012 年排名第 1 位，比 2010 年上升了 6 位，在全国处于上游区。

从环境管理竞争力的要素指标变化趋势来看，环境治理竞争力和环境友好竞争力 2 个指标都呈上升趋势。

从环境管理竞争力的基础指标分布来看，在 16 个基础指标中，指标的优劣度结构为 25.0∶37.5∶25.0∶12.5。强势和优势指标所占比重显著大于劣势指标的比重，表明强势和优势指标占主导地位。

### 6.3.2　辽宁省环境管理竞争力比较分析

图 6 – 3 – 1 将 2010～2012 年辽宁省环境管理竞争力与全国最高水平和平均水平进行比较。由图可知，评价期内辽宁省环境管理竞争力得分普遍高于 53 分，且呈波动上升趋势，说明辽宁省环境管理竞争力保持较高水平。

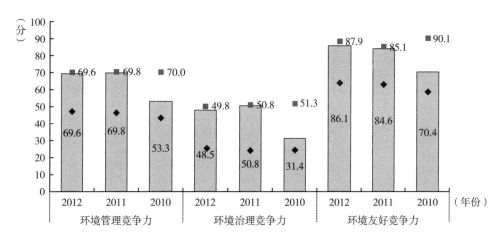

图 6 – 3 – 1　2010～2012 年辽宁省环境管理竞争力指标得分比较

从环境管理竞争力的整体得分比较来看，2010 年，辽宁省环境管理竞争力得分与全国最高分相比还有 16.7 分的差距，但与全国平均分相比，则高出 9.9 分；到 2012 年，辽宁省环境管理竞争力是全国最高分，高出全国平均分 22.6 分。总的来看，2010～2012 年辽宁省环境管理竞争力与最高分的差距呈缩小趋势，继续保持全国较高水平。

从环境管理竞争力的要素得分比较来看，2012 年，辽宁省环境治理竞争力和环境友好竞争力的得分分别为48.5分和86.1分，分别比最高分低1.3分和1.8分，但分别高于平均分23.3分和22.1分；与2010年相比，辽宁省环境治理竞争力得分与最高分的差距缩小了18.6分，环境友好竞争力得分与最高分的差距缩小了17.9分。

### 6.3.3 辽宁省环境管理竞争力变化动因分析

二级指标环境管理竞争力的变化是三级要素指标变化综合作用的结果，而三级要素指标变化又是四级基础指标变化作用的结果。三级和四级指标的变动情况如表6-3-1所示。

从要素指标来看，辽宁省环境管理竞争力的2个要素指标中，环境治理竞争力的排名上升了4位，环境友好竞争力的排名上升了3位，在指标排位上升的作用下，辽宁省环境管理竞争力上升了6位，其中环境治理竞争力是推动环境管理竞争力上升的主要动力。

从基础指标来看，辽宁省环境管理竞争力的16个基础指标中，上升指标有8个，占指标总数的50.0%，平均分布在环境治理竞争力和环境友好竞争力指标组；下降指标有6个，占指标总数的37.5%，主要分布在环境治理竞争力指标组。排位上升的指标数量大于排位下降的指标数量，2012年辽宁省环境管理竞争力排名上升了6位。

## 6.4 辽宁省环境影响竞争力评价分析

### 6.4.1 辽宁省环境影响竞争力评价结果

2010~2012年辽宁省环境影响竞争力排位和排位变化情况及其下属2个三级指标和21个四级指标的评价结果，如表6-4-1所示；环境影响竞争力各级指标的优劣势情况，如表6-4-2所示。

表6-4-1 2010~2012年辽宁省环境影响竞争力各级指标的得分、排名及优劣度分析表

| 指标项目 | 2012年 | | | 2011年 | | | 2010年 | | | 综合变化 | | |
|---|---|---|---|---|---|---|---|---|---|---|---|---|
| | 得分 | 排名 | 优劣度 | 得分 | 排名 | 优劣度 | 得分 | 排名 | 优劣度 | 得分变化 | 排名变化 | 趋势变化 |
| **环境影响竞争力** | 63.4 | 27 | 劣势 | 73.7 | 10 | 优势 | 72.2 | 18 | 中势 | -8.8 | -9 | 波动↓ |
| (1)环境安全竞争力 | 64.1 | 27 | 劣势 | 82.9 | 6 | 优势 | 74.7 | 16 | 中势 | -10.6 | -11 | 波动↓ |
| 自然灾害受灾面积 | 85.9 | 9 | 优势 | 82.8 | 10 | 优势 | 76.5 | 13 | 中势 | 9.4 | 4 | 持续↑ |
| 自然灾害绝收面积占受灾面积比重 | 67.2 | 19 | 中势 | 52.2 | 23 | 劣势 | 61.6 | 26 | 劣势 | 5.6 | 7 | 持续↑ |
| 自然灾害直接经济损失 | 49.0 | 27 | 劣势 | 90.1 | 9 | 优势 | 67.7 | 18 | 中势 | -18.8 | -9 | 波动↓ |
| 发生地质灾害起数 | 12.8 | 29 | 劣势 | 96.7 | 23 | 劣势 | 97.5 | 12 | 中势 | -84.7 | -17 | 持续↓ |
| 地质灾害直接经济损失 | 0.0 | 31 | 劣势 | 94.7 | 23 | 劣势 | 70.7 | 22 | 中势 | -70.7 | -9 | 持续↓ |
| 地质灾害防治投资额 | 13.8 | 14 | 中势 | 1.1 | 28 | 劣势 | 4.6 | 11 | 中势 | 9.2 | -3 | 波动↓ |
| 突发环境事件次数 | 92.2 | 21 | 劣势 | 99.0 | 7 | 优势 | 93.8 | 23 | 劣势 | -1.6 | 2 | 波动↑ |

续表

| 指　　　项　目标 | 2012 年 | | | 2011 年 | | | 2010 年 | | | 综合变化 | | |
|---|---|---|---|---|---|---|---|---|---|---|---|---|
| | 得分 | 排名 | 优劣度 | 得分 | 排名 | 优劣度 | 得分 | 排名 | 优劣度 | 得分变化 | 排名变化 | 趋势变化 |
| 森林火灾次数 | 94.5 | 17 | 中势 | 93.8 | 12 | 中势 | 97.7 | 15 | 中势 | -3.2 | -2 | 波动↓ |
| 森林火灾火场总面积 | 95.4 | 15 | 中势 | 97.8 | 8 | 优势 | 98.6 | 15 | 中势 | -3.2 | 0 | 波动→ |
| 受火灾森林面积 | 97.4 | 16 | 中势 | 95.7 | 13 | 中势 | 99.2 | 13 | 中势 | -1.7 | -3 | 持续↓ |
| 森林病虫鼠害发生面积 | 59.6 | 28 | 劣势 | 93.8 | 29 | 劣势 | 36.3 | 29 | 劣势 | 23.3 | 1 | 持续↑ |
| 森林病虫鼠害防治率 | 86.1 | 8 | 优势 | 89.5 | 6 | 优势 | 85.2 | 10 | 优势 | 0.9 | 2 | 波动↑ |
| （2）环境质量竞争力 | 62.9 | 25 | 劣势 | 67.1 | 22 | 劣势 | 70.4 | 24 | 劣势 | -7.5 | -1 | 波动↓ |
| 人均工业废气排放量 | 50.8 | 26 | 劣势 | 55.4 | 26 | 劣势 | 76.3 | 26 | 劣势 | -25.4 | 0 | 持续→ |
| 人均二氧化硫排放量 | 70.4 | 19 | 中势 | 74.5 | 18 | 中势 | 60.0 | 24 | 劣势 | 10.5 | 5 | 波动↑ |
| 人均工业烟（粉）尘排放量 | 49.5 | 25 | 劣势 | 58.9 | 25 | 劣势 | 59.8 | 26 | 劣势 | -10.3 | 1 | 持续↑ |
| 人均工业废水排放量 | 39.4 | 26 | 劣势 | 39.6 | 27 | 劣势 | 62.9 | 23 | 劣势 | -23.5 | -3 | 波动↓ |
| 人均生活污水排放量 | 65.0 | 23 | 劣势 | 68.5 | 22 | 劣势 | 71.5 | 25 | 劣势 | -6.5 | 2 | 波动↑ |
| 人均化学需氧量排放量 | 65.4 | 18 | 中势 | 66.6 | 17 | 中势 | 69.7 | 26 | 劣势 | -4.4 | 8 | 波动↑ |
| 人均工业固体废物排放量 | 84.8 | 27 | 劣势 | 95.4 | 21 | 劣势 | 98.6 | 14 | 中势 | -13.8 | -13 | 持续↓ |
| 人均化肥施用量 | 64.7 | 14 | 中势 | 64.3 | 14 | 中势 | 62.4 | 13 | 中势 | 2.3 | -1 | 持续↓ |
| 人均农药施用量 | 73.0 | 19 | 中势 | 78.7 | 19 | 中势 | 72.5 | 23 | 劣势 | 0.4 | 4 | 持续↑ |

表 6 - 4 - 2　2012 年辽宁省环境影响竞争力各级指标的优劣度结构表

| 二级指标 | 三级指标 | 四级指标数 | 强势指标 | | 优势指标 | | 中势指标 | | 劣势指标 | | 优劣度 |
|---|---|---|---|---|---|---|---|---|---|---|---|
| | | | 个数 | 比重（%） | 个数 | 比重（%） | 个数 | 比重（%） | 个数 | 比重（%） | |
| 环境影响竞争力 | 环境安全竞争力 | 12 | 0 | 0.0 | 2 | 16.7 | 5 | 41.7 | 5 | 41.7 | 劣势 |
| | 环境质量竞争力 | 9 | 0 | 0.0 | 0 | 0.0 | 4 | 44.4 | 5 | 55.6 | 劣势 |
| | 小　　计 | 21 | 0 | 0.0 | 2 | 9.5 | 9 | 42.9 | 10 | 47.6 | 劣势 |

2010 ~ 2012 年辽宁省环境影响竞争力的综合排位呈现波动下降趋势，2012 年排名第 27 位，比 2010 年排位下降了 9 位，在全国处于下游区。

从环境影响竞争力的要素指标变化趋势来看，2 个指标即环境安全竞争力、环境质量竞争力都处于波动下降趋势。

从环境影响竞争力的基础指标分布来看，在 21 个基础指标中，指标的优劣度结构为 0.0∶9.5∶42.9∶47.6。强势和优势指标所占比重低于劣势指标的比重，表明劣势指标占主导地位。

## 6.4.2　辽宁省环境影响竞争力比较分析

图 6 - 4 - 1 将 2010 ~ 2012 年辽宁省环境影响竞争力与全国最高水平和平均水平进行比较。由图可知，评价期内辽宁省环境影响竞争力得分普遍低于 74 分，且呈波动下降趋势，说明辽宁省环境影响竞争力保持较低水平。

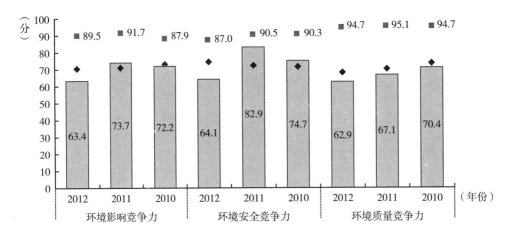

图 6 - 4 - 1　2010～2012 年辽宁省环境影响竞争力指标得分比较

从环境影响竞争力的整体得分比较来看，2010 年，辽宁省环境影响竞争力得分与全国最高分相比还有 15.7 分的差距，低于全国平均分 0.3 分；到 2012 年，辽宁省环境影响竞争力得分与全国最高分相差 26.1 分，低于全国平均分 7.2 分。总的来看，2010～2012 年辽宁省环境影响竞争力与最高分的差距呈扩大趋势。

从环境影响竞争力的要素得分比较来看，2012 年，辽宁省环境安全竞争力和环境质量竞争力的得分分别为 64.1 分和 62.9 分，比最高分低 22.9 分和 31.8 分，低于平均分 10.1 分和 5.2 分；与 2010 年相比，辽宁省环境安全竞争力得分与最高分的差距扩大了 7.2 分，环境质量竞争力得分与最高分的差距扩大了 7.5 分。

### 6.4.3　辽宁省环境影响竞争力变化动因分析

二级指标环境影响竞争力的变化是三级要素指标变化综合作用的结果，而三级要素指标变化又是四级基础指标变化作用的结果。三级和四级指标的变动情况如表 6 - 4 - 1 所示。

从要素指标来看，辽宁省环境影响竞争力的 2 个要素指标中，环境安全竞争力的排名下降了 11 位，环境质量竞争力的排名下降了 1 位，受指标排位下降的综合影响，辽宁省环境影响竞争力排名呈波动下降，环境安全竞争力是环境影响竞争力下降的主要因素。

从基础指标来看，辽宁省环境影响竞争力的 21 个基础指标中，上升指标有 10 个，占指标总数的 47.6%，平均分布在环境安全竞争力和环境质量竞争力指标组；下降指标有 9 个，占指标总数的 42.9%，主要分布在环境安全竞争力指标组。排位上升的指标数量大于排位下降的指标数量，但受其他外部因素的综合影响，2012 年辽宁省环境影响竞争力排名呈波动下降趋势。

## 6.5　辽宁省环境协调竞争力评价分析

### 6.5.1　辽宁省环境协调竞争力评价结果

2010～2012 年辽宁省环境协调竞争力排位和排位变化情况及其下属 2 个三级指标和 19

个四级指标的评价结果，如表 6 - 5 - 1 所示；环境协调竞争力各级指标的优劣势情况，如表 6 - 5 - 2 所示。

表 6 - 5 - 1　2010～2012 年辽宁省环境协调竞争力各级指标的得分、排名及优劣度分析表

| 指标项目 | 2012 年 | | | 2011 年 | | | 2010 年 | | | 综合变化 | | |
|---|---|---|---|---|---|---|---|---|---|---|---|---|
| | 得分 | 排名 | 优劣度 | 得分 | 排名 | 优劣度 | 得分 | 排名 | 优劣度 | 得分变化 | 排名变化 | 趋势变化 |
| **环境协调竞争力** | 60.7 | 17 | 中势 | 62.3 | 10 | 优势 | 65.0 | 3 | 强势 | -4.3 | -14 | 持续↓ |
| （1）人口与环境协调竞争力 | 42.6 | 28 | 劣势 | 52.9 | 14 | 中势 | 47.9 | 26 | 劣势 | -5.3 | -2 | 波动↓ |
| 　人口自然增长率与工业废气排放量增长率比差 | 0.0 | 31 | 劣势 | 92.5 | 4 | 优势 | 92.2 | 5 | 优势 | -92.2 | -26 | 波动↓ |
| 　人口自然增长率与工业废水排放量增长率比差 | 41.6 | 28 | 劣势 | 23.7 | 30 | 劣势 | 55.6 | 26 | 劣势 | -14.0 | -2 | 波动↓ |
| 　人口自然增长率与工业固体废物排放量增长率比差 | 25.7 | 28 | 劣势 | 00.0 | 1 | 强势 | 36.2 | 27 | 劣势 | -10.5 | -1 | 波动↓ |
| 　人口自然增长率与能源消费量增长率比差 | 83.8 | 12 | 中势 | 65.2 | 25 | 劣势 | 42.9 | 29 | 劣势 | 40.9 | 17 | 持续↑ |
| 　人口密度与人均水资源量比差 | 6.9 | 19 | 中势 | 6.8 | 19 | 中势 | 7.6 | 18 | 中势 | -0.7 | -1 | 持续↓ |
| 　人口密度与人均耕地面积比差 | 22.8 | 19 | 中势 | 22.8 | 19 | 中势 | 22.9 | 19 | 中势 | -0.1 | 0 | 持续→ |
| 　人口密度与森林覆盖率比差 | 60.1 | 14 | 中势 | 60.1 | 15 | 中势 | 60.1 | 15 | 中势 | -0.1 | 1 | 持续↑ |
| 　人口密度与人均矿产基础储量比差 | 16.7 | 13 | 中势 | 17.5 | 12 | 中势 | 17.9 | 11 | 中势 | -1.1 | -2 | 持续↓ |
| 　人口密度与人均能源生产量比差 | 98.9 | 2 | 强势 | 99.2 | 2 | 强势 | 100.0 | 2 | 强势 | -1.1 | 0 | 持续→ |
| （2）经济与环境协调竞争力 | 72.6 | 9 | 优势 | 68.4 | 13 | 中势 | 76.2 | 3 | 强势 | -3.5 | -6 | 波动↓ |
| 　工业增加值增长率与工业废气排放量增长率比差 | 92.3 | 8 | 优势 | 61.9 | 18 | 中势 | 71.0 | 19 | 中势 | 21.3 | 11 | 持续↑ |
| 　工业增加值增长率与工业废水排放量增长率比差 | 87.7 | 7 | 优势 | 35.1 | 20 | 中势 | 94.2 | 3 | 强势 | -6.4 | -4 | 波动↓ |
| 　工业增加值增长率与工业固体废物排放量增长率比差 | 70.1 | 21 | 劣势 | 55.3 | 21 | 劣势 | 76.2 | 11 | 中势 | -6.1 | -10 | 持续↓ |
| 　地区生产总值增长率与能源消费量增长率比差 | 48.0 | 25 | 劣势 | 82.9 | 12 | 中势 | 92.1 | 6 | 优势 | -44.1 | -19 | 持续↓ |
| 　人均工业增加值与人均水资源量比差 | 47.5 | 25 | 劣势 | 45.9 | 25 | 劣势 | 47.0 | 23 | 劣势 | 0.5 | -2 | 持续↑ |
| 　人均工业增加值与人均耕地面积比差 | 70.5 | 16 | 中势 | 69.3 | 17 | 中势 | 70.0 | 17 | 中势 | 0.6 | 1 | 持续↑ |
| 　人均工业增加值与人均工业废气排放量比差 | 95.2 | 3 | 强势 | 00.0 | 1 | 强势 | 84.8 | 4 | 优势 | 10.4 | 1 | 波动↑ |
| 　人均工业增加值与森林覆盖率比差 | 98.7 | 2 | 强势 | 97.8 | 2 | 强势 | 98.8 | 2 | 强势 | -0.1 | 0 | 持续→ |
| 　人均工业增加值与人均矿产基础储量比差 | 53.1 | 23 | 劣势 | 52.7 | 23 | 劣势 | 53.3 | 24 | 劣势 | -0.3 | 1 | 持续↑ |
| 　人均工业增加值与人均能源生产量比差 | 70.2 | 9 | 优势 | 74.2 | 7 | 优势 | 76.2 | 8 | 优势 | -6.0 | -1 | 波动↓ |

表 6 - 5 - 2　2012 年辽宁省环境协调竞争力各级指标的优劣度结构表

| 二级指标 | 三级指标 | 四级指标数 | 强势指标 | | 优势指标 | | 中势指标 | | 劣势指标 | | 优劣度 |
|---|---|---|---|---|---|---|---|---|---|---|---|
| | | | 个数 | 比重（%） | 个数 | 比重（%） | 个数 | 比重（%） | 个数 | 比重（%） | |
| 环境协调竞争力 | 人口与环境协调竞争力 | 9 | 1 | 11.1 | 0 | 0.0 | 5 | 55.6 | 3 | 33.3 | 劣势 |
| | 经济与环境协调竞争力 | 10 | 2 | 20.0 | 3 | 30.0 | 1 | 10.0 | 4 | 40.0 | 优势 |
| | 小　　计 | 19 | 3 | 15.8 | 3 | 15.8 | 6 | 31.6 | 7 | 36.8 | 中势 |

　　2010～2012 年辽宁省环境协调竞争力的综合排位呈现持续下降趋势，2012 年排名第 17 位，比 2010 年下降了 14 位，在全国处于中游区。

　　从环境协调竞争力的要素指标变化趋势来看，人口与环境协调竞争力和经济与环境协调

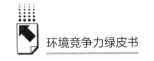

竞争力2个指标都呈现波动下降趋势。

从环境协调竞争力的基础指标分布来看，在19个基础指标中，指标的优劣度结构为15.8∶15.8∶31.6∶36.8。强势和优势指标所占比重低于劣势指标的比重，表明劣势指标占主导地位。

### 6.5.2 辽宁省环境协调竞争力比较分析

图6-5-1将2010~2012年辽宁省环境协调竞争力与全国最高水平和平均水平进行比较。由图可知，评价期内辽宁省环境协调竞争力得分普遍高于60分，但呈持续下降趋势，说明辽宁省环境协调竞争力正在下降。

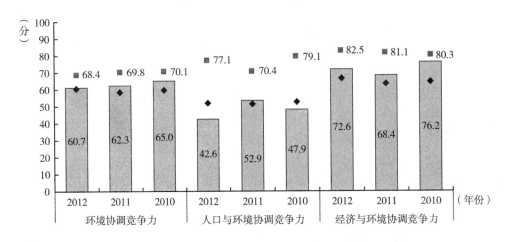

图6-5-1 2010~2012年辽宁省环境协调竞争力指标得分比较

从环境协调竞争力的整体得分比较来看，2010年，辽宁省环境协调竞争力得分与全国最高分相比还有5.1分的差距，但与全国平均分相比，则高出5.6分；到2012年，辽宁省环境协调竞争力得分与全国最高分的差距拉大为7.7分，但仍高于全国平均分0.4分。总的来看，2010~2012年辽宁省环境协调竞争力与最高分的差距呈扩大趋势，在全国处于中游地位。

从环境协调竞争力的要素得分比较来看，2012年，辽宁省人口与环境协调竞争力和经济与环境协调竞争力的得分分别为42.6分和72.6分，比最高分低34.5分和9.9分，但分别低于平均分8.7分和高于平均分6.3分；与2010年相比，辽宁省人口与环境协调竞争力得分与最高分的差距扩大了3.3分，经济与环境协调竞争力得分与最高分的差距扩大了5.8分。

### 6.5.3 辽宁省环境协调竞争力变化动因分析

二级指标环境协调竞争力的变化是三级要素指标变化综合作用的结果，而三级要素指标变化又是四级基础指标变化作用的结果。三级和四级指标的变动情况如表6-5-1所示。

从要素指标来看，辽宁省环境协调竞争力的2个要素指标中，人口与环境协调竞争力的排名波动下降了2位，经济与环境协调竞争力的排名波动下降了6位，受指标排位下降的综合影响，辽宁省环境协调竞争力下降 14 位。

从基础指标来看，辽宁省环境协调竞争力的 19 个基础指标中，上升指标有 6 个，占指标总数的 31.6%，主要分布在经济与环境协调竞争力指标组；下降指标有 10 个，占指标总数的 52.6%，平均分布在人口与环境协调竞争力和经济与环境协调竞争力指标组。排位上升的指标数量小于排位下降的指标数量，2012 年辽宁省环境协调竞争力排名持续下降了 14 位。

## 6.6 辽宁省环境竞争力总体评述

从对辽宁省环境竞争力及其 5 个二级指标在全国的排位变化和指标结构的综合分析来看，虽然"十二五"中期（2010～2012 年）环境竞争力中上升指标的数量小于下降指标的数量，但受其他外部因素的综合影响，2012 年辽宁省环境竞争力的排位上升了 1 位，在全国居第 1 位。

### 6.6.1 辽宁省环境竞争力概要分析

辽宁省环境竞争力在全国所处的位置及变化如表 6 - 6 - 1 所示，5 个二级指标的得分和排位变化如表 6 - 6 - 2 所示。

表 6 - 6 - 1 2010～2012 年辽宁省环境竞争力一级指标比较表

| 项目　　　年份 | 2012 | 2011 | 2010 |
|---|---|---|---|
| 排名 | 1 | 1 | 2 |
| 所属区位 | 上游 | 上游 | 上游 |
| 得分 | 58.2 | 59.5 | 56.3 |
| 全国最高分 | 58.2 | 59.5 | 60.1 |
| 全国平均分 | 51.3 | 50.8 | 50.4 |
| 与最高分的差距 | 0.0 | 0.0 | - 3.8 |
| 与平均分的差距 | 6.9 | 8.7 | 5.9 |
| 优劣度 | 强势 | 强势 | 强势 |
| 波动趋势 | 保持 | 上升 | — |

表 6 - 6 - 2 2010～2012 年辽宁省环境竞争力二级指标比较表

| 项目　年份 | 生态环境竞争力 | | 资源环境竞争力 | | 环境管理竞争力 | | 环境影响竞争力 | | 环境协调竞争力 | | 环境竞争力 | |
|---|---|---|---|---|---|---|---|---|---|---|---|---|
| | 得分 | 排名 | 得分 | 排名 | 得分 | 排名 | 得分 | 排名 | 得分 | 排名 | 得分 | 排名 |
| 2010 | 55.5 | 2 | 43.8 | 13 | 53.3 | 7 | 72.2 | 18 | 65.0 | 3 | 56.3 | 2 |
| 2011 | 51.1 | 7 | 46.1 | 14 | 69.8 | 1 | 73.7 | 10 | 62.3 | 10 | 59.5 | 1 |
| 2012 | 52.5 | 7 | 46.2 | 12 | 69.6 | 1 | 63.4 | 27 | 60.7 | 17 | 58.2 | 1 |
| 得分变化 | - 3.0 | — | 2.4 | — | 16.3 | — | - 8.8 | — | - 4.3 | — | 1.9 | — |
| 排位变化 | — | - 5 | — | 1 | — | 6 | — | - 9 | — | - 14 | — | 1 |
| 优劣度 | 优势 | 优势 | 中势 | 中势 | 强势 | 强势 | 劣势 | 劣势 | 中势 | 中势 | 强势 | 强势 |

（1）从指标排位变化趋势看，2012年辽宁省环境竞争力综合排名在全国处于第1位，表明其在全国处于强势地位；与2010年相比，排位上升了1位。总的来看，评价期内辽宁省环境竞争力呈持续上升趋势。

在5个二级指标中，有2个指标处于上升趋势，为资源环境竞争力和环境管理竞争力，这些是辽宁省环境竞争力的上升动力所在；有3个指标处于下降趋势，为生态环境竞争力、环境影响竞争力、环境协调竞争力。在指标排位升降的综合影响下，评价期内辽宁省环境竞争力的综合排位上升了1位，在全国排名第1位。

（2）从指标所处区位看，2012年辽宁省环境竞争力处于上游区，其中，环境管理竞争力为强势指标，生态环境竞争力为优势指标，资源环境竞争力和环境协调竞争力为中势指标，环境影响竞争力为劣势指标。

（3）从指标得分看，2012年辽宁省环境竞争力得分为58.2分，为全国最高分，比全国平均分高6.9分；与2010年相比，辽宁省环境竞争力得分上升了1.9分，与当年最高分的差距缩小了，但与全国平均分的差距扩大了。

2012年，辽宁省环境竞争力二级指标的得分均高于46分，与2010年相比，得分上升最多的为环境管理竞争力，上升了16.3分；得分下降最多的为环境影响竞争力，下降了8.8分。

### 6.6.2  辽宁省环境竞争力各级指标动态变化分析

2010～2012年辽宁省环境竞争力各级指标的动态变化及其结构，如图6-6-1和表6-6-3所示。

从图6-6-1可以看出，辽宁省环境竞争力的四级指标中上升指标的比例大于下降指标，表明上升指标居于主导地位。表6-6-3中的数据进一步说明，辽宁省环境竞争力的130个四级指标中，上升的指标有43个，占指标总数的33.1%；保持的指标有49个，占指标总数的37.7%；下降的指标为38个，占指标总数的29.2%。上升指标的数量大于下降指标的数量，上升的动力大于下降的拉力，评价期内辽宁省环境竞争力排位上升了1位，在全国居第1位。

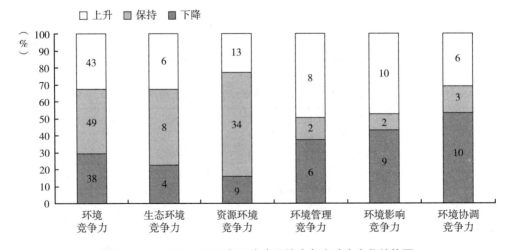

图6-6-1  2010～2012年辽宁省环境竞争力动态变化结构图

表 6-6-3　2010~2012 年辽宁省环境竞争力各级指标排位变化态势比较表

| 二级指标 | 三级指标 | 四级指标数 | 上升指标 | | 保持指标 | | 下降指标 | | 变化趋势 |
| --- | --- | --- | --- | --- | --- | --- | --- | --- | --- |
| | | | 个数 | 比重(%) | 个数 | 比重(%) | 个数 | 比重(%) | |
| 生态环境竞争力 | 生态建设竞争力 | 9 | 3 | 33.3 | 5 | 55.6 | 1 | 11.1 | 持续↓ |
| | 生态效益竞争力 | 9 | 3 | 33.3 | 3 | 33.3 | 3 | 33.3 | 持续↓ |
| | 小　计 | 18 | 6 | 33.3 | 8 | 44.4 | 4 | 22.2 | 持续↓ |
| 资源环境竞争力 | 水环境竞争力 | 11 | 3 | 27.3 | 6 | 54.5 | 2 | 18.2 | 波动↑ |
| | 土地环境竞争力 | 13 | 2 | 15.4 | 11 | 84.6 | 0 | 0.0 | 持续↑ |
| | 大气环境竞争力 | 8 | 1 | 12.5 | 2 | 25.0 | 5 | 62.5 | 持续↑ |
| | 森林环境竞争力 | 8 | 2 | 25.0 | 6 | 75.0 | 0 | 0.0 | 持续↑ |
| | 矿产环境竞争力 | 9 | 2 | 22.2 | 6 | 66.7 | 1 | 11.1 | 持续→ |
| | 能源环境竞争力 | 7 | 3 | 42.9 | 3 | 42.9 | 1 | 14.3 | 持续↑ |
| | 小　计 | 56 | 13 | 23.2 | 34 | 60.7 | 9 | 16.1 | 波动↑ |
| 环境管理竞争力 | 环境治理竞争力 | 10 | 4 | 40.0 | 1 | 10.0 | 5 | 50.0 | 波动↑ |
| | 环境友好竞争力 | 6 | 4 | 66.7 | 1 | 16.7 | 1 | 16.7 | 持续↑ |
| | 小　计 | 16 | 8 | 50.0 | 2 | 12.5 | 6 | 37.5 | 持续↑ |
| 环境影响竞争力 | 环境安全竞争力 | 12 | 5 | 41.7 | 1 | 8.3 | 6 | 50.0 | 波动↓ |
| | 环境质量竞争力 | 9 | 5 | 55.6 | 1 | 11.1 | 3 | 33.3 | 波动↓ |
| | 小　计 | 21 | 10 | 47.6 | 2 | 9.5 | 9 | 42.9 | 波动↓ |
| 环境协调竞争力 | 人口与环境协调竞争力 | 9 | 2 | 22.2 | 2 | 22.2 | 5 | 55.6 | 波动↓ |
| | 经济与环境协调竞争力 | 10 | 4 | 40.0 | 1 | 10.0 | 5 | 50.0 | 波动↓ |
| | 小　计 | 19 | 6 | 31.6 | 3 | 15.8 | 10 | 52.6 | 持续↓ |
| 合　计 | | 130 | 43 | 33.1 | 49 | 37.7 | 38 | 29.2 | 持续↑ |

### 6.6.3　辽宁省环境竞争力各级指标变化动因分析

2012 年辽宁省环境竞争力各级指标的优劣势变化及其结构，如图 6-6-2 和表 6-6-4 所示。

从图 6-6-2 可以看出，2012 年辽宁省环境竞争力的四级指标中强势和优势指标的比例大于劣势指标，表明强势和优势指标居于主导地位。表 6-6-4 中的数据进一步说明，2012 年辽宁省环境竞争力的 130 个四级指标中，强势指标有 15 个，占指标总数的 11.5%；优势指标为 29 个，占指标总数的 22.3%；中势指标 51 个，占指标总数的 39.2%；劣势指标有 35 个，占指标总数的 26.9%；强势指标和优势指标之和占指标总数的 33.8%，数量与比重均大于劣势指标。从三级指标来看，四级指标中强势指标和优势指标之和占四级指标总数一半以上的有生态建设竞争力、矿产环境竞争力和环境治理竞争力，共计 3 个指标，占三级指标总数的 21.4%。反映到二级指标上来，强势指标有 1 个，占二级指标总数的 20%，优势指标有 1 个，占二级指标总数的 20%，中势指标有 2 个，占二级指标总数的 40%，劣势指标有 1 个，占二级指标总数的 20%。这保证了辽宁省环境竞争力的强势地位，在全国位居第 1 位，处于上游区。

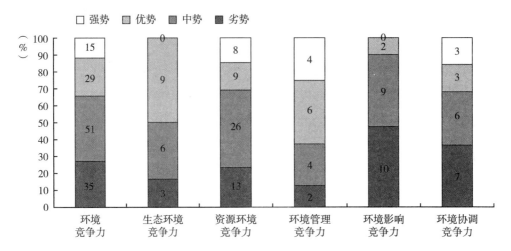

图6-6-2 2012年辽宁省环境竞争力优劣度结构图

表6-6-4 2012年辽宁省环境竞争力各级指标优劣度比较表

| 二级指标 | 三级指标 | 四级指标数 | 强势指标 | | 优势指标 | | 中势指标 | | 劣势指标 | | 优劣度 |
|---|---|---|---|---|---|---|---|---|---|---|---|
| | | | 个数 | 比重（%） | 个数 | 比重（%） | 个数 | 比重（%） | 个数 | 比重（%） | |
| 生态环境竞争力 | 生态建设竞争力 | 9 | 0 | 0.0 | 6 | 66.7 | 2 | 22.2 | 1 | 11.1 | 优势 |
| | 生态效益竞争力 | 9 | 0 | 0.0 | 3 | 33.3 | 4 | 44.4 | 2 | 22.2 | 中势 |
| | 小　计 | 18 | 0 | 0.0 | 9 | 50.0 | 6 | 33.3 | 3 | 16.7 | 优势 |
| 资源环境竞争力 | 水环境竞争力 | 11 | 3 | 27.3 | 1 | 9.1 | 6 | 54.5 | 1 | 9.1 | 劣势 |
| | 土地环境竞争力 | 13 | 0 | 0.0 | 5 | 38.5 | 6 | 46.2 | 2 | 15.4 | 中势 |
| | 大气环境竞争力 | 8 | 0 | 0.0 | 0 | 0.0 | 2 | 25.0 | 6 | 75.0 | 劣势 |
| | 森林环境竞争力 | 8 | 0 | 0.0 | 2 | 25.0 | 5 | 62.5 | 1 | 12.5 | 中势 |
| | 矿产环境竞争力 | 9 | 4 | 44.4 | 1 | 11.1 | 3 | 33.3 | 1 | 11.1 | 强势 |
| | 能源环境竞争力 | 7 | 1 | 14.3 | 0 | 0.0 | 4 | 57.1 | 2 | 28.6 | 中势 |
| | 小　计 | 56 | 8 | 14.3 | 9 | 16.1 | 26 | 46.4 | 13 | 23.2 | 中势 |
| 环境管理竞争力 | 环境治理竞争力 | 10 | 3 | 30.0 | 4 | 40.0 | 2 | 20.0 | 1 | 10.0 | 强势 |
| | 环境友好竞争力 | 6 | 1 | 16.7 | 2 | 33.3 | 2 | 33.3 | 1 | 16.7 | 强势 |
| | 小　计 | 16 | 4 | 25.0 | 6 | 37.5 | 4 | 25.0 | 2 | 12.5 | 强势 |
| 环境影响竞争力 | 环境安全竞争力 | 12 | 0 | 0.0 | 2 | 16.7 | 5 | 41.7 | 5 | 41.7 | 劣势 |
| | 环境质量竞争力 | 9 | 0 | 0.0 | 0 | 0.0 | 4 | 44.4 | 5 | 55.6 | 劣势 |
| | 小　计 | 21 | 0 | 0.0 | 2 | 9.5 | 9 | 42.9 | 10 | 47.6 | 劣势 |
| 环境协调竞争力 | 人口与环境协调竞争力 | 9 | 1 | 11.1 | 0 | 0.0 | 5 | 55.6 | 3 | 33.3 | 劣势 |
| | 经济与环境协调竞争力 | 10 | 2 | 20.0 | 3 | 30.0 | 1 | 10.0 | 4 | 40.0 | 优势 |
| | 小　计 | 19 | 3 | 15.8 | 3 | 15.8 | 6 | 31.6 | 7 | 36.8 | 中势 |
| 合　计 | | 130 | 15 | 11.5 | 29 | 22.3 | 51 | 39.2 | 35 | 26.9 | 强势 |

为了进一步明确影响辽宁省环境竞争力变化的具体因素，也便于对相关指标进行深入分析，从而为提升辽宁省环境竞争力提供决策参考，表6-6-5列出了环境竞争力指标体系中直接影响辽宁省环境竞争力升降的强势指标、优势指标和劣势指标。

表6-6-5　2012年辽宁省环境竞争力四级指标优劣度统计表

| 指标 | 强势指标 | 优势指标 | 劣势指标 |
|---|---|---|---|
| 生态环境竞争力（18个） | （0个） | 国家级生态示范区个数、公园面积、园林绿地面积、绿化覆盖面积、自然保护区个数、自然保护区面积占土地总面积比重、工业废水排放强度、工业废水中化学需氧量排放强度、工业废水中氨氮排放强度（9个） | 野生动物种源繁育基地数、工业固体废物排放强度、农药施用强度（3个） |
| 资源环境竞争力（56个） | 用水总量、用水消耗量、耗水率、主要黑色金属矿产基础储量、人均主要黑色金属矿产基础储量、主要有色金属矿产基础储量、人均主要有色金属矿产基础储量、能源生产弹性系数（8个） | 城市再生水利用率、园地面积、人均园地面积、土地资源利用效率、单位建设用地非农产业增加值、当年新增种草面积、人工林面积、造林总面积、主要非金属矿产基础储量（9个） | 工业废水排放总量、土地总面积、建设用地面积、工业废气排放总量、地均工业废气排放量、工业烟（粉）尘排放总量、地均工业烟（粉）尘排放量、工业二氧化硫排放总量、地均二氧化硫排放量、天然林比重、工业固体废物产生量、能源消费总量、单位地区生产总值能耗（13个） |
| 环境管理竞争力（16个） | 环境污染治理投资总额、环境污染治理投资总额占地方生产总值比重、本年矿山恢复面积、工业固体废物处置量（4个） | 废气治理设施年运行费用、废水治理设施处理能力、废水治理设施年运行费用、矿山环境恢复治理投入资金、工业固体废物综合利用量、工业用水重复利用率（6个） | 土地复垦面积占新增耕地面积的比重、城市污水处理率（2个） |
| 环境影响竞争力（21个） | （0个） | 自然灾害受灾面积、森林病虫鼠害防治率（2个） | 自然灾害直接经济损失、发生地质灾害起数、地质灾害直接经济损失、突发环境事件次数、森林病虫鼠害发生面积、人均工业废气排放量、人均工业烟（粉）尘排放量、人均工业废水排放量、人均生活污水排放量、人均工业固体废物排放量（10个） |
| 环境协调竞争力（19个） | 人口密度与人均能源生产量比差、人均工业增加值与人均工业废气排放量比差、人均工业增加值与森林覆盖率比差（3个） | 工业增加值增长率与工业废气排放量增长率比差、工业增加值增长率与工业废水排放量增长率比差、人均工业增加值与人均能源生产量比差（3个） | 人口自然增长率与工业废气排放量增长率比差、人口自然增长率与工业废水排放量增长率比差、人口自然增长率与工业固体废物排放量增长率比差、工业增加值增长率与工业固体废物排放量增长率比差、地区生产总值增长率与能源消费量增长率比差、人均工业增加值与人均水资源量比差、人均工业增加值与人均矿产基础储量比差（7个） |

# 吉林省环境竞争力评价分析报告

吉林省简称吉，位于我国东北地区中部，南隔图们江、鸭绿江与朝鲜为邻，东与俄罗斯接壤，内陆与黑龙江省、内蒙古自治区、辽宁省相接。全省总面积18.74万平方公里。2012年末总人口2750万人，人均GDP达到43415元，万元GDP能耗为0.89吨标准煤。"十二五"中期（2010~2012年），吉林省环境竞争力的综合排位呈波动下降趋势，2012年排名第22位，比2010年下降了1位，在全国处于劣势地位。

## 7.1　吉林省生态环境竞争力评价分析

### 7.1.1　吉林省生态环境竞争力评价结果

2010~2012年吉林省生态环境竞争力排位和排位变化情况及其下属2个三级指标和18个四级指标的评价结果，如表7-1-1所示；生态环境竞争力各级指标的优劣势情况，如表7-1-2所示。

表7-1-1　2010~2012年吉林省生态环境竞争力各级指标的得分、排名及优劣度分析表

| 指标项目 | 2012年 | | | 2011年 | | | 2010年 | | | 综合变化 | | |
|---|---|---|---|---|---|---|---|---|---|---|---|---|
| | 得分 | 排名 | 优劣度 | 得分 | 排名 | 优劣度 | 得分 | 排名 | 优劣度 | 得分变化 | 排名变化 | 趋势变化 |
| **生态环境竞争力** | 46.3 | 15 | 中势 | 45.9 | 15 | 中势 | 46.6 | 13 | 中势 | -0.3 | -2 | 持续↓ |
| （1）生态建设竞争力 | 21.0 | 20 | 中势 | 20.6 | 19 | 中势 | 21.2 | 20 | 中势 | -0.2 | 0 | 波动→ |
| 国家级生态示范区个数 | 17.2 | 16 | 中势 | 17.2 | 16 | 中势 | 17.2 | 16 | 中势 | 0.0 | 0 | 持续→ |
| 公园面积 | 7.2 | 21 | 劣势 | 6.5 | 21 | 劣势 | 6.5 | 21 | 劣势 | 0.7 | 0 | 持续→ |
| 园林绿地面积 | 16.3 | 18 | 中势 | 16.7 | 18 | 中势 | 16.7 | 18 | 中势 | -0.4 | 0 | 持续→ |
| 绿化覆盖面积 | 8.9 | 22 | 劣势 | 8.9 | 21 | 劣势 | 8.9 | 21 | 劣势 | 0.0 | -1 | 持续↓ |
| 本年减少耕地面积 | 79.4 | 10 | 优势 | 79.4 | 10 | 优势 | 79.4 | 10 | 优势 | 0.0 | 0 | 持续→ |
| 自然保护区个数 | 9.6 | 22 | 劣势 | 9.3 | 21 | 劣势 | 9.3 | 21 | 劣势 | 0.3 | -1 | 持续↓ |
| 自然保护区面积占土地总面积比重 | 33.6 | 7 | 优势 | 33.3 | 8 | 优势 | 33.3 | 8 | 优势 | 0.3 | 1 | 持续↑ |
| 野生动物种源繁育基地数 | 1.4 | 24 | 劣势 | 1.5 | 19 | 中势 | 1.5 | 19 | 中势 | -0.1 | -5 | 持续↓ |
| 野生植物种源培育基地数 | 4.9 | 5 | 优势 | 1.9 | 13 | 中势 | 1.9 | 13 | 中势 | 3.0 | 8 | 持续↑ |
| （2）生态效益竞争力 | 84.3 | 10 | 优势 | 83.9 | 11 | 中势 | 84.7 | 9 | 优势 | -0.3 | -1 | 波动→ |
| 工业废气排放强度 | 91.1 | 8 | 优势 | 92.0 | 11 | 中势 | 92.0 | 11 | 中势 | -0.9 | 3 | 持续↑ |
| 工业二氧化硫排放强度 | 89.2 | 11 | 中势 | 88.6 | 12 | 中势 | 88.6 | 12 | 中势 | 0.6 | 1 | 持续↑ |

续表

| 指 标 项 目 | 2012 年 | | | 2011 年 | | | 2010 年 | | | 综合变化 | | |
|---|---|---|---|---|---|---|---|---|---|---|---|---|
| | 得分 | 排名 | 优劣度 | 得分 | 排名 | 优劣度 | 得分 | 排名 | 优劣度 | 得分变化 | 排名变化 | 趋势变化 |
| 工业烟（粉）尘排放强度 | 87.2 | 16 | 中势 | 72.5 | 20 | 中势 | 72.5 | 20 | 中势 | 14.7 | 4 | 持续↑ |
| 工业废水排放强度 | 71.2 | 12 | 中势 | 72.6 | 13 | 中势 | 72.6 | 13 | 中势 | -1.5 | 1 | 持续↑ |
| 工业废水中化学需氧量排放强度 | 90.0 | 15 | 中势 | 89.8 | 16 | 中势 | 89.8 | 16 | 中势 | 0.2 | 1 | 持续↑ |
| 工业废水中氨氮排放强度 | 93.0 | 10 | 优势 | 93.1 | 11 | 中势 | 93.1 | 11 | 中势 | -0.1 | 1 | 持续↑ |
| 工业固体废物排放强度 | 100.0 | 1 | 强势 | 100.0 | 1 | 强势 | 100.0 | 1 | 强势 | 0.0 | 0 | 持续→ |
| 化肥施用强度 | 45.4 | 22 | 劣势 | 48.9 | 22 | 劣势 | 48.9 | 22 | 劣势 | -3.6 | 0 | 持续→ |
| 农药施用强度 | 84.1 | 16 | 中势 | 88.5 | 16 | 中势 | 88.5 | 16 | 中势 | -4.4 | 0 | 持续→ |

表 7 - 1 - 2　2012 年吉林省生态环境竞争力各级指标的优劣度结构表

| 二级指标 | 三级指标 | 四级指标数 | 强势指标 | | 优势指标 | | 中势指标 | | 劣势指标 | | 优劣度 |
|---|---|---|---|---|---|---|---|---|---|---|---|
| | | | 个数 | 比重（%） | 个数 | 比重（%） | 个数 | 比重（%） | 个数 | 比重（%） | |
| 生态环境竞争力 | 生态建设竞争力 | 9 | 0 | 0.0 | 3 | 33.3 | 2 | 22.2 | 4 | 44.4 | 中势 |
| | 生态效益竞争力 | 9 | 1 | 11.1 | 2 | 22.2 | 5 | 55.6 | 1 | 11.1 | 优势 |
| | 小　计 | 18 | 1 | 5.6 | 5 | 27.8 | 7 | 38.9 | 5 | 27.8 | 中势 |

　　2010～2012 年吉林省生态环境竞争力的综合排位呈现持续下降趋势，2012 年排名第 15 位，比 2010 年下降了 2 位，在全国处于中游区。

　　从生态环境竞争力要素指标的变化趋势来看，有 1 个指标处于波动保持趋势，即生态建设竞争力；有 1 个指标处于波动下降趋势，为生态效益竞争力。

　　从生态环境竞争力基础指标的优劣度结构来看，在 18 个基础指标中，指标的优劣度结构为 5.6:27.8:38.9:27.8。中势指标所占比重大于强势和优势指标的比重，表明中势指标占主导地位。

## 7.1.2　吉林省生态环境竞争力比较分析

　　图 7 - 1 - 1 将 2010～2012 年吉林省生态环境竞争力与全国最高水平和平均水平进行比较。由图可知，评价期内吉林省生态环境竞争力得分普遍高于 45 分，且与全国平均水平差距不大，说明吉林省生态环境竞争力处于中等水平。

　　从生态环境竞争力的整体得分比较来看，2010 年，吉林省生态环境竞争力得分与全国最高分相比有 19.1 分的差距，但与全国平均分相比，则高出 0.2 分；到了 2012 年，吉林省生态环境竞争力得分与全国最高分的差距缩小为 18.8 分，高于全国平均分 0.9 分。总的来看，2010～2012 年吉林省生态环境竞争力与最高分的差距呈缩小趋势，表明生态建设和生态效益水平不断提升。

　　从生态环境竞争力的要素得分比较来看，2012 年，吉林省生态建设竞争力和生态效益

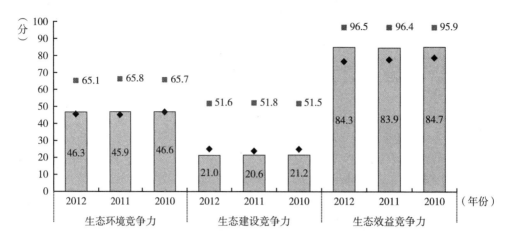

图 7 - 1 - 1　　2010 ~ 2012 年吉林省生态环境竞争力指标得分比较

竞争力的得分分别为21.0 分和84.3 分，分别比最高分低30.6 分和12.2 分，分别低于平均分3.7 分和高于平均分7.7 分；与2010 年相比，吉林省生态建设竞争力得分与最高分的差距扩大了0.3 分，生态效益竞争力得分与最高分的差距扩大了1.0 分。

### 7.1.3　吉林省生态环境竞争力变化动因分析

　　二级指标生态环境竞争力的变化是三级要素指标变化综合作用的结果，而三级要素指标变化又是四级基础指标变化作用的结果。三级和四级指标的变动情况如表7 - 1 - 1 所示。

　　从要素指标来看，吉林省生态环境竞争力的2 个要素指标中，生态建设竞争力的排名保持不变，生态效益竞争力的排名下降了1 位，受此影响，吉林省生态环境竞争力持续下降了2 位。

　　从基础指标来看，吉林省生态环境竞争力的18 个基础指标中，上升指标有8 个，占指标总数的44.4%，主要分布在生态效益竞争力指标组；下降指标有3 个，占指标总数的16.7%，主要分布在生态建设竞争力指标组。上升指标的数量大于下降指标的数量，但受其他外部因素的综合影响，评价期内吉林省生态环境竞争力排名下降了2 位。

## 7.2　吉林省资源环境竞争力评价分析

### 7.2.1　吉林省资源环境竞争力评价结果

　　2010 ~ 2012 年吉林省资源环境竞争力排位和排位变化情况及其下属6 个三级指标和56 个四级指标的评价结果，如表7 - 2 - 1 所示；资源环境竞争力各级指标的优劣势情况，如表7 - 2 - 2 所示。

表7-2-1 2010～2012年吉林省资源环境竞争力各级指标的得分、排名及优劣度分析表

| 指标项目 | 2012年 | | | 2011年 | | | 2010年 | | | 综合变化 | | |
|---|---|---|---|---|---|---|---|---|---|---|---|---|
| | 得分 | 排名 | 优劣度 | 得分 | 排名 | 优劣度 | 得分 | 排名 | 优劣度 | 得分变化 | 排名变化 | 趋势变化 |
| **资源环境竞争力** | 47.0 | 10 | 优势 | 46.7 | 11 | 中势 | 45.6 | 10 | 优势 | 1.4 | 0 | 波动→ |
| （1）水环境竞争力 | 43.7 | 25 | 劣势 | 42.7 | 24 | 劣势 | 43.4 | 23 | 劣势 | 0.3 | -2 | 持续↓ |
| 水资源总量 | 10.7 | 19 | 中势 | 7.0 | 23 | 劣势 | 14.8 | 16 | 中势 | -4.0 | -3 | 波动↓ |
| 人均水资源量 | 1.1 | 16 | 中势 | 0.7 | 19 | 中势 | 1.6 | 13 | 中势 | -0.5 | -3 | 波动↓ |
| 降水量 | 19.8 | 17 | 中势 | 12.6 | 23 | 劣势 | 20.1 | 18 | 中势 | -0.3 | 1 | 波动↑ |
| 供水总量 | 18.8 | 19 | 中势 | 20.3 | 19 | 中势 | 19.5 | 21 | 劣势 | -0.7 | 2 | 持续↑ |
| 用水总量 | 97.7 | 1 | 强势 | 97.6 | 1 | 强势 | 97.6 | 1 | 强势 | 0.1 | 0 | 持续→ |
| 用水消耗量 | 98.9 | 1 | 强势 | 98.7 | 1 | 强势 | 98.4 | 1 | 强势 | 0.5 | 0 | 持续→ |
| 耗水率 | 41.9 | 1 | 强势 | 41.9 | 1 | 强势 | 40.0 | 1 | 强势 | 1.9 | 0 | 持续→ |
| 节灌率 | 9.0 | 27 | 劣势 | 5.6 | 27 | 劣势 | 3.6 | 29 | 劣势 | 5.4 | 2 | 持续↑ |
| 城市再生水利用率 | 1.9 | 22 | 劣势 | 1.8 | 21 | 劣势 | 0.8 | 15 | 中势 | 1.1 | -7 | 持续↓ |
| 工业废水排放总量 | 81.1 | 14 | 中势 | 83.1 | 14 | 中势 | 85.6 | 13 | 中势 | -4.5 | -1 | 持续↓ |
| 生活污水排放量 | 89.1 | 10 | 优势 | 88.4 | 10 | 优势 | 86.4 | 13 | 中势 | 2.8 | 3 | 持续↑ |
| （2）土地环境竞争力 | 25.5 | 18 | 中势 | 26.2 | 17 | 中势 | 25.9 | 17 | 中势 | -0.4 | -1 | 持续↓ |
| 土地总面积 | 10.9 | 13 | 中势 | 10.9 | 13 | 中势 | 10.9 | 13 | 中势 | 0.0 | 0 | 持续→ |
| 耕地面积 | 45.9 | 8 | 优势 | 45.9 | 8 | 优势 | 45.9 | 8 | 优势 | 0.0 | 0 | 持续→ |
| 人均耕地面积 | 64.2 | 3 | 强势 | 64.3 | 3 | 强势 | 64.3 | 3 | 强势 | 0.0 | 0 | 持续→ |
| 牧草地面积 | 1.6 | 11 | 中势 | 1.6 | 11 | 中势 | 1.6 | 11 | 中势 | 0.0 | 0 | 持续→ |
| 人均牧草地面积 | 0.2 | 11 | 中势 | 0.2 | 11 | 中势 | 0.2 | 11 | 中势 | 0.0 | 0 | 持续→ |
| 园地面积 | 11.3 | 24 | 劣势 | 11.3 | 24 | 劣势 | 11.3 | 24 | 劣势 | 0.0 | 0 | 持续→ |
| 人均园地面积 | 5.9 | 22 | 劣势 | 5.8 | 22 | 劣势 | 5.7 | 22 | 劣势 | 0.1 | 0 | 持续→ |
| 土地资源利用效率 | 2.0 | 20 | 中势 | 1.9 | 20 | 中势 | 1.7 | 20 | 中势 | 0.3 | 0 | 持续→ |
| 建设用地面积 | 59.2 | 18 | 中势 | 59.2 | 18 | 中势 | 59.2 | 18 | 中势 | 0.0 | 0 | 持续→ |
| 单位建设用地非农产业增加值 | 6.6 | 23 | 劣势 | 6.1 | 24 | 劣势 | 5.7 | 22 | 劣势 | 0.9 | -1 | 波动↓ |
| 单位耕地面积农业增加值 | 7.5 | 24 | 劣势 | 8.1 | 24 | 劣势 | 8.7 | 24 | 劣势 | -1.2 | 0 | 持续→ |
| 沙化土地面积占土地总面积的比重 | 91.6 | 20 | 中势 | 91.6 | 20 | 中势 | 91.6 | 20 | 中势 | 0.0 | 0 | 持续→ |
| 当年新增种草面积 | 13.2 | 9 | 优势 | 22.8 | 6 | 优势 | 19.1 | 7 | 优势 | -5.9 | -2 | 波动↓ |
| （3）大气环境竞争力 | 83.4 | 4 | 优势 | 82.4 | 8 | 优势 | 82.9 | 4 | 优势 | 0.6 | 0 | 波动→ |
| 工业废气排放总量 | 84.9 | 8 | 优势 | 86.3 | 9 | 优势 | 85.4 | 7 | 优势 | -0.5 | -1 | 波动↓ |
| 地均工业废气排放量 | 97.4 | 9 | 优势 | 97.4 | 10 | 优势 | 97.8 | 10 | 优势 | -0.5 | 1 | 持续↑ |
| 工业烟（粉）尘排放总量 | 81.6 | 10 | 优势 | 70.7 | 20 | 中势 | 67.2 | 13 | 中势 | 14.4 | 3 | 波动↑ |
| 地均工业烟（粉）尘排放量 | 89.6 | 10 | 优势 | 81.6 | 18 | 中势 | 82.9 | 11 | 中势 | 6.7 | 1 | 波动↑ |
| 工业二氧化硫排放总量 | 77.2 | 7 | 优势 | 77.7 | 7 | 优势 | 78.3 | 8 | 优势 | -1.0 | 1 | 持续↑ |
| 地均二氧化硫排放量 | 93.8 | 10 | 优势 | 94.1 | 10 | 优势 | 95.4 | 9 | 优势 | -1.6 | -1 | 持续↓ |
| 全省设区市优良天数比例 | 74.8 | 16 | 中势 | 78.7 | 14 | 中势 | 78.7 | 14 | 中势 | -3.9 | -2 | 波动↓ |
| 可吸入颗粒物（PM10）浓度 | 69.1 | 15 | 中势 | 72.5 | 13 | 中势 | 76.9 | 11 | 中势 | -7.8 | -4 | 持续↓ |
| （4）森林环境竞争力 | 39.7 | 11 | 中势 | 39.8 | 11 | 中势 | 40.5 | 11 | 中势 | -0.8 | 0 | 持续→ |
| 林业用地面积 | 19.2 | 14 | 中势 | 19.2 | 14 | 中势 | 19.2 | 14 | 中势 | 0.0 | 0 | 持续→ |
| 森林面积 | 31.0 | 12 | 中势 | 31.0 | 12 | 中势 | 31.0 | 12 | 中势 | 0.0 | 0 | 持续→ |
| 森林覆盖率 | 59.8 | 9 | 优势 | 59.8 | 10 | 优势 | 59.8 | 10 | 优势 | 0.0 | 1 | 持续↑ |

| 指标项目 | 2012 年 | | | 2011 年 | | | 2010 年 | | | 综合变化 | | |
|---|---|---|---|---|---|---|---|---|---|---|---|---|
| | 得分 | 排名 | 优劣度 | 得分 | 排名 | 优劣度 | 得分 | 排名 | 优劣度 | 得分变化 | 排名变化 | 趋势变化 |
| 人工林面积 | 28.4 | 19 | 中势 | 28.4 | 19 | 中势 | 28.4 | 19 | 中势 | 0.0 | 0 | 持续→ |
| 天然林比重 | 80.0 | 8 | 优势 | 80.0 | 8 | 优势 | 80.0 | 8 | 优势 | 0.0 | 0 | 持续→ |
| 造林总面积 | 3.5 | 28 | 劣势 | 4.9 | 27 | 劣势 | 12.3 | 23 | 劣势 | −8.8 | −5 | 持续↓ |
| 森林蓄积量 | 37.6 | 6 | 优势 | 37.6 | 6 | 优势 | 37.6 | 6 | 优势 | 0.0 | 0 | 持续→ |
| 活立木总蓄积量 | 38.8 | 6 | 优势 | 38.8 | 6 | 优势 | 38.8 | 6 | 优势 | 0.0 | 0 | 持续→ |
| （5）矿产环境竞争力 | 15.2 | 15 | 中势 | 13.7 | 19 | 中势 | 13.1 | 22 | 劣势 | 2.1 | 7 | 持续↑ |
| 主要黑色金属矿产基础储量 | 6.9 | 13 | 中势 | 4.7 | 14 | 中势 | 3.1 | 14 | 中势 | 3.9 | 1 | 持续↑ |
| 人均主要黑色金属矿产基础储量 | 11.1 | 9 | 优势 | 7.5 | 13 | 中势 | 4.9 | 15 | 中势 | 6.2 | 6 | 持续↑ |
| 主要有色金属矿产基础储量 | 12.3 | 14 | 中势 | 10.2 | 15 | 中势 | 10.8 | 13 | 中势 | 1.6 | −1 | 波动↑ |
| 人均主要有色金属矿产基础储量 | 19.7 | 10 | 优势 | 16.2 | 10 | 优势 | 17.1 | 10 | 优势 | 2.5 | 0 | 持续→ |
| 主要非金属矿产基础储量 | 0.1 | 22 | 劣势 | 0.1 | 23 | 劣势 | 0.1 | 23 | 劣势 | 0.0 | 1 | 持续→ |
| 人均主要非金属矿产基础储量 | 0.1 | 23 | 劣势 | 0.1 | 23 | 劣势 | 0.1 | 23 | 劣势 | 0.0 | 0 | 持续→ |
| 主要能源矿产基础储量 | 1.1 | 19 | 中势 | 1.2 | 18 | 中势 | 1.5 | 20 | 中势 | −0.4 | 1 | 持续↑ |
| 人均主要能源矿产基础储量 | 1.5 | 18 | 中势 | 1.6 | 18 | 中势 | 1.5 | 18 | 中势 | 0.0 | 0 | 持续→ |
| 工业固体废物产生量 | 90.3 | 9 | 优势 | 88.7 | 11 | 中势 | 85.4 | 12 | 中势 | 5.0 | 3 | 持续↑ |
| （6）能源环境竞争力 | 74.9 | 10 | 优势 | 75.0 | 12 | 中势 | 67.7 | 6 | 优势 | 7.2 | −4 | 波动↓ |
| 能源生产总量 | 92.8 | 16 | 中势 | 93.3 | 16 | 中势 | 92.5 | 13 | 中势 | 0.3 | −3 | 持续↓ |
| 能源消费总量 | 75.8 | 11 | 中势 | 75.6 | 12 | 中势 | 76.3 | 13 | 中势 | −0.4 | 2 | 持续↑ |
| 单位地区生产总值能耗 | 61.5 | 17 | 中势 | 63.3 | 21 | 劣势 | 58.2 | 17 | 中势 | 3.3 | 0 | 波动→ |
| 单位地区生产总值电耗 | 93.6 | 3 | 强势 | 90.6 | 5 | 优势 | 91.4 | 3 | 强势 | 2.2 | 0 | 波动→ |
| 单位工业增加值能耗 | 67.8 | 13 | 中势 | 72.2 | 12 | 中势 | 64.9 | 14 | 中势 | 2.9 | 1 | 波动↑ |
| 能源生产弹性系数 | 49.5 | 23 | 劣势 | 68.8 | 16 | 中势 | 48.8 | 19 | 中势 | 0.6 | −4 | 波动↓ |
| 能源消费弹性系数 | 85.8 | 7 | 优势 | 63.3 | 20 | 中势 | 45.6 | 2 | 强势 | 40.2 | −5 | 波动↓ |

表 7－2－2　2012 年吉林省资源环境竞争力各级指标的优劣度结构表

| 二级指标 | 三级指标 | 四级指标数 | 强势指标 | | 优势指标 | | 中势指标 | | 劣势指标 | | 优劣度 |
|---|---|---|---|---|---|---|---|---|---|---|---|
| | | | 个数 | 比重（％） | 个数 | 比重（％） | 个数 | 比重（％） | 个数 | 比重（％） | |
| 资源环境竞争力 | 水环境竞争力 | 11 | 3 | 27.3 | 1 | 9.1 | 5 | 45.5 | 2 | 18.2 | 劣势 |
| | 土地环境竞争力 | 13 | 1 | 7.7 | 2 | 15.4 | 6 | 46.2 | 4 | 30.8 | 中势 |
| | 大气环境竞争力 | 8 | 0 | 0.0 | 6 | 75.0 | 2 | 25.0 | 0 | 0.0 | 优势 |
| | 森林环境竞争力 | 8 | 0 | 0.0 | 4 | 50.0 | 3 | 37.5 | 1 | 12.5 | 中势 |
| | 矿产环境竞争力 | 9 | 0 | 0.0 | 3 | 33.3 | 4 | 44.4 | 2 | 22.2 | 中势 |
| | 能源环境竞争力 | 7 | 1 | 14.3 | 1 | 14.3 | 4 | 57.1 | 1 | 14.3 | 优势 |
| 小　计 | | 56 | 5 | 8.9 | 17 | 30.4 | 24 | 42.9 | 10 | 17.9 | 优势 |

2010～2012 年吉林省资源环境竞争力的综合排位呈波动保持，2012 年排名第 10 位，与 2010 年排位相同，在全国处于上游区。

从资源环境竞争力的要素指标变化趋势来看，有 1 个指标处于上升趋势，即矿产环境竞争力；有 2 个指标处于保持趋势，为森林环境竞争力、大气环境竞争力；有 3 个指标处于下降趋势，为水环境竞争力、土地环境竞争力、能源环境竞争力。

从资源环境竞争力的基础指标分布来看，在 56 个基础指标中，指标的优劣度结构为 8.9∶30.4∶42.9∶17.9，强势和优势指标所占比重显著高于劣势指标的比重。

### 7.2.2 吉林省资源环境竞争力比较分析

图 7 - 2 - 1 将 2010 ~ 2012 年吉林省资源环境竞争力与全国最高水平和平均水平进行比较。由图可知，评价期内吉林省资源环境竞争力得分普遍高于 45 分，且呈现持续上升趋势，说明吉林省资源环境竞争力保持较高水平。

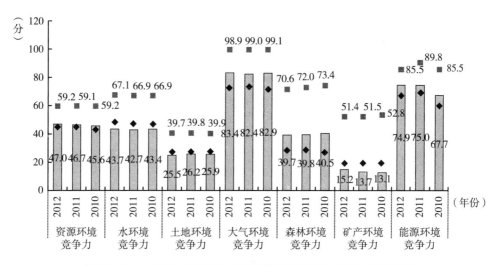

图 7 - 2 - 1 2010 ~ 2012 年吉林省资源环境竞争力指标得分比较

从资源环境竞争力的整体得分比较来看，2010 年，吉林省资源环境竞争力得分与全国最高分相比还有 13.6 分的差距，与全国平均分相比，则高了 2.7 分；到 2012 年，吉林省资源环境竞争力得分与全国最高分的差距缩小为 12.2 分，高于全国平均分 2.5 分。总的来看，2010 ~ 2012 年吉林省资源环境竞争力与最高分的差距呈缩小趋势，继续在全国处于优势地位。

从资源环境竞争力的要素得分比较来看，2012 年，吉林省水环境竞争力、土地环境竞争力、大气环境竞争力、森林环境竞争力、矿产环境竞争力和能源环境竞争力的得分分别为 43.7 分、25.5 分、83.4 分、39.7 分、15.2 分和 74.9 分，比最高分低 23.4 分、14.2 分、15.4 分、30.5 分、36.2 分和 10.6 分；与 2010 年相比，吉林省水环境竞争力、大气环境竞争力、森林环境竞争力、矿产环境竞争力和能源环境竞争力的得分与最高分的差距都缩小了，但土地环境竞争力的得分与最高分的差距扩大了。

### 7.2.3 吉林省资源环境竞争力变化动因分析

二级指标资源环境竞争力的变化是三级要素指标变化综合作用的结果，而三级要素指标变化又是四级基础指标变化作用的结果。三级和四级指标的变动情况如表 7 - 2 - 1 所示。

从要素指标来看，吉林省资源环境竞争力的 6 个要素指标中，只有矿产环境竞争力的排位出现了上升，而水环境竞争力、土地环境竞争力、能源环境竞争力的排位呈下降趋势，森林环境竞争力、大气环境竞争力呈保持趋势，受指标排位升降的综合影响，吉林省资源环境竞争力呈波动保持趋势。

从基础指标来看，吉林省资源环境竞争力的 56 个基础指标中，上升指标有 16 个，占指标总数的 28.6%，主要分布在矿产环境竞争力等指标组；下降指标有 15 个，占指标总数的 26.8%，主要分布在水环境竞争力和大气环境竞争力等指标组。排位下降的指标数量略低于排位上升的指标数量，其余的 25 个指标呈波动保持或持续保持，2012 年吉林省资源环境竞争力排名呈波动保持。

## 7.3 吉林省环境管理竞争力评价分析

### 7.3.1 吉林省环境管理竞争力评价结果

2010～2012 年吉林省环境管理竞争力排位和排位变化情况及其下属 2 个三级指标和 16 个四级指标的评价结果，如表 7-3-1 所示；环境管理竞争力各级指标的优劣势情况，如表 7-3-2 所示。

表 7-3-1  2010～2012 年吉林省环境管理竞争力各级指标的得分、排名及优劣度分析表

| 指标项目 | 2012 年 | | | 2011 年 | | | 2010 年 | | | 综合变化 | | |
|---|---|---|---|---|---|---|---|---|---|---|---|---|
| | 得分 | 排名 | 优劣度 | 得分 | 排名 | 优劣度 | 得分 | 排名 | 优劣度 | 得分变化 | 排名变化 | 趋势变化 |
| **环境管理竞争力** | 35.1 | 27 | 劣势 | 37.0 | 26 | 劣势 | 35.0 | 26 | 劣势 | 0.1 | -1 | 持续↓ |
| （1）环境治理竞争力 | 12.2 | 27 | 劣势 | 15.4 | 23 | 劣势 | 17.2 | 22 | 劣势 | -4.9 | -5 | 持续↓ |
| 环境污染治理投资总额 | 13.5 | 26 | 劣势 | 12.5 | 25 | 劣势 | 8.8 | 20 | 中势 | 4.8 | -6 | 持续↓ |
| 环境污染治理投资总额占地方生产总值比重 | 13.9 | 25 | 劣势 | 8.7 | 25 | 劣势 | 45.5 | 15 | 中势 | -31.6 | -10 | 持续↓ |
| 废气治理设施年运行费用 | 6.5 | 26 | 劣势 | 8.3 | 27 | 劣势 | 8.3 | 28 | 劣势 | -1.8 | 2 | 持续↑ |
| 废水治理设施处理能力 | 12.9 | 19 | 中势 | 5.4 | 21 | 劣势 | 8.5 | 24 | 劣势 | 4.4 | 5 | 持续↑ |
| 废水治理设施年运行费用 | 9.5 | 23 | 劣势 | 7.7 | 25 | 劣势 | 9.4 | 24 | 劣势 | 0.1 | 3 | 持续↑ |
| 矿山环境恢复治理投入资金 | 16.3 | 12 | 中势 | 51.5 | 9 | 优势 | 20.6 | 11 | 中势 | -4.3 | -1 | 波动↓ |
| 本年矿山恢复面积 | 8.8 | 19 | 中势 | 0.9 | 26 | 劣势 | 1.7 | 26 | 劣势 | 7.1 | 7 | 持续↑ |
| 地质灾害防治投资额 | 3.5 | 12 | 劣势 | 1.8 | 25 | 劣势 | 0.8 | 24 | 劣势 | 2.8 | 2 | 波动↑ |
| 水土流失治理面积 | 12.7 | 22 | 劣势 | 32.4 | 14 | 中势 | 32.9 | 14 | 中势 | -20.2 | -8 | 持续↓ |
| 土地复垦面积占新增耕地面积的比重 | 24.4 | 13 | 中势 | 24.4 | 13 | 中势 | 24.4 | 13 | 中势 | 0.0 | 0 | 持续→ |
| （2）环境友好竞争力 | 52.9 | 26 | 劣势 | 53.8 | 27 | 劣势 | 48.9 | 24 | 劣势 | 4.0 | -2 | 波动↓ |
| 工业固体废物综合利用量 | 15.8 | 24 | 劣势 | 16.8 | 22 | 劣势 | 17.3 | 21 | 劣势 | -1.5 | -3 | 持续↓ |
| 工业固体废物处置量 | 4.6 | 20 | 中势 | 6.8 | 17 | 中势 | 4.8 | 17 | 中势 | -0.2 | -3 | 持续↓ |
| 工业固体废物处置利用率 | 76.3 | 25 | 劣势 | 72.9 | 26 | 劣势 | 61.9 | 26 | 劣势 | 14.4 | 1 | 持续↑ |
| 工业用水重复利用率 | 79.4 | 22 | 劣势 | 81.2 | 20 | 中势 | 77.7 | 20 | 中势 | 1.6 | -2 | 持续↓ |
| 城市污水处理率 | 87.0 | 26 | 劣势 | 87.6 | 19 | 中势 | 79.1 | 25 | 劣势 | 7.9 | -1 | 波动↓ |
| 生活垃圾无害化处理率 | 45.8 | 29 | 劣势 | 49.2 | 28 | 劣势 | 44.5 | 28 | 劣势 | 1.3 | -1 | 持续↓ |

表7-3-2 2012年吉林省环境管理竞争力各级指标的优劣度结构表

| 二级指标 | 三级指标 | 四级指标数 | 强势指标 | | 优势指标 | | 中势指标 | | 劣势指标 | | 优劣度 |
| --- | --- | --- | --- | --- | --- | --- | --- | --- | --- | --- | --- |
| | | | 个数 | 比重（%） | 个数 | 比重（%） | 个数 | 比重（%） | 个数 | 比重（%） | |
| 环境管理竞争力 | 环境治理竞争力 | 10 | 0 | 0.0 | 0 | 0.0 | 4 | 40.0 | 6 | 60.0 | 劣势 |
| | 环境友好竞争力 | 6 | 0 | 0.0 | 0 | 0.0 | 1 | 16.7 | 5 | 83.3 | 劣势 |
| | 小 计 | 16 | 0 | 0.0 | 0 | 0.0 | 5 | 31.3 | 11 | 68.8 | 劣势 |

2010~2012年吉林省环境管理竞争力的综合排位呈现持续下降趋势，2012年排名第27位，比2010年下降了1位，在全国处于下游区。

从环境管理竞争力的要素指标变化趋势来看，有1个指标处于持续下降趋势，即环境治理竞争力；有1个指标处于波动下降趋势，即环境友好竞争力。

从环境管理竞争力的基础指标分布来看，在16个基础指标中，指标的优劣度结构为0.0∶0.0∶31.3∶68.8。强势和优势指标所占比重显著小于劣势指标的比重，表明劣势指标占主导地位。

### 7.3.2 吉林省环境管理竞争力比较分析

图7-3-1将2010~2012年吉林省环境管理竞争力与全国最高水平和平均水平进行比较。由图可知，评价期内吉林省环境管理竞争力得分普遍低于37分，呈波动上升趋势，说明吉林省环境管理竞争力处于较低水平。

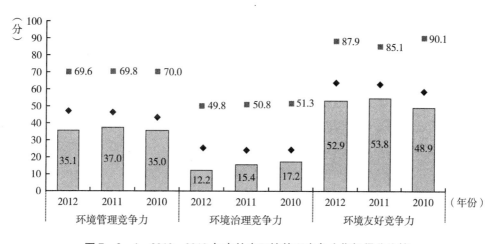

图7-3-1 2010~2012年吉林省环境管理竞争力指标得分比较

从环境管理竞争力的整体得分比较来看，2012年，吉林省环境治理竞争力和环境友好竞争力的得分分别为12.2分和52.9分，比最高分低37.6分和35.0分，且分别低于平均分13.0分和11.1分。与2010年相比，吉林省环境治理竞争力得分与最高分的差距扩大了3.5分，但环境友好竞争力得分与最高分的差距缩小了6.2分。

### 7.3.3 吉林省环境管理竞争力变化动因分析

二级指标环境管理竞争力的变化是三级要素指标变化综合作用的结果，而三级要素指标变化又是四级基础指标变化作用的结果。三级和四级指标的变动情况如表 7 - 3 - 1 所示。

从要素指标来看，吉林省环境管理竞争力的 2 个要素指标中，环境治理竞争力的排名下降了 5 位，环境友好竞争力的排名下降了 2 位，受指标排位升降的综合影响，吉林省环境管理竞争力下降了 1 位，其中环境治理竞争力是拉动环境管理竞争力下降的主要因素。

从基础指标来看，吉林省环境管理竞争力的 16 个基础指标中，上升指标有 6 个，占指标总数的 37.5%，主要分布在环境治理竞争力指标组；下降指标有 9 个，占指标总数的 56.3%，主要分布在环境友好竞争力指标组。排位上升的指标数量小于排位下降的指标数量，2012 年吉林省环境管理竞争力排名下降了 1 位。

## 7.4 吉林省环境影响竞争力评价分析

### 7.4.1 吉林省环境影响竞争力评价结果

2010~2012 年吉林省环境影响竞争力排位和排位变化情况及其下属 2 个三级指标和 21 个四级指标的评价结果，如表 7 - 4 - 1 所示；环境影响竞争力各级指标的优劣势情况，如表 7 - 4 - 2 所示。

表 7 - 4 - 1 2010~2012 年吉林省环境影响竞争力各级指标的得分、排名及优劣度分析表

| 指标 项目 | 2012 年 | | | 2011 年 | | | 2010 年 | | | 综合变化 | | |
|---|---|---|---|---|---|---|---|---|---|---|---|---|
| | 得分 | 排名 | 优劣度 | 得分 | 排名 | 优劣度 | 得分 | 排名 | 优劣度 | 得分变化 | 排名变化 | 趋势变化 |
| **环境影响竞争力** | 72.7 | 14 | 中势 | 71.2 | 17 | 中势 | 66.5 | 26 | 劣势 | 6.2 | 12 | 持续↑ |
| （1）环境安全竞争力 | 83.3 | 4 | 优势 | 77.6 | 12 | 中势 | 59.9 | 26 | 劣势 | 23.4 | 22 | 持续↑ |
| 自然灾害受灾面积 | 74.4 | 16 | 中势 | 76.3 | 13 | 中势 | 72.1 | 14 | 中势 | 2.3 | -2 | 波动↓ |
| 自然灾害绝收面积占受灾面积比重 | 95.2 | 2 | 强势 | 81.5 | 11 | 中势 | 38.2 | 27 | 劣势 | 57.1 | 25 | 持续↑ |
| 自然灾害直接经济损失 | 87.7 | 10 | 优势 | 88.7 | 10 | 优势 | 0.0 | 31 | 劣势 | 87.7 | 21 | 持续↑ |
| 发生地质灾害起数 | 99.4 | 9 | 优势 | 99.8 | 8 | 优势 | 94.8 | 19 | 中势 | 4.7 | 10 | 波动↑ |
| 地质灾害直接经济损失 | 99.8 | 10 | 优势 | 99.9 | 6 | 优势 | 21.8 | 29 | 劣势 | 78.0 | 19 | 波动↑ |
| 地质灾害防治投资额 | 4.0 | 22 | 劣势 | 1.8 | 24 | 劣势 | 0.8 | 24 | 劣势 | 3.2 | 2 | 持续↑ |
| 突发环境事件次数 | 99.5 | 5 | 优势 | 99.0 | 7 | 优势 | 98.1 | 11 | 中势 | 1.3 | 6 | 持续↑ |
| 森林火灾次数 | 95.6 | 13 | 中势 | 93.4 | 15 | 中势 | 99.3 | 8 | 优势 | -3.7 | -5 | 波动↓ |
| 森林火灾火场总面积 | 97.8 | 11 | 中势 | 26.1 | 27 | 劣势 | 99.7 | 7 | 优势 | -1.9 | -4 | 波动↓ |

| 指 标 项 目 | 2012 年 | | | 2011 年 | | | 2010 年 | | | 综合变化 | | |
|---|---|---|---|---|---|---|---|---|---|---|---|---|
| | 得分 | 排名 | 优劣度 | 得分 | 排名 | 优劣度 | 得分 | 排名 | 优劣度 | 得分变化 | 排名变化 | 趋势变化 |
| 受火灾森林面积 | 98.8 | 11 | 中势 | 98.5 | 8 | 优势 | 100.0 | 4 | 优势 | -1.2 | -7 | 持续↓ |
| 森林病虫鼠害发生面积 | 84.3 | 10 | 优势 | 97.9 | 9 | 优势 | 79.3 | 10 | 优势 | 5.0 | 0 | 波动→ |
| 森林病虫鼠害防治率 | 75.7 | 13 | 中势 | 87.0 | 9 | 优势 | 28.9 | 27 | 劣势 | 46.8 | 14 | 波动↑ |
| （2）环境质量竞争力 | 65.1 | 24 | 劣势 | 66.6 | 25 | 劣势 | 71.2 | 22 | 劣势 | -6.1 | -2 | 波动↓ |
| 人均工业废气排放量 | 75.9 | 13 | 中势 | 77.3 | 12 | 中势 | 88.6 | 15 | 中势 | -12.6 | 2 | 波动↑ |
| 人均二氧化硫排放量 | 69.7 | 20 | 中势 | 73.8 | 20 | 中势 | 78.8 | 13 | 中势 | -9.1 | -7 | 持续↓ |
| 人均工业烟（粉）尘排放量 | 75.4 | 19 | 中势 | 60.1 | 24 | 劣势 | 70.7 | 24 | 劣势 | 4.6 | 5 | 持续↑ |
| 人均工业废水排放量 | 50.9 | 21 | 劣势 | 56.4 | 17 | 中势 | 69.0 | 13 | 中势 | -18.1 | -8 | 持续↓ |
| 人均生活污水排放量 | 77.6 | 10 | 优势 | 77.7 | 15 | 中势 | 78.8 | 19 | 中势 | -1.1 | 9 | 持续↑ |
| 人均化学需氧量排放量 | 65.9 | 16 | 中势 | 66.5 | 18 | 中势 | 68.6 | 27 | 劣势 | -2.7 | 11 | 持续↑ |
| 人均工业固体废物排放量 | 100.0 | 1 | 强势 | 100.0 | 1 | 强势 | 100.0 | 1 | 强势 | 0.0 | 0 | 持续→ |
| 人均化肥施用量 | 13.6 | 29 | 劣势 | 15.6 | 28 | 劣势 | 14.2 | 28 | 劣势 | -0.6 | -1 | 持续↓ |
| 人均农药施用量 | 60.9 | 25 | 劣势 | 71.6 | 23 | 劣势 | 73.1 | 21 | 劣势 | -12.2 | -4 | 持续↓ |

**表 7-4-2　2012 年吉林省环境影响竞争力各级指标的优劣度结构表**

| 二级指标 | 三级指标 | 四级指标数 | 强势指标 | | 优势指标 | | 中势指标 | | 劣势指标 | | 优劣度 |
|---|---|---|---|---|---|---|---|---|---|---|---|
| | | | 个数 | 比重（%） | 个数 | 比重（%） | 个数 | 比重（%） | 个数 | 比重（%） | |
| 环境影响竞争力 | 环境安全竞争力 | 12 | 1 | 8.3 | 5 | 41.7 | 5 | 41.7 | 1 | 8.3 | 优势 |
| | 环境质量竞争力 | 9 | 1 | 11.1 | 1 | 11.1 | 4 | 44.4 | 3 | 33.3 | 劣势 |
| | 小　　计 | 21 | 2 | 9.5 | 6 | 28.6 | 9 | 42.9 | 4 | 19.0 | 中势 |

2010～2012 年吉林省环境影响竞争力的综合排位呈现持续上升趋势，2012 年排名第 14 位，比 2010 年排位上升了 12 位，由全国下游区升入中游区。

从环境影响竞争力的要素指标变化趋势来看，环境安全竞争力处于持续上升趋势，环境质量竞争力处于波动下降趋势。

从环境影响竞争力的基础指标分布来看，在 21 个基础指标中，指标的优劣度结构为 9.5∶28.6∶42.9∶19.0。中势指标所占比重高于强势和优势指标的比重，表明中势指标占主导地位。

### 7.4.2　吉林省环境影响竞争力比较分析

图 7-4-1 将 2010～2012 年吉林省环境影响竞争力与全国最高水平和平均水平进行比较。由图可知，评价期内吉林省环境影响竞争力得分由低于全国平均水平上升为高于全国平均水平，且呈持续上升趋势，说明吉林省环境影响竞争力水平趋于提高。

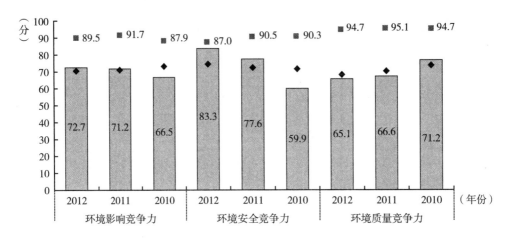

图 7 - 4 - 1　2010 ~ 2012 年吉林省环境影响竞争力指标得分比较

从环境影响竞争力的整体得分比较来看，2010 年，吉林省环境影响竞争力得分与全国最高分相比还有 21.4 分的差距，与全国平均分相比，低了 5.9 分；到 2012 年，吉林省环境影响竞争力得分与全国最高分相差 16.8 分，高于全国平均分 2.1 分。总的来看，2010 ~ 2012 年吉林省环境影响竞争力与最高分的差距呈缩小趋势。

从环境影响竞争力的要素得分比较来看，2012 年，吉林省环境安全竞争力和环境质量竞争力的得分分别为 83.3 分和 65.1 分，比最高分低 3.7 分和 29.6 分，前者高出平均分 9.1 分，后者低于平均分 2.9 分；与 2010 年相比，吉林省环境安全竞争力得分与最高分的差距缩小了 26.7 分，环境质量竞争力得分与最高分的差距扩大了 6.1 分。

### 7.4.3　吉林省环境影响竞争力变化动因分析

二级指标环境影响竞争力的变化是三级要素指标变化综合作用的结果，而三级要素指标变化又是四级基础指标变化作用的结果。三级和四级指标的变动情况如表 7 - 4 - 1 所示。

从要素指标来看，吉林省环境影响竞争力的 2 个要素指标中，环境安全竞争力的排名上升了 22 位，环境质量竞争力的排名下降了 2 位，受指标排位升降的综合影响，吉林省环境影响竞争力排名呈上升趋势，其中环境安全竞争力是环境影响竞争力排位上升的主要因素。

从基础指标来看，吉林省环境影响竞争力的 21 个基础指标中，上升指标有 11 个，占指标总数的 52.4%，主要分布在环境安全竞争力指标组；下降指标有 8 个，占指标总数的 38.1%，平均分布在环境安全竞争力和环境质量竞争力指标组。排位上升的指标数量大于排位下降的指标数量，2012 年吉林省环境影响竞争力排名呈现持续上升趋势。

## 7.5　吉林省环境协调竞争力评价分析

### 7.5.1　吉林省环境协调竞争力评价结果

2010 ~ 2012 年吉林省环境协调竞争力排位和排位变化情况及其下属 2 个三级指标和 19

个四级指标的评价结果，如表 7 - 5 - 1 所示；环境协调竞争力各级指标的优劣势情况，如表 7 - 5 - 2 所示。

表 7 - 5 - 1　2010～2012 年吉林省环境协调竞争力各级指标的得分、排名及优劣度分析表

| 指标项目 | 2012 年 | | | 2011 年 | | | 2010 年 | | | 综合变化 | | |
|---|---|---|---|---|---|---|---|---|---|---|---|---|
| | 得分 | 排名 | 优劣度 | 得分 | 排名 | 优劣度 | 得分 | 排名 | 优劣度 | 得分变化 | 排名变化 | 趋势变化 |
| 环境协调竞争力 | 58.5 | 24 | 劣势 | 64.8 | 4 | 优势 | 63.8 | 5 | 优势 | - 5.3 | - 19 | 波动↓ |
| (1) 人口与环境协调竞争力 | 48.8 | 25 | 劣势 | 58.5 | 3 | 强势 | 56.0 | 9 | 优势 | - 7.2 | - 16 | 波动↓ |
| 　人口自然增长率与工业废气排放量增长率比差 | 24.0 | 27 | 劣势 | 100.0 | 1 | 强势 | 95.4 | 2 | 强势 | - 71.4 | - 25 | 波动↓ |
| 　人口自然增长率与工业废水排放量增长率比差 | 32.0 | 29 | 劣势 | 55.3 | 25 | 劣势 | 61.4 | 23 | 劣势 | - 29.4 | - 6 | 持续↓ |
| 　人口自然增长率与工业固体废物排放量增长率比差 | 50.7 | 20 | 中势 | 87.7 | 2 | 强势 | 56.7 | 22 | 劣势 | - 5.9 | 2 | 波动↑ |
| 　人口自然增长率与能源消费量增长率比差 | 90.1 | 4 | 优势 | 72.6 | 23 | 劣势 | 72.6 | 22 | 劣势 | 17.5 | 18 | 波动↑ |
| 　人口密度与人均水资源量比差 | 3.1 | 26 | 劣势 | 3.1 | 26 | 劣势 | 4.2 | 26 | 劣势 | - 1.0 | 0 | 持续→ |
| 　人口密度与人均耕地面积比差 | 61.5 | 4 | 优势 | 61.5 | 4 | 优势 | 61.6 | 4 | 优势 | - 0.1 | 0 | 持续→ |
| 　人口密度与森林覆盖率比差 | 64.2 | 11 | 中势 | 64.2 | 12 | 中势 | 64.3 | 12 | 中势 | - 0.1 | 1 | 持续↑ |
| 　人口密度与人均矿产基础储量比差 | 5.7 | 30 | 劣势 | 5.7 | 30 | 劣势 | 5.5 | 30 | 劣势 | 0.2 | 0 | 持续→ |
| 　人口密度与人均能源生产量比差 | 97.0 | 6 | 优势 | 97.1 | 5 | 优势 | 95.9 | 9 | 优势 | 1.1 | 3 | 波动↑ |
| (2) 经济与环境协调竞争力 | 64.9 | 20 | 中势 | 69.0 | 12 | 中势 | 69.0 | 10 | 优势 | - 4.1 | - 10 | 持续↓ |
| 　工业增加值增长率与工业废气排放量增长率比差 | 65.6 | 24 | 劣势 | 84.5 | 10 | 优势 | 100.0 | 1 | 强势 | - 34.4 | - 23 | 持续↓ |
| 　工业增加值增长率与工业废水排放量增长率比差 | 25.7 | 30 | 劣势 | 31.5 | 22 | 劣势 | 46.1 | 25 | 劣势 | - 20.5 | - 5 | 波动↓ |
| 　工业增加值增长率与工业固体废物排放量增长率比差 | 54.2 | 27 | 劣势 | 74.4 | 12 | 中势 | 49.4 | 20 | 中势 | 4.8 | - 7 | 波动↓ |
| 　地区生产总值增长率与能源消费量增长率比差 | 86.9 | 7 | 优势 | 92.9 | 5 | 优势 | 97.7 | 3 | 强势 | - 10.7 | - 4 | 持续↓ |
| 　人均工业增加值与人均水资源量比差 | 61.2 | 21 | 劣势 | 62.6 | 21 | 劣势 | 65.5 | 20 | 中势 | - 4.3 | - 1 | 持续↓ |
| 　人均工业增加值与人均耕地面积比差 | 78.0 | 14 | 中势 | 75.8 | 14 | 中势 | 74.0 | 14 | 中势 | 4.1 | 0 | 持续→ |
| 　人均工业增加值与人均工业废气排放量比差 | 67.7 | 13 | 中势 | 65.3 | 14 | 中势 | 54.1 | 14 | 中势 | 13.6 | 1 | 波动↑ |
| 　人均工业增加值与森林覆盖率比差 | 85.2 | 10 | 优势 | 83.3 | 11 | 优势 | 81.5 | 13 | 中势 | 3.6 | 3 | 持续↑ |
| 　人均工业增加值与人均矿产基础储量比差 | 58.8 | 22 | 劣势 | 60.7 | 22 | 劣势 | 62.0 | 21 | 劣势 | - 3.2 | - 1 | 持续↓ |
| 　人均工业增加值与人均能源生产量比差 | 58.3 | 14 | 中势 | 57.1 | 14 | 中势 | 57.3 | 15 | 中势 | 1.1 | 1 | 持续↑ |

表 7 - 5 - 2　2012 年吉林省环境协调竞争力各级指标的优劣度结构表

| 二级指标 | 三级指标 | 四级指标数 | 强势指标 | | 优势指标 | | 中势指标 | | 劣势指标 | | 优劣度 |
|---|---|---|---|---|---|---|---|---|---|---|---|
| | | | 个数 | 比重 (%) | 个数 | 比重 (%) | 个数 | 比重 (%) | 个数 | 比重 (%) | |
| 环境协调竞争力 | 人口与环境协调竞争力 | 9 | 0 | 0.0 | 3 | 33.3 | 2 | 22.2 | 4 | 44.4 | 劣势 |
| | 经济与环境协调竞争力 | 10 | 0 | 0.0 | 2 | 20.0 | 3 | 30.0 | 5 | 50.0 | 中势 |
| | 小　　计 | 19 | 0 | 0.0 | 5 | 26.3 | 5 | 26.3 | 9 | 47.4 | 劣势 |

　　2010～2012 年吉林省环境协调竞争力的综合排位呈现波动下降趋势，2012 年排名第 24 位，比 2010 年下降了 19 位，由全国上游区降到下游区。

　　从环境协调竞争力的要素指标变化趋势来看，有 1 个指标呈波动下降，即人口与环境协

调竞争力；有1个指标呈持续下降，为经济与环境协调竞争力。

从环境协调竞争力的基础指标分布来看，在19个基础指标中，指标的优劣度结构为0.0：26.3：26.3：47.4。强势和优势指标所占比重低于劣势指标的比重，表明劣势指标占主导地位。

### 7.5.2 吉林省环境协调竞争力比较分析

图7-5-1将2010～2012年吉林省环境协调竞争力与全国最高水平和平均水平进行比较。由图可知，评价期内吉林省环境协调竞争力得分普遍低于65分，且呈波动下降趋势，说明吉林省环境协调竞争力仍处于较低水平。

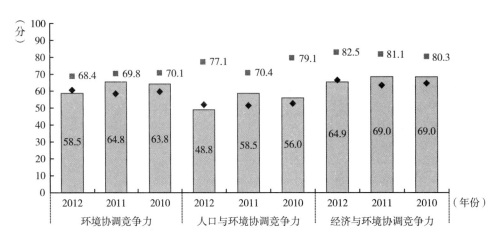

**图7-5-1 2010～2012年吉林省环境协调竞争力指标得分比较**

从环境协调竞争力的整体得分比较来看，2010年，吉林省环境协调竞争力得分与全国最高分相比还有6.3分的差距，但与全国平均分相比，则高出4.5分；到2012年，黑龙江省环境协调竞争力得分与全国最高分的差距扩大为9.9分，低于全国平均分1.9分。总的来看，2010～2012年吉林省环境协调竞争力与最高分的差距呈扩大趋势。

从环境协调竞争力的要素得分比较来看，2012年，吉林省人口与环境协调竞争力和经济与环境协调竞争力的得分分别为48.8分和64.9分，比最高分低28.3分和17.6分，分别低于平均分2.4分和1.5分；与2010年相比，吉林省人口与环境协调竞争力得分与最高分的差距扩大了5.2分，经济与环境协调竞争力得分与最高分的差距扩大了6.3分。

### 7.5.3 吉林省环境协调竞争力变化动因分析

二级指标环境协调竞争力的变化是三级要素指标变化综合作用的结果，而三级要素指标变化又是四级基础指标变化作用的结果。三级和四级指标的变动情况如表7-5-1所示。

从要素指标来看，吉林省环境协调竞争力的2个要素指标中，人口与环境协调竞争力的排名波动下降了16位，经济与环境协调竞争力的排名持续下降了10位，受指标排位升降的综合影响，吉林省环境协调竞争力下降了19位，其中人口与环境协调竞争力是环境协调竞争力排名下降的主要因素。

从基础指标来看，吉林省环境协调竞争力的 19 个基础指标中，上升指标有 7 个，占指标总数的 36.8%，主要分布在人口与环境协调竞争力指标组；下降指标有 8 个，占指标总数的 42.1%，主要分布在经济与环境协调竞争力指标组。排位上升的指标数量小于排位下降的指标数量，2012 年吉林省环境协调竞争力排名波动下降了 19 位。

## 7.6　吉林省环境竞争力总体评述

从对吉林省环境竞争力及其 5 个二级指标在全国的排位变化和指标结构的综合分析来看，"十二五"中期（2010~2012 年）环境竞争力中上升指标的数量小于下降指标的数量，上升的动力小于下降的拉力，使得 2012 年吉林省环境竞争力的排位波动下降了 1 位，在全国居第 22 位。

### 7.6.1　吉林省环境竞争力概要分析

吉林省环境竞争力在全国所处的位置及变化如表 7-6-1 所示，5 个二级指标的得分和排位变化如表 7-6-2 所示。

表 7-6-1　2010~2012 年吉林省环境竞争力一级指标比较表

| 项目　　年份 | 2012 | 2011 | 2010 |
| --- | --- | --- | --- |
| 排名 | 22 | 20 | 21 |
| 所属区位 | 下游 | 中游 | 下游 |
| 得分 | 49.1 | 50.1 | 48.7 |
| 全国最高分 | 58.2 | 59.5 | 60.1 |
| 全国平均分 | 51.3 | 50.8 | 50.4 |
| 与最高分的差距 | -9.1 | -9.4 | -11.4 |
| 与平均分的差距 | -2.2 | -0.7 | -1.7 |
| 优劣度 | 劣势 | 中势 | 劣势 |
| 波动趋势 | 下降 | 上升 | — |

表 7-6-2　2010~2012 年吉林省环境竞争力二级指标比较表

| 项目　年份 | 生态环境竞争力 | | 资源环境竞争力 | | 环境管理竞争力 | | 环境影响竞争力 | | 环境协调竞争力 | | 环境竞争力 | |
| --- | --- | --- | --- | --- | --- | --- | --- | --- | --- | --- | --- | --- |
| | 得分 | 排名 | 得分 | 排名 | 得分 | 排名 | 得分 | 排名 | 得分 | 排名 | 得分 | 排名 |
| 2010 | 46.6 | 13 | 45.6 | 10 | 35.0 | 26 | 66.5 | 26 | 63.8 | 5 | 48.7 | 21 |
| 2011 | 45.9 | 15 | 46.7 | 11 | 37.0 | 26 | 71.2 | 17 | 64.8 | 4 | 50.1 | 20 |
| 2012 | 46.3 | 15 | 47.0 | 10 | 35.1 | 27 | 72.7 | 14 | 58.5 | 24 | 49.1 | 22 |
| 得分变化 | -0.3 | — | 1.4 | — | 0.1 | — | 6.2 | — | -5.3 | — | 0.4 | — |
| 排位变化 | — | -2 | — | 0 | — | -1 | — | 12 | — | -19 | — | -1 |
| 优劣度 | 中势 | 中势 | 优势 | 优势 | 劣势 | 劣势 | 中势 | 中势 | 劣势 | 劣势 | 劣势 | 劣势 |

（1）从指标排位变化趋势看，2012 年吉林省环境竞争力综合排名在全国处于第 22 位，表明其在全国处于劣势地位；与 2010 年相比，排位下降了 1 位。总的来看，评价期内吉林省环境竞争力呈波动下降趋势。

在 5 个二级指标中，有 1 个指标处于上升趋势，为环境影响竞争力，这是吉林省环境竞争力的上升动力所在；有 3 个指标处于下降趋势，为生态环境竞争力、环境管理竞争力、环境协调竞争力，其余 1 个指标排位呈波动保持。在指标排位升降的综合影响下，评价期内吉林省环境竞争力的综合排位下降了 1 位，在全国排名第 22 位。

（2）从指标所处区位看，2012 年吉林省环境竞争力处于下游区，其中，资源环境竞争力为优势指标，生态环境竞争力、环境影响竞争力为中势指标，环境管理竞争力、环境协调竞争力为劣势指标。

（3）从指标得分看，2012 年吉林省环境竞争力得分为 49.1 分，比全国最高分低 9.1 分，比全国平均分低 2.2 分；与 2010 年相比，吉林省环境竞争力得分上升了 0.4 分，与当年最高分的差距缩小了，但与全国平均分的差距扩大了。

2012 年，吉林省环境竞争力二级指标的得分均高于 35 分，与 2010 年相比，得分上升最多的为环境影响竞争力，上升了 6.2 分；得分下降最多的为环境协调竞争力，下降了 5.3 分。

### 7.6.2 吉林省环境竞争力各级指标动态变化分析

2010～2012 年吉林省环境竞争力各级指标的动态变化及其结构，如图 7 - 6 - 1 和表 7 - 6 - 3 所示。

从图 7 - 6 - 1 可以看出，吉林省环境竞争力的四级指标中上升指标的比例大于下降指标，表明上升指标居于主导地位。表 7 - 6 - 3 中的数据进一步说明，吉林省环境竞争力的 130 个四级指标中，上升的指标有 48 个，占指标总数的 36.9%；保持的指标有 39 个，占指标总数的 30%；下降的指标为 43 个，占指标总数的 33.1%。虽然下降指标的数量小于上升指标的数量，但在外部因素的综合作用下，评价期内吉林省环境竞争力排位下降了 1 位，在全国居第 22 位。

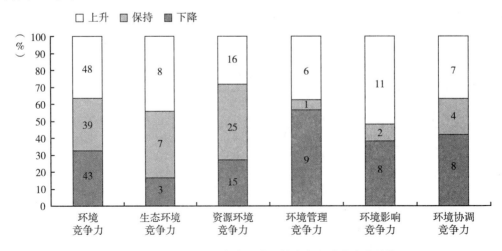

**图 7 - 6 - 1　2010～2012 年吉林省环境竞争力动态变化结构图**

表7-6-3 2010~2012年吉林省环境竞争力各级指标排位变化态势比较表

| 二级指标 | 三级指标 | 四级指标数 | 上升指标 | | 保持指标 | | 下降指标 | | 变化趋势 |
|---|---|---|---|---|---|---|---|---|---|
| | | | 个数 | 比重(%) | 个数 | 比重(%) | 个数 | 比重(%) | |
| 生态环境竞争力 | 生态建设竞争力 | 9 | 2 | 22.2 | 4 | 44.4 | 3 | 33.3 | 波动→ |
| | 生态效益竞争力 | 9 | 6 | 66.7 | 3 | 33.3 | 0 | 0.0 | 波动↓ |
| | 小　计 | 18 | 8 | 44.4 | 7 | 38.9 | 3 | 16.7 | 持续↓ |
| 资源环境竞争力 | 水环境竞争力 | 11 | 4 | 36.4 | 3 | 27.3 | 4 | 36.4 | 持续↓ |
| | 土地环境竞争力 | 13 | 0 | 0.0 | 11 | 84.6 | 2 | 15.4 | 持续↓ |
| | 大气环境竞争力 | 8 | 4 | 50.0 | 0 | 0.0 | 4 | 50.0 | 波动→ |
| | 森林环境竞争力 | 8 | 1 | 12.5 | 6 | 75.0 | 1 | 12.5 | 持续→ |
| | 矿产环境竞争力 | 9 | 5 | 55.6 | 3 | 33.3 | 1 | 11.1 | 持续↑ |
| | 能源环境竞争力 | 7 | 2 | 28.6 | 2 | 28.6 | 3 | 42.9 | 波动↓ |
| | 小　计 | 56 | 16 | 28.6 | 25 | 44.6 | 15 | 26.8 | 波动→ |
| 环境管理竞争力 | 环境治理竞争力 | 10 | 5 | 50.0 | 1 | 10.0 | 4 | 40.0 | 持续↓ |
| | 环境友好竞争力 | 6 | 1 | 16.7 | 0 | 0.0 | 5 | 83.3 | 波动↓ |
| | 小　计 | 16 | 6 | 37.5 | 1 | 6.3 | 9 | 56.3 | 持续↓ |
| 环境影响竞争力 | 环境安全竞争力 | 12 | 7 | 58.3 | 1 | 8.3 | 4 | 33.3 | 持续↑ |
| | 环境质量竞争力 | 9 | 4 | 44.4 | 1 | 11.1 | 4 | 44.4 | 波动↓ |
| | 小　计 | 21 | 11 | 52.4 | 2 | 9.5 | 8 | 38.1 | 持续↑ |
| 环境协调竞争力 | 人口与环境协调竞争力 | 9 | 4 | 44.4 | 3 | 33.3 | 2 | 22.2 | 波动↓ |
| | 经济与环境协调竞争力 | 10 | 3 | 30.0 | 1 | 10.0 | 6 | 60.0 | 持续↓ |
| | 小　计 | 19 | 7 | 36.8 | 4 | 21.1 | 8 | 42.1 | 波动↓ |
| 合　计 | | 130 | 48 | 36.9 | 39 | 30.0 | 43 | 33.1 | 波动↓ |

### 7.6.3 吉林省环境竞争力各级指标变化动因分析

2012年吉林省环境竞争力各级指标的优劣势变化及其结构，如图7-6-2和表7-6-4所示。

从图7-6-2可以看出，2012年吉林省环境竞争力的四级指标强势和优势指标的比例略大于劣势指标，表明强势和优势指标居于主导地位。表7-6-4中的数据进一步说明，2012年吉林省环境竞争力的130个四级指标中，强势指标有8个，占指标总数的6.2%；优势指标为33个，占指标总数的25.4%；中势指标50个，占指标总数的38.5%；劣势指标有39个，占指标总数的30%；强势指标和优势指标之和占指标总数的31.5%，数量与比重均大于劣势指标。从三级指标来看，四级指标中强势指标和优势指标之和占四级指标总数一半以上的有大气环境竞争力这一个指标，占三级指标总数的7.1%。反映到二级指标上来，没有强势指标，优势指标有1个，占二级指标总数的20%，中势指标有2个，占二级指标总数的40%，劣势指标有2个，占二级指标总数的40%，吉林省环境竞争力处于劣势地位，在全国位居第22位，处于下游区。

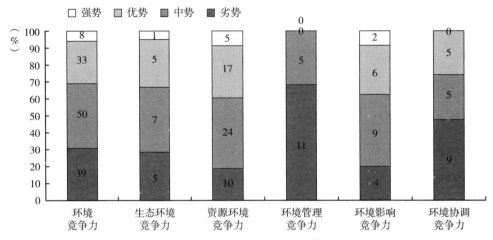

图 7-6-2　2012 年吉林省环境竞争力优劣度结构图

表 7-6-4　2012 年吉林省环境竞争力各级指标优劣度比较表

| 二级指标 | 三级指标 | 四级指标数 | 强势指标 | | 优势指标 | | 中势指标 | | 劣势指标 | | 优劣度 |
|---|---|---|---|---|---|---|---|---|---|---|---|
| | | | 个数 | 比重(%) | 个数 | 比重(%) | 个数 | 比重(%) | 个数 | 比重(%) | |
| 生态环境竞争力 | 生态建设竞争力 | 9 | 0 | 0.0 | 3 | 33.3 | 2 | 22.2 | 4 | 44.4 | 中势 |
| | 生态效益竞争力 | 9 | 1 | 11.1 | 2 | 22.2 | 5 | 55.6 | 1 | 11.1 | 优势 |
| | 小　计 | 18 | 1 | 5.6 | 5 | 27.8 | 7 | 38.9 | 5 | 27.8 | 中势 |
| 资源环境竞争力 | 水环境竞争力 | 11 | 3 | 27.3 | 1 | 9.1 | 5 | 45.5 | 2 | 18.2 | 劣势 |
| | 土地环境竞争力 | 13 | 1 | 7.7 | 2 | 15.4 | 6 | 46.2 | 4 | 30.8 | 中势 |
| | 大气环境竞争力 | 8 | 0 | 0.0 | 6 | 75.0 | 2 | 25.0 | 0 | 0.0 | 优势 |
| | 森林环境竞争力 | 8 | 0 | 0.0 | 4 | 50.0 | 3 | 37.5 | 1 | 12.5 | 中势 |
| | 矿产环境竞争力 | 9 | 0 | 0.0 | 3 | 33.3 | 4 | 44.4 | 2 | 22.2 | 中势 |
| | 能源环境竞争力 | 7 | 1 | 14.3 | 1 | 14.3 | 4 | 57.1 | 1 | 14.3 | 优势 |
| | 小　计 | 56 | 5 | 8.9 | 17 | 30.4 | 24 | 42.9 | 10 | 17.9 | 优势 |
| 环境管理竞争力 | 环境治理竞争力 | 10 | 0 | 0.0 | 0 | 0.0 | 4 | 40.0 | 6 | 60.0 | 劣势 |
| | 环境友好竞争力 | 6 | 0 | 0.0 | 0 | 0.0 | 1 | 16.7 | 5 | 83.3 | 劣势 |
| | 小　计 | 16 | 0 | 0.0 | 0 | 0.0 | 5 | 31.3 | 11 | 68.8 | 劣势 |
| 环境影响竞争力 | 环境安全竞争力 | 12 | 1 | 8.3 | 5 | 41.7 | 5 | 41.7 | 1 | 8.3 | 优势 |
| | 环境质量竞争力 | 9 | 1 | 11.1 | 1 | 11.1 | 4 | 44.4 | 3 | 33.3 | 劣势 |
| | 小　计 | 21 | 2 | 9.5 | 6 | 28.6 | 9 | 42.9 | 4 | 19.0 | 中势 |
| 环境协调竞争力 | 人口与环境协调竞争力 | 9 | 0 | 0.0 | 3 | 33.3 | 2 | 22.2 | 4 | 44.4 | 劣势 |
| | 经济与环境协调竞争力 | 10 | 0 | 0.0 | 2 | 20.0 | 3 | 30.0 | 5 | 50.0 | 中势 |
| | 小　计 | 19 | 0 | 0.0 | 5 | 26.3 | 5 | 26.3 | 9 | 47.4 | 劣势 |
| 合　计 | | 130 | 8 | 6.2 | 33 | 25.4 | 50 | 38.5 | 39 | 30.0 | 劣势 |

为了进一步明确影响吉林省环境竞争力变化的具体因素,也便于对相关指标进行深入分析,从而为提升吉林省环境竞争力提供决策参考,表 7-6-5 列出了环境竞争力指标体系中直接影响吉林省环境竞争力升降的强势指标、优势指标和劣势指标。

表7-6-5 2012年吉林省环境竞争力四级指标优劣度统计表

| 指标 | 强势指标 | 优势指标 | 劣势指标 |
|---|---|---|---|
| 生态环境竞争力（18个） | 工业固体废物排放强度（1个） | 本年减少耕地面积、自然保护区面积占土地总面积比重、野生植物种源培育基地数、工业废气排放强度、工业废水中氨氮排放强度（5个） | 公园面积、绿化覆盖面积、自然保护区个数、野生动物种源繁育基地数、化肥施用强度（5个） |
| 资源环境竞争力（56个） | 用水总量、用水消耗量、耗水率、人均耕地面积、单位地区生产总值电耗（5个） | 生活污水排放量、耕地面积、当年新增种草面积、工业废气排放总量、地均工业废气排放量、工业烟（粉）尘排放总量、地均工业烟（粉）尘排放量、工业二氧化硫排放总量、地均二氧化硫排放量、森林覆盖率、天然林比重、森林蓄积量、活立木总蓄积量、人均主要黑色金属矿产基础储量、人均主要有色金属矿产基础储量、工业固体废物产生量、能源消费弹性系数（17个） | 节灌率、城市再生水利用率、园地面积、人均园地面积、单位建设用地非农产业增加值、单位耕地面积农业增加值、造林总面积、主要非金属矿产基础储量、人均主要非金属矿产基础储量、能源生产弹性系数（10个） |
| 环境管理竞争力（16个） | （0个） | （0个） | 环境污染治理投资总额、环境污染治理投资总额占地方生产总值比重、废气治理设施年运行费用、废水治理设施年运行费用、地质灾害防治投资额、水土流失治理面积、工业固体废物综合利用量、工业固体废物处置利用率、工业用水重复利用率、城市污水处理率、生活垃圾无害化处理率（11个） |
| 环境影响竞争力（21个） | 自然灾害绝收面积占受灾面积比重、人均工业固体废物排放量（2个） | 自然灾害直接经济损失、发生地质灾害起数、地质灾害直接经济损失、突发环境事件次数、森林病虫鼠害发生面积、人均生活污水排放量（6个） | 地质灾害防治投资额、人均工业废水排放量、人均化肥施用量、人均农药施用量（4个） |
| 环境协调竞争力（19个） | （0个） | 人口自然增长率与能源消费量增长率比差、人口密度与人均耕地面积比差、人口密度与人均能源生产量比差、地区生产总值增长率与能源消费量增长率比差、人均工业增加值与森林覆盖率比差（5个） | 人口自然增长率与工业废气排放量增长率比差、人口自然增长率与工业废水排放量增长率比差、人口密度与人均水资源量比差、人口密度与人均矿产基础储量比差、工业增加值增长率与工业废气排放量增长率比差、工业增加值增长率与工业废水排放量增长率比差、工业增加值增长率与工业固体废物排放量增长率比差、人均工业增加值与人均水资源量比差、人均工业增加值与人均矿产基础储量比差（9个） |

# 黑龙江省环境竞争力评价分析报告

黑龙江省简称黑，位于我国最东北部，与俄罗斯为邻，内接内蒙古自治区、吉林省。全省面积为46万多平方公里，2012年总人口为3834万人，人均GDP达到35711元，万元GDP能耗为1.07吨标准煤。"十二五"中期（2010～2012年），黑龙江省环境竞争力的综合排位呈现波动下降趋势，2012年排名第21位，比2010年下降了2位，在全国处于劣势地位。

## 8.1 黑龙江省生态环境竞争力评价分析

### 8.1.1 黑龙江省生态环境竞争力评价结果

2010～2012年黑龙江省生态环境竞争力排位和排位变化情况及其下属2个三级指标和18个四级指标的评价结果，如表8-1-1所示；生态环境竞争力各级指标的优劣势情况，如表8-1-2所示。

表8-1-1 2010～2012年黑龙江省生态环境竞争力各级指标的得分、排名及优劣度分析表

| 指标项目 | 2012年 | | | 2011年 | | | 2010年 | | | 综合变化 | | |
|---|---|---|---|---|---|---|---|---|---|---|---|---|
| | 得分 | 排名 | 优劣度 | 得分 | 排名 | 优劣度 | 得分 | 排名 | 优劣度 | 得分变化 | 排名变化 | 趋势变化 |
| **生态环境竞争力** | 50.8 | 9 | 优势 | 52.5 | 4 | 优势 | 51.8 | 9 | 优势 | -1.1 | 0 | 波动→ |
| （1）生态建设竞争力 | 29.5 | 7 | 优势 | 29.4 | 5 | 优势 | 28.0 | 8 | 优势 | 1.6 | 1 | 波动↑ |
| 国家级生态示范区个数 | 76.6 | 2 | 强势 | 76.6 | 2 | 强势 | 76.6 | 2 | 强势 | 0.0 | 0 | 持续→ |
| 公园面积 | 14.2 | 15 | 中势 | 14.4 | 14 | 中势 | 14.4 | 14 | 中势 | -0.2 | -1 | 持续↓ |
| 园林绿地面积 | 21.2 | 13 | 中势 | 22.5 | 13 | 中势 | 22.5 | 13 | 中势 | -1.2 | 0 | 持续↓ |
| 绿化覆盖面积 | 17.1 | 12 | 中势 | 16.6 | 12 | 中势 | 16.6 | 12 | 中势 | 0.5 | 0 | 持续→ |
| 本年减少耕地面积 | 33.4 | 26 | 劣势 | 33.4 | 26 | 劣势 | 33.4 | 26 | 劣势 | 0.0 | 0 | 持续→ |
| 自然保护区个数 | 60.4 | 2 | 强势 | 59.6 | 2 | 强势 | 59.6 | 2 | 强势 | 0.8 | 0 | 持续→ |
| 自然保护区面积占土地总面积比重 | 41.4 | 5 | 优势 | 40.1 | 5 | 优势 | 40.1 | 5 | 优势 | 1.2 | 0 | 持续→ |
| 野生动物种源繁育基地数 | 0.2 | 29 | 劣势 | 0.4 | 26 | 劣势 | 0.4 | 26 | 劣势 | -0.1 | -3 | 持续↓ |
| 野生植物种源培育基地数 | 0.0 | 23 | 劣势 | 0.5 | 20 | 中势 | 0.5 | 20 | 中势 | -0.5 | -3 | 持续↓ |
| （2）生态效益竞争力 | 82.6 | 13 | 中势 | 87.3 | 5 | 优势 | 87.6 | 5 | 优势 | -5.0 | -8 | 持续↓ |
| 工业废气排放强度 | 89.6 | 11 | 中势 | 94.8 | 5 | 优势 | 94.8 | 5 | 优势 | -5.2 | -6 | 持续↓ |
| 工业二氧化硫排放强度 | 86.2 | 17 | 中势 | 88.6 | 13 | 中势 | 88.6 | 13 | 中势 | -2.4 | -4 | 持续↓ |

续表

| 指　标　项　目 | 2012 年 | | | 2011 年 | | | 2010 年 | | | 综合变化 | | |
|---|---|---|---|---|---|---|---|---|---|---|---|---|
| | 得分 | 排名 | 优劣度 | 得分 | 排名 | 优劣度 | 得分 | 排名 | 优劣度 | 得分变化 | 排名变化 | 趋势变化 |
| 工业烟（粉）尘排放强度 | 62.2 | 24 | 劣势 | 71.9 | 21 | 劣势 | 71.9 | 21 | 劣势 | -9.6 | -3 | 持续↓ |
| 工业废水排放强度 | 54.1 | 24 | 劣势 | 75.8 | 10 | 优势 | 75.8 | 10 | 优势 | -21.7 | -14 | 持续↓ |
| 工业废水中化学需氧量排放强度 | 85.7 | 23 | 劣势 | 88.1 | 20 | 中势 | 88.1 | 20 | 中势 | -2.4 | -3 | 持续↓ |
| 工业废水中氨氮排放强度 | 89.6 | 15 | 中势 | 91.3 | 14 | 中势 | 91.3 | 14 | 中势 | -1.7 | -1 | 持续↓ |
| 工业固体废物排放强度 | 100.0 | 1 | 强势 | 97.9 | 21 | 劣势 | 97.9 | 21 | 劣势 | 2.1 | 20 | 持续↑ |
| 化肥施用强度 | 81.9 | 4 | 优势 | 80.9 | 4 | 优势 | 80.9 | 4 | 优势 | 1.0 | 0 | 持续→ |
| 农药施用强度 | 91.3 | 9 | 优势 | 92.4 | 9 | 优势 | 92.4 | 9 | 优势 | -1.2 | 0 | 持续→ |

表 8-1-2　2012 年黑龙江省生态环境竞争力各级指标的优劣度结构表

| 二级指标 | 三级指标 | 四级指标数 | 强势指标 | | 优势指标 | | 中势指标 | | 劣势指标 | | 优劣度 |
|---|---|---|---|---|---|---|---|---|---|---|---|
| | | | 个数 | 比重（%） | 个数 | 比重（%） | 个数 | 比重（%） | 个数 | 比重（%） | |
| 生态环境竞争力 | 生态建设竞争力 | 9 | 2 | 22.2 | 1 | 11.1 | 3 | 33.3 | 3 | 33.3 | 优势 |
| | 生态效益竞争力 | 9 | 1 | 11.1 | 2 | 22.2 | 3 | 33.3 | 3 | 33.3 | 中势 |
| | 小　　计 | 18 | 3 | 16.7 | 3 | 16.7 | 6 | 33.3 | 6 | 33.3 | 优势 |

2010~2012 年黑龙江省生态环境竞争力的综合排位呈波动保持，2012 年排名第 9 位，与 2010 年相比没有变化，在全国处于上游区。

从生态环境竞争力要素指标的变化趋势来看，有 1 个指标处于波动上升趋势，即生态建设竞争力；有 1 个指标处于持续下降趋势，为生态效益竞争力。

从生态环境竞争力基础指标的优劣度结构来看，在 18 个基础指标中，指标的优劣度结构为 16.7∶16.7∶33.3∶33.3。强势和优势指标所占比重等于劣势指标的比重，但从总体上看，中势和劣势指标占主导地位。

### 8.1.2　黑龙江省生态环境竞争力比较分析

图 8-1-1 将 2010~2012 年黑龙江省生态环境竞争力与全国最高水平和平均水平进行比较。由图可知，评价期内黑龙江省生态环境竞争力得分普遍高于 50 分，呈波动下降趋势，但受到其他因素的影响，黑龙江省生态环境竞争力处于较高水平。

从生态环境竞争力的整体得分比较来看，2010 年，黑龙江省生态环境竞争力得分与全国最高分相比有 13.9 分的差距，但与全国平均分相比，则高出 5.4 分；到了 2012 年，黑龙江省生态环境竞争力得分与全国最高分的差距扩大为 14.3 分，高于全国平均分 5.3 分。总的来看，2010~2012 年黑龙江省生态环境竞争力与最高分的差距呈扩大趋势，表明生态建设和生态效益水平逐渐下降。

从生态环境竞争力的要素得分比较来看，2012 年，黑龙江省生态建设竞争力和生态效

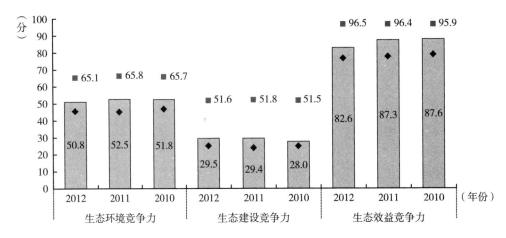

图 8 - 1 - 1　2010～2012 年黑龙江省生态环境竞争力指标得分比较

益竞争力的得分分别为 29.5 分和 82.6 分，分别比最高分低 22.1 分和 13.9 分，分别高于平均分 4.8 分和 6.0 分；与 2010 年相比，黑龙江省生态建设竞争力得分与最高分的差距缩小了 1.4 分，生态效益竞争力得分与最高分的差距扩大了 5.6 分。

### 8.1.3　黑龙江省生态环境竞争力变化动因分析

二级指标生态环境竞争力的变化是三级要素指标变化综合作用的结果，而三级要素指标变化又是四级基础指标变化作用的结果。三级和四级指标的变动情况如表 8 - 1 - 1 所示。

从要素指标来看，黑龙江省生态环境竞争力的 2 个要素指标中，生态建设竞争力的排名上升了 1 位，生态效益竞争力的排名下降了 8 位，受指标排位升降的综合影响，黑龙江省生态环境竞争力呈波动保持。

从基础指标来看，黑龙江省生态环境竞争力的 18 个基础指标中，上升指标有 1 个，占指标总数的 5.6%，主要分布在生态效益竞争力指标组；下降指标有 9 个，占指标总数的 50%，主要分布在生态效益竞争力指标组。虽然下降指标的数量大于上升指标的数量，但受其他外部因素的综合影响，评价期内黑龙江省生态环境竞争力排名呈波动保持。

## 8.2　黑龙江省资源环境竞争力评价分析

### 8.2.1　黑龙江省资源环境竞争力评价结果

2010～2012 年黑龙江省资源环境竞争力排位和排位变化情况及其下属 6 个三级指标和 56 个四级指标的评价结果，如表 8 - 2 - 1 所示；资源环境竞争力各级指标的优劣势情况，如表 8 - 2 - 2 所示。

表 8 - 2 - 1　2010 ~ 2012 年黑龙江省资源环境竞争力各级指标的得分、排名及优劣度分析表

| 指　　项　　目标 | 2012 年 | | | 2011 年 | | | 2010 年 | | | 综合变化 | | |
|---|---|---|---|---|---|---|---|---|---|---|---|---|
| | 得分 | 排名 | 优劣度 | 得分 | 排名 | 优劣度 | 得分 | 排名 | 优劣度 | 得分变化 | 排名变化 | 趋势变化 |
| **资源环境竞争力** | 52.3 | 5 | 优势 | 54.6 | 3 | 强势 | 52.6 | 3 | 强势 | -0.3 | -2 | 持续↓ |
| （1）水环境竞争力 | 52.4 | 8 | 优势 | 51.6 | 5 | 优势 | 52.0 | 4 | 优势 | 0.4 | -4 | 持续↓ |
| 水资源总量 | 19.8 | 13 | 中势 | 14.1 | 13 | 中势 | 18.4 | 14 | 中势 | 1.4 | 1 | 持续↑ |
| 人均水资源量 | 1.5 | 13 | 中势 | 1.1 | 14 | 中势 | 1.4 | 14 | 中势 | 0.1 | 1 | 持续↑ |
| 降水量 | 40.9 | 10 | 优势 | 28.8 | 11 | 中势 | 34.8 | 11 | 中势 | 6.2 | 1 | 持续↑ |
| 供水总量 | 59.2 | 4 | 优势 | 61.8 | 4 | 优势 | 57.7 | 5 | 优势 | 1.5 | 1 | 持续↑ |
| 用水总量 | 97.7 | 1 | 强势 | 97.6 | 1 | 强势 | 97.6 | 1 | 强势 | 0.1 | 0 | 持续→ |
| 用水消耗量 | 98.9 | 1 | 强势 | 98.7 | 1 | 强势 | 98.4 | 1 | 强势 | 0.5 | 0 | 持续→ |
| 耗水率 | 41.9 | 1 | 强势 | 41.9 | 1 | 强势 | 40.0 | 1 | 强势 | 1.9 | 0 | 持续→ |
| 节灌率 | 45.4 | 10 | 优势 | 45.8 | 9 | 优势 | 46.6 | 7 | 优势 | -1.2 | -3 | 持续↓ |
| 城市再生水利用率 | 6.6 | 16 | 中势 | 6.0 | 16 | 中势 | 0.3 | 20 | 中势 | 6.3 | 4 | 持续↑ |
| 工业废水排放总量 | 75.4 | 17 | 中势 | 82.2 | 15 | 中势 | 85.5 | 14 | 中势 | -10.1 | -3 | 持续↓ |
| 生活污水排放量 | 84.6 | 14 | 中势 | 83.0 | 15 | 中势 | 85.6 | 14 | 中势 | -1.1 | 0 | 波动→ |
| （2）土地环境竞争力 | 32.7 | 6 | 优势 | 32.9 | 6 | 优势 | 32.7 | 6 | 优势 | 0.0 | 0 | 持续→ |
| 土地总面积 | 27.0 | 7 | 优势 | 27.0 | 7 | 优势 | 27.0 | 7 | 优势 | 0.0 | 0 | 持续→ |
| 耕地面积 | 100.0 | 1 | 强势 | 100.0 | 1 | 强势 | 100.0 | 1 | 强势 | 0.0 | 0 | 持续→ |
| 人均耕地面积 | 100.0 | 1 | 强势 | 100.0 | 1 | 强势 | 100.0 | 1 | 强势 | 0.0 | 0 | 持续→ |
| 牧草地面积 | 3.4 | 9 | 优势 | 3.4 | 9 | 优势 | 3.4 | 9 | 优势 | 0.0 | 0 | 持续→ |
| 人均牧草地面积 | 0.3 | 9 | 优势 | 0.3 | 9 | 优势 | 0.3 | 9 | 优势 | 0.0 | 0 | 持续→ |
| 园地面积 | 5.8 | 26 | 劣势 | 5.8 | 26 | 劣势 | 5.8 | 26 | 劣势 | 0.0 | 0 | 持续→ |
| 人均园地面积 | 1.4 | 28 | 劣势 | 1.4 | 28 | 劣势 | 1.4 | 28 | 劣势 | 0.0 | 0 | 持续→ |
| 土地资源利用效率 | 0.9 | 25 | 劣势 | 0.9 | 25 | 劣势 | 0.8 | 25 | 劣势 | 0.1 | 0 | 持续→ |
| 建设用地面积 | 41.7 | 24 | 劣势 | 41.7 | 24 | 劣势 | 41.7 | 24 | 劣势 | 0.0 | 0 | 持续→ |
| 单位建设用地非农产业增加值 | 3.7 | 26 | 劣势 | 4.1 | 27 | 劣势 | 4.0 | 27 | 劣势 | -0.3 | 1 | 持续↑ |
| 单位耕地面积农业增加值 | 1.0 | 29 | 劣势 | 0.0 | 31 | 劣势 | 0.0 | 31 | 劣势 | 1.0 | 2 | 持续↑ |
| 沙化土地面积占土地总面积的比重 | 97.6 | 13 | 中势 | 97.6 | 13 | 中势 | 97.6 | 13 | 中势 | 0.0 | 0 | 持续→ |
| 当年新增种草面积 | 18.6 | 5 | 优势 | 22.9 | 5 | 优势 | 20.0 | 6 | 优势 | -1.4 | 1 | 持续↑ |
| （3）大气环境竞争力 | 83.1 | 6 | 优势 | 84.3 | 4 | 优势 | 81.2 | 6 | 优势 | 1.9 | 0 | 波动→ |
| 工业废气排放总量 | 84.7 | 9 | 优势 | 86.7 | 8 | 优势 | 82.1 | 10 | 优势 | 2.6 | 1 | 波动↑ |
| 地均工业废气排放量 | 98.9 | 4 | 优势 | 98.9 | 4 | 优势 | 98.9 | 5 | 优势 | 0.0 | 1 | 持续↑ |
| 工业烟（粉）尘排放总量 | 57.4 | 24 | 劣势 | 65.9 | 23 | 劣势 | 55.7 | 17 | 中势 | 1.7 | -7 | 持续↓ |
| 地均工业烟（粉）尘排放量 | 90.1 | 9 | 优势 | 91.2 | 9 | 优势 | 90.5 | 8 | 优势 | -0.4 | -1 | 持续↓ |
| 工业二氧化硫排放总量 | 74.3 | 10 | 优势 | 74.6 | 10 | 优势 | 69.9 | 10 | 优势 | 4.4 | 0 | 持续→ |
| 地均二氧化硫排放量 | 97.1 | 4 | 优势 | 97.2 | 5 | 优势 | 97.4 | 5 | 优势 | -0.2 | 1 | 持续↑ |
| 全省设区市优良天数比例 | 77.9 | 14 | 中势 | 78.1 | 14 | 中势 | 74.4 | 19 | 中势 | 3.0 | 5 | 持续↑ |
| 可吸入颗粒物（PM10）浓度 | 84.0 | 4 | 优势 | 81.3 | 7 | 优势 | 79.8 | 7 | 优势 | 4.1 | 1 | 持续↑ |
| （4）森林环境竞争力 | 54.1 | 4 | 优势 | 62.1 | 4 | 优势 | 63.8 | 4 | 优势 | -9.6 | 0 | 持续→ |
| 林业用地面积 | 49.6 | 4 | 优势 | 49.6 | 4 | 优势 | 49.6 | 4 | 优势 | 0.0 | 0 | 持续→ |
| 森林面积 | 54.7 | 5 | 优势 | 81.4 | 2 | 强势 | 81.4 | 2 | 强势 | -26.7 | -3 | 持续↓ |
| 森林覆盖率 | 41.6 | 17 | 中势 | 65.0 | 9 | 优势 | 65.0 | 9 | 优势 | -23.4 | -8 | 持续↓ |

续表

| 指标\项目 | 2012 年 | | | 2011 年 | | | 2010 年 | | | 综合变化 | | |
|---|---|---|---|---|---|---|---|---|---|---|---|---|
| | 得分 | 排名 | 优劣度 | 得分 | 排名 | 优劣度 | 得分 | 排名 | 优劣度 | 得分变化 | 排名变化 | 趋势变化 |
| 人工林面积 | 45.4 | 12 | 中势 | 45.4 | 12 | 中势 | 45.4 | 12 | 中势 | 0.0 | 0 | 持续→ |
| 天然林比重 | 82.0 | 7 | 优势 | 82.0 | 7 | 优势 | 82.0 | 7 | 优势 | 0.0 | 0 | 持续→ |
| 造林总面积 | 20.6 | 14 | 中势 | 16.8 | 21 | 劣势 | 35.2 | 9 | 优势 | -14.6 | -5 | 波动↓ |
| 森林蓄积量 | 67.7 | 4 | 优势 | 67.7 | 4 | 优势 | 67.7 | 4 | 优势 | 0.0 | 0 | 持续→ |
| 活立木总蓄积量 | 72.7 | 4 | 优势 | 72.7 | 4 | 优势 | 72.7 | 4 | 优势 | 0.0 | 0 | 持续→ |
| （5）矿产环境竞争力 | 18.2 | 12 | 中势 | 17.3 | 12 | 中势 | 17.3 | 14 | 中势 | 0.9 | 2 | 持续↑ |
| 主要黑色金属矿产基础储量 | 0.6 | 25 | 劣势 | 0.7 | 25 | 劣势 | 0.6 | 24 | 劣势 | 0.1 | -1 | 持续↓ |
| 人均主要黑色金属矿产基础储量 | 0.7 | 27 | 劣势 | 0.8 | 27 | 劣势 | 0.6 | 26 | 劣势 | 0.1 | -1 | 持续↓ |
| 主要有色金属矿产基础储量 | 32.0 | 5 | 优势 | 27.7 | 5 | 优势 | 29.7 | 5 | 优势 | 2.3 | 0 | 持续→ |
| 人均主要有色金属矿产基础储量 | 36.7 | 6 | 优势 | 31.6 | 4 | 优势 | 33.9 | 3 | 强势 | 2.8 | -3 | 持续↓ |
| 主要非金属矿产基础储量 | 0.0 | 25 | 劣势 | 0.0 | 25 | 劣势 | 0.0 | 25 | 劣势 | 0.0 | -1 | 持续↓ |
| 人均主要非金属矿产基础储量 | 0.0 | 25 | 劣势 | 0.0 | 25 | 劣势 | 0.0 | 25 | 劣势 | 0.0 | -1 | 持续↓ |
| 主要能源矿产基础储量 | 6.9 | 9 | 优势 | 7.5 | 8 | 优势 | 8.2 | 9 | 优势 | -1.3 | 0 | 波动→ |
| 人均主要能源矿产基础储量 | 6.5 | 8 | 优势 | 7.0 | 8 | 优势 | 5.8 | 9 | 优势 | 0.7 | 1 | 持续↑ |
| 工业固体废物产生量 | 86.8 | 11 | 中势 | 87.3 | 13 | 中势 | 83.0 | 13 | 中势 | 3.9 | 2 | 持续↑ |
| （6）能源环境竞争力 | 70.2 | 17 | 中势 | 75.5 | 11 | 中势 | 64.6 | 10 | 优势 | 5.6 | -7 | 持续↓ |
| 能源生产总量 | 83.9 | 23 | 劣势 | 83.1 | 23 | 劣势 | 79.6 | 23 | 劣势 | 4.3 | 0 | 持续→ |
| 能源消费总量 | 67.3 | 19 | 中势 | 67.5 | 19 | 中势 | 67.8 | 19 | 中势 | -0.5 | 0 | 持续→ |
| 单位地区生产总值能耗 | 55.5 | 21 | 劣势 | 67.6 | 18 | 中势 | 51.6 | 21 | 劣势 | 4.0 | 0 | 波动→ |
| 单位地区生产总值电耗 | 91.7 | 5 | 优势 | 91.1 | 3 | 强势 | 89.1 | 5 | 优势 | 2.6 | 0 | 波动→ |
| 单位工业增加值能耗 | 61.2 | 20 | 中势 | 73.4 | 10 | 优势 | 58.5 | 20 | 中势 | 2.7 | 0 | 波动→ |
| 能源生产弹性系数 | 62.3 | 6 | 优势 | 79.3 | 10 | 优势 | 63.6 | 3 | 强势 | -1.3 | -3 | 波动↓ |
| 能源消费弹性系数 | 71.6 | 19 | 中势 | 67.0 | 10 | 优势 | 44.1 | 5 | 优势 | 27.4 | -14 | 持续↓ |

表8－2－2　2012年黑龙江省资源环境竞争力各级指标的优劣度结构表

| 二级指标 | 三级指标 | 四级指标数 | 强势指标 | | 优势指标 | | 中势指标 | | 劣势指标 | | 优劣度 |
|---|---|---|---|---|---|---|---|---|---|---|---|
| | | | 个数 | 比重（%） | 个数 | 比重（%） | 个数 | 比重（%） | 个数 | 比重（%） | |
| 资源环境竞争力 | 水环境竞争力 | 11 | 3 | 27.3 | 3 | 27.3 | 5 | 45.5 | 0 | 0.0 | 优势 |
| | 土地环境竞争力 | 13 | 2 | 15.4 | 4 | 30.8 | 1 | 7.7 | 6 | 46.2 | 优势 |
| | 大气环境竞争力 | 8 | 0 | 0.0 | 6 | 75.0 | 1 | 12.5 | 1 | 12.5 | 优势 |
| | 森林环境竞争力 | 8 | 0 | 0.0 | 5 | 62.5 | 3 | 37.5 | 0 | 0.0 | 优势 |
| | 矿产环境竞争力 | 9 | 0 | 0.0 | 4 | 44.4 | 1 | 11.1 | 4 | 44.4 | 中势 |
| | 能源环境竞争力 | 7 | 0 | 0.0 | 2 | 28.6 | 3 | 42.9 | 2 | 28.6 | 中势 |
| 小　计 | | 56 | 5 | 8.9 | 24 | 42.9 | 14 | 25.0 | 13 | 23.2 | 优势 |

2010～2012 年黑龙江省资源环境竞争力的综合排位呈现持续下降趋势，2012 年排名第5 位，比 2010 年排位下降了 2 位，在全国处于上游区。

从资源环境竞争力的要素指标变化趋势来看，有 1 个指标呈上升趋势，即矿产环境竞争力；有 3 个指标呈保持趋势，为土地环境竞争力、大气环境竞争力、森林环境竞争力；水环境竞争力和能源环境竞争力 2 个指标处于下降趋势。

从资源环境竞争力的基础指标分布来看，在 56 个基础指标中，指标的优劣度结构为 8.9∶42.9∶25.0∶23.2。强势和优势指标所占比重显著高于劣势指标的比重，表明优势指标占主导地位。

### 8.2.2　黑龙江省资源环境竞争力比较分析

图 8 - 2 - 1 将 2010 ~ 2012 年黑龙江省资源环境竞争力与全国最高水平和平均水平进行比较。由图可知，评价期内黑龙江省资源环境竞争力得分普遍高于 52 分，且呈现波动下降趋势，但与全国最高水平差距不大，说明黑龙江省资源环境竞争力保持较高水平。

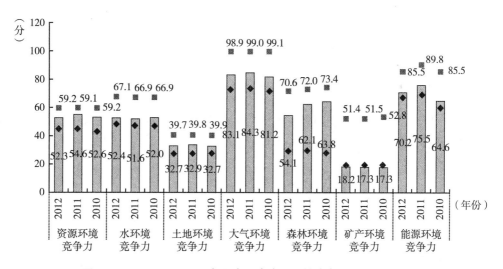

图 8 - 2 - 1　2010 ~ 2012 年黑龙江省资源环境竞争力指标得分比较

从资源环境竞争力的整体得分比较来看，2010 年，黑龙江省资源环境竞争力得分与全国最高分相比还有 6.6 分的差距，与全国平均分相比，则高了 9.7 分；到 2012 年，黑龙江省资源环境竞争力得分与全国最高分的差距扩大到 6.9 分，高于全国平均分 7.8 分。总的来看，2010 ~ 2012 年黑龙江省资源环境竞争力与最高分的差距呈扩大趋势，但在全国仍处于上游区。

从资源环境竞争力的要素得分比较来看，2012 年，黑龙江省水环境竞争力、土地环境竞争力、大气环境竞争力、森林环境竞争力、矿产环境竞争力和能源环境竞争力的得分分别为 52.4 分、32.7 分、83.1 分、54.1 分、18.2 分和 70.2 分，比最高分低 14.7 分、7.1 分、15.7 分、16.5 分、33.2 分和 15.3 分；与 2010 年相比，黑龙江省水环境竞争力、土地环境竞争力、大气环境竞争力、矿产环境竞争力和能源环境竞争力的得分与最高分的差距都缩小了，但森林环境竞争力的得分与最高分的差距扩大了。

### 8.2.3　黑龙江省资源环境竞争力变化动因分析

二级指标资源环境竞争力的变化是三级要素指标变化综合作用的结果，而三级要素指标变化又是四级基础指标变化作用的结果。三级和四级指标的变动情况如表 8 - 2 - 1 所示。

从要素指标来看，黑龙江省资源环境竞争力的 6 个要素指标中，矿产环境竞争力的排位出现了上升，而水环境竞争力、能源环境竞争力的排位呈下降趋势，受指标排位升降的综合影响，黑龙江省资源环境竞争力呈持续下降趋势，其中能源环境竞争力是资源环境竞争力排位下降的主要因素。

从基础指标来看，黑龙江省资源环境竞争力的 56 个基础指标中，上升指标有 14 个，占指标总数的 25%，主要分布在水环境竞争力和大气环境竞争力等指标组；下降指标有 14 个，占指标总数的 25%，主要分布在矿产环境竞争力等指标组。排位下降的指标数量等于排位上升的指标数量，其余的 28 个指标呈波动保持或持续保持，但受其他外部因素的综合影响，2012 年黑龙江省资源环境竞争力排名持续下降。

# 8.3 黑龙江省环境管理竞争力评价分析

## 8.3.1 黑龙江省环境管理竞争力评价结果

2010～2012 年黑龙江省环境管理竞争力排位和排位变化情况及其下属 2 个三级指标和 16 个四级指标的评价结果，如表 8 - 3 - 1 所示；环境管理竞争力各级指标的优劣势情况，如表 8 - 3 - 2 所示。

表 8 - 3 - 1　2010～2012 年黑龙江省环境管理竞争力各级指标的得分、排名及优劣度分析表

| 指　标　项　目 | 2012 年 | | | 2011 年 | | | 2010 年 | | | 综合变化 | | |
|---|---|---|---|---|---|---|---|---|---|---|---|---|
| | 得分 | 排名 | 优劣度 | 得分 | 排名 | 优劣度 | 得分 | 排名 | 优劣度 | 得分变化 | 排名变化 | 趋势变化 |
| **环境管理竞争力** | 36.4 | 25 | 劣势 | 38.2 | 25 | 劣势 | 32.6 | 27 | 劣势 | 3.8 | 2 | 持续↑ |
| (1) 环境治理竞争力 | 20.5 | 19 | 中势 | 24.0 | 16 | 中势 | 22.5 | 16 | 中势 | -2.0 | -3 | 持续↓ |
| 环境污染治理投资总额 | 29.1 | 15 | 中势 | 21.2 | 19 | 中势 | 9.3 | 17 | 中势 | 19.9 | 2 | 波动↑ |
| 环境污染治理投资总额占地方生产总值比重 | 38.6 | 12 | 中势 | 15.0 | 19 | 中势 | 40.0 | 16 | 中势 | -1.4 | 4 | 波动↑ |
| 废气治理设施年运行费用 | 5.7 | 27 | 劣势 | 100.0 | 1 | 强势 | 27.2 | 13 | 中势 | -21.5 | -14 | 波动↓ |
| 废水治理设施处理能力 | 32.5 | 7 | 优势 | 7.2 | 19 | 劣势 | 34.2 | 13 | 中势 | -1.7 | 6 | 波动↑ |
| 废水治理设施年运行费用 | 24.1 | 10 | 优势 | 29.7 | 12 | 中势 | 25.6 | 13 | 中势 | -1.5 | 3 | 持续↑ |
| 矿山环境恢复治理投入资金 | 11.0 | 19 | 中势 | 24.2 | 17 | 中势 | 18.1 | 13 | 中势 | -7.1 | -6 | 持续↓ |
| 本年矿山恢复面积 | 3.8 | 27 | 劣势 | 1.6 | 18 | 中势 | 4.9 | 14 | 中势 | -1.0 | -13 | 持续↓ |
| 地质灾害防治投资额 | 0.8 | 27 | 劣势 | 1.6 | 27 | 劣势 | 1.5 | 22 | 劣势 | -0.6 | -6 | 持续↓ |
| 水土流失治理面积 | 29.9 | 13 | 中势 | 43.1 | 9 | 优势 | 43.0 | 9 | 优势 | -13.1 | -4 | 持续↓ |
| 土地复垦面积占新增耕地面积的比重 | 22.1 | 14 | 中势 | 22.1 | 14 | 中势 | 22.1 | 14 | 中势 | 0.0 | 0 | 持续→ |
| (2) 环境友好竞争力 | 48.8 | 27 | 劣势 | 49.2 | 28 | 劣势 | 40.6 | 28 | 劣势 | 8.2 | 1 | 持续↑ |
| 工业固体废物综合利用量 | 22.9 | 19 | 中势 | 22.0 | 18 | 中势 | 23.2 | 18 | 中势 | -0.3 | -1 | 持续↓ |
| 工业固体废物处置量 | 6.9 | 18 | 中势 | 4.7 | 21 | 劣势 | 3.7 | 21 | 劣势 | 3.2 | 3 | 持续↑ |
| 工业固体废物处置利用率 | 84.3 | 19 | 中势 | 76.6 | 23 | 劣势 | 66.6 | 22 | 劣势 | 17.7 | 3 | 波动↑ |
| 工业用水重复利用率 | 60.5 | 23 | 劣势 | 79.3 | 22 | 劣势 | 44.5 | 26 | 劣势 | 16.0 | 3 | 波动↑ |
| 城市污水处理率 | 64.2 | 29 | 劣势 | 60.6 | 30 | 劣势 | 60.7 | 28 | 劣势 | 3.5 | -1 | 波动↑ |
| 生活垃圾无害化处理率 | 47.6 | 28 | 劣势 | 43.7 | 29 | 劣势 | 40.4 | 29 | 劣势 | 7.2 | 1 | 持续↑ |

表 8 - 3 - 2    2012 年黑龙江省环境管理竞争力各级指标的优劣度结构表

| 二级指标 | 三级指标 | 四级指标数 | 强势指标 | | 优势指标 | | 中势指标 | | 劣势指标 | | 优劣度 |
|---|---|---|---|---|---|---|---|---|---|---|---|
| | | | 个数 | 比重（%） | 个数 | 比重（%） | 个数 | 比重（%） | 个数 | 比重（%） | |
| 环境管理竞争力 | 环境治理竞争力 | 10 | 0 | 0.0 | 2 | 20.0 | 5 | 50.0 | 3 | 30.0 | 中势 |
| | 环境友好竞争力 | 6 | 0 | 0.0 | 0 | 0.0 | 3 | 50.0 | 3 | 50.0 | 劣势 |
| | 小　　计 | 16 | 0 | 0.0 | 2 | 12.5 | 8 | 50.0 | 6 | 37.5 | 劣势 |

2010～2012 年黑龙江省环境管理竞争力的综合排位呈现持续上升趋势，2012 年排名第 25 位，比 2010 年上升了 2 位，在全国处于下游区。

从环境管理竞争力的要素指标变化趋势来看，环境友好竞争力指标呈持续上升趋势，而环境治理竞争力呈持续下降趋势。

从环境管理竞争力的基础指标分布来看，在 16 个基础指标中，指标的优劣度结构为 0.0∶12.5∶50.0∶37.5。中势指标所占比重等于强势、优势和劣势指标的比重，表明中势指标占主导地位。

### 8.3.2　黑龙江省环境管理竞争力比较分析

图 8 - 3 - 1 将 2010～2012 年黑龙江省环境管理竞争力与全国最高水平和平均水平进行比较。由图可知，评价期内黑龙江省环境管理竞争力得分普遍低于 39 分，呈波动上升趋势，但与全国最高水平差距较大，说明黑龙江省环境管理竞争力处于较低水平。

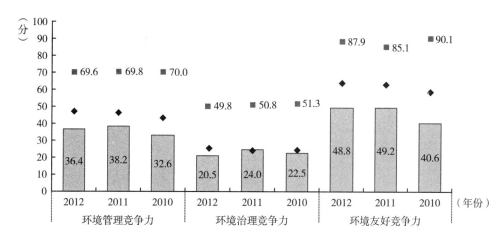

图 8 - 3 - 1    2010～2012 年黑龙江省环境管理竞争力指标得分比较

从环境管理竞争力的整体得分比较来看，2010 年，黑龙江省环境管理竞争力得分与全国最高分相比有 37.4 分的差距，低于全国平均分 10.7 分；到 2012 年，黑龙江省环境管理竞争力得分与全国最高分的差距缩小为 33.2 分，低于全国平均分 10.6 分。总的来看，2010～2012 年黑龙江省环境管理竞争力与最高分的差距呈缩小趋势，但仍处于全国较低水平。

从环境管理竞争力的要素得分比较来看，2012年，黑龙江省环境治理竞争力和环境友好竞争力的得分分别为20.5分和48.8分，分别低于最高分29.3分和39.1分，分别低于平均分4.7分和15.2分；与2010年相比，黑龙江省环境治理竞争力得分与最高分的差距扩大了0.5分，环境友好竞争力得分与最高分的差距缩小了10.4分。

### 8.3.3　黑龙江省环境管理竞争力变化动因分析

二级指标环境管理竞争力的变化是三级要素指标变化综合作用的结果，而三级要素指标变化又是四级基础指标变化作用的结果。三级和四级指标的变动情况如表8-3-1所示。

从要素指标来看，黑龙江省环境管理竞争力的2个要素指标中，环境治理竞争力的排名下降了3位，环境友好竞争力的排名上升了1位，受指标排位升降的综合影响，黑龙江省环境管理竞争力上升了2位，其中环境友好竞争力是环境管理竞争力上升的主要因素。

从基础指标来看，黑龙江省环境管理竞争力的16个基础指标中，上升指标有8个，占指标总数的50%，平均分布在环境治理竞争力和环境友好竞争力指标组；下降指标有7个，占指标总数的43.8%，主要分布在环境治理竞争力指标组。排位上升的指标数量大于排位下降的指标数量，使得2012年黑龙江省环境管理竞争力排名上升了2位。

## 8.4　黑龙江省环境影响竞争力评价分析

### 8.4.1　黑龙江省环境影响竞争力评价结果

2010～2012年黑龙江省环境影响竞争力排位和排位变化情况及其下属2个三级指标和21个四级指标的评价结果，如表8-4-1所示；环境影响竞争力各级指标的优劣势情况，如表8-4-2所示。

表8-4-1　2010～2012年黑龙江省环境影响竞争力各级指标的得分、排名及优劣度分析表

| 指　　项<br>标　　目 | 2012年 | | | 2011年 | | | 2010年 | | | 综合变化 | | |
|---|---|---|---|---|---|---|---|---|---|---|---|---|
| | 得分 | 排名 | 优劣度 | 得分 | 排名 | 优劣度 | 得分 | 排名 | 优劣度 | 得分变化 | 排名变化 | 趋势变化 |
| **环境影响竞争力** | 66.0 | 26 | 劣势 | 70.8 | 19 | 中势 | 71.6 | 19 | 中势 | -5.6 | -7 | 持续↓ |
| (1) 环境安全竞争力 | 71.7 | 21 | 劣势 | 77.0 | 13 | 中势 | 65.9 | 21 | 劣势 | 5.8 | 0 | 波动→ |
| 自然灾害受灾面积 | 0.0 | 31 | 劣势 | 40.6 | 25 | 劣势 | 55.5 | 19 | 中势 | -55.5 | -12 | 持续↓ |
| 自然灾害绝收面积占受灾面积比重 | 78.4 | 11 | 中势 | 75.8 | 14 | 中势 | 83.4 | 10 | 优势 | -4.9 | -1 | 波动↓ |
| 自然灾害直接经济损失 | 83.2 | 14 | 中势 | 75.1 | 19 | 中势 | 88.5 | 7 | 优势 | -5.3 | -7 | 波动↓ |
| 发生地质灾害起数 | 99.9 | 2 | 强势 | 100.0 | 3 | 强势 | 100.0 | 4 | 优势 | -0.1 | 2 | 持续↑ |
| 地质灾害直接经济损失 | 100.0 | 1 | 强势 | 100.0 | 3 | 强势 | 100.0 | 5 | 优势 | 0.0 | 4 | 持续↑ |
| 地质灾害防治投资额 | 1.3 | 27 | 劣势 | 1.6 | 26 | 劣势 | 1.5 | 22 | 劣势 | -0.2 | -5 | 持续↓ |
| 突发环境事件次数 | 100.0 | 1 | 强势 | 97.5 | 11 | 中势 | 100.0 | 1 | 强势 | 0.0 | 0 | 波动→ |

续表

| 指标 项目 | 2012 年 | | | 2011 年 | | | 2010 年 | | | 综合变化 | | |
|---|---|---|---|---|---|---|---|---|---|---|---|---|
| | 得分 | 排名 | 优劣度 | 得分 | 排名 | 优劣度 | 得分 | 排名 | 优劣度 | 得分变化 | 排名变化 | 趋势变化 |
| 森林火灾次数 | 94.7 | 16 | 中势 | 95.1 | 11 | 中势 | 98.8 | 11 | 中势 | -4.1 | -5 | 持续↓ |
| 森林火灾火场总面积 | 87.1 | 20 | 中势 | 88.2 | 12 | 中势 | 51.9 | 28 | 劣势 | 35.1 | 8 | 波动↑ |
| 受火灾森林面积 | 94.9 | 20 | 中势 | 98.4 | 9 | 优势 | 0.0 | 31 | 劣势 | 94.9 | 11 | 波动↑ |
| 森林病虫鼠害发生面积 | 73.6 | 24 | 劣势 | 96.4 | 24 | 劣势 | 47.6 | 26 | 劣势 | 26.0 | 2 | 持续↑ |
| 森林病虫鼠害防治率 | 86.2 | 7 | 优势 | 84.6 | 11 | 中势 | 70.3 | 16 | 中势 | 15.9 | 9 | 持续↑ |
| （2）环境质量竞争力 | 62.0 | 26 | 劣势 | 66.3 | 26 | 劣势 | 75.7 | 14 | 中势 | -13.7 | -12 | 持续↓ |
| 人均工业废气排放量 | 83.2 | 7 | 优势 | 84.8 | 5 | 优势 | 90.0 | 12 | 中势 | -6.7 | 5 | 波动↑ |
| 人均二氧化硫排放量 | 48.9 | 25 | 劣势 | 58.2 | 24 | 劣势 | 79.2 | 12 | 中势 | -30.3 | -13 | 持续↓ |
| 人均工业烟（粉）尘排放量 | 58.6 | 24 | 劣势 | 67.4 | 23 | 劣势 | 71.9 | 22 | 劣势 | -13.2 | -2 | 持续↓ |
| 人均工业废水排放量 | 54.4 | 18 | 中势 | 68.0 | 10 | 优势 | 79.4 | 7 | 优势 | -25.0 | -11 | 持续↓ |
| 人均生活污水排放量 | 77.5 | 11 | 中势 | 76.4 | 18 | 中势 | 87.1 | 11 | 中势 | -9.6 | 0 | 波动→ |
| 人均化学需氧量排放量 | 53.8 | 27 | 劣势 | 54.1 | 27 | 劣势 | 81.4 | 15 | 中势 | -27.5 | -12 | 持续↓ |
| 人均工业固体废物排放量 | 100.0 | 1 | 强势 | 95.6 | 20 | 中势 | 99.0 | 12 | 中势 | 1.0 | 11 | 波动↑ |
| 人均化肥施用量 | 28.9 | 26 | 劣势 | 30.2 | 25 | 劣势 | 28.8 | 25 | 劣势 | 0.1 | -1 | 持续↓ |
| 人均农药施用量 | 55.3 | 27 | 劣势 | 64.3 | 27 | 劣势 | 65.8 | 27 | 劣势 | -10.5 | 0 | 持续→ |

表 8 - 4 - 2　2012 年黑龙江省环境影响竞争力各级指标的优劣度结构表

| 二级指标 | 三级指标 | 四级指标数 | 强势指标 | | 优势指标 | | 中势指标 | | 劣势指标 | | 优劣度 |
|---|---|---|---|---|---|---|---|---|---|---|---|
| | | | 个数 | 比重（%） | 个数 | 比重（%） | 个数 | 比重（%） | 个数 | 比重（%） | |
| 环境影响竞争力 | 环境安全竞争力 | 12 | 3 | 25.0 | 1 | 8.3 | 5 | 41.7 | 3 | 25.0 | 劣势 |
| | 环境质量竞争力 | 9 | 1 | 11.1 | 1 | 11.1 | 2 | 22.2 | 5 | 55.6 | 劣势 |
| | 小　计 | 21 | 4 | 19.0 | 2 | 9.5 | 7 | 33.3 | 8 | 38.1 | 劣势 |

　　2010～2012 年黑龙江省环境影响竞争力的综合排位呈现持续下降趋势，2012 年排名第26 位，比 2010 年排位下降了 7 位，在全国处于下游区。

　　从环境影响竞争力的要素指标变化趋势来看，环境安全竞争力指标处于波动保持趋势；环境质量竞争力指标处于持续下降趋势。

　　从环境影响竞争力的基础指标分布来看，在 21 个基础指标中，指标的优劣度结构为19.0∶9.5∶33.3∶38.1。强势和优势指标所占比重低于劣势指标的比重，表明劣势指标占主导地位。

### 8.4.2　黑龙江省环境影响竞争力比较分析

　　图 8 - 4 - 1 将 2010～2012 年黑龙江省环境影响竞争力与全国最高水平和平均水平进行比较。由图可知，评价期内黑龙江省环境影响竞争力得分均低于 72 分，呈持续下降趋势，说明黑龙江省环境影响竞争力水平不断降低。

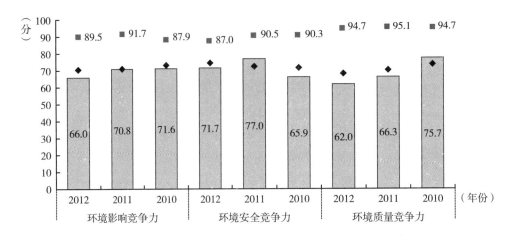

图 8 - 4 - 1　2010 ~ 2012 年黑龙江省环境影响竞争力指标得分比较

从环境影响竞争力的整体得分比较来看，2010 年，黑龙江省环境影响竞争力得分与全国最高分相比有 16.3 分的差距，与全国平均分相比，低了 0.8 分；到 2012 年，黑龙江省环境影响竞争力得分与全国最高分的差距扩大至 23.5 分，与全国平均分的差距也扩大至 4.6 分。总的来看，2010 ~ 2012 年黑龙江省环境影响竞争力与最高分的差距呈扩大趋势。

从环境影响竞争力的要素得分比较来看，2012 年，黑龙江省环境安全竞争力和环境质量竞争力的得分分别为 71.7 分和 62 分，比最高分低 15.3 分和 32.7 分，比平均分低 2.5 分和 6.1 分；与 2010 年相比，黑龙江省环境安全竞争力得分与最高分的差距缩小了 9.1 分，但环境质量竞争力得分与最高分的差距扩大了 13.7 分。

### 8.4.3　黑龙江省环境影响竞争力变化动因分析

二级指标环境影响竞争力的变化是三级要素指标变化综合作用的结果，而三级要素指标变化又是四级基础指标变化作用的结果。三级和四级指标的变动情况如表 8 - 4 - 1 所示。

从要素指标来看，黑龙江省环境影响竞争力的 2 个要素指标中，环境安全竞争力的排名呈波动保持，环境质量竞争力的排名下降了 12 位，受指标排位升降的综合影响，黑龙江省环境影响竞争力排名呈持续下降，其中环境质量竞争力是环境影响竞争力持续下降的主要因素。

从基础指标来看，黑龙江省环境影响竞争力的 21 个基础指标中，上升指标有 8 个，占指标总数的 38.1%，主要分布在环境安全竞争力指标组；下降指标有 10 个，占指标总数的 47.6%，平均分布在环境安全竞争力和环境质量竞争力指标组。排位上升的指标数量小于排位下降的指标数量，使得 2012 年黑龙江省环境影响竞争力排名呈现持续下降。

## 8.5　黑龙江省环境协调竞争力评价分析

### 8.5.1　黑龙江省环境协调竞争力评价结果

2010 ~ 2012 年黑龙江省环境协调竞争力排位和排位变化情况及其下属 2 个三级指标和

19 个四级指标的评价结果，如表 8 – 5 – 1 所示；环境协调竞争力各级指标的优劣势情况，如表 8 – 5 – 2 所示。

表 8 – 5 – 1 2010～2012 年黑龙江省环境协调竞争力各级指标的得分、排名及优劣度分析表

| 指 标 项 目 | 2012 年 | | | 2011 年 | | | 2010 年 | | | 综合变化 | | |
|---|---|---|---|---|---|---|---|---|---|---|---|---|
| | 得分 | 排名 | 优劣度 | 得分 | 排名 | 优劣度 | 得分 | 排名 | 优劣度 | 得分变化 | 排名变化 | 趋势变化 |
| **环境协调竞争力** | 54.4 | 28 | 劣势 | 61.0 | 12 | 中势 | 53.9 | 28 | 劣势 | 0.5 | 0 | 波动→ |
| （1）人口与环境协调竞争力 | 49.5 | 22 | 劣势 | 61.7 | 2 | 强势 | 52.1 | 16 | 中势 | -2.6 | -6 | 波动↓ |
| 人口自然增长率与工业废气排放量增长率比差 | 29.2 | 24 | 劣势 | 94.8 | 3 | 强势 | 85.9 | 6 | 优势 | -56.7 | -18 | 波动↓ |
| 人口自然增长率与工业废水排放量增长率比差 | 0.0 | 31 | 劣势 | 50.8 | 27 | 劣势 | 45.6 | 27 | 劣势 | -45.6 | -4 | 持续↓ |
| 人口自然增长率与工业固体废物排放量增长率比差 | 90.7 | 9 | 优势 | 87.3 | 3 | 强势 | 0.0 | 31 | 劣势 | 90.7 | 22 | 波动↑ |
| 人口自然增长率与能源消费量增长率比差 | 89.8 | 5 | 优势 | 81.3 | 12 | 中势 | 79.0 | 15 | 中势 | 10.8 | 10 | 持续↑ |
| 人口密度与人均水资源量比差 | 1.8 | 27 | 劣势 | 1.7 | 27 | 劣势 | 2.2 | 27 | 劣势 | -0.4 | 0 | 持续→ |
| 人口密度与人均耕地面积比差 | 97.4 | 2 | 强势 | 97.3 | 2 | 强势 | 97.3 | 2 | 强势 | 0.1 | 0 | 持续→ |
| 人口密度与森林覆盖率比差 | 44.0 | 19 | 中势 | 67.8 | 11 | 中势 | 67.7 | 11 | 中势 | -23.7 | -8 | 持续↓ |
| 人口密度与人均矿产基础储量比差 | 8.7 | 22 | 劣势 | 9.3 | 21 | 劣势 | 8.0 | 25 | 劣势 | 0.8 | 3 | 波动↑ |
| 人口密度与人均能源生产量比差 | 90.5 | 18 | 中势 | 89.3 | 19 | 中势 | 86.0 | 22 | 中势 | 4.5 | 4 | 持续↑ |
| （2）经济与环境协调竞争力 | 57.6 | 27 | 劣势 | 60.5 | 20 | 中势 | 55.2 | 26 | 劣势 | 2.5 | -1 | 波动↓ |
| 工业增加值增长率与工业废气排放量增长率比差 | 50.7 | 30 | 劣势 | 54.1 | 22 | 劣势 | 80.8 | 13 | 中势 | -30.1 | -17 | 持续↓ |
| 工业增加值增长率与工业废水排放量增长率比差 | 100.0 | 1 | 强势 | 73.9 | 7 | 优势 | 38.8 | 26 | 劣势 | 61.2 | 25 | 持续↑ |
| 工业增加值增长率与工业固体废物排放量增长率比差 | 0.0 | 31 | 劣势 | 50.5 | 22 | 劣势 | 0.0 | 31 | 劣势 | 0.0 | 0 | 波动→ |
| 地区生产总值增长率与能源消费量增长率比差 | 64.8 | 18 | 中势 | 81.7 | 13 | 中势 | 78.3 | 15 | 中势 | -13.5 | -3 | 波动↓ |
| 人均工业增加值与人均水资源量比差 | 78.5 | 13 | 中势 | 73.0 | 14 | 中势 | 73.6 | 14 | 中势 | 4.9 | 1 | 持续↑ |
| 人均工业增加值与人均耕地面积比差 | 21.6 | 30 | 劣势 | 26.2 | 29 | 劣势 | 25.9 | 29 | 劣势 | -4.2 | -1 | 持续↓ |
| 人均工业增加值与人均工业废气排放量比差 | 44.3 | 24 | 劣势 | 47.9 | 23 | 劣势 | 44.3 | 19 | 中势 | 0.0 | -5 | 持续↓ |
| 人均工业增加值与森林覆盖率比差 | 87.8 | 8 | 优势 | 67.0 | 19 | 中势 | 67.1 | 19 | 中势 | 20.7 | 11 | 持续↑ |
| 人均工业增加值与人均矿产基础储量比差 | 79.7 | 12 | 中势 | 75.7 | 15 | 中势 | 74.1 | 15 | 中势 | 5.6 | 3 | 持续↑ |
| 人均工业增加值与人均能源生产量比差 | 45.3 | 17 | 中势 | 52.9 | 15 | 中势 | 57.6 | 14 | 中势 | -12.3 | -3 | 持续↓ |

表 8 – 5 – 2 2012 年黑龙江省环境协调竞争力各级指标的优劣度结构表

| 二级指标 | 三级指标 | 四级指标数 | 强势指标 | | 优势指标 | | 中势指标 | | 劣势指标 | | 优劣度 |
|---|---|---|---|---|---|---|---|---|---|---|---|
| | | | 个数 | 比重（%） | 个数 | 比重（%） | 个数 | 比重（%） | 个数 | 比重（%） | |
| 环境协调竞争力 | 人口与环境协调竞争力 | 9 | 1 | 11.1 | 2 | 22.2 | 2 | 22.2 | 4 | 44.4 | 劣势 |
| | 经济与环境协调竞争力 | 10 | 1 | 10.0 | 1 | 10.0 | 4 | 40.0 | 4 | 40.0 | 劣势 |
| | 小　计 | 19 | 2 | 10.5 | 3 | 15.8 | 6 | 31.6 | 8 | 42.1 | 劣势 |

　　2010～2012 年黑龙江省环境协调竞争力的综合排位呈现波动保持，2012 年排名第 28 位，与 2010 年排位相同，在全国处于下游区。

　　从环境协调竞争力的要素指标变化趋势来看，2 个指标都呈波动下降，即人口与环境协

调竞争力和经济与环境协调竞争力。

从环境协调竞争力的基础指标分布来看，在19个基础指标中，指标的优劣度结构为10.5∶15.8∶31.6∶42.1。强势和优势指标所占比重明显低于劣势指标的比重，表明劣势指标占主导地位。

### 8.5.2 黑龙江省环境协调竞争力比较分析

图8-5-1将2010~2012年黑龙江省环境协调竞争力与全国最高水平和平均水平进行比较。由图可知，评价期内黑龙江省环境协调竞争力得分普遍低于62分，且呈波动上升趋势，从总体上来说，黑龙江省环境协调竞争力保持较低水平。

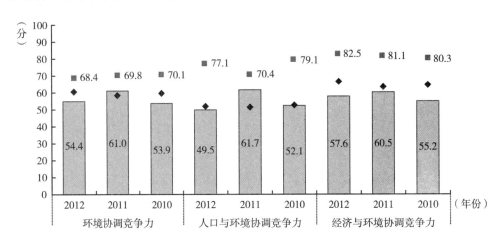

图8-5-1 2010~2012年黑龙江省环境协调竞争力指标得分比较

从环境协调竞争力的整体得分比较来看，2010年，黑龙江省环境协调竞争力得分与全国最高分相比还有16.2分的差距，与全国平均分相比，低了5.4分；到2012年，黑龙江省环境协调竞争力得分与全国最高分的差距缩小为14分，低于全国平均分5.9分。总的来看，2010~2012年黑龙江省环境协调竞争力与最高分的差距呈缩小趋势。

从环境协调竞争力的要素得分比较来看，2012年，黑龙江省人口与环境协调竞争力和经济与环境协调竞争力的得分分别为49.5分和57.6分，比最高分低27.6分和24.9分，比平均分低1.7分和8.7分；与2010年相比，黑龙江省人口与环境协调竞争力得分与最高分的差距扩大了0.6分，但经济与环境协调竞争力得分与最高分的差距缩小了0.2分。

### 8.5.3 黑龙江省环境协调竞争力变化动因分析

二级指标环境协调竞争力的变化是三级要素指标变化综合作用的结果，而三级要素指标变化又是四级基础指标变化作用的结果。三级和四级指标的变动情况如表8-5-1所示。

从要素指标来看，黑龙江省环境协调竞争力的2个要素指标中，人口与环境协调竞争力的排名波动下降了6位，经济与环境协调竞争力的排名波动下降了1位，但受指标排位升降的综合影响，黑龙江省环境协调竞争力呈波动保持。

从基础指标来看，黑龙江省环境协调竞争力的 19 个基础指标中，上升指标有 8 个，占指标总数的 42.1%，平均分布在人口与环境协调竞争力和经济与环境协调竞争力指标组；下降指标有 8 个，占指标总数的 42.1%，主要分布在经济与环境协调竞争力指标组。排位上升的指标数量与排位下降的指标数量一致，使得 2012 年黑龙江省环境协调竞争力排名呈波动保持。

## 8.6 黑龙江省环境竞争力总体评述

从对黑龙江省环境竞争力及其 5 个二级指标在全国的排位变化和指标结构的综合分析来看，"十二五"中期（2010~2012 年）环境竞争力中下降指标的数量大于上升指标的数量，下降的拉力大于上升的动力，使得 2012 年黑龙江省环境竞争力的排位下降了 2 位，在全国居第 21 位。

### 8.6.1 黑龙江省环境竞争力概要分析

黑龙江省环境竞争力在全国所处的位置及变化如表 8 - 6 - 1 所示，5 个二级指标的得分和排位变化如表 8 - 6 - 2 所示。

表 8 - 6 - 1 2010~2012 年黑龙江省环境竞争力一级指标比较表

| 项目 年份 | 2012 | 2011 | 2010 |
| --- | --- | --- | --- |
| 排名 | 21 | 10 | 19 |
| 所属区位 | 下游 | 上游 | 中游 |
| 得分 | 50.2 | 53.1 | 50.3 |
| 全国最高分 | 58.2 | 59.5 | 60.1 |
| 全国平均分 | 51.3 | 50.8 | 50.4 |
| 与最高分的差距 | -8.0 | -6.3 | -9.8 |
| 与平均分的差距 | -1.1 | 2.4 | -0.1 |
| 优劣度 | 劣势 | 优势 | 中势 |
| 波动趋势 | 下降 | 上升 | — |

表 8 - 6 - 2 2010~2012 年黑龙江省环境竞争力二级指标比较表

| 项目 年份 | 生态环境竞争力 得分 | 排名 | 资源环境竞争力 得分 | 排名 | 环境管理竞争力 得分 | 排名 | 环境影响竞争力 得分 | 排名 | 环境协调竞争力 得分 | 排名 | 环境竞争力 得分 | 排名 |
| --- | --- | --- | --- | --- | --- | --- | --- | --- | --- | --- | --- | --- |
| 2010 | 51.8 | 9 | 52.6 | 3 | 32.6 | 27 | 71.6 | 19 | 53.9 | 28 | 50.3 | 19 |
| 2011 | 52.5 | 4 | 54.6 | 3 | 38.2 | 25 | 70.8 | 19 | 61.0 | 12 | 53.1 | 10 |
| 2012 | 50.8 | 9 | 52.3 | 5 | 36.4 | 25 | 66.0 | 26 | 54.4 | 28 | 50.2 | 21 |
| 得分变化 | -1.1 | — | -0.3 | — | 3.8 | — | -5.6 | — | 0.5 | — | -0.1 | — |
| 排位变化 | — | 0 | — | -2 | — | 2 | — | -7 | — | 0 | — | -2 |
| 优劣度 | 优势 | 优势 | 优势 | 优势 | 劣势 | 劣势 | 劣势 | 劣势 | 劣势 | 劣势 | 劣势 | 劣势 |

（1）从指标排位变化趋势看，2012 年黑龙江省环境竞争力综合排名在全国处于第 21 位，表明其在全国处于劣势地位；与 2010 年相比，排位下降了 2 位。总的来看，评价期内黑龙江省环境竞争力呈波动下降趋势。

在 5 个二级指标中，有 1 个指标处于上升趋势，为环境管理竞争力；有 2 个指标处于下降趋势，为资源环境竞争力和环境影响竞争力，这些是黑龙江省环境竞争力的拉力所在；其余 2 个指标排位呈波动保持。在指标排位升降的综合影响下，评价期内黑龙江省环境竞争力的综合排位下降了 2 位，在全国排在第 21 位。

（2）从指标所处区位看，2012 年黑龙江省环境竞争力处于下游区，其中，生态环境竞争力和资源环境竞争力为优势指标，环境管理竞争力、环境影响竞争力和环境协调竞争力为劣势指标。

（3）从指标得分看，2012 年黑龙江省环境竞争力得分为 50.2 分，比全国最高分低 8 分，比全国平均分低 1.1 分；与 2010 年相比，黑龙江省环境竞争力得分下降了 0.1 分，与最高分的差距缩小了 1.8 分，但与全国平均分的差距扩大了 1 分。

2012 年，黑龙江省环境竞争力二级指标的得分均高于 36 分，与 2010 年相比，得分上升最多为环境管理竞争力，上升了 3.8 分；得分下降最多的为环境影响竞争力，下降了 5.6 分。

### 8.6.2　黑龙江省环境竞争力各级指标动态变化分析

2010～2012 年黑龙江省环境竞争力各级指标的动态变化及其结构，如图 8-6-1 和表 8-6-3 所示。

从图 8-6-1 可以看出，黑龙江省环境竞争力的四级指标中上升指标的比例小于下降指标，表明下降指标居于主导地位。表 8-6-3 中的数据进一步说明，黑龙江省环境竞争力的 130 个四级指标中，上升的指标有 39 个，占指标总数的 30%；保持的指标有 43 个，占指标总数的 33.1%；下降的指标为 48 个，占指标总数的 36.9%。下降指标的数量大于上升指标的数量，下降的拉力大于上升的动力，使得评价期内黑龙江省环境竞争力排位下降了 2 位，在全国居第 21 位。

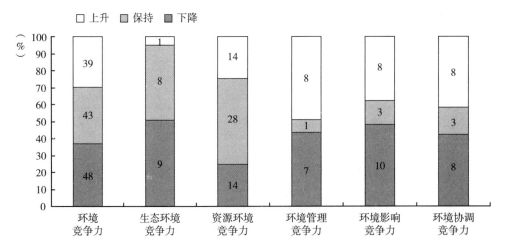

图 8-6-1　2010～2012 年黑龙江省环境竞争力动态变化结构图

表 8 – 6 – 3　2010～2012 年黑龙江省环境竞争力各级指标排位变化态势比较表

| 二级指标 | 三级指标 | 四级指标数 | 上升指标 | | 保持指标 | | 下降指标 | | 变化趋势 |
|---|---|---|---|---|---|---|---|---|---|
| | | | 个数 | 比重（%） | 个数 | 比重（%） | 个数 | 比重（%） | |
| 生态环境竞争力 | 生态建设竞争力 | 9 | 0 | 0.0 | 6 | 66.7 | 3 | 33.3 | 波动↑ |
| | 生态效益竞争力 | 9 | 1 | 11.1 | 2 | 22.2 | 6 | 66.7 | 持续↓ |
| | 小　计 | 18 | 1 | 5.6 | 8 | 44.4 | 9 | 50.0 | 波动→ |
| 资源环境竞争力 | 水环境竞争力 | 11 | 5 | 45.5 | 4 | 36.4 | 2 | 18.2 | 持续↓ |
| | 土地环境竞争力 | 13 | 2 | 15.4 | 11 | 84.6 | 0 | 0.0 | 持续→ |
| | 大气环境竞争力 | 8 | 5 | 62.5 | 1 | 12.5 | 2 | 25.0 | 波动→ |
| | 森林环境竞争力 | 8 | 0 | 0.0 | 5 | 62.5 | 3 | 37.5 | 持续→ |
| | 矿产环境竞争力 | 9 | 2 | 22.2 | 2 | 22.2 | 5 | 55.6 | 持续↑ |
| | 能源环境竞争力 | 7 | 0 | 0.0 | 5 | 71.4 | 2 | 28.6 | 持续↓ |
| | 小　计 | 56 | 14 | 25.0 | 28 | 50.0 | 14 | 25.0 | 持续↓ |
| 环境管理竞争力 | 环境治理竞争力 | 10 | 4 | 40.0 | 1 | 10.0 | 5 | 50.0 | 持续↓ |
| | 环境友好竞争力 | 6 | 4 | 66.7 | 0 | 0.0 | 2 | 33.3 | 持续↑ |
| | 小　计 | 16 | 8 | 50.0 | 1 | 6.3 | 7 | 43.8 | 持续↑ |
| 环境影响竞争力 | 环境安全竞争力 | 12 | 6 | 50.0 | 1 | 8.3 | 5 | 41.7 | 波动→ |
| | 环境质量竞争力 | 9 | 2 | 22.2 | 2 | 22.2 | 5 | 55.6 | 持续↓ |
| | 小　计 | 21 | 8 | 38.1 | 3 | 14.3 | 10 | 47.6 | 持续↓ |
| 环境协调竞争力 | 人口与环境协调竞争力 | 9 | 4 | 44.4 | 2 | 22.2 | 3 | 33.3 | 波动↓ |
| | 经济与环境协调竞争力 | 10 | 4 | 40.0 | 1 | 10.0 | 5 | 50.0 | 波动↓ |
| | 小　计 | 19 | 8 | 42.1 | 3 | 15.8 | 8 | 42.1 | 波动→ |
| | 合　计 | 130 | 39 | 30.0 | 43 | 33.1 | 48 | 36.9 | 波动↓ |

### 8.6.3　黑龙江省环境竞争力各级指标变化动因分析

2012 年黑龙江省环境竞争力各级指标的优劣势变化及其结构，如图 8 – 6 – 2 和表 8 – 6 – 4 所示。

从图 8 – 6 – 2 可以看出，2012 年黑龙江省环境竞争力的四级指标中强势和优势指标的比例略大于劣势指标，表明强势和优势指标居于主导地位。表 8 – 6 – 4 中的数据进一步说明，2012 年黑龙江省环境竞争力的 130 个四级指标中，强势指标有 14 个，占指标总数的 10.8%；优势指标为 34 个，占指标总数的 26.2%；中势指标 41 个，占指标总数的 31.5%；劣势指标有 41 个，占指标总数的 31.5%；强势指标和优势指标之和占指标总数的 36.9%，数量与比重均大于劣势指标。从三级指标来看，四级指标中强势指标和优势指标之和占四级指标总数一半以上的分别有水环境竞争力、大气环境竞争力和森林环境竞争力，共计 3 个指标，占三级指标总数的 21.4%。反映到二级指标上来，优势指标有 2 个，占二级指标总数的 40%，劣势指标有 3 个，占二级指标总数的 60%。这使得黑龙江省环境竞争力处于劣势地位，在全国位居第 21 位，处于下游区。

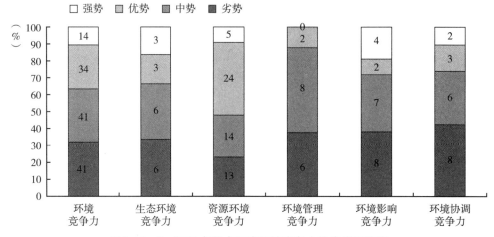

图 8 - 6 - 2　2012 年黑龙江省环境竞争力优劣度结构图

表 8 - 6 - 4　2012 年黑龙江省环境竞争力各级指标优劣度比较表

| 二级指标 | 三级指标 | 四级指标数 | 强势指标 | | 优势指标 | | 中势指标 | | 劣势指标 | | 优劣度 |
|---|---|---|---|---|---|---|---|---|---|---|---|
| | | | 个数 | 比重（%） | 个数 | 比重（%） | 个数 | 比重（%） | 个数 | 比重（%） | |
| 生态环境竞争力 | 生态建设竞争力 | 9 | 2 | 22.2 | 1 | 11.1 | 3 | 33.3 | 3 | 33.3 | 优势 |
| | 生态效益竞争力 | 9 | 1 | 11.1 | 2 | 22.2 | 3 | 33.3 | 3 | 33.3 | 中势 |
| | 小　计 | 18 | 3 | 16.7 | 3 | 16.7 | 6 | 33.3 | 6 | 33.3 | 优势 |
| 资源环境竞争力 | 水环境竞争力 | 11 | 3 | 27.3 | 3 | 27.3 | 5 | 45.5 | 0 | 0.0 | 优势 |
| | 土地环境竞争力 | 13 | 2 | 15.4 | 4 | 30.8 | 1 | 7.7 | 6 | 46.2 | 优势 |
| | 大气环境竞争力 | 8 | 0 | 0.0 | 6 | 75.0 | 1 | 12.5 | 1 | 12.5 | 优势 |
| | 森林环境竞争力 | 8 | 0 | 0.0 | 5 | 62.5 | 3 | 37.5 | 0 | 0.0 | 优势 |
| | 矿产环境竞争力 | 9 | 0 | 0.0 | 4 | 44.4 | 1 | 11.1 | 4 | 44.4 | 中势 |
| | 能源环境竞争力 | 7 | 0 | 0.0 | 2 | 28.6 | 3 | 42.9 | 2 | 28.6 | 中势 |
| | 小　计 | 56 | 5 | 8.9 | 24 | 42.9 | 14 | 25.0 | 13 | 23.2 | 优势 |
| 环境管理竞争力 | 环境治理竞争力 | 10 | 0 | 0.0 | 2 | 20.0 | 5 | 50.0 | 3 | 30.0 | 中势 |
| | 环境友好竞争力 | 6 | 0 | 0.0 | 0 | 0.0 | 3 | 50.0 | 3 | 50.0 | 劣势 |
| | 小　计 | 16 | 0 | 0.0 | 2 | 12.5 | 8 | 50.0 | 6 | 37.5 | 劣势 |
| 环境影响竞争力 | 环境安全竞争力 | 12 | 3 | 25.0 | 1 | 8.3 | 5 | 41.7 | 3 | 25.0 | 劣势 |
| | 环境质量竞争力 | 9 | 1 | 11.1 | 1 | 11.1 | 2 | 22.2 | 5 | 55.6 | 劣势 |
| | 小　计 | 21 | 4 | 19.0 | 2 | 9.5 | 7 | 33.3 | 8 | 38.1 | 劣势 |
| 环境协调竞争力 | 人口与环境协调竞争力 | 9 | 1 | 11.1 | 2 | 22.2 | 2 | 22.2 | 4 | 44.4 | 劣势 |
| | 经济与环境协调竞争力 | 10 | 1 | 10.0 | 1 | 10.0 | 4 | 40.0 | 4 | 40.0 | 劣势 |
| | 小　计 | 19 | 2 | 10.5 | 3 | 15.8 | 6 | 31.6 | 8 | 42.1 | 劣势 |
| 合　计 | | 130 | 14 | 10.8 | 34 | 26.2 | 41 | 31.5 | 41 | 31.5 | 劣势 |

　　为了进一步明确影响黑龙江省环境竞争力变化的具体因素，也便于对相关指标进行深入分析，从而为提升黑龙江省环境竞争力提供决策参考，表 8 - 6 - 5 列出了环境竞争力指标体系中直接影响黑龙江省环境竞争力升降的强势指标、优势指标和劣势指标。

表8－6－5　2012年黑龙江省环境竞争力四级指标优劣度统计表

| 指标 | 强势指标 | 优势指标 | 劣势指标 |
|---|---|---|---|
| 生态环境竞争力（18个） | 国家级生态示范区个数、自然保护区个数、工业固体废物排放强度（3个） | 自然保护区面积占土地总面积比重、化肥施用强度、农药施用强度（3个） | 本年减少耕地面积、野生动物种源繁育基地数、野生植物种源培育基地数、工业烟（粉）尘排放强度、工业废水排放强度、工业废水中化学需氧量排放强度（6个） |
| 资源环境竞争力（56个） | 用水总量、用水消耗量、耗水率、耕地面积、人均耕地面积（5个） | 降水量、供水总量、节灌率、土地总面积、牧草地面积、人均牧草地面积、当年新增种草面积、工业废气排放总量、地均工业废气排放量、地均工业烟（粉）尘排放量、工业二氧化硫排放总量、地均二氧化硫排放量、可吸入颗粒物（PM10）浓度、林业用地面积、森林面积、天然林比重、森林蓄积量、活立木总蓄积量、主要有色金属矿产基础储量、人均主要有色金属矿产基础储量、主要能源矿产基础储量、人均主要能源矿产基础储量、单位地区生产总值电耗、能源生产弹性系数（24个） | 园地面积、人均园地面积、土地资源利用效率、建设用地面积、单位建设用地非农产业增加值、单位耕地面积农业增加值、工业烟（粉）尘排放总量、主要黑色金属矿产基础储量、人均主要黑色金属矿产基础储量、主要非金属矿产基础储量、人均主要非金属矿产基础储量、能源生产总量、单位地区生产总值能耗（13个） |
| 环境管理竞争力（16个） | （0个） | 废水治理设施处理能力、废水治理设施年运行费用（2个） | 废气治理设施年运行费用、本年矿山恢复面积、地质灾害防治投资额、工业用水重复利用率、城市污水处理率、生活垃圾无害化处理率（6个） |
| 环境影响竞争力（21个） | 发生地质灾害起数、地质灾害直接经济损失、突发环境事件次数、人均工业固体废物排放量（4个） | 森林病虫鼠害防治率、人均工业废气排放量（2个） | 自然灾害受灾面积、地质灾害防治投资额、森林病虫鼠害发生面积、人均二氧化硫排放量、人均工业烟（粉）尘排放量、人均化学需氧量排放量、人均化肥施用量、人均农药施用量（8个） |
| 环境协调竞争力（19个） | 人口密度与人均耕地面积比差、工业增加值增长率与工业废水排放量增长率比差（2个） | 人口自然增长率与工业固体废物排放量增长率比差、人口自然增长率与能源消费量增长率比差、人均工业增加值与森林覆盖率比差（3个） | 人口自然增长率与工业废气排放量增长率比差、人口自然增长率与工业废水排放量增长率比差、人口密度与人均水资源量比差、人口密度与人均矿产基础储量比差、工业增加值增长率与工业废气排放量增长率比差、工业增加值增长率与工业固体废物排放量增长率比差、人均工业增加值与人均耕地面积比差、人均工业增加值与人均工业废气排放量比差（8个） |

# 上海市环境竞争力评价分析报告

上海市简称沪，地处长江三角洲前缘，东濒东海，南临杭州湾，西接江苏、浙江两省，北接长江入海口，处于我国南北海岸线的中部，交通便利，腹地广阔，地理位置优越。全市面积 6340.5 平方公里。2012 年末总人口达到 2380 万人，人均 GDP 达到 85373 元，万元GDP 能耗为 0.59 吨标准煤。"十二五"中期（2010 ~ 2012 年），上海市环境竞争力的综合排位呈现下降趋势，2012 年排名第 27 位，比 2010 年下降了 7 位，在全国处于劣势地位。

## 9.1  上海市生态环境竞争力评价分析

### 9.1.1  上海市生态环境竞争力评价结果

2010 ~ 2012 年上海市生态环境竞争力排位和排位变化情况及其下属 2 个三级指标和 18个四级指标的评价结果，如表 9 - 1 - 1 所示；生态环境竞争力各级指标的优劣势情况，如表9 - 1 - 2 所示。

表 9 - 1 - 1  2010 ~ 2012 年上海市生态环境竞争力各级指标的得分、排名及优劣度分析表

| 指标项目 | 2012 年 | | | 2011 年 | | | 2010 年 | | | 综合变化 | | |
|---|---|---|---|---|---|---|---|---|---|---|---|---|
| | 得分 | 排名 | 优劣度 | 得分 | 排名 | 优劣度 | 得分 | 排名 | 优劣度 | 得分变化 | 排名变化 | 趋势变化 |
| **生态环境竞争力** | 43.4 | 20 | 中势 | 43.9 | 19 | 中势 | 44.2 | 21 | 劣势 | -0.8 | 1 | 波动↑ |
| （1）生态建设竞争力 | 11.0 | 31 | 劣势 | 11.0 | 31 | 劣势 | 11.2 | 31 | 劣势 | -0.3 | 0 | 持续→ |
| 国家级生态示范区个数 | 1.6 | 26 | 劣势 | 1.6 | 26 | 劣势 | 1.6 | 26 | 劣势 | 0.0 | 0 | 持续→ |
| 公园面积 | 2.5 | 26 | 劣势 | 2.4 | 26 | 劣势 | 2.4 | 26 | 劣势 | 0.1 | 0 | 持续→ |
| 园林绿地面积 | 22.2 | 12 | 中势 | 23.6 | 12 | 中势 | 23.6 | 12 | 中势 | -1.4 | 0 | 持续→ |
| 绿化覆盖面积 | 28.2 | 6 | 优势 | 27.5 | 4 | 优势 | 27.5 | 4 | 优势 | 0.8 | -2 | 持续↓ |
| 本年减少耕地面积 | 16.0 | 27 | 劣势 | 16.0 | 27 | 劣势 | 16.0 | 27 | 劣势 | 0.0 | 0 | 持续→ |
| 自然保护区个数 | 0.0 | 31 | 劣势 | 0.0 | 31 | 劣势 | 0.0 | 31 | 劣势 | 0.0 | 0 | 持续→ |
| 自然保护区面积占土地总面积比重 | 11.4 | 23 | 劣势 | 11.4 | 23 | 劣势 | 11.4 | 23 | 劣势 | 0.0 | 0 | 持续→ |
| 野生动物种源繁育基地数 | 0.1 | 30 | 劣势 | 0.0 | 28 | 劣势 | 0.0 | 28 | 劣势 | 0.1 | -2 | 持续↓ |
| 野生植物种源培育基地数 | 0.0 | 23 | 劣势 | 0.0 | 24 | 劣势 | 0.0 | 24 | 劣势 | 0.0 | 1 | 持续↑ |
| （2）生态效益竞争力 | 92.0 | 4 | 优势 | 93.1 | 3 | 强势 | 93.7 | 2 | 强势 | -1.7 | -2 | 持续↓ |
| 工业废气排放强度 | 90.7 | 9 | 优势 | 94.3 | 6 | 优势 | 94.3 | 6 | 优势 | -3.6 | -3 | 持续↓ |
| 工业二氧化硫排放强度 | 97.8 | 3 | 强势 | 98.1 | 3 | 强势 | 98.1 | 3 | 强势 | -0.3 | 0 | 持续→ |

续表

| 指标项目 | 2012年 | | | 2011年 | | | 2010年 | | | 综合变化 | | |
|---|---|---|---|---|---|---|---|---|---|---|---|---|
| | 得分 | 排名 | 优劣度 | 得分 | 排名 | 优劣度 | 得分 | 排名 | 优劣度 | 得分变化 | 排名变化 | 趋势变化 |
| 工业烟(粉)尘排放强度 | 100.0 | 1 | 强势 | 100.0 | 1 | 强势 | 100.0 | 1 | 强势 | 0.0 | 0 | 持续→ |
| 工业废水排放强度 | 79.4 | 7 | 优势 | 83.8 | 4 | 优势 | 83.8 | 4 | 优势 | -4.4 | -3 | 持续↓ |
| 工业废水中化学需氧量排放强度 | 98.5 | 2 | 强势 | 98.9 | 2 | 强势 | 98.9 | 2 | 强势 | -0.4 | 0 | 持续→ |
| 工业废水中氨氮排放强度 | 97.8 | 2 | 强势 | 98.0 | 2 | 强势 | 98.0 | 2 | 强势 | -0.2 | 0 | 持续→ |
| 工业固体废物排放强度 | 99.7 | 13 | 中势 | 99.9 | 9 | 优势 | 99.9 | 9 | 优势 | -0.2 | -4 | 持续↓ |
| 化肥施用强度 | 78.9 | 5 | 优势 | 76.6 | 6 | 优势 | 76.6 | 6 | 优势 | 2.4 | 1 | 持续↑ |
| 农药施用强度 | 83.0 | 18 | 中势 | 85.1 | 19 | 中势 | 85.1 | 19 | 中势 | -2.1 | 1 | 持续↑ |

表9-1-2 2012年上海市生态环境竞争力各级指标的优劣度结构表

| 二级指标 | 三级指标 | 四级指标数 | 强势指标 | | 优势指标 | | 中势指标 | | 劣势指标 | | 优劣度 |
|---|---|---|---|---|---|---|---|---|---|---|---|
| | | | 个数 | 比重(%) | 个数 | 比重(%) | 个数 | 比重(%) | 个数 | 比重(%) | |
| 生态环境竞争力 | 生态建设竞争力 | 9 | 0 | 0.0 | 1 | 11.1 | 1 | 11.1 | 7 | 77.8 | 劣势 |
| | 生态效益竞争力 | 9 | 4 | 44.4 | 3 | 33.3 | 2 | 22.2 | 0 | 0.0 | 优势 |
| | 小计 | 18 | 4 | 22.2 | 4 | 22.2 | 3 | 16.7 | 7 | 38.9 | 中势 |

2010~2012年上海市生态环境竞争力的综合排位呈波动上升趋势，2012年排名第20位，比2010年上升了1位，在全国处于中游区。

从生态环境竞争力要素指标的变化趋势来看，有1个指标持续不变，即生态建设竞争力；有1个指标处于持续下降趋势，为生态效益竞争力。

从生态环境竞争力基础指标的优劣度结构来看，在18个基础指标中，指标的优劣度结构为22.2∶22.2∶16.7∶38.9。强势和优势指标所占比重大于劣势指标的比重。

### 9.1.2 上海市生态环境竞争力比较分析

图9-1-1将2010~2012年上海市生态环境竞争力与全国最高水平和平均水平进行比较。由图可知，评价期内上海市生态环境竞争力得分普遍低于45分，说明上海市生态环境竞争力处于较低水平。

从生态环境竞争力的整体得分比较来看，2010年，上海市生态环境竞争力得分与全国最高分相比有21.5分的差距，但与全国平均分相比，低了2.2分；到了2012年，上海市生态环境竞争力得分与全国最高分的差距扩大为21.7分，低于全国平均分2分。总的来看，2010~2012年上海市生态环境竞争力与最高分的差距呈扩大趋势，表明生态建设和生态效益有所降低。

从生态环境竞争力的要素得分比较来看，2012年，上海市生态建设竞争力和生态效益竞争力的得分分别为11.0分和92.0分，分别比最高分低40.6分和4.5分，前者低于平均

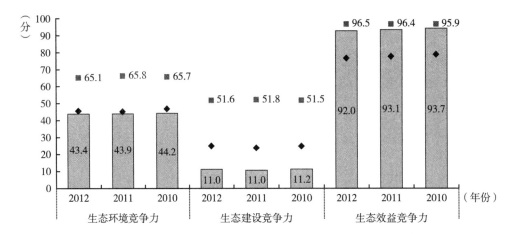

图 9 - 1 - 1　2010 ~ 2012 年上海市生态环境竞争力指标得分比较

分 13.7 分,后者高于平均分 15.4 分;与 2010 年相比,上海市生态建设竞争力得分与最高分的差距扩大了 0.4 分,生态效益竞争力得分与最高分的差距扩大了 2.2 分。

### 9.1.3　上海市生态环境竞争力变化动因分析

二级指标生态环境竞争力的变化是三级要素指标变化综合作用的结果,而三级要素指标变化又是四级基础指标变化作用的结果。三级和四级指标的变动情况如表 9 - 1 - 1 所示。

从要素指标来看,上海市生态环境竞争力的 2 个要素指标中,生态建设竞争力的排名保持不变,生态效益竞争力的排名持续下降了 2 位,受指标排位升降的综合影响,上海市生态环境竞争力波动上升了 1 位。

从基础指标来看,上海市生态环境竞争力的 18 个基础指标中,上升指标有 3 个,占指标总数的 16.7%,主要分布在生态效益竞争力指标组;下降指标有 5 个,占指标总数的 27.8%,也主要分布在生态效益竞争力指标组。上升指标的数量虽比下降指标的数量少,但受其他外部因素的综合影响,评价期内上海市生态环境竞争力排名上升了 1 位。

## 9.2　上海市资源环境竞争力评价分析

### 9.2.1　上海市资源环境竞争力评价结果

2010 ~ 2012 年上海市资源环境竞争力排位和排位变化情况及其下属 6 个三级指标和 56 个四级指标的评价结果,如表 9 - 2 - 1 所示;资源环境竞争力各级指标的优劣势情况,如表 9 - 2 - 2 所示。

2010 ~ 2012 年上海市资源环境竞争力的综合排位呈现波动保持,2012 年排名第 24 位,与 2010 年排位相同,在全国处于下游区。

表9－2－1 2010～2012年上海市资源环境竞争力各级指标的得分、排名及优劣度分析表

| 指标项目 | 2012年 | | | 2011年 | | | 2010年 | | | 综合变化 | | |
|---|---|---|---|---|---|---|---|---|---|---|---|---|
| | 得分 | 排名 | 优劣度 | 得分 | 排名 | 优劣度 | 得分 | 排名 | 优劣度 | 得分变化 | 排名变化 | 趋势变化 |
| **资源环境竞争力** | 38.4 | 24 | 劣势 | 40.1 | 23 | 劣势 | 37.2 | 24 | 劣势 | 1.2 | 0 | 波动→ |
| （1）水环境竞争力 | 43.4 | 26 | 劣势 | 43.6 | 23 | 劣势 | 42.9 | 26 | 劣势 | 0.5 | 0 | 波动→ |
| 水资源总量 | 0.6 | 29 | 劣势 | 0.3 | 29 | 劣势 | 0.6 | 28 | 劣势 | 0.0 | -1 | 持续↓ |
| 人均水资源量 | 0.0 | 31 | 劣势 | 0.0 | 31 | 劣势 | 0.1 | 28 | 劣势 | -0.1 | -3 | 持续↓ |
| 降水量 | 0.0 | 31 | 劣势 | 0.0 | 31 | 劣势 | 0.3 | 30 | 劣势 | -0.3 | -1 | 持续↓ |
| 供水总量 | 16.4 | 21 | 劣势 | 19.0 | 20 | 中势 | 20.7 | 19 | 中势 | -4.3 | -2 | 持续↓ |
| 用水总量 | 97.7 | 1 | 强势 | 97.6 | 1 | 强势 | 97.6 | 1 | 强势 | 0.1 | 0 | 持续→ |
| 用水消耗量 | 98.9 | 1 | 强势 | 98.7 | 1 | 强势 | 98.4 | 1 | 强势 | 0.5 | 0 | 持续→ |
| 耗水率 | 41.9 | 1 | 强势 | 41.9 | 1 | 强势 | 40.0 | 1 | 强势 | 1.9 | 0 | 持续→ |
| 节灌率 | 50.3 | 6 | 优势 | 50.6 | 6 | 优势 | 51.2 | 5 | 优势 | -1.0 | -1 | 持续↓ |
| 城市再生水利用率 | 0.0 | 29 | 劣势 | 0.0 | 29 | 劣势 | 0.0 | 27 | 劣势 | 0.0 | -2 | 持续↓ |
| 工业废水排放总量 | 80.5 | 15 | 中势 | 82.0 | 16 | 中势 | 86.3 | 12 | 中势 | -5.8 | -3 | 波动↓ |
| 生活污水排放量 | 74.0 | 21 | 劣势 | 72.6 | 21 | 劣势 | 60.9 | 28 | 劣势 | 13.1 | 7 | 持续↑ |
| （2）土地环境竞争力 | 37.5 | 2 | 强势 | 38.0 | 2 | 强势 | 38.6 | 2 | 强势 | -1.1 | 0 | 持续→ |
| 土地总面积 | 0.0 | 31 | 劣势 | 0.0 | 31 | 劣势 | 0.0 | 31 | 劣势 | 0.0 | 0 | 持续→ |
| 耕地面积 | 0.0 | 31 | 劣势 | 0.0 | 31 | 劣势 | 0.0 | 31 | 劣势 | 0.0 | 0 | 持续→ |
| 人均耕地面积 | 0.0 | 31 | 劣势 | 0.0 | 31 | 劣势 | 0.0 | 31 | 劣势 | 0.0 | 0 | 持续→ |
| 牧草地面积 | 0.0 | 30 | 劣势 | 0.0 | 30 | 劣势 | 0.0 | 30 | 劣势 | 0.0 | 0 | 持续→ |
| 人均牧草地面积 | 0.0 | 30 | 劣势 | 0.0 | 30 | 劣势 | 0.0 | 30 | 劣势 | 0.0 | 0 | 持续→ |
| 园地面积 | 1.9 | 29 | 劣势 | 1.9 | 29 | 劣势 | 1.9 | 29 | 劣势 | 0.0 | 0 | 持续→ |
| 人均园地面积 | 0.3 | 30 | 劣势 | 0.3 | 30 | 劣势 | 0.3 | 30 | 劣势 | 0.0 | 0 | 持续→ |
| 土地资源利用效率 | 100.0 | 1 | 强势 | 100.0 | 1 | 强势 | 100.0 | 1 | 强势 | 0.0 | 0 | 持续→ |
| 建设用地面积 | 92.4 | 3 | 强势 | 92.4 | 3 | 强势 | 92.4 | 3 | 强势 | 0.0 | 0 | 持续→ |
| 单位建设用地非农产业增加值 | 100.0 | 1 | 强势 | 100.0 | 1 | 强势 | 100.0 | 1 | 强势 | 0.0 | 0 | 持续→ |
| 单位耕地面积农业增加值 | 39.7 | 10 | 优势 | 44.3 | 10 | 优势 | 49.6 | 8 | 优势 | -9.9 | -2 | 持续↓ |
| 沙化土地面积占土地总面积的比重 | 100.0 | 1 | 强势 | 100.0 | 1 | 强势 | 100.0 | 1 | 强势 | 0.0 | 0 | 持续→ |
| 当年新增种草面积 | 1.3 | 26 | 劣势 | 1.6 | 26 | 劣势 | 1.7 | 25 | 劣势 | -0.4 | -1 | 持续↓ |
| （3）大气环境竞争力 | 51.6 | 29 | 劣势 | 52.1 | 29 | 劣势 | 51.3 | 30 | 劣势 | 0.3 | 1 | 持续↑ |
| 工业废气排放总量 | 80.4 | 10 | 优势 | 82.4 | 13 | 中势 | 77.0 | 14 | 中势 | 3.4 | 4 | 持续↑ |
| 地均工业废气排放量 | 0.0 | 31 | 劣势 | 0.0 | 31 | 劣势 | 0.0 | 31 | 劣势 | 0.0 | 0 | 持续→ |
| 工业烟（粉）尘排放总量 | 94.0 | 5 | 优势 | 94.9 | 5 | 优势 | 93.7 | 4 | 优势 | 0.3 | -1 | 持续↓ |
| 地均工业烟（粉）尘排放量 | 0.0 | 31 | 劣势 | 0.0 | 31 | 劣势 | 0.0 | 31 | 劣势 | 0.0 | 0 | 持续→ |
| 工业二氧化硫排放总量 | 87.5 | 5 | 优势 | 87.2 | 5 | 优势 | 84.1 | 6 | 优势 | 3.5 | 1 | 持续↑ |
| 地均二氧化硫排放量 | 0.0 | 31 | 劣势 | 0.0 | 31 | 劣势 | 0.0 | 31 | 劣势 | 0.0 | 0 | 持续→ |
| 全省设区市优良天数比例 | 77.1 | 15 | 中势 | 75.2 | 16 | 中势 | 75.2 | 17 | 中势 | 1.9 | 2 | 持续↑ |
| 可吸入颗粒物（PM10）浓度 | 71.6 | 11 | 中势 | 74.7 | 8 | 优势 | 77.9 | 9 | 优势 | -6.3 | -2 | 波动↓ |
| （4）森林环境竞争力 | 1.9 | 31 | 劣势 | 1.9 | 31 | 劣势 | 1.9 | 31 | 劣势 | 0.0 | 0 | 持续→ |
| 林业用地面积 | 0.0 | 31 | 劣势 | 0.0 | 31 | 劣势 | 0.0 | 31 | 劣势 | 0.0 | 0 | 持续→ |
| 森林面积 | 0.0 | 31 | 劣势 | 0.0 | 31 | 劣势 | 0.0 | 31 | 劣势 | 0.0 | 0 | 持续→ |
| 森林覆盖率 | 9.2 | 27 | 劣势 | 9.2 | 27 | 劣势 | 9.2 | 27 | 劣势 | 0.0 | 0 | 持续→ |

续表

| 指　标　项　目 | 2012 年 | | | 2011 年 | | | 2010 年 | | | 综合变化 | | |
|---|---|---|---|---|---|---|---|---|---|---|---|---|
| | 得分 | 排名 | 优劣度 | 得分 | 排名 | 优劣度 | 得分 | 排名 | 优劣度 | 得分变化 | 排名变化 | 趋势变化 |
| 人工林面积 | 0.5 | 29 | 劣势 | 0.5 | 29 | 劣势 | 0.5 | 29 | 劣势 | 0.0 | 0 | 持续→ |
| 天然林比重 | 0.0 | 31 | 劣势 | 0.0 | 31 | 劣势 | 0.0 | 31 | 劣势 | 0.0 | 0 | 持续→ |
| 造林总面积 | 0.0 | 31 | 劣势 | 0.0 | 31 | 劣势 | 0.0 | 31 | 劣势 | 0.0 | 0 | 持续→ |
| 森林蓄积量 | 0.0 | 31 | 劣势 | 0.0 | 31 | 劣势 | 0.0 | 31 | 劣势 | 0.0 | 0 | 持续→ |
| 活立木总蓄积量 | 0.0 | 31 | 劣势 | 0.0 | 31 | 劣势 | 0.0 | 31 | 劣势 | 0.0 | 0 | 持续→ |
| (5)矿产环境竞争力 | 9.8 | 29 | 劣势 | 9.7 | 30 | 劣势 | 9.4 | 29 | 劣势 | 0.4 | 0 | 波动→ |
| 主要黑色金属矿产基础储量 | 0.0 | 29 | 劣势 | 0.0 | 29 | 劣势 | 0.0 | 29 | 劣势 | 0.0 | 0 | 持续→ |
| 人均主要黑色金属矿产基础储量 | 0.0 | 29 | 劣势 | 0.0 | 29 | 劣势 | 0.0 | 29 | 劣势 | 0.0 | 0 | 持续→ |
| 主要有色金属矿产基础储量 | 0.0 | 31 | 劣势 | 0.0 | 31 | 劣势 | 0.0 | 31 | 劣势 | 0.0 | 0 | 持续→ |
| 人均主要有色金属矿产基础储量 | 0.0 | 31 | 劣势 | 0.0 | 31 | 劣势 | 0.0 | 31 | 劣势 | 0.0 | 0 | 持续→ |
| 主要非金属矿产基础储量 | 0.0 | 25 | 劣势 | 0.0 | 25 | 劣势 | 0.0 | 24 | 劣势 | 0.0 | -1 | 持续↓ |
| 人均主要非金属矿产基础储量 | 0.0 | 25 | 劣势 | 0.0 | 25 | 劣势 | 0.0 | 24 | 劣势 | 0.0 | -1 | 持续↓ |
| 主要能源矿产基础储量 | 0.0 | 31 | 劣势 | 0.0 | 31 | 劣势 | 0.0 | 31 | 劣势 | 0.0 | 0 | 持续→ |
| 人均主要能源矿产基础储量 | 0.0 | 31 | 劣势 | 0.0 | 31 | 劣势 | 0.0 | 31 | 劣势 | 0.0 | 0 | 持续→ |
| 工业固体废物产生量 | 95.9 | 5 | 优势 | 95.2 | 5 | 优势 | 92.3 | 6 | 优势 | 3.6 | 1 | 持续↑ |
| (6)能源环境竞争力 | 80.9 | 2 | 强势 | 89.8 | 1 | 强势 | 74.1 | 2 | 强势 | 6.8 | 0 | 波动→ |
| 能源生产总量 | 100.0 | 1 | 强势 | 100.0 | 2 | 强势 | 99.9 | 2 | 强势 | 0.1 | 1 | 持续↑ |
| 能源消费总量 | 70.9 | 17 | 中势 | 69.7 | 18 | 中势 | 67.9 | 18 | 中势 | 3.0 | 1 | 持续↑ |
| 单位地区生产总值能耗 | 75.0 | 4 | 优势 | 81.4 | 5 | 优势 | 71.8 | 6 | 优势 | 3.1 | 2 | 持续↑ |
| 单位地区生产总值电耗 | 91.5 | 6 | 优势 | 90.7 | 4 | 优势 | 88.9 | 6 | 优势 | 2.6 | 0 | 波动→ |
| 单位工业增加值能耗 | 74.1 | 8 | 优势 | 86.6 | 3 | 强势 | 71.9 | 8 | 优势 | 2.2 | 0 | 波动→ |
| 能源生产弹性系数 | 57.3 | 9 | 优势 | 100.0 | 1 | 强势 | 100.0 | 1 | 强势 | -42.7 | -8 | 持续↓ |
| 能源消费弹性系数 | 99.3 | 2 | 强势 | 99.9 | 2 | 强势 | 20.6 | 27 | 劣势 | 78.7 | 25 | 持续↑ |

表 9-2-2　2012 年上海市资源环境竞争力各级指标的优劣度结构表

| 二级指标 | 三级指标 | 四级指标数 | 强势指标 | | 优势指标 | | 中势指标 | | 劣势指标 | | 优劣度 |
|---|---|---|---|---|---|---|---|---|---|---|---|
| | | | 个数 | 比重(%) | 个数 | 比重(%) | 个数 | 比重(%) | 个数 | 比重(%) | |
| 资源环境竞争力 | 水环境竞争力 | 11 | 3 | 27.3 | 1 | 9.1 | 1 | 9.1 | 6 | 54.5 | 劣势 |
| | 土地环境竞争力 | 13 | 4 | 30.8 | 1 | 7.7 | 0 | 0.0 | 8 | 61.5 | 强势 |
| | 大气环境竞争力 | 8 | 0 | 0.0 | 3 | 37.5 | 2 | 25.0 | 3 | 37.5 | 劣势 |
| | 森林环境竞争力 | 8 | 0 | 0.0 | 0 | 0.0 | 0 | 0.0 | 8 | 100.0 | 劣势 |
| | 矿产环境竞争力 | 9 | 0 | 0.0 | 1 | 11.1 | 0 | 0.0 | 8 | 88.9 | 劣势 |
| | 能源环境竞争力 | 7 | 2 | 28.6 | 4 | 57.1 | 1 | 14.3 | 0 | 0.0 | 强势 |
| 小　计 | | 56 | 9 | 16.1 | 10 | 17.9 | 4 | 7.1 | 33 | 58.9 | 劣势 |

从资源环境竞争力的要素指标变化趋势来看，只有 1 个指标处于持续上升趋势，为大气环境竞争力；有 3 个指标处于波动保持趋势，为水环境竞争力、矿产环境竞争力和能源环境

竞争力；土地环境竞争力和森林环境竞争力2个指标呈持续保持。

从资源环境竞争力的基础指标分布来看，在56个基础指标中，指标的优劣度结构为16.1∶17.9∶7.1∶58.9。强势和优势指标所占比重明显低于劣势指标的比重，表明劣势指标占主导地位。

### 9.2.2 上海市资源环境竞争力比较分析

图9-2-1将2010~2012年上海市资源环境竞争力与全国最高水平和平均水平进行比较。由图可知，评价期内上海市资源环境竞争力得分普遍低于41分，呈现波动上升趋势，但从总体上看，上海市资源环境竞争力保持较低水平。

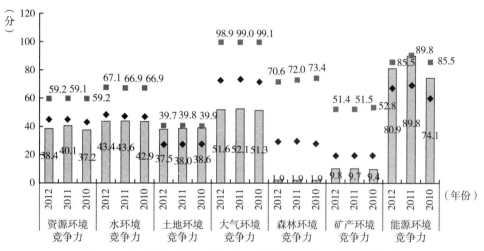

图9-2-1 2010~2012年上海市资源环境竞争力指标得分比较

从资源环境竞争力的整体得分比较来看，2010年，上海市资源环境竞争力得分与全国最高分相比还有22.0分的差距，与全国平均分相比，则低了5.8分；到2012年，上海市资源环境竞争力得分与全国最高分的差距缩小为20.8分，但与全国平均水平的差距则扩大至6.2分。总的来看，2010~2012年上海市资源环境竞争力与最高分的差距呈缩小趋势，继续在全国处于下游地位。

从资源环境竞争力的要素得分比较来看，2012年，上海市水环境竞争力、土地环境竞争力、大气环境竞争力、森林环境竞争力、矿产环境竞争力和能源环境竞争力的得分分别为43.4分、37.5分、51.6分、1.9分、9.8分和80.9分，比最高分低23.7分、2.2分、47.3分、68.7分、41.6分和4.6分；与2010年相比，上海市水环境竞争力、大气环境竞争力、森林环境竞争力、矿产环境竞争力和能源环境竞争力的得分与最高分的差距都缩小了，但土地环境竞争力的得分与最高分的差距扩大了。

### 9.2.3 上海市资源环境竞争力变化动因分析

二级指标资源环境竞争力的变化是三级要素指标变化综合作用的结果，而三级要素指标变化又是四级基础指标变化作用的结果。三级和四级指标的变动情况如表9-2-1所示。

从要素指标来看，上海市资源环境竞争力的 6 个要素指标中，大气环境竞争力的排位呈上升趋势，而水环境竞争力、土地环境竞争力、矿产环境竞争力、能源环境竞争力和森林环境竞争力的排位均保持不变，受指标排位升降的综合影响，上海市资源环境竞争力呈波动保持。

从基础指标来看，上海市资源环境竞争力的 56 个基础指标中，上升指标有 9 个，占指标总数的 16.1%，主要分布在能源环境竞争力等指标组；下降指标有 14 个，占指标总数的 25.0%，主要分布在水环境竞争力等指标组。排位下降指标数量高于排位上升的指标数量，但其余的 33 个指标呈波动保持或持续保持，2012 年上海市资源环境竞争力排名呈波动保持。

## 9.3 上海市环境管理竞争力评价分析

### 9.3.1 上海市环境管理竞争力评价结果

2010~2012 年上海市环境管理竞争力排位和排位变化情况及其下属 2 个三级指标和 16 个四级指标的评价结果，如表 9-3-1 所示；环境管理竞争力各级指标的优劣势情况，如表 9-3-2 所示。

表 9-3-1 2010~2012 年上海市环境管理竞争力各级指标的得分、排名及优劣度分析表

| 指标项目 | 2012 年 | | | 2011 年 | | | 2010 年 | | | 综合变化 | | |
|---|---|---|---|---|---|---|---|---|---|---|---|---|
| | 得分 | 排名 | 优劣度 | 得分 | 排名 | 优劣度 | 得分 | 排名 | 优劣度 | 得分变化 | 排名变化 | 趋势变化 |
| **环境管理竞争力** | 34.2 | 29 | 劣势 | 41.0 | 21 | 劣势 | 41.6 | 18 | 中势 | -7.4 | -11 | 持续↓ |
| (1)环境治理竞争力 | 15.9 | 25 | 劣势 | 17.1 | 21 | 劣势 | 18.1 | 21 | 劣势 | -2.2 | -4 | 持续↓ |
| 环境污染治理投资总额 | 17.7 | 23 | 劣势 | 19.8 | 20 | 中势 | 9.4 | 15 | 中势 | 8.3 | -8 | 持续↓ |
| 环境污染治理投资总额占地方生产总值比重 | 7.1 | 29 | 劣势 | 3.7 | 26 | 劣势 | 23.9 | 25 | 劣势 | -16.8 | -4 | 持续↓ |
| 废气治理设施年运行费用 | 18.0 | 12 | 中势 | 24.8 | 15 | 中势 | 27.6 | 12 | 中势 | -9.7 | 0 | 波动→ |
| 废水治理设施处理能力 | 8.5 | 23 | 劣势 | 4.7 | 23 | 劣势 | 18.5 | 19 | 中势 | -10.1 | -4 | 持续↓ |
| 废水治理设施年运行费用 | 33.9 | 6 | 优势 | 49.0 | 7 | 优势 | 28.6 | 12 | 中势 | 5.3 | 6 | 持续↑ |
| 矿山环境恢复治理投入资金 | 0.4 | 29 | 劣势 | 0.0 | 31 | 劣势 | 0.0 | 31 | 劣势 | 0.4 | 2 | 持续↑ |
| 本年矿山恢复面积 | 0.0 | 29 | 劣势 | 0.0 | 31 | 劣势 | 0.0 | 31 | 劣势 | 0.0 | 2 | 持续↑ |
| 地质灾害防治投资额 | 2.7 | 24 | 劣势 | 2.9 | 23 | 劣势 | 0.2 | 28 | 劣势 | 2.5 | 4 | 波动↑ |
| 水土流失治理面积 | 0.0 | 31 | 劣势 | 0.0 | 31 | 劣势 | 0.0 | 31 | 劣势 | 0.0 | 0 | 持续→ |
| 土地复垦面积占新增耕地面积的比重 | 92.2 | 2 | 强势 | 92.2 | 2 | 强势 | 92.2 | 2 | 强势 | 0.0 | 0 | 持续→ |
| (2)环境友好竞争力 | 48.4 | 29 | 劣势 | 59.5 | 21 | 劣势 | 59.9 | 18 | 中势 | -11.5 | -11 | 持续↓ |
| 工业固体废物综合利用量 | 10.5 | 26 | 劣势 | 12.5 | 26 | 劣势 | 13.2 | 22 | 劣势 | -2.6 | -4 | 持续↓ |
| 工业固体废物处置量 | 0.4 | 28 | 劣势 | 0.5 | 28 | 劣势 | 0.8 | 27 | 劣势 | -0.4 | -1 | 持续↓ |
| 工业固体废物处置利用率 | 99.0 | 3 | 强势 | 98.1 | 3 | 强势 | 78.6 | 3 | 强势 | 20.4 | 0 | 持续→ |
| 工业用水重复利用率 | 0.0 | 30 | 劣势 | 85.8 | 17 | 中势 | 86.0 | 16 | 中势 | -86.0 | -14 | 持续↓ |
| 城市污水处理率 | 96.4 | 7 | 优势 | 89.2 | 15 | 中势 | 89.2 | 14 | 中势 | 7.2 | 7 | 波动↑ |
| 生活垃圾无害化处理率 | 83.7 | 20 | 中势 | 61.0 | 26 | 劣势 | 81.9 | 16 | 中势 | 1.8 | -4 | 波动↓ |

表 9 - 3 - 2　2012 年上海市环境管理竞争力各级指标的优劣度结构表

| 二级指标 | 三级指标 | 四级指标数 | 强势指标 | | 优势指标 | | 中势指标 | | 劣势指标 | | 优劣度 |
|---|---|---|---|---|---|---|---|---|---|---|---|
| | | | 个数 | 比重(%) | 个数 | 比重(%) | 个数 | 比重(%) | 个数 | 比重(%) | |
| 环境管理竞争力 | 环境治理竞争力 | 10 | 1 | 10.0 | 1 | 10.0 | 1 | 10.0 | 7 | 70.0 | 劣势 |
| | 环境友好竞争力 | 6 | 1 | 16.7 | 1 | 16.7 | 1 | 16.7 | 3 | 50.0 | 劣势 |
| | 小　　计 | 16 | 2 | 12.5 | 2 | 12.5 | 2 | 12.5 | 10 | 62.5 | 劣势 |

2010～2012 年上海市环境管理竞争力的综合排位呈现持续下降趋势，2012 年排名第 29 位，比 2010 年下降了 11 位，由全国中游区降入下游区。

从环境管理竞争力的要素指标变化趋势来看，环境治理竞争力和环境友好竞争力 2 个指标都处于持续下降趋势。

从环境管理竞争力的基础指标分布来看，在 16 个基础指标中，指标的优劣度结构为 12.5∶12.5∶12.5∶62.5。强势和优势指标所占比重显著小于劣势指标的比重，表明劣势指标占主导地位。

### 9.3.2　上海市环境管理竞争力比较分析

图 9 - 3 - 1 将 2010～2012 年上海市环境管理竞争力与全国最高水平和平均水平进行比较。由图可知，评价期内上海市环境管理竞争力得分普遍低于 42 分，且呈持续下降趋势，说明上海市环境管理竞争力处于全国较低水平。

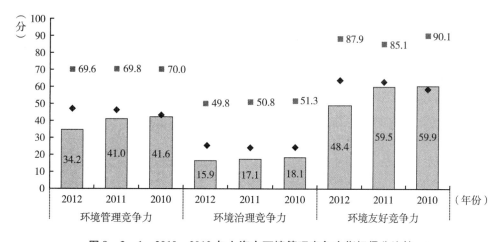

图 9 - 3 - 1　2010～2012 年上海市环境管理竞争力指标得分比较

从环境管理竞争力的整体得分比较来看，2010 年，上海市环境管理竞争力得分与全国最高分相差 28.4 分，低于全国平均分 1.8 分；到 2012 年，上海市环境管理竞争力得分与全国最高分的差距扩大为 35.4 分，与全国平均水平的差距扩大到 12.8 分。总的来看，2010～2012 年上海市环境管理竞争力与最高分的差距呈扩大趋势，由全国中等水平下降为全国较低水平。

从环境管理竞争力的要素得分比较来看，2012年，上海市环境治理竞争力和环境友好竞争力的得分分别为15.9分和48.4分，分别比最高分低33.9分和39.5分，分别低于平均分9.3分和15.6分；与2010年相比，上海市环境治理竞争力得分与最高分的差距扩大了0.7分，环境友好竞争力得分与最高分的差距扩大了9.2分。

### 9.3.3 上海市环境管理竞争力变化动因分析

二级指标环境管理竞争力的变化是三级要素指标变化综合作用的结果，而三级要素指标变化又是四级基础指标变化作用的结果。三级和四级指标的变动情况如表9-3-1所示。

从要素指标来看，上海市环境管理竞争力的2个要素指标中，环境治理竞争力的排名下降了4位，环境友好竞争力的排名下降了11位，受此影响，上海市环境管理竞争力下降了11位，其中环境友好竞争力是环境管理竞争力下降的主要因素。

从基础指标来看，上海市环境管理竞争力的16个基础指标中，上升指标有5个，占指标总数的31.3%，主要分布在环境治理竞争力指标组；下降指标有7个，占指标总数的43.8%，主要分布在环境治理竞争力和环境友好竞争力指标组。排位下降的指标数量大于排位上升的指标数量，使得2012年上海市环境管理竞争力排名下降了11位。

## 9.4 上海市环境影响竞争力评价分析

### 9.4.1 上海市环境影响竞争力评价结果

2010～2012年上海市环境影响竞争力排位和排位变化情况及其下属2个三级指标和21个四级指标的评价结果，如表9-4-1所示；环境影响竞争力各级指标的优劣势情况，如表9-4-2所示。

表9-4-1 2010～2012年上海市环境影响竞争力各级指标的得分、排名及优劣度分析表

| 指标项目 | 2012年 | | | 2011年 | | | 2010年 | | | 综合变化 | | |
|---|---|---|---|---|---|---|---|---|---|---|---|---|
| | 得分 | 排名 | 优劣度 | 得分 | 排名 | 优劣度 | 得分 | 排名 | 优劣度 | 得分变化 | 排名变化 | 趋势变化 |
| **环境影响竞争力** | 74.9 | 9 | 优势 | 76.1 | 6 | 优势 | 79.8 | 4 | 优势 | -4.9 | -5 | 持续↓ |
| (1)环境安全竞争力 | 79.3 | 12 | 中势 | 79.9 | 9 | 优势 | 82.0 | 7 | 优势 | -2.7 | -5 | 持续↓ |
| 自然灾害受灾面积 | 100.0 | 2 | 强势 | 99.4 | 3 | 强势 | 100.0 | 1 | 强势 | 0.0 | -1 | 波动↓ |
| 自然灾害绝收面积占受灾面积比重 | 37.9 | 28 | 劣势 | 52.4 | 22 | 劣势 | 100.0 | 1 | 强势 | -62.1 | -27 | 持续↓ |
| 自然灾害直接经济损失 | 99.4 | 2 | 强势 | 99.2 | 2 | 强势 | 100.0 | 1 | 强势 | -0.6 | -1 | 持续↓ |
| 发生地质灾害起数 | 100.0 | 1 | 强势 | 100.0 | 1 | 强势 | 100.0 | 1 | 强势 | 0.0 | 0 | 持续→ |
| 地质灾害直接经济损失 | 100.0 | 1 | 强势 | 100.0 | 1 | 强势 | 100.0 | 1 | 强势 | 0.0 | 0 | 持续→ |
| 地质灾害防治投资额 | 3.1 | 24 | 劣势 | 2.9 | 22 | 劣势 | 0.2 | 28 | 劣势 | 2.9 | 4 | 波动↑ |
| 突发环境事件次数 | 0.0 | 31 | 劣势 | 0.0 | 31 | 劣势 | 0.0 | 31 | 劣势 | 0.0 | 0 | 持续→ |

续表

| 指标项目 | 2012年 | | | 2011年 | | | 2010年 | | | 综合变化 | | |
|---|---|---|---|---|---|---|---|---|---|---|---|---|
| | 得分 | 排名 | 优劣度 | 得分 | 排名 | 优劣度 | 得分 | 排名 | 优劣度 | 得分变化 | 排名变化 | 趋势变化 |
| 森林火灾次数 | 100.0 | 1 | 强势 | 100.0 | 1 | 强势 | 100.0 | 1 | 强势 | 0.0 | 0 | 持续→ |
| 森林火灾火场总面积 | 100.0 | 1 | 强势 | 100.0 | 1 | 强势 | 100.0 | 1 | 强势 | 0.0 | 0 | 持续→ |
| 受火灾森林面积 | 100.0 | 1 | 强势 | 100.0 | 1 | 强势 | 100.0 | 1 | 强势 | 0.0 | 0 | 持续→ |
| 森林病虫鼠害发生面积 | 100.0 | 1 | 强势 | 100.0 | 1 | 强势 | 100.0 | 1 | 强势 | 0.0 | 0 | 持续→ |
| 森林病虫鼠害防治率 | 97.6 | 3 | 强势 | 97.7 | 1 | 强势 | 98.9 | 4 | 优势 | -1.3 | 1 | 持续↑ |
| (2)环境质量竞争力 | 71.7 | 10 | 优势 | 73.5 | 12 | 中势 | 78.2 | 9 | 优势 | -6.5 | -1 | 波动↓ |
| 人均工业废气排放量 | 62.7 | 21 | 劣势 | 64.4 | 22 | 劣势 | 78.3 | 24 | 劣势 | -15.7 | 3 | 持续↑ |
| 人均二氧化硫排放量 | 76.7 | 16 | 中势 | 82.4 | 15 | 中势 | 74.2 | 17 | 中势 | 2.5 | 1 | 波动↑ |
| 人均工业烟(粉)尘排放量 | 91.4 | 5 | 优势 | 94.7 | 5 | 优势 | 94.8 | 4 | 优势 | -3.3 | -1 | 持续↓ |
| 人均工业废水排放量 | 40.6 | 25 | 劣势 | 44.6 | 24 | 劣势 | 64.0 | 18 | 中势 | -23.4 | -7 | 持续↓ |
| 人均生活污水排放量 | 0.0 | 31 | 劣势 | 0.0 | 31 | 劣势 | 0.0 | 31 | 劣势 | 0.0 | 0 | 持续→ |
| 人均化学需氧量排放量 | 74.9 | 9 | 优势 | 75.8 | 9 | 优势 | 95.2 | 4 | 优势 | -20.3 | -5 | 持续↓ |
| 人均工业固体废物排放量 | 99.3 | 17 | 中势 | 99.5 | 11 | 中势 | 100.0 | 4 | 优势 | -0.7 | -13 | 持续↓ |
| 人均化肥施用量 | 100.0 | 1 | 强势 | 100.0 | 1 | 强势 | 100.0 | 1 | 强势 | 0.0 | 0 | 持续→ |
| 人均农药施用量 | 98.7 | 2 | 强势 | 98.6 | 2 | 强势 | 98.0 | 3 | 强势 | 0.7 | 1 | 持续↑ |

表9-4-2 2012年上海市环境影响竞争力各级指标的优劣度结构表

| 二级指标 | 三级指标 | 四级指标数 | 强势指标 | | 优势指标 | | 中势指标 | | 劣势指标 | | 优劣度 |
|---|---|---|---|---|---|---|---|---|---|---|---|
| | | | 个数 | 比重(%) | 个数 | 比重(%) | 个数 | 比重(%) | 个数 | 比重(%) | |
| 环境影响竞争力 | 环境安全竞争力 | 12 | 9 | 75.0 | 0 | 0.0 | 0 | 0.0 | 3 | 25.0 | 中势 |
| | 环境质量竞争力 | 9 | 2 | 22.2 | 2 | 22.2 | 2 | 22.2 | 3 | 33.3 | 优势 |
| | 小 计 | 21 | 11 | 52.4 | 2 | 9.5 | 2 | 9.5 | 6 | 28.6 | 优势 |

2010~2012年上海市环境影响竞争力的综合排位呈现持续下降趋势,2012年排名第9位,比2010年下降了5位,在全国处于上游区。

从环境影响竞争力的要素指标变化趋势来看,有1个指标处于持续下降趋势,即环境安全竞争力;有1个指标处于波动下降趋势,为环境质量竞争力。

从环境影响竞争力的基础指标分布来看,在21个基础指标中,指标的优劣度结构为52.4:9.5:9.5:28.6。强势和优势指标所占比重显著高于劣势指标的比重,表明优势指标占主导地位。

### 9.4.2 上海市环境影响竞争力比较分析

图9-4-1将2010~2012年上海市环境影响竞争力与全国最高水平和平均水平进行比较。由图可知,评价期内上海市环境影响竞争力得分普遍高于74分,虽呈持续下降趋势,但上海市环境影响竞争力处于较高水平。

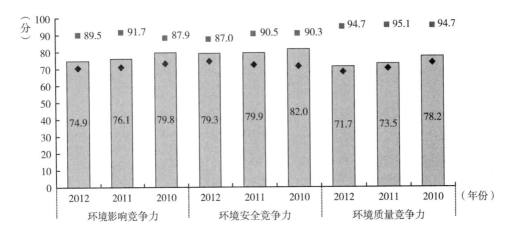

图9-4-1 2010～2012年上海市环境影响竞争力指标得分比较

从环境影响竞争力的整体得分比较来看，2010年，上海市环境影响竞争力得分与全国最高分相差8.1分，但与全国平均分相比，则高出了7.4分；到2012年，上海市环境影响竞争力得分与全国最高分的差距扩大到了14.6分，与全国平均分的差距缩小到了4.2分。总的来看，2010～2012年上海市环境影响竞争力与最高分的差距呈扩大趋势。

从环境影响竞争力的要素得分比较来看，2012年，上海市环境安全竞争力和环境质量竞争力的得分分别为79.3分和71.7分，比最高分低7.7分和23.0分，但分别高出平均分5.1分和3.6分；与2010年相比，上海市环境安全竞争力得分与最高分的差距缩小了0.6分，但环境质量竞争力得分与最高分的差距扩大了6.5分。

### 9.4.3 上海市环境影响竞争力变化动因分析

二级指标环境影响竞争力的变化是三级要素指标变化综合作用的结果，而三级要素指标变化又是四级基础指标变化作用的结果。三级和四级指标的变动情况如表9-4-1所示。

从要素指标来看，上海市环境影响竞争力的2个要素指标中，环境安全竞争力的排名持续下降了5位，环境质量竞争力的排名波动下降了1位，受指标排位升降的综合影响，上海市环境影响竞争力排名呈持续下降，其中环境安全竞争力是环境影响竞争力呈现持续下降的主要原因。

从基础指标来看，上海市环境影响竞争力的21个基础指标中，上升指标有5个，占指标总数的23.8%，主要分布在环境质量竞争力指标组；下降指标有7个，占指标总数的33.3%，主要分布在环境安全竞争力指标组和环境质量竞争力指标组。排位上升的指标数量小于排位下降的指标数量，使得2012年上海市环境影响竞争力排名持续下降。

## 9.5 上海市环境协调竞争力评价分析

### 9.5.1 上海市环境协调竞争力评价结果

2010～2012年上海市环境协调竞争力排位和排位变化情况及其下属2个三级指标和19

个四级指标的评价结果，如表9-5-1所示；环境协调竞争力各级指标的优劣势情况，如表9-5-2所示。

表9-5-1 2010～2012年上海市环境协调竞争力各级指标的得分、排名及优劣度分析表

| 指标项目 | 2012年 | | | 2011年 | | | 2010年 | | | 综合变化 | | |
| --- | --- | --- | --- | --- | --- | --- | --- | --- | --- | --- | --- | --- |
| | 得分 | 排名 | 优劣度 | 得分 | 排名 | 优劣度 | 得分 | 排名 | 优劣度 | 得分变化 | 排名变化 | 趋势变化 |
| **环境协调竞争力** | 61.1 | 14 | 中势 | 54.3 | 22 | 劣势 | 60.8 | 13 | 中势 | 0.3 | -1 | 波动↓ |
| （1）人口与环境协调竞争力 | 77.1 | 1 | 强势 | 70.4 | 1 | 强势 | 79.1 | 1 | 强势 | -2.1 | 0 | 持续→ |
| 人口自然增长率与工业废气排放量增长率比差 | 89.9 | 7 | 优势 | 87.0 | 6 | 优势 | 100.0 | 1 | 强势 | -10.1 | -6 | 持续↓ |
| 人口自然增长率与工业废水排放量增长率比差 | 77.8 | 20 | 中势 | 50.0 | 28 | 劣势 | 85.2 | 8 | 优势 | -7.4 | -12 | 波动↓ |
| 人口自然增长率与工业固体废物排放量增长率比差 | 95.3 | 6 | 优势 | 20.2 | 27 | 劣势 | 81.3 | 13 | 中势 | 14.1 | 7 | 波动↑ |
| 人口自然增长率与能源消费量增长率比差 | 56.1 | 22 | 劣势 | 79.0 | 18 | 中势 | 70.3 | 24 | 劣势 | -14.2 | 2 | 波动↑ |
| 人口密度与人均水资源量比差 | 100.0 | 1 | 强势 | 100.0 | 1 | 强势 | 99.9 | 2 | 强势 | 0.1 | 1 | 持续↑ |
| 人口密度与人均耕地面积比差 | 100.0 | 1 | 强势 | 100.0 | 1 | 强势 | 100.0 | 1 | 强势 | 0.0 | 0 | 持续→ |
| 人口密度与森林覆盖率比差 | 91.7 | 5 | 优势 | 91.6 | 5 | 优势 | 91.5 | 5 | 优势 | 0.2 | 0 | 持续→ |
| 人口密度与人均矿产基础储量比差 | 100.0 | 1 | 强势 | 100.0 | 1 | 强势 | 100.0 | 1 | 强势 | 0.0 | 0 | 持续→ |
| 人口密度与人均能源生产量比差 | 0.0 | 31 | 劣势 | 0.0 | 31 | 劣势 | 0.0 | 31 | 劣势 | 0.0 | 0 | 持续→ |
| （2）经济与环境协调竞争力 | 50.7 | 30 | 劣势 | 43.8 | 28 | 劣势 | 48.8 | 29 | 劣势 | 1.9 | -1 | 波动↓ |
| 工业增加值增长率与工业废气排放量增长率比差 | 77.5 | 17 | 中势 | 19.5 | 30 | 劣势 | 62.0 | 21 | 劣势 | 15.5 | 4 | 波动↑ |
| 工业增加值增长率与工业废水排放量增长率比差 | 87.8 | 6 | 优势 | 73.4 | 8 | 优势 | 72.8 | 11 | 中势 | 14.9 | 5 | 持续↑ |
| 工业增加值增长率与工业固体废物排放量增长率比差 | 61.5 | 26 | 劣势 | 82.3 | 7 | 优势 | 37.4 | 25 | 劣势 | 24.1 | -1 | 波动↓ |
| 地区生产总值增长率与能源消费量增长率比差 | 0.0 | 31 | 劣势 | 1.3 | 30 | 劣势 | 48.1 | 27 | 劣势 | -48.1 | -4 | 持续↓ |
| 人均工业增加值与人均水资源量比差 | 30.4 | 29 | 劣势 | 23.2 | 29 | 劣势 | 17.2 | 29 | 劣势 | 13.1 | 0 | 持续→ |
| 人均工业增加值与人均耕地面积比差 | 23.0 | 29 | 劣势 | 15.4 | 30 | 劣势 | 8.7 | 30 | 劣势 | 14.4 | 1 | 持续↑ |
| 人均工业增加值与人均工业废气排放量比差 | 91.7 | 7 | 优势 | 87.9 | 7 | 优势 | 100.0 | 1 | 强势 | -8.3 | -5 | 波动↓ |
| 人均工业增加值与森林覆盖率比差 | 34.7 | 28 | 劣势 | 27.4 | 30 | 劣势 | 21.0 | 30 | 劣势 | 13.6 | 2 | 持续↑ |
| 人均工业增加值与人均矿产基础储量比差 | 28.1 | 30 | 劣势 | 21.3 | 30 | 劣势 | 15.5 | 30 | 劣势 | 12.6 | 0 | 持续→ |
| 人均工业增加值与人均能源生产量比差 | 81.6 | 4 | 优势 | 91.4 | 3 | 强势 | 100.0 | 1 | 强势 | -18.4 | -3 | 持续↓ |

表9-5-2 2012年上海市环境协调竞争力各级指标的优劣度结构表

| 二级指标 | 三级指标 | 四级指标数 | 强势指标 | | 优势指标 | | 中势指标 | | 劣势指标 | | 优劣度 |
| --- | --- | --- | --- | --- | --- | --- | --- | --- | --- | --- | --- |
| | | | 个数 | 比重（%） | 个数 | 比重（%） | 个数 | 比重（%） | 个数 | 比重（%） | |
| 环境协调竞争力 | 人口与环境协调竞争力 | 9 | 3 | 33.3 | 3 | 33.3 | 1 | 11.1 | 2 | 22.2 | 强势 |
| | 经济与环境协调竞争力 | 10 | 0 | 0.0 | 3 | 30.0 | 1 | 10.0 | 6 | 60.0 | 劣势 |
| | 小计 | 19 | 3 | 15.8 | 6 | 31.6 | 2 | 10.5 | 8 | 42.1 | 中势 |

2010～2012年上海市环境协调竞争力的综合排位呈现波动下降趋势，2012年排名第14位，比2010年下降了1位，在全国处于中游区。

从环境协调竞争力的要素指标变化趋势来看，有1个指标呈持续保持，即人口与环境协

调竞争力；有 1 个指标呈波动下降，为经济与环境协调竞争力。

从环境协调竞争力的基础指标分布来看，在 19 个基础指标中，指标的优劣度结构为 15.8∶31.6∶10.5∶42.1。强势和优势指标所占比重高于劣势指标的比重。

### 9.5.2 上海市环境协调竞争力比较分析

图 9-5-1 将 2010~2012 年上海市环境协调竞争力与全国最高水平和平均水平进行比较。由图可知，评价期内上海市环境协调竞争力得分普遍高于 54 分，呈波动上升趋势，从总体上看，上海市环境协调竞争力处于中等水平。

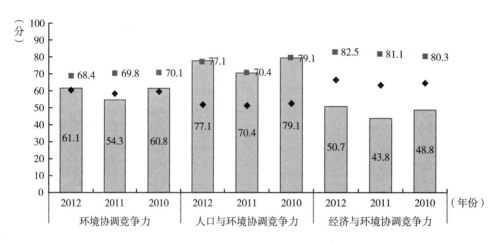

**图 9-5-1　2010~2012 年上海市环境协调竞争力指标得分比较**

从环境协调竞争力的整体得分比较来看，2010 年，上海市环境协调竞争力得分与全国最高分相比还有 9.3 分的差距，但与全国平均分相比，则高出 1.5 分；到 2012 年，上海市环境协调竞争力得分与全国最高分的差距缩小为 7.3 分，高于全国平均分 0.8 分。总的来看，2010~2012 年上海市环境协调竞争力与最高分的差距呈缩小趋势，处于全国中游地位。

从环境协调竞争力的要素得分比较来看，2012 年，上海市人口与环境协调竞争力和经济与环境协调竞争力的得分分别为 77.1 分和 50.7 分，前者与最高分相同，后者低于最高分 31.8 分，前者高于平均分 25.8 分，后者低于平均分 15.7 分；与 2010 年相比，上海市人口与环境协调竞争力得分与最高分的差距不变，但经济与环境协调竞争力得分与最高分的差距扩大了 0.3 分。

### 9.5.3 上海市环境协调竞争力变化动因分析

二级指标环境协调竞争力的变化是三级要素指标变化综合作用的结果，而三级要素指标变化又是四级基础指标变化作用的结果。三级和四级指标的变动情况如表 9-5-1 所示。

从要素指标来看，上海市环境协调竞争力的 2 个要素指标中，人口与环境协调竞争力的排名持续不变，经济与环境协调竞争力的排名波动下降了 1 位，受指标排位升降的综合影响，上海市环境协调竞争力波动下降了 1 位，其中经济与环境协调竞争力是环境协调竞争力排名下降的主要因素。

从基础指标来看，上海市环境协调竞争力的 19 个基础指标中，上升指标有 7 个，占指标总数的 36.8%，分布在人口与环境协调竞争力和经济与环境协调竞争力指标组；下降指标有 6 个，占指标总数的 31.6%，主要分布在经济与环境协调竞争力指标组。虽然排位上升的指标数量大于排位下降的指标数量，但下降的拉力大于上升的动力，2012 年上海市环境协调竞争力排名波动下降了 1 位。

## 9.6 上海市环境竞争力总体评述

从对上海市环境竞争力及其 5 个二级指标在全国的排位变化和指标结构的综合分析来看，"十二五"中期（2010 ~ 2012 年）环境竞争力中下降指标的数量大于上升指标的数量，下降的拉力大于上升的动力，使得 2012 年上海市环境竞争力的排位下降了 7 位，在全国居第 27 位。

### 9.6.1 上海市环境竞争力概要分析

上海市环境竞争力在全国所处的位置及变化如表 9 - 6 - 1 所示，5 个二级指标的得分和排位变化如表 9 - 6 - 2 所示。

表 9 - 6 - 1 2010 ~ 2012 年上海市环境竞争力一级指标比较表

| 项目　　　年份 | 2012 | 2011 | 2010 |
|---|---|---|---|
| 排名 | 27 | 24 | 20 |
| 所属区位 | 下游 | 下游 | 中游 |
| 得分 | 47.0 | 48.4 | 49.5 |
| 全国最高分 | 58.2 | 59.5 | 60.1 |
| 全国平均分 | 51.3 | 50.8 | 50.4 |
| 与最高分的差距 | - 11.2 | - 11.1 | - 10.7 |
| 与平均分的差距 | - 4.3 | - 2.4 | - 0.9 |
| 优劣度 | 劣势 | 劣势 | 中势 |
| 波动趋势 | 下降 | 下降 | — |

表 9 - 6 - 2 2010 ~ 2012 年上海市环境竞争力二级指标比较表

| 项目　年份 | 生态环境竞争力 | | 资源环境竞争力 | | 环境管理竞争力 | | 环境影响竞争力 | | 环境协调竞争力 | | 环境竞争力 | |
|---|---|---|---|---|---|---|---|---|---|---|---|---|
| | 得分 | 排名 | 得分 | 排名 | 得分 | 排名 | 得分 | 排名 | 得分 | 排名 | 得分 | 排名 |
| 2010 | 44.2 | 21 | 37.2 | 24 | 41.6 | 18 | 79.8 | 4 | 60.8 | 13 | 49.5 | 20 |
| 2011 | 43.9 | 19 | 40.1 | 23 | 41.0 | 21 | 76.1 | 6 | 54.3 | 22 | 48.4 | 24 |
| 2012 | 43.4 | 20 | 38.4 | 24 | 34.2 | 29 | 74.9 | 9 | 61.1 | 14 | 47.0 | 27 |
| 得分变化 | - 0.8 | — | 1.2 | — | - 7.4 | — | - 4.9 | — | 0.3 | — | - 2.5 | — |
| 排位变化 | — | 1 | — | 0 | — | - 11 | — | - 5 | — | - 1 | — | - 7 |
| 优劣度 | 中势 | 中势 | 劣势 | 劣势 | 劣势 | 劣势 | 优势 | 优势 | 中势 | 中势 | 劣势 | 劣势 |

（1）从指标排位变化趋势看，2012年上海市环境竞争力综合排名在全国处于第27位，表明其在全国处于劣势地位；与2010年相比，排位下降了7位。总的来看，评价期内上海市环境竞争力呈持续下降趋势。

在5个二级指标中，有1个指标处于上升趋势，为生态环境竞争力，有3个指标处于下降趋势，为环境管理竞争力、环境影响竞争力和环境协调竞争力，这些是上海市环境竞争力下降的拉力所在，其余1个指标排位呈波动保持。在指标排位升降的综合影响下，评价期内上海市环境竞争力的综合排位下降了7位，在全国排名第27位。

（2）从指标所处区位看，2012年上海市环境竞争力处于下游区，其中，环境影响竞争力为优势指标，生态环境竞争力和环境协调竞争力为中势指标，环境管理竞争力和资源环境竞争力指标为劣势指标。

（3）从指标得分看，2012年上海市环境竞争力得分为47.0分，比全国最高分低11.2分，比全国平均分低4.3分；与2010年相比，上海市环境竞争力得分下降了2.5分，与当年最高分和平均分的差距均扩大了。

2012年，上海市环境竞争力二级指标的得分均高于34分，与2010年相比，得分上升最多的为生态环境竞争力，上升了1.2分；得分下降最多的为环境管理竞争力，下降了7.4分。

### 9.6.2　上海市环境竞争力各级指标动态变化分析

2010～2012年上海市环境竞争力各级指标的动态变化及其结构，如图9-6-1和表9-6-3所示。

从图9-6-1可以看出，上海市环境竞争力的四级指标中上升指标的比例小于下降指标，表明下降指标居于主导地位。表9-6-3中的数据进一步说明，上海市环境竞争力的130个四级指标中，上升的指标有29个，占指标总数的22.3%；保持的指标有62个，占指标总数的47.7%；下降的指标为39个，占指标总数的30%。下降指标的数量大于上升指标的数量，使得评价期内上海市环境竞争力排位下降了7位，在全国居第27位。

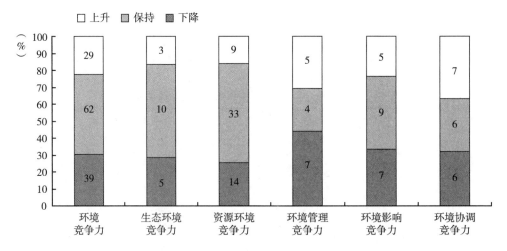

图9-6-1　2010～2012年上海市环境竞争力动态变化结构图

表 9 - 6 - 3  2010 ~ 2012 年上海市环境竞争力各级指标排位变化态势比较表

| 二级指标 | 三级指标 | 四级指标数 | 上升指标 | | 保持指标 | | 下降指标 | | 变化趋势 |
| --- | --- | --- | --- | --- | --- | --- | --- | --- | --- |
| | | | 个数 | 比重（%） | 个数 | 比重（%） | 个数 | 比重（%） | |
| 生态环境竞争力 | 生态建设竞争力 | 9 | 1 | 11.1 | 6 | 66.7 | 2 | 22.2 | 持续→ |
| | 生态效益竞争力 | 9 | 2 | 22.2 | 4 | 44.4 | 3 | 33.3 | 持续↓ |
| | 小　计 | 18 | 3 | 16.7 | 10 | 55.6 | 5 | 27.8 | 波动↑ |
| 资源环境竞争力 | 水环境竞争力 | 11 | 1 | 9.1 | 3 | 27.3 | 7 | 63.6 | 波动→ |
| | 土地环境竞争力 | 13 | 0 | 0.0 | 11 | 84.6 | 2 | 15.4 | 持续↑ |
| | 大气环境竞争力 | 8 | 3 | 37.5 | 3 | 37.5 | 2 | 25.0 | 持续↑ |
| | 森林环境竞争力 | 8 | 0 | 0.0 | 8 | 100.0 | 0 | 0.0 | 持续→ |
| | 矿产环境竞争力 | 9 | 1 | 11.1 | 6 | 66.7 | 2 | 22.2 | 波动→ |
| | 能源环境竞争力 | 7 | 4 | 57.1 | 2 | 28.6 | 1 | 14.3 | 波动→ |
| | 小　计 | 56 | 9 | 16.1 | 33 | 58.9 | 14 | 25.0 | 波动→ |
| 环境管理竞争力 | 环境治理竞争力 | 10 | 4 | 40.0 | 3 | 30.0 | 3 | 30.0 | 持续↓ |
| | 环境友好竞争力 | 6 | 1 | 16.7 | 1 | 16.7 | 4 | 66.7 | 持续↓ |
| | 小　计 | 16 | 5 | 31.3 | 4 | 25.0 | 7 | 43.8 | 持续↓ |
| 环境影响竞争力 | 环境安全竞争力 | 12 | 2 | 16.7 | 7 | 58.3 | 3 | 25.0 | 持续↓ |
| | 环境质量竞争力 | 9 | 3 | 33.3 | 2 | 22.2 | 4 | 44.4 | 波动↓ |
| | 小　计 | 21 | 5 | 23.8 | 9 | 42.9 | 7 | 33.3 | 持续↓ |
| 环境协调竞争力 | 人口与环境协调竞争力 | 9 | 3 | 33.3 | 4 | 44.4 | 2 | 22.2 | 持续→ |
| | 经济与环境协调竞争力 | 10 | 4 | 40.0 | 2 | 20.0 | 4 | 40.0 | 波动↓ |
| | 小　计 | 19 | 7 | 36.8 | 6 | 31.6 | 6 | 31.6 | 波动↓ |
| 合　计 | | 130 | 29 | 22.3 | 62 | 47.7 | 39 | 30.0 | 持续↓ |

### 9.6.3　上海市环境竞争力各级指标变化动因分析

2012 年上海市环境竞争力各级指标的优劣势变化及其结构，如图 9 - 6 - 2 和表 9 - 6 - 4 所示。

从图 9 - 6 - 2 可以看出，2012 年上海市环境竞争力的四级指标中劣势指标的比例大于强势和优势指标，表明劣势指标居于主导地位。表 9 - 6 - 4 中的数据进一步说明，2012 年上海市环境竞争力的 130 个四级指标中，强势指标有 29 个，占指标总数的 22.3%；优势指标为 24 个，占指标总数的 18.5%；中势指标 13 个，占指标总数的 10%；劣势指标有 64 个，占指标总数的 49.2%；强势指标和优势指标之和占指标总数的 40.8%，数量与比重均小于劣势指标。从三级指标来看，四级指标中强势指标和优势指标之和占四级指标总数一半以上的有生态效益竞争力、能源环境竞争力、环境安全竞争力、人口与环境协调竞争力，共计 4 个指标，占三级指标总数的 28.6%。反映到二级指标上来，优势指标有 1 个，占二级指标总数的 20%，中势指标有 2 个，占二级指标总数的 40%，劣势指标有 2 个，占二级指标总数的 40%，使得上海市环境竞争力处于劣势地位，在全国位居第 27 位，处于下游区。

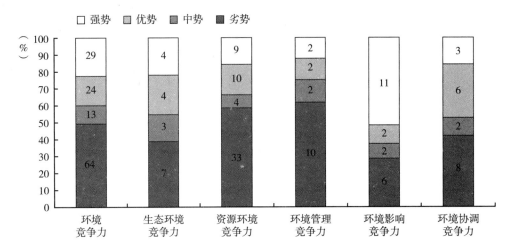

图 9 - 6 - 2　2012 年上海市环境竞争力优劣度结构图

表 9 - 6 - 4　2012 年上海市环境竞争力各级指标优劣度比较表

| 二级指标 | 三级指标 | 四级指标数 | 强势指标 | | 优势指标 | | 中势指标 | | 劣势指标 | | 优劣度 |
|---|---|---|---|---|---|---|---|---|---|---|---|
| | | | 个数 | 比重（%） | 个数 | 比重（%） | 个数 | 比重（%） | 个数 | 比重（%） | |
| 生态环境竞争力 | 生态建设竞争力 | 9 | 0 | 0.0 | 1 | 11.1 | 1 | 11.1 | 7 | 77.8 | 劣势 |
| | 生态效益竞争力 | 9 | 4 | 44.4 | 3 | 33.3 | 2 | 22.2 | 0 | 0.0 | 优势 |
| | 小　计 | 18 | 4 | 22.2 | 4 | 22.2 | 3 | 16.7 | 7 | 38.9 | 中势 |
| 资源环境竞争力 | 水环境竞争力 | 11 | 3 | 27.3 | 1 | 9.1 | 1 | 9.1 | 6 | 54.5 | 劣势 |
| | 土地环境竞争力 | 13 | 4 | 30.8 | 1 | 7.7 | 0 | 0.0 | 8 | 61.5 | 强势 |
| | 大气环境竞争力 | 8 | 0 | 0.0 | 3 | 37.5 | 2 | 25.0 | 3 | 37.5 | 劣势 |
| | 森林环境竞争力 | 8 | 0 | 0.0 | 0 | 0.0 | 0 | 0.0 | 8 | 100.0 | 劣势 |
| | 矿产环境竞争力 | 9 | 0 | 0.0 | 1 | 11.1 | 0 | 0.0 | 8 | 88.9 | 劣势 |
| | 能源环境竞争力 | 7 | 2 | 28.6 | 4 | 57.1 | 1 | 14.3 | 0 | 0.0 | 强势 |
| | 小　计 | 56 | 9 | 16.1 | 10 | 17.9 | 4 | 7.1 | 33 | 58.9 | 劣势 |
| 环境管理竞争力 | 环境治理竞争力 | 10 | 1 | 10.0 | 1 | 10.0 | 1 | 10.0 | 7 | 70.0 | 劣势 |
| | 环境友好竞争力 | 6 | 1 | 16.7 | 1 | 16.7 | 1 | 16.7 | 3 | 50.0 | 劣势 |
| | 小　计 | 16 | 2 | 12.5 | 2 | 12.5 | 2 | 12.5 | 10 | 62.5 | 劣势 |
| 环境影响竞争力 | 环境安全竞争力 | 12 | 9 | 75.0 | 0 | 0.0 | 0 | 0.0 | 3 | 25.0 | 中势 |
| | 环境质量竞争力 | 9 | 2 | 22.2 | 2 | 22.2 | 2 | 22.2 | 3 | 33.3 | 优势 |
| | 小　计 | 21 | 11 | 52.4 | 2 | 9.5 | 2 | 9.5 | 6 | 28.6 | 优势 |
| 环境协调竞争力 | 人口与环境协调竞争力 | 9 | 3 | 33.3 | 3 | 33.3 | 1 | 11.1 | 2 | 22.2 | 强势 |
| | 经济与环境协调竞争力 | 10 | 0 | 0.0 | 3 | 30.0 | 1 | 10.0 | 6 | 60.0 | 劣势 |
| | 小　计 | 19 | 3 | 15.8 | 6 | 31.6 | 2 | 10.5 | 8 | 42.1 | 中势 |
| 合　计 | | 130 | 29 | 22.3 | 24 | 18.5 | 13 | 10.0 | 64 | 49.2 | 劣势 |

　　为了进一步明确影响上海市环境竞争力变化的具体因素，也便于对相关指标进行深入分析，从而为提升上海市环境竞争力提供决策参考，表 9 - 6 - 5 列出了环境竞争力指标体系中直接影响上海市环境竞争力升降的强势指标、优势指标和劣势指标。

表 9－6－5　2012 年上海市环境竞争力四级指标优劣度统计表

| 指标 | 强势指标 | 优势指标 | 劣势指标 |
| --- | --- | --- | --- |
| 生态环境竞争力（18 个） | 工业二氧化硫排放强度、工业烟（粉）尘排放强度、工业废水中化学需氧量排放强度、工业废水中氨氮排放强度（4 个） | 绿化覆盖面积、工业废气排放强度、工业废水排放强度、化肥施用强度（4 个） | 国家级生态示范区个数、公园面积、本年减少耕地面积、自然保护区个数、自然保护区面积占土地总面积比重、野生植物种源培育基地数、野生动物种源繁育基地数（7 个） |
| 资源环境竞争力（56 个） | 用水总量、用水消耗量、耗水率、土地资源利用效率、建设用地面积、单位建设用地非农产业增加值、沙化土地面积占土地总面积的比重、能源生产总量、能源消费弹性系数（9 个） | 节灌率、单位耕地面积农业增加值、工业废气排放总量、工业烟（粉）尘排放总量、工业二氧化硫排放总量、工业固体废物产生量、单位地区生产总值能耗、单位地区生产总值电耗、单位工业增加值能耗、能源生产弹性系数、（10 个） | 水资源总量、人均水资源量、降水量、供水总量、城市再生水利用率、生活污水排放量、土地总面积、耕地面积、人均耕地面积、牧草地面积、人均牧草地面积、园地面积、人均园地面积、当年新增种草面积、地均工业废气排放量、地均工业烟（粉）尘排放量、地均二氧化硫排放量、林业用地面积、森林面积、森林覆盖率、人工林面积、天然林比重、造林总面积、森林蓄积量、活立木总蓄积量、主要黑色金属矿产基础储量、人均主要黑色金属矿产基础储量、主要有色金属矿产基础储量、人均主要有色金属矿产基础储量、主要非金属矿产基础储量、人均主要非金属矿产基础储量、主要能源矿产基础储量、人均主要能源矿产基础储量（33 个） |
| 环境管理竞争力（16 个） | 土地复垦面积占新增耕地面积的比重、工业固体废物处置利用率（2 个） | 废水治理设施年运行费用、城市污水处理率（2 个） | 环境污染治理投资总额、环境污染治理投资总额占地方生产总值比重、废水治理设施处理能力、矿山环境恢复治理投入资金、本年矿山恢复面积、地质灾害防治投资额、水土流失治理面积、工业固体废物综合利用量、工业固体废物处置量、工业用水重复利用率（10 个） |
| 环境影响竞争力（21 个） | 自然灾害受灾面积、自然灾害直接经济损失、发生地质灾害起数、地质灾害直接经济损失、森林火灾次数、森林火灾火场总面积、受火灾森林面积、森林病虫鼠害发生面积、森林病虫鼠害防治率、人均化肥施用量、人均农药施用量（11 个） | 人均工业烟（粉）尘排放量、人均化学需氧量排放量（2 个） | 自然灾害绝收面积占受灾面积比重、地质灾害防治投资额、突发环境事件次数、人均工业废气排放量、人均工业废水排放量、人均生活污水排放量（6 个） |
| 环境协调竞争力（19 个） | 人口密度与人均水资源量比差、人口密度与人均耕地面积比差、人口密度与人均矿产基础储量比差（3 个） | 人口自然增长率与工业废气排放量增长率比差、人口自然增长率与工业固体废物排放量增长率比差、人口密度与森林覆盖度比差、工业增加值增长率与工业废水排放量增长率比差、人均工业增加值与人均工业废气排放量比差、人均工业增加值与人均能源生产量比差（6 个） | 人口自然增长率与能源消费量增长率比差、人口密度与人均能源生产量比差、工业增加值增长率与工业固体废物排放量增长率比差、地区生产总值增长率与能源消费量增长率比差、人均工业增加值与人均水资源量比差、人均工业增加值与人均耕地面积比差、人均工业增加值与森林覆盖率比差、人均工业增加值与人均矿产基础储量比差（8 个） |

# 10

# 江苏省环境竞争力评价分析报告

江苏省简称苏，位于我国大陆东部沿海中心，位居长江、淮河下游，东濒黄海，东南与浙江和上海毗邻，西连安徽，北接山东。全省面积10.26万平方公里，2012年末总人口7920万人，人均GDP达到68347元，万元GDP能耗为0.6077吨标准煤。"十二五"中期（2010～2012年），江苏省环境竞争力的综合排位呈现持续上升趋势，2012年排名第7位，比2010年上升了3位，在全国处于优势地位。

## 10.1 江苏省生态环境竞争力评价分析

### 10.1.1 江苏省生态环境竞争力评价结果

2010～2012年江苏省生态环境竞争力排位和排位变化情况及其下属2个三级指标和18个四级指标的评价结果，如表10-1-1所示；生态环境竞争力各级指标的优劣势情况，如表10-1-2所示。

表10-1-1 2010～2012年江苏省生态环境竞争力各级指标的得分、排名及优劣度分析表

| 指标项目 | 2012年 | | | 2011年 | | | 2010年 | | | 综合变化 | | |
|---|---|---|---|---|---|---|---|---|---|---|---|---|
| | 得分 | 排名 | 优劣度 | 得分 | 排名 | 优劣度 | 得分 | 排名 | 优劣度 | 得分变化 | 排名变化 | 趋势变化 |
| **生态环境竞争力** | 54.4 | 3 | 强势 | 54.4 | 3 | 强势 | 52.4 | 8 | 优势 | 2.1 | 5 | 持续↑ |
| （1）生态建设竞争力 | 32.8 | 5 | 优势 | 32.6 | 3 | 强势 | 28.3 | 7 | 优势 | 4.5 | 2 | 波动↑ |
| 国家级生态示范区个数 | 100.0 | 1 | 强势 | 100.0 | 1 | 强势 | 100.0 | 1 | 强势 | 0.0 | 0 | 持续→ |
| 公园面积 | 25.8 | 3 | 强势 | 25.0 | 3 | 强势 | 25.0 | 3 | 强势 | 0.9 | 0 | 持续→ |
| 园林绿地面积 | 51.1 | 3 | 强势 | 52.1 | 3 | 强势 | 52.1 | 3 | 强势 | -1.0 | 0 | 持续→ |
| 绿化覆盖面积 | 59.3 | 2 | 强势 | 56.6 | 2 | 强势 | 56.6 | 2 | 强势 | 2.7 | 0 | 持续→ |
| 本年减少耕地面积 | 0.1 | 29 | 劣势 | 0.1 | 29 | 劣势 | 0.1 | 29 | 劣势 | 0.0 | 0 | 持续→ |
| 自然保护区个数 | 7.1 | 25 | 劣势 | 7.1 | 25 | 劣势 | 7.1 | 25 | 劣势 | 0.0 | 0 | 持续→ |
| 自然保护区面积占土地总面积比重 | 8.0 | 27 | 劣势 | 8.0 | 27 | 劣势 | 8.0 | 27 | 劣势 | 0.0 | 0 | 持续→ |
| 野生动物种源繁育基地数 | 43.2 | 4 | 优势 | 45.4 | 2 | 强势 | 45.4 | 2 | 强势 | -2.2 | -2 | 持续↓ |
| 野生植物种源培育基地数 | 0.3 | 21 | 劣势 | 0.5 | 20 | 中势 | 0.5 | 20 | 中势 | -0.2 | -1 | 持续↓ |
| （2）生态效益竞争力 | 86.9 | 5 | 优势 | 87.1 | 6 | 优势 | 88.4 | 4 | 优势 | -1.5 | -1 | 波动↓ |
| 工业废气排放强度 | 89.2 | 13 | 中势 | 92.0 | 10 | 优势 | 92.0 | 10 | 优势 | -2.8 | -3 | 持续↓ |
| 工业二氧化硫排放强度 | 94.7 | 7 | 优势 | 94.5 | 7 | 优势 | 94.5 | 7 | 优势 | 0.2 | 0 | 持续→ |

| 指标项目 | 2012 年 | | | 2011 年 | | | 2010 年 | | | 综合变化 | | |
|---|---|---|---|---|---|---|---|---|---|---|---|---|
| | 得分 | 排名 | 优劣度 | 得分 | 排名 | 优劣度 | 得分 | 排名 | 优劣度 | 得分变化 | 排名变化 | 趋势变化 |
| 工业烟（粉）尘排放强度 | 96.3 | 6 | 优势 | 94.6 | 6 | 优势 | 94.6 | 6 | 优势 | 1.7 | 0 | 持续→ |
| 工业废水排放强度 | 61.0 | 19 | 中势 | 60.4 | 21 | 劣势 | 60.4 | 21 | 劣势 | 0.6 | 2 | 持续↑ |
| 工业废水中化学需氧量排放强度 | 93.4 | 7 | 优势 | 93.7 | 7 | 优势 | 93.7 | 7 | 优势 | -0.3 | 0 | 持续→ |
| 工业废水中氨氮排放强度 | 94.1 | 8 | 优势 | 94.6 | 8 | 优势 | 94.6 | 8 | 优势 | -0.5 | 0 | 持续→ |
| 工业固体废物排放强度 | 100.0 | 10 | 优势 | 100.0 | 1 | 强势 | 100.0 | 1 | 强势 | 0.0 | -9 | 持续↓ |
| 化肥施用强度 | 61.7 | 15 | 中势 | 60.3 | 17 | 中势 | 60.3 | 17 | 中势 | 1.4 | 2 | 持续↑ |
| 农药施用强度 | 88.3 | 12 | 中势 | 89.9 | 13 | 中势 | 89.9 | 13 | 中势 | -1.6 | 1 | 持续↑ |

**表 10 - 1 - 2　2012 年江苏省生态环境竞争力各级指标的优劣度结构表**

| 二级指标 | 三级指标 | 四级指标数 | 强势指标 | | 优势指标 | | 中势指标 | | 劣势指标 | | 优劣度 |
|---|---|---|---|---|---|---|---|---|---|---|---|
| | | | 个数 | 比重（%） | 个数 | 比重（%） | 个数 | 比重（%） | 个数 | 比重（%） | |
| 生态环境竞争力 | 生态建设竞争力 | 9 | 4 | 44.4 | 1 | 11.1 | 0 | 0.0 | 4 | 44.4 | 优势 |
| | 生态效益竞争力 | 9 | 0 | 0.0 | 5 | 55.6 | 4 | 44.4 | 0 | 0.0 | 优势 |
| | 小　计 | 18 | 4 | 22.2 | 6 | 33.3 | 4 | 22.2 | 4 | 22.2 | 强势 |

2010 ~ 2012 年江苏省生态环境竞争力的综合排位呈现持续上升趋势，2012 年排名第 3 位，比 2010 年上升了 5 位，在全国处于上游区。

从生态环境竞争力要素指标的变化趋势来看，有 1 个指标处于波动下降趋势，为生态效益竞争力；1 个指标处于波动上升趋势，为生态建设竞争力。

从生态环境竞争力基础指标的优劣度结构来看，在 18 个基础指标中，指标的优劣度结构为 22.2∶33.3∶22.2∶22.2。优势指标所占比重大于劣势指标的比重，表明优势指标占主导地位。

## 10.1.2　江苏省生态环境竞争力比较分析

图 10 - 1 - 1 将 2010 ~ 2012 年江苏省生态环境竞争力与全国最高水平和平均水平进行比较。由图可知，评价期内江苏省生态环境竞争力得分普遍高于 52 分，说明江苏省生态环境竞争力处于较高水平。

从生态环境竞争力的整体得分比较来看，2010 年，江苏省生态环境竞争力得分与全国最高分相比有 13.3 分的差距，但与全国平均分相比，则高出 5.9 分；到了 2012 年，江苏省生态环境竞争力得分与全国最高分的差距缩小为 10.7 分，高于全国平均分 9.0 分。总的来看，2010 ~ 2012 年江苏省生态环境竞争力与最高分的差距呈缩小趋势，表明生态建设和生态效益有所提升，仍保持全国上游水平。

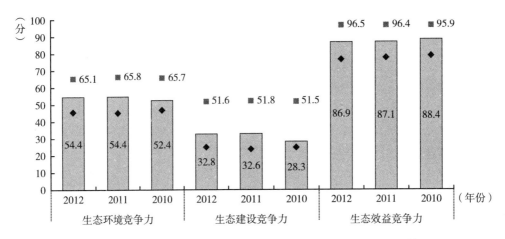

图 10-1-1 2010~2012 年江苏省生态环境竞争力指标得分比较

从生态环境竞争力的要素得分比较来看，2012 年，江苏省生态建设竞争力和生态效益竞争力的得分分别为 32.8 分和 86.9 分，分别比最高分低 18.8 分和 9.6 分，分别高于平均分 8.1 分和 10.3 分；与 2010 年相比，江苏省生态建设竞争力得分与最高分的差距缩小了 4.4 分，生态效益竞争力得分与最高分的差距扩大了 2.1 分。

### 10.1.3 江苏省生态环境竞争力变化动因分析

二级指标生态环境竞争力的变化是三级要素指标变化综合作用的结果，而三级要素指标变化又是四级基础指标变化作用的结果。三级和四级指标的变动情况如表 10-1-1 所示。

从要素指标来看，江苏省生态环境竞争力的 2 个要素指标中，生态建设竞争力的排名上升了 2 位，生态效益竞争力的排名下降了 1 位，在指标排位升降的作用下，江苏省生态环境竞争力持续上升了 5 位。

从基础指标来看，江苏省生态环境竞争力的 18 个基础指标中，上升指标有 3 个，占指标总数的 16.7%，分布在生态效益竞争力指标组；下降指标有 4 个，占指标总数的 22.2%，平均分布在生态效益竞争力指标组和生态建设竞争力指标组。上升指标的数量和下降指标的数量相差不大，保持指标的数量较多，但受其他外部因素的综合影响，评价期内江苏省生态环境竞争力排名上升了 5 位。

## 10.2 江苏省资源环境竞争力评价分析

### 10.2.1 江苏省资源环境竞争力评价结果

2010~2012 年江苏省资源环境竞争力排位和排位变化情况及其下属 6 个三级指标和 56 个四级指标的评价结果，如表 10-2-1 所示；资源环境竞争力各级指标的优劣势情况，如表 10-2-2 所示。

表 10 - 2 - 1　2010～2012 年江苏省资源环境竞争力各级指标的得分、排名及优劣度分析表

| 指标 项目 | 2012 年 | | | 2011 年 | | | 2010 年 | | | 综合变化 | | |
|---|---|---|---|---|---|---|---|---|---|---|---|---|
| | 得分 | 排名 | 优劣度 | 得分 | 排名 | 优劣度 | 得分 | 排名 | 优劣度 | 得分变化 | 排名变化 | 趋势变化 |
| **资源环境竞争力** | 35.0 | 30 | 劣势 | 35.9 | 29 | 劣势 | 33.2 | 31 | 劣势 | 1.9 | 1 | 波动↑ |
| （1）水环境竞争力 | 40.7 | 28 | 劣势 | 41.0 | 28 | 劣势 | 39.4 | 30 | 劣势 | 1.3 | 2 | 持续↑ |
| 水资源总量 | 8.7 | 21 | 劣势 | 11.0 | 18 | 中势 | 8.2 | 23 | 劣势 | 0.5 | 2 | 波动↑ |
| 人均水资源量 | 0.2 | 23 | 劣势 | 0.4 | 23 | 劣势 | 0.3 | 24 | 劣势 | -0.1 | 1 | 持续↑ |
| 降水量 | 13.5 | 24 | 劣势 | 13.9 | 21 | 劣势 | 13.3 | 23 | 劣势 | 0.2 | -1 | 波动↓ |
| 供水总量 | 93.3 | 2 | 强势 | 100.0 | 1 | 强势 | 100.0 | 1 | 强势 | -6.7 | -1 | 持续↓ |
| 用水总量 | 97.7 | 1 | 强势 | 97.6 | 1 | 强势 | 97.6 | 1 | 强势 | 0.1 | 0 | 持续→ |
| 用水消耗量 | 98.9 | 1 | 强势 | 98.7 | 1 | 强势 | 98.4 | 1 | 强势 | 0.5 | 0 | 持续→ |
| 耗水率 | 41.9 | 1 | 强势 | 41.9 | 1 | 强势 | 40.0 | 1 | 强势 | 1.9 | 0 | 持续→ |
| 节灌率 | 29.5 | 18 | 中势 | 27.2 | 18 | 中势 | 25.6 | 18 | 中势 | 3.9 | 0 | 持续→ |
| 城市再生水利用率 | 17.5 | 11 | 中势 | 17.0 | 10 | 优势 | 3.8 | 9 | 优势 | 13.7 | -2 | 持续↓ |
| 工业废水排放总量 | 0.0 | 31 | 劣势 | 0.0 | 31 | 劣势 | 0.0 | 31 | 劣势 | 0.0 | 0 | 持续→ |
| 生活污水排放量 | 44.8 | 30 | 劣势 | 43.2 | 30 | 劣势 | 45.8 | 30 | 劣势 | -1.0 | 0 | 持续→ |
| （2）土地环境竞争力 | 24.1 | 23 | 劣势 | 23.9 | 23 | 劣势 | 23.6 | 24 | 劣势 | 0.5 | 1 | 持续↑ |
| 土地总面积 | 5.8 | 24 | 劣势 | 5.8 | 24 | 劣势 | 5.8 | 24 | 劣势 | 0.0 | 0 | 持续→ |
| 耕地面积 | 38.6 | 9 | 优势 | 38.6 | 9 | 优势 | 38.6 | 9 | 优势 | 0.0 | 0 | 持续→ |
| 人均耕地面积 | 16.9 | 22 | 劣势 | 16.9 | 22 | 劣势 | 16.9 | 22 | 劣势 | 0.0 | 0 | 持续→ |
| 牧草地面积 | 0.0 | 28 | 劣势 | 0.0 | 28 | 劣势 | 0.0 | 28 | 劣势 | 0.0 | 0 | 持续→ |
| 人均牧草地面积 | 0.0 | 28 | 劣势 | 0.0 | 28 | 劣势 | 0.0 | 28 | 劣势 | 0.0 | 0 | 持续→ |
| 园地面积 | 31.2 | 16 | 中势 | 31.2 | 16 | 中势 | 31.2 | 16 | 中势 | 0.0 | 0 | 持续→ |
| 人均园地面积 | 5.5 | 23 | 劣势 | 5.5 | 23 | 劣势 | 5.4 | 23 | 劣势 | 0.1 | 0 | 持续→ |
| 土地资源利用效率 | 16.5 | 4 | 优势 | 15.8 | 4 | 优势 | 14.9 | 4 | 优势 | 1.6 | 0 | 持续→ |
| 建设用地面积 | 23.6 | 29 | 劣势 | 23.6 | 29 | 劣势 | 23.6 | 29 | 劣势 | 0.0 | 0 | 持续→ |
| 单位建设用地非农产业增加值 | 28.6 | 7 | 优势 | 27.4 | 7 | 优势 | 26.0 | 7 | 优势 | 2.6 | 0 | 持续→ |
| 单位耕地面积农业增加值 | 48.1 | 8 | 优势 | 47.7 | 8 | 优势 | 47.2 | 9 | 优势 | 0.9 | 1 | 持续↑ |
| 沙化土地面积占土地总面积的比重 | 87.3 | 23 | 劣势 | 87.3 | 23 | 劣势 | 87.3 | 23 | 劣势 | 0.0 | 0 | 持续→ |
| 当年新增种草面积 | 1.8 | 24 | 劣势 | 1.9 | 24 | 劣势 | 1.8 | 23 | 劣势 | 0.0 | -1 | 持续↓ |
| （3）大气环境竞争力 | 56.4 | 27 | 劣势 | 57.2 | 27 | 劣势 | 54.7 | 26 | 劣势 | 1.7 | -1 | 持续↓ |
| 工业废气排放总量 | 28.2 | 30 | 劣势 | 37.6 | 29 | 劣势 | 44.6 | 28 | 劣势 | -16.4 | -2 | 持续↓ |
| 地均工业废气排放量 | 77.5 | 29 | 劣势 | 78.3 | 29 | 劣势 | 85.1 | 29 | 劣势 | -7.6 | 0 | 持续→ |
| 工业烟（粉）尘排放总量 | 62.5 | 23 | 劣势 | 60.5 | 25 | 劣势 | 43.6 | 22 | 劣势 | 18.9 | -1 | 波动↓ |
| 地均工业烟（粉）尘排放量 | 61.6 | 26 | 劣势 | 54.8 | 27 | 劣势 | 46.5 | 28 | 劣势 | 15.1 | 2 | 持续↑ |
| 工业二氧化硫排放总量 | 37.9 | 25 | 劣势 | 37.1 | 25 | 劣势 | 27.6 | 27 | 劣势 | 10.3 | 2 | 持续↑ |
| 地均二氧化硫排放量 | 69.4 | 28 | 劣势 | 69.9 | 29 | 劣势 | 72.0 | 29 | 劣势 | -2.6 | 1 | 持续↑ |
| 全省设区市优良天数比例 | 69.1 | 21 | 劣势 | 69.0 | 19 | 中势 | 64.2 | 22 | 劣势 | 4.9 | 1 | 波动↑ |
| 可吸入颗粒物（PM10）浓度 | 45.7 | 24 | 劣势 | 50.5 | 22 | 劣势 | 52.9 | 23 | 劣势 | -7.2 | -1 | 波动↓ |
| （4）森林环境竞争力 | 6.5 | 29 | 劣势 | 6.5 | 29 | 劣势 | 7.0 | 29 | 劣势 | -0.5 | 0 | 持续→ |
| 林业用地面积 | 2.8 | 28 | 劣势 | 2.8 | 28 | 劣势 | 2.8 | 28 | 劣势 | 0.0 | 0 | 持续→ |
| 森林面积 | 4.3 | 27 | 劣势 | 4.3 | 27 | 劣势 | 4.3 | 27 | 劣势 | 0.0 | 0 | 持续→ |
| 森林覆盖率 | 11.0 | 25 | 劣势 | 11.0 | 25 | 劣势 | 11.0 | 25 | 劣势 | 0.0 | 0 | 持续→ |

| 指标项目 | 2012年 | | | 2011年 | | | 2010年 | | | 综合变化 | | |
|---|---|---|---|---|---|---|---|---|---|---|---|---|
| | 得分 | 排名 | 优劣度 | 得分 | 排名 | 优劣度 | 得分 | 排名 | 优劣度 | 得分变化 | 排名变化 | 趋势变化 |
| 人工林面积 | 19.7 | 21 | 劣势 | 19.7 | 21 | 劣势 | 19.7 | 21 | 劣势 | 0.0 | 0 | 持续→ |
| 天然林比重 | 3.1 | 30 | 劣势 | 3.1 | 30 | 劣势 | 3.1 | 30 | 劣势 | 0.0 | 0 | 持续→ |
| 造林总面积 | 7.2 | 24 | 劣势 | 7.7 | 23 | 劣势 | 12.9 | 22 | 劣势 | -5.7 | -2 | 持续↓ |
| 森林蓄积量 | 1.5 | 27 | 劣势 | 1.5 | 27 | 劣势 | 1.5 | 27 | 劣势 | 0.0 | 0 | 持续→ |
| 活立木总蓄积量 | 2.1 | 26 | 劣势 | 2.1 | 26 | 劣势 | 2.1 | 26 | 劣势 | 0.0 | 0 | 持续→ |
| (5)矿产环境竞争力 | 9.6 | 31 | 劣势 | 9.5 | 31 | 劣势 | 9.1 | 31 | 劣势 | 0.5 | 0 | 持续→ |
| 主要黑色金属矿产基础储量 | 3.2 | 15 | 中势 | 3.5 | 16 | 中势 | 2.3 | 17 | 中势 | 1.0 | 2 | 持续↑ |
| 人均主要黑色金属矿产基础储量 | 1.8 | 20 | 中势 | 1.9 | 21 | 劣势 | 1.3 | 21 | 劣势 | 0.5 | 1 | 持续↑ |
| 主要有色金属矿产基础储量 | 2.6 | 24 | 劣势 | 2.1 | 24 | 劣势 | 2.1 | 24 | 劣势 | 0.5 | 0 | 持续→ |
| 人均主要有色金属矿产基础储量 | 1.4 | 28 | 劣势 | 1.2 | 28 | 劣势 | 1.2 | 27 | 劣势 | 0.3 | -1 | 持续↓ |
| 主要非金属矿产基础储量 | 2.4 | 15 | 中势 | 2.5 | 14 | 中势 | 4.5 | 15 | 中势 | -2.1 | 0 | 波动→ |
| 人均主要非金属矿产基础储量 | 1.3 | 17 | 中势 | 1.7 | 15 | 中势 | 2.8 | 17 | 中势 | -1.6 | 0 | 波动→ |
| 主要能源矿产基础储量 | 1.2 | 18 | 中势 | 1.3 | 19 | 中势 | 1.7 | 19 | 中势 | -0.5 | 1 | 持续↑ |
| 人均主要能源矿产基础储量 | 0.5 | 21 | 劣势 | 0.6 | 22 | 劣势 | 0.6 | 22 | 劣势 | -0.1 | 1 | 持续↑ |
| 工业固体废物产生量 | 78.2 | 20 | 中势 | 77.3 | 20 | 中势 | 71.4 | 21 | 中势 | 6.8 | 1 | 持续↑ |
| (6)能源环境竞争力 | 70.7 | 14 | 中势 | 74.9 | 13 | 中势 | 63.3 | 13 | 中势 | 7.5 | -1 | 持续↓ |
| 能源生产总量 | 96.6 | 8 | 优势 | 96.6 | 8 | 优势 | 95.7 | 8 | 优势 | 0.9 | 0 | 持续→ |
| 能源消费总量 | 25.9 | 28 | 劣势 | 25.7 | 28 | 劣势 | 26.0 | 28 | 劣势 | -0.1 | 0 | 持续→ |
| 单位地区生产总值能耗 | 74.5 | 6 | 优势 | 81.3 | 6 | 优势 | 72.3 | 5 | 优势 | 2.2 | -1 | 持续↓ |
| 单位地区生产总值电耗 | 85.0 | 19 | 中势 | 84.9 | 16 | 中势 | 82.4 | 19 | 中势 | 2.6 | 0 | 波动→ |
| 单位工业增加值能耗 | 78.1 | 4 | 优势 | 82.3 | 8 | 优势 | 77.4 | 3 | 强势 | 0.8 | -1 | 波动↓ |
| 能源生产弹性系数 | 56.5 | 10 | 优势 | 83.8 | 7 | 优势 | 56.3 | 8 | 优势 | 0.2 | -2 | 波动↓ |
| 能源消费弹性系数 | 76.6 | 15 | 中势 | 67.0 | 9 | 优势 | 31.6 | 20 | 中势 | 45.0 | 5 | 波动↑ |

表 10-2-2 2012 年江苏省资源环境竞争力各级指标的优劣度结构表

| 二级指标 | 三级指标 | 四级指标数 | 强势指标 | | 优势指标 | | 中势指标 | | 劣势指标 | | 优劣度 |
|---|---|---|---|---|---|---|---|---|---|---|---|
| | | | 个数 | 比重(%) | 个数 | 比重(%) | 个数 | 比重(%) | 个数 | 比重(%) | |
| 资源环境竞争力 | 水环境竞争力 | 11 | 4 | 36.4 | 0 | 0.0 | 2 | 18.2 | 5 | 45.5 | 劣势 |
| | 土地环境竞争力 | 13 | 0 | 0.0 | 4 | 30.8 | 1 | 7.7 | 8 | 61.5 | 劣势 |
| | 大气环境竞争力 | 8 | 0 | 0.0 | 0 | 0.0 | 0 | 0.0 | 8 | 100.0 | 劣势 |
| | 森林环境竞争力 | 8 | 0 | 0.0 | 0 | 0.0 | 0 | 0.0 | 8 | 100.0 | 劣势 |
| | 矿产环境竞争力 | 9 | 0 | 0.0 | 0 | 0.0 | 6 | 66.7 | 3 | 33.3 | 劣势 |
| | 能源环境竞争力 | 7 | 0 | 0.0 | 4 | 57.1 | 2 | 28.6 | 1 | 14.3 | 中势 |
| 小 计 | | 56 | 4 | 7.1 | 8 | 14.3 | 11 | 19.6 | 33 | 58.9 | 劣势 |

2010～2012 年江苏省资源环境竞争力的综合排位呈现波动上升趋势，2012 年排名第 30 位，与 2010 年相比上升 1 位，在全国处于下游区。

从资源环境竞争力的要素指标变化趋势来看，有 2 个指标处于上升趋势，即水环境竞争力、土地环境竞争力；有 2 个指标处于保持趋势，为森林环境竞争力、矿产环境竞争力；有

2 个指标处于下降趋势，为大气环境竞争力、能源环境竞争力。

从资源环境竞争力的基础指标分布来看，在 56 个基础指标中，指标的优劣度结构为
7.1:14.3:19.6:58.9。强势和优势指标所占比重显著低于劣势指标的比重，表明劣势指标
占主导地位。

### 10.2.2　江苏省资源环境竞争力比较分析

图 10-2-1 将 2010~2012 年江苏省资源环境竞争力与全国最高水平和平均水平进行比
较。由图可知，评价期内江苏省资源环境竞争力得分普遍低于 40 分，且呈现波动上升，说
明江苏省资源环境竞争力水平较低。

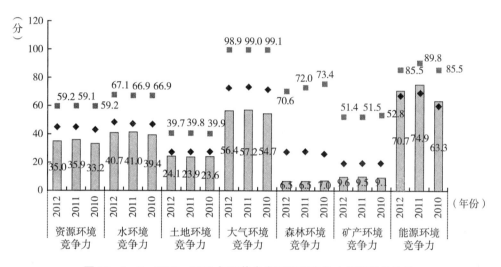

**图 10-2-1　2010~2012 年江苏省资源环境竞争力指标得分比较**

从资源环境竞争力的整体得分比较来看，2010 年，江苏省资源环境竞争力得分与全国最
高分相比还有 26 分的差距，与全国平均分相比，则低了 9.8 分；到 2012 年，江苏省资源环境
竞争力得分与全国最高分的差距缩小为 24.2 分，与全国平均分相比低了 9.5 分。总的来看，
2010~2012 年江苏省资源环境竞争力与最高分的差距呈缩小趋势，在全国处于下游地位。

从资源环境竞争力的要素得分比较来看，2012 年，江苏省水环境竞争力、土地环境竞
争力、大气环境竞争力、森林环境竞争力、矿产环境竞争力和能源环境竞争力的得分分别为
40.7 分、24.1 分、56.4 分、6.5 分、9.6 分和 70.7 分，比最高分低 26.5 分、15.6 分、
42.4 分、64.1 分、41.8 分和 14.8 分；与 2010 年相比，江苏省水环境竞争力、土地环境竞
争力、大气环境竞争力、矿产环境竞争力、能源环境竞争力和森林环境竞争力的得分与最高
分的差距都缩小了。

### 10.2.3　江苏省资源环境竞争力变化动因分析

二级指标资源环境竞争力的变化是三级要素指标变化综合作用的结果，而三级要素指标
变化又是四级基础指标变化作用的结果。三级和四级指标的变动情况如表 10-2-1 所示。

从要素指标来看，江苏省资源环境竞争力的 6 个要素指标中，水环境竞争力和土地环境竞争力的排位出现了上升，而大气环境竞争力和能源环境竞争力的排位呈下降趋势，受指标排位升降的综合影响，江苏省资源环境竞争力呈现波动上升趋势。

从基础指标来看，江苏省资源环境竞争力的 56 个基础指标中，上升指标有 13 个，占指标总数的 23.2%，主要分布在大气环境竞争力、矿产环境竞争力等指标组；下降指标有 12 个，占指标总数的 21.4%，主要分布在水环境竞争力、大气环境竞争力和能源环境竞争力等指标组。排位下降的指标数量低于排位上升的指标数量，上升的动力大于下降的拉力，使得 2012 年江苏省资源环境竞争力排名呈波动上升。

## 10.3　江苏省环境管理竞争力评价分析

### 10.3.1　北京市环境管理竞争力评价结果

2010～2012 年江苏省环境管理竞争力排位和排位变化情况及其下属 2 个三级指标和 16 个四级指标的评价结果，如表 10 - 3 - 1 所示；环境管理竞争力各级指标的优劣势情况，如表 10 - 3 - 2 所示。

表 10 - 3 - 1　2010～2012 年江苏省环境管理竞争力各级指标的得分、排名及优劣度分析表

| 指标项目 | 2012 年 | | | 2011 年 | | | 2010 年 | | | 综合变化 | | |
|---|---|---|---|---|---|---|---|---|---|---|---|---|
| | 得分 | 排名 | 优劣度 | 得分 | 排名 | 优劣度 | 得分 | 排名 | 优劣度 | 得分变化 | 排名变化 | 趋势变化 |
| **环境管理竞争力** | 62.5 | 6 | 优势 | 60.5 | 4 | 优势 | 56.2 | 5 | 优势 | 6.3 | -1 | 波动↓ |
| （1）环境治理竞争力 | 49.4 | 2 | 强势 | 44.3 | 4 | 优势 | 41.8 | 4 | 优势 | 7.5 | 2 | 持续↑ |
| 环境污染治理投资总额 | 88.8 | 3 | 强势 | 92.0 | 3 | 强势 | 32.9 | 2 | 强势 | 55.9 | -1 | 持续↑ |
| 环境污染治理投资总额占地方生产总值比重 | 25.8 | 21 | 劣势 | 14.0 | 21 | 劣势 | 35.3 | 21 | 劣势 | -9.5 | 0 | 持续→ |
| 废气治理设施年运行费用 | 100.0 | 1 | 强势 | 68.1 | 5 | 优势 | 89.6 | 3 | 强势 | 10.4 | 2 | 波动↑ |
| 废水治理设施处理能力 | 52.4 | 3 | 强势 | 47.6 | 3 | 强势 | 65.5 | 3 | 强势 | -13.1 | 0 | 持续→ |
| 废水治理设施年运行费用 | 100.0 | 1 | 强势 | 88.1 | 2 | 强势 | 100.0 | 1 | 强势 | 0.0 | 0 | 波动→ |
| 矿山环境恢复治理投入资金 | 47.6 | 3 | 强势 | 56.3 | 8 | 优势 | 31.3 | 6 | 优势 | 16.4 | 3 | 波动↑ |
| 本年矿山恢复面积 | 10.2 | 15 | 中势 | 1.4 | 21 | 劣势 | 6.2 | 11 | 中势 | 4.0 | -4 | 波动↓ |
| 地质灾害防治投资额 | 11.8 | 17 | 中势 | 8.2 | 20 | 中势 | 2.7 | 17 | 中势 | 9.1 | 0 | 波动→ |
| 水土流失治理面积 | 6.2 | 26 | 劣势 | 9.9 | 24 | 劣势 | 9.7 | 24 | 劣势 | -3.4 | -2 | 持续↓ |
| 土地复垦面积占新增耕地面积的比重 | 87.0 | 3 | 强势 | 87.0 | 3 | 强势 | 87.0 | 3 | 强势 | 0.0 | 0 | 持续→ |
| （2）环境友好竞争力 | 72.8 | 8 | 优势 | 73.1 | 7 | 优势 | 67.4 | 8 | 优势 | 5.3 | 0 | 波动→ |
| 工业固体废物综合利用量 | 46.2 | 8 | 优势 | 53.1 | 7 | 优势 | 48.7 | 5 | 优势 | -2.6 | -3 | 持续↓ |
| 工业固体废物处置量 | 5.4 | 19 | 中势 | 2.4 | 25 | 劣势 | 1.2 | 26 | 劣势 | 4.2 | 7 | 持续↑ |
| 工业固体废物处置利用率 | 96.5 | 10 | 优势 | 97.1 | 6 | 优势 | 76.8 | 7 | 优势 | 19.7 | -3 | 波动↓ |
| 工业用水重复利用率 | 88.8 | 16 | 中势 | 88.9 | 15 | 中势 | 83.3 | 18 | 中势 | 5.5 | 2 | 波动↑ |
| 城市污水处理率 | 95.8 | 8 | 优势 | 95.0 | 7 | 优势 | 93.8 | 6 | 优势 | 2.0 | -2 | 持续↓ |
| 生活垃圾无害化处理率 | 96.0 | 9 | 优势 | 93.8 | 7 | 优势 | 93.6 | 5 | 优势 | 2.4 | -4 | 持续↓ |

表10-3-2 2012年江苏省环境管理竞争力各级指标的优劣度结构表

| 二级指标 | 三级指标 | 四级指标数 | 强势指标 | | 优势指标 | | 中势指标 | | 劣势指标 | | 优劣度 |
|---|---|---|---|---|---|---|---|---|---|---|---|
| | | | 个数 | 比重(%) | 个数 | 比重(%) | 个数 | 比重(%) | 个数 | 比重(%) | |
| 环境管理竞争力 | 环境治理竞争力 | 10 | 6 | 60.0 | 0 | 0.0 | 2 | 20.0 | 2 | 20.0 | 强势 |
| | 环境友好竞争力 | 6 | 0 | 0.0 | 4 | 66.7 | 2 | 33.3 | 0 | 0.0 | 优势 |
| | 小　计 | 16 | 6 | 37.5 | 4 | 25.0 | 4 | 25.0 | 2 | 12.5 | 优势 |

2010～2012年江苏省环境管理竞争力的综合排位呈现波动下降趋势，2012年排名第6位，比2010年下降1位，在全国处于上游区。

从环境管理竞争力的要素指标变化趋势来看，环境治理竞争力指标处于持续上升趋势，而环境友好竞争力呈波动保持。

从环境管理竞争力的基础指标分布来看，在16个基础指标中，指标的优劣度结构为37.5∶25.0∶25.0∶12.5。强势和优势指标所占比重显著大于劣势指标的比重，表明优势指标占主导地位。

### 10.3.2 江苏省环境管理竞争力比较分析

图10-3-1将2010～2012年江苏省环境管理竞争力与全国最高水平和平均水平进行比较。由图可知，评价期内江苏省环境管理竞争力得分普遍高于56分，呈持续上升趋势，说明江苏省环境管理竞争力处于较高水平。

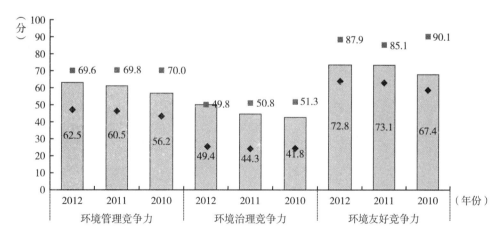

图10-3-1 2010～2012年江苏省环境管理竞争力指标得分比较

从环境管理竞争力的整体得分比较来看，2010年，江苏省环境管理竞争力得分与全国最高分相比还有13.8分的差距，但与全国平均分相比，则高出12.9分；到2012年，江苏省环境管理竞争力得分与全国最高分的差距为7.1分，比全国平均分高15.5分。总的来看，2010～2012年江苏省环境管理竞争力与最高分的差距呈缩小趋势，处于较高水平。

从环境管理竞争力的要素得分比较来看，2012 年，江苏省环境治理竞争力和环境友好竞争力的得分分别为 49.4 和 72.8 分，分别比最高分低 0.4 分和 15.1 分，分别高于平均分 24.2 分和 8.8 分；与 2010 年相比，江苏省环境治理竞争力得分与最高分的差距缩小了 9 分，环境友好竞争力得分与最高分的差距扩大了 7.6 分。

### 10.3.3  江苏省环境管理竞争力变化动因分析

二级指标环境管理竞争力的变化是三级要素指标变化综合作用的结果，而三级要素指标变化又是四级基础指标变化作用的结果。三级和四级指标的变动情况如表 10 - 3 - 1 所示。

从要素指标来看，江苏省环境管理竞争力的 2 个要素指标中，环境治理竞争力的排名呈持续上升，环境友好竞争力呈波动保持，受指标排位升降的综合影响，江苏省环境管理竞争力呈现波动下降。

从基础指标来看，江苏省环境管理竞争力的 16 个基础指标中，上升指标有 4 个，占指标总数的 25%，平均分布在环境治理竞争力指标组和环境友好竞争力指标组；下降指标有 7 个，占指标总数的 43.8%，主要分布在环境友好竞争力指标组。由于下降指标数量大于上升指标数量，2012 年江苏省环境管理竞争力排名呈现波动下降。

## 10.4  江苏省环境影响竞争力评价分析

### 10.4.1  江苏省环境影响竞争力评价结果

2010～2012 年江苏省环境影响竞争力排位和排位变化情况及其下属 2 个三级指标和 21 个四级指标的评价结果，如表 10 - 4 - 1 所示；环境影响竞争力各级指标的优劣势情况，如表 10 - 4 - 2 所示。

表 10 - 4 - 1  2010～2012 年江苏省环境影响竞争力各级指标的得分、排名及优劣度分析表

| 指标项目 | 2012 年 | | | 2011 年 | | | 2010 年 | | | 综合变化 | | |
|---|---|---|---|---|---|---|---|---|---|---|---|---|
| | 得分 | 排名 | 优劣度 | 得分 | 排名 | 优劣度 | 得分 | 排名 | 优劣度 | 得分变化 | 排名变化 | 趋势变化 |
| 环境影响竞争力 | 70.8 | 18 | 中势 | 72.3 | 14 | 中势 | 76.1 | 10 | 优势 | -5.3 | -8 | 持续↓ |
| (1)环境安全竞争力 | 78.1 | 15 | 中势 | 80.3 | 8 | 优势 | 83.7 | 4 | 优势 | -5.5 | -11 | 持续↓ |
| 自然灾害受灾面积 | 71.7 | 18 | 中势 | 60.2 | 17 | 中势 | 79.8 | 11 | 中势 | -8.1 | -7 | 持续↓ |
| 自然灾害绝收面积占受灾面积比重 | 74.8 | 12 | 中势 | 90.4 | 6 | 优势 | 94.9 | 2 | 强势 | -20.2 | -10 | 持续↓ |
| 自然灾害直接经济损失 | 73.7 | 19 | 中势 | 75.1 | 20 | 中势 | 89.6 | 6 | 优势 | -15.9 | -13 | 波动↓ |
| 发生地质灾害起数 | 99.3 | 10 | 优势 | 99.4 | 14 | 中势 | 99.7 | 8 | 优势 | -0.5 | -2 | 波动↓ |
| 地质灾害直接经济损失 | 99.7 | 14 | 中势 | 98.7 | 17 | 中势 | 96.7 | 12 | 中势 | 3.0 | -2 | 波动↓ |
| 地质灾害防治投资额 | 12.2 | 17 | 中势 | 8.2 | 19 | 中势 | 2.7 | 17 | 中势 | 9.5 | 0 | 波动→ |
| 突发环境事件次数 | 59.9 | 30 | 劣势 | 86.3 | 27 | 劣势 | 95.7 | 18 | 中势 | -35.8 | -12 | 持续↓ |

续表

| 指标项目 | 2012 年 | | | 2011 年 | | | 2010 年 | | | 综合变化 | | |
|---|---|---|---|---|---|---|---|---|---|---|---|---|
| | 得分 | 排名 | 优劣度 | 得分 | 排名 | 优劣度 | 得分 | 排名 | 优劣度 | 得分变化 | 排名变化 | 趋势变化 |
| 森林火灾次数 | 96.7 | 11 | 中势 | 93.8 | 12 | 中势 | 97.9 | 14 | 中势 | -1.2 | 3 | 持续↑ |
| 森林火灾火场总面积 | 99.9 | 4 | 优势 | 97.8 | 8 | 优势 | 99.8 | 4 | 优势 | 0.1 | 0 | 波动→ |
| 受火灾森林面积 | 100.0 | 2 | 强势 | 98.6 | 7 | 优势 | 100.0 | 3 | 强势 | 0.0 | 1 | 波动↑ |
| 森林病虫鼠害发生面积 | 93.2 | 6 | 优势 | 99.3 | 6 | 优势 | 92.3 | 6 | 优势 | 0.9 | 0 | 持续→ |
| 森林病虫鼠害防治率 | 69.6 | 16 | 中势 | 82.8 | 12 | 中势 | 65.4 | 18 | 中势 | 4.1 | 2 | 波动↑ |
| （2）环境质量竞争力 | 65.5 | 23 | 劣势 | 66.6 | 24 | 劣势 | 70.7 | 23 | 劣势 | -5.2 | 0 | 波动→ |
| 人均工业废气排放量 | 58.9 | 23 | 劣势 | 62.7 | 23 | 劣势 | 84.8 | 21 | 劣势 | -25.9 | -2 | 持续↓ |
| 人均二氧化硫排放量 | 95.0 | 5 | 优势 | 97.0 | 5 | 优势 | 78.2 | 14 | 中势 | 16.8 | 9 | 持续↑ |
| 人均工业烟（粉）尘排放量 | 83.0 | 11 | 中势 | 83.5 | 15 | 中势 | 83.4 | 12 | 中势 | -0.4 | 1 | 波动↑ |
| 人均工业废水排放量 | 7.2 | 30 | 劣势 | 6.8 | 30 | 劣势 | 17.1 | 27 | 劣势 | -9.9 | -3 | 持续↓ |
| 人均生活污水排放量 | 45.9 | 28 | 劣势 | 48.8 | 28 | 劣势 | 67.1 | 27 | 劣势 | -21.3 | -1 | 持续↓ |
| 人均化学需氧量排放量 | 63.9 | 19 | 中势 | 64.3 | 21 | 劣势 | 79.1 | 22 | 劣势 | -15.2 | 3 | 持续↑ |
| 人均工业固体废物排放量 | 100.0 | 10 | 优势 | 100.0 | 1 | 强势 | 100.0 | 1 | 强势 | 0.0 | -9 | 持续↓ |
| 人均化肥施用量 | 54.5 | 17 | 中势 | 51.9 | 17 | 中势 | 46.6 | 18 | 中势 | 7.9 | 1 | 持续↑ |
| 人均农药施用量 | 79.7 | 13 | 中势 | 82.5 | 16 | 中势 | 81.3 | 16 | 中势 | -1.6 | 3 | 持续↑ |

表 10 - 4 - 2    2012 年江苏省环境影响竞争力各级指标的优劣度结构表

| 二级指标 | 三级指标 | 四级指标数 | 强势指标 | | 优势指标 | | 中势指标 | | 劣势指标 | | 优劣度 |
|---|---|---|---|---|---|---|---|---|---|---|---|
| | | | 个数 | 比重（%） | 个数 | 比重（%） | 个数 | 比重（%） | 个数 | 比重（%） | |
| 环境影响竞争力 | 环境安全竞争力 | 12 | 1 | 8.3 | 3 | 25.0 | 7 | 58.3 | 1 | 8.3 | 中势 |
| | 环境质量竞争力 | 9 | 0 | 0.0 | 2 | 22.2 | 4 | 44.4 | 3 | 33.3 | 劣势 |
| | 小    计 | 21 | 1 | 4.8 | 5 | 23.8 | 11 | 52.4 | 4 | 19.0 | 中势 |

2010～2012 年江苏省环境影响竞争力的综合排位呈现持续下降趋势，2012 年排名第 18 位，比 2010 年排位下降 8 位，在全国处于中游区。

从环境影响竞争力的要素指标变化趋势来看，有 1 个指标呈持续下降，即环境安全竞争力；有 1 个指标呈波动保持，为环境质量竞争力。

从环境影响竞争力的基础指标分布来看，在 21 个基础指标中，指标的优劣度结构为 4.8∶23.8∶52.4∶19.0。中势指标所占比重明显高于其他指标的比重，表明中势指标占主导地位。

## 10.4.2   江苏省环境影响竞争力比较分析

图 10 - 4 - 1 将 2010～2012 年江苏省环境影响竞争力与全国最高水平和平均水平进行比较。由图可知，评价期内江苏省环境影响竞争力得分普遍高于 70 分，呈持续下降趋势，江苏省环境影响竞争力保持在中等水平。

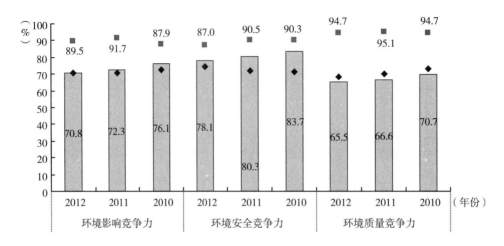

图 10 - 4 - 1　2010~2012 年江苏省环境影响竞争力指标得分比较

从环境影响竞争力的整体得分比较来看，2010 年，江苏省环境影响竞争力得分与全国最高分相比还有 11.8 分的差距，与全国平均分相比，高了 3.7 分；到 2012 年，江苏省环境影响竞争力得分与全国最高分相差 18.7 分，高于全国平均分 0.2 分。总的来看，2010~2012 年江苏省环境影响竞争力与最高分的差距呈扩大趋势。

从环境影响竞争力的要素得分比较来看，2012 年，江苏省环境安全竞争力和环境质量竞争力的得分分别为 78.1 分和 65.5 分，比最高分低 8.9 分和 29.2 分，但前者高出平均分 3.9 分，后者低于平均分 2.6 分；与 2010 年相比，江苏省环境安全竞争力得分与最高分的差距缩小了 2.3 分，环境质量竞争力得分与最高分的差距扩大了 5.2 分。

### 10.4.3　江苏省环境影响竞争力变化动因分析

二级指标环境影响竞争力的变化是三级要素指标变化综合作用的结果，而三级要素指标变化又是四级基础指标变化作用的结果。三级和四级指标的变动情况如表 10 - 4 - 1 所示。

从要素指标来看，江苏省环境影响竞争力的 2 个要素指标中，环境安全竞争力的排名下降了 11 位，环境质量竞争力的排名波动保持不变，受指标排位升降的综合影响，江苏省环境影响竞争力排名呈持续下降，其中环境安全竞争力是环境影响竞争力呈现持续下降的主要因素。

从基础指标来看，江苏省环境影响竞争力的 21 个基础指标中，上升指标有 8 个，占指标总数的 38.1%，主要分布在环境安全竞争力指标组；下降指标有 10 个，占指标总数的 47.6%，主要分布在环境安全竞争力指标组。排位下降的指标数量大于排位上升的指标数量，使得 2012 年江苏省环境影响竞争力排名呈现持续下降。

## 10.5　江苏省环境协调竞争力评价分析

### 10.5.1　江苏省环境协调竞争力评价结果

2010~2012 年江苏省环境协调竞争力排位和排位变化情况及其下属 2 个三级指标和 19

个四级指标的评价结果，如表10-5-1所示；环境协调竞争力各级指标的优劣势情况，如表10-5-2所示。

表10-5-1  2010~2012年江苏省环境协调竞争力各级指标的得分、排名及优劣度分析表

| 指标项目 | 2012年 | | | 2011年 | | | 2010年 | | | 综合变化 | | |
|---|---|---|---|---|---|---|---|---|---|---|---|---|
| | 得分 | 排名 | 优劣度 | 得分 | 排名 | 优劣度 | 得分 | 排名 | 优劣度 | 得分变化 | 排名变化 | 趋势变化 |
| **环境协调竞争力** | 58.8 | 23 | 劣势 | 53.1 | 25 | 劣势 | 51.4 | 29 | 劣势 | 7.3 | 6 | 持续↑ |
| （1）人口与环境协调竞争力 | 51.3 | 16 | 中势 | 56.7 | 7 | 优势 | 51.5 | 18 | 中势 | -0.2 | 2 | 波动↑ |
| 人口自然增长率与工业废气排放量增长率比差 | 49.2 | 19 | 中势 | 87.8 | 5 | 优势 | 85.4 | 7 | 优势 | -36.3 | -12 | 波动↓ |
| 人口自然增长率与工业废水排放量增长率比差 | 72.4 | 23 | 劣势 | 85.8 | 13 | 中势 | 71.2 | 20 | 中势 | 1.3 | -3 | 波动↓ |
| 人口自然增长率与工业固体废物排放量增长率比差 | 71.8 | 15 | 中势 | 73.1 | 5 | 优势 | 66.6 | 18 | 中势 | 5.1 | 3 | 波动↑ |
| 人口自然增长率与能源消费量增长率比差 | 94.8 | 2 | 强势 | 00.0 | 1 | 强势 | 74.7 | 21 | 劣势 | 20.1 | 19 | 波动↑ |
| 人口密度与人均水资源量比差 | 19.2 | 5 | 优势 | 19.8 | 5 | 优势 | 20.2 | 5 | 优势 | -0.9 | 0 | 持续→ |
| 人口密度与人均耕地面积比差 | 24.4 | 16 | 中势 | 24.7 | 16 | 中势 | 24.9 | 16 | 中势 | -0.5 | 0 | 持续→ |
| 人口密度与森林覆盖率比差 | 31.6 | 24 | 劣势 | 31.8 | 24 | 劣势 | 32.1 | 24 | 劣势 | -0.5 | 0 | 持续→ |
| 人口密度与人均矿产基础储量比差 | 20.8 | 8 | 优势 | 21.1 | 8 | 优势 | 21.4 | 8 | 优势 | -0.6 | 0 | 持续→ |
| 人口密度与人均能源生产量比差 | 81.7 | 23 | 劣势 | 81.1 | 23 | 劣势 | 80.9 | 23 | 劣势 | 0.7 | 0 | 持续→ |
| （2）经济与环境协调竞争力 | 63.6 | 23 | 劣势 | 50.7 | 26 | 劣势 | 51.4 | 28 | 劣势 | 12.2 | 5 | 持续↑ |
| 工业增加值增长率与工业废气排放量增长率比差 | 86.5 | 11 | 中势 | 36.7 | 25 | 劣势 | 4.2 | 30 | 劣势 | 82.3 | 19 | 持续↑ |
| 工业增加值增长率与工业废水排放量增长率比差 | 81.6 | 10 | 优势 | 32.1 | 21 | 劣势 | 38.3 | 27 | 劣势 | 43.3 | 17 | 持续↑ |
| 工业增加值增长率与工业固体废物排放量增长率比差 | 80.4 | 15 | 中势 | 26.2 | 28 | 劣势 | 47.7 | 22 | 劣势 | 32.7 | 7 | 波动↑ |
| 地区生产总值增长率与能源消费量增长率比差 | 62.6 | 22 | 中势 | 62.5 | 22 | 中势 | 88.0 | 8 | 优势 | -25.4 | -11 | 波动↓ |
| 人均工业增加值与人均水资源量比差 | 36.3 | 27 | 劣势 | 35.6 | 27 | 劣势 | 32.6 | 28 | 劣势 | 3.6 | 1 | 持续↑ |
| 人均工业增加值与人均耕地面积比差 | 47.2 | 26 | 劣势 | 46.4 | 26 | 劣势 | 43.2 | 26 | 劣势 | 4.1 | 0 | 持续→ |
| 人均工业增加值与人均工业废气排放量比差 | 93.2 | 5 | 优势 | 97.7 | 3 | 强势 | 89.5 | 5 | 强势 | 3.7 | -2 | 持续↓ |
| 人均工业增加值与森林覆盖率比差 | 42.6 | 25 | 劣势 | 42.0 | 25 | 劣势 | 39.0 | 26 | 劣势 | 3.6 | 1 | 持续↑ |
| 人均工业增加值与人均矿产基础储量比差 | 34.2 | 28 | 劣势 | 33.5 | 29 | 劣势 | 30.7 | 30 | 劣势 | 3.5 | 1 | 持续↑ |
| 人均工业增加值与人均能源生产量比差 | 76.9 | 5 | 优势 | 79.4 | 5 | 优势 | 84.7 | 5 | 优势 | -7.8 | 0 | 持续→ |

表10-5-2  2012年江苏省环境协调竞争力各级指标的优劣度结构表

| 二级指标 | 三级指标 | 四级指标数 | 强势指标 | | 优势指标 | | 中势指标 | | 劣势指标 | | 优劣度 |
|---|---|---|---|---|---|---|---|---|---|---|---|
| | | | 个数 | 比重（%） | 个数 | 比重（%） | 个数 | 比重（%） | 个数 | 比重（%） | |
| 环境协调竞争力 | 人口与环境协调竞争力 | 9 | 1 | 11.1 | 2 | 22.2 | 3 | 33.3 | 3 | 33.3 | 中势 |
| | 经济与环境协调竞争力 | 10 | 0 | 0.0 | 3 | 30.0 | 3 | 30.0 | 4 | 40.0 | 劣势 |
| | 小计 | 19 | 1 | 5.3 | 5 | 26.3 | 6 | 31.6 | 7 | 36.8 | 劣势 |

2010~2012年江苏省环境协调竞争力的综合排位呈现持续上升趋势，2012年排名第23位，比2010年上升了6位，在全国处于下游区。

从环境协调竞争力的要素指标变化趋势来看，有1个指标呈波动上升，即人口与环境协

调竞争力；有1个指标呈持续上升，为经济与环境协调竞争力。

从环境协调竞争力的基础指标分布来看，在19个基础指标中，指标的优劣度结构为5.3:26.3:31.6:36.8。劣势指标所占比重高于强势指标和优势指标的比重，表明劣势指标占主导地位。

### 10.5.2　江苏省环境协调竞争力比较分析

图10-5-1将2010～2012年江苏省环境协调竞争力与全国最高水平和平均水平进行比较。由图可知，评价期内江苏省环境协调竞争力得分普遍低于60分，虽呈持续上升趋势，但江苏省环境协调竞争力处于较低水平。

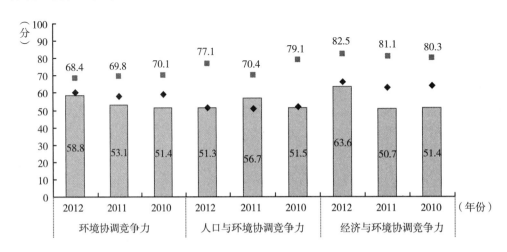

**图 10-5-1　2010～2012 年江苏省环境协调竞争力指标得分比较**

从环境协调竞争力的整体得分比较来看，2010年，江苏省环境协调竞争力得分与全国最高分相比还有18.7分的差距，与全国平均分相比，有7.9分的差距；到2012年，江苏省环境协调竞争力得分与全国最高分的差距缩小为9.6分，低于全国平均分1.6分。总的来看，2010～2012年江苏省环境协调竞争力与最高分的差距呈缩小趋势，处于全国下游地位。

从环境协调竞争力的要素得分比较来看，2012年，江苏省人口与环境协调竞争力和经济与环境协调竞争力的得分分别为51.3分和63.6分，分别比最高分低25.8分和18.9分，前者高于平均分0.1分，后者低于平均分2.7分；与2010年相比，江苏省人口与环境协调竞争力得分与最高分的差距缩小了1.8分，经济与环境协调竞争力得分与最高分的差距缩小了10分。

### 10.5.3　江苏省环境协调竞争力变化动因分析

二级指标环境协调竞争力的变化是三级要素指标变化综合作用的结果，而三级要素指标变化又是四级基础指标变化作用的结果。三级和四级指标的变动情况如表10-5-1所示。

从要素指标来看，江苏省环境协调竞争力的2个要素指标中，人口与环境协调竞争力的排名波动上升了2位，经济与环境协调竞争力的排名持续上升了5位，受指标排位上升的综合影响，江苏省环境协调竞争力持续上升了6位，其中经济与环境协调竞争力是环境协调竞争力排名上升的主要动力。

从基础指标来看，江苏省环境协调竞争力的 19 个基础指标中，上升指标有 8 个，占指标总数的 42.1%，主要分布在经济与环境协调竞争力指标组；下降指标有 4 个，占指标总数的 21.1%，平均分布在人口与环境协调竞争力指标组和经济与环境协调竞争力指标组。排位上升的指标数量大于排位下降的指标数量，使得 2012 年江苏省环境协调竞争力排名持续上升了 6 位。

## 10.6 江苏省环境竞争力总体评述

从对江苏省环境竞争力及其 5 个二级指标在全国的排位变化和指标结构的综合分析来看，"十二五"中期（2010~2012 年）环境竞争力中上升指标的数量多于下降指标的数量，上升的动力大于下降的拉力，使得 2012 年江苏省环境竞争力的排位上升了 3 位，在全国居第 7 位。

### 10.6.1 江苏省环境竞争力概要分析

江苏省环境竞争力在全国所处的位置及变化如表 10-6-1 所示，5 个二级指标的得分和排位变化如表 10-6-2 所示。

表 10-6-1 2010~2012 年江苏省环境竞争力一级指标比较表

| 项目 \ 年份 | 2012 | 2011 | 2010 |
|---|---|---|---|
| 排名 | 7 | 5 | 10 |
| 所属区位 | 上游 | 上游 | 上游 |
| 得分 | 55.5 | 54.5 | 52.7 |
| 全国最高分 | 58.2 | 59.5 | 60.1 |
| 全国平均分 | 51.3 | 50.8 | 50.4 |
| 与最高分的差距 | -2.7 | -4.9 | -7.4 |
| 与平均分的差距 | 4.2 | 3.8 | 2.3 |
| 优劣度 | 优势 | 优势 | 优势 |
| 波动趋势 | 下降 | 上升 | — |

表 10-6-2 2010~2012 年江苏省环境竞争力二级指标比较表

| 项目 \ 年份 | 生态环境竞争力 得分 | 排名 | 资源环境竞争力 得分 | 排名 | 环境管理竞争力 得分 | 排名 | 环境影响竞争力 得分 | 排名 | 环境协调竞争力 得分 | 排名 | 环境竞争力 得分 | 排名 |
|---|---|---|---|---|---|---|---|---|---|---|---|---|
| 2010 | 52.4 | 8 | 33.2 | 31 | 56.2 | 5 | 76.1 | 10 | 51.4 | 29 | 52.7 | 10 |
| 2011 | 54.4 | 3 | 35.9 | 29 | 60.5 | 4 | 72.3 | 14 | 53.1 | 25 | 54.5 | 5 |
| 2012 | 54.4 | 3 | 35.0 | 30 | 62.5 | 6 | 70.8 | 18 | 58.8 | 23 | 55.5 | 7 |
| 得分变化 | 2.1 | — | 1.9 | — | 6.3 | — | -5.3 | — | 7.3 | — | 2.8 | — |
| 排位变化 | — | 5 | — | 1 | — | -1 | — | -8 | — | 6 | — | 3 |
| 优劣度 | 强势 | 强势 | 劣势 | 劣势 | 优势 | 优势 | 中势 | 中势 | 劣势 | 劣势 | 优势 | 优势 |

（1）从指标排位变化趋势看，2012年江苏省环境竞争力综合排名在全国处于第7位，表明其在全国处于优势地位；与2010年相比，排位上升了3位。总的来看，评价期内江苏省环境竞争力呈波动上升趋势。

在5个二级指标中，有2个指标处于下降趋势，为环境管理竞争力和环境影响竞争力，这些是江苏省环境竞争力的下降拉力所在，有3个指标处于上升趋势，为生态环境竞争力、资源环境竞争力和环境协调竞争力。在指标排位升降的综合影响下，评价期内江苏省环境竞争力的综合排位上升了3位，在全国排名第7位。

（2）从指标所处区位看，2012年江苏省环境竞争力处于上游区，其中，生态环境竞争力指标为强势指标，环境管理竞争力为优势指标，环境影响竞争力为中势指标，资源环境竞争力和环境协调竞争力指标为劣势指标。

（3）从指标得分看，2012年江苏省环境竞争力得分为55.5分，比全国最高分低2.7分，比全国平均分高4.2分；与2010年相比，江苏省环境竞争力得分上升了2.8分，与当年最高分的差距有所缩小，与全国平均分的差距有所扩大。

2012年，江苏省环境竞争力二级指标的得分均高于34分，与2010年相比，得分上升最多的为环境协调竞争力，上升了7.3分；得分下降最多的为环境影响竞争力，下降了5.3分。

### 10.6.2　江苏省环境竞争力各级指标动态变化分析

2010～2012年江苏省环境竞争力各级指标的动态变化及其结构，如图10－6－1和表10－6－3所示。

从图10－6－1可以看出，江苏省环境竞争力的四级指标中下降指标的比例与上升指标大体相当。表10－6－3中的数据进一步说明，江苏省环境竞争力的130个四级指标中，上升的指标有36个，占指标总数的27.7%；保持的指标有57个，占指标总数的43.8%；下降的指标为37个，占指标总数的28.5%。虽然下降指标的数量大于上升指标的数量，但受外部因素的综合影响，评价期内江苏省环境竞争力排位上升了3位，在全国居第7位。

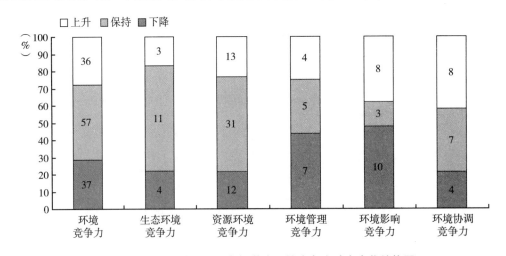

**图10－6－1　2010～2012年江苏省环境竞争力动态变化结构图**

表 10-6-3 2010~2012 年江苏省环境竞争力各级指标排位变化态势比较表

| 二级指标 | 三级指标 | 四级指标数 | 上升指标 | | 保持指标 | | 下降指标 | | 变化趋势 |
|---|---|---|---|---|---|---|---|---|---|
| | | | 个数 | 比重(%) | 个数 | 比重(%) | 个数 | 比重(%) | |
| 生态环境竞争力 | 生态建设竞争力 | 9 | 0 | 0.0 | 7 | 77.8 | 2 | 22.2 | 波动↑ |
| | 生态效益竞争力 | 9 | 3 | 33.3 | 4 | 44.4 | 2 | 22.2 | 波动↓ |
| | 小　计 | 18 | 3 | 16.7 | 11 | 61.1 | 4 | 22.2 | 持续↑ |
| 资源环境竞争力 | 水环境竞争力 | 11 | 2 | 18.2 | 6 | 54.5 | 3 | 27.3 | 持续↑ |
| | 土地环境竞争力 | 13 | 1 | 7.7 | 11 | 84.6 | 1 | 7.7 | 持续↑ |
| | 大气环境竞争力 | 8 | 4 | 50.0 | 1 | 12.5 | 3 | 37.5 | 持续↓ |
| | 森林环境竞争力 | 8 | 0 | 0.0 | 7 | 87.5 | 1 | 12.5 | 持续→ |
| | 矿产环境竞争力 | 9 | 5 | 55.6 | 3 | 33.3 | 1 | 11.1 | 持续→ |
| | 能源环境竞争力 | 7 | 1 | 14.3 | 3 | 42.9 | 3 | 42.9 | 持续↓ |
| | 小　计 | 56 | 13 | 23.2 | 31 | 55.4 | 12 | 21.4 | 波动↑ |
| 环境管理竞争力 | 环境治理竞争力 | 10 | 2 | 20.0 | 5 | 50.0 | 3 | 30.0 | 持续↑ |
| | 环境友好竞争力 | 6 | 2 | 33.3 | 0 | 0.0 | 4 | 66.7 | 波动→ |
| | 小　计 | 16 | 4 | 25.0 | 5 | 31.3 | 7 | 43.8 | 波动↓ |
| 环境影响竞争力 | 环境安全竞争力 | 12 | 3 | 25.0 | 3 | 25.0 | 6 | 50.0 | 持续↓ |
| | 环境质量竞争力 | 9 | 5 | 55.6 | 0 | 0.0 | 4 | 44.4 | 波动→ |
| | 小　计 | 21 | 8 | 38.1 | 3 | 14.3 | 10 | 47.6 | 持续↓ |
| 环境协调竞争力 | 人口与环境协调竞争力 | 9 | 2 | 22.2 | 5 | 55.6 | 2 | 22.2 | 波动↑ |
| | 经济与环境协调竞争力 | 10 | 6 | 60.0 | 2 | 20.0 | 2 | 20.0 | 持续↑ |
| | 小　计 | 19 | 8 | 42.1 | 7 | 36.8 | 4 | 21.1 | 持续↑ |
| | 合　计 | 130 | 36 | 27.7 | 57 | 43.8 | 37 | 28.5 | 波动↑ |

### 10.6.3 江苏省环境竞争力各级指标变化动因分析

2012 年江苏省环境竞争力各级指标的优劣势变化及其结构，如图 10-6-2 和表 10-6-4 所示。

从图 10-6-2 可以看出，2012 年江苏省环境竞争力的四级指标中劣势指标的比例大于强势和优势指标，表明劣势指标居于主导地位。表 10-6-4 中的数据进一步说明，2012 年江苏省环境竞争力的 130 个四级指标中，强势指标有 16 个，占指标总数的 12.3%；优势指标为 28 个，占指标总数的 21.5%；中势指标 36 个，占指标总数的 27.7%；劣势指标有 50 个，占指标总数的 38.5%；强势指标和优势指标之和占指标总数的 33.8%，数量与比重均小于劣势指标。从三级指标来看，四级指标中强势指标和优势指标之和占四级指标总数一半以上的分别有生态建设竞争力、生态效益竞争力、能源环境竞争力、环境治理竞争力和环境友好竞争力，共计 5 个指标，占三级指标总数的 35.7%。反映到二级指标上来，强势指标有 1 个，占二级指标总数的 20%，优势指标有 1 个，占二级指标总数的 20%，劣势指标有 2 个，占二级指标总数的 40%。但受各种因素的综合影响，江苏省环境竞争力处于优势地位，在全国位居第 7 位，处于上游区。

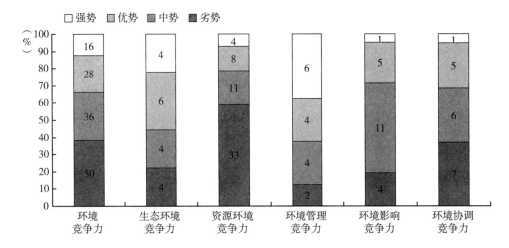

图 10 - 6 - 2　2012 年江苏省环境竞争力优劣度结构图

表 10 - 6 - 4　2012 年江苏省环境竞争力各级指标优劣度比较表

| 二级指标 | 三级指标 | 四级指标数 | 强势指标 | | 优势指标 | | 中势指标 | | 劣势指标 | | 优劣度 |
|---|---|---|---|---|---|---|---|---|---|---|---|
| | | | 个数 | 比重（%） | 个数 | 比重（%） | 个数 | 比重（%） | 个数 | 比重（%） | |
| 生态环境竞争力 | 生态建设竞争力 | 9 | 4 | 44.4 | 1 | 11.1 | 0 | 0.0 | 4 | 44.4 | 优势 |
| | 生态效益竞争力 | 9 | 0 | 0.0 | 5 | 55.6 | 4 | 44.4 | 0 | 0.0 | 优势 |
| | 小　计 | 18 | 4 | 22.2 | 6 | 33.3 | 4 | 22.2 | 4 | 22.2 | 强势 |
| 资源环境竞争力 | 水环境竞争力 | 11 | 4 | 36.4 | 0 | 0.0 | 2 | 18.2 | 5 | 45.5 | 劣势 |
| | 土地环境竞争力 | 13 | 0 | 0.0 | 4 | 30.8 | 1 | 7.7 | 8 | 61.5 | 劣势 |
| | 大气环境竞争力 | 8 | 0 | 0.0 | 0 | 0.0 | 0 | 0.0 | 8 | 100.0 | 劣势 |
| | 森林环境竞争力 | 8 | 0 | 0.0 | 0 | 0.0 | 0 | 0.0 | 8 | 100.0 | 劣势 |
| | 矿产环境竞争力 | 9 | 0 | 0.0 | 0 | 0.0 | 6 | 66.7 | 3 | 33.3 | 劣势 |
| | 能源环境竞争力 | 7 | 0 | 0.0 | 4 | 57.1 | 2 | 28.6 | 1 | 14.3 | 中势 |
| | 小　计 | 56 | 4 | 7.1 | 8 | 14.3 | 11 | 19.6 | 33 | 58.9 | 劣势 |
| 环境管理竞争力 | 环境治理竞争力 | 10 | 6 | 60.0 | 0 | 0.0 | 2 | 20.0 | 2 | 20.0 | 强势 |
| | 环境友好竞争力 | 6 | 0 | 0.0 | 4 | 66.7 | 2 | 33.3 | 0 | 0.0 | 优势 |
| | 小　计 | 16 | 6 | 37.5 | 4 | 25.0 | 4 | 25.0 | 2 | 12.5 | 优势 |
| 环境影响竞争力 | 环境安全竞争力 | 12 | 1 | 8.3 | 3 | 25.0 | 7 | 58.3 | 1 | 8.3 | 中势 |
| | 环境质量竞争力 | 9 | 0 | 0.0 | 2 | 22.2 | 4 | 44.4 | 3 | 33.3 | 劣势 |
| | 小　计 | 21 | 1 | 4.8 | 5 | 23.8 | 11 | 52.4 | 4 | 19.0 | 中势 |
| 环境协调竞争力 | 人口与环境协调竞争力 | 9 | 1 | 11.1 | 2 | 22.2 | 3 | 33.3 | 3 | 33.3 | 中势 |
| | 经济与环境协调竞争力 | 10 | 0 | 0.0 | 3 | 30.0 | 3 | 30.0 | 4 | 40.0 | 劣势 |
| | 小　计 | 19 | 1 | 5.3 | 5 | 26.3 | 6 | 31.6 | 7 | 36.8 | 劣势 |
| 合　计 | | 130 | 16 | 12.3 | 28 | 21.5 | 36 | 27.7 | 50 | 38.5 | 优势 |

为了进一步明确影响江苏省环境竞争力变化的具体因素，也便于对相关指标进行深入分析，从而为提升江苏省环境竞争力提供决策参考，表10-6-5列出了环境竞争力指标体系中直接影响江苏省环境竞争力升降的强势指标、优势指标和劣势指标。

表10-6-5　2012年江苏省环境竞争力四级指标优劣度统计表

| 指标 | 强势指标 | 优势指标 | 劣势指标 |
|---|---|---|---|
| 生态环境竞争力（18个） | 国家级生态示范区个数、公园面积、园林绿地面积、绿化覆盖面积（4个） | 野生动物种源繁育基地数、工业二氧化硫排放强度、工业烟（粉）尘排放强度、工业废水中化学需氧量排放强度、工业废水中氨氮排放强度、工业固体废物排放强度（6个） | 本年减少耕地面积、自然保护区个数、自然保护区面积占土地总面积比重、野生植物种源培育基地数（4个） |
| 资源环境竞争力（56个） | 供水总量、用水总量、用水消耗量、耗水率（4个） | 耕地面积、土地资源利用效率、单位建设用地非农产业增加值、单位耕地面积农业增加值、能源生产总量、单位地区生产总值能耗、单位工业增加值能耗、能源生产弹性系数（8个） | 水资源总量、人均水资源量、降水量、工业废水排放总量、生活污水排放量、土地总面积、人均耕地面积、牧草地面积、人均牧草地面积、人均园地面积、建设用地面积、沙化土地面积占土地总面积的比重、当年新增种草面积、工业废气排放总量、地均工业废气排放量、工业烟（粉）尘排放总量、地均工业烟（粉）尘排放量、工业二氧化硫排放总量、地均二氧化硫排放量、全省设区市优良天数比例、可吸入颗粒物（PM10）浓度、林业用地面积、森林面积、森林覆盖率、人工林面积、天然林比重、造林总面积、森林蓄积量、活立木总蓄积量、主要有色金属矿产基础储量、人均主要有色金属矿产基础储量、人均主要能源矿产基础储量、能源消费总量（33个） |
| 环境管理竞争力（16个） | 环境污染治理投资总额、废气治理设施年运行费用、废水治理设施处理能力、废水治理设施年运行费用、矿山环境恢复治理投入资金、土地复垦面积占新增耕地面积的比重（6个） | 工业固体废物综合利用量、工业固体废物处置利用率、城市污水处理率、生活垃圾无害化处理率（4个） | 环境污染治理投资总额占地方生产总值比重、水土流失治理面积（2个） |
| 环境影响竞争力（21个） | 受火灾森林面积（1个） | 发生地质灾害起数、森林火灾火场总面积、森林病虫鼠害发生面积、人均二氧化硫排放量、人均工业固体废物排放量（5个） | 突发环境事件次数、人均工业废气排放量、人均工业废水排放量、人均生活污水排放量（4个） |
| 环境协调竞争力（19个） | 人口自然增长率与能源消费量增长率比差（1个） | 人口密度与人均水资源量比差、人口密度与人均矿产基础储量比差、工业增加值增长率与工业废水排放量增长率比差、人均工业增加值与人均工业废气排放量比差、人均工业增加值与人均能源生产量比差（5个） | 人口自然增长率与工业废水排放量增长率比差、人口密度与森林覆盖率比差、人口密度与人均能源生产量比差、人均工业增加值与人均水资源量比差、人均工业增加值与人均耕地面积比差、人均工业增加值与森林覆盖率比差、人均工业增加值与人均矿产基础储量比差（7个） |

# G.12

# 11
# 浙江省环境竞争力评价分析报告

浙江省简称浙，位于我国东南沿海，地处长江三角洲南翼，东临东海，南邻福建，西接安徽、江西，北连上海、江苏。全省面积 10.2 万平方公里，2012 年末总人口 5477 万人，人均 GDP 达到 63374 元，万元 GDP 能耗为 0.5969 吨标准煤。"十二五"中期（2010～2012年），浙江省环境竞争力的综合排位呈现波动上升趋势，2012 年排名第 10 位，比 2010 年上升了 2 位，在全国处于优势地位。

## 11.1 浙江省生态环境竞争力评价分析

### 11.1.1 浙江省生态环境竞争力评价结果

2010～2012 年浙江省生态环境竞争力排位和排位变化情况及其下属 2 个三级指标和 18 个四级指标的评价结果，如表 11－1－1 所示；生态环境竞争力各级指标的优劣势情况，如表 11－1－2 所示。

表 11－1－1　2010～2012 年浙江省生态环境竞争力各级指标的得分、排名及优劣度分析表

| 指标项目 | 2012 年 | | | 2011 年 | | | 2010 年 | | | 综合变化 | | |
|---|---|---|---|---|---|---|---|---|---|---|---|---|
| | 得分 | 排名 | 优劣度 | 得分 | 排名 | 优劣度 | 得分 | 排名 | 优劣度 | 得分变化 | 排名变化 | 趋势变化 |
| **生态环境竞争力** | 50.3 | 10 | 优势 | 50.1 | 8 | 优势 | 47.8 | 12 | 中势 | 2.5 | 2 | 波动↑ |
| （1）生态建设竞争力 | 26.6 | 10 | 优势 | 25.7 | 11 | 中势 | 21.9 | 19 | 中势 | 4.7 | 9 | 持续↑ |
| 国家级生态示范区个数 | 56.3 | 5 | 优势 | 56.3 | 5 | 优势 | 56.3 | 5 | 优势 | 0.0 | 0 | 持续→ |
| 公园面积 | 23.1 | 5 | 优势 | 21.3 | 4 | 优势 | 21.3 | 4 | 优势 | 1.8 | -1 | 持续↓ |
| 园林绿地面积 | 31.1 | 5 | 优势 | 31.1 | 6 | 优势 | 31.1 | 6 | 优势 | 0.0 | 1 | 持续↑ |
| 绿化覆盖面积 | 29.2 | 5 | 优势 | 24.7 | 5 | 优势 | 24.7 | 5 | 优势 | 4.5 | 0 | 持续→ |
| 本年减少耕地面积 | 5.8 | 28 | 劣势 | 5.8 | 28 | 劣势 | 5.8 | 28 | 劣势 | 0.0 | 0 | 持续→ |
| 自然保护区个数 | 7.7 | 24 | 劣势 | 7.7 | 24 | 劣势 | 7.7 | 24 | 劣势 | 0.0 | 0 | 持续→ |
| 自然保护区面积占土地总面积比重 | 0.0 | 31 | 劣势 | 0.0 | 31 | 劣势 | 0.0 | 31 | 劣势 | 0.0 | 0 | 持续→ |
| 野生动物种源繁育基地数 | 100.0 | 1 | 强势 | 100.0 | 1 | 强势 | 100.0 | 1 | 强势 | 0.0 | 0 | 持续→ |
| 野生植物种源培育基地数 | 4.6 | 6 | 优势 | 5.3 | 7 | 优势 | 5.3 | 7 | 优势 | -0.7 | 1 | 持续↑ |
| （2）生态效益竞争力 | 85.8 | 8 | 优势 | 86.8 | 8 | 优势 | 86.8 | 8 | 优势 | -1.0 | 0 | 持续→ |
| 工业废气排放强度 | 94.1 | 4 | 优势 | 96.3 | 4 | 优势 | 96.3 | 4 | 优势 | -2.2 | 0 | 持续→ |
| 工业二氧化硫排放强度 | 94.8 | 6 | 优势 | 94.9 | 6 | 优势 | 94.9 | 6 | 优势 | -0.1 | 0 | 持续→ |

续表

| 指标　　项目 | 2012 年 | | | 2011 年 | | | 2010 年 | | | 综合变化 | | |
|---|---|---|---|---|---|---|---|---|---|---|---|---|
| | 得分 | 排名 | 优劣度 | 得分 | 排名 | 优劣度 | 得分 | 排名 | 优劣度 | 得分变化 | 排名变化 | 趋势变化 |
| 工业烟(粉)尘排放强度 | 96.9 | 5 | 优势 | 95.1 | 5 | 优势 | 95.1 | 5 | 优势 | 1.8 | 0 | 持续→ |
| 工业废水排放强度 | 52.4 | 25 | 劣势 | 53.9 | 25 | 劣势 | 53.9 | 25 | 劣势 | -1.5 | 0 | 持续→ |
| 工业废水中化学需氧量排放强度 | 91.4 | 14 | 中势 | 92.0 | 11 | 中势 | 92.0 | 11 | 中势 | -0.6 | -3 | 持续↓ |
| 工业废水中氨氮排放强度 | 93.0 | 11 | 中势 | 93.6 | 10 | 优势 | 93.6 | 10 | 优势 | -0.6 | -1 | 持续↓ |
| 工业固体废物排放强度 | 99.8 | 12 | 中势 | 99.9 | 7 | 优势 | 99.9 | 7 | 优势 | -0.1 | -5 | 持续↓ |
| 化肥施用强度 | 74.5 | 7 | 优势 | 74.8 | 7 | 优势 | 74.8 | 7 | 优势 | -0.3 | 0 | 持续→ |
| 农药施用强度 | 74.1 | 23 | 劣势 | 78.5 | 25 | 劣势 | 78.5 | 25 | 劣势 | -4.4 | 2 | 持续↑ |

**表 11 - 1 - 2　2012 年浙江省生态环境竞争力各级指标的优劣度结构表**

| 二级指标 | 三级指标 | 四级指标数 | 强势指标 | | 优势指标 | | 中势指标 | | 劣势指标 | | 优劣度 |
|---|---|---|---|---|---|---|---|---|---|---|---|
| | | | 个数 | 比重(%) | 个数 | 比重(%) | 个数 | 比重(%) | 个数 | 比重(%) | |
| 生态环境竞争力 | 生态建设竞争力 | 9 | 1 | 11.1 | 5 | 55.6 | 0 | 0.0 | 3 | 33.3 | 优势 |
| | 生态效益竞争力 | 9 | 0 | 0.0 | 4 | 44.4 | 3 | 33.3 | 2 | 22.2 | 优势 |
| | 小　　计 | 18 | 1 | 5.6 | 9 | 50.0 | 3 | 16.7 | 5 | 27.8 | 优势 |

2010～2012 年浙江省生态环境竞争力的综合排位呈现波动上升趋势，2012 年排名第 10 位，比 2010 年上升了 2 位，在全国处于上游区。

从生态环境竞争力要素指标的变化趋势来看，有 1 个指标处于持续上升趋势，为生态建设竞争力，有 1 个指标排位呈持续保持，为生态效益竞争力。

从生态环境竞争力基础指标的优劣度结构来看，在 18 个基础指标中，指标的优劣度结构为 5.6∶50.0∶16.7∶27.8。优势指标所占比重大于劣势指标的比重，表明优势指标占主导地位。

## 11.1.2　浙江省生态环境竞争力比较分析

图 11 - 1 - 1 将 2010～2012 年浙江省生态环境竞争力与全国最高水平和平均水平进行比较。由图可知，评价期内浙江省生态环境竞争力得分普遍高于 47 分，说明浙江省生态环境竞争力处于较高水平。

从生态环境竞争力的整体得分比较来看，2010 年，浙江省生态环境竞争力得分与全国最高分相比有 17.9 分的差距，但与全国平均分相比，则高出 1.4 分；到了 2012 年，浙江省生态环境竞争力得分与全国最高分的差距缩小为 14.8 分，高于全国平均分 4.8 分。总的来看，2010～2012 年浙江省生态环境竞争力与最高分的差距呈缩小趋势，表明生态建设和生态效益水平有所提高，仍保持全国上游水平。

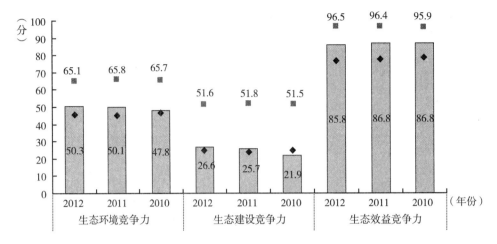

图 11 – 1 – 1　2010～2012 年浙江省生态环境竞争力指标得分比较

从生态环境竞争力的要素得分比较来看，2012 年，浙江省生态建设竞争力和生态效益竞争力的得分分别为 26.6 分和 85.8 分，分别比最高分低 25.0 分和 10.7 分，分别高于平均分 1.9 分和 9.2 分；与 2010 年相比，浙江省生态建设竞争力得分与最高分的差距缩小了 4.6 分，生态效益竞争力得分与最高分的差距缩小了 1.6 分。

### 11.1.3　浙江省生态环境竞争力变化动因分析

二级指标生态环境竞争力的变化是三级要素指标变化综合作用的结果，而三级要素指标变化又是四级基础指标变化作用的结果。三级和四级指标的变动情况如表 11 – 1 – 1 所示。

从要素指标来看，浙江省生态环境竞争力的 2 个要素指标中，生态建设竞争力的排名上升了 9 位，生态效益竞争力的排名保持不变，受指标排位升降的综合影响，浙江省生态环境竞争力波动上升了 2 位。

从基础指标来看，浙江省生态环境竞争力的 18 个基础指标中，上升指标有 3 个，占指标总数的 16.7%，主要分布在生态建设竞争力指标组；下降指标有 4 个，占指标总数的 22.2%，主要分布在生态效益竞争力指标组。上升指标的数量和下降指标的数量相差不大，受多种因素综合影响，评价期内浙江省生态环境竞争力排名波动上升了 2 位。

## 11.2　浙江省资源环境竞争力评价分析

### 11.2.1　浙江省资源环境竞争力评价结果

2010～2012 年浙江省资源环境竞争力排位和排位变化情况及其下属 6 个三级指标和 56 个四级指标的评价结果，如表 11 – 2 – 1 所示；资源环境竞争力各级指标的优劣势情况，如表 11 – 2 – 2 所示。

表 11 - 2 - 1　2010～2012 年浙江省资源环境竞争力各级指标的得分、排名及优劣度分析表

| 指标项目 | 2012 年 | | | 2011 年 | | | 2010 年 | | | 综合变化 | | |
|---|---|---|---|---|---|---|---|---|---|---|---|---|
| | 得分 | 排名 | 优劣度 | 得分 | 排名 | 优劣度 | 得分 | 排名 | 优劣度 | 得分变化 | 排名变化 | 趋势变化 |
| **资源环境竞争力** | 45.3 | 14 | 中势 | 45.6 | 17 | 中势 | 42.9 | 16 | 中势 | 2.4 | 2 | 波动↑ |
| （1）水环境竞争力 | 44.6 | 22 | 劣势 | 41.5 | 27 | 劣势 | 42.9 | 25 | 劣势 | 1.7 | 3 | 波动↑ |
| 水资源总量 | 34.3 | 9 | 优势 | 16.8 | 11 | 中势 | 30.3 | 9 | 优势 | 4.0 | 0 | 波动→ |
| 人均水资源量 | 1.8 | 12 | 中势 | 0.9 | 17 | 中势 | 1.7 | 12 | 中势 | 0.1 | 0 | 波动→ |
| 降水量 | 31.6 | 13 | 中势 | 20.2 | 16 | 中势 | 28.5 | 14 | 中势 | 3.1 | 1 | 波动↑ |
| 供水总量 | 30.9 | 14 | 中势 | 32.9 | 14 | 中势 | 35.0 | 13 | 中势 | -4.1 | -1 | 持续↓ |
| 用水总量 | 97.7 | 1 | 强势 | 97.6 | 1 | 强势 | 97.6 | 1 | 强势 | 0.1 | 0 | 持续→ |
| 用水消耗量 | 98.9 | 1 | 强势 | 98.7 | 1 | 强势 | 98.4 | 1 | 强势 | 0.5 | 0 | 持续→ |
| 耗水率 | 41.9 | 1 | 强势 | 41.9 | 1 | 强势 | 40.0 | 1 | 强势 | 1.9 | 0 | 持续→ |
| 节灌率 | 49.2 | 7 | 优势 | 48.8 | 7 | 优势 | 48.7 | 6 | 优势 | 0.5 | -1 | 持续↓ |
| 城市再生水利用率 | 9.7 | 14 | 中势 | 2.7 | 19 | 中势 | 0.6 | 17 | 中势 | 9.1 | 3 | 波动↑ |
| 工业废水排放总量 | 25.7 | 28 | 劣势 | 26.0 | 29 | 劣势 | 17.6 | 30 | 劣势 | 8.1 | 2 | 持续↑ |
| 生活污水排放量 | 62.8 | 27 | 劣势 | 61.3 | 27 | 劣势 | 67.3 | 26 | 劣势 | -4.5 | -1 | 持续↓ |
| （2）土地环境竞争力 | 29.0 | 10 | 优势 | 29.4 | 10 | 优势 | 29.3 | 10 | 优势 | -0.3 | 0 | 持续→ |
| 土地总面积 | 5.8 | 25 | 劣势 | 5.8 | 25 | 劣势 | 5.8 | 25 | 劣势 | 0.0 | 0 | 持续→ |
| 耕地面积 | 14.8 | 23 | 劣势 | 14.8 | 23 | 劣势 | 14.8 | 23 | 劣势 | 0.0 | 0 | 持续→ |
| 人均耕地面积 | 8.9 | 27 | 劣势 | 8.8 | 27 | 劣势 | 8.7 | 27 | 劣势 | 0.1 | 0 | 持续→ |
| 牧草地面积 | 0.0 | 30 | 劣势 | 0.0 | 30 | 劣势 | 0.0 | 30 | 劣势 | 0.0 | 0 | 持续→ |
| 人均牧草地面积 | 0.0 | 30 | 劣势 | 0.0 | 30 | 劣势 | 0.0 | 30 | 劣势 | 0.0 | 0 | 持续→ |
| 园地面积 | 65.6 | 7 | 优势 | 65.6 | 7 | 优势 | 65.6 | 7 | 优势 | 0.0 | 0 | 持续→ |
| 人均园地面积 | 19.2 | 7 | 优势 | 19.0 | 7 | 优势 | 18.9 | 7 | 优势 | 0.3 | 0 | 持续→ |
| 土地资源利用效率 | 10.7 | 5 | 优势 | 10.5 | 5 | 优势 | 10.0 | 5 | 优势 | 0.7 | 0 | 持续→ |
| 建设用地面积 | 59.8 | 17 | 中势 | 59.8 | 17 | 中势 | 59.8 | 17 | 中势 | 0.0 | 0 | 持续→ |
| 单位建设用地非农产业增加值 | 35.7 | 4 | 优势 | 35.1 | 4 | 优势 | 33.9 | 3 | 强势 | 1.8 | -1 | 持续↓ |
| 单位耕地面积农业增加值 | 60.0 | 4 | 优势 | 63.7 | 4 | 优势 | 65.4 | 4 | 优势 | -5.4 | 0 | 持续↓ |
| 沙化土地面积占土地总面积的比重 | 100.0 | 2 | 强势 | 100.0 | 2 | 强势 | 100.0 | 2 | 强势 | 0.0 | 0 | 持续→ |
| 当年新增种草面积 | 3.8 | 19 | 中势 | 4.0 | 19 | 中势 | 3.7 | 19 | 中势 | 0.1 | 0 | 持续→ |
| （3）大气环境竞争力 | 76.9 | 13 | 中势 | 72.4 | 21 | 劣势 | 72.3 | 16 | 中势 | 4.6 | 3 | 波动↑ |
| 工业废气排放总量 | 64.7 | 21 | 劣势 | 68.0 | 21 | 劣势 | 63.7 | 23 | 劣势 | 1.0 | 2 | 持续↑ |
| 地均工业废气排放量 | 88.8 | 25 | 劣势 | 88.7 | 23 | 劣势 | 90.2 | 23 | 劣势 | -1.4 | -2 | 持续↓ |
| 工业烟（粉）尘排放总量 | 78.0 | 11 | 中势 | 75.5 | 14 | 中势 | 62.0 | 16 | 中势 | 16.0 | 5 | 持续↑ |
| 地均工业烟（粉）尘排放量 | 77.2 | 21 | 劣势 | 71.6 | 22 | 劣势 | 63.6 | 22 | 劣势 | 13.6 | 1 | 持续↑ |
| 工业二氧化硫排放总量 | 60.5 | 18 | 中势 | 60.3 | 19 | 中势 | 52.7 | 20 | 中势 | 7.8 | 2 | 持续↑ |
| 地均二氧化硫排放量 | 80.3 | 22 | 劣势 | 80.8 | 22 | 劣势 | 81.6 | 24 | 劣势 | -1.3 | 2 | 持续↑ |
| 全省设区市优良天数比例 | 94.7 | 6 | 优势 | 70.6 | 18 | 中势 | 90.0 | 6 | 优势 | 4.7 | 0 | 波动→ |
| 可吸入颗粒物（PM10）浓度 | 70.4 | 17 | 中势 | 63.7 | 17 | 中势 | 73.1 | 14 | 中势 | -2.7 | 1 | 波动→ |
| （4）森林环境竞争力 | 36.8 | 13 | 中势 | 36.8 | 13 | 中势 | 36.5 | 13 | 中势 | 0.3 | 0 | 持续→ |
| 林业用地面积 | 15.1 | 19 | 中势 | 15.1 | 19 | 中势 | 15.1 | 19 | 中势 | 0.0 | 0 | 持续→ |
| 森林面积 | 24.5 | 14 | 中势 | 24.5 | 14 | 中势 | 24.5 | 14 | 中势 | 0.0 | 0 | 持续→ |
| 森林覆盖率 | 90.3 | 3 | 强势 | 90.3 | 3 | 强势 | 90.3 | 3 | 强势 | 0.0 | 0 | 持续→ |

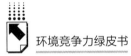

续表

| 指标项目 | 2012 年 | | | 2011 年 | | | 2010 年 | | | 综合变化 | | |
|---|---|---|---|---|---|---|---|---|---|---|---|---|
| | 得分 | 排名 | 优劣度 | 得分 | 排名 | 优劣度 | 得分 | 排名 | 优劣度 | 得分变化 | 排名变化 | 趋势变化 |
| 人工林面积 | 51.6 | 10 | 优势 | 51.6 | 10 | 优势 | 51.6 | 10 | 优势 | 0.0 | 0 | 持续→ |
| 天然林比重 | 54.4 | 17 | 中势 | 54.4 | 17 | 中势 | 54.4 | 17 | 中势 | 0.0 | 0 | 持续→ |
| 造林总面积 | 5.5 | 25 | 劣势 | 5.4 | 26 | 劣势 | 2.1 | 27 | 劣势 | 3.4 | 2 | 持续↑ |
| 森林蓄积量 | 7.6 | 18 | 中势 | 7.6 | 18 | 中势 | 7.6 | 18 | 中势 | 0.0 | 0 | 持续→ |
| 活立木总蓄积量 | 8.4 | 18 | 中势 | 8.4 | 18 | 中势 | 8.4 | 18 | 中势 | 0.0 | 0 | 持续→ |
| （5）矿产环境竞争力 | 9.7 | 30 | 劣势 | 9.8 | 29 | 劣势 | 9.3 | 30 | 劣势 | 0.4 | 0 | 波动→ |
| 主要黑色金属矿产基础储量 | 0.6 | 26 | 劣势 | 0.7 | 24 | 劣势 | 0.2 | 27 | 劣势 | 0.4 | 1 | 波动↑ |
| 人均主要黑色金属矿产基础储量 | 0.5 | 28 | 劣势 | 0.6 | 28 | 劣势 | 0.2 | 28 | 劣势 | 0.3 | 0 | 持续→ |
| 主要有色金属矿产基础储量 | 0.8 | 28 | 劣势 | 0.7 | 27 | 劣势 | 0.8 | 27 | 劣势 | 0.0 | -1 | 持续↓ |
| 人均主要有色金属矿产基础储量 | 0.7 | 29 | 劣势 | 0.6 | 29 | 劣势 | 0.7 | 29 | 劣势 | 0.0 | 0 | 持续→ |
| 主要非金属矿产基础储量 | 1.0 | 18 | 中势 | 0.9 | 16 | 中势 | 1.0 | 18 | 中势 | 0.0 | 0 | 波动→ |
| 人均主要非金属矿产基础储量 | 0.7 | 19 | 中势 | 0.9 | 19 | 中势 | 0.9 | 20 | 中势 | -0.2 | 1 | 持续↑ |
| 主要能源矿产基础储量 | 0.0 | 28 | 劣势 | 0.1 | 28 | 劣势 | 0.1 | 29 | 劣势 | -0.1 | 1 | 持续↑ |
| 人均主要能源矿产基础储量 | 0.0 | 29 | 劣势 | 0.0 | 29 | 劣势 | 0.0 | 30 | 劣势 | 0.0 | 1 | 持续↑ |
| 工业固体废物产生量 | 90.9 | 8 | 优势 | 90.8 | 9 | 优势 | 86.6 | 11 | 优势 | 4.4 | 3 | 持续↑ |
| （6）能源环境竞争力 | 71.7 | 13 | 中势 | 80.1 | 6 | 优势 | 63.9 | 11 | 中势 | 7.8 | -2 | 波动↓ |
| 能源生产总量 | 97.9 | 5 | 优势 | 98.3 | 5 | 优势 | 97.7 | 5 | 优势 | 0.2 | 0 | 持续→ |
| 能源消费总量 | 53.6 | 22 | 劣势 | 52.1 | 22 | 劣势 | 51.6 | 24 | 劣势 | 2.0 | 2 | 持续↑ |
| 单位地区生产总值能耗 | 74.6 | 5 | 优势 | 81.9 | 4 | 优势 | 72.6 | 4 | 优势 | 2.0 | -1 | 持续↓ |
| 单位地区生产总值电耗 | 81.9 | 21 | 劣势 | 83.8 | 18 | 中势 | 79.4 | 21 | 劣势 | 2.5 | 0 | 波动→ |
| 单位工业增加值能耗 | 78.3 | 3 | 强势 | 83.4 | 7 | 优势 | 77.2 | 4 | 优势 | 1.1 | 1 | 波动↑ |
| 能源生产弹性系数 | 21.4 | 30 | 劣势 | 92.6 | 3 | 强势 | 40.1 | 28 | 劣势 | -18.7 | -2 | 波动↓ |
| 能源消费弹性系数 | 94.9 | 3 | 强势 | 67.4 | 7 | 优势 | 29.8 | 22 | 劣势 | 65.1 | 19 | 持续↑ |

表 11-2-2　2012 年浙江省资源环境竞争力各级指标的优劣度结构表

| 二级指标 | 三级指标 | 四级指标数 | 强势指标 | | 优势指标 | | 中势指标 | | 劣势指标 | | 优劣度 |
|---|---|---|---|---|---|---|---|---|---|---|---|
| | | | 个数 | 比重（%） | 个数 | 比重（%） | 个数 | 比重（%） | 个数 | 比重（%） | |
| 资源环境竞争力 | 水环境竞争力 | 11 | 3 | 27.3 | 2 | 18.2 | 4 | 36.4 | 2 | 18.2 | 劣势 |
| | 土地环境竞争力 | 13 | 1 | 7.7 | 5 | 38.5 | 2 | 15.4 | 5 | 38.5 | 优势 |
| | 大气环境竞争力 | 8 | 0 | 0.0 | 1 | 12.5 | 3 | 37.5 | 4 | 50.0 | 中势 |
| | 森林环境竞争力 | 8 | 1 | 12.5 | 1 | 12.5 | 5 | 62.5 | 1 | 12.5 | 中势 |
| | 矿产环境竞争力 | 9 | 0 | 0.0 | 1 | 11.1 | 2 | 22.2 | 6 | 66.7 | 劣势 |
| | 能源环境竞争力 | 7 | 2 | 28.6 | 2 | 28.6 | 0 | 0.0 | 3 | 42.9 | 中势 |
| | 小　计 | 56 | 7 | 12.5 | 12 | 21.4 | 16 | 28.6 | 21 | 37.5 | 中势 |

　　2010~2012 年浙江省资源环境竞争力的综合排位呈现波动上升趋势，2012 年排名第 14 位，与 2010 年相比上升 2 位，在全国处于中游区。

　　从资源环境竞争力的要素指标变化趋势来看，有 2 个指标处于上升趋势，即水环境竞争力和大气环境竞争力；有 3 个指标处于保持趋势，为土地环境竞争力、森林环境竞争力和矿产环境竞争力；有 1 个指标处于下降趋势，为能源环境竞争力。

从资源环境竞争力的基础指标分布来看，在 56 个基础指标中，指标的优劣度结构为 12.5∶21.4∶28.6∶37.5。强势和优势指标所占比重显著低于劣势指标的比重，表明劣势指标占主导地位。

### 11.2.2 浙江省资源环境竞争力比较分析

图 11 - 2 - 1 将 2010～2012 年浙江省资源环境竞争力与全国最高水平和平均水平进行比较。由图可知，评价期内浙江省资源环境竞争力得分普遍高于 42 分，且呈现波动上升，说明浙江省资源环境竞争力保持中等水平。

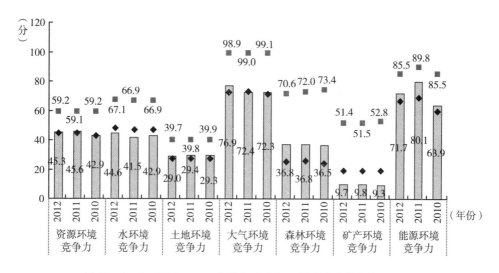

图 11 - 2 - 1 2010～2012 年浙江省资源环境竞争力指标得分比较

从资源环境竞争力的整体得分比较来看，2010 年，浙江省资源环境竞争力得分与全国最高分相比还有 16.3 分的差距，与全国平均分相比，则低了 0.1 分；到 2012 年，浙江省资源环境竞争力得分与全国最高分的差距缩小为 13.9 分，与全国平均分相比高了 0.7 分。总的来看，2010～2012 年浙江省资源环境竞争力与最高分的差距呈缩小趋势，在全国处于中游地位。

从资源环境竞争力的要素得分比较来看，2012 年，浙江省水环境竞争力、土地环境竞争力、大气环境竞争力、森林环境竞争力、矿产环境竞争力和能源环境竞争力的得分分别为 44.6 分、29.0 分、76.9 分、36.8 分、9.7 分和 71.7 分，比最高分低 22.5 分、10.7 分、22.0 分、33.8 分、41.6 分和 13.8 分；与 2010 年相比，浙江省水环境竞争力、大气环境竞争力、矿产环境竞争力、能源环境竞争力和森林环境竞争力与最高分的差距都缩小了。

### 11.2.3 浙江省资源环境竞争力变化动因分析

二级指标资源环境竞争力的变化是三级要素指标变化综合作用的结果，而三级要素指标变化又是四级基础指标变化作用的结果。三级和四级指标的变动情况如表 11 - 2 - 1 所示。

从要素指标来看，浙江省资源环境竞争力的6个要素指标中，水环境竞争力和大气环境竞争力的排位出现了上升，而能源环境竞争力的排位呈下降趋势，受指标排位升降的综合影响，浙江省资源环境竞争力呈波动上升趋势。

从基础指标来看，浙江省资源环境竞争力的56个基础指标中，上升指标有18个，占指标总数的32.1%，主要分布在水环境竞争力、大气环境竞争力、矿产环境竞争力和能源环境竞争力等指标组；下降指标有8个，占指标总数的14.3%，主要分布在水环境竞争力和能源环境竞争力等指标组。排位下降的指标数量低于排位上升的指标数量，2012年浙江省资源环境竞争力排名呈波动上升趋势。

## 11.3 浙江省环境管理竞争力评价分析

### 11.3.1 浙江省环境管理竞争力评价结果

2010~2012年浙江省环境管理竞争力排位和排位变化情况及其下属2个三级指标和16个四级指标的评价结果，如表11-3-1所示；环境管理竞争力各级指标的优劣势情况，如表11-3-2所示。

表 11-3-1 2010~2012 年浙江省环境管理竞争力各级指标的得分、排名及优劣度分析表

| 指 标 项 目 | 2012 年 | | | 2011 年 | | | 2010 年 | | | 综合变化 | | |
|---|---|---|---|---|---|---|---|---|---|---|---|---|
| | 得分 | 排名 | 优劣度 | 得分 | 排名 | 优劣度 | 得分 | 排名 | 优劣度 | 得分变化 | 排名变化 | 趋势变化 |
| **环境管理竞争力** | 50.3 | 10 | 优势 | 47.6 | 14 | 中势 | 48.0 | 11 | 中势 | 2.3 | 1 | 波动↑ |
| （1）环境治理竞争力 | 29.1 | 12 | 中势 | 24.0 | 15 | 中势 | 29.4 | 9 | 优势 | -0.3 | -3 | 波动↓ |
| 环境污染治理投资总额 | 50.5 | 6 | 优势 | 35.6 | 12 | 中势 | 23.5 | 4 | 优势 | 27.0 | -2 | 波动↓ |
| 环境污染治理投资总额占地方生产总值比重 | 21.3 | 23 | 劣势 | 3.3 | 27 | 劣势 | 37.8 | 18 | 中势 | -16.5 | -5 | 波动↓ |
| 废气治理设施年运行费用 | 44.1 | 4 | 优势 | 47.6 | 8 | 优势 | 57.5 | 5 | 优势 | -13.4 | 1 | 波动↑ |
| 废水治理设施处理能力 | 36.5 | 5 | 优势 | 22.2 | 5 | 优势 | 46.0 | 7 | 优势 | -9.5 | 2 | 持续↑ |
| 废水治理设施年运行费用 | 52.1 | 5 | 优势 | 57.5 | 6 | 优势 | 79.7 | 4 | 优势 | -27.6 | -1 | 持续↑ |
| 矿山环境恢复治理投入资金 | 8.8 | 23 | 劣势 | 25.5 | 16 | 中势 | 10.1 | 21 | 劣势 | -1.3 | -2 | 波动↓ |
| 本年矿山恢复面积 | 6.7 | 22 | 劣势 | 1.4 | 22 | 劣势 | 1.8 | 24 | 劣势 | 4.9 | 2 | 持续↑ |
| 地质灾害防治投资额 | 22.9 | 6 | 优势 | 17.4 | 6 | 优势 | 6.4 | 8 | 优势 | 16.5 | 2 | 持续↑ |
| 水土流失治理面积 | 31.1 | 12 | 中势 | 21.9 | 17 | 中势 | 22.3 | 17 | 中势 | 8.8 | 5 | 持续↑ |
| 土地复垦面积占新增耕地面积的比重 | 27.3 | 10 | 优势 | 27.3 | 10 | 优势 | 27.3 | 10 | 优势 | 0.0 | 0 | 持续→ |
| （2）环境友好竞争力 | 66.8 | 15 | 中势 | 66.0 | 14 | 中势 | 62.5 | 15 | 中势 | 4.3 | 0 | 波动→ |
| 工业固体废物综合利用量 | 20.2 | 21 | 劣势 | 21.7 | 19 | 中势 | 22.4 | 19 | 中势 | -2.2 | -2 | 持续↓ |
| 工业固体废物处置量 | 2.6 | 25 | 劣势 | 2.2 | 26 | 劣势 | 1.5 | 24 | 劣势 | 1.1 | -1 | 波动↓ |
| 工业固体废物处置利用率 | 97.6 | 8 | 优势 | 97.5 | 5 | 优势 | 77.1 | 5 | 优势 | 20.5 | -3 | 持续↓ |
| 工业用水重复利用率 | 80.2 | 21 | 劣势 | 79.5 | 21 | 劣势 | 78.7 | 19 | 中势 | 1.5 | -2 | 持续↓ |
| 城市污水处理率 | 92.4 | 16 | 中势 | 90.0 | 13 | 中势 | 88.5 | 15 | 中势 | 3.9 | -1 | 波动↓ |
| 生活垃圾无害化处理率 | 99.1 | 5 | 优势 | 96.4 | 4 | 优势 | 98.3 | 3 | 强势 | 0.8 | -2 | 持续↓ |

**表 11 - 3 - 2   2012 年浙江省环境管理竞争力各级指标的优劣度结构表**

| 二级指标 | 三级指标 | 四级指标数 | 强势指标 | | 优势指标 | | 中势指标 | | 劣势指标 | | 优劣度 |
|---|---|---|---|---|---|---|---|---|---|---|---|
| | | | 个数 | 比重（%） | 个数 | 比重（%） | 个数 | 比重（%） | 个数 | 比重（%） | |
| 环境管理竞争力 | 环境治理竞争力 | 10 | 0 | 0.0 | 6 | 60.0 | 1 | 10.0 | 3 | 30.0 | 中势 |
| | 环境友好竞争力 | 6 | 0 | 0.0 | 2 | 33.3 | 1 | 16.7 | 3 | 50.0 | 中势 |
| | 小　计 | 16 | 0 | 0.0 | 8 | 50.0 | 2 | 12.5 | 6 | 37.5 | 优势 |

2010 ~ 2012 年浙江省环境管理竞争力的综合排位呈现波动上升趋势，2012 年排名第 10 位，比 2010 年上升 1 位，在全国处于上游区。

从环境管理竞争力的要素指标变化趋势来看，环境治理竞争力呈波动下降趋势，而环境友好竞争力呈波动保持趋势。

从环境管理竞争力的基础指标分布来看，在 16 个基础指标中，指标的优劣度结构为 0.0∶50.0∶12.5∶37.5。优势指标所占比重显著大于劣势指标的比重，表明优势指标占主导地位。

### 11.3.2   浙江省环境管理竞争力比较分析

图 11 - 3 - 1 将 2010 ~ 2012 年浙江省环境管理竞争力与全国最高水平和平均水平进行比较。由图可知，评价期内浙江省环境管理竞争力得分普遍高于 47 分，呈波动上升趋势，说明浙江省环境管理竞争力仍处于较高水平。

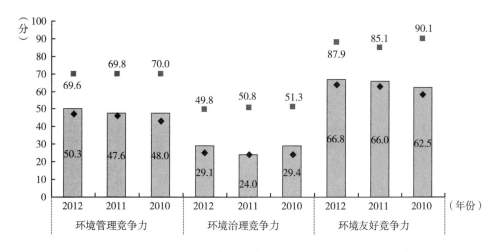

**图 11 - 3 - 1   2010 ~ 2012 年浙江省环境管理竞争力指标得分比较**

从环境管理竞争力的整体得分比较来看，2010 年，浙江省环境管理竞争力得分与全国最高分相比还有 22.0 分的差距，但与全国平均分相比，则高出 4.6 分；到 2012 年，浙江省环境管理竞争力得分与全国最高分的差距为 19.3 分，比全国平均分高 3.3 分。总的来看，2010 ~ 2012 年浙江省环境管理竞争力与最高分的差距呈下降趋势。

从环境管理竞争力的要素得分比较来看，2012 年，浙江省环境治理竞争力和环境友好竞争力的得分分别为 29.1 分和 66.8 分，分别比最高分低 20.7 分和 21.1 分，分别高于平均分 3.9 分和 2.8 分；与 2010 年相比，浙江省环境治理竞争力得分与最高分的差距缩小了 1.2 分，环境友好竞争力得分与最高分的差距缩小了 6.6 分。

### 11.3.3 浙江省环境管理竞争力变化动因分析

二级指标环境管理竞争力的变化是三级要素指标变化综合作用的结果，而三级要素指标变化又是四级基础指标变化作用的结果。三级和四级指标的变动情况如表 11 - 3 - 1 所示。

从要素指标来看，浙江省环境管理竞争力的 2 个要素指标中，环境治理竞争力的排名呈波动下降，环境友好竞争力呈波动保持，受指标排位升降的综合影响，浙江省环境管理竞争力呈波动上升。

从基础指标来看，浙江省环境管理竞争力的 16 个基础指标中，上升指标有 5 个，占指标总数的 31.3%，分布在环境治理竞争力指标组；下降指标有 10 个，占指标总数的 62.5%，主要分布在环境友好竞争力指标组。下降指标的数量大于上升指标的数量，但受其他外部因素的综合影响，2012 年浙江省环境管理竞争力排名呈波动上升。

## 11.4 浙江省环境影响竞争力评价分析

### 11.4.1 浙江省环境影响竞争力评价结果

2010 ~ 2012 年浙江省环境影响竞争力排位和排位变化情况及其下属 2 个三级指标和 21 个四级指标的评价结果，如表 11 - 4 - 1 所示；环境影响竞争力各级指标的优劣势情况，如表 11 - 4 - 2 所示。

**表 11 - 4 - 1  2010 ~ 2012 年浙江省环境影响竞争力各级指标的得分、排名及优劣度分析表**

| 指标项目 | 2012 年 | | | 2011 年 | | | 2010 年 | | | 综合变化 | | |
|---|---|---|---|---|---|---|---|---|---|---|---|---|
| | 得分 | 排名 | 优劣度 | 得分 | 排名 | 优劣度 | 得分 | 排名 | 优劣度 | 得分变化 | 排名变化 | 趋势变化 |
| **环境影响竞争力** | 70.2 | 20 | 中势 | 68.5 | 22 | 劣势 | 77.5 | 7 | 优势 | -7.3 | -13 | 波动↓ |
| (1)环境安全竞争力 | 70.6 | 22 | 劣势 | 65.1 | 24 | 劣势 | 83.8 | 3 | 强势 | -13.2 | -19 | 波动↓ |
| 自然灾害受灾面积 | 77.6 | 14 | 中势 | 83.6 | 8 | 优势 | 91.2 | 7 | 优势 | -13.6 | -7 | 持续↓ |
| 自然灾害绝收面积占受灾面积比重 | 67.3 | 18 | 中势 | 57.3 | 21 | 劣势 | 89.4 | 6 | 优势 | -22.1 | -12 | 波动↓ |
| 自然灾害直接经济损失 | 23.2 | 29 | 劣势 | 54.7 | 26 | 劣势 | 85.6 | 9 | 优势 | -62.4 | -20 | 持续↓ |
| 发生地质灾害起数 | 78.1 | 28 | 劣势 | 92.3 | 29 | 劣势 | 92.8 | 22 | 劣势 | -14.7 | -6 | 波动↓ |
| 地质灾害直接经济损失 | 95.2 | 24 | 劣势 | 98.1 | 19 | 中势 | 90.7 | 16 | 中势 | 4.5 | -8 | 持续↓ |
| 地质灾害防治投资额 | 23.2 | 6 | 优势 | 17.4 | 7 | 优势 | 6.4 | 8 | 优势 | 16.8 | 2 | 持续↑ |
| 突发环境事件次数 | 88.0 | 26 | 劣势 | 84.3 | 28 | 劣势 | 78.3 | 30 | 劣势 | 9.7 | 4 | 持续↑ |

续表

| 指标项目 | 2012 年 | | | 2011 年 | | | 2010 年 | | | 综合变化 | | |
|---|---|---|---|---|---|---|---|---|---|---|---|---|
| | 得分 | 排名 | 优劣度 | 得分 | 排名 | 优劣度 | 得分 | 排名 | 优劣度 | 得分变化 | 排名变化 | 趋势变化 |
| 森林火灾次数 | 84.9 | 24 | 劣势 | 50.4 | 28 | 劣势 | 96.2 | 20 | 中势 | -11.3 | -4 | 波动↓ |
| 森林火灾火场总面积 | 74.1 | 24 | 劣势 | 26.1 | 27 | 劣势 | 97.5 | 19 | 中势 | -23.4 | -5 | 波动↓ |
| 受火灾森林面积 | 80.5 | 29 | 劣势 | 42.0 | 29 | 劣势 | 96.9 | 19 | 中势 | -16.4 | -10 | 持续↓ |
| 森林病虫鼠害发生面积 | 96.5 | 5 | 优势 | 99.5 | 5 | 优势 | 95.0 | 5 | 优势 | 1.5 | 0 | 持续→ |
| 森林病虫鼠害防治率 | 80.1 | 11 | 中势 | 92.3 | 5 | 优势 | 95.1 | 6 | 优势 | -15.0 | -5 | 波动↓ |
| （2）环境质量竞争力 | 69.9 | 16 | 中势 | 70.9 | 17 | 中势 | 73.0 | 20 | 中势 | -2.9 | 4 | 持续↑ |
| 人均工业废气排放量 | 71.5 | 17 | 中势 | 72.9 | 17 | 中势 | 85.6 | 19 | 中势 | -14.1 | 2 | 持续↑ |
| 人均二氧化硫排放量 | 97.4 | 3 | 强势 | 98.5 | 3 | 强势 | 79.8 | 10 | 优势 | 17.6 | 7 | 持续↑ |
| 人均工业烟（粉）尘排放量 | 85.7 | 8 | 优势 | 85.6 | 10 | 优势 | 83.9 | 11 | 中势 | 1.8 | 3 | 持续↑ |
| 人均工业废水排放量（工业废水排放总量/总人口－反向指标） | 0.0 | 31 | 劣势 | 0.0 | 31 | 劣势 | 0.0 | 31 | 劣势 | 0.0 | 0 | 持续→ |
| 人均生活污水排放量 | 47.5 | 26 | 劣势 | 49.4 | 27 | 劣势 | 72.7 | 24 | 劣势 | -25.2 | -2 | 波动↓ |
| 人均化学需氧量排放量 | 61.5 | 23 | 劣势 | 62.3 | 24 | 劣势 | 70.6 | 25 | 劣势 | -9.1 | 2 | 持续↑ |
| 人均工业固体废物排放量 | 99.5 | 13 | 中势 | 99.8 | 10 | 优势 | 99.8 | 10 | 优势 | -0.3 | -3 | 持续↓ |
| 人均化肥施用量 | 85.0 | 5 | 优势 | 85.0 | 5 | 优势 | 83.5 | 5 | 优势 | 1.5 | 0 | 持续→ |
| 人均农药施用量 | 77.6 | 15 | 中势 | 81.1 | 18 | 中势 | 80.3 | 18 | 中势 | -2.7 | 3 | 持续↑ |

表 11－4－2　2012 年浙江省环境影响竞争力各级指标的优劣度结构表

| 二级指标 | 三级指标 | 四级指标数 | 强势指标 | | 优势指标 | | 中势指标 | | 劣势指标 | | 优劣度 |
|---|---|---|---|---|---|---|---|---|---|---|---|
| | | | 个数 | 比重（%） | 个数 | 比重（%） | 个数 | 比重（%） | 个数 | 比重（%） | |
| 环境影响竞争力 | 环境安全竞争力 | 12 | 0 | 0.0 | 2 | 16.7 | 3 | 25.0 | 7 | 58.3 | 劣势 |
| | 环境质量竞争力 | 9 | 1 | 11.1 | 2 | 22.2 | 3 | 33.3 | 3 | 33.3 | 中势 |
| | 小　计 | 21 | 1 | 4.8 | 4 | 19.0 | 6 | 28.6 | 10 | 47.6 | 中势 |

2010～2012 年浙江省环境影响竞争力的综合排位呈现波动下降趋势，2012 年排名第 20 位，比 2010 年排位下降 13 位，在全国处于中游区。

从环境影响竞争力的要素指标变化趋势来看，有 1 个指标呈波动下降，即环境安全竞争力；有 1 个指标呈持续上升，即环境质量竞争力。

从环境影响竞争力的基础指标分布来看，在 21 个基础指标中，指标的优劣度结构为 4.8∶19.0∶28.6∶47.6。劣势指标所占比重明显高于其他指标的比重，表明劣势指标占主导地位。

## 11.4.2　浙江省环境影响竞争力比较分析

图 11－4－1 将 2010～2012 年浙江省环境影响竞争力与全国最高水平和平均水平进行比较。由图可知，评价期内浙江省环境影响竞争力得分普遍高于 68 分，呈波动下降趋势，浙江省环境影响竞争力处于中等水平。

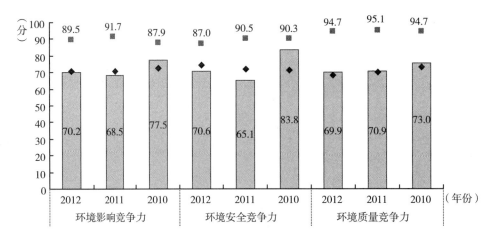

图 11 - 4 - 1　2010 ~ 2012 年浙江省环境影响竞争力指标得分比较

从环境影响竞争力的整体得分比较来看，2010 年，浙江省环境影响竞争力得分与全国最高分相比还有 10.4 分的差距，与全国平均分相比，高了 5.1 分；到 2012 年，浙江省环境影响竞争力得分与全国最高分相差 19.3 分，低于全国平均分 0.4 分。总的来看，2010 ~ 2012 年浙江省环境影响竞争力与最高分的差距呈扩大趋势。

从环境影响竞争力的要素得分比较来看，2012 年，浙江省环境安全竞争力和环境质量竞争力的得分分别为 70.6 分和 69.9 分，比最高分低 16.4 分和 24.8 分，但前者低于平均分 3.6 分，后者高于平均分 1.8 分；与 2010 年相比，浙江省环境安全竞争力得分与最高分的差距扩大了 9.9 分，环境质量竞争力得分与最高分的差距扩大了 3.1 分。

### 11.4.3　浙江省环境影响竞争力变化动因分析

二级指标环境影响竞争力的变化是三级要素指标变化综合作用的结果，而三级要素指标变化又是四级基础指标变化作用的结果。三级和四级指标的变动情况如表 11 - 4 - 1 所示。

从要素指标来看，浙江省环境影响竞争力的 2 个要素指标中，环境安全竞争力的排名下降了 19 位，环境质量竞争力的排名上升了 4 位，受指标排位升降的综合影响，浙江省环境影响竞争力排名呈波动下降，其中环境安全竞争力是环境影响竞争力下降的主要因素。

从基础指标来看，浙江省环境影响竞争力的 21 个基础指标中，上升指标有 7 个，占指标总数的 33.3%，主要分布在环境质量竞争力指标组；下降指标有 11 个，占指标总数的 52.4%，主要分布在环境安全竞争力指标组。排位下降的指标数量大于排位上升的指标数量，使得 2012 年浙江省环境影响竞争力排名呈现波动下降。

## 11.5　浙江省环境协调竞争力评价分析

### 11.5.1　浙江省环境协调竞争力评价结果

2010 ~ 2012 年浙江省环境协调竞争力排位和排位变化情况及其下属 2 个三级指标和 19

个四级指标的评价结果，如表 11 - 5 - 1 所示；环境协调竞争力各级指标的优劣势情况，如表 11 - 5 - 2 所示。

表 11 - 5 - 1　2010～2012 年浙江省环境协调竞争力各级指标的得分、排名及优劣度分析表

| 指　　　　　标　　　　　项　　　　　目 | 2012 年 | | | 2011 年 | | | 2010 年 | | | 综合变化 | | |
|---|---|---|---|---|---|---|---|---|---|---|---|---|
| | 得分 | 排名 | 优劣度 | 得分 | 排名 | 优劣度 | 得分 | 排名 | 优劣度 | 得分变化 | 排名变化 | 趋势变化 |
| **环境协调竞争力** | 63.3 | 9 | 优势 | 51.9 | 28 | 劣势 | 58.7 | 21 | 劣势 | 4.6 | 12 | 波动↑ |
| （1）人口与环境协调竞争力 | 61.7 | 2 | 强势 | 58.5 | 4 | 优势 | 62.7 | 3 | 强势 | -1.0 | 1 | 波动↑ |
| 人口自然增长率与工业废气排放量增长率比差 | 99.3 | 2 | 强势 | 66.8 | 14 | 中势 | 62.2 | 15 | 中势 | 37.1 | 13 | 持续↑ |
| 人口自然增长率与工业废水排放量增长率比差 | 94.5 | 8 | 优势 | 94.8 | 4 | 优势 | 87.0 | 6 | 优势 | 7.5 | -2 | 波动↓ |
| 人口自然增长率与工业固体废物排放量增长率比差 | 99.3 | 2 | 强势 | 59.7 | 11 | 中势 | 97.1 | 3 | 强势 | 2.2 | 1 | 波动↑ |
| 人口自然增长率与能源消费量增长率比差 | 55.7 | 23 | 劣势 | 80.5 | 13 | 中势 | 97.0 | 5 | 优势 | -41.3 | -18 | 持续↓ |
| 人口密度与人均水资源量比差 | 14.5 | 8 | 优势 | 13.9 | 8 | 优势 | 15.1 | 8 | 优势 | -0.6 | 0 | 持续→ |
| 人口密度与人均耕地面积比差 | 7.2 | 28 | 劣势 | 7.3 | 28 | 劣势 | 7.4 | 28 | 劣势 | -0.2 | 0 | 持续→ |
| 人口密度与森林覆盖率比差 | 96.4 | 2 | 强势 | 96.1 | 2 | 强势 | 95.8 | 2 | 强势 | 0.6 | 0 | 持续→ |
| 人口密度与人均矿产基础储量比差 | 14.0 | 15 | 中势 | 14.1 | 16 | 中势 | 14.3 | 17 | 中势 | -0.3 | 2 | 持续↑ |
| 人口密度与人均能源生产量比差 | 87.8 | 20 | 中势 | 87.1 | 20 | 中势 | 87.0 | 20 | 中势 | 0.8 | 0 | 持续→ |
| （2）经济与环境协调竞争力 | 64.3 | 21 | 劣势 | 47.7 | 27 | 劣势 | 56.1 | 24 | 劣势 | 8.2 | 3 | 波动↑ |
| 工业增加值增长率与工业废气排放量增长率比差 | 100.0 | 1 | 强势 | 32.7 | 27 | 劣势 | 15.6 | 29 | 劣势 | 84.4 | 28 | 持续↑ |
| 工业增加值增长率与工业废水排放量增长率比差 | 95.8 | 4 | 优势 | 14.8 | 27 | 劣势 | 64.0 | 15 | 中势 | 31.8 | 11 | 波动↑ |
| 工业增加值增长率与工业固体废物排放量增长率比差 | 96.8 | 3 | 强势 | 27.6 | 27 | 劣势 | 48.3 | 21 | 劣势 | 48.5 | 18 | 波动↑ |
| 地区生产总值增长率与能源消费量增长率比差 | 11.5 | 30 | 劣势 | 32.6 | 29 | 劣势 | 73.7 | 21 | 劣势 | -62.2 | -9 | 持续↓ |
| 人均工业增加值与人均水资源量比差 | 43.7 | 26 | 劣势 | 40.5 | 26 | 劣势 | 38.8 | 26 | 劣势 | 4.9 | 0 | 持续→ |
| 人均工业增加值与人均耕地面积比差 | 44.4 | 28 | 劣势 | 42.0 | 28 | 劣势 | 39.2 | 28 | 劣势 | 5.2 | 0 | 持续→ |
| 人均工业增加值与人均工业废气排放量比差 | 89.5 | 7 | 优势 | 91.1 | 5 | 优势 | 83.9 | 5 | 优势 | 5.6 | -2 | 持续↓ |
| 人均工业增加值与森林覆盖率比差 | 70.6 | 19 | 中势 | 72.8 | 17 | 中势 | 75.8 | 16 | 中势 | -5.2 | -3 | 持续↓ |
| 人均工业增加值与人均矿产基础储量比差 | 39.1 | 27 | 劣势 | 37.1 | 27 | 劣势 | 34.6 | 28 | 劣势 | 4.5 | 1 | 持续↑ |
| 人均工业增加值与人均能源生产量比差 | 70.4 | 8 | 优势 | 74.1 | 8 | 优势 | 78.8 | 6 | 优势 | -8.4 | -2 | 持续↓ |

表 11 - 5 - 2　2012 年浙江省环境协调竞争力各级指标的优劣度结构表

| 二级指标 | 三级指标 | 四级指标数 | 强势指标 | | 优势指标 | | 中势指标 | | 劣势指标 | | 优劣度 |
|---|---|---|---|---|---|---|---|---|---|---|---|
| | | | 个数 | 比重（%） | 个数 | 比重（%） | 个数 | 比重（%） | 个数 | 比重（%） | |
| 环境协调竞争力 | 人口与环境协调竞争力 | 9 | 3 | 33.3 | 2 | 22.2 | 2 | 22.2 | 2 | 22.2 | 强势 |
| | 经济与环境协调竞争力 | 10 | 2 | 20.0 | 3 | 30.0 | 1 | 10.0 | 4 | 40.0 | 劣势 |
| | 小　计 | 19 | 5 | 26.3 | 5 | 26.3 | 3 | 15.8 | 6 | 31.6 | 优势 |

2010～2012 年浙江省环境协调竞争力的综合排位呈现波动上升趋势，2012 年排名第 9 位，比 2010 年上升了 12 位，在全国处于上游区。

从环境协调竞争力的要素指标变化趋势来看，2 个指标即人口与环境协调竞争力和经济

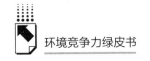

与环境协调竞争力都呈波动上升。

从环境协调竞争力的基础指标分布来看，在 19 个基础指标中，指标的优劣度结构为 26.3:26.3:15.8:31.6。强势和优势指标所占比重高于劣势指标所占的比重，表明优势指标占主导地位。

### 11.5.2　浙江省环境协调竞争力比较分析

图 11－5－1 将 2010～2012 年浙江省环境协调竞争力与全国最高水平和平均水平进行比较。由图可知，评价期内浙江省环境协调竞争力得分普遍高于 50 分，呈波动上升趋势，说明浙江省环境协调竞争力处于较高水平。

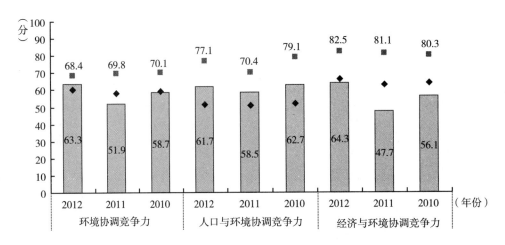

图 11－5－1　2010～2012 年浙江省环境协调竞争力指标得分比较

从环境协调竞争力的整体得分比较来看，2010 年，浙江省环境协调竞争力得分与全国最高分相比还有 11.4 分的差距，与全国平均分相比，有 0.6 分的差距；到 2012 年，浙江省环境协调竞争力得分与全国最高分的差距缩小为 5.1 分，高于全国平均分 2.9 分。总的来看，2010～2012 年浙江省环境协调竞争力与最高分的差距呈缩小趋势，处于全国上游地位。

从环境协调竞争力的要素得分比较来看，2012 年，浙江省人口与环境协调竞争力和经济与环境协调竞争力的得分分别为 61.7 分和 64.3 分，分别比最高分低 15.4 分和 18.1 分，前者高于平均分 10.5 分，后者低于平均分 2.0 分；与 2010 年相比，浙江省人口与环境协调竞争力得分与最高分的差距缩小了 1 分，经济与环境协调竞争力得分与最高分的差距缩小了 6.1 分。

### 11.5.3　浙江省环境协调竞争力变化动因分析

二级指标环境协调竞争力的变化是三级要素指标变化综合作用的结果，而三级要素指标变化又是四级基础指标变化作用的结果。三级和四级指标的变动情况如表 11－5－1 所示。

从要素指标来看，浙江省环境协调竞争力的 2 个要素指标中，人口与环境协调竞争力的排名波动上升了 1 位，经济与环境协调竞争力的排名波动上升了 3 位，受指标排位升降的综合影响，浙江省环境协调竞争力波动上升了 12 位，其中经济与环境协调竞争力是环境协调竞争力排名上升的主要动力。

从基础指标来看，浙江省环境协调竞争力的 19 个基础指标中，上升指标有 7 个，占指标总数的 36.8%，主要分布在经济与环境协调竞争力指标组；下降指标有 6 个，占指标总数的 31.6%，主要分布在经济与环境协调竞争力指标组。排位上升的指标数量大于排位下降的指标数量，2012 年浙江省环境协调竞争力排名波动上升了 12 位。

## 11.6　浙江省环境竞争力总体评述

从对浙江省环境竞争力及其 5 个二级指标在全国的排位变化和指标结构的综合分析来看，"十二五"中期（2010~2012 年）环境竞争力中上升指标的数量大于下降指标的数量，上升的动力大于下降的拉力，使得 2012 年浙江省环境竞争力的排位上升了 2 位，在全国居第 10 位。

### 11.6.1　浙江省环境竞争力概要分析

浙江省环境竞争力在全国所处的位置及变化如表 11-6-1 所示，5 个二级指标的得分和排位变化如表 11-6-2 所示。

表 11-6-1　2010~2012 年浙江省环境竞争力一级指标比较表

| 项目　　年份 | 2012 | 2011 | 2010 |
|---|---|---|---|
| 排名 | 10 | 16 | 12 |
| 所属区位 | 上游 | 中游 | 中游 |
| 得分 | 53.9 | 51.4 | 52.6 |
| 全国最高分 | 58.2 | 59.5 | 60.1 |
| 全国平均分 | 51.3 | 50.8 | 50.4 |
| 与最高分的差距 | -4.3 | -8.0 | -7.6 |
| 与平均分的差距 | 2.6 | 0.7 | 2.1 |
| 优劣度 | 优势 | 中势 | 中势 |
| 波动趋势 | 上升 | 下降 | — |

表 11-6-2　2010~2012 年浙江省环境竞争力二级指标比较表

| 项目　年份 | 生态环境竞争力 | | 资源环境竞争力 | | 环境管理竞争力 | | 环境影响竞争力 | | 环境协调竞争力 | | 环境竞争力 | |
|---|---|---|---|---|---|---|---|---|---|---|---|---|
| | 得分 | 排名 | 得分 | 排名 | 得分 | 排名 | 得分 | 排名 | 得分 | 排名 | 得分 | 排名 |
| 2010 | 47.8 | 12 | 42.9 | 16 | 48.0 | 11 | 77.5 | 7 | 58.7 | 21 | 52.6 | 12 |
| 2011 | 50.1 | 8 | 45.6 | 17 | 47.6 | 14 | 68.5 | 22 | 51.9 | 28 | 51.4 | 16 |
| 2012 | 50.3 | 10 | 45.3 | 14 | 50.3 | 10 | 70.2 | 20 | 63.3 | 9 | 53.9 | 10 |
| 得分变化 | 2.4 | — | 2.4 | — | 2.3 | — | -7.3 | — | 4.6 | — | 1.3 | — |
| 排位变化 | — | 2 | — | 2 | — | 1 | — | -13 | — | 12 | — | 2 |
| 优劣度 | 优势 | 优势 | 中势 | 中势 | 优势 | 优势 | 中势 | 中势 | 优势 | 优势 | 优势 | 优势 |

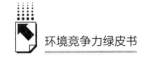

（1）从指标排位变化趋势看，2012 年浙江省环境竞争力综合排名在全国处于第 10 位，表明其在全国处于优势地位；与 2010 年相比，排位上升了 2 位。总的来看，评价期内浙江省环境竞争力呈波动上升趋势。

在 5 个二级指标中，有 1 个指标处于下降趋势，为环境影响竞争力，这是浙江省环境竞争力的下降拉力所在，有 4 个指标处于上升趋势，为生态环境竞争力、资源环境竞争力、环境管理竞争力和环境协调竞争力。在指标排位升降的综合影响下，评价期内浙江省环境竞争力的综合排位上升了 2 位，在全国排名第 10 位。

（2）从指标所处区位看，2012 年浙江省环境竞争力处于上游区，其中，生态环境竞争力、环境管理竞争力和环境协调竞争力为优势指标，资源环境竞争力和环境影响竞争力为中势指标。

（3）从指标得分看，2012 年浙江省环境竞争力得分为 53.9 分，比全国最高分低 4.3 分，比全国平均分高 2.6 分；与 2010 年相比，浙江省环境竞争力得分上升了 1.3 分，与当年最高分的差距有所缩小，与全国平均分的差距有所扩大。

2012 年，浙江省环境竞争力二级指标的得分均高于 45 分，与 2010 年相比，得分上升最多的为环境协调竞争力，上升了 4.6 分；得分下降最多的为环境影响竞争力，下降了 7.3 分。

### 11.6.2 浙江省环境竞争力各级指标动态变化分析

2010～2012 年浙江省环境竞争力各级指标的动态变化及其结构，如图 11-6-1 和表 11-6-3 所示。

从图 11-6-1 可以看出，浙江省环境竞争力的四级指标中上升指标的比例大于下降指标，表明上升指标占主导地位。表 11-6-3 中的数据进一步说明，浙江省环境竞争力的 130 个四级指标中，上升的指标有 40 个，占指标总数的 30.8%；保持的指标有 51 个，占指标总数的 39.2%；下降的指标为 39 个，占指标总数的 30%。上升指标的数量大于下降指标的数量，使得评价期内浙江省环境竞争力排位上升了 2 位，在全国居第 10 位。

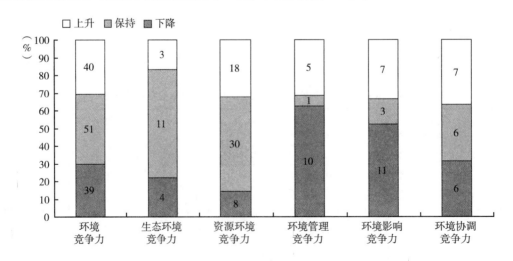

图 11-6-1 2010～2012 年浙江省环境竞争力动态变化结构图

表 11－6－3　2010～2012 年浙江省环境竞争力各级指标排位变化态势比较表

| 二级指标 | 三级指标 | 四级指标数 | 上升指标 | | 保持指标 | | 下降指标 | | 变化趋势 |
|---|---|---|---|---|---|---|---|---|---|
| | | | 个数 | 比重(%) | 个数 | 比重(%) | 个数 | 比重(%) | |
| 生态环境竞争力 | 生态建设竞争力 | 9 | 2 | 22.2 | 6 | 66.7 | 1 | 11.1 | 持续↑ |
| | 生态效益竞争力 | 9 | 1 | 11.1 | 5 | 55.6 | 3 | 33.3 | 持续→ |
| | 小　计 | 18 | 3 | 16.7 | 11 | 61.1 | 4 | 22.2 | 波动↑ |
| 资源环境竞争力 | 水环境竞争力 | 11 | 3 | 27.3 | 5 | 45.5 | 3 | 27.3 | 波动↑ |
| | 土地环境竞争力 | 13 | 0 | 0.0 | 12 | 92.3 | 1 | 7.7 | 持续→ |
| | 大气环境竞争力 | 8 | 6 | 75.0 | 1 | 12.5 | 1 | 12.5 | 波动↑ |
| | 森林环境竞争力 | 8 | 1 | 12.5 | 7 | 87.5 | 0 | 0.0 | 持续→ |
| | 矿产环境竞争力 | 9 | 5 | 55.6 | 3 | 33.3 | 1 | 11.1 | 波动→ |
| | 能源环境竞争力 | 7 | 3 | 42.9 | 2 | 28.6 | 2 | 28.6 | 波动↓ |
| | 小　计 | 56 | 18 | 32.1 | 30 | 53.6 | 8 | 14.3 | 波动↑ |
| 环境管理竞争力 | 环境治理竞争力 | 10 | 5 | 50.0 | 1 | 10.0 | 4 | 40.0 | 波动↓ |
| | 环境友好竞争力 | 6 | 0 | 0.0 | 0 | 0.0 | 6 | 100.0 | 波动→ |
| | 小　计 | 16 | 5 | 31.3 | 1 | 6.3 | 10 | 62.5 | 波动↑ |
| 环境影响竞争力 | 环境安全竞争力 | 12 | 2 | 16.7 | 1 | 8.3 | 9 | 75.0 | 波动↓ |
| | 环境质量竞争力 | 9 | 5 | 55.6 | 2 | 22.2 | 2 | 22.2 | 持续↑ |
| | 小　计 | 21 | 7 | 33.3 | 3 | 14.3 | 11 | 52.4 | 波动↓ |
| 环境协调竞争力 | 人口与环境协调竞争力 | 9 | 3 | 33.3 | 4 | 44.4 | 2 | 22.2 | 波动↑ |
| | 经济与环境协调竞争力 | 10 | 4 | 40.0 | 2 | 20.0 | 4 | 40.0 | 波动↑ |
| | 小　计 | 19 | 7 | 36.8 | 6 | 31.6 | 6 | 31.6 | 波动↑ |
| 合　计 | | 130 | 40 | 30.8 | 51 | 39.2 | 39 | 30.0 | 波动↑ |

### 11.6.3　浙江省环境竞争力各级指标变化动因分析

2012 年浙江省环境竞争力各级指标的优劣势变化及其结构，如图 11－6－2 和表 11－6－4 所示。

从图 11－6－2 可以看出，2012 年浙江省环境竞争力的四级指标中优势指标和强势指标的比例大于劣势指标，表明优势指标居于主导地位。表 11－6－4 中的数据进一步说明，2012 年浙江省环境竞争力的 130 个四级指标中，强势指标有 14 个，占指标总数的 10.8%；优势指标为 38 个，占指标总数的 29.2%；中势指标 30 个，占指标总数的 23.1%；劣势指标有 48 个，占指标总数的 36.9%；强势指标和优势指标之和占指标总数的 40%，数量与比重均大于劣势指标。从三级指标来看，四级指标中强势指标和优势指标之和占四级指标总数一半以上的有生态建设竞争力、能源环境竞争力、环境治理竞争力和人口与环境协调竞争力，共计 4 个指标，占三级指标总数的 28.6%。反映到二级指标上来，优势指标有 3 个，占二级指标总数的 60%，中势指标有 2 个，占二级指标总数的 40%。在各种因素的综合作用下，浙江省环境竞争力处于优势地位，在全国位居第 10 位，处于上游区。

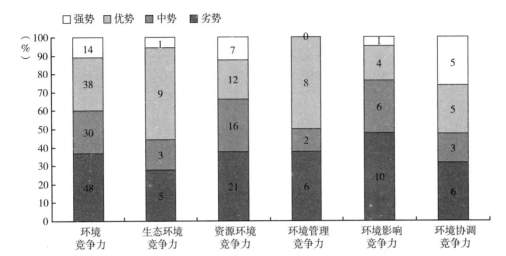

图 11-6-2　2012 年浙江省环境竞争力优劣度结构图

表 11-6-4　2012 年浙江省环境竞争力各级指标优劣度比较表

| 二级指标 | 三级指标 | 四级指标数 | 强势指标 | | 优势指标 | | 中势指标 | | 劣势指标 | | 优劣度 |
|---|---|---|---|---|---|---|---|---|---|---|---|
| | | | 个数 | 比重（%） | 个数 | 比重（%） | 个数 | 比重（%） | 个数 | 比重（%） | |
| 生态环境竞争力 | 生态建设竞争力 | 9 | 1 | 11.1 | 5 | 55.6 | 0 | 0.0 | 3 | 33.3 | 优势 |
| | 生态效益竞争力 | 9 | 0 | 0.0 | 4 | 44.4 | 3 | 33.3 | 2 | 22.2 | 优势 |
| | 小　计 | 18 | 1 | 5.6 | 9 | 50.0 | 3 | 16.7 | 5 | 27.8 | 优势 |
| 资源环境竞争力 | 水环境竞争力 | 11 | 3 | 27.3 | 2 | 18.2 | 4 | 36.4 | 2 | 18.2 | 劣势 |
| | 土地环境竞争力 | 13 | 1 | 7.7 | 5 | 38.5 | 2 | 15.4 | 5 | 38.5 | 优势 |
| | 大气环境竞争力 | 8 | 0 | 0.0 | 1 | 12.5 | 3 | 37.5 | 4 | 50.0 | 中势 |
| | 森林环境竞争力 | 8 | 1 | 12.5 | 1 | 12.5 | 5 | 62.5 | 1 | 12.5 | 中势 |
| | 矿产环境竞争力 | 9 | 0 | 0.0 | 1 | 11.1 | 2 | 22.2 | 6 | 66.7 | 劣势 |
| | 能源环境竞争力 | 7 | 2 | 28.6 | 2 | 28.6 | 0 | 0.0 | 3 | 42.9 | 中势 |
| | 小　计 | 56 | 7 | 12.5 | 12 | 21.4 | 16 | 28.6 | 21 | 37.5 | 中势 |
| 环境管理竞争力 | 环境治理竞争力 | 10 | 0 | 0.0 | 6 | 60.0 | 1 | 10.0 | 3 | 30.0 | 中势 |
| | 环境友好竞争力 | 6 | 0 | 0.0 | 2 | 33.3 | 1 | 16.7 | 3 | 50.0 | 中势 |
| | 小　计 | 16 | 0 | 0.0 | 8 | 50.0 | 2 | 12.5 | 6 | 37.5 | 优势 |
| 环境影响竞争力 | 环境安全竞争力 | 12 | 0 | 0.0 | 2 | 16.7 | 3 | 25.0 | 7 | 58.3 | 劣势 |
| | 环境质量竞争力 | 9 | 1 | 11.1 | 2 | 22.2 | 3 | 33.3 | 3 | 33.3 | 中势 |
| | 小　计 | 21 | 1 | 4.8 | 4 | 19.0 | 6 | 28.6 | 10 | 47.6 | 中势 |
| 环境协调竞争力 | 人口与环境协调竞争力 | 9 | 3 | 33.3 | 2 | 22.2 | 2 | 22.2 | 2 | 22.2 | 强势 |
| | 经济与环境协调竞争力 | 10 | 2 | 20.0 | 3 | 30.0 | 1 | 10.0 | 4 | 40.0 | 劣势 |
| | 小　计 | 19 | 5 | 26.3 | 5 | 26.3 | 3 | 15.8 | 6 | 31.6 | 优势 |
| 合　　计 | | 130 | 14 | 10.8 | 38 | 29.2 | 30 | 23.1 | 48 | 36.9 | 优势 |

为了进一步明确影响浙江省环境竞争力变化的具体因素，也便于对相关指标进行深入分析，从而为提升浙江省环境竞争力提供决策参考，表11－6－5列出了环境竞争力指标体系中直接影响浙江省环境竞争力升降的强势指标、优势指标和劣势指标。

表11－6－5　2012年浙江省环境竞争力四级指标优劣度统计表

| 指标 | 强势指标 | 优势指标 | 劣势指标 |
|---|---|---|---|
| 生态环境竞争力（18个） | （1个）野生动物种源繁育基地数 | 国家级生态示范区个数、公园面积、园林绿地面积、绿化覆盖面积、野生植物种源培育基地数、工业废气排放强度、工业二氧化硫排放强度、工业烟（粉）尘排放强度、化肥施用强度（9个） | 本年减少耕地面积、自然保护区个数、自然保护区面积占土地总面积比重、工业废水排放强度、农药施用强度（5个） |
| 资源环境竞争力（56个） | 用水总量、用水消耗量、耗水率、沙化土地面积占土地总面积的比重、森林覆盖率、单位工业增加值能耗、能源消费弹性系数（7个） | 水资源总量、节灌率、园地面积、人均园地面积、土地资源利用效率、单位建设用地非农产业增加值、单位耕地面积农业增加值、全省设区市优良天数比例、人工林面积、工业固体废物产生量、能源生产总量、单位地区生产总值能耗（12个） | 工业废水排放总量、生活污水排放量、土地总面积、耕地面积、人均耕地面积、牧草地面积、人均牧草地面积、工业废气排放总量、地均工业废气排放量、地均工业烟（粉）尘排放量、地均二氧化硫排放量、造林总面积、主要黑色金属矿产基础储量、人均主要黑色金属矿产基础储量、主要有色金属矿产基础储量、人均主要有色金属矿产基础储量、主要能源矿产基础储量、人均主要能源矿产基础储量、能源消费总量、单位地区生产总值电耗、能源生产弹性系数（21个） |
| 环境管理竞争力（16个） | （0个） | 环境污染治理投资总额、废气治理设施年运行费用、废水治理设施处理能力、废水治理设施年运行费用、地质灾害防治投资额、土地复垦面积占新增耕地面积的比重、工业固体废物处置利用率、生活垃圾无害化处理率（8个） | 环境污染治理投资总额占地方生产总值比重、矿山环境恢复治理投入资金、本年矿山恢复面积、工业固体废物综合利用量、工业固体废物处置量、工业用水重复利用率（6个） |
| 环境影响竞争力（21个） | 人均二氧化硫排放量（1个） | 地质灾害防治投资额、森林病虫鼠害发生面积、人均工业烟（粉）尘排放量、人均化肥施用量（4个） | 自然灾害直接经济损失、发生地质灾害起数、地质灾害直接经济损失、突发环境事件次数、森林火灾次数、森林火灾火场总面积、受火灾森林面积、人均工业废水排放量、人均生活污水排放量、人均化学需氧量排放量（10个） |
| 环境协调竞争力（19个） | 人口自然增长率与工业废气排放量增长率比差、人口自然增长率与工业固体废物排放量增长率比差、人口密度与森林覆盖率比差、工业增加值增长率与工业废气排放量增长率比差、工业增加值增长率与工业固体废物排放量增长率比差（5个） | 人口自然增长率与工业废水排放量增长率比差、人口密度与人均水资源量比差、工业增加值增长率与工业废水排放量增长率比差、人均工业增加值与人均工业废气排放量比差、人均工业增加值与人均能源生产量比差（5个） | 人口自然增长率与能源消费量增长率比差、人口密度与人均耕地面积比差、地区生产总值增长率与能源消费量增长率比差、人均工业增加值与人均水资源量比差、人均工业增加值与人均耕地面积比差、人均工业增加值与人均矿产基础储量比差（6个） |

# 12

# 安徽省环境竞争力评价分析报告

安徽省简称皖，位于华东腹地，地跨长江、淮河中下游，东连江苏、浙江，西接湖北、河南，南邻江西，北靠山东。全省总面积13.96万平方公里，2012年末总人口5988万人，人均GDP达到28792元，万元GDP能耗为0.7741吨标准煤。"十二五"中期（2010～2012年），安徽省环境竞争力的综合排位呈现波动上升趋势，2012年排名第9位，比2010年上升了4位，在全国处于优势地位。

## 12.1 安徽省生态环境竞争力评价分析

### 12.1.1 安徽省生态环境竞争力评价结果

2010～2012年安徽省生态环境竞争力排位和排位变化情况及其下属2个三级指标和18个四级指标的评价结果，如表12-1-1所示；生态环境竞争力各级指标的优劣势情况，如表12-1-2所示。

表12-1-1 2010～2012年安徽省生态环境竞争力各级指标的得分、排名及优劣度分析表

| 指标项目 | 2012年 | | | 2011年 | | | 2010年 | | | 综合变化 | | |
|---|---|---|---|---|---|---|---|---|---|---|---|---|
| | 得分 | 排名 | 优劣度 | 得分 | 排名 | 优劣度 | 得分 | 排名 | 优劣度 | 得分变化 | 排名变化 | 趋势变化 |
| **生态环境竞争力** | 45.9 | 17 | 中势 | 45.5 | 17 | 中势 | 46.0 | 16 | 中势 | -0.1 | -1 | 持续↓ |
| （1）生态建设竞争力 | 21.8 | 19 | 中势 | 21.4 | 17 | 中势 | 22.0 | 17 | 中势 | -0.2 | -2 | 持续↓ |
| 国家级生态示范区个数 | 26.6 | 11 | 中势 | 26.6 | 11 | 中势 | 26.6 | 11 | 中势 | 0.0 | 0 | 持续→ |
| 公园面积 | 15.1 | 14 | 中势 | 14.8 | 11 | 中势 | 14.8 | 11 | 中势 | 0.3 | -3 | 持续↓ |
| 园林绿地面积 | 21.0 | 14 | 中势 | 21.5 | 14 | 中势 | 21.5 | 14 | 中势 | -0.5 | 0 | 持续→ |
| 绿化覆盖面积 | 19.9 | 7 | 优势 | 19.4 | 7 | 优势 | 19.4 | 7 | 优势 | 0.5 | 0 | 持续→ |
| 本年减少耕地面积 | 56.5 | 20 | 中势 | 56.5 | 20 | 中势 | 56.5 | 20 | 中势 | 0.0 | 0 | 持续→ |
| 自然保护区个数 | 27.5 | 10 | 优势 | 26.9 | 9 | 优势 | 26.9 | 9 | 优势 | 0.6 | -1 | 持续↓ |
| 自然保护区面积占土地总面积比重 | 7.1 | 28 | 劣势 | 7.1 | 28 | 劣势 | 7.1 | 28 | 劣势 | 0.0 | 0 | 持续→ |
| 野生动物种源繁育基地数 | 14.7 | 11 | 中势 | 9.8 | 9 | 优势 | 9.8 | 9 | 优势 | 4.9 | -2 | 持续↓ |
| 野生植物种源培育基地数 | 2.8 | 11 | 中势 | 3.8 | 8 | 优势 | 3.8 | 8 | 优势 | -1.0 | -3 | 持续↓ |
| （2）生态效益竞争力 | 82.1 | 14 | 中势 | 81.7 | 16 | 中势 | 82.0 | 13 | 中势 | 0.1 | -1 | 波动↓ |
| 工业废气排放强度 | 71.9 | 21 | 劣势 | 72.5 | 22 | 劣势 | 72.5 | 22 | 劣势 | -0.6 | 1 | 持续↑ |
| 工业二氧化硫排放强度 | 90.3 | 10 | 优势 | 89.7 | 10 | 优势 | 89.7 | 10 | 优势 | 0.6 | 0 | 持续→ |

续表

| 指标项目 | 2012年 | | | 2011年 | | | 2010年 | | | 综合变化 | | |
|---|---|---|---|---|---|---|---|---|---|---|---|---|
| | 得分 | 排名 | 优劣度 | 得分 | 排名 | 优劣度 | 得分 | 排名 | 优劣度 | 得分变化 | 排名变化 | 趋势变化 |
| 工业烟(粉)尘排放强度 | 82.9 | 17 | 中势 | 79.0 | 17 | 中势 | 79.0 | 17 | 中势 | 3.9 | 0 | 持续→ |
| 工业废水排放强度 | 69.3 | 14 | 中势 | 65.4 | 16 | 中势 | 65.4 | 16 | 中势 | 3.9 | 2 | 持续↑ |
| 工业废水中化学需氧量排放强度 | 92.2 | 10 | 优势 | 91.8 | 12 | 中势 | 91.8 | 12 | 中势 | 0.4 | 2 | 持续↑ |
| 工业废水中氨氮排放强度 | 90.4 | 14 | 中势 | 89.9 | 15 | 中势 | 89.9 | 15 | 中势 | 0.5 | 1 | 持续↑ |
| 工业固体废物排放强度 | 100.0 | 1 | 强势 | 100.0 | 1 | 强势 | 100.0 | 1 | 强势 | 0.0 | 0 | 持续→ |
| 化肥施用强度 | 56.4 | 19 | 中势 | 57.6 | 19 | 中势 | 57.6 | 19 | 中势 | -1.2 | 0 | 持续→ |
| 农药施用强度 | 80.8 | 20 | 中势 | 84.3 | 21 | 劣势 | 84.3 | 21 | 劣势 | -3.5 | 1 | 持续↑ |

表12-1-2 2012年安徽省生态环境竞争力各级指标的优劣度结构表

| 二级指标 | 三级指标 | 四级指标数 | 强势指标 | | 优势指标 | | 中势指标 | | 劣势指标 | | 优劣度 |
|---|---|---|---|---|---|---|---|---|---|---|---|
| | | | 个数 | 比重(%) | 个数 | 比重(%) | 个数 | 比重(%) | 个数 | 比重(%) | |
| 生态环境竞争力 | 生态建设竞争力 | 9 | 0 | 0.0 | 2 | 22.2 | 6 | 66.7 | 1 | 11.1 | 中势 |
| | 生态效益竞争力 | 9 | 1 | 11.1 | 2 | 22.2 | 5 | 55.6 | 1 | 11.1 | 中势 |
| | 小计 | 18 | 1 | 5.6 | 4 | 22.2 | 11 | 61.1 | 2 | 11.1 | 中势 |

2010～2012年安徽省生态环境竞争力的综合排位呈现下降趋势,2012年排名第17位,比2010年下降了1位,在全国处于中游区。

从生态环境竞争力要素指标的变化趋势来看,有1个指标处于波动下降趋势,为生态效益竞争力;有1个指标处于持续下降趋势,为生态建设竞争力。

从生态环境竞争力基础指标的优劣度结构来看,在18个基础指标中,指标的优劣度结构为5.6:22.2:61.1:11.1。中势指标所占比重大于劣势指标的比重,表明中势指标占主导地位。

## 12.1.2 安徽省生态环境竞争力比较分析

图12-1-1将2010～2012年安徽省生态环境竞争力与全国最高水平和平均水平进行比较。由图可知,评价期内安徽省生态环境竞争力得分普遍低于47分,说明安徽省生态环境竞争力处于中等水平。

从生态环境竞争力的整体得分比较来看,2010年,安徽省生态环境竞争力得分与全国最高分相比有19.7分的差距,与全国平均分相比,则有0.4分的差距;到了2012年,安徽省生态环境竞争力得分与全国最高分的差距缩小为19.2分,高于全国平均分0.5分。总的来看,2010～2012年安徽省生态环境竞争力与最高分的差距呈缩小趋势,表明生态建设和生态效益有所上升,保持全国中游水平。

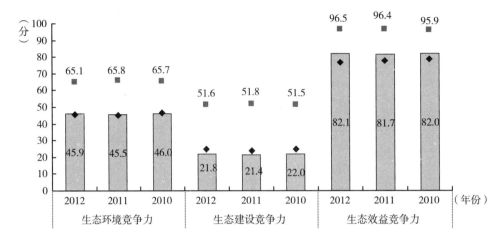

图 12 - 1 - 1  2010~2012 年安徽省生态环境竞争力指标得分比较

从生态环境竞争力的要素得分比较来看，2012 年，安徽省生态建设竞争力和生态效益竞争力的得分分别为 21.8 分和 82.1 分，分别比最高分低 29.8 分和 14.4 分，前者低于平均分 2.9 分，后者高于平均分 5.5 分；与 2010 年相比，安徽省生态建设竞争力得分与最高分的差距扩大了 0.3 分，生态效益竞争力得分与最高分的差距扩大了 0.5 分。

### 12.1.3  安徽省生态环境竞争力变化动因分析

二级指标生态环境竞争力的变化是三级要素指标变化综合作用的结果，而三级要素指标变化又是四级基础指标变化作用的结果。三级和四级指标的变动情况如表 12 - 1 - 1 所示。

从要素指标来看，安徽省生态环境竞争力的 2 个要素指标中，生态建设竞争力的排名下降了 2 位，生态效益竞争力的排名下降了 1 位，受指标排位升降的综合影响，安徽省生态环境竞争力持续下降了 1 位。

从基础指标来看，安徽省生态环境竞争力的 18 个基础指标中，上升指标有 5 个，占指标总数的 27.8%，分布在生态效益竞争力指标组；下降指标有 4 个，占指标总数的 22.2%，分布在生态建设竞争力指标组。上升指标的数量和下降指标的数量相差不大，受其他外部因素的综合影响，评价期内安徽省生态环境竞争力排名持续下降了 1 位。

## 12.2  安徽省资源环境竞争力评价分析

### 12.2.1  安徽省资源环境竞争力评价结果

2010~2012 年安徽省资源环境竞争力排位和排位变化情况及其下属 6 个三级指标和 56 个四级指标的评价结果，如表 12 - 2 - 1 所示；资源环境竞争力各级指标的优劣势情况，如表 12 - 2 - 2 所示。

表 12 – 2 – 1　2010 ~ 2012 年安徽资源环境竞争力各级指标的得分、排名及优劣度分析表

| 指标 项目 | 2012 年 | | | 2011 年 | | | 2010 年 | | | 综合变化 | | |
|---|---|---|---|---|---|---|---|---|---|---|---|---|
| | 得分 | 排名 | 优劣度 | 得分 | 排名 | 优劣度 | 得分 | 排名 | 优劣度 | 得分变化 | 排名变化 | 趋势变化 |
| **资源环境竞争力** | 41.2 | 21 | 劣势 | 41.3 | 21 | 劣势 | 39.9 | 21 | 劣势 | 1.3 | 0 | 持续→ |
| （1）水环境竞争力 | 44.3 | 24 | 劣势 | 44.1 | 21 | 劣势 | 45.5 | 18 | 中势 | -1.2 | -6 | 持续↓ |
| 水资源总量 | 16.5 | 15 | 中势 | 13.5 | 16 | 中势 | 19.9 | 13 | 中势 | -3.4 | -2 | 波动↓ |
| 人均水资源量 | 0.7 | 20 | 中势 | 0.6 | 20 | 中势 | 0.9 | 18 | 中势 | -0.2 | -2 | 持续↓ |
| 降水量 | 23.6 | 16 | 中势 | 20.4 | 15 | 中势 | 24.7 | 16 | 中势 | -1.1 | 0 | 波动→ |
| 供水总量 | 46.9 | 8 | 优势 | 50.9 | 8 | 优势 | 51.8 | 7 | 优势 | -4.9 | -1 | 持续↓ |
| 用水总量 | 97.7 | 1 | 强势 | 97.6 | 1 | 强势 | 97.6 | 1 | 强势 | 0.1 | 0 | 持续→ |
| 用水消耗量 | 98.9 | 1 | 强势 | 98.7 | 1 | 强势 | 98.4 | 1 | 强势 | 0.5 | 0 | 持续→ |
| 耗水率 | 41.9 | 1 | 强势 | 41.9 | 1 | 强势 | 40.0 | 1 | 强势 | 1.9 | 0 | 持续→ |
| 节灌率 | 10.2 | 25 | 劣势 | 9.9 | 24 | 劣势 | 10.0 | 24 | 劣势 | 0.2 | -1 | 持续↓ |
| 城市再生水利用率 | 1.7 | 23 | 劣势 | 1.6 | 22 | 劣势 | 0.4 | 19 | 中势 | 1.3 | -4 | 持续↓ |
| 工业废水排放总量 | 71.7 | 18 | 中势 | 71.4 | 18 | 中势 | 73.3 | 19 | 中势 | -1.6 | 1 | 持续↑ |
| 生活污水排放量 | 71.8 | 23 | 劣势 | 72.2 | 23 | 劣势 | 79.2 | 17 | 中势 | -7.4 | -6 | 持续↓ |
| （2）土地环境竞争力 | 21.5 | 31 | 劣势 | 21.6 | 31 | 劣势 | 21.6 | 31 | 劣势 | -0.1 | 0 | 持续→ |
| 土地总面积 | 8.0 | 22 | 劣势 | 8.0 | 22 | 劣势 | 8.0 | 22 | 劣势 | 0.0 | 0 | 持续→ |
| 耕地面积 | 47.5 | 7 | 优势 | 47.5 | 7 | 优势 | 47.5 | 7 | 优势 | 0.0 | 0 | 持续→ |
| 人均耕地面积 | 29.1 | 12 | 中势 | 29.1 | 12 | 中势 | 29.2 | 13 | 中势 | -0.1 | 1 | 持续↑ |
| 牧草地面积 | 0.0 | 21 | 劣势 | 0.0 | 21 | 劣势 | 0.0 | 21 | 劣势 | 0.0 | 0 | 持续→ |
| 人均牧草地面积 | 0.0 | 21 | 劣势 | 0.0 | 21 | 劣势 | 0.0 | 21 | 劣势 | 0.0 | 0 | 持续→ |
| 园地面积 | 33.5 | 15 | 中势 | 33.5 | 15 | 中势 | 33.5 | 15 | 中势 | 0.0 | 0 | 持续→ |
| 人均园地面积 | 8.3 | 20 | 中势 | 8.3 | 20 | 中势 | 8.2 | 20 | 中势 | 0.1 | 0 | 持续→ |
| 土地资源利用效率 | 3.9 | 13 | 中势 | 3.6 | 13 | 中势 | 3.3 | 13 | 中势 | 0.6 | 0 | 持续→ |
| 建设用地面积 | 34.7 | 26 | 劣势 | 34.7 | 26 | 劣势 | 34.7 | 26 | 劣势 | 0.0 | 0 | 持续→ |
| 单位建设用地非农产业增加值 | 5.5 | 26 | 劣势 | 5.1 | 25 | 劣势 | 4.5 | 26 | 劣势 | 1.0 | 0 | 波动→ |
| 单位耕地面积农业增加值 | 18.2 | 19 | 中势 | 19.5 | 19 | 中势 | 20.9 | 19 | 中势 | -2.7 | 0 | 持续→ |
| 沙化土地面积占土地总面积的比重 | 98.1 | 11 | 中势 | 98.1 | 11 | 中势 | 98.1 | 11 | 中势 | 0.0 | 0 | 持续→ |
| 当年新增种草面积 | 1.6 | 25 | 劣势 | 1.7 | 25 | 劣势 | 1.7 | 24 | 劣势 | -0.1 | -1 | 持续↓ |
| （3）大气环境竞争力 | 74.4 | 17 | 中势 | 72.4 | 20 | 中势 | 69.5 | 19 | 中势 | 4.9 | 2 | 波动↑ |
| 工业废气排放总量 | 56.3 | 25 | 劣势 | 60.7 | 24 | 劣势 | 68.3 | 21 | 劣势 | -12.0 | -4 | 持续↓ |
| 地均工业废气排放量 | 89.9 | 23 | 劣势 | 89.9 | 22 | 劣势 | 93.7 | 18 | 中势 | -3.8 | -5 | 持续↓ |
| 工业烟（粉）尘排放总量 | 66.8 | 20 | 中势 | 66.7 | 22 | 劣势 | 41.0 | 25 | 劣势 | 25.8 | 3 | 持续↑ |
| 地均工业烟（粉）尘排放量 | 74.9 | 22 | 劣势 | 72.0 | 21 | 劣势 | 58.9 | 24 | 劣势 | 16.0 | 2 | 波动↑ |
| 工业二氧化硫排放总量 | 69.6 | 11 | 中势 | 70.1 | 11 | 中势 | 65.1 | 14 | 中势 | 4.5 | 3 | 持续↑ |
| 地均二氧化硫排放量 | 89.0 | 16 | 中势 | 89.5 | 16 | 中势 | 90.1 | 16 | 中势 | -1.1 | 0 | 持续→ |
| 全省设区市优良天数比例 | 86.6 | 9 | 优势 | 88.1 | 8 | 优势 | 87.7 | 8 | 优势 | -1.1 | -1 | 持续↓ |
| 可吸入颗粒物（PM10）浓度 | 61.7 | 19 | 中势 | 42.9 | 25 | 劣势 | 50.0 | 24 | 劣势 | 11.7 | 5 | 波动↑ |
| （4）森林环境竞争力 | 21.3 | 22 | 劣势 | 21.4 | 23 | 劣势 | 21.5 | 23 | 劣势 | -0.2 | 1 | 持续↑ |
| 林业用地面积 | 9.8 | 23 | 劣势 | 9.8 | 23 | 劣势 | 9.8 | 23 | 劣势 | 0.0 | 0 | 持续→ |
| 森林面积 | 15.0 | 20 | 中势 | 15.0 | 20 | 中势 | 15.0 | 20 | 中势 | 0.0 | 0 | 持续→ |
| 森林覆盖率 | 36.9 | 18 | 中势 | 36.9 | 18 | 中势 | 36.9 | 18 | 中势 | 0.0 | 0 | 持续→ |

续表

| 指标项目 | 2012 年 | | | 2011 年 | | | 2010 年 | | | 综合变化 | | |
|---|---|---|---|---|---|---|---|---|---|---|---|---|
| | 得分 | 排名 | 优劣度 | 得分 | 排名 | 优劣度 | 得分 | 排名 | 优劣度 | 得分变化 | 排名变化 | 趋势变化 |
| 人工林面积 | 40.3 | 15 | 中势 | 40.3 | 15 | 中势 | 40.3 | 15 | 中势 | 0.0 | 0 | 持续→ |
| 天然林比重 | 41.8 | 24 | 劣势 | 41.8 | 24 | 劣势 | 41.8 | 24 | 劣势 | 0.0 | 0 | 持续→ |
| 造林总面积 | 5.5 | 26 | 劣势 | 6.1 | 25 | 劣势 | 7.2 | 25 | 劣势 | -1.7 | -1 | 持续↓ |
| 森林蓄积量 | 6.1 | 19 | 中势 | 6.1 | 19 | 中势 | 6.1 | 19 | 中势 | 0.0 | 0 | 持续→ |
| 活立木总蓄积量 | 7.0 | 20 | 中势 | 7.0 | 20 | 中势 | 7.0 | 20 | 中势 | 0.0 | 0 | 持续→ |
| (5)矿产环境竞争力 | 14.4 | 17 | 中势 | 14.6 | 15 | 中势 | 13.7 | 20 | 中势 | 0.7 | 3 | 波动↑ |
| 主要黑色金属矿产基础储量 | 15.2 | 7 | 优势 | 16.1 | 7 | 优势 | 10.8 | 7 | 优势 | 4.4 | 0 | 持续→ |
| 人均主要黑色金属矿产基础储量 | 11.2 | 8 | 优势 | 11.8 | 8 | 优势 | 8.0 | 8 | 优势 | 3.2 | 0 | 持续→ |
| 主要有色金属矿产基础储量 | 9.7 | 16 | 中势 | 8.2 | 17 | 中势 | 8.3 | 16 | 中势 | 1.4 | 0 | 波动→ |
| 人均主要有色金属矿产基础储量 | 7.1 | 19 | 中势 | 6.0 | 18 | 中势 | 6.1 | 20 | 中势 | 1.0 | 1 | 波动↑ |
| 主要非金属矿产基础储量 | 2.6 | 14 | 中势 | 2.6 | 13 | 中势 | 5.7 | 14 | 中势 | -3.1 | 0 | 波动→ |
| 人均主要非金属矿产基础储量 | 1.8 | 16 | 中势 | 2.4 | 15 | 中势 | 4.7 | 15 | 中势 | -2.9 | -1 | 波动↓ |
| 主要能源矿产基础储量 | 8.8 | 6 | 优势 | 9.6 | 6 | 优势 | 9.7 | 7 | 优势 | -0.9 | 1 | 持续↑ |
| 人均主要能源矿产基础储量 | 5.3 | 9 | 优势 | 5.8 | 9 | 优势 | 4.4 | 10 | 优势 | 0.9 | 1 | 持续↑ |
| 工业固体废物产生量 | 74.2 | 22 | 劣势 | 75.1 | 22 | 劣势 | 71.1 | 22 | 劣势 | 3.1 | 0 | 持续→ |
| (6)能源环境竞争力 | 72.0 | 12 | 中势 | 74.0 | 14 | 中势 | 67.2 | 8 | 优势 | 4.8 | -4 | 波动↓ |
| 能源生产总量 | 86.1 | 22 | 劣势 | 86.3 | 22 | 劣势 | 84.8 | 22 | 劣势 | 1.3 | 0 | 持续→ |
| 能源消费总量 | 70.9 | 16 | 中势 | 71.6 | 16 | 中势 | 72.2 | 16 | 中势 | -1.3 | 0 | 持续→ |
| 单位地区生产总值能耗 | 67.8 | 11 | 中势 | 73.7 | 11 | 中势 | 64.9 | 11 | 中势 | 2.9 | 0 | 持续→ |
| 单位地区生产总值电耗 | 86.6 | 15 | 中势 | 85.9 | 15 | 中势 | 84.2 | 15 | 中势 | 2.4 | 0 | 持续→ |
| 单位工业增加值能耗 | 72.9 | 9 | 优势 | 67.2 | 17 | 中势 | 69.4 | 11 | 中势 | 3.5 | 2 | 波动↑ |
| 能源生产弹性系数 | 55.6 | 13 | 中势 | 68.6 | 18 | 中势 | 58.4 | 6 | 优势 | -2.8 | -7 | 波动↓ |
| 能源消费弹性系数 | 65.6 | 25 | 劣势 | 65.9 | 11 | 中势 | 38.7 | 8 | 优势 | 26.9 | -17 | 持续↓ |

表 12-2-2　2012 年安徽省资源环境竞争力各级指标的优劣度结构表

| 二级指标 | 三级指标 | 四级指标数 | 强势指标 | | 优势指标 | | 中势指标 | | 劣势指标 | | 优劣度 |
|---|---|---|---|---|---|---|---|---|---|---|---|
| | | | 个数 | 比重(%) | 个数 | 比重(%) | 个数 | 比重(%) | 个数 | 比重(%) | |
| 资源环境竞争力 | 水环境竞争力 | 11 | 3 | 27.3 | 1 | 9.1 | 4 | 36.4 | 3 | 27.3 | 劣势 |
| | 土地环境竞争力 | 13 | 0 | 0.0 | 1 | 7.7 | 6 | 46.2 | 6 | 46.2 | 劣势 |
| | 大气环境竞争力 | 8 | 0 | 0.0 | 1 | 12.5 | 4 | 50.0 | 3 | 37.5 | 中势 |
| | 森林环境竞争力 | 8 | 0 | 0.0 | 0 | 0.0 | 5 | 62.5 | 3 | 37.5 | 劣势 |
| | 矿产环境竞争力 | 9 | 0 | 0.0 | 4 | 44.4 | 4 | 44.4 | 1 | 11.1 | 中势 |
| | 能源环境竞争力 | 7 | 0 | 0.0 | 1 | 14.3 | 4 | 57.1 | 2 | 28.6 | 中势 |
| 小 计 | | 56 | 3 | 5.4 | 8 | 14.3 | 27 | 48.2 | 18 | 32.1 | 劣势 |

2010~2012 年安徽省资源环境竞争力的综合排位呈现持续保持，2012 年排名第 21 位，与 2010 年相比保持不变，在全国处于下游区。

从资源环境竞争力的要素指标变化趋势来看，有 3 个指标处于上升趋势，即大气环境竞争力、森林环境竞争力和矿产环境竞争力；有 2 个指标处于下降趋势，为水环境竞争力和能源环境竞争力。

从资源环境竞争力的基础指标分布来看，在 56 个基础指标中，指标的优劣度结构为 5.4∶14.3∶48.2∶32.1。强势和优势指标所占比重显著低于劣势指标的比重，表明劣势指标占主导地位。

### 12.2.2　安徽省资源环境竞争力比较分析

图 12 – 2 – 1 将 2010～2012 年安徽省资源环境竞争力与全国最高水平和平均水平进行比较。由图可知，评价期内安徽省资源环境竞争力得分普遍低于 42 分，尽管呈现波动上升趋势，但安徽省资源环境竞争力保持较低水平。

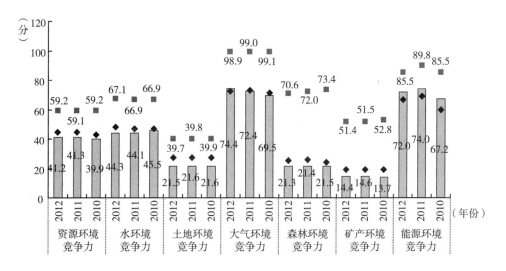

图 12 – 2 – 1　2010～2012 年安徽省资源环境竞争力指标得分比较

从资源环境竞争力的整体得分比较来看，2010 年，安徽省资源环境竞争力得分与全国最高分相比还有 19.3 分的差距，与全国平均分相比，则低了 3.0 分；到 2012 年，安徽省资源环境竞争力得分与全国最高分的差距缩小为 18.0 分，与全国平均分相比低了 3.3 分。总的来看，2010～2012 年安徽省资源环境竞争力与最高分的差距呈缩小趋势，在全国处于下游地位。

从资源环境竞争力的要素得分比较来看，2012 年，安徽水环境竞争力、土地环境竞争力、大气环境竞争力、森林环境竞争力、矿产环境竞争力和能源环境竞争力的得分分别为 44.3 分、21.5 分、74.4 分、21.3 分、14.4 分和 72.0 分，比最高分低 22.8 分、18.2 分、24.5 分、49.3 分、36.9 分和 13.5 分；与 2010 年相比，安徽省土地环境竞争力、大气环境竞争力、森林环境竞争力、矿产环境竞争力和能源环境竞争力 5 项要素的得分与最高分的差距缩小了，水环境竞争力与最高分的差距扩大了。

### 12.2.3　安徽省资源环境竞争力变化动因分析

二级指标资源环境竞争力的变化是三级要素指标变化综合作用的结果，而三级要素指标变化又是四级基础指标变化作用的结果。三级和四级指标的变动情况如表 12 – 2 – 1 所示。

从要素指标来看，安徽省资源环境竞争力的 6 个要素指标中，大气环境竞争力、森林环境竞争力和矿产环境竞争力的排位出现了上升，而水环境竞争力和能源环境竞争力的排位呈下降趋势，尽管排位上升的指标数量大于排位下降的指标数量，但受其他因素的综合影响，安徽省资源环境竞争力呈持续保持。

从基础指标来看，安徽省资源环境竞争力的 56 个基础指标中，上升指标有 10 个，占指标总数的 17.9%，主要分布在大气环境竞争力和矿产环境竞争力等指标组；下降指标有 14 个，占指标总数的 25%，主要分布在水环境竞争力、大气环境竞争力和能源环境竞争力等指标组。排位下降的指标数量大于排位上升的指标数量，但其余的 32 个指标呈波动保持或持续保持，2012 年安徽省资源环境竞争力排名呈现持续保持。

## 12.3  安徽省环境管理竞争力评价分析

### 12.3.1  安徽省环境管理竞争力评价结果

2010~2012 年安徽省环境管理竞争力排位和排位变化情况及其下属 2 个三级指标和 16 个四级指标的评价结果，如表 12-3-1 所示；环境管理竞争力各级指标的优劣势情况，如表 12-3-2 所示。

表 12-3-1  2010~2012 年安徽省环境管理竞争力各级指标的得分、排名及优劣度分析表

| 指标项目 | 2012 年 | | | 2011 年 | | | 2010 年 | | | 综合变化 | | |
|---|---|---|---|---|---|---|---|---|---|---|---|---|
| | 得分 | 排名 | 优劣度 | 得分 | 排名 | 优劣度 | 得分 | 排名 | 优劣度 | 得分变化 | 排名变化 | 趋势变化 |
| **环境管理竞争力** | 58.0 | 7 | 优势 | 56.9 | 6 | 优势 | 49.6 | 9 | 优势 | 8.4 | 2 | 波动↑ |
| （1）环境治理竞争力 | 33.5 | 7 | 优势 | 33.7 | 7 | 优势 | 29.3 | 10 | 优势 | 4.2 | 3 | 持续↑ |
| 环境污染治理投资总额 | 44.4 | 8 | 优势 | 40.4 | 7 | 优势 | 12.7 | 9 | 优势 | 31.7 | 1 | 波动↑ |
| 环境污染治理投资总额占地方生产总值比重 | 49.7 | 8 | 优势 | 28.2 | 9 | 优势 | 46.3 | 13 | 中势 | 3.4 | 5 | 持续↑ |
| 废气治理设施年运行费用 | 20.7 | 10 | 优势 | 25.7 | 14 | 中势 | 22.1 | 17 | 中势 | -1.4 | 7 | 持续↑ |
| 废水治理设施处理能力 | 27.3 | 11 | 中势 | 14.1 | 14 | 中势 | 38.7 | 10 | 优势 | -11.4 | -1 | 波动↓ |
| 废水治理设施年运行费用 | 21.6 | 12 | 中势 | 22.6 | 14 | 中势 | 33.5 | 10 | 优势 | -11.9 | -2 | 波动↓ |
| 矿山环境恢复治理投入资金 | 28.7 | 10 | 优势 | 78.8 | 5 | 优势 | 25.4 | 9 | 优势 | 3.3 | -1 | 波动↓ |
| 本年矿山恢复面积 | 17.2 | 10 | 优势 | 2.1 | 13 | 中势 | 4.2 | 18 | 中势 | 13.0 | 8 | 持续↑ |
| 地质灾害防治投资额 | 13.2 | 15 | 中势 | 13.4 | 10 | 优势 | 2.5 | 19 | 中势 | 10.7 | 4 | 波动↑ |
| 水土流失治理面积 | 13.6 | 21 | 劣势 | 19.4 | 19 | 中势 | 19.6 | 19 | 中势 | -6.0 | -2 | 持续↓ |
| 土地复垦面积占新增耕地面积的比重 | 100.0 | 1 | 强势 | 100.0 | 1 | 强势 | 100.0 | 1 | 强势 | 0.0 | 0 | 持续→ |
| （2）环境友好竞争力 | 77.1 | 7 | 优势 | 74.9 | 6 | 优势 | 65.4 | 10 | 优势 | 11.7 | 3 | 波动↑ |
| 工业固体废物综合利用量 | 50.7 | 7 | 优势 | 49.7 | 8 | 优势 | 43.7 | 8 | 优势 | 7.0 | 1 | 持续↑ |
| 工业固体废物处置量 | 14.6 | 13 | 中势 | 13.1 | 14 | 中势 | 7.6 | 15 | 中势 | 7.0 | 2 | 持续↑ |
| 工业固体废物处置利用率 | 98.7 | 4 | 优势 | 95.3 | 10 | 优势 | 74.8 | 10 | 优势 | 23.9 | 6 | 持续↑ |
| 工业用水重复利用率 | 99.1 | 2 | 强势 | 99.3 | 2 | 强势 | 98.1 | 4 | 优势 | 1.0 | 2 | 持续↑ |
| 城市污水处理率 | 99.8 | 2 | 强势 | 96.3 | 5 | 优势 | 94.8 | 5 | 优势 | 5.0 | 3 | 持续↑ |
| 生活垃圾无害化处理率 | 91.2 | 13 | 中势 | 87.0 | 15 | 中势 | 64.6 | 26 | 劣势 | 26.6 | 13 | 持续↑ |

表12-3-2 2012年安徽省环境管理竞争力各级指标的优劣度结构表

| 二级指标 | 三级指标 | 四级指标数 | 强势指标 | | 优势指标 | | 中势指标 | | 劣势指标 | | 优劣度 |
|---|---|---|---|---|---|---|---|---|---|---|---|
| | | | 个数 | 比重（%） | 个数 | 比重（%） | 个数 | 比重（%） | 个数 | 比重（%） | |
| 环境管理竞争力 | 环境治理竞争力 | 10 | 1 | 10.0 | 5 | 50.0 | 3 | 30.0 | 1 | 10.0 | 优势 |
| | 环境友好竞争力 | 6 | 2 | 33.3 | 2 | 33.3 | 2 | 33.3 | 0 | 0.0 | 优势 |
| | 小　计 | 16 | 3 | 18.8 | 7 | 43.8 | 5 | 31.3 | 1 | 6.3 | 优势 |

2010～2012年安徽省环境管理竞争力的综合排位呈现波动上升趋势，2012年排名第7位，比2010年上升2位，在全国处于上游区。

从环境管理竞争力的要素指标变化趋势来看，环境治理竞争力指标处于持续上升趋势，环境友好竞争力处于波动上升趋势。

从环境管理竞争力的基础指标分布来看，在16个基础指标中，指标的优劣度结构为18.8：43.8：31.3：6.3。优势指标所占比重显著大于劣势指标的比重，表明优势指标占主导地位。

### 12.3.2 安徽省环境管理竞争力比较分析

图12-3-1将2010～2012年安徽省环境管理竞争力与全国最高水平和平均水平进行比较。由图可知，评价期内安徽省环境管理竞争力得分普遍高于49分，呈持续上升趋势，说明安徽省环境管理竞争力仍处于较高水平。

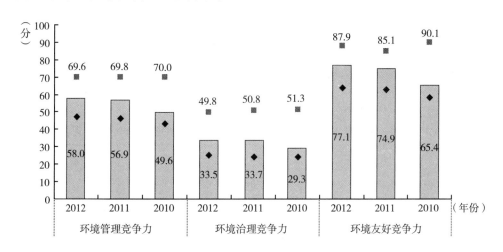

图12-3-1 2010～2012年安徽省环境管理竞争力指标得分比较

从环境管理竞争力的整体得分比较来看，2010年，安徽省环境管理竞争力得分与全国最高分相比还有20.4分的差距，但与全国平均分相比，则高出6.2分；到2012年，安徽省环境管理竞争力得分与全国最高分的差距为11.6分，比全国平均分高11.0分。总的来看，2010～2012年安徽省环境管理竞争力与最高分的差距呈缩小趋势。

从环境管理竞争力的要素得分比较来看，2012 年，安徽省环境治理竞争力和环境友好竞争力的得分分别为 33.5 分和 77.1 分，分别比最高分低 16.3 分和 10.8 分，分别高于平均分 8.3 分和 13.1 分；与 2010 年相比，安徽省环境治理竞争力得分与最高分的差距缩小了 5.7 分，环境友好竞争力得分与最高分的差距缩小了 13.9 分。

### 12.3.3 安徽省环境管理竞争力变化动因分析

二级指标环境管理竞争力的变化是三级要素指标变化综合作用的结果，而三级要素指标变化又是四级基础指标变化作用的结果。三级和四级指标的变动情况如表 12 - 3 - 1 所示。

从要素指标来看，安徽省环境管理竞争力的 2 个要素指标中，环境治理竞争力的排名呈持续上升，环境友好竞争力的排名呈波动上升，受指标排位上升的综合影响，安徽省环境管理竞争力呈波动上升。

从基础指标来看，安徽省环境管理竞争力的 16 个基础指标中，上升指标有 11 个，占指标总数的 68.8%，分布在环境友好竞争力指标组和环境治理竞争力指标组；下降指标有 4 个，占指标总数的 25.0%，分布在环境治理竞争力指标组。上升指标的数量大于下降指标的数量，2012 年安徽省环境管理竞争力排名呈波动上升。

## 12.4 安徽省环境影响竞争力评价分析

### 12.4.1 安徽省环境影响竞争力评价结果

2010～2012 年安徽省环境影响竞争力排位和排位变化情况及其下属 2 个三级指标和 21 个四级指标的评价结果，如表 12 - 4 - 1 所示；环境影响竞争力各级指标的优劣势情况，如表 12 - 4 - 2 所示。

表 12 - 4 - 1　2010～2012 年安徽省环境影响竞争力各级指标的得分、排名及优劣度分析表

| 指标项目 | 2012 年 | | | 2011 年 | | | 2010 年 | | | 综合变化 | | |
|---|---|---|---|---|---|---|---|---|---|---|---|---|
| | 得分 | 排名 | 优劣度 | 得分 | 排名 | 优劣度 | 得分 | 排名 | 优劣度 | 得分变化 | 排名变化 | 趋势变化 |
| **环境影响竞争力** | 73.8 | 11 | 中势 | 74.2 | 7 | 优势 | 76.7 | 9 | 优势 | -2.9 | -2 | 波动↓ |
| （1）环境安全竞争力 | 77.4 | 16 | 中势 | 75.7 | 15 | 中势 | 75.3 | 14 | 中势 | 2.1 | -2 | 持续↓ |
| 自然灾害受灾面积 | 52.9 | 23 | 劣势 | 49.1 | 20 | 中势 | 45.5 | 24 | 劣势 | 7.4 | 1 | 波动↑ |
| 自然灾害绝收面积占受灾面积比重 | 80.7 | 8 | 优势 | 93.6 | 4 | 优势 | 85.6 | 8 | 优势 | -4.9 | 0 | 波动→ |
| 自然灾害直接经济损失 | 78.9 | 17 | 中势 | 68.2 | 22 | 劣势 | 80.1 | 12 | 中势 | -1.2 | -5 | 波动↓ |
| 发生地质灾害起数 | 89.7 | 22 | 劣势 | 98.0 | 21 | 劣势 | 96.2 | 17 | 中势 | -6.5 | -5 | 持续↓ |
| 地质灾害直接经济损失 | 98.0 | 19 | 中势 | 99.2 | 14 | 中势 | 97.4 | 11 | 中势 | 0.6 | -8 | 持续↓ |
| 地质灾害防治投资额 | 13.5 | 15 | 中势 | 13.4 | 11 | 中势 | 2.5 | 19 | 中势 | 11.0 | 4 | 波动↑ |
| 突发环境事件次数 | 89.6 | 23 | 劣势 | 93.9 | 20 | 中势 | 81.4 | 28 | 劣势 | 8.2 | 5 | 波动↑ |

续表

| 指 项<br>标 目 | 2012 年 | | | 2011 年 | | | 2010 年 | | | 综合变化 | | |
|---|---|---|---|---|---|---|---|---|---|---|---|---|
| | 得分 | 排名 | 优劣度 | 得分 | 排名 | 优劣度 | 得分 | 排名 | 优劣度 | 得分变化 | 排名变化 | 趋势变化 |
| 森林火灾次数 | 91.2 | 21 | 劣势 | 71.4 | 24 | 劣势 | 92.7 | 24 | 劣势 | -1.5 | 3 | 持续↑ |
| 森林火灾火场总面积 | 96.2 | 14 | 中势 | 88.2 | 12 | 劣势 | 96.7 | 20 | 中势 | -0.5 | 6 | 波动↑ |
| 受火灾森林面积 | 98.2 | 12 | 中势 | 92.9 | 14 | 中势 | 96.7 | 20 | 中势 | 1.5 | 8 | 持续↑ |
| 森林病虫鼠害发生面积 | 76.6 | 22 | 劣势 | 96.6 | 22 | 劣势 | 68.9 | 19 | 中势 | 7.7 | -3 | 持续↓ |
| 森林病虫鼠害防治率 | 78.1 | 12 | 中势 | 80.7 | 14 | 中势 | 81.1 | 11 | 优势 | -3.1 | -1 | 波动↓ |
| （2）环境质量竞争力 | 71.2 | 11 | 中势 | 73.1 | 13 | 中势 | 77.7 | 10 | 优势 | -6.5 | -1 | 波动↓ |
| 人均工业废气排放量 | 67.4 | 19 | 中势 | 69.3 | 19 | 中势 | 88.6 | 14 | 中势 | -21.2 | -5 | 持续↓ |
| 人均二氧化硫排放量 | 87.7 | 10 | 优势 | 91.5 | 9 | 优势 | 86.2 | 4 | 优势 | 1.5 | -6 | 持续↓ |
| 人均工业烟（粉）尘排放量 | 79.9 | 16 | 中势 | 81.1 | 17 | 中势 | 76.2 | 18 | 中势 | 3.7 | 2 | 持续↑ |
| 人均工业废水排放量 | 67.4 | 10 | 优势 | 66.9 | 10 | 优势 | 74.7 | 10 | 优势 | -7.3 | 0 | 波动→ |
| 人均生活污水排放量 | 70.6 | 20 | 中势 | 74.5 | 19 | 中势 | 89.2 | 6 | 优势 | -18.6 | -14 | 持续↓ |
| 人均化学需氧量排放量 | 72.9 | 11 | 中势 | 74.4 | 11 | 中势 | 88.4 | 9 | 优势 | -15.5 | -2 | 持续↓ |
| 人均工业固体废物排放量 | 100.0 | 1 | 强势 | 100.0 | 1 | 强势 | 100.0 | 5 | 优势 | 0.0 | 4 | 持续↑ |
| 人均化肥施用量 | 37.5 | 23 | 劣势 | 35.8 | 23 | 劣势 | 32.2 | 24 | 劣势 | 5.3 | 1 | 持续↑ |
| 人均农药施用量 | 58.8 | 26 | 劣势 | 65.5 | 26 | 劣势 | 65.1 | 28 | 劣势 | -6.3 | 2 | 持续↑ |

表 12 - 4 - 2　2012 年安徽省环境影响竞争力各级指标的优劣度结构表

| 二级指标 | 三级指标 | 四级指标数 | 强势指标 | | 优势指标 | | 中势指标 | | 劣势指标 | | 优劣度 |
|---|---|---|---|---|---|---|---|---|---|---|---|
| | | | 个数 | 比重（%） | 个数 | 比重（%） | 个数 | 比重（%） | 个数 | 比重（%） | |
| 环境影响竞争力 | 环境安全竞争力 | 12 | 0 | 0.0 | 1 | 8.3 | 6 | 50.0 | 5 | 41.7 | 中势 |
| | 环境质量竞争力 | 9 | 1 | 11.1 | 2 | 22.2 | 4 | 44.4 | 2 | 22.2 | 中势 |
| | 小　计 | 21 | 1 | 4.8 | 3 | 14.3 | 10 | 47.6 | 7 | 33.3 | 中势 |

2010～2012 年安徽省环境影响竞争力的综合排位呈现波动下降，2012 年排名第 11 位，比 2010 年排位下降 2 位，在全国处于中游区。

从环境影响竞争力的要素指标变化趋势来看，有 1 个指标处于持续下降趋势，即环境安全竞争力；有 1 个指标处于波动下降趋势，即环境质量竞争力。

从环境影响竞争力的基础指标分布来看，在 21 个基础指标中，指标的优劣度结构为 4.8∶14.3∶47.6∶33.3。中势指标所占比重明显高于其他指标所占比重，表明中势指标占主导地位。

### 12.4.2　安徽省环境影响竞争力比较分析

图 12 - 4 - 1 将 2010～2012 年安徽省环境影响竞争力与全国最高水平和平均水平进行比较。由图可知，评价期内安徽省环境影响竞争力得分普遍高于 73 分，呈持续下降趋势，安徽省环境影响竞争力处于中等水平。

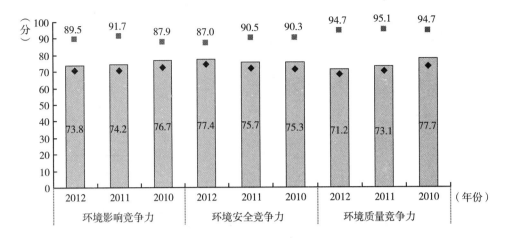

图 12 - 4 - 1    2010 ~ 2012 年安徽省环境影响竞争力指标得分比较

从环境影响竞争力的整体得分比较来看，2010 年，安徽省环境影响竞争力得分与全国最高分相比还有 11.2 分的差距，与全国平均分相比，高了 4.3 分；到 2012 年，安徽省环境影响竞争力得分与全国最高分相差 15.7 分，高于全国平均分 3.2 分。总的来看，2010 ~ 2012 年安徽省环境影响竞争力与最高分的差距呈扩大趋势。

从环境影响竞争力的要素得分比较来看，2012 年，安徽省环境安全竞争力和环境质量竞争力的得分分别为 77.4 分和 71.2 分，比最高分低 9.6 分和 23.5 分，但分别高于平均分 3.2 分和 3.1 分；与 2010 年相比，安徽省环境安全竞争力得分与最高分的差距缩小了 5.4 分，环境质量竞争力得分与最高分的差距扩大了 6.5 分。

### 12.4.3    安徽省环境影响竞争力变化动因分析

二级指标环境影响竞争力的变化是三级要素指标变化综合作用的结果，而三级要素指标变化又是四级基础指标变化作用的结果。三级和四级指标的变动情况如表 12 - 4 - 1 所示。

从要素指标来看，浙江省环境影响竞争力的 2 个要素指标中，环境安全竞争力的排名下降了 2 位，环境质量竞争力的排名下降了 1 位，受指标排位升降的综合影响，安徽省环境影响竞争力排名呈波动下降，其中环境安全竞争力是环境影响竞争力下降的主要因素。

从基础指标来看，安徽省环境影响竞争力的 21 个基础指标中，上升指标有 10 个，占指标总数的 47.6%，主要分布在环境安全竞争力指标组；下降指标有 9 个，占指标总数的 42.9%，主要分布在环境安全竞争力指标组。尽管排位下降的指标数量略小于排位上升的指标数量，但受其他因素的综合影响，2012 年安徽省环境影响竞争力排名呈现波动下降。

## 12.5    安徽省环境协调竞争力评价分析

### 12.5.1    安徽省环境协调竞争力评价结果

2010 ~ 2012 年安徽省环境协调竞争力排位和排位变化情况及其下属 2 个三级指标和 19

个四级指标的评价结果，如表 12 - 5 - 1 所示；环境协调竞争力各级指标的优劣势情况，如表 12 - 5 - 2 所示。

表 12 - 5 - 1　2010～2012 年安徽省环境协调竞争力各级指标的得分、排名及优劣度分析表

| 指　　标　　项　　目 | 2012 年 | | | 2011 年 | | | 2010 年 | | | 综合变化 | | |
|---|---|---|---|---|---|---|---|---|---|---|---|---|
| | 得分 | 排名 | 优劣度 | 得分 | 排名 | 优劣度 | 得分 | 排名 | 优劣度 | 得分变化 | 排名变化 | 趋势变化 |
| 环境协调竞争力 | 64.1 | 8 | 优势 | 64.7 | 5 | 优势 | 63.6 | 6 | 优势 | 0.5 | -2 | 波动↓ |
| (1)人口与环境协调竞争力 | 55.6 | 7 | 优势 | 50.6 | 18 | 中势 | 55.2 | 11 | 中势 | 0.4 | 4 | 波动↑ |
| 人口自然增长率与工业废气排放量增长率比差 | 63.4 | 13 | 中势 | 51.9 | 20 | 中势 | 43.4 | 22 | 劣势 | 20.0 | 9 | 持续↑ |
| 人口自然增长率与工业废水排放量增长率比差 | 81.9 | 16 | 中势 | 89.2 | 8 | 优势 | 74.9 | 16 | 中势 | 7.0 | 0 | 波动→ |
| 人口自然增长率与工业固体废物排放量增长率比差 | 98.6 | 3 | 强势 | 39.0 | 19 | 中势 | 86.4 | 10 | 优势 | 12.2 | 7 | 波动↑ |
| 人口自然增长率与能源消费量增长率比差 | 69.4 | 19 | 中势 | 73.0 | 22 | 劣势 | 93.4 | 9 | 优势 | -24.0 | -10 | 波动↓ |
| 人口密度与人均水资源量比差 | 10.4 | 10 | 优势 | 10.7 | 11 | 中势 | 11.4 | 10 | 优势 | -1.0 | 0 | 波动→ |
| 人口密度与人均耕地面积比差 | 28.1 | 11 | 中势 | 28.2 | 11 | 中势 | 28.4 | 11 | 中势 | -0.3 | 0 | 持续→ |
| 人口密度与森林覆盖率比差 | 48.6 | 18 | 中势 | 48.7 | 18 | 中势 | 48.8 | 19 | 中势 | -0.2 | 1 | 持续↑ |
| 人口密度与人均矿产基础储量比差 | 16.9 | 12 | 中势 | 17.5 | 13 | 中势 | 16.1 | 13 | 中势 | 0.8 | 1 | 持续↑ |
| 人口密度与人均能源生产量比差 | 96.8 | 7 | 优势 | 96.3 | 9 | 优势 | 96.7 | 6 | 优势 | 0.1 | -1 | 波动↓ |
| (2)经济与环境协调竞争力 | 69.6 | 13 | 中势 | 74.0 | 4 | 优势 | 69.2 | 9 | 优势 | 0.4 | -4 | 波动↓ |
| 工业增加值增长率与工业废气排放量增长率比差 | 60.9 | 26 | 劣势 | 92.7 | 3 | 强势 | 92.0 | 6 | 优势 | -31.1 | -20 | 波动↓ |
| 工业增加值增长率与工业废水排放量增长率比差 | 43.2 | 28 | 劣势 | 14.0 | 28 | 劣势 | 48.7 | 24 | 劣势 | -5.4 | -4 | 持续↓ |
| 工业增加值增长率与工业固体废物排放量增长率比差 | 50.4 | 29 | 劣势 | 90.8 | 3 | 强势 | 39.9 | 24 | 劣势 | 10.5 | -5 | 波动↓ |
| 地区生产总值增长率与能源消费量增长率比差 | 91.6 | 2 | 强势 | 00.0 | 1 | 强势 | 89.7 | 7 | 优势 | 1.9 | 5 | 波动↑ |
| 人均工业增加值与人均水资源量比差 | 79.2 | 12 | 中势 | 80.1 | 10 | 优势 | 82.5 | 10 | 优势 | -3.3 | -2 | 持续↓ |
| 人均工业增加值与人均耕地面积比差 | 97.5 | 4 | 优势 | 96.0 | 4 | 优势 | 94.3 | 5 | 优势 | 3.2 | 1 | 持续↑ |
| 人均工业增加值与人均工业废气排放量比差 | 58.9 | 16 | 中势 | 56.4 | 19 | 中势 | 36.4 | 22 | 劣势 | 22.5 | 6 | 持续↑ |
| 人均工业增加值与森林覆盖率比差 | 91.5 | 5 | 优势 | 90.2 | 5 | 优势 | 88.6 | 7 | 优势 | 2.9 | 2 | 持续↑ |
| 人均工业增加值与人均矿产基础储量比差 | 80.0 | 10 | 优势 | 81.8 | 12 | 优势 | 81.7 | 9 | 优势 | -1.7 | -1 | 持续↓ |
| 人均工业增加值与人均能源生产量比差 | 37.1 | 22 | 劣势 | 36.7 | 22 | 劣势 | 36.6 | 23 | 劣势 | 0.5 | 1 | 持续↑ |

表 12 - 5 - 2　2012 年安徽省环境协调竞争力各级指标的优劣度结构表

| 二级指标 | 三级指标 | 四级指标数 | 强势指标 | | 优势指标 | | 中势指标 | | 劣势指标 | | 优劣度 |
|---|---|---|---|---|---|---|---|---|---|---|---|
| | | | 个数 | 比重(%) | 个数 | 比重(%) | 个数 | 比重(%) | 个数 | 比重(%) | |
| 环境协调竞争力 | 人口与环境协调竞争力 | 9 | 1 | 11.1 | 2 | 22.2 | 6 | 66.7 | 0 | 0.0 | 优势 |
| | 经济与环境协调竞争力 | 10 | 1 | 10.0 | 3 | 30.0 | 2 | 20.0 | 4 | 40.0 | 中势 |
| | 小　　计 | 19 | 2 | 10.5 | 5 | 26.3 | 8 | 42.1 | 4 | 21.1 | 优势 |

2010～2012 年安徽省环境协调竞争力的综合排位呈现波动下降趋势，2012 年排名第 8 位，比 2010 年下降了 2 位，在全国处于上游区。

从环境协调竞争力的要素指标变化趋势来看，有 1 个指标呈波动上升，即人口与环境协

调竞争力；有 1 个指标呈波动下降，即经济与环境协调竞争力。

从环境协调竞争力的基础指标分布来看，在 19 个基础指标中，指标的优劣度结构为 10.5∶26.3∶42.1∶21.1。优势指标所占比重高于劣势指标所占比重，表明优势指标占主导地位。

### 12.5.2 安徽省环境协调竞争力比较分析

图 12-5-1 将 2010~2012 年安徽省环境协调竞争力与全国最高水平和平均水平进行比较。由图可知，评价期内安徽省环境协调竞争力得分普遍高于 63 分，得分呈波动上升趋势，说明安徽省环境协调竞争力处于较高水平。

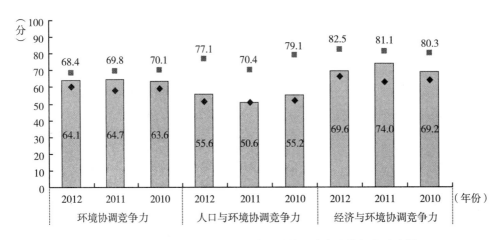

**图 12-5-1　2010~2012 年安徽省环境协调竞争力指标得分比较**

从环境协调竞争力的整体得分比较来看，2010 年，安徽省环境协调竞争力得分与全国最高分相比还有 6.5 分的差距，高于全国平均分 4.3 分；到 2012 年，安徽省环境协调竞争力得分与全国最高分的差距缩小为 4.3 分，高于全国平均分 3.7 分。总的来看，2010~2012 年安徽省环境协调竞争力与最高分的差距呈缩小趋势，处于全国上游地位。

从环境协调竞争力的要素得分比较来看，2012 年，安徽省人口与环境协调竞争力和经济与环境协调竞争力的得分分别为 55.6 分和 69.6 分，分别比最高分低 21.5 分和 12.9 分，分别高于平均分 4.3 分和 3.3 分；与 2010 年相比，安徽省人口与环境协调竞争力得分与最高分的差距缩小了 2.4 分，经济与环境协调竞争力得分与最高分的差距则扩大了 1.8 分。

### 12.5.3 安徽省环境协调竞争力变化动因分析

二级指标环境协调竞争力的变化是三级要素指标变化综合作用的结果，而三级要素指标变化又是四级基础指标变化作用的结果。三级和四级指标的变动情况如表 12-5-1 所示。

从要素指标来看，安徽省环境协调竞争力的 2 个要素指标中，人口与环境协调竞争力的排名波动上升了 4 位，经济与环境协调竞争力的排名波动下降了 4 位。受指标排位升降的综合影响，安徽省环境协调竞争力波动下降了 2 位，其中经济与环境协调竞争力是环境协调竞争力排名下降的主要因素。

从基础指标来看，浙江省环境协调竞争力的 19 个基础指标中，上升指标有 9 个，占指标总数的 47.4%，主要分布在经济与环境协调竞争力指标组；下降指标有 7 个，占指标总数的 36.8%，主要分布在经济与环境协调竞争力指标组。尽管排位下降的指标数量小于排位上升的指标数量，但受其他外部因素的综合影响，2012 年安徽省环境协调竞争力排名波动下降了 2 位。

## 12.6　安徽省环境竞争力总体评述

从对安徽省环境竞争力及其 5 个二级指标在全国的排位变化和指标结构的综合分析来看，"十二五"中期（2010~2012 年）环境竞争力中上升指标的数量小于下降指标的数量，但受其他外部因素的综合影响，2012 年安徽省环境竞争力的排位上升了 4 位，在全国居第 9位。

### 12.6.1　安徽省环境竞争力概要分析

安徽省环境竞争力在全国所处的位置及变化如表 12 - 6 - 1 所示，5 个二级指标的得分和排位变化如表 12 - 6 - 2 所示。

表 12 - 6 - 1　2010~2012 年安徽省环境竞争力一级指标比较表

| 项目 ＼ 年份 | 2012 | 2011 | 2010 |
|---|---|---|---|
| 排名 | 9 | 8 | 13 |
| 所属区位 | 上游 | 上游 | 中游 |
| 得分 | 54.4 | 54.2 | 52.5 |
| 全国最高分 | 58.2 | 59.5 | 60.1 |
| 全国平均分 | 51.3 | 50.8 | 50.4 |
| 与最高分的差距 | 3.8 | -5.3 | -7.7 |
| 与平均分的差距 | 3.2 | 3.4 | 2.0 |
| 优劣度 | 优势 | 优势 | 中势 |
| 波动趋势 | 下降 | 上升 | — |

表 12 - 6 - 2　2010~2012 年安徽省环境竞争力二级指标比较表

| 项目 ＼ 年份 | 生态环境竞争力 | | 资源环境竞争力 | | 环境管理竞争力 | | 环境影响竞争力 | | 环境协调竞争力 | | 环境竞争力 | |
|---|---|---|---|---|---|---|---|---|---|---|---|---|
| | 得分 | 排名 | 得分 | 排名 | 得分 | 排名 | 得分 | 排名 | 得分 | 排名 | 得分 | 排名 |
| 2010 | 46.0 | 16 | 39.9 | 21 | 49.6 | 9 | 76.7 | 9 | 63.6 | 6 | 52.5 | 13 |
| 2011 | 45.5 | 17 | 41.3 | 21 | 56.9 | 7 | 74.2 | 7 | 64.7 | 5 | 54.2 | 8 |
| 2012 | 45.9 | 17 | 41.2 | 21 | 58.0 | 7 | 73.8 | 11 | 64.1 | 8 | 54.4 | 9 |
| 得分变化 | -0.1 | — | 1.3 | — | 8.4 | — | -2.9 | — | 0.4 | — | 2.0 | — |
| 排位变化 | — | -1 | — | 0 | — | 2 | — | -2 | — | -2 | — | 4 |
| 优劣度 | 中势 | 中势 | 劣势 | 劣势 | 优势 | 优势 | 中势 | 中势 | 优势 | 优势 | 优势 | 优势 |

（1）从指标排位变化趋势看，2012年安徽省环境竞争力综合排名在全国处于第9位，表明其在全国处于优势地位；与2010年相比，排位上升了4位。总的来看，评价期内安徽省环境竞争力呈波动上升趋势。

在5个二级指标中，有3个指标处于下降趋势，为生态环境竞争力、环境影响竞争力和环境协调竞争力，这些是安徽省环境竞争力的下降拉力所在，有1个指标处于上升趋势，为环境管理竞争力。在指标排位升降的综合影响下，评价期内安徽省环境竞争力的综合排位上升了4位，在全国排名第9位。

（2）从指标所处区位看，2012年安徽省环境竞争力处于上游区，其中，环境管理竞争力和环境协调竞争力为优势指标，生态环境竞争力和环境影响竞争力为中势指标，资源环境竞争力为劣势指标。

（3）从指标得分看，2012年安徽省环境竞争力得分为54.4分，比全国最高分低3.8分，比全国平均分高3.2分；与2010年相比，安徽省环境竞争力得分上升了2.0分，与当年最高分的差距有所缩小，与全国平均分的差距有所扩大。

2012年，安徽省环境竞争力二级指标的得分均高于41分，与2010年相比，得分上升最多的为环境管理竞争力，上升了8.4分；得分下降最多的为环境影响竞争力，下降了2.9分。

### 12.6.2 安徽省环境竞争力各级指标动态变化分析

2010～2012年安徽省环境竞争力各级指标的动态变化及其结构，如图12-6-1和表12-6-3所示。

从图12-6-1可以看出，安徽省环境竞争力的四级指标中上升指标的比例大于下降指标，表明上升指标居于主导地位。表12-6-3中的数据进一步说明，安徽省环境竞争力的130个四级指标中，上升的指标有45个，占指标总数的34.6%；保持的指标有47个，占指标总数的36.2%；下降的指标为38个，占指标总数的29.2%。上升指标的数量大于下降指标的数量，评价期内安徽省环境竞争力排位上升了4位，在全国居第9位。

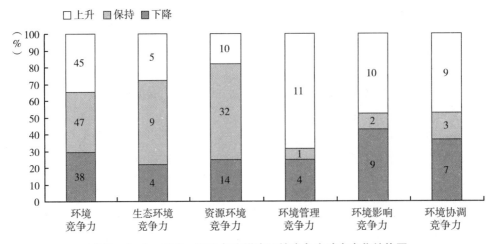

图12-6-1 2010～2012年安徽省环境竞争力动态变化结构图

表 12 – 6 – 3 2010 ～ 2012 年安徽省环境竞争力各级指标排位变化态势比较表

| 二级指标 | 三级指标 | 四级指标数 | 上升指标 | | 保持指标 | | 下降指标 | | 变化趋势 |
|---|---|---|---|---|---|---|---|---|---|
| | | | 个数 | 比重（%） | 个数 | 比重（%） | 个数 | 比重（%） | |
| 生态环境竞争力 | 生态建设竞争力 | 9 | 0 | 0.0 | 5 | 55.6 | 4 | 44.4 | 持续↓ |
| | 生态效益竞争力 | 9 | 5 | 55.6 | 4 | 44.4 | 0 | 0.0 | 波动↓ |
| | 小　计 | 18 | 5 | 27.8 | 9 | 50.0 | 4 | 22.2 | 持续↓ |
| 资源环境竞争力 | 水环境竞争力 | 11 | 1 | 9.1 | 4 | 36.4 | 6 | 54.5 | 持续↓ |
| | 土地环境竞争力 | 13 | 1 | 7.7 | 11 | 84.6 | 1 | 7.7 | 持续→ |
| | 大气环境竞争力 | 8 | 4 | 50.0 | 1 | 12.5 | 3 | 37.5 | 波动↓ |
| | 森林环境竞争力 | 8 | 0 | 0.0 | 7 | 87.5 | 1 | 12.5 | 持续↑ |
| | 矿产环境竞争力 | 9 | 3 | 33.3 | 5 | 55.6 | 1 | 11.1 | 波动↑ |
| | 能源环境竞争力 | 7 | 1 | 14.3 | 4 | 57.1 | 2 | 28.6 | 波动↓ |
| | 小　计 | 56 | 10 | 17.9 | 32 | 57.1 | 14 | 25.0 | 持续→ |
| 环境管理竞争力 | 环境治理竞争力 | 10 | 5 | 50.0 | 1 | 10.0 | 4 | 40.0 | 持续↑ |
| | 环境友好竞争力 | 6 | 6 | 100.0 | 0 | 0.0 | 0 | 0.0 | 波动↑ |
| | 小　计 | 16 | 11 | 68.8 | 1 | 6.3 | 4 | 25.0 | 波动↑ |
| 环境影响竞争力 | 环境安全竞争力 | 12 | 6 | 50.0 | 1 | 8.3 | 5 | 41.7 | 持续↓ |
| | 环境质量竞争力 | 9 | 4 | 44.4 | 1 | 11.1 | 4 | 44.4 | 波动↓ |
| | 小　计 | 21 | 10 | 47.6 | 2 | 9.5 | 9 | 42.9 | 波动↓ |
| 环境协调竞争力 | 人口与环境协调竞争力 | 9 | 4 | 44.4 | 3 | 33.3 | 2 | 22.2 | 波动↑ |
| | 经济与环境协调竞争力 | 10 | 5 | 50.0 | 0 | 0.0 | 5 | 50.0 | 波动↓ |
| | 小　计 | 19 | 9 | 47.4 | 3 | 15.8 | 7 | 36.8 | 波动↓ |
| | 合　计 | 130 | 45 | 34.6 | 47 | 36.2 | 38 | 29.2 | 波动↑ |

### 12.6.3 安徽省环境竞争力各级指标变化动因分析

2012 年安徽省环境竞争力各级指标的优劣势变化及其结构，如图 12 – 6 – 2 和表 12 – 6 – 4 所示。

从图 12 – 6 – 2 可以看出，2012 年安徽省环境竞争力的四级指标中优势指标和强势指标的比例大于劣势指标，表明优势指标居于主导地位。表 12 – 6 – 4 中的数据进一步说明，2012 年安徽省环境竞争力的 130 个四级指标中，强势指标有 10 个，占指标总数的 7.7%；优势指标为 27 个，占指标总数的 20.8%；中势指标 61 个，占指标总数的 46.9%；劣势指标有 32 个，占指标总数的 24.6%；强势指标和优势指标之和占指标总数的 28.5%，数量与比重均大于劣势指标。从三级指标来看，四级指标中强势指标和优势指标之和占四级指标总数一半以上的分别有环境治理竞争力和环境友好竞争力，共计 2 个指标，占三级指标总数的 14.3%。反映到二级指标上来，优势指标有 2 个，占二级指标总数的 40%，中势指标有 2 个，占二级指标总数的 40%。在各种因素的综合作用下，安徽省环境竞争力处于优势地位，在全国位居第 9 位，处于上游区。

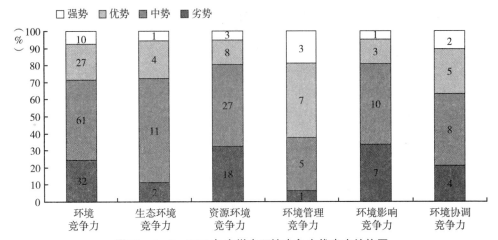

图 12 - 6 - 2  2012 年安徽省环境竞争力优劣度结构图

表 12 - 6 - 4  2012 年安徽省环境竞争力各级指标优劣度比较表

| 二级指标 | 三级指标 | 四级指标数 | 强势指标 | | 优势指标 | | 中势指标 | | 劣势指标 | | 优劣度 |
|---|---|---|---|---|---|---|---|---|---|---|---|
| | | | 个数 | 比重（%） | 个数 | 比重（%） | 个数 | 比重（%） | 个数 | 比重（%） | |
| 生态环境竞争力 | 生态建设竞争力 | 9 | 0 | 0.0 | 2 | 22.2 | 6 | 66.7 | 1 | 11.1 | 中势 |
| | 生态效益竞争力 | 9 | 1 | 11.1 | 2 | 22.2 | 5 | 55.6 | 1 | 11.1 | 中势 |
| | 小　计 | 18 | 1 | 5.6 | 4 | 22.2 | 11 | 61.1 | 2 | 11.1 | 中势 |
| 资源环境竞争力 | 水环境竞争力 | 11 | 3 | 27.3 | 1 | 9.1 | 4 | 36.4 | 3 | 27.3 | 劣势 |
| | 土地环境竞争力 | 13 | 0 | 0.0 | 1 | 7.7 | 6 | 46.2 | 6 | 46.2 | 劣势 |
| | 大气环境竞争力 | 8 | 0 | 0.0 | 1 | 12.5 | 4 | 50.0 | 3 | 37.5 | 中势 |
| | 森林环境竞争力 | 8 | 0 | 0.0 | 0 | 0.0 | 5 | 62.5 | 3 | 37.5 | 劣势 |
| | 矿产环境竞争力 | 9 | 0 | 0.0 | 4 | 44.4 | 4 | 44.4 | 1 | 11.1 | 中势 |
| | 能源环境竞争力 | 7 | 0 | 0.0 | 1 | 14.3 | 4 | 57.1 | 2 | 28.6 | 中势 |
| | 小　计 | 56 | 3 | 5.4 | 8 | 14.3 | 27 | 48.2 | 18 | 32.1 | 劣势 |
| 环境管理竞争力 | 环境治理竞争力 | 10 | 1 | 10.0 | 5 | 50.0 | 3 | 30.0 | 1 | 10.0 | 优势 |
| | 环境友好竞争力 | 6 | 2 | 33.3 | 2 | 33.3 | 2 | 33.3 | 0 | 0.0 | 优势 |
| | 小　计 | 16 | 3 | 18.8 | 7 | 43.8 | 5 | 31.3 | 1 | 6.3 | 优势 |
| 环境影响竞争力 | 环境安全竞争力 | 12 | 0 | 0.0 | 1 | 8.3 | 6 | 50.0 | 5 | 41.7 | 中势 |
| | 环境质量竞争力 | 9 | 1 | 11.1 | 2 | 22.2 | 4 | 44.4 | 2 | 22.2 | 中势 |
| | 小　计 | 21 | 1 | 4.8 | 3 | 14.3 | 10 | 47.6 | 7 | 33.3 | 中势 |
| 环境协调竞争力 | 人口与环境协调竞争力 | 9 | 1 | 11.1 | 2 | 22.2 | 6 | 66.7 | 0 | 0.0 | 优势 |
| | 经济与环境协调竞争力 | 10 | 1 | 10.0 | 3 | 30.0 | 2 | 20.0 | 4 | 40.0 | 中势 |
| | 小　计 | 19 | 2 | 10.5 | 5 | 26.3 | 8 | 42.1 | 4 | 21.1 | 优势 |
| 合　计 | | 130 | 10 | 7.7 | 27 | 20.8 | 61 | 46.9 | 32 | 24.6 | 优势 |

为了进一步明确影响安徽省环境竞争力变化的具体指标，也便于对相关指标进行深入分析，从而为提升安徽省环境竞争力提供决策参考，表 12 - 6 - 5 列出了环境竞争力指标体系中直接影响安徽省环境竞争力升降的强势指标、优势指标和劣势指标。

表 12 - 6 - 5    2012 年安徽省环境竞争力四级指标优劣度统计表

| 指标 | 强势指标 | 优势指标 | 劣势指标 |
|---|---|---|---|
| 生态环境竞争力（18 个） | 工业固体废物排放强度（1 个） | 绿化覆盖面积、自然保护区个数、工业二氧化硫排放强度、工业废水中化学需氧量排放强度（4 个） | 自然保护区面积占土地总面积比重、工业废气排放强度（2 个） |
| 资源环境竞争力（56 个） | 用水总量、用水消耗量、耗水率（3 个） | 供水总量、耕地面积、全省设区市优良天数比例、主要黑色金属矿产基础储量、人均主要黑色金属矿产基础储量、主要能源矿产基础储量、人均主要能源矿产基础储量、单位工业增加值能耗（8 个） | 节灌率、城市再生水利用率、生活污水排放量、土地总面积、牧草地面积、人均牧草地面积、建设用地面积、单位建设用地非农产业增加值、当年新增种草面积、工业废气排放总量、地均工业废气排放量、地均工业烟（粉）尘排放量、林业用地面积、天然林比重、造林总面积、工业固体废物产生量、能源生产总量、能源消费弹性系数（18 个） |
| 环境管理竞争力（16 个） | 土地复垦面积占新增耕地面积的比重、工业用水重复利用率、城市污水处理率（3 个） | 环境污染治理投资总额、环境污染治理投资总额占地方生产总值比重、废气治理设施年运行费用、矿山环境恢复治理投入资金、本年矿山恢复面积、工业固体废物综合利用量、工业固体废物处置利用率（7 个） | 水土流失治理面积（1 个） |
| 环境影响竞争力（21 个） | 人均工业固体废物排放量（1 个） | 自然灾害绝收面积占受灾面积比重、人均二氧化硫排放量、人均工业废水排放量（3 个） | 自然灾害受灾面积、发生地质灾害起数、突发环境事件次数、森林火灾次数、森林病虫鼠害发生面积、人均化肥施用量、人均农药施用量（7 个） |
| 环境协调竞争力（19 个） | 人口自然增长率与工业固体废物排放量增长率比差、地区生产总值增长率与能源消费量增长率比差（2 个） | 人口密度与人均水资源量比差、人口密度与人均能源生产量比差、人均工业增加值与人均耕地面积比差、人均工业增加值与森林覆盖率比差、人均工业增加值与人均矿产基础储量比差（5 个） | 工业增加值增长率与工业废气排放量增长率比差、工业增加值增长率与工业废水排放量增长率比差、工业增加值增长率与工业固体废物排放量增长率比差、人均工业增加值与人均能源生产量比差（4 个） |

# ⑬.14

# 13
# 福建省环境竞争力评价分析报告

福建省简称闽，地处中国东南沿海，毗邻浙江、江西、广东，与台湾隔海相望，是中国大陆距离东南亚和大洋洲海上距离最近的省份之一，也是中国与世界交往的重要窗口和基地。全省土地面积12.14万平方公里，2012年末人口3748万人，人均GDP达到52763元，万元GDP能耗为0.64吨标准煤。"十二五"中期（2010~2012年），福建省环境竞争力的综合排位呈现持续保持，2012年排名第6位，与2010年相比保持不变，在全国处于优势地位。

## 13.1  福建省生态环境竞争力评价分析

### 13.1.1  福建省生态环境竞争力评价结果

2010~2012年福建省生态环境竞争力排位和排位变化情况及其下属2个三级指标和18个四级指标的评价结果，如表13-1-1所示；生态环境竞争力各级指标的优劣势情况，如表13-1-2所示。

表13-1-1  2010~2012年福建省生态环境竞争力各级指标的得分、排名及优劣度分析表

| 指标项目 | 2012年 | | | 2011年 | | | 2010年 | | | 综合变化 | | |
|---|---|---|---|---|---|---|---|---|---|---|---|---|
| | 得分 | 排名 | 优劣度 | 得分 | 排名 | 优劣度 | 得分 | 排名 | 优劣度 | 得分变化 | 排名变化 | 趋势变化 |
| **生态环境竞争力** | 49.3 | 12 | 中势 | 48.9 | 10 | 优势 | 54.3 | 4 | 优势 | -5.0 | -8 | 持续↓ |
| （1）生态建设竞争力 | 28.9 | 8 | 优势 | 31.0 | 4 | 优势 | 36.2 | 4 | 优势 | -7.3 | -4 | 持续↓ |
| 国家级生态示范区个数 | 18.8 | 15 | 中势 | 18.8 | 15 | 中势 | 18.8 | 15 | 中势 | 0.0 | 0 | 持续→ |
| 公园面积 | 15.7 | 12 | 中势 | 15.0 | 9 | 优势 | 15.0 | 9 | 优势 | 0.7 | -3 | 持续↓ |
| 园林绿地面积 | 17.0 | 16 | 中势 | 17.2 | 16 | 中势 | 17.2 | 16 | 中势 | -0.2 | 0 | 持续→ |
| 绿化覆盖面积 | 12.6 | 15 | 中势 | 11.7 | 15 | 中势 | 11.7 | 15 | 中势 | 0.9 | 0 | 持续→ |
| 本年减少耕地面积 | 69.6 | 16 | 中势 | 69.6 | 16 | 中势 | 69.6 | 16 | 中势 | 0.0 | 0 | 持续→ |
| 自然保护区个数 | 24.5 | 11 | 中势 | 24.2 | 11 | 中势 | 24.2 | 11 | 中势 | 0.3 | 0 | 持续→ |
| 自然保护区面积占土地总面积比重 | 4.9 | 30 | 劣势 | 4.6 | 30 | 劣势 | 4.6 | 30 | 劣势 | 0.3 | 0 | 持续→ |
| 野生动物种源繁育基地数 | 47.8 | 3 | 强势 | 37.6 | 3 | 强势 | 37.6 | 3 | 强势 | 10.2 | 0 | 持续→ |
| 野生植物种源培育基地数 | 63.8 | 3 | 强势 | 100.0 | 1 | 强势 | 100.0 | 1 | 强势 | -36.2 | -2 | 持续↓ |
| （2）生态效益竞争力 | 80.0 | 17 | 中势 | 75.8 | 22 | 劣势 | 81.5 | 16 | 中势 | -1.5 | -1 | 波动↓ |
| 工业废气排放强度 | 92.4 | 6 | 优势 | 93.9 | 8 | 优势 | 93.9 | 8 | 优势 | -1.5 | 2 | 持续↑ |
| 工业二氧化硫排放强度 | 94.5 | 8 | 优势 | 94.1 | 8 | 优势 | 94.1 | 8 | 优势 | 0.4 | 0 | 持续→ |

续表

| 指标<br>项目 | 2012 年 | | | 2011 年 | | | 2010 年 | | | 综合变化 | | |
|---|---|---|---|---|---|---|---|---|---|---|---|---|
| | 得分 | 排名 | 优劣度 | 得分 | 排名 | 优劣度 | 得分 | 排名 | 优劣度 | 得分<br>变化 | 排名<br>变化 | 趋势<br>变化 |
| 工业烟(粉)尘排放强度 | 91.0 | 11 | 中势 | 92.2 | 8 | 优势 | 92.2 | 8 | 优势 | -1.2 | -3 | 持续↓ |
| 工业废水排放强度 | 46.9 | 28 | 劣势 | 2.5 | 30 | 劣势 | 2.5 | 30 | 劣势 | 44.4 | 2 | 持续↑ |
| 工业废水中化学需氧量排放强度 | 92.6 | 9 | 优势 | 92.4 | 9 | 优势 | 92.4 | 9 | 优势 | 0.2 | 0 | 持续→ |
| 工业废水中氨氮排放强度 | 92.9 | 12 | 中势 | 92.3 | 13 | 中势 | 92.3 | 13 | 中势 | 0.6 | 1 | 持续↑ |
| 工业固体废物排放强度 | 99.9 | 11 | 中势 | 99.8 | 11 | 中势 | 99.8 | 11 | 中势 | 0.1 | 0 | 持续→ |
| 化肥施用强度 | 37.5 | 23 | 劣势 | 39.1 | 24 | 劣势 | 39.1 | 24 | 劣势 | -1.6 | 1 | 持续↑ |
| 农药施用强度 | 62.8 | 29 | 劣势 | 69.6 | 29 | 劣势 | 69.6 | 29 | 劣势 | -6.8 | 0 | 持续→ |

**表 13 - 1 - 2  2012 年福建省生态环境竞争力各级指标的优劣度结构表**

| 二级指标 | 三级指标 | 四级<br>指标数 | 强势指标 | | 优势指标 | | 中势指标 | | 劣势指标 | | 优劣度 |
|---|---|---|---|---|---|---|---|---|---|---|---|
| | | | 个数 | 比重<br>(%) | 个数 | 比重<br>(%) | 个数 | 比重<br>(%) | 个数 | 比重<br>(%) | |
| 生态环境<br>竞争力 | 生态建设竞争力 | 9 | 2 | 22.2 | 0 | 0.0 | 6 | 66.7 | 1 | 11.1 | 优势 |
| | 生态效益竞争力 | 9 | 0 | 0.0 | 3 | 33.3 | 3 | 33.3 | 3 | 33.3 | 中势 |
| | 小　　计 | 18 | 2 | 11.1 | 3 | 16.7 | 9 | 50.0 | 4 | 22.2 | 中势 |

2010～2012 年福建省生态环境竞争力的综合排位呈现持续下降趋势，2012 年排名第 12 位，比 2010 年下降了 8 位，在全国处于中游区。

从生态环境竞争力要素指标的变化趋势来看，有 1 个指标处于持续下降趋势，即生态建设竞争力；有 1 个指标处于波动下降趋势，为生态效益竞争力。

从生态环境竞争力基础指标的优劣度结构来看，在 18 个基础指标中，指标的优劣度结构为 11.1∶16.7∶50.0∶22.2。中势指标所占比重大于优势和劣势指标的比重，表明中势指标占主导地位。

### 13.1.2　福建省生态环境竞争力比较分析

图 13 - 1 - 1 将 2010～2012 年福建省生态环境竞争力与全国最高水平和平均水平进行比较。由图可知，评价期内福建省生态环境竞争力得分普遍高于 48 分，呈现波动下降趋势，说明福建省生态环境竞争力处于中等水平。

从生态环境竞争力的整体得分比较来看，2010 年，福建省生态环境竞争力得分与全国最高分相比有 11.4 分的差距，但与全国平均分相比，则高出 7.9 分；到了 2012 年，福建省生态环境竞争力得分与全国最高分的差距扩大为 15.8 分，高于全国平均分 3.9 分。总的来看，2010～2012 年福建省生态环境竞争力与最高分的差距呈扩大趋势，表明生态建设和生态效益有所下降。

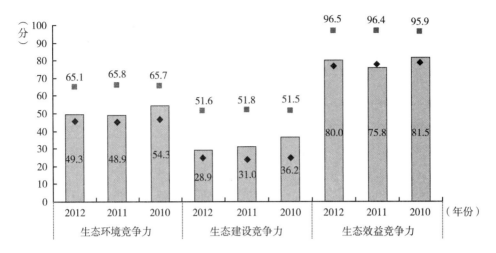

图13-1-1 2010~2012年福建省生态环境竞争力指标得分比较

从生态环境竞争力的要素得分比较来看，2012年，福建省生态建设竞争力和生态效益竞争力的得分分别为28.9分和80.0分，分别比最高分低22.7分和16.5分，分别高于平均分4.2分和3.4分；与2010年相比，福建省生态建设竞争力得分与最高分的差距扩大了7.4分，生态效益竞争力得分与最高分的差距扩大了2.1分。

### 13.1.3 福建省生态环境竞争力变化动因分析

二级指标生态环境竞争力的变化是三级要素指标变化综合作用的结果，而三级要素指标变化又是四级基础指标变化作用的结果。三级和四级指标的变动情况如表13-1-1所示。

从要素指标来看，福建省生态环境竞争力的2个要素指标中，生态建设竞争力的排名下降了4位，生态效益竞争力的排名下降了1位，受指标排位升降的综合影响，福建省生态环境竞争力持续下降了8位。

从基础指标来看，福建省生态环境竞争力的18个基础指标中，上升指标有4个，占指标总数的22.2%，全部分布在生态效益竞争力指标组；下降指标有3个，占指标总数的16.7%，主要分布在生态建设竞争力指标组。上升指标的数量大于下降指标的数量，但受其他外部因素的综合影响，评价期内福建省生态环境竞争力排名下降了8位。

## 13.2 福建省资源环境竞争力评价分析

### 13.2.1 福建省资源环境竞争力评价结果

2010~2012年福建省资源环境竞争力排位和排位变化情况及其下属6个三级指标和56个四级指标的评价结果，如表13-2-1所示；资源环境竞争力各级指标的优劣势情况，如表13-2-2所示。

表 13－2－1　2010～2012 年福建省资源环境竞争力各级指标的得分、排名及优劣度分析表

| 指标项目 | 2012 年 | | | 2011 年 | | | 2010 年 | | | 综合变化 | | |
|---|---|---|---|---|---|---|---|---|---|---|---|---|
| | 得分 | 排名 | 优劣度 | 得分 | 排名 | 优劣度 | 得分 | 排名 | 优劣度 | 得分变化 | 排名变化 | 趋势变化 |
| **资源环境竞争力** | 50.6 | 7 | 优势 | 51.0 | 7 | 优势 | 48.3 | 6 | 优势 | 2.3 | －1 | 持续↓ |
| （1）水环境竞争力 | 47.7 | 13 | 中势 | 42.4 | 26 | 劣势 | 47.2 | 14 | 中势 | 0.5 | 1 | 波动↑ |
| 水资源总量 | 35.9 | 8 | 优势 | 17.4 | 9 | 优势 | 35.9 | 8 | 优势 | 0.0 | 0 | 波动→ |
| 人均水资源量 | 2.8 | 7 | 优势 | 1.4 | 9 | 优势 | 2.9 | 6 | 优势 | －0.1 | －1 | 波动↓ |
| 降水量 | 37.3 | 12 | 中势 | 23.2 | 14 | 中势 | 35.2 | 10 | 优势 | 2.1 | －2 | 波动↓ |
| 供水总量 | 31.2 | 13 | 中势 | 34.8 | 13 | 中势 | 34.9 | 14 | 中势 | －3.7 | 1 | 持续↑ |
| 用水总量 | 97.7 | 1 | 强势 | 97.6 | 1 | 强势 | 97.6 | 1 | 强势 | 0.1 | 0 | 持续→ |
| 用水消耗量 | 98.9 | 1 | 强势 | 98.7 | 1 | 强势 | 98.4 | 1 | 强势 | 0.5 | 0 | 持续→ |
| 耗水率 | 41.9 | 1 | 强势 | 41.9 | 1 | 强势 | 40.0 | 1 | 强势 | 1.9 | 0 | 持续→ |
| 节灌率 | 38.7 | 12 | 中势 | 36.2 | 13 | 中势 | 36.9 | 13 | 中势 | 1.8 | 1 | 持续↑ |
| 城市再生水利用率 | 2.0 | 21 | 劣势 | 0.4 | 26 | 劣势 | 0.0 | 24 | 劣势 | 2.0 | 3 | 波动↑ |
| 工业废水排放总量 | 55.0 | 24 | 劣势 | 28.1 | 27 | 劣势 | 53.1 | 26 | 劣势 | 1.9 | 2 | 波动↑ |
| 生活污水排放量 | 77.6 | 19 | 中势 | 77.7 | 19 | 中势 | 79.1 | 18 | 中势 | －1.5 | －1 | 持续↓ |
| （2）土地环境竞争力 | 33.8 | 4 | 优势 | 33.6 | 4 | 优势 | 33.4 | 4 | 优势 | 0.4 | 0 | 持续→ |
| 土地总面积 | 6.9 | 23 | 劣势 | 6.9 | 23 | 劣势 | 6.9 | 23 | 劣势 | 0.0 | 0 | 持续→ |
| 耕地面积 | 9.7 | 24 | 劣势 | 9.7 | 24 | 劣势 | 9.7 | 24 | 劣势 | 0.0 | 0 | 持续→ |
| 人均耕地面积 | 9.0 | 26 | 劣势 | 9.0 | 26 | 劣势 | 9.1 | 26 | 劣势 | －0.1 | 0 | 持续→ |
| 牧草地面积 | 0.0 | 26 | 劣势 | 0.0 | 26 | 劣势 | 0.0 | 26 | 劣势 | 0.0 | 0 | 持续→ |
| 人均牧草地面积 | 0.0 | 27 | 劣势 | 0.0 | 27 | 劣势 | 0.0 | 27 | 劣势 | 0.0 | 0 | 持续→ |
| 园地面积 | 62.3 | 8 | 优势 | 62.3 | 8 | 优势 | 62.3 | 8 | 优势 | 0.0 | 0 | 持续→ |
| 人均园地面积 | 27.1 | 4 | 优势 | 27.0 | 4 | 优势 | 26.9 | 4 | 优势 | 0.0 | 0 | 持续→ |
| 土地资源利用效率 | 5.1 | 10 | 优势 | 4.8 | 10 | 优势 | 4.5 | 10 | 优势 | 0.6 | 0 | 持续→ |
| 建设用地面积 | 76.3 | 10 | 优势 | 76.3 | 10 | 优势 | 76.3 | 10 | 优势 | 0.0 | 0 | 持续→ |
| 单位建设用地非农产业增加值 | 30.6 | 6 | 优势 | 28.6 | 6 | 优势 | 26.9 | 6 | 优势 | 3.7 | 0 | 持续↑ |
| 单位耕地面积农业增加值 | 100.0 | 1 | 强势 | 100.0 | 1 | 强势 | 100.0 | 1 | 强势 | 0.0 | 0 | 持续→ |
| 沙化土地面积占土地总面积的比重 | 99.2 | 7 | 优势 | 99.2 | 7 | 优势 | 99.2 | 7 | 优势 | 0.0 | 0 | 持续→ |
| 当年新增种草面积 | 7.3 | 14 | 中势 | 7.5 | 14 | 中势 | 7.0 | 14 | 中势 | 0.3 | 0 | 持续→ |
| （3）大气环境竞争力 | 83.7 | 3 | 强势 | 84.9 | 3 | 强势 | 81.0 | 7 | 优势 | 2.7 | 4 | 持续↑ |
| 工业废气排放总量 | 78.3 | 13 | 中势 | 80.7 | 14 | 中势 | 76.0 | 15 | 中势 | 2.3 | 2 | 持续↑ |
| 地均工业废气排放量 | 94.2 | 18 | 中势 | 94.3 | 17 | 中势 | 94.6 | 17 | 中势 | －0.4 | －1 | 持续↓ |
| 工业烟（粉）尘排放总量 | 77.9 | 12 | 中势 | 83.2 | 10 | 优势 | 70.1 | 12 | 中势 | 7.8 | 0 | 波动→ |
| 地均工业烟（粉）尘排放量 | 80.8 | 18 | 中势 | 83.5 | 15 | 中势 | 75.9 | 14 | 中势 | 4.9 | －4 | 持续↓ |
| 工业二氧化硫排放总量 | 77.2 | 8 | 优势 | 77.3 | 8 | 优势 | 71.8 | 9 | 优势 | 5.5 | 1 | 持续↑ |
| 地均二氧化硫排放量 | 90.5 | 13 | 中势 | 90.8 | 13 | 中势 | 90.8 | 14 | 中势 | －0.3 | 1 | 持续↑ |
| 全省设区市优良天数比例 | 98.5 | 2 | 强势 | 94.2 | 6 | 优势 | 90.0 | 6 | 优势 | 8.5 | 4 | 持续↑ |
| 可吸入颗粒物（PM10）浓度 | 71.6 | 11 | 中势 | 74.7 | 9 | 优势 | 77.9 | 9 | 优势 | －6.3 | －2 | 波动↓ |
| （4）森林环境竞争力 | 46.2 | 8 | 优势 | 47.7 | 7 | 优势 | 45.4 | 8 | 优势 | 0.8 | 0 | 波动→ |
| 林业用地面积 | 20.7 | 13 | 中势 | 20.7 | 13 | 中势 | 20.7 | 13 | 中势 | 0.0 | 0 | 持续→ |
| 森林面积 | 32.2 | 11 | 中势 | 32.2 | 11 | 中势 | 32.2 | 11 | 中势 | 0.0 | 0 | 持续→ |

续表

| 指标项目 | 2012年 | | | 2011年 | | | 2010年 | | | 综合变化 | | |
|---|---|---|---|---|---|---|---|---|---|---|---|---|
| | 得分 | 排名 | 优劣度 | 得分 | 排名 | 优劣度 | 得分 | 排名 | 优劣度 | 得分变化 | 排名变化 | 趋势变化 |
| 森林覆盖率 | 100.0 | 1 | 强势 | 100.0 | 1 | 强势 | 100.0 | 1 | 强势 | 0.0 | 0 | 持续→ |
| 人工林面积 | 69.5 | 5 | 优势 | 69.5 | 5 | 优势 | 69.5 | 5 | 优势 | 0.0 | 0 | 持续→ |
| 天然林比重 | 53.3 | 19 | 中势 | 53.3 | 19 | 中势 | 53.3 | 19 | 中势 | 0.0 | 0 | 持续→ |
| 造林总面积 | 12.4 | 21 | 劣势 | 29.0 | 13 | 中势 | 4.3 | 26 | 劣势 | 8.1 | 5 | 波动↑ |
| 森林蓄积量 | 21.5 | 7 | 优势 | 21.5 | 7 | 优势 | 21.5 | 7 | 优势 | 0.0 | 0 | 持续→ |
| 活立木总蓄积量 | 23.3 | 7 | 优势 | 23.3 | 7 | 优势 | 23.3 | 7 | 优势 | 0.0 | 0 | 持续→ |
| （5）矿产环境竞争力 | 12.8 | 21 | 劣势 | 13.8 | 18 | 中势 | 12.1 | 24 | 劣势 | 0.7 | 3 | 波动↑ |
| 主要黑色金属矿产基础储量 | 6.5 | 14 | 中势 | 6.9 | 13 | 中势 | 4.7 | 13 | 中势 | 1.8 | -1 | 持续↓ |
| 人均主要黑色金属矿产基础储量 | 7.6 | 12 | 中势 | 8.2 | 11 | 中势 | 5.6 | 13 | 中势 | 2.0 | 1 | 波动↑ |
| 主要有色金属矿产基础储量 | 4.3 | 22 | 劣势 | 3.7 | 23 | 劣势 | 3.7 | 23 | 劣势 | 0.6 | 0 | 波动→ |
| 人均主要有色金属矿产基础储量 | 5.0 | 24 | 劣势 | 4.3 | 23 | 劣势 | 4.3 | 23 | 劣势 | 0.7 | -1 | 波动↓ |
| 主要非金属矿产基础储量 | 6.6 | 11 | 中势 | 6.8 | 11 | 中势 | 8.3 | 11 | 中势 | -1.7 | 1 | 波动↑ |
| 人均主要非金属矿产基础储量 | 7.6 | 12 | 中势 | 9.9 | 12 | 中势 | 11.2 | 13 | 中势 | -3.7 | 1 | 波动↑ |
| 主要能源矿产基础储量 | 0.5 | 21 | 劣势 | 0.5 | 21 | 劣势 | 0.5 | 23 | 劣势 | 0.0 | 2 | 波动↑ |
| 人均主要能源矿产基础储量 | 0.5 | 23 | 劣势 | 0.5 | 24 | 劣势 | 0.4 | 25 | 劣势 | 0.1 | 2 | 波动↑ |
| 工业固体废物产生量 | 83.7 | 15 | 中势 | 90.8 | 8 | 优势 | 76.4 | 19 | 中势 | 7.3 | 4 | 波动↑ |
| （6）能源环境竞争力 | 76.2 | 7 | 优势 | 82.1 | 4 | 优势 | 67.6 | 7 | 优势 | 8.6 | 0 | 波动→ |
| 能源生产总量 | 96.3 | 9 | 优势 | 96.3 | 9 | 优势 | 94.9 | 9 | 优势 | 1.4 | 0 | 持续→ |
| 能源消费总量 | 71.3 | 15 | 中势 | 71.4 | 17 | 中势 | 71.9 | 17 | 中势 | -0.6 | 2 | 持续↑ |
| 单位地区生产总值能耗 | 72.8 | 7 | 优势 | 80.2 | 7 | 优势 | 70.6 | 7 | 优势 | 2.2 | 0 | 波动→ |
| 单位地区生产总值电耗 | 85.6 | 18 | 中势 | 86.0 | 13 | 中势 | 84.0 | 16 | 中势 | 1.6 | -2 | 波动↓ |
| 单位工业增加值能耗 | 75.9 | 7 | 优势 | 83.5 | 6 | 优势 | 74.3 | 7 | 优势 | 1.6 | 0 | 波动→ |
| 能源生产弹性系数 | 55.6 | 14 | 中势 | 94.1 | 2 | 强势 | 52.3 | 12 | 中势 | 3.3 | -2 | 波动↓ |
| 能源消费弹性系数 | 77.5 | 14 | 中势 | 63.5 | 19 | 中势 | 27.6 | 25 | 劣势 | 49.9 | 11 | 持续↑ |

**表13-2-2 2012年福建省资源环境竞争力各级指标的优劣度结构表**

| 二级指标 | 三级指标 | 四级指标数 | 强势指标 | | 优势指标 | | 中势指标 | | 劣势指标 | | 优劣度 |
|---|---|---|---|---|---|---|---|---|---|---|---|
| | | | 个数 | 比重（%） | 个数 | 比重（%） | 个数 | 比重（%） | 个数 | 比重（%） | |
| 资源环境竞争力 | 水环境竞争力 | 11 | 3 | 27.3 | 2 | 18.2 | 4 | 36.4 | 2 | 18.2 | 中势 |
| | 土地环境竞争力 | 13 | 1 | 7.7 | 6 | 46.2 | 1 | 7.7 | 5 | 38.5 | 优势 |
| | 大气环境竞争力 | 8 | 1 | 12.5 | 1 | 12.5 | 6 | 75.0 | 0 | 0.0 | 强势 |
| | 森林环境竞争力 | 8 | 1 | 12.5 | 3 | 37.5 | 3 | 37.5 | 1 | 12.5 | 优势 |
| | 矿产环境竞争力 | 9 | 0 | 0.0 | 0 | 0.0 | 5 | 55.6 | 4 | 44.4 | 劣势 |
| | 能源环境竞争力 | 7 | 0 | 0.0 | 3 | 42.9 | 4 | 57.1 | 0 | 0.0 | 优势 |
| | 小　计 | 56 | 6 | 10.7 | 15 | 26.8 | 23 | 41.1 | 12 | 21.4 | 优势 |

2010～2012年福建省资源环境竞争力的综合排位呈现持续下降趋势，2012年排名第7位，与2010年排位相比下降了1位，在全国处于上游区。

从资源环境竞争力的要素指标变化趋势来看，有3个指标处于上升趋势，即水环境竞争力、大气环境竞争力和矿产环境竞争力；有3个指标处于保持趋势，为土地环境竞争力、森林环境竞争力和能源环境竞争力。

从资源环境竞争力的基础指标分布来看，在56个基础指标中，指标的优劣度结构为10.7∶26.8∶41.1∶21.4。强势和优势指标比重大于劣势指标的比重，表明优势指标占主导地位。

### 13.2.2 福建省资源环境竞争力比较分析

图13-2-1将2010～2012年福建省资源环境竞争力与全国最高水平和平均水平进行比较。由图可知，评价期内福建省资源环境竞争力得分普遍高于48分，且呈现波动上升趋势，说明福建省资源环境竞争力保持较高水平。

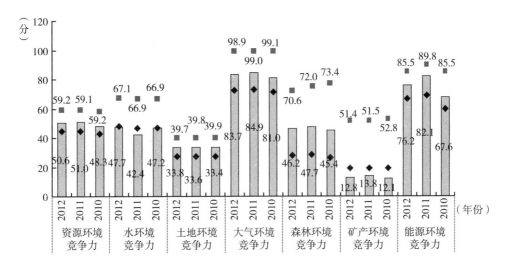

**图13-2-1 2010～2012年福建省资源环境竞争力指标得分比较**

从资源环境竞争力的整体得分比较来看，2010年，福建省资源环境竞争力得分与全国最高分相比还有10.9分的差距，与全国平均分相比，则高了5.3分；到2012年，福建省资源环境竞争力得分与全国最高分的差距缩小为8.6分，高于全国平均分6分。总的来看，2010～2012年福建省资源环境竞争力与最高分的差距呈缩小趋势，继续在全国处于上游地位。

从资源环境竞争力的要素得分比较来看，2012年，福建省水环境竞争力、土地环境竞争力、大气环境竞争力、森林环境竞争力、矿产环境竞争力和能源环境竞争力的得分分别为47.7分、33.8分、83.7分、46.2分、12.8分和76.2分，比最高分低19.4分、5.9分、15.2分、24.4分、38.6分和9.3分；与2010年相比，福建省水环境竞争力、土地环境竞争力、大气环境竞争力、矿产环境竞争力、森林环境竞争力和能源环境竞争力的得分与最高分的差距都缩小了。

### 13.2.3 福建省资源环境竞争力变化动因分析

二级指标资源环境竞争力的变化是三级要素指标变化综合作用的结果，而三级要素指标变化又是四级基础指标变化作用的结果。三级和四级指标的变动情况如表13-2-1所示。

从要素指标来看，福建省资源环境竞争力的6个要素指标中，水环境竞争力、大气环境竞争力和矿产环境竞争力的排位出现了上升，土地环境竞争力、森林环境竞争力和能源环境竞争力的排位呈现保持趋势，受其他因素的综合影响，福建省资源环境竞争力呈持续下降趋势。

从基础指标来看，福建省资源环境竞争力的56个基础指标中，上升指标有17个，占指标总数的30.4%，主要分布在矿产环境竞争力等指标组；下降指标有10个，占指标总数的17.9%，主要分布在水环境竞争力和大气环境竞争力等指标组。排位下降的指标数量低于排位上升的指标数量，其余的29个指标呈波动保持或持续保持，受多种因素综合影响，2012年福建省资源环境竞争力排名呈持续下降。

## 13.3 福建省环境管理竞争力评价分析

### 13.3.1 福建省环境管理竞争力评价结果

2010～2012年福建省环境管理竞争力排位和排位变化情况及其下属2个三级指标和16个四级指标的评价结果，如表13-3-1所示；环境管理竞争力各级指标的优劣势情况，如表13-3-2所示。

表13-3-1 2010～2012年福建省环境管理竞争力各级指标的得分、排名及优劣度分析表

| 指　标　项　目 | 2012 年 | | | 2011 年 | | | 2010 年 | | | 综合变化 | | |
|---|---|---|---|---|---|---|---|---|---|---|---|---|
| | 得分 | 排名 | 优劣度 | 得分 | 排名 | 优劣度 | 得分 | 排名 | 优劣度 | 得分变化 | 排名变化 | 趋势变化 |
| **环境管理竞争力** | 49.8 | 12 | 中势 | 44.6 | 16 | 中势 | 43.8 | 17 | 中势 | 6.0 | 5 | 持续↑ |
| （1）环境治理竞争力 | 20.9 | 17 | 中势 | 13.1 | 26 | 劣势 | 15.4 | 24 | 劣势 | 5.5 | 7 | 波动↑ |
| 环境污染治理投资总额 | 29.7 | 14 | 中势 | 28.8 | 14 | 中势 | 9.1 | 18 | 中势 | 20.6 | 4 | 持续↑ |
| 环境污染治理投资总额占地方生产总值比重 | 22.9 | 22 | 劣势 | 12.9 | 23 | 劣势 | 27.2 | 24 | 劣势 | -4.3 | 2 | 持续↑ |
| 废气治理设施年运行费用 | 13.6 | 18 | 中势 | 16.9 | 20 | 中势 | 22.7 | 16 | 中势 | -9.1 | -2 | 波动↓ |
| 废水治理设施处理能力 | 19.6 | 17 | 中势 | 15.0 | 12 | 中势 | 41.3 | 9 | 优势 | -21.7 | -8 | 持续↓ |
| 废水治理设施年运行费用 | 16.7 | 16 | 中势 | 19.6 | 17 | 中势 | 23.1 | 14 | 中势 | -6.4 | 2 | 持续↑ |
| 矿山环境恢复治理投入资金 | 13.3 | 14 | 中势 | 8.3 | 26 | 劣势 | 8.9 | 24 | 劣势 | 4.4 | 10 | 波动↑ |
| 本年矿山恢复面积 | 27.8 | 7 | 优势 | 1.7 | 17 | 中势 | 2.4 | 21 | 劣势 | 25.4 | 14 | 持续↑ |
| 地质灾害防治投资额 | 25.9 | 5 | 优势 | 10.9 | 13 | 中势 | 5.6 | 9 | 优势 | 20.3 | 4 | 波动↑ |
| 水土流失治理面积 | 28.8 | 15 | 中势 | 13.3 | 22 | 劣势 | 13.5 | 22 | 劣势 | 14.7 | 7 | 持续↑ |
| 土地复垦面积占新增耕地面积的比重 | 2.5 | 26 | 劣势 | 2.5 | 26 | 劣势 | 2.5 | 26 | 劣势 | 0.0 | 0 | 持续→ |
| （2）环境友好竞争力 | 72.2 | 10 | 优势 | 69.2 | 10 | 优势 | 65.9 | 9 | 优势 | 6.3 | -1 | 持续↓ |
| 工业固体废物综合利用量 | 34.0 | 10 | 优势 | 16.0 | 23 | 劣势 | 34.6 | 9 | 优势 | -0.6 | -1 | 波动↓ |
| 工业固体废物处置量 | 17.1 | 12 | 中势 | 14.9 | 12 | 中势 | 9.8 | 12 | 中势 | 7.3 | 0 | 持续→ |
| 工业固体废物处置利用率 | 98.2 | 5 | 优势 | 96.4 | 7 | 优势 | 77.3 | 4 | 优势 | 20.9 | -1 | 波动↓ |
| 工业用水重复利用率 | 89.1 | 15 | 中势 | 93.5 | 12 | 中势 | 84.0 | 17 | 中势 | 5.1 | 2 | 波动↑ |
| 城市污水处理率 | 90.4 | 19 | 中势 | 90.2 | 12 | 中势 | 90.4 | 11 | 中势 | 0.0 | -7 | 持续↓ |
| 生活垃圾无害化处理率 | 96.5 | 8 | 优势 | 94.6 | 6 | 优势 | 92.0 | 7 | 优势 | 4.5 | -1 | 波动↓ |

表 13 - 3 - 2 2012 年福建省环境管理竞争力各级指标的优劣度结构表

| 二级指标 | 三级指标 | 四级指标数 | 强势指标 | | 优势指标 | | 中势指标 | | 劣势指标 | | 优劣度 |
|---|---|---|---|---|---|---|---|---|---|---|---|
| | | | 个数 | 比重(%) | 个数 | 比重(%) | 个数 | 比重(%) | 个数 | 比重(%) | |
| 环境管理竞争力 | 环境治理竞争力 | 10 | 0 | 0.0 | 2 | 20.0 | 6 | 60.0 | 2 | 20.0 | 中势 |
| | 环境友好竞争力 | 6 | 0 | 0.0 | 3 | 50.0 | 3 | 50.0 | 0 | 0.0 | 优势 |
| | 小　计 | 16 | 0 | 0.0 | 5 | 31.3 | 9 | 56.3 | 2 | 12.5 | 中势 |

2010～2012 年福建省环境管理竞争力的综合排位呈现持续上升趋势，2012 年排名第 12 位，比 2010 年上升了 5 位，在全国处于中游区。

从环境管理竞争力的要素指标变化趋势来看，有 1 个指标处于波动上升趋势，即环境治理竞争力，环境友好竞争力呈持续下降。

从环境管理竞争力的基础指标分布来看，在 16 个基础指标中，指标的优劣度结构为 0.0∶31.3∶56.3∶12.5。强势和优势指标所占比重显著小于中势指标的比重，表明中势指标占主导地位。

### 13.3.2 福建省环境管理竞争力比较分析

图 13 - 3 - 1 将 2010～2012 年福建省环境管理竞争力与全国最高水平和平均水平进行比较。由图可知，评价期内福建省环境管理竞争力得分普遍高于 43 分，且呈持续上升趋势，说明福建省环境管理竞争力保持较高水平。

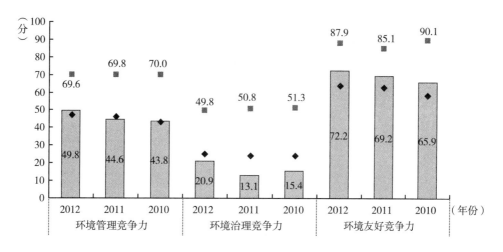

图 13 - 3 - 1 2010～2012 年福建省环境管理竞争力指标得分比较

从环境管理竞争力的整体得分比较来看，2010 年，福建省环境管理竞争力得分与全国最高分相比还有 26.2 分的差距，但与全国平均分相比，则高出 0.4 分；到 2012 年，福建省环境管理竞争力得分与全国最高分的差距仍有 19.8 分，高出全国平均分 2.8 分。总的来看，2010～2012 年福建省环境管理竞争力与最高分的差距呈缩小趋势，继续保

持全国较高水平。

从环境管理竞争力的要素得分比较来看，2012年，福建省环境治理竞争力和环境友好竞争力的得分分别为20.9分和72.2分，分别比最高分低28.9分和15.7分，前者低于平均分4.3分，后者高于平均分8.3分；与2010年相比，福建省环境治理竞争力得分与最高分的差距缩小了7分，环境友好竞争力得分与最高分的差距缩小了8.5分。

### 13.3.3 福建省环境管理竞争力变化动因分析

二级指标环境管理竞争力的变化是三级要素指标变化综合作用的结果，而三级要素指标变化又是四级基础指标变化作用的结果。三级和四级指标的变动情况如表13-3-1所示。

从要素指标来看，福建省环境管理竞争力的2个要素指标中，环境治理竞争力的排名上升了7位，环境友好竞争力的排名下降了1位，受指标排位升降的综合影响，福建省环境管理竞争力上升了5位，其中环境治理竞争力是推动环境管理竞争力上升的主要动力。

从基础指标来看，福建省环境管理竞争力的16个基础指标中，上升指标有8个，占指标总数的50%，主要分布在环境治理竞争力指标组；下降指标有6个，占指标总数的37.5%，主要分布在环境友好竞争力指标组。排位上升的指标数量显著大于排位下降的指标数量，2012年福建省环境管理竞争力排名上升了5位。

## 13.4 福建省环境影响竞争力评价分析

### 13.4.1 福建省环境影响竞争力评价结果

2010~2012年福建省环境影响竞争力排位和排位变化情况及其下属2个三级指标和21个四级指标的评价结果，如表13-4-1所示；环境影响竞争力各级指标的优劣势情况，如表13-4-2所示。

表13-4-1 2010~2012年福建省环境影响竞争力各级指标的得分、排名及优劣度分析表

| 指标项目 | 2012年 | | | 2011年 | | | 2010年 | | | 综合变化 | | |
|---|---|---|---|---|---|---|---|---|---|---|---|---|
| | 得分 | 排名 | 优劣度 | 得分 | 排名 | 优劣度 | 得分 | 排名 | 优劣度 | 得分变化 | 排名变化 | 趋势变化 |
| **环境影响竞争力** | 79.5 | 4 | 优势 | 79.2 | 4 | 优势 | 73.0 | 15 | 中势 | 6.5 | 11 | 持续↑ |
| (1)环境安全竞争力 | 86.6 | 2 | 强势 | 83.6 | 4 | 优势 | 70.8 | 20 | 中势 | 15.8 | 18 | 持续↑ |
| 自然灾害受灾面积 | 94.0 | 7 | 优势 | 95.1 | 5 | 优势 | 81.2 | 10 | 优势 | 12.8 | 3 | 波动↑ |
| 自然灾害绝收面积占受灾面积比重 | 69.6 | 16 | 中势 | 91.8 | 5 | 优势 | 67.1 | 24 | 劣势 | 2.5 | 8 | 波动↑ |
| 自然灾害直接经济损失 | 88.9 | 4 | 优势 | 96.1 | 4 | 优势 | 69.7 | 17 | 中势 | 19.2 | 8 | 波动↑ |
| 发生地质灾害起数 | 96.2 | 17 | 中势 | 98.8 | 16 | 中势 | 53.4 | 29 | 劣势 | 42.8 | 12 | 波动↑ |
| 地质灾害直接经济损失 | 99.8 | 9 | 优势 | 99.0 | 15 | 中势 | 61.3 | 26 | 劣势 | 38.5 | 17 | 持续↑ |
| 地质灾害防治投资额 | 46.7 | 3 | 强势 | 44.7 | 3 | 强势 | 5.6 | 9 | 优势 | 41.1 | 6 | 持续↑ |
| 突发环境事件次数 | 97.9 | 11 | 中势 | 95.9 | 15 | 中势 | 97.5 | 13 | 中势 | 0.4 | 2 | 波动↑ |

续表

| 指标项目 | 2012 年 | | | 2011 年 | | | 2010 年 | | | 综合变化 | | |
|---|---|---|---|---|---|---|---|---|---|---|---|---|
| | 得分 | 排名 | 优劣度 | 得分 | 排名 | 优劣度 | 得分 | 排名 | 优劣度 | 得分变化 | 排名变化 | 趋势变化 |
| 森林火灾次数 | 90.0 | 23 | 劣势 | 77.1 | 22 | 劣势 | 94.8 | 23 | 劣势 | -4.8 | 0 | 波动→ |
| 森林火灾火场总面积 | 86.7 | 21 | 劣势 | 52.9 | 22 | 劣势 | 93.6 | 23 | 劣势 | -6.9 | 2 | 持续↑ |
| 受火灾森林面积 | 85.0 | 26 | 劣势 | 72.3 | 25 | 劣势 | 87.7 | 25 | 劣势 | -2.7 | -1 | 持续↓ |
| 森林病虫鼠害发生面积 | 88.2 | 7 | 优势 | 98.3 | 7 | 优势 | 83.6 | 7 | 优势 | 4.6 | 0 | 持续→ |
| 森林病虫鼠害防治率 | 88.2 | 5 | 优势 | 89.1 | 5 | 优势 | 42.1 | 25 | 劣势 | 46.1 | 20 | 持续↑ |
| (2)环境质量竞争力 | 74.5 | 6 | 优势 | 76.0 | 6 | 优势 | 74.5 | 15 | 中势 | 0 | 9 | 持续↑ |
| 人均工业废气排放量 | 74.6 | 14 | 中势 | 76.2 | 14 | 中势 | 86.0 | 18 | 中势 | -11.4 | 4 | 持续↑ |
| 人均二氧化硫排放量 | 93.3 | 6 | 优势 | 94.7 | 6 | 优势 | 82.3 | 8 | 优势 | 11.0 | 2 | 持续↑ |
| 人均工业烟(粉)尘排放量 | 78.5 | 18 | 中势 | 85.3 | 12 | 中势 | 80.8 | 15 | 中势 | -2.3 | -3 | 波动↓ |
| 人均工业废水排放量 | 38.9 | 27 | 劣势 | 41.5 | 26 | 劣势 | 16.8 | 28 | 劣势 | 22.1 | 1 | 波动↑ |
| 人均生活污水排放量 | 76.1 | 13 | 中势 | 72.6 | 20 | 中势 | 81.9 | 16 | 中势 | -5.8 | 3 | 波动↑ |
| 人均化学需氧量排放量 | 73.2 | 10 | 优势 | 75.2 | 10 | 优势 | 91.3 | 6 | 优势 | -18.1 | -4 | 持续↓ |
| 人均工业固体废物排放量 | 99.7 | 11 | 中势 | 99.4 | 13 | 中势 | 97.9 | 16 | 中势 | 1.8 | 5 | 持续↑ |
| 人均化肥施用量 | 66.2 | 11 | 中势 | 64.9 | 12 | 中势 | 61.4 | 11 | 中势 | 4.8 | 3 | 持续↑ |
| 人均农药施用量 | 68.3 | 22 | 劣势 | 73.4 | 22 | 劣势 | 72.7 | 22 | 劣势 | -4.4 | 0 | 持续→ |

表 13 - 4 - 2　2012 年福建省环境影响竞争力各级指标的优劣度结构表

| 二级指标 | 三级指标 | 四级指标数 | 强势指标 | | 优势指标 | | 中势指标 | | 劣势指标 | | 优劣度 |
|---|---|---|---|---|---|---|---|---|---|---|---|
| | | | 个数 | 比重(%) | 个数 | 比重(%) | 个数 | 比重(%) | 个数 | 比重(%) | |
| 环境影响竞争力 | 环境安全竞争力 | 12 | 1 | 8.3 | 5 | 41.7 | 3 | 25.0 | 3 | 25.0 | 强势 |
| | 环境质量竞争力 | 9 | 0 | 0.0 | 2 | 22.2 | 5 | 55.6 | 2 | 22.2 | 优势 |
| | 小　计 | 21 | 1 | 4.8 | 7 | 33.3 | 8 | 38.1 | 5 | 23.8 | 优势 |

2010~2012 年福建省环境影响竞争力的综合排位呈现持续上升趋势，2012 年排名第 4位，比 2010 年排位上升了 11 位，在全国处于上游区。

从环境影响竞争力的要素指标变化趋势来看，2 个指标即环境安全竞争力和环境质量竞争力均处于持续上升趋势。

从环境影响竞争力的基础指标分布来看，在 21 个基础指标中，指标的优劣度结构为 4.8∶33.3∶38.1∶23.8。强势和优势指标所占比重高于劣势指标的比重，表明优势指标占主导地位。

### 13.4.2　福建省环境影响竞争力比较分析

图 13 - 4 - 1 将 2010~2012 年福建省环境影响竞争力与全国最高水平和平均水平进行比较。由图可知，评价期内福建省环境影响竞争力得分普遍高于 72 分，且呈持续上升趋势，说明福建省环境影响竞争力保持较高水平。

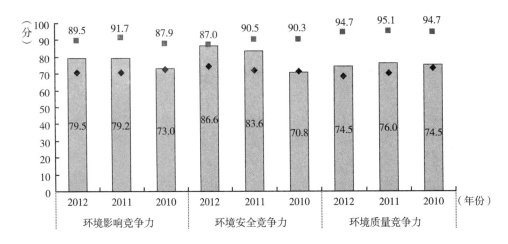

图 13 - 4 - 1　2010～2012 年福建省环境影响竞争力指标得分比较

　　从环境影响竞争力的整体得分比较来看，2010 年，福建省环境影响竞争力得分与全国最高分相比还有 14.9 分的差距，但与全国平均分相比，则高了 0.5 分；到 2012 年，福建省环境影响竞争力得分与全国最高分相差 10.0 分，高于全国平均分 8.9 分。总的来看，2010～2012 年福建省环境影响竞争力与最高分的差距呈缩小趋势。

　　从环境影响竞争力的要素得分比较来看，2012 年，福建省环境安全竞争力和环境质量竞争力的得分分别为 86.6 分和 74.5 分，比最高分低 0.4 分和 20.2 分，但高出平均分 12.4 分和 6.4 分；与 2010 年相比，福建省环境安全竞争力得分与最高分的差距缩小了 19.1 分，环境质量竞争力得分与最高分的差距不变。

### 13.4.3　福建省环境影响竞争力变化动因分析

　　二级指标环境影响竞争力的变化是三级要素指标变化综合作用的结果，而三级要素指标变化又是四级基础指标变化作用的结果。三级和四级指标的变动情况如表 13 - 4 - 1 所示。

　　从要素指标来看，福建省环境影响竞争力的 2 个要素指标中，环境安全竞争力的排名上升了 18 位，环境质量竞争力的排名上升了 9 位，受指标排位升降的综合影响，福建省环境影响竞争力排名呈持续上升，其中环境安全竞争力是环境影响竞争力呈现持续上升的主要因素。

　　从基础指标来看，福建省环境影响竞争力的 21 个基础指标中，上升指标有 15 个，占指标总数的 71.4%，主要分布在环境安全竞争力指标组；下降指标有 3 个，占指标总数的 14.3%，主要分布在环境质量竞争力指标组。排位上升的指标数量大于排位下降的指标数量，使得 2012 年福建省环境影响竞争力排名呈现持续上升。

## 13.5　福建省环境协调竞争力评价分析

### 13.5.1　福建省环境协调竞争力评价结果

2010～2012 年福建省环境协调竞争力排位和排位变化情况及其下属 2 个三级指标和 19

个四级指标的评价结果，如表 13－5－1 所示；环境协调竞争力各级指标的优劣势情况，如表 13－5－2 所示。

表 13－5－1　2010～2012 年福建省环境协调竞争力各级指标的得分、排名及优劣度分析表

| 指标项目 | 2012 年 | | | 2011 年 | | | 2010 年 | | | 综合变化 | | |
|---|---|---|---|---|---|---|---|---|---|---|---|---|
| | 得分 | 排名 | 优劣度 | 得分 | 排名 | 优劣度 | 得分 | 排名 | 优劣度 | 得分变化 | 排名变化 | 趋势变化 |
| **环境协调竞争力** | 60.6 | 18 | 中势 | 61.3 | 11 | 中势 | 61.9 | 11 | 中势 | －1.3 | －7 | 持续↓ |
| （1）人口与环境协调竞争力 | 51.2 | 17 | 中势 | 56.7 | 6 | 优势 | 57.4 | 5 | 优势 | －6.2 | －12 | 持续↓ |
| 人口自然增长率与工业废气排放量增长率比差 | 63.5 | 12 | 中势 | 56.8 | 18 | 中势 | 55.6 | 18 | 中势 | 7.9 | 6 | 持续↑ |
| 人口自然增长率与工业废水排放量增长率比差 | 23.0 | 30 | 劣势 | 70.4 | 20 | 中势 | 65.6 | 21 | 劣势 | －42.6 | －9 | 波动↓ |
| 人口自然增长率与工业固体废物排放量增长率比差 | 62.2 | 17 | 中势 | 55.0 | 13 | 中势 | 76.8 | 14 | 中势 | －14.6 | －3 | 波动↓ |
| 人口自然增长率与能源消费量增长率比差 | 89.3 | 7 | 优势 | 95.0 | 3 | 强势 | 99.6 | 2 | 强势 | －10.3 | －5 | 持续↓ |
| 人口密度与人均水资源量比差 | 9.3 | 12 | 中势 | 13.6 | 10 | 优势 | 9.9 | 11 | 中势 | －0.6 | －1 | 波动↓ |
| 人口密度与人均耕地面积比差 | 0.0 | 31 | 劣势 | 0.0 | 31 | 劣势 | 0.0 | 31 | 劣势 | 0.0 | 0 | 持续→ |
| 人口密度与森林覆盖率比差 | 92.8 | 3 | 强势 | 92.6 | 3 | 强势 | 92.4 | 3 | 强势 | 0.4 | 0 | 持续→ |
| 人口密度与人均矿产基础储量比差 | 8.7 | 23 | 劣势 | 14.6 | 15 | 中势 | 8.6 | 23 | 劣势 | 0.1 | 0 | 波动→ |
| 人口密度与人均能源生产量比差 | 95.9 | 12 | 中势 | 96.7 | 8 | 优势 | 96.4 | 8 | 优势 | －0.5 | －4 | 持续↓ |
| （2）经济与环境协调竞争力 | 66.7 | 17 | 中势 | 64.9 | 18 | 中势 | 64.8 | 18 | 中势 | 1.9 | 1 | 持续↑ |
| 工业增加值增长率与工业废气排放量增长率比差 | 73.6 | 20 | 中势 | 68.5 | 16 | 中势 | 73.9 | 17 | 中势 | －0.3 | －3 | 波动↓ |
| 工业增加值增长率与工业废水排放量增长率比差 | 72.9 | 15 | 中势 | 74.2 | 6 | 优势 | 83.3 | 7 | 优势 | －10.4 | －8 | 波动↓ |
| 工业增加值增长率与工业固体废物排放量增长率比差 | 91.9 | 6 | 优势 | 60.2 | 18 | 中势 | 53.6 | 18 | 中势 | 38.3 | 12 | 持续↑ |
| 地区生产总值增长率与能源消费量增长率比差 | 85.6 | 8 | 优势 | 91.8 | 7 | 优势 | 93.7 | 5 | 优势 | －8.1 | －3 | 持续↓ |
| 人均工业增加值与人均水资源量比差 | 56.8 | 22 | 劣势 | 55.9 | 22 | 劣势 | 57.7 | 22 | 劣势 | －0.9 | 0 | 持续→ |
| 人均工业增加值与人均耕地面积比差 | 56.9 | 24 | 劣势 | 57.7 | 24 | 劣势 | 57.8 | 24 | 劣势 | －0.9 | 0 | 持续→ |
| 人均工业增加值与人均工业废气排放量比差 | 74.9 | 10 | 优势 | 73.4 | 11 | 中势 | 65.9 | 12 | 中势 | 9.0 | 2 | 持续↑ |
| 人均工业增加值与森林覆盖率比差 | 47.3 | 24 | 劣势 | 46.5 | 24 | 劣势 | 46.5 | 24 | 劣势 | 0.8 | 0 | 持续→ |
| 人均工业增加值与人均矿产基础储量比差 | 51.5 | 24 | 劣势 | 52.0 | 24 | 劣势 | 52.0 | 24 | 劣势 | －0.5 | 0 | 持续↑ |
| 人均工业增加值与人均能源生产量比差 | 59.4 | 13 | 中势 | 60.0 | 13 | 中势 | 62.6 | 13 | 中势 | －3.2 | 0 | 持续→ |

表 13－5－2　2012 年福建省环境协调竞争力各级指标的优劣度结构表

| 二级指标 | 三级指标 | 四级指标数 | 强势指标 | | 优势指标 | | 中势指标 | | 劣势指标 | | 优劣度 |
|---|---|---|---|---|---|---|---|---|---|---|---|
| | | | 个数 | 比重（%） | 个数 | 比重（%） | 个数 | 比重（%） | 个数 | 比重（%） | |
| 环境协调竞争力 | 人口与环境协调竞争力 | 9 | 1 | 11.1 | 1 | 11.1 | 4 | 44.4 | 3 | 33.3 | 中势 |
| | 经济与环境协调竞争力 | 10 | 0 | 0.0 | 3 | 30.0 | 3 | 30.0 | 4 | 40.0 | 中势 |
| | 小　计 | 19 | 1 | 5.3 | 4 | 21.1 | 7 | 36.8 | 7 | 36.8 | 中势 |

2010～2012 年福建省环境协调竞争力的综合排位呈现持续下降趋势，2012 年排名第 18 位，比 2010 年下降了 7 位，在全国处于中游区。

从环境协调竞争力的要素指标变化趋势来看，有 1 个指标处于持续下降趋势，即人口与

环境协调竞争力；有 1 个指标处于持续上升趋势，为经济与环境协调竞争力。

从环境协调竞争力的基础指标分布来看，在 19 个基础指标中，指标的优劣度结构为 5.3 : 21.1 : 36.8 : 36.8。中势指标所占比重高于强势和优势指标的比重，表明中势指标占主导地位。

### 13.5.2 福建省环境协调竞争力比较分析

图 13 – 5 – 1 将 2010～2012 年福建省环境协调竞争力与全国最高水平和平均水平进行比较。由图可知，评价期内福建省环境协调竞争力得分普遍低于 62 分，且呈持续下降趋势，说明福建省环境协调竞争力处于中等偏下水平。

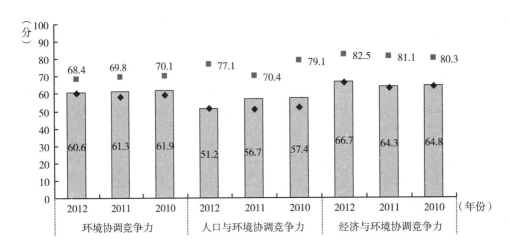

图 13 – 5 – 1　2010～2012 年福建省环境协调竞争力指标得分比较

从环境协调竞争力的整体得分比较来看，2010 年，福建省环境协调竞争力得分与全国最高分相比还有 8.2 分的差距，但与全国平均分相比，则高出 2.6 分；到 2012 年，福建省环境协调竞争力得分与全国最高分的差距缩小为 7.8 分，高于全国平均分 0.2 分。总的来看，2010～2012 年福建省环境协调竞争力与最高分的差距呈缩小趋势，但仍处于全国中游地位。

从环境协调竞争力的要素得分比较来看，2012 年，福建省人口与环境协调竞争力和经济与环境协调竞争力的得分分别为 51.2 分和 66.7 分，比最高分低 25.9 分和 15.7 分，前者即是平均分，后者比平均分高 0.4 分；与 2010 年相比，福建省人口与环境协调竞争力得分与最高分的差距扩大了 4.2 分，但经济与环境协调竞争力得分与最高分的差距扩大了 0.2 分。

### 13.5.3 福建省环境协调竞争力变化动因分析

二级指标环境协调竞争力的变化是三级要素指标变化综合作用的结果，而三级要素指标变化又是四级基础指标变化作用的结果。三级和四级指标的变动情况如表 13 – 5 – 1 所示。

从要素指标来看，福建省环境协调竞争力的 2 个要素指标中，人口与环境协调竞争力的排名持续下降了 12 位，经济与环境协调竞争力的排名持续上升了 1 位，受指标排位升降的综合影响，福建省环境协调竞争力下降了 7 位，其中人口与环境协调竞争力是导致环境协调竞争力排名下降的主要因素。

从基础指标来看，福建省环境协调竞争力的 19 个基础指标中，上升指标有 4 个，占指标总数的 21.1%，主要分布在经济与环境协调竞争力指标组；下降指标有 8 个，占指标总数的 42.1%，主要分布在人口与环境协调竞争力指标组。排位上升的指标数量小于排位下降的指标数量，2012 年福建省环境协调竞争力排名持续下降了 7 位。

## 13.6　福建省环境竞争力总体评述

从对福建省环境竞争力及其 5 个二级指标在全国的排位变化和指标结构的综合分析来看，"十二五"中期（2010～2012 年）环境竞争力中上升指标的数量小于下降指标的数量，但受其他外部因素的综合影响，2012 年福建省环境竞争力的排位保持不变，在全国居第 6 位。

### 13.6.1　福建省环境竞争力概要分析

福建省环境竞争力在全国所处的位置及变化如表 13 - 6 - 1 所示，5 个二级指标的得分和排位变化如表 13 - 6 - 2 所示。

表 13 - 6 - 1　2010～2012 年福建省环境竞争力一级指标比较表

| 项目＼年份 | 2012 | 2011 | 2010 |
| --- | --- | --- | --- |
| 排名 | 6 | 6 | 6 |
| 所属区位 | 上游 | 上游 | 上游 |
| 得分 | 55.5 | 54.3 | 54.2 |
| 全国最高分 | 58.2 | 59.5 | 60.1 |
| 全国平均分 | 51.3 | 50.8 | 50.4 |
| 与最高分的差距 | - 2.7 | - 5.2 | - 5.9 |
| 与平均分的差距 | 4.2 | 3.5 | 3.8 |
| 优劣度 | 优势 | 优势 | 优势 |
| 波动趋势 | 保持 | 保持 | — |

表 13 - 6 - 2　2010～2012 年福建省环境竞争力二级指标比较表

| 项目＼年份 | 生态环境竞争力 | | 资源环境竞争力 | | 环境管理竞争力 | | 环境影响竞争力 | | 环境协调竞争力 | | 环境竞争力 | |
| --- | --- | --- | --- | --- | --- | --- | --- | --- | --- | --- | --- | --- |
| | 得分 | 排名 | 得分 | 排名 | 得分 | 排名 | 得分 | 排名 | 得分 | 排名 | 得分 | 排名 |
| 2010 | 54.3 | 4 | 48.3 | 6 | 43.8 | 17 | 73.0 | 15 | 61.9 | 11 | 54.2 | 6 |
| 2011 | 48.9 | 10 | 51.0 | 7 | 44.6 | 16 | 79.2 | 4 | 61.3 | 11 | 54.3 | 6 |
| 2012 | 49.3 | 12 | 50.6 | 7 | 49.8 | 12 | 79.5 | 4 | 60.6 | 18 | 55.5 | 6 |
| 得分变化 | - 5.0 | — | 2.3 | — | 5.9 | — | 6.6 | — | - 1.3 | — | 1.3 | — |
| 排位变化 | — | - 8 | — | - 1 | — | 5 | — | 11 | — | - 7 | — | 0 |
| 优劣度 | 中势 | 中势 | 优势 | 优势 | 中势 | 中势 | 优势 | 优势 | 中势 | 中势 | 优势 | 优势 |

（1）从指标排位变化趋势看，2012年福建省环境竞争力综合排名在全国处于第6位，表明其在全国处于优势地位；与2010年相比，排位保持不变。总的来看，评价期内福建省环境竞争力呈持续保持趋势。

在5个二级指标中，有2个指标处于上升趋势，为环境管理竞争力和环境影响竞争力，这些是福建省环境竞争力的上升动力所在，有3个指标处于下降趋势，为生态环境竞争力、资源环境竞争力和环境协调竞争力。在指标排位升降的综合影响下，评价期内福建省环境竞争力的综合排位保持不变，在全国排名第6位。

（2）从指标所处区位看，2012年福建省环境竞争力处于上游区，其中，资源环境竞争力和环境影响竞争力指标为优势指标，生态环境竞争力、环境管理竞争力和环境协调竞争力为中势指标，没有劣势指标。

（3）从指标得分看，2012年福建省环境竞争力得分为55.5分，比全国最高分低2.7分，比全国平均分高4.2分；与2010年相比，福建省环境竞争力得分上升了1.3分，与当年最高分的差距缩小了，但与全国平均分的差距扩大了。

2012年，福建省环境竞争力二级指标的得分均高于49分，与2010年相比，得分上升最多的为环境影响竞争力，上升了6.6分；得分下降最多的为生态环境竞争力，下降了5.0分。

### 13.6.2 福建省环境竞争力各级指标动态变化分析

2010～2012年福建省环境竞争力各级指标的动态变化及其结构，如图13-6-1和表13-6-3所示。

从图13-6-1可以看出，福建省环境竞争力的四级指标中上升指标的比例大于下降指标，表明上升指标居于主导地位。表13-6-3中的数据进一步说明，福建省环境竞争力的130个四级指标中，上升的指标有48个，占指标总数的36.9%；保持的指标有52个，占指标总数的40.0%；下降的指标为30个，占指标总数的23.1%。下降指标的数量小于上升指标的数量，但在其他外部因素的综合影响下，评价期内福建省环境竞争力排位没有发生变化，在全国居第6位。

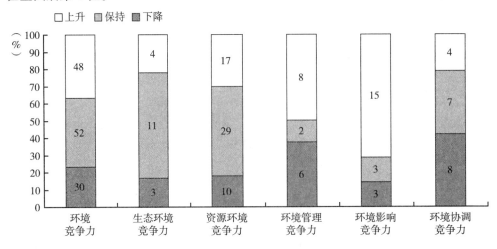

图13-6-1 2010～2012年福建省环境竞争力动态变化结构图

表 13 - 6 - 3　2010~2012 年福建省环境竞争力各级指标排位变化态势比较表

| 二级指标 | 三级指标 | 四级指标数 | 上升指标 | | 保持指标 | | 下降指标 | | 变化趋势 |
|---|---|---|---|---|---|---|---|---|---|
| | | | 个数 | 比重(%) | 个数 | 比重(%) | 个数 | 比重(%) | |
| 生态环境竞争力 | 生态建设竞争力 | 9 | 0 | 0.0 | 7 | 77.8 | 2 | 22.2 | 持续↓ |
| | 生态效益竞争力 | 9 | 4 | 44.4 | 4 | 44.4 | 1 | 11.1 | 波动↓ |
| | 小　计 | 18 | 4 | 22.2 | 11 | 61.1 | 3 | 16.7 | 持续↓ |
| 资源环境竞争力 | 水环境竞争力 | 11 | 4 | 36.4 | 4 | 36.4 | 3 | 27.3 | 波动↑ |
| | 土地环境竞争力 | 13 | 0 | 0.0 | 13 | 100.0 | 0 | 0.0 | 持续→ |
| | 大气环境竞争力 | 8 | 4 | 50.0 | 1 | 12.5 | 3 | 37.5 | 持续↑ |
| | 森林环境竞争力 | 8 | 1 | 12.5 | 7 | 87.5 | 0 | 0.0 | 波动→ |
| | 矿产环境竞争力 | 9 | 6 | 66.7 | 1 | 11.1 | 2 | 22.2 | 波动↑ |
| | 能源环境竞争力 | 7 | 2 | 28.6 | 3 | 42.9 | 2 | 28.6 | 波动→ |
| | 小　计 | 56 | 17 | 30.4 | 29 | 51.8 | 10 | 17.9 | 持续↓ |
| 环境管理竞争力 | 环境治理竞争力 | 10 | 7 | 70.0 | 1 | 10.0 | 2 | 20.0 | 波动↑ |
| | 环境友好竞争力 | 6 | 1 | 16.7 | 1 | 16.7 | 4 | 66.7 | 持续↓ |
| | 小　计 | 16 | 8 | 50.0 | 2 | 12.5 | 6 | 37.5 | 持续↑ |
| 环境影响竞争力 | 环境安全竞争力 | 12 | 9 | 75.0 | 2 | 16.7 | 1 | 8.3 | 持续↑ |
| | 环境质量竞争力 | 9 | 6 | 66.7 | 1 | 11.1 | 2 | 22.2 | 持续↑ |
| | 小　计 | 21 | 15 | 71.4 | 3 | 14.3 | 3 | 14.3 | 持续↑ |
| 环境协调竞争力 | 人口与环境协调竞争力 | 9 | 1 | 11.1 | 3 | 33.3 | 5 | 55.6 | 持续↓ |
| | 经济与环境协调竞争力 | 10 | 3 | 30.0 | 4 | 40.0 | 3 | 30.0 | 持续↑ |
| | 小　计 | 19 | 4 | 21.1 | 7 | 36.8 | 8 | 42.1 | 持续↓ |
| | 合　计 | 130 | 48 | 36.9 | 52 | 40.0 | 30 | 23.1 | 持续→ |

### 13.6.3　福建省环境竞争力各级指标变化动因分析

2012 年福建省环境竞争力各级指标的优劣势变化及其结构，如图 13 - 6 - 2 和表 13 - 6 - 4 所示。

从图 13 - 6 - 2 可以看出，2012 年福建省环境竞争力的四级指标中强势和优势指标的比例大于劣势指标，表明强势和优势指标居于主导地位。表 13 - 6 - 4 中的数据进一步说明，2012 年福建省环境竞争力的 130 个四级指标中，强势指标有 10 个，占指标总数的 7.7%；优势指标为 34 个，占指标总数的 26.2%；中势指标 56 个，占指标总数的 43.1%；劣势指标有 30 个，占指标总数的 23.1%；强势指标和优势指标之和占指标总数 33.8%，数量与比重均大于劣势指标。从三级指标来看，四级指标中强势指标和优势指标之和占四级指标总数一半以上的为土地环境竞争力，共计 1 个指标，占三级指标总数的 7.1%。反映到二级指标上来，优势指标有 2 个，占二级指标总数的 40%，中势指标有 3 个，占二级指标总数的 60%。这保证了福建省环境竞争力的优势地位，在全国位居第 6 位，处于上游区。

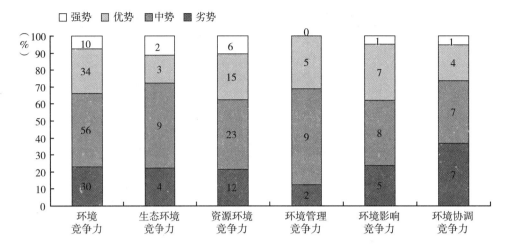

图 13 - 6 - 2  2012 年福建省环境竞争力优劣度结构图

表 13 - 6 - 4  2012 年福建省环境竞争力各级指标优劣度比较表

| 二级指标 | 三级指标 | 四级指标数 | 强势指标 | | 优势指标 | | 中势指标 | | 劣势指标 | | 优劣度 |
|---|---|---|---|---|---|---|---|---|---|---|---|
| | | | 个数 | 比重（%） | 个数 | 比重（%） | 个数 | 比重（%） | 个数 | 比重（%） | |
| 生态环境竞争力 | 生态建设竞争力 | 9 | 2 | 22.2 | 0 | 0.0 | 6 | 66.7 | 1 | 11.1 | 优势 |
| | 生态效益竞争力 | 9 | 0 | 0.0 | 3 | 33.3 | 3 | 33.3 | 3 | 33.3 | 中势 |
| | 小　计 | 18 | 2 | 11.1 | 3 | 16.7 | 9 | 50.0 | 4 | 22.2 | 中势 |
| 资源环境竞争力 | 水环境竞争力 | 11 | 3 | 27.3 | 2 | 18.2 | 4 | 36.4 | 2 | 18.2 | 中势 |
| | 土地环境竞争力 | 13 | 1 | 7.7 | 6 | 46.2 | 1 | 7.7 | 5 | 38.5 | 优势 |
| | 大气环境竞争力 | 8 | 1 | 12.5 | 1 | 12.5 | 6 | 75.0 | 0 | 0.0 | 强势 |
| | 森林环境竞争力 | 8 | 1 | 12.5 | 3 | 37.5 | 3 | 37.5 | 1 | 12.5 | 优势 |
| | 矿产环境竞争力 | 9 | 0 | 0.0 | 0 | 0.0 | 5 | 55.6 | 4 | 44.4 | 劣势 |
| | 能源环境竞争力 | 7 | 0 | 0.0 | 3 | 42.9 | 4 | 57.1 | 0 | 0.0 | 优势 |
| | 小　计 | 56 | 6 | 10.7 | 15 | 26.8 | 23 | 41.1 | 12 | 21.4 | 优势 |
| 环境管理竞争力 | 环境治理竞争力 | 10 | 0 | 0.0 | 2 | 20.0 | 6 | 60.0 | 2 | 20.0 | 中势 |
| | 环境友好竞争力 | 6 | 0 | 0.0 | 3 | 50.0 | 3 | 50.0 | 0 | 0.0 | 优势 |
| | 小　计 | 16 | 0 | 0.0 | 5 | 31.3 | 9 | 56.3 | 2 | 12.5 | 中势 |
| 环境影响竞争力 | 环境安全竞争力 | 12 | 1 | 8.3 | 5 | 41.7 | 3 | 25.0 | 3 | 25.0 | 强势 |
| | 环境质量竞争力 | 9 | 0 | 0.0 | 2 | 22.2 | 5 | 55.6 | 2 | 22.2 | 优势 |
| | 小　计 | 21 | 1 | 4.8 | 7 | 33.3 | 8 | 38.1 | 5 | 23.8 | 优势 |
| 环境协调竞争力 | 人口与环境协调竞争力 | 9 | 1 | 11.1 | 1 | 11.1 | 4 | 44.4 | 3 | 33.3 | 中势 |
| | 经济与环境协调竞争力 | 10 | 0 | 0.0 | 3 | 30.0 | 3 | 30.0 | 4 | 40.0 | 中势 |
| | 小　计 | 19 | 1 | 5.3 | 4 | 21.1 | 7 | 36.8 | 7 | 36.8 | 中势 |
| 合　　计 | | 130 | 10 | 7.7 | 34 | 26.2 | 56 | 43.1 | 30 | 23.1 | 优势 |

为了进一步明确影响福建省环境竞争力变化的具体指标，也便于对相关指标进行深入分析，从而为提升福建省环境竞争力提供决策参考，表13－6－5列出了环境竞争力指标体系中直接影响福建省环境竞争力升降的强势指标、优势指标和劣势指标。

表13－6－5　2012年福建省环境竞争力四级指标优劣度统计表

| 指标 | 强势指标 | 优势指标 | 劣势指标 |
| --- | --- | --- | --- |
| 生态环境竞争力（18个） | 野生动物种源繁育基地数、野生植物种源培育基地数（2个） | 工业废气排放强度、工业二氧化硫排放强度、工业废水中化学需氧量排放强度（3个） | 自然保护区面积占土地总面积比重、工业废水排放强度、化肥施用强度、农药施用强度（4个） |
| 资源环境竞争力（56个） | 用水总量、用水消耗量、耗水率、单位耕地面积农业增加值、全省设区市优良天数比例、森林覆盖率（6个） | 水资源总量、人均水资源量、园地面积、人均园地面积、土地资源利用效率、建设用地面积、单位建设用地非农产业增加值、沙化土地面积占土地总面积的比重、工业二氧化硫排放总量、人工林面积、森林蓄积量、活立木总蓄积量、能源生产总量、单位地区生产总值能耗、单位工业增加值能耗（15个） | 城市再生水利用率、工业废水排放总量、土地总面积、耕地面积、人均耕地面积、牧草地面积、人均牧草地面积、造林总面积、主要有色金属矿产基础储量、人均主要有色金属矿产基础储量、主要能源矿产基础储量、人均主要能源矿产基础储量（12个） |
| 环境管理竞争力（16个） | （0个） | 本年矿山恢复面积、地质灾害防治投资额、工业固体废物综合利用量、工业固体废物处置利用率、生活垃圾无害化处理率（5个） | 环境污染治理投资总额占地方生产总值比重、土地复垦面积占新增耕地面积的比重（2个） |
| 环境影响竞争力（21个） | 地质灾害防治投资额（1个） | 自然灾害受灾面积、自然灾害直接经济损失、地质灾害直接经济损失、森林病虫鼠害发生面积、森林病虫鼠害防治率、人均二氧化硫排放量、人均化学需氧量排放量（7个） | 森林火灾次数、森林火灾火场总面积、受火灾森林面积、人均工业废水排放量、人均农药施用量（5个） |
| 环境协调竞争力（19个） | 人口密度与森林覆盖率比差（1个） | 人口自然增长率与能源消费量增长率比差、工业增加值增长率与工业固体废物排放量增长率比差、地区生产总值增长率与能源消费量增长率比差、人均工业增加值与人均工业废气排放量比差（4个） | 人口自然增长率与工业废水排放量增长率比差、人口密度与人均耕地面积比差、人口密度与人均矿产基础储量比差、人均工业增加值与人均水资源量比差、人均工业增加值与人均耕地面积比差、人均工业增加值与森林覆盖率比差、人均工业增加值与人均矿产基础储量比差（7个） |

14

# 江西省环境竞争力评价分析报告

江西省简称赣，地处中国东南偏中部长江中下游南岸，东邻浙江、福建，南连广东，西靠湖南、北毗湖北、安徽而共接长江。全省土地总面积 16.69 万平方公里，2012 年末总人口 4504 万人，人均 GDP 达到 28800 元，万元 GDP 能耗为 0.66 吨标准煤。"十二五"中期（2010～2012 年），江西省环境竞争力的综合排位呈现波动保持趋势，2012 年排名第 8 位，与 2010 年相比排名没有发生变化，在全国处于优势地位。

## 14.1 江西省生态环境竞争力评价分析

### 14.1.1 江西省生态环境竞争力评价结果

2010～2012 年江西省生态环境竞争力排位和排位变化情况及其下属 2 个三级指标和 18 个四级指标的评价结果，如表 14 - 1 - 1 所示；生态环境竞争力各级指标的优劣势情况，如表 14 - 1 - 2 所示。

表 14 - 1 - 1 2010～2012 年江西省生态环境竞争力各级指标的得分、排名及优劣度分析表

| 指标项目 | 2012 年 | | | 2011 年 | | | 2010 年 | | | 综合变化 | | |
|---|---|---|---|---|---|---|---|---|---|---|---|---|
| | 得分 | 排名 | 优劣度 | 得分 | 排名 | 优劣度 | 得分 | 排名 | 优劣度 | 得分变化 | 排名变化 | 趋势变化 |
| **生态环境竞争力** | 52.5 | 6 | 优势 | 48.3 | 13 | 中势 | 52.5 | 7 | 优势 | 0.0 | 1 | 波动↑ |
| （1）生态建设竞争力 | 35.8 | 2 | 强势 | 28.9 | 7 | 优势 | 34.3 | 5 | 优势 | 1.5 | 3 | 波动↑ |
| 国家级生态示范区个数 | 23.4 | 14 | 中势 | 23.4 | 14 | 中势 | 23.4 | 14 | 中势 | 0.0 | 0 | 持续→ |
| 公园面积 | 12.1 | 17 | 中势 | 11.3 | 16 | 中势 | 11.3 | 16 | 中势 | 0.8 | -1 | 持续↓ |
| 园林绿地面积 | 16.7 | 17 | 中势 | 16.3 | 19 | 中势 | 16.3 | 19 | 中势 | 0.4 | 2 | 持续↑ |
| 绿化覆盖面积 | 10.1 | 20 | 中势 | 9.8 | 19 | 中势 | 9.8 | 19 | 中势 | 0.3 | -1 | 持续↓ |
| 本年减少耕地面积 | 75.4 | 13 | 中势 | 75.4 | 13 | 中势 | 75.4 | 13 | 中势 | 0.0 | 0 | 持续→ |
| 自然保护区个数 | 53.8 | 3 | 强势 | 52.5 | 3 | 强势 | 52.5 | 3 | 强势 | 1.3 | 0 | 持续↑ |
| 自然保护区面积占土地总面积比重 | 18.8 | 14 | 中势 | 17.3 | 16 | 中势 | 17.3 | 16 | 中势 | 1.5 | 2 | 持续↑ |
| 野生动物种源繁育基地数 | 27.4 | 7 | 优势 | 15.7 | 7 | 优势 | 15.7 | 7 | 优势 | 11.7 | 0 | 持续→ |
| 野生植物种源培育基地数 | 100.0 | 1 | 强势 | 40.9 | 2 | 强势 | 40.9 | 2 | 强势 | 59.1 | 1 | 持续↑ |
| （2）生态效益竞争力 | 77.6 | 21 | 劣势 | 77.5 | 21 | 劣势 | 79.7 | 18 | 中势 | -2.1 | -3 | 持续↓ |
| 工业废气排放强度 | 83.9 | 18 | 中势 | 84.6 | 19 | 中势 | 84.6 | 19 | 中势 | -0.7 | 1 | 持续↑ |
| 工业二氧化硫排放强度 | 81.7 | 20 | 中势 | 82.1 | 20 | 中势 | 82.1 | 20 | 中势 | -0.4 | 0 | 持续→ |

续表

| 指标项目 | 2012 年 | | | 2011 年 | | | 2010 年 | | | 综合变化 | | |
|---|---|---|---|---|---|---|---|---|---|---|---|---|
| | 得分 | 排名 | 优劣度 | 得分 | 排名 | 优劣度 | 得分 | 排名 | 优劣度 | 得分变化 | 排名变化 | 趋势变化 |
| 工业烟(粉)尘排放强度 | 77.3 | 20 | 中势 | 75.5 | 18 | 中势 | 75.5 | 18 | 中势 | 1.8 | -2 | 持续↓ |
| 工业废水排放强度 | 51.3 | 26 | 劣势 | 50.3 | 26 | 劣势 | 50.3 | 26 | 劣势 | 1.0 | 0 | 持续→ |
| 工业废水中化学需氧量排放强度 | 87.0 | 22 | 劣势 | 85.6 | 23 | 劣势 | 85.6 | 23 | 劣势 | 1.4 | 1 | 持续↑ |
| 工业废水中氨氮排放强度 | 83.0 | 26 | 劣势 | 81.2 | 26 | 劣势 | 81.2 | 26 | 劣势 | 1.8 | 0 | 持续→ |
| 工业固体废物排放强度 | 96.6 | 24 | 劣势 | 94.9 | 25 | 劣势 | 94.9 | 25 | 劣势 | 1.7 | 1 | 持续↑ |
| 化肥施用强度 | 67.7 | 12 | 中势 | 67.8 | 12 | 中势 | 67.8 | 12 | 中势 | -0.1 | 0 | 持续→ |
| 农药施用强度 | 67.5 | 26 | 劣势 | 73.4 | 27 | 劣势 | 73.4 | 27 | 劣势 | -5.9 | 1 | 持续↑ |

**表 14 – 1 – 2  2012 年江西省生态环境竞争力各级指标的优劣度结构表**

| 二级指标 | 三级指标 | 四级指标数 | 强势指标 | | 优势指标 | | 中势指标 | | 劣势指标 | | 优劣度 |
|---|---|---|---|---|---|---|---|---|---|---|---|
| | | | 个数 | 比重(%) | 个数 | 比重(%) | 个数 | 比重(%) | 个数 | 比重(%) | |
| 生态环境竞争力 | 生态建设竞争力 | 9 | 2 | 22.2 | 1 | 11.1 | 6 | 66.7 | 0 | 0.0 | 强势 |
| | 生态效益竞争力 | 9 | 0 | 0.0 | 0 | 0.0 | 4 | 44.4 | 5 | 55.6 | 劣势 |
| | 小　计 | 18 | 2 | 11.1 | 1 | 5.6 | 10 | 55.6 | 5 | 27.8 | 优势 |

2010 ~ 2012 年江西省生态环境竞争力的综合排位呈现波动上升趋势，2012 年排名第 6 位，比 2010 年上升了 1 位，在全国处于上游区。

从生态环境竞争力要素指标的变化趋势来看，有 1 个指标处于波动上升趋势，即生态建设竞争力；有 1 个指标处于持续下降趋势，为生态效益竞争力。

从生态环境竞争力基础指标的优劣度结构来看，在 18 个基础指标中，指标的优劣度结构为 11.1∶5.6∶55.6∶27.8。中势指标所占比重大于其他指标的比重，表明中势指标占主导地位。

### 14.1.2　江西省生态环境竞争力比较分析

图 14 – 1 – 1 将 2010 ~ 2012 年江西省生态环境竞争力与全国最高水平和平均水平进行比较。由图可知，评价期内江西省生态环境竞争力得分普遍低于 53 分，说明江西省生态环境竞争力处于中等水平。

从生态环境竞争力的整体得分比较来看，2010 年，江西省生态环境竞争力得分与全国最高分相比有 13.2 分的差距，但与全国平均分相比，则高出 6 分；到了 2012 年，江西省生态环境竞争力得分与全国最高分的差距缩小为 12.6 分，高于全国平均分 7 分。总的来看，2010 ~ 2012 年江西省生态环境竞争力与最高分的差距呈缩小趋势，表明生态建设和生态效益不断提升。

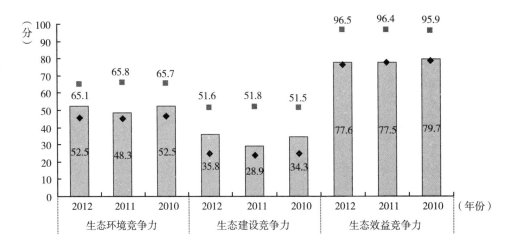

图 14 – 1 – 1　2010～2012 年江西省生态环境竞争力指标得分比较

从生态环境竞争力的要素得分比较来看，2012 年，江西省生态建设竞争力和生态效益竞争力的得分分别为 35.8 分和 77.6 分，分别比最高分低 15.8 分和 18.9 分，分别高于平均分 11.1 分和 1 分；与 2010 年相比，江西省生态建设竞争力得分与最高分的差距缩小了 1.4分，生态效益竞争力得分与最高分的差距扩大了 2.7 分。

### 14.1.3　江西省生态环境竞争力变化动因分析

二级指标生态环境竞争力的变化是三级要素指标变化综合作用的结果，而三级要素指标变化又是四级基础指标变化作用的结果。三级和四级指标的变动情况如表 14 – 1 – 1 所示。

从要素指标来看，江西省生态环境竞争力的 2 个要素指标中，生态建设竞争力的排名上升了 3 位，生态效益竞争力的排名下降了 3 位，受指标排位升降的综合影响，江西省生态环境竞争力波动上升了 1 位。

从基础指标来看，江西省生态环境竞争力的 18 个基础指标中，上升指标有 7 个，占指标总数的 38.9%，主要分布在生态效益竞争力指标组；下降指标有 3 个，占指标总数的16.7%，主要分布在生态建设竞争力指标组。上升指标的数量大于下降指标的数量，评价期内江西省生态环境竞争力排名上升了 1 位。

## 14.2　江西省资源环境竞争力评价分析

### 14.2.1　江西省资源环境竞争力评价结果

2010～2012 年江西省资源环境竞争力排位和排位变化情况及其下属 6 个三级指标和 56个四级指标的评价结果，如表 14 – 2 – 1 所示；资源环境竞争力各级指标的优劣势情况，如表 14 – 2 – 2 所示。

表 14-2-1 2010～2012 年江西省资源环境竞争力各级指标的得分、排名及优劣度分析表

| 指 标 项 目 | 2012 年 | | | 2011 年 | | | 2010 年 | | | 综合变化 | | |
|---|---|---|---|---|---|---|---|---|---|---|---|---|
| | 得分 | 排名 | 优劣度 | 得分 | 排名 | 优劣度 | 得分 | 排名 | 优劣度 | 得分变化 | 排名变化 | 趋势变化 |
| **资源环境竞争力** | 49.2 | 8 | 优势 | 48.0 | 8 | 优势 | 48.1 | 7 | 优势 | 1.1 | -1 | 持续↓ |
| （1）水环境竞争力 | 49.6 | 10 | 优势 | 45.6 | 18 | 中势 | 49.0 | 9 | 优势 | 0.7 | -1 | 波动↓ |
| 水资源总量 | 51.7 | 3 | 强势 | 23.4 | 7 | 优势 | 49.4 | 3 | 强势 | 2.3 | 0 | 波动→ |
| 人均水资源量 | 3.4 | 3 | 强势 | 1.5 | 8 | 优势 | 3.3 | 5 | 优势 | 0.1 | 2 | 波动↑ |
| 降水量 | 53.6 | 6 | 优势 | 30.2 | 10 | 优势 | 47.8 | 6 | 优势 | 5.8 | 0 | 波动→ |
| 供水总量 | 38.7 | 10 | 优势 | 45.0 | 9 | 优势 | 41.8 | 9 | 优势 | -3.1 | -1 | 持续↓ |
| 用水总量 | 97.7 | 1 | 强势 | 97.6 | 1 | 强势 | 97.6 | 1 | 强势 | 0.1 | 0 | 持续→ |
| 用水消耗量 | 98.9 | 1 | 强势 | 98.7 | 1 | 强势 | 98.4 | 1 | 强势 | 0.5 | 0 | 持续→ |
| 耗水率 | 41.9 | 1 | 强势 | 41.9 | 1 | 强势 | 40.0 | 1 | 强势 | 1.9 | 0 | 持续→ |
| 节灌率 | 7.4 | 28 | 劣势 | 5.5 | 28 | 劣势 | 4.4 | 28 | 劣势 | 3.1 | 0 | 持续→ |
| 城市再生水利用率 | 2.1 | 20 | 中势 | 2.1 | 20 | 中势 | 0.0 | 27 | 劣势 | 2.1 | 7 | 持续↑ |
| 工业废水排放总量 | 71.4 | 19 | 中势 | 71.2 | 19 | 中势 | 72.7 | 21 | 劣势 | -1.3 | 2 | 持续↑ |
| 生活污水排放量 | 80.1 | 17 | 中势 | 80.3 | 11 | 中势 | 84.0 | 16 | 中势 | -3.9 | -1 | 持续↓ |
| （2）土地环境竞争力 | 22.3 | 27 | 劣势 | 22.5 | 27 | 劣势 | 22.5 | 27 | 劣势 | -0.2 | 0 | 持续→ |
| 土地总面积 | 9.7 | 18 | 中势 | 9.7 | 18 | 中势 | 9.7 | 18 | 中势 | 0.0 | 0 | 持续→ |
| 耕地面积 | 22.6 | 20 | 中势 | 22.6 | 20 | 中势 | 22.6 | 20 | 中势 | 0.0 | 0 | 持续→ |
| 人均耕地面积 | 18.1 | 21 | 劣势 | 18.1 | 21 | 劣势 | 18.2 | 21 | 劣势 | -0.1 | 0 | 持续→ |
| 牧草地面积 | 0.0 | 25 | 劣势 | 0.0 | 25 | 劣势 | 0.0 | 25 | 劣势 | 0.0 | 0 | 持续→ |
| 人均牧草地面积 | 0.0 | 26 | 劣势 | 0.0 | 26 | 劣势 | 0.0 | 26 | 劣势 | 0.0 | 0 | 持续→ |
| 园地面积 | 27.4 | 19 | 中势 | 27.4 | 19 | 中势 | 27.4 | 19 | 中势 | 0.0 | 0 | 持续→ |
| 人均园地面积 | 9.2 | 18 | 中势 | 9.1 | 18 | 中势 | 9.1 | 18 | 中势 | 0.1 | 0 | 持续→ |
| 土地资源利用效率 | 2.4 | 17 | 中势 | 2.3 | 18 | 中势 | 2.1 | 18 | 中势 | 0.3 | 1 | 持续↑ |
| 建设用地面积 | 63.7 | 15 | 中势 | 63.7 | 15 | 中势 | 63.7 | 15 | 中势 | 0.0 | 0 | 持续→ |
| 单位建设用地非农产业增加值 | 9.4 | 17 | 中势 | 9.0 | 17 | 中势 | 8.0 | 18 | 中势 | 1.4 | 1 | 持续↑ |
| 单位耕地面积农业增加值 | 31.7 | 12 | 中势 | 32.6 | 12 | 中势 | 34.6 | 12 | 中势 | -2.9 | 0 | 持续→ |
| 沙化土地面积占土地总面积的比重 | 99.0 | 8 | 优势 | 99.0 | 8 | 优势 | 99.0 | 8 | 优势 | 0.0 | 0 | 持续→ |
| 当年新增种草面积 | 4.1 | 18 | 中势 | 6.3 | 15 | 中势 | 4.3 | 17 | 中势 | -0.2 | -1 | 波动↓ |
| （3）大气环境竞争力 | 81.8 | 8 | 优势 | 81.5 | 10 | 优势 | 80.8 | 8 | 优势 | 1.0 | 0 | 波动→ |
| 工业废气排放总量 | 78.2 | 15 | 中势 | 79.3 | 16 | 中势 | 82.6 | 9 | 优势 | -4.4 | -6 | 波动↓ |
| 地均工业废气排放量 | 95.8 | 14 | 中势 | 95.5 | 14 | 中势 | 97.1 | 12 | 中势 | -1.3 | -2 | 持续↓ |
| 工业烟（粉）尘排放总量 | 69.6 | 19 | 中势 | 70.9 | 19 | 中势 | 54.6 | 19 | 中势 | 15.0 | 0 | 持续→ |
| 地均工业烟（粉）尘排放量 | 80.8 | 17 | 中势 | 79.5 | 20 | 中势 | 73.5 | 16 | 中势 | 7.3 | -3 | 波动↓ |
| 工业二氧化硫排放总量 | 64.3 | 16 | 中势 | 65.2 | 15 | 中势 | 66.0 | 13 | 中势 | -1.7 | -3 | 持续↓ |
| 地均二氧化硫排放量 | 89.2 | 15 | 中势 | 89.7 | 15 | 中势 | 91.9 | 12 | 中势 | -2.7 | -3 | 持续↓ |
| 全省设区市优良天数比例 | 95.4 | 4 | 优势 | 96.1 | 3 | 强势 | 96.1 | 3 | 强势 | -0.7 | -1 | 持续↓ |
| 可吸入颗粒物（PM10）浓度 | 80.2 | 4 | 优势 | 74.7 | 6 | 优势 | 82.7 | 5 | 优势 | -2.4 | -2 | 波动↓ |
| （4）森林环境竞争力 | 46.4 | 7 | 优势 | 46.8 | 8 | 优势 | 47.5 | 7 | 优势 | -1.1 | 0 | 波动→ |
| 林业用地面积 | 23.9 | 11 | 中势 | 23.9 | 11 | 中势 | 23.9 | 11 | 中势 | 0.0 | 0 | 持续→ |
| 森林面积 | 41.0 | 7 | 优势 | 41.0 | 7 | 优势 | 41.0 | 7 | 优势 | 0.0 | 0 | 持续→ |
| 森林覆盖率 | 91.9 | 2 | 强势 | 91.9 | 2 | 强势 | 91.9 | 2 | 强势 | 0.0 | 0 | 持续→ |

续表

| 指标项目 | 2012年 | | | 2011年 | | | 2010年 | | | 综合变化 | | |
|---|---|---|---|---|---|---|---|---|---|---|---|---|
| | 得分 | 排名 | 优劣度 | 得分 | 排名 | 优劣度 | 得分 | 排名 | 优劣度 | 得分变化 | 排名变化 | 趋势变化 |
| 人工林面积 | 56.3 | 8 | 优势 | 56.3 | 8 | 优势 | 56.3 | 8 | 优势 | 0.0 | 0 | 持续→ |
| 天然林比重 | 70.2 | 14 | 中势 | 70.2 | 14 | 中势 | 70.2 | 14 | 中势 | 0.0 | 0 | 持续→ |
| 造林总面积 | 17.6 | 17 | 中势 | 22.4 | 18 | 中势 | 30.2 | 15 | 中势 | -12.6 | -2 | 波动↓ |
| 森林蓄积量 | 17.6 | 9 | 优势 | 17.6 | 9 | 优势 | 17.6 | 9 | 优势 | 0.0 | 0 | 持续→ |
| 活立木总蓄积量 | 19.7 | 9 | 优势 | 19.7 | 9 | 优势 | 19.7 | 9 | 优势 | 0.0 | 0 | 持续→ |
| (5)矿产环境竞争力 | 13.4 | 20 | 中势 | 13.4 | 21 | 劣势 | 13.4 | 21 | 劣势 | 0.0 | 1 | 持续↑ |
| 主要黑色金属矿产基础储量 | 2.7 | 18 | 中势 | 3.0 | 18 | 中势 | 2.5 | 16 | 中势 | 0.2 | -2 | 持续↓ |
| 人均主要黑色金属矿产基础储量 | 2.6 | 18 | 中势 | 2.9 | 18 | 中势 | 2.5 | 18 | 中势 | 0.1 | 0 | 持续→ |
| 主要有色金属矿产基础储量 | 11.9 | 15 | 中势 | 10.4 | 14 | 中势 | 10.0 | 14 | 中势 | 1.9 | -1 | 持续↓ |
| 人均主要有色金属矿产基础储量 | 11.6 | 15 | 中势 | 10.2 | 14 | 中势 | 9.8 | 16 | 中势 | 1.8 | 1 | 波动↑ |
| 主要非金属矿产基础储量 | 11.1 | 7 | 优势 | 11.2 | 8 | 优势 | 14.3 | 9 | 优势 | -3.3 | 2 | 持续↑ |
| 人均主要非金属矿产基础储量 | 10.4 | 10 | 优势 | 13.5 | 10 | 优势 | 15.9 | 11 | 优势 | -5.5 | 1 | 持续↑ |
| 主要能源矿产基础储量 | 0.5 | 22 | 劣势 | 0.5 | 22 | 劣势 | 0.8 | 22 | 劣势 | -0.3 | 0 | 持续→ |
| 人均主要能源矿产基础储量 | 0.4 | 25 | 劣势 | 0.4 | 25 | 劣势 | 0.5 | 24 | 劣势 | -0.1 | -1 | 持续↓ |
| 工业固体废物产生量 | 76.2 | 21 | 劣势 | 75.3 | 21 | 劣势 | 70.3 | 24 | 劣势 | 5.8 | 3 | 持续↑ |
| (6)能源环境竞争力 | 79.2 | 4 | 优势 | 76.8 | 10 | 优势 | 73.1 | 3 | 强势 | 6.1 | -1 | 波动↓ |
| 能源生产总量 | 96.8 | 7 | 优势 | 96.6 | 7 | 优势 | 96.4 | 7 | 优势 | 0.3 | 0 | 持续→ |
| 能源消费总量 | 81.5 | 7 | 优势 | 81.5 | 6 | 优势 | 81.9 | 6 | 优势 | -0.3 | -1 | 持续↓ |
| 单位地区生产总值能耗 | 71.8 | 8 | 优势 | 77.8 | 8 | 优势 | 69.6 | 9 | 优势 | 2.2 | 1 | 持续↑ |
| 单位地区生产总值电耗 | 88.8 | 9 | 优势 | 89.4 | 7 | 优势 | 88.2 | 8 | 优势 | 0.5 | -1 | 波动↓ |
| 单位工业增加值能耗 | 76.3 | 5 | 优势 | 72.8 | 11 | 中势 | 74.5 | 5 | 优势 | 1.8 | 0 | 波动→ |
| 能源生产弹性系数 | 61.7 | 7 | 优势 | 60.0 | 25 | 劣势 | 70.7 | 2 | 强势 | -9.0 | -5 | 波动↓ |
| 能源消费弹性系数 | 79.8 | 12 | 中势 | 62.2 | 22 | 劣势 | 33.8 | 15 | 中势 | 46.1 | 3 | 波动↑ |

表14-2-2　2012年江西省资源环境竞争力各级指标的优劣度结构表

| 二级指标 | 三级指标 | 四级指标数 | 强势指标 | | 优势指标 | | 中势指标 | | 劣势指标 | | 优劣度 |
|---|---|---|---|---|---|---|---|---|---|---|---|
| | | | 个数 | 比重(%) | 个数 | 比重(%) | 个数 | 比重(%) | 个数 | 比重(%) | |
| 资源环境竞争力 | 水环境竞争力 | 11 | 5 | 45.5 | 2 | 18.2 | 3 | 27.3 | 1 | 9.1 | 优势 |
| | 土地环境竞争力 | 13 | 0 | 0.0 | 1 | 7.7 | 9 | 69.2 | 3 | 23.1 | 劣势 |
| | 大气环境竞争力 | 8 | 0 | 0.0 | 2 | 25.0 | 6 | 75.0 | 0 | 0.0 | 优势 |
| | 森林环境竞争力 | 8 | 1 | 12.5 | 4 | 50.0 | 3 | 37.5 | 0 | 0.0 | 优势 |
| | 矿产环境竞争力 | 9 | 0 | 0.0 | 2 | 22.2 | 4 | 44.4 | 3 | 33.3 | 中势 |
| | 能源环境竞争力 | 7 | 0 | 0.0 | 6 | 85.7 | 1 | 14.3 | 0 | 0.0 | 优势 |
| 小　计 | | 56 | 6 | 10.7 | 17 | 30.4 | 26 | 46.4 | 7 | 12.5 | 优势 |

　　2010～2012年江西省资源环境竞争力的综合排位呈持续下降趋势，2012年排名第8位，比2010年排位下降了1位，在全国处于上游区。

　　从资源环境竞争力的要素指标变化趋势来看，有1个指标处于上升趋势，为矿产环境竞争力；有3个指标处于保持趋势，为土地环境竞争力、大气环境竞争力、森林环境竞争力；

有 2 个指标处于下降趋势,为水环境竞争力、能源环境竞争力。

从资源环境竞争力的基础指标分布来看,在 56 个基础指标中,指标的优劣度结构为 10.7∶30.4∶46.4∶12.5,强势和优势指标所占比重显著高于劣势指标的比重。

### 14.2.2 江西省资源环境竞争力比较分析

图 14 - 2 - 1 将 2010 ~ 2012 年江西省资源环境竞争力与全国最高水平和平均水平进行比较。由图可知,评价期内江西省资源环境竞争力得分普遍高于 47 分,且呈现波动上升趋势,说明江西省资源环境竞争力保持较高水平。

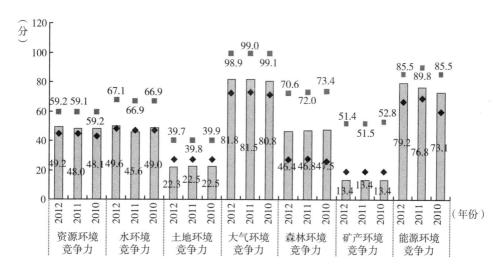

**图 14 - 2 - 1　2010 ~ 2012 年江西省资源环境竞争力指标得分比较**

从资源环境竞争力的整体得分比较来看,2010 年,江西省资源环境竞争力得分与全国最高分相比还有 11.1 分的差距,与全国平均分相比,则高了 5.2 分;到 2012 年,江西省资源环境竞争力得分与全国最高分的差距缩小为 10 分,高于全国平均分 4.7 分。总的来看,2010 ~ 2012 年江西省资源环境竞争力与最高分的差距呈缩小趋势,继续在全国处于上游地位。

从资源环境竞争力的要素得分比较来看,2012 年,江西省水环境竞争力、土地环境竞争力、大气环境竞争力、森林环境竞争力、矿产环境竞争力和能源环境竞争力的得分分别为 49.6 分、22.3 分、81.8 分、46.4 分、13.4 分和 79.2 分,比最高分低 17.5 分、17.4 分、17.1 分、24.2 分、38 分和 6.3 分;与 2010 年相比,江西省水环境竞争力、大气环境竞争力、森林环境竞争力、矿产环境竞争力和能源环境竞争力的得分与最高分的差距都缩小了,土地环境竞争力的得分与最高分的差距保持不变。

### 14.2.3 江西省资源环境竞争力变化动因分析

二级指标资源环境竞争力的变化是三级要素指标变化综合作用的结果,而三级要素指标变化又是四级基础指标变化作用的结果。三级和四级指标的变动情况如表 14 - 2 - 1 所示。

从要素指标来看,江西省资源环境竞争力的 6 个要素指标中,矿产环境竞争力的排位出现了上升，土地环境竞争力、大气环境竞争力和森林环境竞争力的排位呈保持趋势，而水环境竞争力和能源环境竞争力的排位呈下降趋势，受指标排位升降的综合影响，江西省资源环境竞争力呈持续下降趋势，其中水环境竞争力和能源环境竞争力是资源环境竞争力排位下降的主要因素。

从基础指标来看，江西省资源环境竞争力的 56 个基础指标中，上升指标有 11 个，占指标总数的 19.6%，主要分布在矿产环境竞争力等指标组；下降指标有 17 个，占指标总数的 30.4%，主要分布在大气环境竞争力等指标组。排位下降的指标数量高于排位上升的指标数量，其余的 28 个指标呈波动保持或持续保持，使得 2012 年江西省资源环境竞争力排名呈持续下降趋势。

## 14.3  江西省环境管理竞争力评价分析

### 14.3.1  江西省环境管理竞争力评价结果

2010~2012 年江西省环境管理竞争力排位和排位变化情况及其下属 2 个三级指标和 16 个四级指标的评价结果，如表 14-3-1 所示；环境管理竞争力各级指标的优劣势情况，如表 14-3-2 所示。

表 14-3-1  2010~2012 年江西省环境管理竞争力各级指标的得分、排名及优劣度分析表

| 指标项目 | 2012 年 | | | 2011 年 | | | 2010 年 | | | 综合变化 | | |
|---|---|---|---|---|---|---|---|---|---|---|---|---|
| | 得分 | 排名 | 优劣度 | 得分 | 排名 | 优劣度 | 得分 | 排名 | 优劣度 | 得分变化 | 排名变化 | 趋势变化 |
| **环境管理竞争力** | 47.3 | 17 | 中势 | 43.4 | 18 | 中势 | 47.4 | 13 | 中势 | -0.1 | -4 | 波动↓ |
| （1）环境治理竞争力 | 29.3 | 11 | 中势 | 24.2 | 14 | 中势 | 21.4 | 17 | 中势 | 7.9 | 6 | 持续↑ |
| 环境污染治理投资总额 | 42.5 | 10 | 优势 | 36.0 | 11 | 中势 | 11.0 | 13 | 中势 | 31.4 | 3 | 持续↑ |
| 环境污染治理投资总额占地方生产总值比重 | 67.5 | 5 | 优势 | 35.9 | 7 | 优势 | 52.9 | 9 | 优势 | 14.6 | 4 | 持续↑ |
| 废气治理设施年运行费用 | 14.8 | 16 | 中势 | 18.7 | 18 | 中势 | 23.3 | 15 | 中势 | -8.6 | -1 | 波动↓ |
| 废水治理设施处理能力 | 21.6 | 16 | 中势 | 11.6 | 15 | 中势 | 21.7 | 17 | 中势 | -0.1 | 1 | 波动↑ |
| 废水治理设施年运行费用 | 16.3 | 17 | 中势 | 18.0 | 18 | 中势 | 23.5 | 17 | 中势 | -7.1 | 0 | 波动→ |
| 矿山环境恢复治理投入资金 | 16.2 | 13 | 中势 | 33.8 | 14 | 中势 | 19.9 | 12 | 中势 | -3.7 | -1 | 波动↓ |
| 本年矿山恢复面积 | 21.3 | 9 | 优势 | 15.7 | 2 | 强势 | 4.7 | 16 | 中势 | 16.6 | 7 | 波动↓ |
| 地质灾害防治投资额 | 22.8 | 7 | 优势 | 16.7 | 7 | 优势 | 4.1 | 12 | 中势 | 18.7 | 5 | 持续↑ |
| 水土流失治理面积 | 42.7 | 9 | 优势 | 41.2 | 12 | 中势 | 41.4 | 12 | 中势 | 1.2 | 3 | 持续↑ |
| 土地复垦面积占新增耕地面积的比重 | 1.2 | 28 | 劣势 | 1.2 | 28 | 劣势 | 1.2 | 28 | 劣势 | 0.0 | 0 | 持续→ |
| （2）环境友好竞争力 | 61.4 | 19 | 中势 | 58.3 | 22 | 劣势 | 67.5 | 7 | 优势 | -6.2 | -12 | 波动↓ |
| 工业固体废物综合利用量 | 30.0 | 12 | 中势 | 33.5 | 11 | 中势 | 24.4 | 15 | 中势 | 5.6 | 3 | 波动↑ |
| 工业固体废物处置量 | 3.3 | 24 | 劣势 | 4.8 | 20 | 中势 | 37.4 | 5 | 优势 | -34.1 | -19 | 持续↓ |
| 工业固体废物处置利用率 | 53.4 | 28 | 劣势 | 57.0 | 28 | 劣势 | 73.7 | 14 | 中势 | -20.3 | -14 | 持续↓ |
| 工业用水重复利用率 | 94.4 | 12 | 中势 | 70.5 | 23 | 劣势 | 90.5 | 12 | 中势 | 3.9 | 0 | 波动→ |
| 城市污水处理率 | 89.0 | 22 | 劣势 | 90.0 | 13 | 中势 | 86.5 | 18 | 中势 | 2.5 | -4 | 波动↓ |
| 生活垃圾无害化处理率 | 89.2 | 15 | 中势 | 88.3 | 14 | 中势 | 85.9 | 13 | 中势 | 3.3 | -2 | 持续↓ |

表14－3－2　2012年江西省环境管理竞争力各级指标的优劣度结构表

| 二级指标 | 三级指标 | 四级指标数 | 强势指标 | | 优势指标 | | 中势指标 | | 劣势指标 | | 优劣度 |
|---|---|---|---|---|---|---|---|---|---|---|---|
| | | | 个数 | 比重（%） | 个数 | 比重（%） | 个数 | 比重（%） | 个数 | 比重（%） | |
| 环境管理竞争力 | 环境治理竞争力 | 10 | 0 | 0.0 | 5 | 50.0 | 4 | 40.0 | 1 | 10.0 | 中势 |
| | 环境友好竞争力 | 6 | 0 | 0.0 | 0 | 0.0 | 3 | 50.0 | 3 | 50.0 | 中势 |
| | 小　计 | 16 | 0 | 0.0 | 5 | 31.3 | 7 | 43.8 | 4 | 25.0 | 中势 |

2010～2012年江西省环境管理竞争力的综合排位呈现波动下降，2012年排名第17位，比2010年下降了4位，在全国处于中游区。

从环境管理竞争力的要素指标变化趋势来看，环境治理竞争力处于持续上升趋势，环境友好竞争力处于波动下降趋势。

从环境管理竞争力的基础指标分布来看，在16个基础指标中，指标的优劣度结构为0∶31.3∶43.8∶25.0。中势指标的比重大于强势和优势指标所占比重，表明中势指标占主导地位。

### 14.3.2　江西省环境管理竞争力比较分析

图14－3－1将2010～2012年江西省环境管理竞争力与全国最高水平和平均水平进行比较。由图可知，评价期内江西省环境管理竞争力得分普遍低于48分，呈波动下降趋势，在全国处于中等水平。

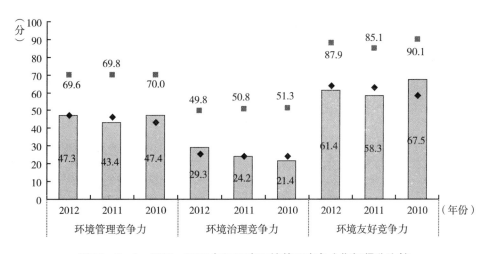

图14－3－1　2010～2012年江西省环境管理竞争力指标得分比较

从环境管理竞争力的整体得分比较来看，2010年，江西省环境管理竞争力得分与全国最高分相比还有22.6分的差距，但与全国平均分相比，则高出4分；到2012年，江西省环境管理竞争力得分与全国最高分的差距仍有22.3分，高出全国平均分0.3分。总的来看，2010～2012年江西省环境管理竞争力与最高分的差距呈缩小趋势，继续保持全国中等水平。

从环境管理竞争力的要素得分比较来看，2012 年，江西省环境治理竞争力和环境友好竞争力的得分分别为29.3 分和61.4 分，分别比最高分低20.5 分和26.5 分，前者高于平均分4.1 分，后者低于平均分2.6 分；与2010 年相比，江西省环境治理竞争力得分与最高分的差距缩小了9.4 分，环境友好竞争力得分与最高分的差距扩大了3.9 分。

### 14.3.3　江西省环境管理竞争力变化动因分析

二级指标环境管理竞争力的变化是三级要素指标变化综合作用的结果，而三级要素指标变化又是四级基础指标变化作用的结果。三级和四级指标的变动情况如表14 - 3 - 1 所示。

从要素指标来看，江西省环境管理竞争力的 2 个要素指标中，环境治理竞争力的排名上升了6 位，环境友好竞争力的排名下降了12 位，受指标排位升降的综合影响，江西省环境管理竞争力下降了4 位，其中环境友好竞争力是导致环境管理竞争力下降的主要因素。

从基础指标来看，江西省环境管理竞争力的 16 个基础指标中，上升指标有 7 个，占指标总数的43.8%，主要分布在环境治理竞争力指标组；下降指标有 6 个，占指标总数的37.5%，主要分布在环境友好竞争力指标组。排位上升的指标数量略大于排位下降的指标数量，但受其他因素的综合影响，2012 年江西省环境管理竞争力排名下降了4 位。

# 14.4　江西省环境影响竞争力评价分析

### 14.4.1　江西省环境影响竞争力评价结果

2010 ~ 2012 年江西省环境影响竞争力排位和排位变化情况及其下属 2 个三级指标和21 个四级指标的评价结果，如表14 - 4 - 1 所示；环境影响竞争力各级指标的优劣势情况，如表14 - 4 - 2 所示。

表 14 - 4 - 1　2010 ~ 2012 年江西省环境影响竞争力各级指标的得分、排名及优劣度分析表

| 指 项<br>标 目 | 2012 年 | | | 2011 年 | | | 2010 年 | | | 综合变化 | | |
|---|---|---|---|---|---|---|---|---|---|---|---|---|
| | 得分 | 排名 | 优劣度 | 得分 | 排名 | 优劣度 | 得分 | 排名 | 优劣度 | 得分变化 | 排名变化 | 趋势变化 |
| **环境影响竞争力** | 75.5 | 7 | 优势 | 70.6 | 21 | 劣势 | 67.7 | 24 | 劣势 | 7.8 | 17 | 持续↑ |
| (1)环境安全竞争力 | 79.2 | 13 | 中势 | 65.8 | 23 | 劣势 | 54.3 | 28 | 劣势 | 25.0 | 15 | 持续↑ |
| 自然灾害受灾面积 | 72.7 | 17 | 中势 | 58.5 | 18 | 中势 | 35.5 | 26 | 劣势 | 37.3 | 9 | 持续↑ |
| 自然灾害绝收面积占受灾面积比重 | 70.2 | 15 | 中势 | 76.3 | 13 | 中势 | 76.2 | 17 | 中势 | -6.0 | 2 | 波动↑ |
| 自然灾害直接经济损失 | 72.4 | 20 | 中势 | 62.5 | 23 | 劣势 | 0.7 | 30 | 劣势 | 71.7 | 10 | 持续↑ |
| 发生地质灾害起数 | 81.3 | 27 | 劣势 | 92.5 | 27 | 劣势 | 0.0 | 31 | 劣势 | 81.3 | 4 | 持续↑ |
| 地质灾害直接经济损失 | 98.7 | 17 | 中势 | 97.9 | 20 | 中势 | 43.8 | 28 | 劣势 | 54.9 | 11 | 持续↑ |
| 地质灾害防治投资额 | 23.1 | 7 | 优势 | 16.7 | 8 | 优势 | 4.1 | 12 | 中势 | 19.0 | 5 | 持续↑ |
| 突发环境事件次数 | 99.5 | 5 | 优势 | 95.9 | 15 | 中势 | 94.4 | 20 | 中势 | 5.1 | 15 | 持续↑ |

续表

| 指 标 项 目 | 2012 年 | | | 2011 年 | | | 2010 年 | | | 综合变化 | | |
|---|---|---|---|---|---|---|---|---|---|---|---|---|
| | 得分 | 排名 | 优劣度 | 得分 | 排名 | 优劣度 | 得分 | 排名 | 优劣度 | 得分变化 | 排名变化 | 趋势变化 |
| 森林火灾次数 | 95.0 | 15 | 中势 | 82.7 | 20 | 中势 | 96.9 | 17 | 中势 | -1.9 | 2 | 波动↑ |
| 森林火灾火场总面积 | 85.7 | 22 | 劣势 | 39.9 | 26 | 劣势 | 95.3 | 21 | 劣势 | -9.6 | -1 | 波动↓ |
| 受火灾森林面积 | 91.1 | 23 | 劣势 | 60.2 | 27 | 劣势 | 93.8 | 23 | 劣势 | -2.6 | 0 | 波动→ |
| 森林病虫鼠害发生面积 | 81.7 | 17 | 中势 | 96.9 | 19 | 中势 | 65.3 | 21 | 劣势 | 16.4 | 4 | 持续↑ |
| 森林病虫鼠害防治率 | 80.9 | 9 | 优势 | 30.1 | 28 | 劣势 | 64.1 | 19 | 中势 | 16.8 | 10 | 波动↑ |
| (2)环境质量竞争力 | 72.7 | 8 | 优势 | 74.0 | 10 | 优势 | 77.3 | 11 | 中势 | -4.6 | 3 | 持续↑ |
| 人均工业废气排放量 | 79.2 | 10 | 优势 | 79.1 | 10 | 优势 | 91.7 | 3 | 强势 | -12.4 | -7 | 持续↓ |
| 人均二氧化硫排放量 | 95.8 | 4 | 优势 | 97.0 | 4 | 优势 | 79.7 | 11 | 中势 | 16.1 | 7 | 持续↑ |
| 人均工业烟(粉)尘排放量 | 75.3 | 20 | 中势 | 77.4 | 21 | 劣势 | 75.5 | 20 | 中势 | -0.2 | 0 | 波动→ |
| 人均工业废水排放量 | 54.9 | 17 | 中势 | 54.4 | 19 | 中势 | 63.1 | 22 | 劣势 | -8.2 | 5 | 持续↑ |
| 人均生活污水排放量 | 73.5 | 17 | 中势 | 77.1 | 16 | 中势 | 88.4 | 8 | 优势 | -14.9 | -9 | 持续↓ |
| 人均化学需氧量排放量 | 57.5 | 25 | 劣势 | 60.1 | 25 | 劣势 | 83.4 | 12 | 中势 | -25.9 | -13 | 持续↓ |
| 人均工业固体废物排放量 | 96.5 | 23 | 劣势 | 91.4 | 26 | 劣势 | 93.6 | 22 | 劣势 | 2.9 | -1 | 波动↓ |
| 人均化肥施用量 | 67.2 | 10 | 优势 | 66.4 | 10 | 优势 | 64.1 | 10 | 优势 | 3.2 | 0 | 持续→ |
| 人均农药施用量 | 52.3 | 28 | 劣势 | 60.7 | 28 | 劣势 | 56.6 | 29 | 劣势 | -4.3 | 1 | 持续↑ |

**表 14 - 4 - 2  2012 年江西省环境影响竞争力各级指标的优劣度结构表**

| 二级指标 | 三级指标 | 四级指标数 | 强势指标 | | 优势指标 | | 中势指标 | | 劣势指标 | | 优劣度 |
|---|---|---|---|---|---|---|---|---|---|---|---|
| | | | 个数 | 比重(%) | 个数 | 比重(%) | 个数 | 比重(%) | 个数 | 比重(%) | |
| 环境影响竞争力 | 环境安全竞争力 | 12 | 0 | 0.0 | 3 | 25.0 | 6 | 50.0 | 3 | 25.0 | 中势 |
| | 环境质量竞争力 | 9 | 0 | 0.0 | 3 | 33.3 | 3 | 33.3 | 3 | 33.3 | 优势 |
| | 小　计 | 21 | 0 | 0.0 | 6 | 28.6 | 9 | 42.9 | 6 | 28.6 | 优势 |

2010～2012 年江西省环境影响竞争力的综合排位呈现持续上升，2012 年排名第 7 位，与 2010 年相比上升了 17 位，在全国处于上游区。

从环境影响竞争力的要素指标变化趋势来看，环境安全竞争力和环境质量竞争力均呈现持续上升趋势。

从环境影响竞争力的基础指标分布来看，在 21 个基础指标中，指标的优劣度结构为 0:28.6:42.9:28.6。中势指标所占比重大于强势和优势指标所占比重，表明中势指标占主导地位。

### 14.4.2  江西省环境影响竞争力比较分析

图 14 - 4 - 1 将 2010～2012 年江西省环境影响竞争力与全国最高水平和平均水平进行比较。由图可知，评价期内江西省环境影响竞争力得分普遍高于 67 分，且呈持续上升趋势，说明江西省环境影响竞争力保持较高水平。

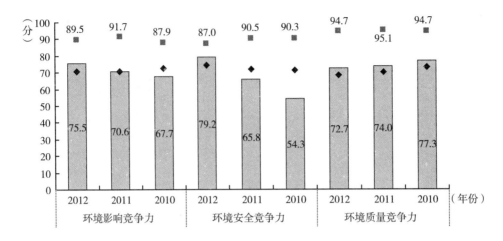

图 14 – 4 – 1　2010～2012 年江西省环境影响竞争力指标得分比较

从环境影响竞争力的整体得分比较来看，2010 年，江西省环境影响竞争力得分与全国最高分相比还有 20.2 分的差距，但与全国平均分相比，则低了 4.8 分；到 2012 年，江西省环境影响竞争力得分与全国最高分相差 14 分，高于全国平均分 4.8 分。总的来看，2010～2012 年江西省环境影响竞争力与最高分的差距呈缩小趋势。

从环境影响竞争力的要素得分比较来看，2012 年，江西省环境安全竞争力和环境质量竞争力的得分分别为 79.2 分和 72.7 分，比最高分低 7.8 分和 22 分，但高出平均分 5 分和 4.7 分；与 2010 年相比，江西省环境安全竞争力得分与最高分的差距缩小了 28.2 分，环境质量竞争力得分与最高分的差距扩大了 4.6 分。

### 14.4.3　江西省环境影响竞争力变化动因分析

二级指标环境影响竞争力的变化是三级要素指标变化综合作用的结果，而三级要素指标变化又是四级基础指标变化作用的结果。三级和四级指标的变动情况如表 14 – 4 – 1 所示。

从要素指标来看，江西省环境影响竞争力的 2 个要素指标中，环境安全竞争力的排名上升了 15 位，环境质量竞争力的排名上升了 3 位，因此江西省环境影响竞争力排名呈持续上升。

从基础指标来看，江西省环境影响竞争力的 21 个基础指标中，上升指标有 13 个，占指标总数的 61.9%，主要分布在环境安全竞争力指标组；下降指标有 5 个，占指标总数的 23.8%，主要分布在环境质量竞争力指标组。排位上升的指标数量大于排位下降的指标数量，2012 年江西省环境影响竞争力排名呈现持续上升。

## 14.5　江西省环境协调竞争力评价分析

### 14.5.1　江西省环境协调竞争力评价结果

2010～2012 年江西省环境协调竞争力排位和排位变化情况及其下属 2 个三级指标和 19

个四级指标的评价结果，如表14-5-1所示；环境协调竞争力各级指标的优劣势情况，如表14-5-2所示。

表14-5-1 2010～2012年江西省环境协调竞争力各级指标的得分、排名及优劣度分析表

| 指标项目 | 2012年 | | | 2011年 | | | 2010年 | | | 综合变化 | | |
|---|---|---|---|---|---|---|---|---|---|---|---|---|
| | 得分 | 排名 | 优劣度 | 得分 | 排名 | 优劣度 | 得分 | 排名 | 优劣度 | 得分变化 | 排名变化 | 趋势变化 |
| **环境协调竞争力** | 60.3 | 19 | 中势 | 59.7 | 15 | 中势 | 59.8 | 18 | 中势 | 0.5 | -1 | 波动↓ |
| （1）人口与环境协调竞争力 | 49.1 | 24 | 劣势 | 49.5 | 21 | 劣势 | 56.8 | 6 | 优势 | -7.7 | -18 | 持续↓ |
| 人口自然增长率与工业废气排放量增长率比差 | 39.2 | 21 | 劣势 | 38.5 | 27 | 劣势 | 33.9 | 26 | 劣势 | 5.3 | 5 | 波动↑ |
| 人口自然增长率与工业废水排放量增长率比差 | 77.6 | 21 | 劣势 | 76.3 | 19 | 中势 | 83.8 | 9 | 优势 | -6.2 | -12 | 持续↓ |
| 人口自然增长率与工业固体废物排放量增长率比差 | 40.0 | 23 | 劣势 | 28.2 | 24 | 劣势 | 71.8 | 17 | 中势 | -31.8 | -6 | 波动↓ |
| 人口自然增长率与能源消费量增长率比差 | 47.2 | 26 | 劣势 | 62.1 | 27 | 劣势 | 85.4 | 14 | 中势 | -38.2 | -12 | 波动↓ |
| 人口密度与人均水资源量比差 | 8.8 | 14 | 中势 | 7.2 | 18 | 中势 | 9.3 | 13 | 中势 | -0.4 | -1 | 波动↓ |
| 人口密度与人均耕地面积比差 | 9.7 | 25 | 劣势 | 9.7 | 25 | 劣势 | 9.8 | 25 | 劣势 | -0.1 | 0 | 持续→ |
| 人口密度与森林覆盖率比差 | 100.0 | 1 | 强势 | 100.0 | 1 | 强势 | 100.0 | 1 | 强势 | 0.0 | 0 | 持续→ |
| 人口密度与人均矿产基础储量比差 | 7.4 | 26 | 劣势 | 7.6 | 26 | 劣势 | 7.7 | 27 | 劣势 | -0.2 | 1 | 持续↑ |
| 人口密度与人均能源生产量比差 | 96.1 | 10 | 优势 | 95.8 | 10 | 优势 | 95.6 | 11 | 中势 | 0.5 | 1 | 持续↑ |
| （2）经济与环境协调竞争力 | 67.7 | 16 | 中势 | 66.4 | 17 | 中势 | 61.8 | 21 | 劣势 | 5.9 | 5 | 持续↑ |
| 工业增加值增长率与工业废气排放量增长率比差 | 97.1 | 6 | 优势 | 77.5 | 12 | 中势 | 93.5 | 4 | 优势 | 3.6 | -2 | 波动↓ |
| 工业增加值增长率与工业废水排放量增长率比差 | 78.3 | 12 | 中势 | 79.0 | 3 | 强势 | 27.3 | 29 | 劣势 | 51.0 | 17 | 波动↑ |
| 工业增加值增长率与工业固体废物排放量增长率比差 | 77.4 | 17 | 中势 | 62.6 | 15 | 中势 | 46.1 | 23 | 劣势 | 31.4 | 6 | 波动↑ |
| 地区生产总值增长率与能源消费量增长率比差 | 74.5 | 12 | 中势 | 89.0 | 10 | 优势 | 97.0 | 1 | 优势 | -22.4 | -8 | 持续↓ |
| 人均工业增加值与人均水资源量比差 | 83.5 | 8 | 优势 | 81.1 | 8 | 优势 | 83.6 | 8 | 优势 | -0.1 | 0 | 持续→ |
| 人均工业增加值与人均耕地面积比差 | 93.7 | 6 | 优势 | 93.6 | 6 | 优势 | 94.4 | 4 | 优势 | -0.7 | -2 | 持续↓ |
| 人均工业增加值与人均工业废气排放量比差 | 45.6 | 23 | 劣势 | 46.4 | 24 | 劣势 | 34.5 | 26 | 劣势 | 11.1 | 3 | 持续↑ |
| 人均工业增加值与森林覆盖率比差 | 29.0 | 29 | 劣势 | 29.2 | 28 | 劣势 | 28.8 | 28 | 劣势 | 0.2 | -1 | 持续↓ |
| 人均工业增加值与人均矿产基础储量比差 | 76.2 | 15 | 中势 | 76.2 | 14 | 中势 | 76.4 | 14 | 中势 | -0.1 | -1 | 持续↓ |
| 人均工业增加值与人均能源生产量比差 | 29.8 | 25 | 劣势 | 31.1 | 25 | 劣势 | 31.5 | 26 | 劣势 | -1.7 | 1 | 持续↑ |

表14-5-2 2012年江西省环境协调竞争力各级指标的优劣度结构表

| 二级指标 | 三级指标 | 四级指标数 | 强势指标 | | 优势指标 | | 中势指标 | | 劣势指标 | | 优劣度 |
|---|---|---|---|---|---|---|---|---|---|---|---|
| | | | 个数 | 比重（%） | 个数 | 比重（%） | 个数 | 比重（%） | 个数 | 比重（%） | |
| 环境协调竞争力 | 人口与环境协调竞争力 | 9 | 1 | 11.1 | 1 | 11.1 | 1 | 11.1 | 6 | 66.7 | 劣势 |
| | 经济与环境协调竞争力 | 10 | 0 | 0.0 | 3 | 30.0 | 4 | 40.0 | 3 | 30.0 | 中势 |
| | 小　计 | 19 | 1 | 5.3 | 4 | 21.1 | 5 | 26.3 | 9 | 47.4 | 中势 |

2010～2012年江西省环境协调竞争力的综合排位呈现波动下降，2012年排名第19位，比2010年下降了1位，在全国处于中游区。

从环境协调竞争力的要素指标变化趋势来看，人口与环境协调竞争力呈持续下降，经济

与环境协调竞争力呈持续上升。

从环境协调竞争力的基础指标分布来看，在 19 个基础指标中，指标的优劣度结构为 5.3∶21.1∶26.3∶47.4。强势和优势指标所占比重低于劣势指标的比重，表明劣势指标占主导地位。

### 14.5.2　江西省环境协调竞争力比较分析

图 14－5－1 将 2010～2012 年江西省环境协调竞争力与全国最高水平和平均水平进行比较。由图可知，评价期内江西省环境协调竞争力得分普遍高于 59 分，且呈波动上升趋势，说明江西省环境协调竞争力处于中等偏高水平。

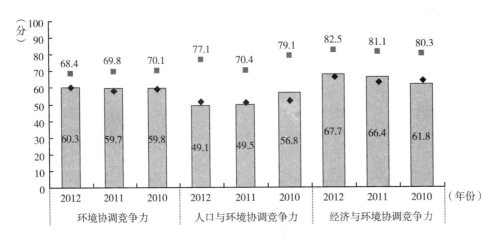

图 14－5－1　2010～2012 年江西省环境协调竞争力指标得分比较

从环境协调竞争力的整体得分比较来看，2010 年，江西省环境协调竞争力得分与全国最高分相比还有 10.3 分的差距，但与全国平均分相比，则高出 0.5 分；到 2012 年，江西省环境协调竞争力得分与全国最高分的差距缩小为 8.1 分，与全国平均分大体持平。总的来看，2010～2012 年江西省环境协调竞争力与最高分的差距呈缩小趋势，处于全国中游地位。

从环境协调竞争力的要素得分比较来看，2012 年，江西省人口与环境协调竞争力和经济与环境协调竞争力的得分分别为 49.1 分和 67.7 分，比最高分低 28 分和 14.8 分，前者低于平均分 2.1 分，后者高于平均分 1.4 分；与 2010 年相比，江西省人口与环境协调竞争力得分与最高分的差距扩大了 5.7 分，但经济与环境协调竞争力得分与最高分的差距缩小了 3.7 分。

### 14.5.3　江西省环境协调竞争力变化动因分析

二级指标环境协调竞争力的变化是三级要素指标变化综合作用的结果，而三级要素指标变化又是四级基础指标变化作用的结果。三级和四级指标的变动情况如表 14－5－1 所示。

从要素指标来看，江西省环境协调竞争力的 2 个要素指标中，人口与环境协调竞争力的排名持续下降 18 位，经济与环境协调竞争力的排名持续上升了 5 位，受指标排位升降的综合影响，江西省环境协调竞争力下降了 1 位，其中人口与环境协调竞争力是环境协调竞争力排名下降的主要因素。

从基础指标来看，江西省环境协调竞争力的19个基础指标中，上升指标有7个，占指标总数的36.8%，主要分布在经济与环境协调竞争力指标组；下降指标有9个，占指标总数的47.4%，也主要分布在经济与环境协调竞争力指标组。排位上升的指标数量小于排位下降的指标数量，2012年江西省环境协调竞争力排名波动下降了1位。

## 14.6 江西省环境竞争力总体评述

从对江西省环境竞争力及其5个二级指标在全国的排位变化和指标结构的综合分析来看，"十二五"中期（2010~2012年）环境竞争力中上升指标的数量小于下降指标的数量，上升的动力小于下降的拉力，但受到其他外部因素的综合影响，2012年江西省环境竞争力排位呈现波动保持，在全国居第8位。

### 14.6.1 江西省环境竞争力概要分析

江西省环境竞争力在全国所处的位置及变化如表14-6-1所示，5个二级指标的得分和排位变化如表14-6-2所示。

表14-6-1 2010~2012年江西省环境竞争力一级指标比较表

| 项目 年份 | 2012 | 2011 | 2010 |
|---|---|---|---|
| 排名 | 8 | 13 | 8 |
| 所属区位 | 上游 | 中游 | 上游 |
| 得分 | 54.9 | 51.8 | 53.5 |
| 全国最高分 | 58.2 | 59.5 | 60.1 |
| 全国平均分 | 51.3 | 50.8 | 50.4 |
| 与最高分的差距 | -3.3 | -7.7 | -6.6 |
| 与平均分的差距 | 3.6 | 1.0 | 3.1 |
| 优劣度 | 优势 | 中势 | 优势 |
| 波动趋势 | 上升 | 下降 | — |

表14-6-2 2010~2012年江西省环境竞争力二级指标比较表

| 项目 年份 | 生态环境竞争力 得分 | 排名 | 资源环境竞争力 得分 | 排名 | 环境管理竞争力 得分 | 排名 | 环境影响竞争力 得分 | 排名 | 环境协调竞争力 得分 | 排名 | 环境竞争力 得分 | 排名 |
|---|---|---|---|---|---|---|---|---|---|---|---|---|
| 2010 | 52.5 | 7 | 48.1 | 7 | 47.4 | 13 | 67.7 | 24 | 59.8 | 18 | 53.5 | 8 |
| 2011 | 48.3 | 13 | 48.0 | 8 | 43.4 | 18 | 70.6 | 21 | 59.7 | 15 | 51.8 | 13 |
| 2012 | 52.5 | 6 | 49.2 | 8 | 47.3 | 17 | 75.5 | 7 | 60.3 | 19 | 54.9 | 8 |
| 得分变化 | 0.0 | — | 1.1 | — | -0.1 | — | 7.8 | — | 0.5 | — | 1.4 | — |
| 排位变化 | — | 1 | — | -1 | — | -4 | — | 17 | — | -1 | — | 0 |
| 优劣度 | 优势 | 优势 | 优势 | 优势 | 中势 | 中势 | 优势 | 优势 | 中势 | 中势 | 优势 | 优势 |

（1）从指标排位变化趋势看，2012 年江西省环境竞争力综合排名在全国处于第 8 位，表明其在全国处于优势地位；与 2010 年相比，排位没有发生变化。总的来看，评价期内江西省环境竞争力呈波动保持趋势。

在 5 个二级指标中，有 2 个指标处于上升趋势，为生态环境竞争力和环境影响竞争力，这些是江西省环境竞争力的上升动力所在；有 3 个指标处于下降趋势，为资源环境竞争力、环境管理竞争力和环境协调竞争力。在指标排位升降的综合影响下，评价期内江西省环境竞争力的综合排位保持不变，在全国排名第 8 位。

（2）从指标所处区位看，2012 年江西省环境竞争力处于上游区，其中，生态环境竞争力、资源环境竞争力和环境影响竞争力指标为优势指标，环境管理竞争力和环境协调竞争力为中势指标，没有劣势指标。

（3）从指标得分看，2012 年江西省环境竞争力得分为 54.9 分，比全国最高分低 3.3 分，比全国平均分高 3.6 分；与 2010 年相比，江西省环境竞争力得分上升了 1.4 分，与当年最高分的差距缩小了，与全国平均分的差距有所扩大。

2012 年，江西省环境竞争力二级指标的得分均高于 47 分，与 2010 年相比，得分上升最多的为环境影响竞争力，上升了 7.8 分；得分下降最多的为环境管理竞争力，下降了 0.1 分。

### 14.6.2 江西省环境竞争力各级指标动态变化分析

2010～2012 年江西省环境竞争力各级指标的动态变化及其结构，如图 14 - 6 - 1 和表 14 - 6 - 3 所示。

从图 14 - 6 - 1 可以看出，江西省环境竞争力的四级指标中上升指标的比例略大于下降指标，表明上升指标居于主导地位。表 14 - 6 - 3 中的数据进一步说明，江西省环境竞争力的 130 个四级指标中，上升的指标有 45 个，占指标总数的 34.6%；保持的指标有 45 个，占指标总数的 34.6%；下降的指标为 40 个，占指标总数的 30.8%。虽然上升指标的数量大于下降指标的数量，但在其他外部因素的综合作用下，评价期内江西省环境竞争力排位保持不变，在全国居第 8 位。

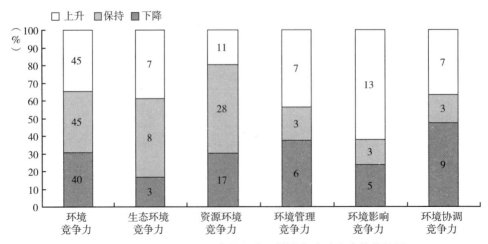

**图 14 - 6 - 1　2010～2012 年江西省环境竞争力动态变化结构图**

表 14 - 6 - 3 2010～2012 年江西省环境竞争力各级指标排位变化态势比较表

| 二级指标 | 三级指标 | 四级指标数 | 上升指标 | | 保持指标 | | 下降指标 | | 变化趋势 |
|---|---|---|---|---|---|---|---|---|---|
| | | | 个数 | 比重（%） | 个数 | 比重（%） | 个数 | 比重（%） | |
| 生态环境竞争力 | 生态建设竞争力 | 9 | 3 | 33.3 | 4 | 44.4 | 2 | 22.2 | 波动↑ |
| | 生态效益竞争力 | 9 | 4 | 44.4 | 4 | 44.4 | 1 | 11.1 | 持续↓ |
| | 小 计 | 18 | 7 | 38.9 | 8 | 44.4 | 3 | 16.7 | 波动↑ |
| 资源环境竞争力 | 水环境竞争力 | 11 | 3 | 27.3 | 6 | 54.5 | 2 | 18.2 | 波动↓ |
| | 土地环境竞争力 | 13 | 2 | 15.4 | 10 | 76.9 | 1 | 7.7 | 持续→ |
| | 大气环境竞争力 | 8 | 0 | 0.0 | 1 | 12.5 | 7 | 87.5 | 波动→ |
| | 森林环境竞争力 | 8 | 0 | 0.0 | 7 | 87.5 | 1 | 12.5 | 波动→ |
| | 矿产环境竞争力 | 9 | 4 | 44.4 | 2 | 22.2 | 3 | 33.3 | 持续↑ |
| | 能源环境竞争力 | 7 | 2 | 28.6 | 2 | 28.6 | 3 | 42.9 | 波动↓ |
| | 小 计 | 56 | 11 | 19.6 | 28 | 50.0 | 17 | 30.4 | 持续↓ |
| 环境管理竞争力 | 环境治理竞争力 | 10 | 6 | 60.0 | 2 | 20.0 | 2 | 20.0 | 持续↑ |
| | 环境友好竞争力 | 6 | 1 | 16.7 | 1 | 16.7 | 4 | 66.7 | 波动↓ |
| | 小 计 | 16 | 7 | 43.8 | 3 | 18.8 | 6 | 37.5 | 波动↓ |
| 环境影响竞争力 | 环境安全竞争力 | 12 | 10 | 83.3 | 1 | 8.3 | 1 | 8.3 | 持续↑ |
| | 环境质量竞争力 | 9 | 3 | 33.3 | 2 | 22.2 | 4 | 44.4 | 持续↑ |
| | 小 计 | 21 | 13 | 61.9 | 3 | 14.3 | 5 | 23.8 | 持续↑ |
| 环境协调竞争力 | 人口与环境协调竞争力 | 9 | 3 | 33.3 | 2 | 22.2 | 4 | 44.4 | 持续↓ |
| | 经济与环境协调竞争力 | 10 | 4 | 40.0 | 1 | 10.0 | 5 | 50.0 | 持续↑ |
| | 小 计 | 19 | 7 | 36.8 | 3 | 15.8 | 9 | 47.4 | 波动↓ |
| 合 计 | | 130 | 45 | 34.6 | 45 | 34.6 | 40 | 30.8 | 波动→ |

### 14.6.3 江西省环境竞争力各级指标变化动因分析

2012 年江西省环境竞争力各级指标的优劣势变化及其结构，如图 14 - 6 - 2 和表 14 - 6 - 4 所示。

从图 14 - 6 - 2 可以看出，2012 年江西省环境竞争力的四级指标中强势和优势指标的比例大于劣势指标，表明强势和优势指标居于主导地位。表 14 - 6 - 4 中的数据进一步说明，2012 年江西省环境竞争力的 130 个四级指标中，强势指标有 9 个，占指标总数的 6.9%；优势指标为 33 个，占指标总数的 25.4%；中势指标 57 个，占指标总数的 43.8%；劣势指标有 31 个，占指标总数的 23.8%；强势指标和优势指标之和占指标总数 32.3%，数量与比重均大于劣势指标。从三级指标来看，四级指标中强势指标和优势指标之和占四级指标总数一半以上的分别有水环境竞争力、森林环境竞争力和能源环境竞争力，共计 3 个指标，占三级指标总数的 21.4%。反映到二级指标上来，优势指标有 3 个，占二级指标总数的 60%，中势指标有 2 个，占二级指标总数的 40%。这保证了江西省环境竞争力的优势地位，在全国位居第 8 位，处于上游区。

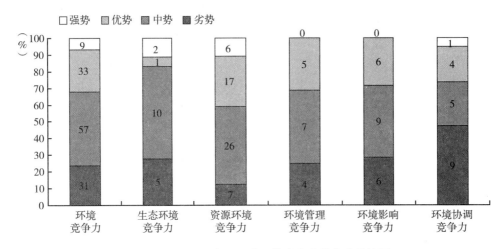

图 14 - 6 - 2　2012 年江西省环境竞争力优劣度结构图

表 14 - 6 - 4　2012 年江西省环境竞争力各级指标优劣度比较表

| 二级指标 | 三级指标 | 四级指标数 | 强势指标 | | 优势指标 | | 中势指标 | | 劣势指标 | | 优劣度 |
|---|---|---|---|---|---|---|---|---|---|---|---|
| | | | 个数 | 比重（%） | 个数 | 比重（%） | 个数 | 比重（%） | 个数 | 比重（%） | |
| 生态环境竞争力 | 生态建设竞争力 | 9 | 2 | 22.2 | 1 | 11.1 | 6 | 66.7 | 0 | 0.0 | 强势 |
| | 生态效益竞争力 | 9 | 0 | 0.0 | 0 | 0.0 | 4 | 44.4 | 5 | 55.6 | 劣势 |
| | 小　计 | 18 | 2 | 11.1 | 1 | 5.6 | 10 | 55.6 | 5 | 27.8 | 优势 |
| 资源环境竞争力 | 水环境竞争力 | 11 | 5 | 45.5 | 2 | 18.2 | 3 | 27.3 | 1 | 9.1 | 优势 |
| | 土地环境竞争力 | 13 | 0 | 0.0 | 1 | 7.7 | 9 | 69.2 | 3 | 23.1 | 劣势 |
| | 大气环境竞争力 | 8 | 0 | 0.0 | 2 | 25.0 | 6 | 75.0 | 0 | 0.0 | 优势 |
| | 森林环境竞争力 | 8 | 1 | 12.5 | 4 | 50.0 | 3 | 37.5 | 0 | 0.0 | 优势 |
| | 矿产环境竞争力 | 9 | 0 | 0.0 | 2 | 22.2 | 4 | 44.4 | 3 | 33.3 | 中势 |
| | 能源环境竞争力 | 7 | 0 | 0.0 | 6 | 85.7 | 1 | 14.3 | 0 | 0.0 | 优势 |
| | 小　计 | 56 | 6 | 10.7 | 17 | 30.4 | 26 | 46.4 | 7 | 12.5 | 优势 |
| 环境管理竞争力 | 环境治理竞争力 | 10 | 0 | 0.0 | 5 | 50.0 | 4 | 40.0 | 1 | 10.0 | 中势 |
| | 环境友好竞争力 | 6 | 0 | 0.0 | 0 | 0.0 | 3 | 50.0 | 3 | 50.0 | 中势 |
| | 小　计 | 16 | 0 | 0.0 | 5 | 31.3 | 7 | 43.8 | 4 | 25.0 | 中势 |
| 环境影响竞争力 | 环境安全竞争力 | 12 | 0 | 0.0 | 3 | 25.0 | 6 | 50.0 | 3 | 25.0 | 中势 |
| | 环境质量竞争力 | 9 | 0 | 0.0 | 3 | 33.3 | 3 | 33.3 | 3 | 33.3 | 优势 |
| | 小　计 | 21 | 0 | 0.0 | 6 | 28.6 | 9 | 42.9 | 6 | 28.6 | 优势 |
| 环境协调竞争力 | 人口与环境协调竞争力 | 9 | 1 | 11.1 | 1 | 11.1 | 1 | 11.1 | 6 | 66.7 | 劣势 |
| | 经济与环境协调竞争力 | 10 | 0 | 0.0 | 3 | 30.0 | 4 | 40.0 | 3 | 30.0 | 中势 |
| | 小　计 | 19 | 1 | 5.3 | 4 | 21.1 | 5 | 26.3 | 9 | 47.4 | 中势 |
| 合　计 | | 130 | 9 | 6.9 | 33 | 25.4 | 57 | 43.8 | 31 | 23.8 | 优势 |

为了进一步明确影响江西省环境竞争力变化的具体指标，也便于对相关指标进行深入分析，从而为提升江西省环境竞争力提供决策参考，表14－6－5列出了环境竞争力指标体系中直接影响江西省环境竞争力升降的强势指标、优势指标和劣势指标。

表14－6－5　2012年江西省环境竞争力四级指标优劣度统计表

| 指标 | 强势指标 | 优势指标 | 劣势指标 |
| --- | --- | --- | --- |
| 生态环境竞争力（18个） | 自然保护区个数、野生植物种源培育基地数（2个） | 野生动物种源繁育基地数（1个） | 工业废水排放强度、工业废水中化学需氧量排放强度、工业废水中氨氮排放强度、工业固体废物排放强度、农药施用强度（5个） |
| 资源环境竞争力（56个） | 水资源总量、人均水资源量、用水总量、用水消耗量、耗水率、森林覆盖率（6个） | 降水量、供水总量、沙化土地面积占土地总面积的比重、全省设区市优良天数比例、可吸入颗粒物（PM10）浓度、森林面积、人工林面积、森林蓄积量、活立木总蓄积量、主要非金属矿产基础储量、人均主要非金属矿产基础储量、能源生产总量、能源消费总量、单位地区生产总值能耗、单位地区生产总值电耗、单位工业增加值能耗、能源生产弹性系数（17个） | 节灌率、人均耕地面积、牧草地面积、人均牧草地面积、主要能源矿产基础储量、人均主要能源矿产基础储量、工业固体废物产生量（7个） |
| 环境管理竞争力（16个） | （0个） | 环境污染治理投资总额、环境污染治理投资总额占地方生产总值比重、本年矿山恢复面积、地质灾害防治投资额、水土流失治理面积（5个） | 土地复垦面积占新增耕地面积的比重、工业固体废物处置量、工业固体废物处置利用率、城市污水处理率（4个） |
| 环境影响竞争力（21个） | （0个） | 地质灾害防治投资额、突发环境事件次数、森林病虫鼠害防治率、人均工业废气排放量、人均二氧化硫排放量、人均化肥施用量（6个） | 发生地质灾害起数、森林火灾火场总面积、受火灾森林面积、人均化学需氧量排放量、人均工业固体废物排放量、人均农药施用量（6个） |
| 环境协调竞争力（19个） | 人口密度与森林覆盖率比差（1个） | 人口密度与人均能源生产量比差、工业增加值增长率与工业废气排放量增长率比差、人均工业增加值与人均水资源量比差、人均工业增加值与人均耕地面积比差（4个） | 人口自然增长率与工业废气排放量增长率比差、人口自然增长率与工业废水排放量增长率比差、人口自然增长率与工业固体废物排放量增长率比差、人口自然增长率与能源消费量增长率比差、人口密度与人均耕地面积比差、人口密度与人均矿产基础储量比差、人均工业增加值与人均工业废气排放量比差、人均工业增加值与森林覆盖率比差、人均工业增加值与人均能源生产量比差（9个） |

# ⓖ.16

## 15

# 山东省环境竞争力评价分析报告

山东省简称鲁，地处中国东部、黄河下游，东临海洋、西接内地，西部内地部分自北而南依次与河北、河南、安徽、江苏 4 省接壤，是中国主要沿海省市之一。全省陆地总面积 15.67 万平方公里，2012 年末总人口 9685 万人，人均 GDP 达到 51768 元，万元 GDP 能耗为 0.84 吨标准煤。"十二五"中期（2010～2012 年），山东省环境竞争力的综合排位呈现持续上升趋势，2012 年排名第 3 位，比 2010 年上升了 4 位，在全国处于强势地位。

## 15.1　山东省生态环境竞争力评价分析

### 15.1.1　山东省生态环境竞争力评价结果

2010～2012 年山东省生态环境竞争力排位和排位变化情况及其下属 2 个三级指标和 18 个四级指标的评价结果，如表 15－1－1 所示；生态环境竞争力各级指标的优劣势情况，如表 15－1－2 所示。

表 15－1－1　2010～2012 年山东省生态环境竞争力各级指标的得分、排名及优劣度分析表

| 指标项目 | 2012 年 | | | 2011 年 | | | 2010 年 | | | 综合变化 | | |
|---|---|---|---|---|---|---|---|---|---|---|---|---|
| | 得分 | 排名 | 优劣度 | 得分 | 排名 | 优劣度 | 得分 | 排名 | 优劣度 | 得分变化 | 排名变化 | 趋势变化 |
| **生态环境竞争力** | 54.8 | 2 | 强势 | 54.9 | 2 | 强势 | 54.4 | 3 | 强势 | 0.3 | 1 | 持续↑ |
| （1）生态建设竞争力 | 33.8 | 4 | 优势 | 33.7 | 2 | 强势 | 32.8 | 6 | 优势 | 1.0 | 2 | 波动↑ |
| 国家级生态示范区个数 | 64.1 | 3 | 强势 | 64.1 | 3 | 强势 | 64.1 | 3 | 强势 | 0.0 | 0 | 持续→ |
| 公园面积 | 39.8 | 2 | 强势 | 37.0 | 2 | 强势 | 37.0 | 2 | 强势 | 2.8 | 0 | 持续→ |
| 园林绿地面积 | 63.7 | 2 | 强势 | 65.7 | 2 | 强势 | 65.7 | 2 | 强势 | -2.0 | 0 | 持续→ |
| 绿化覆盖面积 | 42.4 | 3 | 强势 | 39.5 | 3 | 强势 | 39.5 | 3 | 强势 | 3.0 | 0 | 持续→ |
| 本年减少耕地面积 | 34.1 | 25 | 劣势 | 34.1 | 25 | 劣势 | 34.1 | 25 | 劣势 | 0.0 | 0 | 持续→ |
| 自然保护区个数 | 22.5 | 12 | 中势 | 22.5 | 12 | 中势 | 22.5 | 12 | 中势 | 0.0 | 0 | 持续→ |
| 自然保护区面积占土地总面积比重 | 9.9 | 25 | 劣势 | 10.2 | 25 | 劣势 | 10.2 | 25 | 劣势 | -0.3 | 0 | 持续→ |
| 野生动物种源繁育基地数 | 23.7 | 9 | 优势 | 27.4 | 4 | 优势 | 27.4 | 4 | 优势 | -3.7 | -5 | 持续↓ |
| 野生植物种源培育基地数 | 0.3 | 21 | 劣势 | 1.0 | 17 | 中势 | 1.0 | 17 | 中势 | -0.7 | -4 | 持续↓ |
| （2）生态效益竞争力 | 86.3 | 7 | 优势 | 86.7 | 9 | 优势 | 87.0 | 7 | 优势 | -0.7 | 0 | 波动→ |
| 工业废气排放强度 | 89.6 | 10 | 优势 | 90.1 | 13 | 中势 | 90.1 | 13 | 中势 | -0.5 | 3 | 持续↑ |
| 工业二氧化硫排放强度 | 88.2 | 14 | 中势 | 88.1 | 14 | 中势 | 88.1 | 14 | 中势 | 0.1 | 0 | 持续→ |

续表

| 指标\项目 | 2012 年 | | | 2011 年 | | | 2010 年 | | | 综合变化 | | |
|---|---|---|---|---|---|---|---|---|---|---|---|---|
| | 得分 | 排名 | 优劣度 | 得分 | 排名 | 优劣度 | 得分 | 排名 | 优劣度 | 得分变化 | 排名变化 | 趋势变化 |
| 工业烟（粉）尘排放强度 | 93.1 | 9 | 优势 | 91.6 | 9 | 优势 | 91.6 | 9 | 优势 | 1.5 | 0 | 持续→ |
| 工业废水排放强度 | 71.0 | 13 | 中势 | 71.3 | 14 | 中势 | 71.3 | 14 | 中势 | -0.2 | 1 | 持续↑ |
| 工业废水中化学需氧量排放强度 | 96.4 | 4 | 优势 | 96.8 | 4 | 优势 | 96.8 | 4 | 优势 | -0.4 | 0 | 持续→ |
| 工业废水中氨氮排放强度 | 96.1 | 3 | 强势 | 96.3 | 3 | 强势 | 96.3 | 3 | 强势 | -0.2 | 0 | 持续→ |
| 工业固体废物排放强度 | 100.0 | 1 | 强势 | 100.0 | 1 | 强势 | 100.0 | 1 | 强势 | 0.0 | 0 | 持续→ |
| 化肥施用强度 | 55.8 | 20 | 中势 | 56.5 | 20 | 中势 | 56.5 | 20 | 中势 | -0.7 | 0 | 持续→ |
| 农药施用强度 | 81.2 | 19 | 中势 | 84.3 | 20 | 中势 | 84.3 | 20 | 中势 | -3.1 | 1 | 持续↑ |

**表 15 - 1 - 2　2012 年山东省生态环境竞争力各级指标的优劣度结构表**

| 二级指标 | 三级指标 | 四级指标数 | 强势指标 | | 优势指标 | | 中势指标 | | 劣势指标 | | 优劣度 |
|---|---|---|---|---|---|---|---|---|---|---|---|
| | | | 个数 | 比重（%） | 个数 | 比重（%） | 个数 | 比重（%） | 个数 | 比重（%） | |
| 生态环境竞争力 | 生态建设竞争力 | 9 | 4 | 44.4 | 1 | 11.1 | 1 | 11.1 | 3 | 33.3 | 优势 |
| | 生态效益竞争力 | 9 | 2 | 22.2 | 3 | 33.3 | 4 | 44.4 | 0 | 0.0 | 优势 |
| | 小　计 | 18 | 6 | 33.3 | 4 | 22.2 | 5 | 27.8 | 3 | 16.7 | 强势 |

2010～2012 年山东省生态环境竞争力的综合排位呈现持续上升，2012 年排名第 2 位，比 2010 年上升了 1 位，在全国处于上游区。

从生态环境竞争力要素指标的变化趋势来看，有 1 个指标处于波动上升趋势，即生态建设竞争力；有 1 个指标处于波动保持趋势，为生态效益竞争力。

从生态环境竞争力基础指标的优劣度结构来看，在 18 个基础指标中，指标的优劣度结构为 33.3∶22.2∶27.8∶16.7。强势和优势指标所占比重明显大于劣势指标的比重，表明强势指标占主导地位。

### 15.1.2　山东省生态环境竞争力比较分析

图 15 - 1 - 1 将 2010～2012 年山东省生态环境竞争力与全国最高水平和平均水平进行比较。由图可知，评价期内山东省生态环境竞争力得分普遍高于 54 分，说明山东省生态环境竞争力处于较高水平。

从生态环境竞争力的整体得分比较来看，2010 年，山东省生态环境竞争力得分与全国最高分相比有 11.3 分的差距，但与全国平均分相比，则高出 8 分；到了 2012 年，山东省生态环境竞争力得分与全国最高分的差距缩小为 10.3 分，高于全国平均分 9.3 分。总的来看，2010～2012 年山东省生态环境竞争力与最高分的差距呈缩小趋势，表明生态建设和生态效益不断提升。

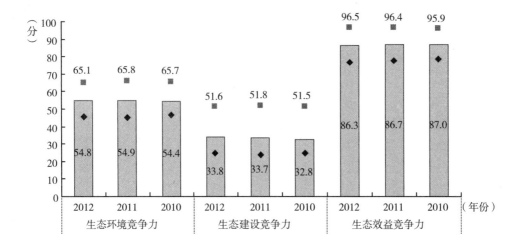

图 15 – 1 – 1　2010～2012 年山东省生态环境竞争力指标得分比较

从生态环境竞争力的要素得分比较来看，2012 年，山东省生态建设竞争力和生态效益竞争力的得分分别为 33.8 分和 86.3 分，分别比最高分低 17.8 分和 10.2 分，分别高于平均分 9.1 分和 9.7 分；与 2010 年相比，山东省生态建设竞争力得分与最高分的差距缩小了 0.9分，生态效益竞争力得分与最高分的差距扩大了 1.3 分。

### 15.1.3　山东省生态环境竞争力变化动因分析

二级指标生态环境竞争力的变化是三级要素指标变化综合作用的结果，而三级要素指标变化又是四级基础指标变化作用的结果。三级和四级指标的变动情况如表 15 – 1 – 1 所示。

从要素指标来看，山东省生态环境竞争力的 2 个要素指标中，生态建设竞争力的排名上升了 2 位，生态效益竞争力的排名保持不变，受指标排位升降的综合影响，山东省生态环境竞争力持续上升了 1 位。

从基础指标来看，山东省生态环境竞争力的 18 个基础指标中，上升指标有 3 个，占指标总数的 16.7%，主要分布在生态效益竞争力指标组；下降指标有 2 个，占指标总数的11.1%，主要分布在生态建设竞争力指标组。上升指标的数量大于下降指标的数量，评价期内山东省生态环境竞争力排名上升了 1 位。

## 15.2　山东省资源环境竞争力评价分析

### 15.2.1　山东省资源环境竞争力评价结果

2010～2012 年山东省资源环境竞争力排位和排位变化情况及其下属 6 个三级指标和 56个四级指标的评价结果，如表 15 – 2 – 1 所示；资源环境竞争力各级指标的优劣势情况，如表 15 – 2 – 2 所示。

表 15 – 2 – 1　2010～2012 年山东省资源环境竞争力各级指标的得分、排名及优劣度分析表

| 指　标　项　目 | 2012 年 | | | 2011 年 | | | 2010 年 | | | 综合变化 | | |
|---|---|---|---|---|---|---|---|---|---|---|---|---|
| | 得分 | 排名 | 优劣度 | 得分 | 排名 | 优劣度 | 得分 | 排名 | 优劣度 | 得分变化 | 排名变化 | 趋势变化 |
| **资源环境竞争力** | 34.1 | 31 | 劣势 | 34.9 | 30 | 劣势 | 33.9 | 29 | 劣势 | 0.2 | -2 | 持续↓ |
| （1）水环境竞争力 | 40.0 | 29 | 劣势 | 40.4 | 29 | 劣势 | 44.7 | 21 | 劣势 | -4.8 | -8 | 持续↓ |
| 水资源总量 | 6.3 | 23 | 劣势 | 7.7 | 21 | 劣势 | 6.5 | 24 | 劣势 | -0.2 | 1 | 波动↑ |
| 人均水资源量 | 0.1 | 26 | 劣势 | 0.2 | 24 | 劣势 | 0.2 | 25 | 劣势 | -0.1 | -1 | 波动↓ |
| 降水量 | 14.2 | 22 | 劣势 | 15.9 | 20 | 中势 | 14.4 | 22 | 劣势 | -0.2 | 0 | 波动→ |
| 供水总量 | 35.0 | 12 | 中势 | 37.7 | 12 | 中势 | 38.6 | 12 | 中势 | -3.6 | 0 | 持续→ |
| 用水总量 | 97.7 | 1 | 强势 | 97.6 | 1 | 强势 | 97.6 | 1 | 强势 | 0.1 | 0 | 持续→ |
| 用水消耗量 | 98.9 | 1 | 强势 | 98.7 | 1 | 强势 | 98.4 | 1 | 强势 | 0.5 | 0 | 持续→ |
| 耗水率 | 41.9 | 1 | 强势 | 41.9 | 1 | 强势 | 40.0 | 1 | 强势 | 1.9 | 0 | 持续→ |
| 节灌率 | 30.9 | 17 | 中势 | 29.3 | 16 | 中势 | 28.1 | 17 | 中势 | 2.8 | 0 | 波动→ |
| 城市再生水利用率 | 28.2 | 7 | 优势 | 24.4 | 7 | 优势 | 4.1 | 8 | 优势 | 24.1 | 1 | 持续↑ |
| 工业废水排放总量 | 22.3 | 29 | 劣势 | 24.0 | 30 | 劣势 | 97.1 | 4 | 优势 | -74.9 | -25 | 波动↓ |
| 生活污水排放量 | 55.1 | 29 | 劣势 | 58.2 | 29 | 劣势 | 57.8 | 29 | 劣势 | -2.7 | 0 | 持续→ |
| （2）土地环境竞争力 | 26.2 | 15 | 中势 | 26.3 | 16 | 中势 | 26.7 | 14 | 中势 | -0.5 | -1 | 波动↓ |
| 土地总面积 | 9.1 | 19 | 中势 | 9.1 | 19 | 中势 | 9.1 | 19 | 中势 | 0.0 | 0 | 持续→ |
| 耕地面积 | 62.9 | 3 | 强势 | 62.9 | 3 | 强势 | 62.9 | 3 | 强势 | 0.0 | 0 | 持续→ |
| 人均耕地面积 | 23.0 | 19 | 中势 | 23.1 | 19 | 中势 | 23.2 | 19 | 中势 | -0.2 | 0 | 持续→ |
| 牧草地面积 | 0.1 | 20 | 中势 | 0.1 | 20 | 中势 | 0.1 | 20 | 中势 | 0.0 | 0 | 持续→ |
| 人均牧草地面积 | 0.0 | 22 | 劣势 | 0.0 | 22 | 劣势 | 0.0 | 22 | 劣势 | 0.0 | 0 | 持续→ |
| 园地面积 | 100.0 | 2 | 强势 | 100.0 | 2 | 强势 | 100.0 | 2 | 强势 | 0.0 | 0 | 持续→ |
| 人均园地面积 | 16.3 | 9 | 优势 | 16.2 | 9 | 优势 | 16.2 | 9 | 优势 | 0.2 | 0 | 持续→ |
| 土地资源利用效率 | 10.0 | 6 | 优势 | 9.5 | 7 | 优势 | 9.2 | 7 | 优势 | 0.8 | 1 | 持续↑ |
| 建设用地面积 | 0.0 | 31 | 劣势 | 0.0 | 31 | 劣势 | 0.0 | 31 | 劣势 | 0.0 | 0 | 持续→ |
| 单位建设用地非农产业增加值 | 17.9 | 8 | 优势 | 17.0 | 8 | 优势 | 16.7 | 8 | 优势 | 1.1 | 0 | 持续→ |
| 单位耕地面积农业增加值 | 34.4 | 11 | 中势 | 36.0 | 11 | 中势 | 40.1 | 11 | 中势 | -5.7 | 0 | 持续→ |
| 沙化土地面积占土地总面积的比重 | 89.1 | 22 | 劣势 | 89.1 | 22 | 劣势 | 89.1 | 22 | 劣势 | 0.0 | 0 | 持续→ |
| 当年新增种草面积 | 2.2 | 21 | 劣势 | 2.5 | 21 | 劣势 | 2.8 | 21 | 劣势 | -0.6 | 0 | 持续→ |
| （3）大气环境竞争力 | 42.5 | 31 | 劣势 | 43.5 | 31 | 劣势 | 41.6 | 31 | 劣势 | 1.0 | 0 | 持续→ |
| 工业废气排放总量 | 32.9 | 29 | 劣势 | 34.7 | 30 | 劣势 | 22.2 | 30 | 劣势 | 10.7 | 1 | 持续↑ |
| 地均工业废气排放量 | 86.3 | 27 | 劣势 | 85.1 | 27 | 劣势 | 86.4 | 26 | 劣势 | -0.1 | -1 | 持续↓ |
| 工业烟（粉）尘排放总量 | 50.2 | 26 | 劣势 | 50.1 | 29 | 劣势 | 39.9 | 24 | 劣势 | 10.4 | -2 | 波动↓ |
| 地均工业烟（粉）尘排放量 | 66.7 | 25 | 劣势 | 62.8 | 25 | 劣势 | 62.8 | 23 | 劣势 | 3.9 | -2 | 持续↓ |
| 工业二氧化硫排放总量 | 0.0 | 31 | 劣势 | 0.0 | 31 | 劣势 | 0.0 | 31 | 劣势 | 0.0 | 0 | 持续→ |
| 地均二氧化硫排放量 | 67.8 | 29 | 劣势 | 68.7 | 29 | 劣势 | 74.7 | 28 | 劣势 | -7.0 | -1 | 持续↓ |
| 全省设区市优良天数比例 | 39.3 | 27 | 劣势 | 48.7 | 28 | 劣势 | 48.7 | 28 | 劣势 | -9.4 | 1 | 持续↑ |
| 可吸入颗粒物（PM10）浓度 | 0.0 | 30 | 劣势 | 0.0 | 31 | 劣势 | 0.0 | 31 | 劣势 | 0.0 | 1 | 持续↑ |
| （4）森林环境竞争力 | 14.6 | 27 | 劣势 | 15.0 | 26 | 劣势 | 15.1 | 26 | 劣势 | -0.5 | -1 | 持续↓ |
| 林业用地面积 | 7.6 | 25 | 劣势 | 7.6 | 25 | 劣势 | 7.6 | 25 | 劣势 | 0.0 | 0 | 持续→ |
| 森林面积 | 10.5 | 24 | 劣势 | 10.5 | 24 | 劣势 | 10.5 | 24 | 劣势 | 0.0 | 0 | 持续→ |
| 森林覆盖率 | 20.7 | 22 | 劣势 | 20.7 | 22 | 劣势 | 20.7 | 22 | 劣势 | 0.0 | 0 | 持续→ |

续表

| 指 标 项 目 | 2012 年 | | | 2011 年 | | | 2010 年 | | | 综合变化 | | |
|---|---|---|---|---|---|---|---|---|---|---|---|---|
| | 得分 | 排名 | 优劣度 | 得分 | 排名 | 优劣度 | 得分 | 排名 | 优劣度 | 得分变化 | 排名变化 | 趋势变化 |
| 人工林面积 | 47.1 | 11 | 中势 | 47.1 | 11 | 中势 | 47.1 | 11 | 中势 | 0.0 | 0 | 持续→ |
| 天然林比重 | 4.0 | 29 | 劣势 | 4.0 | 29 | 劣势 | 4.0 | 29 | 劣势 | 0.0 | 0 | 持续→ |
| 造林总面积 | 25.2 | 12 | 中势 | 29.9 | 11 | 中势 | 30.9 | 14 | 中势 | -5.7 | 2 | 波动↑ |
| 森林蓄积量 | 2.8 | 25 | 劣势 | 2.8 | 25 | 劣势 | 2.8 | 25 | 劣势 | 0.0 | 0 | 持续→ |
| 活立木总蓄积量 | 3.7 | 24 | 劣势 | 3.7 | 24 | 劣势 | 3.7 | 24 | 劣势 | 0.0 | 0 | 持续→ |
| (5)矿产环境竞争力 | 15.1 | 16 | 中势 | 14.2 | 16 | 中势 | 14.5 | 17 | 中势 | 0.6 | 1 | 持续↑ |
| 主要黑色金属矿产基础储量 | 16.3 | 6 | 优势 | 17.4 | 6 | 优势 | 13.7 | 6 | 优势 | 2.6 | 0 | 持续→ |
| 人均主要黑色金属矿产基础储量 | 7.4 | 14 | 中势 | 7.9 | 12 | 中势 | 6.2 | 11 | 中势 | 1.1 | -3 | 持续↓ |
| 主要有色金属矿产基础储量 | 31.4 | 6 | 优势 | 26.6 | 6 | 优势 | 27.6 | 7 | 优势 | 3.7 | 1 | 持续↑ |
| 人均主要有色金属矿产基础储量 | 14.2 | 12 | 中势 | 12.1 | 13 | 中势 | 12.6 | 12 | 中势 | 1.6 | 0 | 波动→ |
| 主要非金属矿产基础储量 | 0.4 | 20 | 中势 | 0.5 | 19 | 中势 | 10.0 | 11 | 中势 | -9.6 | -9 | 持续↓ |
| 人均主要非金属矿产基础储量 | 0.2 | 20 | 中势 | 0.3 | 21 | 劣势 | 5.2 | 14 | 中势 | -5.0 | -6 | 波动↓ |
| 主要能源矿产基础储量 | 8.8 | 7 | 优势 | 8.9 | 7 | 优势 | 9.2 | 8 | 优势 | -0.4 | 1 | 持续↑ |
| 人均主要能源矿产基础储量 | 3.3 | 13 | 中势 | 3.3 | 13 | 中势 | 2.6 | 16 | 中势 | 0.7 | 3 | 持续↑ |
| 工业固体废物产生量 | 60.2 | 27 | 劣势 | 57.1 | 27 | 劣势 | 49.4 | 27 | 劣势 | 10.8 | 0 | 持续→ |
| (6)能源环境竞争力 | 62.3 | 22 | 劣势 | 66.1 | 23 | 劣势 | 55.8 | 23 | 劣势 | 6.6 | 1 | 持续↑ |
| 能源生产总量 | 78.0 | 27 | 劣势 | 78.1 | 26 | 劣势 | 74.7 | 27 | 劣势 | 3.3 | 0 | 波动→ |
| 能源消费总量 | 0.0 | 31 | 劣势 | 0.0 | 31 | 劣势 | 0.0 | 31 | 劣势 | 0.0 | 0 | 持续→ |
| 单位地区生产总值能耗 | 64.9 | 13 | 中势 | 73.0 | 12 | 中势 | 61.8 | 13 | 中势 | 3.1 | 0 | 波动→ |
| 单位地区生产总值电耗 | 88.5 | 11 | 中势 | 88.2 | 10 | 优势 | 86.3 | 11 | 中势 | 2.2 | 0 | 波动→ |
| 单位工业增加值能耗 | 70.9 | 11 | 中势 | 76.2 | 9 | 优势 | 69.8 | 10 | 优势 | 1.1 | -1 | 波动↓ |
| 能源生产弹性系数 | 55.2 | 16 | 中势 | 73.3 | 15 | 中势 | 51.7 | 14 | 中势 | 3.5 | -2 | 持续↓ |
| 能源消费弹性系数 | 74.1 | 16 | 中势 | 68.6 | 5 | 优势 | 41.6 | 6 | 优势 | 32.5 | -10 | 波动↓ |

**表 15 - 2 - 2  2012 年山东省资源环境竞争力各级指标的优劣度结构表**

| 二级指标 | 三级指标 | 四级指标数 | 强势指标 | | 优势指标 | | 中势指标 | | 劣势指标 | | 优劣度 |
|---|---|---|---|---|---|---|---|---|---|---|---|
| | | | 个数 | 比重(%) | 个数 | 比重(%) | 个数 | 比重(%) | 个数 | 比重(%) | |
| 资源环境竞争力 | 水环境竞争力 | 11 | 3 | 27.3 | 1 | 9.1 | 2 | 18.2 | 5 | 45.5 | 劣势 |
| | 土地环境竞争力 | 13 | 2 | 15.4 | 3 | 23.1 | 4 | 30.8 | 4 | 30.8 | 中势 |
| | 大气环境竞争力 | 8 | 0 | 0.0 | 0 | 0.0 | 0 | 0.0 | 8 | 100.0 | 劣势 |
| | 森林环境竞争力 | 8 | 0 | 0.0 | 0 | 0.0 | 2 | 25.0 | 6 | 75.0 | 劣势 |
| | 矿产环境竞争力 | 9 | 0 | 0.0 | 3 | 33.3 | 5 | 55.6 | 1 | 11.1 | 中势 |
| | 能源环境竞争力 | 7 | 0 | 0.0 | 0 | 0.0 | 5 | 71.4 | 2 | 28.6 | 劣势 |
| 小　计 | | 56 | 5 | 8.9 | 7 | 12.5 | 18 | 32.1 | 26 | 46.4 | 劣势 |

2010～2012 年山东省资源环境竞争力的综合排位呈现持续下降，2012 年排名第 31 位，比 2010 年下降了 2 位，在全国处于下游区。

从资源环境竞争力的要素指标变化趋势来看，有 2 个指标处于上升趋势，为矿产环境竞争力、能源环境竞争力；有 1 个指标处于保持趋势，为大气环境竞争力；有 3 个指标处于下降趋势，为水环境竞争力、土地环境竞争力、森林环境竞争力。

从资源环境竞争力的基础指标分布来看，在 56 个基础指标中，指标的优劣度结构为 8.9∶12.5∶32.1∶46.4。强势和优势指标所占比重显著低于劣势指标的比重，表明劣势指标占主导地位。

### 15.2.2 山东省资源环境竞争力比较分析

图 15 - 2 - 1 将 2010~2012 年山东省资源环境竞争力与全国最高水平和平均水平进行比较。由图可知，评价期内山东省资源环境竞争力得分普遍低于 35 分，虽呈现波动上升趋势，但山东省资源环境竞争力仍保持较低水平。

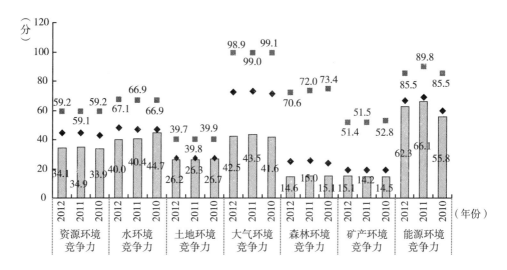

**图 15 - 2 - 1 2010~2012 年山东省资源环境竞争力指标得分比较**

从资源环境竞争力的整体得分比较来看，2010 年，山东省资源环境竞争力得分与全国最高分相比还有 25.3 分的差距，比全国平均分低了 9.1 分；到 2012 年，山东省资源环境竞争力得分与全国最高分的差距缩小为 25.1 分，低于全国平均分 10.5 分。总的来看，2010~2012 年山东省资源环境竞争力与最高分的差距呈缩小趋势，但仍在全国处于下游地位。

从资源环境竞争力的要素得分比较来看，2012 年，山东省水环境竞争力、土地环境竞争力、大气环境竞争力、森林环境竞争力、矿产环境竞争力和能源环境竞争力的得分分别为 40.0 分、26.2 分、42.5 分、14.6 分、15.1 分和 62.3 分，比最高分低 27.2 分、13.6 分、56.3 分、56 分、36.3 分和 23.1 分；与 2010 年相比，山东省大气环境竞争力、森林环境竞争力、矿产环境竞争力和能源环境竞争力的得分与最高分的差距都缩小了，但水环境竞争力、土地环境竞争力的得分与最高分的差距扩大了。

### 15.2.3 山东省资源环境竞争力变化动因分析

二级指标资源环境竞争力的变化是三级要素指标变化综合作用的结果，而三级要素指标变化又是四级基础指标变化作用的结果。三级和四级指标的变动情况如表 15 - 2 - 1 所示。

从要素指标来看，山东省资源环境竞争力的 6 个要素指标中，矿产环境竞争力和能源环境竞争力的排位出现了上升，大气环境竞争力的排位呈保持趋势，而水环境竞争力、土地环境竞争力、森林环境竞争力的排位呈下降趋势，受指标排位升降的综合影响，山东省资源环境竞争力呈持续下降趋势，其中水环境竞争力是导致资源环境竞争力排位下降的主要因素。

从基础指标来看，山东省资源环境竞争力的 56 个基础指标中，上升指标有 10 个，占指标总数的 17.9%，主要分布在大气环境竞争力等指标组；下降指标有 12 个，占指标总数的 21.4%，主要分布在大气环境竞争力和矿产环境竞争力等指标组。排位下降的指标数量略高于排位上升的指标数量，其余的 34 个指标呈波动保持或持续保持，2012 年山东省资源环境竞争力排名呈持续下降。

## 15.3 山东省环境管理竞争力评价分析

### 15.3.1 山东省环境管理竞争力评价结果

2010～2012 年山东省环境管理竞争力排位和排位变化情况及其下属 2 个三级指标和 16 个四级指标的评价结果，如表 15-3-1 所示；环境管理竞争力各级指标的优劣势情况，如表 15-3-2 所示。

表 15-3-1 2010～2012 年山东省环境管理竞争力各级指标的得分、排名及优劣度分析表

| 指 标 项 目 | 2012 年 | | | 2011 年 | | | 2010 年 | | | 综合变化 | | |
|---|---|---|---|---|---|---|---|---|---|---|---|---|
| | 得分 | 排名 | 优劣度 | 得分 | 排名 | 优劣度 | 得分 | 排名 | 优劣度 | 得分变化 | 排名变化 | 趋势变化 |
| **环境管理竞争力** | 67.8 | 2 | 强势 | 68.3 | 2 | 强势 | 59.3 | 3 | 强势 | 8.5 | 1 | 持续↑ |
| (1) 环境治理竞争力 | 49.8 | 1 | 强势 | 49.5 | 2 | 强势 | 37.4 | 5 | 优势 | 12.3 | 4 | 持续↑ |
| 环境污染治理投资总额 | 100.0 | 1 | 强势 | 98.4 | 2 | 强势 | 9.1 | 18 | 中势 | 90.9 | 17 | 持续↑ |
| 环境污染治理投资总额占地方生产总值比重 | 34.7 | 14 | 中势 | 18.5 | 14 | 中势 | 9.0 | 30 | 劣势 | 25.7 | 16 | 持续↑ |
| 废气治理设施年运行费用 | 50.9 | 3 | 强势 | 69.8 | 4 | 优势 | 100.0 | 1 | 强势 | -49.1 | -2 | 波动↓ |
| 废水治理设施处理能力 | 53.8 | 2 | 强势 | 29.1 | 4 | 优势 | 67.8 | 2 | 强势 | -14.0 | 0 | 波动→ |
| 废水治理设施年运行费用 | 55.0 | 3 | 强势 | 100.0 | 1 | 强势 | 88.7 | 3 | 强势 | -33.7 | 0 | 波动→ |
| 矿山环境恢复治理投入资金 | 100.0 | 1 | 强势 | 100.0 | 1 | 强势 | 47.2 | 4 | 优势 | 52.8 | 3 | 持续↑ |
| 本年矿山恢复面积 | 28.3 | 5 | 优势 | 10.4 | 4 | 优势 | 17.0 | 2 | 强势 | 11.3 | -2 | 持续↓ |
| 地质灾害防治投资额 | 11.0 | 18 | 中势 | 7.4 | 21 | 劣势 | 4.7 | 10 | 优势 | 6.3 | -8 | 波动↓ |
| 水土流失治理面积 | 29.0 | 14 | 中势 | 42.1 | 11 | 中势 | 42.7 | 11 | 中势 | -13.7 | -3 | 持续↓ |
| 土地复垦面积占新增耕地面积的比重 | 32.9 | 7 | 优势 | 32.9 | 7 | 优势 | 32.9 | 7 | 优势 | 0.0 | 0 | 持续→ |
| (2) 环境友好竞争力 | 81.9 | 4 | 优势 | 82.9 | 3 | 强势 | 76.4 | 2 | 强势 | 5.5 | -2 | 持续↓ |
| 工业固体废物综合利用量 | 84.4 | 3 | 强势 | 97.2 | 2 | 强势 | 85.1 | 2 | 强势 | -0.7 | -1 | 持续↓ |
| 工业固体废物处置量 | 9.1 | 16 | 中势 | 8.2 | 16 | 中势 | 4.0 | 19 | 中势 | 5.1 | 3 | 持续↑ |
| 工业固体废物处置利用率 | 97.9 | 6 | 优势 | 97.8 | 4 | 优势 | 76.9 | 6 | 优势 | 21.0 | 0 | 波动→ |
| 工业用水重复利用率 | 95.7 | 8 | 优势 | 97.0 | 6 | 优势 | 96.1 | 6 | 优势 | -0.4 | -2 | 波动↓ |
| 城市污水处理率 | 99.5 | 4 | 优势 | 98.5 | 4 | 优势 | 97.5 | 4 | 优势 | 1.9 | 0 | 持续→ |
| 生活垃圾无害化处理率 | 98.2 | 6 | 优势 | 92.5 | 8 | 优势 | 91.9 | 8 | 优势 | 6.3 | 2 | 持续↑ |

表15-3-2　2012年山东省环境管理竞争力各级指标的优劣度结构表

| 二级指标 | 三级指标 | 四级指标数 | 强势指标 | | 优势指标 | | 中势指标 | | 劣势指标 | | 优劣度 |
|---|---|---|---|---|---|---|---|---|---|---|---|
| | | | 个数 | 比重（%） | 个数 | 比重（%） | 个数 | 比重（%） | 个数 | 比重（%） | |
| 环境管理竞争力 | 环境治理竞争力 | 10 | 5 | 50.0 | 2 | 20.0 | 3 | 30.0 | 0 | 0.0 | 强势 |
| | 环境友好竞争力 | 6 | 1 | 16.7 | 4 | 66.7 | 1 | 16.7 | 0 | 0.0 | 优势 |
| | 小　计 | 16 | 6 | 37.5 | 6 | 37.5 | 4 | 25.0 | 0 | 0.0 | 强势 |

2010～2012年山东省环境管理竞争力的综合排位呈现持续上升，2012年排名第2位，比2010年上升了1位，在全国处于上游区。

从环境管理竞争力的要素指标变化趋势来看，有1个指标处于持续上升趋势，即环境治理竞争力，而环境友好竞争力呈持续下降。

从环境管理竞争力的基础指标分布来看，在16个基础指标中，指标的优劣度结构为37.5∶37.5∶25.0∶0。强势和优势指标所占比重显著大于劣势指标的比重，表明强势和优势指标占主导地位。

### 15.3.2　山东省环境管理竞争力比较分析

图15-3-1将2010～2012年山东省环境管理竞争力与全国最高水平和平均水平进行比较。由图可知，评价期内山东省环境管理竞争力得分普遍高于59分，呈波动上升趋势，说明山东省环境管理竞争力处于较高水平。

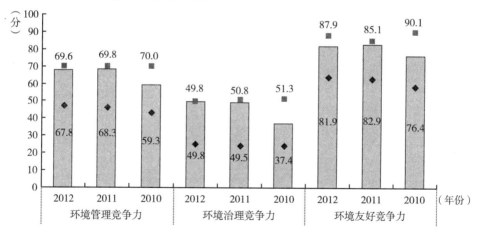

图15-3-1　2010～2012年山东省环境管理竞争力指标得分比较

从环境管理竞争力的整体得分比较来看，2010年，山东省环境管理竞争力得分与全国最高分相比还有10.7分的差距，但与全国平均分相比，则高出15.9分；到2012年，山东省环境管理竞争力得分与全国最高分的差距仍有1.8分，高出全国平均分20.8分。总的来看，2010～2012年山东省环境管理竞争力与最高分的差距呈缩小趋势，继续保持在全国较高水平。

从环境管理竞争力的要素得分比较来看，2012 年，山东省环境治理竞争力和环境友好竞争力的得分分别为 49.8 分和 81.9 分，前者处于全国最高分水平，后者低于全国最高分 6 分，分别高于平均分 24.6 分和 17.9 分；与 2010 年相比，山东省环境治理竞争力得分与最高分的差距缩小了 13.9 分，环境友好竞争力得分与最高分的差距缩小了 7.7 分。

### 15.3.3 山东省环境管理竞争力变化动因分析

二级指标环境管理竞争力的变化是三级要素指标变化综合作用的结果，而三级要素指标变化又是四级基础指标变化作用的结果。三级和四级指标的变动情况如表 15 - 3 - 1 所示。

从要素指标来看，山东省环境管理竞争力的 2 个要素指标中，环境治理竞争力的排名上升了 4 位，环境友好竞争力的排名下降了 2 位，受指标排位升降的综合影响，山东省环境管理竞争力上升了 1 位，其中环境治理竞争力是导致环境管理竞争力上升的主要因素。

从基础指标来看，山东省环境管理竞争力的 16 个基础指标中，上升指标有 5 个，占指标总数的 31.3%，主要分布在环境治理竞争力指标组；下降指标有 6 个，占指标总数的 37.5%，主要分布在环境治理竞争力指标组。排位上升的指标数量小于排位下降的指标数量，但受其他外部因素的综合影响，2012 年山东省环境管理竞争力排名上升了 1 位。

## 15.4 山东省环境影响竞争力评价分析

### 15.4.1 山东省环境影响竞争力评价结果

2010～2012 年山东省环境影响竞争力排位和排位变化情况及其下属 2 个三级指标和 21 个四级指标的评价结果，如表 15 - 4 - 1 所示；环境影响竞争力各级指标的优劣势情况，如表 15 - 4 - 2 所示。

表 15 - 4 - 1 2010～2012 年山东省环境影响竞争力各级指标的得分、排名及优劣度分析表

| 指标 \ 项目 | 2012 年 | | | 2011 年 | | | 2010 年 | | | 综合变化 | | |
|---|---|---|---|---|---|---|---|---|---|---|---|---|
| | 得分 | 排名 | 优劣度 | 得分 | 排名 | 优劣度 | 得分 | 排名 | 优劣度 | 得分变化 | 排名变化 | 趋势变化 |
| **环境影响竞争力** | 71.0 | 17 | 中势 | 72.1 | 15 | 中势 | 73.0 | 16 | 中势 | -2.0 | -1 | 波动↓ |
| (1)环境安全竞争力 | 72.6 | 20 | 中势 | 72.5 | 20 | 中势 | 72.8 | 17 | 中势 | -0.3 | -3 | 持续↓ |
| 自然灾害受灾面积 | 25.1 | 29 | 劣势 | 18.0 | 28 | 劣势 | 19.7 | 30 | 劣势 | 5.4 | 1 | 波动↑ |
| 自然灾害绝收面积占受灾面积比重 | 81.9 | 5 | 优势 | 96.6 | 3 | 强势 | 86.3 | 7 | 优势 | -4.4 | 2 | 波动↑ |
| 自然灾害直接经济损失 | 39.4 | 28 | 劣势 | 59.2 | 24 | 劣势 | 60.8 | 22 | 劣势 | -21.3 | -6 | 持续↓ |
| 发生地质灾害起数 | 99.1 | 12 | 中势 | 99.7 | 12 | 中势 | 99.6 | 11 | 中势 | -0.5 | -1 | 持续↓ |
| 地质灾害直接经济损失 | 99.7 | 12 | 中势 | 99.9 | 7 | 优势 | 99.6 | 7 | 优势 | 0.2 | -5 | 持续↓ |
| 地质灾害防治投资额 | 11.3 | 18 | 中势 | 7.4 | 20 | 中势 | 4.7 | 10 | 优势 | 6.7 | -8 | 波动↓ |
| 突发环境事件次数 | 98.4 | 9 | 优势 | 95.9 | 15 | 中势 | 100.0 | 1 | 强势 | -1.6 | -8 | 波动↓ |

续表

| 指 项<br>标 目 | 2012 年 | | | 2011 年 | | | 2010 年 | | | 综合变化 | | |
|---|---|---|---|---|---|---|---|---|---|---|---|---|
| | 得分 | 排名 | 优劣度 | 得分 | 排名 | 优劣度 | 得分 | 排名 | 优劣度 | 得分变化 | 排名变化 | 趋势变化 |
| 森林火灾次数 | 99.1 | 4 | 优势 | 96.3 | 8 | 优势 | 99.1 | 10 | 优势 | 0.0 | 6 | 持续↑ |
| 森林火灾火场总面积 | 99.8 | 5 | 优势 | 85.9 | 15 | 中势 | 99.5 | 8 | 优势 | 0.4 | 3 | 波动↑ |
| 受火灾森林面积 | 99.8 | 6 | 优势 | 76.1 | 21 | 劣势 | 99.5 | 11 | 中势 | 0.3 | 5 | 波动↑ |
| 森林病虫鼠害发生面积 | 68.5 | 25 | 劣势 | 94.7 | 27 | 劣势 | 46.9 | 27 | 劣势 | 21.7 | 2 | 持续↑ |
| 森林病虫鼠害防治率 | 89.9 | 4 | 优势 | 94.1 | 4 | 优势 | 91.6 | 7 | 优势 | -1.7 | 3 | 持续↑ |
| （2）环境质量竞争力 | 69.9 | 17 | 中势 | 71.8 | 15 | 中势 | 73.1 | 19 | 中势 | -3.2 | 2 | 波动↑ |
| 人均工业废气排放量 | 69.2 | 18 | 中势 | 68.4 | 20 | 中势 | 82.4 | 23 | 劣势 | -13.2 | 5 | 持续↑ |
| 人均二氧化硫排放量 | 65.2 | 22 | 劣势 | 69.8 | 22 | 劣势 | 73.3 | 18 | 中势 | -8.1 | -4 | 持续↓ |
| 人均工业烟（粉）尘排放量 | 81.5 | 13 | 中势 | 82.9 | 16 | 中势 | 85.7 | 9 | 优势 | -4.3 | -4 | 波动↓ |
| 人均工业废水排放量 | 42.3 | 24 | 劣势 | 43.3 | 24 | 劣势 | 48.6 | 22 | 劣势 | -6.2 | 2 | 持续↑ |
| 人均生活污水排放量 | 71.9 | 18 | 中势 | 78.5 | 14 | 中势 | 83.4 | 14 | 中势 | -11.5 | -4 | 持续↓ |
| 人均化学需氧量排放量 | 93.2 | 3 | 强势 | 93.7 | 3 | 强势 | 80.4 | 18 | 中势 | 12.8 | 15 | 持续↑ |
| 人均工业固体废物排放量 | 100.0 | 1 | 强势 | 100.0 | 1 | 强势 | 100.0 | 1 | 优势 | 0.0 | 5 | 持续↑ |
| 人均化肥施用量 | 45.4 | 20 | 中势 | 43.6 | 20 | 中势 | 37.9 | 20 | 中势 | 7.5 | 0 | 持续→ |
| 人均农药施用量 | 65.3 | 23 | 劣势 | 70.6 | 24 | 劣势 | 69.8 | 24 | 劣势 | -4.5 | 1 | 持续↑ |

**表 15-4-2　2012 年山东省环境影响竞争力各级指标的优劣度结构表**

| 二级指标 | 三级指标 | 四级指标数 | 强势指标 | | 优势指标 | | 中势指标 | | 劣势指标 | | 优劣度 |
|---|---|---|---|---|---|---|---|---|---|---|---|
| | | | 个数 | 比重（%） | 个数 | 比重（%） | 个数 | 比重（%） | 个数 | 比重（%） | |
| 环境影响竞争力 | 环境安全竞争力 | 12 | 0 | 0.0 | 6 | 50.0 | 3 | 25.0 | 3 | 25.0 | 中势 |
| | 环境质量竞争力 | 9 | 2 | 22.2 | 0 | 0.0 | 4 | 44.4 | 3 | 33.3 | 中势 |
| | 小　　计 | 21 | 2 | 9.5 | 6 | 28.6 | 7 | 33.3 | 6 | 28.6 | 中势 |

2010～2012 年山东省环境影响竞争力的综合排位呈现波动下降，2012 年排名第 17 位，与 2010 年排位相比下降了 1 位，在全国处于中游区。

从环境影响竞争力的要素指标变化趋势来看，环境安全竞争力呈现持续下降趋势，而环境质量竞争力则呈现波动上升趋势。

从环境影响竞争力的基础指标分布来看，在 21 个基础指标中，指标的优劣度结构为 9.5∶28.6∶33.3∶28.6。中势指标所占比重大于其他指标的比重，表明中势指标占主导地位。

### 15.4.2　山东省环境影响竞争力比较分析

图 15-4-1 将 2010～2012 年山东省环境影响竞争力与全国最高水平和平均水平进行比较。由图可知，评价期内山东省环境影响竞争力得分普遍高于 70 分，呈持续下降趋势，在全国保持中等水平。

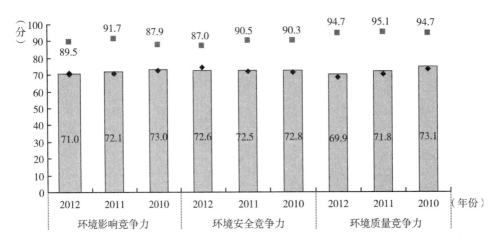

图 15 - 4 - 1　2010~2012 年山东省环境影响竞争力指标得分比较

从环境影响竞争力的整体得分比较来看，2010 年，山东省环境影响竞争力得分与全国最高分相比还有 14.9 分的差距，但与全国平均分相比，则高了 0.5 分；到 2012 年，山东省环境影响竞争力得分与全国最高分相差 18.5 分，高于全国平均分 0.4 分。总的来看，2010 ~ 2012 年山东省环境影响竞争力与最高分的差距呈扩大趋势。

从环境影响竞争力的要素得分比较来看，2012 年，山东省环境安全竞争力和环境质量竞争力的得分分别为 72.6 分和 69.9 分，比最高分低 14.4 分和 24.8 分，前者低于平均分 1.6 分，后者高出平均分 1.8 分；与 2010 年相比，山东省环境安全竞争力得分与最高分的差距缩小了 3.1 分，环境质量竞争力得分与最高分的差距扩大了 3.2 分。

### 15.4.3　山东省环境影响竞争力变化动因分析

二级指标环境影响竞争力的变化是三级要素指标变化综合作用的结果，而三级要素指标变化又是四级基础指标变化作用的结果。三级和四级指标的变动情况如表 15 - 4 - 1 所示。

从要素指标来看，山东省环境影响竞争力的 2 个要素指标中，环境安全竞争力的排名下降了 3 位，环境质量竞争力的排名上升了 2 位，山东省环境影响竞争力排名呈波动下降。

从基础指标来看，山东省环境影响竞争力的 21 个基础指标中，上升指标有 12 个，占指标总数的 57.1%，主要分布在环境安全竞争力指标组；下降指标有 8 个，占指标总数的 38.1%，主要分布在环境安全竞争力指标组。排位上升的指标数量大于排位下降的指标数量，但受到其他因素的影响，2012 年山东省环境影响竞争力排名呈现波动下降。

## 15.5　山东省环境协调竞争力评价分析

### 15.5.1　山东省环境协调竞争力评价结果

2010~2012 年山东省环境协调竞争力排位和排位变化情况及其下属 2 个三级指标和 19

个四级指标的评价结果，如表 15 – 5 – 1 所示；环境协调竞争力各级指标的优劣势情况，如表 15 – 5 – 2 所示。

表 15 – 5 – 1　2010～2012 年山东省环境协调竞争力各级指标的得分、排名及优劣度分析表

| 指标项目 | 2012 年 | | | 2011 年 | | | 2010 年 | | | 综合变化 | | |
|---|---|---|---|---|---|---|---|---|---|---|---|---|
| | 得分 | 排名 | 优劣度 | 得分 | 排名 | 优劣度 | 得分 | 排名 | 优劣度 | 得分变化 | 排名变化 | 趋势变化 |
| 环境协调竞争力 | 64.7 | 7 | 优势 | 52.8 | 26 | 劣势 | 54.7 | 26 | 劣势 | 10.0 | 19 | 持续↑ |
| (1) 人口与环境协调竞争力 | 56.6 | 6 | 优势 | 50.9 | 17 | 中势 | 56.5 | 8 | 优势 | 0.1 | 2 | 波动↑ |
| 人口自然增长率与工业废气排放量增长率比差 | 75.0 | 11 | 中势 | 54.9 | 19 | 中势 | 61.9 | 16 | 中势 | 13.0 | 5 | 波动↑ |
| 人口自然增长率与工业废水排放量增长率比差 | 95.2 | 6 | 优势 | 91.1 | 7 | 优势 | 82.3 | 11 | 中势 | 12.9 | 5 | 持续↑ |
| 人口自然增长率与工业固体废物排放量增长率比差 | 97.0 | 4 | 优势 | 50.2 | 16 | 中势 | 87.3 | 9 | 优势 | 9.7 | 5 | 波动↑ |
| 人口自然增长率与能源消费量增长率比差 | 72.0 | 18 | 中势 | 74.9 | 21 | 劣势 | 95.2 | 6 | 优势 | -23.2 | -12 | 波动↓ |
| 人口密度与人均水资源量比差 | 14.9 | 7 | 优势 | 15.3 | 6 | 优势 | 15.7 | 7 | 优势 | -0.8 | 0 | 波动→ |
| 人口密度与人均耕地面积比差 | 26.8 | 13 | 中势 | 27.0 | 13 | 中势 | 27.3 | 13 | 中势 | -0.5 | 0 | 持续→ |
| 人口密度与森林覆盖率比差 | 37.2 | 23 | 劣势 | 37.3 | 23 | 劣势 | 37.5 | 22 | 劣势 | -0.3 | -1 | 持续↓ |
| 人口密度与人均矿产基础储量比差 | 19.8 | 9 | 优势 | 20.0 | 9 | 优势 | 19.4 | 9 | 优势 | 0.4 | 0 | 持续↑ |
| 人口密度与人均能源生产量比差 | 91.5 | 16 | 中势 | 91.1 | 17 | 中势 | 91.9 | 17 | 中势 | -0.4 | 1 | 持续↑ |
| (2) 经济与环境协调竞争力 | 70.0 | 12 | 中势 | 54.1 | 24 | 劣势 | 53.6 | 27 | 劣势 | 16.5 | 15 | 持续↑ |
| 工业增加值增长率与工业废气排放量增长率比差 | 97.5 | 3 | 强势 | 29.0 | 28 | 劣势 | 0.0 | 31 | 劣势 | 97.5 | 28 | 持续↑ |
| 工业增加值增长率与工业废水排放量增长率比差 | 82.1 | 9 | 优势 | 22.3 | 24 | 劣势 | 50.3 | 23 | 劣势 | 31.8 | 14 | 波动↑ |
| 工业增加值增长率与工业固体废物排放量增长率比差 | 83.9 | 11 | 中势 | 25.1 | 29 | 劣势 | 21.1 | 28 | 劣势 | 62.8 | 17 | 波动↑ |
| 地区生产总值增长率与能源消费量增长率比差 | 57.8 | 22 | 劣势 | 59.7 | 23 | 劣势 | 72.7 | 22 | 劣势 | -14.9 | 0 | 波动→ |
| 人均工业增加值与人均水资源量比差 | 49.3 | 23 | 劣势 | 48.2 | 23 | 劣势 | 45.6 | 24 | 劣势 | 3.8 | 1 | 持续↑ |
| 人均工业增加值与人均耕地面积比差 | 67.5 | 20 | 中势 | 66.4 | 20 | 中势 | 63.7 | 20 | 中势 | 3.8 | 0 | 持续→ |
| 人均工业增加值与人均工业废气排放量比差 | 84.6 | 8 | 优势 | 87.6 | 8 | 优势 | 79.0 | 7 | 优势 | 5.7 | -1 | 持续↓ |
| 人均工业增加值与森林覆盖率比差 | 67.0 | 20 | 中势 | 66.1 | 20 | 中势 | 63.4 | 20 | 中势 | 3.6 | 0 | 持续↑ |
| 人均工业增加值与人均矿产基础储量比差 | 50.0 | 25 | 劣势 | 49.0 | 25 | 劣势 | 45.5 | 26 | 劣势 | 4.5 | 1 | 持续↑ |
| 人均工业增加值与人均能源生产量比差 | 68.9 | 10 | 优势 | 71.9 | 9 | 优势 | 77.8 | 7 | 优势 | -8.9 | -3 | 持续↓ |

表 15 – 5 – 2　2012 年山东省环境协调竞争力各级指标的优劣度结构表

| 二级指标 | 三级指标 | 四级指标数 | 强势指标 | | 优势指标 | | 中势指标 | | 劣势指标 | | 优劣度 |
|---|---|---|---|---|---|---|---|---|---|---|---|
| | | | 个数 | 比重(%) | 个数 | 比重(%) | 个数 | 比重(%) | 个数 | 比重(%) | |
| 环境协调竞争力 | 人口与环境协调竞争力 | 9 | 0 | 0.0 | 4 | 44.4 | 4 | 44.4 | 1 | 11.1 | 优势 |
| | 经济与环境协调竞争力 | 10 | 1 | 10.0 | 3 | 30.0 | 3 | 30.0 | 3 | 30.0 | 中势 |
| | 小　计 | 19 | 1 | 5.3 | 7 | 36.8 | 7 | 36.8 | 4 | 21.1 | 优势 |

　　2010～2012 年山东省环境协调竞争力的综合排位呈现持续上升，2012 年排名第 7 位，比 2010 年上升了 19 位，在全国处于上游区。

　　从环境协调竞争力的要素指标变化趋势来看，有 1 个指标处于波动上升，即人口与环境协调竞争力；有 1 个指标处于持续上升，为经济与环境协调竞争力。

从环境协调竞争力的基础指标分布来看，在 19 个基础指标中，指标的优劣度结构为 5.3：36.8：36.8：21.1，强势和优势指标所占比重高于劣势指标的比重。

### 15.5.2　山东省环境协调竞争力比较分析

图 15-5-1 将 2010~2012 年山东省环境协调竞争力与全国最高水平和平均水平进行比较。由图可知，评价期内山东省环境协调竞争力得分普遍高于 52 分，且呈波动上升趋势，说明山东省环境协调竞争力处于较高水平。

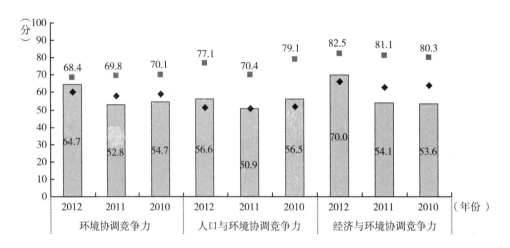

**图 15-5-1　2010~2012 年山东省环境协调竞争力指标得分比较**

从环境协调竞争力的整体得分比较来看，2010 年，山东省环境协调竞争力得分与全国最高分相比还有 15.4 分的差距，与全国平均分相比，低了 4.6 分；到 2012 年，山东省环境协调竞争力得分与全国最高分的差距缩小为 3.7 分，与全国平均分相比，高出 4.4 分。总的来看，2010~2012 年山东省环境协调竞争力与最高分的差距呈缩小趋势，在全国处于上游地位。

从环境协调竞争力的要素得分比较来看，2012 年，山东省人口与环境协调竞争力和经济与环境协调竞争力的得分分别为 56.6 分和 70.0 分，比最高分低 20.5 分和 12.4 分，分别高于平均分 5.4 分和 3.7 分；与 2010 年相比，山东省人口与环境协调竞争力得分与最高分的差距缩小了 2.1 分，经济与环境协调竞争力得分与最高分的差距缩小了 14.2 分。

### 15.5.3　山东省环境协调竞争力变化动因分析

二级指标环境协调竞争力的变化是三级要素指标变化综合作用的结果，而三级要素指标变化又是四级基础指标变化作用的结果。三级和四级指标的变动情况如表 15-5-1 所示。

从要素指标来看，山东省环境协调竞争力的 2 个要素指标中，人口与环境协调竞争力的排名波动上升了 2 位，经济与环境协调竞争力的排名持续上升了 15 位，受指标排位升降的综合影响，山东省环境协调竞争力上升了 19 位，其中经济与环境协调竞争力是环境协调竞争力排名上升的主要因素。

从基础指标来看，山东省环境协调竞争力的 19 个基础指标中，上升指标有 9 个，占指标总数的 47.4% ，主要分布在经济与环境协调竞争力指标组；下降指标有 4 个，占指标总数的 21.1% ，均匀分布在人口与环境协调竞争力指标组和经济与环境协调竞争力指标组。排位上升的指标数量大于排位下降的指标数量，使得 2012 年山东省环境协调竞争力排名波动上升了 19 位。

## 15.6   山东省环境竞争力总体评述

从对山东省环境竞争力及其 5 个二级指标在全国的排位变化和指标结构的综合分析来看，"十二五"中期（2010~2012 年）环境竞争力中上升指标的数量大于下降指标的数量，上升的动力大于下降的拉力，2012 年山东省环境竞争力排位呈现持续上升趋势，在全国居第 3 位。

### 15.6.1   山东省环境竞争力概要分析

山东省环境竞争力在全国所处的位置及变化如表 15 - 6 - 1 所示，5 个二级指标的得分和排位变化如表 15 - 6 - 2 所示。

表 15 - 6 - 1   2010~2012 年山东省环境竞争力一级指标比较表

| 项目 \ 年份 | 2012 | 2011 | 2010 |
|---|---|---|---|
| 排名 | 3 | 3 | 7 |
| 所属区位 | 上游 | 上游 | 上游 |
| 得分 | 57.6 | 56.3 | 54.2 |
| 全国最高分 | 58.2 | 59.5 | 60.1 |
| 全国平均分 | 51.3 | 50.8 | 50.4 |
| 与最高分的差距 | -0.6 | -3.1 | -5.9 |
| 与平均分的差距 | 6.3 | 5.6 | 3.8 |
| 优劣度 | 强势 | 强势 | 优势 |
| 波动趋势 | 保持 | 上升 | — |

表 15 - 6 - 2   2010~2012 年山东省环境竞争力二级指标比较表

| 项目 \ 年份 | 生态环境竞争力 得分 | 排名 | 资源环境竞争力 得分 | 排名 | 环境管理竞争力 得分 | 排名 | 环境影响竞争力 得分 | 排名 | 环境协调竞争力 得分 | 排名 | 环境竞争力 得分 | 排名 |
|---|---|---|---|---|---|---|---|---|---|---|---|---|
| 2010 | 54.4 | 3 | 33.9 | 29 | 59.3 | 3 | 73.0 | 16 | 54.7 | 26 | 54.2 | 7 |
| 2011 | 54.9 | 2 | 34.9 | 30 | 68.3 | 2 | 72.1 | 15 | 52.8 | 26 | 56.3 | 3 |
| 2012 | 54.8 | 2 | 34.1 | 31 | 67.8 | 2 | 71.0 | 17 | 64.7 | 7 | 57.6 | 3 |
| 得分变化 | 0.4 | — | 0.2 | — | 8.5 | — | -2.0 | — | 10.0 | — | 3.4 | — |
| 排位变化 | — | 1 | — | -2 | — | 1 | — | -1 | — | 19 | — | 4 |
| 优劣度 | 强势 | 强势 | 劣势 | 劣势 | 强势 | 强势 | 中势 | 中势 | 优势 | 优势 | 强势 | 强势 |

（1）从指标排位变化趋势看，2012年山东省环境竞争力综合排名在全国处于第3位，表明其在全国处于强势地位；与2010年相比，排位上升了4位。总的来看，评价期内山东省环境竞争力呈持续上升趋势。

在5个二级指标中，有3个指标处于上升趋势，为生态环境竞争力、环境管理竞争力和环境协调竞争力，这些是山东省环境竞争力的上升动力所在；有2个指标处于下降趋势，为资源环境竞争力和环境影响竞争力。受指标排位升降的综合影响，评价期内山东省环境竞争力的综合排位持续上升，在全国排名第3位。

（2）从指标所处区位看，2012年山东省环境竞争力处于上游区，其中，生态环境竞争力和环境管理竞争力指标为强势指标，环境影响竞争力为中势指标，资源环境竞争力为劣势指标。

（3）从指标得分看，2012年山东省环境竞争力得分为57.6分，比全国最高分低0.6分，比全国平均分高6.3分；与2010年相比，山东省环境竞争力得分上升了3.4分，与当年最高分的差距缩小了5.3分，与全国平均分的差距扩大了。

2012年，山东省环境竞争力二级指标的得分均高于34分，与2010年相比，得分上升最多的为环境协调竞争力，上升了10.0分；得分下降最多的为环境影响竞争力，下降了2.0分。

### 15.6.2 山东省环境竞争力各级指标动态变化分析

2010~2012年山东省环境竞争力各级指标的动态变化及其结构，如图15-6-1和表15-6-3所示。

从图15-6-1可以看出，山东省环境竞争力的四级指标中上升指标的比例大于下降指标，保持指标居于主导地位。表15-6-3中的数据进一步说明，山东省环境竞争力的130个四级指标中，上升的指标有39个，占指标总数的30.0%；保持的指标有59个，占指标总数的45.4%；下降的指标为32个，占指标总数的24.6%。虽然排位保持的指标数量最多，但受其他外部因素的综合影响，评价期内山东省环境竞争力排位呈现持续上升趋势，在全国位居第3位。

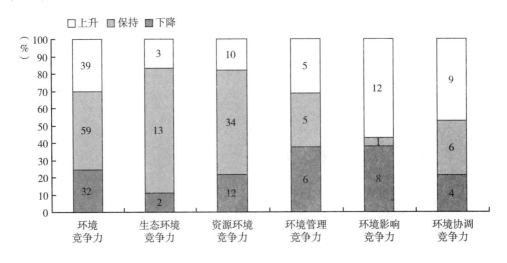

**图15-6-1　2010~2012年山东省环境竞争力动态变化结构图**

表 15 -6 -3  2010~2012 年山东省环境竞争力各级指标排位变化态势比较表

| 二级指标 | 三级指标 | 四级指标数 | 上升指标 | | 保持指标 | | 下降指标 | | 变化趋势 |
|---|---|---|---|---|---|---|---|---|---|
| | | | 个数 | 比重（%） | 个数 | 比重（%） | 个数 | 比重（%） | |
| 生态环境竞争力 | 生态建设竞争力 | 9 | 0 | 0.0 | 7 | 77.8 | 2 | 22.2 | 波动↑ |
| | 生态效益竞争力 | 9 | 3 | 33.3 | 6 | 66.7 | 0 | 0.0 | 波动→ |
| | 小　计 | 18 | 3 | 16.7 | 13 | 72.2 | 2 | 11.1 | 持续↑ |
| 资源环境竞争力 | 水环境竞争力 | 11 | 2 | 18.2 | 7 | 63.6 | 2 | 18.2 | 持续↓ |
| | 土地环境竞争力 | 13 | 1 | 7.7 | 12 | 92.3 | 0 | 0.0 | 波动↓ |
| | 大气环境竞争力 | 8 | 3 | 37.5 | 1 | 12.5 | 4 | 50.0 | 持续→ |
| | 森林环境竞争力 | 8 | 1 | 12.5 | 7 | 87.5 | 0 | 0.0 | 持续↓ |
| | 矿产环境竞争力 | 9 | 3 | 33.3 | 3 | 33.3 | 3 | 33.3 | 持续↑ |
| | 能源环境竞争力 | 7 | 0 | 0.0 | 4 | 57.1 | 3 | 42.9 | 持续↑ |
| | 小　计 | 56 | 10 | 17.9 | 34 | 60.7 | 12 | 21.4 | 持续↓ |
| 环境管理竞争力 | 环境治理竞争力 | 10 | 3 | 30.0 | 3 | 30.0 | 4 | 40.0 | 持续↑ |
| | 环境友好竞争力 | 6 | 2 | 33.3 | 2 | 33.3 | 2 | 33.3 | 持续↓ |
| | 小　计 | 16 | 5 | 31.3 | 5 | 31.3 | 6 | 37.5 | 持续↓ |
| 环境影响竞争力 | 环境安全竞争力 | 12 | 7 | 58.3 | 0 | 0.0 | 5 | 41.7 | 持续↓ |
| | 环境质量竞争力 | 9 | 5 | 55.6 | 1 | 11.1 | 3 | 33.3 | 波动↑ |
| | 小　计 | 21 | 12 | 57.1 | 1 | 4.8 | 8 | 38.1 | 波动↓ |
| 环境协调竞争力 | 人口与环境协调竞争力 | 9 | 4 | 44.4 | 3 | 33.3 | 2 | 22.2 | 波动↑ |
| | 经济与环境协调竞争力 | 10 | 5 | 50.0 | 3 | 30.0 | 2 | 20.0 | 持续↑ |
| | 小　计 | 19 | 9 | 47.4 | 6 | 31.6 | 4 | 21.1 | 持续↑ |
| | 合　计 | 130 | 39 | 30.0 | 59 | 45.4 | 32 | 24.6 | 持续↑ |

### 15.6.3　山东省环境竞争力各级指标变化动因分析

2012 年山东省环境竞争力各级指标的优劣势变化及其结构，如图 15 -6 -2 和表 15 -6 -4 所示。

从图 15 -6 -2 可以看出，2012 年山东省环境竞争力的四级指标中强势和优势指标的比例大于劣势指标，表明强势和优势指标居于主导地位。表 15 -6 -4 中的数据进一步说明，2012 年山东省环境竞争力的 130 个四级指标中，强势指标有 20 个，占指标总数的 15.4%；优势指标为 30 个，占指标总数的 23.1%；中势指标 41 个，占指标总数的 31.5%；劣势指标有 39 个，占指标总数的 30%；强势指标和优势指标之和占指标总数的 38.5%，数量与比重均大于劣势指标。从三级指标来看，四级指标中强势指标和优势指标之和占四级指标总数一半以上的分别有生态建设竞争力、生态效益竞争力、环境治理竞争力和环境友好竞争力，共计 4 个指标，占三级指标总数的 28.6%。反映到二级指标上来，强势指标有 2 个，占二级指标总数的 40%，中势指标有 1 个，占二级指标总数的 20%，劣势指标有 1 个，占二级指标总数的 20%。这保证了山东省环境竞争力的强势地位，在全国位居第 3 位，处于上游区。

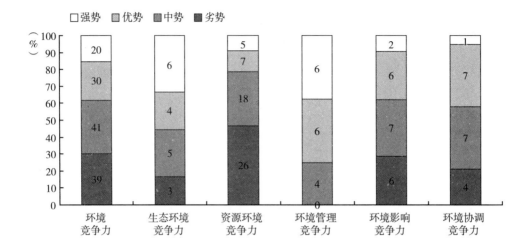

图 15 - 6 - 2  2012 年山东省环境竞争力优劣度结构图

表 15 - 6 - 4  2012 年山东省环境竞争力各级指标优劣度比较表

| 二级指标 | 三级指标 | 四级指标数 | 强势指标 | | 优势指标 | | 中势指标 | | 劣势指标 | | 优劣度 |
|---|---|---|---|---|---|---|---|---|---|---|---|
| | | | 个数 | 比重（%） | 个数 | 比重（%） | 个数 | 比重（%） | 个数 | 比重（%） | |
| 生态环境竞争力 | 生态建设竞争力 | 9 | 4 | 44.4 | 1 | 11.1 | 1 | 11.1 | 3 | 33.3 | 优势 |
| | 生态效益竞争力 | 9 | 2 | 22.2 | 3 | 33.3 | 4 | 44.4 | 0 | 0.0 | 优势 |
| | 小　计 | 18 | 6 | 33.3 | 4 | 22.2 | 5 | 27.8 | 3 | 16.7 | 强势 |
| 资源环境竞争力 | 水环境竞争力 | 11 | 3 | 27.3 | 1 | 9.1 | 2 | 18.2 | 5 | 45.5 | 劣势 |
| | 土地环境竞争力 | 13 | 2 | 15.4 | 3 | 23.1 | 4 | 30.8 | 4 | 30.8 | 中势 |
| | 大气环境竞争力 | 8 | 0 | 0.0 | 0 | 0.0 | 0 | 0.0 | 8 | 100.0 | 劣势 |
| | 森林环境竞争力 | 8 | 0 | 0.0 | 0 | 0.0 | 2 | 25.0 | 6 | 75.0 | 劣势 |
| | 矿产环境竞争力 | 9 | 0 | 0.0 | 3 | 33.3 | 5 | 55.6 | 1 | 11.1 | 中势 |
| | 能源环境竞争力 | 7 | 0 | 0.0 | 0 | 0.0 | 5 | 71.4 | 2 | 28.6 | 劣势 |
| | 小　计 | 56 | 5 | 8.9 | 7 | 12.5 | 18 | 32.1 | 26 | 46.4 | 劣势 |
| 环境管理竞争力 | 环境治理竞争力 | 10 | 5 | 50.0 | 2 | 20.0 | 3 | 30.0 | 0 | 0.0 | 强势 |
| | 环境友好竞争力 | 6 | 1 | 16.7 | 4 | 66.7 | 1 | 16.7 | 0 | 0.0 | 优势 |
| | 小　计 | 16 | 6 | 37.5 | 6 | 37.5 | 4 | 25.0 | 0 | 0.0 | 强势 |
| 环境影响竞争力 | 环境安全竞争力 | 12 | 0 | 0.0 | 6 | 50.0 | 3 | 25.0 | 3 | 25.0 | 中势 |
| | 环境质量竞争力 | 9 | 2 | 22.2 | 0 | 0.0 | 4 | 44.4 | 3 | 33.3 | 中势 |
| | 小　计 | 21 | 2 | 9.5 | 6 | 28.6 | 7 | 33.3 | 6 | 28.6 | 中势 |
| 环境协调竞争力 | 人口与环境协调竞争力 | 9 | 0 | 0.0 | 4 | 44.4 | 4 | 44.4 | 1 | 11.1 | 优势 |
| | 经济与环境协调竞争力 | 10 | 1 | 10.0 | 3 | 30.0 | 3 | 30.0 | 3 | 30.0 | 中势 |
| | 小　计 | 19 | 1 | 5.3 | 7 | 36.8 | 7 | 36.8 | 4 | 21.1 | 优势 |
| 合　计 | | 130 | 20 | 15.4 | 30 | 23.1 | 41 | 31.5 | 39 | 30.0 | 强势 |

为了进一步明确影响山东省环境竞争力变化的具体指标，也便于对相关指标进行深入分析，从而为提升山东省环境竞争力提供决策参考，表15－6－5列出了环境竞争力指标体系中直接影响山东省环境竞争力升降的强势指标、优势指标和劣势指标。

表15－6－5　2012年山东省环境竞争力四级指标优劣度统计表

| 指标 | 强势指标 | 优势指标 | 劣势指标 |
|---|---|---|---|
| 生态环境竞争力（18个） | 国家级生态示范区个数、公园面积、园林绿地面积、绿化覆盖面积、工业废水中氨氮排放强度、工业固体废物排放强度（6个） | 野生动物种源繁育基地数、工业废气排放强度、工业烟（粉）尘排放强度、工业废水中化学需氧量排放强度（4个） | 本年减少耕地面积、自然保护区面积占土地总面积比重、野生植物种源培育基地数（3个） |
| 资源环境竞争力（56个） | 用水总量、用水消耗量、耗水率、耕地面积、园地面积（5个） | 城市再生水利用率、人均园地面积、土地资源利用效率、单位建设用地非农产业增加值、主要黑色金属矿产基础储量、主要有色金属矿产基础储量、主要能源矿产基础储量（7个） | 水资源总量、人均水资源量、降水量、工业废水排放总量、生活污水排放量、人均牧草地面积、建设用地面积、沙化土地面积占土地总面积的比重、当年新增种草面积、工业废气排放总量、地均工业废气排放量、工业烟（粉）尘排放总量、地均工业烟（粉）尘排放量、工业二氧化硫排放总量、地均二氧化硫排放量、全省设区市优良天数比例、可吸入颗粒物（PM10）浓度、林业用地面积、森林面积、森林覆盖率、天然林比重、森林蓄积量、活立木总蓄积量、工业固体废物产生量、能源生产总量、能源消费总量（26个） |
| 环境管理竞争力（16个） | 环境污染治理投资总额、废气治理设施年运行费用、废水治理设施处理能力、废水治理设施年运行费用、矿山环境恢复治理投入资金、工业固体废物综合利用量（6个） | 本年矿山恢复面积、土地复垦面积占新增耕地面积的比重、工业固体废物处置利用率、工业用水重复利用率、城市污水处理率、生活垃圾无害化处理率（6个） | （0个） |
| 环境影响竞争力（21个） | 人均化学需氧量排放量、人均工业固体废物排放量（2个） | 自然灾害绝收面积占受灾面积比重、突发环境事件次数、森林火灾次数、森林火灾火场总面积、受火灾森林面积、森林病虫鼠害防治率（6个） | 自然灾害受灾面积、自然灾害直接经济损失、森林病虫鼠害发生面积、人均二氧化硫排放量、人均工业废水排放量、人均农药施用量（6个） |
| 环境协调竞争力（19个） | 工业增加值增长率与工业废气排放量增长率比差（1个） | 人口自然增长率与工业废水排放量增长率比差、人口自然增长率与工业固体废物排放量增长率比差、人口密度与人均水资源量比差、人口密度与人均矿产基础储量比差、工业增加值增长率与工业废水排放量增长率比差、人均工业增加值与人均工业废气排放量比差、人均工业增加值与人均能源生产量比差（7个） | 人口密度与森林覆盖率比差、地区生产总值增长率与能源消费量增长率比差、人均工业增加值与人均水资源量比差、人均工业增加值与人均矿产基础储量比差（4个） |

# 16

# 河南省环境竞争力评价分析报告

河南省简称豫，位于中国中东部，黄河中下游，黄淮海平原西南部，大部分地区在黄河以南，北承河北省、山西省，东接山东省、安徽省，南连湖北省，西邻陕西省。全省总面积约 16.7 万平方公里，2012 年末总人口 9406 万人，人均 GDP 达到 31499 元，万元 GDP 能耗为 0.88 吨标准煤。"十二五"中期（2010～2012 年），河南省环境竞争力的综合排位呈现波动上升趋势，2012 年排名第 15 位，比 2010 年上升了 3 位，在全国处于中势地位。

## 16.1 河南省生态环境竞争力评价分析

### 16.1.1 河南省生态环境竞争力评价结果

2010～2012 年河南省生态环境竞争力排位和排位变化情况及其下属 2 个三级指标和 18 个四级指标的评价结果，如表 16－1－1 所示；生态环境竞争力各级指标的优劣势情况，如表 16－1－2 所示。

表 16－1－1 2010～2012 年河南省生态环境竞争力各级指标的得分、排名及优劣度分析表

| 指标项目 | 2012 年 | | | 2011 年 | | | 2010 年 | | | 综合变化 | | |
|---|---|---|---|---|---|---|---|---|---|---|---|---|
| | 得分 | 排名 | 优劣度 | 得分 | 排名 | 优劣度 | 得分 | 排名 | 优劣度 | 得分变化 | 排名变化 | 趋势变化 |
| **生态环境竞争力** | 46.1 | 16 | 中势 | 45.7 | 16 | 中势 | 46.3 | 14 | 中势 | -0.1 | -2 | 持续↓ |
| （1）生态建设竞争力 | 22.4 | 18 | 中势 | 21.5 | 16 | 中势 | 22.5 | 16 | 中势 | -0.1 | -2 | 持续↓ |
| 国家级生态示范区个数 | 57.8 | 4 | 优势 | 57.8 | 4 | 优势 | 57.8 | 4 | 优势 | 0.0 | 0 | 持续→ |
| 公园面积 | 17.0 | 8 | 优势 | 14.5 | 13 | 中势 | 14.5 | 13 | 中势 | 2.5 | 5 | 持续↑ |
| 园林绿地面积 | 28.1 | 7 | 优势 | 27.7 | 8 | 优势 | 27.7 | 8 | 优势 | 0.4 | 1 | 持续↑ |
| 绿化覆盖面积 | 18.2 | 10 | 优势 | 16.6 | 11 | 中势 | 16.6 | 11 | 中势 | 1.6 | 1 | 持续↑ |
| 本年减少耕地面积 | 55.7 | 21 | 劣势 | 55.7 | 21 | 劣势 | 55.7 | 21 | 劣势 | 0.0 | 0 | 持续→ |
| 自然保护区个数 | 8.2 | 23 | 劣势 | 8.2 | 23 | 劣势 | 8.2 | 23 | 劣势 | 0.0 | 0 | 持续→ |
| 自然保护区面积占土地总面积比重 | 9.0 | 26 | 劣势 | 9.0 | 26 | 劣势 | 9.0 | 26 | 劣势 | 0.0 | 0 | 持续→ |
| 野生动物种源繁育基地数 | 6.0 | 17 | 中势 | 1.0 | 22 | 劣势 | 1.0 | 22 | 劣势 | 5.0 | 5 | 持续↑ |
| 野生植物种源培育基地数 | 1.2 | 15 | 中势 | 1.9 | 13 | 中势 | 1.9 | 13 | 中势 | -0.7 | -2 | 持续↓ |
| （2）生态效益竞争力 | 81.8 | 16 | 中势 | 82.1 | 15 | 中势 | 81.9 | 14 | 中势 | -0.1 | -2 | 持续↓ |
| 工业废气排放强度 | 86.1 | 17 | 中势 | 85.1 | 17 | 中势 | 85.1 | 17 | 中势 | 1.0 | 0 | 持续→ |
| 工业二氧化硫排放强度 | 86.4 | 15 | 中势 | 85.6 | 17 | 中势 | 85.6 | 17 | 中势 | 0.7 | 2 | 持续↑ |

续表

| 指标 项目 | 2012 年 | | | 2011 年 | | | 2010 年 | | | 综合变化 | | |
|---|---|---|---|---|---|---|---|---|---|---|---|---|
| | 得分 | 排名 | 优劣度 | 得分 | 排名 | 优劣度 | 得分 | 排名 | 优劣度 | 得分变化 | 排名变化 | 趋势变化 |
| 工业烟(粉)尘排放强度 | 88.3 | 14 | 中势 | 86.3 | 13 | 中势 | 86.3 | 13 | 中势 | 2.0 | -1 | 持续↓ |
| 工业废水排放强度 | 65.0 | 15 | 中势 | 65.8 | 15 | 中势 | 65.8 | 15 | 中势 | -0.8 | 0 | 持续→ |
| 工业废水中化学需氧量排放强度 | 91.5 | 13 | 中势 | 91.4 | 14 | 中势 | 91.4 | 14 | 中势 | 0.1 | 1 | 持续↑ |
| 工业废水中氨氮排放强度 | 92.2 | 13 | 中势 | 92.3 | 12 | 中势 | 92.3 | 12 | 中势 | -0.2 | -1 | 持续↓ |
| 工业固体废物排放强度 | 98.9 | 20 | 中势 | 99.7 | 13 | 中势 | 99.7 | 13 | 中势 | -0.9 | -7 | 持续↓ |
| 化肥施用强度 | 33.5 | 26 | 劣势 | 35.8 | 26 | 劣势 | 35.8 | 26 | 劣势 | -2.2 | 0 | 持续→ |
| 农药施用强度 | 86.1 | 15 | 中势 | 88.6 | 15 | 中势 | 88.6 | 15 | 中势 | -2.5 | 0 | 持续→ |

表 16 - 1 - 2　2012 年河南省生态环境竞争力各级指标的优劣度结构表

| 二级指标 | 三级指标 | 四级指标数 | 强势指标 | | 优势指标 | | 中势指标 | | 劣势指标 | | 优劣度 |
|---|---|---|---|---|---|---|---|---|---|---|---|
| | | | 个数 | 比重(%) | 个数 | 比重(%) | 个数 | 比重(%) | 个数 | 比重(%) | |
| 生态环境竞争力 | 生态建设竞争力 | 9 | 0 | 0.0 | 4 | 44.4 | 2 | 22.2 | 3 | 33.3 | 中势 |
| | 生态效益竞争力 | 9 | 0 | 0.0 | 0 | 0.0 | 8 | 88.9 | 1 | 11.1 | 中势 |
| | 小　计 | 18 | 0 | 0.0 | 4 | 22.2 | 10 | 55.6 | 4 | 22.2 | 中势 |

2010～2012 年河南省生态环境竞争力的综合排位呈现持续下降趋势，2012 年排名第 16 位，比 2010 年下降了 2 位，在全国处于中游区。

从生态环境竞争力要素指标的变化趋势来看，2 个指标生态建设竞争力、生态效益竞争力都处于持续下降趋势。

从生态环境竞争力基础指标的优劣度结构来看，在 18 个基础指标中，指标的优劣度结构为 0：22.2：55.6：22.2。中势指标所占比重明显大于强势和优势指标所占比重，表明中势指标占主导地位。

### 16.1.2　河南省生态环境竞争力比较分析

图 16 - 1 - 1 将 2010～2012 年河南省生态环境竞争力与全国最高水平和平均水平进行比较。由图可知，评价期内河南省生态环境竞争力得分普遍低于 47 分，说明河南省生态环境竞争力处于较低水平。

从生态环境竞争力的整体得分比较来看，2010 年，河南省生态环境竞争力得分与全国最高分相比有 19.5 分的差距，比全国平均分低 0.2 分；到了 2012 年，河南省生态环境竞争力得分与全国最高分的差距缩小为 18.9 分，高于全国平均分 0.7 分。总的来看，2010～2012 年河南省生态环境竞争力与最高分的差距呈缩小趋势，但生态建设和生态效益水平呈下降趋势。

从生态环境竞争力的要素得分比较来看，2012 年，河南省生态建设竞争力和生态效益竞争力的得分分别为 22.4 分和 81.8 分，分别比最高分低 29.3 和 14.7 分，生态建设竞争

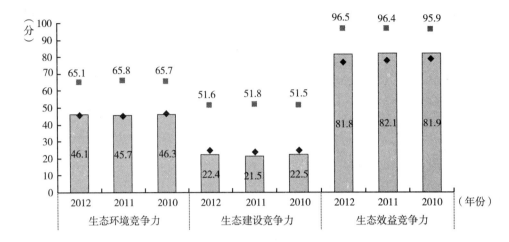

图 16 - 1 - 1    2010 ~ 2012 年河南省生态环境竞争力指标得分比较

力低于平均分 2.3 分，生态效益竞争力高于平均分 5.2 分；与 2010 年相比，河南省生态建设竞争力得分与最高分的差距扩大了 0.3 分，生态效益竞争力得分与最高分的差距扩大了 0.7 分。

### 16.1.3    河南省生态环境竞争力变化动因分析

二级指标生态环境竞争力的变化是三级要素指标变化综合作用的结果，而三级要素指标变化又是四级基础指标变化作用的结果。三级和四级指标的变动情况如表 16 - 1 - 1 所示。

从要素指标来看，河南省生态环境竞争力的 2 个要素指标中，生态建设竞争力和生态效益竞争力的排名都下降了 2 位，受指标排位下降的影响，河南省生态环境竞争力下降了 2 位。

从基础指标来看，河南省生态环境竞争力的 18 个基础指标中，上升指标有 6 个，占指标总数的 33.3%，主要分布在生态建设竞争力指标组；下降指标有 4 个，占指标总数的 22.2%，主要分布在生态效益竞争力指标组。尽管指标排位下降的数量小于上升的数量，但在外部因素的综合影响下，评价期内河南省生态环境竞争力排名下降了 2 位。

## 16.2    河南省资源环境竞争力评价分析

### 16.2.1    河南省资源环境竞争力评价结果

2010 ~ 2012 年河南省资源环境竞争力排位和排位变化情况及其下属 6 个三级指标和 56 个四级指标的评价结果，如表 16 - 2 - 1 所示；资源环境竞争力各级指标的优劣势情况，如表 16 - 2 - 2 所示。

表 16-2-1　2010～2012 年河南省资源环境竞争力各级指标的得分、排名及优劣度分析表

| 指标　　项目 | 2012 年 | | | 2011 年 | | | 2010 年 | | | 综合变化 | | |
|---|---|---|---|---|---|---|---|---|---|---|---|---|
| | 得分 | 排名 | 优劣度 | 得分 | 排名 | 优劣度 | 得分 | 排名 | 优劣度 | 得分变化 | 排名变化 | 趋势变化 |
| 资源环境竞争力 | 38.3 | 25 | 劣势 | 37.0 | 27 | 劣势 | 34.8 | 27 | 劣势 | 3.5 | 2 | 持续↑ |
| （1）水环境竞争力 | 39.1 | 30 | 劣势 | 39.7 | 30 | 劣势 | 39.4 | 29 | 劣势 | -0.3 | -1 | 持续↓ |
| 水资源总量 | 6.1 | 25 | 劣势 | 7.3 | 22 | 劣势 | 11.5 | 18 | 中势 | -5.4 | -7 | 持续↓ |
| 人均水资源量 | 0.1 | 27 | 劣势 | 0.2 | 25 | 劣势 | 0.3 | 23 | 劣势 | -0.2 | -4 | 持续↓ |
| 降水量 | 14.0 | 23 | 劣势 | 16.6 | 18 | 中势 | 18.6 | 20 | 中势 | -4.7 | -3 | 波动↓ |
| 供水总量 | 38.0 | 11 | 中势 | 38.6 | 11 | 中势 | 39.0 | 11 | 中势 | -1.0 | 0 | 持续→ |
| 用水总量 | 97.7 | 1 | 强势 | 97.6 | 1 | 强势 | 97.6 | 1 | 强势 | 0.1 | 0 | 持续→ |
| 用水消耗量 | 98.9 | 1 | 强势 | 98.7 | 1 | 强势 | 98.4 | 1 | 强势 | 0.5 | 0 | 持续→ |
| 耗水率 | 41.9 | 1 | 强势 | 41.9 | 1 | 强势 | 40.0 | 1 | 强势 | 1.9 | 0 | 持续→ |
| 节灌率 | 16.7 | 23 | 劣势 | 16.0 | 23 | 劣势 | 15.7 | 23 | 劣势 | 1.0 | 0 | 持续→ |
| 城市再生水利用率 | 7.1 | 15 | 中势 | 7.5 | 13 | 中势 | 1.6 | 11 | 中势 | 5.6 | -4 | 持续↓ |
| 工业废水排放总量 | 41.9 | 27 | 劣势 | 43.8 | 26 | 劣势 | 43.1 | 27 | 劣势 | -1.2 | 0 | 波动→ |
| 生活污水排放量 | 59.6 | 28 | 劣势 | 60.7 | 28 | 劣势 | 61.5 | 27 | 劣势 | -1.9 | -1 | 持续↓ |
| （2）土地环境竞争力 | 21.8 | 30 | 劣势 | 22.0 | 29 | 劣势 | 22.4 | 28 | 劣势 | -0.6 | -2 | 持续↓ |
| 土地总面积 | 9.7 | 17 | 中势 | 9.7 | 17 | 中势 | 9.7 | 17 | 中势 | 0.0 | 0 | 持续→ |
| 耕地面积 | 66.4 | 2 | 强势 | 66.4 | 2 | 强势 | 66.4 | 2 | 强势 | 0.0 | 0 | 持续→ |
| 人均耕地面积 | 25.3 | 17 | 中势 | 25.3 | 17 | 中势 | 25.2 | 17 | 中势 | 0.1 | 0 | 持续→ |
| 牧草地面积 | 0.0 | 24 | 劣势 | 0.0 | 24 | 劣势 | 0.0 | 24 | 劣势 | 0.0 | 0 | 持续→ |
| 人均牧草地面积 | 0.0 | 24 | 劣势 | 0.0 | 24 | 劣势 | 0.0 | 24 | 劣势 | 0.0 | 0 | 持续→ |
| 园地面积 | 31.0 | 17 | 中势 | 31.0 | 17 | 中势 | 31.0 | 17 | 中势 | 0.0 | 0 | 持续→ |
| 人均园地面积 | 4.4 | 25 | 劣势 | 4.4 | 25 | 劣势 | 4.3 | 25 | 劣势 | 0.1 | 0 | 持续→ |
| 土地资源利用效率 | 5.6 | 8 | 优势 | 5.3 | 8 | 优势 | 5.1 | 8 | 优势 | 0.5 | 0 | 持续→ |
| 建设用地面积 | 13.3 | 30 | 劣势 | 13.3 | 30 | 劣势 | 13.3 | 30 | 劣势 | 0.0 | 0 | 持续→ |
| 单位建设用地非农产业增加值 | 9.2 | 18 | 中势 | 8.9 | 18 | 中势 | 8.7 | 17 | 中势 | 0.5 | -1 | 持续↓ |
| 单位耕地面积农业增加值 | 26.4 | 16 | 中势 | 28.0 | 16 | 中势 | 32.9 | 13 | 中势 | -6.5 | -3 | 持续↓ |
| 沙化土地面积占土地总面积的比重 | 91.6 | 19 | 中势 | 91.6 | 19 | 中势 | 91.6 | 19 | 中势 | 0.0 | 0 | 持续→ |
| 当年新增种草面积 | 4.6 | 16 | 中势 | 5.2 | 16 | 中势 | 4.3 | 17 | 中势 | 0.3 | 1 | 持续↑ |
| （3）大气环境竞争力 | 57.6 | 26 | 劣势 | 58.0 | 26 | 劣势 | 52.8 | 29 | 劣势 | 4.8 | 3 | 持续↑ |
| 工业废气排放总量 | 48.3 | 27 | 劣势 | 47.2 | 27 | 劣势 | 59.7 | 24 | 劣势 | -11.4 | -3 | 持续↓ |
| 地均工业废气排放量 | 90.1 | 22 | 劣势 | 88.7 | 24 | 劣势 | 93.4 | 21 | 劣势 | -3.3 | -1 | 波动↓ |
| 工业烟（粉）尘排放总量 | 53.4 | 25 | 劣势 | 53.1 | 26 | 劣势 | 12.1 | 30 | 劣势 | 41.3 | 5 | 持续↑ |
| 地均工业烟（粉）尘排放量 | 70.6 | 24 | 劣势 | 67.1 | 24 | 劣势 | 48.8 | 27 | 劣势 | 21.8 | 3 | 持续↑ |
| 工业二氧化硫排放总量 | 26.8 | 27 | 劣势 | 24.5 | 27 | 劣势 | 15.9 | 29 | 劣势 | 10.9 | 2 | 持续↑ |
| 地均二氧化硫排放量 | 77.8 | 26 | 劣势 | 77.8 | 26 | 劣势 | 80.0 | 25 | 劣势 | -2.2 | -1 | 持续↓ |
| 全省设区市优良天数比例 | 59.2 | 23 | 劣势 | 62.9 | 24 | 劣势 | 60.6 | 24 | 劣势 | -1.5 | 2 | 持续↑ |
| 可吸入颗粒物（PM10）浓度 | 35.8 | 25 | 劣势 | 42.9 | 25 | 劣势 | 50.0 | 24 | 劣势 | -14.2 | -1 | 持续↓ |
| （4）森林环境竞争力 | 21.1 | 23 | 劣势 | 21.4 | 22 | 劣势 | 21.6 | 22 | 劣势 | -0.5 | -1 | 持续↓ |
| 林业用地面积 | 11.3 | 22 | 劣势 | 11.3 | 22 | 劣势 | 11.3 | 22 | 劣势 | 0.0 | 0 | 持续→ |
| 森林面积 | 14.0 | 21 | 劣势 | 14.0 | 21 | 劣势 | 14.0 | 21 | 劣势 | 0.0 | 0 | 持续→ |
| 森林覆盖率 | 27.3 | 20 | 中势 | 27.3 | 20 | 中势 | 27.3 | 20 | 中势 | 0.0 | 0 | 持续→ |

续表

| 指标项目 | 2012 年 | | | 2011 年 | | | 2010 年 | | | 综合变化 | | |
|---|---|---|---|---|---|---|---|---|---|---|---|---|
| | 得分 | 排名 | 优劣度 | 得分 | 排名 | 优劣度 | 得分 | 排名 | 优劣度 | 得分变化 | 排名变化 | 趋势变化 |
| 人工林面积 | 41.8 | 13 | 中势 | 41.8 | 13 | 中势 | 41.8 | 13 | 中势 | 0.0 | 0 | 持续→ |
| 天然林比重 | 35.5 | 25 | 劣势 | 35.5 | 25 | 劣势 | 35.5 | 25 | 劣势 | 0.0 | 0 | 持续→ |
| 造林总面积 | 29.1 | 8 | 优势 | 32.4 | 10 | 优势 | 34.9 | 11 | 中势 | -5.8 | 3 | 持续↑ |
| 森林蓄积量 | 5.7 | 20 | 中势 | 5.7 | 20 | 中势 | 5.7 | 20 | 中势 | 0.0 | 0 | 持续→ |
| 活立木总蓄积量 | 7.8 | 19 | 中势 | 7.8 | 19 | 中势 | 7.8 | 19 | 中势 | 0.0 | 0 | 持续→ |
| (5)矿产环境竞争力 | 11.7 | 24 | 劣势 | 11.8 | 25 | 劣势 | 12.2 | 23 | 劣势 | -0.5 | -1 | 波动↓ |
| 主要黑色金属矿产基础储量 | 2.8 | 16 | 中势 | 4.2 | 15 | 中势 | 2.2 | 18 | 中势 | 0.6 | 2 | 波动↑ |
| 人均主要黑色金属矿产基础储量 | 1.3 | 22 | 劣势 | 2.0 | 20 | 中势 | 1.0 | 23 | 劣势 | 0.3 | 1 | 波动↑ |
| 主要有色金属矿产基础储量 | 16.4 | 10 | 优势 | 14.3 | 11 | 中势 | 18.8 | 8 | 优势 | -2.4 | -2 | 波动↓ |
| 人均主要有色金属矿产基础储量 | 7.7 | 18 | 中势 | 6.7 | 17 | 中势 | 8.8 | 17 | 中势 | -1.1 | -1 | 持续↓ |
| 主要非金属矿产基础储量 | 0.4 | 21 | 劣势 | 0.4 | 20 | 中势 | 1.0 | 19 | 中势 | -0.6 | -2 | 持续↓ |
| 人均主要非金属矿产基础储量 | 0.2 | 21 | 劣势 | 0.2 | 22 | 劣势 | 0.5 | 21 | 劣势 | -0.4 | 0 | 波动→ |
| 主要能源矿产基础储量 | 10.9 | 5 | 优势 | 11.7 | 5 | 优势 | 13.5 | 6 | 优势 | -2.5 | 1 | 持续↑ |
| 人均主要能源矿产基础储量 | 4.2 | 12 | 中势 | 4.5 | 11 | 中势 | 3.9 | 12 | 中势 | 0.3 | 0 | 波动→ |
| 工业固体废物产生量 | 67.1 | 25 | 劣势 | 68.2 | 25 | 劣势 | 66.2 | 25 | 劣势 | 0.9 | 0 | 持续→ |
| (6)能源环境竞争力 | 76.0 | 8 | 优势 | 67.1 | 21 | 劣势 | 57.7 | 21 | 劣势 | 18.4 | 13 | 持续↑ |
| 能源生产总量 | 83.9 | 24 | 劣势 | 75.5 | 28 | 劣势 | 70.6 | 28 | 劣势 | 13.3 | 4 | 持续↑ |
| 能源消费总量 | 39.3 | 27 | 劣势 | 37.9 | 27 | 劣势 | 38.5 | 27 | 劣势 | 0.8 | 0 | 持续→ |
| 单位地区生产总值能耗 | 62.5 | 15 | 中势 | 69.6 | 14 | 中势 | 59.2 | 15 | 中势 | 3.3 | 0 | 波动→ |
| 单位地区生产总值电耗 | 82.6 | 20 | 中势 | 82.4 | 22 | 中势 | 80.0 | 20 | 中势 | 2.5 | 0 | 波动→ |
| 单位工业增加值能耗 | 71.9 | 10 | 优势 | 56.8 | 24 | 劣势 | 70.0 | 9 | 优势 | 1.9 | -1 | 波动↓ |
| 能源生产弹性系数 | 100.0 | 1 | 强势 | 78.8 | 12 | 中势 | 52.0 | 13 | 中势 | 48.0 | 12 | 持续↑ |
| 能源消费弹性系数 | 89.9 | 4 | 优势 | 67.2 | 8 | 优势 | 31.9 | 19 | 中势 | 58.1 | 15 | 持续↑ |

表 16-2-2　2012 年河南省资源环境竞争力各级指标的优劣度结构表

| 二级指标 | 三级指标 | 四级指标数 | 强势指标 | | 优势指标 | | 中势指标 | | 劣势指标 | | 优劣度 |
|---|---|---|---|---|---|---|---|---|---|---|---|
| | | | 个数 | 比重（%） | 个数 | 比重（%） | 个数 | 比重（%） | 个数 | 比重（%） | |
| 资源环境竞争力 | 水环境竞争力 | 11 | 3 | 27.3 | 0 | 0.0 | 2 | 18.2 | 6 | 54.5 | 劣势 |
| | 土地环境竞争力 | 13 | 1 | 7.7 | 1 | 7.7 | 7 | 53.8 | 4 | 30.8 | 劣势 |
| | 大气环境竞争力 | 8 | 0 | 0.0 | 0 | 0.0 | 0 | 0.0 | 8 | 100.0 | 劣势 |
| | 森林环境竞争力 | 8 | 0 | 0.0 | 1 | 12.5 | 4 | 50.0 | 3 | 37.5 | 劣势 |
| | 矿产环境竞争力 | 9 | 0 | 0.0 | 2 | 22.2 | 3 | 33.3 | 4 | 44.4 | 劣势 |
| | 能源环境竞争力 | 7 | 1 | 14.3 | 2 | 28.6 | 2 | 28.6 | 2 | 28.6 | 优势 |
| 小　计 | | 56 | 5 | 8.9 | 6 | 10.7 | 18 | 32.1 | 27 | 48.2 | 劣势 |

2010～2012 年河南省资源环境竞争力的综合排位呈现持续上升趋势，2012 年排名第 25 位，与 2010 年相比上升了 2 位，在全国处于下游区。

从资源环境竞争力的要素指标变化趋势来看，有 2 个指标处于上升趋势，即大气环境竞争力和能源环境竞争力；有 4 个指标处于下降趋势，为水环境竞争力、土地环境竞争力、森林环境竞争力、矿产环境竞争力。

从资源环境竞争力的基础指标分布来看，在 56 个基础指标中，指标的优劣度结构为 8.9：10.7：32.1：48.2。强势和优势指标所占比重显著低于劣势指标的比重，表明劣势指标占主导地位。

### 16.2.2 河南省资源环境竞争力比较分析

图 16-2-1 将 2010～2012 年河南省资源环境竞争力与全国最高水平和平均水平进行比较。由图可知，评价期内河南省资源环境竞争力得分普遍低于 39 分，虽呈现持续上升趋势，但河南省资源环境竞争力仍保持较低水平。

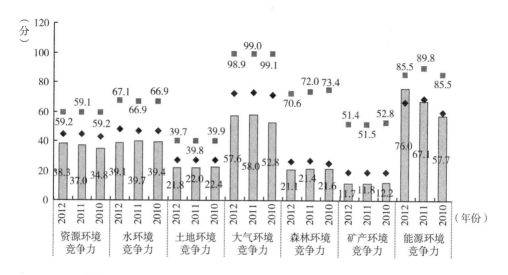

图 16-2-1 2010～2012 年河南省资源环境竞争力指标得分比较

从资源环境竞争力的整体得分比较来看，2010 年，河南省资源环境竞争力得分与全国最高分相比还有 24.4 分的差距，与全国平均分相比，低了 8.2 分；到 2012 年，河南省资源环境竞争力得分与全国最高分的差距缩小为 20.9 分，低于全国平均分 6.2 分。总的来看，2010～2012 年河南省资源环境竞争力与最高分的差距呈缩小趋势，继续在全国处于下游地位。

从资源环境竞争力的要素得分比较来看，2012 年，河南省水环境竞争力、土地环境竞争力、大气环境竞争力、森林环境竞争力、矿产环境竞争力和能源环境竞争力的得分分别为 39.1 分、21.8 分、57.6 分、21.1 分、11.7 分和 76.0 分，比最高分低 28.0 分、17.9 分、41.3 分、49.4 分、39.7 分和 9.5 分；与 2010 年相比，河南省大气环境竞争力和能源环境竞争力的得分与最高分的差距显著缩小了，其他要素的得分与最高分的差距变化不大。

### 16.2.3 河南省资源环境竞争力变化动因分析

二级指标资源环境竞争力的变化是三级要素指标变化综合作用的结果，而三级要素指标变化又是四级基础指标变化作用的结果。三级和四级指标的变动情况如表 16-2-1 所示。

从要素指标来看，河南省资源环境竞争力的6个要素指标中，大气环境竞争力和能源竞争力的排位出现了上升，而水环境竞争力、土地环境竞争力、森林环境竞争力和矿产环境竞争力的排位呈下降趋势，受指标排位升降的综合影响，河南省资源环境竞争力呈现持续上升趋势，其中能源环境竞争力是资源环境竞争力排位上升的主要因素。

从基础指标来看，河南省资源环境竞争力的56个基础指标中，上升指标有12个，占指标总数的21.4%，主要分布在大气环境竞争力等指标组；下降指标有15个，占指标总数的26.8%，主要分布在水环境竞争力和大气环境竞争力等指标组。排位下降的指标数量略多于排位上升的指标数量，但由于指标上升的幅度较大，评价期内河南省资源环境竞争力排名上升了2位。

## 16.3 河南省环境管理竞争力评价分析

### 16.3.1 河南省环境管理竞争力评价结果

2010～2012年河南省环境管理竞争力排位和排位变化情况及其下属2个三级指标和16个四级指标的评价结果，如表16-3-1所示；环境管理竞争力各级指标的优劣势情况，如表16-3-2所示。

表 16-3-1 2010～2012 年河南省环境管理竞争力各级指标的得分、排名及优劣度分析表

| 指标项目 | 2012 年 | | | 2011 年 | | | 2010 年 | | | 综合变化 | | |
|---|---|---|---|---|---|---|---|---|---|---|---|---|
| | 得分 | 排名 | 优劣度 | 得分 | 排名 | 优劣度 | 得分 | 排名 | 优劣度 | 得分变化 | 排名变化 | 趋势变化 |
| **环境管理竞争力** | 51.7 | 9 | 优势 | 54.2 | 8 | 优势 | 49.1 | 10 | 优势 | 2.6 | 1 | 波动↑ |
| (1)环境治理竞争力 | 18.9 | 23 | 劣势 | 27.3 | 11 | 中势 | 24.3 | 15 | 中势 | -5.5 | -8 | 波动↓ |
| 环境污染治理投资总额 | 28.0 | 16 | 中势 | 22.9 | 16 | 中势 | 9.3 | 16 | 中势 | 18.6 | 0 | 持续→ |
| 环境污染治理投资总额占地方生产总值比重 | 8.6 | 28 | 劣势 | 0.0 | 31 | 劣势 | 17.0 | 28 | 劣势 | -8.4 | 0 | 波动↓ |
| 废气治理设施年运行费用 | 25.1 | 9 | 优势 | 32.3 | 11 | 中势 | 47.1 | 8 | 优势 | -22.0 | -1 | 波动↓ |
| 废水治理设施处理能力 | 25.9 | 11 | 中势 | 19.1 | 11 | 中势 | 33.9 | 14 | 中势 | -8.0 | 0 | 波动↓ |
| 废水治理设施年运行费用 | 23.7 | 11 | 中势 | 27.4 | 13 | 中势 | 38.0 | 8 | 优势 | -14.3 | -3 | 波动↓ |
| 矿山环境恢复治理投入资金 | 9.0 | 22 | 劣势 | 94.7 | 2 | 强势 | 33.5 | 5 | 优势 | -24.5 | -17 | 波动↓ |
| 本年矿山恢复面积 | 8.9 | 17 | 中势 | 6.2 | 5 | 优势 | 1.2 | 28 | 劣势 | 7.7 | 11 | 波动↑ |
| 地质灾害防治投资额 | 3.5 | 23 | 劣势 | 4.3 | 22 | 劣势 | 2.1 | 20 | 中势 | 1.3 | -3 | 持续↓ |
| 水土流失治理面积 | 27.4 | 16 | 中势 | 39.3 | 13 | 中势 | 40.6 | 13 | 中势 | -13.2 | -3 | 持续↓ |
| 土地复垦面积占新增耕地面积的比重 | 39.8 | 6 | 优势 | 39.8 | 6 | 优势 | 39.8 | 6 | 优势 | 0.0 | 0 | 持续→ |
| (2)环境友好竞争力 | 77.2 | 6 | 优势 | 75.2 | 5 | 优势 | 68.3 | 6 | 优势 | 8.9 | 0 | 波动→ |
| 工业固体废物综合利用量 | 57.3 | 5 | 优势 | 58.2 | 5 | 优势 | 46.6 | 6 | 优势 | 10.7 | 1 | 持续↑ |
| 工业固体废物处置量 | 27.5 | 7 | 优势 | 19.4 | 7 | 优势 | 14.7 | 10 | 中势 | 12.7 | 3 | 持续↑ |
| 工业固体废物处置利用率 | 95.9 | 11 | 中势 | 91.1 | 12 | 中势 | 74.1 | 12 | 中势 | 21.9 | 1 | 持续↑ |
| 工业用水重复利用率 | 96.5 | 5 | 优势 | 96.4 | 5 | 优势 | 90.9 | 10 | 中势 | 5.6 | 5 | 持续↑ |
| 城市污水处理率 | 92.7 | 14 | 中势 | 94.1 | 8 | 优势 | 93.8 | 6 | 优势 | -1.1 | -8 | 持续↓ |
| 生活垃圾无害化处理率 | 86.5 | 19 | 中势 | 84.4 | 17 | 中势 | 82.6 | 15 | 中势 | 3.9 | -4 | 持续↓ |

表 16 - 3 - 2　2012 年河南省环境管理竞争力各级指标的优劣度结构表

| 二级指标 | 三级指标 | 四级指标数 | 强势指标 | | 优势指标 | | 中势指标 | | 劣势指标 | | 优劣度 |
|---|---|---|---|---|---|---|---|---|---|---|---|
| | | | 个数 | 比重（％） | 个数 | 比重（％） | 个数 | 比重（％） | 个数 | 比重（％） | |
| 环境管理竞争力 | 环境治理竞争力 | 10 | 0 | 0.0 | 2 | 20.0 | 5 | 50.0 | 3 | 30.0 | 劣势 |
| | 环境友好竞争力 | 6 | 0 | 0.0 | 3 | 50.0 | 3 | 50.0 | 0 | 0.0 | 优势 |
| | 小　计 | 16 | 0 | 0.0 | 5 | 31.3 | 8 | 50.0 | 3 | 18.8 | 优势 |

2010～2012 年河南省环境管理竞争力的综合排位呈现波动上升趋势，2012 年排名第 9 位，比 2010 年上升了 1 位，在全国处于上游区。

从环境管理竞争力的要素指标变化趋势来看，1 个指标处于波动下降趋势，即环境治理竞争力，环境友好竞争力排名呈波动保持。

从环境管理竞争力的基础指标分布来看，在 16 个基础指标中，指标的优劣度结构为 0∶31.3∶50.0∶18.8。中势指标所占比重显著大于强势和优势指标所占比重，表明中势指标占主导地位。

### 16.3.2　河南省环境管理竞争力比较分析

图 16 - 3 - 1 将 2010～2012 年河南省环境管理竞争力与全国最高水平和平均水平进行比较。由图可知，评价期内河南省环境管理竞争力得分普遍高于 49 分，且呈波动上升趋势，说明河南省环境管理竞争力保持较高水平。

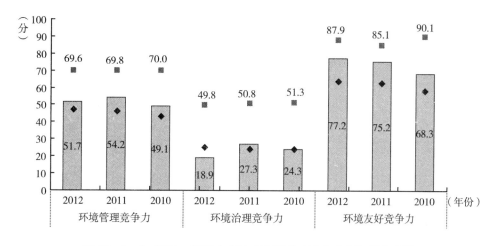

图 16 - 3 - 1　2010～2012 年河南省环境管理竞争力指标得分比较

从环境管理竞争力的整体得分比较来看，2010 年，河南省环境管理竞争力得分与全国最高分相比还有 20.9 分的差距，但与全国平均分相比，则高出 5.7 分；到 2012 年，河南省环境管理竞争力得分与全国最高分的差距为 17.9 分，高出全国平均分 4.7 分。总的来看，2010～2012 年河南省环境管理竞争力与最高分的差距呈缩小趋势，继续保持全国较高水平。

从环境管理竞争力的要素得分比较来看，2012 年，河南省环境治理竞争力和环境友好竞争力的得分分别为 18.9 和 77.2 分，分别低于全国最高分 30.9 分和 10.7 分，环境治理竞争力得分低于全国平均分 6.3 分，环境友好竞争力得分高于全国平均分 13.3 分；与 2010 年相比，河南省环境治理竞争力得分与最高分的差距扩大了 3.9 分，环境友好竞争力得分与最高分的差距缩小了 11.1 分。

### 16.3.3 河南省环境管理竞争力变化动因分析

二级指标环境管理竞争力的变化是三级要素指标变化综合作用的结果，而三级要素指标变化又是四级基础指标变化作用的结果。三级和四级指标的变动情况如表 16 - 3 - 1 所示。

从要素指标来看，河南省环境管理竞争力的 2 个要素指标中，环境治理竞争力的排名下降了 8 位，环境友好竞争力的排名呈波动保持，受指标排位升降的综合影响，河南省环境管理竞争力上升了 1 位。

从基础指标来看，河南省环境管理竞争力的 16 个基础指标中，上升指标有 5 个，占指标总数的 31.3%，主要分布在环境友好竞争力指标组；下降指标有 7 个，占指标总数的 43.8%，主要分布在环境治理竞争力指标组。排位上升的指标数量略小于排位下降的指标数量，但受外部因素的综合影响，2012 年河南省环境管理竞争力排名波动上升了 1 位。

## 16.4 河南省环境影响竞争力评价分析

### 16.4.1 河南省环境影响竞争力评价结果

2010~2012 年河南省环境影响竞争力排位和排位变化情况及其下属 2 个三级指标和 21 个四级指标的评价结果，如表 16 - 4 - 1 所示；环境影响竞争力各级指标的优劣势情况，如表 16 - 4 - 2 所示。

表 16 - 4 - 1 2010~2012 年河南省环境影响竞争力各级指标的得分、排名及优劣度分析表

| 指标项目 | 2012 年 | | | 2011 年 | | | 2010 年 | | | 综合变化 | | |
|---|---|---|---|---|---|---|---|---|---|---|---|---|
| | 得分 | 排名 | 优劣度 | 得分 | 排名 | 优劣度 | 得分 | 排名 | 优劣度 | 得分变化 | 排名变化 | 趋势变化 |
| **环境影响竞争力** | 72.9 | 12 | 中势 | 70.8 | 18 | 中势 | 72.7 | 17 | 中势 | 0.2 | 5 | 波动↑ |
| (1)环境安全竞争力 | 75.4 | 19 | 中势 | 68.2 | 21 | 劣势 | 71.9 | 19 | 中势 | 3.5 | 0 | 波动→ |
| 自然灾害受灾面积 | 43.1 | 26 | 劣势 | 42.9 | 23 | 劣势 | 51.4 | 21 | 劣势 | -8.3 | -5 | 持续↓ |
| 自然灾害绝收面积占受灾面积比重 | 100.0 | 1 | 强势 | 99.1 | 2 | 强势 | 85.4 | 9 | 优势 | 14.6 | 8 | 持续↑ |
| 自然灾害直接经济损失 | 94.0 | 6 | 优势 | 83.0 | 12 | 中势 | 62.7 | 21 | 劣势 | 31.3 | 15 | 持续↑ |
| 发生地质灾害起数 | 98.5 | 15 | 中势 | 99.4 | 13 | 中势 | 93.5 | 20 | 中势 | 5.0 | 5 | 波动↑ |
| 地质灾害直接经济损失 | 99.6 | 15 | 中势 | 92.7 | 25 | 劣势 | 88.4 | 18 | 中势 | 11.2 | 3 | 波动↑ |
| 地质灾害防治投资额 | 3.9 | 23 | 劣势 | 4.3 | 21 | 劣势 | 2.1 | 20 | 中势 | 1.7 | -3 | 持续↓ |
| 突发环境事件次数 | 92.7 | 20 | 中势 | 87.3 | 24 | 劣势 | 88.8 | 25 | 劣势 | 3.9 | 5 | 持续↑ |

续表

| 指　项<br>标　目 | 2012 年 | | | 2011 年 | | | 2010 年 | | | 综合变化 | | |
|---|---|---|---|---|---|---|---|---|---|---|---|---|
| | 得分 | 排名 | 优劣度 | 得分 | 排名 | 优劣度 | 得分 | 排名 | 优劣度 | 得分变化 | 排名变化 | 趋势变化 |
| 森林火灾次数 | 64.4 | 28 | 劣势 | 28.8 | 30 | 劣势 | 79.5 | 26 | 劣势 | -15.1 | -2 | 波动↓ |
| 森林火灾火场总面积 | 90.9 | 18 | 中势 | 67.0 | 18 | 中势 | 95.2 | 22 | 劣势 | -4.3 | 4 | 持续↑ |
| 受火灾森林面积 | 95.9 | 18 | 中势 | 75.3 | 23 | 劣势 | 95.7 | 21 | 劣势 | 0.2 | 3 | 波动↑ |
| 森林病虫鼠害发生面积 | 67.5 | 27 | 劣势 | 95.6 | 25 | 劣势 | 54.6 | 24 | 劣势 | 12.9 | -3 | 持续↓ |
| 森林病虫鼠害防治率 | 80.2 | 10 | 优势 | 87.5 | 8 | 优势 | 86.5 | 9 | 优势 | -6.4 | -1 | 波动↓ |
| （2）环境质量竞争力 | 71.1 | 12 | 中势 | 72.6 | 14 | 中势 | 73.2 | 18 | 中势 | -2.1 | 6 | 持续↑ |
| 人均工业废气排放量 | 76.1 | 12 | 中势 | 74.2 | 16 | 中势 | 90.8 | 7 | 优势 | -14.7 | -5 | 波动↓ |
| 人均二氧化硫排放量 | 75.0 | 17 | 中势 | 78.7 | 17 | 中势 | 76.6 | 16 | 中势 | -1.5 | -1 | 持续↓ |
| 人均工业烟（粉）尘排放量 | 82.2 | 12 | 中势 | 83.6 | 14 | 中势 | 77.7 | 16 | 中势 | 4.4 | 4 | 持续↑ |
| 人均工业废水排放量 | 56.4 | 15 | 中势 | 57.8 | 16 | 中势 | 63.8 | 19 | 中势 | -7.4 | 1 | 持续↑ |
| 人均生活污水排放量 | 75.6 | 14 | 中势 | 80.2 | 12 | 中势 | 85.4 | 13 | 中势 | -9.8 | -1 | 波动↓ |
| 人均化学需氧量排放量 | 91.3 | 4 | 优势 | 92.2 | 4 | 优势 | 79.9 | 20 | 中势 | 11.4 | 16 | 持续↑ |
| 人均工业固体废物排放量 | 98.6 | 20 | 中势 | 99.4 | 15 | 中势 | 100.0 | 8 | 优势 | -1.4 | -12 | 持续↓ |
| 人均化肥施用量 | 16.6 | 28 | 劣势 | 14.6 | 30 | 劣势 | 9.8 | 29 | 劣势 | 6.7 | 1 | 波动↑ |
| 人均农药施用量 | 72.5 | 20 | 中势 | 77.1 | 20 | 中势 | 77.6 | 19 | 中势 | -5.1 | -1 | 持续↓ |

**表 16-4-2　2012 年河南省环境影响竞争力各级指标的优劣度结构表**

| 二级指标 | 三级指标 | 四级指标数 | 强势指标 | | 优势指标 | | 中势指标 | | 劣势指标 | | 优劣度 |
|---|---|---|---|---|---|---|---|---|---|---|---|
| | | | 个数 | 比重（%） | 个数 | 比重（%） | 个数 | 比重（%） | 个数 | 比重（%） | |
| 环境影响竞争力 | 环境安全竞争力 | 12 | 1 | 8.3 | 2 | 16.7 | 5 | 41.7 | 4 | 33.3 | 中势 |
| | 环境质量竞争力 | 9 | 0 | 0.0 | 1 | 11.1 | 7 | 77.8 | 1 | 11.1 | 中势 |
| | 小　计 | 21 | 1 | 4.8 | 3 | 14.3 | 12 | 57.1 | 5 | 23.8 | 中势 |

2010~2012 年河南省环境影响竞争力的综合排位呈现波动上升趋势，2012 年排名第 12 位，与 2010 年相比排位上升了 5 位，在全国处于中游区。

从环境影响竞争力的要素指标变化趋势来看，有 1 个指标处于持续上升趋势，即环境质量竞争力；有 1 个指标处于波动保持趋势，为环境安全竞争力。

从环境影响竞争力的基础指标分布来看，在 21 个基础指标中，指标的优劣度结构为 4.8∶14.3∶57.1∶23.8。中势指标所占比重明显大于强势和优势指标所占比重，表明中势指标占主导地位。

### 16.4.2　河南省环境影响竞争力比较分析

图 16-4-1 将 2010~2012 年河南省环境影响竞争力与全国最高水平和平均水平进行比较。由图可知，评价期内河南省环境影响竞争力得分普遍高于 70 分，且呈波动上升趋势，说明河南省环境影响竞争力保持中上水平。

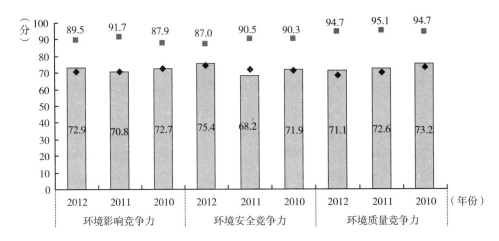

图 16 - 4 - 1　2010~2012 年河南省环境影响竞争力指标得分比较

从环境影响竞争力的整体得分比较来看，2010 年，河南省环境影响竞争力得分与全国最高分相比还有 15.3 分的差距，但与全国平均分相比，则高出 0.2 分；到 2012 年，河南省环境影响竞争力得分与全国最高分相差 16.6 分，高于全国平均分 2.3 分。总的来看，2010~2012 年河南省环境影响竞争力与最高分的差距略有扩大。

从环境影响竞争力的要素得分比较来看，2012 年，河南省环境安全竞争力和环境质量竞争力的得分分别为 75.4 分和 71.1 分，比最高分低 11.6 分和 23.6 分，环境安全竞争力得分高出平均分 1.2 分，环境质量竞争力得分高出平均分 3.0 分；与 2010 年相比，河南省环境安全竞争力得分与最高分的差距缩小了 6.8 分，但环境质量竞争力得分与最高分的差距扩大了 2.1 分。

### 16.4.3　河南省环境影响竞争力变化动因分析

二级指标环境影响竞争力的变化是三级要素指标变化综合作用的结果，而三级要素指标变化又是四级基础指标变化作用的结果。三级和四级指标的变动情况如表 16 - 4 - 1 所示。

从要素指标来看，河南省环境影响竞争力的 2 个要素指标中，环境安全竞争力的排名没有变化，环境质量竞争力的排名上升了 6 位，在指标排位上升的作用下，河南省环境影响竞争力排名呈上升趋势，其中环境质量竞争力是环境影响竞争力上升的主要因素。

从基础指标来看，河南省环境影响竞争力的 21 个基础指标中，上升指标有 11 个，占指标总数的 52.4%，主要分布在环境安全竞争力指标组；下降指标有 10 个，占指标总数的 47.6%，平均分布在环境安全竞争力和环境质量竞争力指标组。排位上升的指标数量略大于排位下降的指标数量，且指标上升的幅度较大，2012 年河南省环境影响竞争力排名上升了 5 位。

## 16.5　河南省环境协调竞争力评价分析

### 16.5.1　河南省环境协调竞争力评价结果

2010~2012 年河南省环境协调竞争力排位和排位变化情况及其下属 2 个三级指标和 19

个四级指标的评价结果，如表 16 - 5 - 1 所示；环境协调竞争力各级指标的优劣势情况，如表 16 - 5 - 2 所示。

表 16 - 5 - 1 2010～2012 年河南省环境协调竞争力各级指标的得分、排名及优劣度分析表

| 指标项目 | 2012 年 | | | 2011 年 | | | 2010 年 | | | 综合变化 | | |
|---|---|---|---|---|---|---|---|---|---|---|---|---|
| | 得分 | 排名 | 优劣度 | 得分 | 排名 | 优劣度 | 得分 | 排名 | 优劣度 | 得分变化 | 排名变化 | 趋势变化 |
| **环境协调竞争力** | 64.8 | 6 | 优势 | 63.7 | 7 | 优势 | 61.9 | 10 | 优势 | 2.9 | 4 | 持续↑ |
| （1）人口与环境协调竞争力 | 54.2 | 11 | 中势 | 54.1 | 12 | 中势 | 55.1 | 12 | 中势 | -0.9 | 1 | 持续↑ |
| 人口自然增长率与工业废气排放量增长率比差 | 58.9 | 17 | 中势 | 67.9 | 13 | 中势 | 57.1 | 17 | 中势 | 1.8 | 0 | 波动→ |
| 人口自然增长率与工业废水排放量增长率比差 | 95.8 | 5 | 优势 | 94.9 | 3 | 强势 | 89.1 | 4 | 优势 | 6.8 | -1 | 波动↓ |
| 人口自然增长率与工业固体废物排放量增长率比差 | 100.0 | 1 | 强势 | 52.1 | 15 | 中势 | 52.9 | 24 | 劣势 | 47.1 | 23 | 持续↑ |
| 人口自然增长率与能源消费量增长率比差 | 57.0 | 21 | 劣势 | 80.4 | 14 | 中势 | 97.9 | 3 | 强势 | -40.9 | -18 | 持续↓ |
| 人口密度与人均水资源量比差 | 13.4 | 9 | 优势 | 13.9 | 9 | 优势 | 14.5 | 9 | 优势 | -1.1 | 0 | 持续→ |
| 人口密度与人均耕地面积比差 | 27.8 | 12 | 中势 | 28.0 | 12 | 中势 | 28.1 | 12 | 中势 | -0.3 | 0 | 持续→ |
| 人口密度与森林覆盖率比差 | 42.6 | 20 | 中势 | 42.7 | 20 | 中势 | 43.0 | 20 | 中势 | -0.4 | 0 | 持续→ |
| 人口密度与人均矿产基础储量比差 | 18.9 | 10 | 优势 | 19.4 | 10 | 优势 | 19.0 | 10 | 优势 | -0.1 | 0 | 持续→ |
| 人口密度与人均能源生产量比差 | 91.2 | 17 | 中势 | 93.6 | 16 | 中势 | 94.7 | 13 | 中势 | -3.5 | -4 | 持续↓ |
| （2）经济与环境协调竞争力 | 71.8 | 10 | 优势 | 70.0 | 9 | 优势 | 66.4 | 15 | 中势 | 5.4 | 5 | 波动↑ |
| 工业增加值增长率与工业废气排放量增长率比差 | 97.3 | 5 | 优势 | 63.7 | 17 | 中势 | 33.6 | 26 | 劣势 | 63.7 | 21 | 持续↑ |
| 工业增加值增长率与工业废水排放量增长率比差 | 72.0 | 17 | 中势 | 76.0 | 4 | 优势 | 90.8 | 6 | 优势 | -18.8 | -11 | 波动↓ |
| 工业增加值增长率与工业固体废物排放量增长率比差 | 78.5 | 16 | 中势 | 47.8 | 23 | 劣势 | 27.5 | 27 | 劣势 | 51.0 | 11 | 持续↑ |
| 地区生产总值增长率与能源消费量增长率比差 | 51.7 | 24 | 劣势 | 75.6 | 18 | 中势 | 83.8 | 11 | 中势 | -32.1 | -13 | 持续↓ |
| 人均工业增加值与人均水资源量比差 | 69.7 | 17 | 中势 | 69.3 | 17 | 中势 | 69.7 | 17 | 中势 | 0.0 | 0 | 持续→ |
| 人均工业增加值与人均耕地面积比差 | 90.9 | 7 | 优势 | 90.7 | 7 | 优势 | 90.8 | 8 | 优势 | 0.1 | 0 | 持续→ |
| 人均工业增加值与人均工业废气排放量比差 | 58.5 | 17 | 中势 | 61.4 | 14 | 中势 | 46.2 | 18 | 中势 | 12.3 | 1 | 波动↑ |
| 人均工业增加值与森林覆盖率比差 | 95.7 | 4 | 优势 | 95.7 | 4 | 优势 | 96.0 | 4 | 优势 | -0.4 | 0 | 持续↓ |
| 人均工业增加值与人均矿产基础储量比差 | 69.9 | 17 | 中势 | 70.1 | 17 | 中势 | 69.2 | 17 | 中势 | 0.7 | 0 | 持续↑ |
| 人均工业增加值与人均能源生产量比差 | 44.6 | 18 | 中势 | 49.4 | 17 | 中势 | 52.5 | 16 | 中势 | -7.9 | -2 | 持续↓ |

表 16 - 5 - 2 2012 年河南省环境协调竞争力各级指标的优劣度结构表

| 二级指标 | 三级指标 | 四级指标数 | 强势指标 | | 优势指标 | | 中势指标 | | 劣势指标 | | 优劣度 |
|---|---|---|---|---|---|---|---|---|---|---|---|
| | | | 个数 | 比重（%） | 个数 | 比重（%） | 个数 | 比重（%） | 个数 | 比重（%） | |
| 环境协调竞争力 | 人口与环境协调竞争力 | 9 | 1 | 11.1 | 3 | 33.3 | 4 | 44.4 | 1 | 11.1 | 中势 |
| | 经济与环境协调竞争力 | 10 | 0 | 0.0 | 3 | 30.0 | 6 | 60.0 | 1 | 10.0 | 优势 |
| | 小　计 | 19 | 1 | 5.3 | 6 | 31.6 | 10 | 52.6 | 2 | 10.5 | 优势 |

2010～2012 年河南省环境协调竞争力的综合排位呈现持续上升趋势，2012 年排名第 6 位，比 2010 年上升了 4 位，在全国处于上游区。

从环境协调竞争力的要素指标变化趋势来看，有 1 个指标处于持续上升趋势，为人口与

环境协调竞争力；有 1 个指标处于波动上升趋势，即经济与环境协调竞争力。

从环境协调竞争力的基础指标分布来看，在 19 个基础指标中，指标的优劣度结构为 5.3∶31.6∶52.6∶10.5。中势指标所占比重高于强势和优势指标所占比重，表明中势指标占主导地位。

### 16.5.2  河南省环境协调竞争力比较分析

图 16 - 5 - 1 将 2010～2012 年河南省环境协调竞争力与全国最高水平和平均水平进行比较。由图可知，评价期内河南省环境协调竞争力得分普遍高于 61 分，且呈现持续上升趋势，说明河南省环境协调竞争力处于较高水平。

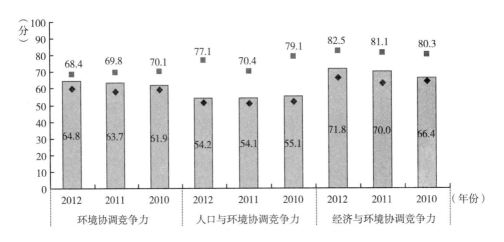

图 16 - 5 - 1  2010～2012 年河南省环境协调竞争力指标得分比较

从环境协调竞争力的整体得分比较来看，2010 年，河南省环境协调竞争力得分与全国最高分相比还有 8.1 分的差距，但与全国平均分相比，则高出 2.6 分；到 2012 年，河南省环境协调竞争力得分与全国最高分的差距缩小为 3.6 分，高于全国平均分 4.5 分。总的来看，2010～2012 年河南省环境协调竞争力与最高分的差距呈缩小趋势，仍处于全国上游地位。

从环境协调竞争力的要素得分比较来看，2012 年，河南省人口与环境协调竞争力和经济与环境协调竞争力的得分分别为 54.2 分和 71.8 分，比最高分低 22.9 分和 10.7 分，但分别高于平均分 3.0 分和 5.4 分；与 2010 年相比，河南省人口与环境协调竞争力得分与最高分的差距缩小了 1.2 分，经济与环境协调竞争力得分与最高分的差距缩小了 3.1 分。

### 16.5.3  河南省环境协调竞争力变化动因分析

二级指标环境协调竞争力的变化是三级要素指标变化综合作用的结果，而三级要素指标变化又是四级基础指标变化作用的结果。三级和四级指标的变动情况如表 16 - 5 - 1 所示。

从要素指标来看，河南省环境协调竞争力的 2 个要素指标中，人口与环境协调竞争力的排名上升了 1 位，经济与环境协调竞争力的排名上升了 5 位，在指标排位上升的作用下，河南省环境协调竞争力上升了 4 位，其中经济与环境协调竞争力是环境协调竞争力排名上升的主要因素。

从基础指标来看，河南省环境协调竞争力的 19 个基础指标中，上升指标有 5 个，占指标总数的 26.3%，主要分布在经济与环境协调竞争力指标组；下降指标有 6 个，占指标总数的 31.6%，平均分布在人口与环境协调竞争力和经济与环境协调竞争力指标组。虽然排位上升的指标数量小于排位下降的指标数量，但由于上升的幅度显著大于下降的幅度，2012 年河南省环境协调竞争力排名上升了 4 位。

## 16.6  河南省环境竞争力总体评述

从对河南省环境竞争力及其 5 个二级指标在全国的排位变化和指标结构的综合分析来看，"十二五"中期（2010～2012 年）环境竞争力中上升指标的数量大于下降指标的数量，上升的动力大于下降的拉力，使得 2012 年河南省环境竞争力的排位上升了 3 位，在全国居第 15 位。

### 16.6.1  河南省环境竞争力概要分析

河南省环境竞争力在全国所处的位置及变化如表 16 - 6 - 1 所示，5 个二级指标的得分和排位变化如表 16 - 6 - 2 所示。

表 16 - 6 - 1  2010～2012 年河南省环境竞争力一级指标比较表

| 项目　　　年份 | 2012 | 2011 | 2010 |
|---|---|---|---|
| 排名 | 15 | 12 | 18 |
| 所属区位 | 中游 | 中游 | 中游 |
| 得分 | 52.3 | 52.1 | 50.6 |
| 全国最高分 | 58.2 | 59.5 | 60.1 |
| 全国平均分 | 51.3 | 50.8 | 50.4 |
| 与最高分的差距 | -5.8 | -7.3 | -9.6 |
| 与平均分的差距 | 1.1 | 1.4 | 0.1 |
| 优劣度 | 中势 | 中势 | 中势 |
| 波动趋势 | 下降 | 上升 | — |

表 16 - 6 - 2  2010～2012 年河南省环境竞争力二级指标比较表

| 项目<br>年份 | 生态环境竞争力 | | 资源环境竞争力 | | 环境管理竞争力 | | 环境影响竞争力 | | 环境协调竞争力 | | 环境竞争力 | |
|---|---|---|---|---|---|---|---|---|---|---|---|---|
| | 得分 | 排名 | 得分 | 排名 | 得分 | 排名 | 得分 | 排名 | 得分 | 排名 | 得分 | 排名 |
| 2010 | 46.3 | 14 | 34.8 | 27 | 49.1 | 10 | 72.7 | 17 | 61.9 | 10 | 50.6 | 18 |
| 2011 | 45.7 | 16 | 37.0 | 27 | 54.2 | 8 | 70.8 | 18 | 63.7 | 7 | 52.1 | 12 |
| 2012 | 46.1 | 16 | 38.3 | 25 | 51.7 | 9 | 72.9 | 12 | 64.8 | 6 | 52.3 | 15 |
| 得分变化 | -0.1 | — | 3.5 | — | 2.6 | — | 0.2 | — | 2.9 | — | 1.7 | — |
| 排位变化 | — | -2 | — | 2 | — | 1 | — | 5 | — | 4 | — | 3 |
| 优劣度 | 中势 | 中势 | 劣势 | 劣势 | 优势 | 优势 | 中势 | 中势 | 优势 | 优势 | 中势 | 中势 |

（1）从指标排位变化趋势看，2012年河南省环境竞争力综合排名在全国处于第15位，表明其在全国处于中游地位；与2010年相比，排位上升了3位。总的来看，评价期内河南省环境竞争力呈波动上升趋势。

在5个二级指标中，有4个指标处于上升趋势，分别为资源环境竞争力、环境管理竞争力、环境影响竞争力和环境协调竞争力，这些是河南省环境竞争力的上升动力所在；有1个指标处于下降趋势，为生态环境竞争力。在指标排位升降的综合作用下，评价期内河南省环境竞争力的综合排位上升了3位，在全国排名第15位。

（2）从指标所处区位看，2012年河南省环境竞争力处于中游区，其中，环境管理竞争力和环境协调竞争力指标为优势指标，生态环境竞争力和环境影响竞争力为中势指标，资源环境竞争力指标为劣势指标。

（3）从指标得分看，2012年河南省环境竞争力得分为52.3分，比全国最高分低5.8分，比全国平均分高1.1分；与2010年相比，河南省环境竞争力得分上升了1.7分，与当年最高分的差距缩小了，但与全国平均分的差距扩大了。

2012年，河南省环境竞争力二级指标的得分均高于38分，与2010年相比，得分上升最多的为资源环境竞争力，上升了3.5分；得分下降最多的为生态环境竞争力，下降了0.1分。

### 16.6.2 河南省环境竞争力各级指标动态变化分析

2010～2012年河南省环境竞争力各级指标的动态变化及其结构，如图16-6-1和表16-6-3所示。

从图16-6-1可以看出，河南省环境竞争力的四级指标中上升指标的比例小于下降指标，保持指标居于主导地位。表16-6-3中的数据进一步说明，河南省环境竞争力的130个四级指标中，上升的指标有39个，占指标总数的30.0%；保持的指标有49个，占指标总数的37.7%；下降的指标为42个，占指标总数的32.3%。虽然下降指标的数量大于上升指标的数量，但在其他外部因素的综合作用下，评价期内河南省环境竞争力排位上升了3位，在全国居第15位。

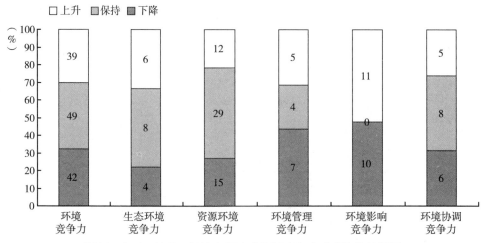

图16-6-1　2010～2012年河南省环境竞争力动态变化结构图

表 16 – 6 – 3　2010～2012 年河南省环境竞争力各级指标排位变化态势比较表

| 二级指标 | 三级指标 | 四级指标数 | 上升指标 | | 保持指标 | | 下降指标 | | 变化趋势 |
| --- | --- | --- | --- | --- | --- | --- | --- | --- | --- |
| | | | 个数 | 比重（%） | 个数 | 比重（%） | 个数 | 比重（%） | |
| 生态环境竞争力 | 生态建设竞争力 | 9 | 4 | 44.4 | 4 | 44.4 | 1 | 11.1 | 持续↓ |
| | 生态效益竞争力 | 9 | 2 | 22.2 | 4 | 44.4 | 3 | 33.3 | 持续↓ |
| | 小　计 | 18 | 6 | 33.3 | 8 | 44.4 | 4 | 22.2 | 持续↓ |
| 资源环境竞争力 | 水环境竞争力 | 11 | 0 | 0.0 | 6 | 54.5 | 5 | 45.5 | 持续↓ |
| | 土地环境竞争力 | 13 | 1 | 7.7 | 10 | 76.9 | 2 | 15.4 | 持续↓ |
| | 大气环境竞争力 | 8 | 4 | 50.0 | 0 | 0.0 | 4 | 50.0 | 持续↑ |
| | 森林环境竞争力 | 8 | 1 | 12.5 | 7 | 87.5 | 0 | 0.0 | 持续↓ |
| | 矿产环境竞争力 | 9 | 3 | 33.3 | 3 | 33.3 | 3 | 33.3 | 波动↓ |
| | 能源环境竞争力 | 7 | 3 | 42.9 | 3 | 42.9 | 1 | 14.3 | 持续↑ |
| | 小　计 | 56 | 12 | 21.4 | 29 | 51.8 | 15 | 26.8 | 持续↑ |
| 环境管理竞争力 | 环境治理竞争力 | 10 | 1 | 10.0 | 4 | 40.0 | 5 | 50.0 | 波动↓ |
| | 环境友好竞争力 | 6 | 4 | 66.7 | 0 | 0.0 | 2 | 33.3 | 波动→ |
| | 小　计 | 16 | 5 | 31.3 | 4 | 25.0 | 7 | 43.8 | 波动↑ |
| 环境影响竞争力 | 环境安全竞争力 | 12 | 7 | 58.3 | 0 | 0.0 | 5 | 41.7 | 波动→ |
| | 环境质量竞争力 | 9 | 4 | 44.4 | 0 | 0.0 | 5 | 55.6 | 持续↑ |
| | 小　计 | 21 | 11 | 52.4 | 0 | 0.0 | 10 | 47.6 | 波动↑ |
| 环境协调竞争力 | 人口与环境协调竞争力 | 9 | 1 | 11.1 | 5 | 55.6 | 3 | 33.3 | 持续↑ |
| | 经济与环境协调竞争力 | 10 | 4 | 40.0 | 3 | 30.0 | 3 | 30.0 | 波动↑ |
| | 小　计 | 19 | 5 | 26.3 | 8 | 42.1 | 6 | 31.6 | 持续↑ |
| 合　计 | | 130 | 39 | 30.0 | 49 | 37.7 | 42 | 32.3 | 波动↑ |

### 16.6.3　河南省环境竞争力各级指标变化动因分析

2012 年河南省环境竞争力各级指标的优劣势变化及其结构，如图 16 – 6 – 2 和表 16 – 6 – 4 所示。

从图 16 – 6 – 2 可以看出，2012 年河南省环境竞争力的四级指标中强势和优势指标的比例小于劣势指标，中势指标居于主导地位。表 16 – 6 – 4 中的数据进一步说明，2012 年河南省环境竞争力的 130 个四级指标中，强势指标有 7 个，占指标总数的 5.4%；优势指标为 24 个，占指标总数的 18.5%；中势指标 58 个，占指标总数的 44.6%；劣势指标有 41 个，占指标总数的 31.5%；强势指标和优势指标之和占指标总数的 23.8%，数量与比重均小于劣势指标。从三级指标来看，没有强势指标和优势指标之和占四级指标总数一半以上的指标。反映到二级指标上来，优势指标有 20 个，占二级指标总数的 40%；中势指标有 2 个，占二级指标总数的 40%；劣势指标有 1 个，占二级指标总数的 20%。这使得河南省环境竞争力处于中势地位，在全国位居第 15 位，处于中游区。

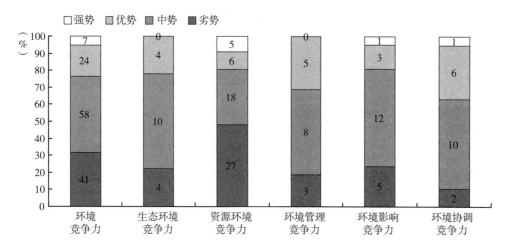

图 16 - 6 - 2  2012 年河南省环境竞争力优劣度结构图

表 16 - 6 - 4  2012 年河南省环境竞争力各级指标优劣度比较表

| 二级指标 | 三级指标 | 四级指标数 | 强势指标 | | 优势指标 | | 中势指标 | | 劣势指标 | | 优劣度 |
|---|---|---|---|---|---|---|---|---|---|---|---|
| | | | 个数 | 比重（%） | 个数 | 比重（%） | 个数 | 比重（%） | 个数 | 比重（%） | |
| 生态环境竞争力 | 生态建设竞争力 | 9 | 0 | 0.0 | 4 | 44.4 | 2 | 22.2 | 3 | 33.3 | 中势 |
| | 生态效益竞争力 | 9 | 0 | 0.0 | 0 | 0.0 | 8 | 88.9 | 1 | 11.1 | 中势 |
| | 小　计 | 18 | 0 | 0.0 | 4 | 22.2 | 10 | 55.6 | 4 | 22.2 | 中势 |
| 资源环境竞争力 | 水环境竞争力 | 11 | 3 | 27.3 | 0 | 0.0 | 2 | 18.2 | 6 | 54.5 | 劣势 |
| | 土地环境竞争力 | 13 | 1 | 7.7 | 1 | 7.7 | 7 | 53.8 | 4 | 30.8 | 劣势 |
| | 大气环境竞争力 | 8 | 0 | 0.0 | 0 | 0.0 | 0 | 0.0 | 8 | 100.0 | 劣势 |
| | 森林环境竞争力 | 8 | 0 | 0.0 | 1 | 12.5 | 4 | 50.0 | 3 | 37.5 | 劣势 |
| | 矿产环境竞争力 | 9 | 0 | 0.0 | 2 | 22.2 | 3 | 33.3 | 4 | 44.4 | 劣势 |
| | 能源环境竞争力 | 7 | 1 | 14.3 | 2 | 28.6 | 2 | 28.6 | 2 | 28.6 | 优势 |
| | 小　计 | 56 | 5 | 8.9 | 6 | 10.7 | 18 | 32.1 | 27 | 48.2 | 劣势 |
| 环境管理竞争力 | 环境治理竞争力 | 10 | 0 | 0.0 | 2 | 20.0 | 5 | 50.0 | 3 | 30.0 | 劣势 |
| | 环境友好竞争力 | 6 | 0 | 0.0 | 3 | 50.0 | 3 | 50.0 | 0 | 0.0 | 优势 |
| | 小　计 | 16 | 0 | 0.0 | 5 | 31.3 | 8 | 50.0 | 3 | 18.8 | 优势 |
| 环境影响竞争力 | 环境安全竞争力 | 12 | 1 | 8.3 | 2 | 16.7 | 5 | 41.7 | 4 | 33.3 | 中势 |
| | 环境质量竞争力 | 9 | 0 | 0.0 | 1 | 11.1 | 7 | 77.8 | 1 | 11.1 | 中势 |
| | 小　计 | 21 | 1 | 4.8 | 3 | 14.3 | 12 | 57.1 | 5 | 23.8 | 中势 |
| 环境协调竞争力 | 人口与环境协调竞争力 | 9 | 1 | 11.1 | 3 | 33.3 | 4 | 44.4 | 1 | 11.1 | 中势 |
| | 经济与环境协调竞争力 | 10 | 0 | 0.0 | 3 | 30.0 | 6 | 60.0 | 1 | 10.0 | 优势 |
| | 小　计 | 19 | 1 | 5.3 | 6 | 31.6 | 10 | 52.6 | 2 | 10.5 | 优势 |
| 合　计 | | 130 | 7 | 5.4 | 24 | 18.5 | 58 | 44.6 | 41 | 31.5 | 中势 |

为了进一步明确影响河南省环境竞争力变化的具体指标，也便于对相关指标进行深入分析，从而为提升河南省环境竞争力提供决策参考，表16-6-5列出了环境竞争力指标体系中直接影响河南省环境竞争力升降的强势指标、优势指标和劣势指标。

表16-6-5　2012年河南省环境竞争力四级指标优劣度统计表

| 指标 | 强势指标 | 优势指标 | 劣势指标 |
|---|---|---|---|
| 生态环境竞争力（18个） | （0个） | 国家级生态示范区个数、公园面积、园林绿地面积、绿化覆盖面积（4个） | 本年减少耕地面积、自然保护区个数、自然保护区面积占土地总面积比重、化肥施用强度（4个） |
| 资源环境竞争力（56个） | 用水总量、用水消耗量、耗水率、耕地面积、能源生产弹性系数（5个） | 土地资源利用效率、造林总面积、主要有色金属矿产基础储量、主要能源矿产基础储量、单位工业增加值能耗、能源消费弹性系数（6个） | 水资源总量、人均水资源量、降水量、节灌率、工业废水排放总量、生活污水排放量、牧草地面积、人均牧草地面积、人均园地面积、建设用地面积、工业废气排放总量、地均工业废气排放量、工业烟（粉）尘排放总量、地均工业烟（粉）尘排放量、工业二氧化硫排放总量、地均二氧化硫排放量、全省设区市优良天数比例、可吸入颗粒物（PM10）浓度、林业用地面积、森林面积、天然林比重、人均主要黑色金属矿产基础储量、主要非金属矿产基础储量、人均主要非金属矿产基础储量、工业固体废物产生量、能源生产总量、能源消费总量（27个） |
| 环境管理竞争力（16个） | （0个） | 废气治理设施年运行费用、土地复垦面积占新增耕地面积的比重、工业固体废物综合利用量、工业固体废物处置量、工业用水重复利用率（5个） | 环境污染治理投资总额占地方生产总值比重、矿山环境恢复治理投入资金、地质灾害防治投资额（3个） |
| 环境影响竞争力（21个） | 自然灾害绝收面积占受灾面积比重（1个） | 自然灾害直接经济损失、森林病虫鼠害防治率、人均化学需氧量排放量（3个） | 自然灾害受灾面积、地质灾害防治投资额、森林火灾次数、森林病虫鼠害发生面积、人均化肥施用量（5个） |
| 环境协调竞争力（19个） | 人口自然增长率与工业固体废物排放量增长率比差（1个） | 人口自然增长率与工业废水排放量增长率比差、人口密度与人均水资源量比差、人口密度与人均矿产基础储量比差、工业增加值增长率与工业废气排放量增长率比差、人均工业增加值与人均耕地面积比差、人均工业增加值与森林覆盖率比差（6个） | 人口自然增长率与能源消费量增长率比差、地区生产总值增长率与能源消费量增长率比差（2个） |

# 17

# 湖北省环境竞争力评价分析报告

湖北省简称鄂，位于长江中游，周边分别与河南省、安徽省、江西省、湖南省、重庆市、陕西省为邻。省域内多湖泊，有"千湖之省"之称。全省面积18万平方公里，2012年末总人口5779万人，人均GDP达到38572元，万元GDP能耗为0.94吨标准煤。"十二五"中期（2010～2012年），湖北省环境竞争力的综合排位呈现波动上升趋势，2012年排名第16位，比2010年上升了1位，在全国处于中势地位。

## 17.1 湖北省生态环境竞争力评价分析

### 17.1.1 湖北省生态环境竞争力评价结果

2010～2012年湖北省生态环境竞争力排位和排位变化情况及其下属2个三级指标和18个四级指标的评价结果，如表17-1-1所示；生态环境竞争力各级指标的优劣势情况，如表17-1-2所示。

表17-1-1 2010～2012年湖北省生态环境竞争力各级指标的得分、排名及优劣度分析表

| 指 项 标 目 | 2012年 | | | 2011年 | | | 2010年 | | | 综合变化 | | |
|---|---|---|---|---|---|---|---|---|---|---|---|---|
| | 得分 | 排名 | 优劣度 | 得分 | 排名 | 优劣度 | 得分 | 排名 | 优劣度 | 得分变化 | 排名变化 | 趋势变化 |
| **生态环境竞争力** | 44.0 | 19 | 中势 | 43.2 | 20 | 中势 | 45.7 | 18 | 中势 | -1.7 | -1 | 波动↓ |
| （1）生态建设竞争力 | 20.4 | 21 | 劣势 | 20.3 | 20 | 中势 | 23.3 | 15 | 中势 | -2.8 | -6 | 持续↓ |
| 国家级生态示范区个数 | 10.9 | 21 | 劣势 | 10.9 | 21 | 劣势 | 10.9 | 21 | 劣势 | 0.0 | 0 | 持续→ |
| 公园面积 | 15.8 | 11 | 中势 | 15.2 | 8 | 优势 | 15.2 | 8 | 优势 | 0.6 | -3 | 持续↓ |
| 园林绿地面积 | 25.2 | 11 | 中势 | 25.9 | 10 | 优势 | 25.9 | 10 | 优势 | -0.7 | -1 | 持续↓ |
| 绿化覆盖面积 | 19.0 | 9 | 优势 | 17.6 | 9 | 优势 | 17.6 | 9 | 优势 | 1.4 | 0 | 持续→ |
| 本年减少耕地面积 | 64.7 | 18 | 中势 | 64.7 | 18 | 中势 | 64.7 | 18 | 中势 | 0.0 | 0 | 持续→ |
| 自然保护区个数 | 16.8 | 14 | 中势 | 16.5 | 14 | 中势 | 16.5 | 14 | 中势 | 0.3 | 0 | 持续→ |
| 自然保护区面积占土地总面积比重 | 11.1 | 24 | 劣势 | 11.4 | 23 | 劣势 | 11.4 | 23 | 劣势 | -0.3 | -1 | 持续↓ |
| 野生动物种源繁育基地数 | 6.1 | 16 | 中势 | 4.6 | 13 | 中势 | 4.6 | 13 | 中势 | 1.5 | -3 | 持续↓ |
| 野生植物种源培育基地数 | 4.0 | 8 | 优势 | 6.3 | 6 | 优势 | 6.3 | 6 | 优势 | -2.3 | -2 | 持续↓ |
| （2）生态效益竞争力 | 79.3 | 19 | 中势 | 77.5 | 20 | 中势 | 79.3 | 21 | 劣势 | 0.0 | 2 | 持续↑ |
| 工业废气排放强度 | 89.5 | 12 | 中势 | 87.3 | 15 | 中势 | 87.3 | 15 | 中势 | 2.1 | 3 | 持续↑ |
| 工业二氧化硫排放强度 | 90.9 | 9 | 优势 | 89.5 | 11 | 中势 | 89.5 | 11 | 中势 | 1.3 | 2 | 持续↑ |

续表

| 指标项目 | 2012 年 | | | 2011 年 | | | 2010 年 | | | 综合变化 | | |
|---|---|---|---|---|---|---|---|---|---|---|---|---|
| | 得分 | 排名 | 优劣度 | 得分 | 排名 | 优劣度 | 得分 | 排名 | 优劣度 | 得分变化 | 排名变化 | 趋势变化 |
| 工业烟(粉)尘排放强度 | 90.2 | 12 | 中势 | 88.5 | 10 | 优势 | 88.5 | 10 | 优势 | 1.7 | -2 | 持续↓ |
| 工业废水排放强度 | 63.6 | 17 | 中势 | 54.8 | 24 | 劣势 | 54.8 | 24 | 劣势 | 8.8 | 7 | 持续↑ |
| 工业废水中化学需氧量排放强度 | 89.8 | 16 | 中势 | 89.1 | 18 | 中势 | 89.1 | 18 | 中势 | 0.7 | 2 | 持续↑ |
| 工业废水中氨氮排放强度 | 85.4 | 22 | 劣势 | 83.4 | 25 | 劣势 | 83.4 | 25 | 劣势 | 2.1 | 3 | 持续↑ |
| 工业固体废物排放强度 | 99.1 | 18 | 中势 | 96.5 | 23 | 劣势 | 96.5 | 23 | 劣势 | 2.6 | 5 | 持续↑ |
| 化肥施用强度 | 28.9 | 28 | 劣势 | 27.8 | 28 | 劣势 | 27.8 | 28 | 劣势 | 1.1 | 0 | 持续→ |
| 农药施用强度 | 66.1 | 27 | 劣势 | 71.5 | 28 | 劣势 | 71.5 | 28 | 劣势 | -5.4 | 1 | 持续↑ |

表 17 - 1 - 2　2012 年湖北省生态环境竞争力各级指标的优劣度结构表

| 二级指标 | 三级指标 | 四级指标数 | 强势指标 | | 优势指标 | | 中势指标 | | 劣势指标 | | 优劣度 |
|---|---|---|---|---|---|---|---|---|---|---|---|
| | | | 个数 | 比重(%) | 个数 | 比重(%) | 个数 | 比重(%) | 个数 | 比重(%) | |
| 生态环境竞争力 | 生态建设竞争力 | 9 | 0 | 0.0 | 2 | 22.2 | 5 | 55.6 | 2 | 22.2 | 劣势 |
| | 生态效益竞争力 | 9 | 0 | 0.0 | 1 | 11.1 | 5 | 55.6 | 3 | 33.3 | 中势 |
| | 小　计 | 18 | 0 | 0.0 | 3 | 16.7 | 10 | 55.6 | 5 | 27.8 | 中势 |

2010～2012 年湖北省生态环境竞争力的综合排位呈现波动下降趋势，2012 年排名第 19 位，比 2010 年下降了 1 位，在全国处于中游区。

从生态环境竞争力要素指标的变化趋势来看，有 1 个指标处于持续上升趋势，即生态效益竞争力；有 1 个指标处于持续下降趋势，为生态建设竞争力。

从生态环境竞争力基础指标的优劣度结构来看，在 18 个基础指标中，指标的优劣度结构为 0∶16.7∶55.6∶27.8。中势指标所占比重高于强势和优势指标所占比重，表明中势指标占主导地位。

## 17.1.2　湖北省生态环境竞争力比较分析

图 17 - 1 - 1 将 2010～2012 年湖北省生态环境竞争力与全国最高水平和平均水平进行比较。由图可知，评价期内湖北省生态环境竞争力得分普遍低于 46 分，说明湖北省生态环境竞争力处于较低水平。

从生态环境竞争力的整体得分比较来看，2010 年，湖北省生态环境竞争力得分与全国最高分相比有 20.0 分的差距，比全国平均分低了 0.7 分；到了 2012 年，湖北省生态环境竞争力得分与全国最高分的差距扩大为 21.1 分，低于全国平均分 1.5 分。总的来看，2010～2012 年湖北省生态环境竞争力与最高分的差距呈现扩大趋势，表明生态建设和效益水平有所下降。

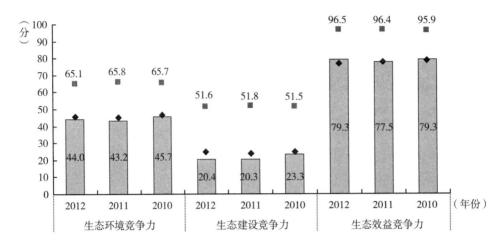

图 17 - 1 - 1　2010 ~ 2012 年湖北省生态环境竞争力指标得分比较

从生态环境竞争力的要素得分比较来看，2012 年，湖北省生态建设竞争力和生态效益竞争力的得分分别为 20.4 分和 79.3 分，分别比最高分低 31.2 分和 17.2 分，前者低于平均分 4.3 分，后者高于平均分 2.7 分；与 2010 年相比，湖北省生态建设竞争力得分与最高分的差距扩大了 3 分，生态效益竞争力得分与最高分的差距扩大了 0.5 分。

### 17.1.3　湖北省生态环境竞争力变化动因分析

二级指标生态环境竞争力的变化是三级要素指标变化综合作用的结果，而三级要素指标变化又是四级基础指标变化作用的结果。三级和四级指标的变动情况如表 17 - 1 - 1 所示。

从要素指标来看，湖北省生态环境竞争力的 2 个要素指标中，生态建设竞争力的排名下降了 6 位，生态效益竞争力的排名上升了 2 位，受指标排位升降的综合影响，湖北省生态环境竞争力下降了 1 位。

从基础指标来看，湖北省生态环境竞争力的 18 个基础指标中，上升指标有 7 个，占指标总数的 38.9%，主要分布在生态效益竞争力指标组；下降指标有 6 个，占指标总数的 33.3%，主要分布在生态建设竞争力指标组。下降指标的数量略小于上升指标的数量，受多种因素综合影响，评价期内湖北省生态环境竞争力排名下降了 1 位。

## 17.2　湖北省资源环境竞争力评价分析

### 17.2.1　湖北省资源环境竞争力评价结果

2010 ~ 2012 年湖北省资源环境竞争力排位和排位变化情况及其下属 6 个三级指标和 56 个四级指标的评价结果，如表 17 - 2 - 1 所示；资源环境竞争力各级指标的优劣势情况，如表 17 - 2 - 2 所示。

表 17 – 2 – 1    2010～2012 年湖北省资源环境竞争力各级指标的得分、排名及优劣度分析表

| 指标项目 | 2012 年 | | | 2011 年 | | | 2010 年 | | | 综合变化 | | |
|---|---|---|---|---|---|---|---|---|---|---|---|---|
| | 得分 | 排名 | 优劣度 | 得分 | 排名 | 优劣度 | 得分 | 排名 | 优劣度 | 得分变化 | 排名变化 | 趋势变化 |
| **资源环境竞争力** | 44.5 | 18 | 中势 | 45.9 | 15 | 中势 | 43.6 | 15 | 中势 | 0.9 | -3 | 持续↓ |
| （1）水环境竞争力 | 45.1 | 21 | 劣势 | 44.4 | 19 | 中势 | 44.2 | 22 | 劣势 | 0.9 | 1 | 波动↑ |
| 水资源总量 | 19.2 | 14 | 中势 | 17.0 | 10 | 优势 | 27.5 | 10 | 优势 | -8.3 | -4 | 持续↓ |
| 人均水资源量 | 0.9 | 18 | 中势 | 0.8 | 18 | 中势 | 1.4 | 15 | 中势 | -0.5 | -3 | 持续↓ |
| 降水量 | 28.2 | 15 | 中势 | 25.4 | 12 | 中势 | 32.4 | 13 | 中势 | -4.1 | -2 | 波动↓ |
| 供水总量 | 49.6 | 6 | 优势 | 51.3 | 7 | 优势 | 50.8 | 8 | 优势 | -1.2 | 2 | 持续↑ |
| 用水总量 | 97.7 | 1 | 强势 | 97.6 | 1 | 强势 | 97.6 | 1 | 强势 | 0.1 | 0 | 持续→ |
| 用水消耗量 | 98.9 | 1 | 强势 | 98.7 | 1 | 强势 | 98.4 | 1 | 强势 | 0.5 | 0 | 持续→ |
| 耗水率 | 41.9 | 1 | 强势 | 41.9 | 1 | 强势 | 40.0 | 1 | 强势 | 1.9 | 0 | 持续→ |
| 节灌率 | 6.1 | 29 | 劣势 | 5.3 | 29 | 劣势 | 4.9 | 27 | 劣势 | 1.2 | -2 | 持续↓ |
| 城市再生水利用率 | 18.4 | 10 | 优势 | 19.6 | 9 | 优势 | 0.0 | 23 | 劣势 | 18.3 | 13 | 波动↑ |
| 工业废水排放总量 | 61.3 | 22 | 劣势 | 57.7 | 24 | 劣势 | 64.3 | 23 | 劣势 | -3.0 | 1 | 波动↑ |
| 生活污水排放量 | 70.0 | 24 | 劣势 | 69.4 | 25 | 劣势 | 67.5 | 25 | 劣势 | 2.5 | 1 | 持续↑ |
| （2）土地环境竞争力 | 25.0 | 21 | 劣势 | 24.9 | 21 | 劣势 | 24.8 | 21 | 劣势 | 0.2 | 0 | 持续→ |
| 土地总面积 | 10.8 | 14 | 中势 | 10.8 | 14 | 中势 | 10.8 | 14 | 中势 | 0.0 | 0 | 持续→ |
| 耕地面积 | 26.8 | 19 | 中势 | 26.8 | 19 | 中势 | 26.8 | 19 | 中势 | 0.0 | 0 | 持续→ |
| 人均耕地面积 | 16.3 | 23 | 劣势 | 16.4 | 23 | 劣势 | 16.4 | 23 | 劣势 | -0.1 | 0 | 持续→ |
| 牧草地面积 | 0.1 | 19 | 中势 | 0.1 | 19 | 中势 | 0.1 | 19 | 中势 | 0.0 | 0 | 持续→ |
| 人均牧草地面积 | 0.0 | 20 | 中势 | 0.0 | 20 | 中势 | 0.0 | 20 | 中势 | 0.0 | 0 | 持续→ |
| 园地面积 | 42.0 | 13 | 优势 | 42.0 | 13 | 中势 | 42.0 | 13 | 中势 | 0.0 | 0 | 持续→ |
| 人均园地面积 | 11.2 | 17 | 中势 | 11.1 | 17 | 中势 | 11.0 | 17 | 中势 | 0.1 | 0 | 持续→ |
| 土地资源利用效率 | 3.7 | 14 | 中势 | 3.5 | 14 | 中势 | 3.2 | 14 | 中势 | 0.6 | 0 | 持续→ |
| 建设用地面积 | 45.4 | 22 | 劣势 | 45.4 | 22 | 劣势 | 45.4 | 22 | 劣势 | 0.0 | 0 | 持续→ |
| 单位建设用地非农产业增加值 | 12.0 | 12 | 中势 | 11.0 | 13 | 中势 | 10.0 | 14 | 中势 | 2.0 | 2 | 持续↑ |
| 单位耕地面积农业增加值 | 59.0 | 5 | 优势 | 58.9 | 5 | 优势 | 58.6 | 5 | 优势 | 0.5 | 0 | 持续→ |
| 沙化土地面积占土地总面积的比重 | 97.7 | 12 | 中势 | 97.7 | 12 | 中势 | 97.7 | 12 | 中势 | 0.0 | 0 | 持续→ |
| 当年新增种草面积 | 1.9 | 23 | 劣势 | 2.4 | 22 | 劣势 | 3.1 | 20 | 中势 | -1.2 | -3 | 持续↓ |
| （3）大气环境竞争力 | 72.6 | 19 | 中势 | 73.3 | 17 | 中势 | 73.6 | 12 | 中势 | -1.0 | -7 | 持续↓ |
| 工业废气排放总量 | 71.3 | 19 | 中势 | 70.5 | 19 | 中势 | 75.4 | 17 | 中势 | -4.1 | -2 | 持续↓ |
| 地均工业废气排放量 | 95.0 | 16 | 中势 | 94.3 | 16 | 中势 | 96.4 | 16 | 中势 | -1.3 | 0 | 持续↓ |
| 工业烟（粉）尘排放总量 | 73.4 | 17 | 中势 | 75.2 | 15 | 中势 | 63.6 | 14 | 中势 | 9.7 | -3 | 持续↓ |
| 地均工业烟（粉）尘排放量 | 84.9 | 15 | 中势 | 84.3 | 13 | 中势 | 80.9 | 13 | 中势 | 4.0 | -2 | 持续↓ |
| 工业二氧化硫排放总量 | 64.5 | 15 | 中势 | 63.5 | 16 | 中势 | 62.7 | 15 | 中势 | 1.8 | 0 | 波动→ |
| 地均二氧化硫排放量 | 90.3 | 14 | 中势 | 90.3 | 14 | 中势 | 92.0 | 11 | 中势 | -1.7 | -3 | 持续↓ |
| 全省设区市优良天数比例 | 72.5 | 20 | 中势 | 74.2 | 17 | 中势 | 76.5 | 16 | 中势 | -3.9 | -4 | 持续↓ |
| 可吸入颗粒物（PM10）浓度 | 30.9 | 27 | 劣势 | 36.3 | 28 | 劣势 | 42.3 | 28 | 劣势 | -11.4 | 1 | 持续↑ |
| （4）森林环境竞争力 | 30.5 | 14 | 中势 | 30.7 | 16 | 中势 | 30.9 | 15 | 中势 | -0.3 | 1 | 波动↑ |
| 林业用地面积 | 18.6 | 16 | 中势 | 18.6 | 16 | 中势 | 18.6 | 16 | 中势 | 0.0 | 0 | 持续→ |
| 森林面积 | 24.3 | 15 | 中势 | 24.3 | 15 | 中势 | 24.3 | 15 | 中势 | 0.0 | 0 | 持续→ |
| 森林覆盖率 | 45.9 | 16 | 中势 | 45.9 | 17 | 中势 | 45.9 | 17 | 中势 | 0.0 | 1 | 持续↑ |

续表

| 指标项目 | 2012 年 | | | 2011 年 | | | 2010 年 | | | 综合变化 | | |
|---|---|---|---|---|---|---|---|---|---|---|---|---|
| | 得分 | 排名 | 优劣度 | 得分 | 排名 | 优劣度 | 得分 | 排名 | 优劣度 | 得分变化 | 排名变化 | 趋势变化 |
| 人工林面积 | 32.0 | 18 | 中势 | 32.0 | 18 | 中势 | 32.0 | 18 | 中势 | 0.0 | 0 | 持续→ |
| 天然林比重 | 71.3 | 13 | 中势 | 71.3 | 13 | 中势 | 71.3 | 13 | 中势 | 0.0 | 0 | 持续→ |
| 造林总面积 | 25.3 | 11 | 中势 | 26.5 | 15 | 中势 | 28.9 | 16 | 中势 | -3.6 | 5 | 持续↑ |
| 森林蓄积量 | 9.3 | 15 | 中势 | 9.3 | 15 | 中势 | 9.3 | 15 | 中势 | 0.0 | 0 | 持续→ |
| 活立木总蓄积量 | 10.1 | 15 | 中势 | 10.1 | 15 | 中势 | 10.1 | 15 | 中势 | 0.0 | 0 | 持续→ |
| (5)矿产环境竞争力 | 30.5 | 6 | 优势 | 32.8 | 3 | 强势 | 30.0 | 5 | 优势 | 0.5 | -1 | 波动↓ |
| 主要黑色金属矿产基础储量 | 10.9 | 8 | 优势 | 11.7 | 8 | 优势 | 5.0 | 11 | 中势 | 5.9 | 3 | 持续↑ |
| 人均主要黑色金属矿产基础储量 | 8.3 | 10 | 优势 | 8.9 | 9 | 优势 | 3.9 | 16 | 中势 | 4.4 | 6 | 波动↑ |
| 主要有色金属矿产基础储量 | 5.1 | 20 | 中势 | 4.2 | 21 | 劣势 | 3.6 | 23 | 劣势 | 1.5 | 3 | 持续↑ |
| 人均主要有色金属矿产基础储量 | 3.9 | 26 | 劣势 | 3.2 | 25 | 劣势 | 2.8 | 26 | 劣势 | 1.1 | 0 | 波动→ |
| 主要非金属矿产基础储量 | 100.0 | 1 | 强势 | 100.0 | 1 | 强势 | 100.0 | 1 | 强势 | 0.0 | 0 | 持续→ |
| 人均主要非金属矿产基础储量 | 73.2 | 2 | 强势 | 94.0 | 2 | 强势 | 86.6 | 2 | 强势 | -13.3 | 0 | 持续→ |
| 主要能源矿产基础储量 | 0.4 | 24 | 劣势 | 0.4 | 24 | 劣势 | 0.4 | 25 | 劣势 | 0.0 | 1 | 持续↑ |
| 人均主要能源矿产基础储量 | 0.2 | 26 | 劣势 | 0.2 | 26 | 劣势 | 0.2 | 27 | 劣势 | 0.0 | 1 | 持续↑ |
| 工业固体废物产生量 | 84.0 | 14 | 中势 | 83.7 | 17 | 中势 | 78.5 | 17 | 中势 | 5.4 | 3 | 持续↑ |
| (6)能源环境竞争力 | 67.2 | 20 | 中势 | 73.8 | 15 | 中势 | 62.4 | 14 | 中势 | 4.8 | -6 | 持续↓ |
| 能源生产总量 | 92.9 | 15 | 中势 | 93.7 | 12 | 中势 | 91.6 | 17 | 中势 | 1.3 | 2 | 波动↑ |
| 能源消费总量 | 54.6 | 21 | 劣势 | 55.4 | 21 | 劣势 | 56.6 | 21 | 劣势 | -2.0 | 0 | 持续→ |
| 单位地区生产总值能耗 | 60.9 | 18 | 中势 | 66.9 | 19 | 中势 | 57.5 | 18 | 中势 | 3.4 | 0 | 波动→ |
| 单位地区生产总值电耗 | 88.6 | 10 | 优势 | 85.9 | 14 | 中势 | 85.5 | 12 | 中势 | 3.1 | 2 | 波动↑ |
| 单位工业增加值能耗 | 65.1 | 16 | 中势 | 62.4 | 21 | 劣势 | 61.6 | 16 | 中势 | 3.5 | 0 | 波动→ |
| 能源生产弹性系数 | 42.1 | 27 | 劣势 | 89.6 | 4 | 优势 | 56.8 | 7 | 优势 | -14.7 | -20 | 波动↓ |
| 能源消费弹性系数 | 67.5 | 23 | 劣势 | 64.1 | 15 | 中势 | 29.4 | 23 | 劣势 | 38.2 | 0 | 波动→ |

表 17-2-2　2012 年湖北省资源环境竞争力各级指标的优劣度结构表

| 二级指标 | 三级指标 | 四级指标数 | 强势指标 | | 优势指标 | | 中势指标 | | 劣势指标 | | 优劣度 |
|---|---|---|---|---|---|---|---|---|---|---|---|
| | | | 个数 | 比重(%) | 个数 | 比重(%) | 个数 | 比重(%) | 个数 | 比重(%) | |
| 资源环境竞争力 | 水环境竞争力 | 11 | 3 | 27.3 | 2 | 18.2 | 3 | 27.3 | 3 | 27.3 | 劣势 |
| | 土地环境竞争力 | 13 | 0 | 0.0 | 1 | 7.7 | 9 | 69.2 | 3 | 23.1 | 劣势 |
| | 大气环境竞争力 | 8 | 0 | 0.0 | 0 | 0.0 | 7 | 87.5 | 1 | 12.5 | 中势 |
| | 森林环境竞争力 | 8 | 0 | 0.0 | 0 | 0.0 | 8 | 100.0 | 0 | 0.0 | 中势 |
| | 矿产环境竞争力 | 9 | 2 | 22.2 | 2 | 22.2 | 2 | 22.2 | 3 | 33.3 | 优势 |
| | 能源环境竞争力 | 7 | 0 | 0.0 | 1 | 14.3 | 3 | 42.9 | 3 | 42.9 | 中势 |
| 小计 | | 56 | 5 | 8.9 | 6 | 10.7 | 32 | 57.1 | 13 | 23.2 | 中势 |

2010~2012 年湖北省资源环境竞争力的综合排位呈现持续下降趋势,2012 年排名第 18 位,与 2010 年相比排位下降 3 名,在全国处于中游区。

从资源环境竞争力的要素指标变化趋势来看,有 2 个指标处于波动上升趋势,即水环境竞争力和森林环境竞争力;有 1 个指标保持不变,为土地环境竞争力;有 3 个指标处于下降趋势，为大气环境竞争力、矿产环境竞争力和能源环境竞争力。

从资源环境竞争力的基础指标分布来看，在56个基础指标中，指标的优劣度结构为8.9∶10.7∶57.1∶23.2。中势指标所占比重高于强势和优势指标所占比重，表明中势指标占主导地位。

### 17.2.2 湖北省资源环境竞争力比较分析

图17-2-1将2010~2012年湖北省资源环境竞争力与全国最高水平和平均水平进行比较。由图可知，评价期内湖北省资源环境竞争力得分普遍低于46分，虽然呈现波动上升趋势，但湖北省资源环境竞争力仍处于较低水平。

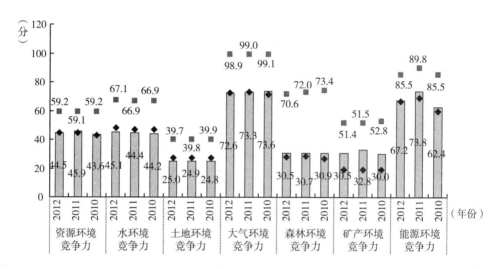

图17-2-1 2010~2012年湖北省资源环境竞争力指标得分比较

从资源环境竞争力的整体得分比较来看，2010年，湖北省资源环境竞争力得分与全国最高分相比还有15.6分的差距，高于全国平均分0.6分；到2012年，湖北省资源环境竞争力得分与全国最高分的差距缩小为14.7分，与全国平均分相同。总的来看，2010~2012年湖北省资源环境竞争力与最高分的差距呈缩小趋势，继续在全国处于中游地位。

从资源环境竞争力的要素得分比较来看，2012年，湖北省水环境竞争力、土地环境竞争力、大气环境竞争力、森林环境竞争力、矿产环境竞争力和能源环境竞争力的得分分别为45.1分、25.0分、72.6分、30.5分、30.5分和67.2分，比最高分低22.0分、14.7分、26.3分、40.1分、20.9分和18.3分；与2010年相比，湖北省水环境竞争力、土地环境竞争力、森林环境竞争力、矿产环境竞争力和能源环境竞争力的得分与最高分的差距都缩小了，但大气环境竞争力的得分与最高分的差距扩大了。

### 17.2.3 湖北省资源环境竞争力变化动因分析

二级指标资源环境竞争力的变化是三级要素指标变化综合作用的结果，而三级要素指标变化又是四级基础指标变化作用的结果。三级和四级指标的变动情况如表17-2-1所示。

从要素指标来看，湖北省资源环境竞争力的 6 个要素指标中，水环境竞争力和森林环境竞争力的排位出现了上升，而大气环境竞争力、矿产环境竞争力和能源环境竞争力的排位呈下降趋势，受指标排位升降的综合影响，湖北省资源环境竞争力呈现下降趋势，其中大气环境竞争力是资源环境竞争力排位下降的主要因素。

从基础指标来看，湖北省资源环境竞争力的 56 个基础指标中，上升指标有 16 个，占指标总数的 28.6%，主要分布在矿产环境竞争力指标组；下降指标有 11 个，占指标总数的 19.6%，主要分布在大气环境竞争力指标组。排位下降的指标数量低于排位上升的指标数量，其余的 29 个指标呈波动保持或持续保持状态，受其他外部因素的综合影响，2012 年湖北省资源环境竞争力排名呈现持续下降趋势。

## 17.3　湖北省环境管理竞争力评价分析

### 17.3.1　湖北省环境管理竞争力评价结果

2010～2012 年湖北省环境管理竞争力排位和排位变化情况及其下属 2 个三级指标和 16 个四级指标的评价结果，如表 17-3-1 所示；环境管理竞争力各级指标的优劣势情况，如表 17-3-2 所示。

表 17-3-1　2010～2012 年湖北省环境管理竞争力各级指标的得分、排名及优劣度分析表

| 指　　标　　项　　目 | 2012 年 | | | 2011 年 | | | 2010 年 | | | 综合变化 | | |
|---|---|---|---|---|---|---|---|---|---|---|---|---|
| | 得分 | 排名 | 优劣度 | 得分 | 排名 | 优劣度 | 得分 | 排名 | 优劣度 | 得分变化 | 排名变化 | 趋势变化 |
| **环境管理竞争力** | 50.2 | 11 | 中势 | 52.6 | 9 | 优势 | 44.6 | 16 | 中势 | 5.6 | 5 | 波动↑ |
| （1）环境治理竞争力 | 29.3 | 10 | 优势 | 36.9 | 5 | 优势 | 25.3 | 12 | 中势 | 4.0 | 2 | 波动↑ |
| 环境污染治理投资总额 | 38.3 | 11 | 中势 | 39.1 | 8 | 优势 | 10.3 | 14 | 中势 | 27.9 | 3 | 波动↑ |
| 环境污染治理投资总额占地方生产总值比重 | 28.1 | 17 | 中势 | 17.7 | 16 | 中势 | 28.5 | 23 | 劣势 | -0.4 | 6 | 波动↑ |
| 废气治理设施年运行费用 | 15.7 | 15 | 中势 | 73.2 | 3 | 强势 | 30.2 | 11 | 中势 | -14.5 | -4 | 波动↓ |
| 废水治理设施处理能力 | 27.3 | 10 | 优势 | 20.6 | 7 | 优势 | 37.7 | 11 | 中势 | -10.4 | 1 | 波动↑ |
| 废水治理设施年运行费用 | 18.2 | 15 | 中势 | 42.4 | 9 | 优势 | 25.1 | 14 | 中势 | -6.9 | -1 | 波动↓ |
| 矿山环境恢复治理投入资金 | 37.9 | 5 | 优势 | 85.2 | 4 | 优势 | 27.0 | 7 | 优势 | 10.9 | 2 | 波动↑ |
| 本年矿山恢复面积 | 5.8 | 23 | 劣势 | 1.5 | 20 | 中势 | 1.9 | 23 | 劣势 | 3.8 | 0 | 波动→ |
| 地质灾害防治投资额 | 19.7 | 9 | 优势 | 9.6 | 18 | 中势 | 3.4 | 16 | 中势 | 16.3 | 7 | 波动↑ |
| 水土流失治理面积 | 44.3 | 8 | 优势 | 43.1 | 10 | 优势 | 42.8 | 10 | 优势 | 1.5 | 2 | 持续↑ |
| 土地复垦面积占新增耕地面积的比重 | 58.1 | 5 | 优势 | 58.1 | 5 | 优势 | 58.1 | 5 | 优势 | 0.0 | 0 | 持续→ |
| （2）环境友好竞争力 | 66.4 | 17 | 中势 | 64.8 | 18 | 中势 | 59.7 | 19 | 中势 | 6.7 | 2 | 持续↑ |
| 工业固体废物综合利用量 | 28.3 | 14 | 中势 | 31.9 | 12 | 中势 | 30.7 | 11 | 中势 | -2.4 | -3 | 持续↓ |
| 工业固体废物处置量 | 13.3 | 14 | 中势 | 10.6 | 15 | 中势 | 9.1 | 14 | 中势 | 4.2 | 0 | 波动→ |
| 工业固体废物处置利用率 | 94.7 | 12 | 中势 | 96.2 | 8 | 优势 | 75.9 | 9 | 优势 | 18.7 | -3 | 波动↓ |
| 工业用水重复利用率 | 90.0 | 14 | 中势 | 89.0 | 14 | 中势 | 86.1 | 15 | 中势 | 3.9 | 1 | 持续↑ |
| 城市污水处理率 | 92.0 | 17 | 中势 | 91.4 | 10 | 优势 | 86.7 | 17 | 中势 | 5.2 | 0 | 波动→ |
| 生活垃圾无害化处理率 | 71.6 | 26 | 劣势 | 61.0 | 26 | 劣势 | 61.4 | 27 | 劣势 | 10.2 | 1 | 持续↑ |

**表 17 - 3 - 2　2012 年湖北省环境管理竞争力各级指标的优劣度结构表**

| 二级指标 | 三级指标 | 四级指标数 | 强势指标 | | 优势指标 | | 中势指标 | | 劣势指标 | | 优劣度 |
|---|---|---|---|---|---|---|---|---|---|---|---|
| | | | 个数 | 比重（%） | 个数 | 比重（%） | 个数 | 比重（%） | 个数 | 比重（%） | |
| 环境管理竞争力 | 环境治理竞争力 | 10 | 0 | 0.0 | 5 | 50.0 | 4 | 40.0 | 1 | 10.0 | 优势 |
| | 环境友好竞争力 | 6 | 0 | 0.0 | 0 | 0.0 | 5 | 83.3 | 1 | 16.7 | 中势 |
| | 小　计 | 16 | 0 | 0.0 | 5 | 31.3 | 9 | 56.3 | 2 | 12.5 | 中势 |

2010~2012 年湖北省环境管理竞争力的综合排位呈现波动上升趋势，2012 年排名第 11 位，比 2010 年上升了 5 位，在全国处于中上游区。

从环境管理竞争力的要素指标变化趋势来看，2 个指标均处于上升趋势。

从环境管理竞争力的基础指标分布来看，在 16 个基础指标中，指标的优劣度结构为 0∶31.3∶56.3∶12.5。中势指标所占比重大于强势和优势指标所占比重，表明中势指标占主导地位。

### 17.3.2　湖北省环境管理竞争力比较分析

图 17 - 3 - 1 将 2010~2012 年湖北省环境管理竞争力与全国最高水平和平均水平进行比较。由图可知，评价期内湖北省环境管理竞争力得分普遍高于 44 分，且呈波动上升趋势，说明湖北省环境管理竞争力保持较高水平。

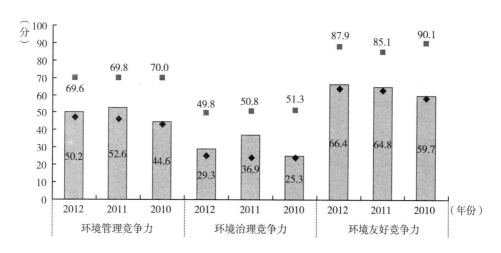

**图 17 - 3 - 1　2010~2012 年湖北省环境管理竞争力指标得分比较**

从环境管理竞争力的整体得分比较来看，2010 年，湖北省环境管理竞争力得分与全国最高分相比还有 25.3 分的差距，但与全国平均分相比，则高出 1.3 分；到 2012 年，湖北省环境管理竞争力得分与全国最高分的差距缩小为 19.4 分，高出全国平均分 3.2 分。总的来看，2010~2012 年湖北省环境管理竞争力与最高分的差距呈缩小趋势，继续保持全国较高水平。

从环境管理竞争力的要素得分比较来看，2012年，湖北省环境治理竞争力和环境友好竞争力的得分分别为29.3分和66.4分，分别比全国最高分低20.5和21.5分，前者高于平均分4.1分，后者高于平均分2.4分；与2010年相比，湖北省环境治理竞争力得分与最高分的差距缩小了5.5分，环境友好竞争力得分与最高分的差距缩小了8.9分。

### 17.3.3 湖北省环境管理竞争力变化动因分析

二级指标环境管理竞争力的变化是三级要素指标变化综合作用的结果，而三级要素指标变化又是四级基础指标变化作用的结果。三级和四级指标的变动情况如表17-3-1所示。

从要素指标来看，湖北省环境管理竞争力的2个要素指标中，环境治理竞争力的排名和环境友好竞争力的排名都上升了2位。受指标排位升降的综合影响，湖北省环境管理竞争力上升了5位，环境治理竞争力和环境友好竞争力都是环境管理竞争力上升的动力。

从基础指标来看，湖北省环境管理竞争力的16个基础指标中，上升指标有8个，占指标总数的50.0%，主要分布在环境治理竞争力指标组；下降指标有4个，占指标总数的25.0%，平均分布在环境治理竞争力和环境友好竞争力指标组。排位上升的指标数量显著大于排位下降的指标数量，使得2012年湖北省环境管理竞争力排名波动上升了5位。

## 17.4 湖北省环境影响竞争力评价分析

### 17.4.1 湖北省环境影响竞争力评价结果

2010~2012年湖北省环境影响竞争力排位和排位变化情况及其下属2个三级指标和21个四级指标的评价结果，如表17-4-1所示；环境影响竞争力各级指标的优劣势情况，如表17-4-2所示。

表17-4-1　2010~2012年湖北省环境影响竞争力各级指标的得分、排名及优劣度分析表

| 指标项目 | 2012年 | | | 2011年 | | | 2010年 | | | 综合变化 | | |
|---|---|---|---|---|---|---|---|---|---|---|---|---|
| | 得分 | 排名 | 优劣度 | 得分 | 排名 | 优劣度 | 得分 | 排名 | 优劣度 | 得分变化 | 排名变化 | 趋势变化 |
| **环境影响竞争力** | 67.2 | 22 | 劣势 | 62.4 | 26 | 劣势 | 68.6 | 22 | 劣势 | -1.4 | 0 | 波动→ |
| (1)环境安全竞争力 | 68.4 | 24 | 劣势 | 56.4 | 28 | 劣势 | 63.5 | 23 | 劣势 | 4.9 | -1 | 波动↓ |
| 自然灾害受灾面积 | 29.4 | 28 | 劣势 | 0.0 | 31 | 劣势 | 23.3 | 28 | 劣势 | 6.1 | 0 | 波动→ |
| 自然灾害绝收面积占受灾面积比重 | 73.1 | 13 | 中势 | 80.5 | 12 | 中势 | 80.6 | 14 | 中势 | -7.6 | 1 | 波动↑ |
| 自然灾害直接经济损失 | 67.8 | 21 | 劣势 | 40.1 | 28 | 劣势 | 54.4 | 25 | 劣势 | 13.3 | 4 | 波动↑ |
| 发生地质灾害起数 | 83.2 | 25 | 劣势 | 93.4 | 26 | 劣势 | 83.3 | 27 | 劣势 | -0.1 | 2 | 持续↑ |
| 地质灾害直接经济损失 | 96.1 | 22 | 劣势 | 87.7 | 27 | 劣势 | 64.4 | 25 | 劣势 | 31.6 | 3 | 波动↑ |
| 地质灾害防治投资额 | 20.1 | 9 | 优势 | 9.6 | 17 | 中势 | 3.4 | 16 | 中势 | 16.6 | 7 | 波动↑ |
| 突发环境事件次数 | 97.9 | 11 | 中势 | 96.4 | 13 | 中势 | 83.2 | 27 | 劣势 | 14.7 | 16 | 持续↑ |

续表

| 指　　　　项<br>标　　　目 | 2012 年 | | | 2011 年 | | | 2010 年 | | | 综合变化 | | |
|---|---|---|---|---|---|---|---|---|---|---|---|---|
| | 得分 | 排名 | 优劣度 | 得分 | 排名 | 优劣度 | 得分 | 排名 | 优劣度 | 得分变化 | 排名变化 | 趋势变化 |
| 森林火灾次数 | 58.2 | 29 | 劣势 | 41.6 | 29 | 劣势 | 73.1 | 28 | 劣势 | -14.9 | -1 | 持续↓ |
| 森林火灾火场总面积 | 85.1 | 23 | 劣势 | 51.1 | 23 | 劣势 | 88.9 | 24 | 劣势 | -3.8 | 1 | 持续↑ |
| 受火灾森林面积 | 94.9 | 21 | 劣势 | 81.2 | 19 | 中势 | 95.0 | 22 | 劣势 | -0.1 | 1 | 波动↑ |
| 森林病虫鼠害发生面积 | 80.5 | 19 | 中势 | 97.4 | 16 | 中势 | 71.7 | 15 | 中势 | 8.8 | -4 | 持续↓ |
| 森林病虫鼠害防治率 | 58.8 | 19 | 中势 | 62.7 | 16 | 中势 | 79.4 | 12 | 中势 | -20.6 | -7 | 持续↓ |
| （2）环境质量竞争力 | 66.3 | 21 | 劣势 | 66.8 | 23 | 劣势 | 72.2 | 21 | 劣势 | -5.9 | 0 | 波动→ |
| 人均工业废气排放量 | 78.6 | 11 | 中势 | 76.6 | 13 | 中势 | 90.8 | 8 | 优势 | -12.2 | -3 | 波动↓ |
| 人均二氧化硫排放量 | 79.9 | 14 | 中势 | 83.1 | 14 | 中势 | 82.3 | 7 | 优势 | -2.5 | -7 | 持续↓ |
| 人均工业烟（粉）尘排放量 | 83.5 | 10 | 优势 | 86.3 | 8 | 优势 | 85.5 | 10 | 优势 | -2.0 | 0 | 波动→ |
| 人均工业废水排放量 | 52.4 | 20 | 劣势 | 47.3 | 20 | 劣势 | 62.5 | 20 | 劣势 | -10.1 | 4 | 持续↑ |
| 人均生活污水排放量 | 65.3 | 22 | 劣势 | 67.9 | 23 | 劣势 | 74.9 | 22 | 劣势 | -9.6 | 0 | 波动→ |
| 人均化学需氧量排放量 | 62.7 | 21 | 劣势 | 65.1 | 21 | 劣势 | 81.7 | 14 | 中势 | -19.0 | -7 | 持续↓ |
| 人均工业固体废物排放量 | 98.8 | 19 | 中势 | 92.8 | 23 | 劣势 | 98.4 | 15 | 中势 | 0.4 | -4 | 波动↓ |
| 人均化肥施用量 | 30.5 | 25 | 劣势 | 27.6 | 27 | 劣势 | 21.6 | 27 | 劣势 | 8.9 | 2 | 持续↑ |
| 人均农药施用量 | 48.0 | 29 | 劣势 | 56.7 | 29 | 劣势 | 55.5 | 30 | 劣势 | -7.5 | 1 | 持续↑ |

表 17－4－2　2012 年湖北省环境影响竞争力各级指标的优劣度结构表

| 二级指标 | 三级指标 | 四级指标数 | 强势指标 | | 优势指标 | | 中势指标 | | 劣势指标 | | 优劣度 |
|---|---|---|---|---|---|---|---|---|---|---|---|
| | | | 个数 | 比重（%） | 个数 | 比重（%） | 个数 | 比重（%） | 个数 | 比重（%） | |
| 环境影响竞争力 | 环境安全竞争力 | 12 | 0 | 0.0 | 1 | 8.3 | 4 | 33.3 | 7 | 58.3 | 劣势 |
| | 环境质量竞争力 | 9 | 0 | 0.0 | 1 | 11.1 | 4 | 44.4 | 4 | 44.4 | 劣势 |
| | 小　　计 | 21 | 0 | 0.0 | 2 | 9.5 | 8 | 38.1 | 11 | 52.4 | 劣势 |

2010~2012 年湖北省环境影响竞争力的综合排位呈现波动保持状态，2012 年排名第 22 位，与 2010 年排位相同，在全国处于下游区。

从环境影响竞争力的要素指标变化趋势来看，有 1 个指标处于波动保持趋势，即环境质量竞争力；有 1 个指标处于波动下降趋势，为环境安全竞争力。

从环境影响竞争力的基础指标分布来看，在 21 个基础指标中，指标的优劣度结构为 0∶9.5∶38.1∶52.4。强势和优势指标所占比重低于劣势指标所占比重，表明劣势指标占主导地位。

## 17.4.2　湖北省环境影响竞争力比较分析

图 17－4－1 将 2010~2012 年湖北省环境影响竞争力与全国最高水平和平均水平进行比较。由图可知，评价期内湖北省环境影响竞争力得分普遍低于 70 分，呈波动下降趋势，表明湖北省环境影响竞争力处于较低水平。

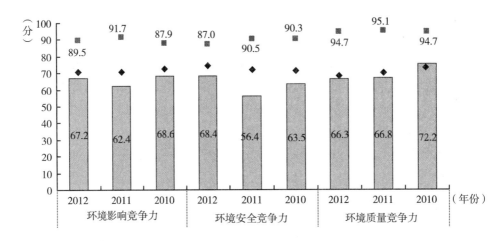

图 17 – 4 – 1　2010 ~ 2012 年湖北省环境影响竞争力指标得分比较

从环境影响竞争力的整体得分比较来看，2010 年，湖北省环境影响竞争力得分与全国最高分相比还有 19.4 分的差距，与全国平均分相比，则低了 3.9 分；到 2012 年，湖北省环境影响竞争力得分与全国最高分相差 22.3 分，低于全国平均分 3.5 分。总的来看，2010 ~ 2012 年湖北省环境影响竞争力与最高分的差距略有扩大。

从环境影响竞争力的要素得分比较来看，2012 年，湖北省环境安全竞争力和环境质量竞争力的得分分别为 68.4 分和 66.3 分，比最高分低 18.6 分和 28.4 分，比平均分分别低 5.8 分和 1.8 分；与 2010 年相比，湖北省环境安全竞争力得分与最高分的差距缩小了 8.2 分，但环境质量竞争力得分与最高分的差距扩大了 5.9 分。

### 17.4.3　湖北省环境影响竞争力变化动因分析

二级指标环境影响竞争力的变化是三级要素指标变化综合作用的结果，而三级要素指标变化又是四级基础指标变化作用的结果。三级和四级指标的变动情况如表 17 – 4 – 1 所示。

从要素指标来看，湖北省环境影响竞争力的 2 个要素指标中，环境安全竞争力的排名下降了 1 位，环境质量竞争力的排名不变，受指标排位升降的综合影响，湖北省环境影响竞争力排名没有发生变化。

从基础指标来看，湖北省环境影响竞争力的 21 个基础指标中，上升指标有 11 个，占指标总数的 52.4%，主要分布在环境安全竞争力指标组；下降指标有 7 个，占指标总数的 33.3%，主要分布在环境质量竞争力指标组。排位上升的指标数量大于排位下降的指标数量，但受其他外部因素的综合影响，2012 年湖北省环境影响竞争力排名没有发生变化。

## 17.5　湖北省环境协调竞争力评价分析

### 17.5.1　湖北省环境协调竞争力评价结果

2010 ~ 2012 年湖北省环境协调竞争力排位和排位变化情况及其下属 2 个三级指标和 19

个四级指标的评价结果,如表 17 - 5 - 1 所示;环境协调竞争力各级指标的优劣势情况,如表 17 - 5 - 2 所示。

表 17 - 5 - 1 2010～2012 年湖北省环境协调竞争力各级指标的得分、排名及优劣度分析表

| 指标项目 | 2012 年 | | | 2011 年 | | | 2010 年 | | | 综合变化 | | |
|---|---|---|---|---|---|---|---|---|---|---|---|---|
| | 得分 | 排名 | 优劣度 | 得分 | 排名 | 优劣度 | 得分 | 排名 | 优劣度 | 得分变化 | 排名变化 | 趋势变化 |
| **环境协调竞争力** | 65.2 | 5 | 优势 | 63.4 | 8 | 优势 | 63.9 | 4 | 优势 | 1.3 | -1 | 波动↓ |
| (1)人口与环境协调竞争力 | 52.3 | 14 | 中势 | 53.7 | 13 | 中势 | 55.2 | 10 | 优势 | -3.0 | -4 | 持续↓ |
| 人口自然增长率与工业废气排放量增长率比差 | 62.7 | 14 | 中势 | 71.2 | 9 | 优势 | 67.5 | 14 | 中势 | -4.8 | 0 | 波动→ |
| 人口自然增长率与工业废水排放量增长率比差 | 90.9 | 13 | 中势 | 85.6 | 14 | 中势 | 88.1 | 5 | 优势 | 2.9 | -8 | 波动↓ |
| 人口自然增长率与工业固体废物排放量增长率比差 | 58.4 | 18 | 中势 | 57.0 | 12 | 中势 | 97.1 | 2 | 强势 | -38.7 | -16 | 持续↓ |
| 人口自然增长率与能源消费量增长率比差 | 83.5 | 13 | 中势 | 94.6 | 9 | 优势 | 78.0 | 17 | 中势 | 5.4 | 4 | 波动↑ |
| 人口密度与人均水资源量比差 | 7.4 | 18 | 中势 | 7.7 | 16 | 中势 | 8.5 | 17 | 中势 | -1.1 | -1 | 波动↓ |
| 人口密度与人均耕地面积比差 | 8.9 | 26 | 劣势 | 9.0 | 26 | 劣势 | 9.0 | 26 | 劣势 | -0.1 | 0 | 持续→ |
| 人口密度与森林覆盖率比差 | 54.5 | 16 | 中势 | 54.4 | 17 | 中势 | 54.6 | 17 | 中势 | -0.1 | 1 | 持续↑ |
| 人口密度与人均矿产基础储量比差 | 9.1 | 20 | 中势 | 9.2 | 23 | 劣势 | 8.8 | 22 | 劣势 | 0.2 | 2 | 波动↑ |
| 人口密度与人均能源生产量比差 | 96.5 | 9 | 优势 | 95.7 | 11 | 中势 | 96.5 | 7 | 优势 | 0.0 | -2 | 波动↓ |
| (2)经济与环境协调竞争力 | 73.7 | 8 | 优势 | 69.7 | 10 | 优势 | 69.6 | 7 | 优势 | 4.1 | -1 | 波动↓ |
| 工业增加值增长率与工业废气排放量增长率比差 | 86.7 | 10 | 优势 | 94.4 | 2 | 强势 | 83.3 | 11 | 中势 | 3.4 | 1 | 波动↑ |
| 工业增加值增长率与工业废水排放量增长率比差 | 65.9 | 20 | 中势 | 18.8 | 25 | 劣势 | 62.9 | 16 | 中势 | 3.0 | -4 | 波动↓ |
| 工业增加值增长率与工业固体废物排放量增长率比差 | 91.9 | 5 | 优势 | 78.4 | 8 | 优势 | 78.4 | 9 | 优势 | 13.6 | 4 | 持续↑ |
| 地区生产总值增长率与能源消费量增长率比差 | 91.3 | 3 | 强势 | 93.7 | 3 | 强势 | 77.5 | 18 | 中势 | 13.8 | 15 | 持续↑ |
| 人均工业增加值与人均水资源量比差 | 71.4 | 15 | 中势 | 72.3 | 14 | 中势 | 74.6 | 13 | 中势 | -3.2 | -2 | 持续↓ |
| 人均工业增加值与人均耕地面积比差 | 82.0 | 13 | 中势 | 83.3 | 14 | 中势 | 85.1 | 12 | 中势 | -3.1 | -1 | 持续↓ |
| 人均工业增加值与人均工业废气排放量比差 | 55.2 | 19 | 中势 | 56.7 | 18 | 中势 | 42.4 | 20 | 中势 | 12.7 | 1 | 波动↑ |
| 人均工业增加值与森林覆盖率比差 | 89.8 | 6 | 优势 | 88.7 | 9 | 优势 | 87.3 | 8 | 优势 | 2.5 | 2 | 持续↑ |
| 人均工业增加值与人均矿产基础储量比差 | 67.7 | 19 | 中势 | 69.0 | 21 | 中势 | 69.6 | 18 | 中势 | -2.0 | -3 | 波动↓ |
| 人均工业增加值与人均能源生产量比差 | 41.9 | 19 | 中势 | 41.3 | 19 | 中势 | 41.9 | 20 | 中势 | 0.0 | 1 | 持续↑ |

表 17 - 5 - 2 2012 年湖北省环境协调竞争力各级指标的优劣度结构表

| 二级指标 | 三级指标 | 四级指标数 | 强势指标 | | 优势指标 | | 中势指标 | | 劣势指标 | | 优劣度 |
|---|---|---|---|---|---|---|---|---|---|---|---|
| | | | 个数 | 比重(%) | 个数 | 比重(%) | 个数 | 比重(%) | 个数 | 比重(%) | |
| 环境协调竞争力 | 人口与环境协调竞争力 | 9 | 0 | 0.0 | 1 | 11.1 | 7 | 77.8 | 1 | 11.1 | 中势 |
| | 经济与环境协调竞争力 | 10 | 1 | 10.0 | 3 | 30.0 | 6 | 60.0 | 0 | 0.0 | 优势 |
| | 小 计 | 19 | 1 | 5.3 | 4 | 21.1 | 13 | 68.4 | 1 | 5.3 | 优势 |

2010～2012 年湖北省环境协调竞争力的综合排位呈现波动下降趋势,2012 年排名第 5 位,比 2010 年下降了 1 位,在全国处于上游区。

从环境协调竞争力的要素指标变化趋势来看,有 1 个指标处于波动下降趋势,即经济与

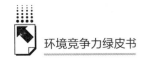

环境协调竞争力；有 1 个指标处于持续下降趋势，为人口与环境协调竞争力。

从环境协调竞争力的基础指标分布来看，在 19 个基础指标中，指标的优劣度结构为 5.3∶21.1∶68.4∶5.3。中势指标所占比重大于强势和优势指标所占比重，表明中势指标占主导地位。

### 17.5.2　湖北省环境协调竞争力比较分析

图 17 – 5 – 1 将 2010～2012 年湖北省环境协调竞争力与全国最高水平和平均水平进行比较。由图可知，评价期内湖北省环境协调竞争力得分普遍高于 63 分，且呈现波动上升趋势，说明湖北省环境协调竞争力处于较高水平。

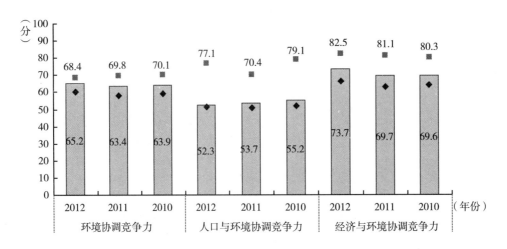

**图 17 – 5 – 1　2010～2012 年湖北省环境协调竞争力指标得分比较**

从环境协调竞争力的整体得分比较来看，2010 年，湖北省环境协调竞争力得分与全国最高分相比还有 6.1 分的差距，但与全国平均分相比，则高出 4.6 分；到 2012 年，湖北省环境协调竞争力得分与全国最高分的差距缩小为 3.2 分，高于全国平均分 4.9 分。总的来看，2010～2012 年湖北省环境协调竞争力与最高分的差距呈缩小趋势，处于全国上游地位。

从环境协调竞争力的要素得分比较来看，2012 年，湖北省人口与环境协调竞争力和经济与环境协调竞争力的得分分别为 52.3 分和 73.7 分，比最高分低 24.8 分和 8.8 分，但分别高于平均分 1.1 分和 7.3 分；与 2010 年相比，湖北省人口与环境协调竞争力得分与最高分的差距扩大了 0.9 分，但经济与环境协调竞争力得分与最高分的差距缩小了 1.8 分。

### 17.5.3　湖北省环境协调竞争力变化动因分析

二级指标环境协调竞争力的变化是三级要素指标变化综合作用的结果，而三级要素指标变化又是四级基础指标变化作用的结果。三级和四级指标的变动情况如表 17 – 5 – 1 所示。

从要素指标来看，湖北省环境协调竞争力的 2 个要素指标中，人口与环境协调竞争力的排名下降了 4 位，经济与环境协调竞争力的排名波动下降了 1 位，受指标排位下降的影响，湖北省环境协调竞争力下降了1位。

从基础指标来看，湖北省环境协调竞争力的19个基础指标中，上升指标有9个，占指标总数的47.4%，主要分布在经济与环境协调竞争力指标组；下降指标有8个，占指标总数的42.1%，平均分布在人口与环境协调竞争力和经济与环境协调竞争力指标组。虽然排位上升的指标数量多于排位下降的指标数量，但由于下降的幅度大于上升的幅度，2012年湖北省环境协调竞争力排名波动下降了1位。

## 17.6 湖北省环境竞争力总体评述

从对湖北省环境竞争力及其5个二级指标在全国的排位变化和指标结构的综合分析来看，"十二五"中期（2010~2012年）环境竞争力中上升指标的数量少于下降指标的数量，但在其他外部因素的综合作用下，2012年湖北省环境竞争力的排位上升了1位，在全国居第16位。

### 17.6.1 湖北省环境竞争力概要分析

湖北省环境竞争力在全国所处的位置及变化如表17-6-1所示，5个二级指标的得分和排位变化如表17-6-2所示。

表17-6-1 2010~2012年湖北省环境竞争力一级指标比较表

| 项目 \ 年份 | 2012 | 2011 | 2010 |
|---|---|---|---|
| 排名 | 16 | 14 | 17 |
| 所属区位 | 中游 | 中游 | 中游 |
| 得分 | 51.9 | 51.6 | 50.8 |
| 全国最高分 | 58.2 | 59.5 | 60.1 |
| 全国平均分 | 51.3 | 50.8 | 50.4 |
| 与最高分的差距 | -6.3 | -7.9 | -9.4 |
| 与平均分的差距 | 0.6 | 0.8 | 0.3 |
| 优劣度 | 中势 | 中势 | 中势 |
| 波动趋势 | 下降 | 上升 | — |

表17-6-2 2010~2012年湖北省环境竞争力二级指标比较表

| 项目 \ 年份 | 生态环境竞争力 得分 | 生态环境竞争力 排名 | 资源环境竞争力 得分 | 资源环境竞争力 排名 | 环境管理竞争力 得分 | 环境管理竞争力 排名 | 环境影响竞争力 得分 | 环境影响竞争力 排名 | 环境协调竞争力 得分 | 环境协调竞争力 排名 | 环境竞争力 得分 | 环境竞争力 排名 |
|---|---|---|---|---|---|---|---|---|---|---|---|---|
| 2010 | 45.7 | 18 | 43.6 | 15 | 44.6 | 16 | 68.6 | 22 | 63.9 | 4 | 50.8 | 17 |
| 2011 | 43.2 | 20 | 45.9 | 15 | 52.6 | 9 | 62.4 | 26 | 63.4 | 8 | 51.6 | 14 |
| 2012 | 44.0 | 19 | 44.5 | 18 | 50.2 | 11 | 67.2 | 22 | 65.2 | 5 | 51.9 | 16 |
| 得分变化 | -1.7 | — | 0.9 | — | 5.6 | — | -1.4 | — | 1.3 | — | 1.1 | — |
| 排位变化 | — | -1 | — | -3 | — | 5 | — | 0 | — | -1 | — | 1 |
| 优劣度 | 中势 | 中势 | 中势 | 中势 | 中势 | 中势 | 劣势 | 劣势 | 优势 | 优势 | 中势 | 中势 |

（1）从指标排位变化趋势看，2012 年湖北省环境竞争力综合排名在全国处于第 16 位，表明其在全国处于中势地位；与 2010 年相比，排位上升了 1 位。总的来看，评价期内湖北省环境竞争力呈波动上升趋势。

在 5 个二级指标中，有 1 个指标处于波动上升趋势，为环境管理竞争力，这是湖北省环境竞争力上升的动力所在；有 3 个指标处于下降趋势，为生态环境竞争力、资源环境竞争力和环境协调竞争力，剩余 1 个指标排位呈波动保持状态。在指标排位升降的综合影响下，评价期内湖北省环境竞争力的综合排位上升了 1 位，在全国排名第 16 位。

（2）从指标所处区位看，2012 年湖北省环境竞争力处于中游区，其中，环境协调竞争力指标为优势指标，生态环境竞争力、资源环境竞争力和环境管理竞争力为中势指标，环境影响竞争力指标为劣势指标。

（3）从指标得分看，2012 年湖北省环境竞争力得分为 51.9 分，比全国最高分低 6.3 分，比全国平均分高 0.6 分；与 2010 年相比，湖北省环境竞争力得分上升了 1.1 分，与当年最高分的差距缩小了，但与全国平均分的差距扩大了。

2012 年，湖北省环境竞争力二级指标的得分均高于 43 分，与 2010 年相比，得分上升最多的为环境管理竞争力，上升了 5.6 分；得分下降最多的为生态环境竞争力，下降了 1.7 分。

### 17.6.2　湖北省环境竞争力各级指标动态变化分析

2010～2012 年湖北省环境竞争力各级指标的动态变化及其结构，如图 17-6-1 和表 17-6-3 所示。

从图 17-6-1 可以看出，湖北省环境竞争力的四级指标中上升指标的比例大于下降指标，表明上升指标居于主导地位。表 17-6-3 中的数据进一步说明，湖北省环境竞争力的 130 个四级指标中，上升的指标有 51 个，占指标总数的 39.2%；保持不变的指标有 43 个，占指标总数的 33.1%；下降的指标为 36 个，占指标总数的 27.7%。上升指标的数量大于下降指标的数量，使得评价期内湖北省环境竞争力排位上升了 1 位，在全国居第 16 位。

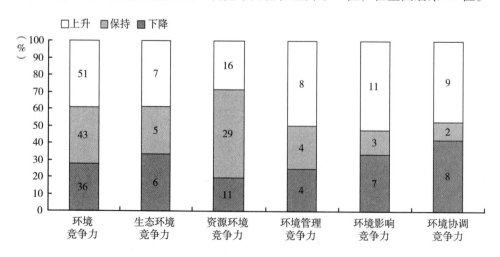

图 17-6-1　2010～2012 年湖北省环境竞争力动态变化结构图

表 17 - 6 - 3　2010~2012 年湖北省环境竞争力各级指标排位变化态势比较表

| 二级指标 | 三级指标 | 四级指标数 | 上升指标 | | 保持指标 | | 下降指标 | | 变化趋势 |
|---|---|---|---|---|---|---|---|---|---|
| | | | 个数 | 比重（%） | 个数 | 比重（%） | 个数 | 比重（%） | |
| 生态环境竞争力 | 生态建设竞争力 | 9 | 0 | 0.0 | 4 | 44.4 | 5 | 55.6 | 持续↓ |
| | 生态效益竞争力 | 9 | 7 | 77.8 | 1 | 11.1 | 1 | 11.1 | 持续↑ |
| | 小　计 | 18 | 7 | 38.9 | 5 | 27.8 | 6 | 33.3 | 波动↓ |
| 资源环境竞争力 | 水环境竞争力 | 11 | 4 | 36.4 | 3 | 27.3 | 4 | 36.4 | 波动↑ |
| | 土地环境竞争力 | 13 | 1 | 7.7 | 11 | 84.6 | 1 | 7.7 | 持续→ |
| | 大气环境竞争力 | 8 | 1 | 12.5 | 2 | 25.0 | 5 | 62.5 | 持续↓ |
| | 森林环境竞争力 | 8 | 2 | 25.0 | 6 | 75.0 | 0 | 0.0 | 波动↑ |
| | 矿产环境竞争力 | 9 | 6 | 66.7 | 3 | 33.3 | 0 | 0.0 | 波动↓ |
| | 能源环境竞争力 | 7 | 2 | 28.6 | 4 | 57.1 | 1 | 14.3 | 持续↓ |
| | 小　计 | 56 | 16 | 28.6 | 29 | 51.8 | 11 | 19.6 | 持续↓ |
| 环境管理竞争力 | 环境治理竞争力 | 10 | 6 | 60.0 | 2 | 20.0 | 2 | 20.0 | 波动↑ |
| | 环境友好竞争力 | 6 | 2 | 33.3 | 2 | 33.3 | 2 | 33.3 | 持续↑ |
| | 小　计 | 16 | 8 | 50.0 | 4 | 25.0 | 4 | 25.0 | 波动↑ |
| 环境影响竞争力 | 环境安全竞争力 | 12 | 8 | 66.7 | 1 | 8.3 | 3 | 25.0 | 波动↓ |
| | 环境质量竞争力 | 9 | 3 | 33.3 | 2 | 22.2 | 4 | 44.4 | 波动→ |
| | 小　计 | 21 | 11 | 52.4 | 3 | 14.3 | 7 | 33.3 | 波动→ |
| 环境协调竞争力 | 人口与环境协调竞争力 | 9 | 3 | 33.3 | 2 | 22.2 | 4 | 44.4 | 持续↓ |
| | 经济与环境协调竞争力 | 10 | 6 | 60.0 | 0 | 0.0 | 4 | 40.0 | 波动↓ |
| | 小　计 | 19 | 9 | 47.4 | 2 | 10.5 | 8 | 42.1 | 波动↓ |
| 合　计 | | 130 | 51 | 39.2 | 43 | 33.1 | 36 | 27.7 | 波动↑ |

### 17.6.3　湖北省环境竞争力各级指标变化动因分析

2012 年湖北省环境竞争力各级指标的优劣势变化及其结构，如图 17 - 6 - 2 和表 17 - 6 - 4 所示。

从图 17 - 6 - 2 可以看出，2012 年湖北省环境竞争力的四级指标中强势和优势指标的比例小于劣势指标，中势指标居于主导地位。表 17 - 6 - 4 中的数据进一步说明，2012 年湖北省环境竞争力的 130 个四级指标中，强势指标有 6 个，占指标总数的 4.6%；优势指标为 20 个，占指标总数的 15.4%；中势指标有 72 个，占指标总数的 55.4%；劣势指标有 32 个，占指标总数的 24.6%；强势指标和优势指标之和占指标总数的 20%，数量与比重均小于劣势指标。从三级指标来看，四级指标中没有出现强势指标和优势指标之和占四级指标总数一半以上的指标。反映到二级指标上来，优势指标有 1 个，占二级指标总数的 20%；中势指标有 3 个，占二级指标总数的 60%；劣势指标有 1 个，占二级指标总数的 20%。这使得湖北省环境竞争力处于中势地位，在全国位居第 16 位，处于中游区。

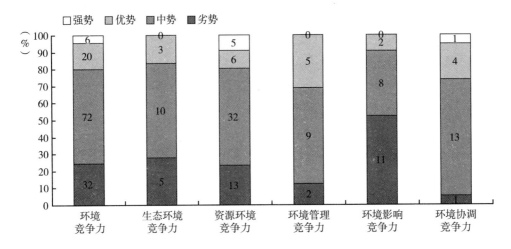

图 17 - 6 - 2  2012 年湖北省环境竞争力优劣度结构图

表 17 - 6 - 4  2012 年湖北省环境竞争力各级指标优劣度比较表

| 二级指标 | 三级指标 | 四级指标数 | 强势指标 | | 优势指标 | | 中势指标 | | 劣势指标 | | 优劣度 |
|---|---|---|---|---|---|---|---|---|---|---|---|
| | | | 个数 | 比重(%) | 个数 | 比重(%) | 个数 | 比重(%) | 个数 | 比重(%) | |
| 生态环境竞争力 | 生态建设竞争力 | 9 | 0 | 0.0 | 2 | 22.2 | 5 | 55.6 | 2 | 22.2 | 劣势 |
| | 生态效益竞争力 | 9 | 0 | 0.0 | 1 | 11.1 | 5 | 55.6 | 3 | 33.3 | 中势 |
| | 小　计 | 18 | 0 | 0.0 | 3 | 16.7 | 10 | 55.6 | 5 | 27.8 | 中势 |
| 资源环境竞争力 | 水环境竞争力 | 11 | 3 | 27.3 | 2 | 18.2 | 3 | 27.3 | 3 | 27.3 | 劣势 |
| | 土地环境竞争力 | 13 | 0 | 0.0 | 1 | 7.7 | 9 | 69.2 | 3 | 23.1 | 劣势 |
| | 大气环境竞争力 | 8 | 0 | 0.0 | 0 | 0.0 | 7 | 87.5 | 1 | 12.5 | 中势 |
| | 森林环境竞争力 | 8 | 0 | 0.0 | 0 | 0.0 | 8 | 100.0 | 0 | 0.0 | 中势 |
| | 矿产环境竞争力 | 9 | 2 | 22.2 | 2 | 22.2 | 2 | 22.2 | 3 | 33.3 | 优势 |
| | 能源环境竞争力 | 7 | 0 | 0.0 | 1 | 14.3 | 3 | 42.9 | 3 | 42.9 | 中势 |
| | 小　计 | 56 | 5 | 8.9 | 6 | 10.7 | 32 | 57.1 | 13 | 23.2 | 中势 |
| 环境管理竞争力 | 环境治理竞争力 | 10 | 0 | 0.0 | 5 | 50.0 | 4 | 40.0 | 1 | 10.0 | 优势 |
| | 环境友好竞争力 | 6 | 0 | 0.0 | 0 | 0.0 | 5 | 83.3 | 1 | 16.7 | 中势 |
| | 小　计 | 16 | 0 | 0.0 | 5 | 31.3 | 9 | 56.3 | 2 | 12.5 | 中势 |
| 环境影响竞争力 | 环境安全竞争力 | 12 | 0 | 0.0 | 1 | 8.3 | 4 | 33.3 | 7 | 58.3 | 劣势 |
| | 环境质量竞争力 | 9 | 0 | 0.0 | 1 | 11.1 | 4 | 44.4 | 4 | 44.4 | 劣势 |
| | 小　计 | 21 | 0 | 0.0 | 2 | 9.5 | 8 | 38.1 | 11 | 52.4 | 劣势 |
| 环境协调竞争力 | 人口与环境协调竞争力 | 9 | 0 | 0.0 | 1 | 11.1 | 7 | 77.8 | 1 | 11.1 | 中势 |
| | 经济与环境协调竞争力 | 10 | 1 | 10.0 | 3 | 30.0 | 6 | 60.0 | 0 | 0.0 | 优势 |
| | 小　计 | 19 | 1 | 5.3 | 4 | 21.1 | 13 | 68.4 | 1 | 5.3 | 优势 |
| 合　计 | | 130 | 6 | 4.6 | 20 | 15.4 | 72 | 55.4 | 32 | 24.6 | 中势 |

　　为了进一步明确影响湖北省环境竞争力变化的具体指标，也便于对相关指标进行深入分析，从而为提升湖北省环境竞争力提供决策参考，表 17 - 6 - 5 列出了环境竞争力指标体系中直接影响湖北省环境竞争力升降的强势指标、优势指标和劣势指标。

表 17 - 6 - 5　2012 年湖北省环境竞争力四级指标优劣度统计表

| 指标 | 强势指标 | 优势指标 | 劣势指标 |
|---|---|---|---|
| 生态环境竞争力（18 个） | （0 个） | 绿化覆盖面积、野生植物种源培育基地数、工业二氧化硫排放强度（3 个） | 国家级生态示范区个数、自然保护区面积占土地总面积比重、工业废水中氨氮排放强度、化肥施用强度、农药施用强度（5 个） |
| 资源环境竞争力（56 个） | 用水总量、用水消耗量、耗水率、主要非金属矿产基础储量、人均主要非金属矿产基础储量（5 个） | 供水总量、城市再生水利用率、单位耕地面积农业增加值、主要黑色金属矿产基础储量、人均主要黑色金属矿产基础储量、单位地区生产总值电耗（6 个） | 节灌率、工业废水排放总量、生活污水排放量、人均耕地面积、建设用地面积、当年新增种草面积、可吸入颗粒物（PM10）浓度、人均主要有色金属矿产基础储量、主要能源矿产基础储量、人均主要能源矿产基础储量、能源消费总量、能源生产弹性系数、能源消费弹性系数（13 个） |
| 环境管理竞争力（16 个） | （0 个） | 废水治理设施处理能力、矿山环境恢复治理投入资金、地质灾害防治投资额、水土流失治理面积、土地复垦面积占新增耕地面积的比重（5 个） | 本年矿山恢复面积、生活垃圾无害化处理率（2 个） |
| 环境影响竞争力（21 个） | （0 个） | 地质灾害防治投资额、人均工业烟（粉）尘排放量（2 个） | 自然灾害受灾面积、自然灾害直接经济损失、发生地质灾害起数、地质灾害直接经济损失、森林火灾次数、森林火灾火场总面积、受火灾森林面积、人均生活污水排放量、人均化学需氧量排放量、人均化肥施用量、人均农药施用量（11 个） |
| 环境协调竞争力（19 个） | 地区生产总值增长率与能源消费量增长率比差（1 个） | 人口密度与人均能源生产量比差、工业增加值增长率与工业废气排放量增长率比差、工业增加值增长率与工业固体废物排放量增长率比差、人均工业增加值与森林覆盖率比差（4 个） | 人口密度与人均耕地面积比差（1 个） |

# 18

# 湖南省环境竞争力评价分析报告

　　湖南省简称湘，位于长江中下游南岸，东与江西为邻，北和湖北为界，西连重庆、贵州，南接广东、广西，是我国东南部地区腹地。全省面积21万平方公里，2012年末总人口6639万人，人均GDP达到33480元，万元GDP能耗为0.89吨标准煤。"十二五"中期（2010~2012年），湖南省环境竞争力的综合排位呈现波动下降趋势，2012年排名第18位，比2010年下降了3位，在全国处于中势地位。

## 18.1　湖南省生态环境竞争力评价分析

### 18.1.1　湖南省生态环境竞争力评价结果

　　2010~2012年湖南省生态环境竞争力排位和排位变化情况及其下属2个三级指标和18个四级指标的评价结果，如表18-1-1所示；生态环境竞争力各级指标的优劣势情况，如表18-1-2所示。

表18-1-1　2010~2012年湖南省生态环境竞争力各级指标的得分、排名及优劣度分析表

| 指标项目 | 2012年 | | | 2011年 | | | 2010年 | | | 综合变化 | | |
|---|---|---|---|---|---|---|---|---|---|---|---|---|
| | 得分 | 排名 | 优劣度 | 得分 | 排名 | 优劣度 | 得分 | 排名 | 优劣度 | 得分变化 | 排名变化 | 趋势变化 |
| **生态环境竞争力** | 53.0 | 4 | 优势 | 48.7 | 11 | 中势 | 54.2 | 5 | 优势 | -1.2 | 1 | 波动↑ |
| （1）生态建设竞争力 | 35.2 | 3 | 强势 | 28.1 | 8 | 优势 | 37.4 | 2 | 强势 | -2.2 | -1 | 波动↓ |
| 　国家级生态示范区个数 | 51.6 | 6 | 优势 | 51.6 | 6 | 优势 | 51.6 | 6 | 优势 | 0.0 | 0 | 持续→ |
| 　公园面积 | 14.0 | 16 | 中势 | 11.2 | 17 | 中势 | 11.2 | 17 | 中势 | 2.9 | 1 | 持续↑ |
| 　园林绿地面积 | 16.1 | 19 | 中势 | 16.7 | 17 | 中势 | 16.7 | 17 | 中势 | -0.6 | -2 | 持续↓ |
| 　绿化覆盖面积 | 12.1 | 16 | 中势 | 11.7 | 16 | 中势 | 11.7 | 16 | 中势 | 0.5 | 0 | 持续→ |
| 　本年减少耕地面积 | 73.6 | 14 | 中势 | 73.6 | 14 | 中势 | 73.6 | 14 | 中势 | 0.0 | 0 | 持续→ |
| 　自然保护区个数 | 34.3 | 7 | 优势 | 32.7 | 8 | 优势 | 32.7 | 8 | 优势 | 1.6 | 1 | 持续↑ |
| 　自然保护区面积占土地总面积比重 | 14.2 | 19 | 中势 | 13.6 | 20 | 中势 | 13.6 | 20 | 中势 | 0.6 | 1 | 持续↑ |
| 　野生动物种源繁育基地数 | 42.8 | 5 | 优势 | 7.5 | 11 | 中势 | 7.5 | 11 | 中势 | 35.2 | 6 | 持续↑ |
| 　野生植物种源培育基地数 | 78.2 | 2 | 强势 | 40.4 | 3 | 强势 | 40.4 | 3 | 强势 | 37.8 | 1 | 持续↑ |
| （2）生态效益竞争力 | 79.7 | 18 | 中势 | 79.7 | 17 | 中势 | 79.4 | 20 | 中势 | 0.3 | 2 | 波动↑ |
| 　工业废气排放强度 | 92.2 | 7 | 优势 | 92.8 | 9 | 优势 | 92.8 | 9 | 优势 | -0.6 | 2 | 持续↑ |
| 　工业二氧化硫排放强度 | 88.8 | 13 | 中势 | 87.7 | 15 | 中势 | 87.7 | 15 | 中势 | 1.1 | 2 | 持续↑ |

续表

| 指标\项目 | 2012 年 | | | 2011 年 | | | 2010 年 | | | 综合变化 | | |
|---|---|---|---|---|---|---|---|---|---|---|---|---|
| | 得分 | 排名 | 优劣度 | 得分 | 排名 | 优劣度 | 得分 | 排名 | 优劣度 | 得分变化 | 排名变化 | 趋势变化 |
| 工业烟（粉）尘排放强度 | 88.4 | 13 | 中势 | 85.2 | 14 | 中势 | 85.2 | 14 | 中势 | 3.1 | 1 | 持续↑ |
| 工业废水排放强度 | 56.9 | 23 | 劣势 | 56.0 | 23 | 劣势 | 56.0 | 23 | 劣势 | 0.8 | 0 | 持续→ |
| 工业废水中化学需氧量排放强度 | 87.7 | 20 | 中势 | 86.1 | 21 | 劣势 | 86.1 | 21 | 劣势 | 1.7 | 1 | 持续↑ |
| 工业废水中氨氮排放强度 | 72.0 | 28 | 劣势 | 70.6 | 28 | 劣势 | 70.6 | 28 | 劣势 | 1.4 | 0 | 持续→ |
| 工业固体废物排放强度 | 99.4 | 15 | 中势 | 98.0 | 20 | 中势 | 98.0 | 20 | 中势 | 1.5 | 5 | 持续↑ |
| 化肥施用强度 | 57.2 | 18 | 中势 | 60.6 | 16 | 中势 | 60.6 | 16 | 中势 | -3.4 | -2 | 持续↓ |
| 农药施用强度 | 72.4 | 25 | 劣势 | 78.6 | 24 | 劣势 | 78.6 | 24 | 劣势 | -6.2 | -1 | 持续↓ |

表 18-1-2  2012 年湖南省生态环境竞争力各级指标的优劣度结构表

| 二级指标 | 三级指标 | 四级指标数 | 强势指标 | | 优势指标 | | 中势指标 | | 劣势指标 | | 优劣度 |
|---|---|---|---|---|---|---|---|---|---|---|---|
| | | | 个数 | 比重（%） | 个数 | 比重（%） | 个数 | 比重（%） | 个数 | 比重（%） | |
| 生态环境竞争力 | 生态建设竞争力 | 9 | 1 | 11.1 | 3 | 33.3 | 5 | 55.6 | 0 | 0.0 | 强势 |
| | 生态效益竞争力 | 9 | 0 | 0.0 | 1 | 11.1 | 5 | 55.6 | 3 | 33.3 | 中势 |
| | 小　计 | 18 | 1 | 5.6 | 4 | 22.2 | 10 | 55.6 | 3 | 16.7 | 优势 |

2010~2012 年湖南省生态环境竞争力的综合排位呈现波动上升趋势，2012 年排名第 4 位，比 2010 年上升了 1 位，在全国处于上游区。

从生态环境竞争力要素指标的变化趋势来看，有 1 个指标处于波动下降趋势，即生态建设竞争力；有 1 个指标处于波动上升趋势，为生态效益竞争力。

从生态环境竞争力基础指标的优劣度结构来看，在 18 个基础指标中，指标的优劣度结构为 5.6∶22.2∶55.6∶16.7。中势指标所占比重高于强势和优势指标所占比重，表明中势指标占主导地位。

### 18.1.2　湖南省生态环境竞争力比较分析

图 18-1-1 将 2010~2012 年湖南省生态环境竞争力与全国最高水平和平均水平进行比较。由图可知，评价期内湖南省生态环境竞争力得分普遍高于 48 分，说明湖南省生态环境竞争力处于较高水平。

从生态环境竞争力的整体得分比较来看，2010 年，湖南省生态环境竞争力得分与全国最高分相比有 11.5 分的差距，但与全国平均分相比，则高出 7.8 分；到了 2012 年，湖南省生态环境竞争力得分与全国最高分的差距扩大为 12.1 分，高于全国平均分 7.5 分。总的来看，2010~2012 年湖南省生态环境竞争力与最高分的差距略有扩大，表明生态建设和效益未能得到提升。

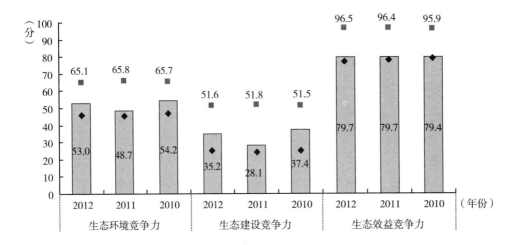

图 18-1-1 2010～2012 年湖南省生态环境竞争力指标得分比较

从生态环境竞争力的要素得分比较来看，2012 年，湖南省生态建设竞争力和生态效益竞争力的得分分别为 35.2 分和 79.7 分，分别比最高分低 16.5 分和 16.8 分，分别高于平均分 10.5 分和 3.1 分；与 2010 年相比，湖南省生态建设竞争力得分与最高分的差距扩大了 2.4 分，生态效益竞争力得分与最高分的差距扩大了 0.3 分。

### 18.1.3 湖南省生态环境竞争力变化动因分析

二级指标生态环境竞争力的变化是三级要素指标变化综合作用的结果，而三级要素指标变化又是四级基础指标变化作用的结果。三级和四级指标的变动情况如表 18-1-1 所示。

从要素指标来看，湖南省生态环境竞争力的 2 个要素指标中，生态建设竞争力的排名波动下降了 1 位，生态效益竞争力的排名上升了 2 位，受其他外部因素的综合影响，湖南省生态环境竞争力波动上升了 1 位。

从基础指标来看，湖南省生态环境竞争力的 18 个基础指标中，上升指标有 10 个，占指标总数的 55.6%，平均分布在生态建设竞争力和生态效益竞争力指标组；下降指标有 3 个，占指标总数的 16.7%，主要分布在生态效益竞争力指标组。由于上升指标的数量大于下降指标的数量，评价期内湖南省生态环境竞争力排名上升了 1 位。

## 18.2 湖南省资源环境竞争力评价分析

### 18.2.1 湖南省资源环境竞争力评价结果

2010～2012 年湖南省资源环境竞争力排位和排位变化情况及其下属 6 个三级指标和 56 个四级指标的评价结果，如表 18-2-1 所示；资源环境竞争力各级指标的优劣势情况，如表 18-2-2 所示。

表 18 - 2 - 1　2010～2012 年湖南省资源环境竞争力各级指标的得分、排名及优劣度分析表

| 指标 项目 目 | 2012 年 | | | 2011 年 | | | 2010 年 | | | 综合变化 | | |
|---|---|---|---|---|---|---|---|---|---|---|---|---|
| | 得分 | 排名 | 优劣度 | 得分 | 排名 | 优劣度 | 得分 | 排名 | 优劣度 | 得分变化 | 排名变化 | 趋势变化 |
| **资源环境竞争力** | 46.4 | 11 | 中势 | 46.5 | 12 | 中势 | 43.6 | 14 | 中势 | 2.8 | 3 | 持续↑ |
| （1）水环境竞争力 | 47.3 | 14 | 中势 | 44.3 | 20 | 中势 | 46.8 | 15 | 中势 | 0.6 | 1 | 波动↑ |
| 水资源总量 | 47.3 | 6 | 优势 | 25.4 | 6 | 优势 | 41.4 | 6 | 优势 | 5.9 | 0 | 持续→ |
| 人均水资源量 | 2.1 | 10 | 优势 | 1.1 | 12 | 中势 | 1.9 | 10 | 优势 | 0.2 | 0 | 波动→ |
| 降水量 | 53.2 | 7 | 优势 | 31.0 | 9 | 优势 | 47.6 | 7 | 优势 | 5.5 | 0 | 波动→ |
| 供水总量 | 53.9 | 5 | 优势 | 56.9 | 5 | 优势 | 57.7 | 4 | 优势 | -3.8 | -1 | 持续↓ |
| 用水总量 | 97.7 | 1 | 强势 | 97.6 | 1 | 强势 | 97.6 | 1 | 强势 | 0.1 | 0 | 持续→ |
| 用水消耗量 | 98.9 | 1 | 强势 | 98.7 | 1 | 强势 | 98.4 | 1 | 强势 | 0.5 | 0 | 持续→ |
| 耗水率 | 41.9 | 1 | 强势 | 41.9 | 1 | 强势 | 40:0 | 1 | 强势 | 1.9 | 0 | 持续→ |
| 节灌率 | 1.1 | 30 | 劣势 | 0.7 | 30 | 劣势 | 0.5 | 30 | 劣势 | 0.6 | 0 | 持续→ |
| 城市再生水利用率 | 0.4 | 27 | 劣势 | 0.8 | 25 | 劣势 | 0.1 | 22 | 劣势 | 0.3 | -5 | 持续↓ |
| 工业废水排放总量 | 58.9 | 23 | 劣势 | 60.6 | 22 | 劣势 | 63.9 | 24 | 劣势 | -5.0 | 1 | 波动↑ |
| 生活污水排放量 | 68.8 | 25 | 劣势 | 70.6 | 24 | 劣势 | 68.2 | 24 | 劣势 | 0.5 | -1 | 持续↓ |
| （2）土地环境竞争力 | 25.1 | 20 | 中势 | 25.2 | 20 | 中势 | 25.1 | 20 | 中势 | 0.0 | 0 | 持续→ |
| 土地总面积 | 12.4 | 10 | 优势 | 12.4 | 10 | 优势 | 12.4 | 10 | 优势 | 0.0 | 0 | 持续→ |
| 耕地面积 | 30.8 | 18 | 中势 | 30.8 | 18 | 中势 | 30.8 | 18 | 中势 | 0.0 | 0 | 持续→ |
| 人均耕地面积 | 16.2 | 24 | 劣势 | 16.3 | 24 | 劣势 | 16.3 | 24 | 劣势 | -0.1 | 0 | 持续→ |
| 牧草地面积 | 0.2 | 18 | 中势 | 0.2 | 18 | 中势 | 0.2 | 18 | 中势 | 0.0 | 0 | 持续→ |
| 人均牧草地面积 | 0.0 | 19 | 中势 | 0.0 | 19 | 中势 | 0.0 | 19 | 中势 | 0.0 | 0 | 持续→ |
| 园地面积 | 48.5 | 12 | 优势 | 48.5 | 12 | 优势 | 48.5 | 12 | 优势 | 0.0 | 0 | 持续→ |
| 人均园地面积 | 11.2 | 16 | 中势 | 11.2 | 16 | 中势 | 11.1 | 16 | 中势 | 0.1 | 0 | 持续→ |
| 土地资源利用效率 | 3.3 | 15 | 中势 | 3.1 | 15 | 中势 | 2.8 | 15 | 中势 | 0.5 | 0 | 持续→ |
| 建设用地面积 | 45.9 | 20 | 中势 | 45.9 | 20 | 中势 | 45.9 | 20 | 中势 | 0.0 | 0 | 持续→ |
| 单位建设用地非农产业增加值 | 11.9 | 13 | 中势 | 10.9 | 14 | 中势 | 10.0 | 15 | 中势 | 1.9 | 2 | 持续↑ |
| 单位耕地面积农业增加值 | 53.5 | 7 | 优势 | 54.9 | 7 | 优势 | 55.0 | 7 | 优势 | -1.5 | 0 | 持续→ |
| 沙化土地面积占土地总面积的比重 | 99.4 | 6 | 优势 | 99.4 | 6 | 优势 | 99.4 | 6 | 优势 | 0.0 | 0 | 持续→ |
| 当年新增种草面积 | 1.0 | 29 | 劣势 | 1.1 | 27 | 劣势 | 1.2 | 26 | 劣势 | -0.2 | -3 | 持续↓ |
| （3）大气环境竞争力 | 75.0 | 16 | 中势 | 75.8 | 15 | 中势 | 66.7 | 22 | 劣势 | 8.2 | 6 | 波动↑ |
| 工业废气排放总量 | 76.6 | 18 | 中势 | 78.4 | 17 | 中势 | 74.0 | 19 | 中势 | 2.7 | 1 | 波动↑ |
| 地均工业废气排放量 | 96.4 | 12 | 中势 | 96.3 | 13 | 中势 | 96.6 | 15 | 中势 | -0.2 | 3 | 持续↑ |
| 工业烟（粉）尘排放总量 | 71.8 | 18 | 中势 | 71.2 | 17 | 中势 | 21.1 | 27 | 劣势 | 50.6 | 9 | 波动↑ |
| 地均工业烟（粉）尘排放量 | 86.0 | 12 | 优势 | 84.0 | 14 | 中势 | 63.8 | 21 | 劣势 | 22.2 | 9 | 持续↑ |
| 工业二氧化硫排放总量 | 61.6 | 17 | 中势 | 61.0 | 17 | 中势 | 54.7 | 18 | 中势 | 6.9 | 1 | 持续↑ |
| 地均二氧化硫排放量 | 90.8 | 12 | 中势 | 90.9 | 12 | 中势 | 91.5 | 13 | 中势 | -0.7 | 1 | 持续↑ |
| 全省设区市优良天数比例 | 53.8 | 25 | 劣势 | 61.0 | 25 | 劣势 | 61.0 | 24 | 劣势 | -7.2 | -1 | 持续↓ |
| 可吸入颗粒物(PM10)浓度 | 64.2 | 17 | 中势 | 64.8 | 16 | 中势 | 69.2 | 16 | 中势 | -5.0 | -1 | 持续↓ |
| （4）森林环境竞争力 | 45.7 | 9 | 优势 | 46.0 | 9 | 优势 | 44.0 | 9 | 优势 | 1.8 | 0 | 持续→ |
| 林业用地面积 | 28.0 | 7 | 优势 | 28.0 | 7 | 优势 | 28.0 | 7 | 优势 | 0.0 | 0 | 持续→ |
| 森林面积 | 39.9 | 8 | 优势 | 39.9 | 8 | 优势 | 39.9 | 8 | 优势 | 0.0 | 0 | 持续→ |
| 森林覆盖率 | 68.9 | 8 | 优势 | 68.9 | 8 | 优势 | 68.9 | 8 | 优势 | 0.0 | 0 | 持续→ |

续表

| 指标项目 | 2012年 | | | 2011年 | | | 2010年 | | | 综合变化 | | |
|---|---|---|---|---|---|---|---|---|---|---|---|---|
| | 得分 | 排名 | 优劣度 | 得分 | 排名 | 优劣度 | 得分 | 排名 | 优劣度 | 得分变化 | 排名变化 | 趋势变化 |
| 人工林面积 | 89.9 | 3 | 强势 | 89.9 | 3 | 强势 | 89.9 | 3 | 强势 | 0.0 | 0 | 持续→ |
| 天然林比重 | 51.2 | 20 | 中势 | 51.2 | 20 | 中势 | 51.2 | 20 | 中势 | 0.0 | 0 | 持续→ |
| 造林总面积 | 51.6 | 3 | 强势 | 54.9 | 3 | 强势 | 32.1 | 12 | 中势 | 19.5 | 9 | 持续↑ |
| 森林蓄积量 | 15.5 | 10 | 优势 | 15.5 | 10 | 优势 | 15.5 | 10 | 优势 | 0.0 | 0 | 持续→ |
| 活立木总蓄积量 | 16.7 | 10 | 优势 | 16.7 | 10 | 优势 | 16.7 | 10 | 优势 | 0.0 | 0 | 持续→ |
| (5)矿产环境竞争力 | 10.6 | 28 | 劣势 | 14.0 | 17 | 中势 | 18.6 | 12 | 中势 | -8.0 | -16 | 持续↓ |
| 主要黑色金属矿产基础储量 | 2.7 | 17 | 中势 | 3.4 | 17 | 中势 | 2.9 | 15 | 中势 | -0.2 | -2 | 持续↓ |
| 人均主要黑色金属矿产基础储量 | 1.8 | 21 | 劣势 | 2.2 | 19 | 中势 | 2.0 | 19 | 中势 | -0.2 | -2 | 持续↓ |
| 主要有色金属矿产基础储量 | 3.2 | 23 | 劣势 | 5.0 | 19 | 中势 | 7.9 | 18 | 中势 | -4.6 | -5 | 持续↓ |
| 人均主要有色金属矿产基础储量 | 2.1 | 27 | 劣势 | 3.3 | 24 | 劣势 | 5.2 | 21 | 劣势 | -3.1 | -6 | 持续↓ |
| 主要非金属矿产基础储量 | 5.2 | 13 | 中势 | 19.7 | 6 | 优势 | 41.6 | 5 | 优势 | -36.4 | -8 | 持续↓ |
| 人均主要非金属矿产基础储量 | 3.3 | 13 | 中势 | 16.2 | 7 | 优势 | 31.4 | 5 | 优势 | -28.1 | -8 | 持续↓ |
| 主要能源矿产基础储量 | 0.7 | 20 | 中势 | 1.6 | 18 | 中势 | 2.2 | 17 | 中势 | -1.5 | -3 | 持续↓ |
| 人均主要能源矿产基础储量 | 0.4 | 24 | 劣势 | 0.9 | 20 | 中势 | 0.9 | 19 | 中势 | -0.5 | -5 | 持续↓ |
| 工业固体废物产生量 | 82.9 | 19 | 中势 | 81.7 | 19 | 中势 | 81.5 | 15 | 中势 | 1.0 | -4 | 持续↓ |
| (6)能源环境竞争力 | 70.7 | 15 | 中势 | 71.5 | 16 | 中势 | 58.2 | 19 | 中势 | 12.5 | 4 | 持续↑ |
| 能源生产总量 | 87.3 | 19 | 中势 | 88.0 | 19 | 中势 | 87.4 | 19 | 中势 | -0.2 | 0 | 波动→ |
| 能源消费总量 | 57.0 | 20 | 中势 | 56.6 | 20 | 中势 | 57.3 | 20 | 中势 | -0.3 | 0 | 波动→ |
| 单位地区生产总值能耗 | 61.8 | 16 | 中势 | 69.4 | 15 | 中势 | 58.5 | 16 | 中势 | 3.3 | 0 | 波动→ |
| 单位地区生产总值电耗 | 91.0 | 7 | 优势 | 88.7 | 8 | 优势 | 88.8 | 7 | 优势 | 2.2 | 0 | 波动→ |
| 单位工业增加值能耗 | 64.1 | 17 | 中势 | 72.2 | 13 | 中势 | 59.8 | 17 | 中势 | 4.2 | 0 | 波动→ |
| 能源生产弹性系数 | 49.4 | 24 | 劣势 | 60.6 | 23 | 劣势 | 39.1 | 29 | 劣势 | 10.4 | 5 | 波动↑ |
| 能源消费弹性系数 | 85.2 | 8 | 优势 | 65.1 | 13 | 中势 | 18.8 | 28 | 劣势 | 66.4 | 20 | 持续↑ |

表18-2-2　2012年湖南省资源环境竞争力各级指标的优劣度结构表

| 二级指标 | 三级指标 | 四级指标数 | 强势指标 | | 优势指标 | | 中势指标 | | 劣势指标 | | 优劣度 |
|---|---|---|---|---|---|---|---|---|---|---|---|
| | | | 个数 | 比重(%) | 个数 | 比重(%) | 个数 | 比重(%) | 个数 | 比重(%) | |
| 资源环境竞争力 | 水环境竞争力 | 11 | 3 | 27.3 | 4 | 36.4 | 0 | 0.0 | 4 | 36.4 | 中势 |
| | 土地环境竞争力 | 13 | 0 | 0.0 | 3 | 23.1 | 8 | 61.5 | 2 | 15.4 | 中势 |
| | 大气环境竞争力 | 8 | 0 | 0.0 | 0 | 0.0 | 7 | 87.5 | 1 | 12.5 | 中势 |
| | 森林环境竞争力 | 8 | 2 | 25.0 | 5 | 62.5 | 1 | 12.5 | 0 | 0.0 | 优势 |
| | 矿产环境竞争力 | 9 | 0 | 0.0 | 0 | 0.0 | 5 | 55.6 | 4 | 44.4 | 劣势 |
| | 能源环境竞争力 | 7 | 0 | 0.0 | 2 | 28.6 | 4 | 57.1 | 1 | 14.3 | 中势 |
| 小　计 | | 56 | 5 | 8.9 | 14 | 25.0 | 25 | 44.6 | 12 | 21.4 | 中势 |

2010~2012年湖南省资源环境竞争力的综合排位呈现持续上升趋势，2012年排名第11位，比2010年上升3位，在全国处于中游区。

从资源环境竞争力的要素指标变化趋势来看，有3个指标处于上升趋势，即水环境竞争力、大气环境竞争力和能源环境竞争力；有2个指标处于保持趋势，为土地环境竞争力和森林环境竞争力；有 1 个指标处于下降趋势，为矿产环境竞争力。

从资源环境竞争力的基础指标分布来看，在 56 个基础指标中，指标的优劣度结构为 8.9∶25.0∶44.6∶21.4。中势指标所占比重高于强势和优势指标所占比重，表明中势指标占主导地位。

### 18.2.2 湖南省资源环境竞争力比较分析

图 18 - 2 - 1 将 2010～2012 年湖南省资源环境竞争力与全国最高水平和平均水平进行比较。由图可知，评价期内湖南省资源环境竞争力得分普遍高于 43 分，且呈现波动上升趋势，说明湖南省资源环境竞争力保持较高水平。

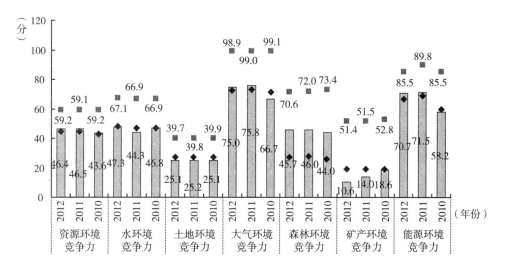

图 18 - 2 - 1　2010～2012 年湖南省资源环境竞争力指标得分比较

从资源环境竞争力的整体得分比较来看，2010 年，湖南省资源环境竞争力得分与全国最高分相比还有 15.6 分的差距，与全国平均分相比，则高出 0.6 分；到 2012 年，湖南省资源环境竞争力得分与全国最高分的差距缩小为 12.8 分，高于全国平均分 1.9 分。总的来看，2010～2012 年湖南省资源环境竞争力与最高分的差距呈缩小趋势，继续在全国处于中游地位。

从资源环境竞争力的要素得分比较来看，2012 年，湖南省水环境竞争力、土地环境竞争力、大气环境竞争力、森林环境竞争力、矿产环境竞争力和能源环境竞争力的得分分别为 47.3 分、25.1 分、75.0 分、45.7 分、10.6 分和 70.7 分，比最高分低 19.8 分、14.6 分、23.9 分、24.9 分、40.8 分和 14.8 分；与 2010 年相比，湖南省水环境竞争力、土地环境竞争力、大气环境竞争力、森林环境竞争力和能源环境竞争力的得分与最高分的差距都缩小了，但矿产环境竞争力的得分与最高分的差距扩大了。

### 18.2.3 湖南省资源环境竞争力变化动因分析

二级指标资源环境竞争力的变化是三级要素指标变化综合作用的结果，而三级要素指标变化又是四级基础指标变化作用的结果。三级和四级指标的变动情况如表 18 - 2 - 1 所示。

从要素指标来看，湖南省资源环境竞争力的 6 个要素指标中，水环境竞争力、大气环境竞争力和能源环境竞争力的排位出现了上升，而矿产环境竞争力的排位呈下降趋势，受指标排位升降的综合影响，湖南省资源环境竞争力呈上升趋势。

从基础指标来看，湖南省资源环境竞争力的 56 个基础指标中，上升指标有 11 个，占指标总数的 19.6%，主要分布在大气环境竞争力等指标组；下降指标有 15 个，占指标总数的 26.8%，主要分布在矿产环境竞争力等指标组。虽然排位下降的指标数量高于排位上升的指标数量，但上升幅度大于下降幅度，2012 年湖南省资源环境竞争力排名呈现上升趋势。

## 18.3 湖南省环境管理竞争力评价分析

### 18.3.1 湖南省环境管理竞争力评价结果

2010～2012 年湖南省环境管理竞争力排位和排位变化情况及其下属 2 个三级指标和 16 个四级指标的评价结果，如表 18 - 3 - 1 所示；环境管理竞争力各级指标的优劣势情况，如表 18 - 3 - 2 所示。

表 18 - 3 - 1　2010～2012 年湖南省环境管理竞争力各级指标的得分、排名及优劣度分析表

| 指　标　项　目 | 2012 年 | | | 2011 年 | | | 2010 年 | | | 综合变化 | | |
|---|---|---|---|---|---|---|---|---|---|---|---|---|
| | 得分 | 排名 | 优劣度 | 得分 | 排名 | 优劣度 | 得分 | 排名 | 优劣度 | 得分变化 | 排名变化 | 趋势变化 |
| **环境管理竞争力** | 42.5 | 22 | 劣势 | 43.2 | 19 | 中势 | 38.2 | 22 | 劣势 | 4.3 | 0 | 波动→ |
| （1）环境治理竞争力 | 20.6 | 18 | 中势 | 22.0 | 17 | 中势 | 21.2 | 19 | 中势 | -0.5 | 1 | 波动↑ |
| 环境污染治理投资总额 | 25.3 | 18 | 中势 | 16.9 | 23 | 劣势 | 7.5 | 22 | 劣势 | 17.8 | 4 | 波动↑ |
| 环境污染治理投资总额占地方生产总值比重 | 13.7 | 26 | 劣势 | 1.0 | 29 | 劣势 | 20.1 | 26 | 劣势 | -6.4 | 0 | 波动→ |
| 废气治理设施年运行费用 | 13.6 | 17 | 中势 | 20.2 | 16 | 中势 | 21.3 | 18 | 中势 | -7.8 | 1 | 波动↑ |
| 废水治理设施处理能力 | 30.0 | 9 | 优势 | 10.4 | 16 | 中势 | 43.6 | 8 | 优势 | -13.6 | -1 | 波动↓ |
| 废水治理设施年运行费用 | 18.4 | 14 | 中势 | 32.9 | 11 | 中势 | 23.5 | 16 | 中势 | -5.1 | 2 | 波动↓ |
| 矿山环境恢复治理投入资金 | 50.8 | 2 | 强势 | 93.8 | 3 | 强势 | 52.3 | 3 | 强势 | -1.5 | 1 | 持续↑ |
| 本年矿山恢复面积 | 3.9 | 26 | 劣势 | 1.7 | 16 | 中势 | 7.8 | 8 | 优势 | -3.9 | -18 | 持续↓ |
| 地质灾害防治投资额 | 18.8 | 12 | 中势 | 16.6 | 8 | 优势 | 8.1 | 6 | 优势 | 10.7 | -6 | 持续↓ |
| 水土流失治理面积 | 25.8 | 17 | 中势 | 25.9 | 16 | 中势 | 26.6 | 16 | 中势 | -0.8 | -1 | 持续↓ |
| 土地复垦面积占新增耕地面积的比重 | 3.3 | 25 | 劣势 | 3.3 | 25 | 劣势 | 3.3 | 25 | 劣势 | 0.0 | 0 | 持续→ |
| （2）环境友好竞争力 | 59.5 | 21 | 劣势 | 59.8 | 20 | 中势 | 51.5 | 23 | 劣势 | 8.0 | 2 | 波动↑ |
| 工业固体废物综合利用量 | 25.6 | 17 | 中势 | 30.1 | 14 | 中势 | 26.7 | 14 | 中势 | -1.1 | -3 | 持续↓ |
| 工业固体废物处置量 | 18.4 | 9 | 优势 | 16.5 | 8 | 优势 | 3.7 | 20 | 中势 | 14.6 | 11 | 波动↑ |
| 工业固体废物处置利用率 | 88.6 | 15 | 中势 | 91.1 | 13 | 中势 | 70.9 | 16 | 中势 | 17.7 | 1 | 波动↑ |
| 工业用水重复利用率 | 36.5 | 26 | 劣势 | 44.0 | 27 | 劣势 | 44.3 | 27 | 劣势 | -7.8 | 1 | 持续↑ |
| 城市污水处理率 | 90.6 | 18 | 中势 | 87.5 | 20 | 中势 | 80.3 | 21 | 劣势 | 10.3 | 3 | 持续↑ |
| 生活垃圾无害化处理率 | 95.1 | 10 | 优势 | 86.4 | 16 | 中势 | 79.0 | 18 | 中势 | 16.1 | 8 | 持续↑ |

表 18 – 3 – 2　2012 年湖南省环境管理竞争力各级指标的优劣度结构表

| 二级指标 | 三级指标 | 四级指标数 | 强势指标 | | 优势指标 | | 中势指标 | | 劣势指标 | | 优劣度 |
| --- | --- | --- | --- | --- | --- | --- | --- | --- | --- | --- | --- |
| | | | 个数 | 比重（%） | 个数 | 比重（%） | 个数 | 比重（%） | 个数 | 比重（%） | |
| 环境管理竞争力 | 环境治理竞争力 | 10 | 1 | 10.0 | 1 | 10.0 | 5 | 50.0 | 3 | 30.0 | 中势 |
| | 环境友好竞争力 | 6 | 0 | 0.0 | 2 | 33.3 | 3 | 50.0 | 1 | 16.7 | 劣势 |
| | 小　　计 | 16 | 1 | 6.3 | 3 | 18.8 | 8 | 50.0 | 4 | 25.0 | 劣势 |

2010～2012 年湖南省环境管理竞争力的综合排位呈现波动保持状态，2012 年排名第 22 位，与 2010 年相同，在全国处于下游区。

从环境管理竞争力的要素指标变化趋势来看，环境治理竞争力和环境友好竞争力都处于波动上升趋势。

从环境管理竞争力的基础指标分布来看，在 16 个基础指标中，指标的优劣度结构为 6.3：18.8：50.0：25.0。中势指标所占比重高于强势和优势指标所占比重，表明中势指标占主导地位。

### 18.3.2　湖南省环境管理竞争力比较分析

图 18 – 3 – 1 将 2010～2012 年湖南省环境管理竞争力与全国最高水平和平均水平进行比较。由图可知，评价期内湖南省环境管理竞争力得分普遍低于 44 分，虽然呈波动上升趋势，但湖南省环境管理竞争力仍保持较低水平。

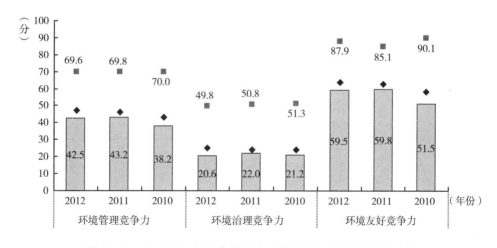

图 18 – 3 – 1　2010～2012 年湖南省环境管理竞争力指标得分比较

从环境管理竞争力的整体得分比较来看，2010 年，湖南省环境管理竞争力得分与全国最高分相比还有 31.8 分的差距，与全国平均分相比，也低了 5.2 分；到 2012 年，湖南省环境管理竞争力得分与全国最高分的差距缩小为 27.1 分，低于全国平均分 4.5 分。总的来看，2010～2012 年湖南省环境管理竞争力与最高分的差距呈缩小趋势，继续处于全国下游水平。

从环境管理竞争力的要素得分比较来看，2012 年，湖南省环境治理竞争力和环境友好竞争力的得分分别为 20.6 和 59.5 分，分别低于全国最高分 29.2 分和 28.4 分，分别低于平均分 4.6 分和 4.5 分；与 2010 年相比，湖南省环境治理竞争力得分与最高分的差距缩小了 0.9 分，环境友好竞争力得分与最高分的差距缩小了 10.3 分。

### 18.3.3 湖南省环境管理竞争力变化动因分析

二级指标环境管理竞争力的变化是三级要素指标变化综合作用的结果，而三级要素指标变化又是四级基础指标变化作用的结果。三级和四级指标的变动情况如表 18 - 3 - 1 所示。

从要素指标来看，湖南省环境管理竞争力的 2 个要素指标中，环境治理竞争力和环境友好竞争力排名分别波动上升了 1 位和 2 位。受多种因素的综合影响，湖南省环境管理竞争力呈波动保持状态。

从基础指标来看，湖南省环境管理竞争力的 16 个基础指标中，上升指标有 9 个，占指标总数的 56.3%，主要分布在环境友好竞争力指标组；下降指标有 5 个，占指标总数的 31.3%，主要分布在环境治理竞争力指标组。排位上升的指标数量大于排位下降的指标数量，但在其他外部因素的综合影响下，2012 年湖南省环境管理竞争力排名呈现波动保持状态。

## 18.4 湖南省环境影响竞争力评价分析

### 18.4.1 湖南省环境影响竞争力评价结果

2010~2012 年湖南省环境影响竞争力排位和排位变化情况及其下属 2 个三级指标和 21 个四级指标的评价结果，如表 18 - 4 - 1 所示；环境影响竞争力各级指标的优劣势情况，如表 18 - 4 - 2 所示。

表 18 - 4 - 1　2010~2012 年湖南省环境影响竞争力各级指标的得分、排名及优劣度分析表

| 指标项目 | 2012 年 | | | 2011 年 | | | 2010 年 | | | 综合变化 | | |
|---|---|---|---|---|---|---|---|---|---|---|---|---|
| | 得分 | 排名 | 优劣度 | 得分 | 排名 | 优劣度 | 得分 | 排名 | 优劣度 | 得分变化 | 排名变化 | 趋势变化 |
| **环境影响竞争力** | 61.1 | 28 | 劣势 | 58.4 | 29 | 劣势 | 66.4 | 27 | 劣势 | -5.3 | -1 | 波动↓ |
| (1) 环境安全竞争力 | 42.6 | 31 | 劣势 | 33.5 | 31 | 劣势 | 51.7 | 30 | 劣势 | -9.1 | -1 | 持续↓ |
| 自然灾害受灾面积 | 49.5 | 24 | 劣势 | 8.0 | 29 | 劣势 | 22.8 | 29 | 劣势 | 26.7 | 5 | 持续↑ |
| 自然灾害绝收面积占受灾面积比重 | 79.7 | 10 | 优势 | 46.7 | 26 | 劣势 | 73.8 | 18 | 中势 | 5.9 | 8 | 波动↑ |
| 自然灾害直接经济损失 | 63.4 | 23 | 劣势 | 26.0 | 30 | 劣势 | 47.7 | 26 | 劣势 | 15.7 | 3 | 波动↑ |
| 发生地质灾害起数 | 0.0 | 31 | 劣势 | 0.0 | 31 | 劣势 | 42.7 | 30 | 劣势 | -42.7 | -1 | 持续↓ |
| 地质灾害直接经济损失 | 82.3 | 28 | 劣势 | 87.2 | 28 | 劣势 | 48.1 | 27 | 劣势 | 34.2 | -1 | 持续↓ |
| 地质灾害防治投资额 | 19.2 | 12 | 中势 | 16.6 | 9 | 优势 | 8.1 | 6 | 优势 | 11.1 | -6 | 持续↓ |
| 突发环境事件次数 | 98.4 | 9 | 优势 | 95.4 | 18 | 中势 | 99.4 | 7 | 优势 | -0.9 | -2 | 波动↓ |

续表

| 指项<br>标目 | 2012 年 | | | 2011 年 | | | 2010 年 | | | 综合变化 | | |
|---|---|---|---|---|---|---|---|---|---|---|---|---|
| | 得分 | 排名 | 优劣度 | 得分 | 排名 | 优劣度 | 得分 | 排名 | 优劣度 | 得分变化 | 排名变化 | 趋势变化 |
| 森林火灾次数 | 0.0 | 31 | 劣势 | 0.0 | 31 | 劣势 | 58.7 | 30 | 劣势 | -58.7 | -1 | 持续↓ |
| 森林火灾火场总面积 | 0.0 | 31 | 劣势 | 8.6 | 30 | 劣势 | 72.3 | 26 | 劣势 | -72.3 | -5 | 持续↓ |
| 受火灾森林面积 | 0.0 | 31 | 劣势 | 0.0 | 31 | 劣势 | 58.4 | 28 | 劣势 | -58.4 | -3 | 持续↓ |
| 森林病虫鼠害发生面积 | 82.6 | 14 | 中势 | 96.6 | 21 | 劣势 | 65.9 | 20 | 中势 | 16.7 | 6 | 波动↑ |
| 森林病虫鼠害防治率 | 41.9 | 27 | 劣势 | 41.7 | 23 | 劣势 | 43.9 | 24 | 劣势 | -2.1 | -3 | 波动↓ |
| （2）环境质量竞争力 | 74.4 | 7 | 优势 | 76.3 | 5 | 优势 | 77.0 | 12 | 中势 | -2.6 | 5 | 波动↑ |
| 人均工业废气排放量 | 85.6 | 4 | 优势 | 85.9 | 4 | 优势 | 91.5 | 4 | 优势 | -5.9 | 0 | 持续→ |
| 人均二氧化硫排放量 | 88.6 | 9 | 优势 | 90.8 | 10 | 优势 | 80.3 | 2 | 优势 | 8.3 | 1 | 波动→ |
| 人均工业烟（粉）尘排放量 | 84.8 | 7 | 优势 | 86.1 | 9 | 优势 | 70.7 | 23 | 劣势 | 14.1 | 14 | 持续↑ |
| 人均工业废水排放量 | 56.3 | 16 | 中势 | 57.9 | 15 | 中势 | 67.7 | 14 | 中势 | -11.4 | -2 | 持续↓ |
| 人均生活污水排放量 | 70.8 | 19 | 中势 | 76.9 | 17 | 中势 | 80.4 | 17 | 优势 | -9.6 | -2 | 持续↓ |
| 人均化学需氧量排放量 | 63.3 | 20 | 中势 | 64.3 | 22 | 劣势 | 81.9 | 13 | 优势 | -18.6 | -7 | 波动↓ |
| 人均工业固体废物排放量 | 99.4 | 16 | 中势 | 96.5 | 14 | 中势 | 94.6 | 21 | 劣势 | 4.7 | 5 | 持续↑ |
| 人均化肥施用量 | 59.7 | 16 | 中势 | 59.4 | 16 | 中势 | 56.8 | 16 | 中势 | 2.9 | 0 | 持续→ |
| 人均农药施用量 | 61.1 | 24 | 劣势 | 68.3 | 25 | 劣势 | 68.1 | 26 | 劣势 | -7.0 | 2 | 持续↑ |

表 18 - 4 - 2  2012 年湖南省环境影响竞争力各级指标的优劣度结构表

| 二级指标 | 三级指标 | 四级指标数 | 强势指标 | | 优势指标 | | 中势指标 | | 劣势指标 | | 优劣度 |
|---|---|---|---|---|---|---|---|---|---|---|---|
| | | | 个数 | 比重（%） | 个数 | 比重（%） | 个数 | 比重（%） | 个数 | 比重（%） | |
| 环境影响竞争力 | 环境安全竞争力 | 12 | 0 | 0.0 | 2 | 16.7 | 2 | 16.7 | 8 | 66.7 | 劣势 |
| | 环境质量竞争力 | 9 | 0 | 0.0 | 3 | 33.3 | 5 | 55.6 | 1 | 11.1 | 优势 |
| | 小　计 | 21 | 0 | 0.0 | 5 | 23.8 | 7 | 33.3 | 9 | 42.9 | 劣势 |

2010～2012 年湖南省环境影响竞争力的综合排位呈现波动下降趋势，2012 年排名第 28 位，比 2010 年下降 1 位，在全国处于下游区。

从环境影响竞争力的要素指标变化趋势来看，有 1 个指标处于波动上升趋势，即环境质量竞争力；有 1 个指标处于持续下降趋势，为环境安全竞争力。

从环境影响竞争力的基础指标分布来看，在 21 个基础指标中，指标的优劣度结构为 0∶23.8∶33.3∶42.9。强势和优势指标所占比重低于劣势指标的比重，表明劣势指标占主导地位。

## 18.4.2　湖南省环境影响竞争力比较分析

图 18 - 4 - 1 将 2010～2012 年湖南省环境影响竞争力与全国最高水平和平均水平进行比较。由图可知，评价期内湖南省环境影响竞争力得分普遍低于 67 分，且呈波动下降趋势，说明湖南省环境影响竞争力保持较低水平。

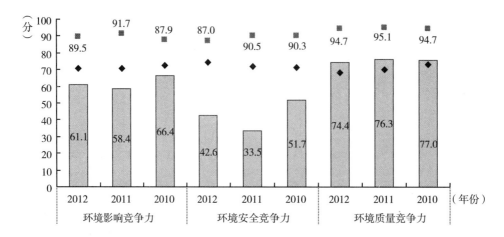

图 18 - 4 - 1  2010~2012 年湖南省环境影响竞争力指标得分比较

从环境影响竞争力的整体得分比较来看，2010 年，湖南省环境影响竞争力得分与全国最高分相比还有 21.5 分的差距，与全国平均分相比，也低了 6 分；到 2012 年，湖南省环境影响竞争力得分与全国最高分相差 28.4 分，低于全国平均分 9.5 分。总的来看，2010~2012 年湖南省环境影响竞争力与最高分的差距呈扩大趋势。

从环境影响竞争力的要素得分比较来看，2012 年，湖南省环境安全竞争力和环境质量竞争力的得分分别为 42.6 分和 74.4 分，比最高分低 44.4 分和 20.3 分，前者低于平均分 31.6 分，后者高于平均分 6.3 分；与 2010 年相比，湖南省环境安全竞争力得分与最高分的差距扩大了 5.8 分，环境质量竞争力得分与最高分的差距扩大了 2.6 分。

### 18.4.3  湖南省环境影响竞争力变化动因分析

二级指标环境影响竞争力的变化是三级要素指标变化综合作用的结果，而三级要素指标变化又是四级基础指标变化作用的结果。三级和四级指标的变动情况如表 18 - 4 - 1 所示。

从要素指标来看，湖南省环境影响竞争力的 2 个要素指标中，环境安全竞争力的排名下降了 1 位，环境质量竞争力的排名波动上升了 5 位，受指标排位升降的综合影响，湖南省环境影响竞争力排名呈波动下降趋势，其中环境安全竞争力是环境影响竞争力下降的主要因素。

从基础指标来看，湖南省环境影响竞争力的 21 个基础指标中，上升指标有 7 个，占指标总数的 33.3%，主要分布在环境安全竞争力指标组；下降指标有 11 个，占指标总数的 52.4%，主要分布在环境安全竞争力指标组。排位上升的指标数量小于排位下降的指标数量，使得 2012 年湖南省环境影响竞争力排名呈现波动下降趋势。

## 18.5  湖南省环境协调竞争力评价分析

### 18.5.1  湖南省环境协调竞争力评价结果

2010~2012 年湖南省环境协调竞争力排位和排位变化情况及其下属 2 个三级指标和 19

个四级指标的评价结果，如表18-5-1所示；环境协调竞争力各级指标的优劣势情况，如表18-5-2所示。

表18-5-1 2010～2012年湖南省环境协调竞争力各级指标的得分、排名及优劣度分析表

| 指标项目 | 2012年 | | | 2011年 | | | 2010年 | | | 综合变化 | | |
|---|---|---|---|---|---|---|---|---|---|---|---|---|
| | 得分 | 排名 | 优劣度 | 得分 | 排名 | 优劣度 | 得分 | 排名 | 优劣度 | 得分变化 | 排名变化 | 趋势变化 |
| **环境协调竞争力** | 59.8 | 20 | 中势 | 60.2 | 14 | 中势 | 63.1 | 8 | 优势 | -3.3 | -12 | 持续↓ |
| （1）人口与环境协调竞争力 | 50.2 | 20 | 中势 | 50.0 | 20 | 中势 | 57.5 | 4 | 优势 | -7.4 | -16 | 持续↓ |
| 人口自然增长率与工业废气排放量增长率比差 | 60.2 | 16 | 中势 | 39.7 | 26 | 劣势 | 54.6 | 19 | 中势 | 5.7 | 3 | 波动↑ |
| 人口自然增长率与工业废水排放量增长率比差 | 93.1 | 10 | 优势 | 89.1 | 9 | 优势 | 83.6 | 10 | 优势 | 9.5 | 0 | 波动→ |
| 人口自然增长率与工业固体废物排放量增长率比差 | 41.8 | 22 | 劣势 | 36.9 | 23 | 劣势 | 82.8 | 11 | 中势 | -40.9 | -11 | 波动↓ |
| 人口自然增长率与能源消费量增长率比差 | 49.7 | 25 | 劣势 | 69.5 | 24 | 中势 | 91.1 | 11 | 中势 | -41.4 | -14 | 持续↓ |
| 人口密度与人均水资源量比差 | 8.7 | 16 | 中势 | 8.0 | 15 | 中势 | 9.0 | 15 | 中势 | -0.4 | -1 | 持续↓ |
| 人口密度与人均耕地面积比差 | 8.8 | 27 | 劣势 | 8.9 | 27 | 劣势 | 8.9 | 27 | 劣势 | -0.1 | 0 | 持续→ |
| 人口密度与森林覆盖率比差 | 77.9 | 9 | 优势 | 77.9 | 9 | 优势 | 78.0 | 9 | 优势 | -0.1 | 0 | 持续→ |
| 人口密度与人均矿产基础储量比差 | 8.4 | 25 | 劣势 | 9.0 | 25 | 劣势 | 9.3 | 20 | 中势 | -0.9 | -5 | 持续↓ |
| 人口密度与人均能源生产量比差 | 98.6 | 3 | 强势 | 97.9 | 3 | 强势 | 97.9 | 4 | 优势 | 0.7 | 1 | 持续↑ |
| （2）经济与环境协调竞争力 | 66.1 | 18 | 中势 | 66.9 | 15 | 中势 | 66.7 | 14 | 中势 | -0.7 | -4 | 持续↓ |
| 工业增加值增长率与工业废气排放量增长率比差 | 76.4 | 18 | 中势 | 92.2 | 5 | 优势 | 99.1 | 2 | 强势 | -22.7 | -16 | 持续↓ |
| 工业增加值增长率与工业废水排放量增长率比差 | 48.4 | 25 | 劣势 | 25.0 | 23 | 劣势 | 61.7 | 17 | 中势 | -13.4 | -8 | 持续↓ |
| 工业增加值增长率与工业固体废物排放量增长率比差 | 88.3 | 9 | 优势 | 83.8 | 4 | 优势 | 64.5 | 14 | 中势 | 23.8 | 5 | 波动↑ |
| 地区生产总值增长率与能源消费量增长率比差 | 75.0 | 11 | 中势 | 90.9 | 9 | 优势 | 72.2 | 23 | 劣势 | 2.9 | 12 | 波动↑ |
| 人均工业增加值与人均水资源量比差 | 79.9 | 10 | 优势 | 79.2 | 11 | 中势 | 81.8 | 11 | 中势 | -1.9 | 1 | 持续↑ |
| 人均工业增加值与人均耕地面积比差 | 89.4 | 9 | 优势 | 90.1 | 8 | 优势 | 92.0 | 7 | 优势 | -2.6 | -2 | 持续↓ |
| 人均工业增加值与人均工业废气排放量比差 | 41.3 | 27 | 劣势 | 40.8 | 27 | 劣势 | 34.9 | 24 | 劣势 | 6.3 | -3 | 持续↓ |
| 人均工业增加值与森林覆盖率比差 | 56.7 | 22 | 劣势 | 56.1 | 23 | 劣势 | 54.6 | 23 | 劣势 | 2.1 | 1 | 持续↑ |
| 人均工业增加值与人均矿产基础储量比差 | 73.9 | 16 | 中势 | 75.2 | 16 | 中势 | 76.5 | 13 | 中势 | -2.6 | -3 | 持续↓ |
| 人均工业增加值与人均能源生产量比差 | 36.4 | 23 | 劣势 | 36.5 | 23 | 劣势 | 36.0 | 24 | 劣势 | 0.4 | 1 | 持续↑ |

表18-5-2 2012年湖南省环境协调竞争力各级指标的优劣度结构表

| 二级指标 | 三级指标 | 四级指标数 | 强势指标 | | 优势指标 | | 中势指标 | | 劣势指标 | | 优劣度 |
|---|---|---|---|---|---|---|---|---|---|---|---|
| | | | 个数 | 比重（%） | 个数 | 比重（%） | 个数 | 比重（%） | 个数 | 比重（%） | |
| 环境协调竞争力 | 人口与环境协调竞争力 | 9 | 1 | 11.1 | 2 | 22.2 | 2 | 22.2 | 4 | 44.4 | 中势 |
| | 经济与环境协调竞争力 | 10 | 0 | 0.0 | 3 | 30.0 | 3 | 30.0 | 4 | 40.0 | 中势 |
| | 小计 | 19 | 1 | 5.3 | 5 | 26.3 | 5 | 26.3 | 8 | 42.1 | 中势 |

　　2010～2012年湖南省环境协调竞争力的综合排位呈现持续下降趋势，2012年排名第20位，比2010年下降了12位，在全国处于中游区。

　　从环境协调竞争力的要素指标变化趋势来看，人口与环境协调竞争力和经济与环境协调

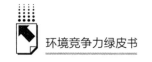

竞争力都处于持续下降趋势。

从环境协调竞争力的基础指标分布来看，在 19 个基础指标中，指标的优劣度结构为 5.3∶26.3∶26.3∶42.1。强势和优势指标所占比重低于劣势指标的比重，表明劣势指标占主导地位。

### 18.5.2 湖南省环境协调竞争力比较分析

图 18 - 5 - 1 将 2010 ~ 2012 年湖南省环境协调竞争力与全国最高水平和平均水平进行比较。由图可知，评价期内湖南省环境协调竞争力得分普遍低于 64 分，且呈持续下降趋势，说明湖南省环境协调竞争力处于较低水平。

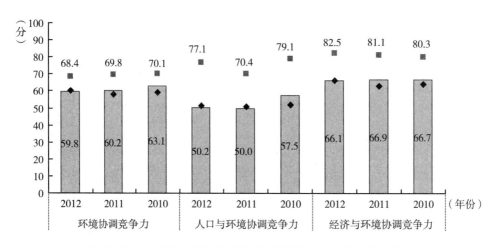

**图 18 - 5 - 1　2010 ~ 2012 年湖南省环境协调竞争力指标得分比较**

从环境协调竞争力的整体得分比较来看，2010 年，湖南省环境协调竞争力得分与全国最高分相比还有 7.0 分的差距，但与全国平均分相比，则高出 3.8 分；到 2012 年，湖南省环境协调竞争力得分与全国最高分的差距拉大为 8.6 分，低于全国平均分 0.6 分。总的来看，2010 ~ 2012 年湖南省环境协调竞争力与最高分的差距呈扩大趋势，处于全国中下游地位。

从环境协调竞争力的要素得分比较来看，2012 年，湖南省人口与环境协调竞争力和经济与环境协调竞争力的得分分别为 50.2 分和 66.1 分，比最高分低 26.9 分和 16.4 分，分别低于平均分 1.0 分和 0.3 分；与 2010 年相比，湖南省人口与环境协调竞争力得分与最高分的差距扩大了 5.3 分，经济与环境协调竞争力得分与最高分的差距扩大了 2.9 分。

### 18.5.3 湖南省环境协调竞争力变化动因分析

二级指标环境协调竞争力的变化是三级要素指标变化综合作用的结果，而三级要素指标变化又是四级基础指标变化作用的结果。三级和四级指标的变动情况如表 18 - 5 - 1 所示。

从要素指标来看，湖南省环境协调竞争力的 2 个要素指标中，人口与环境协调竞争力和经济与环境协调竞争力的排名分别下降了 16 位和 4 位，受指标排位下降的影响，湖南省环境协调竞争力下降了 12 位。

从基础指标来看，湖南省环境协调竞争力的 19 个基础指标中，上升指标有 7 个，占指标总数的 36.8%，主要分布在经济与环境协调竞争力指标组；下降指标有 9 个，占指标总数的 47.4%，也主要分布在经济与环境协调竞争力指标组。排位下降的指标数量多于排位上升的指标数量，2012 年湖南省环境协调竞争力排名下降了 12 位。

## 18.6 湖南省环境竞争力总体评述

从对湖南省环境竞争力及其 5 个二级指标在全国的排位变化和指标结构的综合分析来看，"十二五"中期（2010~2012 年）环境竞争力中上升指标的数量与下降指标的数量相同，但由于下降的拉力大于上升的动力，2012 年湖南省环境竞争力的排位下降了 3 位，在全国居第 18 位。

### 18.6.1 湖南省环境竞争力概要分析

湖南省环境竞争力在全国所处的位置及变化如表 18 - 6 - 1 所示，5 个二级指标的得分和排位变化如表 18 - 6 - 2 所示。

表 18 - 6 - 1 2010~2012 年湖南省环境竞争力一级指标比较表

| 项目　　　年份 | 2012 | 2011 | 2010 |
| --- | --- | --- | --- |
| 排名 | 18 | 21 | 15 |
| 所属区位 | 中游 | 下游 | 中游 |
| 得分 | 51.2 | 49.9 | 51.1 |
| 全国最高分 | 58.2 | 59.5 | 60.1 |
| 全国平均分 | 51.3 | 50.8 | 50.4 |
| 与最高分的差距 | - 7.0 | - 9.6 | - 9.0 |
| 与平均分的差距 | - 0.1 | - 0.9 | 0.7 |
| 优劣度 | 中势 | 劣势 | 中势 |
| 波动趋势 | 上升 | 下降 | — |

表 18 - 6 - 2 2010~2012 年湖南省环境竞争力二级指标比较表

| 项目　年份 | 生态环境竞争力 | | 资源环境竞争力 | | 环境管理竞争力 | | 环境影响竞争力 | | 环境协调竞争力 | | 环境竞争力 | |
| --- | --- | --- | --- | --- | --- | --- | --- | --- | --- | --- | --- | --- |
| | 得分 | 排名 | 得分 | 排名 | 得分 | 排名 | 得分 | 排名 | 得分 | 排名 | 得分 | 排名 |
| 2010 | 54.2 | 5 | 43.6 | 14 | 38.2 | 22 | 66.4 | 27 | 63.1 | 8 | 51.1 | 15 |
| 2011 | 48.7 | 11 | 46.5 | 12 | 43.2 | 19 | 58.4 | 29 | 60.2 | 14 | 49.9 | 21 |
| 2012 | 53.0 | 4 | 46.4 | 11 | 42.5 | 22 | 61.1 | 28 | 59.8 | 20 | 51.2 | 18 |
| 得分变化 | - 1.2 | — | 2.8 | — | 4.3 | — | - 5.3 | — | - 3.3 | — | 0.1 | — |
| 排位变化 | — | 1 | — | 3 | — | 0 | — | - 1 | — | - 12 | — | - 3 |
| 优劣度 | 优势 | 优势 | 中势 | 中势 | 劣势 | 劣势 | 劣势 | 劣势 | 中势 | 中势 | 中势 | 中势 |

（1）从指标排位变化趋势看，2012 年湖南省环境竞争力综合排名在全国处于第 18 位，表明其在全国处于中势地位；与 2010 年相比，排位下降了 3 位。总的来看，评价期内湖南省环境竞争力呈波动下降趋势。

在 5 个二级指标中，有 2 个指标处于上升趋势，为生态环境竞争力和资源环境竞争力，这些是湖南省环境竞争力的上升动力所在；有 2 个指标处于下降趋势，为环境影响竞争力和环境协调竞争力，其余 1 个指标排位呈波动保持状态。在指标排位升降的综合影响下，评价期内湖南省环境竞争力的综合排位下降了 3 位，在全国排名第 18 位。

（2）从指标所处区位看，2012 年湖南省环境竞争力处于中游区，其中，生态环境竞争力为优势指标，资源环境竞争力和环境协调竞争力为中势指标，环境管理竞争力和环境影响竞争力为劣势指标。

（3）从指标得分看，2012 年湖南省环境竞争力得分为 51.2 分，比全国最高分低 7 分，比全国平均分低 0.1 分；与 2010 年相比，湖南省环境竞争力得分上升了 0.1 分，与当年最高分的差距缩小了，但与全国平均分的差距扩大了。

2012 年，湖南省环境竞争力二级指标的得分均高于 42 分，与 2010 年相比，得分上升最多的为环境管理竞争力，上升了 4.3 分；得分下降最多的为环境影响竞争力，下降了 5.3 分。

### 18.6.2 湖南省环境竞争力各级指标动态变化分析

2010~2012 年湖南省环境竞争力各级指标的动态变化及其结构，如图 18-6-1 和表 18-6-3 所示。

从图 18-6-1 可以看出，湖南省环境竞争力的四级指标中上升指标的比例略大于下降指标。表 18-6-3 中的数据进一步说明，湖南省环境竞争力的 130 个四级指标中，上升的指标有 44 个，占指标总数的 33.8%；保持不变的指标有 43 个，占指标总数的 33.1%；下降的指标为 43 个，占指标总数的 33.1%。上升指标的数量与下降指标的数量相当，在其他外部因素的综合影响下，评价期内湖南省环境竞争力排位下降了 3 位，在全国居第 18 位。

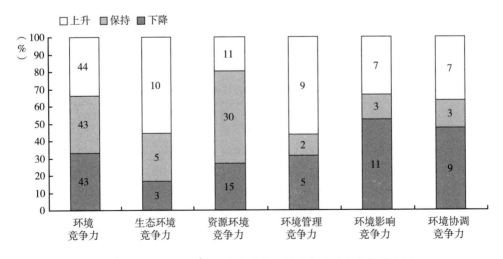

图 18-6-1　2010~2012 年湖南省环境竞争力动态变化结构图

表18-6-3　2010~2012年湖南省环境竞争力各级指标排位变化态势比较表

| 二级指标 | 三级指标 | 四级指标数 | 上升指标 | | 保持指标 | | 下降指标 | | 变化趋势 |
|---|---|---|---|---|---|---|---|---|---|
| | | | 个数 | 比重（％） | 个数 | 比重（％） | 个数 | 比重（％） | |
| 生态环境竞争力 | 生态建设竞争力 | 9 | 5 | 55.6 | 3 | 33.3 | 1 | 11.1 | 波动↓ |
| | 生态效益竞争力 | 9 | 5 | 55.6 | 2 | 22.2 | 2 | 22.2 | 波动↑ |
| | 小　计 | 18 | 10 | 55.6 | 5 | 27.8 | 3 | 16.7 | 波动↑ |
| 资源环境竞争力 | 水环境竞争力 | 11 | 1 | 9.1 | 7 | 63.6 | 3 | 27.3 | 波动↑ |
| | 土地环境竞争力 | 13 | 1 | 7.7 | 11 | 84.6 | 1 | 7.7 | 持续→ |
| | 大气环境竞争力 | 8 | 6 | 75.0 | 0 | 0.0 | 2 | 25.0 | 波动↑ |
| | 森林环境竞争力 | 8 | 1 | 12.5 | 7 | 87.5 | 0 | 0.0 | 持续→ |
| | 矿产环境竞争力 | 9 | 0 | 0.0 | 0 | 0.0 | 9 | 100.0 | 持续↓ |
| | 能源环境竞争力 | 7 | 2 | 28.6 | 5 | 71.4 | 0 | 0.0 | 持续↑ |
| | 小　计 | 56 | 11 | 19.6 | 30 | 53.6 | 15 | 26.8 | 持续↑ |
| 环境管理竞争力 | 环境治理竞争力 | 10 | 4 | 40.0 | 2 | 20.0 | 4 | 40.0 | 波动↑ |
| | 环境友好竞争力 | 6 | 5 | 83.3 | 0 | 0.0 | 1 | 16.7 | 波动↑ |
| | 小　计 | 16 | 9 | 56.3 | 2 | 12.5 | 5 | 31.3 | 波动→ |
| 环境影响竞争力 | 环境安全竞争力 | 12 | 4 | 33.3 | 0 | 0.0 | 8 | 66.7 | 持续↓ |
| | 环境质量竞争力 | 9 | 3 | 33.3 | 3 | 33.3 | 3 | 33.3 | 波动↑ |
| | 小　计 | 21 | 7 | 33.3 | 3 | 14.3 | 11 | 52.4 | 波动↓ |
| 环境协调竞争力 | 人口与环境协调竞争力 | 9 | 2 | 22.2 | 3 | 33.3 | 4 | 44.4 | 持续↓ |
| | 经济与环境协调竞争力 | 10 | 5 | 50.0 | 0 | 0.0 | 5 | 50.0 | 持续↓ |
| | 小　计 | 19 | 7 | 36.8 | 3 | 15.8 | 9 | 47.4 | 持续↓ |
| 合　计 | | 130 | 44 | 33.8 | 43 | 33.1 | 43 | 33.1 | 波动↓ |

### 18.6.3　湖南省环境竞争力各级指标变化动因分析

2012年湖南省环境竞争力各级指标的优劣势变化及其结构，如图18-6-2和表18-6-4所示。

从图18-6-2可以看出，2012年湖南省环境竞争力的四级指标中强势和优势指标的比例与劣势指标大致相当。表18-6-4中的数据进一步说明，2012年湖南省环境竞争力的130个四级指标中，强势指标有8个，占指标总数的6.2％；优势指标为31个，占指标总数的23.8％；中势指标有55个，占指标总数的42.3％；劣势指标有36个，占指标总数的27.7％；强势指标和优势指标之和占指标总数的30％，数量与比重略大于劣势指标。从三级指标来看，四级指标中强势指标和优势指标之和占四级指标总数一半以上的有水环境竞争力和森林环境竞争力，共计2个指标，占三级指标总数的14.3％。反映到二级指标上来，优势指标有1个，占二级指标总数的20％；中势指标有2个，占二级指标总数的40％；劣势指标有2个，占二级指标总数的40％。这使得湖南省环境竞争力处于中势地位，在全国位居第18位，处于中游区。

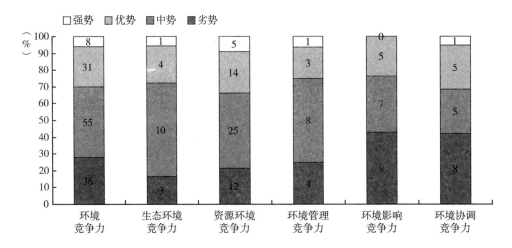

图 18 – 6 – 2　2012 年湖南省环境竞争力优劣度结构图

表 18 – 6 – 4　2012 年湖南省环境竞争力各级指标优劣度比较表

| 二级指标 | 三级指标 | 四级指标数 | 强势指标 | | 优势指标 | | 中势指标 | | 劣势指标 | | 优劣度 |
|---|---|---|---|---|---|---|---|---|---|---|---|
| | | | 个数 | 比重（%） | 个数 | 比重（%） | 个数 | 比重（%） | 个数 | 比重（%） | |
| 生态环境竞争力 | 生态建设竞争力 | 9 | 1 | 11.1 | 3 | 33.3 | 5 | 55.6 | 0 | 0.0 | 强势 |
| | 生态效益竞争力 | 9 | 0 | 0.0 | 1 | 11.1 | 5 | 55.6 | 3 | 33.3 | 中势 |
| | 小　计 | 18 | 1 | 5.6 | 4 | 22.2 | 10 | 55.6 | 3 | 16.7 | 优势 |
| 资源环境竞争力 | 水环境竞争力 | 11 | 3 | 27.3 | 4 | 36.4 | 0 | 0.0 | 4 | 36.4 | 中势 |
| | 土地环境竞争力 | 13 | 0 | 0.0 | 3 | 23.1 | 8 | 61.5 | 2 | 15.4 | 中势 |
| | 大气环境竞争力 | 8 | 0 | 0.0 | 0 | 0.0 | 7 | 87.5 | 1 | 12.5 | 中势 |
| | 森林环境竞争力 | 8 | 2 | 25.0 | 5 | 62.5 | 1 | 12.5 | 0 | 0.0 | 优势 |
| | 矿产环境竞争力 | 9 | 0 | 0.0 | 0 | 0.0 | 5 | 55.6 | 4 | 44.4 | 劣势 |
| | 能源环境竞争力 | 7 | 0 | 0.0 | 2 | 28.6 | 4 | 57.1 | 1 | 14.3 | 中势 |
| | 小　计 | 56 | 5 | 8.9 | 14 | 25.0 | 25 | 44.6 | 12 | 21.4 | 中势 |
| 环境管理竞争力 | 环境治理竞争力 | 10 | 1 | 10.0 | 1 | 10.0 | 5 | 50.0 | 3 | 30.0 | 中势 |
| | 环境友好竞争力 | 6 | 0 | 0.0 | 2 | 33.3 | 3 | 50.0 | 1 | 16.7 | 劣势 |
| | 小　计 | 16 | 1 | 6.3 | 3 | 18.8 | 8 | 50.0 | 4 | 25.0 | 劣势 |
| 环境影响竞争力 | 环境安全竞争力 | 12 | 0 | 0.0 | 2 | 16.7 | 2 | 16.7 | 8 | 66.7 | 劣势 |
| | 环境质量竞争力 | 9 | 0 | 0.0 | 3 | 33.3 | 5 | 55.6 | 1 | 11.1 | 优势 |
| | 小　计 | 21 | 0 | 0.0 | 5 | 23.8 | 7 | 33.3 | 9 | 42.9 | 劣势 |
| 环境协调竞争力 | 人口与环境协调竞争力 | 9 | 1 | 11.1 | 2 | 22.2 | 2 | 22.2 | 4 | 44.4 | 中势 |
| | 经济与环境协调竞争力 | 10 | 0 | 0.0 | 3 | 30.0 | 3 | 30.0 | 4 | 40.0 | 中势 |
| | 小　计 | 19 | 1 | 5.3 | 5 | 26.3 | 5 | 26.3 | 8 | 42.1 | 中势 |
| 合　计 | | 130 | 8 | 6.2 | 31 | 23.8 | 55 | 42.3 | 36 | 27.7 | 中势 |

　　为了进一步明确影响湖南省环境竞争力变化的具体指标，也便于对相关指标进行深入分析，从而为提升湖南省环境竞争力提供决策参考，表 18 – 6 – 5 列出了环境竞争力指标体系中直接影响湖南省环境竞争力升降的强势指标、优势指标和劣势指标。

**表 18 - 6 - 5　2012 年湖南省环境竞争力四级指标优劣度统计表**

| 指标 | 强势指标 | 优势指标 | 劣势指标 |
|---|---|---|---|
| 生态环境竞争力（18 个） | 野生植物种源培育基地数（1 个） | 国家级生态示范区个数、自然保护区个数、野生动物种源繁育基地数、工业废气排放强度（4 个） | 工业废水排放强度、工业废水中氨氮排放强度、农药施用强度（3 个） |
| 资源环境竞争力（56 个） | 用水总量、用水消耗量、耗水率、人工林面积、造林总面积（5 个） | 水资源总量、人均水资源量、降水量、供水总量、土地总面积、单位耕地面积农业增加值、沙化土地面积占土地总面积的比重、林业用地面积、森林面积、森林覆盖率、森林蓄积量、活立木总蓄积量、单位地区生产总值电耗、能源消费弹性系数（14 个） | 节灌率、城市再生水利用率、工业废水排放总量、生活污水排放量、人均耕地面积、当年新增种草面积、全省设区市优良天数比例、人均主要黑色金属矿产基础储量、主要有色金属矿产基础储量、人均主要有色金属矿产基础储量、人均主要能源矿产基础储量、能源生产弹性系数（12 个） |
| 环境管理竞争力（16 个） | 矿山环境恢复治理投入资金（1 个） | 废水治理设施处理能力、工业固体废物处置量、生活垃圾无害化处理率（3 个） | 环境污染治理投资总额占地方生产总值比重、本年矿山恢复面积、土地复垦面积占新增耕地面积的比重、工业用水重复利用率（4 个） |
| 环境影响竞争力（21 个） | （0 个） | 自然灾害绝收面积占受灾面积比重、突发环境事件次数、人均工业废气排放量、人均二氧化硫排放量、人均工业烟（粉）尘排放量（5 个） | 自然灾害受灾面积、自然灾害直接经济损失、发生地质灾害起数、地质灾害直接经济损失、森林火灾次数、森林火灾火场总面积、受火灾森林面积、森林病虫鼠害防治率、人均农药施用量（9 个） |
| 环境协调竞争力（19 个） | 人口密度与人均能源生产量比差（1 个） | 人口自然增长率与工业废水排放量增长率比差、人口密度与森林覆盖率比差、工业增加值增长率与工业固体废物排放量增长率比差、人均工业增加值与人均水资源量比差、人均工业增加值与人均耕地面积比差（5 个） | 人口自然增长率与工业固体废物排放量增长率比差、人口自然增长率与能源消费量增长率比差、人口密度与人均耕地面积比差、人口密度与人均矿产基础储量比差、工业增加值增长率与工业废水排放量增长率比差、人均工业增加值与人均工业废气排放量比差、人均工业增加值与森林覆盖率比差、人均工业增加值与人均能源生产量比差（8 个） |

# 广东省环境竞争力评价分析报告

广东省简称粤，位于中国内地的最南部，北接湖南省、江西省，东连福建省，西邻广西壮族自治区，南隔琼州海峡与海南省相望。全省土地总面积 17.8 万平方公里，2012 年末总人口 10594 万人，人均 GDP 达到 54095 元，万元 GDP 能耗为 0.55 吨标准煤。"十二五"中期（2010~2012 年），广东省环境竞争力的综合排位略有下降，2012 年排名第 2 位，比 2010 年下降了 1 位，但在全国仍处于强势地位。

## 19.1 广东省生态环境竞争力评价分析

### 19.1.1 广东省生态环境竞争力评价结果

2010~2012 年广东省生态环境竞争力排位和排位变化情况及其下属 2 个三级指标和 18 个四级指标的评价结果，如表 19-1-1 所示；生态环境竞争力各级指标的优劣势情况，如表 19-1-2 所示。

表 19-1-1　2010~2012 年广东省生态环境竞争力各级指标的得分、排名及优劣度分析表

| 指标项目 | 2012 年 | | | 2011 年 | | | 2010 年 | | | 综合变化 | | |
|---|---|---|---|---|---|---|---|---|---|---|---|---|
| | 得分 | 排名 | 优劣度 | 得分 | 排名 | 优劣度 | 得分 | 排名 | 优劣度 | 得分变化 | 排名变化 | 趋势变化 |
| **生态环境竞争力** | 65.1 | 1 | 强势 | 65.8 | 1 | 强势 | 65.7 | 1 | 强势 | -0.6 | 0 | 持续→ |
| （1）生态建设竞争力 | 51.6 | 1 | 强势 | 51.8 | 1 | 强势 | 51.5 | 1 | 强势 | 0.2 | 0 | 持续→ |
| 国家级生态示范区个数 | 9.4 | 23 | 劣势 | 9.4 | 23 | 劣势 | 9.4 | 23 | 劣势 | 0.0 | 0 | 持续→ |
| 公园面积 | 100.0 | 1 | 强势 | 100.0 | 1 | 强势 | 100.0 | 1 | 强势 | 0.0 | 0 | 持续→ |
| 园林绿地面积 | 100.0 | 1 | 强势 | 100.0 | 1 | 强势 | 100.0 | 1 | 强势 | 0.0 | 0 | 持续→ |
| 绿化覆盖面积 | 100.0 | 1 | 强势 | 100.0 | 1 | 强势 | 100.0 | 1 | 强势 | 0.0 | 0 | 持续→ |
| 本年减少耕地面积 | 0.1 | 30 | 劣势 | 0.1 | 30 | 劣势 | 0.1 | 30 | 劣势 | 0.0 | 0 | 持续→ |
| 自然保护区个数 | 100.0 | 1 | 强势 | 100.0 | 1 | 强势 | 100.0 | 1 | 强势 | 0.0 | 0 | 持续→ |
| 自然保护区面积占土地总面积比重 | 16.0 | 18 | 中势 | 16.0 | 18 | 中势 | 16.0 | 18 | 中势 | 0.0 | 0 | 持续→ |
| 野生动物种源繁育基地数 | 1.7 | 23 | 劣势 | 1.8 | 18 | 中势 | 1.8 | 18 | 中势 | -0.1 | -5 | 持续↓ |
| 野生植物种源培育基地数 | 2.5 | 12 | 中势 | 3.8 | 8 | 优势 | 3.8 | 8 | 优势 | -1.4 | -4 | 持续↓ |
| （2）生态效益竞争力 | 85.2 | 9 | 优势 | 86.9 | 7 | 优势 | 87.1 | 6 | 优势 | -1.8 | -3 | 持续↓ |
| 工业废气排放强度 | 99.4 | 2 | 强势 | 100.0 | 1 | 强势 | 100.0 | 1 | 强势 | -0.6 | -1 | 持续↓ |
| 工业二氧化硫排放强度 | 97.2 | 4 | 优势 | 97.2 | 4 | 优势 | 97.2 | 4 | 优势 | 0.0 | 0 | 持续→ |

续表

| 指标\项目 | 2012 年 | | | 2011 年 | | | 2010 年 | | | 综合变化 | | |
|---|---|---|---|---|---|---|---|---|---|---|---|---|
| | 得分 | 排名 | 优劣度 | 得分 | 排名 | 优劣度 | 得分 | 排名 | 优劣度 | 得分变化 | 排名变化 | 趋势变化 |
| 工业烟(粉)尘排放强度 | 99.3 | 4 | 优势 | 99.4 | 3 | 强势 | 99.4 | 3 | 强势 | -0.1 | -1 | 持续↓ |
| 工业废水排放强度 | 75.7 | 9 | 优势 | 78.8 | 8 | 优势 | 78.8 | 8 | 优势 | -3.1 | -1 | 持续↓ |
| 工业废水中化学需氧量排放强度 | 93.8 | 6 | 优势 | 94.4 | 5 | 优势 | 94.4 | 5 | 优势 | -0.6 | -1 | 持续↓ |
| 工业废水中氨氮排放强度 | 95.1 | 6 | 优势 | 95.6 | 6 | 优势 | 95.6 | 6 | 优势 | -0.5 | 0 | 持续→ |
| 工业固体废物排放强度 | 99.0 | 19 | 中势 | 99.8 | 12 | 中势 | 99.8 | 12 | 中势 | -0.7 | -7 | 持续↓ |
| 化肥施用强度 | 33.9 | 25 | 劣势 | 36.9 | 25 | 劣势 | 36.9 | 25 | 劣势 | -3.0 | 0 | 持续→ |
| 农药施用强度 | 62.1 | 30 | 劣势 | 69.3 | 30 | 劣势 | 69.3 | 30 | 劣势 | -7.1 | 0 | 持续→ |

**表 19 - 1 - 2　2012 年广东省生态环境竞争力各级指标的优劣度结构表**

| 二级指标 | 三级指标 | 四级指标数 | 强势指标 | | 优势指标 | | 中势指标 | | 劣势指标 | | 优劣度 |
|---|---|---|---|---|---|---|---|---|---|---|---|
| | | | 个数 | 比重(%) | 个数 | 比重(%) | 个数 | 比重(%) | 个数 | 比重(%) | |
| 生态环境竞争力 | 生态建设竞争力 | 9 | 4 | 44.4 | 0 | 0.0 | 2 | 22.2 | 3 | 33.3 | 强势 |
| | 生态效益竞争力 | 9 | 1 | 11.1 | 5 | 55.6 | 1 | 11.1 | 2 | 22.2 | 优势 |
| | 小　计 | 18 | 5 | 27.8 | 5 | 27.8 | 3 | 16.7 | 5 | 27.8 | 强势 |

2010～2012 年广东省生态环境竞争力的综合排位呈现持续保持状态，2012 年排名第 1 位，与 2010 年相同，在全国处于上游区。

从生态环境竞争力要素指标的变化趋势来看，有 1 个指标呈持续保持状态，即生态建设竞争力；有 1 个指标处于持续下降趋势，为生态效益竞争力。

从生态环境竞争力基础指标的优劣度结构来看，在 18 个基础指标中，指标的优劣度结构为 27.8:27.8:16.7:27.8。强势和优势指标所占比重大于劣势指标的比重，表明强势和优势指标占主导地位。

### 19.1.2　广东省生态环境竞争力比较分析

图 19 - 1 - 1 将 2010～2012 年广东省生态环境竞争力与全国最高水平和平均水平进行比较。由图可知，评价期内广东省生态环境竞争力得分普遍高于 65 分，说明广东省生态环境竞争力处于较高水平。

从生态环境竞争力的整体得分比较来看，2010 年，广东省生态环境竞争力得分位列全国最高分，为 65.7 分，较全国平均分高出 19.3 分；到了 2012 年，广东省生态环境竞争力得分为 65.1 分，继续保持全国第一，高于全国平均分 19.6 分。总的来看，2010～2012 年广东省生态环境竞争力始终保持领先状态，表明生态建设和效益良好。

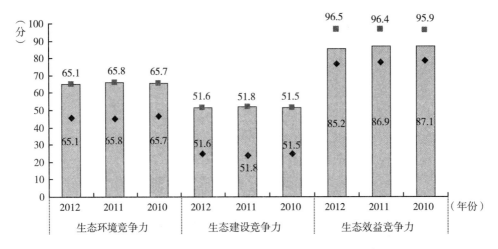

图 19 - 1 - 1　2010～2012 年广东省生态环境竞争力指标得分比较

从生态环境竞争力的要素得分比较来看，2012 年，广东省生态建设竞争力和生态效益竞争力的得分分别为 51.6 分和 85.2 分，生态建设竞争力为全国最高分，生态效益竞争力低于全国最高分 11.2 分，分别高于平均分 27.0 分和 8.6 分；与 2010 年相比，广东省生态建设竞争力得分仍然为全国最高分，而生态效益竞争力得分与最高分的差距扩大了 2.3 分。

### 19.1.3　广东省生态环境竞争力变化动因分析

二级指标生态环境竞争力的变化是三级要素指标变化综合作用的结果，而三级要素指标变化又是四级基础指标变化作用的结果。三级和四级指标的变动情况如表 19 - 1 - 1 所示。

从要素指标来看，广东省生态环境竞争力的 2 个要素指标中，生态建设竞争力的排名始终保持全国第一，生态效益竞争力的排名下降了 3 位。但由于生态建设竞争力排名始终保持强势地位，广东省生态环境竞争力保持不变，居全国第一。

从基础指标来看，广东省生态环境竞争力的 18 个基础指标中，保持指标有 11 个，占指标总数的 61.1%，主要分布在生态建设竞争力指标组；下降指标有 7 个，占指标总数的 38.9%，主要分布在生态效益竞争力指标组。虽然有部分指标出现了下降，但由于排位保持不变的指标占大多数，评价期内广东省生态环境竞争力排名保持不变。

## 19.2　广东省资源环境竞争力评价分析

### 19.2.1　广东省资源环境竞争力评价结果

2010～2012 年广东省资源环境竞争力排位和排位变化情况及其下属 6 个三级指标和 56 个四级指标的评价结果，如表 19 - 2 - 1 所示；资源环境竞争力各级指标的优劣势情况，如表 19 - 2 - 2 所示。

表 19 － 2 － 1　2010 ～ 2012 年广东省资源环境竞争力各级指标的得分、排名及优劣度分析表

| 指标 项目 | 2012 年 | | | 2011 年 | | | 2010 年 | | | 综合变化 | | |
|---|---|---|---|---|---|---|---|---|---|---|---|---|
| | 得分 | 排名 | 优劣度 | 得分 | 排名 | 优劣度 | 得分 | 排名 | 优劣度 | 得分变化 | 排名变化 | 趋势变化 |
| **资源环境竞争力** | 46.2 | 13 | 中势 | 46.7 | 10 | 优势 | 44.0 | 12 | 中势 | 2.2 | -1 | 波动↓ |
| （1）水环境竞争力 | 38.9 | 31 | 劣势 | 37.6 | 31 | 劣势 | 39.2 | 31 | 劣势 | -0.3 | 0 | 持续→ |
| 水资源总量 | 48.2 | 5 | 优势 | 33.3 | 4 | 优势 | 43.4 | 4 | 优势 | 4.8 | -1 | 持续↓ |
| 人均水资源量 | 1.3 | 15 | 中势 | 0.9 | 16 | 中势 | 1.2 | 16 | 中势 | 0.1 | 1 | 持续↑ |
| 降水量 | 52.1 | 8 | 优势 | 36.2 | 7 | 优势 | 46.9 | 8 | 优势 | 5.2 | 0 | 波动→ |
| 供水总量 | 75.5 | 3 | 强势 | 82.7 | 3 | 强势 | 84.5 | 3 | 强势 | -9.0 | 0 | 持续→ |
| 用水总量 | 97.7 | 1 | 强势 | 97.6 | 1 | 强势 | 97.6 | 1 | 强势 | 0.1 | 0 | 持续→ |
| 用水消耗量 | 98.9 | 1 | 强势 | 98.7 | 1 | 强势 | 98.4 | 1 | 强势 | 0.5 | 0 | 持续→ |
| 耗水率 | 41.9 | 1 | 强势 | 41.9 | 1 | 强势 | 40.0 | 1 | 强势 | 1.9 | 0 | 持续→ |
| 节灌率 | 0.0 | 31 | 劣势 | 0.0 | 31 | 劣势 | 0.0 | 31 | 劣势 | 0.0 | 0 | 持续→ |
| 城市再生水利用率 | 1.2 | 24 | 劣势 | 1.3 | 23 | 劣势 | 0.5 | 18 | 中势 | 0.7 | -6 | 持续↓ |
| 工业废水排放总量 | 21.2 | 30 | 劣势 | 27.5 | 28 | 劣势 | 29.2 | 29 | 劣势 | -8.0 | -1 | 波动↓ |
| 生活污水排放量 | 0.0 | 31 | 劣势 | 0.0 | 31 | 劣势 | 0.0 | 31 | 劣势 | 0.0 | 0 | 持续→ |
| （2）土地环境竞争力 | 30.2 | 7 | 优势 | 30.5 | 7 | 优势 | 30.6 | 7 | 优势 | -0.3 | 0 | 持续→ |
| 土地总面积 | 10.5 | 15 | 中势 | 10.5 | 15 | 中势 | 10.5 | 15 | 中势 | 0.0 | 0 | 持续→ |
| 耕地面积 | 20.0 | 21 | 劣势 | 20.0 | 21 | 劣势 | 20.0 | 21 | 劣势 | 0.0 | 0 | 持续→ |
| 人均耕地面积 | 5.1 | 29 | 劣势 | 5.2 | 29 | 劣势 | 5.2 | 29 | 劣势 | -0.1 | 0 | 持续→ |
| 牧草地面积 | 0.0 | 22 | 劣势 | 0.0 | 22 | 劣势 | 0.0 | 22 | 劣势 | 0.0 | 0 | 持续→ |
| 人均牧草地面积 | 0.0 | 23 | 劣势 | 0.0 | 23 | 劣势 | 0.0 | 23 | 劣势 | 0.0 | 0 | 持续→ |
| 园地面积 | 100.0 | 1 | 强势 | 100.0 | 1 | 强势 | 100.0 | 1 | 强势 | 0.0 | 0 | 持续→ |
| 人均园地面积 | 14.8 | 11 | 中势 | 14.8 | 11 | 中势 | 14.7 | 11 | 中势 | 0.1 | 0 | 持续→ |
| 土地资源利用效率 | 10.0 | 7 | 优势 | 9.8 | 6 | 优势 | 9.4 | 6 | 优势 | 0.5 | -1 | 持续↓ |
| 建设用地面积 | 29.5 | 27 | 劣势 | 29.5 | 27 | 劣势 | 29.5 | 27 | 劣势 | 0.0 | 0 | 持续→ |
| 单位建设用地非农产业增加值 | 34.2 | 5 | 优势 | 33.7 | 5 | 优势 | 32.8 | 5 | 优势 | 1.3 | 0 | 持续→ |
| 单位耕地面积农业增加值 | 82.0 | 2 | 强势 | 85.1 | 2 | 强势 | 86.7 | 2 | 强势 | -4.8 | 0 | 持续→ |
| 沙化土地面积占土地总面积的比重 | 98.8 | 9 | 优势 | 98.8 | 9 | 优势 | 98.8 | 9 | 优势 | 0.0 | 0 | 持续→ |
| 当年新增种草面积 | 1.2 | 27 | 劣势 | 1.0 | 28 | 劣势 | 1.0 | 28 | 劣势 | 0.2 | 1 | 持续↑ |
| （3）大气环境竞争力 | 80.3 | 11 | 中势 | 80.2 | 11 | 中势 | 73.0 | 15 | 中势 | 7.3 | 4 | 持续↑ |
| 工业废气排放总量 | 60.1 | 22 | 劣势 | 59.3 | 25 | 劣势 | 57.2 | 25 | 劣势 | 2.8 | 3 | 持续↑ |
| 地均工业废气排放量 | 92.9 | 20 | 中势 | 91.9 | 20 | 中势 | 93.4 | 20 | 中势 | -0.6 | 0 | 持续→ |
| 工业烟（粉）尘排放总量 | 74.7 | 14 | 中势 | 78.7 | 13 | 中势 | 55.3 | 18 | 中势 | 19.4 | 4 | 波动↑ |
| 地均工业烟（粉）尘排放量 | 85.2 | 14 | 中势 | 86.0 | 12 | 中势 | 75.8 | 15 | 中势 | 9.4 | 1 | 波动↑ |
| 工业二氧化硫排放总量 | 50.1 | 22 | 劣势 | 49.3 | 21 | 劣势 | 28.5 | 25 | 劣势 | 21.6 | 3 | 波动↑ |
| 地均二氧化硫排放量 | 85.9 | 19 | 中势 | 86.1 | 19 | 中势 | 84.2 | 22 | 劣势 | 1.7 | 3 | 持续↑ |
| 全省设区市优良天数比例 | 94.7 | 6 | 优势 | 95.5 | 5 | 优势 | 92.9 | 4 | 优势 | 1.8 | -2 | 持续↓ |
| 可吸入颗粒物（PM10）浓度 | 97.5 | 2 | 强势 | 93.4 | 4 | 优势 | 94.2 | 3 | 强势 | 3.3 | 1 | 波动↑ |
| （4）森林环境竞争力 | 41.9 | 10 | 优势 | 42.2 | 10 | 优势 | 41.9 | 10 | 优势 | 0.0 | 0 | 持续→ |
| 林业用地面积 | 24.3 | 9 | 优势 | 24.3 | 9 | 优势 | 24.3 | 9 | 优势 | 0.0 | 0 | 持续→ |
| 森林面积 | 36.8 | 9 | 优势 | 36.8 | 9 | 优势 | 36.8 | 9 | 优势 | 0.0 | 0 | 持续→ |
| 森林覆盖率 | 75.4 | 6 | 优势 | 75.4 | 6 | 优势 | 75.4 | 6 | 优势 | 0.0 | 0 | 持续→ |

| 指标项目 | 2012年 | | | 2011年 | | | 2010年 | | | 综合变化 | | |
|---|---|---|---|---|---|---|---|---|---|---|---|---|
| | 得分 | 排名 | 优劣度 | 得分 | 排名 | 优劣度 | 得分 | 排名 | 优劣度 | 得分变化 | 排名变化 | 趋势变化 |
| 人工林面积 | 97.6 | 2 | 强势 | 97.6 | 2 | 强势 | 97.6 | 2 | 强势 | 0.0 | 0 | 持续→ |
| 天然林比重 | 42.5 | 23 | 劣势 | 42.5 | 23 | 劣势 | 42.5 | 23 | 劣势 | 0.0 | 0 | 持续→ |
| 造林总面积 | 13.6 | 20 | 中势 | 17.1 | 20 | 中势 | 14.2 | 20 | 中势 | -0.6 | 0 | 持续→ |
| 森林蓄积量 | 13.4 | 12 | 中势 | 13.4 | 12 | 中势 | 13.4 | 12 | 中势 | 0.0 | 0 | 持续→ |
| 活立木总蓄积量 | 14.1 | 13 | 中势 | 14.0 | 13 | 中势 | 14.0 | 13 | 中势 | 0.1 | 0 | 持续→ |
| (5)矿产环境竞争力 | 12.3 | 22 | 劣势 | 12.2 | 23 | 劣势 | 19.5 | 11 | 中势 | -7.2 | -11 | 波动↓ |
| 主要黑色金属矿产基础储量 | 2.0 | 21 | 劣势 | 2.2 | 19 | 中势 | 2.1 | 19 | 中势 | -0.2 | -2 | 持续↓ |
| 人均主要黑色金属矿产基础储量 | 0.8 | 26 | 劣势 | 0.9 | 25 | 劣势 | 0.9 | 24 | 劣势 | -0.1 | -2 | 持续↓ |
| 主要有色金属矿产基础储量 | 13.7 | 11 | 中势 | 11.8 | 12 | 中势 | 29.8 | 4 | 优势 | -16.0 | -7 | 波动↓ |
| 人均主要有色金属矿产基础储量 | 5.7 | 22 | 劣势 | 4.9 | 20 | 劣势 | 12.5 | 13 | 中势 | -6.8 | -9 | 持续↓ |
| 主要非金属矿产基础储量 | 6.5 | 12 | 中势 | 6.7 | 12 | 中势 | 38.6 | 6 | 优势 | -32.1 | -6 | 持续↓ |
| 人均主要非金属矿产基础储量 | 2.6 | 15 | 中势 | 3.4 | 13 | 中势 | 18.3 | 9 | 优势 | -15.7 | -6 | 持续↓ |
| 主要能源矿产基础储量 | 0.0 | 29 | 劣势 | 0.0 | 29 | 劣势 | 0.2 | 27 | 劣势 | -0.2 | -2 | 持续↓ |
| 人均主要能源矿产基础储量 | 0.0 | 30 | 劣势 | 0.0 | 30 | 劣势 | 0.1 | 29 | 劣势 | -0.1 | -1 | 持续↓ |
| 工业固体废物产生量 | 87.6 | 10 | 优势 | 87.6 | 12 | 中势 | 82.8 | 14 | 中势 | 4.8 | 4 | 持续↑ |
| (6)能源环境竞争力 | 72.6 | 11 | 中势 | 76.9 | 9 | 优势 | 60.3 | 16 | 中势 | 12.3 | 5 | 波动↑ |
| 能源生产总量 | 93.6 | 13 | 中势 | 93.6 | 14 | 中势 | 91.7 | 16 | 中势 | 1.8 | 3 | 持续↑ |
| 能源消费总量 | 25.1 | 29 | 劣势 | 23.3 | 29 | 劣势 | 22.7 | 29 | 劣势 | 2.4 | 0 | 持续→ |
| 单位地区生产总值能耗 | 76.7 | 3 | 强势 | 83.8 | 3 | 强势 | 74.7 | 3 | 强势 | 2.0 | 0 | 持续→ |
| 单位地区生产总值电耗 | 87.4 | 13 | 中势 | 86.3 | 11 | 中势 | 84.8 | 13 | 中势 | 2.6 | 0 | 波动→ |
| 单位工业增加值能耗 | 80.5 | 2 | 强势 | 87.8 | 2 | 强势 | 79.4 | 2 | 强势 | 1.1 | 0 | 持续→ |
| 能源生产弹性系数 | 54.7 | 17 | 中势 | 89.1 | 5 | 优势 | 41.4 | 27 | 劣势 | 13.3 | 10 | 波动↑ |
| 能源消费弹性系数 | 87.5 | 6 | 优势 | 70.3 | 4 | 优势 | 25.6 | 26 | 劣势 | 62.0 | 20 | 波动↑ |

表19-2-2 2012年广东省资源环境竞争力各级指标的优劣度结构表

| 二级指标 | 三级指标 | 四级指标数 | 强势指标 | | 优势指标 | | 中势指标 | | 劣势指标 | | 优劣度 |
|---|---|---|---|---|---|---|---|---|---|---|---|
| | | | 个数 | 比重(%) | 个数 | 比重(%) | 个数 | 比重(%) | 个数 | 比重(%) | |
| 资源环境竞争力 | 水环境竞争力 | 11 | 4 | 36.4 | 2 | 18.2 | 1 | 9.1 | 4 | 36.4 | 劣势 |
| | 土地环境竞争力 | 13 | 2 | 15.4 | 3 | 23.1 | 2 | 15.4 | 6 | 46.2 | 优势 |
| | 大气环境竞争力 | 8 | 1 | 12.5 | 1 | 12.5 | 4 | 50.0 | 2 | 25.0 | 中势 |
| | 森林环境竞争力 | 8 | 1 | 12.5 | 3 | 37.5 | 3 | 37.5 | 1 | 12.5 | 优势 |
| | 矿产环境竞争力 | 9 | 0 | 0.0 | 1 | 11.1 | 3 | 33.3 | 5 | 55.6 | 劣势 |
| | 能源环境竞争力 | 7 | 2 | 28.6 | 1 | 14.3 | 3 | 42.9 | 1 | 14.3 | 中势 |
| | 小计 | 56 | 10 | 17.9 | 11 | 19.6 | 16 | 28.6 | 19 | 33.9 | 中势 |

2010～2012年广东省资源环境竞争力的综合排位呈现波动下降趋势,2012年排名第13位,与2010年相比下降1位,在全国处于中游区。

从资源环境竞争力的要素指标变化趋势来看,有2个指标处于上升趋势,即大气环境竞争力和能源环境竞争力;有3个指标处于保持趋势,为水环境竞争力、土地环境竞争力和森林环境竞争力；有 1 个指标处于下降趋势，为矿产环境竞争力。

从资源环境竞争力的基础指标分布来看，在 56 个基础指标中，指标的优劣度结构为 17.9∶19.6∶28.6∶33.9。中势指标所占比重略大于优势指标的比重，表明中势指标占主导地位。

### 19.2.2 广东省资源环境竞争力比较分析

图 19 - 2 - 1 将 2010~2012 年广东省资源环境竞争力与全国最高水平和平均水平进行比较。由图可知，评价期内广东省资源环境竞争力得分普遍高于 43 分，说明广东省资源环境竞争力保持较高水平。

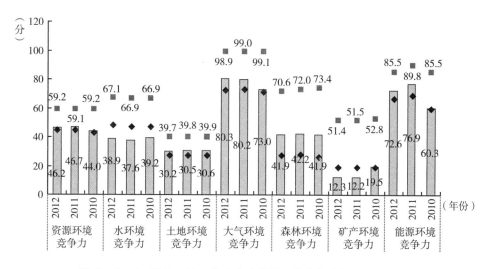

图 19 - 2 - 1 2010~2012 年广东省资源环境竞争力指标得分比较

从资源环境竞争力的整体得分比较来看，2010 年，广东省资源环境竞争力得分与全国最高分相比还有 15.2 分的差距，与全国平均分相比，则高出 1.1 分；到 2012 年，广东省资源环境竞争力得分与全国最高分的差距缩小为 13 分，高于全国平均分 1.6 分。总的来看，2010~2012 年广东省资源环境竞争力与最高分的差距呈缩小趋势，继续在全国处于中游地位。

从资源环境竞争力的要素得分比较来看，2012 年，广东省水环境竞争力、土地环境竞争力、大气环境竞争力、森林环境竞争力、矿产环境竞争力和能源环境竞争力的得分分别为 38.9 分、30.2 分、80.3 分、41.9 分、12.3 分和 72.6 分，比最高分低 28.3 分、9.5 分、18.6 分、28.7 分、39.1 分和 12.9 分；与 2010 年相比，广东省大气环境竞争力、森林环境竞争力和能源环境竞争力的得分与最高分的差距都缩小了，但水环境竞争力、土地环境竞争力和矿产环境竞争力的得分与最高分的差距扩大了。

### 19.2.3 广东省资源环境竞争力变化动因分析

二级指标资源环境竞争力的变化是三级要素指标变化综合作用的结果，而三级要素指标变化又是四级基础指标变化作用的结果。三级和四级指标的变动情况如表 19 - 2 - 1 所示。

从要素指标来看，广东省资源环境竞争力的6个要素指标中，大气环境竞争力和能源环境竞争力的排位出现了上升，而矿产环境竞争力的排位呈下降趋势，受指标排位升降的综合影响，广东省资源环境竞争力呈波动下降趋势。

从基础指标来看，广东省资源环境竞争力的56个基础指标中，上升指标有12个，占指标总数的21.4%，主要分布在大气环境竞争力等指标组；下降指标有13个，占指标总数的23.2%，主要分布在矿产环境竞争力等指标组。排位下降指标的数量略高于排位上升的指标数量，使得2012年广东省资源环境竞争力排名出现了下降。

## 19.3  广东省环境管理竞争力评价分析

### 19.3.1  广东省环境管理竞争力评价结果

2010～2012年广东省环境管理竞争力排位和排位变化情况及其下属2个三级指标和16个四级指标的评价结果，如表19-3-1所示；环境管理竞争力各级指标的优劣势情况，如表19-3-2所示。

表 19-3-1  2010～2012 年广东省环境管理竞争力各级指标的得分、排名及优劣度分析表

| 指标项目 | 2012 年 | | | 2011 年 | | | 2010 年 | | | 综合变化 | | |
|---|---|---|---|---|---|---|---|---|---|---|---|---|
| | 得分 | 排名 | 优劣度 | 得分 | 排名 | 优劣度 | 得分 | 排名 | 优劣度 | 得分变化 | 排名变化 | 趋势变化 |
| **环境管理竞争力** | 48.2 | 14 | 中势 | 48.1 | 13 | 中势 | 56.8 | 4 | 优势 | -8.6 | -10 | 持续↓ |
| （1）环境治理竞争力 | 22.9 | 16 | 中势 | 26.7 | 12 | 中势 | 51.3 | 1 | 强势 | -28.4 | -15 | 持续↓ |
| 环境污染治理投资总额 | 34.9 | 12 | 中势 | 51.3 | 6 | 优势 | 100.0 | 1 | 强势 | -65.1 | -11 | 持续↓ |
| 环境污染治理投资总额占地方生产总值比重 | 0.0 | 31 | 劣势 | 0.5 | 30 | 劣势 | 100.0 | 1 | 强势 | -100.0 | -30 | 持续↓ |
| 废气治理设施年运行费用 | 40.4 | 5 | 优势 | 53.1 | 6 | 优势 | 93.6 | 2 | 强势 | -53.2 | -3 | 波动↓ |
| 废水治理设施处理能力 | 44.3 | 4 | 优势 | 22.0 | 6 | 优势 | 50.7 | 5 | 优势 | -6.4 | 1 | 波动↑ |
| 废水治理设施年运行费用 | 53.6 | 4 | 优势 | 57.7 | 4 | 优势 | 94.1 | 2 | 强势 | -40.5 | -2 | 持续↓ |
| 矿山环境恢复治理投入资金 | 6.7 | 24 | 劣势 | 18.0 | 22 | 劣势 | 10.9 | 20 | 中势 | -4.1 | -4 | 持续↓ |
| 本年矿山恢复面积 | 5.0 | 24 | 劣势 | 1.3 | 23 | 劣势 | 4.4 | 17 | 中势 | 0.6 | -7 | 持续↓ |
| 地质灾害防治投资额 | 42.4 | 3 | 强势 | 58.1 | 2 | 强势 | 31.8 | 3 | 强势 | 10.7 | 0 | 波动→ |
| 水土流失治理面积 | 11.4 | 23 | 劣势 | 12.6 | 23 | 劣势 | 12.6 | 23 | 劣势 | -1.2 | 0 | 持续→ |
| 土地复垦面积占新增耕地面积的比重 | 6.6 | 21 | 劣势 | 6.6 | 21 | 劣势 | 6.6 | 21 | 劣势 | 0.0 | 0 | 持续→ |
| （2）环境友好竞争力 | 68.0 | 14 | 中势 | 64.8 | 17 | 中势 | 61.1 | 17 | 中势 | 6.9 | 3 | 持续↑ |
| 工业固体废物综合利用量 | 25.7 | 16 | 中势 | 27.2 | 15 | 中势 | 27.6 | 12 | 中势 | -1.9 | -4 | 持续↓ |
| 工业固体废物处置量 | 6.9 | 17 | 中势 | 6.0 | 19 | 中势 | 2.9 | 22 | 劣势 | 4.0 | 5 | 持续↑ |
| 工业固体废物处置利用率 | 100.0 | 1 | 强势 | 100.0 | 1 | 强势 | 76.0 | 8 | 优势 | 24.0 | 7 | 持续↑ |
| 工业用水重复利用率 | 93.2 | 13 | 中势 | 89.5 | 13 | 中势 | 87.3 | 14 | 中势 | 5.9 | 1 | 持续↑ |
| 城市污水处理率 | 93.2 | 11 | 中势 | 83.6 | 13 | 中势 | 92.2 | 9 | 优势 | 1.1 | -2 | 波动↓ |
| 生活垃圾无害化处理率 | 79.2 | 24 | 劣势 | 73.2 | 23 | 劣势 | 72.1 | 20 | 中势 | 7.1 | -4 | 持续↓ |

表 19 - 3 - 2　2012 年广东省环境管理竞争力各级指标的优劣度结构表

| 二级指标 | 三级指标 | 四级指标数 | 强势指标 | | 优势指标 | | 中势指标 | | 劣势指标 | | 优劣度 |
|---|---|---|---|---|---|---|---|---|---|---|---|
| | | | 个数 | 比重（%） | 个数 | 比重（%） | 个数 | 比重（%） | 个数 | 比重（%） | |
| 环境管理竞争力 | 环境治理竞争力 | 10 | 1 | 10.0 | 3 | 30.0 | 1 | 10.0 | 5 | 50.0 | 中势 |
| | 环境友好竞争力 | 6 | 1 | 16.7 | 0 | 0.0 | 4 | 66.7 | 1 | 16.7 | 中势 |
| | 小　计 | 16 | 2 | 12.5 | 3 | 18.8 | 5 | 31.3 | 6 | 37.5 | 中势 |

2010～2012 年广东省环境管理竞争力的综合排位呈现持续下降趋势，2012 年排名第 14 位，比 2010 年下降了 10 位，在全国处于中游区。

从环境管理竞争力的要素指标变化趋势来看，有 1 个指标处于持续上升趋势，即环境友好竞争力，而环境治理竞争力呈持续下降趋势。

从环境管理竞争力的基础指标分布来看，在 16 个基础指标中，指标的优劣度结构为12.5∶18.8∶31.3∶37.5。强势和优势指标所占比重小于劣势指标的比重，表明劣势指标占主导地位。

### 19.3.2　广东省环境管理竞争力比较分析

图 19 - 3 - 1 将 2010～2012 年广东省环境管理竞争力与全国最高水平和平均水平进行比较。由图可知，评价期内广东省环境管理竞争力得分普遍高于 48 分，但呈波动下降趋势，说明广东省环境管理竞争力水平出现下滑。

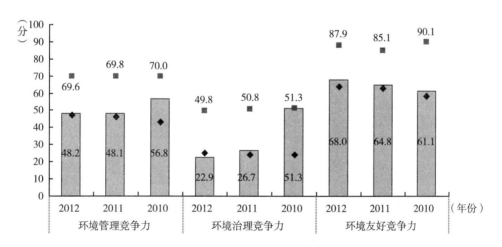

图 19 - 3 - 1　2010～2012 年广东省环境管理竞争力指标得分比较

从环境管理竞争力的整体得分比较来看，2010 年，广东省环境管理竞争力得分与全国最高分相比还有 13.2 分的差距，但与全国平均分相比，则高出 13.4 分；到 2012 年，广东省环境管理竞争力得分与全国最高分的差距扩大为 21.4 分，高出全国平均分 1.2 分。总的来看，2010～2012 年广东省环境管理竞争力与最高分的差距呈扩大趋势，下降至全国中游水平。

从环境管理竞争力的要素得分比较来看，2012 年，广东省环境治理竞争力和环境友好竞争力的得分分别为 22.9 分和 68.0 分，分别比最高分低 26.9 分与 19.9 分，前者低于平均分 2.3 分，后者高于平均分 4.0 分；与 2010 年相比，广东省环境治理竞争力得分与最高分的差距扩大了 26.9 分，环境友好竞争力得分与最高分的差距缩小了 9.1 分。

### 19.3.3 广东省环境管理竞争力变化动因分析

二级指标环境管理竞争力的变化是三级要素指标变化综合作用的结果，而三级要素指标变化又是四级基础指标变化作用的结果。三级和四级指标的变动情况如表 19 - 3 - 1 所示。

从要素指标来看，广东省环境管理竞争力的 2 个要素指标中，环境治理竞争力的排名下降了 15 位，环境友好竞争力的排名上升了 3 位，由于指标下降的幅度较大，广东省环境管理竞争力下降了 10 位。

从基础指标来看，广东省环境管理竞争力的 16 个基础指标中，上升指标有 4 个，占指标总数的 25.0%，主要分布在环境友好竞争力指标组；下降指标有 9 个，占指标总数的 56.3%，主要分布在环境治理竞争力指标组。排位上升的指标数量明显小于排位下降的指标数量，使得 2012 年广东省环境管理竞争力排名下降了 10 位。

## 19.4 广东省环境影响竞争力评价分析

### 19.4.1 广东省环境影响竞争力评价结果

2010～2012 年广东省环境影响竞争力排位和排位变化情况及其下属 2 个三级指标和 21 个四级指标的评价结果，如表 19 - 4 - 1 所示；环境影响竞争力各级指标的优劣势情况，如表 19 - 4 - 2 所示。

表 19 - 4 - 1　2010～2012 年广东省环境影响竞争力各级指标的得分、排名及优劣度分析表

| 指标项目 | 2012 年 | | | 2011 年 | | | 2010 年 | | | 综合变化 | | |
|---|---|---|---|---|---|---|---|---|---|---|---|---|
| | 得分 | 排名 | 优劣度 | 得分 | 排名 | 优劣度 | 得分 | 排名 | 优劣度 | 得分变化 | 排名变化 | 趋势变化 |
| **环境影响竞争力** | 75.6 | 6 | 优势 | 74.1 | 8 | 优势 | 77.9 | 6 | 优势 | -2.3 | 0 | 波动→ |
| （1）环境安全竞争力 | 79.7 | 11 | 中势 | 73.3 | 19 | 中势 | 75.3 | 15 | 中势 | 4.4 | 4 | 波动↑ |
| 自然灾害受灾面积 | 83.3 | 11 | 中势 | 80.8 | 11 | 中势 | 77.5 | 12 | 中势 | 5.8 | 1 | 持续↑ |
| 自然灾害绝收面积占受灾面积比重 | 79.8 | 9 | 优势 | 74.7 | 16 | 中势 | 90.6 | 5 | 优势 | -10.8 | -4 | 波动↓ |
| 自然灾害直接经济损失 | 81.8 | 15 | 中势 | 84.3 | 11 | 中势 | 66.0 | 19 | 中势 | 15.8 | 4 | 波动↑ |
| 发生地质灾害起数 | 93.2 | 20 | 中势 | 98.9 | 15 | 中势 | 93.3 | 21 | 劣势 | -0.1 | 1 | 波动↓ |
| 地质灾害直接经济损失 | 98.2 | 18 | 中势 | 98.6 | 18 | 中势 | 76.3 | 20 | 中势 | 21.8 | 2 | 持续↑ |
| 地质灾害防治投资额 | 42.7 | 4 | 优势 | 58.1 | 2 | 强势 | 31.8 | 3 | 强势 | 10.9 | -1 | 波动↓ |
| 突发环境事件次数 | 88.0 | 26 | 劣势 | 86.8 | 26 | 劣势 | 98.8 | 10 | 优势 | -10.7 | -16 | 持续↓ |

续表

| 指标项目 | 2012 年 | | | 2011 年 | | | 2010 年 | | | 综合变化 | | |
|---|---|---|---|---|---|---|---|---|---|---|---|---|
| | 得分 | 排名 | 优劣度 | 得分 | 排名 | 优劣度 | 得分 | 排名 | 优劣度 | 得分变化 | 排名变化 | 趋势变化 |
| 森林火灾次数 | 93.0 | 19 | 中势 | 72.6 | 23 | 劣势 | 97.7 | 16 | 中势 | -4.7 | -3 | 波动↓ |
| 森林火灾火场总面积 | 89.8 | 19 | 中势 | 47.2 | 24 | 劣势 | 97.6 | 18 | 中势 | -7.8 | -1 | 波动↓ |
| 受火灾森林面积 | 92.2 | 22 | 劣势 | 59.1 | 28 | 劣势 | 97.4 | 18 | 中势 | -5.2 | -4 | 波动↓ |
| 森林病虫鼠害发生面积 | 79.8 | 20 | 中势 | 97.1 | 18 | 中势 | 63.2 | 23 | 劣势 | 16.6 | 3 | 波动↑ |
| 森林病虫鼠害防治率 | 27.4 | 29 | 劣势 | 23.6 | 29 | 劣势 | 13.7 | 30 | 劣势 | 13.6 | 1 | 持续↑ |
| (2)环境质量竞争力 | 72.7 | 9 | 优势 | 74.7 | 8 | 优势 | 79.7 | 8 | 优势 | -7.0 | -1 | 持续↓ |
| 人均工业废气排放量 | 84.4 | 5 | 优势 | 82.9 | 7 | 优势 | 91.2 | 5 | 优势 | -6.8 | 0 | 波动→ |
| 人均二氧化硫排放量 | 97.6 | 2 | 强势 | 99.5 | 2 | 强势 | 84.1 | 5 | 优势 | 13.5 | 3 | 持续↑ |
| 人均工业烟(粉)尘排放量 | 92.0 | 4 | 优势 | 95.8 | 4 | 优势 | 91.0 | 5 | 优势 | 1.0 | 1 | 持续↑ |
| 人均工业废水排放量 | 46.8 | 23 | 劣势 | 50.9 | 22 | 劣势 | 58.7 | 25 | 劣势 | -11.9 | 2 | 波动↑ |
| 人均生活污水排放量 | 18.8 | 29 | 劣势 | 24.8 | 29 | 劣势 | 49.7 | 29 | 劣势 | -30.9 | 0 | 持续→ |
| 人均化学需氧量排放量 | 56.5 | 26 | 劣势 | 56.0 | 26 | 劣势 | 86.1 | 11 | 中势 | -29.7 | -15 | 持续↓ |
| 人均工业固体废物排放量 | 98.1 | 22 | 劣势 | 99.2 | 14 | 中势 | 97.1 | 17 | 中势 | 1.0 | -5 | 波动↓ |
| 人均化肥施用量 | 77.3 | 7 | 优势 | 77.1 | 7 | 优势 | 75.4 | 7 | 优势 | 1.9 | 0 | 持续→ |
| 人均农药施用量 | 79.3 | 14 | 中势 | 82.7 | 15 | 中势 | 84.2 | 14 | 中势 | -4.9 | 0 | 波动→ |

表 19 - 4 - 2　2012 年广东省环境影响竞争力各级指标的优劣度结构表

| 二级指标 | 三级指标 | 四级指标数 | 强势指标 | | 优势指标 | | 中势指标 | | 劣势指标 | | 优劣度 |
|---|---|---|---|---|---|---|---|---|---|---|---|
| | | | 个数 | 比重(%) | 个数 | 比重(%) | 个数 | 比重(%) | 个数 | 比重(%) | |
| 环境影响竞争力 | 环境安全竞争力 | 12 | 0 | 0.0 | 2 | 16.7 | 7 | 58.3 | 3 | 25.0 | 中势 |
| | 环境质量竞争力 | 9 | 1 | 11.1 | 3 | 33.3 | 1 | 11.1 | 4 | 44.4 | 优势 |
| | 小　计 | 21 | 1 | 4.8 | 5 | 23.8 | 8 | 38.1 | 7 | 33.3 | 优势 |

2010~2012 年广东省环境影响竞争力的综合排位呈现波动保持，2012 年排名第 6 位，与 2010 年排位相同，在全国处于上游区。

从环境影响竞争力的要素指标变化趋势来看，环境安全竞争力处于波动上升趋势，环境质量竞争力处于持续下降趋势。

从环境影响竞争力的基础指标分布来看，在 21 个基础指标中，指标的优劣度结构为 4.8 : 23.8 : 38.1 : 33.3。中势指标所占比重高于强势和优势指标所占比重，表明中势指标占主导地位。

### 19.4.2　广东省环境影响竞争力比较分析

图 19 - 4 - 1 将 2010~2012 年广东省环境影响竞争力与全国最高水平和平均水平进行比较。由图可知，评价期内广东省环境影响竞争力得分普遍高于 74 分，说明广东省环境影响竞争力保持较高水平。

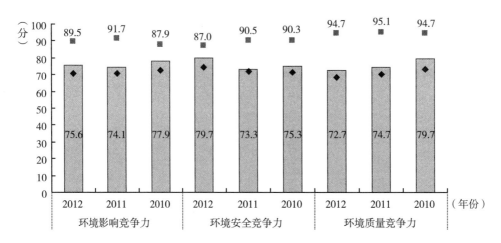

图 19 – 4 – 1  2010 ~ 2012 年广东省环境影响竞争力指标得分比较

从环境影响竞争力的整体得分比较来看，2010 年，广东省环境影响竞争力得分与全国最高分相比还有 10.1 分的差距，但与全国平均分相比，则高了 5.4 分；到 2012 年，广东省环境影响竞争力得分与全国最高分相差 13.9 分，高于全国平均分 5.0 分。总的来看，2010 ~ 2012 年广东省环境影响竞争力与最高分的差距有所扩大。

从环境影响竞争力的要素得分比较来看，2012 年，广东省环境安全竞争力和环境质量竞争力的得分分别为 79.7 分和 72.7 分，比最高分低 7.3 分和 22.0 分，但高出平均分 5.5 分和 4.6 分；与 2010 年相比，广东省环境安全竞争力得分与最高分的差距缩小了 7.7 分，但环境质量竞争力得分与最高分的差距扩大了 7 分。

### 19.4.3  广东省环境影响竞争力变化动因分析

二级指标环境影响竞争力的变化是三级要素指标变化综合作用的结果，而三级要素指标变化又是四级基础指标变化作用的结果。三级和四级指标的变动情况如表 19 – 4 – 1 所示。

从要素指标来看，广东省环境影响竞争力的 2 个要素指标中，环境安全竞争力的排名波动上升了 4 位，环境质量竞争力的排名持续下降了 1 位。但受外部因素的综合影响，广东省环境影响竞争力排名没有发生变化。

从基础指标来看，广东省环境影响竞争力的 21 个基础指标中，上升指标有 9 个，占指标总数的 42.9%，主要分布在环境安全竞争力指标组；下降指标有 8 个，占指标总数的 38.1%，也主要分布在环境安全竞争力指标组。排位上升的指标数量略大于排位下降的指标数量，但受其他外部因素的综合影响，2012 年广东省环境影响竞争力排名没有发生变化。

## 19.5  广东省环境协调竞争力评价分析

### 19.5.1  广东省环境协调竞争力评价结果

2010 ~ 2012 年广东省环境协调竞争力排位和排位变化情况及其下属 2 个三级指标和 19

个四级指标的评价结果，如表 19 - 5 - 1 所示；环境协调竞争力各级指标的优劣势情况，如表 19 - 5 - 2 所示。

**表 19 - 5 - 1　2010～2012 年广东省环境协调竞争力各级指标的得分、排名及优劣度分析表**

| 指标项目 | 2012 年 | | | 2011 年 | | | 2010 年 | | | 综合变化 | | |
|---|---|---|---|---|---|---|---|---|---|---|---|---|
| | 得分 | 排名 | 优劣度 | 得分 | 排名 | 优劣度 | 得分 | 排名 | 优劣度 | 得分变化 | 排名变化 | 趋势变化 |
| **环境协调竞争力** | 58.1 | 25 | 劣势 | 52.5 | 27 | 劣势 | 60.4 | 17 | 中势 | -2.2 | -8 | 波动↓ |
| （1）人口与环境协调竞争力 | 52.5 | 13 | 中势 | 51.5 | 15 | 中势 | 56.5 | 7 | 优势 | -4.0 | -6 | 波动↓ |
| 人口自然增长率与工业废气排放量增长率比差 | 28.2 | 25 | 劣势 | 47.2 | 22 | 劣势 | 36.3 | 25 | 劣势 | -8.1 | 0 | 波动→ |
| 人口自然增长率与工业废水排放量增长率比差 | 96.1 | 4 | 优势 | 87.1 | 12 | 中势 | 76.5 | 14 | 中势 | 19.6 | 10 | 持续↑ |
| 人口自然增长率与工业固体废物排放量增长率比差 | 92.2 | 8 | 优势 | 41.0 | 18 | 中势 | 76.2 | 15 | 中势 | 16.0 | 7 | 波动↑ |
| 人口自然增长率与能源消费量增长率比差 | 38.6 | 30 | 劣势 | 61.4 | 28 | 中势 | 91.3 | 10 | 优势 | -52.6 | -20 | 持续↓ |
| 人口密度与人均水资源量比差 | 15.3 | 6 | 优势 | 15.3 | 7 | 优势 | 15.9 | 6 | 优势 | -0.6 | 0 | 波动→ |
| 人口密度与人均耕地面积比差 | 4.4 | 29 | 劣势 | 4.4 | 29 | 劣势 | 4.5 | 29 | 劣势 | -0.1 | 0 | 持续→ |
| 人口密度与森林覆盖率比差 | 92.0 | 8 | 优势 | 92.0 | 8 | 优势 | 92.1 | 9 | 优势 | -0.1 | 1 | 持续↑ |
| 人口密度与人均矿产基础储量比差 | 15.4 | 14 | 中势 | 15.5 | 14 | 中势 | 15.9 | 14 | 中势 | -0.5 | 0 | 持续→ |
| 人口密度与人均能源生产量比差 | 87.1 | 21 | 劣势 | 86.7 | 21 | 劣势 | 86.9 | 21 | 劣势 | 0.3 | 0 | 持续→ |
| （2）经济与环境协调竞争力 | 61.8 | 24 | 劣势 | 53.1 | 25 | 劣势 | 62.9 | 19 | 中势 | -1.1 | -5 | 波动↓ |
| 工业增加值增长率与工业废气排放量增长率比差 | 85.7 | 12 | 中势 | 39.0 | 24 | 劣势 | 34.4 | 25 | 劣势 | 51.3 | 13 | 持续↑ |
| 工业增加值增长率与工业废水排放量增长率比差 | 78.0 | 13 | 中势 | 49.2 | 15 | 中势 | 72.2 | 12 | 中势 | 5.8 | -1 | 波动↓ |
| 工业增加值增长率与工业固体废物排放量增长率比差 | 94.3 | 4 | 优势 | 32.0 | 26 | 劣势 | 76.8 | 10 | 优势 | 17.5 | 6 | 波动↑ |
| 地区生产总值增长率与能源消费量增长率比差 | 19.3 | 28 | 劣势 | 45.3 | 27 | 劣势 | 86.6 | 9 | 优势 | -67.3 | -19 | 持续↓ |
| 人均工业增加值与人均水资源量比差 | 48.5 | 24 | 劣势 | 46.0 | 24 | 劣势 | 44.3 | 24 | 劣势 | 4.3 | 0 | 持续↑ |
| 人均工业增加值与人均耕地面积比差 | 45.9 | 27 | 劣势 | 43.6 | 27 | 劣势 | 41.3 | 27 | 劣势 | 4.6 | 0 | 持续→ |
| 人均工业增加值与人均工业废气排放量比差 | 71.3 | 11 | 中势 | 75.7 | 9 | 优势 | 72.1 | 10 | 优势 | -0.7 | -1 | 波动↓ |
| 人均工业增加值与森林覆盖率比差 | 81.4 | 14 | 中势 | 83.6 | 10 | 优势 | 86.1 | 9 | 优势 | -4.7 | -5 | 持续↓ |
| 人均工业增加值与人均矿产基础储量比差 | 44.3 | 26 | 劣势 | 42.4 | 26 | 劣势 | 40.5 | 27 | 劣势 | 3.8 | 1 | 持续↑ |
| 人均工业增加值与人均能源生产量比差 | 65.3 | 11 | 中势 | 69.1 | 11 | 中势 | 73.5 | 10 | 优势 | -8.3 | -1 | 持续↓ |

**表 19 - 5 - 2　2012 年广东省环境协调竞争力各级指标的优劣度结构表**

| 二级指标 | 三级指标 | 四级指标数 | 强势指标 | | 优势指标 | | 中势指标 | | 劣势指标 | | 优劣度 |
|---|---|---|---|---|---|---|---|---|---|---|---|
| | | | 个数 | 比重（%） | 个数 | 比重（%） | 个数 | 比重（%） | 个数 | 比重（%） | |
| 环境协调竞争力 | 人口与环境协调竞争力 | 9 | 0 | 0.0 | 4 | 44.4 | 1 | 11.1 | 4 | 44.4 | 中势 |
| | 经济与环境协调竞争力 | 10 | 0 | 0.0 | 1 | 10.0 | 5 | 50.0 | 4 | 40.0 | 劣势 |
| | 小　计 | 19 | 0 | 0.0 | 5 | 26.3 | 6 | 31.6 | 8 | 42.1 | 劣势 |

2010～2012 年广东省环境协调竞争力的综合排位呈波动下降趋势，2012 年排名第 25 位，比 2010 年下降了 8 位，在全国处于下游区。

从环境协调竞争力的要素指标变化趋势来看，人口与环境协调竞争力和经济与环境协调

竞争力2个指标都处于波动下降趋势。

从环境协调竞争力的基础指标分布来看，在19个基础指标中，指标的优劣度结构为0∶26.3∶31.6∶42.1。强势和优势指标所占比重低于劣势指标的比重，表明劣势指标占主导地位。

### 19.5.2 广东省环境协调竞争力比较分析

图19-5-1将2010~2012年广东省环境协调竞争力与全国最高水平和平均水平进行比较。由图可知，评价期内广东省环境协调竞争力得分普遍低于61分，且呈波动下降趋势，说明广东省环境协调竞争力处于较低水平。

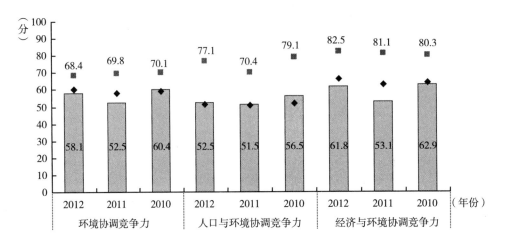

**图19-5-1 2010~2012年广东省环境协调竞争力指标得分比较**

从环境协调竞争力的整体得分比较来看，2010年，广东省环境协调竞争力得分与全国最高分相比还有9.7分的差距，但与全国平均分相比，则高出1分；到2012年，广东省环境协调竞争力得分与全国最高分的差距拉大为10.3分，低于全国平均分2.2分。总的来看，2010~2012年广东省环境协调竞争力与最高分的差距呈扩大趋势，处于全国下游地位。

从环境协调竞争力的要素得分比较来看，2012年，广东省人口与环境协调竞争力和经济与环境协调竞争力的得分分别为52.5分和61.8分，分别比最高分低24.6分和20.6分，但人口与环境协调竞争力的得分高于平均分1.3分，经济与环境协调竞争力的得分低于平均分4.5分；与2010年相比，广东省人口与环境协调竞争力得分与最高分的差距扩大了2.0分，经济与环境协调竞争力得分与最高分的差距扩大了3.2分。

### 19.5.3 广东省环境协调竞争力变化动因分析

二级指标环境协调竞争力的变化是三级要素指标变化综合作用的结果，而三级要素指标变化又是四级基础指标变化作用的结果。三级和四级指标的变动情况如表19-5-1所示。

从要素指标来看，广东省环境协调竞争力的2个要素指标中，人口与环境协调竞争力的排名波动下降了6位，经济与环境协调竞争力的排名则波动下降了5位，受指标排位下降的影响，广东省环境协调竞争力下降了8位。

从基础指标来看，广东省环境协调竞争力的19个基础指标中，上升指标有6个，占指标总数的31.6%，主要分布在经济与环境协调竞争力指标组；下降指标有6个，占指标总数的31.6%，也主要分布在经济与环境协调竞争力指标组。排位上升的指标数量与排位下降的指标数量相同，但由于上升的幅度小于下降的幅度，2012年广东省环境协调竞争力排名下降了8位。

## 19.6 广东省环境竞争力总体评述

从对广东省环境竞争力及其5个二级指标在全国的排位变化和指标结构的综合分析来看，"十二五"中期（2010~2012年）环境竞争力中上升指标的数量少于下降指标的数量，上升的动力小于下降的拉力，使得2012年广东省环境竞争力的排位下降了1位，在全国居第2位。

### 19.6.1 广东省环境竞争力概要分析

广东省环境竞争力在全国所处的位置及变化如表19-6-1所示，5个二级指标的得分和排位变化如表19-6-2所示。

表19-6-1 2010~2012年广东省环境竞争力一级指标比较表

| 项目\年份 | 2012 | 2011 | 2010 |
|---|---|---|---|
| 排名 | 2 | 2 | 1 |
| 所属区位 | 上游 | 上游 | 上游 |
| 得分 | 57.6 | 56.9 | 60.1 |
| 全国最高分 | 58.2 | 59.5 | 60.1 |
| 全国平均分 | 51.3 | 50.8 | 50.4 |
| 与最高分的差距 | -0.5 | -2.5 | 0.0 |
| 与平均分的差距 | 6.4 | 6.2 | 9.7 |
| 优劣度 | 强势 | 强势 | 强势 |
| 波动趋势 | 保持 | 下降 | — |

表19-6-2 2010~2012年广东省环境竞争力二级指标比较表

| 项目\年份 | 生态环境竞争力 得分 | 排名 | 资源环境竞争力 得分 | 排名 | 环境管理竞争力 得分 | 排名 | 环境影响竞争力 得分 | 排名 | 环境协调竞争力 得分 | 排名 | 环境竞争力 得分 | 排名 |
|---|---|---|---|---|---|---|---|---|---|---|---|---|
| 2010 | 65.7 | 1 | 44.0 | 12 | 56.8 | 4 | 77.9 | 6 | 60.4 | 17 | 60.1 | 1 |
| 2011 | 65.8 | 1 | 46.7 | 10 | 48.1 | 13 | 74.1 | 8 | 52.5 | 27 | 56.9 | 2 |
| 2012 | 65.1 | 1 | 46.2 | 13 | 48.2 | 14 | 75.6 | 6 | 58.1 | 25 | 57.6 | 2 |
| 得分变化 | -0.6 | — | 2.2 | — | -8.6 | — | -2.3 | — | -2.2 | — | -2.5 | — |
| 排位变化 | — | 0 | — | -1 | — | -10 | — | 0 | — | -8 | — | -1 |
| 优劣度 | 强势 | 强势 | 中势 | 中势 | 中势 | 中势 | 优势 | 优势 | 劣势 | 劣势 | 强势 | 强势 |

（1）从指标排位变化趋势看，2012年广东省环境竞争力综合排名在全国处于第2位，表明其在全国处于强势地位；与2010年相比，排位下降了1位。总的来看，评价期内广东省环境竞争力呈下降趋势。

在5个二级指标中，有3个指标处于下降趋势，为资源环境竞争力、环境管理竞争力和环境协调竞争力，其余2个指标排位保持不变。受指标排位下降的影响，评价期内广东省环境竞争力的综合排位下降了1位，在全国排名第2位。

（2）从指标所处区位看，2012年广东省环境竞争力处于上游区，其中，生态环境竞争力为强势指标，环境影响竞争力为优势指标，资源环境竞争力和环境管理竞争力为中势指标，环境协调竞争力为劣势指标。

（3）从指标得分看，2012年广东省环境竞争力得分为57.6分，比全国最高分低0.5分，比全国平均分高6.4分；与2010年相比，广东省环境竞争力得分下降了2.5分，与当年最高分的差距扩大了，与全国平均分的差距缩小了。

2012年，广东省环境竞争力二级指标的得分均高于46分，与2010年相比，得分上升最多的为资源环境竞争力，上升了2.2分；得分下降最多的为环境管理竞争力，下降了8.6分。

### 19.6.2 广东省环境竞争力各级指标动态变化分析

2010~2012年广东省环境竞争力各级指标的动态变化及其结构，如图19-6-1和表19-6-3所示。

从图19-6-1可以看出，广东省环境竞争力的四级指标中上升指标的比例小于下降指标，保持指标居于主导地位。表19-6-3中的数据进一步说明，广东省环境竞争力的130个四级指标中，上升的指标有31个，占指标总数的23.8%；保持的指标有56个，占指标总数的43.1%；下降的指标为43个，占指标总数的33.1%。下降指标的数量大于上升指标的数量，使得评价期内广东省环境竞争力排位下降了1位，在全国居第2位。

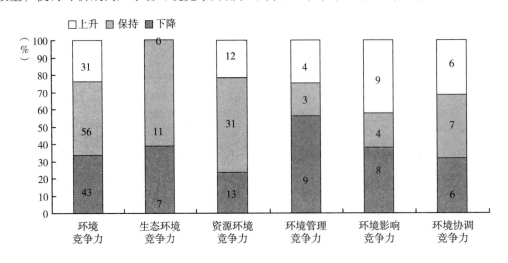

图19-6-1　2010~2012年广东省环境竞争力动态变化结构图

表19-6-3 2010~2012年广东省环境竞争力各级指标排位变化态势比较表

| 二级指标 | 三级指标 | 四级指标数 | 上升指标 | | 保持指标 | | 下降指标 | | 变化趋势 |
|---|---|---|---|---|---|---|---|---|---|
| | | | 个数 | 比重（%） | 个数 | 比重（%） | 个数 | 比重（%） | |
| 生态环境竞争力 | 生态建设竞争力 | 9 | 0 | 0.0 | 7 | 77.8 | 2 | 22.2 | 持续→ |
| | 生态效益竞争力 | 9 | 0 | 0.0 | 4 | 44.4 | 5 | 55.6 | 持续↓ |
| | 小 计 | 18 | 0 | 0.0 | 11 | 61.1 | 7 | 38.9 | 持续→ |
| 资源环境竞争力 | 水环境竞争力 | 11 | 1 | 9.1 | 7 | 63.6 | 3 | 27.3 | 持续→ |
| | 土地环境竞争力 | 13 | 1 | 7.7 | 11 | 84.6 | 1 | 7.7 | 持续→ |
| | 大气环境竞争力 | 8 | 6 | 75.0 | 1 | 12.5 | 1 | 12.5 | 持续↑ |
| | 森林环境竞争力 | 8 | 0 | 0.0 | 8 | 100.0 | 0 | 0.0 | 持续→ |
| | 矿产环境竞争力 | 9 | 1 | 11.1 | 0 | 0.0 | 8 | 88.9 | 波动↓ |
| | 能源环境竞争力 | 7 | 3 | 42.9 | 4 | 57.1 | 0 | 0.0 | 波动↑ |
| | 小 计 | 56 | 12 | 21.4 | 31 | 55.4 | 13 | 23.2 | 波动↓ |
| 环境管理竞争力 | 环境治理竞争力 | 10 | 1 | 10.0 | 3 | 30.0 | 6 | 60.0 | 持续↓ |
| | 环境友好竞争力 | 6 | 3 | 50.0 | 0 | 0.0 | 3 | 50.0 | 持续↑ |
| | 小 计 | 16 | 4 | 25.0 | 3 | 18.8 | 9 | 56.3 | 持续↓ |
| 环境影响竞争力 | 环境安全竞争力 | 12 | 6 | 50.0 | 0 | 0.0 | 6 | 50.0 | 波动↑ |
| | 环境质量竞争力 | 9 | 3 | 33.3 | 4 | 44.4 | 2 | 22.2 | 持续↓ |
| | 小 计 | 21 | 9 | 42.9 | 4 | 19.0 | 8 | 38.1 | 波动→ |
| 环境协调竞争力 | 人口与环境协调竞争力 | 9 | 2 | 22.2 | 6 | 66.7 | 1 | 11.1 | 波动↓ |
| | 经济与环境协调竞争力 | 10 | 4 | 40.0 | 1 | 10.0 | 5 | 50.0 | 波动↓ |
| | 小 计 | 19 | 6 | 31.6 | 7 | 36.8 | 6 | 31.6 | 波动↓ |
| 合 计 | | 130 | 31 | 23.8 | 56 | 43.1 | 43 | 33.1 | 持续↓ |

### 19.6.3 广东省环境竞争力各级指标变化动因分析

2012年广东省环境竞争力各级指标的优劣势变化及其结构，如图19-6-2和表19-6-4所示。

从图19-6-2可以看出，2012年广东省环境竞争力的四级指标中强势和优势指标的比例略大于劣势指标，表明强势和优势指标居于主导地位。表19-6-4中的数据进一步说明，2012年广东省环境竞争力的130个四级指标中，强势指标有18个，占指标总数的13.8%；优势指标为29个，占指标总数的22.3%；中势指标38个，占指标总数的29.2%；劣势指标有45个，占指标总数的34.6%；强势指标和优势指标之和占指标总数的36.2%，数量与比重均略大于劣势指标。从三级指标来看，四级指标中强势指标和优势指标之和占四级指标总数一半以上的分别有生态效益竞争力和水环境竞争力，共计2个指标，占三级指标总数的14.3%。反映到二级指标上来，强势指标有1个，占二级指标总数的20%；优势指标有1个，占二级指标总数的20%；中势指标有2个，占二级指标总数的40%；劣势指标有1个，占二级指标总数的20%。这保证了广东省环境竞争力的强势地位，在全国位居第2位，处于上游区。

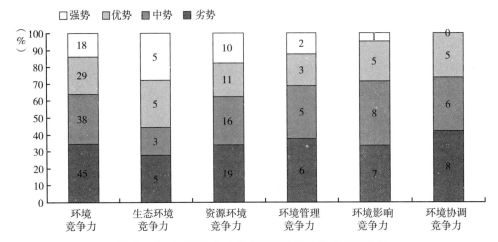

图 19 - 6 - 2　2012 年广东省环境竞争力优劣度结构图

表 19 - 6 - 4　2012 年广东省环境竞争力各级指标优劣度比较表

| 二级指标 | 三级指标 | 四级指标数 | 强势指标 | | 优势指标 | | 中势指标 | | 劣势指标 | | 优劣度 |
|---|---|---|---|---|---|---|---|---|---|---|---|
| | | | 个数 | 比重（%） | 个数 | 比重（%） | 个数 | 比重（%） | 个数 | 比重（%） | |
| 生态环境竞争力 | 生态建设竞争力 | 9 | 4 | 44.4 | 0 | 0.0 | 2 | 22.2 | 3 | 33.3 | 强势 |
| | 生态效益竞争力 | 9 | 1 | 11.1 | 5 | 55.6 | 1 | 11.1 | 2 | 22.2 | 优势 |
| | 小　计 | 18 | 5 | 27.8 | 5 | 27.8 | 3 | 16.7 | 5 | 27.8 | 强势 |
| 资源环境竞争力 | 水环境竞争力 | 11 | 4 | 36.4 | 2 | 18.2 | 1 | 9.1 | 4 | 36.4 | 劣势 |
| | 土地环境竞争力 | 13 | 2 | 15.4 | 3 | 23.1 | 2 | 15.4 | 6 | 46.2 | 优势 |
| | 大气环境竞争力 | 8 | 1 | 12.5 | 1 | 12.5 | 4 | 50.0 | 2 | 25.0 | 中势 |
| | 森林环境竞争力 | 8 | 1 | 12.5 | 3 | 37.5 | 3 | 37.5 | 1 | 12.5 | 优势 |
| | 矿产环境竞争力 | 9 | 0 | 0.0 | 1 | 11.1 | 3 | 33.3 | 5 | 55.6 | 劣势 |
| | 能源环境竞争力 | 7 | 2 | 28.6 | 1 | 14.3 | 3 | 42.9 | 1 | 14.3 | 中势 |
| | 小　计 | 56 | 10 | 17.9 | 11 | 19.6 | 16 | 28.6 | 19 | 33.9 | 中势 |
| 环境管理竞争力 | 环境治理竞争力 | 10 | 1 | 10.0 | 3 | 30.0 | 1 | 10.0 | 5 | 50.0 | 中势 |
| | 环境友好竞争力 | 6 | 1 | 16.7 | 0 | 0.0 | 4 | 66.7 | 1 | 16.7 | 中势 |
| | 小　计 | 16 | 2 | 12.5 | 3 | 18.8 | 5 | 31.3 | 6 | 37.5 | 中势 |
| 环境影响竞争力 | 环境安全竞争力 | 12 | 0 | 0.0 | 2 | 16.7 | 7 | 58.3 | 3 | 25.0 | 中势 |
| | 环境质量竞争力 | 9 | 1 | 11.1 | 3 | 33.3 | 1 | 11.1 | 4 | 44.4 | 优势 |
| | 小　计 | 21 | 1 | 4.8 | 5 | 23.8 | 8 | 38.1 | 7 | 33.3 | 优势 |
| 环境协调竞争力 | 人口与环境协调竞争力 | 9 | 0 | 0.0 | 4 | 44.4 | 1 | 11.1 | 4 | 44.4 | 中势 |
| | 经济与环境协调竞争力 | 10 | 0 | 0.0 | 1 | 10.0 | 5 | 50.0 | 4 | 40.0 | 劣势 |
| | 小　计 | 19 | 0 | 0.0 | 5 | 26.3 | 6 | 31.6 | 8 | 42.1 | 劣势 |
| 合　计 | | 130 | 18 | 13.8 | 29 | 22.3 | 38 | 29.2 | 45 | 34.6 | 强势 |

为了进一步明确影响广东省环境竞争力变化的具体指标，也便于对相关指标进行深入分析，从而为提升广东省环境竞争力提供决策参考，表 19 - 6 - 5 列出了环境竞争力指标体系中直接影响广东省环境竞争力升降的强势指标、优势指标和劣势指标。

表19-6-5 2012年广东省环境竞争力四级指标优劣度统计表

| 指标 | 强势指标 | 优势指标 | 劣势指标 |
|---|---|---|---|
| 生态环境竞争力（18个） | 公园面积、园林绿地面积、绿化覆盖面积、自然保护区个数、工业废气排放强度（5个） | 工业二氧化硫排放强度、工业烟（粉）尘排放强度、工业废水排放强度、工业废水中化学需氧量排放强度、工业废水中氨氮排放强度（5个） | 国家级生态示范区个数、本年减少耕地面积、野生动物种源繁育基地数、化肥施用强度、农药施用强度（5个） |
| 资源环境竞争力（56个） | 供水总量、用水总量、用水消耗量、耗水率、园地面积、单位耕地面积农业增加值、可吸入颗粒物（PM10）浓度、人工林面积、单位地区生产总值能耗、单位工业增加值能耗（10个） | 水资源总量、降水量、土地资源利用效率、单位建设用地非农产业增加值、沙化土地面积占土地总面积的比重、全省设区市优良天数比例、林业用地面积、森林面积、森林覆盖率、工业固体废物产生量、能源消费弹性系数（11个） | 节灌率、城市再生水利用率、工业废水排放总量、生活污水排放量、耕地面积、人均耕地面积、牧草地面积、人均牧草地面积、建设用地面积、当年新增种草面积、工业废气排放总量、工业二氧化硫排放总量、天然林比重、主要黑色金属矿产基础储量、人均主要黑色金属矿产基础储量、人均主要有色金属矿产基础储量、主要能源矿产基础储量、人均主要能源矿产基础储量、能源消费总量（19个） |
| 环境管理竞争力（16个） | 地质灾害防治投资额、工业固体废物处置利用率（2个） | 废气治理设施年运行费用、废水治理设施处理能力、废水治理设施年运行费用（3个） | 环境污染治理投资总额占地方生产总值比重、矿山环境恢复治理投入资金、本年矿山恢复面积、水土流失治理面积、土地复垦面积占新增耕地面积的比重、生活垃圾无害化处理率（6个） |
| 环境影响竞争力（21个） | 人均二氧化硫排放量（1个） | 自然灾害绝收面积占受灾面积比重、地质灾害防治投资额、人均工业废气排放量、人均工业烟（粉）尘排放量、人均化肥施用量（5个） | 突发环境事件次数、受火灾森林面积、森林病虫鼠害防治率、人均工业废水排放量、人均生活污水排放量、人均化学需氧量排放量、人均工业固体废物排放量（7个） |
| 环境协调竞争力（19个） | （0个） | 人口自然增长率与工业废水排放量增长率比差、人口自然增长率与工业固体废物排放量增长率比差、人口密度与人均水资源量比差、人口密度与森林覆盖率比差、工业增加值增长率与工业固体废物排放量增长率比差（5个） | 人口自然增长率与工业废气排放量增长率比差、人口自然增长率与能源消费量增长率比差、人口密度与人均耕地面积比差、人口密度与人均能源生产量比差、地区生产总值增长率与能源消费量增长率比差、人均工业增加值与人均水资源量比差、人均工业增加值与人均耕地面积比差、人均工业增加值与人均矿产基础储量比差（8个） |

# 20
# 广西壮族自治区环境竞争力评价分析报告

　　广西壮族自治区简称桂，地处华南地区西部，北靠贵州省、湖南省，东接广东省，西连云南省并与越南交界，南濒南海。全区土地面积 23.67 万平方公里，2012 年末总人口 4682 万人，人均 GDP 达到 27952 元，万元 GDP 能耗为 0.83 吨标准煤。"十二五"中期（2010～2012 年），广西壮族自治区环境竞争力的综合排位呈持续上升趋势，2012 年排名第 19 位，比 2010 年上升了 8 位，在全国处于中势地位。

## 20.1　广西壮族自治区生态环境竞争力评价分析

### 20.1.1　广西壮族自治区生态环境竞争力评价结果

　　2010～2012 年广西壮族自治区生态环境竞争力排位和排位变化情况及其下属 2 个三级指标和 18 个四级指标的评价结果，如表 20 - 1 - 1 所示；生态环境竞争力各级指标的优劣势情况，如表 20 - 1 - 2 所示。

表 20 - 1 - 1　2010～2012 年广西壮族自治区生态环境竞争力各级指标的得分、排名及优劣度分析表

| 指标项目 | 2012 年 | | | 2011 年 | | | 2010 年 | | | 综合变化 | | |
| --- | --- | --- | --- | --- | --- | --- | --- | --- | --- | --- | --- | --- |
| | 得分 | 排名 | 优劣度 | 得分 | 排名 | 优劣度 | 得分 | 排名 | 优劣度 | 得分变化 | 排名变化 | 趋势变化 |
| **生态环境竞争力** | 38.9 | 25 | 劣势 | 39.5 | 25 | 劣势 | 35.4 | 30 | 劣势 | 3.6 | 5 | 持续↑ |
| （1）生态建设竞争力 | 23.0 | 17 | 中势 | 22.1 | 15 | 中势 | 23.8 | 13 | 中势 | -0.8 | -4 | 持续↓ |
| 国家级生态示范区个数 | 39.1 | 9 | 优势 | 39.1 | 9 | 优势 | 39.1 | 9 | 优势 | 0.0 | 0 | 持续→ |
| 公园面积 | 11.1 | 19 | 中势 | 10.9 | 18 | 中势 | 10.9 | 18 | 中势 | 0.3 | -1 | 持续↓ |
| 园林绿地面积 | 13.7 | 21 | 劣势 | 14.1 | 21 | 劣势 | 14.1 | 21 | 劣势 | -0.4 | 0 | 持续→ |
| 绿化覆盖面积 | 14.9 | 13 | 中势 | 14.2 | 13 | 中势 | 14.2 | 13 | 中势 | 0.7 | 0 | 持续→ |
| 本年减少耕地面积 | 78.8 | 12 | 中势 | 78.8 | 12 | 中势 | 78.8 | 12 | 中势 | 0.0 | 0 | 持续→ |
| 自然保护区个数 | 20.3 | 13 | 中势 | 20.3 | 13 | 中势 | 20.3 | 13 | 中势 | 0.0 | 0 | 持续→ |
| 自然保护区面积占土地总面积比重 | 13.9 | 20 | 中势 | 13.9 | 19 | 中势 | 13.9 | 19 | 中势 | 0.0 | -1 | 持续↓ |
| 野生动物种源繁育基地数 | 8.1 | 15 | 中势 | 0.8 | 23 | 劣势 | 0.8 | 23 | 劣势 | 7.4 | 8 | 持续↑ |
| 野生植物种源培育基地数 | 2.1 | 13 | 中势 | 1.0 | 17 | 中势 | 1.0 | 17 | 中势 | 1.1 | 4 | 持续↑ |
| （2）生态效益竞争力 | 62.8 | 26 | 劣势 | 65.7 | 26 | 劣势 | 52.7 | 30 | 劣势 | 10.1 | 4 | 持续↑ |
| 工业废气排放强度 | 55.9 | 24 | 劣势 | 55.8 | 26 | 劣势 | 55.8 | 26 | 劣势 | 0.1 | 2 | 持续↑ |
| 工业二氧化硫排放强度 | 83.0 | 19 | 中势 | 83.0 | 19 | 中势 | 83.0 | 19 | 中势 | 0.0 | 0 | 持续→ |

续表

| 指标项目 | 2012 年 | | | 2011 年 | | | 2010 年 | | | 综合变化 | | |
|---|---|---|---|---|---|---|---|---|---|---|---|---|
| | 得分 | 排名 | 优劣度 | 得分 | 排名 | 优劣度 | 得分 | 排名 | 优劣度 | 得分变化 | 排名变化 | 趋势变化 |
| 工业烟(粉)尘排放强度 | 79.4 | 18 | 中势 | 81.0 | 15 | 中势 | 81.0 | 15 | 中势 | -1.6 | -3 | 持续↓ |
| 工业废水排放强度 | 0.0 | 31 | 劣势 | 13.2 | 29 | 劣势 | 13.2 | 29 | 劣势 | -13.2 | -2 | 持续↓ |
| 工业废水中化学需氧量排放强度 | 69.6 | 26 | 劣势 | 70.3 | 26 | 劣势 | 70.3 | 26 | 劣势 | -0.7 | 0 | 持续→ |
| 工业废水中氨氮排放强度 | 84.3 | 23 | 劣势 | 85.7 | 23 | 劣势 | 85.7 | 23 | 劣势 | -1.3 | 0 | 持续→ |
| 工业固体废物排放强度 | 99.4 | 16 | 中势 | 99.1 | 16 | 中势 | 99.1 | 16 | 中势 | 0.3 | 0 | 持续→ |
| 化肥施用强度 | 15.6 | 29 | 劣势 | 19.6 | 29 | 劣势 | 19.6 | 29 | 劣势 | -4.0 | 0 | 持续→ |
| 农药施用强度 | 73.3 | 24 | 劣势 | 78.8 | 23 | 劣势 | 78.8 | 23 | 劣势 | -5.5 | -1 | 持续↓ |

**表 20 -1 -2  2012 年广西壮族自治区生态环境竞争力各级指标的优劣度结构表**

| 二级指标 | 三级指标 | 四级指标数 | 强势指标 | | 优势指标 | | 中势指标 | | 劣势指标 | | 优劣度 |
|---|---|---|---|---|---|---|---|---|---|---|---|
| | | | 个数 | 比重(%) | 个数 | 比重(%) | 个数 | 比重(%) | 个数 | 比重(%) | |
| 生态环境竞争力 | 生态建设竞争力 | 9 | 0 | 0.0 | 1 | 11.1 | 7 | 77.8 | 1 | 11.1 | 中势 |
| | 生态效益竞争力 | 9 | 0 | 0.0 | 0 | 0.0 | 3 | 33.3 | 6 | 66.7 | 劣势 |
| | 小计 | 18 | 0 | 0.0 | 1 | 5.6 | 10 | 55.6 | 7 | 38.9 | 劣势 |

2010～2012 年广西壮族自治区生态环境竞争力的综合排位呈现持续上升趋势，2012 年排名第 25 位，比 2010 年上升了 5 位，在全国处于下游区。

从生态环境竞争力要素指标的变化趋势来看，生态建设竞争力处于持续下降趋势，生态效益竞争力处于持续上升趋势。

从生态环境竞争力基础指标的优劣度结构来看，在 18 个基础指标中，指标的优劣度结构为 0∶5.6∶55.6∶38.9。中势指标所占比重大于优势指标的比重，表明中势指标占主导地位。

### 20.1.2  广西壮族自治区生态环境竞争力比较分析

图 20 -1 -1 将 2010～2012 年广西壮族自治区生态环境竞争力与全国最高水平和平均水平进行比较。由图可知，评价期内广西壮族自治区生态环境竞争力得分普遍低于 40 分，说明广西壮族自治区生态环境竞争力处于较低水平。

从生态环境竞争力的整体得分比较来看，2010 年，广西壮族自治区生态环境竞争力得分与全国最高分相比有 30.3 分的差距，与全国平均分相比有 11.1 分的差距；到了 2012 年，广西壮族自治区生态环境竞争力得分与全国最高分的差距缩小为 26.2 分，但低于全国平均分 6.5 分。总的来看，2010～2012 年广西壮族自治区生态环境竞争力与最高分的差距呈缩小趋势，表明生态建设和效益不断提升。

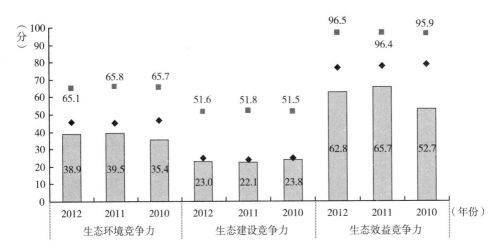

图 20 - 1 - 1   2010～2012 年广西壮族自治区生态环境竞争力指标得分比较

从生态环境竞争力的要素得分比较来看，2012 年，广西壮族自治区生态建设竞争力和生态效益竞争力的得分分别为 23.0 分和 62.8 分，分别比最高分低 28.7 分和 33.6 分，分别低于平均分 1.7 分和 13.8 分；与 2010 年相比，广西壮族自治区生态建设竞争力得分与最高分的差距扩大了 1.0 分，生态效益竞争力得分与最高分的差距缩小了 9.6 分。

### 20.1.3   广西壮族自治区生态环境竞争力变化动因分析

二级指标生态环境竞争力的变化是三级要素指标变化综合作用的结果，而三级要素指标变化又是四级基础指标变化作用的结果。三级和四级指标的变动情况如表 20 - 1 - 1 所示。

从要素指标来看，广西壮族自治区生态环境竞争力的 2 个要素指标中，生态建设竞争力的排名下降了 4 位，生态效益竞争力的排名上升了 4 位，受其他因素的综合影响，广西壮族自治区生态环境竞争力上升了 5 位。

从基础指标来看，广西壮族自治区生态环境竞争力的 18 个基础指标中，上升指标有 3 个，占指标总数的 16.7%，主要分布在生态建设竞争力指标组；下降指标有 5 个，占指标总数的 27.8%，主要分布在生态效益竞争力指标组；保持的指标有 10 个，占指标总数的 55.6%。尽管下降的指标数大于上升的指标数，但受其他外部因素的综合影响，评价期内广西壮族自治区生态环境竞争力排名上升了 5 位。

## 20.2   广西壮族自治区资源环境竞争力评价分析

### 20.2.1   广西壮族自治区资源环境竞争力评价结果

2010～2012 年广西壮族自治区资源环境竞争力排位和排位变化情况及其下属 6 个三级指标和 56 个四级指标的评价结果，如表 20 - 2 - 1 所示；资源环境竞争力各级指标的优劣势情况，如表 20 - 2 - 2 所示。

表20-2-1 2010～2012年广西壮族自治区资源环境竞争力各级指标的得分、排名及优劣度分析表

| 指标 项目 目 | 2012年 | | | 2011年 | | | 2010年 | | | 综合变化 | | |
|---|---|---|---|---|---|---|---|---|---|---|---|---|
| | 得分 | 排名 | 优劣度 | 得分 | 排名 | 优劣度 | 得分 | 排名 | 优劣度 | 得分变化 | 排名变化 | 趋势变化 |
| **资源环境竞争力** | 50.6 | 6 | 优势 | 51.5 | 6 | 优势 | 46.4 | 9 | 优势 | 4.3 | 3 | 持续↑ |
| （1）水环境竞争力 | 51.1 | 9 | 优势 | 48.7 | 8 | 优势 | 47.3 | 13 | 中势 | 3.8 | 4 | 波动↑ |
| 水资源总量 | 49.6 | 4 | 优势 | 30.5 | 5 | 优势 | 39.6 | 7 | 优势 | 10.0 | 3 | 持续↑ |
| 人均水资源量 | 3.2 | 4 | 优势 | 1.9 | 6 | 优势 | 2.5 | 8 | 优势 | 0.7 | 4 | 持续↑ |
| 降水量 | 58.7 | 4 | 优势 | 42.0 | 4 | 优势 | 51.3 | 4 | 优势 | 7.4 | 0 | 持续→ |
| 供水总量 | 49.4 | 7 | 优势 | 52.3 | 6 | 优势 | 53.3 | 6 | 优势 | -4.0 | -1 | 持续↓ |
| 用水总量 | 97.7 | 1 | 强势 | 97.6 | 1 | 强势 | 97.6 | 1 | 强势 | 0.1 | 0 | 持续→ |
| 用水消耗量 | 98.9 | 1 | 强势 | 98.7 | 1 | 强势 | 98.4 | 1 | 强势 | 0.5 | 0 | 持续→ |
| 耗水率 | 41.9 | 1 | 强势 | 41.9 | 1 | 强势 | 40.0 | 1 | 强势 | 1.9 | 0 | 持续→ |
| 节灌率 | 30.9 | 16 | 中势 | 28.9 | 17 | 中势 | 28.4 | 16 | 中势 | 2.5 | 0 | 波动↑ |
| 城市再生水利用率 | 0.0 | 29 | 劣势 | 0.0 | 29 | 劣势 | 0.0 | 27 | 劣势 | 0.0 | -2 | 持续↓ |
| 工业废水排放总量 | 53.2 | 25 | 劣势 | 59.0 | 23 | 劣势 | 37.5 | 28 | 劣势 | 15.7 | 3 | 波动↑ |
| 生活污水排放量 | 79.9 | 18 | 中势 | 80.6 | 16 | 中势 | 72.9 | 21 | 劣势 | 6.9 | 3 | 波动↑ |
| （2）土地环境竞争力 | 25.8 | 16 | 中势 | 26.0 | 18 | 中势 | 25.9 | 16 | 中势 | -0.1 | 2 | 持续↑ |
| 土地总面积 | 13.9 | 9 | 优势 | 13.9 | 9 | 优势 | 13.9 | 9 | 优势 | 0.0 | 0 | 持续→ |
| 耕地面积 | 34.5 | 12 | 中势 | 34.5 | 12 | 中势 | 34.5 | 12 | 中势 | 0.0 | 0 | 持续→ |
| 人均耕地面积 | 27.2 | 15 | 中势 | 27.4 | 15 | 中势 | 27.6 | 15 | 中势 | -0.4 | 0 | 持续→ |
| 牧草地面积 | 1.1 | 14 | 中势 | 1.1 | 14 | 中势 | 1.1 | 14 | 中势 | 0.0 | 0 | 持续→ |
| 人均牧草地面积 | 0.1 | 14 | 中势 | 0.1 | 14 | 中势 | 0.1 | 14 | 中势 | 0.0 | 0 | 持续→ |
| 园地面积 | 53.4 | 10 | 优势 | 53.4 | 10 | 优势 | 53.4 | 10 | 优势 | 0.0 | 0 | 持续→ |
| 人均园地面积 | 18.2 | 8 | 优势 | 18.1 | 8 | 优势 | 18.1 | 8 | 优势 | 0.1 | 0 | 持续→ |
| 土地资源利用效率 | 1.7 | 21 | 劣势 | 1.6 | 21 | 劣势 | 1.5 | 21 | 劣势 | 0.2 | 0 | 持续→ |
| 建设用地面积 | 63.7 | 14 | 中势 | 63.7 | 14 | 中势 | 63.7 | 14 | 中势 | 0.0 | 0 | 持续→ |
| 单位建设用地非农产业增加值 | 8.6 | 19 | 中势 | 8.1 | 19 | 中势 | 7.5 | 19 | 中势 | 1.2 | 0 | 持续→ |
| 单位耕地面积农业增加值 | 29.7 | 14 | 中势 | 32.0 | 13 | 中势 | 31.4 | 14 | 中势 | -1.6 | 2 | 波动↑ |
| 沙化土地面积占土地总面积的比重 | 98.2 | 10 | 优势 | 98.2 | 10 | 优势 | 98.2 | 10 | 优势 | 0.0 | 0 | 持续→ |
| 当年新增种草面积 | 0.0 | 31 | 劣势 | 0.0 | 31 | 劣势 | 0.0 | 31 | 劣势 | 0.0 | 0 | 持续→ |
| （3）大气环境竞争力 | 83.2 | 5 | 优势 | 83.7 | 6 | 优势 | 65.9 | 23 | 劣势 | 17.2 | 18 | 持续↑ |
| 工业废气排放总量 | 59.3 | 23 | 劣势 | 61.4 | 22 | 劣势 | 74.2 | 18 | 中势 | -15.0 | -5 | 持续↓ |
| 地均工业废气排放量 | 94.5 | 17 | 中势 | 94.2 | 18 | 中势 | 97.0 | 13 | 中势 | -2.5 | -4 | 波动↓ |
| 工业烟（粉）尘排放总量 | 74.6 | 16 | 中势 | 79.0 | 12 | 中势 | 28.8 | 26 | 劣势 | 45.8 | 10 | 波动↑ |
| 地均工业烟（粉）尘排放量 | 88.7 | 11 | 中势 | 89.5 | 11 | 中势 | 70.8 | 19 | 中势 | 18.0 | 8 | 波动↑ |
| 工业二氧化硫排放总量 | 69.5 | 12 | 中势 | 70.0 | 12 | 中势 | 38.7 | 22 | 劣势 | 30.8 | 10 | 持续↑ |
| 地均二氧化硫排放量 | 93.5 | 11 | 中势 | 93.8 | 11 | 中势 | 89.7 | 18 | 中势 | 3.7 | 7 | 持续↑ |
| 全省设区市优良天数比例 | 95.4 | 4 | 优势 | 96.1 | 3 | 强势 | 77.1 | 15 | 中势 | 18.3 | 11 | 波动↑ |
| 可吸入颗粒物（PM10）浓度 | 88.9 | 5 | 优势 | 84.6 | 5 | 优势 | 50.0 | 24 | 劣势 | 38.9 | 19 | 持续↑ |
| （4）森林环境竞争力 | 51.2 | 6 | 优势 | 51.3 | 6 | 优势 | 51.4 | 6 | 优势 | -0.2 | 0 | 持续→ |
| 林业用地面积 | 33.9 | 6 | 优势 | 33.9 | 6 | 优势 | 33.9 | 6 | 优势 | 0.0 | 0 | 持续→ |
| 森林面积 | 52.8 | 6 | 优势 | 52.8 | 6 | 优势 | 52.8 | 6 | 优势 | 0.0 | 0 | 持续→ |
| 森林覆盖率 | 82.7 | 4 | 优势 | 82.7 | 4 | 优势 | 82.7 | 4 | 优势 | 0.0 | 0 | 持续→ |

续表

| 指 标 项 目 | 2012 年 | | | 2011 年 | | | 2010 年 | | | 综合变化 | | |
|---|---|---|---|---|---|---|---|---|---|---|---|---|
| | 得分 | 排名 | 优劣度 | 得分 | 排名 | 优劣度 | 得分 | 排名 | 优劣度 | 得分变化 | 排名变化 | 趋势变化 |
| 人工林面积 | 100.0 | 1 | 强势 | 100.0 | 1 | 强势 | 100.0 | 1 | 强势 | 0.0 | 0 | 持续→ |
| 天然林比重 | 59.0 | 16 | 中势 | 59.0 | 16 | 中势 | 59.0 | 16 | 中势 | 0.0 | 0 | 持续→ |
| 造林总面积 | 18.9 | 15 | 中势 | 20.1 | 19 | 中势 | 21.5 | 18 | 中势 | −2.6 | 3 | 波动↑ |
| 森林蓄积量 | 20.8 | 8 | 优势 | 20.8 | 8 | 优势 | 20.8 | 8 | 优势 | 0.0 | 0 | 持续→ |
| 活立木总蓄积量 | 22.4 | 8 | 优势 | 22.4 | 8 | 优势 | 22.4 | 8 | 优势 | 0.0 | 0 | 持续→ |
| (5)矿产环境竞争力 | 21.5 | 9 | 优势 | 20.4 | 10 | 优势 | 20.9 | 10 | 优势 | 0.6 | 1 | 持续↑ |
| 主要黑色金属矿产基础储量 | 2.1 | 20 | 中势 | 1.7 | 20 | 中势 | 2.0 | 20 | 中势 | 0.1 | 0 | 持续→ |
| 人均主要黑色金属矿产基础储量 | 2.0 | 19 | 中势 | 1.6 | 22 | 劣势 | 1.9 | 20 | 中势 | 0.1 | 1 | 波动↑ |
| 主要有色金属矿产基础储量 | 41.1 | 4 | 优势 | 33.1 | 4 | 优势 | 29.1 | 6 | 优势 | 12.1 | 2 | 持续↑ |
| 人均主要有色金属矿产基础储量 | 38.6 | 5 | 优势 | 31.2 | 5 | 优势 | 27.6 | 6 | 优势 | 11.0 | 1 | 持续↑ |
| 主要非金属矿产基础储量 | 18.1 | 6 | 优势 | 18.4 | 7 | 优势 | 26.0 | 6 | 优势 | −7.8 | 2 | 持续↑ |
| 人均主要非金属矿产基础储量 | 16.4 | 6 | 优势 | 21.5 | 6 | 优势 | 27.9 | 7 | 优势 | −11.5 | 1 | 持续↑ |
| 主要能源矿产基础储量 | 0.2 | 26 | 劣势 | 0.2 | 26 | 劣势 | 0.9 | 21 | 劣势 | −0.7 | −5 | 持续↓ |
| 人均主要能源矿产基础储量 | 0.2 | 27 | 劣势 | 0.2 | 27 | 劣势 | 0.5 | 23 | 劣势 | −0.4 | −4 | 持续↓ |
| 工业固体废物产生量 | 83.2 | 18 | 中势 | 84.1 | 16 | 中势 | 80.4 | 16 | 中势 | 2.8 | −2 | 波动↓ |
| (6)能源环境竞争力 | 70.5 | 16 | 中势 | 78.1 | 7 | 优势 | 63.6 | 12 | 中势 | 6.9 | −4 | 波动↓ |
| 能源生产总量 | 97.4 | 6 | 优势 | 97.7 | 6 | 优势 | 97.0 | 6 | 优势 | 0.4 | 0 | 持续→ |
| 能源消费总量 | 76.6 | 9 | 优势 | 77.0 | 9 | 优势 | 77.4 | 10 | 优势 | −0.8 | 1 | 持续↑ |
| 单位地区生产总值能耗 | 65.6 | 12 | 中势 | 72.8 | 13 | 中势 | 62.7 | 12 | 中势 | 2.8 | 0 | 波动→ |
| 单位地区生产总值电耗 | 81.7 | 22 | 劣势 | 82.7 | 20 | 劣势 | 78.6 | 22 | 劣势 | 3.1 | 0 | 波动→ |
| 单位工业增加值能耗 | 67.7 | 14 | 中势 | 67.3 | 16 | 中势 | 64.8 | 15 | 中势 | 2.9 | 1 | 波动↑ |
| 能源生产弹性系数 | 40.4 | 29 | 劣势 | 87.9 | 6 | 优势 | 55.6 | 11 | 中势 | −15.2 | −18 | 波动↓ |
| 能源消费弹性系数 | 67.9 | 22 | 劣势 | 64.1 | 16 | 中势 | 13.7 | 29 | 劣势 | 54.2 | 7 | 波动↑ |

**表 20 – 2 – 2　2012 年广西壮族自治区资源环境竞争力各级指标的优劣度结构表**

| 二级指标 | 三级指标 | 四级指标数 | 强势指标 | | 优势指标 | | 中势指标 | | 劣势指标 | | 优劣度 |
|---|---|---|---|---|---|---|---|---|---|---|---|
| | | | 个数 | 比重(%) | 个数 | 比重(%) | 个数 | 比重(%) | 个数 | 比重(%) | |
| 资源环境竞争力 | 水环境竞争力 | 11 | 3 | 27.3 | 4 | 36.4 | 2 | 18.2 | 2 | 18.2 | 优势 |
| | 土地环境竞争力 | 13 | 0 | 0.0 | 4 | 30.8 | 7 | 53.8 | 2 | 15.4 | 中势 |
| | 大气环境竞争力 | 8 | 0 | 0.0 | 2 | 25.0 | 5 | 62.5 | 1 | 12.5 | 优势 |
| | 森林环境竞争力 | 8 | 1 | 12.5 | 5 | 62.5 | 2 | 25.0 | 0 | 0.0 | 优势 |
| | 矿产环境竞争力 | 9 | 0 | 0.0 | 4 | 44.4 | 3 | 33.3 | 2 | 22.2 | 优势 |
| | 能源环境竞争力 | 7 | 0 | 0.0 | 2 | 28.6 | 2 | 28.6 | 3 | 42.9 | 中势 |
| 小　计 | | 56 | 4 | 7.1 | 21 | 37.5 | 21 | 37.5 | 10 | 17.9 | 优势 |

　　2010～2012 年广西壮族自治区资源环境竞争力的综合排位呈现持续上升趋势,2012 年排名第 6 位,与 2010 年相比,排位上升了 3 位,在全国处于上游区。

　　从资源环境竞争力的要素指标变化趋势来看,有 4 个指标处于上升趋势,即水环境竞争力、土地环境竞争力、大气环境竞争力和矿产环境竞争力;有 1 个指标处于保持趋势,为森林环境竞争力;有 1 个指标处于下降趋势,为能源环境竞争力。

从资源环境竞争力的基础指标分布来看，在 56 个基础指标中，指标的优劣度结构为 7.1∶37.5∶37.5∶17.9。强势和优势指标所占比重显著高于劣势指标的比重，表明优势指标占主导地位。

### 20.2.2 广西壮族自治区资源环境竞争力比较分析

图 20-2-1 将 2010~2012 年广西壮族自治区资源环境竞争力与全国最高水平和平均水平进行比较。由图可知，评价期内广西壮族自治区资源环境竞争力得分普遍高于 46 分，且呈现波动上升趋势，说明广西壮族自治区资源环境竞争力保持较高水平。

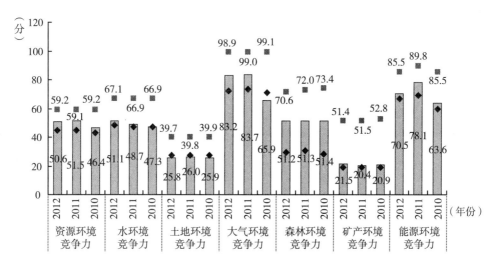

图 20-2-1 2010~2012 年广西壮族自治区资源环境竞争力指标得分比较

从资源环境竞争力的整体得分比较来看，2010 年，广西壮族自治区资源环境竞争力得分与全国最高分相比还有 12.8 分的差距，与全国平均分相比，则高了 3.4 分；到 2012 年，广西壮族自治区资源环境竞争力得分与全国最高分的差距缩小为 8.5 分，高于全国平均分 6.1 分。总的来说，2010~2012 年广西壮族自治区资源环境竞争力与最高分的差距呈缩小趋势，继续在全国处于上游地位。

从资源环境竞争力的要素得分比较来看，2012 年，广西壮族自治区水环境竞争力、土地环境竞争力、大气环境竞争力、森林环境竞争力、矿产环境竞争力和能源环境竞争力的得分分别为 51.1 分、25.8 分、83.2 分、51.2 分、21.5 分和 70.5 分，比最高分低 16.1 分、13.9 分、15.7 分、19.4 分、29.9 分和 15 分；与 2010 年相比，广西壮族自治区水环境竞争力、土地环境竞争力、大气环境竞争力、森林环境竞争力、矿产环境竞争力和能源环境竞争力的得分与最高分的差距都缩小了。

### 20.2.3 广西壮族自治区资源环境竞争力变化动因分析

二级指标资源环境竞争力的变化是三级要素指标变化综合作用的结果，而三级要素指标变化又是四级基础指标变化作用的结果。三级和四级指标的变动情况如表 20-2-1 所示。

从要素指标来看，广西壮族自治区资源环境竞争力的 6 个要素指标中，水环境竞争力、土地环境竞争力、大气环境竞争力和矿产环境竞争力的排位出现了上升，而森林环境竞争力的排位保持不变，能源环境竞争力的排位呈下降趋势，受指标排位升降的综合影响，广西壮族自治区资源环境竞争力呈现持续上升趋势，其中水环境竞争力、土地环境竞争力、大气环境竞争力和矿产环境竞争力是资源环境竞争力排位持续上升的主要因素。

从基础指标来看，广西壮族自治区资源环境竞争力的 56 个基础指标中，上升指标有 20 个，占指标总数的 35.7%，主要分布在大气环境竞争力等指标组；下降指标有 8 个，占指标总数的 14.3%，主要分布在大气环境竞争力和矿产环境竞争力等指标组。排位上升的指标数量明显高于排位下降的指标数量，使得 2012 年广西壮族自治区资源环境竞争力排名上升了 3 位。

## 20.3 广西壮族自治区环境管理竞争力评价分析

### 20.3.1 广西壮族自治区环境管理竞争力评价结果

2010～2012 年广西壮族自治区环境管理竞争力排位和排位变化情况及其下属 2 个三级指标和 16 个四级指标的评价结果，如表 20-3-1 所示；环境管理竞争力各级指标的优劣势情况，如表 20-3-2 所示。

表 20-3-1　2010～2012 年广西壮族自治区环境管理竞争力各级指标的得分、排名及优劣度分析表

| 指标项目 | 2012 年 | | | 2011 年 | | | 2010 年 | | | 综合变化 | | |
|---|---|---|---|---|---|---|---|---|---|---|---|---|
| | 得分 | 排名 | 优劣度 | 得分 | 排名 | 优劣度 | 得分 | 排名 | 优劣度 | 得分变化 | 排名变化 | 趋势变化 |
| **环境管理竞争力** | 49.0 | 13 | 中势 | 44.0 | 17 | 中势 | 46.0 | 15 | 中势 | 3.0 | 2 | 波动↑ |
| (1)环境治理竞争力 | 18.7 | 24 | 劣势 | 17.0 | 22 | 劣势 | 21.2 | 18 | 中势 | -2.5 | -6 | 持续↓ |
| 环境污染治理投资总额 | 25.4 | 17 | 中势 | 22.6 | 17 | 中势 | 11.6 | 12 | 中势 | 13.8 | -5 | 持续↓ |
| 环境污染治理投资总额占地方生产总值比重 | 34.2 | 15 | 中势 | 19.1 | 13 | 中势 | 54.8 | 8 | 优势 | -20.7 | -7 | 持续↓ |
| 废气治理设施年运行费用 | 12.1 | 20 | 中势 | 15.2 | 21 | 劣势 | 17.5 | 21 | 劣势 | -5.4 | 1 | 持续↑ |
| 废水治理设施处理能力 | 34.1 | 6 | 优势 | 16.6 | 10 | 优势 | 52.9 | 4 | 优势 | -18.8 | -2 | 波动↓ |
| 废水治理设施年运行费用 | 18.8 | 13 | 中势 | 20.1 | 16 | 中势 | 22.4 | 19 | 中势 | -3.6 | 6 | 持续↑ |
| 矿山环境恢复治理投入资金 | 11.2 | 18 | 中势 | 22.2 | 18 | 中势 | 17.7 | 14 | 中势 | -6.5 | -4 | 波动↓ |
| 本年矿山恢复面积 | 8.3 | 21 | 劣势 | 2.9 | 10 | 优势 | 4.8 | 15 | 中势 | 3.5 | -6 | 波动↓ |
| 地质灾害防治投资额 | 19.2 | 11 | 中势 | 29.2 | 4 | 优势 | 3.8 | 14 | 中势 | 15.5 | 3 | 波动↑ |
| 水土流失治理面积 | 14.5 | 19 | 中势 | 17.4 | 20 | 中势 | 17.2 | 20 | 中势 | -2.7 | 1 | 持续↑ |
| 土地复垦面积占新增耕地面积的比重 | 0.7 | 29 | 劣势 | 0.7 | 29 | 劣势 | 0.7 | 29 | 劣势 | 0.0 | 0 | 持续→ |
| (2)环境友好竞争力 | 72.6 | 9 | 优势 | 64.9 | 16 | 中势 | 65.2 | 12 | 中势 | 7.4 | 3 | 持续↑ |
| 工业固体废物综合利用量 | 26.5 | 15 | 中势 | 22.8 | 16 | 中势 | 23.5 | 16 | 中势 | 3.0 | 1 | 持续↑ |
| 工业固体废物处置量 | 19.0 | 8 | 优势 | 15.2 | 9 | 中势 | 13.0 | 11 | 中势 | 6.0 | 3 | 持续↑ |
| 工业固体废物处置利用率 | 94.0 | 13 | 中势 | 82.8 | 20 | 中势 | 72.6 | 15 | 中势 | 21.3 | 2 | 波动↑ |
| 工业用水重复利用率 | 96.4 | 6 | 优势 | 96.0 | 9 | 中势 | 93.0 | 9 | 中势 | 3.4 | 3 | 持续↑ |
| 城市污水处理率 | 92.7 | 14 | 中势 | 67.8 | 28 | 劣势 | 89.3 | 13 | 中势 | 3.4 | -1 | 波动↓ |
| 生活垃圾无害化处理率 | 98.1 | 7 | 优势 | 95.5 | 5 | 优势 | 91.1 | 9 | 优势 | 7.0 | 2 | 波动↓ |

表 20 - 3 - 2  2012 年广西壮族自治区环境管理竞争力各级指标的优劣度结构表

| 二级指标 | 三级指标 | 四级指标数 | 强势指标 | | 优势指标 | | 中势指标 | | 劣势指标 | | 优劣度 |
|---|---|---|---|---|---|---|---|---|---|---|---|
| | | | 个数 | 比重（%） | 个数 | 比重（%） | 个数 | 比重（%） | 个数 | 比重（%） | |
| 环境管理竞争力 | 环境治理竞争力 | 10 | 0 | 0.0 | 1 | 10.0 | 7 | 70.0 | 2 | 20.0 | 劣势 |
| | 环境友好竞争力 | 6 | 0 | 0.0 | 3 | 50.0 | 3 | 50.0 | 0 | 0.0 | 优势 |
| | 小    计 | 16 | 0 | 0.0 | 4 | 25.0 | 10 | 62.5 | 2 | 12.5 | 中势 |

2010~2012 年广西壮族自治区环境管理竞争力的综合排位呈现波动上升趋势，2012 年排名第 13 位，比 2010 年上升了 2 位，在全国处于中游区。

从环境管理竞争力的要素指标变化趋势来看，有 1 个指标处于持续上升趋势，即环境友好竞争力，有 1 个指标处于持续下降趋势，即环境治理竞争力。

从环境管理竞争力的基础指标分布来看，在 16 个基础指标中，指标的优劣度结构为0.0：25.0：62.5：12.5。中势指标所占比重大于优势指标的比重，表明中势指标占主导地位。

### 20.3.2  广西壮族自治区环境管理竞争力比较分析

图 20 - 3 - 1 将 2010~2012 年广西壮族自治区环境管理竞争力与全国最高水平和平均水平进行比较。由图可知，评价期内广西壮族自治区环境管理竞争力得分普遍高于 43 分，且呈波动上升趋势，说明广西壮族自治区环境管理竞争力处于中上水平。

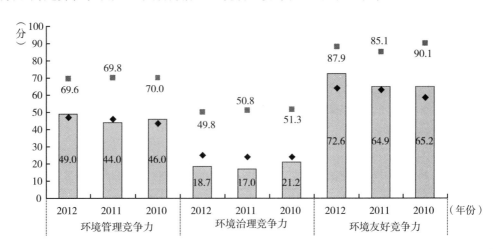

图 20 - 3 - 1  2010~2012 年广西壮族自治区环境管理竞争力指标得分比较

从环境管理竞争力的整体得分比较来看，2010 年，广西壮族自治区环境管理竞争力得分与全国最高分相比还有 24.0 分的差距，但与全国平均分相比，则高出 2.6 分；到 2012 年，广西壮族自治区环境管理竞争力得分与全国最高分的差距缩小为 20.6 分，高出全国平均分 2.0 分。总的来看，2010~2012 年广西壮族自治区环境管理竞争力与最高分的差距呈下降趋势，继续保持全国中等水平。

从环境管理竞争力的要素得分比较来看，2012 年，广西壮族自治区环境治理竞争力和环境友好竞争力的得分分别为 18.7 分和 72.6 分，分别低于最高分 31.1 分和 15.3 分，其中环境治理竞争力低于平均分 6.5 分，环境友好竞争力高于平均分 8.7 分；与 2010 年相比，广西壮族自治区环境治理竞争力得分与最高分的差距扩大了 1.0 分，环境友好竞争力得分与最高分的差距缩小了 9.6 分。

### 20.3.3 广西壮族自治区环境管理竞争力变化动因分析

二级指标环境管理竞争力的变化是三级要素指标变化综合作用的结果，而三级要素指标变化又是四级基础指标变化作用的结果。三级和四级指标的变动情况如表 20 - 3 - 1 所示。

从要素指标来看，广西壮族自治区环境管理竞争力的 2 个要素指标中，环境治理竞争力的排名下降了 6 位，环境友好竞争力的排名上升了 3 位，受指标排位升降的综合影响，广西壮族自治区环境管理竞争力上升了 2 位，其中环境友好竞争力是推动环境管理竞争力上升的主要动力。

从基础指标来看，广西壮族自治区环境管理竞争力的 16 个基础指标中，上升指标有 9 个，占指标总数的 56.3%，主要分布在环境友好竞争力指标组；下降指标有 6 个，占指标总数的 37.5%，主要分布在环境治理竞争力指标组。排位上升的指标数量大于排位下降的指标数量，使得 2012 年广西壮族自治区环境管理竞争力排名上升了 2 位。

## 20.4 广西壮族自治区环境影响竞争力评价分析

### 20.4.1 广西壮族自治区环境影响竞争力评价结果

2010～2012 年广西壮族自治区环境影响竞争力排位和排位变化情况及其下属 2 个三级指标和 21 个四级指标的评价结果，如表 20 - 4 - 1 所示；环境影响竞争力各级指标的优劣势情况，如表 20 - 4 - 2 所示。

**表 20 - 4 - 1　2010～2012 年广西壮族自治区环境影响竞争力各级指标的得分、排名及优劣度分析表**

| 指标项目 | | 2012 年 | | | 2011 年 | | | 2010 年 | | | 综合变化 | | |
|---|---|---|---|---|---|---|---|---|---|---|---|---|---|
| | | 得分 | 排名 | 优劣度 | 得分 | 排名 | 优劣度 | 得分 | 排名 | 优劣度 | 得分变化 | 排名变化 | 趋势变化 |
| **环境影响竞争力** | | 67.2 | 23 | 劣势 | 66.5 | 24 | 劣势 | 61.1 | 29 | 劣势 | 6.1 | 6 | 持续↑ |
| （1）环境安全竞争力 | | 68.6 | 23 | 劣势 | 63.0 | 25 | 劣势 | 62.9 | 24 | 劣势 | 5.7 | 1 | 波动↑ |
| 自然灾害受灾面积 | | 76.8 | 15 | 中势 | 44.4 | 22 | 劣势 | 48.2 | 22 | 劣势 | 28.6 | 7 | 持续↑ |
| 自然灾害绝收面积占受灾面积比重 | | 87.4 | 4 | 优势 | 87.0 | 9 | 优势 | 91.1 | 3 | 强势 | -3.8 | -1 | 波动↓ |
| 自然灾害直接经济损失 | | 89.3 | 8 | 优势 | 79.0 | 16 | 中势 | 79.2 | 13 | 中势 | 10.1 | 5 | 波动↑ |
| 发生地质灾害起数 | | 88.4 | 23 | 劣势 | 95.4 | 25 | 劣势 | 86.6 | 26 | 劣势 | 1.8 | 3 | 持续↑ |
| 地质灾害直接经济损失 | | 95.7 | 23 | 劣势 | 99.4 | 12 | 中势 | 94.9 | 15 | 中势 | 0.9 | -8 | 波动↓ |
| 地质灾害防治投资额 | | 19.6 | 11 | 中势 | 29.2 | 5 | 优势 | 3.8 | 14 | 中势 | 15.8 | 3 | 波动↑ |
| 突发环境事件次数 | | 89.6 | 23 | 劣势 | 84.3 | 28 | 劣势 | 97.5 | 13 | 中势 | -7.9 | -10 | 波动↓ |

续表

| 指标 项目 | 2012 年 | | | 2011 年 | | | 2010 年 | | | 综合变化 | | |
|---|---|---|---|---|---|---|---|---|---|---|---|---|
| | 得分 | 排名 | 优劣度 | 得分 | 排名 | 优劣度 | 得分 | 排名 | 优劣度 | 得分变化 | 排名变化 | 趋势变化 |
| 森林火灾次数 | 68.7 | 26 | 劣势 | 59.9 | 26 | 劣势 | 71.8 | 29 | 劣势 | -3.2 | 3 | 持续↑ |
| 森林火灾火场总面积 | 46.4 | 28 | 劣势 | 20.4 | 29 | 劣势 | 41.0 | 29 | 劣势 | 5.4 | 1 | 持续↑ |
| 受火灾森林面积 | 83.2 | 27 | 劣势 | 75.5 | 22 | 劣势 | 86.4 | 26 | 劣势 | -3.1 | -1 | 波动↓ |
| 森林病虫鼠害发生面积 | 78.2 | 21 | 劣势 | 96.9 | 20 | 中势 | 69.5 | 17 | 中势 | 8.7 | -4 | 持续↓ |
| 森林病虫鼠害防治率 | 0.0 | 31 | 劣势 | 13.3 | 30 | 劣势 | 0.0 | 31 | 劣势 | 0.0 | 0 | 波动→ |
| （2）环境质量竞争力 | 66.1 | 22 | 中势 | 69.0 | 20 | 中势 | 59.8 | 28 | 劣势 | 6.3 | 6 | 波动↑ |
| 人均工业废气排放量 | 60.6 | 22 | 劣势 | 60.6 | 24 | 劣势 | 88.0 | 16 | 中势 | -27.3 | -6 | 波动↓ |
| 人均二氧化硫排放量 | 90.0 | 8 | 优势 | 91.6 | 8 | 优势 | 66.8 | 21 | 劣势 | 23.2 | 13 | 持续↑ |
| 人均工业烟（粉）尘排放量 | 80.4 | 15 | 中势 | 85.4 | 11 | 中势 | 61.7 | 25 | 劣势 | 18.6 | 10 | 波动↑ |
| 人均工业废水排放量 | 27.2 | 22 | 劣势 | 36.0 | 24 | 劣势 | 10.9 | 22 | 劣势 | 16.3 | 2 | 持续↑ |
| 人均生活污水排放量 | 74.8 | 16 | 中势 | 79.4 | 13 | 中势 | 73.4 | 23 | 劣势 | 1.4 | 7 | 波动↑ |
| 人均化学需氧量排放量 | 51.3 | 28 | 劣势 | 54.1 | 28 | 劣势 | 27.6 | 30 | 劣势 | 23.7 | 2 | 持续↑ |
| 人均工业固体废物排放量 | 99.4 | 15 | 中势 | 98.6 | 17 | 中势 | 95.7 | 20 | 中势 | 3.7 | 5 | 持续↑ |
| 人均化肥施用量 | 40.5 | 22 | 劣势 | 39.6 | 21 | 劣势 | 35.3 | 21 | 劣势 | 5.3 | -1 | 持续↓ |
| 人均农药施用量 | 70.6 | 21 | 劣势 | 76.1 | 21 | 劣势 | 76.2 | 20 | 中势 | -5.7 | -1 | 持续↓ |

表 20 - 4 - 2 　2012 年广西壮族自治区环境影响竞争力各级指标的优劣度结构表

| 二级指标 | 三级指标 | 四级指标数 | 强势指标 | | 优势指标 | | 中势指标 | | 劣势指标 | | 优劣度 |
|---|---|---|---|---|---|---|---|---|---|---|---|
| | | | 个数 | 比重（%） | 个数 | 比重（%） | 个数 | 比重（%） | 个数 | 比重（%） | |
| 环境影响竞争力 | 环境安全竞争力 | 12 | 0 | 0.0 | 2 | 16.7 | 2 | 16.7 | 8 | 66.7 | 劣势 |
| | 环境质量竞争力 | 9 | 0 | 0.0 | 1 | 11.1 | 3 | 33.3 | 5 | 55.6 | 劣势 |
| | 小　计 | 21 | 0 | 0.0 | 3 | 14.3 | 5 | 23.8 | 13 | 61.9 | 劣势 |

　　2010～2012 年广西壮族自治区环境影响竞争力的综合排位呈现持续上升趋势，2012 年排名第 23 位，与 2010 年相比，排位上升了 6 位，在全国处于下游区。

　　从环境影响竞争力的要素指标变化趋势来看，2 个指标都处于波动上升趋势。

　　从环境影响竞争力的基础指标分布来看，在 21 个基础指标中，指标的优劣度结构为 0：14.3：23.8：61.9。劣势指标所占比重明显高于优势指标的比重，表明劣势指标占主导地位。

### 20.4.2　广西壮族自治区环境影响竞争力比较分析

　　图 20 - 4 - 1 将 2010～2012 年广西壮族自治区环境影响竞争力与全国最高水平和平均水平进行比较。由图可知，评价期内广西壮族自治区环境影响竞争力得分普遍低于 68 分，说明广西壮族自治区环境影响竞争力处于较低水平。

　　从环境影响竞争力的整体得分比较来看，2010 年，广西壮族自治区环境影响竞争力得

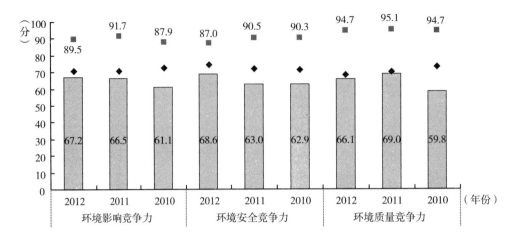

图 20 - 4 - 1　2010～2012 年广西壮族自治区环境影响竞争力指标得分比较

分与全国最高分相比还有 26.9 分的差距，与全国平均分相比，低了 11.4 分；到 2012 年，广西壮族自治区环境影响竞争力得分与全国最高分相差 22.3 分，低于全国平均分 3.5 分。总的来看，2010～2012 年广西壮族自治区环境影响竞争力与最高分的差距呈缩小趋势。

从环境影响竞争力的要素得分比较来看，2012 年，广西壮族自治区环境安全竞争力和环境质量竞争力的得分分别为 68.6 分和 66.1 分，比最高分低 18.3 分和 28.6 分，且分别低于平均分 5.6 分和 2.0 分；与 2010 年相比，广西壮族自治区环境安全竞争力得分与最高分的差距缩小了 9.1 分，环境质量竞争力得分与最高分的差距缩小了 6.3 分。

### 20.4.3　广西壮族自治区环境影响竞争力变化动因分析

二级指标环境影响竞争力的变化是三级要素指标变化综合作用的结果，而三级要素指标变化又是四级基础指标变化作用的结果。三级和四级指标的变动情况如表 20 - 4 - 1 所示。

从要素指标来看，广西壮族自治区环境影响竞争力的 2 个要素指标中，环境安全竞争力的排名波动上升了 1 位，环境质量竞争力的排名波动上升 6 位，在指标排位上升的作用下，广西壮族自治区环境影响竞争力排名持续上升。

从基础指标来看，广西壮族自治区环境影响竞争力的 21 个基础指标中，上升指标有 12 个，占指标总数的 57.1%，平均分布在环境安全竞争力和环境质量竞争力指标组；下降指标有 8 个，占指标总数的 38.1%，主要分布在环境安全竞争力指标组。排位上升的指标数量大于排位下降的指标数量，使得 2012 年广西壮族自治区环境影响竞争力排名上升了 6 位。

## 20.5　广西壮族自治区环境协调竞争力评价分析

### 20.5.1　广西壮族自治区环境协调竞争力评价结果

2010～2012 年广西壮族自治区环境协调竞争力排位和排位变化情况及其下属 2 个三级

指标和 19 个四级指标的评价结果，如表 20 - 5 - 1 所示；环境协调竞争力各级指标的优劣势情况，如表 20 - 5 - 2 所示。

表 20 - 5 - 1 2010~2012 年广西壮族自治区环境协调竞争力各级指标的得分、排名及优劣度分析表

| 指标项目 | 2012 年 | | | 2011 年 | | | 2010 年 | | | 综合变化 | | |
| --- | --- | --- | --- | --- | --- | --- | --- | --- | --- | --- | --- | --- |
| | 得分 | 排名 | 优劣度 | 得分 | 排名 | 优劣度 | 得分 | 排名 | 优劣度 | 得分变化 | 排名变化 | 趋势变化 |
| **环境协调竞争力** | 61.4 | 13 | 中势 | 58.1 | 18 | 中势 | 56.9 | 24 | 劣势 | 4.5 | 11 | 持续↑ |
| （1）人口与环境协调竞争力 | 49.4 | 23 | 劣势 | 44.5 | 27 | 劣势 | 51.2 | 19 | 中势 | -1.8 | -4 | 波动↓ |
| 人口自然增长率与工业废气排放量增长率比差 | 30.6 | 23 | 劣势 | 44.0 | 24 | 劣势 | 19.3 | 28 | 劣势 | 11.3 | 5 | 持续↑ |
| 人口自然增长率与工业废水排放量增长率比差 | 94.5 | 7 | 优势 | 37.1 | 29 | 劣势 | 61.8 | 22 | 劣势 | 32.7 | 15 | 波动↑ |
| 人口自然增长率与工业固体废物排放量增长率比差 | 34.2 | 26 | 劣势 | 26.6 | 25 | 劣势 | 47.1 | 25 | 劣势 | -12.9 | -1 | 持续↓ |
| 人口自然增长率与能源消费量增长率比差 | 54.3 | 24 | 劣势 | 58.1 | 29 | 劣势 | 93.5 | 7 | 优势 | -39.2 | -17 | 波动↓ |
| 人口密度与人均水资源量比差 | 6.6 | 20 | 中势 | 5.7 | 20 | 中势 | 6.4 | 20 | 中势 | 0.2 | 0 | 持续→ |
| 人口密度与人均耕地面积比差 | 18.4 | 21 | 劣势 | 18.6 | 21 | 劣势 | 18.7 | 21 | 劣势 | -0.4 | 0 | 持续→ |
| 人口密度与森林覆盖率比差 | 88.8 | 6 | 优势 | 88.7 | 6 | 优势 | 88.7 | 6 | 优势 | 0.1 | 0 | 持续→ |
| 人口密度与人均矿产基础储量比差 | 5.7 | 29 | 劣势 | 5.8 | 29 | 劣势 | 6.0 | 29 | 劣势 | -0.3 | 0 | 持续→ |
| 人口密度与人均能源生产量比差 | 97.6 | 4 | 优势 | 97.0 | 6 | 优势 | 97.1 | 5 | 优势 | 0.4 | 1 | 波动↑ |
| （2）经济与环境协调竞争力 | 69.2 | 14 | 中势 | 67.0 | 14 | 中势 | 60.6 | 22 | 劣势 | 8.6 | 8 | 持续↑ |
| 工业增加值增长率与工业废气排放量增长率比差 | 91.7 | 9 | 优势 | 87.6 | 8 | 优势 | 90.1 | 7 | 优势 | 1.6 | -2 | 持续↓ |
| 工业增加值增长率与工业废水排放量增长率比差 | 46.2 | 26 | 劣势 | 50.2 | 14 | 中势 | 30.5 | 28 | 劣势 | 15.7 | 2 | 波动↑ |
| 工业增加值增长率与工业固体废物排放量增长率比差 | 81.9 | 13 | 中势 | 65.5 | 13 | 中势 | 51.5 | 19 | 中势 | 30.4 | 6 | 持续↑ |
| 地区生产总值增长率与能源消费量增长率比差 | 91.2 | 4 | 优势 | 84.3 | 11 | 中势 | 75.9 | 20 | 中势 | 15.4 | 16 | 持续↑ |
| 人均工业增加值与人均水资源量比差 | 86.9 | 5 | 优势 | 85.3 | 5 | 优势 | 86.5 | 5 | 优势 | 0.4 | 0 | 持续→ |
| 人均工业增加值与人均耕地面积比差 | 94.2 | 5 | 优势 | 94.0 | 5 | 优势 | 93.5 | 6 | 优势 | 0.7 | 1 | 持续↑ |
| 人均工业增加值与人均工业废气排放量比差 | 60.7 | 15 | 中势 | 61.6 | 13 | 中势 | 34.6 | 25 | 劣势 | 26.1 | 10 | 波动↑ |
| 人均工业增加值与森林覆盖率比差 | 35.3 | 27 | 劣势 | 35.4 | 27 | 劣势 | 35.0 | 27 | 劣势 | 0.3 | 0 | 持续→ |
| 人均工业增加值与人均矿产基础储量比差 | 80.0 | 11 | 中势 | 80.0 | 11 | 中势 | 80.3 | 10 | 中势 | -0.3 | -1 | 持续↓ |
| 人均工业增加值与人均能源生产量比差 | 25.2 | 27 | 劣势 | 25.9 | 27 | 劣势 | 26.6 | 28 | 劣势 | -1.4 | 1 | 持续↑ |

表 20 - 5 - 2 2012 年广西壮族自治区环境协调竞争力各级指标的优劣度结构表

| 二级指标 | 三级指标 | 四级指标数 | 强势指标 | | 优势指标 | | 中势指标 | | 劣势指标 | | 优劣度 |
| --- | --- | --- | --- | --- | --- | --- | --- | --- | --- | --- | --- |
| | | | 个数 | 比重（%） | 个数 | 比重（%） | 个数 | 比重（%） | 个数 | 比重（%） | |
| 环境协调竞争力 | 人口与环境协调竞争力 | 9 | 0 | 0.0 | 3 | 33.3 | 1 | 11.1 | 5 | 55.6 | 劣势 |
| | 经济与环境协调竞争力 | 10 | 0 | 0.0 | 4 | 40.0 | 3 | 30.0 | 3 | 30.0 | 中势 |
| | 小　计 | 19 | 0 | 0.0 | 7 | 36.8 | 4 | 21.1 | 8 | 42.1 | 中势 |

2010~2012 年广西壮族自治区环境协调竞争力的综合排位呈现持续上升趋势，2012 年排名第 13 位，比 2010 年上升了 11 位，在全国处于中游区。

从环境协调竞争力的要素指标变化趋势来看，有 1 个指标处于持续上升趋势，即经济与

环境协调竞争力；有1个指标处于波动下降趋势，为人口与环境协调竞争力。

从环境协调竞争力的基础指标分布来看，在19个基础指标中，指标的优劣度结构为0∶36.8∶21.1∶42.1。优势指标所占比重低于劣势指标的比重，表明劣势指标占主导地位。

### 20.5.2 广西壮族自治区环境协调竞争力比较分析

图20-5-1将2010~2012年广西壮族自治区环境协调竞争力与全国最高水平和平均水平进行比较。由图可知，评价期内广西壮族自治区环境协调竞争力得分普遍低于62分，但呈现持续上升趋势，说明广西壮族自治区环境协调竞争力由偏低水平迈向中等水平。

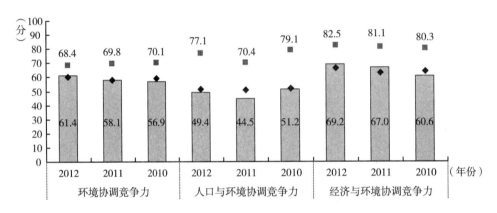

**图20-5-1 2010~2012年广西壮族自治区环境协调竞争力指标得分比较**

从环境协调竞争力的整体得分比较来看，2010年，广西壮族自治区环境协调竞争力得分与全国最高分相比还有13.2分的差距，低于全国平均分2.5分；到2012年，广西壮族自治区环境协调竞争力得分与全国最高分的差距缩小为7.0分，但高出全国平均分1.0分。总的来看，2010~2012年广西壮族自治区环境协调竞争力与最高分的差距呈缩小趋势，处于全国中游地位。

从环境协调竞争力的要素得分比较来看，2012年，广西壮族自治区人口与环境协调竞争力和经济与环境协调竞争力的得分分别为49.4分和69.2分，比最高分低27.7和13.2分，其中人口与环境协调竞争力低于平均分1.8分，经济与环境协调竞争力高出平均分2.9分；与2010年相比，广西壮族自治区人口与环境协调竞争力得分与最高分的差距缩小了0.3分，经济与环境协调竞争力得分与最高分的差距缩小了6.4分。

### 20.5.3 广西壮族自治区环境协调竞争力变化动因分析

二级指标环境协调竞争力的变化是三级要素指标变化综合作用的结果，而三级要素指标变化又是四级基础指标变化作用的结果。三级和四级指标的变动情况如表20-5-1所示。

从要素指标来看，广西壮族自治区环境协调竞争力的2个要素指标中，人口与环境协调竞争力的排名下降了4位，经济与环境协调竞争力的排名上升了8位，受指标排位升降的综合影响，2012年广西壮族自治区环境协调竞争力上升了11位，其中经济与环境协调竞争力是环境协调竞争力排名上升的主要动力。

从基础指标来看,广西壮族自治区环境协调竞争力的 19 个基础指标中,上升指标有 9 个,占指标总数的 47.4%,主要分布在经济与环境协调竞争力指标组;下降指标有 4 个,占指标总数的 21.1%,平均分布在人口与环境协调竞争力、经济与环境协调竞争力指标组。排位上升的指标数量明显大于排位下降的指标数量,使得 2012 年广西壮族自治区环境协调竞争力排名上升了 11 位。

## 20.6 广西壮族自治区环境竞争力总体评述

从对广西壮族自治区环境竞争力及其 5 个二级指标在全国的排位变化和指标结构的综合分析来看,"十二五"中期(2010~2012 年)环境竞争力中上升指标的数量大于下降指标的数量,上升的动力大于下降的拉力,使得 2012 年广西壮族自治区环境竞争力的排位上升了 8 位,在全国居第 19 位。

### 20.6.1 广西壮族自治区环境竞争力概要分析

广西壮族自治区环境竞争力在全国所处的位置及变化如表 20-6-1 所示,5 个二级指标的得分和排位变化如表 20-6-2 所示。

表 20-6-1 2010~2012 年广西壮族自治区环境竞争力一级指标比较表

| 项目 \ 年份 | 2012 | 2011 | 2010 |
|---|---|---|---|
| 排名 | 19 | 23 | 27 |
| 所属区位 | 中游 | 下游 | 下游 |
| 得分 | 50.9 | 49.4 | 46.8 |
| 全国最高分 | 58.2 | 59.5 | 60.1 |
| 全国平均分 | 51.3 | 50.8 | 50.4 |
| 与最高分的差距 | -7.3 | -10.1 | -13.3 |
| 与平均分的差距 | -0.4 | -1.4 | -3.6 |
| 优劣度 | 中势 | 劣势 | 劣势 |
| 波动趋势 | 上升 | 上升 | — |

表 20-6-2 2010~2012 年广西壮族自治区环境竞争力二级指标比较表

| 项目 \ 年份 | 生态环境竞争力 得分 | 生态环境竞争力 排名 | 资源环境竞争力 得分 | 资源环境竞争力 排名 | 环境管理竞争力 得分 | 环境管理竞争力 排名 | 环境影响竞争力 得分 | 环境影响竞争力 排名 | 环境协调竞争力 得分 | 环境协调竞争力 排名 | 环境竞争力 得分 | 环境竞争力 排名 |
|---|---|---|---|---|---|---|---|---|---|---|---|---|
| 2010 | 35.4 | 30 | 46.4 | 9 | 46.0 | 15 | 61.1 | 29 | 56.9 | 24 | 46.8 | 27 |
| 2011 | 39.5 | 25 | 51.5 | 6 | 44.0 | 17 | 66.5 | 24 | 58.1 | 18 | 49.4 | 23 |
| 2012 | 38.9 | 25 | 50.6 | 6 | 49.0 | 13 | 67.2 | 23 | 61.4 | 13 | 50.9 | 19 |
| 得分变化 | 3.6 | — | 4.3 | — | 3.0 | — | 6.1 | — | 4.5 | — | 4.1 | — |
| 排位变化 | — | 5 | — | 3 | — | 2 | — | 6 | — | 11 | — | 8 |
| 优劣度 | 劣势 | 劣势 | 优势 | 优势 | 中势 | 中势 | 劣势 | 劣势 | 中势 | 中势 | 中势 | 中势 |

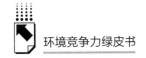

（1）从指标排位变化趋势看，2012 年广西壮族自治区环境竞争力综合排名在全国处于第 19 位，表明其在全国处于中势地位；与 2010 年相比，排位上升了 8 位。总的来看，评价期内广西壮族自治区环境竞争力呈持续上升趋势。

在 5 个二级指标中，5 个指标都处于上升趋势，这些是广西壮族自治区环境竞争力的上升动力所在。在指标排位上升的拉动下，评价期内广西壮族自治区环境竞争力的综合排位上升了 8 位，在全国排名第 19 位。

（2）从指标所处区位看，2012 年广西壮族自治区环境竞争力处于中游区，其中，资源环境竞争力为优势指标，环境管理竞争力和环境协调竞争力指标为中势指标，生态环境竞争力、环境影响竞争力为劣势指标。

（3）从指标得分看，2012 年广西壮族自治区环境竞争力得分为 50.9 分，比全国最高分低 7.3 分，比全国平均分低 0.4 分；与 2010 年相比，广西壮族自治区环境竞争力得分上升了 4.1 分，与当年最高分的差距缩小了，与全国平均分的差距也缩小了。

2012 年，广西壮族自治区环境竞争力二级指标的得分均高于 38 分，且 5 个二级指标均得分上升，与 2010 年相比，得分上升最多的为环境影响竞争力，上升了 6.1 分，得分上升最少的为环境管理竞争力，上升了 3.0 分。

### 20.6.2 广西壮族自治区环境竞争力各级指标动态变化分析

2010~2012 年广西壮族自治区环境竞争力各级指标的动态变化及其结构，如图 20-6-1 和表 20-6-3 所示。

从图 20-6-1 可以看出，广西壮族自治区环境竞争力的四级指标中上升指标的比例大于下降指标，表明上升指标居于主导地位。表 20-6-3 中的数据进一步说明，广西壮族自治区环境竞争力的 130 个四级指标中，上升的指标有 53 个，占指标总数的 40.8%；保持的指标有 46 个，占指标总数的 35.4%；下降的指标为 31 个，占指标总数的 23.8%。上升指标的数量大于下降指标的数量，使得评价期内广西壮族自治区环境竞争力排位上升了 8 位，在全国居第 19 位。

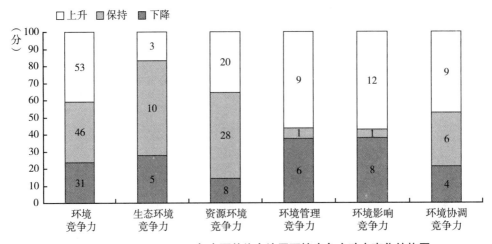

图 20-6-1　2010~2012 年广西壮族自治区环境竞争力动态变化结构图

表 20-6-3　2010~2012 年广西壮族自治区环境竞争力各级指标排位变化态势比较表

| 二级指标 | 三级指标 | 四级指标数 | 上升指标 | | 保持指标 | | 下降指标 | | 变化趋势 |
|---|---|---|---|---|---|---|---|---|---|
| | | | 个数 | 比重（%） | 个数 | 比重（%） | 个数 | 比重（%） | |
| 生态环境竞争力 | 生态建设竞争力 | 9 | 2 | 22.2 | 5 | 55.6 | 2 | 22.2 | 持续↓ |
| | 生态效益竞争力 | 9 | 1 | 11.1 | 5 | 55.6 | 3 | 33.3 | 持续↑ |
| | 小　计 | 18 | 3 | 16.7 | 10 | 55.6 | 5 | 27.8 | 持续↑ |
| 资源环境竞争力 | 水环境竞争力 | 11 | 4 | 36.4 | 5 | 45.5 | 2 | 18.2 | 波动↑ |
| | 土地环境竞争力 | 13 | 1 | 7.7 | 12 | 92.3 | 0 | 0.0 | 持续↑ |
| | 大气环境竞争力 | 8 | 6 | 75.0 | 0 | 0.0 | 2 | 25.0 | 持续↑ |
| | 森林环境竞争力 | 8 | 1 | 12.5 | 7 | 87.5 | 0 | 0.0 | 持续→ |
| | 矿产环境竞争力 | 9 | 5 | 55.6 | 1 | 11.1 | 3 | 33.3 | 持续↑ |
| | 能源环境竞争力 | 7 | 3 | 42.9 | 3 | 42.9 | 1 | 14.3 | 波动↓ |
| | 小　计 | 56 | 20 | 35.7 | 28 | 50.0 | 8 | 14.3 | 持续↑ |
| 环境管理竞争力 | 环境治理竞争力 | 10 | 4 | 40.0 | 1 | 10.0 | 5 | 50.0 | 持续↓ |
| | 环境友好竞争力 | 6 | 5 | 83.3 | 0 | 0.0 | 1 | 16.7 | 持续↑ |
| | 小　计 | 16 | 9 | 56.3 | 1 | 6.3 | 6 | 37.5 | 波动↑ |
| 环境影响竞争力 | 环境安全竞争力 | 12 | 6 | 50.0 | 1 | 8.3 | 5 | 41.7 | 波动↑ |
| | 环境质量竞争力 | 9 | 6 | 66.7 | 0 | 0.0 | 3 | 33.3 | 波动↑ |
| | 小　计 | 21 | 12 | 57.1 | 1 | 4.8 | 8 | 38.1 | 持续↑ |
| 环境协调竞争力 | 人口与环境协调竞争力 | 9 | 3 | 33.3 | 4 | 44.4 | 2 | 22.2 | 波动↓ |
| | 经济与环境协调竞争力 | 10 | 6 | 60.0 | 2 | 20.0 | 2 | 20.0 | 持续↑ |
| | 小　计 | 19 | 9 | 47.4 | 6 | 31.6 | 4 | 21.1 | 持续↑ |
| 合　计 | | 130 | 53 | 40.8 | 46 | 35.4 | 31 | 23.8 | 持续↑ |

### 20.6.3　广西壮族自治区环境竞争力各级指标变化动因分析

2012 年广西壮族自治区环境竞争力各级指标的优劣势变化及其结构，如图 20-6-2 和表 20-6-4 所示。

从图 20-6-2 可以看出，2012 年广西壮族自治区环境竞争力的四级指标中强势和优势指标的比例等于劣势指标，表明中势指标居于主导地位。表 20-6-4 中的数据进一步说明，2012 年广西壮族自治区环境竞争力的 130 个四级指标中，强势指标有 4 个，占指标总数的 3.1%；优势指标为 36 个，占指标总数的 27.7%；中势指标 50 个，占指标总数的 38.5%；劣势指标有 40 个，占指标总数的 30.8%；强势指标和优势指标之和占指标总数的 30.8%，数量与比重均等于劣势指标。从三级指标来看，四级指标中强势指标和优势指标之和占四级指标总数一半以上的分别有水环境竞争力和森林环境竞争力，共计 2 个指标，占三级指标总数的 14.3%。反映到二级指标上来，优势指标有 1 个，占二级指标总数的 20%，中势指标有 2 个，占二级指标总数的 40%，劣势指标有 2 个，占二级指标总数的 40%。这使得广西壮族自治区环境竞争力处于中势地位，在全国位居第 19 位，处于中游区。

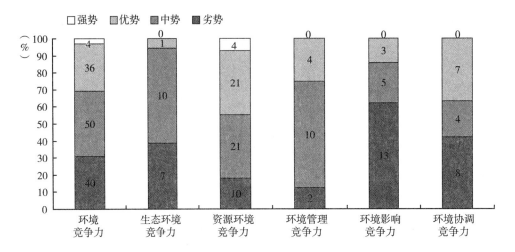

图 20 – 6 – 2  2012 年广西壮族自治区环境竞争力优劣度结构图

表 20 – 6 – 4  2012 年广西壮族自治区环境竞争力各级指标优劣度比较表

| 二级指标 | 三级指标 | 四级指标数 | 强势指标 | | 优势指标 | | 中势指标 | | 劣势指标 | | 优劣度 |
|---|---|---|---|---|---|---|---|---|---|---|---|
| | | | 个数 | 比重（%） | 个数 | 比重（%） | 个数 | 比重（%） | 个数 | 比重（%） | |
| 生态环境竞争力 | 生态建设竞争力 | 9 | 0 | 0.0 | 1 | 11.1 | 7 | 77.8 | 1 | 11.1 | 中势 |
| | 生态效益竞争力 | 9 | 0 | 0.0 | 0 | 0.0 | 3 | 33.3 | 6 | 66.7 | 劣势 |
| | 小　计 | 18 | 0 | 0.0 | 1 | 5.6 | 10 | 55.6 | 7 | 38.9 | 劣势 |
| 资源环境竞争力 | 水环境竞争力 | 11 | 3 | 27.3 | 4 | 36.4 | 2 | 18.2 | 2 | 18.2 | 优势 |
| | 土地环境竞争力 | 13 | 0 | 0.0 | 4 | 30.8 | 7 | 53.8 | 2 | 15.4 | 中势 |
| | 大气环境竞争力 | 8 | 0 | 0.0 | 2 | 25.0 | 5 | 62.5 | 1 | 12.5 | 优势 |
| | 森林环境竞争力 | 8 | 1 | 12.5 | 5 | 62.5 | 2 | 25.0 | 0 | 0.0 | 优势 |
| | 矿产环境竞争力 | 9 | 0 | 0.0 | 4 | 44.4 | 3 | 33.3 | 2 | 22.2 | 优势 |
| | 能源环境竞争力 | 7 | 0 | 0.0 | 2 | 28.6 | 2 | 28.6 | 3 | 42.9 | 中势 |
| | 小　计 | 56 | 4 | 7.1 | 21 | 37.5 | 21 | 37.5 | 10 | 17.9 | 优势 |
| 环境管理竞争力 | 环境治理竞争力 | 10 | 0 | 0.0 | 1 | 10.0 | 7 | 70.0 | 2 | 20.0 | 劣势 |
| | 环境友好竞争力 | 6 | 0 | 0.0 | 3 | 50.0 | 3 | 50.0 | 0 | 0.0 | 优势 |
| | 小　计 | 16 | 0 | 0.0 | 4 | 25.0 | 10 | 62.5 | 2 | 12.5 | 中势 |
| 环境影响竞争力 | 环境安全竞争力 | 12 | 0 | 0.0 | 2 | 16.7 | 2 | 16.7 | 8 | 66.7 | 劣势 |
| | 环境质量竞争力 | 9 | 0 | 0.0 | 1 | 11.1 | 3 | 33.3 | 5 | 55.6 | 劣势 |
| | 小　计 | 21 | 0 | 0.0 | 3 | 14.3 | 5 | 23.8 | 13 | 61.9 | 劣势 |
| 环境协调竞争力 | 人口与环境协调竞争力 | 9 | 0 | 0.0 | 3 | 33.3 | 1 | 11.1 | 5 | 55.6 | 劣势 |
| | 经济与环境协调竞争力 | 10 | 0 | 0.0 | 4 | 40.0 | 3 | 30.0 | 3 | 30.0 | 中势 |
| | 小　计 | 19 | 0 | 0.0 | 7 | 36.8 | 4 | 21.1 | 8 | 42.1 | 中势 |
| 合　　计 | | 130 | 4 | 3.1 | 36 | 27.7 | 50 | 38.5 | 40 | 30.8 | 中势 |

　　为了进一步明确影响广西壮族自治区环境竞争力变化的具体指标，也便于对相关指标进行深入分析，从而为提升广西壮族自治区环境竞争力提供决策参考，表20 – 6 – 5列出了环境竞争力指标体系中直接影响广西壮族自治区环境竞争力升降的强势指标、优势指标和劣势指标。

表 20 – 6 – 5　2012 年广西壮族自治区环境竞争力四级指标优劣度统计表

| 指标 | 强势指标 | 优势指标 | 劣势指标 |
|---|---|---|---|
| 生态环境竞争力（18个） | （0个） | 国家级生态示范区个数（1个） | 园林绿地面积、工业废气排放强度、工业废水排放强度、工业废水中化学需氧量排放强度、工业废水中氨氮排放强度、化肥施用强度、农药施用强度（7个） |
| 资源环境竞争力（56个） | 用水总量、用水消耗量、耗水率、人工林面积（4个） | 水资源总量、人均水资源量、降水量、供水总量、土地总面积、园地面积、人均园地面积、沙化土地面积占土地总面积的比重、全省设区市优良天数比例、可吸入颗粒物（PM10）浓度、林业用地面积、森林面积、森林覆盖率、森林蓄积量、活立木总蓄积量、主要有色金属矿产基础储量、人均主要有色金属矿产储量、主要非金属矿产基础储量、人均主要非金属矿产基础储量、能源生产总量、能源消费总量（21个） | 城市再生水利用率、工业废水排放总量、土地资源利用效率、当年新增种草面积、工业废气排放总量、主要能源矿产基础储量、人均主要能源矿产基础储量、单位地区生产总值电耗、能源生产弹性系数、能源消费弹性系数（10个） |
| 环境管理竞争力（16个） | （0个） | 废水治理设施处理能力、工业固体废物处置量、工业用水重复利用率、生活垃圾无害化处理率（4个） | 本年矿山恢复面积、土地复垦面积占新增耕地面积的比重（2个） |
| 环境影响竞争力（21个） | （0个） | 自然灾害绝收面积占受灾面积比重、自然灾害直接经济损失、人均二氧化硫排放量（3个） | 发生地质灾害起数、地质灾害直接经济损失、突发环境事件次数、森林火灾次数、森林火灾火场总面积、受火灾森林面积、森林病虫鼠害发生面积、森林病虫鼠害防治率、人均工业废气排放量、人均工业废水排放量、人均化学需氧量排放量、人均化肥施用量、人均农药施用量（13个） |
| 环境协调竞争力（19个） | （0个） | 人口自然增长率与工业废水排放量增长率比差、人口密度与森林覆盖率比差、人口密度与人均能源生产量比差、工业增加值增长率与工业废气排放量增长率比差、地区生产总值增长率与能源消费量增长率比差、人均工业增加值与人均水资源量比差、人均工业增加值与人均耕地面积比差（7个） | 人口自然增长率与工业废气排放量增长率比差、人口自然增长率与工业固体废物排放量增长率比差、人口自然增长率与能源消费量增长率比差、人口密度与人均耕地面积比差、人口密度与人均矿产基础储量比差、工业增加值增长率与工业废水排放量增长率比差、人均工业增加值与森林覆盖率比差、人均工业增加值与人均能源生产量比差（8个） |

# 21
# 海南省环境竞争力评价分析报告

海南省简称琼，位于中国南部海域，北隔琼州海峡与广东省相望。全省陆地（主要包括海南岛和西沙、中沙、南沙群岛和南海诸岛）总面积 3.5 万平方公里，海域面积约 200 万平方公里，2012 年末总人口 887 万人，人均 GDP 达到 32377 元，万元 GDP 能耗为 0.719 吨标准煤。"十二五"中期（2010～2012 年），海南省环境竞争力的综合排位呈现波动下降趋势，2012 年排名第 25 位，比 2010 年下降了 1 位，在全国处于劣势地位。

## 21.1　海南省生态环境竞争力评价分析

### 21.1.1　海南省生态环境竞争力评价结果

2010～2012 年海南省生态环境竞争力排位和排位变化情况及其下属 2 个三级指标和 18 个四级指标的评价结果，如表 21 - 1 - 1 所示；生态环境竞争力各级指标的优劣势情况，如表 21 - 1 - 2 所示。

表 21 - 1 - 1　2010～2012 年海南省生态环境竞争力各级指标的得分、排名及优劣度分析表

| 指标项目 | 2012 年 | | | 2011 年 | | | 2010 年 | | | 综合变化 | | |
|---|---|---|---|---|---|---|---|---|---|---|---|---|
| | 得分 | 排名 | 优劣度 | 得分 | 排名 | 优劣度 | 得分 | 排名 | 优劣度 | 得分变化 | 排名变化 | 趋势变化 |
| **生态环境竞争力** | 37.5 | 26 | 劣势 | 38.9 | 26 | 劣势 | 44.4 | 20 | 中势 | -6.9 | -6 | 持续↓ |
| （1）生态建设竞争力 | 20.0 | 23 | 劣势 | 20.9 | 18 | 中势 | 27.5 | 10 | 优势 | -7.5 | -13 | 持续↓ |
| 国家级生态示范区个数 | 1.6 | 26 | 劣势 | 1.6 | 26 | 劣势 | 1.6 | 26 | 劣势 | 0.0 | 0 | 持续→ |
| 公园面积 | 1.9 | 28 | 劣势 | 2.0 | 28 | 劣势 | 2.0 | 28 | 劣势 | -0.1 | 0 | 持续→ |
| 园林绿地面积 | 3.2 | 29 | 劣势 | 3.4 | 29 | 劣势 | 3.4 | 29 | 劣势 | -0.2 | 0 | 持续→ |
| 绿化覆盖面积 | 10.5 | 18 | 中势 | 10.3 | 17 | 中势 | 10.3 | 17 | 中势 | 0.2 | -1 | 持续↓ |
| 本年减少耕地面积 | 94.2 | 3 | 强势 | 94.2 | 3 | 强势 | 94.2 | 3 | 强势 | 0.0 | 0 | 持续→ |
| 自然保护区个数 | 12.6 | 18 | 中势 | 12.6 | 18 | 中势 | 12.6 | 18 | 中势 | 0.0 | 0 | 持续→ |
| 自然保护区面积占土地总面积比重 | 17.0 | 17 | 中势 | 17.0 | 17 | 中势 | 17.0 | 17 | 中势 | 0.0 | 0 | 持续→ |
| 野生动物种源繁育基地数 | 13.0 | 12 | 中势 | 11.0 | 8 | 优势 | 11.0 | 8 | 优势 | 2.0 | -4 | 持续↓ |
| 野生植物种源培育基地数 | 16.9 | 4 | 优势 | 28.8 | 4 | 优势 | 28.8 | 4 | 优势 | -12.0 | 0 | 持续→ |
| （2）生态效益竞争力 | 63.8 | 25 | 劣势 | 65.8 | 25 | 劣势 | 69.9 | 28 | 劣势 | -6.1 | 3 | 持续↑ |
| 工业废气排放强度 | 71.2 | 22 | 劣势 | 79.6 | 20 | 中势 | 79.6 | 20 | 中势 | -8.4 | -2 | 持续↓ |
| 工业二氧化硫排放强度 | 89.2 | 12 | 中势 | 90.4 | 9 | 优势 | 90.4 | 9 | 优势 | -1.3 | -3 | 持续↓ |

续表

| 指标\项目 | 2012 年 | | | 2011 年 | | | 2010 年 | | | 综合变化 | | |
|---|---|---|---|---|---|---|---|---|---|---|---|---|
| | 得分 | 排名 | 优劣度 | 得分 | 排名 | 优劣度 | 得分 | 排名 | 优劣度 | 得分变化 | 排名变化 | 趋势变化 |
| 工业烟(粉)尘排放强度 | 94.4 | 8 | 优势 | 94.0 | 7 | 优势 | 94.0 | 7 | 优势 | 0.4 | -1 | 持续↓ |
| 工业废水排放强度 | 36.5 | 29 | 劣势 | 44.5 | 27 | 劣势 | 44.5 | 27 | 劣势 | -8.0 | -2 | 持续↓ |
| 工业废水中化学需氧量排放强度 | 81.2 | 24 | 劣势 | 82.1 | 24 | 劣势 | 82.1 | 24 | 劣势 | -0.9 | 0 | 持续→ |
| 工业废水中氨氮排放强度 | 83.6 | 25 | 劣势 | 86.0 | 22 | 劣势 | 86.0 | 22 | 劣势 | -2.4 | -3 | 持续↓ |
| 工业固体废物排放强度 | 99.2 | 17 | 中势 | 99.8 | 10 | 优势 | 99.8 | 10 | 优势 | -0.6 | -7 | 持续↓ |
| 化肥施用强度 | 6.3 | 30 | 劣势 | 0.0 | 31 | 劣势 | 0.0 | 31 | 劣势 | 6.3 | 1 | 持续↑ |
| 农药施用强度 | 0.0 | 31 | 劣势 | 0.0 | 31 | 劣势 | 0.0 | 31 | 劣势 | 0.0 | 0 | 持续→ |

**表 21 – 1 -- 2　2012 年海南省生态环境竞争力各级指标的优劣度结构表**

| 二级指标 | 三级指标 | 四级指标数 | 强势指标 | | 优势指标 | | 中势指标 | | 劣势指标 | | 优劣度 |
|---|---|---|---|---|---|---|---|---|---|---|---|
| | | | 个数 | 比重(%) | 个数 | 比重(%) | 个数 | 比重(%) | 个数 | 比重(%) | |
| 生态环境竞争力 | 生态建设竞争力 | 9 | 1 | 11.1 | 1 | 11.1 | 4 | 44.4 | 3 | 33.3 | 劣势 |
| | 生态效益竞争力 | 9 | 0 | 0.0 | 1 | 11.1 | 2 | 22.2 | 6 | 66.7 | 劣势 |
| | 小　计 | 18 | 1 | 5.6 | 2 | 11.1 | 6 | 33.3 | 9 | 50.0 | 劣势 |

2010～2012 年海南省生态环境竞争力的综合排位呈现持续下降趋势，2012 年排名第 26 位，比 2010 年下降了 6 位，在全国处于下游区。

从生态环境竞争力要素指标的变化趋势来看，生态建设竞争力处于持续下降趋势，生态效益竞争力处于持续上升趋势。

从生态环境竞争力基础指标的优劣度结构来看，在 18 个基础指标中，指标的优劣度结构为 5.6∶11.1∶33.3∶50.0。强势和优势指标所占比重小于劣势指标的比重，表明劣势指标占主导地位。

### 21.1.2　海南省生态环境竞争力比较分析

图 21 – 1 – 1 将 2010～2012 年海南省生态环境竞争力与全国最高水平和平均水平进行比较。由图可知，评价期内海南省生态环境竞争力得分普遍低于 45 分，说明海南省生态环境竞争力处于较低水平。

从生态环境竞争力的整体得分比较来看，2010 年，海南省生态环境竞争力得分与全国最高分相比有 21.3 分的差距，与全国平均分相比，则低了 2 分；到了 2012 年，海南省生态环境竞争力得分与全国最高分的差距扩大为 27.6 分，低于全国平均分 7.9 分。总的来看，2010～2012 年海南省生态环境竞争力与最高分的差距呈扩大趋势，表明生态建设和效益不断下降。

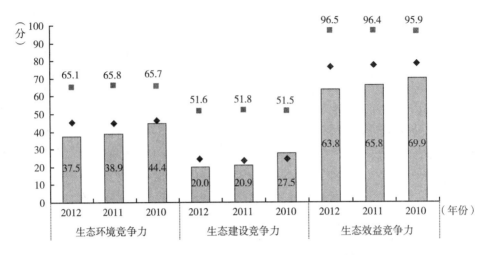

图 21 - 1 - 1　2010～2012 年海南省生态环境竞争力指标得分比较

从生态环境竞争力的要素得分比较来看，2012 年，海南省生态建设竞争力和生态效益竞争力的得分分别为 20.0 分和 63.8 分，分别比最高分低 31.7 分和 32.6 分，分别低于平均分 4.7 分和 12.8 分；与 2010 年相比，海南省生态建设竞争力得分与最高分的差距扩大了 7.7 分，生态效益竞争力得分与最高分的差距扩大了 6.6 分。

### 21.1.3　海南省生态环境竞争力变化动因分析

二级指标生态环境竞争力的变化是三级要素指标变化综合作用的结果，而三级要素指标变化又是四级基础指标变化作用的结果。三级和四级指标的变动情况如表 21 - 1 - 1 所示。

从要素指标来看，海南省生态环境竞争力的 2 个要素指标中，生态建设竞争力的排名下降了 13 位，生态效益竞争力的排名上升了 3 位，受指标排位升降的综合影响，海南省生态环境竞争力持续下降了 6 位。

从基础指标来看，海南省生态环境竞争力的 18 个基础指标中，上升指标有 1 个，占指标总数的 5.6%，主要分布在生态效益竞争力指标组；下降指标有 8 个，占指标总数的 44.4%，主要分布在生态效益竞争力指标组。由于下降指标的数量明显大于上升指标的数量，评价期内海南省生态环境竞争力排名下降了 6 位。

## 21.2　海南省资源环境竞争力评价分析

### 21.2.1　海南省资源环境竞争力评价结果

2010～2012 年海南省资源环境竞争力排位和排位变化情况及其下属 6 个三级指标和 56 个四级指标的评价结果，如表 21 - 2 - 1 所示；资源环境竞争力各级指标的优劣势情况，如表 21 - 2 - 2 所示。

表 21 - 2 - 1　2010 ~ 2012 年海南省资源环境竞争力各级指标的得分、排名及优劣度分析表

| 指标项目 | 2012 年 | | | 2011 年 | | | 2010 年 | | | 综合变化 | | |
|---|---|---|---|---|---|---|---|---|---|---|---|---|
| | 得分 | 排名 | 优劣度 | 得分 | 排名 | 优劣度 | 得分 | 排名 | 优劣度 | 得分变化 | 排名变化 | 趋势变化 |
| **资源环境竞争力** | 47.8 | 9 | 优势 | 46.9 | 9 | 优势 | 46.7 | 8 | 优势 | 1.1 | -1 | 持续↓ |
| （1）水环境竞争力 | 46.3 | 18 | 中势 | 46.6 | 15 | 中势 | 45.7 | 17 | 中势 | 0.6 | -1 | 波动↓ |
| 水资源总量 | 8.4 | 22 | 劣势 | 10.8 | 19 | 中势 | 10.3 | 20 | 中势 | -1.8 | -2 | 波动↓ |
| 人均水资源量 | 2.9 | 5 | 优势 | 3.7 | 3 | 强势 | 3.6 | 3 | 强势 | -0.7 | -2 | 持续↓ |
| 降水量 | 8.8 | 27 | 劣势 | 10.3 | 27 | 劣势 | 9.9 | 26 | 劣势 | -1.1 | -1 | 持续↓ |
| 供水总量 | 3.9 | 27 | 劣势 | 4.0 | 27 | 劣势 | 5.4 | 27 | 劣势 | -1.5 | 0 | 持续→ |
| 用水总量 | 97.7 | 1 | 强势 | 97.6 | 1 | 强势 | 97.6 | 1 | 强势 | 0.1 | 0 | 持续→ |
| 用水消耗量 | 98.9 | 1 | 强势 | 98.7 | 1 | 强势 | 98.4 | 1 | 强势 | 0.5 | 0 | 持续→ |
| 耗水率 | 41.9 | 1 | 强势 | 41.9 | 1 | 强势 | 40.0 | 1 | 强势 | 1.9 | 0 | 持续→ |
| 节灌率 | 32.4 | 15 | 中势 | 31.7 | 14 | 中势 | 29.0 | 15 | 中势 | 3.4 | 0 | 波动→ |
| 城市再生水利用率 | 4.4 | 19 | 中势 | 4.3 | 17 | 中势 | 0.0 | 27 | 劣势 | 4.4 | 8 | 波动↑ |
| 工业废水排放总量 | 97.0 | 2 | 强势 | 97.4 | 2 | 强势 | 98.1 | 2 | 强势 | -1.1 | 0 | 持续→ |
| 生活污水排放量 | 96.1 | 4 | 优势 | 95.9 | 4 | 优势 | 94.8 | 4 | 优势 | 1.3 | 0 | 持续→ |
| （2）土地环境竞争力 | 32.9 | 5 | 优势 | 33.1 | 5 | 优势 | 32.8 | 5 | 优势 | 0.1 | 0 | 持续→ |
| 土地总面积 | 1.7 | 28 | 劣势 | 1.7 | 28 | 劣势 | 1.7 | 28 | 劣势 | 0.0 | 0 | 持续→ |
| 耕地面积 | 4.5 | 26 | 劣势 | 4.5 | 26 | 劣势 | 4.5 | 26 | 劣势 | 0.0 | 0 | 持续→ |
| 人均耕地面积 | 24.5 | 18 | 中势 | 24.8 | 18 | 中势 | 25.0 | 18 | 中势 | -0.5 | 0 | 持续→ |
| 牧草地面积 | 0.0 | 23 | 劣势 | 0.0 | 23 | 劣势 | 0.0 | 23 | 劣势 | 0.0 | 0 | 持续→ |
| 人均牧草地面积 | 0.0 | 18 | 中势 | 0.0 | 18 | 中势 | 0.0 | 18 | 中势 | 0.0 | 0 | 持续→ |
| 园地面积 | 52.7 | 11 | 中势 | 52.7 | 11 | 中势 | 52.7 | 11 | 中势 | 0.0 | 0 | 持续→ |
| 人均园地面积 | 100.0 | 1 | 强势 | 100.0 | 1 | 强势 | 100.0 | 1 | 强势 | 0.0 | 0 | 持续→ |
| 土地资源利用效率 | 2.5 | 16 | 中势 | 2.3 | 17 | 中势 | 2.1 | 17 | 中势 | 0.4 | 1 | 持续↑ |
| 建设用地面积 | 90.6 | 4 | 优势 | 90.6 | 4 | 优势 | 90.6 | 4 | 优势 | 0.0 | 0 | 持续→ |
| 单位建设用地非农产业增加值 | 3.0 | 28 | 劣势 | 2.6 | 28 | 劣势 | 2.5 | 28 | 劣势 | 0.5 | 0 | 持续→ |
| 单位耕地面积农业增加值 | 69.4 | 3 | 强势 | 71.4 | 3 | 强势 | 69.3 | 3 | 强势 | 0.0 | 0 | 持续→ |
| 沙化土地面积占土地总面积的比重 | 96.2 | 15 | 中势 | 96.2 | 15 | 中势 | 96.2 | 15 | 中势 | 0.0 | 0 | 持续→ |
| 当年新增种草面积 | 2.5 | 20 | 中势 | 2.3 | 23 | 劣势 | 1.9 | 22 | 中势 | 0.6 | 2 | 波动↑ |
| （3）大气环境竞争力 | 98.2 | 2 | 强势 | 98.5 | 2 | 强势 | 98.2 | 2 | 强势 | 0.0 | 0 | 持续→ |
| 工业废气排放总量 | 97.3 | 2 | 强势 | 98.0 | 2 | 强势 | 97.6 | 2 | 强势 | -0.3 | 0 | 持续→ |
| 地均工业废气排放量 | 97.4 | 10 | 优势 | 97.8 | 8 | 优势 | 98.1 | 8 | 优势 | -0.7 | -2 | 持续↓ |
| 工业烟（粉）尘排放总量 | 99.1 | 2 | 强势 | 99.5 | 2 | 强势 | 98.5 | 2 | 强势 | 0.0 | 0 | 持续→ |
| 地均工业烟（粉）尘排放量 | 97.0 | 3 | 强势 | 97.0 | 4 | 优势 | 95.2 | 4 | 优势 | 1.8 | 1 | 持续↑ |
| 工业二氧化硫排放总量 | 97.9 | 2 | 强势 | 98.2 | 2 | 强势 | 98.0 | 2 | 强势 | -0.1 | 0 | 持续→ |
| 地均二氧化硫排放量 | 96.9 | 5 | 优势 | 97.4 | 4 | 优势 | 97.7 | 4 | 优势 | -0.8 | -1 | 持续↓ |
| 全省设区市优良天数比例 | 100.0 | 1 | 强势 | 100.0 | 1 | 强势 | 100.0 | 1 | 强势 | 0.0 | 0 | 持续→ |
| 可吸入颗粒物（PM10）浓度 | 100.0 | 1 | 强势 | 100.0 | 1 | 强势 | 100.0 | 1 | 强势 | 0.0 | 0 | 持续→ |
| （4）森林环境竞争力 | 23.6 | 20 | 中势 | 23.6 | 20 | 中势 | 23.6 | 21 | 劣势 | 0.0 | 1 | 持续↑ |
| 林业用地面积 | 4.6 | 26 | 劣势 | 4.6 | 26 | 劣势 | 4.6 | 26 | 劣势 | 0.0 | 0 | 持续→ |
| 森林面积 | 7.2 | 26 | 劣势 | 7.2 | 26 | 劣势 | 7.2 | 26 | 劣势 | 0.0 | 0 | 持续→ |
| 森林覆盖率 | 77.5 | 5 | 优势 | 77.5 | 5 | 优势 | 77.5 | 5 | 优势 | 0.0 | 0 | 持续→ |

| 指 标 项 目 | 2012 年 | | | 2011 年 | | | 2010 年 | | | 综合变化 | | |
|---|---|---|---|---|---|---|---|---|---|---|---|---|
| | 得分 | 排名 | 优劣度 | 得分 | 排名 | 优劣度 | 得分 | 排名 | 优劣度 | 得分变化 | 排名变化 | 趋势变化 |
| 人工林面积 | 23.8 | 20 | 中势 | 23.8 | 20 | 中势 | 23.8 | 20 | 中势 | 0.0 | 0 | 持续→ |
| 天然林比重 | 29.0 | 27 | 劣势 | 29.0 | 27 | 劣势 | 29.0 | 27 | 劣势 | 0.0 | 0 | 持续→ |
| 造林总面积 | 2.1 | 29 | 劣势 | 1.4 | 29 | 劣势 | 1.9 | 28 | 劣势 | 0.2 | -1 | 持续↓ |
| 森林蓄积量 | 3.2 | 24 | 劣势 | 3.2 | 24 | 劣势 | 3.2 | 24 | 劣势 | 0.0 | 0 | 持续→ |
| 活立木总蓄积量 | 3.4 | 25 | 劣势 | 3.4 | 25 | 劣势 | 3.4 | 25 | 劣势 | 0.0 | 0 | 持续→ |
| (5)矿产环境竞争力 | 13.7 | 19 | 中势 | 13.7 | 20 | 中势 | 14.2 | 18 | 中势 | -0.5 | -1 | 波动↓ |
| 主要黑色金属矿产基础储量 | 1.5 | 22 | 劣势 | 1.4 | 22 | 劣势 | 1.4 | 21 | 劣势 | 0.1 | -1 | 持续↓ |
| 人均主要黑色金属矿产基础储量 | 7.3 | 15 | 中势 | 7.0 | 14 | 中势 | 6.9 | 9 | 优势 | 0.3 | -6 | 持续↓ |
| 主要有色金属矿产基础储量 | 1.4 | 27 | 劣势 | 1.0 | 26 | 劣势 | 1.0 | 26 | 劣势 | 0.4 | -1 | 持续↓ |
| 人均主要有色金属矿产基础储量 | 6.9 | 20 | 中势 | 4.8 | 21 | 劣势 | 5.0 | 22 | 劣势 | 1.9 | 2 | 持续↑ |
| 主要非金属矿产基础储量 | 2.3 | 16 | 中势 | 2.3 | 15 | 中势 | 3.1 | 16 | 中势 | -0.8 | 0 | 波动→ |
| 人均主要非金属矿产基础储量 | 11.0 | 9 | 优势 | 14.0 | 9 | 优势 | 18.0 | 10 | 优势 | -7.0 | 1 | 持续↑ |
| 主要能源矿产基础储量 | 0.1 | 27 | 劣势 | 0.1 | 27 | 劣势 | 0.1 | 28 | 劣势 | 0.0 | 1 | 持续↑ |
| 人均主要能源矿产基础储量 | 0.5 | 22 | 劣势 | 0.6 | 23 | 劣势 | 0.3 | 26 | 劣势 | 0.2 | 4 | 持续↑ |
| 工业固体废物产生量 | 100.0 | 2 | 强势 | 99.7 | 2 | 强势 | 99.4 | 2 | 强势 | 0.6 | 0 | 持续→ |
| (6)能源环境竞争力 | 75.2 | 9 | 优势 | 69.0 | 17 | 中势 | 69.3 | 5 | 优势 | 5.9 | -4 | 波动↓ |
| 能源生产总量 | 99.9 | 3 | 强势 | 99.9 | 3 | 强势 | 99.9 | 3 | 强势 | 0.0 | 0 | 持续→ |
| 能源消费总量 | 95.8 | 2 | 强势 | 95.8 | 2 | 强势 | 96.2 | 2 | 强势 | -0.4 | 0 | 持续→ |
| 单位地区生产总值能耗 | 70.3 | 10 | 优势 | 79.3 | 8 | 优势 | 70.5 | 8 | 优势 | -0.2 | -2 | 持续↓ |
| 单位地区生产总值电耗 | 88.5 | 12 | 中势 | 88.6 | 9 | 优势 | 87.4 | 10 | 优势 | 1.0 | -2 | 波动↓ |
| 单位工业增加值能耗 | 38.7 | 26 | 劣势 | 63.4 | 20 | 中势 | 39.7 | 25 | 劣势 | -1.0 | -1 | 波动↓ |
| 能源生产弹性系数 | 73.3 | 2 | 强势 | 44.1 | 30 | 劣势 | 61.9 | 4 | 优势 | 11.4 | 2 | 波动↑ |
| 能源消费弹性系数 | 66.8 | 24 | 劣势 | 17.8 | 29 | 劣势 | 37.0 | 11 | 中势 | 29.9 | -13 | 波动↓ |

**表 21-2-2 2012 年海南省资源环境竞争力各级指标的优劣度结构表**

| 二级指标 | 三级指标 | 四级指标数 | 强势指标 | | 优势指标 | | 中势指标 | | 劣势指标 | | 优劣度 |
|---|---|---|---|---|---|---|---|---|---|---|---|
| | | | 个数 | 比重(%) | 个数 | 比重(%) | 个数 | 比重(%) | 个数 | 比重(%) | |
| 资源环境竞争力 | 水环境竞争力 | 11 | 4 | 36.4 | 2 | 18.2 | 2 | 18.2 | 3 | 27.3 | 中势 |
| | 土地环境竞争力 | 13 | 2 | 15.4 | 1 | 7.7 | 6 | 46.2 | 4 | 30.8 | 优势 |
| | 大气环境竞争力 | 8 | 6 | 75.0 | 2 | 25.0 | 0 | 0.0 | 0 | 0.0 | 强势 |
| | 森林环境竞争力 | 8 | 0 | 0.0 | 1 | 12.5 | 1 | 12.5 | 6 | 75.0 | 中势 |
| | 矿产环境竞争力 | 9 | 1 | 11.1 | 1 | 11.1 | 3 | 33.3 | 4 | 44.4 | 中势 |
| | 能源环境竞争力 | 7 | 3 | 42.9 | 1 | 14.3 | 1 | 14.3 | 2 | 28.6 | 优势 |
| 小 计 | | 56 | 16 | 28.6 | 8 | 14.3 | 13 | 23.2 | 19 | 33.9 | 优势 |

2010~2012 年海南省资源环境竞争力的综合排位呈现持续下降趋势，2012 年排名第 9 位，与 2010 年相比，排位下降了 1 位，在全国处于上游区。

从资源环境竞争力的要素指标变化趋势来看，有 1 个指标处于上升趋势，即森林环境竞争力；有 2 个指标处于保持趋势，为土地环境竞争力和大气环境竞争力；有 3 个指标处于下降趋势，为水环境竞争力、矿产环境竞争力和能源环境竞争力。

从资源环境竞争力的基础指标分布来看，在56个基础指标中，指标的优劣度结构为28.6∶14.3∶23.2∶33.9。强势和优势指标所占比重高于劣势指标的比重，表明优势指标占主导地位。

### 21.2.2 海南省资源环境竞争力比较分析

图21-2-1将2010~2012年海南省资源环境竞争力与全国最高水平和平均水平进行比较。由图可知，评价期内海南省资源环境竞争力得分普遍高于46分，且呈现持续上升趋势，说明海南省资源环境竞争力保持较高水平。

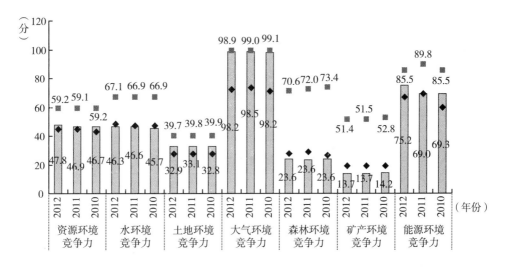

图21-2-1 2010~2012年海南省资源环境竞争力指标得分比较

从资源环境竞争力的整体得分比较来看，2010年，海南省资源环境竞争力得分与全国最高分相比还有12.5分的差距，与全国平均分相比，则高了3.7分；到2012年，海南省资源环境竞争力得分与全国最高分的差距缩小为11.4分，高出全国平均分3.3分。总的来看，2010~2012年海南省资源环境竞争力与最高分的差距呈缩小趋势，继续在全国处于上游地位。

从资源环境竞争力的要素得分比较来看，2012年，海南省水环境竞争力、土地环境竞争力、大气环境竞争力、森林环境竞争力、矿产环境竞争力和能源环境竞争力的得分分别为46.3分、32.9分、98.2分、23.6分、13.7分和75.2分，比最高分低20.9分、6.8分、0.6分、47.0分、37.7分和10.3分；与2010年相比，海南省水环境竞争力、土地环境竞争力、大气环境竞争力、矿产环境竞争力、森林环境竞争力和能源环境竞争力的得分与最高分的差距都缩小了。

### 21.2.3 海南省资源环境竞争力变化动因分析

二级指标资源环境竞争力的变化是三级要素指标变化综合作用的结果，而三级要素指标变化又是四级基础指标变化作用的结果。三级和四级指标的变动情况如表21-2-1所示。

从要素指标来看，海南省资源环境竞争力的 6 个要素指标中，森林环境竞争力的排位出现了上升，而水环境竞争力、矿产环境竞争力和能源环境竞争力的排位呈下降趋势，受指标排位升降的综合影响，海南省资源环境竞争力呈现持续下降趋势。

从基础指标来看，海南省资源环境竞争力的 56 个基础指标中，上升指标有 9 个，占指标总数的 16.1%，主要分布在矿产环境竞争力等指标组；下降指标有 13 个，占指标总数的 23.2%，主要分布在能源环境竞争力和矿产环境竞争力等指标组。排位下降的指标数量大于排位上升的指标数量，使得 2012 年海南省资源环境竞争力排名下降了 1 位。

## 21.3 海南省环境管理竞争力评价分析

### 21.3.1 海南省环境管理竞争力评价结果

2010～2012 年海南省环境管理竞争力排位和排位变化情况及其下属 2 个三级指标和 16 个四级指标的评价结果，如表 21－3－1 所示；环境管理竞争力各级指标的优劣势情况，如表 21－3－2 所示。

表 21－3－1　2010～2012 年海南省环境管理竞争力各级指标的得分、排名及优劣度分析表

| 指　　　标　　　项　　　目 | 2012 年 | | | 2011 年 | | | 2010 年 | | | 综合变化 | | |
|---|---|---|---|---|---|---|---|---|---|---|---|---|
| | 得分 | 排名 | 优劣度 | 得分 | 排名 | 优劣度 | 得分 | 排名 | 优劣度 | 得分变化 | 排名变化 | 趋势变化 |
| **环境管理竞争力** | 36.1 | 26 | 劣势 | 33.0 | 28 | 劣势 | 28.9 | 28 | 劣势 | 7.2 | 2 | 持续↑ |
| （1）环境治理竞争力 | 7.7 | 30 | 劣势 | 3.1 | 31 | 劣势 | 6.3 | 30 | 劣势 | 1.4 | 0 | 波动→ |
| 环境污染治理投资总额 | 5.5 | 29 | 劣势 | 0.3 | 30 | 劣势 | 1.6 | 29 | 劣势 | 3.9 | 0 | 波动→ |
| 环境污染治理投资总额占地方生产总值比重 | 37.7 | 13 | 中势 | 12.4 | 24 | 劣势 | 35.9 | 20 | 中势 | 1.8 | 7 | 波动↑ |
| 废气治理设施年运行费用 | 2.4 | 30 | 劣势 | 2.2 | 30 | 劣势 | 2.3 | 30 | 劣势 | 0.1 | 0 | 持续→ |
| 废水治理设施处理能力 | 0.9 | 30 | 劣势 | 0.6 | 30 | 劣势 | 1.5 | 29 | 劣势 | -0.5 | -1 | 持续↓ |
| 废水治理设施年运行费用 | 3.4 | 30 | 劣势 | 4.4 | 27 | 劣势 | 7.8 | 28 | 劣势 | -4.5 | -1 | 波动↓ |
| 矿山环境恢复治理投入资金 | 3.2 | 28 | 劣势 | 3.5 | 29 | 劣势 | 0.0 | 30 | 劣势 | 3.2 | 2 | 持续↑ |
| 本年矿山恢复面积 | 8.4 | 20 | 中势 | 2.0 | 15 | 中势 | 2.2 | 22 | 劣势 | 6.2 | 2 | 波动↑ |
| 地质灾害防治投资额 | 0.9 | 27 | 劣势 | 1.7 | 26 | 劣势 | 0.2 | 30 | 劣势 | 0.7 | 0 | 波动→ |
| 水土流失治理面积 | 0.6 | 30 | 劣势 | 0.3 | 30 | 劣势 | 0.3 | 30 | 劣势 | 0.3 | 0 | 持续→ |
| 土地复垦面积占新增耕地面积的比重 | 0.0 | 31 | 劣势 | 0.0 | 31 | 劣势 | 0.0 | 31 | 劣势 | 0.0 | 0 | 持续→ |
| （2）环境友好竞争力 | 58.2 | 22 | 劣势 | 56.3 | 25 | 劣势 | 46.5 | 27 | 劣势 | 11.7 | 5 | 持续↑ |
| 工业固体废物综合利用量 | 1.1 | 30 | 劣势 | 1.0 | 30 | 劣势 | 1.0 | 30 | 劣势 | 0.2 | 0 | 持续↑ |
| 工业固体废物处置量 | 0.5 | 27 | 劣势 | 1.3 | 27 | 劣势 | 0.0 | 30 | 劣势 | 0.5 | 3 | 持续↑ |
| 工业固体废物处置利用率 | 74.0 | 26 | 劣势 | 88.9 | 14 | 中势 | 65.7 | 23 | 劣势 | 8.3 | -3 | 波动↓ |
| 工业用水重复利用率 | 84.0 | 19 | 中势 | 69.5 | 24 | 劣势 | 76.3 | 21 | 劣势 | 7.6 | 2 | 波动↑ |
| 城市污水处理率 | 79.5 | 28 | 劣势 | 77.3 | 26 | 劣势 | 58.8 | 29 | 劣势 | 20.7 | 1 | 波动↑ |
| 生活垃圾无害化处理率 | 100.0 | 1 | 强势 | 91.4 | 9 | 优势 | 68.0 | 24 | 劣势 | 32.0 | 23 | 持续↑ |

表 21 - 3 - 2　2012 年海南省环境管理竞争力各级指标的优劣度结构表

| 二级指标 | 三级指标 | 四级指标数 | 强势指标 | | 优势指标 | | 中势指标 | | 劣势指标 | | 优劣度 |
|---|---|---|---|---|---|---|---|---|---|---|---|
| | | | 个数 | 比重（%） | 个数 | 比重（%） | 个数 | 比重（%） | 个数 | 比重（%） | |
| 环境管理竞争力 | 环境治理竞争力 | 10 | 0 | 0.0 | 0 | 0.0 | 2 | 20.0 | 8 | 80.0 | 劣势 |
| | 环境友好竞争力 | 6 | 1 | 16.7 | 0 | 0.0 | 1 | 16.7 | 4 | 66.7 | 劣势 |
| | 小　　计 | 16 | 1 | 6.3 | 0 | 0.0 | 3 | 18.8 | 12 | 75.0 | 劣势 |

2010～2012 年海南省环境管理竞争力的综合排位呈现持续上升趋势，2012 年排名第 26 位，比 2010 年上升了 2 位，在全国处于下游区。

从环境管理竞争力的要素指标变化趋势来看，有 1 个指标处于持续上升趋势，即环境友好竞争力；而环境治理竞争力则处于波动保持趋势。

从环境管理竞争力的基础指标分布来看，在 16 个基础指标中，指标的优劣度结构为 6.3:0:18.8:75.0。强势和优势指标所占比重显著小于劣势指标的比重，表明劣势指标占主导地位。

### 21.3.2　海南省环境管理竞争力比较分析

图 21 - 3 - 1 将 2010～2012 年海南省环境管理竞争力与全国最高水平和平均水平进行比较。由图可知，评价期内海南省环境管理竞争力得分普遍低于 37 分，尽管呈持续上升趋势，但海南省环境管理竞争力仍处于较低水平。

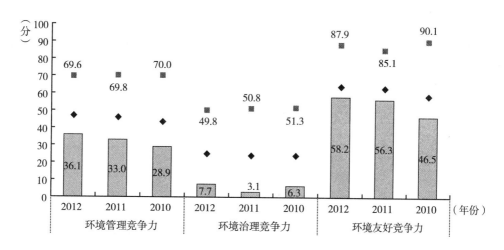

图 21 - 3 - 1　2010～2012 年海南省环境管理竞争力指标得分比较

从环境管理竞争力的整体得分比较来看，2010 年，海南省环境管理竞争力得分与全国最高分相比还有 41.0 分的差距，与全国平均分相比，低了 14.4 分；到 2012 年，海南省环境管理竞争力得分与全国最高分的差距为 33.5 分，低于全国平均分 10.9 分。总的来看，2010～2012 年海南省环境管理竞争力与最高分的差距呈缩小趋势，但仍处于全国较低水平。

从环境管理竞争力的要素得分比较来看，2012 年，海南省环境治理竞争力和环境友好竞争力的得分分别为 7.7 分和 58.2 分，分别比最高分低 42.1 和 29.7 分，且分别低于平均分 17.5 分和 5.8 分；与 2010 年相比，海南省环境治理竞争力得分与最高分的差距缩小了 2.9 分，环境友好竞争力得分与最高分的差距缩小了 13.9 分。

### 21.3.3　海南省环境管理竞争力变化动因分析

二级指标环境管理竞争力的变化是三级要素指标变化综合作用的结果，而三级要素指标变化又是四级基础指标变化作用的结果。三级和四级指标的变动情况如表 21 - 3 - 1 所示。

从要素指标来看，海南省环境管理竞争力的 2 个要素指标中，环境友好竞争力的排名持续上升了 5 位，环境治理竞争力的排名波动保持不变，在指标排位上升的作用下，海南省环境管理竞争力上升了 2 位。

从基础指标来看，海南省环境管理竞争力的 16 个基础指标中，上升指标有 7 个，占指标总数的 43.8%，主要分布在环境友好竞争力指标组；下降指标有 3 个，占指标总数的 18.8%，主要分布在环境治理竞争力指标组。排位上升的指标数量大于排位下降的指标数量，使得 2012 年海南省环境管理竞争力排名上升了 2 位。

## 21.4　海南省环境影响竞争力评价分析

### 21.4.1　海南省环境影响竞争力评价结果

2010 ~ 2012 年海南省环境影响竞争力排位和排位变化情况及其下属 2 个三级指标和 21 个四级指标的评价结果，如表 21 - 4 - 1 所示；环境影响竞争力各级指标的优劣势情况，如表 21 - 4 - 2 所示。

表 21 - 4 - 1　2010 ~ 2012 年海南省环境影响竞争力各级指标的得分、排名及优劣度分析表

| 指标　　　项目 | 2012 年 | | | 2011 年 | | | 2010 年 | | | 综合变化 | | |
|---|---|---|---|---|---|---|---|---|---|---|---|---|
| | 得分 | 排名 | 优劣度 | 得分 | 排名 | 优劣度 | 得分 | 排名 | 优劣度 | 得分变化 | 排名变化 | 趋势变化 |
| **环境影响竞争力** | 75.0 | 8 | 优势 | 72.9 | 12 | 中势 | 77.4 | 8 | 优势 | -2.4 | 0 | 波动→ |
| （1）环境安全竞争力 | 82.2 | 8 | 优势 | 76.1 | 14 | 中势 | 82.0 | 8 | 优势 | 0.2 | 0 | 波动→ |
| 　自然灾害受灾面积 | 98.1 | 3 | 强势 | 80.2 | 12 | 中势 | 90.5 | 8 | 优势 | 7.6 | 5 | 波动↑ |
| 　自然灾害绝收面积占受灾面积比重 | 0.0 | 31 | 劣势 | 58.8 | 20 | 中势 | 62.0 | 25 | 劣势 | -62.0 | -6 | 波动↓ |
| 　自然灾害直接经济损失 | 96.8 | 5 | 优势 | 76.4 | 18 | 中势 | 74.8 | 15 | 中势 | 22.0 | 10 | 波动↑ |
| 　发生地质灾害起数 | 99.8 | 5 | 优势 | 98.8 | 17 | 中势 | 96.9 | 14 | 中势 | 2.9 | 9 | 波动↑ |
| 　地质灾害直接经济损失 | 100.0 | 5 | 优势 | 99.6 | 10 | 优势 | 96.1 | 14 | 中势 | 3.9 | 9 | 持续↑ |
| 　地质灾害防治投资额 | 1.3 | 26 | 劣势 | 1.7 | 25 | 劣势 | 0.2 | 27 | 劣势 | 1.1 | 1 | 波动↑ |
| 　突发环境事件次数 | 99.0 | 8 | 优势 | 99.5 | 2 | 强势 | 100.0 | 1 | 强势 | -1.0 | -7 | 持续↓ |

续表

| 指标项目 | 2012 年 | | | 2011 年 | | | 2010 年 | | | 综合变化 | | |
|---|---|---|---|---|---|---|---|---|---|---|---|---|
| | 得分 | 排名 | 优劣度 | 得分 | 排名 | 优劣度 | 得分 | 排名 | 优劣度 | 得分变化 | 排名变化 | 趋势变化 |
| 森林火灾次数 | 97.5 | 10 | 优势 | 95.2 | 10 | 优势 | 95.2 | 22 | 劣势 | 2.3 | 12 | 持续↑ |
| 森林火灾火场总面积 | 99.3 | 8 | 优势 | 97.8 | 7 | 优势 | 99.1 | 11 | 中势 | 0.2 | 3 | 波动↑ |
| 受火灾森林面积 | 99.4 | 10 | 优势 | 96.7 | 11 | 中势 | 98.9 | 15 | 中势 | 0.5 | 5 | 持续↑ |
| 森林病虫鼠害发生面积 | 99.8 | 2 | 强势 | 100.0 | 2 | 强势 | 99.6 | 2 | 强势 | 0.2 | 0 | 持续→ |
| 森林病虫鼠害防治率 | 52.0 | 23 | 劣势 | 0.0 | 31 | 劣势 | 67.8 | 17 | 中势 | -15.8 | -6 | 波动↓ |
| （2）环境质量竞争力 | 69.8 | 18 | 中势 | 70.6 | 18 | 中势 | 74.1 | 17 | 中势 | -4.3 | -1 | 持续↓ |
| 人均工业废气排放量 | 86.9 | 3 | 强势 | 90.0 | 2 | 强势 | 94.1 | 2 | 强势 | -7.2 | -1 | 持续↓ |
| 人均二氧化硫排放量 | 100.0 | 1 | 强势 | 100.0 | 1 | 强势 | 96.4 | 2 | 强势 | 3.6 | 1 | 持续↑ |
| 人均工业烟（粉）尘排放量 | 96.8 | 2 | 强势 | 100.0 | 2 | 强势 | 96.9 | 2 | 强势 | -0.1 | 0 | 波动→ |
| 人均工业废水排放量 | 76.5 | 5 | 优势 | 79.5 | 5 | 优势 | 88.8 | 5 | 优势 | -12.3 | 0 | 持续↓ |
| 人均生活污水排放量 | 67.0 | 21 | 劣势 | 67.6 | 24 | 劣势 | 69.0 | 26 | 劣势 | -2.0 | 5 | 持续↑ |
| 人均化学需氧量排放量 | 61.8 | 22 | 劣势 | 65.2 | 19 | 中势 | 94.4 | 5 | 优势 | -32.6 | -17 | 持续↓ |
| 人均工业固体废物排放量 | 99.6 | 12 | 中势 | 99.9 | 8 | 优势 | 100.0 | 7 | 优势 | -0.4 | -5 | 持续↓ |
| 人均化肥施用量 | 42.9 | 21 | 劣势 | 36.9 | 22 | 劣势 | 32.6 | 23 | 劣势 | 10.3 | 2 | 持续↑ |
| 人均农药施用量 | 0.0 | 31 | 劣势 | 0.0 | 31 | 劣势 | 0.0 | 31 | 劣势 | 0.0 | 0 | 持续→ |

表 21 - 4 - 2　2012 年海南省环境影响竞争力各级指标的优劣度结构表

| 二级指标 | 三级指标 | 四级指标数 | 强势指标 | | 优势指标 | | 中势指标 | | 劣势指标 | | 优劣度 |
|---|---|---|---|---|---|---|---|---|---|---|---|
| | | | 个数 | 比重（%） | 个数 | 比重（%） | 个数 | 比重（%） | 个数 | 比重（%） | |
| 环境影响竞争力 | 环境安全竞争力 | 12 | 2 | 16.7 | 7 | 58.3 | 0 | 0.0 | 3 | 25.0 | 优势 |
| | 环境质量竞争力 | 9 | 3 | 33.3 | 1 | 11.1 | 1 | 11.1 | 4 | 44.4 | 中势 |
| | 小　　计 | 21 | 5 | 23.8 | 8 | 38.1 | 1 | 4.8 | 7 | 33.3 | 优势 |

　　2010 ~ 2012 年海南省环境影响竞争力的综合排位呈现波动保持，2012 年排名第 8 位，与 2010 年排位相同，在全国处于上游区。

　　从环境影响竞争力的要素指标变化趋势来看，有 1 个指标处于波动保持趋势，即环境安全竞争力；有 1 个指标处于持续下降趋势，为环境质量竞争力。

　　从环境影响竞争力的基础指标分布来看，在 21 个基础指标中，指标的优劣度结构为 23.8∶38.1∶4.8∶33.3。强势和优势指标所占比重高于劣势指标的比重，表明优势指标占主导地位。

### 21.4.2　海南省环境影响竞争力比较分析

　　图 21 - 4 - 1 将 2010 ~ 2012 年海南省环境影响竞争力与全国最高水平和平均水平进行比较。由图可知，评价期内海南省环境影响竞争力得分普遍高于 70 分，虽呈波动下降趋势，但海南省环境影响竞争力仍保持较高水平。

　　从环境影响竞争力的整体得分比较来看，2010 年，海南省环境影响竞争力得分与全国

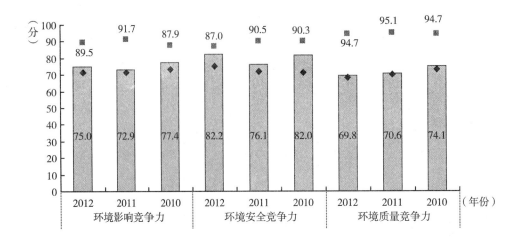

图 21 - 4 - 1　2010 ~ 2012 年海南省环境影响竞争力指标得分比较

最高分相比还有 10.6 分的差距，但与全国平均分相比，则高出 4.9 分；到 2012 年，海南省环境影响竞争力得分与全国最高分相差 14.5 分，高于全国平均分 4.3 分。总的来看，2010 ~ 2012 年海南省环境影响竞争力与最高分的差距呈扩大趋势。

从环境影响竞争力的要素得分比较来看，2012 年，海南省环境安全竞争力和环境质量竞争力的得分分别为 82.2 分和 69.8 分，比最高分低 4.7 分和 24.9 分，但高出平均分 8 分和 1.7 分；与 2010 年相比，海南省环境安全竞争力得分与最高分的差距缩小了 3.6 分，但环境质量竞争力得分与最高分的差距扩大了 4.3 分。

### 21.4.3　海南省环境影响竞争力变化动因分析

二级指标环境影响竞争力的变化是三级要素指标变化综合作用的结果，而三级要素指标变化又是四级基础指标变化作用的结果。三级和四级指标的变动情况如表 21 - 4 - 1 所示。

从要素指标来看，海南省环境影响竞争力的 2 个要素指标中，环境安全竞争力的排名保持不变，环境质量竞争力的排名下降了 1 位，受指标排位升降的综合影响，海南省环境影响竞争力排名波动保持不变。

从基础指标来看，海南省环境影响竞争力的 21 个基础指标中，上升指标有 11 个，占指标总数的 52.4%，主要分布在环境安全竞争力指标组；下降指标有 6 个，占指标总数的 28.6%，平均分布在环境安全竞争力和环境质量竞争力指标组。尽管排位上升的指标数量大于排位下降的指标数量，但受其他外部因素的综合影响，2012 年海南省环境影响竞争力排名呈现波动保持趋势。

## 21.5　海南省环境协调竞争力评价分析

### 21.5.1　海南省环境协调竞争力评价结果

2010 ~ 2012 年海南省环境协调竞争力排位和排位变化情况及其下属 2 个三级指标和 19

个四级指标的评价结果，如表21-5-1所示；环境协调竞争力各级指标的优劣势情况，如表21-5-2所示。

表21-5-1 2010~2012年海南省环境协调竞争力各级指标的得分、排名及优劣度分析表

| 指标项目 | 2012年 | | | 2011年 | | | 2010年 | | | 综合变化 | | |
|---|---|---|---|---|---|---|---|---|---|---|---|---|
| | 得分 | 排名 | 优劣度 | 得分 | 排名 | 优劣度 | 得分 | 排名 | 优劣度 | 得分变化 | 排名变化 | 趋势变化 |
| 环境协调竞争力 | 57.8 | 26 | 劣势 | 54.8 | 21 | 劣势 | 54.5 | 27 | 劣势 | 3.3 | 1 | 波动↑ |
| （1）人口与环境协调竞争力 | 54.3 | 10 | 优势 | 49.0 | 22 | 劣势 | 45.3 | 27 | 劣势 | 9.1 | 17 | 持续↑ |
| 人口自然增长率与工业废气排放量增长率比差 | 85.8 | 8 | 优势 | 16.0 | 29 | 劣势 | 11.5 | 29 | 劣势 | 74.3 | 21 | 持续↑ |
| 人口自然增长率与工业废水排放量增长率比差 | 84.6 | 14 | 中势 | 82.3 | 17 | 中势 | 22.6 | 29 | 劣势 | 62.0 | 15 | 持续↑ |
| 人口自然增长率与工业固体废物排放量增长率比差 | 78.6 | 12 | 中势 | 16.8 | 28 | 劣势 | 59.3 | 21 | 中势 | 19.3 | 9 | 波动↑ |
| 人口自然增长率与能源消费量增长率比差 | 38.7 | 29 | 劣势 | 87.3 | 8 | 优势 | 77.9 | 18 | 中势 | -39.2 | -11 | 波动↓ |
| 人口密度与人均水资源量比差 | 7.8 | 17 | 中势 | 8.9 | 14 | 中势 | 8.9 | 16 | 中势 | -1.2 | -1 | 波动↓ |
| 人口密度与人均耕地面积比差 | 16.9 | 23 | 劣势 | 17.1 | 23 | 劣势 | 17.3 | 23 | 劣势 | -0.5 | 0 | 持续→ |
| 人口密度与森林覆盖率比差 | 85.0 | 14 | 优势 | 84.9 | 14 | 优势 | 84.9 | 14 | 优势 | 0.1 | 0 | 持续→ |
| 人口密度与人均矿产基础储量比差 | 7.3 | 27 | 劣势 | 7.3 | 27 | 劣势 | 7.1 | 28 | 劣势 | 0.1 | 1 | 持续↑ |
| 人口密度与人均能源生产量比差 | 94.9 | 14 | 中势 | 94.6 | 14 | 中势 | 94.3 | 14 | 中势 | 0.7 | 0 | 持续↑ |
| （2）经济与环境协调竞争力 | 60.0 | 25 | 劣势 | 58.6 | 21 | 劣势 | 60.5 | 23 | 劣势 | -0.5 | -2 | 波动↓ |
| 工业增加值增长率与工业废气排放量增长率比差 | 69.7 | 21 | 劣势 | 60.7 | 20 | 中势 | 65.5 | 20 | 中势 | 4.2 | -1 | 持续↓ |
| 工业增加值增长率与工业废水排放量增长率比差 | 67.0 | 18 | 中势 | 57.5 | 12 | 中势 | 78.7 | 9 | 优势 | -11.7 | -9 | 持续↓ |
| 工业增加值增长率与工业固体废物排放量增长率比差 | 88.5 | 8 | 优势 | 55.3 | 20 | 中势 | 79.9 | 8 | 优势 | 8.6 | 0 | 波动→ |
| 地区生产总值增长率与能源消费量增长率比差 | 51.7 | 23 | 劣势 | 80.2 | 15 | 中势 | 61.4 | 26 | 劣势 | -9.7 | 3 | 波动→ |
| 人均工业增加值与人均水资源量比差 | 100.0 | 1 | 强势 | 100.0 | 1 | 强势 | 100.0 | 1 | 强势 | 0.0 | 0 | 持续→ |
| 人均工业增加值与人均耕地面积比差 | 83.4 | 12 | 中势 | 83.5 | 12 | 中势 | 83.5 | 13 | 中势 | -0.1 | 1 | 持续↑ |
| 人均工业增加值与人均工业废气排放量比差 | 21.7 | 30 | 劣势 | 19.3 | 30 | 劣势 | 15.8 | 30 | 劣势 | 5.9 | 0 | 持续→ |
| 人均工业增加值与森林覆盖率比差 | 27.1 | 30 | 劣势 | 27.7 | 29 | 劣势 | 27.8 | 29 | 劣势 | -0.7 | -1 | 持续↓ |
| 人均工业增加值与人均矿产基础储量比差 | 92.9 | 7 | 优势 | 92.5 | 7 | 优势 | 91.8 | 6 | 优势 | 1.1 | -1 | 持续↓ |
| 人均工业增加值与人均能源生产量比差 | 9.2 | 30 | 劣势 | 10.4 | 30 | 劣势 | 10.9 | 30 | 劣势 | -1.8 | 0 | 持续→ |

表21-5-2 2012年海南省环境协调竞争力各级指标的优劣度结构表

| 二级指标 | 三级指标 | 四级指标数 | 强势指标 | | 优势指标 | | 中势指标 | | 劣势指标 | | 优劣度 |
|---|---|---|---|---|---|---|---|---|---|---|---|
| | | | 个数 | 比重（%） | 个数 | 比重（%） | 个数 | 比重（%） | 个数 | 比重（%） | |
| 环境协调竞争力 | 人口与环境协调竞争力 | 9 | 0 | 0.0 | 2 | 22.2 | 4 | 44.4 | 3 | 33.3 | 优势 |
| | 经济与环境协调竞争力 | 10 | 1 | 10.0 | 2 | 20.0 | 2 | 20.0 | 5 | 50.0 | 劣势 |
| | 小计 | 19 | 1 | 5.3 | 4 | 21.1 | 6 | 31.6 | 8 | 42.1 | 劣势 |

2010~2012年海南省环境协调竞争力的综合排位呈现波动上升趋势，2012年排名第26位，比2010年上升了1位，在全国处于下游区。

从环境协调竞争力的要素指标变化趋势来看，有1个指标处于持续上升趋势，即人口与环境协调竞争力；有1个指标处于波动下降趋势，为经济与环境协调竞争力。

从环境协调竞争力的基础指标分布来看，在19个基础指标中，指标的优劣度结构为5.3：21.1：31.6：42.1。劣势指标所占比重大于强势和优势指标的比重，表明劣指标占主导地位。

### 21.5.2　海南省环境协调竞争力比较分析

图21-5-1将2010～2012年海南省环境协调竞争力与全国最高水平和平均水平进行比较。由图可知，评价期内海南省环境协调竞争力得分普遍低于58分，尽管呈持续上升趋势，但海南省环境协调竞争力仍处于较低水平。

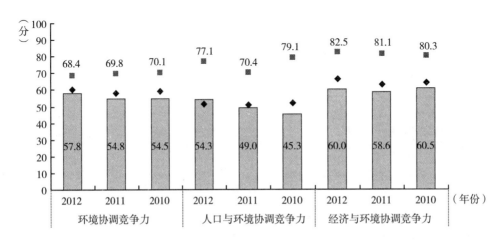

图21-5-1　2010～2012年海南省环境协调竞争力指标得分比较

从环境协调竞争力的整体得分比较来看，2010年海南省环境协调竞争力得分与全国最高分相比还有15.6分的差距，但与全国平均分相比，低了4.8分；到2012年，海南省环境协调竞争力得分与全国最高分的差距缩小为10.6分，低于全国平均分2.6分。总的来看，2010～2012年海南省环境协调竞争力与最高分的差距呈缩小趋势，处于全国下游水平。

从环境协调竞争力的要素得分比较来看，2012年，海南省人口与环境协调竞争力和经济与环境协调竞争力的得分分别为54.3分和60分，比最高分低22.7分和22.4分，但人口与环境协调竞争力高出平均分3.1分，经济与环境协调竞争力低于平均分6.3分；与2010年相比，海南省人口与环境协调竞争力得分与最高分的差距缩小了11.1分，但经济与环境协调竞争力得分与最高分的差距扩大了2.7分。

### 21.5.3　海南省环境协调竞争力变化动因分析

二级指标环境协调竞争力的变化是三级要素指标变化综合作用的结果，而三级要素指标变化又是四级基础指标变化作用的结果。三级和四级指标的变动情况如表21-5-1所示。

从要素指标来看，海南省环境协调竞争力的2个要素指标中，人口与环境协调竞争力的排名持续上升了17位，经济与环境协调竞争力的排名波动下降了2位，受指标排位升降的综合影响，海南省环境协调竞争力上升了1位，其中人口与环境协调竞争力是环境协调竞争力排名上升的主要动力。

从基础指标来看，海南省环境协调竞争力的 19 个基础指标中，上升指标有 6 个，占指标总数的 31.6%，主要分布在人口与环境协调竞争力指标组；下降指标有 6 个，占指标总数的 31.6%，主要分布在经济与环境协调竞争力指标组。虽然排位上升的指标数量等于排位下降的指标数量，但由于上升的幅度大于下降的幅度，2012 年海南省环境协调竞争力排名波动上升了 1 位。

## 21.6 海南省环境竞争力总体评述

从对海南省环境竞争力及其 5 个二级指标在全国的排位变化和指标结构的综合分析来看，"十二五"中期（2010~2012 年）环境竞争力中上升指标的数量等于下降指标的数量，但受多种因素的综合影响，2012 年海南省环境竞争力的排位下降了 1 位，在全国居第 25位。

### 21.6.1 海南省环境竞争力概要分析

海南省环境竞争力在全国所处的位置及变化如表 21-6-1 所示，5 个二级指标的得分和排位变化如表 21-6-2 所示。

表 21-6-1 2010~2012 年海南省环境竞争力一级指标比较表

| 项目 \ 年份 | 2012 | 2011 | 2010 |
|---|---|---|---|
| 排名 | 25 | 27 | 24 |
| 所属区位 | 下游 | 下游 | 下游 |
| 得分 | 47.3 | 46.0 | 47.1 |
| 全国最高分 | 58.2 | 59.5 | 60.1 |
| 全国平均分 | 51.3 | 50.8 | 50.4 |
| 与最高分的差距 | -10.9 | -13.4 | -13.1 |
| 与平均分的差距 | -4.0 | -4.7 | -3.4 |
| 优劣度 | 劣势 | 劣势 | 劣势 |
| 波动趋势 | 上升 | 下降 | — |

表 21-6-2 2010~2012 年海南省环境竞争力二级指标比较表

| 项目 \ 年份 | 生态环境竞争力 | | 资源环境竞争力 | | 环境管理竞争力 | | 环境影响竞争力 | | 环境协调竞争力 | | 环境竞争力 | |
|---|---|---|---|---|---|---|---|---|---|---|---|---|
| | 得分 | 排名 | 得分 | 排名 | 得分 | 排名 | 得分 | 排名 | 得分 | 排名 | 得分 | 排名 |
| 2010 | 44.4 | 20 | 46.7 | 8 | 28.9 | 28 | 77.4 | 8 | 54.5 | 27 | 47.1 | 24 |
| 2011 | 38.9 | 26 | 46.9 | 9 | 33.0 | 28 | 72.9 | 12 | 54.8 | 21 | 46.0 | 27 |
| 2012 | 37.5 | 26 | 47.8 | 9 | 36.1 | 26 | 75.0 | 8 | 57.8 | 26 | 47.3 | 25 |
| 得分变化 | -6.9 | — | 1.1 | — | 7.2 | — | -2.4 | — | 3.3 | — | 0.2 | — |
| 排位变化 | — | -6 | — | -1 | — | 2 | — | 0 | — | 1 | — | -1 |
| 优劣度 | 劣势 | 劣势 | 优势 | 优势 | 劣势 | 劣势 | 优势 | 优势 | 劣势 | 劣势 | 劣势 | 劣势 |

（1）从指标排位变化趋势看，2012 年海南省环境竞争力综合排名在全国处于第 25 位，表明其在全国处于劣势地位；与 2010 年相比，排位下降了 1 位。总的来看，评价期内海南省环境竞争力呈波动下降趋势。

在 5 个二级指标中，有 2 个指标处于上升趋势，为环境管理竞争力和环境协调竞争力，这些是海南省环境竞争力上升的动力所在；有 2 个指标处于下降趋势，为生态环境竞争力和资源环境竞争力，其余 1 个指标排位呈波动保持。在指标排位升降的综合影响下，评价期内海南省环境竞争力的综合排位下降了 1 位，在全国排名第 25 位。

（2）从指标所处区位看，2012 年海南省环境竞争力处于下游区，其中，资源环境竞争力和环境影响竞争力为优势指标；生态环境竞争力、环境管理竞争力和环境协调竞争力指标为劣势指标。

（3）从指标得分看，2012 年海南省环境竞争力得分为 47.3 分，比全国最高分低 10.9 分，比全国平均分低 4 分；与 2010 年相比，海南省环境竞争力得分上升了 0.2 分，与当年最高分的差距缩小了，与全国平均分的差距扩大了。

2012 年，海南省环境竞争力二级指标的得分均高于 36 分，与 2010 年相比，得分上升最多的为环境管理竞争力，上升了 7.2 分；得分下降最多的为生态环境竞争力，下降了 6.9 分。

### 21.6.2　海南省环境竞争力各级指标动态变化分析

2010～2012 年海南省环境竞争力各级指标的动态变化及其结构，如图 21-6-1 和表 21-6-3 所示。

从图 21-6-1 可以看出，海南省环境竞争力的四级指标中上升指标的比例略小于下降指标，保持指标居于主导地位。表 21-6-3 中的数据进一步说明，海南省环境竞争力的 130 个四级指标中，上升的指标有 34 个，占指标总数的 26.2%；保持不变的指标有 60 个，占指标总数的 46.2%；下降的指标为 36 个，占指标总数的 27.7%。下降指标的数量略大于上升指标的数量，使得评价期内海南省环境竞争力排位下降了 1 位，在全国居第 25 位。

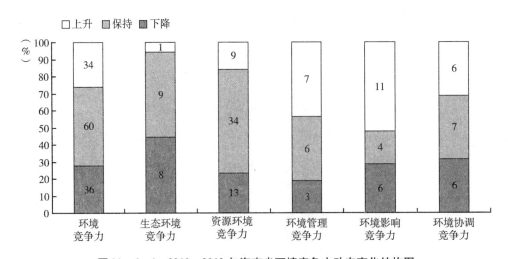

图 21-6-1　2010～2012 年海南省环境竞争力动态变化结构图

表 21 - 6 - 3　2010~2012 年海南省环境竞争力各级指标排位变化态势比较表

| 二级指标 | 三级指标 | 四级指标数 | 上升指标 | | 保持指标 | | 下降指标 | | 变化趋势 |
|---|---|---|---|---|---|---|---|---|---|
| | | | 个数 | 比重(%) | 个数 | 比重(%) | 个数 | 比重(%) | |
| 生态环境竞争力 | 生态建设竞争力 | 9 | 0 | 0.0 | 7 | 77.8 | 2 | 22.2 | 持续↓ |
| | 生态效益竞争力 | 9 | 1 | 11.1 | 2 | 22.2 | 6 | 66.7 | 持续↑ |
| | 小　计 | 18 | 1 | 5.6 | 9 | 50.0 | 8 | 44.4 | 持续↓ |
| 资源环境竞争力 | 水环境竞争力 | 11 | 1 | 9.1 | 7 | 63.6 | 3 | 27.3 | 波动↓ |
| | 土地环境竞争力 | 13 | 2 | 15.4 | 11 | 84.6 | 0 | 0.0 | 持续→ |
| | 大气环境竞争力 | 8 | 1 | 12.5 | 5 | 62.5 | 2 | 25.0 | 持续→ |
| | 森林环境竞争力 | 8 | 0 | 0.0 | 7 | 87.5 | 1 | 12.5 | 持续↑ |
| | 矿产环境竞争力 | 9 | 4 | 44.4 | 2 | 22.2 | 3 | 33.3 | 波动↓ |
| | 能源环境竞争力 | 7 | 1 | 14.3 | 2 | 28.6 | 4 | 57.1 | 波动↓ |
| | 小　计 | 56 | 9 | 16.1 | 34 | 60.7 | 13 | 23.2 | 持续↓ |
| 环境管理竞争力 | 环境治理竞争力 | 10 | 3 | 30.0 | 5 | 50.0 | 2 | 20.0 | 波动→ |
| | 环境友好竞争力 | 6 | 4 | 66.7 | 1 | 16.7 | 1 | 16.7 | 持续↑ |
| | 小　计 | 16 | 7 | 43.8 | 6 | 37.5 | 3 | 18.8 | 持续↑ |
| 环境影响竞争力 | 环境安全竞争力 | 12 | 8 | 66.7 | 1 | 8.3 | 3 | 25.0 | 波动→ |
| | 环境质量竞争力 | 9 | 3 | 33.3 | 3 | 33.3 | 3 | 33.3 | 持续↓ |
| | 小　计 | 21 | 11 | 52.4 | 4 | 19.0 | 6 | 28.6 | 波动→ |
| 环境协调竞争力 | 人口与环境协调竞争力 | 9 | 4 | 44.4 | 3 | 33.3 | 2 | 22.2 | 持续↑ |
| | 经济与环境协调竞争力 | 10 | 2 | 20.0 | 4 | 40.0 | 4 | 40.0 | 波动↓ |
| | 小　计 | 19 | 6 | 31.6 | 7 | 36.8 | 6 | 31.6 | 波动↑ |
| 合　计 | | 130 | 34 | 26.2 | 60 | 46.2 | 36 | 27.7 | 波动↓ |

### 21.6.3　海南省环境竞争力各级指标变化动因分析

2012 年海南省环境竞争力各级指标的优劣势变化及其结构，如图 21 - 6 - 2 和表 21 - 6 - 4 所示。

从图 21 - 6 - 2 可以看出，2012 年海南省环境竞争力的四级指标中强势和优势指标的比例小于劣势指标，表明劣势指标居于主导地位。表 21 - 6 - 4 中的数据进一步说明，2012 年海南省环境竞争力的 130 个四级指标中，强势指标有 24 个，占指标总数的 18.5%；优势指标为 22 个，占指标总数的 16.9%；中势指标 29 个，占指标总数的 22.3%；劣势指标有 55 个，占指标总数的 42.3%；强势指标和优势指标之和占指标总数的 35.4%，数量与比重均小于劣势指标。从三级指标来看，四级指标中强势指标和优势指标之和占四级指标总数一半以上的分别有水环境竞争力、大气环境竞争力、能源环境竞争力和环境安全竞争力，共计 4 个指标，占三级指标总数的 28.6%。反映到二级指标上来，没有强势指标；优势指标有 2 个，占指标总数的 40%；劣势指标有 3 个，占二级指标总数的 60%。这使得海南省环境竞争力处于劣势地位，在全国位居第 25 位，处于下游区。

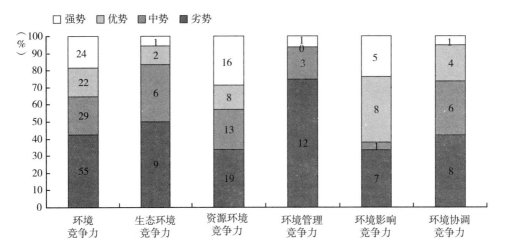

图 21 - 6 - 2　2012 年海南省环境竞争力优劣度结构图

表 21 - 6 - 4　2012 年海南省环境竞争力各级指标优劣度比较表

| 二级指标 | 三级指标 | 四级指标数 | 强势指标 | | 优势指标 | | 中势指标 | | 劣势指标 | | 优劣度 |
|---|---|---|---|---|---|---|---|---|---|---|---|
| | | | 个数 | 比重（%） | 个数 | 比重（%） | 个数 | 比重（%） | 个数 | 比重（%） | |
| 生态环境竞争力 | 生态建设竞争力 | 9 | 1 | 11.1 | 1 | 11.1 | 4 | 44.4 | 3 | 33.3 | 劣势 |
| | 生态效益竞争力 | 9 | 0 | 0.0 | 1 | 11.1 | 2 | 22.2 | 6 | 66.7 | 劣势 |
| | 小　计 | 18 | 1 | 5.6 | 2 | 11.1 | 6 | 33.3 | 9 | 50.0 | 劣势 |
| 资源环境竞争力 | 水环境竞争力 | 11 | 4 | 36.4 | 2 | 18.2 | 2 | 18.2 | 3 | 27.3 | 中势 |
| | 土地环境竞争力 | 13 | 2 | 15.4 | 1 | 7.7 | 6 | 46.2 | 4 | 30.8 | 优势 |
| | 大气环境竞争力 | 8 | 6 | 75.0 | 2 | 25.0 | 0 | 0.0 | 0 | 0.0 | 强势 |
| | 森林环境竞争力 | 8 | 0 | 0.0 | 1 | 12.5 | 1 | 12.5 | 6 | 75.0 | 中势 |
| | 矿产环境竞争力 | 9 | 1 | 11.1 | 1 | 11.1 | 3 | 33.3 | 4 | 44.4 | 中势 |
| | 能源环境竞争力 | 7 | 3 | 42.9 | 1 | 14.3 | 1 | 14.3 | 2 | 28.6 | 优势 |
| | 小　计 | 56 | 16 | 28.6 | 8 | 14.3 | 13 | 23.2 | 19 | 33.9 | 优势 |
| 环境管理竞争力 | 环境治理竞争力 | 10 | 0 | 0.0 | 0 | 0.0 | 2 | 20.0 | 8 | 80.0 | 劣势 |
| | 环境友好竞争力 | 6 | 1 | 16.7 | 0 | 0.0 | 1 | 16.7 | 4 | 66.7 | 劣势 |
| | 小　计 | 16 | 1 | 6.3 | 0 | 0.0 | 3 | 18.8 | 12 | 75.0 | 劣势 |
| 环境影响竞争力 | 环境安全竞争力 | 12 | 2 | 16.7 | 7 | 58.3 | 0 | 0.0 | 3 | 25.0 | 优势 |
| | 环境质量竞争力 | 9 | 3 | 33.3 | 1 | 11.1 | 1 | 11.1 | 4 | 44.4 | 中势 |
| | 小　计 | 21 | 5 | 23.8 | 8 | 38.1 | 1 | 4.8 | 7 | 33.3 | 优势 |
| 环境协调竞争力 | 人口与环境协调竞争力 | 9 | 0 | 0.0 | 2 | 22.2 | 4 | 44.4 | 3 | 33.3 | 优势 |
| | 经济与环境协调竞争力 | 10 | 1 | 10.0 | 2 | 20.0 | 2 | 20.0 | 5 | 50.0 | 劣势 |
| | 小　计 | 19 | 1 | 5.3 | 4 | 21.1 | 6 | 31.6 | 8 | 42.1 | 劣势 |
| 合　计 | | 130 | 24 | 18.5 | 22 | 16.9 | 29 | 22.3 | 55 | 42.3 | 劣势 |

　　为了进一步明确影响海南省环境竞争力变化的具体指标，也便于对相关指标进行深入分析，从而为提升海南省环境竞争力提供决策参考，表 21 - 6 - 5 列出了环境竞争力指标体系中直接影响海南省环境竞争力升降的强势指标、优势指标和劣势指标。

表 21－6－5  2012 年海南省环境竞争力四级指标优劣度统计表

| 指标 | 强势指标 | 优势指标 | 劣势指标 |
|---|---|---|---|
| 生态环境竞争力（18 个） | 本年减少耕地面积（1 个） | 野生植物种源培育基地数、工业烟（粉）尘排放强度（2 个） | 国家级生态示范区个数、公园面积、园林绿地面积、工业废气排放强度、工业废水排放强度、工业废水中化学需氧量排放强度、工业废水中氨氮排放强度、化肥施用强度、农药施用强度（9 个） |
| 资源环境竞争力（56 个） | 用水总量、用水消耗量、耗水率、工业废水排放总量、人均园地面积、单位耕地面积农业增加值、工业废气排放总量、工业烟（粉）尘排放总量、地均工业烟（粉）尘排放量、工业二氧化硫排放总量、全省设区市优良天数比例、可吸入颗粒物（PM10）浓度、工业固体废物产生量、能源生产总量、能源消费总量、能源生产弹性系数（16 个） | 人均水资源量、生活污水排放量、建设用地面积、地均工业废气排放量、地均二氧化硫排放量、森林覆盖率、人均主要非金属矿产基础储量、单位地区生产总值能耗（8 个） | 水资源总量、降水量、供水总量、土地总面积、耕地面积、牧草地面积、单位建设用地非农产业增加值、林业用地面积、森林面积、天然林比重、造林总面积、森林蓄积量、活立木总蓄积量、主要黑色金属矿产基础储量、主要有色金属矿产基础储量、主要能源矿产基础储量、人均主要能源矿产基础储量、单位工业增加值能耗、能源消费弹性系数（19 个） |
| 环境管理竞争力（16 个） | 生活垃圾无害化处理率（1 个） | （0 个） | 环境污染治理投资总额、废气治理设施年运行费用、废水治理设施处理能力、废水治理设施年运行费用、矿山环境恢复治理投入资金、地质灾害防治投资额、水土流失治理面积、土地复垦面积占新增耕地面积的比重、工业固体废物综合利用量、工业固体废物处置量、工业固体废物处置利用率、城市污水处理率（12 个） |
| 环境影响竞争力（21 个） | 自然灾害受灾面积、森林病虫鼠害发生面积、人均工业废气排放量、人均二氧化硫排放量、人均工业烟（粉）尘排放量（5 个） | 自然灾害直接经济损失、发生地质灾害起数、地质灾害直接经济损失、突发环境事件次数、森林火灾次数、森林火灾火场总面积、受火灾森林面积、人均工业废水排放量（8 个） | 自然灾害绝收面积占受灾面积比重、地质灾害防治投资额、森林病虫鼠害防治率、人均生活污水排放量、人均化学需氧量排放量、人均化肥施用量、人均农药施用量（7 个） |
| 环境协调竞争力（19 个） | 人均工业增加值与人均水资源量比差（1 个） | 人口自然增长率与工业废气排放量增长率比差、人口密度与森林覆盖率比差、工业增加值增长率与工业固体废物排放量增长率比差、人均工业增加值与人均矿产基础储量比差（4 个） | 人口自然增长率与能源消费量增长率比差、人口密度与人均耕地面积比差、人口密度与人均矿产基础储量比差、工业增加值增长率与工业废气排放量增长率比差、地区生产总值增长率与能源消费量增长率比差、人均工业增加值与人均工业废气排放量比差、人均工业增加值与森林覆盖率比差、人均工业增加值与人均能源生产量比差（8 个） |

## 22
# 重庆市环境竞争力评价分析报告

重庆市简称渝，位于青藏高原与长江中下游平原的过渡地带，北与四川省、陕西省相连，东与湖北省、湖南省相接，南与贵州省相邻，西与云南省交界。全市面积 8.5 万平方公里，2012 年末总人口 2885 万人，人均 GDP 达到 38914 元，万元 GDP 能耗为 1.098 吨标准煤。"十二五"中期（2010～2012 年），重庆市环境竞争力的综合排位呈现持续上升趋势，2012 年排名第 17 位，比 2010 年上升了 8 位，在全国处于中势地位。

## 22.1 重庆市生态环境竞争力评价分析

### 22.1.1 重庆市生态环境竞争力评价结果

2010～2012 年重庆市生态环境竞争力排位和排位变化情况及其下属 2 个三级指标和 18 个四级指标的评价结果，如表 22 - 1 - 1 所示；生态环境竞争力各级指标的优劣势情况，如表 22 - 1 - 2 所示。

表 22 - 1 - 1  2010～2012 年重庆市生态环境竞争力各级指标的得分、排名及优劣度分析表

| 指标项目 | 2012 年 | | | 2011 年 | | | 2010 年 | | | 综合变化 | | |
|---|---|---|---|---|---|---|---|---|---|---|---|---|
| | 得分 | 排名 | 优劣度 | 得分 | 排名 | 优劣度 | 得分 | 排名 | 优劣度 | 得分变化 | 排名变化 | 趋势变化 |
| **生态环境竞争力** | 44.9 | 18 | 中势 | 44.3 | 18 | 中势 | 41.7 | 25 | 劣势 | 3.2 | 7 | 持续↑ |
| （1）生态建设竞争力 | 19.6 | 25 | 劣势 | 18.4 | 27 | 劣势 | 18.6 | 27 | 劣势 | 0.9 | 2 | 持续↑ |
| 国家级生态示范区个数 | 4.7 | 24 | 劣势 | 4.7 | 24 | 劣势 | 4.7 | 24 | 劣势 | 0.0 | 0 | 持续→ |
| 公园面积 | 15.2 | 13 | 中势 | 13.7 | 15 | 中势 | 13.7 | 15 | 中势 | 1.5 | 2 | 持续↑ |
| 园林绿地面积 | 26.9 | 9 | 优势 | 26.8 | 9 | 优势 | 26.8 | 9 | 优势 | 0.1 | 0 | 持续→ |
| 绿化覆盖面积 | 10.3 | 19 | 中势 | 9.5 | 20 | 中势 | 9.5 | 20 | 中势 | 0.8 | 1 | 持续↑ |
| 本年减少耕地面积 | 54.5 | 22 | 劣势 | 54.5 | 22 | 劣势 | 54.5 | 22 | 劣势 | 0.0 | 0 | 持续→ |
| 自然保护区个数 | 14.6 | 16 | 中势 | 14.6 | 16 | 中势 | 14.6 | 16 | 中势 | 0.0 | 0 | 持续→ |
| 自然保护区面积占土地总面积比重 | 27.2 | 10 | 优势 | 27.2 | 10 | 优势 | 27.2 | 10 | 优势 | 0.0 | 0 | 持续→ |
| 野生动物种源繁育基地数 | 11.6 | 13 | 中势 | 3.5 | 15 | 中势 | 3.5 | 15 | 中势 | 8.1 | 2 | 持续↑ |
| 野生植物种源培育基地数 | 3.4 | 10 | 优势 | 1.4 | 15 | 中势 | 1.4 | 15 | 中势 | 1.9 | 5 | 持续↑ |
| （2）生态效益竞争力 | 83.0 | 11 | 中势 | 83.1 | 14 | 中势 | 76.3 | 23 | 劣势 | 6.7 | 12 | 持续↑ |
| 工业废气排放强度 | 92.9 | 5 | 优势 | 93.9 | 7 | 优势 | 93.9 | 7 | 优势 | -1.1 | 2 | 持续↑ |
| 工业二氧化硫排放强度 | 79.9 | 22 | 劣势 | 80.3 | 22 | 劣势 | 80.3 | 22 | 劣势 | -0.4 | 0 | 持续→ |

续表

| 指标项目 | 2012 年 | | | 2011 年 | | | 2010 年 | | | 综合变化 | | |
|---|---|---|---|---|---|---|---|---|---|---|---|---|
| | 得分 | 排名 | 优劣度 | 得分 | 排名 | 优劣度 | 得分 | 排名 | 优劣度 | 得分变化 | 排名变化 | 趋势变化 |
| 工业烟(粉)尘排放强度 | 88.0 | 15 | 中势 | 88.3 | 11 | 中势 | 88.3 | 11 | 中势 | -0.3 | -4 | 持续↓ |
| 工业废水排放强度 | 81.5 | 5 | 优势 | 78.8 | 7 | 优势 | 78.8 | 7 | 优势 | 2.7 | 2 | 持续↑ |
| 工业废水中化学需氧量排放强度 | 93.3 | 8 | 优势 | 92.5 | 8 | 优势 | 92.5 | 8 | 优势 | 0.7 | 0 | 持续→ |
| 工业废水中氨氮排放强度 | 94.7 | 7 | 优势 | 95.2 | 7 | 优势 | 95.2 | 7 | 优势 | -0.4 | 0 | 持续→ |
| 工业固体废物排放强度 | 92.5 | 27 | 劣势 | 90.9 | 28 | 劣势 | 90.9 | 28 | 劣势 | 1.6 | 1 | 持续↑ |
| 化肥施用强度 | 30.5 | 27 | 劣势 | 31.6 | 27 | 劣势 | 31.6 | 27 | 劣势 | -1.1 | 0 | 持续→ |
| 农药施用强度 | 84.0 | 17 | 中势 | 86.3 | 17 | 中势 | 86.3 | 17 | 中势 | -2.2 | 0 | 持续→ |

表 22 - 1 - 2　2012 年重庆市生态环境竞争力各级指标的优劣度结构表

| 二级指标 | 三级指标 | 四级指标数 | 强势指标 | | 优势指标 | | 中势指标 | | 劣势指标 | | 优劣度 |
|---|---|---|---|---|---|---|---|---|---|---|---|
| | | | 个数 | 比重(%) | 个数 | 比重(%) | 个数 | 比重(%) | 个数 | 比重(%) | |
| 生态环境竞争力 | 生态建设竞争力 | 9 | 0 | 0.0 | 3 | 33.3 | 4 | 44.4 | 2 | 22.2 | 劣势 |
| | 生态效益竞争力 | 9 | 0 | 0.0 | 4 | 44.4 | 2 | 22.2 | 3 | 33.3 | 中势 |
| | 小　　计 | 18 | 0 | 0.0 | 7 | 38.9 | 6 | 33.3 | 5 | 27.8 | 中势 |

2010～2012 年重庆市生态环境竞争力的综合排位呈现持续上升趋势，2012 年排名第 18 位，比 2010 年上升了 7 位，在全国处于中游区。

从生态环境竞争力要素指标的变化趋势来看，2 个指标即生态建设竞争力和生态效益竞争力都处于持续上升趋势。

从生态环境竞争力基础指标的优劣度结构来看，在 18 个基础指标中，指标的优劣度结构为 0∶38.9∶33.3∶27.8。强势和优势指标所占比重大于劣势指标的比重，表明优势指标占主导地位。

### 22.1.2　重庆市生态环境竞争力比较分析

图 22 - 1 - 1 将 2010～2012 年重庆市生态环境竞争力与全国最高水平和平均水平进行比较。由图可知，评价期内重庆市生态环境竞争力得分普遍低于 45 分，说明重庆市生态环境竞争力处于中等偏下水平。

从生态环境竞争力的整体得分比较来看，2010 年，重庆市生态环境竞争力得分与全国最高分相比有 24 分的差距，与全国平均分相比，低了 4.7 分；到了 2012 年，重庆市生态环境竞争力得分与全国最高分的差距缩小为 20.2 分，低于全国平均分 0.5 分。总的来说，2010～2012 年重庆市生态环境竞争力与最高分的差距呈缩小趋势，表明生态建设和效益不断提升。

从生态环境竞争力的要素得分比较来看，2012 年，重庆市生态建设竞争力和生态效益

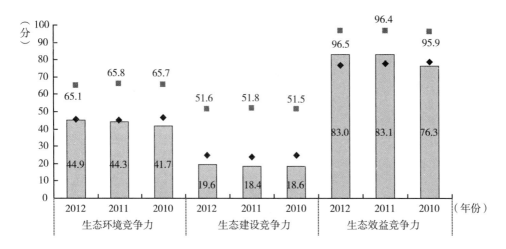

图 22 - 1 - 1　2010～2012 年重庆市生态环境竞争力指标得分比较

竞争力的得分分别为 19.6 分和 83 分，分别比最高分低 32 分和 13.5 分，前者低于平均分 5.1 分，后者高于平均分 6.4 分；与 2010 年相比，重庆市生态建设竞争力得分与最高分的差距缩小了 0.5 分，生态效益竞争力得分与最高分的差距也缩小了 6.1 分。

### 22.1.3　重庆市生态环境竞争力变化动因分析

二级指标生态环境竞争力的变化是三级要素指标变化综合作用的结果，而三级要素指标变化又是四级基础指标变化作用的结果。三级和四级指标的变动情况如表 22 - 1 - 1 所示。

从要素指标来看，重庆市生态环境竞争力的 2 个要素指标中，生态建设竞争力的排名上升了 2 位，生态效益竞争力的排名上升了 12 位，受指标排位上升的综合影响，重庆市生态环境竞争力持续上升了 7 位。

从基础指标来看，重庆市生态环境竞争力的 18 个基础指标中，上升指标有 7 个，占指标总数的 38.9%，主要分布在生态建设竞争力指标组；下降指标有 1 个，占指标总数的 5.6%，主要分布在生态效益竞争力指标组。由于上升指标的数量大于下降指标的数量，评价期内重庆市生态环境竞争力排名上升了 7 位。

## 22.2　重庆市资源环境竞争力评价分析

### 22.2.1　重庆市资源环境竞争力评价结果

2010～2012 年重庆市资源环境竞争力排位和排位变化情况及其下属 6 个三级指标和 56 个四级指标的评价结果，如表 22 - 2 - 1 所示；资源环境竞争力各级指标的优劣势情况，如表 22 - 2 - 2 所示。

表 22 - 2 - 1　2010～2012 年重庆市资源环境竞争力各级指标的得分、排名及优劣度分析表

| 指标项目 | 2012 年 | | | 2011 年 | | | 2010 年 | | | 综合变化 | | |
|---|---|---|---|---|---|---|---|---|---|---|---|---|
| | 得分 | 排名 | 优劣度 | 得分 | 排名 | 优劣度 | 得分 | 排名 | 优劣度 | 得分变化 | 排名变化 | 趋势变化 |
| **资源环境竞争力** | 43.4 | 19 | 中势 | 43.9 | 20 | 中势 | 41.3 | 20 | 中势 | 2.1 | 1 | 持续↑ |
| （1）水环境竞争力 | 42.7 | 27 | 劣势 | 42.7 | 25 | 劣势 | 41.9 | 28 | 劣势 | 0.8 | 1 | 波动↑ |
| 水资源总量 | 11.1 | 18 | 中势 | 11.5 | 17 | 中势 | 9.9 | 21 | 中势 | 1.2 | 3 | 波动↑ |
| 人均水资源量 | 1.1 | 17 | 中势 | 1.2 | 11 | 中势 | 1.0 | 17 | 中势 | 0.1 | 0 | 波动→ |
| 降水量 | 12.3 | 25 | 劣势 | 12.0 | 25 | 劣势 | 11.4 | 25 | 劣势 | 0.9 | 0 | 持续→ |
| 供水总量 | 10.5 | 24 | 劣势 | 11.9 | 24 | 劣势 | 13.3 | 23 | 劣势 | -2.7 | -1 | 持续↓ |
| 用水总量 | 97.7 | 1 | 强势 | 97.6 | 1 | 强势 | 97.6 | 1 | 强势 | 0.1 | 0 | 持续→ |
| 用水消耗量 | 98.9 | 1 | 强势 | 98.7 | 1 | 强势 | 98.4 | 1 | 强势 | 0.5 | 0 | 持续→ |
| 耗水率 | 41.9 | 1 | 强势 | 41.9 | 1 | 强势 | 40.0 | 1 | 强势 | 1.9 | 0 | 持续↑ |
| 节灌率 | 10.2 | 26 | 劣势 | 9.8 | 25 | 劣势 | 9.1 | 25 | 劣势 | 1.1 | -1 | 持续↓ |
| 城市再生水利用率 | 1.0 | 25 | 劣势 | 1.1 | 24 | 劣势 | 0.2 | 21 | 劣势 | 0.8 | -4 | 持续↓ |
| 工业废水排放总量 | 87.2 | 10 | 优势 | 86.3 | 10 | 优势 | 83.1 | 16 | 中势 | 4.1 | 6 | 持续↑ |
| 生活污水排放量 | 85.0 | 13 | 中势 | 84.5 | 13 | 中势 | 85.0 | 15 | 中势 | 0.0 | 2 | 持续↑ |
| （2）土地环境竞争力 | 25.6 | 17 | 中势 | 27.0 | 14 | 中势 | 26.5 | 15 | 中势 | -0.9 | -2 | 波动↓ |
| 土地总面积 | 4.6 | 26 | 劣势 | 4.6 | 26 | 劣势 | 4.6 | 26 | 劣势 | 0.0 | 0 | 持续→ |
| 耕地面积 | 17.5 | 22 | 劣势 | 17.5 | 22 | 劣势 | 17.5 | 22 | 劣势 | 0.0 | 0 | 持续→ |
| 人均耕地面积 | 22.5 | 20 | 中势 | 22.7 | 20 | 中势 | 22.9 | 20 | 中势 | -0.4 | 0 | 持续→ |
| 牧草地面积 | 0.4 | 17 | 中势 | 0.4 | 17 | 中势 | 0.4 | 17 | 中势 | 0.0 | 0 | 持续→ |
| 人均牧草地面积 | 0.0 | 16 | 中势 | 0.0 | 16 | 中势 | 0.4 | 17 | 中势 | 0.0 | 0 | 持续→ |
| 园地面积 | 23.7 | 20 | 中势 | 23.7 | 20 | 中势 | 23.7 | 20 | 中势 | 0.0 | 0 | 持续→ |
| 人均园地面积 | 12.5 | 14 | 中势 | 12.5 | 13 | 中势 | 12.5 | 13 | 中势 | 0.0 | -1 | 持续↓ |
| 土地资源利用效率 | 4.3 | 12 | 中势 | 4.0 | 12 | 中势 | 3.5 | 12 | 中势 | 0.8 | 0 | 持续→ |
| 建设用地面积 | 78.5 | 9 | 优势 | 78.5 | 9 | 优势 | 78.5 | 9 | 优势 | 0.0 | 0 | 持续→ |
| 单位建设用地非农产业增加值 | 17.1 | 9 | 优势 | 15.6 | 9 | 优势 | 13.6 | 9 | 优势 | 3.5 | 0 | 持续→ |
| 单位耕地面积农业增加值 | 21.6 | 17 | 中势 | 21.9 | 17 | 中势 | 21.4 | 18 | 中势 | 0.2 | 1 | 持续↑ |
| 沙化土地面积占土地总面积的比重 | 99.9 | 3 | 强势 | 99.9 | 3 | 强势 | 99.9 | 3 | 强势 | 0.0 | 0 | 持续→ |
| 当年新增种草面积 | 37.8 | 2 | 强势 | 60.3 | 2 | 强势 | 56.9 | 2 | 强势 | -19.1 | 0 | 持续→ |
| （3）大气环境竞争力 | 76.7 | 14 | 中势 | 76.7 | 14 | 中势 | 73.1 | 14 | 中势 | 3.6 | 0 | 持续↑ |
| 工业废气排放总量 | 87.8 | 5 | 优势 | 88.3 | 6 | 优势 | 80.6 | 12 | 中势 | 7.2 | 7 | 持续↑ |
| 地均工业废气排放量 | 95.2 | 15 | 中势 | 94.9 | 15 | 中势 | 93.5 | 19 | 中势 | 1.7 | 4 | 持续↑ |
| 工业烟（粉）尘排放总量 | 84.3 | 8 | 优势 | 86.3 | 7 | 优势 | 76.9 | 8 | 优势 | 7.5 | 0 | 波动↑ |
| 地均工业烟（粉）尘排放量 | 79.9 | 20 | 中势 | 80.2 | 19 | 中势 | 72.4 | 17 | 中势 | 7.5 | -3 | 持续↓ |
| 工业二氧化硫排放总量 | 67.0 | 14 | 中势 | 67.4 | 14 | 中势 | 58.6 | 17 | 中势 | 8.4 | 3 | 持续↑ |
| 地均二氧化硫排放量 | 79.7 | 23 | 劣势 | 80.5 | 23 | 劣势 | 80.0 | 26 | 劣势 | -0.3 | 3 | 持续↑ |
| 全省设区市优良天数比例 | 72.9 | 19 | 中势 | 63.9 | 23 | 劣势 | 63.9 | 23 | 劣势 | 9.0 | 4 | 持续↑ |
| 可吸入颗粒物（PM10）浓度 | 48.1 | 23 | 劣势 | 53.8 | 20 | 中势 | 59.6 | 18 | 中势 | -11.5 | -5 | 持续↓ |
| （4）森林环境竞争力 | 26.5 | 17 | 中势 | 27.2 | 17 | 中势 | 27.7 | 17 | 中势 | -1.1 | 0 | 持续→ |
| 林业用地面积 | 9.0 | 24 | 劣势 | 9.0 | 24 | 劣势 | 9.0 | 24 | 劣势 | 0.0 | 0 | 持续→ |
| 森林面积 | 11.9 | 23 | 劣势 | 11.9 | 23 | 劣势 | 11.9 | 23 | 劣势 | 0.0 | 0 | 持续→ |
| 森林覆盖率 | 52.2 | 11 | 中势 | 52.2 | 12 | 中势 | 52.2 | 12 | 中势 | 0.0 | 1 | 持续↑ |

续表

| 指 标 项 目 | 2012 年 | | | 2011 年 | | | 2010 年 | | | 综合变化 | | |
|---|---|---|---|---|---|---|---|---|---|---|---|---|
| | 得分 | 排名 | 优劣度 | 得分 | 排名 | 优劣度 | 得分 | 排名 | 优劣度 | 得分变化 | 排名变化 | 趋势变化 |
| 人工林面积 | 14.2 | 24 | 劣势 | 14.2 | 24 | 劣势 | 14.2 | 24 | 劣势 | 0.0 | 0 | 持续→ |
| 天然林比重 | 73.6 | 12 | 中势 | 73.6 | 12 | 中势 | 73.6 | 12 | 中势 | 0.0 | 0 | 持续→ |
| 造林总面积 | 26.3 | 10 | 优势 | 33.4 | 9 | 优势 | 38.5 | 7 | 优势 | -12.2 | -3 | 持续↓ |
| 森林蓄积量 | 5.0 | 21 | 劣势 | 5.0 | 21 | 劣势 | 5.0 | 21 | 劣势 | 0.0 | 0 | 持续→ |
| 活立木总蓄积量 | 6.0 | 21 | 劣势 | 6.0 | 21 | 劣势 | 6.0 | 21 | 劣势 | 0.0 | 0 | 持续→ |
| (5)矿产环境竞争力 | 12.3 | 23 | 劣势 | 12.1 | 24 | 劣势 | 11.5 | 25 | 劣势 | 0.8 | 2 | 持续↑ |
| 主要黑色金属矿产基础储量 | 0.7 | 24 | 劣势 | 0.6 | 26 | 劣势 | 0.3 | 26 | 劣势 | 0.4 | 2 | 持续↑ |
| 人均主要黑色金属矿产基础储量 | 1.0 | 24 | 劣势 | 0.9 | 24 | 劣势 | 0.5 | 27 | 劣势 | 0.6 | 3 | 持续↑ |
| 主要有色金属矿产基础储量 | 6.7 | 18 | 中势 | 6.4 | 18 | 中势 | 5.3 | 19 | 中势 | 1.5 | 1 | 持续↑ |
| 人均主要有色金属矿产基础储量 | 10.0 | 17 | 中势 | 9.6 | 16 | 中势 | 8.0 | 18 | 中势 | 2.0 | 1 | 波动↑ |
| 主要非金属矿产基础储量 | 0.0 | 24 | 劣势 | 0.0 | 24 | 劣势 | 0.0 | 24 | 劣势 | 0.0 | 0 | 持续→ |
| 人均主要非金属矿产基础储量 | 0.0 | 24 | 劣势 | 0.0 | 24 | 劣势 | 0.0 | 24 | 劣势 | 0.0 | 0 | 持续→ |
| 主要能源矿产基础储量 | 2.3 | 16 | 中势 | 2.4 | 16 | 中势 | 2.8 | 16 | 中势 | -0.5 | 0 | 持续→ |
| 人均主要能源矿产基础储量 | 2.9 | 16 | 中势 | 2.9 | 16 | 中势 | 2.6 | 15 | 中势 | 0.2 | -1 | 持续↓ |
| 工业固体废物产生量 | 93.9 | 7 | 优势 | 93.3 | 6 | 优势 | 91.1 | 8 | 优势 | 2.8 | 1 | 波动↑ |
| (6)能源环境竞争力 | 76.4 | 6 | 优势 | 77.0 | 8 | 优势 | 66.3 | 9 | 优势 | 10.1 | 3 | 持续↑ |
| 能源生产总量 | 95.1 | 10 | 优势 | 94.4 | 11 | 中势 | 92.8 | 10 | 优势 | 2.2 | 1 | 持续↑ |
| 能源消费总量 | 76.3 | 10 | 优势 | 76.4 | 10 | 优势 | 77.5 | 9 | 优势 | -1.3 | -1 | 持续↓ |
| 单位地区生产总值能耗 | 60.6 | 19 | 中势 | 68.3 | 16 | 中势 | 57.1 | 19 | 中势 | 3.5 | 0 | 波动→ |
| 单位地区生产总值电耗 | 89.9 | 8 | 优势 | 86.2 | 12 | 中势 | 87.7 | 9 | 优势 | 2.2 | 1 | 波动↑ |
| 单位工业增加值能耗 | 67.3 | 15 | 中势 | 70.5 | 15 | 中势 | 65.0 | 13 | 中势 | 2.3 | -2 | 持续↓ |
| 能源生产弹性系数 | 68.8 | 4 | 优势 | 83.7 | 8 | 优势 | 56.0 | 9 | 优势 | 12.8 | 5 | 持续↑ |
| 能源消费弹性系数 | 79.4 | 13 | 中势 | 61.9 | 23 | 劣势 | 31.4 | 21 | 劣势 | 48.0 | 8 | 波动↑ |

表 22-2-2　2012 年重庆市资源环境竞争力各级指标的优劣度结构表

| 二级指标 | 三级指标 | 四级指标数 | 强势指标 | | 优势指标 | | 中势指标 | | 劣势指标 | | 优劣度 |
|---|---|---|---|---|---|---|---|---|---|---|---|
| | | | 个数 | 比重(%) | 个数 | 比重(%) | 个数 | 比重(%) | 个数 | 比重(%) | |
| 资源环境竞争力 | 水环境竞争力 | 11 | 3 | 27.3 | 1 | 9.1 | 3 | 27.3 | 4 | 36.4 | 劣势 |
| | 土地环境竞争力 | 13 | 2 | 15.4 | 2 | 15.4 | 7 | 53.8 | 2 | 15.4 | 中势 |
| | 大气环境竞争力 | 8 | 0 | 0.0 | 2 | 25.0 | 4 | 50.0 | 2 | 25.0 | 中势 |
| | 森林环境竞争力 | 8 | 0 | 0.0 | 1 | 12.5 | 2 | 25.0 | 5 | 62.5 | 中势 |
| | 矿产环境竞争力 | 9 | 0 | 0.0 | 1 | 11.1 | 4 | 44.4 | 4 | 44.4 | 劣势 |
| | 能源环境竞争力 | 7 | 0 | 0.0 | 4 | 57.1 | 3 | 42.9 | 0 | 0.0 | 优势 |
| 小　计 | | 56 | 5 | 8.9 | 11 | 19.6 | 23 | 41.1 | 17 | 30.4 | 中势 |

2010~2012 年重庆市资源环境竞争力的综合排位呈现持续上升趋势,2012 年排名第 19 位,与 2010 年排位相比,上升了 1 位,在全国处于中游区。

从资源环境竞争力的要素指标变化趋势来看,有 3 个指标处于上升趋势,即水环境竞争力、矿产环境竞争力和能源环境竞争力;有 2 个指标处于保持趋势,为大气环境竞争力和森林环境竞争力；有 1 个指标处于下降趋势，为土地环境竞争力。

从资源环境竞争力的基础指标分布来看，在 56 个基础指标中，指标的优劣度结构为 8.9∶19.6∶41.1∶30.4。强势和优势指标所占比重与劣势指标的比重大致相当，中势指标占主导地位。

### 22.2.2　重庆市资源环境竞争力比较分析

图 22-2-1 将 2010～2012 年重庆市资源环境竞争力与全国最高水平和平均水平进行比较。由图可知，评价期内重庆市资源环境竞争力得分普遍低于 44 分，呈现波动上升趋势，说明重庆市资源环境竞争力保持中等水平。

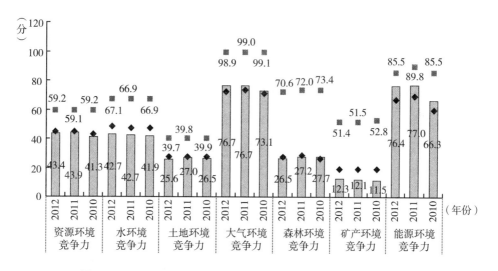

**图 22-2-1　2010～2012 年重庆市资源环境竞争力指标得分比较**

从资源环境竞争力的整体得分比较来看，2010 年，重庆市资源环境竞争力得分与全国最高分相比还有 17.9 分的差距，与全国平均分相比，则低了 1.7 分；到 2012 年，重庆市资源环境竞争力得分与全国最高分的差距缩小为 15.8 分，低于全国平均分 1.1 分。总的来说，2010～2012 年重庆市资源环境竞争力与最高分的差距呈缩小趋势，在全国处于中游地位。

从资源环境竞争力的要素得分比较来看，2012 年，重庆市水环境竞争力、土地环境竞争力、大气环境竞争力、森林环境竞争力、矿产环境竞争力和能源环境竞争力的得分分别为 42.7 分、25.6 分、76.7 分、26.5 分、12.3 分和 76.4 分，比最高分低 24.4 分、14.2 分、22.2 分、44.1 分、39.1 分和 9.1 分；与 2010 年相比，重庆市水环境竞争力、大气环境竞争力、森林环境竞争力、矿产环境竞争力和能源环境竞争力的得分与最高分的差距都缩小了，但土地环境竞争力的得分与最高分的差距扩大了。

### 22.2.3　重庆市资源环境竞争力变化动因分析

二级指标资源环境竞争力的变化是三级要素指标变化综合作用的结果，而三级要素指标变化又是四级基础指标变化作用的结果。三级和四级指标的变动情况如表 22-2-1 所示。

从要素指标来看，重庆市资源环境竞争力的6个要素指标中，水环境竞争力、矿产环境竞争力和能源环境竞争力的排位出现了上升，而土地环境竞争力的排位呈下降趋势，受指标排位升降的综合影响，重庆市资源环境竞争力呈现持续上升趋势，其中水环境竞争力、矿产环境竞争力和能源环境竞争力是资源环境竞争力排位上升的主要动力。

从基础指标来看，重庆市资源环境竞争力的56个基础指标中，上升指标有19个，占指标总数的33.9%，主要分布在能源环境竞争力、大气环境竞争力等指标组；下降指标有10个，占指标总数的17.9%，主要分布在水环境竞争力、大气环境竞争力和能源环境竞争力等指标组。排位下降的指标数量低于排位上升的指标数量，其余的27个指标呈波动保持或持续保持，使得2012年重庆市资源环境竞争力排名呈现持续上升。

## 22.3　重庆市环境管理竞争力评价分析

### 22.3.1　重庆市环境管理竞争力评价结果

2010～2012年重庆市环境管理竞争力排位和排位变化情况及其下属2个三级指标和16个四级指标的评价结果，如表22-3-1所示；环境管理竞争力各级指标的优劣势情况，如表22-3-2所示。

表22-3-1　2010～2012年重庆市环境管理竞争力各级指标的得分、排名及优劣度分析表

| 指标项目 | 2012年 | | | 2011年 | | | 2010年 | | | 综合变化 | | |
|---|---|---|---|---|---|---|---|---|---|---|---|---|
| | 得分 | 排名 | 优劣度 | 得分 | 排名 | 优劣度 | 得分 | 排名 | 优劣度 | 得分变化 | 排名变化 | 趋势变化 |
| **环境管理竞争力** | 40.6 | 23 | 劣势 | 40.8 | 22 | 劣势 | 35.3 | 25 | 劣势 | 5.3 | 2 | 波动↑ |
| （1）环境治理竞争力 | 19.3 | 22 | 劣势 | 19.5 | 18 | 中势 | 19.9 | 20 | 中势 | -0.6 | -2 | 波动↓ |
| 环境污染治理投资总额 | 24.9 | 19 | 中势 | 39.0 | 9 | 优势 | 12.4 | 11 | 中势 | 12.5 | -8 | 波动↓ |
| 环境污染治理投资总额占地方生产总值比重 | 40.2 | 11 | 中势 | 49.0 | 4 | 优势 | 71.7 | 3 | 强势 | -31.6 | -8 | 持续↓ |
| 废气治理设施年运行费用 | 9.0 | 25 | 劣势 | 9.9 | 25 | 劣势 | 15.5 | 23 | 劣势 | -6.6 | -2 | 持续↓ |
| 废水治理设施处理能力 | 10.4 | 21 | 劣势 | 5.3 | 22 | 劣势 | 8.0 | 25 | 劣势 | 2.4 | 4 | 持续↑ |
| 废水治理设施年运行费用 | 8.2 | 24 | 劣势 | 8.2 | 24 | 劣势 | 10.2 | 25 | 劣势 | -2.0 | 1 | 持续↑ |
| 矿山环境恢复治理投入资金 | 12.5 | 15 | 中势 | 20.0 | 20 | 中势 | 8.8 | 25 | 劣势 | 3.7 | 10 | 持续↑ |
| 本年矿山恢复面积 | 8.9 | 17 | 中势 | 1.6 | 19 | 中势 | 15.8 | 4 | 优势 | -7.0 | -13 | 波动↓ |
| 地质灾害防治投资额 | 30.4 | 4 | 优势 | 9.8 | 16 | 中势 | 2.0 | 21 | 劣势 | 28.4 | 17 | 持续↑ |
| 水土流失治理面积 | 21.6 | 18 | 中势 | 21.2 | 18 | 中势 | 21.2 | 18 | 中势 | 0.4 | 0 | 持续→ |
| 土地复垦面积占新增耕地面积的比重 | 12.1 | 16 | 中势 | 12.1 | 16 | 中势 | 12.1 | 16 | 中势 | 0.0 | 0 | 持续→ |
| （2）环境友好竞争力 | 57.2 | 24 | 劣势 | 57.4 | 23 | 劣势 | 47.2 | 26 | 劣势 | 10.0 | 2 | 波动↑ |
| 工业固体废物综合利用量 | 12.7 | 25 | 劣势 | 13.7 | 25 | 劣势 | 12.9 | 23 | 劣势 | -0.2 | -2 | 持续↓ |
| 工业固体废物处置量 | 4.0 | 23 | 劣势 | 3.8 | 23 | 劣势 | 1.3 | 25 | 劣势 | 2.7 | 2 | 持续↑ |
| 工业固体废物处置利用率 | 96.7 | 9 | 优势 | 92.2 | 11 | 中势 | 68.0 | 19 | 劣势 | 28.7 | 10 | 持续↑ |
| 工业用水重复利用率 | 31.8 | 27 | 劣势 | 32.0 | 29 | 劣势 | 4.3 | 30 | 劣势 | 27.5 | 3 | 持续↑ |
| 城市污水处理率 | 95.1 | 9 | 优势 | 100.0 | 1 | 强势 | 98.2 | 3 | 强势 | -3.0 | -6 | 波动↓ |
| 生活垃圾无害化处理率 | 99.4 | 3 | 强势 | 99.6 | 2 | 强势 | 98.8 | 2 | 强势 | 0.6 | -1 | 持续↓ |

表22-3-2 2012年重庆市环境管理竞争力各级指标的优劣度结构表

| 二级指标 | 三级指标 | 四级指标数 | 强势指标 | | 优势指标 | | 中势指标 | | 劣势指标 | | 优劣度 |
|---|---|---|---|---|---|---|---|---|---|---|---|
| | | | 个数 | 比重（%） | 个数 | 比重（%） | 个数 | 比重（%） | 个数 | 比重（%） | |
| 环境管理竞争力 | 环境治理竞争力 | 10 | 0 | 0.0 | 1 | 10.0 | 6 | 60.0 | 3 | 30.0 | 劣势 |
| | 环境友好竞争力 | 6 | 1 | 16.7 | 2 | 33.3 | 0 | 0.0 | 3 | 50.0 | 劣势 |
| | 小　　计 | 16 | 1 | 6.3 | 3 | 18.8 | 6 | 37.5 | 6 | 37.5 | 劣势 |

2010~2012年重庆市环境管理竞争力的综合排位呈现波动上升，2012年排名第23位，比2010年上升了2位，在全国处于下游区。

从环境管理竞争力的要素指标变化趋势来看，有1个指标处于波动上升趋势，即环境友好竞争力，而环境治理竞争力处于波动下降趋势。

从环境管理竞争力的基础指标分布来看，在16个基础指标中，指标的优劣度结构为6.3∶18.8∶37.5∶37.5。强势和优势指标所占比重显著小于劣势指标的比重，表明劣势指标占主导地位。

### 22.3.2 重庆市环境管理竞争力比较分析

图22-3-1将2010~2012年重庆市环境管理竞争力与全国最高水平和平均水平进行比较。由图可知，评价期内重庆市环境管理竞争力得分普遍低于41分，呈波动上升趋势，说明重庆市环境管理竞争力保持偏低水平。

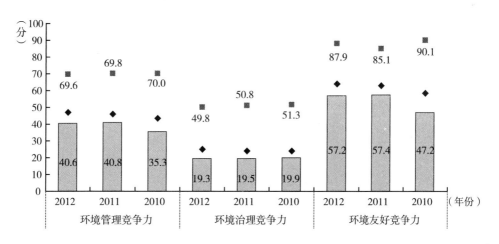

图22-3-1 2010~2012年重庆市环境管理竞争力指标得分比较

从环境管理竞争力的整体得分比较来看，2010年，重庆市环境管理竞争力得分与全国最高分相比还有34.7分的差距，但与全国平均分相比，低了8.1分；到2012年，重庆市环境管理竞争力得分与全国最高分的差距为29分，低于全国平均分6.4分。总的来看，2010~2012年重庆市环境管理竞争力与最高分的差距呈缩小趋势，继续保持全国较低水平。

从环境管理竞争力的要素得分比较来看，2012 年，重庆市环境治理竞争力和环境友好竞争力的得分分别为 19.3 分和 57.2 分，分别低于最高分 30.5 分和 30.7 分，分别低于平均分 5.9 分和 6.8 分；与 2010 年相比，重庆市环境治理竞争力得分与最高分的差距缩小了 0.9 分，环境友好竞争力得分与最高分的差距缩小了 12.2 分。

### 22.3.3 重庆市环境管理竞争力变化动因分析

二级指标环境管理竞争力的变化是三级要素指标变化综合作用的结果，而三级要素指标变化又是四级基础指标变化作用的结果。三级和四级指标的变动情况如表 22 - 3 - 1 所示。

从要素指标来看，重庆市环境管理竞争力的 2 个要素指标中，环境治理竞争力的排名下降了 2 位，环境友好竞争力的排名波动上升了 2 位，受指标排位升降的综合影响，重庆市环境管理竞争力波动上升了 2 位，其中环境友好竞争力是推动环境管理竞争力上升的主要动力。

从基础指标来看，重庆市环境管理竞争力的 16 个基础指标中，上升指标有 7 个，占指标总数的 43.8%，主要分布在环境治理竞争力和环境友好竞争力指标组；下降指标有 7 个，占指标总数的 43.8%，也主要分布在环境治理竞争力和环境友好竞争力指标组。虽然排位上升的指标数量等于排位下降的指标数量，但受其他因素的综合影响，2012 年重庆市环境管理竞争力排名上升了 2 位。

## 22.4 重庆市环境影响竞争力评价分析

### 22.4.1 重庆市环境影响竞争力评价结果

2010～2012 年重庆市环境影响竞争力排位和排位变化情况及其下属 2 个三级指标和 21 个四级指标的评价结果，如表 22 - 4 - 1 所示；环境影响竞争力各级指标的优劣势情况，如表 22 - 4 - 2 所示。

表 22 - 4 - 1　2010～2012 年重庆市环境影响竞争力各级指标的得分、排名及优劣度分析表

| 指标项目 | 2012 年 | | | 2011 年 | | | 2010 年 | | | 综合变化 | | |
|---|---|---|---|---|---|---|---|---|---|---|---|---|
| | 得分 | 排名 | 优劣度 | 得分 | 排名 | 优劣度 | 得分 | 排名 | 优劣度 | 得分变化 | 排名变化 | 趋势变化 |
| **环境影响竞争力** | 77.6 | 5 | 优势 | 76.4 | 5 | 优势 | 73.2 | 14 | 中势 | 4.4 | 9 | 持续↑ |
| （1）环境安全竞争力 | 80.4 | 9 | 优势 | 78.1 | 11 | 中势 | 82.6 | 6 | 优势 | -2.2 | -3 | 波动↓ |
| 自然灾害受灾面积 | 83.8 | 10 | 优势 | 68.6 | 15 | 中势 | 82.1 | 9 | 优势 | 1.7 | -1 | 波动↓ |
| 自然灾害绝收面积占受灾面积比重 | 47.4 | 27 | 劣势 | 75.1 | 15 | 中势 | 79.7 | 16 | 中势 | -32.3 | -11 | 波动↓ |
| 自然灾害直接经济损失 | 86.7 | 11 | 中势 | 80.3 | 14 | 中势 | 87.0 | 8 | 优势 | -0.2 | -3 | 波动↓ |
| 发生地质灾害起数 | 82.7 | 26 | 劣势 | 98.5 | 19 | 中势 | 95.0 | 18 | 中势 | -12.3 | -8 | 持续↓ |
| 地质灾害直接经济损失 | 94.2 | 25 | 劣势 | 96.7 | 22 | 劣势 | 96.6 | 13 | 中势 | -2.4 | -12 | 持续↓ |
| 地质灾害防治投资额 | 30.7 | 5 | 优势 | 9.8 | 15 | 中势 | 2.0 | 21 | 劣势 | 28.7 | 16 | 持续↑ |
| 突发环境事件次数 | 87.0 | 29 | 劣势 | 90.9 | 23 | 劣势 | 85.7 | 26 | 劣势 | 1.3 | -3 | 波动↓ |

续表

| 指   标 项   目 | 2012 年 | | | 2011 年 | | | 2010 年 | | | 综合变化 | | |
|---|---|---|---|---|---|---|---|---|---|---|---|---|
| | 得分 | 排名 | 优劣度 | 得分 | 排名 | 优劣度 | 得分 | 排名 | 优劣度 | 得分变化 | 排名变化 | 趋势变化 |
| 森林火灾次数 | 95.9 | 12 | 中势 | 81.4 | 21 | 劣势 | 95.9 | 21 | 劣势 | 0.0 | 9 | 持续↑ |
| 森林火灾火场总面积 | 97.1 | 13 | 中势 | 88.2 | 14 | 中势 | 99.1 | 12 | 中势 | -2.0 | -1 | 波动↓ |
| 受火灾森林面积 | 98.0 | 13 | 中势 | 91.8 | 16 | 中势 | 99.0 | 14 | 中势 | -1.1 | 1 | 波动↑ |
| 森林病虫鼠害发生面积 | 83.1 | 13 | 中势 | 97.6 | 12 | 中势 | 76.0 | 12 | 中势 | 7.1 | -1 | 持续↓ |
| 森林病虫鼠害防治率 | 56.7 | 20 | 劣势 | 73.2 | 15 | 中势 | 96.6 | 5 | 优势 | -39.8 | -15 | 持续↓ |
| （2）环境质量竞争力 | 75.5 | 5 | 优势 | 75.1 | 7 | 优势 | 66.4 | 26 | 劣势 | 9.4 | 11 | 持续↑ |
| 人均工业废气排放量 | 82.4 | 8 | 优势 | 82.1 | 9 | 优势 | 85.5 | 20 | 中势 | -3.0 | 12 | 持续↑ |
| 人均二氧化硫排放量 | 69.5 | 21 | 劣势 | 72.3 | 21 | 劣势 | 57.1 | 25 | 劣势 | 12.5 | 4 | 持续↑ |
| 人均工业烟（粉）尘排放量 | 80.7 | 14 | 中势 | 84.5 | 13 | 中势 | 81.0 | 14 | 中势 | -0.3 | 0 | 波动→ |
| 人均工业废水排放量 | 70.1 | 9 | 优势 | 67.6 | 11 | 中势 | 64.7 | 16 | 中势 | 5.3 | 7 | 持续↑ |
| 人均生活污水排放量 | 65.0 | 24 | 劣势 | 66.8 | 25 | 劣势 | 77.3 | 20 | 中势 | -12.4 | -4 | 波动↓ |
| 人均化学需氧量排放量 | 68.7 | 15 | 中势 | 69.3 | 14 | 中势 | 80.9 | 16 | 中势 | -12.2 | 1 | 持续↑ |
| 人均工业固体废物排放量 | 89.8 | 25 | 劣势 | 79.4 | 28 | 劣势 | 0.0 | 31 | 劣势 | 89.8 | 6 | 持续↑ |
| 人均化肥施用量 | 65.7 | 12 | 中势 | 64.6 | 13 | 中势 | 62.7 | 12 | 中势 | 3.0 | 0 | 波动↑ |
| 人均农药施用量 | 88.9 | 9 | 优势 | 90.3 | 9 | 优势 | 89.7 | 9 | 优势 | -0.7 | 0 | 持续→ |

**表 22 - 4 - 2   2012 年重庆市环境影响竞争力各级指标的优劣度结构表**

| 二级指标 | 三级指标 | 四级指标数 | 强势指标 | | 优势指标 | | 中势指标 | | 劣势指标 | | 优劣度 |
|---|---|---|---|---|---|---|---|---|---|---|---|
| | | | 个数 | 比重（%） | 个数 | 比重（%） | 个数 | 比重（%） | 个数 | 比重（%） | |
| 环境影响竞争力 | 环境安全竞争力 | 12 | 0 | 0.0 | 2 | 16.7 | 6 | 50.0 | 4 | 33.3 | 优势 |
| | 环境质量竞争力 | 9 | 0 | 0.0 | 3 | 33.3 | 3 | 33.3 | 3 | 33.3 | 优势 |
| | 小   计 | 21 | 0 | 0.0 | 5 | 23.8 | 9 | 42.9 | 7 | 33.3 | 优势 |

2010～2012 年重庆市环境影响竞争力的综合排位呈现持续上升趋势，2012 年排名第 5 位，与 2010 年排位相比，排位上升了 9 位，在全国处于上游区。

从环境影响竞争力的要素指标变化趋势来看，有 1 个指标处于持续上升趋势，即环境质量竞争力；有 1 个指标处于波动下降趋势，为环境安全竞争力。

从环境影响竞争力的基础指标分布来看，在 21 个基础指标中，指标的优劣度结构为0：23.8：42.9：33.3。强势和优势指标所占比重低于劣势指标和中势指标的比重，表明中势指标和劣势指标占主导地位。

### 22.4.2   重庆市环境影响竞争力比较分析

图 22 - 4 - 1 将 2010～2012 年重庆市环境影响竞争力与全国最高水平和平均水平进行比较。由图可知，评价期内重庆市环境影响竞争力得分普遍高于 73 分，且呈持续上升趋势，说明重庆市环境影响竞争力保持较高水平。

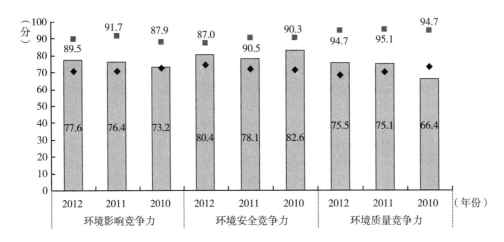

**图 22 - 4 - 1　2010～2012 年重庆市环境影响竞争力指标得分比较**

从环境影响竞争力的整体得分比较来看，2010 年，重庆市环境影响竞争力得分与全国最高分相比还有 14.8 分的差距，但与全国平均分相比，则高出 0.7 分；到 2012 年，重庆市环境影响竞争力得分与全国最高分相差 11.9 分，高于全国平均分 6.9 分。总的来看，2010～2012 年重庆市环境影响竞争力与最高分的差距呈缩小趋势。

从环境影响竞争力的要素得分比较来看，2012 年，重庆市环境安全竞争力和环境质量竞争力的得分分别为 80.4 分和 75.5 分，比最高分低 6.5 分和 19.1 分，但高出平均分 6.2 分和 7.5 分；与 2010 年相比，重庆市环境安全竞争力得分与最高分的差距缩小了 1.1 分，环境质量竞争力得分与最高分的差距缩小了 9.2 分。

### 22.4.3　重庆市环境影响竞争力变化动因分析

二级指标环境影响竞争力的变化是三级要素指标变化综合作用的结果，而三级要素指标变化又是四级基础指标变化作用的结果。三级和四级指标的变动情况如表 22 - 4 - 1 所示。

从要素指标来看，重庆市环境影响竞争力的 2 个要素指标中，环境安全竞争力的排名下降了 3 位，环境质量竞争力的排名上升了 11 位，上升的指标幅度较大，重庆市环境影响竞争力排名呈现持续上升，其中环境质量竞争力是环境影响竞争力呈现持续上升的主要因素。

从基础指标来看，重庆市环境影响竞争力的 21 个基础指标中，上升指标有 8 个，占指标总数的 38.1%，主要分布在环境质量竞争力指标组；下降指标有 10 个，占指标总数的 47.6%，主要分布在环境安全竞争力指标组。尽管排位上升的指标数量小于排位下降的指标数量，但受其他外部因素的综合影响，2012 年重庆市环境影响竞争力排名呈现持续上升。

## 22.5　重庆市环境协调竞争力评价分析

### 22.5.1　重庆市环境协调竞争力评价结果

2010～2012 年重庆市环境协调竞争力排位和排位变化情况及其下属 2 个三级指标和 19

个四级指标的评价结果，如表 22-5-1 所示；环境协调竞争力各级指标的优劣势情况，如表 22-5-2 所示。

表 22-5-1 2010~2012 年重庆市环境协调竞争力各级指标的得分、排名及优劣度分析表

| 指标项目 | 2012 年 | | | 2011 年 | | | 2010 年 | | | 综合变化 | | |
|---|---|---|---|---|---|---|---|---|---|---|---|---|
| | 得分 | 排名 | 优劣度 | 得分 | 排名 | 优劣度 | 得分 | 排名 | 优劣度 | 得分变化 | 排名变化 | 趋势变化 |
| 环境协调竞争力 | 68.4 | 1 | 强势 | 65.0 | 3 | 强势 | 60.5 | 15 | 中势 | 8.0 | 14 | 持续↑ |
| (1)人口与环境协调竞争力 | 60.0 | 3 | 强势 | 56.6 | 8 | 优势 | 51.8 | 17 | 中势 | 8.3 | 14 | 持续↑ |
| 人口自然增长率与工业废气排放量增长率比差 | 96.4 | 3 | 强势 | 69.5 | 12 | 中势 | 74.7 | 11 | 中势 | 21.7 | 8 | 波动↑ |
| 人口自然增长率与工业废水排放量增长率比差 | 98.2 | 3 | 强势 | 94.7 | 5 | 优势 | 73.8 | 17 | 中势 | 24.4 | 14 | 持续↑ |
| 人口自然增长率与工业固体废物排放量增长率比差 | 75.7 | 13 | 中势 | 67.9 | 7 | 优势 | 72.9 | 16 | 中势 | 2.8 | 3 | 波动↑ |
| 人口自然增长率与能源消费量增长率比差 | 85.6 | 11 | 中势 | 83.5 | 10 | 优势 | 52.2 | 28 | 劣势 | 33.4 | 17 | 波动↑ |
| 人口密度与人均水资源量比差 | 8.8 | 13 | 中势 | 9.2 | 12 | 中势 | 9.3 | 12 | 中势 | -0.4 | -1 | 持续↓ |
| 人口密度与人均耕地面积比差 | 17.9 | 22 | 劣势 | 18.1 | 22 | 劣势 | 18.3 | 22 | 劣势 | -0.4 | 0 | 持续→ |
| 人口密度与森林覆盖率比差 | 62.2 | 12 | 中势 | 62.2 | 13 | 中势 | 62.2 | 13 | 中势 | 0.0 | 1 | 持续↑ |
| 人口密度与人均矿产基础储量比差 | 12.1 | 19 | 中势 | 12.2 | 20 | 中势 | 11.9 | 18 | 中势 | 0.2 | -1 | 波动↓ |
| 人口密度与人均能源生产量比差 | 96.7 | 8 | 优势 | 97.1 | 4 | 优势 | 98.6 | 3 | 强势 | -1.9 | -5 | 持续↓ |
| (2)经济与环境协调竞争力 | 73.9 | 6 | 优势 | 70.4 | 8 | 优势 | 66.2 | 16 | 中势 | 7.7 | 10 | 持续↑ |
| 工业增加值增长率与工业废气排放量增长率比差 | 95.5 | 7 | 优势 | 77.3 | 13 | 中势 | 82.4 | 12 | 中势 | 13.1 | 5 | 波动↑ |
| 工业增加值增长率与工业废水排放量增长率比差 | 97.2 | 3 | 强势 | 100.0 | 1 | 强势 | 79.0 | 8 | 优势 | 18.2 | 5 | 波动↑ |
| 工业增加值增长率与工业固体废物排放量增长率比差 | 68.4 | 23 | 劣势 | 74.8 | 11 | 中势 | 62.1 | 15 | 中势 | 6.3 | -8 | 波动↓ |
| 地区生产总值增长率与能源消费量增长率比差 | 79.4 | 10 | 优势 | 52.1 | 26 | 劣势 | 34.6 | 28 | 劣势 | 44.8 | 18 | 持续↑ |
| 人均工业增加值与人均水资源量比差 | 69.5 | 18 | 中势 | 68.1 | 18 | 中势 | 69.3 | 18 | 中势 | 0.2 | 0 | 持续→ |
| 人均工业增加值与人均耕地面积比差 | 86.7 | 11 | 中势 | 85.5 | 11 | 中势 | 87.3 | 11 | 中势 | -0.6 | 0 | 持续→ |
| 人均工业增加值与人均工业废气排放量比差 | 53.2 | 20 | 中势 | 55.7 | 21 | 劣势 | 52.9 | 15 | 中势 | 0.4 | -5 | 波动↓ |
| 人均工业增加值与森林覆盖率比差 | 84.9 | 12 | 中势 | 86.4 | 9 | 优势 | 85.4 | 11 | 中势 | -0.5 | -1 | 波动↓ |
| 人均工业增加值与人均矿产基础储量比差 | 67.5 | 20 | 中势 | 66.4 | 21 | 中势 | 67.0 | 19 | 中势 | 0.5 | -1 | 波动↓ |
| 人均工业增加值与人均能源生产量比差 | 45.8 | 16 | 中势 | 49.5 | 16 | 中势 | 51.3 | 17 | 中势 | -5.5 | 1 | 持续↑ |

表 22-5-2 2012 年重庆市环境协调竞争力各级指标的优劣度结构表

| 二级指标 | 三级指标 | 四级指标数 | 强势指标 | | 优势指标 | | 中势指标 | | 劣势指标 | | 优劣度 |
|---|---|---|---|---|---|---|---|---|---|---|---|
| | | | 个数 | 比重(%) | 个数 | 比重(%) | 个数 | 比重(%) | 个数 | 比重(%) | |
| 环境协调竞争力 | 人口与环境协调竞争力 | 9 | 2 | 22.2 | 1 | 11.1 | 5 | 55.6 | 1 | 11.1 | 强势 |
| | 经济与环境协调竞争力 | 10 | 1 | 10.0 | 2 | 20.0 | 6 | 60.0 | 1 | 10.0 | 优势 |
| | 小 计 | 19 | 3 | 15.8 | 3 | 15.8 | 11 | 57.9 | 2 | 10.5 | 强势 |

2010~2012 年重庆市环境协调竞争力的综合排位呈现持续上升趋势，2012 年排名第 1 位，比 2010 年上升了 14 位，在全国处于上游区。

从环境协调竞争力的要素指标变化趋势来看，2 个指标即人口与环境协调竞争力和经济

与环境协调竞争力都处于持续上升趋势。

从环境协调竞争力的基础指标分布来看,在 19 个基础指标中,指标的优劣度结构为 15.8∶15.8∶57.9∶10.5。强势和优势指标所占比重高于劣势指标的比重,表明强势和优势指标占主导地位。

### 22.5.2 重庆市环境协调竞争力比较分析

图 22 - 5 - 1 将 2010～2012 年重庆市环境协调竞争力与全国最高水平和平均水平进行比较。由图可知,评价期内重庆市环境协调竞争力得分普遍高于 60 分,且呈现持续上升趋势,说明重庆市环境协调竞争力处于较高水平。

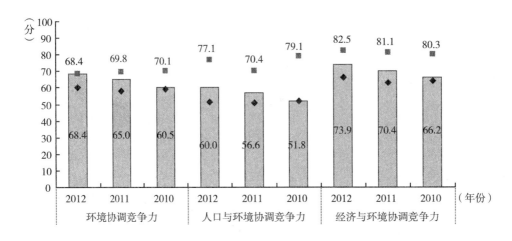

**图 22 - 5 - 1　2010～2012 年重庆市环境协调竞争力指标得分比较**

从环境协调竞争力的整体得分比较来看,2010 年,重庆市环境协调竞争力得分为 60.5 分,与全国最高分相比还有 9.6 分的差距,但与全国平均分相比,则高出 1.1 分;到 2012 年,重庆市环境协调竞争力得分为全国最高分,高出全国平均分 8.1 分。总的来看,2010～2012 年重庆市环境协调竞争力与最高分的差距呈缩小趋势,由全国中游升入上游。

从环境协调竞争力的要素得分比较来看,2012 年,重庆市人口与环境协调竞争力和经济与环境协调竞争力的得分分别为 60 分和 73.9 分,比最高分低 17 分和 8.6 分,但分别高于平均分 8.8 分和 7.6 分;与 2010 年相比,重庆市人口与环境协调竞争力得分与最高分的差距缩小了 10.4 分,经济与环境协调竞争力得分与最高分的差距缩小了 5.5 分。

### 22.5.3 重庆市环境协调竞争力变化动因分析

二级指标环境协调竞争力的变化是三级要素指标变化综合作用的结果,而三级要素指标变化又是四级基础指标变化作用的结果。三级和四级指标的变动情况如表 22 - 5 - 1 所示。

从要素指标来看,重庆市环境协调竞争力的 2 个要素指标中,人口与环境协调竞争力的排名持续上升了 14 位,经济与环境协调竞争力的排名持续上升了 10 位,受指标排位上升的综合影响，重庆市环境协调竞争力持续上升了14位。

从基础指标来看，重庆市环境协调竞争力的19个基础指标中，上升指标有9个，占指标总数的47.4%，主要分布在人口与环境协调竞争力指标组；下降指标有7个，占指标总数的36.8%，主要分布在经济与环境协调竞争力指标组。排位上升的指标数量大于排位下降的指标数量，使得2012年重庆市环境协调竞争力排名上升了14位。

## 22.6　重庆市环境竞争力总体评述

从对重庆市环境竞争力及其5个二级指标在全国的排位变化和指标结构的综合分析来看，"十二五"中期（2010~2012年）环境竞争力中上升指标的数量大于下降指标的数量，上升的动力大于下降的拉力，使得2012年重庆市环境竞争力的排位上升了8位，在全国居第17位。

### 22.6.1　重庆市环境竞争力概要分析

重庆市环境竞争力在全国所处的位置及变化如表22-6-1所示，5个二级指标的得分和排位变化如表22-6-2所示。

表22-6-1　2010~2012年重庆市环境竞争力一级指标比较表

| 项目　　年份 | 2012 | 2011 | 2010 |
|---|---|---|---|
| 排名 | 17 | 18 | 25 |
| 所属区位 | 中游 | 中游 | 下游 |
| 得分 | 51.4 | 50.7 | 47.1 |
| 全国最高分 | 58.2 | 59.5 | 60.1 |
| 全国平均分 | 51.3 | 50.8 | 50.4 |
| 与最高分的差距 | -6.7 | -8.7 | -13.1 |
| 与平均分的差距 | 0.2 | -0.1 | -3.4 |
| 优劣度 | 中势 | 中势 | 劣势 |
| 波动趋势 | 上升 | 上升 | — |

表22-6-2　2010~2012年重庆市环境竞争力二级指标比较表

| 项目　　年份 | 生态环境竞争力 |  | 资源环境竞争力 |  | 环境管理竞争力 |  | 环境影响竞争力 |  | 环境协调竞争力 |  | 环境竞争力 |  |
|---|---|---|---|---|---|---|---|---|---|---|---|---|
|  | 得分 | 排名 | 得分 | 排名 | 得分 | 排名 | 得分 | 排名 | 得分 | 排名 | 得分 | 排名 |
| 2010 | 41.7 | 25 | 41.3 | 20 | 35.3 | 25 | 73.2 | 14 | 60.5 | 15 | 47.1 | 25 |
| 2011 | 44.3 | 18 | 43.9 | 20 | 40.8 | 22 | 76.4 | 5 | 65.0 | 3 | 50.7 | 18 |
| 2012 | 44.9 | 18 | 43.4 | 19 | 40.6 | 23 | 77.6 | 5 | 68.4 | 1 | 51.4 | 17 |
| 得分变化 | 3.2 | — | 2.1 | — | 5.3 | — | 4.4 | — | 8.0 | — | 4.3 | — |
| 排位变化 | — | 7 | — | 1 | — | 2 | — | 9 | — | 14 | — | 8 |
| 优劣度 | 中势 | 中势 | 中势 | 中势 | 劣势 | 劣势 | 优势 | 优势 | 强势 | 强势 | 中势 | 中势 |

（1）从指标排位变化趋势看，2012年重庆市环境竞争力综合排名在全国处于第17位，表明其在全国处于中势地位；与2010年相比，排位上升了8位。总的来看，评价期内重庆市环境竞争力呈持续上升趋势。

在5个二级指标中，5个指标都处于上升趋势，其中生态环境竞争力、资源环境竞争力、环境影响竞争力和环境协调竞争力处于持续上升趋势，环境管理竞争力处于波动上升趋势，这些是重庆市环境竞争力的上升动力所在。在指标排位上升的综合影响下，评价期内重庆市环境竞争力的综合排位上升了8位，在全国排名第17位。

（2）从指标所处区位看，2012年重庆市环境竞争力处于中游区，其中，环境协调竞争力指标为强势指标，环境影响竞争力为优势指标、生态环境竞争力、资源环境竞争力为中势指标，环境管理竞争力指标为劣势指标。

（3）从指标得分看，2012年重庆市环境竞争力得分为51.4分，比全国最高分低6.7分，比全国平均分高0.2分；与2010年相比，重庆市环境竞争力得分上升了4.3分，与当年最高分的差距缩小了，与全国平均分的差距也缩小了。

2012年，重庆市环境竞争力二级指标的得分均高于40分，与2010年相比，所有二级指标得分都是上升的，得分上升最多的为环境协调竞争力，上升了8分；得分上升最少的为资源环境竞争力，上升了2.1分。

### 22.6.2 重庆市环境竞争力各级指标动态变化分析

2010～2012年重庆市环境竞争力各级指标的动态变化及其结构，如图22-6-1和表22-6-3所示。

从图22-6-1可以看出，重庆市环境竞争力的四级指标中上升指标的比例大于下降指标，表明上升指标居于主导地位。表22-6-3中的数据进一步说明，重庆市环境竞争力的130个四级指标中，上升的指标有50个，占指标总数的38.5%；保持的指标有45个，占指标总数的34.6%；下降的指标为35个，占指标总数的26.9%。上升指标的数量大于下降指标的数量，使得评价期内重庆市环境竞争力排位上升了8位，在全国居第17位。

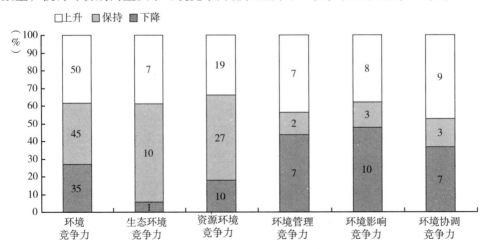

图22-6-1　2010～2012年重庆市环境竞争力动态变化结构图

表 22 – 6 – 3　2010～2012 年重庆市环境竞争力各级指标排位变化态势比较表

| 二级指标 | 三级指标 | 四级指标数 | 上升指标 | | 保持指标 | | 下降指标 | | 变化趋势 |
|---|---|---|---|---|---|---|---|---|---|
| | | | 个数 | 比重（%） | 个数 | 比重（%） | 个数 | 比重（%） | |
| 生态环境竞争力 | 生态建设竞争力 | 9 | 4 | 44.4 | 5 | 55.6 | 0 | 0.0 | 持续↑ |
| | 生态效益竞争力 | 9 | 3 | 33.3 | 5 | 55.6 | 1 | 11.1 | 持续↑ |
| | 小　计 | 18 | 7 | 38.9 | 10 | 55.6 | 1 | 5.6 | 持续↑ |
| 资源环境竞争力 | 水环境竞争力 | 11 | 3 | 27.3 | 5 | 45.5 | 3 | 27.3 | 波动↑ |
| | 土地环境竞争力 | 13 | 1 | 7.7 | 11 | 84.6 | 1 | 7.7 | 波动↓ |
| | 大气环境竞争力 | 8 | 5 | 62.5 | 1 | 12.5 | 2 | 25.0 | 持续→ |
| | 森林环境竞争力 | 8 | 1 | 12.5 | 6 | 75.0 | 1 | 12.5 | 持续→ |
| | 矿产环境竞争力 | 9 | 5 | 55.6 | 3 | 33.3 | 1 | 11.1 | 持续↑ |
| | 能源环境竞争力 | 7 | 4 | 57.1 | 1 | 14.3 | 2 | 28.6 | 持续↑ |
| | 小　计 | 56 | 19 | 33.9 | 27 | 48.2 | 10 | 17.9 | 持续↑ |
| 环境管理竞争力 | 环境治理竞争力 | 10 | 4 | 40.0 | 2 | 20.0 | 4 | 40.0 | 波动↓ |
| | 环境友好竞争力 | 6 | 3 | 50.0 | 0 | 0.0 | 3 | 50.0 | 波动↑ |
| | 小　计 | 16 | 7 | 43.8 | 2 | 12.5 | 7 | 43.8 | 波动↓ |
| 环境影响竞争力 | 环境安全竞争力 | 12 | 3 | 25.0 | 0 | 0.0 | 9 | 75.0 | 波动↓ |
| | 环境质量竞争力 | 9 | 5 | 55.6 | 3 | 33.3 | 1 | 11.1 | 持续↑ |
| | 小　计 | 21 | 8 | 38.1 | 3 | 14.3 | 10 | 47.6 | 持续↑ |
| 环境协调竞争力 | 人口与环境协调竞争力 | 9 | 5 | 55.6 | 1 | 11.1 | 3 | 33.3 | 持续↑ |
| | 经济与环境协调竞争力 | 10 | 4 | 40.0 | 2 | 20.0 | 4 | 40.0 | 持续↑ |
| | 小　计 | 19 | 9 | 47.4 | 3 | 15.8 | 7 | 36.8 | 持续↑ |
| | 合　计 | 130 | 50 | 38.5 | 45 | 34.6 | 35 | 26.9 | 持续↑ |

### 22.6.3　重庆市环境竞争力各级指标变化动因分析

2012 年重庆市环境竞争力各级指标的优劣势变化及其结构，如图 22 – 6 – 2 和表 22 – 6 – 4 所示。

从图 22 – 6 – 2 可以看出，2012 年重庆市环境竞争力的四级指标中强势和优势指标的比例略大于劣势指标，表明强势和优势指标居于主导地位。表 22 – 6 – 4 中的数据进一步说明，2012 年重庆市环境竞争力的 130 个四级指标中，强势指标有 9 个，占指标总数的 6.9%；优势指标为 29 个，占指标总数的 22.3%；中势指标 55 个，占指标总数的 42.3%；劣势指标有 37 个，占指标总数的 28.5%；强势指标和优势指标之和占指标总数 29.2%，数量与比重均大于劣势指标。从三级指标来看，四级指标中强势指标和优势指标之和占四级指标总数一半以上的只有能源环境竞争力，共计 1 个指标，占三级指标总数的 7.1%。反映到二级指标上来，强势指标有 1 个，占二级指标总数的 20%；优势指标有 1 个，占二级指标总数的 20%；中势指标有 2 个，占二级指标总数的 40%；劣势指标有 1 个，占二级指标总数的 20%。这使得重庆市环境竞争力处于中势地位，在全国位居第 17 位，处于中游区。

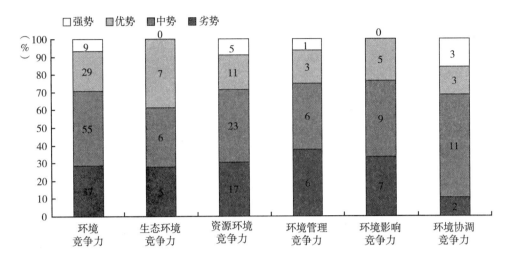

图 22 - 6 - 2　2012 年重庆市环境竞争力优劣度结构图

表 22 - 6 - 4　2012 年重庆市环境竞争力各级指标优劣度比较表

| 二级指标 | 三级指标 | 四级指标数 | 强势指标 | | 优势指标 | | 中势指标 | | 劣势指标 | | 优劣度 |
|---|---|---|---|---|---|---|---|---|---|---|---|
| | | | 个数 | 比重（%） | 个数 | 比重（%） | 个数 | 比重（%） | 个数 | 比重（%） | |
| 生态环境竞争力 | 生态建设竞争力 | 9 | 0 | 0.0 | 3 | 33.3 | 4 | 44.4 | 2 | 22.2 | 劣势 |
| | 生态效益竞争力 | 9 | 0 | 0.0 | 4 | 44.4 | 2 | 22.2 | 3 | 33.3 | 中势 |
| | 小　计 | 18 | 0 | 0.0 | 7 | 38.9 | 6 | 33.3 | 5 | 27.8 | 中势 |
| 资源环境竞争力 | 水环境竞争力 | 11 | 3 | 27.3 | 1 | 9.1 | 3 | 27.3 | 4 | 36.4 | 劣势 |
| | 土地环境竞争力 | 13 | 2 | 15.4 | 2 | 15.4 | 7 | 53.8 | 2 | 15.4 | 中势 |
| | 大气环境竞争力 | 8 | 0 | 0.0 | 2 | 25.0 | 4 | 50.0 | 2 | 25.0 | 中势 |
| | 森林环境竞争力 | 8 | 0 | 0.0 | 1 | 12.5 | 2 | 25.0 | 5 | 62.5 | 中势 |
| | 矿产环境竞争力 | 9 | 0 | 0.0 | 1 | 11.1 | 4 | 44.4 | 4 | 44.4 | 劣势 |
| | 能源环境竞争力 | 7 | 0 | 0.0 | 4 | 57.1 | 3 | 42.9 | 0 | 0.0 | 优势 |
| | 小　计 | 56 | 5 | 8.9 | 11 | 19.6 | 23 | 41.1 | 17 | 30.4 | 中势 |
| 环境管理竞争力 | 环境治理竞争力 | 10 | 0 | 0.0 | 1 | 10.0 | 6 | 60.0 | 3 | 30.0 | 劣势 |
| | 环境友好竞争力 | 6 | 1 | 16.7 | 2 | 33.3 | 0 | 0.0 | 3 | 50.0 | 劣势 |
| | 小　计 | 16 | 1 | 6.3 | 3 | 18.8 | 6 | 37.5 | 6 | 37.5 | 劣势 |
| 环境影响竞争力 | 环境安全竞争力 | 12 | 0 | 0.0 | 2 | 16.7 | 6 | 50.0 | 4 | 33.3 | 优势 |
| | 环境质量竞争力 | 9 | 0 | 0.0 | 3 | 33.3 | 3 | 33.3 | 3 | 33.3 | 优势 |
| | 小　计 | 21 | 0 | 0.0 | 5 | 23.8 | 9 | 42.9 | 7 | 33.3 | 优势 |
| 环境协调竞争力 | 人口与环境协调竞争力 | 9 | 2 | 22.2 | 1 | 11.1 | 5 | 55.6 | 1 | 11.1 | 强势 |
| | 经济与环境协调竞争力 | 10 | 1 | 10.0 | 2 | 20.0 | 6 | 60.0 | 1 | 10.0 | 优势 |
| | 小　计 | 19 | 3 | 15.8 | 3 | 15.8 | 11 | 57.9 | 2 | 10.5 | 强势 |
| 合　计 | | 130 | 9 | 6.9 | 29 | 22.3 | 55 | 42.3 | 37 | 28.5 | 中势 |

　　为了进一步明确影响重庆市环境竞争力变化的具体指标，也便于对相关指标进行深入分析，从而为提升重庆市环境竞争力提供决策参考，表 22 - 6 - 5 列出了环境竞争力指标体系中直接影响重庆市环境竞争力升降的强势指标、优势指标和劣势指标。

表 22－6－5　2012 年重庆市环境竞争力四级指标优劣度统计表

| 指标 | 强势指标 | 优势指标 | 劣势指标 |
|---|---|---|---|
| 生态环境竞争力（18 个） | （0 个） | 园林绿地面积、自然保护区面积占土地总面积比重、野生植物种源培育基地数、工业废气排放强度、工业废水排放强度、工业废水中化学需氧量排放强度、工业废水中氨氮排放强度（7 个） | 国家级生态示范区个数、本年减少耕地面积、工业二氧化硫排放强度、工业固体废物排放强度、化肥施用强度（5 个） |
| 资源环境竞争力（56 个） | 用水总量、用水消耗量、耗水率、沙化土地面积占土地总面积的比重、当年新增种草面积（5 个） | 工业废水排放总量、建设用地面积、单位建设用地非农产业增加值、工业废气排放总量、工业烟（粉）尘排放总量、造林总面积、工业固体废物产生量、能源生产总量、能源消费总量、单位地区生产总值电耗、能源生产弹性系数（11 个） | 降水量、供水总量、节灌率、城市再生水利用率、土地总面积、耕地面积、地均二氧化硫排放量、可吸入颗粒物（PM10）浓度、林业用地面积、森林面积、人工林面积、森林蓄积量、活立木总蓄积量、主要黑色金属矿产基础储量、人均主要黑色金属矿产基础储量、主要非金属矿产基础储量、人均主要非金属矿产基础储量（17 个） |
| 环境管理竞争力（16 个） | 生活垃圾无害化处理率（1 个） | 地质灾害防治投资额、工业固体废物处置利用率、城市污水处理率（3 个） | 废气治理设施年运行费用、废水治理设施处理能力、废水治理设施年运行费用、工业固体废物综合利用量、工业固体废物处置量、工业用水重复利用率（6 个） |
| 环境影响竞争力（21 个） | （0 个） | 自然灾害受灾面积、地质灾害防治投资额、人均工业废气排放量、人均工业废水排放量、人均农药施用量（5 个） | 自然灾害绝收面积占受灾面积比重、发生地质灾害起数、地质灾害直接经济损失、突发环境事件次数、人均二氧化硫排放量、人均生活污水排放量、人均工业固体废物排放量（7 个） |
| 环境协调竞争力（19 个） | 人口自然增长率与工业废气排放量增长率比差、人口自然增长率与工业废水排放量增长率比差、工业增加值增长率与工业废水排放量增长率比差（3 个） | 人口密度与人均能源生产量比差、工业增加值增长率与工业废气排放量增长率比差、地区生产总值增长率与能源消费量增长率比差（3 个） | 人口密度与人均耕地面积比差、工业增加值增长率与工业固体废物排放量增长率比差（2 个） |

# Ⓖ.24

## 23

# 四川省环境竞争力评价分析报告

　　四川省简称川或蜀，地处长江上游，北与青海省、甘肃省、陕西省相接，东与重庆市相连，南与贵州省、云南省为邻，西与西藏自治区交界。全省面积为48.5万平方公里，山地和高原占78.82%，川西为高原，其余为四川盆地。2012年末总人口8076万人，人均GDP达到29608元，万元GDP能耗为0.9759吨标准煤。"十二五"中期（2010～2012年），四川省环境竞争力的综合排位呈现持续上升趋势，2012年排名第4位，比2010年上升了1位，在全国处于优势地位。

## 23.1　四川省生态环境竞争力评价分析

### 23.1.1　四川省生态环境竞争力评价结果

　　2010～2012年四川省生态环境竞争力排位和排位变化情况及其下属2个三级指标和18个四级指标的评价结果，如表23－1－1所示；生态环境竞争力各级指标的优劣势情况，如表23－1－2所示。

表23－1－1　2010～2012年四川省生态环境竞争力各级指标的得分、排名及优劣度分析表

| 指标项目 | 2012年 | | | 2011年 | | | 2010年 | | | 综合变化 | | |
|---|---|---|---|---|---|---|---|---|---|---|---|---|
| | 得分 | 排名 | 优劣度 | 得分 | 排名 | 优劣度 | 得分 | 排名 | 优劣度 | 得分变化 | 排名变化 | 趋势变化 |
| **生态环境竞争力** | 48.9 | 13 | 中势 | 48.5 | 12 | 中势 | 45.7 | 17 | 中势 | 3.2 | 4 | 波动↑ |
| （1）生态建设竞争力 | 23.8 | 14 | 中势 | 23.6 | 12 | 中势 | 21.9 | 18 | 中势 | 1.9 | 4 | 波动↑ |
| 国家级生态示范区个数 | 26.6 | 11 | 中势 | 26.6 | 11 | 中势 | 26.6 | 11 | 中势 | 0.0 | 0 | 持续→ |
| 公园面积 | 16.3 | 9 | 优势 | 14.5 | 12 | 中势 | 14.5 | 12 | 中势 | 1.8 | 3 | 持续↑ |
| 园林绿地面积 | 25.4 | 10 | 优势 | 25.8 | 11 | 中势 | 25.8 | 11 | 中势 | -0.4 | 1 | 持续↑ |
| 绿化覆盖面积 | 19.1 | 8 | 优势 | 17.7 | 8 | 优势 | 17.7 | 8 | 优势 | 1.4 | 0 | 持续→ |
| 本年减少耕地面积 | 0.0 | 31 | 劣势 | 0.0 | 31 | 劣势 | 0.0 | 31 | 劣势 | 0.0 | 0 | 持续→ |
| 自然保护区个数 | 44.8 | 5 | 优势 | 44.8 | 5 | 优势 | 44.8 | 5 | 优势 | 0.0 | 0 | 持续→ |
| 自然保护区面积占土地总面积比重 | 52.5 | 3 | 强势 | 52.8 | 3 | 强势 | 52.8 | 3 | 强势 | -0.3 | 0 | 持续→ |
| 野生动物种源繁育基地数 | 23.9 | 8 | 优势 | 22.8 | 5 | 优势 | 22.8 | 5 | 优势 | 1.1 | -3 | 持续↓ |
| 野生植物种源培育基地数 | 0.6 | 18 | 中势 | 2.4 | 11 | 中势 | 2.4 | 11 | 中势 | -1.8 | -7 | 持续↓ |
| （2）生态效益竞争力 | 86.6 | 6 | 优势 | 85.8 | 10 | 优势 | 81.4 | 17 | 中势 | 5.2 | 11 | 持续↑ |
| 工业废气排放强度 | 88.7 | 15 | 中势 | 89.4 | 14 | 中势 | 89.4 | 14 | 中势 | -0.7 | -1 | 持续↓ |
| 工业二氧化硫排放强度 | 86.4 | 16 | 中势 | 85.8 | 16 | 中势 | 85.8 | 16 | 中势 | 0.6 | 0 | 持续→ |

458

续表

| 指 标 项 目 | 2012 年 | | | 2011 年 | | | 2010 年 | | | 综合变化 | | |
|---|---|---|---|---|---|---|---|---|---|---|---|---|
| | 得分 | 排名 | 优劣度 | 得分 | 排名 | 优劣度 | 得分 | 排名 | 优劣度 | 得分变化 | 排名变化 | 趋势变化 |
| 工业烟（粉）尘排放强度 | 91.9 | 10 | 优势 | 87.8 | 12 | 中势 | 87.8 | 12 | 中势 | 4.1 | 2 | 持续↑ |
| 工业废水排放强度 | 78.9 | 8 | 优势 | 72.8 | 12 | 中势 | 72.8 | 12 | 中势 | 6.1 | 4 | 持续↑ |
| 工业废水中化学需氧量排放强度 | 92.1 | 11 | 中势 | 91.6 | 13 | 中势 | 91.6 | 13 | 中势 | 0.5 | 2 | 持续↑ |
| 工业废水中氨氮排放强度 | 95.6 | 4 | 优势 | 95.9 | 4 | 优势 | 95.9 | 4 | 优势 | -0.3 | 0 | 持续→ |
| 工业固体废物排放强度 | 98.4 | 22 | 劣势 | 98.9 | 18 | 中势 | 98.9 | 18 | 中势 | -0.5 | -4 | 持续↓ |
| 化肥施用强度 | 55.3 | 21 | 劣势 | 55.5 | 21 | 劣势 | 55.5 | 21 | 劣势 | -0.2 | 0 | 持续→ |
| 农药施用强度 | 87.4 | 14 | 中势 | 89.3 | 14 | 中势 | 89.3 | 14 | 中势 | -1.9 | 0 | 持续→ |

表 23-1-2　2012 年四川省生态环境竞争力各级指标的优劣度结构表

| 二级指标 | 三级指标 | 四级指标数 | 强势指标 | | 优势指标 | | 中势指标 | | 劣势指标 | | 优劣度 |
|---|---|---|---|---|---|---|---|---|---|---|---|
| | | | 个数 | 比重（%） | 个数 | 比重（%） | 个数 | 比重（%） | 个数 | 比重（%） | |
| 生态环境竞争力 | 生态建设竞争力 | 9 | 1 | 11.1 | 5 | 55.6 | 2 | 22.2 | 1 | 11.1 | 中势 |
| | 生态效益竞争力 | 9 | 0 | 0.0 | 3 | 33.3 | 4 | 44.4 | 2 | 22.2 | 优势 |
| | 小　计 | 18 | 1 | 5.6 | 8 | 44.4 | 6 | 33.3 | 3 | 16.7 | 中势 |

2010~2012 年四川省生态环境竞争力的综合排位呈现波动上升趋势，2012 年排名第 13 位，比 2010 年上升了 4 位，在全国处于中游区。

从生态环境竞争力要素指标的变化趋势来看，有 1 个指标处于波动上升趋势，即生态建设竞争力；有 1 个指标处于持续上升趋势，为生态效益竞争力。

从生态环境竞争力基础指标的优劣度结构来看，在 18 个基础指标中，指标的优劣度结构为 5.6:44.4:33.3:16.7。强势和优势指标所占比重大于劣势指标的比重，表明优势指标占主导地位。

### 23.1.2　四川省生态环境竞争力比较分析

图 23-1-1 将 2010~2012 年四川省生态环境竞争力与全国最高水平和平均水平进行比较。由图可知，评价期内四川省生态环境竞争力得分普遍高于 45 分，说明四川省生态环境竞争力处于中等偏上水平。

从生态环境竞争力的整体得分比较来看，2010 年，四川省生态环境竞争力得分与全国最高分相比有 20 分的差距，但与全国平均分相比，低了 0.7 分；到了 2012 年，四川省生态环境竞争力得分与全国最高分的差距缩小为 16.1 分，高于全国平均分 3.5 分。总的来看，2010~2012 年四川省生态环境竞争力与最高分的差距呈缩小趋势，表明生态建设和生态效益不断提升。

从生态环境竞争力的要素得分比较来看，2012 年，四川省生态建设竞争力和生态效益

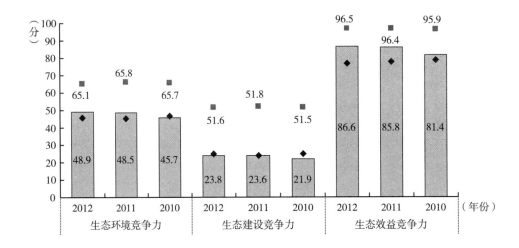

图 23 - 1 - 1　2010 ～ 2012 年四川省生态环境竞争力指标得分比较

竞争力的得分分别为 23.8 分和 86.6 分，分别比最高分低 27.8 分和 9.8 分，前者低于平均分 0.9 分，后者高于平均分 10 分；与 2010 年相比，四川省生态建设竞争力得分与最高分的差距缩小了 1.7 分，生态效益竞争力得分与最高分的差距缩小了 4.7 分。

### 23.1.3　四川省生态环境竞争力变化动因分析

二级指标生态环境竞争力的变化是三级要素指标变化综合作用的结果，而三级要素指标变化又是四级基础指标变化作用的结果。三级和四级指标的变动情况如表 23 - 1 - 1 所示。

从要素指标来看，四川省生态环境竞争力的 2 个要素指标中，生态建设竞争力的排名上升了 4 位，生态效益竞争力的排名上升了 11 位，受指标排位上升的综合影响，四川省生态环境竞争力波动上升了 4 位。

从基础指标来看，四川省生态环境竞争力的 18 个基础指标中，上升指标有 5 个，占指标总数的 27.8%，主要分布在生态效益竞争力指标组；下降指标有 4 个，占指标总数的 22.2%，平均分布在生态建设竞争力和生态效益竞争力指标组。由于上升指标的数量大于下降指标的数量，评价期内四川省生态环境竞争力排名上升了 4 位。

## 23.2　四川省资源环境竞争力评价分析

### 23.2.1　四川省资源环境竞争力评价结果

2010 ～ 2012 年四川省资源环境竞争力排位和排位变化情况及其下属 6 个三级指标和 56 个四级指标的评价结果，如表 23 - 2 - 1 所示；资源环境竞争力各级指标的优劣势情况，如表 23 - 2 - 2 所示。

表 23 - 2 - 1　2010～2012 年四川省资源环境竞争力各级指标的得分、排名及优劣度分析表

| 指标项目 | 2012 年 | | | 2011 年 | | | 2010 年 | | | 综合变化 | | |
|---|---|---|---|---|---|---|---|---|---|---|---|---|
| | 得分 | 排名 | 优劣度 | 得分 | 排名 | 优劣度 | 得分 | 排名 | 优劣度 | 得分变化 | 排名变化 | 趋势变化 |
| **资源环境竞争力** | 54.0 | 4 | 优势 | 53.7 | 4 | 优势 | 51.5 | 5 | 优势 | 2.5 | 1 | 持续↑ |
| （1）水环境竞争力 | 53.7 | 7 | 优势 | 50.6 | 6 | 优势 | 50.9 | 6 | 优势 | 2.8 | -1 | 持续↓ |
| 水资源总量 | 68.8 | 2 | 强势 | 50.8 | 2 | 强势 | 56.0 | 2 | 强势 | 12.8 | 0 | 持续→ |
| 人均水资源量 | 2.5 | 9 | 优势 | 1.8 | 7 | 优势 | 2.0 | 9 | 优势 | 0.5 | -2 | 波动→ |
| 降水量 | 74.7 | 2 | 强势 | 60.7 | 2 | 强势 | 62.9 | 2 | 强势 | 11.8 | 0 | 持续→ |
| 供水总量 | 39.3 | 9 | 优势 | 39.5 | 10 | 优势 | 40.1 | 10 | 优势 | -0.8 | 1 | 持续↑ |
| 用水总量 | 97.7 | 1 | 强势 | 97.6 | 1 | 强势 | 97.6 | 1 | 强势 | 0.1 | 0 | 持续→ |
| 用水消耗量 | 98.7 | 1 | 强势 | 98.2 | 1 | 强势 | 98.4 | 1 | 强势 | 0.5 | 0 | 持续→ |
| 耗水率 | 41.9 | 1 | 强势 | 41.9 | 1 | 强势 | 40.0 | 1 | 强势 | 1.9 | 0 | 持续→ |
| 节灌率 | 32.9 | 14 | 中势 | 31.4 | 15 | 中势 | 30.7 | 14 | 中势 | 2.2 | 0 | 波动→ |
| 城市再生水利用率 | 0.0 | 28 | 劣势 | 0.0 | 28 | 劣势 | 0.0 | 26 | 劣势 | 0.0 | -2 | 持续↓ |
| 工业废水排放总量 | 70.5 | 20 | 中势 | 67.4 | 20 | 中势 | 64.8 | 22 | 中势 | 5.7 | 2 | 持续↑ |
| 生活污水排放量 | 67.7 | 26 | 劣势 | 67.4 | 26 | 劣势 | 70.1 | 23 | 劣势 | -2.4 | -3 | 持续↓ |
| （2）土地环境竞争力 | 28.1 | 12 | 中势 | 28.2 | 12 | 中势 | 28.0 | 12 | 中势 | 0.1 | 0 | 持续→ |
| 土地总面积 | 28.9 | 5 | 优势 | 28.9 | 5 | 优势 | 28.9 | 5 | 优势 | 0.0 | 0 | 持续→ |
| 耕地面积 | 32.5 | 17 | 中势 | 32.5 | 17 | 中势 | 32.5 | 17 | 中势 | 0.0 | 0 | 持续→ |
| 人均耕地面积 | 13.6 | 25 | 劣势 | 13.6 | 25 | 劣势 | 13.6 | 25 | 劣势 | 0.0 | 0 | 持续→ |
| 牧草地面积 | 20.9 | 5 | 优势 | 20.9 | 5 | 优势 | 20.9 | 5 | 优势 | 0.0 | 0 | 持续→ |
| 人均牧草地面积 | 0.8 | 7 | 优势 | 0.8 | 7 | 优势 | 0.8 | 7 | 优势 | 0.0 | 0 | 持续→ |
| 园地面积 | 71.0 | 4 | 优势 | 71.0 | 4 | 优势 | 71.0 | 4 | 优势 | 0.0 | 0 | 持续→ |
| 人均园地面积 | 13.7 | 12 | 中势 | 13.6 | 12 | 中势 | 13.5 | 12 | 中势 | 0.2 | 0 | 持续→ |
| 土地资源利用效率 | 1.5 | 22 | 劣势 | 1.4 | 22 | 劣势 | 1.3 | 22 | 劣势 | 0.2 | 0 | 持续→ |
| 建设用地面积 | 37.1 | 25 | 劣势 | 37.1 | 25 | 劣势 | 37.1 | 25 | 劣势 | 0.0 | 0 | 持续→ |
| 单位建设用地非农产业增加值 | 10.6 | 16 | 中势 | 9.7 | 16 | 中势 | 8.9 | 16 | 中势 | 1.7 | 0 | 持续→ |
| 单位耕地面积农业增加值 | 56.6 | 6 | 优势 | 56.2 | 6 | 优势 | 56.2 | 6 | 优势 | 0.4 | 0 | 持续→ |
| 沙化土地面积占土地总面积的比重 | 95.8 | 16 | 中势 | 95.8 | 16 | 中势 | 95.8 | 16 | 中势 | 0.0 | 0 | 持续→ |
| 当年新增种草面积 | 7.3 | 13 | 中势 | 8.9 | 12 | 中势 | 9.2 | 12 | 中势 | -1.9 | -1 | 持续↓ |
| （3）大气环境竞争力 | 80.3 | 10 | 优势 | 81.7 | 9 | 优势 | 75.5 | 10 | 优势 | 4.8 | 0 | 波动→ |
| 工业废气排放总量 | 67.7 | 20 | 中势 | 70.1 | 20 | 中势 | 64.3 | 22 | 劣势 | 3.4 | 2 | 持续↑ |
| 地均工业废气排放量 | 97.9 | 8 | 优势 | 97.8 | 9 | 优势 | 98.0 | 9 | 优势 | -0.1 | 1 | 持续↑ |
| 工业烟（粉）尘排放总量 | 74.7 | 15 | 中势 | 71.0 | 18 | 中势 | 49.8 | 20 | 中势 | 24.9 | 5 | 持续↑ |
| 地均工业烟（粉）尘排放量 | 94.5 | 6 | 优势 | 93.0 | 7 | 优势 | 89.9 | 9 | 优势 | 4.6 | 3 | 持续↑ |
| 工业二氧化硫排放总量 | 48.6 | 23 | 劣势 | 49.1 | 22 | 劣势 | 32.2 | 24 | 劣势 | 16.4 | 1 | 波动→ |
| 地均二氧化硫排放量 | 94.6 | 9 | 优势 | 94.8 | 9 | 优势 | 94.5 | 10 | 优势 | 0.1 | 1 | 持续↑ |
| 全省设区市优良天数比例 | 88.2 | 8 | 优势 | 92.3 | 7 | 优势 | 92.3 | 5 | 优势 | -4.1 | -3 | 持续↓ |
| 可吸入颗粒物（PM10）浓度 | 76.5 | 8 | 优势 | 84.6 | 5 | 优势 | 81.7 | 6 | 优势 | -5.2 | -2 | 波动→ |
| （4）森林环境竞争力 | 61.1 | 3 | 强势 | 62.9 | 3 | 强势 | 65.1 | 3 | 强势 | -4.0 | 0 | 持续→ |
| 林业用地面积 | 52.5 | 3 | 强势 | 52.5 | 3 | 强势 | 52.5 | 3 | 强势 | 0.0 | 0 | 持续→ |
| 森林面积 | 70.1 | 3 | 强势 | 70.1 | 4 | 优势 | 70.1 | 4 | 优势 | 0.0 | 1 | 持续↑ |
| 森林覆盖率 | 51.1 | 13 | 中势 | 51.1 | 14 | 中势 | 51.1 | 14 | 中势 | 0.0 | 1 | 持续↑ |

续表

| 指标项目 | 2012年 | | | 2011年 | | | 2010年 | | | 综合变化 | | |
|---|---|---|---|---|---|---|---|---|---|---|---|---|
| | 得分 | 排名 | 优劣度 | 得分 | 排名 | 优劣度 | 得分 | 排名 | 优劣度 | 得分变化 | 排名变化 | 趋势变化 |
| 人工林面积 | 80.5 | 4 | 优势 | 80.5 | 4 | 优势 | 80.5 | 4 | 优势 | 0.0 | 0 | 持续→ |
| 天然林比重 | 75.1 | 11 | 中势 | 75.1 | 11 | 中势 | 75.1 | 11 | 中势 | 0.0 | 0 | 持续→ |
| 造林总面积 | 14.2 | 19 | 中势 | 34.4 | 7 | 优势 | 57.7 | 3 | 强势 | -43.5 | -16 | 持续↓ |
| 森林蓄积量 | 71.0 | 2 | 强势 | 71.0 | 2 | 强势 | 71.0 | 2 | 强势 | 0.0 | 0 | 持续→ |
| 活立木总蓄积量 | 74.2 | 3 | 强势 | 74.2 | 3 | 强势 | 74.2 | 3 | 强势 | 0.0 | 0 | 持续→ |
| (5)矿产环境竞争力 | 32.6 | 5 | 优势 | 32.7 | 4 | 优势 | 29.5 | 6 | 优势 | 3.1 | 1 | 波动↑ |
| 主要黑色金属矿产基础储量 | 57.4 | 2 | 强势 | 60.3 | 2 | 强势 | 41.1 | 3 | 强势 | 16.3 | 1 | 持续↑ |
| 人均主要黑色金属矿产基础储量 | 31.2 | 3 | 强势 | 32.8 | 3 | 强势 | 22.3 | 4 | 优势 | 8.9 | 1 | 持续↑ |
| 主要有色金属矿产基础储量 | 44.3 | 2 | 强势 | 38.6 | 2 | 强势 | 39.2 | 2 | 强势 | 5.1 | 0 | 持续→ |
| 人均主要有色金属矿产基础储量 | 24.1 | 8 | 优势 | 21.0 | 8 | 优势 | 21.3 | 7 | 优势 | 2.8 | -1 | 持续↓ |
| 主要非金属矿产基础储量 | 43.2 | 4 | 优势 | 41.7 | 4 | 优势 | 47.9 | 4 | 优势 | -4.7 | 0 | 持续→ |
| 人均主要非金属矿产基础储量 | 22.6 | 5 | 优势 | 28.0 | 5 | 优势 | 29.5 | 5 | 优势 | -6.9 | 0 | 持续→ |
| 主要能源矿产基础储量 | 6.7 | 10 | 优势 | 6.9 | 11 | 中势 | 7.0 | 12 | 中势 | -0.3 | 2 | 持续↑ |
| 人均主要能源矿产基础储量 | 3.0 | 14 | 中势 | 3.1 | 14 | 中势 | 2.3 | 17 | 中势 | 0.7 | 3 | 持续↑ |
| 工业固体废物产生量 | 71.6 | 24 | 劣势 | 72.4 | 24 | 劣势 | 64.6 | 26 | 劣势 | 7.0 | 2 | 持续↑ |
| (6)能源环境竞争力 | 68.3 | 19 | 中势 | 67.6 | 20 | 中势 | 59.3 | 17 | 中势 | 9.0 | -2 | 波动↓ |
| 能源生产总量 | 78.8 | 26 | 劣势 | 78.2 | 25 | 劣势 | 76.3 | 26 | 劣势 | 2.5 | 0 | 波动→ |
| 能源消费总量 | 47.2 | 25 | 劣势 | 47.0 | 25 | 劣势 | 48.7 | 25 | 劣势 | -1.5 | 0 | 持续→ |
| 单位地区生产总值能耗 | 58.1 | 20 | 中势 | 65.0 | 20 | 中势 | 54.2 | 20 | 中势 | 3.9 | 0 | 持续→ |
| 单位地区生产总值电耗 | 86.5 | 16 | 中势 | 84.8 | 17 | 中势 | 83.8 | 17 | 中势 | 2.7 | 1 | 持续↑ |
| 单位工业增加值能耗 | 63.9 | 18 | 中势 | 65.3 | 19 | 中势 | 59.7 | 19 | 中势 | 4.2 | 1 | 持续↑ |
| 能源生产弹性系数 | 60.1 | 8 | 优势 | 66.8 | 19 | 中势 | 55.7 | 10 | 优势 | 4.4 | 2 | 波动↑ |
| 能源消费弹性系数 | 82.9 | 10 | 优势 | 65.1 | 12 | 中势 | 37.2 | 10 | 优势 | 45.7 | 0 | 波动→ |

**表 23 - 2 - 2　2012 年四川省资源环境竞争力各级指标的优劣度结构表**

| 二级指标 | 三级指标 | 四级指标数 | 强势指标 | | 优势指标 | | 中势指标 | | 劣势指标 | | 优劣度 |
|---|---|---|---|---|---|---|---|---|---|---|---|
| | | | 个数 | 比重(%) | 个数 | 比重(%) | 个数 | 比重(%) | 个数 | 比重(%) | |
| 资源环境竞争力 | 水环境竞争力 | 11 | 5 | 45.5 | 2 | 18.2 | 2 | 18.2 | 2 | 18.2 | 优势 |
| | 土地环境竞争力 | 13 | 0 | 0.0 | 5 | 38.5 | 5 | 38.5 | 3 | 23.1 | 中势 |
| | 大气环境竞争力 | 8 | 0 | 0.0 | 5 | 62.5 | 2 | 25.0 | 1 | 12.5 | 优势 |
| | 森林环境竞争力 | 8 | 4 | 50.0 | 1 | 12.5 | 3 | 37.5 | 0 | 0.0 | 强势 |
| | 矿产环境竞争力 | 9 | 3 | 33.3 | 4 | 44.4 | 1 | 11.1 | 1 | 11.1 | 优势 |
| | 能源环境竞争力 | 7 | 0 | 0.0 | 2 | 28.6 | 3 | 42.9 | 2 | 28.6 | 中势 |
| 小　计 | | 56 | 12 | 21.4 | 19 | 33.9 | 16 | 28.6 | 9 | 16.1 | 优势 |

　　2010～2012 年四川省资源环境竞争力的综合排位呈现持续上升趋势，2012 年排名第 4 位，与 2010 年相比，排位上升了 1 位，在全国处于上游区。

　　从资源环境竞争力的要素指标变化趋势来看，有 1 个指标处于上升趋势，为矿产环境竞争力；有 3 个指标处于保持趋势，为土地环境竞争力、大气环境竞争力和森林环境竞争力；

有 2 个指标处于下降趋势，为水环境竞争力和能源环境竞争力。

从资源环境竞争力的基础指标分布来看，在 56 个基础指标中，指标的优劣度结构为 21.4∶33.9∶28.6∶16.1。强势和优势指标所占比重显著高于劣势指标的比重，表明强势和优势指标占主导地位。

### 23.2.2 四川省资源环境竞争力比较分析

图 23 - 2 - 1 将 2010 ~ 2012 年四川省资源环境竞争力与全国最高水平和平均水平进行比较。由图可知，评价期内四川省资源环境竞争力得分普遍高于 51 分，且呈现持续上升趋势，说明四川省资源环境竞争力保持较高水平。

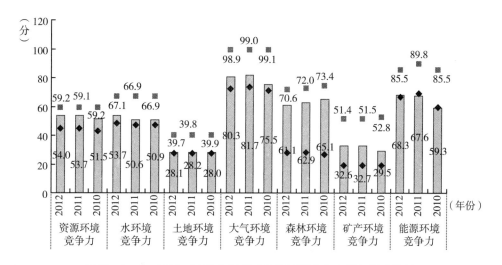

**图 23 - 2 - 1　2010 ~ 2012 年四川省资源环境竞争力指标得分比较**

从资源环境竞争力的整体得分比较来看，2010 年，四川省资源环境竞争力得分与全国最高分相比还有 7.7 分的差距，与全国平均分相比，则高出 8.6 分；到 2012 年，四川省资源环境竞争力得分与全国最高分的差距缩小为 5.2 分，高出全国平均分 9.4 分。总的来看，2010 ~ 2012 年四川省资源环境竞争力与最高分的差距呈缩小趋势，继续在全国处于上游地位。

从资源环境竞争力的要素得分比较来看，2012 年，四川省水环境竞争力、土地环境竞争力、大气环境竞争力、森林环境竞争力、矿产环境竞争力和能源环境竞争力的得分分别为 53.7 分、28.1 分、80.3 分、61.1 分、32.6 分和 68.3 分，比最高分低 13.5 分、11.6 分、18.5 分、9.5 分、18.8 分和 17.2 分；与 2010 年相比，四川省水环境竞争力、土地环境竞争力、大气环境竞争力、矿产环境竞争力和能源环境竞争力的得分与最高分的差距都缩小了，但森林环境竞争力的得分与最高分的差距扩大了。

### 23.2.3 四川省资源环境竞争力变化动因分析

二级指标资源环境竞争力的变化是三级要素指标变化综合作用的结果，而三级要素指标变化又是四级基础指标变化作用的结果。三级和四级指标的变动情况如表 23 - 2 - 1 所示。

从要素指标来看，四川省资源环境竞争力的 6 个要素指标中，矿产环境竞争力的排位出现了上升，而水环境竞争力和能源环境竞争力的排位呈下降趋势，尽管上升的要素指标数小于下降的要素指标数，但上升的动力大于下降的拉力，四川省资源环境竞争力呈现持续上升趋势。

从基础指标来看，四川省资源环境竞争力的 56 个基础指标中，上升指标有 19 个，占指标总数的 33.9%，主要分布在大气环境竞争力和矿产环境竞争力等指标组；下降指标有 7 个，占指标总数的 12.5%，主要分布在水环境竞争力和大气环境竞争力等指标组。排位下降的指标数量低于排位上升的指标数量，其余的 30 个指标呈波动保持或持续保持，使得 2012 年四川省资源环境竞争力排名呈现持续上升。

## 23.3  四川省环境管理竞争力评价分析

### 23.3.1  四川省环境管理竞争力评价结果

2010～2012 年四川省环境管理竞争力排位和排位变化情况及其下属 2 个三级指标和 16 个四级指标的评价结果，如表 23-3-1 所示；环境管理竞争力各级指标的优劣势情况，如表 23-3-2 所示。

表 23-3-1  2010～2012 年四川省环境管理竞争力各级指标的得分、排名及优劣度分析表

| 指标项目 | 2012 年 得分 | 排名 | 优劣度 | 2011 年 得分 | 排名 | 优劣度 | 2010 年 得分 | 排名 | 优劣度 | 综合变化 得分变化 | 排名变化 | 趋势变化 |
|---|---|---|---|---|---|---|---|---|---|---|---|---|
| **环境管理竞争力** | 53.0 | 8 | 优势 | 51.7 | 11 | 中势 | 50.8 | 8 | 优势 | 2.2 | 0 | 波动→ |
| (1)环境治理竞争力 | 30.6 | 8 | 优势 | 32.9 | 8 | 优势 | 34.3 | 6 | 优势 | -3.7 | -2 | 持续↓ |
| 环境污染治理投资总额 | 23.7 | 21 | 劣势 | 19.1 | 21 | 劣势 | 6.3 | 24 | 劣势 | 17.4 | 3 | 持续↑ |
| 环境污染治理投资总额占地方生产总值比重 | 9.9 | 27 | 劣势 | 1.5 | 28 | 劣势 | 15.2 | 29 | 劣势 | -5.3 | 2 | 持续↑ |
| 废气治理设施年运行费用 | 19.1 | 11 | 中势 | 33.8 | 10 | 优势 | 54.2 | 6 | 优势 | -35.1 | -5 | 持续↓ |
| 废水治理设施处理能力 | 26.7 | 13 | 中势 | 17.4 | 9 | 优势 | 36.0 | 12 | 中势 | -9.3 | -1 | 波动↓ |
| 废水治理设施年运行费用 | 29.4 | 7 | 优势 | 76.7 | 3 | 强势 | 59.6 | 6 | 优势 | -30.4 | -1 | 波动↓ |
| 矿山环境恢复治理投入资金 | 11.3 | 17 | 中势 | 25.7 | 15 | 中势 | 14.3 | 19 | 劣势 | -3.0 | 2 | 波动↑ |
| 本年矿山恢复面积 | 13.9 | 12 | 中势 | 2.1 | 14 | 中势 | 7.9 | 7 | 优势 | 6.0 | -5 | 波动↓ |
| 地质灾害防治投资额 | 100.0 | 1 | 强势 | 100.0 | 1 | 强势 | 100.0 | 1 | 强势 | 0.0 | 0 | 持续→ |
| 水土流失治理面积 | 64.6 | 3 | 强势 | 58.3 | 4 | 优势 | 58.1 | 5 | 优势 | 6.5 | 2 | 持续↑ |
| 土地复垦面积占新增耕地面积的比重 | 6.9 | 20 | 中势 | 6.9 | 20 | 中势 | 6.9 | 20 | 中势 | 0.0 | 0 | 持续→ |
| (2)环境友好竞争力 | 70.3 | 11 | 中势 | 66.3 | 13 | 中势 | 63.5 | 13 | 中势 | 6.8 | 2 | 持续↑ |
| 工业固体废物综合利用量 | 29.9 | 13 | 中势 | 31.9 | 13 | 中势 | 34.3 | 10 | 优势 | -4.4 | -3 | 持续↓ |
| 工业固体废物处置量 | 43.7 | 5 | 优势 | 29.7 | 6 | 优势 | 31.3 | 6 | 优势 | 12.4 | 1 | 持续↑ |
| 工业固体废物处置利用率 | 82.3 | 22 | 劣势 | 75.8 | 25 | 劣势 | 68.9 | 17 | 中势 | 13.4 | -5 | 波动↑ |
| 工业用水重复利用率 | 83.8 | 20 | 中势 | 83.3 | 19 | 中势 | 74.9 | 22 | 劣势 | 8.9 | 2 | 波动↑ |
| 城市污水处理率 | 88.3 | 24 | 劣势 | 82.8 | 24 | 劣势 | 80.1 | 23 | 劣势 | 8.2 | -1 | 波动↓ |
| 生活垃圾无害化处理率 | 88.4 | 17 | 中势 | 88.4 | 13 | 中势 | 86.9 | 12 | 中势 | 1.5 | -5 | 持续↓ |

表23-3-2 2012年四川省环境管理竞争力各级指标的优劣度结构表

| 二级指标 | 三级指标 | 四级指标数 | 强势指标 | | 优势指标 | | 中势指标 | | 劣势指标 | | 优劣度 |
|---|---|---|---|---|---|---|---|---|---|---|---|
| | | | 个数 | 比重(%) | 个数 | 比重(%) | 个数 | 比重(%) | 个数 | 比重(%) | |
| 环境管理竞争力 | 环境治理竞争力 | 10 | 2 | 20.0 | 1 | 10.0 | 5 | 50.0 | 2 | 20.0 | 优势 |
| | 环境友好竞争力 | 6 | 0 | 0.0 | 1 | 16.7 | 3 | 50.0 | 2 | 33.3 | 中势 |
| | 小　计 | 16 | 2 | 12.5 | 2 | 12.5 | 8 | 50.0 | 4 | 25.0 | 优势 |

2010~2012年四川省环境管理竞争力的综合排位呈现波动保持,2012年排名第8位,与2010年排位相同,在全国处于上游区。

从环境管理竞争力的要素指标变化趋势来看,环境治理竞争力处于持续下降趋势,环境友好竞争力处于持续上升趋势。

从环境管理竞争力的基础指标分布来看,在16个基础指标中,指标的优劣度结构为12.5:12.5:50:25。中势指标所占比重达到50%,表明中势指标占主导地位。

### 23.3.2 四川省环境管理竞争力比较分析

图23-3-1将2010~2012年四川省环境管理竞争力与全国最高水平和平均水平进行比较。由图可知,评价期内四川省环境管理竞争力得分普遍高于50分,且呈持续上升趋势,说明四川省环境管理竞争力保持较高水平。

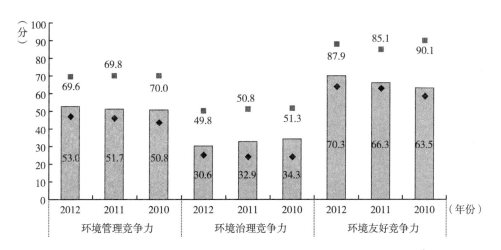

图23-3-1 2010~2012年四川省环境管理竞争力指标得分比较

从环境管理竞争力的整体得分比较来看,2010年,四川省环境管理竞争力得分与全国最高分相比还有19.2分的差距,但与全国平均分相比,则高出7.4分;到2012年,四川省环境管理竞争力得分与全国最高分的差距为16.7分,高出全国平均分6分。总的来看,2010~2012年四川省环境管理竞争力与最高分的差距呈缩小趋势,继续保持全国较高水平。

从环境管理竞争力的要素得分比较来看，2012 年，四川省环境治理竞争力和环境友好竞争力的得分分别为 30.6 分和 70.3 分，分别低于最高分 19.2 和 17.6 分，分别高于平均分 5.6 分和 6.4 分；与 2010 年相比，四川省环境治理竞争力得分与最高分的差距扩大了 2.2 分，环境友好竞争力得分与最高分的差距缩小了 9 分。

### 23.3.3 四川省环境管理竞争力变化动因分析

二级指标环境管理竞争力的变化是三级要素指标变化综合作用的结果，而三级要素指标变化又是四级基础指标变化作用的结果。三级和四级指标的变动情况如表 23 - 3 - 1 所示。

从要素指标来看，四川省环境管理竞争力的 2 个要素指标中，环境治理竞争力的排名下降了 2 位，环境友好竞争力的排名持续上升了 2 位，受指标排位升降的综合影响，四川省环境管理竞争力排位保持不变。

从基础指标来看，四川省环境管理竞争力的 16 个基础指标中，上升指标有 6 个，占指标总数的 37.5%，主要分布在环境治理竞争力指标组；下降指标有 8 个，占指标总数的 50.0%，平均分布在环境治理竞争力和环境友好竞争力指标组。排位上升的指标数量小于排位下降的指标数量，但受其他外部因素的综合影响，2012 年四川省环境管理竞争力排名保持不变。

## 23.4  四川省环境影响竞争力评价分析

### 23.4.1  四川省环境影响竞争力评价结果

2010～2012 年四川省环境影响竞争力排位和排位变化情况及其下属 2 个三级指标和 21 个四级指标的评价结果，如表 23 - 4 - 1 所示；环境影响竞争力各级指标的优劣势情况，如表 23 - 4 - 2 所示。

表 23 - 4 - 1  2010～2012 年四川省环境影响竞争力各级指标的得分、排名及优劣度分析表

| 指　　　项　　　标　　　目 | 2012 年 | | | 2011 年 | | | 2010 年 | | | 综合变化 | | |
|---|---|---|---|---|---|---|---|---|---|---|---|---|
| | 得分 | 排名 | 优劣度 | 得分 | 排名 | 优劣度 | 得分 | 排名 | 优劣度 | 得分变化 | 排名变化 | 趋势变化 |
| **环境影响竞争力** | 72.0 | 15 | 中势 | 70.7 | 20 | 中势 | 73.8 | 12 | 中势 | -1.8 | -3 | 波动↓ |
| （1）环境安全竞争力 | 58.1 | 29 | 劣势 | 54.1 | 29 | 劣势 | 60.9 | 25 | 劣势 | -2.8 | -4 | 持续↓ |
| 自然灾害受灾面积 | 61.5 | 20 | 中势 | 40.9 | 24 | 劣势 | 27.7 | 27 | 劣势 | 33.8 | 7 | 持续↑ |
| 自然灾害绝收面积占受灾面积比重 | 81.3 | 6 | 优势 | 47.8 | 25 | 劣势 | 81.8 | 12 | 中势 | -0.5 | 6 | 波动↑ |
| 自然灾害直接经济损失 | 0.0 | 31 | 劣势 | 0.0 | 31 | 劣势 | 6.5 | 29 | 劣势 | -6.5 | -2 | 持续↓ |
| 发生地质灾害起数 | 7.6 | 30 | 劣势 | 77.4 | 30 | 劣势 | 76.4 | 28 | 劣势 | -68.8 | -2 | 持续↓ |
| 地质灾害直接经济损失 | 46.9 | 30 | 劣势 | 0.0 | 31 | 劣势 | 6.2 | 30 | 劣势 | 40.7 | 0 | 波动→ |
| 地质灾害防治投资额 | 100.0 | 1 | 强势 | 100.0 | 1 | 强势 | 100.0 | 1 | 强势 | 0.0 | 0 | 持续→ |
| 突发环境事件次数 | 91.7 | 22 | 劣势 | 87.3 | 24 | 劣势 | 99.4 | 7 | 优势 | -7.7 | -15 | 波动↓ |

续表

| 指 标项 目 | 2012 年 | | | 2011 年 | | | 2010 年 | | | 综合变化 | | |
|---|---|---|---|---|---|---|---|---|---|---|---|---|
| | 得分 | 排名 | 优劣度 | 得分 | 排名 | 优劣度 | 得分 | 排名 | 优劣度 | 得分变化 | 排名变化 | 趋势变化 |
| 森林火灾次数 | 47.3 | 30 | 劣势 | 64.6 | 25 | 劣势 | 85.8 | 25 | 劣势 | -38.5 | -5 | 持续↓ |
| 森林火灾火场总面积 | 61.9 | 27 | 劣势 | 45.9 | 25 | 劣势 | 84.0 | 25 | 劣势 | -22.1 | -2 | 持续↓ |
| 受火灾森林面积 | 82.5 | 28 | 劣势 | 84.7 | 18 | 中势 | 89.4 | 24 | 劣势 | -6.9 | -4 | 波动↓ |
| 森林病虫鼠害发生面积 | 56.0 | 29 | 劣势 | 94.0 | 28 | 劣势 | 36.8 | 28 | 劣势 | 19.2 | -1 | 持续↓ |
| 森林病虫鼠害防治率 | 72.6 | 15 | 中势 | 44.2 | 21 | 劣势 | 73.7 | 14 | 中势 | -1.1 | -1 | 波动↓ |
| （2）环境质量竞争力 | 82.0 | 3 | 强势 | 82.5 | 3 | 强势 | 83.0 | 4 | 优势 | -1 | 1 | 持续↑ |
| 人均工业废气排放量 | 83.3 | 6 | 优势 | 83.7 | 6 | 优势 | 90.5 | 11 | 中势 | -7.2 | 5 | 持续↑ |
| 人均二氧化硫排放量 | 86.9 | 11 | 中势 | 88.3 | 11 | 中势 | 76.9 | 15 | 中势 | 10.0 | 4 | 持续↑ |
| 人均工业烟（粉）尘排放量 | 89.1 | 6 | 优势 | 89.3 | 6 | 优势 | 85.8 | 8 | 优势 | 3.3 | 2 | 持续↑ |
| 人均工业废水排放量 | 75.7 | 6 | 优势 | 72.7 | 6 | 优势 | 75.5 | 8 | 优势 | 0.2 | 2 | 持续↑ |
| 人均生活污水排放量 | 78.8 | 11 | 优势 | 81.6 | 11 | 优势 | 87.8 | 11 | 优势 | -9.0 | 0 | 波动→ |
| 人均化学需氧量排放量 | 72.2 | 13 | 中势 | 74.0 | 12 | 中势 | 80.1 | 19 | 中势 | -7.9 | 6 | 波动↑ |
| 人均工业固体废物排放量 | 98.3 | 21 | 劣势 | 98.1 | 16 | 优势 | 99.1 | 11 | 中势 | -0.8 | -10 | 持续↓ |
| 人均化肥施用量 | 67.3 | 9 | 优势 | 66.6 | 9 | 优势 | 64.1 | 9 | 优势 | 3.2 | 0 | 持续→ |
| 人均农药施用量 | 86.9 | 10 | 优势 | 88.8 | 10 | 优势 | 88.7 | 11 | 中势 | -1.8 | 1 | 持续↑ |

**表 23 - 4 - 2  2012 年四川省环境影响竞争力各级指标的优劣度结构表**

| 二级指标 | 三级指标 | 四级指标数 | 强势指标 | | 优势指标 | | 中势指标 | | 劣势指标 | | 优劣度 |
|---|---|---|---|---|---|---|---|---|---|---|---|
| | | | 个数 | 比重（%） | 个数 | 比重（%） | 个数 | 比重（%） | 个数 | 比重（%） | |
| 环境影响竞争力 | 环境安全竞争力 | 12 | 1 | 8.3 | 1 | 8.3 | 2 | 16.7 | 8 | 66.7 | 劣势 |
| | 环境质量竞争力 | 9 | 0 | 0.0 | 6 | 66.7 | 2 | 22.2 | 1 | 11.1 | 强势 |
| | 小　计 | 21 | 1 | 4.8 | 7 | 33.3 | 4 | 19.0 | 9 | 42.9 | 中势 |

2010～2012 年四川省环境影响竞争力的综合排位呈现波动下降趋势，2012 年排名第 15 位，与 2010 年相比，排位下降了 3 位，在全国处于中游区。

从环境影响竞争力的要素指标变化趋势来看，有 1 个指标处于持续上升趋势，即环境质量竞争力；有 1 个指标处于持续下降趋势，为环境安全竞争力。

从环境影响竞争力的基础指标分布来看，在 21 个基础指标中，指标的优劣度结构为 4.8∶33.3∶19∶42.9。强势和优势指标所占比重低于劣势指标的比重，表明劣势指标占主导地位。

### 23.4.2　四川省环境影响竞争力比较分析

图 23 - 4 - 1 将 2010～2012 年四川省环境影响竞争力与全国最高水平和平均水平进行比较。由图可知，评价期内四川省环境影响竞争力得分普遍高于 70 分，但呈现波动下降趋势，说明四川省环境影响竞争力处于中等水平。

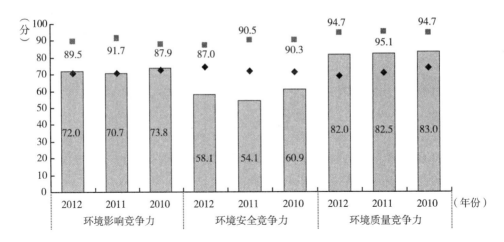

图 23 - 4 - 1  2010～2012 年四川省环境影响竞争力指标得分比较

从环境影响竞争力的整体得分比较来看，2010 年，四川省环境影响竞争力得分与全国最高分相比还有 14.2 分的差距，但与全国平均分相比，则高出 1.3 分；到 2012 年，四川省环境影响竞争力得分与全国最高分相差 17.5 分，高于全国平均分 1.4 分。总的来看，2010～2012 年四川省环境影响竞争力与最高分的差距呈扩大趋势。

从环境影响竞争力的要素得分比较来看，2012 年，四川省环境安全竞争力和环境质量竞争力的得分分别为 58.1 分和 82 分，比最高分低 28.8 分和 12.7 分，前者低于平均分 16.1 分，后者高出平均分 13.9 分；与 2010 年相比，四川省环境安全竞争力得分与最高分的差距缩小了 0.6 分，但环境质量竞争力得分与最高分的差距扩大了 1 分。

### 23.4.3  四川省环境影响竞争力变化动因分析

二级指标环境影响竞争力的变化是三级要素指标变化综合作用的结果，而三级要素指标变化又是四级基础指标变化作用的结果。三级和四级指标的变动情况如表 23 - 4 - 1 所示。

从要素指标来看，四川省环境影响竞争力的 2 个要素指标中，环境安全竞争力的排名下降了 4 位，环境质量竞争力的排名上升了 1 位，四川省环境影响竞争力排名呈现波动下降，其中环境安全竞争力是环境影响竞争力呈现波动下降的主要因素。

从基础指标来看，四川省环境影响竞争力的 21 个基础指标中，上升指标有 8 个，占指标总数的 38.1%，主要分布在环境质量竞争力指标组；下降指标有 9 个，占指标总数的 42.9%，主要分布在环境安全竞争力指标组。排位上升的指标数量小于排位下降的指标数量，使得 2012 年四川省环境影响竞争力排名呈现波动下降。

## 23.5  四川省环境协调竞争力评价分析

### 23.5.1  四川省环境协调竞争力评价结果

2010～2012 年四川省环境协调竞争力排位和排位变化情况及其下属 2 个三级指标和 19

个四级指标的评价结果，如表 23 - 5 - 1 所示；环境协调竞争力各级指标的优劣势情况，如表 23 - 5 - 2 所示。

表 23 - 5 - 1　2010～2012 年四川省环境协调竞争力各级指标的得分、排名及优劣度分析表

| 指　　　　　　标　　　　项　　　　目 | 2012 年 | | | 2011 年 | | | 2010 年 | | | 综合变化 | | |
|---|---|---|---|---|---|---|---|---|---|---|---|---|
| | 得分 | 排名 | 优劣度 | 得分 | 排名 | 优劣度 | 得分 | 排名 | 优劣度 | 得分变化 | 排名变化 | 趋势变化 |
| **环境协调竞争力** | 68.2 | 2 | 强势 | 64.5 | 6 | 优势 | 63.3 | 7 | 优势 | 4.9 | 5 | 持续↑ |
| （1）人口与环境协调竞争力 | 56.9 | 4 | 优势 | 55.0 | 10 | 优势 | 54.1 | 15 | 中势 | 2.8 | 11 | 持续↑ |
| 人口自然增长率与工业废气排放量增长率比差 | 77.0 | 10 | 优势 | 77.1 | 8 | 优势 | 94.6 | 4 | 优势 | -17.6 | -6 | 持续↓ |
| 人口自然增长率与工业废水排放量增长率比差 | 92.4 | 11 | 中势 | 96.9 | 2 | 强势 | 90.6 | 2 | 强势 | 1.8 | -9 | 持续↓ |
| 人口自然增长率与工业固体废物排放量增长率比差 | 96.4 | 5 | 优势 | 69.7 | 6 | 优势 | 91.4 | 5 | 优势 | 5.0 | 0 | 波动→ |
| 人口自然增长率与能源消费量增长率比差 | 89.2 | 8 | 优势 | 89.9 | 5 | 优势 | 62.5 | 26 | 劣势 | 26.7 | 18 | 波动→ |
| 人口密度与人均水资源量比差 | 5.1 | 22 | 劣势 | 4.7 | 23 | 劣势 | 5.1 | 22 | 劣势 | 0.0 | 0 | 波动→ |
| 人口密度与人均耕地面积比差 | 1.0 | 30 | 劣势 | 0.9 | 30 | 劣势 | 0.8 | 30 | 劣势 | 0.2 | 0 | 持续→ |
| 人口密度与森林覆盖率比差 | 55.9 | 15 | 中势 | 55.9 | 16 | 中势 | 55.9 | 16 | 中势 | 0.0 | 1 | 持续↑ |
| 人口密度与人均矿产基础储量比差 | 9.0 | 21 | 劣势 | 9.2 | 22 | 劣势 | 8.0 | 24 | 劣势 | 1.0 | 3 | 持续↑ |
| 人口密度与人均能源生产量比差 | 97.6 | 5 | 优势 | 96.8 | 7 | 优势 | 95.8 | 10 | 优势 | 1.8 | 5 | 持续↑ |
| （2）经济与环境协调竞争力 | 75.7 | 4 | 优势 | 70.7 | 7 | 优势 | 69.3 | 8 | 优势 | 6.4 | 4 | 持续↑ |
| 工业增加值增长率与工业废气排放量增长率比差 | 81.5 | 15 | 中势 | 100.0 | 1 | 强势 | 77.7 | 14 | 中势 | 3.8 | -1 | 波动↓ |
| 工业增加值增长率与工业废水排放量增长率比差 | 78.9 | 11 | 中势 | 39.0 | 19 | 劣势 | 67.4 | 14 | 中势 | 11.5 | 3 | 波动↑ |
| 工业增加值增长率与工业固体废物排放量增长率比差 | 100.0 | 1 | 强势 | 92.6 | 2 | 强势 | 73.6 | 12 | 中势 | 26.4 | 11 | 持续↑ |
| 地区生产总值增长率与能源消费量增长率比差 | 100.0 | 1 | 强势 | 76.9 | 17 | 中势 | 78.8 | 14 | 中势 | 21.2 | 13 | 波动↑ |
| 人均工业增加值与人均水资源量比差 | 80.7 | 9 | 优势 | 80.2 | 9 | 优势 | 82.7 | 9 | 优势 | -2.0 | 0 | 持续→ |
| 人均工业增加值与人均耕地面积比差 | 86.9 | 10 | 优势 | 87.4 | 10 | 优势 | 89.7 | 10 | 优势 | -2.8 | 0 | 持续→ |
| 人均工业增加值与人均工业废气排放量比差 | 43.2 | 25 | 劣势 | 42.8 | 26 | 劣势 | 35.3 | 23 | 劣势 | 7.9 | -2 | 波动↓ |
| 人均工业增加值与森林覆盖率比差 | 76.0 | 17 | 中势 | 75.7 | 16 | 中势 | 73.7 | 18 | 中势 | 2.3 | 1 | 波动↑ |
| 人均工业增加值与人均矿产基础储量比差 | 78.8 | 13 | 中势 | 79.6 | 13 | 中势 | 79.9 | 11 | 中势 | -1.1 | -2 | 持续↓ |
| 人均工业增加值与人均能源生产量比差 | 38.5 | 20 | 中势 | 39.5 | 21 | 劣势 | 39.1 | 22 | 劣势 | -0.6 | 2 | 持续↑ |

表 23 - 5 - 2　2012 年四川省环境协调竞争力各级指标的优劣度结构表

| 二级指标 | 三级指标 | 四级指标数 | 强势指标 | | 优势指标 | | 中势指标 | | 劣势指标 | | 优劣度 |
|---|---|---|---|---|---|---|---|---|---|---|---|
| | | | 个数 | 比重（%） | 个数 | 比重（%） | 个数 | 比重（%） | 个数 | 比重（%） | |
| 环境协调竞争力 | 人口与环境协调竞争力 | 9 | 0 | 0.0 | 4 | 44.4 | 2 | 22.2 | 3 | 33.3 | 优势 |
| | 经济与环境协调竞争力 | 10 | 2 | 20.0 | 2 | 20.0 | 5 | 50.0 | 1 | 10.0 | 优势 |
| | 小　　计 | 19 | 2 | 10.5 | 6 | 31.6 | 7 | 36.8 | 4 | 21.1 | 强势 |

　　2010～2012 年四川省环境协调竞争力的综合排位呈现持续上升趋势，2012 年排名第 2 位，比 2010 年上升了 5 位，在全国处于上游区。

　　从环境协调竞争力的要素指标变化趋势来看，2 个三级指标都处于持续上升趋势。

从环境协调竞争力的基础指标分布来看，在 19 个基础指标中，指标的优劣度结构为 10.5∶31.6∶36.8∶21.1。强势和优势指标所占比重高于劣势指标的比重，表明强势和优势指标占主导地位。

### 23.5.2　四川省环境协调竞争力比较分析

图 23－5－1 将 2010～2012 年四川省环境协调竞争力与全国最高水平和平均水平进行比较。由图可知，评价期内四川省环境协调竞争力得分普遍高于 60 分，且呈现持续上升趋势，说明四川省环境协调竞争力处于较高水平。

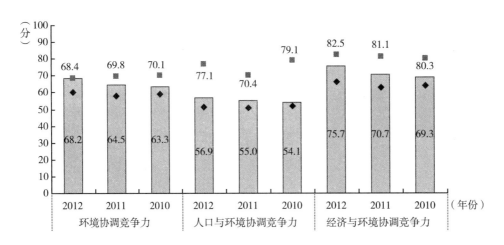

图 23－5－1　2010～2012 年四川省环境协调竞争力指标得分比较

从环境协调竞争力的整体得分比较来看，2010 年，四川省环境协调竞争力得分与全国最高分相比还有 6.8 分的差距，但与全国平均分相比，则高出 3.9 分；到 2012 年，四川省环境协调竞争力得分与全国最高分的差距缩小为 0.2 分，高出全国平均分 7.9 分。总的来看，2010～2012 年四川省环境协调竞争力与最高分的差距呈缩小趋势，处于全国上游地位。

从环境协调竞争力的要素得分比较来看，2012 年，四川省人口与环境协调竞争力和经济与环境协调竞争力的得分分别为分 56.9 分和 75.7 分，比最高分低 20.2 分和 6.8 分，分别高于平均分 5.7 分和 9.3 分；与 2010 年相比，四川省人口与环境协调竞争力得分与最高分的差距缩小了 4.9 分，但经济与环境协调竞争力得分与最高分的差距缩小了 4.2 分。

### 23.5.3　四川省环境协调竞争力变化动因分析

二级指标环境协调竞争力的变化是三级要素指标变化综合作用的结果，而三级要素指标变化又是四级基础指标变化作用的结果。三级和四级指标的变动情况如表 23－5－1 所示。

从要素指标来看，四川省环境协调竞争力的 2 个要素指标中，人口与环境协调竞争力的排名上升了 11 位，经济与环境协调竞争力的排名上升了 4 位，在指标排位上升的作用下，四川省环境协调竞争力上升了 5 位。

从基础指标来看，四川省环境协调竞争力的 19 个基础指标中，上升指标有 9 个，占指标总数的 47.4%，主要分布在经济与环境协调竞争力指标组；下降指标有 5 个，占指标总数的 26.3%，也主要分布在经济与环境协调竞争力指标组。排位上升的指标数量大于排位下降的指标数量，使得 2012 年四川省环境协调竞争力排名上升了 5 位。

## 23.6  四川省环境竞争力总体评述

从对四川省环境竞争力及其 5 个二级指标在全国的排位变化和指标结构的综合分析来看，"十二五"中期（2010~2012 年）环境竞争力中上升指标的数量大于下降指标的数量，上升的动力大于下降的拉力，使得 2012 年四川省环境竞争力的排位上升了 1 位，在全国居第 4 位。

### 23.6.1  四川省环境竞争力概要分析

四川省环境竞争力在全国所处的位置及变化如表 23-6-1 所示，5 个二级指标的得分和排位变化如表 23-6-2 所示。

表 23-6-1  2010~2012 年四川省环境竞争力一级指标比较表

| 项目 \ 年份 | 2012 | 2011 | 2010 |
|---|---|---|---|
| 排名 | 4 | 4 | 5 |
| 所属区位 | 上游 | 上游 | 上游 |
| 得分 | 56.9 | 55.7 | 54.5 |
| 全国最高分 | 58.2 | 59.5 | 60.1 |
| 全国平均分 | 51.3 | 50.8 | 50.4 |
| 与最高分的差距 | -1.3 | -3.8 | -5.6 |
| 与平均分的差距 | 5.6 | 4.9 | 4.1 |
| 优劣度 | 优势 | 优势 | 优势 |
| 波动趋势 | 保持 | 上升 | — |

表 23-6-2  2010~2012 年四川省环境竞争力二级指标比较表

| 项目 \ 年份 | 生态环境竞争力 | | 资源环境竞争力 | | 环境管理竞争力 | | 环境影响竞争力 | | 环境协调竞争力 | | 环境竞争力 | |
|---|---|---|---|---|---|---|---|---|---|---|---|---|
| | 得分 | 排名 | 得分 | 排名 | 得分 | 排名 | 得分 | 排名 | 得分 | 排名 | 得分 | 排名 |
| 2010 | 45.7 | 17 | 51.5 | 5 | 50.8 | 8 | 73.8 | 12 | 63.3 | 7 | 54.5 | 5 |
| 2011 | 48.5 | 12 | 53.7 | 4 | 51.7 | 11 | 70.7 | 20 | 64.5 | 6 | 55.7 | 4 |
| 2012 | 48.9 | 13 | 54.0 | 4 | 53.0 | 8 | 72.0 | 15 | 68.2 | 2 | 56.9 | 4 |
| 得分变化 | 3.2 | — | 2.5 | — | 2.2 | — | -1.8 | — | 4.9 | — | 2.4 | — |
| 排位变化 | — | 4 | — | 1 | — | 0 | — | -3 | — | 5 | — | 1 |
| 优劣度 | 中势 | 中势 | 优势 | 优势 | 优势 | 优势 | 中势 | 中势 | 强势 | 强势 | 优势 | 优势 |

（1）从指标排位变化趋势看，2012年四川省环境竞争力综合排名在全国处于第4位，表明其在全国处于优势地位；与2010年相比，排位上升了1位。总的来看，评价期内四川省环境竞争力呈持续上升趋势。

在5个二级指标中，有3个指标处于上升趋势，为生态环境竞争力、资源环境竞争力和环境协调竞争力，这些是四川省环境竞争力的上升动力所在；环境影响竞争力指标排位呈下降趋势。在指标排位升降的综合影响下，评价期内四川省环境竞争力的综合排位上升了1位，在全国排名第4位。

（2）从指标所处区位看，2012年四川省环境竞争力处于上游区，其中，环境协调竞争力指标为强势指标，资源环境竞争力和环境管理竞争力为优势指标，生态环境竞争力和环境影响竞争力为中势指标。

（3）从指标得分看，2012年四川省环境竞争力得分为56.9分，比全国最高分低1.3分，比全国平均分高5.6分；与2010年相比，四川省环境竞争力得分上升了2.4分，与当年最高分的差距缩小了，与全国平均分的差距扩大了。

2012年，四川省环境竞争力二级指标的得分均高于48分，与2010年相比，得分上升最多的为环境协调竞争力，上升了5分；得分下降最多的为环境影响竞争力，下降了1.7分。

### 23.6.2 四川省环境竞争力各级指标动态变化分析

2010~2012年四川省环境竞争力各级指标的动态变化及其结构，如图23-6-1和表23-6-3所示。

从图23-6-1可以看出，四川省环境竞争力的四级指标中上升指标的比例大于下降指标，表明上升指标居于主导地位。表23-6-3中的数据进一步说明，四川省环境竞争力的130个四级指标中，上升的指标有47个，占指标总数的36.2%；保持的指标有50个，占指标总数的38.5%；下降的指标为33个，占指标总数的25.4%。上升指标的数量大于下降指标的数量，使得评价期内四川省环境竞争力排位上升了1位，在全国居第4位。

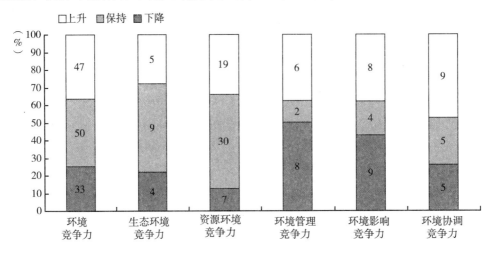

**图23-6-1 2010~2012年四川省环境竞争力动态变化结构图**

表 23 - 6 - 3　2010 ~ 2012 年四川省环境竞争力各级指标排位变化态势比较表

| 二级指标 | 三级指标 | 四级指标数 | 上升指标 | | 保持指标 | | 下降指标 | | 变化趋势 |
| --- | --- | --- | --- | --- | --- | --- | --- | --- | --- |
| | | | 个数 | 比重（%） | 个数 | 比重（%） | 个数 | 比重（%） | |
| 生态环境竞争力 | 生态建设竞争力 | 9 | 2 | 22.2 | 5 | 55.6 | 2 | 22.2 | 波动↑ |
| | 生态效益竞争力 | 9 | 3 | 33.3 | 4 | 44.4 | 2 | 22.2 | 持续↑ |
| | 小　计 | 18 | 5 | 27.8 | 9 | 50.0 | 4 | 22.2 | 波动↑ |
| 资源环境竞争力 | 水环境竞争力 | 11 | 2 | 18.2 | 7 | 63.6 | 2 | 18.2 | 持续↓ |
| | 土地环境竞争力 | 13 | 0 | 0.0 | 12 | 92.3 | 1 | 7.7 | 持续→ |
| | 大气环境竞争力 | 8 | 6 | 75.0 | 0 | 0.0 | 2 | 25.0 | 波动→ |
| | 森林环境竞争力 | 8 | 2 | 25.0 | 5 | 62.5 | 1 | 12.5 | 持续→ |
| | 矿产环境竞争力 | 9 | 6 | 66.7 | 2 | 22.2 | 1 | 11.1 | 波动↑ |
| | 能源环境竞争力 | 7 | 3 | 42.9 | 4 | 57.1 | 0 | 0.0 | 波动↓ |
| | 小　计 | 56 | 19 | 33.9 | 30 | 53.6 | 7 | 12.5 | 持续↑ |
| 环境管理竞争力 | 环境治理竞争力 | 10 | 4 | 40.0 | 2 | 20.0 | 4 | 40.0 | 持续↓ |
| | 环境友好竞争力 | 6 | 2 | 33.3 | 0 | 0.0 | 4 | 66.7 | 持续↑ |
| | 小　计 | 16 | 6 | 37.5 | 2 | 12.5 | 8 | 50.0 | 波动→ |
| 环境影响竞争力 | 环境安全竞争力 | 12 | 2 | 16.7 | 2 | 16.7 | 8 | 66.7 | 持续↓ |
| | 环境质量竞争力 | 9 | 6 | 66.7 | 2 | 22.2 | 1 | 11.1 | 持续↑ |
| | 小　计 | 21 | 8 | 38.1 | 4 | 19.0 | 9 | 42.9 | 波动↓ |
| 环境协调竞争力 | 人口与环境协调竞争力 | 9 | 4 | 44.4 | 3 | 33.3 | 2 | 22.2 | 持续↑ |
| | 经济与环境协调竞争力 | 10 | 5 | 50.0 | 2 | 20.0 | 3 | 30.0 | 持续↑ |
| | 小　计 | 19 | 9 | 47.4 | 5 | 26.3 | 5 | 26.3 | 持续↑ |
| 合　计 | | 130 | 47 | 36.2 | 50 | 38.5 | 33 | 25.4 | 持续↑ |

### 23.6.3　四川省环境竞争力各级指标变化动因分析

2012 年四川省环境竞争力各级指标的优劣势变化及其结构，如图 23 - 6 - 2 和表 23 - 6 - 4 所示。

从图 23 - 6 - 2 可以看出，2012 年四川省环境竞争力的四级指标中强势和优势指标的比例大于劣势指标，表明强势和优势指标居于主导地位。表 23 - 6 - 4 中的数据进一步说明，2012 年四川省环境竞争力的 130 个四级指标中，强势指标有 18 个，占指标总数的 13.8%；优势指标为 42 个，占指标总数的 32.3%；中势指标 41 个，占指标总数的 31.5%；劣势指标有 29 个，占指标总数的 22.3%；强势指标和优势指标之和占指标总数的 46.2%，数量与比重均大于劣势指标。从三级指标来看，四级指标中强势指标和优势指标之和占四级指标总数一半以上的分别有生态建设竞争力、水环境竞争力、大气环境竞争力、森林环境竞争力、矿产环境竞争力和环境质量竞争力，共计 6 个指标，占三级指标总数的 42.9%。反映到二级指标上来，强势指标有 1 个，占二级指标总数的 20%；优势指标有 2 个，占二级指标总数的 40%；中势指标有 2 个，占二级指标总数的 40%。这保证了四川省环境竞争力的优势地位，在全国位居第 4 位，处于上游区。

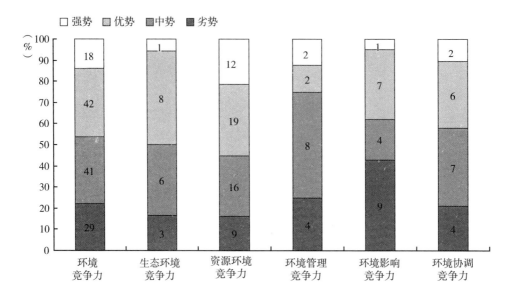

图23－6－2　2012年四川省环境竞争力优劣度结构图

表23－6－4　2012年四川省环境竞争力各级指标优劣度比较表

| 二级指标 | 三级指标 | 四级指标数 | 强势指标 | | 优势指标 | | 中势指标 | | 劣势指标 | | 优劣度 |
|---|---|---|---|---|---|---|---|---|---|---|---|
| | | | 个数 | 比重（%） | 个数 | 比重（%） | 个数 | 比重（%） | 个数 | 比重（%） | |
| 生态环境竞争力 | 生态建设竞争力 | 9 | 1 | 11.1 | 5 | 55.6 | 2 | 22.2 | 1 | 11.1 | 中势 |
| | 生态效益竞争力 | 9 | 0 | 0.0 | 3 | 33.3 | 4 | 44.4 | 2 | 22.2 | 优势 |
| | 小　计 | 18 | 1 | 5.6 | 8 | 44.4 | 6 | 33.3 | 3 | 16.7 | 中势 |
| 资源环境竞争力 | 水环境竞争力 | 11 | 5 | 45.5 | 2 | 18.2 | 2 | 18.2 | 2 | 18.2 | 优势 |
| | 土地环境竞争力 | 13 | 0 | 0.0 | 5 | 38.5 | 5 | 38.5 | 3 | 23.1 | 中势 |
| | 大气环境竞争力 | 8 | 0 | 0.0 | 5 | 62.5 | 2 | 25.0 | 1 | 12.5 | 优势 |
| | 森林环境竞争力 | 8 | 4 | 50.0 | 1 | 12.5 | 3 | 37.5 | 0 | 0.0 | 强势 |
| | 矿产环境竞争力 | 9 | 3 | 33.3 | 4 | 44.4 | 1 | 11.1 | 1 | 11.1 | 优势 |
| | 能源环境竞争力 | 7 | 0 | 0.0 | 2 | 28.6 | 3 | 42.9 | 2 | 28.6 | 中势 |
| | 小　计 | 56 | 12 | 21.4 | 19 | 33.9 | 16 | 28.6 | 9 | 16.1 | 优势 |
| 环境管理竞争力 | 环境治理竞争力 | 10 | 2 | 20.0 | 1 | 10.0 | 5 | 50.0 | 2 | 20.0 | 优势 |
| | 环境友好竞争力 | 6 | 0 | 0.0 | 1 | 16.7 | 3 | 50.0 | 2 | 33.3 | 中势 |
| | 小　计 | 16 | 2 | 12.5 | 2 | 12.5 | 8 | 50.0 | 4 | 25.0 | 优势 |
| 环境影响竞争力 | 环境安全竞争力 | 12 | 1 | 8.3 | 1 | 8.3 | 2 | 16.7 | 8 | 66.7 | 劣势 |
| | 环境质量竞争力 | 9 | 0 | 0.0 | 6 | 66.7 | 2 | 22.2 | 1 | 11.1 | 强势 |
| | 小　计 | 21 | 1 | 4.8 | 7 | 33.3 | 4 | 19.0 | 9 | 42.9 | 中势 |
| 环境协调竞争力 | 人口与环境协调竞争力 | 9 | 0 | 0.0 | 4 | 44.4 | 2 | 22.2 | 3 | 33.3 | 优势 |
| | 经济与环境协调竞争力 | 10 | 2 | 20.0 | 2 | 20.0 | 5 | 50.0 | 1 | 10.0 | 优势 |
| | 小　计 | 19 | 2 | 10.5 | 6 | 31.6 | 7 | 36.8 | 4 | 21.1 | 强势 |
| 合　　计 | | 130 | 18 | 13.8 | 42 | 32.3 | 41 | 31.5 | 29 | 22.3 | 优势 |

为了进一步明确影响四川省环境竞争力变化的具体指标，也便于对相关指标进行深入分析，从而为提升四川省环境竞争力提供决策参考，表23－6－5列出了环境竞争力指标体系中直接影响四川省环境竞争力升降的强势指标、优势指标和劣势指标。

表23－6－5　2012年四川省环境竞争力四级指标优劣度统计表

| 指标 | 强势指标 | 优势指标 | 劣势指标 |
|---|---|---|---|
| 生态环境竞争力（18个） | 自然保护区面积占土地总面积比重（1个） | 公园面积、园林绿地面积、绿化覆盖面积、自然保护区个数、野生动物种源繁育基地数、工业烟（粉）尘排放强度、工业废水排放强度、工业废水中氨氮排放强度（8个） | 本年减少耕地面积、工业固体废物排放强度、化肥施用强度（3个） |
| 资源环境竞争力（56个） | 水资源总量、降水量、用水总量、用水消耗量、耗水率、林业用地面积、森林面积、森林蓄积量、活立木总蓄积量、主要黑色金属矿产基础储量、人均主要黑色金属矿产基础储量、主要有色金属矿产基础储量（12个） | 人均水资源量、供水总量、土地总面积、牧草地面积、人均牧草地面积、园地面积、单位耕地面积农业增加值、地均工业废气排放量、地均工业烟（粉）尘排放量、地均二氧化硫排放量、全省设区市优良天数比例、可吸入颗粒物（PM10）浓度、人工林面积、人均主要有色金属矿产基础储量、主要非金属矿产基础储量、人均主要非金属矿产基础储量、主要能源矿产基础储量、能源生产弹性系数、能源消费弹性系数（19个） | 城市再生水利用率、生活污水排放量、人均耕地面积、土地资源利用效率、建设用地面积、工业二氧化硫排放总量、工业固体废物产生量、能源生产总量、能源消费总量（9个） |
| 环境管理竞争力（16个） | 地质灾害防治投资额、水土流失治理面积（2个） | 废水治理设施年运行费用、工业固体废物处置量（2个） | 环境污染治理投资总额、环境污染治理投资总额占地方生产总值比重、工业固体废物处置利用率、城市污水处理率（4个） |
| 环境影响竞争力（21个） | 地质灾害防治投资额（1个） | 自然灾害绝收面积占受灾面积比重、人均工业废气排放量、人均工业烟（粉）尘排放量、人均工业废水排放量、人均生活污水排放量、人均化肥施用量、人均农药施用量（7个） | 自然灾害直接经济损失、发生地质灾害起数、地质灾害直接经济损失、突发环境事件次数、森林火灾次数、森林火灾火场总面积、受灾森林面积、森林病虫鼠害发生面积、人均工业固体废物排放量（9个） |
| 环境协调竞争力（19个） | 工业增加值增长率与工业固体废物排放量增长率比差、地区生产总值增长率与能源消费量增长率比差（2个） | 人口自然增长率与工业废气排放量增长率比差、人口自然增长率与工业固体废物排放量增长率比差、人口自然增长率与能源消费量增长率比差、人口密度与人均能源生产量比差、人均工业增加值与人均水资源量比差、人均工业增加值与人均耕地面积比差（6个） | 人口密度与人均水资源量比差、人口密度与人均耕地面积比差、人口密度与人均矿产基础储量比差、人均工业增加值与人均工业废气排放量比差（4个） |

**24**

# 贵州省环境竞争力评价分析报告

贵州省简称黔，地处我国西南地区云贵高原，东靠湖南，南邻广西，西毗云南，北连四川和重庆市。全省国土总面积 17.6 万平方公里，山地面积占 80% 以上。2012 年末总人口 3484 万人，人均 GDP 达到 19710 元，万元 GDP 能耗为 1.71 吨标准煤。"十二五"中期（2010~2012 年），贵州省环境竞争力的综合排位呈现持续上升趋势，2012 年排名第 24 位，比 2010 年上升了 2 位，在全国处于劣势地位。

## 24.1 贵州省生态环境竞争力评价分析

### 24.1.1 贵州省生态环境竞争力评价结果

2010~2012 年贵州省生态环境竞争力排位和排位变化情况及其下属 2 个三级指标和 18 个四级指标的评价结果，如表 24-1-1 所示；生态环境竞争力各级指标的优劣势情况，如表 24-1-2 所示。

表 24-1-1 2010~2012 年贵州省生态环境竞争力各级指标的得分、排名及优劣度分析表

| 指标 项目 | 2012 年 | | | 2011 年 | | | 2010 年 | | | 综合变化 | | |
|---|---|---|---|---|---|---|---|---|---|---|---|---|
| | 得分 | 排名 | 优劣度 | 得分 | 排名 | 优劣度 | 得分 | 排名 | 优劣度 | 得分变化 | 排名变化 | 趋势变化 |
| **生态环境竞争力** | 34.1 | 29 | 劣势 | 34.9 | 29 | 劣势 | 38.8 | 29 | 劣势 | -4.7 | 0 | 持续→ |
| （1）生态建设竞争力 | 18.0 | 28 | 劣势 | 17.8 | 28 | 劣势 | 17.9 | 28 | 劣势 | 0.1 | 0 | 持续→ |
| 国家级生态示范区个数 | 17.2 | 16 | 中势 | 17.2 | 16 | 中势 | 17.2 | 16 | 中势 | 0.0 | 0 | 持续→ |
| 公园面积 | 5.6 | 22 | 劣势 | 5.7 | 22 | 劣势 | 5.7 | 22 | 劣势 | -0.1 | 0 | 持续→ |
| 园林绿地面积 | 7.0 | 26 | 劣势 | 5.5 | 27 | 劣势 | 5.5 | 27 | 劣势 | 1.5 | 1 | 持续↑ |
| 绿化覆盖面积 | 7.5 | 25 | 劣势 | 6.9 | 26 | 劣势 | 6.9 | 26 | 劣势 | 0.6 | 1 | 持续↑ |
| 本年减少耕地面积 | 66.8 | 17 | 中势 | 66.8 | 17 | 中势 | 66.8 | 17 | 中势 | 0.0 | 0 | 持续→ |
| 自然保护区个数 | 34.3 | 7 | 优势 | 34.3 | 7 | 优势 | 34.3 | 7 | 优势 | 0.0 | 0 | 持续→ |
| 自然保护区面积占土地总面积比重 | 12.0 | 22 | 劣势 | 12.0 | 22 | 劣势 | 12.0 | 22 | 劣势 | 0.0 | 0 | 持续→ |
| 野生动物种源繁育基地数 | 3.2 | 20 | 中势 | 3.4 | 16 | 中势 | 3.4 | 16 | 中势 | -0.2 | -4 | 持续↓ |
| 野生植物种源培育基地数 | 1.5 | 14 | 中势 | 2.4 | 11 | 中势 | 2.4 | 11 | 中势 | -0.9 | -3 | 持续↓ |
| （2）生态效益竞争力 | 58.4 | 28 | 劣势 | 60.5 | 29 | 劣势 | 70.2 | 26 | 劣势 | -11.8 | -2 | 波动↓ |
| 工业废气排放强度 | 43.2 | 29 | 劣势 | 58.0 | 25 | 劣势 | 58.0 | 25 | 劣势 | -14.8 | -4 | 持续↓ |
| 工业二氧化硫排放强度 | 14.3 | 30 | 劣势 | 0.0 | 31 | 劣势 | 0.0 | 31 | 劣势 | 14.3 | 1 | 持续↑ |

续表

| 指 标<br>项 目 | 2012 年 | | | 2011 年 | | | 2010 年 | | | 综合变化 | | |
|---|---|---|---|---|---|---|---|---|---|---|---|---|
| | 得分 | 排名 | 优劣度 | 得分 | 排名 | 优劣度 | 得分 | 排名 | 优劣度 | 得分<br>变化 | 排名<br>变化 | 趋势<br>变化 |
| 工业烟（粉）尘排放强度 | 47.6 | 27 | 劣势 | 43.7 | 27 | 劣势 | 43.7 | 27 | 劣势 | 3.9 | 0 | 持续→ |
| 工业废水排放强度 | 57.3 | 22 | 劣势 | 59.4 | 22 | 劣势 | 59.4 | 22 | 劣势 | -2.1 | 0 | 持续→ |
| 工业废水中化学需氧量排放强度 | 76.9 | 25 | 劣势 | 75.1 | 25 | 劣势 | 75.1 | 25 | 劣势 | 1.8 | 0 | 持续→ |
| 工业废水中氨氮排放强度 | 84.3 | 24 | 劣势 | 84.4 | 24 | 劣势 | 84.4 | 24 | 劣势 | -0.1 | 0 | 持续→ |
| 工业固体废物排放强度 | 49.3 | 29 | 劣势 | 72.0 | 29 | 劣势 | 72.0 | 29 | 劣势 | -22.7 | 0 | 持续→ |
| 化肥施用强度 | 63.7 | 14 | 中势 | 66.1 | 13 | 中势 | 66.1 | 13 | 中势 | -2.4 | -1 | 持续↓ |
| 农药施用强度 | 94.5 | 8 | 优势 | 95.6 | 8 | 优势 | 95.6 | 8 | 优势 | -1.1 | 0 | 持续→ |

表 24-1-2　2012 年贵州省生态环境竞争力各级指标的优劣度结构表

| 二级指标 | 三级指标 | 四级<br>指标数 | 强势指标 | | 优势指标 | | 中势指标 | | 劣势指标 | | 优劣度 |
|---|---|---|---|---|---|---|---|---|---|---|---|
| | | | 个数 | 比重<br>（%） | 个数 | 比重<br>（%） | 个数 | 比重<br>（%） | 个数 | 比重<br>（%） | |
| 生态环境<br>竞争力 | 生态建设竞争力 | 9 | 0 | 0.0 | 1 | 11.1 | 4 | 44.4 | 4 | 44.4 | 劣势 |
| | 生态效益竞争力 | 9 | 0 | 0.0 | 1 | 11.1 | 1 | 11.1 | 7 | 77.8 | 劣势 |
| | 小　计 | 18 | 0 | 0.0 | 2 | 11.1 | 5 | 27.8 | 11 | 61.1 | 劣势 |

2010~2012 年贵州省生态环境竞争力的综合排位保持不变，2010~2012 年的排名均为第 29 位，在全国处于下游区。

从生态环境竞争力要素指标的变化趋势来看，有 1 个指标保持不变，即生态建设竞争力；有 1 个指标处于波动下降趋势，为生态效益竞争力。

从生态环境竞争力基础指标的优劣度结构来看，在 18 个基础指标中，指标的优劣度结构为 0∶11.1∶27.8∶61.1。强势和优势指标所占比重远小于劣势指标的比重，表明劣势指标占主导地位。

### 24.1.2　贵州省生态环境竞争力比较分析

图 24-1-1 将 2010~2012 年贵州省生态环境竞争力与全国最高水平和平均水平进行比较。由图可知，评价期内贵州省生态环境竞争力得分普遍低于 40 分，说明贵州省生态环境竞争力处于较低水平。

从生态环境竞争力的整体得分比较来看，2010 年，贵州省生态环境竞争力得分与全国最高分相比有 26.9 分的差距，与全国平均分相比仍有 7.6 分的差距；到了 2012 年，贵州省生态环境竞争力得分与全国最高分的差距扩大为 31 分，与全国平均分的差距则扩大到 11.3分。总的来看，2010~2012 年贵州省生态环境竞争力与全国最高分、平均分的差距都呈扩大趋势，表明生态建设和效益在下降。

从生态环境竞争力的要素得分比较来看，2012 年，贵州省生态建设竞争力和生态效益

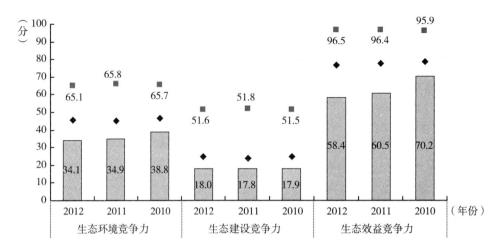

图 24 - 1 - 1　2010～2012 年贵州省生态环境竞争力指标得分比较

竞争力的得分分别为 18 分和 58.4 分，分别比最高分低 33.6 分和 38.1 分，分别低于平均分 6.7 分和 18.2 分；与 2010 年相比，贵州省生态建设竞争力得分与最高分的差距基本不变，生态效益竞争力得分与最高分的差距扩大了 12.4 分。

### 24.1.3　贵州省生态环境竞争力变化动因分析

二级指标生态环境竞争力的变化是三级要素指标变化综合作用的结果，而三级要素指标变化又是四级基础指标变化作用的结果。三级和四级指标的变动情况如表 24 - 1 - 1 所示。

从要素指标来看，贵州省生态环境竞争力的 2 个要素指标中，生态建设竞争力的排名不变，生态效益竞争力的排名下降了 2 位，受多种因素综合影响，贵州省生态环境竞争力排位没有发生变化。

从基础指标来看，贵州省生态环境竞争力的 18 个基础指标中，上升指标有 3 个，占指标总数的 16.7%；下降指标有 4 个，占指标总数的 22.2%；排位不变的指标有 11 个，占指标总数的 61.1%。由于排位不变的指标占主导地位，评价期内贵州省生态环境竞争力排名保持不变。

## 24.2　贵州省资源环境竞争力评价分析

### 24.2.1　贵州省资源环境竞争力评价结果

2010～2012 年贵州省资源环境竞争力排位和排位变化情况及其下属 6 个三级指标和 56 个四级指标的评价结果，如表 24 - 2 - 1 所示；资源环境竞争力各级指标的优劣势情况，如表 24 - 2 - 2 所示。

表 24-2-1　2010～2012 年贵州省资源环境竞争力各级指标的得分、排名及优劣度分析表

| 指　标　项　目 | 2012 年 | | | 2011 年 | | | 2010 年 | | | 综合变化 | | |
|---|---|---|---|---|---|---|---|---|---|---|---|---|
| | 得分 | 排名 | 优劣度 | 得分 | 排名 | 优劣度 | 得分 | 排名 | 优劣度 | 得分变化 | 排名变化 | 趋势变化 |
| 资源环境竞争力 | 44.6 | 17 | 中势 | 44.4 | 19 | 中势 | 41.9 | 19 | 中势 | 2.7 | 2 | 持续↑ |
| （1）水环境竞争力 | 54.7 | 6 | 优势 | 47.5 | 13 | 中势 | 48.1 | 10 | 优势 | 6.6 | 4 | 波动↑ |
| 　水资源总量 | 23.0 | 10 | 优势 | 14.0 | 14 | 中势 | 20.7 | 12 | 中势 | 2.3 | 2 | 波动↑ |
| 　人均水资源量 | 1.9 | 11 | 中势 | 1.2 | 10 | 优势 | 1.7 | 11 | 中势 | 0.2 | 0 | 波动→ |
| 　降水量 | 28.6 | 14 | 中势 | 19.8 | 17 | 中势 | 26.4 | 15 | 中势 | 2.2 | 1 | 波动↑ |
| 　供水总量 | 12.1 | 22 | 劣势 | 13.7 | 22 | 劣势 | 16.1 | 22 | 劣势 | -4.0 | 0 | 持续→ |
| 　用水总量 | 97.7 | 1 | 强势 | 97.6 | 1 | 强势 | 97.6 | 1 | 强势 | 0.1 | 0 | 持续→ |
| 　用水消耗量 | 98.9 | 1 | 强势 | 98.7 | 1 | 强势 | 98.4 | 1 | 强势 | 0.5 | 0 | 持续→ |
| 　耗水率 | 41.9 | 1 | 强势 | 41.9 | 1 | 强势 | 40.0 | 1 | 强势 | 1.9 | 0 | 持续→ |
| 　节灌率 | 17.1 | 22 | 劣势 | 17.3 | 22 | 劣势 | 19.2 | 21 | 劣势 | -2.1 | -1 | 持续↓ |
| 　城市再生水利用率 | 91.5 | 2 | 强势 | 24.1 | 8 | 优势 | 12.4 | 3 | 强势 | 79.1 | 1 | 波动↑ |
| 　工业废水排放总量 | 90.2 | 8 | 优势 | 91.8 | 8 | 优势 | 94.9 | 6 | 优势 | -4.7 | -2 | 持续↓ |
| 　生活污水排放量 | 90.2 | 8 | 优势 | 91.8 | 8 | 优势 | 91.8 | 6 | 优势 | -1.6 | -2 | 持续↓ |
| （2）土地环境竞争力 | 23.9 | 24 | 劣势 | 23.4 | 25 | 劣势 | 23.4 | 25 | 劣势 | 0.5 | 1 | 持续↑ |
| 　土地总面积 | 10.2 | 16 | 中势 | 10.2 | 16 | 中势 | 10.2 | 16 | 中势 | 0.0 | 0 | 持续→ |
| 　耕地面积 | 36.8 | 11 | 中势 | 36.8 | 11 | 中势 | 36.8 | 11 | 中势 | 0.0 | 0 | 持续→ |
| 　人均耕地面积 | 40.1 | 8 | 优势 | 40.2 | 8 | 优势 | 40.1 | 8 | 优势 | 0.0 | 0 | 持续→ |
| 　牧草地面积 | 2.4 | 10 | 优势 | 2.4 | 10 | 优势 | 2.4 | 10 | 优势 | 0.0 | 0 | 持续→ |
| 　人均牧草地面积 | 0.2 | 10 | 优势 | 0.2 | 10 | 优势 | 0.2 | 10 | 优势 | 0.0 | 0 | 持续→ |
| 　园地面积 | 11.9 | 22 | 劣势 | 11.9 | 22 | 劣势 | 11.9 | 22 | 劣势 | 0.0 | 0 | 持续→ |
| 　人均园地面积 | 4.7 | 24 | 劣势 | 4.6 | 24 | 劣势 | 4.5 | 24 | 劣势 | 0.2 | 0 | 持续→ |
| 　土地资源利用效率 | 1.2 | 23 | 劣势 | 1.1 | 23 | 劣势 | 1.0 | 23 | 劣势 | 0.2 | 0 | 持续→ |
| 　建设用地面积 | 80.0 | 8 | 优势 | 80.0 | 8 | 优势 | 80.0 | 8 | 优势 | 0.0 | 0 | 持续→ |
| 　单位建设用地非农产业增加值 | 7.7 | 20 | 中势 | 6.4 | 22 | 劣势 | 5.7 | 23 | 劣势 | 2.0 | 3 | 持续↑ |
| 　单位耕地面积农业增加值 | 2.7 | 27 | 劣势 | 1.7 | 28 | 劣势 | 3.2 | 28 | 劣势 | -0.5 | 1 | 持续↑ |
| 　沙化土地面积占土地总面积的比重 | 99.9 | 4 | 优势 | 99.9 | 4 | 优势 | 99.9 | 4 | 优势 | 0.0 | 0 | 持续→ |
| 　当年新增种草面积 | 15.2 | 8 | 优势 | 11.3 | 10 | 优势 | 11.2 | 11 | 中势 | 4.0 | 3 | 持续↑ |
| （3）大气环境竞争力 | 78.1 | 12 | 中势 | 78.8 | 12 | 中势 | 80.2 | 9 | 优势 | -2.1 | -3 | 持续↓ |
| 　工业废气排放总量 | 79.0 | 12 | 中势 | 86.1 | 10 | 中势 | 81.9 | 11 | 中势 | -2.9 | -1 | 波动↓ |
| 　地均工业废气排放量 | 96.1 | 13 | 中势 | 97.2 | 11 | 中势 | 97.2 | 11 | 中势 | -1.1 | -2 | 持续↓ |
| 　工业烟（粉）尘排放总量 | 75.8 | 13 | 中势 | 79.3 | 11 | 中势 | 75.2 | 11 | 中势 | 0.6 | -2 | 持续↓ |
| 　地均工业烟（粉）尘排放量 | 85.5 | 13 | 中势 | 86.1 | 11 | 中势 | 86.2 | 10 | 优势 | -0.7 | -3 | 持续↓ |
| 　工业二氧化硫排放总量 | 45.8 | 24 | 劣势 | 44.6 | 24 | 劣势 | 53.9 | 19 | 中势 | -8.1 | -5 | 持续↓ |
| 　地均二氧化硫排放量 | 84.4 | 20 | 中势 | 84.4 | 20 | 中势 | 89.6 | 18 | 中势 | -5.2 | -1 | 持续↓ |
| 　全省设区市优良天数比例 | 84.4 | 10 | 优势 | 85.8 | 9 | 优势 | 85.8 | 9 | 优势 | -1.4 | -1 | 持续↓ |
| 　可吸入颗粒物（PM10）浓度 | 74.1 | 10 | 优势 | 67.0 | 15 | 中势 | 72.1 | 15 | 中势 | 2.0 | 5 | 持续↑ |
| （4）森林环境竞争力 | 30.3 | 16 | 中势 | 31.1 | 14 | 中势 | 31.4 | 14 | 中势 | -1.1 | -2 | 持续↓ |
| 　林业用地面积 | 19.0 | 15 | 中势 | 19.0 | 15 | 中势 | 19.0 | 15 | 中势 | 0.0 | 0 | 持续→ |
| 　森林面积 | 23.3 | 16 | 中势 | 23.3 | 16 | 中势 | 23.3 | 16 | 中势 | 0.0 | 0 | 持续→ |
| 　森林覆盖率 | 46.7 | 15 | 中势 | 46.7 | 16 | 中势 | 46.7 | 16 | 中势 | 0.0 | 1 | 持续↑ |

续表

| 指标项目 | 2012年 | | | 2011年 | | | 2010年 | | | 综合变化 | | |
|---|---|---|---|---|---|---|---|---|---|---|---|---|
| | 得分 | 排名 | 优劣度 | 得分 | 排名 | 优劣度 | 得分 | 排名 | 优劣度 | 得分变化 | 排名变化 | 趋势变化 |
| 人工林面积 | 38.4 | 16 | 中势 | 38.4 | 16 | 中势 | 38.4 | 16 | 中势 | 0.0 | 0 | 持续→ |
| 天然林比重 | 64.3 | 15 | 中势 | 64.3 | 15 | 中势 | 64.3 | 15 | 中势 | 0.0 | 0 | 持续→ |
| 造林总面积 | 18.8 | 16 | 中势 | 27.6 | 14 | 中势 | 31.1 | 13 | 中势 | -12.3 | -3 | 持续↓ |
| 森林蓄积量 | 10.7 | 14 | 中势 | 10.7 | 14 | 中势 | 10.7 | 14 | 中势 | 0.0 | 0 | 持续→ |
| 活立木总蓄积量 | 12.2 | 14 | 中势 | 12.2 | 14 | 中势 | 12.2 | 14 | 中势 | 0.0 | 0 | 持续→ |
| (5)矿产环境竞争力 | 33.9 | 4 | 优势 | 32.2 | 5 | 优势 | 27.9 | 7 | 优势 | 6.0 | 3 | 持续↑ |
| 主要黑色金属矿产基础储量 | 0.9 | 23 | 劣势 | 0.8 | 23 | 劣势 | 1.0 | 23 | 劣势 | -0.1 | 0 | 持续→ |
| 人均主要黑色金属矿产基础储量 | 1.1 | 23 | 劣势 | 1.1 | 23 | 劣势 | 1.3 | 22 | 劣势 | -0.2 | -1 | 持续↓ |
| 主要有色金属矿产基础储量 | 13.5 | 12 | 中势 | 15.0 | 10 | 优势 | 15.0 | 12 | 中势 | -1.5 | 0 | 波动→ |
| 人均主要有色金属矿产基础储量 | 17.1 | 11 | 中势 | 18.9 | 9 | 优势 | 18.9 | 9 | 优势 | -1.8 | -2 | 持续↓ |
| 主要非金属矿产基础储量 | 82.3 | 2 | 强势 | 64.1 | 3 | 强势 | 50.2 | 3 | 强势 | 32.1 | 1 | 持续↑ |
| 人均主要非金属矿产基础储量 | 100.0 | 1 | 强势 | 100.0 | 1 | 强势 | 71.5 | 4 | 优势 | 28.5 | 3 | 持续↑ |
| 主要能源矿产基础储量 | 7.6 | 8 | 优势 | 7.0 | 10 | 优势 | 14.0 | 5 | 优势 | -6.4 | -3 | 波动↓ |
| 人均主要能源矿产基础储量 | 7.9 | 7 | 优势 | 7.3 | 7 | 优势 | 10.9 | 5 | 优势 | -3.0 | -2 | 持续↓ |
| 工业固体废物产生量 | 83.5 | 16 | 中势 | 83.7 | 18 | 中势 | 74.2 | 20 | 中势 | 9.3 | 4 | 持续↑ |
| (6)能源环境竞争力 | 51.6 | 27 | 劣势 | 59.0 | 26 | 劣势 | 45.4 | 27 | 劣势 | 6.2 | 0 | 波动→ |
| 能源生产总量 | 81.0 | 25 | 劣势 | 83.0 | 24 | 劣势 | 79.4 | 24 | 劣势 | 1.6 | -1 | 持续↓ |
| 能源消费总量 | 74.7 | 12 | 中势 | 75.7 | 11 | 中势 | 76.6 | 11 | 中势 | -1.9 | -1 | 持续↓ |
| 单位地区生产总值能耗 | 28.7 | 27 | 劣势 | 22.9 | 29 | 劣势 | 22.7 | 28 | 劣势 | 6.0 | 1 | 波动↑ |
| 单位地区生产总值电耗 | 62.1 | 28 | 劣势 | 56.8 | 28 | 劣势 | 55.4 | 28 | 劣势 | 6.7 | 0 | 持续→ |
| 单位工业增加值能耗 | 13.7 | 30 | 劣势 | 39.4 | 29 | 劣势 | 10.8 | 30 | 劣势 | 2.9 | 0 | 波动→ |
| 能源生产弹性系数 | 46.5 | 26 | 劣势 | 79.0 | 11 | 中势 | 43.7 | 21 | 劣势 | 2.8 | -5 | 波动↓ |
| 能源消费弹性系数 | 62.8 | 27 | 劣势 | 61.9 | 24 | 劣势 | 38.1 | 9 | 优势 | 24.7 | -18 | 持续↓ |

表24-2-2　2012年贵州省资源环境竞争力各级指标的优劣度结构表

| 二级指标 | 三级指标 | 四级指标数 | 强势指标 | | 优势指标 | | 中势指标 | | 劣势指标 | | 优劣度 |
|---|---|---|---|---|---|---|---|---|---|---|---|
| | | | 个数 | 比重(%) | 个数 | 比重(%) | 个数 | 比重(%) | 个数 | 比重(%) | |
| 资源环境竞争力 | 水环境竞争力 | 11 | 4 | 36.4 | 3 | 27.3 | 2 | 18.2 | 2 | 18.2 | 优势 |
| | 土地环境竞争力 | 13 | 0 | 0.0 | 6 | 46.2 | 3 | 23.1 | 4 | 30.8 | 劣势 |
| | 大气环境竞争力 | 8 | 0 | 0.0 | 2 | 25.0 | 5 | 62.5 | 1 | 12.5 | 中势 |
| | 森林环境竞争力 | 8 | 0 | 0.0 | 0 | 0.0 | 8 | 100.0 | 0 | 0.0 | 中势 |
| | 矿产环境竞争力 | 9 | 2 | 22.2 | 2 | 22.2 | 3 | 33.3 | 2 | 22.2 | 优势 |
| | 能源环境竞争力 | 7 | 0 | 0.0 | 0 | 0.0 | 1 | 14.3 | 6 | 85.7 | 劣势 |
| 小计 | | 56 | 6 | 10.7 | 13 | 23.2 | 22 | 39.3 | 15 | 26.8 | 中势 |

2010～2012年贵州省资源环境竞争力的综合排位呈现持续上升，2012年排名第17位，比2010年排位上升了2位，在全国处于中游区。

从资源环境竞争力的要素指标变化趋势来看，有3个指标处于上升趋势，即水环境竞争力、土地环境竞争力和矿产环境竞争力；有1个指标处于保持趋势，为能源环境竞争力；有

2 个指标处于下降趋势，为大气环境竞争力和森林环境竞争力。

从资源环境竞争力的基础指标分布来看，在 56 个基础指标中，指标的优劣度结构为 10.7∶23.2∶39.3∶26.8。强势和优势指标所占比重大于劣势指标的比重，中势指标占主导地位。

### 24.2.2 贵州省资源环境竞争力比较分析

图 24 – 2 – 1 将 2010 ~ 2012 年贵州省资源环境竞争力与全国最高水平和平均水平进行比较。由图可知，评价期内贵州省资源环境竞争力得分普遍低于 45 分，呈现持续上升趋势，说明贵州省资源环境竞争力保持较低水平。

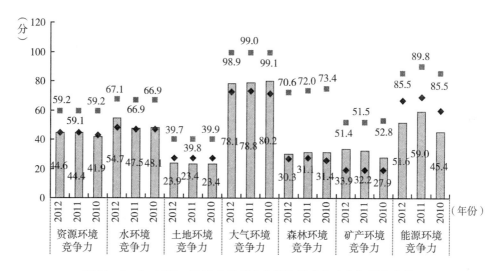

图 24 – 2 – 1　2010 ~ 2012 年贵州省资源环境竞争力指标得分比较

从资源环境竞争力的整体得分比较来看，2010 年，贵州省资源环境竞争力得分与全国最高分相比还有 17.3 分的差距，与全国平均分相比，则低了 1.1 分；到 2012 年，贵州省资源环境竞争力得分与全国最高分的差距缩小为 14.5 分，高于全国平均分 0.1 分。总的来看，2010 ~ 2012 年贵州省资源环境竞争力与最高分的差距呈缩小趋势，继续在全国处于下游地位。

从资源环境竞争力的要素得分比较来看，2012 年，贵州省水环境竞争力、土地环境竞争力、大气环境竞争力、森林环境竞争力、矿产环境竞争力和能源环境竞争力的得分分别为 54.7 分、23.9 分、78.1 分、30.3 分、33.9 分和 51.6 分，比最高分低 12.4 分、15.9 分、20.7 分、40.3 分、17.5 分和 33.9 分；与 2010 年相比，贵州省水环境竞争力、土地环境竞争力、森林环境竞争力、矿产环境竞争力和能源环境竞争力的得分与最高分的差距都缩小了，但大气环境竞争力的得分与最高分的差距扩大了。

### 24.2.3 贵州省资源环境竞争力变化动因分析

二级指标资源环境竞争力的变化是三级要素指标变化综合作用的结果，而三级要素指标变化又是四级基础指标变化作用的结果。三级和四级指标的变动情况如表 24 – 2 – 1 所示。

从要素指标来看，贵州省资源环境竞争力的6个要素指标中，水环境竞争力、土地竞争力、矿产环境竞争力3个指标的排位出现了上升，而大气环境竞争力、森林环境竞争力的排位呈现下降趋势，受指标排位升降的综合影响，贵州省资源环境竞争力呈持续上升趋势，其中水环境竞争力、土地环境竞争力和矿产环境竞争力是资源环境竞争力排位上升的主要作用因素。

从基础指标来看，贵州省资源环境竞争力的56个基础指标中，上升指标有12个，占指标总数的21.4%；下降指标有19个，占指标总数的33.9%，主要分布在大气环境竞争力指标组。排位下降的指标数量大于排位上升的指标数量，但受其他外部因素的综合影响，2012年贵州省资源环境竞争力排名上升。

## 24.3 贵州省环境管理竞争力评价分析

### 24.3.1 贵州省环境管理竞争力评价结果

2010～2012年贵州省环境管理竞争力排位和排位变化情况及其下属2个三级指标和16个四级指标的评价结果，如表24-3-1所示；环境管理竞争力各级指标的优劣势情况，如表24-3-2所示。

**表24-3-1 2010～2012年贵州省环境管理竞争力各级指标的得分、排名及优劣度分析表**

| 指标项目 | 2012年 | | | 2011年 | | | 2010年 | | | 综合变化 | | |
|---|---|---|---|---|---|---|---|---|---|---|---|---|
| | 得分 | 排名 | 优劣度 | 得分 | 排名 | 优劣度 | 得分 | 排名 | 优劣度 | 得分变化 | 排名变化 | 趋势变化 |
| **环境管理竞争力** | 46.8 | 18 | 中势 | 45.1 | 15 | 中势 | 40.3 | 20 | 中势 | 6.5 | 2 | 波动↑ |
| （1）环境治理竞争力 | 19.5 | 20 | 中势 | 18.7 | 20 | 中势 | 15.4 | 23 | 劣势 | 4.1 | 3 | 持续↑ |
| 环境污染治理投资总额 | 8.8 | 27 | 劣势 | 6.5 | 26 | 劣势 | 2.1 | 28 | 劣势 | 6.7 | 1 | 波动↑ |
| 环境污染治理投资总额占地方生产总值比重 | 18.7 | 24 | 劣势 | 13.1 | 22 | 劣势 | 19.6 | 27 | 劣势 | -0.9 | 3 | 波动↑ |
| 废气治理设施年运行费用 | 16.0 | 14 | 中势 | 19.5 | 17 | 中势 | 20.8 | 19 | 中势 | -4.8 | 5 | 持续↑ |
| 废水治理设施处理能力 | 11.7 | 20 | 中势 | 8.3 | 17 | 中势 | 19.6 | 18 | 中势 | -7.9 | -2 | 波动↓ |
| 废水治理设施年运行费用 | 6.0 | 25 | 劣势 | 20.7 | 15 | 中势 | 24.9 | 15 | 中势 | -18.9 | -10 | 持续↓ |
| 矿山环境恢复治理投入资金 | 32.1 | 9 | 优势 | 48.0 | 10 | 优势 | 15.6 | 17 | 中势 | 16.5 | 8 | 持续↑ |
| 本年矿山恢复面积 | 11.4 | 14 | 中势 | 0.7 | 27 | 劣势 | 1.1 | 29 | 劣势 | 10.3 | 15 | 持续↑ |
| 地质灾害防治投资额 | 21.4 | 8 | 优势 | 26.0 | 5 | 优势 | 9.9 | 5 | 优势 | 11.5 | -3 | 持续↓ |
| 水土流失治理面积 | 48.2 | 6 | 优势 | 29.0 | 15 | 中势 | 28.5 | 15 | 中势 | 19.7 | 9 | 持续↑ |
| 土地复垦面积占新增耕地面积的比重 | 17.5 | 15 | 中势 | 17.5 | 15 | 中势 | 17.5 | 15 | 中势 | 0.0 | 0 | 持续→ |
| （2）环境友好竞争力 | 68.1 | 13 | 中势 | 65.7 | 15 | 中势 | 59.6 | 20 | 中势 | 8.5 | 7 | 持续↑ |
| 工业固体废物综合利用量 | 23.9 | 18 | 中势 | 21.3 | 20 | 中势 | 23.2 | 17 | 中势 | 0.7 | -1 | 波动↓ |
| 工业固体废物处置量 | 17.7 | 11 | 中势 | 15.1 | 11 | 中势 | 20.8 | 8 | 优势 | -3.1 | -3 | 持续↓ |
| 工业固体废物处置利用率 | 86.2 | 17 | 中势 | 76.7 | 22 | 劣势 | 63.5 | 25 | 劣势 | 22.7 | 8 | 持续↑ |
| 工业用水重复利用率 | 84.6 | 18 | 中势 | 88.3 | 16 | 中势 | 61.9 | 24 | 劣势 | 22.7 | 6 | 波动↑ |
| 城市污水处理率 | 96.5 | 6 | 优势 | 95.9 | 6 | 优势 | 92.9 | 8 | 优势 | 3.6 | 2 | 持续↑ |
| 生活垃圾无害化处理率 | 92.0 | 11 | 中势 | 88.6 | 12 | 中势 | 90.6 | 10 | 优势 | 1.4 | -1 | 波动↓ |

表 24 - 3 - 2　2012 年贵州省环境管理竞争力各级指标的优劣度结构表

| 二级指标 | 三级指标 | 四级指标数 | 强势指标 | | 优势指标 | | 中势指标 | | 劣势指标 | | 优劣度 |
|---|---|---|---|---|---|---|---|---|---|---|---|
| | | | 个数 | 比重（％） | 个数 | 比重（％） | 个数 | 比重（％） | 个数 | 比重（％） | |
| 环境管理竞争力 | 环境治理竞争力 | 10 | 0 | 0.0 | 3 | 30.0 | 4 | 40.0 | 3 | 30.0 | 中势 |
| | 环境友好竞争力 | 6 | 0 | 0.0 | 1 | 16.7 | 5 | 83.3 | 0 | 0.0 | 中势 |
| | 小　计 | 16 | 0 | 0.0 | 4 | 25.0 | 9 | 56.3 | 3 | 18.8 | 中势 |

2010～2012 年贵州省环境管理竞争力的综合排位呈现波动上升，2012 年排名第 18 位，比 2010 年上升了 2 位，在全国处于中游区。

从环境管理竞争力的要素指标变化趋势来看，2 个三级指标都处于持续上升趋势。

从环境管理竞争力的基础指标分布来看，在 16 个基础指标中，指标的优劣度结构为 0.0∶25.0∶56.3∶18.8。中势指标所占比重显著大于其余所有指标，表明中势指标占主导地位。

### 24.3.2　贵州省环境管理竞争力比较分析

图 24 - 3 - 1 将 2010～2012 年贵州省环境管理竞争力与全国最高水平和平均水平进行比较。由图可知，评价期内贵州省环境管理竞争力得分普遍低于 47 分，呈持续上升趋势，说明贵州省环境管理竞争力保持中等水平。

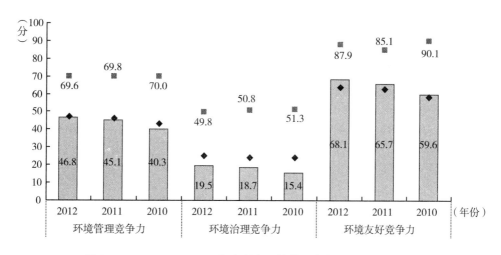

图 24 - 3 - 1　2010～2012 年贵州省环境管理竞争力指标得分比较

从环境管理竞争力的整体得分比较来看，2010 年，贵州省环境管理竞争力得分与全国最高分相比还有 29.7 分的差距，与全国平均分相比，则低了 3.1 分；到 2012 年，贵州省环境管理竞争力得分与全国最高分的差距缩小为 22.8 分，与全国平均分相比还有 0.2 分的差距。总的来看，2010～2012 年贵州省环境管理竞争力与最高分、平均分的差距呈缩小趋势。

从环境管理竞争力的要素得分比较来看，2012 年，贵州省环境治理竞争力和环境友好竞争力的得分分别为 19.5 和 68.1 分，分别比最高分低 30.3 分和 19.8 分，前者低于平均分 5.7 分，后者高于平均分 4.2 分；与 2010 年相比，贵州省环境治理竞争力得分与最高分的差距缩小了 5.5 分，环境友好竞争力得分与最高分的差距缩小了 10.8 分。

### 24.3.3 贵州省环境管理竞争力变化动因分析

二级指标环境管理竞争力的变化是三级要素指标变化综合作用的结果，而三级要素指标变化又是四级基础指标变化作用的结果。三级和四级指标的变动情况如表 24 - 3 - 1 所示。

从要素指标来看，贵州省环境管理竞争力的 2 个要素指标中，环境治理竞争力的排名上升了 3 位，环境友好竞争力的排名上升了 7 位，受指标排位上升的综合影响，贵州省环境管理竞争力上升了 2 位，其中环境友好竞争力是推动环境管理竞争力上升的主要动力。

从基础指标来看，贵州省环境管理竞争力的 16 个基础指标中，上升指标有 9 个，占指标总数的 56.3%；下降指标有 6 个，占指标总数的 37.5%。排位上升的指标数量大于排位下降的指标数量，使得 2012 年贵州省环境管理竞争力排名上升了 2 位。

# 24.4 贵州省环境影响竞争力评价分析

## 24.4.1 贵州省环境影响竞争力评价结果

2010～2012 年贵州省环境影响竞争力排位和排位变化情况及其下属 2 个三级指标和 21 个四级指标的评价结果，如表 24 - 4 - 1 所示；环境影响竞争力各级指标的优劣势情况，如表 24 - 4 - 2 所示。

表 24 - 4 - 1　2010～2012 年贵州省环境影响竞争力各级指标的得分、排名及优劣度分析表

| 指标项目 | 2012 年 | | | 2011 年 | | | 2010 年 | | | 综合变化 | | |
|---|---|---|---|---|---|---|---|---|---|---|---|---|
| | 得分 | 排名 | 优劣度 | 得分 | 排名 | 优劣度 | 得分 | 排名 | 优劣度 | 得分变化 | 排名变化 | 趋势变化 |
| **环境影响竞争力** | 72.8 | 13 | 中势 | 65.6 | 25 | 劣势 | 67.4 | 25 | 劣势 | 5.4 | 12 | 持续↑ |
| （1）环境安全竞争力 | 76.6 | 17 | 中势 | 53.3 | 30 | 劣势 | 48.2 | 31 | 劣势 | 28.4 | 14 | 持续↑ |
| 自然灾害受灾面积 | 78.1 | 13 | 中势 | 0.4 | 30 | 劣势 | 47.7 | 23 | 劣势 | 30.4 | 10 | 波动↑ |
| 自然灾害绝收面积占受灾面积比重 | 65.8 | 21 | 劣势 | 0.0 | 31 | 劣势 | 8.1 | 30 | 劣势 | 57.7 | 9 | 波动↑ |
| 自然灾害直接经济损失 | 84.3 | 13 | 中势 | 30.9 | 29 | 劣势 | 65.9 | 20 | 中势 | 18.4 | 7 | 波动↑ |
| 发生地质灾害起数 | 94.7 | 19 | 中势 | 97.6 | 22 | 劣势 | 90.8 | 24 | 劣势 | 3.9 | 5 | 持续↑ |
| 地质灾害直接经济损失 | 97.6 | 20 | 中势 | 93.3 | 24 | 劣势 | 89.4 | 17 | 中势 | 8.2 | -3 | 波动↓ |
| 地质灾害防治投资额 | 21.8 | 8 | 优势 | 26.0 | 6 | 优势 | 9.9 | 5 | 优势 | 11.9 | -3 | 持续↓ |
| 突发环境事件次数 | 97.9 | 11 | 中势 | 96.4 | 13 | 中势 | 96.9 | 15 | 中势 | 1.0 | 4 | 持续↑ |

续表

| 指标项目 | 2012年 | | | 2011年 | | | 2010年 | | | 综合变化 | | |
|---|---|---|---|---|---|---|---|---|---|---|---|---|
| | 得分 | 排名 | 优劣度 | 得分 | 排名 | 优劣度 | 得分 | 排名 | 优劣度 | 得分变化 | 排名变化 | 趋势变化 |
| 森林火灾次数 | 70.2 | 25 | 劣势 | 50.7 | 27 | 劣势 | 0.0 | 31 | 劣势 | 70.2 | 6 | 持续↑ |
| 森林火灾火场总面积 | 68.4 | 26 | 劣势 | 58.8 | 21 | 劣势 | 0.0 | 31 | 劣势 | 68.4 | 5 | 波动↑ |
| 受火灾森林面积 | 89.2 | 24 | 劣势 | 74.8 | 24 | 劣势 | 22.6 | 30 | 劣势 | 66.6 | 6 | 持续↑ |
| 森林病虫鼠害发生面积 | 87.6 | 8 | 优势 | 97.7 | 11 | 中势 | 76.7 | 11 | 中势 | 10.9 | 3 | 持续↑ |
| 森林病虫鼠害防治率 | 63.9 | 17 | 中势 | 38.6 | 25 | 劣势 | 74.3 | 13 | 中势 | -10.4 | -4 | 波动↓ |
| (2)环境质量竞争力 | 70.1 | 14 | 中势 | 74.4 | 9 | 优势 | 81.2 | 6 | 优势 | -11.1 | -8 | 持续↓ |
| 人均工业废气排放量 | 73.4 | 16 | 中势 | 82.1 | 8 | 优势 | 88.8 | 13 | 中势 | -15.4 | -3 | 波动↓ |
| 人均二氧化硫排放量 | 0.0 | 31 | 劣势 | 9.9 | 30 | 劣势 | 42.4 | 28 | 劣势 | -42.4 | -3 | 持续↓ |
| 人均工业烟(粉)尘排放量 | 74.5 | 21 | 劣势 | 79.3 | 19 | 中势 | 83.4 | 13 | 中势 | -8.9 | -8 | 持续↓ |
| 人均工业废水排放量 | 82.0 | 3 | 强势 | 85.2 | 3 | 强势 | 95.7 | 2 | 强势 | -13.7 | -1 | 持续↓ |
| 人均生活污水排放量 | 90.7 | 3 | 强势 | 95.9 | 3 | 强势 | 96.1 | 3 | 强势 | -5.4 | 0 | 持续→ |
| 人均化学需氧量排放量 | 81.6 | 3 | 优势 | 81.3 | 3 | 优势 | 98.5 | 3 | 强势 | -16.9 | -3 | 持续↓ |
| 人均工业固体废物排放量 | 74.2 | 28 | 劣势 | 79.3 | 29 | 劣势 | 62.9 | 28 | 劣势 | 11.3 | 0 | 波动↑ |
| 人均化肥施用量 | 71.1 | 8 | 优势 | 71.8 | 8 | 优势 | 72.4 | 8 | 优势 | -1.3 | 0 | 持续→ |
| 人均农药施用量 | 94.7 | 7 | 优势 | 95.7 | 7 | 优势 | 96.6 | 7 | 优势 | -1.9 | 0 | 持续→ |

表24-4-2  2012年贵州省环境影响竞争力各级指标的优劣度结构表

| 二级指标 | 三级指标 | 四级指标数 | 强势指标 | | 优势指标 | | 中势指标 | | 劣势指标 | | 优劣度 |
|---|---|---|---|---|---|---|---|---|---|---|---|
| | | | 个数 | 比重(%) | 个数 | 比重(%) | 个数 | 比重(%) | 个数 | 比重(%) | |
| 环境影响竞争力 | 环境安全竞争力 | 12 | 0 | 0.0 | 2 | 16.7 | 6 | 50.0 | 4 | 33.3 | 中势 |
| | 环境质量竞争力 | 9 | 2 | 22.2 | 3 | 33.3 | 1 | 11.1 | 3 | 33.3 | 中势 |
| | 小　计 | 21 | 2 | 9.5 | 5 | 23.8 | 7 | 33.3 | 7 | 33.3 | 中势 |

2010～2012年贵州省环境影响竞争力的综合排位呈现持续上升趋势，2012年排名第13位，比2010年排位上升了12位，在全国处于中游区。

从环境影响竞争力的要素指标变化趋势来看，有1个指标处于持续上升趋势，即环境安全竞争力；有1个指标处于持续下降趋势，为环境质量竞争力。

从环境影响竞争力的基础指标分布来看，在21个基础指标中，指标的优劣度结构为9.5∶23.8∶33.3∶33.3。强势和优势指标所占比重低于中势和劣势指标的比重，表明中势和劣势指标占主导地位。

### 24.4.2　贵州省环境影响竞争力比较分析

图24-4-1将2010～2012年贵州省环境影响竞争力与全国最高水平和平均水平进行比较。由图可知，评价期内贵州省环境影响竞争力得分普遍在70分左右，说明贵州省环境影响竞争力保持中等水平。

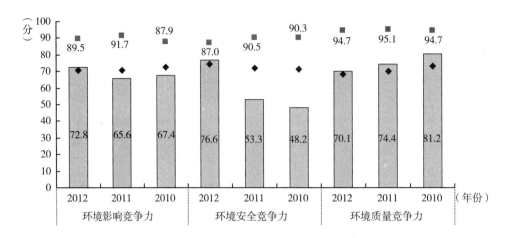

图 24 - 4 - 1　2010～2012 年贵州省环境影响竞争力指标得分比较

从环境影响竞争力的整体得分比较来看，2010 年，贵州省环境影响竞争力得分与全国最高分相比还有 20.5 分的差距，低于全国平均分 5 分；到 2012 年，贵州省环境影响竞争力得分与全国最高分相差 16.7 分，但与全国平均分相比，则高了 2.1 分。总的来看，2010～2012 年贵州省环境影响竞争力与最高分的差距呈缩小趋势。

从环境影响竞争力的要素得分比较来看，2012 年，贵州省环境安全竞争力和环境质量竞争力的得分分别为 76.6 分和 70.1 分，比最高分低 10.4 分和 24.6 分，但分别高出平均分 2.4 分和 2.0 分；与 2010 年相比，贵州省环境安全竞争力得分与最高分的差距缩小了 31.7 分，环境质量竞争力得分与最高分的差距扩大了 11.1 分。

### 24.4.3　贵州省环境影响竞争力变化动因分析

二级指标环境影响竞争力的变化是三级要素指标变化综合作用的结果，而三级要素指标变化又是四级基础指标变化作用的结果。三级和四级指标的变动情况如表 24 - 4 - 1 所示。

从要素指标来看，贵州省环境影响竞争力的 2 个要素指标中，环境安全竞争力的排名上升了 14 位，环境质量竞争力的排名下降了 8 位，受指标排位升降的影响，贵州省环境影响竞争力排名呈持续上升趋势。

从基础指标来看，贵州省环境影响竞争力的 21 个基础指标中，上升指标有 9 个，占指标总数的 42.9%，主要分布在环境安全竞争力指标组；下降指标有 8 个，占指标总数的 38.1%，主要分布在环境质量竞争力指标组。排位上升的指标数量大于排位下降的指标数量，使得 2012 年贵州省环境影响竞争力排名呈现持续上升趋势。

## 24.5　贵州省环境协调竞争力评价分析

### 24.5.1　贵州省环境协调竞争力评价结果

2010～2012 年贵州省环境协调竞争力排位和排位变化情况及其下属 2 个三级指标和 19

个四级指标的评价结果，如表 24 – 5 – 1 所示；环境协调竞争力各级指标的优劣势情况，如表 24 – 5 – 2 所示。

表 24 – 5 – 1　2010 ～ 2012 年贵州省环境协调竞争力各级指标的得分、排名及优劣度分析表

| 指标项目 | 2012 年 | | | 2011 年 | | | 2010 年 | | | 综合变化 | | |
|---|---|---|---|---|---|---|---|---|---|---|---|---|
| | 得分 | 排名 | 优劣度 | 得分 | 排名 | 优劣度 | 得分 | 排名 | 优劣度 | 得分变化 | 排名变化 | 趋势变化 |
| **环境协调竞争力** | 52.7 | 29 | 劣势 | 53.4 | 24 | 劣势 | 61.5 | 12 | 中势 | – 8.8 | – 17 | 持续↓ |
| （1）人口与环境协调竞争力 | 51.0 | 18 | 中势 | 47.7 | 24 | 劣势 | 50.2 | 21 | 劣势 | 0.8 | 3 | 波动↑ |
| 人口自然增长率与工业废气排放量增长率比差 | 24.8 | 26 | 劣势 | 40.0 | 25 | 劣势 | 42.1 | 23 | 劣势 | – 17.3 | – 3 | 持续↓ |
| 人口自然增长率与工业废水排放量增长率比差 | 84.4 | 15 | 中势 | 68.7 | 21 | 劣势 | 81.4 | 12 | 中势 | 3.0 | – 3 | 波动↓ |
| 人口自然增长率与工业固体废物排放量增长率比差 | 71.2 | 16 | 中势 | 38.4 | 21 | 劣势 | 54.0 | 23 | 劣势 | 17.2 | 7 | 持续↑ |
| 人口自然增长率与能源消费量增长率比差 | 83.4 | 14 | 中势 | 81.5 | 11 | 中势 | 78.9 | 16 | 中势 | 4.5 | 2 | 波动↑ |
| 人口密度与人均水资源量比差 | 5.4 | 21 | 劣势 | 4.9 | 21 | 劣势 | 5.7 | 21 | 劣势 | – 0.3 | 0 | 持续→ |
| 人口密度与人均耕地面积比差 | 33.9 | 8 | 优势 | 34.1 | 8 | 优势 | 34.0 | 8 | 优势 | – 0.1 | 0 | 持续→ |
| 人口密度与森林覆盖率比差 | 52.3 | 17 | 中势 | 52.3 | 18 | 中势 | 52.4 | 18 | 中势 | – 0.1 | 1 | 持续↑ |
| 人口密度与人均矿产基础储量比差 | 13.7 | 16 | 中势 | 13.0 | 21 | 劣势 | 16.3 | 12 | 中势 | – 2.6 | – 4 | 波动↓ |
| 人口密度与人均能源生产量比差 | 89.7 | 19 | 中势 | 90.8 | 18 | 中势 | 87.2 | 19 | 中势 | 2.5 | 0 | 波动→ |
| （2）经济与环境协调竞争力 | 53.8 | 28 | 劣势 | 57.2 | 22 | 劣势 | 68.9 | 11 | 中势 | – 15.1 | – 17 | 持续↓ |
| 工业增加值增长率与工业废气排放量增长率比差 | 0.0 | 31 | 劣势 | 51.2 | 23 | 劣势 | 57.8 | 23 | 劣势 | – 57.8 | – 8 | 持续↓ |
| 工业增加值增长率与工业废水排放量增长率比差 | 0.0 | 31 | 劣势 | 11.7 | 29 | 劣势 | 100.0 | 1 | 强势 | – 100.0 | – 30 | 持续↓ |
| 工业增加值增长率与工业固体废物排放量增长率比差 | 73.5 | 19 | 中势 | 47.1 | 24 | 劣势 | 72.7 | 13 | 中势 | 0.8 | – 6 | 波动↓ |
| 地区生产总值增长率与能源消费量增长率比差 | 60.5 | 21 | 劣势 | 73.3 | 12 | 中势 | 84.8 | 10 | 优势 | – 24.3 | – 11 | 持续↓ |
| 人均工业增加值与人均水资源量比差 | 97.5 | 2 | 强势 | 97.0 | 2 | 强势 | 97.9 | 2 | 强势 | – 0.4 | 0 | 持续→ |
| 人均工业增加值与人均耕地面积比差 | 68.0 | 19 | 中势 | 66.9 | 19 | 中势 | 67.1 | 19 | 中势 | 0.9 | 0 | 持续→ |
| 人均工业增加值与人均工业废气排放量比差 | 36.7 | 28 | 劣势 | 27.5 | 28 | 劣势 | 21.6 | 29 | 劣势 | 15.1 | 1 | 持续↑ |
| 人均工业增加值与森林覆盖率比差 | 62.7 | 21 | 劣势 | 62.1 | 21 | 劣势 | 62.3 | 21 | 劣势 | 0.4 | 0 | 持续→ |
| 人均工业增加值与人均矿产基础储量比差 | 99.4 | 2 | 强势 | 99.5 | 2 | 强势 | 98.0 | 4 | 优势 | 1.4 | 2 | 持续↑ |
| 人均工业增加值与人均能源生产量比差 | 29.5 | 26 | 劣势 | 28.0 | 26 | 劣势 | 32.8 | 25 | 劣势 | – 3.3 | – 1 | 持续↓ |

表 24 – 5 – 2　2012 年贵州省环境协调竞争力各级指标的优劣度结构表

| 二级指标 | 三级指标 | 四级指标数 | 强势指标 | | 优势指标 | | 中势指标 | | 劣势指标 | | 优劣度 |
|---|---|---|---|---|---|---|---|---|---|---|---|
| | | | 个数 | 比重（%） | 个数 | 比重（%） | 个数 | 比重（%） | 个数 | 比重（%） | |
| 环境协调竞争力 | 人口与环境协调竞争力 | 9 | 0 | 0.0 | 1 | 11.1 | 6 | 66.7 | 2 | 22.2 | 中势 |
| | 经济与环境协调竞争力 | 10 | 2 | 20.0 | 0 | 0.0 | 2 | 20.0 | 6 | 60.0 | 劣势 |
| | 小　计 | 19 | 2 | 10.5 | 1 | 5.3 | 8 | 42.1 | 8 | 42.1 | 劣势 |

2010 ～ 2012 年贵州省环境协调竞争力的综合排位呈现持续下降趋势，2012 年排名第 29 位，比 2010 年下降了 17 位，在全国处于下游区。

从环境协调竞争力的要素指标变化趋势来看，有 1 个指标处于波动上升趋势，即人口与

环境协调竞争力；有1个指标处于持续下降趋势，为经济与环境协调竞争力。

从环境协调竞争力的基础指标分布来看，在19个基础指标中，指标的优劣度结构为10.5:5.3:42.1:42.1。强势和优势指标所占比重明显低于劣势指标的比重，表明劣势指标占主导地位。

### 24.5.2 贵州省环境协调竞争力比较分析

图24-5-1将2010~2012年贵州省环境协调竞争力与全国最高水平和平均水平进行比较。由图可知，评价期内贵州省环境协调竞争力得分普遍低于62分，且呈现持续下降趋势，说明贵州省环境协调竞争力已处于较低水平。

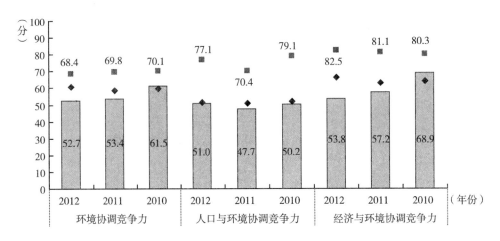

**图24-5-1 2010~2012年贵州省环境协调竞争力指标得分比较**

从环境协调竞争力的整体得分比较来看，2010年，贵州省环境协调竞争力得分与全国最高分相比还有8.6分的差距，但与全国平均分相比，则高出2.2分；到2012年，贵州省环境协调竞争力得分与全国最高分的差距拉大为15.7分，且低于全国平均分7.7分。总的来看，2010~2012年贵州省环境协调竞争力与最高分的差距呈扩大趋势，处于全国下游地位。

从环境协调竞争力的要素得分比较来看，2012年，贵州省人口与环境协调竞争力和经济与环境协调竞争力的得分分别为51分和53.8分，比最高分低26.1分和28.7分，分别低于平均分0.2分和12.6分；与2010年相比，贵州省人口与环境协调竞争力得分与最高分的差距缩小了2.9分，但经济与环境协调竞争力得分与最高分的差距扩大了17.3分。

### 24.5.3 贵州省环境协调竞争力变化动因分析

二级指标环境协调竞争力的变化是三级要素指标变化综合作用的结果，而三级要素指标变化又是四级基础指标变化作用的结果。三级和四级指标的变动情况如表24-5-1所示。

从要素指标来看，贵州省环境协调竞争力的2个要素指标中，人口与环境协调竞争力的排名波动上升了3位，经济与环境协调竞争力的排名持续下降了17位，受指标排位升降的综合影响，贵州省环境协调竞争力下降了17位，其中经济与环境协调竞争力是环境协调竞争力排名下降的主要因素。

从基础指标来看，贵州省环境协调竞争力的 19 个基础指标中，上升指标有 5 个，占指标总数的 26.3%，主要分布在人口与环境协调竞争力指标组；下降指标有 8 个，占指标总数的 42.1%，主要分布在经济与环境协调竞争力指标组。排位上升的指标数量小于排位下降的指标数量，上升的幅度明显低于下降的幅度，使得 2012 年贵州省环境协调竞争力排名持续下降了 17 位。

## 24.6 贵州省环境竞争力总体评述

从对贵州省环境竞争力及其 5 个二级指标在全国的排位变化和指标结构的综合分析来看，"十二五"中期（2010~2012 年）环境竞争力中上升指标的数量大于下降指标的数量，上升的动力大于下降的拉力，使得 2012 年贵州省环境竞争力的排位上升了 2 位，在全国居第 24 位。

### 24.6.1 贵州省环境竞争力概要分析

贵州省环境竞争力在全国所处的位置及变化如表 24-6-1 所示，5 个二级指标的得分和排位变化如表 24-6-2 所示。

表 24-6-1 2010~2012 年贵州省环境竞争力一级指标比较表

| 项目 \ 年份 | 2012 | 2011 | 2010 |
|---|---|---|---|
| 排名 | 24 | 25 | 26 |
| 所属区位 | 下游 | 下游 | 下游 |
| 得分 | 47.4 | 46.2 | 47.0 |
| 全国最高分 | 58.2 | 59.5 | 60.1 |
| 全国平均分 | 51.3 | 50.8 | 50.4 |
| 与最高分的差距 | -10.8 | -13.3 | -13.1 |
| 与平均分的差距 | -3.9 | -4.6 | -3.4 |
| 优劣度 | 劣势 | 劣势 | 劣势 |
| 波动趋势 | 上升 | 上升 | — |

表 24-6-2 2010~2012 年贵州省环境竞争力二级指标比较表

| 项目 \ 年份 | 生态环境竞争力 得分 | 排名 | 资源环境竞争力 得分 | 排名 | 环境管理竞争力 得分 | 排名 | 环境影响竞争力 得分 | 排名 | 环境协调竞争力 得分 | 排名 | 环境竞争力 得分 | 排名 |
|---|---|---|---|---|---|---|---|---|---|---|---|---|
| 2010 | 38.8 | 29 | 41.9 | 19 | 40.3 | 20 | 67.4 | 25 | 61.5 | 12 | 47.0 | 26 |
| 2011 | 34.9 | 29 | 44.4 | 19 | 45.1 | 15 | 65.6 | 25 | 53.4 | 24 | 46.2 | 25 |
| 2012 | 34.1 | 29 | 44.6 | 17 | 46.8 | 18 | 72.8 | 13 | 52.7 | 29 | 47.4 | 24 |
| 得分变化 | -4.7 | — | 2.7 | — | 6.5 | — | 5.4 | — | -8.8 | — | 0.4 | — |
| 排位变化 | — | 0 | — | 2 | — | 2 | — | 12 | — | -17 | — | 2 |
| 优劣度 | 劣势 | 劣势 | 中势 | 中势 | 中势 | 中势 | 中势 | 中势 | 劣势 | 劣势 | 劣势 | 劣势 |

（1）从指标排位变化趋势看，2012 年贵州省环境竞争力综合排名在全国处于第 24 位，表明其在全国处于劣势地位；与 2010 年相比，排位上升了 2 位。总的来看，评价期内贵州省环境竞争力呈持续上升趋势。

在 5 个二级指标中，有 3 个指标处于上升趋势，为资源环境竞争力、环境管理竞争力和环境影响竞争力，这些是贵州省环境竞争力的上升动力所在；有 1 个指标处于下降趋势，为环境协调竞争力；生态环境竞争力排位保持不变。在指标排位升降的综合影响下，评价期内贵州省环境竞争力的综合排位上升了 2 位，在全国排名第 24 位。

（2）从指标所处区位看，2012 年贵州省环境竞争力处于下游区，其中，资源环境竞争力、环境管理竞争力和环境影响竞争力为中势指标，生态环境竞争力和环境协调竞争力指标为劣势指标。

（3）从指标得分看，2012 年贵州省环境竞争力得分为 47.4 分，比全国最高分低 10.8 分，比全国平均分低 3.9 分；与 2010 年相比，贵州省环境竞争力得分上升了 0.4 分，与当年最高分的差距缩小了，但与全国平均分的差距扩大了。

2012 年，贵州省环境竞争力二级指标的得分均高于 34 分，与 2010 年相比，得分上升最多的为环境管理竞争力，上升了 6.6 分；得分下降最多的为环境协调竞争力，下降了 8.8 分。

### 24.6.2　贵州省环境竞争力各级指标动态变化分析

2010～2012 年贵州省环境竞争力各级指标的动态变化及其结构，如图 24 - 6 - 1 和表 24 - 6 - 3 所示。

从图 24 - 6 - 1 可以看出，贵州省环境竞争力的四级指标中上升指标的比例小于下降指标，表明下降指标居于主导地位。表 24 - 6 - 3 中的数据进一步说明，贵州省环境竞争力的 130 个四级指标中，上升的指标有 38 个，占指标总数的 29.2%；保持的指标有 47 个，占指标总数的 36.2%；下降的指标为 45 个，占指标总数的 34.6%。虽然下降指标的数量大于上升指标的数量，但由于指标上升的幅度较大，在其他外部因素的综合作用下，评价期内贵州省环境竞争力排位上升了 2 位，在全国居第 24 位。

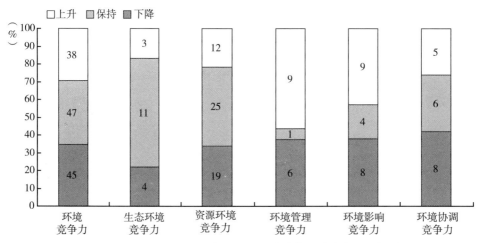

图 24 - 6 - 1　2010～2012 年贵州省环境竞争力动态变化结构图

表 24 - 6 - 3　2010~2012 年贵州省环境竞争力各级指标排位变化态势比较表

| 二级指标 | 三级指标 | 四级指标数 | 上升指标 | | 保持指标 | | 下降指标 | | 变化趋势 |
| --- | --- | --- | --- | --- | --- | --- | --- | --- | --- |
| | | | 个数 | 比重（%） | 个数 | 比重（%） | 个数 | 比重（%） | |
| 生态环境竞争力 | 生态建设竞争力 | 9 | 2 | 22.2 | 5 | 55.6 | 2 | 22.2 | 持续→ |
| | 生态效益竞争力 | 9 | 1 | 11.1 | 6 | 66.7 | 2 | 22.2 | 波动↓ |
| | 小　　计 | 18 | 3 | 16.7 | 11 | 61.1 | 4 | 22.2 | 持续→ |
| 资源环境竞争力 | 水环境竞争力 | 11 | 3 | 27.3 | 5 | 45.5 | 3 | 27.3 | 波动↑ |
| | 土地环境竞争力 | 13 | 3 | 23.1 | 10 | 76.9 | 0 | 0.0 | 持续↑ |
| | 大气环境竞争力 | 8 | 1 | 12.5 | 0 | 0.0 | 7 | 87.5 | 持续↓ |
| | 森林环境竞争力 | 8 | 1 | 12.5 | 6 | 75.0 | 1 | 12.5 | 持续↓ |
| | 矿产环境竞争力 | 9 | 3 | 33.3 | 2 | 22.2 | 4 | 44.4 | 持续↑ |
| | 能源环境竞争力 | 7 | 1 | 14.3 | 2 | 28.6 | 4 | 57.1 | 波动→ |
| | 小　　计 | 56 | 12 | 21.4 | 25 | 44.6 | 19 | 33.9 | 持续↑ |
| 环境管理竞争力 | 环境治理竞争力 | 10 | 6 | 60.0 | 1 | 10.0 | 3 | 30.0 | 持续↑ |
| | 环境友好竞争力 | 6 | 3 | 50.0 | 0 | 0.0 | 3 | 50.0 | 持续↑ |
| | 小　　计 | 16 | 9 | 56.3 | 1 | 6.3 | 6 | 37.5 | 波动↑ |
| 环境影响竞争力 | 环境安全竞争力 | 12 | 9 | 75.0 | 0 | 0.0 | 3 | 25.0 | 持续↑ |
| | 环境质量竞争力 | 9 | 0 | 0.0 | 4 | 44.4 | 5 | 55.6 | 持续↓ |
| | 小　　计 | 21 | 9 | 42.9 | 4 | 19.0 | 8 | 38.1 | 持续↑ |
| 环境协调竞争力 | 人口与环境协调竞争力 | 9 | 3 | 33.3 | 3 | 33.3 | 3 | 33.3 | 波动↑ |
| | 经济与环境协调竞争力 | 10 | 2 | 20.0 | 3 | 30.0 | 5 | 50.0 | 持续↓ |
| | 小　　计 | 19 | 5 | 26.3 | 6 | 31.6 | 8 | 42.1 | 持续↓ |
| 合　　计 | | 130 | 38 | 29.2 | 47 | 36.2 | 45 | 34.6 | 持续↑ |

## 24.6.3　贵州省环境竞争力各级指标变化动因分析

2012 年贵州省环境竞争力各级指标的优劣势变化及其结构，如图 24 - 6 - 2 和表 24 - 6 - 4 所示。

从图 24 - 6 - 2 可以看出，2012 年贵州省环境竞争力的四级指标中劣势指标的比例大于强势指标和优势指标，表明劣势指标居于主导地位。表 24 - 6 - 4 中的数据进一步说明，2012 年贵州省环境竞争力的 130 个四级指标中，强势指标有 10 个，占指标总数的 7.7%；优势指标为 25 个，占指标总数的 19.2%；中势指标 51 个，占指标总数的 39.2%；劣势指标有 44 个，占指标总数的 33.8%；强势指标和优势指标之和占指标总数的 26.9%，数量与比重均小于劣势指标。从三级指标来看，四级指标中强势指标和优势指标之和占四级指标总数一半以上的分别有环境质量竞争力和水环境竞争力，共计 2 个指标，占三级指标总数的 14.3%。反映到二级指标上来，劣势指标有 2 个，占二级指标总数的 40%；中势指标有 3 个，占二级指标总数的 60%。这使得贵州省环境竞争力处于劣势地位，在全国位居第 24 位，处于下游区。

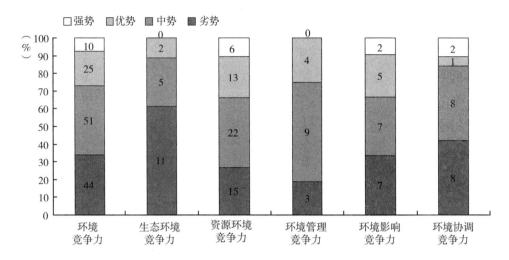

图 24 - 6 - 2　2012 年贵州省环境竞争力优劣度结构图

表 24 - 6 - 4　2012 年贵州省环境竞争力各级指标优劣度比较表

| 二级指标 | 三级指标 | 四级指标数 | 强势指标 | | 优势指标 | | 中势指标 | | 劣势指标 | | 优劣度 |
|---|---|---|---|---|---|---|---|---|---|---|---|
| | | | 个数 | 比重（%） | 个数 | 比重（%） | 个数 | 比重（%） | 个数 | 比重（%） | |
| 生态环境竞争力 | 生态建设竞争力 | 9 | 0 | 0.0 | 1 | 11.1 | 4 | 44.4 | 4 | 44.4 | 劣势 |
| | 生态效益竞争力 | 9 | 0 | 0.0 | 1 | 11.1 | 1 | 11.1 | 7 | 77.8 | 劣势 |
| | 小　　计 | 18 | 0 | 0.0 | 2 | 11.1 | 5 | 27.8 | 11 | 61.1 | 劣势 |
| 资源环境竞争力 | 水环境竞争力 | 11 | 4 | 36.4 | 3 | 27.3 | 2 | 18.2 | 2 | 18.2 | 优势 |
| | 土地环境竞争力 | 13 | 0 | 0.0 | 6 | 46.2 | 3 | 23.1 | 4 | 30.8 | 劣势 |
| | 大气环境竞争力 | 8 | 0 | 0.0 | 2 | 25.0 | 5 | 62.5 | 1 | 12.5 | 中势 |
| | 森林环境竞争力 | 8 | 0 | 0.0 | 0 | 0.0 | 8 | 100.0 | 0 | 0.0 | 中势 |
| | 矿产环境竞争力 | 9 | 2 | 22.2 | 2 | 22.2 | 3 | 33.3 | 2 | 22.2 | 优势 |
| | 能源环境竞争力 | 7 | 0 | 0.0 | 0 | 0.0 | 1 | 14.3 | 6 | 85.7 | 劣势 |
| | 小　　计 | 56 | 6 | 10.7 | 13 | 23.2 | 22 | 39.3 | 15 | 26.8 | 中势 |
| 环境管理竞争力 | 环境治理竞争力 | 10 | 0 | 0.0 | 3 | 30.0 | 4 | 40.0 | 3 | 30.0 | 中势 |
| | 环境友好竞争力 | 6 | 0 | 0.0 | 1 | 16.7 | 5 | 83.3 | 0 | 0.0 | 中势 |
| | 小　　计 | 16 | 0 | 0.0 | 4 | 25.0 | 9 | 56.3 | 3 | 18.8 | 中势 |
| 环境影响竞争力 | 环境安全竞争力 | 12 | 0 | 0.0 | 2 | 16.7 | 6 | 50.0 | 4 | 33.3 | 中势 |
| | 环境质量竞争力 | 9 | 2 | 22.2 | 3 | 33.3 | 1 | 11.1 | 3 | 33.3 | 中势 |
| | 小　　计 | 21 | 2 | 9.5 | 5 | 23.8 | 7 | 33.3 | 7 | 33.3 | 中势 |
| 环境协调竞争力 | 人口与环境协调竞争力 | 9 | 0 | 0.0 | 1 | 11.1 | 6 | 66.7 | 2 | 22.2 | 中势 |
| | 经济与环境协调竞争力 | 10 | 2 | 20.0 | 0 | 0.0 | 2 | 20.0 | 6 | 60.0 | 劣势 |
| | 小　　计 | 19 | 2 | 10.5 | 1 | 5.3 | 8 | 42.1 | 8 | 42.1 | 劣势 |
| 合　　计 | | 130 | 10 | 7.7 | 25 | 19.2 | 51 | 39.2 | 44 | 33.8 | 劣势 |

为了进一步明确影响贵州省环境竞争力变化的具体指标，也便于对相关指标进行深入分析，从而为提升贵州省环境竞争力提供决策参考，表24-6-5列出了环境竞争力指标体系中直接影响贵州省环境竞争力升降的强势指标、优势指标和劣势指标。

表24-6-5　2012年贵州省环境竞争力四级指标优劣度统计表

| 指标 | 强势指标 | 优势指标 | 劣势指标 |
|---|---|---|---|
| 生态环境竞争力（18个） | （0个） | 自然保护区个数、农药施用强度（2个） | 公园面积、园林绿地面积、绿化覆盖面积、自然保护区面积占土地总面积比重、工业废气排放强度、工业二氧化硫排放强度、工业烟（粉）尘排放强度、工业废水排放强度、工业废水中化学需氧量排放强度、工业废水中氨氮排放强度、工业固体废物排放强度（11个） |
| 资源环境竞争力（56个） | 用水总量、用水消耗量、耗水率、城市再生水利用率、主要非金属矿产基础储量、人均主要非金属矿产基础储量（6个） | 水资源总量、工业废水排放总量、生活污水排放量、人均耕地面积、牧草地面积、人均牧草地面积、建设用地面积、沙化土地面积占土地总面积的比重、当年新增种草面积、全省设区市优良天数比例、可吸入颗粒物（PM10）浓度、主要能源矿产基础储量、人均主要能源矿产基础储量（13个） | 供水总量、节灌率、园地面积、人均园地面积、土地资源利用效率、单位耕地面积农业增加值、工业二氧化硫排放总量、主要黑色金属矿产基础储量、人均主要黑色金属矿产基础储量、能源生产总量、单位地区生产总值能耗、单位地区生产总值电耗、单位工业增加值能耗、能源生产弹性系数、能源消费弹性系数（15个） |
| 环境管理竞争力（16个） | （0个） | 矿山环境恢复治理投入资金、地质灾害防治投资额、水土流失治理面积、城市污水处理率（4个） | 环境污染治理投资总额、环境污染治理投资总额占地方生产总值比重、废水治理设施年运行费用（3个） |
| 环境影响竞争力（21个） | 人均工业废水排放量、人均生活污水排放量（2个） | 地质灾害防治投资额、森林病虫鼠害发生面积、人均化学需氧量排放量、人均化肥施用量、人均农药施用量（5个） | 自然灾害绝收面积占受灾面积比重、森林火灾次数、森林火灾火场总面积、受火灾森林面积、人均二氧化硫排放量、人均工业烟（粉）尘排放量、人均工业固体废物排放量（7个） |
| 环境协调竞争力（19个） | 人均工业增加值与人均水资源量比差、人均工业增加值与人均矿产基础储量比差（2个） | 人口密度与人均耕地面积比差（1个） | 人口自然增长率与工业废气排放量增长率比差、人口密度与人均水资源量比差、工业增加值增长率与工业废气排放量增长率比差、工业增加值增长率与工业废水排放量增长率比差、地区生产总值增长率与能源消费量增长率比差、人均工业增加值与人均工业废气排放量比差、人均工业增加值与森林覆盖率比差、人均工业增加值与人均能源生产量比差（8个） |

# Ⓖ.26

## 25

# 云南省环境竞争力评价分析报告

云南省简称滇，位于中国西南地区云贵高原，东部与广西、贵州相连，北部与四川和重庆为邻，西北紧靠西藏，西部与缅甸接壤，南与老挝、越南毗邻，是中国通往东南亚、南亚的门户。省域面积39.4万平方公里，国境线长4060公里。2012年末总人口4659万人，人均GDP达到22195元，万元GDP能耗为1.17吨标准煤。"十二五"中期（2010~2012年），云南省环境竞争力的综合排位呈现持续下降趋势，2012年排名第20位，比2010年下降了9位，在全国处于中势地位。

## 25.1 云南省生态环境竞争力评价分析

### 25.1.1 云南省生态环境竞争力评价结果

2010~2012年云南省生态环境竞争力排位和排位变化情况及其下属2个三级指标和18个四级指标的评价结果，如表25-1-1所示；生态环境竞争力各级指标的优劣势情况，如表25-1-2所示。

表25-1-1 2010~2012年云南省生态环境竞争力各级指标的得分、排名及优劣度分析表

| 指标项目 | 2012年 | | | 2011年 | | | 2010年 | | | 综合变化 | | |
|---|---|---|---|---|---|---|---|---|---|---|---|---|
| | 得分 | 排名 | 优劣度 | 得分 | 排名 | 优劣度 | 得分 | 排名 | 优劣度 | 得分变化 | 排名变化 | 趋势变化 |
| **生态环境竞争力** | 37.1 | 27 | 劣势 | 33.3 | 30 | 劣势 | 42.8 | 23 | 劣势 | -5.7 | -4 | 波动↓ |
| （1）生态建设竞争力 | 24.4 | 12 | 中势 | 19.2 | 23 | 劣势 | 19.9 | 24 | 劣势 | 4.5 | 12 | 持续↑ |
| 国家级生态示范区个数 | 15.6 | 19 | 中势 | 15.6 | 19 | 中势 | 15.6 | 19 | 中势 | 0.0 | 0 | 持续→ |
| 公园面积 | 9.4 | 20 | 中势 | 8.6 | 20 | 中势 | 8.6 | 20 | 中势 | 0.8 | 0 | 持续→ |
| 园林绿地面积 | 11.5 | 23 | 劣势 | 11.3 | 23 | 劣势 | 11.3 | 23 | 劣势 | 0.2 | 0 | 持续→ |
| 绿化覆盖面积 | 7.6 | 24 | 劣势 | 6.9 | 24 | 劣势 | 6.9 | 25 | 劣势 | 0.7 | 1 | 持续↑ |
| 本年减少耕地面积 | 47.2 | 23 | 劣势 | 47.2 | 23 | 劣势 | 47.2 | 23 | 劣势 | 0.0 | 0 | 持续→ |
| 自然保护区个数 | 42.6 | 6 | 优势 | 43.7 | 6 | 优势 | 43.7 | 6 | 优势 | -1.1 | 0 | 持续→ |
| 自然保护区面积占土地总面积比重 | 18.5 | 15 | 中势 | 19.4 | 14 | 中势 | 19.4 | 14 | 中势 | -0.9 | -1 | 持续↓ |
| 野生动物种源繁育基地数 | 70.0 | 2 | 强势 | 9.7 | 10 | 优势 | 9.7 | 10 | 优势 | 60.3 | 8 | 持续↑ |
| 野生植物种源培育基地数 | 4.6 | 6 | 优势 | 7.2 | 5 | 优势 | 7.2 | 5 | 优势 | -2.6 | -1 | 持续↓ |
| （2）生态效益竞争力 | 56.3 | 29 | 劣势 | 54.5 | 30 | 劣势 | 77.1 | 22 | 劣势 | -20.8 | -7 | 波动↓ |
| 工业废气排放强度 | 65.3 | 23 | 劣势 | 58.5 | 24 | 劣势 | 58.5 | 24 | 劣势 | 6.8 | 1 | 持续↑ |
| 工业二氧化硫排放强度 | 61.3 | 26 | 劣势 | 58.9 | 26 | 劣势 | 58.9 | 26 | 劣势 | 2.4 | 0 | 持续→ |

续表

| 指标项目 | 2012 年 | | | 2011 年 | | | 2010 年 | | | 综合变化 | | |
|---|---|---|---|---|---|---|---|---|---|---|---|---|
| | 得分 | 排名 | 优劣度 | 得分 | 排名 | 优劣度 | 得分 | 排名 | 优劣度 | 得分变化 | 排名变化 | 趋势变化 |
| 工业烟(粉)尘排放强度 | 53.2 | 26 | 劣势 | 53.5 | 26 | 劣势 | 53.5 | 26 | 劣势 | -0.3 | 0 | 持续→ |
| 工业废水排放强度 | 47.1 | 27 | 劣势 | 37.7 | 28 | 劣势 | 37.7 | 28 | 劣势 | 9.4 | 1 | 持续↑ |
| 工业废水中化学需氧量排放强度 | 60.0 | 29 | 劣势 | 58.1 | 29 | 劣势 | 58.1 | 29 | 劣势 | 1.9 | 0 | 持续→ |
| 工业废水中氨氮排放强度 | 88.2 | 16 | 中势 | 86.2 | 21 | 劣势 | 86.2 | 21 | 劣势 | 2.0 | 5 | 持续↑ |
| 工业固体废物排放强度 | 0.0 | 31 | 劣势 | 0.0 | 31 | 劣势 | 0.0 | 31 | 劣势 | 0.0 | 0 | 持续→ |
| 化肥施用强度 | 37.2 | 24 | 劣势 | 40.4 | 23 | 劣势 | 40.4 | 23 | 劣势 | -3.2 | -1 | 持续↓ |
| 农药施用强度 | 80.6 | 21 | 劣势 | 86.2 | 18 | 中势 | 86.2 | 18 | 中势 | -5.6 | -3 | 持续↓ |

表 25 - 1 - 2　2012 年云南省生态环境竞争力各级指标的优劣度结构表

| 二级指标 | 三级指标 | 四级指标数 | 强势指标 | | 优势指标 | | 中势指标 | | 劣势指标 | | 优劣度 |
|---|---|---|---|---|---|---|---|---|---|---|---|
| | | | 个数 | 比重(%) | 个数 | 比重(%) | 个数 | 比重(%) | 个数 | 比重(%) | |
| 生态环境竞争力 | 生态建设竞争力 | 9 | 1 | 11.1 | 2 | 22.2 | 3 | 33.3 | 3 | 33.3 | 中势 |
| | 生态效益竞争力 | 9 | 0 | 0.0 | 0 | 0.0 | 1 | 11.1 | 8 | 88.9 | 劣势 |
| | 小　计 | 18 | 1 | 5.6 | 2 | 11.1 | 4 | 22.2 | 11 | 61.1 | 劣势 |

2010～2012 年云南省生态环境竞争力的综合排位呈现波动下降趋势，2012 年排名第 27 位，比 2010 年下降了 4 位，在全国处于下游区。

从生态环境竞争力要素指标的变化趋势来看，有 1 个指标处于持续上升趋势，即生态建设竞争力；有 1 个指标处于波动下降趋势，为生态效益竞争力。

从生态环境竞争力基础指标的优劣度结构来看，在 18 个基础指标中，指标的优劣度结构为 5.6∶11.1∶22.2∶61.1。强势和优势指标所占比重明显小于劣势指标的比重，表明劣势指标占主导地位。

### 25.1.2　云南省生态环境竞争力比较分析

图 25 - 1 - 1 将 2010～2012 年云南省生态环境竞争力与全国最高水平和平均水平进行比较。由图可知，评价期内云南省生态环境竞争力得分普遍低于 43 分，说明云南省生态环境竞争力处于较低水平。

从生态环境竞争力的整体得分比较来看，2010 年，云南省生态环境竞争力得分与全国最高分相比有 22.9 分的差距，低于全国平均分 3.6 分；到了 2012 年，云南省生态环境竞争力得分与全国最高分的差距扩大为 28 分，低于全国平均分 8.3 分。总的来看，2010～2012 年云南省生态环境竞争力与最高分的差距呈扩大趋势，表明生态建设和效益有所下降。

从生态环境竞争力的要素得分比较来看，2012 年，云南省生态建设竞争力和生态效益竞争力的得分分别为 24.4 分和 56.3 分，分别比最高分低 27.3 分和 40.2 分，比平均分低

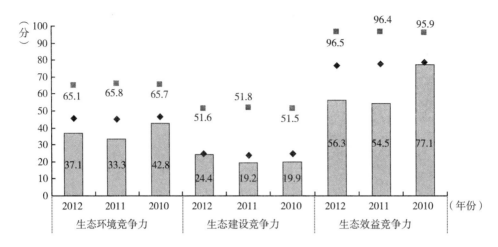

图25－1－1　2010～2012年云南省生态环境竞争力指标得分比较

0.3分和20.3分；与2010年相比，云南省生态建设竞争力得分与最高分的差距缩小了4.2分，生态效益竞争力得分与最高分的差距扩大了21.4分。

### 25.1.3　云南省生态环境竞争力变化动因分析

二级指标生态环境竞争力的变化是三级要素指标变化综合作用的结果，而三级要素指标变化又是四级基础指标变化作用的结果。三级和四级指标的变动情况如表25－1－1所示。

从要素指标来看，云南省生态环境竞争力的2个要素指标中，生态建设竞争力的排名上升了12位，生态效益竞争力的排名下降了7位，受指标排位升降的综合影响，云南省生态环境竞争力波动下降了4位。

从基础指标来看，云南省生态环境竞争力的18个基础指标中，上升指标有5个，占指标总数的27.8%，主要分布在生态效益竞争力指标组；下降指标有4个，占指标总数的22.2%，平均分布于生态建设竞争力指标组和生态效益竞争力指标组。下降指标的数量小于上升指标的数量，但受其他因素影响，评价期内云南省生态环境竞争力排名下降了4位。

## 25.2　云南省资源环境竞争力评价分析

### 25.2.1　云南省资源环境竞争力评价结果

2010～2012年云南省资源环境竞争力排位和排位变化情况及其下属6个三级指标和56个四级指标的评价结果，如表25－2－1所示；资源环境竞争力各级指标的优劣势情况，如表25－2－2所示。

表 25 - 2 - 1　2010～2012 年云南省资源环境竞争力各级指标的得分、排名及优劣度分析表

| 指标项目 | 2012 年 | | | 2011 年 | | | 2010 年 | | | 综合变化 | | |
|---|---|---|---|---|---|---|---|---|---|---|---|---|
| | 得分 | 排名 | 优劣度 | 得分 | 排名 | 优劣度 | 得分 | 排名 | 优劣度 | 得分变化 | 排名变化 | 趋势变化 |
| **资源环境竞争力** | 55.3 | 2 | 强势 | 55.2 | 2 | 强势 | 54.9 | 2 | 强势 | 0.4 | 0 | 持续→ |
| （1）水环境竞争力 | 57.1 | 4 | 优势 | 49.3 | 7 | 优势 | 51.5 | 5 | 优势 | 5.6 | 1 | 波动↑ |
| 水资源总量 | 40.1 | 7 | 优势 | 33.5 | 3 | 强势 | 42.2 | 5 | 优势 | -2.1 | -2 | 波动↓ |
| 人均水资源量 | 2.5 | 8 | 优势 | 2.1 | 5 | 优势 | 2.7 | 7 | 优势 | -0.2 | -1 | 波动↓ |
| 降水量 | 62.1 | 3 | 强势 | 53.0 | 3 | 强势 | 62.5 | 3 | 强势 | -0.4 | 0 | 持续→ |
| 供水总量 | 22.7 | 17 | 中势 | 23.2 | 17 | 中势 | 24.6 | 17 | 中势 | -1.9 | 0 | 持续→ |
| 用水总量 | 97.7 | 1 | 强势 | 97.6 | 1 | 强势 | 97.6 | 1 | 强势 | 0.1 | 0 | 持续→ |
| 用水消耗量 | 98.9 | 1 | 强势 | 98.7 | 1 | 强势 | 98.4 | 1 | 强势 | 0.5 | 0 | 持续→ |
| 耗水率 | 41.9 | 1 | 强势 | 41.9 | 1 | 强势 | 40.0 | 1 | 强势 | 1.9 | 0 | 持续→ |
| 节灌率 | 20.3 | 21 | 劣势 | 19.7 | 21 | 劣势 | 19.4 | 20 | 中势 | 0.9 | -1 | 持续↓ |
| 城市再生水利用率 | 75.3 | 3 | 强势 | 3.4 | 18 | 中势 | 0.8 | 16 | 中势 | 74.5 | 13 | 波动↑ |
| 工业废水排放总量 | 82.0 | 13 | 中势 | 80.9 | 17 | 中势 | 88.5 | 11 | 优势 | -6.5 | -2 | 波动↓ |
| 生活污水排放量 | 83.5 | 15 | 中势 | 84.1 | 14 | 中势 | 89.1 | 10 | 优势 | -5.6 | -5 | 持续↓ |
| （2）土地环境竞争力 | 29.7 | 9 | 优势 | 29.5 | 9 | 优势 | 30.0 | 9 | 优势 | -0.3 | 0 | 持续→ |
| 土地总面积 | 23.4 | 8 | 优势 | 23.4 | 8 | 优势 | 23.4 | 8 | 优势 | 0.0 | 0 | 持续→ |
| 耕地面积 | 50.5 | 6 | 优势 | 50.5 | 6 | 优势 | 50.5 | 6 | 优势 | 0.0 | 0 | 持续→ |
| 人均耕地面积 | 40.6 | 7 | 优势 | 40.8 | 7 | 优势 | 41.1 | 7 | 优势 | -0.5 | 0 | 持续→ |
| 牧草地面积 | 1.2 | 13 | 中势 | 1.2 | 13 | 中势 | 1.2 | 13 | 中势 | 0.0 | 0 | 持续→ |
| 人均牧草地面积 | 0.1 | 13 | 中势 | 0.1 | 13 | 中势 | 0.1 | 13 | 中势 | 0.0 | 0 | 持续→ |
| 园地面积 | 83.5 | 3 | 强势 | 83.5 | 3 | 强势 | 83.5 | 3 | 强势 | 0.0 | 0 | 持续→ |
| 人均园地面积 | 29.3 | 3 | 强势 | 29.1 | 3 | 强势 | 29.0 | 3 | 强势 | 0.3 | 0 | 持续→ |
| 土地资源利用效率 | 0.8 | 26 | 劣势 | 0.7 | 26 | 劣势 | 0.7 | 26 | 劣势 | 0.1 | 0 | 持续→ |
| 建设用地面积 | 69.4 | 11 | 中势 | 69.4 | 11 | 中势 | 69.4 | 11 | 中势 | 0.0 | 0 | 持续→ |
| 单位建设用地非农产业增加值 | 7.6 | 21 | 劣势 | 6.7 | 20 | 中势 | 6.2 | 20 | 中势 | 1.4 | -1 | 持续↓ |
| 单位耕地面积农业增加值 | 9.0 | 23 | 劣势 | 8.3 | 23 | 劣势 | 7.9 | 25 | 劣势 | 1.1 | 2 | 持续↑ |
| 沙化土地面积占土地总面积的比重 | 99.7 | 5 | 优势 | 99.7 | 5 | 优势 | 99.7 | 5 | 优势 | 0.0 | 0 | 持续→ |
| 当年新增种草面积 | 4.1 | 17 | 中势 | 2.7 | 20 | 中势 | 11.6 | 10 | 优势 | -7.5 | -7 | 波动↓ |
| （3）大气环境竞争力 | 82.2 | 7 | 优势 | 82.2 | 7 | 优势 | 86.2 | 3 | 强势 | -4.0 | -4 | 持续↓ |
| 工业废气排放总量 | 78.0 | 16 | 中势 | 77.4 | 18 | 中势 | 80.5 | 13 | 中势 | -2.5 | -3 | 波动↓ |
| 地均工业废气排放量 | 98.2 | 7 | 优势 | 97.9 | 7 | 优势 | 98.6 | 7 | 优势 | -0.4 | 0 | 持续→ |
| 工业烟（粉）尘排放总量 | 66.0 | 21 | 劣势 | 71.4 | 16 | 中势 | 77.5 | 7 | 优势 | -11.5 | -14 | 持续↓ |
| 地均工业烟（粉）尘排放量 | 90.9 | 8 | 优势 | 91.5 | 8 | 优势 | 94.4 | 6 | 优势 | -3.5 | -2 | 持续↓ |
| 工业二氧化硫排放总量 | 59.7 | 19 | 中势 | 60.6 | 18 | 中势 | 68.2 | 11 | 中势 | -8.5 | -8 | 持续↓ |
| 地均二氧化硫排放量 | 94.8 | 8 | 优势 | 95.1 | 8 | 优势 | 96.8 | 8 | 优势 | -2.0 | 0 | 持续→ |
| 全省设区市优良天数比例 | 73.3 | 18 | 中势 | 67.7 | 20 | 中势 | 83.9 | 11 | 中势 | -10.6 | -7 | 波动↓ |
| 可吸入颗粒物（PM10）浓度 | 96.3 | 3 | 强势 | 97.8 | 2 | 强势 | 89.4 | 4 | 优势 | 6.9 | 1 | 波动↑ |
| （4）森林环境竞争力 | 70.6 | 1 | 强势 | 72.0 | 1 | 强势 | 73.4 | 1 | 强势 | -2.8 | 0 | 持续→ |
| 林业用地面积 | 56.3 | 2 | 强势 | 56.3 | 2 | 强势 | 56.3 | 2 | 强势 | 0.0 | 0 | 持续→ |
| 森林面积 | 76.8 | 2 | 强势 | 76.8 | 3 | 强势 | 76.8 | 3 | 强势 | 0.0 | 1 | 持续↑ |
| 森林覆盖率 | 71.2 | 7 | 优势 | 71.2 | 7 | 优势 | 71.2 | 7 | 优势 | 0.0 | 0 | 持续→ |

续表

| 指 标 项 目 | 2012 年 | | | 2011 年 | | | 2010 年 | | | 综合变化 | | |
|---|---|---|---|---|---|---|---|---|---|---|---|---|
| | 得分 | 排名 | 优劣度 | 得分 | 排名 | 优劣度 | 得分 | 排名 | 优劣度 | 得分变化 | 排名变化 | 趋势变化 |
| 人工林面积 | 63.1 | 6 | 优势 | 63.1 | 6 | 优势 | 63.1 | 6 | 优势 | 0.0 | 0 | 持续→ |
| 天然林比重 | 82.2 | 6 | 优势 | 82.2 | 6 | 优势 | 82.2 | 6 | 优势 | 0.0 | 0 | 持续→ |
| 造林总面积 | 69.6 | 2 | 强势 | 84.7 | 2 | 强势 | 100.0 | 1 | 强势 | -30.4 | -1 | 持续↓ |
| 森林蓄积量 | 69.2 | 3 | 强势 | 69.2 | 3 | 强势 | 69.2 | 3 | 强势 | 0.0 | 0 | 持续→ |
| 活立木总蓄积量 | 75.3 | 2 | 强势 | 75.3 | 2 | 强势 | 75.3 | 2 | 强势 | 0.0 | 0 | 持续→ |
| (5)矿产环境竞争力 | 27.2 | 8 | 优势 | 29.0 | 8 | 优势 | 31.5 | 3 | 强势 | -4.3 | -5 | 持续↓ |
| 主要黑色金属矿产基础储量 | 8.0 | 9 | 优势 | 7.4 | 12 | 中势 | 5.2 | 10 | 优势 | 2.8 | 1 | 波动↑ |
| 人均主要黑色金属矿产基础储量 | 7.5 | 13 | 中势 | 7.0 | 15 | 中势 | 4.9 | 14 | 中势 | 2.6 | 1 | 波动↑ |
| 主要有色金属矿产基础储量 | 5.8 | 19 | 中势 | 4.7 | 20 | 中势 | 3.8 | 21 | 劣势 | 2.0 | 2 | 持续↑ |
| 人均主要有色金属矿产基础储量 | 5.4 | 23 | 劣势 | 4.5 | 22 | 劣势 | 3.6 | 24 | 劣势 | 1.8 | 1 | 波动↑ |
| 主要非金属矿产基础储量 | 78.4 | 3 | 强势 | 78.4 | 2 | 强势 | 92.8 | 2 | 强势 | -14.4 | -1 | 持续↓ |
| 人均主要非金属矿产基础储量 | 71.2 | 3 | 强势 | 91.6 | 3 | 强势 | 100.0 | 2 | 强势 | -28.8 | -2 | 持续↓ |
| 主要能源矿产基础储量 | 6.5 | 11 | 中势 | 7.1 | 9 | 优势 | 7.4 | 9 | 优势 | -0.9 | -1 | 波动↓ |
| 人均主要能源矿产基础储量 | 5.0 | 11 | 中势 | 5.5 | 10 | 优势 | 4.3 | 11 | 中势 | 0.7 | 0 | 波动→ |
| 工业固体废物产生量 | 65.3 | 26 | 劣势 | 62.0 | 26 | 劣势 | 70.4 | 23 | 劣势 | -5.1 | -3 | 持续↓ |
| (6)能源环境竞争力 | 62.1 | 23 | 劣势 | 68.2 | 18 | 中势 | 57.4 | 22 | 劣势 | 4.7 | -1 | 波动↓ |
| 能源生产总量 | 86.5 | 21 | 劣势 | 87.0 | 21 | 劣势 | 86.1 | 21 | 劣势 | 0.4 | 0 | 持续→ |
| 能源消费总量 | 73.3 | 13 | 中势 | 74.4 | 13 | 中势 | 75.2 | 14 | 中势 | -1.9 | 1 | 持续↑ |
| 单位地区生产总值能耗 | 51.7 | 23 | 劣势 | 59.9 | 22 | 劣势 | 47.8 | 23 | 劣势 | 3.9 | 0 | 波动↑ |
| 单位地区生产总值电耗 | 70.8 | 25 | 劣势 | 74.0 | 26 | 劣势 | 68.7 | 26 | 劣势 | 2.1 | 1 | 持续↑ |
| 单位工业增加值能耗 | 44.3 | 24 | 劣势 | 60.1 | 22 | 劣势 | 44.8 | 24 | 劣势 | -0.5 | 0 | 波动→ |
| 能源生产弹性系数 | 54.2 | 19 | 中势 | 63.4 | 21 | 劣势 | 49.2 | 17 | 中势 | 5.0 | -2 | 波动↓ |
| 能源消费弹性系数 | 58.5 | 29 | 劣势 | 61.8 | 25 | 劣势 | 35.7 | 14 | 中势 | 22.8 | -15 | 持续↓ |

表 25 - 2 - 2  2012 年云南省资源环境竞争力各级指标的优劣度结构表

| 二级指标 | 三级指标 | 四级指标数 | 强势指标 | | 优势指标 | | 中势指标 | | 劣势指标 | | 优劣度 |
|---|---|---|---|---|---|---|---|---|---|---|---|
| | | | 个数 | 比重(%) | 个数 | 比重(%) | 个数 | 比重(%) | 个数 | 比重(%) | |
| 资源环境竞争力 | 水环境竞争力 | 11 | 5 | 45.5 | 2 | 18.2 | 3 | 27.3 | 1 | 9.1 | 优势 |
| | 土地环境竞争力 | 13 | 2 | 15.4 | 4 | 30.8 | 4 | 30.8 | 3 | 23.1 | 优势 |
| | 大气环境竞争力 | 8 | 1 | 12.5 | 3 | 37.5 | 3 | 37.5 | 1 | 12.5 | 优势 |
| | 森林环境竞争力 | 8 | 5 | 62.5 | 3 | 37.5 | 0 | 0.0 | 0 | 0.0 | 强势 |
| | 矿产环境竞争力 | 9 | 2 | 22.2 | 1 | 11.1 | 4 | 44.4 | 2 | 22.2 | 优势 |
| | 能源环境竞争力 | 7 | 0 | 0.0 | 0 | 0.0 | 2 | 28.6 | 5 | 71.4 | 劣势 |
| 小 计 | | 56 | 15 | 26.8 | 13 | 23.2 | 16 | 28.6 | 12 | 21.4 | 强势 |

2010 ~ 2012 年云南省资源环境竞争力的综合排位保持不变，2012 年排名第 2 位，与 2010 年相同，在全国处于上游区。

从资源环境竞争力的要素指标变化趋势来看，有 1 个指标处于上升趋势，即水环境竞争力；有 2 个指标处于保持趋势，为土地环境竞争力、森林环境竞争力；有 3 个指标处于下降趋势，为能源环境竞争力、矿产环境竞争力、大气环境竞争力。

从资源环境竞争力的基础指标分布来看，在 56 个基础指标中，指标的优劣度结构为 26.8：23.2：28.6：21.4。强势和优势指标所占比重大于劣势指标的比重，表明强势和优势指标占主导地位。

### 25.2.2 云南省资源环境竞争力比较分析

图 25 - 2 - 1 将 2010 ~ 2012 年云南省资源环境竞争力与全国最高水平和平均水平进行比较。由图可知，评价期内云南省资源环境竞争力得分普遍高于 54 分，且呈现持续上升趋势，说明云南省资源环境竞争力保持较高水平。

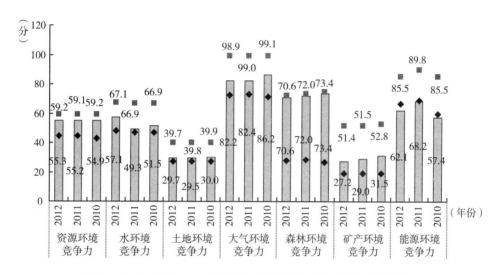

图 25 - 2 - 1　2010 ~ 2012 年云南省资源环境竞争力指标得分比较

从资源环境竞争力的整体得分比较来看，2010 年，云南省资源环境竞争力得分与全国最高分相比还有 4.3 分的差距，且高于全国平均分 12.0 分；到 2012 年，云南省资源环境竞争力得分与全国最高分的差距缩小为 3.9 分，高于全国平均分 10.7 分。总的来说，2010 ~ 2012 年云南省资源环境竞争力与最高分的差距呈缩小趋势，继续在全国处于上游地位。

从资源环境竞争力的要素得分比较来看，2012 年，云南省水环境竞争力、土地环境竞争力、大气环境竞争力、森林环境竞争力、矿产环境竞争力和能源环境竞争力的得分分别为 57.1 分、29.7 分、82.2 分、70.6 分、27.2 分和 62.1 分，比最高分低 10 分、10 分、16.6 分、0 分、24.1 和 23.4 分；与 2010 年相比，云南省大气环境竞争力、土地环境竞争力、矿产环境竞争力的得分与最高分的差距都扩大了，但水环境竞争力和能源环境竞争力的得分与最高分的差距缩小了。

### 25.2.3 云南省资源环境竞争力变化动因分析

二级指标资源环境竞争力的变化是三级要素指标变化综合作用的结果，而三级要素指标变化又是四级基础指标变化作用的结果。三级和四级指标的变动情况如表 25 - 2 - 1 所示。

从要素指标来看，云南省资源环境竞争力的 6 个要素指标中，水环境竞争力的排位出现了上升，而大气环境竞争力、矿产环境竞争力和能源竞争力的排位呈现下降趋势，受指标排位升降的综合影响，云南省资源环境竞争力保持不变。

从基础指标来看，云南省资源环境竞争力的 56 个基础指标中，上升指标有 10 个，占指标总数的 17.9%，主要分布在矿产环境竞争力等指标组；下降指标有 19 个，占指标总数的 33.9%，主要分布在大气环境竞争力、水环境竞争力等指标组。排位下降的指标数量大于排位上升的指标数量，其余的 27 个指标呈波动保持或持续保持，使得 2012 年云南省资源环境竞争力排名保持不变。

## 25.3 云南省环境管理竞争力评价分析

### 25.3.1 云南省环境管理竞争力评价结果

2010~2012 年云南省环境管理竞争力排位和排位变化情况及其下属 2 个三级指标和 16 个四级指标的评价结果，如表 25-3-1 所示；环境管理竞争力各级指标的优劣势情况，如表 25-3-2 所示。

表 25-3-1  2010~2012 年云南省环境管理竞争力各级指标的得分、排名及优劣度分析表

| 指标项目 | 2012 年 | | | 2011 年 | | | 2010 年 | | | 综合变化 | | |
|---|---|---|---|---|---|---|---|---|---|---|---|---|
| | 得分 | 排名 | 优劣度 | 得分 | 排名 | 优劣度 | 得分 | 排名 | 优劣度 | 得分变化 | 排名变化 | 趋势变化 |
| **环境管理竞争力** | 47.7 | 16 | 中势 | 52.1 | 10 | 优势 | 46.0 | 14 | 中势 | 1.7 | -2 | 波动↓ |
| （1）环境治理竞争力 | 30.3 | 9 | 优势 | 28.2 | 9 | 优势 | 24.8 | 14 | 中势 | 5.5 | 5 | 持续↑ |
| 环境污染治理投资总额 | 17.5 | 24 | 劣势 | 15.6 | 24 | 劣势 | 7.5 | 23 | 劣势 | 10.0 | -1 | 持续↑ |
| 环境污染治理投资总额占地方生产总值比重 | 28.1 | 16 | 中势 | 18.1 | 15 | 中势 | 46.7 | 12 | 中势 | -18.6 | -4 | 持续↓ |
| 废气治理设施年运行费用 | 16.3 | 13 | 中势 | 18.0 | 19 | 中势 | 26.6 | 14 | 中势 | -10.3 | 1 | 波动↑ |
| 废水治理设施处理能力 | 24.9 | 15 | 中势 | 14.6 | 13 | 中势 | 26.8 | 16 | 中势 | -1.9 | 1 | 波动↑ |
| 废水治理设施年运行费用 | 12.5 | 20 | 中势 | 15.0 | 20 | 中势 | 17.2 | 20 | 中势 | -4.7 | 0 | 持续→ |
| 矿山环境恢复治理投入资金 | 37.4 | 6 | 优势 | 75.4 | 6 | 优势 | 23.3 | 10 | 优势 | 14.1 | 4 | 持续↑ |
| 本年矿山恢复面积 | 13.1 | 13 | 中势 | 5.1 | 7 | 优势 | 7.2 | 10 | 优势 | 5.9 | -3 | 波动↓ |
| 地质灾害防治投资额 | 55.7 | 2 | 强势 | 38.7 | 3 | 强势 | 10.4 | 4 | 优势 | 44.9 | 2 | 持续↑ |
| 水土流失治理面积 | 64.7 | 2 | 强势 | 52.3 | 7 | 优势 | 51.0 | 7 | 优势 | 13.7 | 5 | 持续↑ |
| 土地复垦面积占新增耕地面积的比重 | 26.9 | 11 | 中势 | 26.9 | 11 | 中势 | 26.9 | 11 | 中势 | 0.0 | 0 | 持续→ |
| （2）环境友好竞争力 | 61.2 | 20 | 中势 | 70.6 | 9 | 优势 | 62.6 | 14 | 中势 | -1.4 | -6 | 波动↓ |
| 工业固体废物综合利用量 | 39.2 | 9 | 优势 | 46.4 | 9 | 优势 | 26.7 | 13 | 中势 | 12.5 | 4 | 持续↑ |
| 工业固体废物处置量 | 40.9 | 6 | 优势 | 37.1 | 5 | 优势 | 24.2 | 7 | 优势 | 16.7 | 1 | 波动↑ |
| 工业固体废物处置利用率 | 76.5 | 24 | 劣势 | 76.1 | 24 | 劣势 | 64.0 | 24 | 劣势 | 12.5 | 0 | 持续→ |
| 工业用水重复利用率 | 29.4 | 28 | 劣势 | 85.2 | 18 | 中势 | 67.4 | 23 | 劣势 | -38.0 | -5 | 波动↓ |
| 城市污水处理率 | 100.0 | 1 | 强势 | 100.0 | 1 | 强势 | 100.0 | 1 | 强势 | 0.0 | 0 | 持续→ |
| 生活垃圾无害化处理率 | 82.8 | 21 | 劣势 | 74.1 | 22 | 劣势 | 88.3 | 11 | 中势 | -5.5 | -10 | 波动↓ |

表 25 – 3 – 2    2012 年云南省环境管理竞争力各级指标的优劣度结构表

| 二级指标 | 三级指标 | 四级指标数 | 强势指标 | | 优势指标 | | 中势指标 | | 劣势指标 | | 优劣度 |
|---|---|---|---|---|---|---|---|---|---|---|---|
| | | | 个数 | 比重（%） | 个数 | 比重（%） | 个数 | 比重（%） | 个数 | 比重（%） | |
| 环境管理竞争力 | 环境治理竞争力 | 10 | 2 | 20.0 | 1 | 10.0 | 6 | 60.0 | 1 | 10.0 | 优势 |
| | 环境友好竞争力 | 6 | 1 | 16.7 | 2 | 33.3 | 0 | 0.0 | 3 | 50.0 | 中势 |
| | 小　　计 | 16 | 3 | 18.8 | 3 | 18.8 | 6 | 37.5 | 4 | 25.0 | 中势 |

2010～2012 年云南省环境管理竞争力的综合排位呈现波动下降趋势，2012 年排名第 16 位，比 2010 年下降了 2 位，在全国处于中游区。

从环境管理竞争力的要素指标变化趋势来看，环境治理竞争力指标处于持续上升趋势，而环境友好竞争力呈波动下降趋势。

从环境管理竞争力的基础指标分布来看，在 16 个基础指标中，指标的优劣度结构为 18.8∶18.8∶37.5∶25.0。强势和优势指标所占比重大于劣势指标的比重，中势指标占主导地位。

### 25.3.2　云南省环境管理竞争力比较分析

图 25 – 3 – 1 将 2010～2012 年云南省环境管理竞争力与全国最高水平和平均水平进行比较。由图可知，评价期内云南省环境管理竞争力得分普遍低于 53 分，呈现波动上升趋势，说明云南省环境管理竞争力有待提高。

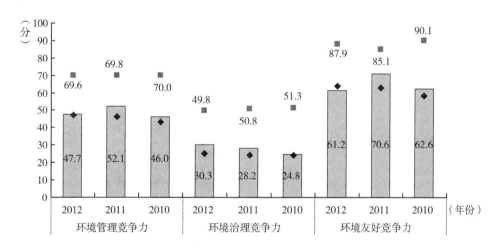

图 25 – 3 – 1　2010～2012 年云南省环境管理竞争力指标得分比较

从环境管理竞争力的整体得分比较来看，2010 年，云南省环境管理竞争力得分与全国最高分相比还有 24 分的差距，但与全国平均分相比，则高出 2.6 分；到 2012 年，云南省环境管理竞争力得分与全国最高分的差距为 21.9 分，高出全国平均分 0.7 分。总的来看，2010～2012 年云南省环境管理竞争力与最高分的差距呈缩小趋势，保持全国中游水平。

从环境管理竞争力的要素得分比较来看，2012年，云南省环境治理竞争力和环境友好竞争力的得分分别为30.3分和61.2分，分别低于最高分19.5分和26.7分，前者高于平均分5.1分，后者低于平均分2.7分；与2010年相比，云南省环境治理竞争力得分与最高分的差距缩小了7分，环境友好竞争力得分与最高分的差距缩小了0.9分。

### 25.3.3 云南省环境管理竞争力变化动因分析

二级指标环境管理竞争力的变化是三级要素指标变化综合作用的结果，而三级要素指标变化又是四级基础指标变化作用的结果。三级和四级指标的变动情况如表25-3-1所示。

从要素指标来看，云南省环境管理竞争力的2个要素指标中，环境治理竞争力的排名上升了5位，环境友好竞争力的排名下降了6位，受指标排位升降的综合影响，云南省环境管理竞争力下降了2位，环境友好竞争力是环境管理竞争力下降的主要拉力。

从基础指标来看，云南省环境管理竞争力的16个基础指标中，上升指标有8个，占指标总数的50.0%，主要分布在环境治理竞争力指标组；下降指标有5个，占指标总数的31.3%，主要分布在环境治理竞争力指标组。排位上升的指标数量大于排位下降的指标数量，但受其他因素影响，2012年云南省环境管理竞争力排名下降了2位。

## 25.4 云南省环境影响竞争力评价分析

### 25.4.1 云南省环境影响竞争力评价结果

2010~2012年云南省环境影响竞争力排位和排位变化情况及其下属2个三级指标和21个四级指标的评价结果，如表25-4-1所示；环境影响竞争力各级指标的优劣势情况，如表25-4-2所示。

表25-4-1 2010~2012年云南省环境影响竞争力各级指标的得分、排名及优劣度分析表

| 指 项<br>标 目 | 2012年 | | | 2011年 | | | 2010年 | | | 综合变化 | | |
|---|---|---|---|---|---|---|---|---|---|---|---|---|
| | 得分 | 排名 | 优劣度 | 得分 | 排名 | 优劣度 | 得分 | 排名 | 优劣度 | 得分变化 | 排名变化 | 趋势变化 |
| **环境影响竞争力** | 66.4 | 25 | 劣势 | 68.1 | 23 | 劣势 | 70.5 | 21 | 劣势 | -4.1 | -4 | 持续↓ |
| (1)环境安全竞争力 | 61.6 | 28 | 劣势 | 67.7 | 22 | 劣势 | 52.2 | 29 | 劣势 | 9.4 | 1 | 波动↑ |
| 自然灾害受灾面积 | 35.2 | 27 | 劣势 | 23.0 | 26 | 劣势 | 0.0 | 31 | 劣势 | 35.2 | 4 | 波动↑ |
| 自然灾害绝收面积占受灾面积比重 | 59.4 | 24 | 劣势 | 42.6 | 28 | 劣势 | 32.6 | 28 | 劣势 | 26.8 | 4 | 持续↑ |
| 自然灾害直接经济损失 | 59.6 | 25 | 劣势 | 47.1 | 27 | 劣势 | 34.2 | 28 | 劣势 | 25.4 | 3 | 持续↑ |
| 发生地质灾害起数 | 83.2 | 24 | 劣势 | 96.1 | 24 | 劣势 | 91.0 | 23 | 劣势 | -7.8 | -1 | 持续↓ |
| 地质灾害直接经济损失 | 87.6 | 27 | 劣势 | 85.6 | 29 | 劣势 | 68.0 | 23 | 劣势 | 19.6 | -4 | 波动↓ |
| 地质灾害防治投资额 | 55.9 | 2 | 强势 | 38.7 | 4 | 优势 | 10.8 | 4 | 优势 | 45.1 | 2 | 持续↑ |
| 突发环境事件次数 | 99.5 | 5 | 优势 | 99.5 | 2 | 强势 | 100.0 | 1 | 强势 | -0.5 | -4 | 持续↓ |

续表

| 指标项目 | 2012年 | | | 2011年 | | | 2010年 | | | 综合变化 | | |
|---|---|---|---|---|---|---|---|---|---|---|---|---|
| | 得分 | 排名 | 优劣度 | 得分 | 排名 | 优劣度 | 得分 | 排名 | 优劣度 | 得分变化 | 排名变化 | 趋势变化 |
| 森林火灾次数 | 67.6 | 27 | 劣势 | 86.8 | 18 | 中势 | 77.6 | 27 | 劣势 | -10.0 | 0 | 波动→ |
| 森林火灾火场总面积 | 2.2 | 30 | 劣势 | 61.9 | 20 | 中势 | 24.4 | 30 | 劣势 | -22.2 | 0 | 波动→ |
| 受火灾森林面积 | 46.2 | 30 | 劣势 | 80.7 | 20 | 中势 | 72.4 | 27 | 劣势 | -26.2 | -3 | 波动↓ |
| 森林病虫鼠害发生面积 | 82.1 | 15 | 中势 | 97.4 | 17 | 中势 | 69.4 | 18 | 中势 | 12.7 | 3 | 持续↑ |
| 森林病虫鼠害防治率 | 88.1 | 6 | 优势 | 84.9 | 10 | 优势 | 86.8 | 8 | 优势 | 1.3 | 2 | 波动↑ |
| (2)环境质量竞争力 | 69.9 | 15 | 中势 | 68.4 | 21 | 劣势 | 83.5 | 3 | 强势 | -13.6 | -12 | 波动↓ |
| 人均工业废气排放量 | 79.8 | 9 | 优势 | 77.8 | 11 | 中势 | 90.9 | 6 | 优势 | -11.1 | -3 | 波动↓ |
| 人均二氧化硫排放量 | 83.5 | 13 | 中势 | 85.6 | 13 | 中势 | 82.6 | 6 | 优势 | 0.9 | -7 | 持续↓ |
| 人均工业烟(粉)尘排放量 | 73.2 | 22 | 劣势 | 78.6 | 20 | 中势 | 89.3 | 6 | 优势 | -16.0 | -16 | 持续↓ |
| 人均工业废水排放量 | 74.0 | 6 | 优势 | 72.0 | 7 | 优势 | 88.6 | 6 | 优势 | -14.6 | -1 | 波动↓ |
| 人均生活污水排放量 | 83.0 | 5 | 优势 | 87.0 | 6 | 优势 | 96.2 | 2 | 强势 | -13.1 | -3 | 波动↓ |
| 人均化学需氧量排放量 | 65.6 | 17 | 中势 | 67.8 | 16 | 中势 | 88.3 | 10 | 优势 | -22.7 | -7 | 持续↓ |
| 人均工业固体废物排放量 | 40.7 | 30 | 劣势 | 9.3 | 30 | 劣势 | 83.0 | 26 | 劣势 | -42.3 | -4 | 持续↓ |
| 人均化肥施用量 | 50.4 | 18 | 中势 | 51.1 | 17 | 中势 | 51.1 | 17 | 中势 | -0.7 | -1 | 持续↓ |
| 人均农药施用量 | 76.6 | 17 | 中势 | 83.6 | 14 | 中势 | 84.1 | 15 | 中势 | -7.5 | -2 | 波动↓ |

**表25-4-2 2012年云南省环境影响竞争力各级指标的优劣度结构表**

| 二级指标 | 三级指标 | 四级指标数 | 强势指标 | | 优势指标 | | 中势指标 | | 劣势指标 | | 优劣度 |
|---|---|---|---|---|---|---|---|---|---|---|---|
| | | | 个数 | 比重(%) | 个数 | 比重(%) | 个数 | 比重(%) | 个数 | 比重(%) | |
| 环境影响竞争力 | 环境安全竞争力 | 12 | 1 | 8.3 | 2 | 16.7 | 1 | 8.3 | 8 | 66.7 | 劣势 |
| | 环境质量竞争力 | 9 | 0 | 0.0 | 3 | 33.3 | 4 | 44.4 | 2 | 22.2 | 中势 |
| | 小计 | 21 | 1 | 4.8 | 5 | 23.8 | 5 | 23.8 | 10 | 47.6 | 劣势 |

2010~2012年云南省环境影响竞争力的综合排位呈现持续下降趋势,2012年排名第25位,与2010年相比下降了4位,在全国处于下游区。

从环境影响竞争力的要素指标变化趋势来看,有1个指标处于波动上升趋势,即环境安全竞争力;有1个指标处于波动下降趋势,为环境质量竞争力。

从环境影响竞争力的基础指标分布来看,在21个基础指标中,指标的优劣度结构为4.8:23.8:23.8:47.6。劣势指标所占比重明显高于强势和优势指标的比重,表明劣势指标占主导地位。

### 25.4.2 云南省环境影响竞争力比较分析

图25-4-1将2010~2012年云南省环境影响竞争力与全国最高水平和平均水平进行比较。由图可知,评价期内云南省环境影响竞争力得分普遍低于71分,且呈现持续下降趋势,说明云南省环境影响竞争力保持较低水平。

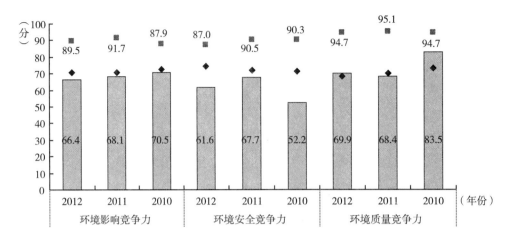

图 25 - 4 - 1 　 2010 ~ 2012 年云南省环境影响竞争力指标得分比较

从环境影响竞争力的整体得分比较来看，2010 年，云南省环境影响竞争力得分与全国最高分相比还有 17.4 分的差距，与全国平均分相比，则低了 2 分；到 2012 年，云南省环境影响竞争力得分与全国最高分相差 23.1 分，低于全国平均分 4.2 分。总的来看，2010 ~ 2012 年云南省环境影响竞争力与最高分的差距呈扩大趋势。

从环境影响竞争力的要素得分比较来看，2012 年，云南省环境安全竞争力和环境质量竞争力的得分分别为 61.6 分和 69.9 分，比最高分低 25.5 分和 24.8 分，前者低于平均分 12.6 分，后者高出平均分 1.8 分；与 2010 年相比，云南省环境安全竞争力得分与最高分的差距缩小了 12.6 分，但环境质量竞争力得分与最高分的差距扩大了 13.6 分。

### 25.4.3　云南省环境影响竞争力变化动因分析

二级指标环境影响竞争力的变化是三级要素指标变化综合作用的结果，而三级要素指标变化又是四级基础指标变化作用的结果。三级和四级指标的变动情况如表 25 - 4 - 1 所示。

从要素指标来看，云南省环境影响竞争力的 2 个要素指标中，环境安全竞争力的排名波动上升了 1 位，环境质量竞争力的排名持续下降了 12 位，云南省环境影响竞争力排名呈现持续下降。

从基础指标来看，云南省环境影响竞争力的 21 个基础指标中，上升指标有 6 个，占指标总数的 28.6%，全部分布在环境安全竞争力指标组；下降指标有 13 个，占指标总数的 61.9%，主要分布在环境质量竞争力指标组。排位上升的指标数量明显小于排位下降的指标数量，使得 2012 年云南省环境影响竞争力排名呈现持续下降趋势。

## 25.5　云南省环境协调竞争力评价分析

### 25.5.1　云南省环境协调竞争力评价结果

2010 ~ 2012 年云南省环境协调竞争力排位和排位变化情况及其下属 2 个三级指标和 19

个四级指标的评价结果，如表25－5－1所示；环境协调竞争力各级指标的优劣势情况，如表25－5－2所示。

表25－5－1　2010～2012年云南省环境协调竞争力各级指标的得分、排名及优劣度分析表

| 指标项目 | 2012年 | | | 2011年 | | | 2010年 | | | 综合变化 | | |
|---|---|---|---|---|---|---|---|---|---|---|---|---|
| | 得分 | 排名 | 优劣度 | 得分 | 排名 | 优劣度 | 得分 | 排名 | 优劣度 | 得分变化 | 排名变化 | 趋势变化 |
| **环境协调竞争力** | 60.9 | 16 | 中势 | 54.3 | 23 | 劣势 | 62.5 | 9 | 优势 | －1.6 | －7 | 波动↓ |
| （1）人口与环境协调竞争力 | 53.9 | 12 | 中势 | 50.2 | 19 | 中势 | 54.3 | 14 | 中势 | －0.4 | 2 | 波动↑ |
| 人口自然增长率与工业废气排放量增长率比差 | 38.6 | 22 | 劣势 | 49.7 | 21 | 劣势 | 45.2 | 20 | 中势 | －6.6 | －2 | 持续↓ |
| 人口自然增长率与工业废水排放量增长率比差 | 81.6 | 17 | 中势 | 61.5 | 24 | 劣势 | 75.4 | 15 | 中势 | 6.2 | －2 | 波动↑ |
| 人口自然增长率与工业固体废物排放量增长率比差 | 57.2 | 19 | 中势 | 38.9 | 20 | 中势 | 62.4 | 20 | 中势 | －5.2 | 1 | 持续↑ |
| 人口自然增长率与能源消费量增长率比差 | 86.8 | 9 | 优势 | 77.6 | 12 | 中势 | 87.6 | 12 | 中势 | －0.8 | 3 | 波动↑ |
| 人口密度与人均水资源量比差 | 3.8 | 24 | 劣势 | 3.7 | 25 | 劣势 | 4.5 | 24 | 劣势 | －0.7 | 0 | 波动→ |
| 人口密度与人均耕地面积比差 | 32.0 | 9 | 优势 | 32.3 | 9 | 优势 | 32.5 | 9 | 优势 | －0.5 | 0 | 持续→ |
| 人口密度与森林覆盖率比差 | 75.0 | 10 | 优势 | 75.0 | 10 | 优势 | 75.0 | 10 | 优势 | 0.0 | 0 | 持续→ |
| 人口密度与人均矿产基础储量比差 | 8.6 | 24 | 劣势 | 9.1 | 24 | 劣势 | 7.7 | 26 | 劣势 | 0.9 | 2 | 持续↑ |
| 人口密度与人均能源生产量比差 | 95.5 | 13 | 中势 | 95.2 | 13 | 中势 | 94.2 | 15 | 中势 | 1.3 | 2 | 持续↑ |
| （2）经济与环境协调竞争力 | 65.5 | 19 | 中势 | 56.9 | 23 | 劣势 | 67.8 | 12 | 中势 | －2.3 | －7 | 波动↓ |
| 工业增加值增长率与工业废气排放量增长率比差 | 85.1 | 14 | 中势 | 25.5 | 29 | 劣势 | 76.1 | 15 | 中势 | 9.0 | 1 | 波动↑ |
| 工业增加值增长率与工业废水排放量增长率比差 | 57.9 | 22 | 劣势 | 67.8 | 10 | 优势 | 92.0 | 4 | 优势 | －34.1 | －18 | 持续↓ |
| 工业增加值增长率与工业固体废物排放量增长率比差 | 98.2 | 2 | 强势 | 15.1 | 30 | 劣势 | 98.0 | 2 | 强势 | 0.2 | 0 | 波动→ |
| 地区生产总值增长率与能源消费量增长率比差 | 67.7 | 17 | 中势 | 93.0 | 4 | 优势 | 77.1 | 19 | 中势 | －9.4 | 2 | 波动↑ |
| 人均工业增加值与人均水资源量比差 | 95.2 | 3 | 强势 | 94.9 | 3 | 强势 | 94.7 | 3 | 强势 | 0.5 | 0 | 持续→ |
| 人均工业增加值与人均耕地面积比差 | 70.4 | 17 | 中势 | 69.4 | 16 | 中势 | 70.4 | 16 | 中势 | 0.0 | －1 | 持续↓ |
| 人均工业增加值与人均工业废气排放量比差 | 33.1 | 29 | 劣势 | 35.0 | 28 | 劣势 | 23.6 | 28 | 劣势 | 9.5 | －1 | 持续↓ |
| 人均工业增加值与森林覆盖率比差 | 38.7 | 26 | 劣势 | 38.2 | 26 | 劣势 | 39.5 | 25 | 劣势 | －0.8 | －1 | 持续↓ |
| 人均工业增加值与人均矿产基础储量比差 | 93.6 | 5 | 优势 | 94.7 | 5 | 优势 | 91.7 | 7 | 优势 | 1.9 | 2 | 持续↑ |
| 人均工业增加值与人均能源生产量比差 | 23.6 | 29 | 劣势 | 23.8 | 29 | 劣势 | 26.6 | 29 | 劣势 | －3.0 | 0 | 持续→ |

表25－5－2　2012年云南省环境协调竞争力各级指标的优劣度结构表

| 二级指标 | 三级指标 | 四级指标数 | 强势指标 | | 优势指标 | | 中势指标 | | 劣势指标 | | 优劣度 |
|---|---|---|---|---|---|---|---|---|---|---|---|
| | | | 个数 | 比重（%） | 个数 | 比重（%） | 个数 | 比重（%） | 个数 | 比重（%） | |
| 环境协调竞争力 | 人口与环境协调竞争力 | 9 | 0 | 0.0 | 3 | 33.3 | 3 | 33.3 | 3 | 33.3 | 中势 |
| | 经济与环境协调竞争力 | 10 | 2 | 20.0 | 1 | 10.0 | 3 | 30.0 | 4 | 40.0 | 中势 |
| | 小　计 | 19 | 2 | 10.5 | 4 | 21.1 | 6 | 31.6 | 7 | 36.8 | 中势 |

2010～2012年云南省环境协调竞争力的综合排位呈现波动下降趋势，2012年排名第16位，比2010年下降了7位，在全国处于中游区。

从环境协调竞争力的要素指标变化趋势来看，有1个指标处于波动上升，即人口与环境

协调竞争力；有 1 个指标处于波动下降，为经济与环境协调竞争力。

从环境协调竞争力的基础指标分布来看，在 19 个基础指标中，指标的优劣度结构为 10.5∶21.1∶31.6∶36.8。强势和优势指标所占比重低于中势和劣势指标的比重，表明中势和 劣势指标占主导地位。

### 25.5.2 云南省环境协调竞争力比较分析

图 25 - 5 - 1 将 2010～2012 年云南省环境协调竞争力与全国最高水平和平均水平进行比 较。由图可知，评价期内云南省环境协调竞争力得分普遍高于 54 分，但呈现波动下降趋势， 说明云南省环境协调竞争力处于中等水平。

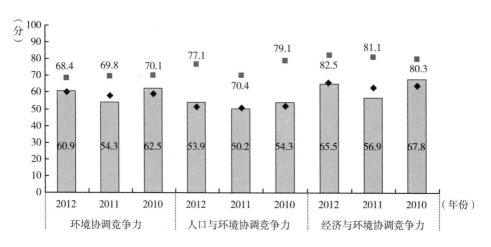

**图 25 - 5 - 1　2010～2012 年云南省环境协调竞争力指标得分比较**

从环境协调竞争力的整体得分比较来看，2010 年，云南省环境协调竞争力得分与全国最 高分相比还有 7.6 分的差距，但与全国平均分相比，则高出 3.1 分；到 2012 年，云南省环境协 调竞争力得分与全国最高分的差距为 7.5 分，高出全国平均分 0.5 分。总的来说，2010～2012 年云南省环境协调竞争力与最高分的差距呈缩小趋势，但仍处于全国中游地位。

从环境协调竞争力的要素得分比较来看，2012 年，云南省人口与环境协调竞争力和经济 与环境协调竞争力的得分分别为 53.9 分和 65.5 分，比最高分低 23.1 分和 17 分，前者高于平 均分 2.7 分，后者低于平均分 0.9 分；与 2010 年相比，云南省人口与环境协调竞争力得分与最 高分的差距缩小了 1.7 分，但经济与环境协调竞争力得分与最高分的差距扩大了 4.5 分。

### 25.5.3 云南省环境协调竞争力变化动因分析

二级指标环境协调竞争力的变化是三级要素指标变化综合作用的结果，而三级要素指标 变化又是四级基础指标变化作用的结果。三级和四级指标的变动情况如表 25 - 5 - 1 所示。

从要素指标来看，云南省环境协调竞争力的 2 个要素指标中，人口与环境协调竞争力的 排名波动上升了 2 位，经济与环境协调竞争力的排名波动下降了 7 位，受指标排位升降的综 合影响，云南省环境协调竞争力波动下降了 7 位，其中经济与环境协调竞争力是环境协调竞争力排名下降的主要拉力。

从基础指标来看，云南省环境协调竞争力的 19 个基础指标中，上升指标有 7 个，占指标总数的 36.8%，主要分布在人口与环境协调竞争力指标组；下降指标有 6 个，占指标总数的 31.6%，主要分布在经济与环境协调竞争力指标组。虽然排位上升的指标数量大于排位下降的指标数量，但由于上升的幅度小于下降的幅度，2012 年云南省环境协调竞争力排名波动下降了 7 位。

## 25.6 云南省环境竞争力总体评述

从对云南省环境竞争力及其 5 个二级指标在全国的排位变化和指标结构的综合分析来看，"十二五"中期（2010~2012 年）环境竞争力中上升指标的数量小于下降指标的数量，上升的动力小于下降的拉力，使得 2012 年云南省环境竞争力的排位下降了 9 位，在全国居第 20 位。

### 25.6.1 云南省环境竞争力概要分析

云南省环境竞争力在全国所处的位置及变化如表 25 - 6 - 1 所示，5 个二级指标的得分和排位变化如表 25 - 6 - 2 所示。

表 25 - 6 - 1　2010~2012 年云南省环境竞争力一级指标比较表

| 项目 \ 年份 | 2012 | 2011 | 2010 |
|---|---|---|---|
| 排名 | 20 | 19 | 11 |
| 所属区位 | 中游 | 中游 | 中游 |
| 得分 | 50.8 | 50.1 | 52.6 |
| 全国最高分 | 58.2 | 59.5 | 60.1 |
| 全国平均分 | 51.3 | 50.8 | 50.4 |
| 与最高分的差距 | -7.4 | -9.4 | -7.5 |
| 与平均分的差距 | -0.5 | -0.7 | 2.2 |
| 优劣度 | 中势 | 中势 | 中势 |
| 波动趋势 | 下降 | 下降 | — |

表 25 - 6 - 2　2010~2012 年云南省环境竞争力二级指标比较表

| 项目 \ 年份 | 生态环境竞争力 | | 资源环境竞争力 | | 环境管理竞争力 | | 环境影响竞争力 | | 环境协调竞争力 | | 环境竞争力 | |
|---|---|---|---|---|---|---|---|---|---|---|---|---|
| | 得分 | 排名 | 得分 | 排名 | 得分 | 排名 | 得分 | 排名 | 得分 | 排名 | 得分 | 排名 |
| 2010 | 42.8 | 23 | 54.9 | 2 | 46.0 | 14 | 70.5 | 21 | 62.5 | 9 | 52.6 | 11 |
| 2011 | 33.3 | 30 | 55.2 | 2 | 52.1 | 10 | 68.1 | 23 | 54.3 | 23 | 50.1 | 19 |
| 2012 | 37.1 | 27 | 55.3 | 2 | 47.7 | 16 | 66.4 | 25 | 60.9 | 16 | 50.8 | 20 |
| 得分变化 | -5.7 | — | 0.4 | — | 1.7 | — | -4.1 | — | -1.6 | — | -1.8 | — |
| 排位变化 | — | -4 | — | 0 | — | -2 | — | -4 | — | -7 | — | -9 |
| 优劣度 | 劣势 | 劣势 | 强势 | 强势 | 中势 | 中势 | 劣势 | 劣势 | 中势 | 中势 | 中势 | 中势 |

（1）从指标排位变化趋势看，2012 年云南省环境竞争力综合排名在全国处于第 20 位，表明其在全国处于中势地位；与 2010 年相比，排位下降了 9 位。总的来看，评价期内云南省环境竞争力呈持续下降趋势。

在 5 个二级指标中，有 4 个指标处于下降趋势，为生态环境竞争力、环境影响竞争力、环境管理竞争力和环境协调竞争力，这些是云南省环境竞争力下降的拉力所在；有 1 个指标处于保持趋势，为资源环境竞争力。在指标排位升降的综合影响下，评价期内云南省环境竞争力的综合排位下降了 9 位，在全国排名第 20 位。

（2）从指标所处区位看，2012 年云南省环境竞争力处于中游区，其中，资源环境竞争力指标为强势指标，环境管理竞争力和环境协调竞争力指标为中势指标，生态环境竞争力和环境影响竞争力指标为劣势指标。

（3）从指标得分看，2012 年云南省环境竞争力得分为 50.8 分，比全国最高分低 7.4 分，比全国平均分低 0.5 分；与 2010 年相比，云南省环境竞争力得分下降了 1.8 分，与当年最高分的差距缩小了。

2012 年，云南省环境竞争力二级指标的得分均高于 37 分，与 2010 年相比，得分上升最多的为环境管理竞争力，上升了 1.7 分；得分下降最多的为生态环境竞争力，下降了 5.7 分。

### 25.6.2 云南省环境竞争力各级指标动态变化分析

2010～2012 年云南省环境竞争力各级指标的动态变化及其结构，如图 25 - 6 - 1 和表 25 - 6 - 3 所示。

从图 25 - 6 - 1 可以看出，云南省环境竞争力的四级指标中上升指标的比例小于下降指标，表明下降指标居于主导地位。表 25 - 6 - 3 中的数据进一步说明，云南省环境竞争力的 130 个四级指标中，上升的指标有 36 个，占指标总数的 27.7%；保持的指标有 47 个，占指标总数的 36.2%；下降的指标为 47 个，占指标总数的 36.2%。下降指标的数量大于上升指标的数量，使得评价期内云南省环境竞争力排位下降了 9 位，在全国居第 20 位。

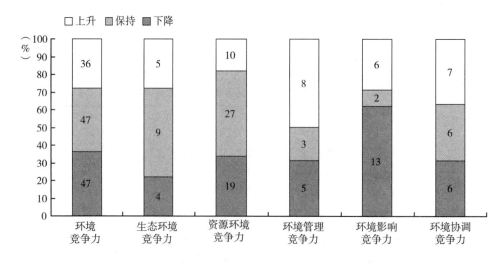

图 25 - 6 - 1　2010～2012 年云南省环境竞争力动态变化结构图

表 25 - 6 - 3   2010 ~ 2012 年云南省环境竞争力各级指标排位变化态势比较表

| 二级指标 | 三级指标 | 四级指标数 | 上升指标 | | 保持指标 | | 下降指标 | | 变化趋势 |
| --- | --- | --- | --- | --- | --- | --- | --- | --- | --- |
| | | | 个数 | 比重(%) | 个数 | 比重(%) | 个数 | 比重(%) | |
| 生态环境竞争力 | 生态建设竞争力 | 9 | 2 | 22.2 | 5 | 55.6 | 2 | 22.2 | 持续↑ |
| | 生态效益竞争力 | 9 | 3 | 33.3 | 4 | 44.4 | 2 | 22.2 | 波动↓ |
| | 小　计 | 18 | 5 | 27.8 | 9 | 50.0 | 4 | 22.2 | 波动↓ |
| 资源环境竞争力 | 水环境竞争力 | 11 | 1 | 9.1 | 5 | 45.5 | 5 | 45.5 | 波动↑ |
| | 土地环境竞争力 | 13 | 1 | 7.7 | 10 | 76.9 | 2 | 15.4 | 持续→ |
| | 大气环境竞争力 | 8 | 1 | 12.5 | 2 | 25.0 | 5 | 62.5 | 持续↓ |
| | 森林环境竞争力 | 8 | 1 | 12.5 | 6 | 75.0 | 1 | 12.5 | 持续→ |
| | 矿产环境竞争力 | 9 | 4 | 44.4 | 1 | 11.1 | 4 | 44.4 | 持续↓ |
| | 能源环境竞争力 | 7 | 2 | 28.6 | 3 | 42.9 | 2 | 28.6 | 波动↓ |
| | 小　计 | 56 | 10 | 17.9 | 27 | 48.2 | 19 | 33.9 | 持续→ |
| 环境管理竞争力 | 环境治理竞争力 | 10 | 6 | 60.0 | 1 | 10.0 | 3 | 30.0 | 持续↑ |
| | 环境友好竞争力 | 6 | 2 | 33.3 | 2 | 33.3 | 2 | 33.3 | 波动↓ |
| | 小　计 | 16 | 8 | 50.0 | 3 | 18.8 | 5 | 31.3 | 波动↓ |
| 环境影响竞争力 | 环境安全竞争力 | 12 | 6 | 50.0 | 2 | 16.7 | 4 | 33.3 | 波动↑ |
| | 环境质量竞争力 | 9 | 0 | 0.0 | 0 | 0.0 | 9 | 100.0 | 波动↓ |
| | 小　计 | 21 | 6 | 28.6 | 2 | 9.5 | 13 | 61.9 | 持续↓ |
| 环境协调竞争力 | 人口与环境协调竞争力 | 9 | 4 | 44.4 | 3 | 33.3 | 2 | 22.2 | 波动↑ |
| | 经济与环境协调竞争力 | 10 | 3 | 30.0 | 3 | 30.0 | 4 | 40.0 | 波动↓ |
| | 小　计 | 19 | 7 | 36.8 | 6 | 31.6 | 6 | 31.6 | 波动↓ |
| 合　计 | | 130 | 36 | 27.7 | 47 | 36.2 | 47 | 36.2 | 持续↓ |

### 25.6.3　云南省环境竞争力各级指标变化动因分析

2012 年云南省环境竞争力各级指标的优劣势变化及其结构，如图 25 - 6 - 2 和表 25 - 6 - 4 所示。

从图 25 - 6 - 2 可以看出，2012 年云南省环境竞争力的四级指标中强势和优势指标的比例小于中势指标和劣势指标，表明中势和劣势指标居于主导地位。表 25 - 6 - 4 中的数据进一步说明，2012 年云南省环境竞争力的 130 个四级指标中，强势指标有 22 个，占指标总数的 16.9%；优势指标为 27 个，占指标总数的 20.8%；中势指标 37 个，占指标总数的 28.5%；劣势指标有 44 个，占指标总数的 33.8%；强势指标和优势指标之和占指标总数的 37.7%，数量与比重小于中势指标和劣势指标之和。从三级指标来看，四级指标中强势指标和优势指标之和占四级指标总数一半以上的有水环境竞争力和森林环境竞争力，共计 2 个指标，占三级指标总数的 14.3%。反映到二级指标上来，强势指标有 1 个，占二级指标总数的 20%；中势指标有 2 个，占二级指标总数的 40%；劣势指标有 2 个，占二级指标总数的 40%。这使得云南省环境竞争力处于中势地位，在全国位居第 20 位。

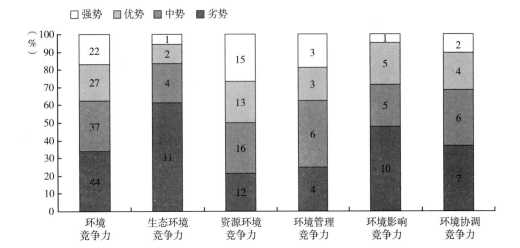

图 25 - 6 - 2　2012 年云南省环境竞争力优劣度结构图

表 25 - 6 - 4　2012 年云南省环境竞争力各级指标优劣度比较表

| 二级指标 | 三级指标 | 四级指标数 | 强势指标 | | 优势指标 | | 中势指标 | | 劣势指标 | | 优劣度 |
|---|---|---|---|---|---|---|---|---|---|---|---|
| | | | 个数 | 比重（%） | 个数 | 比重（%） | 个数 | 比重（%） | 个数 | 比重（%） | |
| 生态环境竞争力 | 生态建设竞争力 | 9 | 1 | 11.1 | 2 | 22.2 | 3 | 33.3 | 3 | 33.3 | 中势 |
| | 生态效益竞争力 | 9 | 0 | 0.0 | 0 | 0.0 | 1 | 11.1 | 8 | 88.9 | 劣势 |
| | 小　计 | 18 | 1 | 5.6 | 2 | 11.1 | 4 | 22.2 | 11 | 61.1 | 劣势 |
| 资源环境竞争力 | 水环境竞争力 | 11 | 5 | 45.5 | 2 | 18.2 | 3 | 27.3 | 1 | 9.1 | 优势 |
| | 土地环境竞争力 | 13 | 2 | 15.4 | 4 | 30.8 | 4 | 30.8 | 3 | 23.1 | 优势 |
| | 大气环境竞争力 | 8 | 1 | 12.5 | 3 | 37.5 | 3 | 37.5 | 1 | 12.5 | 优势 |
| | 森林环境竞争力 | 8 | 5 | 62.5 | 3 | 37.5 | 0 | 0.0 | 0 | 0.0 | 强势 |
| | 矿产环境竞争力 | 9 | 2 | 22.2 | 1 | 11.1 | 4 | 44.4 | 2 | 22.2 | 优势 |
| | 能源环境竞争力 | 7 | 0 | 0.0 | 0 | 0.0 | 2 | 28.6 | 5 | 71.4 | 劣势 |
| | 小　计 | 56 | 15 | 26.8 | 13 | 23.2 | 16 | 28.6 | 12 | 21.4 | 强势 |
| 环境管理竞争力 | 环境治理竞争力 | 10 | 2 | 20.0 | 1 | 10.0 | 6 | 60.0 | 1 | 10.0 | 优势 |
| | 环境友好竞争力 | 6 | 1 | 16.7 | 2 | 33.3 | 0 | 0.0 | 3 | 50.0 | 中势 |
| | 小　计 | 16 | 3 | 18.8 | 3 | 18.8 | 6 | 37.5 | 4 | 25.0 | 中势 |
| 环境影响竞争力 | 环境安全竞争力 | 12 | 1 | 8.3 | 2 | 16.7 | 1 | 8.3 | 8 | 66.7 | 劣势 |
| | 环境质量竞争力 | 9 | 0 | 0.0 | 3 | 33.3 | 4 | 44.4 | 2 | 22.2 | 中势 |
| | 小　计 | 21 | 1 | 4.8 | 5 | 23.8 | 5 | 23.8 | 10 | 47.6 | 劣势 |
| 环境协调竞争力 | 人口与环境协调竞争力 | 9 | 0 | 0.0 | 3 | 33.3 | 3 | 33.3 | 3 | 33.3 | 中势 |
| | 经济与环境协调竞争力 | 10 | 2 | 20.0 | 1 | 10.0 | 3 | 30.0 | 4 | 40.0 | 中势 |
| | 小　计 | 19 | 2 | 10.5 | 4 | 21.1 | 6 | 31.6 | 7 | 36.8 | 中势 |
| 合　计 | | 130 | 22 | 16.9 | 27 | 20.8 | 37 | 28.5 | 44 | 33.8 | 中势 |

为了进一步明确影响云南省环境竞争力变化的具体指标，也便于对相关指标进行深入分析，从而为提升云南省环境竞争力提供决策参考，表25－6－5列出了环境竞争力指标体系中直接影响云南省环境竞争力升降的强势指标、优势指标和劣势指标。

表25－6－5　2012年云南省环境竞争力四级指标优劣度统计表

| 指标 | 强势指标 | 优势指标 | 劣势指标 |
|---|---|---|---|
| 生态环境竞争力（18个） | 野生动物种源繁育基地数（1个） | 自然保护区个数、野生植物种源培育基地数（2个） | 园林绿地面积、绿化覆盖面积、本年减少耕地面积、工业废气排放强度、工业二氧化硫排放强度、工业烟（粉）尘排放强度、工业废水排放强度、工业废水中化学需氧量排放强度、工业固体废物排放强度、化肥施用强度、农药施用强度（11个） |
| 资源环境竞争力（56个） | 降水量、用水总量、用水消耗量、耗水率、城市再生水利用率、园地面积、人均园地面积、可吸入颗粒物（PM10）浓度、林业用地面积、森林面积、造林总面积、森林蓄积量、活立木总蓄积量、主要非金属矿产基础储量、人均主要非金属矿产基础储量（15个） | 水资源总量、人均水资源量、土地总面积、耕地面积、人均耕地面积、沙化土地面积占土地总面积的比重、地均工业废气排放量、地均工业烟（粉）尘排放量、地均二氧化硫排放量、森林覆盖率、人工林面积、天然林比重、主要黑色金属矿产基础储量（13个） | 节灌率、土地资源利用效率、单位建设用地非农产业增加值、单位耕地面积农业增加值、工业烟（粉）尘排放总量、人均主要有色金属矿产基础储量、工业固体废物产生量、能源生产总量、单位地区生产总值能耗、单位地区生产总值电耗、单位工业增加值能耗、能源消费弹性系数（12个） |
| 环境管理竞争力（16个） | 地质灾害防治投资额、水土流失治理面积、城市污水处理率（3个） | 矿山环境恢复治理投入资金、工业固体废物综合利用量、工业固体废物处置量（3个） | 环境污染治理投资总额、工业固体废物处置利用率、工业用水重复利用率、生活垃圾无害化处理率（4个） |
| 环境影响竞争力（21个） | 地质灾害防治投资额（1个） | 突发环境事件次数、森林病虫鼠害防治率、人均工业废气排放量、人均工业废水排放量、人均生活污水排放量（5个） | 自然灾害受灾面积、自然灾害绝收面积占受灾面积比重、自然灾害直接经济损失、发生地质灾害起数、地质灾害直接经济损失、森林火灾次数、森林火灾火场总面积、受火灾森林面积、人均工业烟（粉）尘排放量、人均工业固体废物排放量（10个） |
| 环境协调竞争力（19个） | 工业增加值增长率与工业固体废物排放量增长率比差、人均工业增加值与人均水资源量比差（2个） | 人口自然增长率与能源消费量增长率比差、人口密度与人均耕地面积比差、人口密度与森林覆盖率比差、人均工业增加值与人均矿产基础储量比差（4个） | 人口自然增长率与工业废气排放量增长率比差、人口密度与人均水资源量比差、人口密度与人均矿产基础储量比差、工业增加值增长率与工业废水排放量增长率比差、人均工业增加值与人均工业废气排放量比差、人均工业增加值与森林覆盖率比差、人均工业增加值与人均能源生产量比差（7个） |

26

# 西藏自治区环境竞争力评价分析报告

西藏自治区简称藏，位于我国西南边疆，东靠四川省，北连新疆维吾尔自治区、青海省，南部和西部与缅甸、印度、不丹、尼泊尔等国接壤。西藏自治区地处素有"世界屋脊"之称的青藏高原。全区土地面积为122万多平方公里，2012年末总人口为308万人，人均GDP达到22936元。"十二五"中期（2010~2012年），西藏自治区环境竞争力的综合排位呈现波动保持趋势，2012年与2010年均排名第29位，在全国处于劣势地位。

## 26.1 西藏自治区生态环境竞争力评价分析

### 26.1.1 西藏自治区生态环境竞争力评价结果

2010~2012年西藏自治区生态环境竞争力排位和排位变化情况及其下属2个三级指标和18个四级指标的评价结果，如表26-1-1所示；生态环境竞争力各级指标的优劣势情况，如表26-1-2所示。

表26-1-1 2010~2012年西藏自治区生态环境竞争力各级指标的得分、排名及优劣度分析表

| 指 标 项 目 | 2012年 | | | 2011年 | | | 2010年 | | | 综合变化 | | |
|---|---|---|---|---|---|---|---|---|---|---|---|---|
| | 得分 | 排名 | 优劣度 | 得分 | 排名 | 优劣度 | 得分 | 排名 | 优劣度 | 得分变化 | 排名变化 | 趋势变化 |
| **生态环境竞争力** | 52.6 | 5 | 优势 | 51.5 | 6 | 优势 | 49.2 | 11 | 中势 | 3.4 | 6 | 持续↑ |
| （1）生态建设竞争力 | 26.0 | 11 | 中势 | 26.0 | 10 | 优势 | 27.5 | 9 | 优势 | -1.5 | -2 | 持续↓ |
| 国家级生态示范区个数 | 0.0 | 30 | 劣势 | 0.0 | 30 | 劣势 | 0.0 | 30 | 劣势 | 0.0 | 0 | 持续→ |
| 公园面积 | 0.0 | 31 | 劣势 | 0.0 | 31 | 劣势 | 0.0 | 31 | 劣势 | 0.0 | 0 | 持续→ |
| 园林绿地面积 | 0.0 | 31 | 劣势 | 0.0 | 31 | 劣势 | 0.0 | 31 | 劣势 | 0.0 | 0 | 持续→ |
| 绿化覆盖面积 | 0.1 | 30 | 劣势 | 0.0 | 31 | 劣势 | 0.0 | 31 | 劣势 | 0.1 | 1 | 持续↑ |
| 本年减少耕地面积 | 100.0 | 1 | 强势 | 100.0 | 1 | 强势 | 100.0 | 1 | 强势 | 0.0 | 0 | 持续→ |
| 自然保护区个数 | 11.8 | 19 | 中势 | 11.8 | 19 | 中势 | 11.8 | 19 | 中势 | 0.0 | 0 | 持续→ |
| 自然保护区面积占土地总面积比重 | 100.0 | 1 | 强势 | 100.0 | 1 | 强势 | 100.0 | 1 | 强势 | 0.0 | 0 | 持续→ |
| 野生动物种源繁育基地数 | 0.8 | 26 | 劣势 | 0.8 | 23 | 劣势 | 0.8 | 23 | 劣势 | 0.0 | -3 | 持续↓ |
| 野生植物种源培育基地数 | 0.0 | 23 | 劣势 | 0.0 | 24 | 劣势 | 0.0 | 24 | 劣势 | 0.0 | 1 | 持续↑ |
| （2）生态效益竞争力 | 92.6 | 3 | 强势 | 89.6 | 4 | 优势 | 81.8 | 15 | 中势 | 10.8 | 12 | 持续↑ |
| 工业废气排放强度 | 88.9 | 14 | 中势 | 90.2 | 12 | 中势 | 90.2 | 12 | 中势 | -1.3 | -2 | 持续↓ |
| 工业二氧化硫排放强度 | 98.6 | 2 | 强势 | 98.2 | 2 | 强势 | 98.2 | 2 | 强势 | 0.4 | 0 | 持续→ |

续表

| 指标\项目 | 2012 年 | | | 2011 年 | | | 2010 年 | | | 综合变化 | | |
|---|---|---|---|---|---|---|---|---|---|---|---|---|
| | 得分 | 排名 | 优劣度 | 得分 | 排名 | 优劣度 | 得分 | 排名 | 优劣度 | 得分变化 | 排名变化 | 趋势变化 |
| 工业烟(粉)尘排放强度 | 95.9 | 7 | 优势 | 64.4 | 23 | 劣势 | 64.4 | 23 | 劣势 | 31.6 | 16 | 持续↑ |
| 工业废水排放强度 | 80.3 | 6 | 优势 | 77.4 | 9 | 优势 | 77.4 | 9 | 优势 | 2.9 | 3 | 持续↑ |
| 工业废水中化学需氧量排放强度 | 87.5 | 21 | 劣势 | 86.0 | 22 | 劣势 | 86.0 | 22 | 劣势 | 1.5 | 1 | 持续↑ |
| 工业废水中氨氮排放强度 | 85.6 | 21 | 劣势 | 89.0 | 16 | 中势 | 89.0 | 16 | 中势 | -3.4 | -5 | 持续↓ |
| 工业固体废物排放强度 | 100.0 | 1 | 强势 | 99.3 | 14 | 中势 | 99.3 | 14 | 中势 | 0.7 | 13 | 持续↑ |
| 化肥施用强度 | 100.0 | 1 | 强势 | 100.0 | 1 | 强势 | 100.0 | 1 | 强势 | 0.0 | 0 | 持续→ |
| 农药施用强度 | 100.0 | 1 | 强势 | 100.0 | 1 | 强势 | 100.0 | 1 | 强势 | 0.0 | 0 | 持续→ |

**表 26-1-2 2012 年西藏自治区生态环境竞争力各级指标的优劣度结构表**

| 二级指标 | 三级指标 | 四级指标数 | 强势指标 | | 优势指标 | | 中势指标 | | 劣势指标 | | 优劣度 |
|---|---|---|---|---|---|---|---|---|---|---|---|
| | | | 个数 | 比重(%) | 个数 | 比重(%) | 个数 | 比重(%) | 个数 | 比重(%) | |
| 生态环境竞争力 | 生态建设竞争力 | 9 | 2 | 22.2 | 0 | 0.0 | 1 | 11.1 | 6 | 66.7 | 中势 |
| | 生态效益竞争力 | 9 | 4 | 44.4 | 2 | 22.2 | 1 | 11.1 | 2 | 22.2 | 强势 |
| | 小计 | 18 | 6 | 33.3 | 2 | 11.1 | 2 | 11.1 | 8 | 44.4 | 优势 |

2010~2012 年西藏自治区生态环境竞争力的综合排位呈现持续上升趋势，2012 年排名第 5 位，比 2010 年上升了 6 位，在全国处于上游区。

从生态环境竞争力要素指标的变化趋势来看，有 1 个指标处于持续下降趋势，即生态建设竞争力；有 1 个指标处于持续上升趋势，为生态效益竞争力。

从生态环境竞争力基础指标的优劣度结构来看，在 18 个基础指标中，指标的优劣度结构为 33.3：11.1：11.1：44.4。强势和优势指标所占比重与劣势指标的比重相当，强势和优势指标占主导地位。

### 26.1.2 西藏自治区生态环境竞争力比较分析

图 26-1-1 将 2010~2012 年西藏自治区生态环境竞争力与全国最高水平和平均水平进行比较。由图可知，评价期内西藏自治区生态环境竞争力得分普遍高于 49 分，说明西藏自治区生态环境竞争力处于较高水平。

从生态环境竞争力的整体得分比较来看，2010 年，西藏自治区生态环境竞争力得分与全国最高分相比有 16.5 分的差距，但与全国平均分相比，则高出 2.8 分；到了 2012 年，西藏自治区生态环境竞争力得分与全国最高分的差距缩小为 12.4 分，高于全国平均分 7.2 分。总的来看，2010~2012 年西藏自治区生态环境竞争力与最高分的差距呈缩小趋势，表明生态建设和效益不断提升。

从生态环境竞争力的要素得分比较来看，2012 年，西藏自治区生态建设竞争力和生态

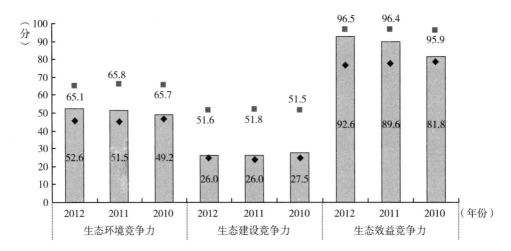

图 26 - 1 - 1　2010～2012 年西藏自治区生态环境竞争力指标得分比较

效益竞争力的得分分别为 26 分和 92.6 分，分别比最高分低 25.6 分和 3.9 分，分别高于平均分 1.3 分和 16 分；与 2010 年相比，西藏自治区生态建设竞争力得分与最高分的差距扩大了 1.7 分，生态效益竞争力得分与最高分的差距缩小了 10.3 分。

### 26.1.3　西藏自治区生态环境竞争力变化动因分析

二级指标生态环境竞争力的变化是三级要素指标变化综合作用的结果，而三级要素指标变化又是四级基础指标变化作用的结果。三级和四级指标的变动情况如表 26 - 1 - 1 所示。

从要素指标来看，西藏自治区生态环境竞争力的 2 个要素指标中，生态建设竞争力的排名下降了 2 位，生态效益竞争力的排名上升了 12 位，受指标排位升降的综合影响，西藏自治区生态环境竞争力上升了 6 位。

从基础指标来看，西藏自治区生态环境竞争力的 18 个基础指标中，上升指标有 6 个，占指标总数的 33.3%，主要分布在生态效益竞争力指标组；下降指标有 3 个，占指标总数的 16.7%，也主要分布在生态效益竞争力指标组。上升指标的数量大于下降指标的数量，受此影响，评价期内西藏自治区生态环境竞争力排名上升了 6 位。

## 26.2　西藏自治区资源环境竞争力评价分析

### 26.2.1　西藏自治区资源环境竞争力评价结果

2010～2012 年西藏自治区资源环境竞争力排位和排位变化情况及其下属 6 个三级指标和 56 个四级指标的评价结果，如表 26 - 2 - 1 所示；资源环境竞争力各级指标的优劣势情况，如表 26 - 2 - 2 所示。

表 26 - 2 - 1　2010～2012 年西藏自治区资源环境竞争力各级指标的得分、排名及优劣度分析表

| 指标项目 | 2012 年 | | | 2011 年 | | | 2010 年 | | | 综合变化 | | |
|---|---|---|---|---|---|---|---|---|---|---|---|---|
| | 得分 | 排名 | 优劣度 | 得分 | 排名 | 优劣度 | 得分 | 排名 | 优劣度 | 得分变化 | 排名变化 | 趋势变化 |
| **资源环境竞争力** | 59.2 | 1 | 强势 | 59.1 | 1 | 强势 | 59.2 | 1 | 强势 | 0.0 | 0 | 持续→ |
| （1）水环境竞争力 | 67.1 | 1 | 强势 | 66.9 | 1 | 强势 | 66.9 | 1 | 强势 | 0.2 | 0 | 持续→ |
| 水资源总量 | 100.0 | 1 | 强势 | 100.0 | 1 | 强势 | 100.0 | 1 | 强势 | 0.0 | 0 | 持续→ |
| 人均水资源量 | 100.0 | 1 | 强势 | 100.0 | 1 | 强势 | 100.0 | 1 | 强势 | 0.0 | 0 | 持续→ |
| 降水量 | 100.0 | 1 | 强势 | 100.0 | 1 | 强势 | 100.0 | 1 | 强势 | 0.0 | 0 | 持续→ |
| 供水总量 | 1.2 | 29 | 劣势 | 1.5 | 30 | 劣势 | 3.7 | 28 | 劣势 | -2.5 | -1 | 波动↓ |
| 用水总量 | 97.7 | 1 | 强势 | 97.6 | 1 | 强势 | 97.6 | 1 | 强势 | 0.1 | 0 | 持续→ |
| 用水消耗量 | 98.9 | 1 | 强势 | 98.7 | 1 | 强势 | 98.4 | 1 | 强势 | 0.5 | 0 | 持续→ |
| 耗水率 | 41.9 | 1 | 强势 | 41.9 | 1 | 强势 | 40.0 | 1 | 强势 | 1.9 | 0 | 持续→ |
| 节灌率 | 10.5 | 24 | 劣势 | 8.6 | 26 | 劣势 | 9.0 | 26 | 劣势 | 1.5 | 2 | 持续↑ |
| 城市再生水利用率 | 0.0 | 29 | 劣势 | 0.0 | 29 | 劣势 | 0.0 | 27 | 劣势 | 0.0 | -2 | 持续↓ |
| 工业废水排放总量 | 100.0 | 1 | 强势 | 100.0 | 1 | 强势 | 100.0 | 1 | 强势 | 0.0 | 0 | 持续→ |
| 生活污水排放量 | 100.0 | 1 | 强势 | 100.0 | 1 | 强势 | 100.0 | 1 | 强势 | 0.0 | 0 | 持续→ |
| （2）土地环境竞争力 | 34.4 | 3 | 强势 | 34.4 | 3 | 强势 | 34.7 | 3 | 强势 | -0.2 | 0 | 持续→ |
| 土地总面积 | 73.7 | 2 | 强势 | 73.7 | 2 | 强势 | 73.7 | 2 | 强势 | 0.0 | 0 | 持续→ |
| 耕地面积 | 1.4 | 29 | 劣势 | 1.4 | 29 | 劣势 | 1.4 | 29 | 劣势 | 0.0 | 0 | 持续→ |
| 人均耕地面积 | 36.3 | 9 | 优势 | 36.9 | 9 | 优势 | 37.1 | 9 | 优势 | -0.8 | 0 | 持续→ |
| 牧草地面积 | 98.2 | 2 | 强势 | 98.2 | 2 | 强势 | 98.2 | 2 | 强势 | 0.0 | 0 | 持续→ |
| 人均牧草地面积 | 100.0 | 1 | 强势 | 100.0 | 1 | 强势 | 100.0 | 1 | 强势 | 0.0 | 0 | 持续→ |
| 园地面积 | 0.0 | 31 | 劣势 | 0.0 | 31 | 劣势 | 0.0 | 31 | 劣势 | 0.0 | 0 | 持续→ |
| 人均园地面积 | 0.0 | 31 | 劣势 | 0.0 | 31 | 劣势 | 0.0 | 31 | 劣势 | 0.0 | 0 | 持续→ |
| 土地资源利用效率 | 0.0 | 31 | 劣势 | 0.0 | 31 | 劣势 | 0.0 | 31 | 劣势 | 0.0 | 0 | 持续→ |
| 建设用地面积 | 100.0 | 1 | 强势 | 100.0 | 1 | 强势 | 100.0 | 1 | 强势 | 0.0 | 0 | 持续→ |
| 单位建设用地非农产业增加值 | 5.7 | 25 | 劣势 | 4.9 | 26 | 劣势 | 4.7 | 25 | 劣势 | 1.0 | 0 | 波动→ |
| 单位耕地面积农业增加值 | 4.7 | 25 | 劣势 | 5.8 | 25 | 劣势 | 8.7 | 23 | 劣势 | -4.0 | -2 | 持续↓ |
| 沙化土地面积占土地总面积的比重 | 60.8 | 28 | 劣势 | 60.8 | 28 | 劣势 | 60.8 | 28 | 劣势 | 0.0 | 0 | 持续→ |
| 当年新增种草面积 | 7.5 | 12 | 中势 | 5.2 | 17 | 中势 | 4.8 | 15 | 中势 | 2.7 | 3 | 波动↑ |
| （3）大气环境竞争力 | 98.9 | 1 | 强势 | 99.0 | 1 | 强势 | 99.1 | 1 | 强势 | -0.2 | 0 | 持续→ |
| 工业废气排放总量 | 100.0 | 1 | 强势 | 100.0 | 1 | 强势 | 100.0 | 1 | 强势 | 0.0 | 0 | 持续→ |
| 地均工业废气排放量 | 100.0 | 1 | 强势 | 100.0 | 1 | 强势 | 100.0 | 1 | 强势 | 0.0 | 0 | 持续→ |
| 工业烟（粉）尘排放总量 | 100.0 | 1 | 强势 | 100.0 | 1 | 强势 | 100.0 | 1 | 强势 | 0.0 | 0 | 持续→ |
| 地均工业烟（粉）尘排放量 | 100.0 | 1 | 强势 | 100.0 | 1 | 强势 | 100.0 | 1 | 强势 | 0.0 | 0 | 持续→ |
| 工业二氧化硫排放总量 | 100.0 | 1 | 强势 | 100.0 | 1 | 强势 | 100.0 | 1 | 强势 | 0.0 | 0 | 持续→ |
| 地均二氧化硫排放量 | 100.0 | 1 | 强势 | 100.0 | 1 | 强势 | 100.0 | 1 | 强势 | 0.0 | 0 | 持续→ |
| 全省设区市优良天数比例 | 96.2 | 3 | 强势 | 96.8 | 2 | 强势 | 96.8 | 2 | 强势 | -0.6 | -1 | 持续↓ |
| 可吸入颗粒物（PM10）浓度 | 95.1 | 4 | 优势 | 95.6 | 3 | 强势 | 96.2 | 2 | 强势 | -1.1 | -2 | 持续↓ |
| （4）森林环境竞争力 | 51.8 | 5 | 优势 | 51.5 | 5 | 优势 | 51.8 | 5 | 优势 | 0.0 | 0 | 持续→ |
| 林业用地面积 | 39.6 | 5 | 优势 | 39.6 | 5 | 优势 | 39.6 | 5 | 优势 | 0.0 | 0 | 持续→ |
| 森林面积 | 61.7 | 4 | 优势 | 61.7 | 5 | 优势 | 61.7 | 5 | 优势 | 0.0 | 1 | 持续↑ |
| 森林覆盖率 | 13.4 | 24 | 劣势 | 13.4 | 24 | 劣势 | 13.4 | 24 | 劣势 | 0.0 | 0 | 持续→ |

| 指　标　项　目 | 2012 年 | | | 2011 年 | | | 2010 年 | | | 综合变化 | | |
|---|---|---|---|---|---|---|---|---|---|---|---|---|
| | 得分 | 排名 | 优劣度 | 得分 | 排名 | 优劣度 | 得分 | 排名 | 优劣度 | 得分变化 | 排名变化 | 趋势变化 |
| 人工林面积 | 0.0 | 31 | 劣势 | 0.0 | 31 | 劣势 | 0.0 | 31 | 劣势 | 0.0 | 0 | 持续→ |
| 天然林比重 | 100.0 | 1 | 强势 | 100.0 | 1 | 强势 | 100.0 | 1 | 强势 | 0.0 | 0 | 持续→ |
| 造林总面积 | 9.1 | 23 | 劣势 | 6.3 | 24 | 劣势 | 9.2 | 24 | 劣势 | -0.1 | 1 | 持续↑ |
| 森林蓄积量 | 100.0 | 1 | 强势 | 100.0 | 1 | 强势 | 100.0 | 1 | 强势 | 0.0 | 0 | 持续→ |
| 活立木总蓄积量 | 100.0 | 1 | 强势 | 100.0 | 1 | 强势 | 100.0 | 1 | 强势 | 0.0 | 0 | 持续→ |
| (5)矿产环境竞争力 | 11.4 | 25 | 劣势 | 11.3 | 26 | 劣势 | 11.3 | 26 | 劣势 | 0.1 | 1 | 持续↑ |
| 主要黑色金属矿产基础储量 | 0.3 | 27 | 劣势 | 0.4 | 27 | 劣势 | 0.4 | 25 | 劣势 | -0.1 | -2 | 持续↓ |
| 人均主要黑色金属矿产基础储量 | 4.8 | 16 | 中势 | 5.2 | 16 | 中势 | 5.6 | 12 | 中势 | -0.7 | -4 | 持续↓ |
| 主要有色金属矿产基础储量 | 0.3 | 29 | 劣势 | 0.2 | 29 | 劣势 | 0.2 | 28 | 劣势 | 0.1 | -1 | 持续↓ |
| 人均主要有色金属矿产基础储量 | 4.5 | 25 | 劣势 | 3.2 | 26 | 劣势 | 3.1 | 25 | 劣势 | 1.4 | 0 | 波动→ |
| 主要非金属矿产基础储量 | 0.0 | 25 | 劣势 | 0.0 | 25 | 劣势 | 0.0 | 24 | 劣势 | 0.0 | -1 | 持续↓ |
| 人均主要非金属矿产基础储量 | 0.0 | 25 | 劣势 | 0.0 | 25 | 劣势 | 0.0 | 24 | 劣势 | 0.0 | -1 | 持续↓ |
| 主要能源矿产基础储量 | 0.0 | 30 | 劣势 | 0.0 | 30 | 劣势 | 0.0 | 30 | 劣势 | 0.0 | 0 | 持续→ |
| 人均主要能源矿产基础储量 | 0.2 | 28 | 劣势 | 0.2 | 28 | 劣势 | 0.1 | 28 | 劣势 | 0.1 | 0 | 持续→ |
| 工业固体废物产生量 | 100.0 | 1 | 强势 | 100.0 | 1 | 强势 | 100.0 | 1 | 强势 | 0.0 | 0 | 持续→ |
| (6)能源环境竞争力 | 85.5 | 1 | 强势 | 85.4 | 3 | 强势 | 85.5 | 1 | 强势 | 0.0 | 0 | 波动→ |
| 能源生产总量 | 100.0 | 2 | 强势 | 100.0 | 1 | 强势 | 100.0 | 1 | 强势 | 0.0 | -1 | 持续↓ |
| 能源消费总量 | 100.0 | 1 | 强势 | 100.0 | 1 | 强势 | 100.0 | 1 | 强势 | 0.0 | 0 | 持续→ |
| 单位地区生产总值能耗 | 100.0 | 1 | 强势 | 100.0 | 1 | 强势 | 100.0 | 1 | 强势 | 0.0 | 0 | 持续→ |
| 单位地区生产总值电耗 | 100.0 | 1 | 强势 | 100.0 | 1 | 强势 | 100.0 | 1 | 强势 | 0.0 | 0 | 持续→ |
| 单位工业增加值能耗 | 100.0 | 1 | 强势 | 100.0 | 1 | 强势 | 100.0 | 1 | 强势 | 0.0 | 0 | 持续→ |
| 能源生产弹性系数 | 0.0 | 31 | 劣势 | 0.0 | 31 | 劣势 | 0.0 | 31 | 劣势 | 0.0 | 0 | 持续→ |
| 能源消费弹性系数 | 100.0 | 1 | 强势 | 99.0 | 3 | 强势 | 100.0 | 1 | 强势 | 0.0 | 0 | 波动→ |

表 26 - 2 - 2　2012 年西藏自治区资源环境竞争力各级指标的优劣度结构表

| 二级指标 | 三级指标 | 四级指标数 | 强势指标 | | 优势指标 | | 中势指标 | | 劣势指标 | | 优劣度 |
|---|---|---|---|---|---|---|---|---|---|---|---|
| | | | 个数 | 比重(%) | 个数 | 比重(%) | 个数 | 比重(%) | 个数 | 比重(%) | |
| 资源环境竞争力 | 水环境竞争力 | 11 | 8 | 72.7 | 0 | 0.0 | 0 | 0.0 | 3 | 27.3 | 强势 |
| | 土地环境竞争力 | 13 | 4 | 30.8 | 1 | 7.7 | 1 | 7.7 | 7 | 53.8 | 强势 |
| | 大气环境竞争力 | 8 | 7 | 87.5 | 1 | 12.5 | 0 | 0.0 | 0 | 0.0 | 强势 |
| | 森林环境竞争力 | 8 | 3 | 37.5 | 2 | 25.0 | 0 | 0.0 | 3 | 37.5 | 优势 |
| | 矿产环境竞争力 | 9 | 1 | 11.1 | 0 | 0.0 | 1 | 11.1 | 7 | 77.8 | 劣势 |
| | 能源环境竞争力 | 7 | 6 | 85.7 | 0 | 0.0 | 0 | 0.0 | 1 | 14.3 | 强势 |
| 小　计 | | 56 | 29 | 51.8 | 4 | 7.1 | 2 | 3.6 | 21 | 37.5 | 强势 |

　　2010～2012 年西藏自治区资源环境竞争力的综合排位呈现保持不变,2012 年排名第 1 位,与 2010 年排位相同,在全国处于上游区。

　　从资源环境竞争力的要素指标变化趋势来看,有 1 个指标处于上升趋势,即矿产环境竞争力;其余水环境竞争力、土地环境竞争力、能源环境竞争力、森林环境竞争力、大气环境竞争力 5 个指标均处于保持趋势。

从资源环境竞争力的基础指标分布来看，在 56 个基础指标中，指标的优劣度结构为 51.8∶7.1∶3.6∶37.5。强势指标所占比重显著高于劣势指标的比重，表明强势指标占主导地位。

### 26.2.2 西藏自治区资源环境竞争力比较分析

图 26 - 2 - 1 将 2010 ~ 2012 年西藏自治区资源环境竞争力与全国最高水平和平均水平进行比较。由图可知，评价期内西藏自治区资源环境竞争力得分普遍高于 59 分，且呈现波动保持趋势，说明西藏自治区资源环境竞争力保持较高水平。

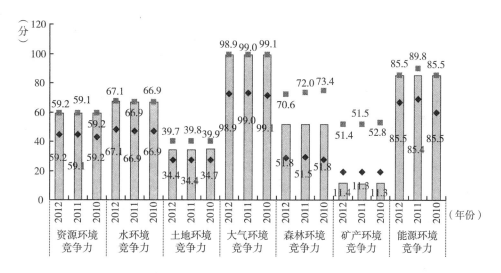

图 26 - 2 - 1　2010 ~ 2012 年西藏自治区资源环境竞争力指标得分比较

从资源环境竞争力的整体得分比较来看，2010 年，西藏自治区资源环境竞争力得分为全国最高分，比全国平均分高了 16.2 分；到 2012 年，西藏自治区资源环境竞争力得分仍然是全国最高分，高于全国平均分 14.6 分。总的来看，2010 ~ 2012 年西藏自治区资源环境竞争力均处于全国最高分的位置，继续在全国处于上游地位。

从资源环境竞争力的要素得分比较来看，2012 年，西藏自治区水环境竞争力、土地环境竞争力、大气环境竞争力、森林环境竞争力、矿产环境竞争力和能源环境竞争力的得分分别为 67.1 分、34.4 分、98.9 分、51.8 分、11.4 分和 85.5 分，水环境竞争力、大气环境竞争力、能源环境竞争力为全国最高分，土地环境竞争力、森林环境竞争力和矿产环境竞争力分别比最高分低 5.3 分、18.8 分、40 分；与 2010 年相比，西藏自治区土地环境竞争力与最高分的差距扩大了，森林环境竞争力和矿产环境竞争力的得分与最高分的差距都缩小了。

### 26.2.3 西藏自治区资源环境竞争力变化动因分析

二级指标资源环境竞争力的变化是三级要素指标变化综合作用的结果，而三级要素指标变化又是四级基础指标变化作用的结果。三级和四级指标的变动情况如表 26 - 2 - 1 所示。

从要素指标来看，西藏自治区资源环境竞争力的 6 个要素指标中，水环境竞争力、土地环境竞争力、能源环境竞争力、森林环境竞争力、大气环境竞争力 5 个指标均处于保持趋势；矿产环境竞争力出现上升，受此影响，西藏自治区资源环境竞争力呈现持续保持趋势。

从基础指标来看，西藏自治区资源环境竞争力的 56 个基础指标中，上升指标有 4 个，占指标总数的 7.1%；下降指标有 11 个，占指标总数的 19.6%；保持不变的指标 41 个，占指标总数的 73.2%。排位下降的指标数量大于排位上升的指标数量，在升降因素的综合影响下，2012 年西藏自治区资源环境竞争力排名呈现持续保持。

## 26.3 西藏自治区环境管理竞争力评价分析

### 26.3.1 西藏自治区环境管理竞争力评价结果

2010～2012 年西藏自治区环境管理竞争力排位和排位变化情况及其下属 2 个三级指标和 16 个四级指标的评价结果，如表 26-3-1 所示；环境管理竞争力各级指标的优劣势情况，如表 26-3-2 所示。

表 26-3-1 2010～2012 年西藏自治区环境管理竞争力各级指标的得分、排名及优劣度分析表

| 指标项目 | | 2012 年 | | 2011 年 | | 2010 年 | | 综合变化 | |
|---|---|---|---|---|---|---|---|---|---|
| | 得分 | 排名 | 优劣度 | 得分 | 排名 | 优劣度 | 得分 | 排名 | 优劣度 | 得分变化 | 排名变化 | 趋势变化 |
| **环境管理竞争力** | 0.9 | 31 | 劣势 | 6.5 | 31 | 劣势 | 0.6 | 31 | 劣势 | 0.3 | 0 | 持续→ |
| （1）环境治理竞争力 | 2.0 | 31 | 劣势 | 14.9 | 24 | 劣势 | 1.4 | 31 | 劣势 | 0.7 | 0 | 波动→ |
| 环境污染治理投资总额 | 0.0 | 31 | 劣势 | 0.3 | 29 | 劣势 | 0.0 | 31 | 劣势 | 0.0 | 0 | 波动→ |
| 环境污染治理投资总额占地方生产总值比重 | 3.9 | 30 | 劣势 | 100.0 | 1 | 强势 | 0.0 | 31 | 劣势 | 3.9 | 1 | 波动↑ |
| 废气治理设施年运行费用 | 0.0 | 31 | 劣势 | 0.0 | 31 | 劣势 | 0.0 | 31 | 劣势 | 0.0 | 0 | 持续→ |
| 废水治理设施处理能力 | 0.0 | 31 | 劣势 | 0.0 | 31 | 劣势 | 0.0 | 31 | 劣势 | 0.0 | 0 | 持续→ |
| 废水治理设施年运行费用 | 0.0 | 31 | 劣势 | 0.0 | 31 | 劣势 | 0.0 | 31 | 劣势 | 0.0 | 0 | 持续→ |
| 矿山环境恢复治理投入资金 | 0.0 | 30 | 劣势 | 1.3 | 30 | 劣势 | 1.5 | 29 | 劣势 | -1.5 | -1 | 持续↓ |
| 本年矿山恢复面积 | 0.0 | 30 | 劣势 | 0.2 | 29 | 劣势 | 2.6 | 20 | 中势 | -2.6 | -10 | 持续↓ |
| 地质灾害防治投资额 | 4.9 | 21 | 劣势 | 2.3 | 24 | 劣势 | 0.6 | 25 | 劣势 | 4.4 | 4 | 持续↑ |
| 水土流失治理面积 | 1.6 | 28 | 劣势 | 0.4 | 29 | 劣势 | 0.4 | 29 | 劣势 | 1.3 | 1 | 持续↑ |
| 土地复垦面积占新增耕地面积的比重 | 10.0 | 17 | 中势 | 10.0 | 17 | 中势 | 10.0 | 17 | 中势 | 0.0 | 0 | 持续→ |
| （2）环境友好竞争力 | 0.0 | 31 | 劣势 | 0.0 | 31 | 劣势 | 0.0 | 31 | 劣势 | 0.0 | 0 | 持续→ |
| 工业固体废物综合利用量 | 0.0 | 31 | 劣势 | 0.0 | 31 | 劣势 | 0.0 | 31 | 劣势 | 0.0 | 0 | 持续→ |
| 工业固体废物处置量 | 0.2 | 29 | 劣势 | 0.1 | 29 | 劣势 | 0.0 | 31 | 劣势 | 0.2 | 2 | 持续↑ |
| 工业固体废物处置利用率 | 0.0 | 31 | 劣势 | 0.0 | 31 | 劣势 | 0.0 | 31 | 劣势 | 0.0 | 0 | 持续→ |
| 工业用水重复利用率 | 0.0 | 30 | 劣势 | 0.0 | 31 | 劣势 | 0.0 | 31 | 劣势 | 0.0 | 1 | 持续↑ |
| 城市污水处理率 | 0.0 | 31 | 劣势 | 0.0 | 31 | 劣势 | 0.0 | 31 | 劣势 | 0.0 | 0 | 持续→ |
| 生活垃圾无害化处理率 | 0.0 | 31 | 劣势 | 0.0 | 31 | 劣势 | 0.0 | 31 | 劣势 | 0.0 | 0 | 持续→ |

表 26 – 3 – 2　2012 年西藏自治区环境管理竞争力各级指标的优劣度结构表

| 二级指标 | 三级指标 | 四级指标数 | 强势指标 | | 优势指标 | | 中势指标 | | 劣势指标 | | 优劣度 |
| --- | --- | --- | --- | --- | --- | --- | --- | --- | --- | --- | --- |
| | | | 个数 | 比重（%） | 个数 | 比重（%） | 个数 | 比重（%） | 个数 | 比重（%） | |
| 环境管理竞争力 | 环境治理竞争力 | 10 | 0 | 0.0 | 0 | 0.0 | 1 | 10.0 | 9 | 90.0 | 劣势 |
| | 环境友好竞争力 | 6 | 0 | 0.0 | 0 | 0.0 | 0 | 0.0 | 6 | 100.0 | 劣势 |
| | 小　　计 | 16 | 0 | 0.0 | 0 | 0.0 | 1 | 6.3 | 15 | 93.8 | 劣势 |

2010～2012 年西藏自治区环境管理竞争力的综合排位保持不变，2012 年排名第 31 位，与 2010 年排位相同，在全国处于下游区。

从环境管理竞争力的要素指标变化趋势来看，有 1 个指标处于波动保持趋势，即环境治理竞争力，而环境友好竞争力呈持续保持。

从环境管理竞争力的基础指标分布来看，在 16 个基础指标中，指标的优劣度结构为 0：0：6.3：93.8。劣势指标所占比重显著高于强势和优势指标的比重，表明劣势指标占主导地位。

### 26.3.2　西藏自治区环境管理竞争力比较分析

图 26 – 3 – 1 将 2010～2012 年西藏自治区环境管理竞争力与全国最高水平和平均水平进行比较。由图可知，评价期内西藏自治区环境管理竞争力得分普遍低于 7 分，呈现波动上升趋势，说明西藏自治区环境管理竞争力水平很低。

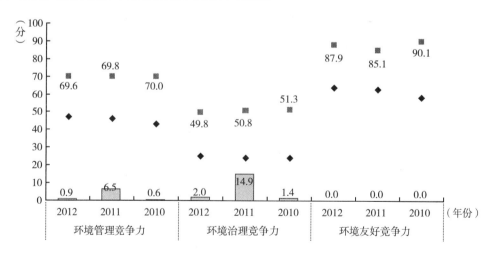

图 26 – 3 – 1　2010～2012 年西藏自治区环境管理竞争力指标得分比较

从环境管理竞争力的整体得分比较来看，2010 年，西藏自治区环境管理竞争力得分与全国最高分相比有 69.4 分的巨大差距，与全国平均分相比也有 42.8 分的差距；到 2012 年，西藏自治区环境管理竞争力得分与全国最高分的差距仍为 68.7 分，低出全国平均分 46.1 分。总的来看，2010～2012 年西藏自治区环境管理竞争力与最高分的差距呈缩小趋势，处

于全国较低水平。

从环境管理竞争力的要素得分比较来看，2012年，西藏自治区环境治理竞争力和环境友好竞争力的得分分别为2分和0分，分别比最高分低47.7分和87.9分，分别低于平均分23.2分和64.0分；与2010年相比，西藏自治区环境治理竞争力得分与最高分的差距缩小了2.2分，环境友好竞争力得分与最高分的差距缩小了2.2分。

### 26.3.3　西藏自治区环境管理竞争力变化动因分析

二级指标环境管理竞争力的变化是三级要素指标变化综合作用的结果，而三级要素指标变化又是四级基础指标变化作用的结果。三级和四级指标的变动情况如表26-3-1所示。

从要素指标来看，西藏自治区环境管理竞争力的2个要素指标中，环境治理竞争力与环境友好竞争力的排名均处于保持趋势，因此西藏自治区环境管理竞争力保持不变。

从基础指标来看，西藏自治区环境管理竞争力的16个基础指标中，上升指标有5个，占指标总数的31.3%，主要分布在环境治理竞争力指标组；下降指标有2个，占指标总数的12.5%，主要分布在环境治理竞争力指标组。虽然排位上升的指标数量大于排位下降的指标数量，但受其他因素综合影响，2012年西藏自治区环境管理竞争力排名保持不变。

## 26.4　西藏自治区环境影响竞争力评价分析

### 26.4.1　西藏自治区环境影响竞争力评价结果

2010~2012年西藏自治区环境影响竞争力排位和排位变化情况及其下属2个三级指标和21个四级指标的评价结果，如表26-4-1所示；环境影响竞争力各级指标的优劣势情况，如表26-4-2所示。

表26-4-1　2010~2012年西藏自治区环境影响竞争力各级指标的得分、排名及优劣度分析表

| 指标项目 | 2012年 | | | 2011年 | | | 2010年 | | | 综合变化 | | |
|---|---|---|---|---|---|---|---|---|---|---|---|---|
| | 得分 | 排名 | 优劣度 | 得分 | 排名 | 优劣度 | 得分 | 排名 | 优劣度 | 得分变化 | 排名变化 | 趋势变化 |
| **环境影响竞争力** | 89.5 | 1 | 强势 | 91.7 | 1 | 强势 | 87.9 | 1 | 强势 | 1.6 | 0 | 持续→ |
| (1)环境安全竞争力 | 82.2 | 7 | 优势 | 87.1 | 2 | 强势 | 78.5 | 11 | 中势 | 3.8 | 4 | 波动↑ |
| 自然灾害受灾面积 | 100.0 | 1 | 强势 | 99.6 | 2 | 强势 | 98.4 | 4 | 优势 | 1.6 | 3 | 持续↑ |
| 自然灾害绝收面积占受灾面积比重 | 13.6 | 29 | 劣势 | 100.0 | 1 | 强势 | 70.3 | 21 | 劣势 | -56.7 | -8 | 波动↓ |
| 自然灾害直接经济损失 | 100.0 | 1 | 强势 | 95.8 | 5 | 优势 | 98.9 | 4 | 优势 | 1.1 | 3 | 波动↑ |
| 发生地质灾害起数 | 98.3 | 16 | 中势 | 98.4 | 20 | 中势 | 97.3 | 13 | 中势 | 1.0 | -3 | 波动↓ |
| 地质灾害直接经济损失 | 99.0 | 16 | 中势 | 97.3 | 21 | 劣势 | 65.5 | 24 | 劣势 | 33.5 | 8 | 持续↑ |
| 地质灾害防治投资额 | 5.3 | 21 | 劣势 | 2.3 | 23 | 劣势 | 0.6 | 25 | 劣势 | 4.8 | 4 | 持续↑ |
| 突发环境事件次数 | 100.0 | 1 | 强势 | 100.0 | 1 | 强势 | 100.0 | 1 | 强势 | 0.0 | 0 | 持续→ |

续表

| 指 项 标 目 | 2012 年 | | | 2011 年 | | | 2010 年 | | | 综合变化 | | |
|---|---|---|---|---|---|---|---|---|---|---|---|---|
| | 得分 | 排名 | 优劣度 | 得分 | 排名 | 优劣度 | 得分 | 排名 | 优劣度 | 得分变化 | 排名变化 | 趋势变化 |
| 森林火灾次数 | 98.6 | 8 | 优势 | 99.7 | 3 | 强势 | 99.7 | 4 | 优势 | −1.1 | −4 | 波动↓ |
| 森林火灾火场总面积 | 97.7 | 12 | 中势 | 99.8 | 3 | 强势 | 99.4 | 9 | 优势 | −1.7 | −3 | 波动↓ |
| 受火灾森林面积 | 97.1 | 17 | 中势 | 100.0 | 2 | 强势 | 99.9 | 7 | 优势 | −2.8 | −10 | 波动↓ |
| 森林病虫鼠害发生面积 | 83.7 | 11 | 中势 | 97.7 | 10 | 优势 | 75.5 | 13 | 中势 | 8.2 | 2 | 波动↑ |
| 森林病虫鼠害防治率 | 48.5 | 25 | 劣势 | 55.4 | 20 | 中势 | 14.0 | 29 | 劣势 | 34.5 | 4 | 波动↑ |
| (2)环境质量竞争力 | 94.7 | 1 | 强势 | 95.1 | 1 | 强势 | 94.7 | 1 | 强势 | 0.0 | 0 | 持续→ |
| 人均工业废气排放量 | 100.0 | 1 | 强势 | 100.0 | 1 | 强势 | 100.0 | 1 | 强势 | 0.0 | 0 | 持续→ |
| 人均二氧化硫排放量 | 85.9 | 12 | 中势 | 87.9 | 12 | 中势 | 100.0 | 1 | 强势 | −14.1 | −11 | 持续↓ |
| 人均工业烟(粉)尘排放量 | 100.0 | 1 | 强势 | 99.3 | 3 | 强势 | 100.0 | 1 | 强势 | 0.0 | 0 | 波动↑ |
| 人均工业废水排放量 | 100.0 | 1 | 强势 | 100.0 | 1 | 强势 | 100.0 | 1 | 强势 | 0.0 | 0 | 持续→ |
| 人均生活污水排放量 | 100.0 | 1 | 强势 | 100.0 | 1 | 强势 | 100.0 | 1 | 强势 | 0.0 | 0 | 持续→ |
| 人均化学需氧量排放量 | 85.3 | 5 | 优势 | 86.3 | 5 | 优势 | 99.1 | 2 | 强势 | −13.8 | −3 | 持续↓ |
| 人均工业固体废物排放量 | 100.0 | 1 | 强势 | 99.8 | 3 | 强势 | 70.4 | 27 | 劣势 | 29.6 | 26 | 持续↑ |
| 人均化肥施用量 | 85.8 | 4 | 优势 | 86.3 | 3 | 强势 | 85.3 | 4 | 强势 | 0.4 | −1 | 持续↓ |
| 人均农药施用量 | 97.4 | 4 | 优势 | 97.6 | 4 | 优势 | 97.2 | 5 | 优势 | 0.2 | 1 | 持续↑ |

表 26 – 4 – 2    2012 年西藏自治区环境影响竞争力各级指标的优劣度结构表

| 二级指标 | 三级指标 | 四级指标数 | 强势指标 | | 优势指标 | | 中势指标 | | 劣势指标 | | 优劣度 |
|---|---|---|---|---|---|---|---|---|---|---|---|
| | | | 个数 | 比重(%) | 个数 | 比重(%) | 个数 | 比重(%) | 个数 | 比重(%) | |
| 环境影响竞争力 | 环境安全竞争力 | 12 | 3 | 25.0 | 1 | 8.3 | 5 | 41.7 | 3 | 25.0 | 优势 |
| | 环境质量竞争力 | 9 | 5 | 55.6 | 3 | 33.3 | 1 | 11.1 | 0 | 0.0 | 强势 |
| | 小 计 | 21 | 8 | 38.1 | 4 | 19.0 | 6 | 28.6 | 3 | 14.3 | 强势 |

2010～2012 年西藏自治区环境影响竞争力的综合排位一直位居全国第一,在全国处于上游区。

从环境影响竞争力的要素指标变化趋势来看,有 1 个指标处于波动上升趋势,即环境安全竞争力;有 1 个指标处于持续保持趋势,为环境质量竞争力。

从环境影响竞争力的基础指标分布来看,在 21 个基础指标中,指标的优劣度结构为 38.1:19.0:28.6:14.3。强势指标所占比重高于劣势指标的比重,表明强势指标占主导地位。

## 26.4.2    西藏自治区环境影响竞争力比较分析

图 26 – 4 – 1 将 2010～2012 年西藏自治区环境影响竞争力与全国最高水平和平均水平进行比较。由图可知,评价期内西藏自治区环境影响竞争力得分普遍高于 87 分,且呈波动上升趋势,说明西藏自治区环境影响竞争力一直保持全国领先水平。

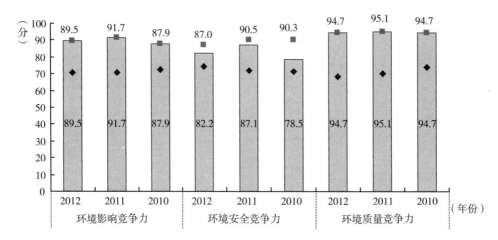

图 26 - 4 - 1　2010～2012 年西藏自治区环境影响竞争力指标得分比较

从环境影响竞争力的整体得分比较来看，2010 年，西藏自治区环境影响竞争力得分位居全国第一，高出全国平均水平 15.5 分；到 2012 年，西藏自治区环境影响竞争力得分继续保持全国领先地位，与全国平均水平的差距扩大到 18.9 分。总的来看，2010～2012 年西藏自治区环境影响竞争力位居全国第一，并不断拉大与全国平均水平的差距。

从环境影响竞争力的要素得分比较来看，2012 年，西藏自治区环境安全竞争力和环境质量竞争力的得分分别为 82.2 分和 94.7 分，前者比最高分低 4.7 分，但高出平均分 8 分；后者位居全国第一，比平均分高出 26.6 分；与 2010 年相比，西藏自治区环境安全竞争力得分与最高分的差距缩小了 7.1 分，环境质量竞争力得分与 2012 年一样保持全国第一。

### 26.4.3　西藏自治区环境影响竞争力变化动因分析

二级指标环境影响竞争力的变化是三级要素指标变化综合作用的结果，而三级要素指标变化又是四级基础指标变化作用的结果。三级和四级指标的变动情况如表 26 - 4 - 1 所示。

从要素指标来看，西藏自治区环境影响竞争力的 2 个要素指标中，环境安全竞争力的排名上升了 4 位，环境质量竞争力的排名持续保持不变，综合这两个指标的表现，西藏自治区环境影响竞争力继续领先全国。

从基础指标来看，西藏自治区环境影响竞争力的 21 个基础指标中，上升指标和下降指标各有 8 个，均占指标总数的 38.1%，都主要分布在环境安全竞争力指标组。排位上升的指标数量与排位下降的指标数量相当，同时受其他外部因素的综合影响，2012 年西藏自治区环境影响竞争力排名继续处于全国领先地位。

## 26.5　西藏自治区环境协调竞争力评价分析

### 26.5.1　西藏自治区环境协调竞争力评价结果

2010～2012 年西藏自治区环境协调竞争力排位和排位变化情况及其下属 2 个三级指标

和 19 个四级指标的评价结果，如表 26 - 5 - 1 所示；环境协调竞争力各级指标的优劣势情况，如表 26 - 5 - 2 所示。

表 26 - 5 - 1　2010～2012 年西藏自治区环境协调竞争力各级指标的得分、排名及优劣度分析表

| 指　标　项　目 | 2012 年 | | | 2011 年 | | | 2010 年 | | | 综合变化 | | |
|---|---|---|---|---|---|---|---|---|---|---|---|---|
| | 得分 | 排名 | 优劣度 | 得分 | 排名 | 优劣度 | 得分 | 排名 | 优劣度 | 得分变化 | 排名变化 | 趋势变化 |
| **环境协调竞争力** | 45.4 | 30 | 劣势 | 40.6 | 31 | 劣势 | 41.5 | 31 | 劣势 | 3.8 | 1 | 持续↑ |
| （1）人口与环境协调竞争力 | 36.0 | 30 | 劣势 | 38.8 | 28 | 劣势 | 34.1 | 30 | 劣势 | 2.0 | 0 | 波动→ |
| 人口自然增长率与工业废气排放量增长率比差 | 11.7 | 29 | 劣势 | 99.1 | 2 | 强势 | 0.0 | 31 | 劣势 | 11.7 | 2 | 波动↑ |
| 人口自然增长率与工业废水排放量增长率比差 | 49.6 | 26 | 劣势 | 0.0 | 31 | 劣势 | 0.0 | 31 | 劣势 | 49.6 | 5 | 持续↑ |
| 人口自然增长率与工业固体废物排放量增长率比差 | 0.0 | 31 | 劣势 | 2.8 | 30 | 劣势 | 43.8 | 26 | 劣势 | -43.8 | -5 | 持续↓ |
| 人口自然增长率与能源消费量增长率比差 | 0.0 | 31 | 劣势 | 0.0 | 31 | 劣势 | 0.0 | 31 | 劣势 | 0.0 | 0 | 持续→ |
| 人口密度与人均水资源量比差 | 100.0 | 1 | 强势 | 100.0 | 1 | 强势 | 100.0 | 1 | 强势 | 0.0 | 0 | 持续→ |
| 人口密度与人均耕地面积比差 | 23.1 | 18 | 中势 | 23.8 | 17 | 中势 | 23.9 | 17 | 中势 | -0.8 | -1 | 持续↓ |
| 人口密度与森林覆盖率比差 | 13.3 | 27 | 劣势 | 13.3 | 27 | 劣势 | 13.3 | 27 | 劣势 | 0.0 | 0 | 持续→ |
| 人口密度与人均矿产基础储量比差 | 0.0 | 31 | 劣势 | 0.0 | 31 | 劣势 | 0.0 | 31 | 劣势 | 0.0 | 0 | 持续→ |
| 人口密度与人均能源生产量比差 | 100.0 | 1 | 强势 | 100.0 | 1 | 强势 | 100.0 | 1 | 强势 | 0.0 | 0 | 持续→ |
| （2）经济与环境协调竞争力 | 51.5 | 29 | 劣势 | 41.8 | 29 | 劣势 | 46.4 | 30 | 劣势 | 5.1 | 1 | 持续↑ |
| 工业增加值增长率与工业废气排放量增长率比差 | 68.5 | 23 | 劣势 | 34.8 | 26 | 劣势 | 54.6 | 24 | 劣势 | 13.9 | 1 | 波动↑ |
| 工业增加值增长率与工业废水排放量增长率比差 | 54.5 | 24 | 劣势 | 15.7 | 26 | 劣势 | 52.8 | 22 | 劣势 | 1.7 | -2 | 波动↓ |
| 工业增加值增长率与工业固体废物排放量增长率比差 | 83.5 | 12 | 中势 | 61.3 | 16 | 中势 | 95.0 | 3 | 强势 | -11.6 | -9 | 波动↓ |
| 地区生产总值增长率与能源消费量增长率比差 | 69.8 | 15 | 中势 | 58.0 | 24 | 劣势 | 29.3 | 30 | 劣势 | 40.5 | 15 | 持续↑ |
| 人均工业增加值与人均水资源量比差 | 0.0 | 31 | 劣势 | 0.0 | 31 | 劣势 | 0.0 | 30 | 劣势 | 0.0 | -1 | 持续↓ |
| 人均工业增加值与人均耕地面积比差 | 61.2 | 23 | 劣势 | 60.4 | 23 | 劣势 | 60.1 | 22 | 劣势 | 1.1 | -1 | 持续↓ |
| 人均工业增加值与人均工业废气排放量比差 | 0.0 | 31 | 劣势 | 0.0 | 31 | 劣势 | 0.0 | 31 | 劣势 | 0.0 | 0 | 持续→ |
| 人均工业增加值与森林覆盖率比差 | 88.6 | 7 | 优势 | 88.8 | 7 | 优势 | 89.1 | 6 | 优势 | -0.5 | -1 | 持续↓ |
| 人均工业增加值与人均矿产基础储量比差 | 100.0 | 1 | 强势 | 100.0 | 1 | 强势 | 99.6 | 2 | 强势 | 0.4 | 1 | 持续↑ |
| 人均工业增加值与人均能源生产量比差 | 0.0 | 31 | 劣势 | 0.0 | 31 | 劣势 | 0.0 | 31 | 劣势 | 0.0 | 0 | 持续→ |

表 26 - 5 - 2　2012 年西藏自治区环境协调竞争力各级指标的优劣度结构表

| 二级指标 | 三级指标 | 四级指标数 | 强势指标 | | 优势指标 | | 中势指标 | | 劣势指标 | | 优劣度 |
|---|---|---|---|---|---|---|---|---|---|---|---|
| | | | 个数 | 比重（%） | 个数 | 比重（%） | 个数 | 比重（%） | 个数 | 比重（%） | |
| 环境协调竞争力 | 人口与环境协调竞争力 | 9 | 2 | 22.2 | 0 | 0.0 | 1 | 11.1 | 6 | 66.7 | 劣势 |
| | 经济与环境协调竞争力 | 10 | 1 | 10.0 | 1 | 10.0 | 2 | 20.0 | 6 | 60.0 | 劣势 |
| | 小　计 | 19 | 3 | 15.8 | 1 | 5.3 | 3 | 15.8 | 12 | 63.2 | 劣势 |

2010～2012 年西藏自治区环境协调竞争力的综合排位呈现持续上升，2012 年排名第 30 位，在全国处于下游区。

从环境协调竞争力的要素指标变化趋势来看，有 1 个指标处于波动保持，即人口与环境协调竞争力；有 1 个指标处于持续上升，为经济与环境协调竞争力。

从环境协调竞争力的基础指标分布来看，在 19 个基础指标中，指标的优劣度结构为

15.8：5.3：15.8：63.2，劣势指标所占比重高于强势和优势指标所占的比重，表明劣势指标占主导地位。

### 26.5.2 西藏自治区环境协调竞争力比较分析

图 26 - 5 - 1 将 2010～2012 年西藏自治区环境协调竞争力与全国最高水平和平均水平进行比较。由图可知，评价期内西藏自治区环境协调竞争力得分普遍低于 46 分，虽然三年来呈现波动上升趋势，但西藏自治区环境协调竞争力仍处于劣势地位。

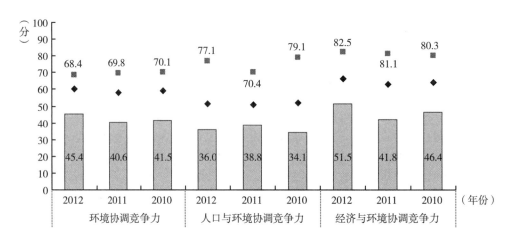

图 26 - 5 - 1 2010～2012 年西藏自治区环境协调竞争力指标得分比较

从环境协调竞争力的整体得分比较来看，2010 年，西藏自治区环境协调竞争力得分与全国最高分相比还有 28.5 分的差距，与全国平均分相比，也有 17.8 分的差距；到 2012 年，西藏自治区环境协调竞争力得分与全国最高分的差距缩小为 23 分，与全国平均分的差距缩小为 15 分。总的来说，2010～2012 年西藏自治区环境协调竞争力与最高分的差距呈缩小趋势，但仍处于全国下游地位。

从环境协调竞争力的要素得分比较来看，2012 年，西藏自治区人口与环境协调竞争力和经济与环境协调竞争力的得分分别为 36 分和 51.5 分，比最高分低 41.1 分和 31 分，分别比全国平均分低 15.2 分和 14.8 分；与 2010 年相比，西藏自治区人口与环境协调竞争力和经济与环境协调竞争力得分与最高分的差距分别缩小了 4 分和 2.8 分。

### 26.5.3 西藏自治区环境协调竞争力变化动因分析

二级指标环境协调竞争力的变化是三级要素指标变化综合作用的结果，而三级要素指标变化又是四级基础指标变化作用的结果。三级和四级指标的变动情况如表 26 - 5 - 1 所示。

从要素指标来看，西藏自治区环境协调竞争力的 2 个要素指标中，人口与环境协调竞争力的排名波动保持在全国第 30 位，经济与环境协调竞争力的排名上升了 1 位，受指标排位升降的综合影响，西藏自治区环境协调竞争力上升了 1 位，其中经济与环境协调竞争力是环境协调竞争力排名上升的主要动力。

从基础指标来看，西藏自治区环境协调竞争力的 19 个基础指标中，上升指标有 5 个，占指标总数的 26.3%，主要分布在经济与环境协调竞争力指标组；下降指标有 7 个，占指标总数的 36.8%，主要分布在经济与环境协调竞争力指标组。虽然排位上升的指标数量小于排位下降的指标数量，但由于上升的幅度大于下降的幅度，2012 年西藏自治区环境协调竞争力排名持续上升了 1 位。

## 26.6 西藏自治区环境竞争力总体评述

从对西藏自治区环境竞争力及其 5 个二级指标在全国的排位变化和指标结构的综合分析来看，"十二五"中期（2010～2012 年）环境竞争力中上升指标的数量大于下降指标的数量，但受其他因素影响，2012 年西藏自治区环境竞争力的排位呈现波动保持，在全国居第 29 位。

### 26.6.1 西藏自治区环境竞争力概要分析

西藏自治区环境竞争力在全国所处的位置及变化如表 26-6-1 所示，5 个二级指标的得分和排位变化如表 26-6-2 所示。

表 26-6-1 2010～2012 年西藏自治区环境竞争力一级指标比较表

| 项目 \ 年份 | 2012 | 2011 | 2010 |
|---|---|---|---|
| 排名 | 29 | 28 | 29 |
| 所属区位 | 下游 | 下游 | 下游 |
| 得分 | 45.3 | 45.9 | 43.5 |
| 全国最高分 | 58.2 | 59.5 | 60.1 |
| 全国平均分 | 51.3 | 50.8 | 50.4 |
| 与最高分的差距 | -12.9 | -13.5 | -16.6 |
| 与平均分的差距 | -6.0 | -4.8 | -6.9 |
| 优劣度 | 劣势 | 劣势 | 劣势 |
| 波动趋势 | 下降 | 上升 | — |

表 26-6-2 2010～2012 年西藏自治区环境竞争力二级指标比较表

| 项目 \ 年份 | 生态环境竞争力 | | 资源环境竞争力 | | 环境管理竞争力 | | 环境影响竞争力 | | 环境协调竞争力 | | 环境竞争力 | |
|---|---|---|---|---|---|---|---|---|---|---|---|---|
| | 得分 | 排名 | 得分 | 排名 | 得分 | 排名 | 得分 | 排名 | 得分 | 排名 | 得分 | 排名 |
| 2010 | 49.2 | 11 | 59.2 | 1 | 0.6 | 31 | 87.9 | 1 | 41.5 | 31 | 43.5 | 29 |
| 2011 | 51.5 | 6 | 59.1 | 1 | 6.5 | 31 | 91.7 | 1 | 40.6 | 31 | 45.9 | 28 |
| 2012 | 52.6 | 5 | 59.2 | 1 | 0.9 | 31 | 89.5 | 1 | 45.4 | 30 | 45.3 | 29 |
| 得分变化 | 3.4 | — | 0.0 | — | 0.3 | — | 1.6 | — | 3.8 | — | 1.8 | — |
| 排位变化 | — | 6 | — | 0 | — | 0 | — | 0 | — | 1 | — | 0 |
| 优劣度 | 优势 | 优势 | 强势 | 强势 | 劣势 | 劣势 | 强势 | 强势 | 劣势 | 劣势 | 劣势 | 劣势 |

（1）从指标排位变化趋势看，2012 年西藏自治区环境竞争力综合排名在全国处于第 29 位，表明其在全国处于下游地位；与 2010 年相比，排位保持不变。总的来看，评价期内西藏自治区环境竞争力呈现波动保持趋势。

在 5 个二级指标中，有 2 个指标处于上升趋势，为生态环境竞争力和环境协调竞争力，这些是西藏自治区环境竞争力的上升动力所在，其余 3 个指标（资源环境竞争力、环境管理竞争力和环境影响竞争力）排位保持不变。在指标排位升降的综合影响下，评价期内西藏自治区环境竞争力的综合排位保持不变，在全国排名第 29 位。

（2）从指标所处区位看，2012 年西藏自治区环境竞争力处于下游区，其中，生态环境竞争力指标为优势指标，资源环境竞争力和环境影响竞争力指标为强势指标，环境管理竞争力和环境协调竞争力指标为劣势指标。

（3）从指标得分看，2012 年西藏自治区环境竞争力得分为 45.3 分，比全国最高分低 12.9 分，比全国平均分低 6 分；与 2010 年相比，西藏自治区环境竞争力得分上升了 1.8 分，与当年最高分和全国平均分的差距缩小。

2012 年，西藏自治区环境竞争力二级指标的得分与 2010 年相比，均呈现不同程度的上升趋势，其中得分上升最多的为环境协调竞争力，上升了 3.8 分。

### 26.6.2 西藏自治区环境竞争力各级指标动态变化分析

2010～2012 年西藏自治区环境竞争力各级指标的动态变化及其结构，如图 26-6-1 和表 26-6-3 所示。

从图 26-6-1 可以看出，西藏自治区环境竞争力的四级指标中上升指标的比例小于下降指标，表明下降指标居于主导地位。表 26-6-3 中的数据进一步说明，西藏自治区环境竞争力的 130 个四级指标中，上升的指标有 28 个，占指标总数的 21.5%；保持的指标有 71 个，占指标总数的 54.6%；下降的指标为 31 个，占指标总数的 23.8%。虽然下降指标的数量大于上升指标的数量，但受其他外部因素的综合影响，评价期内西藏自治区环境竞争力排位呈波动保持，在全国居第 29 位。

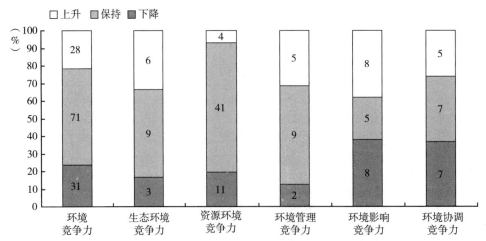

图 26-6-1　2010～2012 年西藏自治区环境竞争力动态变化结构图

表 26 - 6 - 3  2010～2012 年西藏自治区环境竞争力各级指标排位变化态势比较表

| 二级指标 | 三级指标 | 四级指标数 | 上升指标 | | 保持指标 | | 下降指标 | | 变化趋势 |
|---|---|---|---|---|---|---|---|---|---|
| | | | 个数 | 比重(%) | 个数 | 比重(%) | 个数 | 比重(%) | |
| 生态环境竞争力 | 生态建设竞争力 | 9 | 2 | 22.2 | 6 | 66.7 | 1 | 11.1 | 持续↓ |
| | 生态效益竞争力 | 9 | 4 | 44.4 | 3 | 33.3 | 2 | 22.2 | 持续↑ |
| | 小　计 | 18 | 6 | 33.3 | 9 | 50.0 | 3 | 16.7 | 持续↑ |
| 资源环境竞争力 | 水环境竞争力 | 11 | 1 | 9.1 | 8 | 72.7 | 2 | 18.2 | 持续→ |
| | 土地环境竞争力 | 13 | 1 | 7.7 | 11 | 84.6 | 1 | 7.7 | 持续→ |
| | 大气环境竞争力 | 8 | 0 | 0.0 | 6 | 75.0 | 2 | 25.0 | 持续→ |
| | 森林环境竞争力 | 8 | 2 | 25.0 | 6 | 75.0 | 0 | 0.0 | 持续→ |
| | 矿产环境竞争力 | 9 | 0 | 0.0 | 4 | 44.4 | 5 | 55.6 | 持续↑ |
| | 能源环境竞争力 | 7 | 0 | 0.0 | 6 | 85.7 | 1 | 14.3 | 波动→ |
| | 小　计 | 56 | 4 | 7.1 | 41 | 73.2 | 11 | 19.6 | 持续→ |
| 环境管理竞争力 | 环境治理竞争力 | 10 | 3 | 30.0 | 5 | 50.0 | 2 | 20.0 | 波动→ |
| | 环境友好竞争力 | 6 | 2 | 33.3 | 4 | 66.7 | 0 | 0.0 | 持续↑ |
| | 小　计 | 16 | 5 | 31.3 | 9 | 56.3 | 2 | 12.5 | 持续→ |
| 环境影响竞争力 | 环境安全竞争力 | 12 | 6 | 50.0 | 1 | 8.3 | 5 | 41.7 | 波动↑ |
| | 环境质量竞争力 | 9 | 2 | 22.2 | 4 | 44.4 | 3 | 33.3 | 持续↑ |
| | 小　计 | 21 | 8 | 38.1 | 5 | 23.8 | 8 | 38.1 | 持续→ |
| 环境协调竞争力 | 人口与环境协调竞争力 | 9 | 2 | 22.2 | 5 | 55.6 | 2 | 22.2 | 波动→ |
| | 经济与环境协调竞争力 | 10 | 3 | 30.0 | 2 | 20.0 | 5 | 50.0 | 持续↑ |
| | 小　计 | 19 | 5 | 26.3 | 7 | 36.8 | 7 | 36.8 | 持续↑ |
| 合　计 | | 130 | 28 | 21.5 | 71 | 54.6 | 31 | 23.8 | 波动→ |

### 26.6.3　西藏自治区环境竞争力各级指标变化动因分析

2012 年西藏自治区环境竞争力各级指标的优劣势变化及其结构，如图 26 - 6 - 2 和表 26 - 6 - 4 所示。

从图 26 - 6 - 2 可以看出，2012 年西藏自治区环境竞争力的四级指标中强势和优势指标的比例略小于劣势指标，表明劣势指标居于主导地位。表 26 - 6 - 4 中的数据进一步说明，2012 年西藏自治区环境竞争力的 130 个四级指标中，强势指标有 46 个，占指标总数的 35.4%；优势指标为 11 个，占指标总数的 8.5%；中势指标 14 个，占指标总数的 10.8%；劣势指标有 59 个，占指标总数的 45.4%；强势指标和优势指标之和占指标总数的 43.8%，数量与比重均小于劣势指标。从三级指标来看，四级指标中强势指标和优势指标之和占四级指标总数一半以上的分别有生态效益竞争力、水环境竞争力、大气环境竞争力、森林环境竞争力、能源环境竞争力和环境质量竞争力，共计 6 个指标，占三级指标总数的 42.9%。反映到二级指标上来，强势指标有 2 个，占二级指标总数的 40%；优势指标有 1 个，占二级指标总数的 20%；劣势指标有 2 个，占二级指标总数的 40%。这使得西藏自治区环境竞争力在全国位居第 29 位，处于下游区。

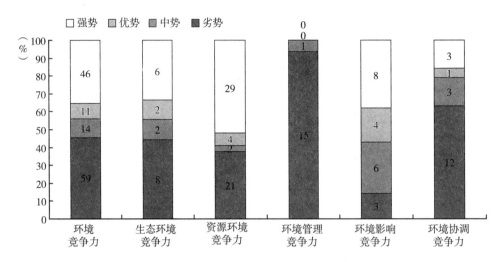

图 26 - 6 - 2　2012 年西藏自治区环境竞争力优劣度结构图

表 26 - 6 - 4　2012 年西藏自治区环境竞争力各级指标优劣度比较表

| 二级指标 | 三级指标 | 四级指标数 | 强势指标 | | 优势指标 | | 中势指标 | | 劣势指标 | | 优劣度 |
|---|---|---|---|---|---|---|---|---|---|---|---|
| | | | 个数 | 比重（%） | 个数 | 比重（%） | 个数 | 比重（%） | 个数 | 比重（%） | |
| 生态环境竞争力 | 生态建设竞争力 | 9 | 2 | 22.2 | 0 | 0.0 | 1 | 11.1 | 6 | 66.7 | 中势 |
| | 生态效益竞争力 | 9 | 4 | 44.4 | 2 | 22.2 | 1 | 11.1 | 2 | 22.2 | 强势 |
| | 小　计 | 18 | 6 | 33.3 | 2 | 11.1 | 2 | 11.1 | 8 | 44.4 | 优势 |
| 资源环境竞争力 | 水环境竞争力 | 11 | 8 | 72.7 | 0 | 0.0 | 0 | 0.0 | 3 | 27.3 | 强势 |
| | 土地环境竞争力 | 13 | 4 | 30.8 | 1 | 7.7 | 1 | 7.7 | 7 | 53.8 | 强势 |
| | 大气环境竞争力 | 8 | 7 | 87.5 | 1 | 12.5 | 0 | 0.0 | 0 | 0.0 | 强势 |
| | 森林环境竞争力 | 8 | 3 | 37.5 | 2 | 25.0 | 0 | 0.0 | 3 | 37.5 | 优势 |
| | 矿产环境竞争力 | 9 | 1 | 11.1 | 0 | 0.0 | 1 | 11.1 | 7 | 77.8 | 劣势 |
| | 能源环境竞争力 | 7 | 6 | 85.7 | 0 | 0.0 | 0 | 0.0 | 1 | 14.3 | 强势 |
| | 小　计 | 56 | 29 | 51.8 | 4 | 7.1 | 2 | 3.6 | 21 | 37.5 | 强势 |
| 环境管理竞争力 | 环境治理竞争力 | 10 | 0 | 0.0 | 0 | 0.0 | 1 | 10.0 | 9 | 90.0 | 劣势 |
| | 环境友好竞争力 | 6 | 0 | 0.0 | 0 | 0.0 | 0 | 0.0 | 6 | 100.0 | 劣势 |
| | 小　计 | 16 | 0 | 0.0 | 0 | 0.0 | 1 | 6.3 | 15 | 93.8 | 劣势 |
| 环境影响竞争力 | 环境安全竞争力 | 12 | 3 | 25.0 | 1 | 8.3 | 5 | 41.7 | 3 | 25.0 | 优势 |
| | 环境质量竞争力 | 9 | 5 | 55.6 | 3 | 33.3 | 1 | 11.1 | 0 | 0.0 | 强势 |
| | 小　计 | 21 | 8 | 38.1 | 4 | 19.0 | 6 | 28.6 | 3 | 14.3 | 强势 |
| 环境协调竞争力 | 人口与环境协调竞争力 | 9 | 2 | 22.2 | 0 | 0.0 | 1 | 11.1 | 6 | 66.7 | 劣势 |
| | 经济与环境协调竞争力 | 10 | 1 | 10.0 | 1 | 10.0 | 2 | 20.0 | 6 | 60.0 | 劣势 |
| | 小　计 | 19 | 3 | 15.8 | 1 | 5.3 | 3 | 15.8 | 12 | 63.2 | 劣势 |
| 合　计 | | 130 | 46 | 35.4 | 11 | 8.5 | 14 | 10.8 | 59 | 45.4 | 劣势 |

为了进一步明确影响西藏自治区环境竞争力变化的具体指标，也便于对相关指标进行深入分析，从而为提升西藏自治区环境竞争力提供决策参考，表26-6-5列出了环境竞争力指标体系中直接影响西藏自治区环境竞争力升降的强势指标、优势指标和劣势指标。

表26-6-5 2012年西藏自治区环境竞争力四级指标优劣度统计表

| 指标 | 强势指标 | 优势指标 | 劣势指标 |
|---|---|---|---|
| 生态环境竞争力（18个） | 本年减少耕地面积、自然保护区面积占土地总面积比重、工业二氧化硫排放强度、工业固体废物排放强度、化肥施用强度、农药施用强度（6个） | 工业烟（粉）尘排放强度、工业废水排放强度（2个） | 国家级生态示范区个数、公园面积、园林绿地面积、绿化覆盖面积、野生动物种源繁育基地数、野生植物种源培育基地数、工业废水中化学需氧量排放强度、工业废水中氨氮排放强度（8个） |
| 资源环境竞争力（56个） | 水资源总量、人均水资源量、降水量、用水总量、用水消耗量、耗水率、工业废水排放总量、生活污水排放量、土地总面积、牧草地面积、人均牧草地面积、建设用地面积、工业废气排放总量、地均工业废气排放量、工业烟（粉）尘排放总量、地均工业烟（粉）尘排放量、工业二氧化硫排放总量、地均二氧化硫排放量、全省设区市优良天数比例、天然林比重、森林蓄积量、活立木总蓄积量、工业固体废物产生量、能源生产总量、能源消费总量、单位地区生产总值能耗、单位地区生产总值电耗、单位工业增加值能耗、能源消费弹性系数（29个） | 人均耕地面积、可吸入颗粒物（PM10）浓度、林业用地面积、森林面积（4个） | 供水总量、节灌率、城市再生水利用率、耕地面积、园地面积、人均园地面积、土地资源利用效率、单位建设用地非农产业增加值、单位耕地面积农业增加值、沙化土地面积占土地总面积的比重、森林覆盖率、人工林面积、造林总面积、主要黑色金属矿产基础储量、主要有色金属矿产基础储量、人均主要有色金属矿产基础储量、主要非金属矿产基础储量、人均主要非金属矿产基础储量、主要能源矿产基础储量、人均主要能源矿产基础储量、能源生产弹性系数（21个） |
| 环境管理竞争力（16个） | （0个） | （0个） | 环境污染治理投资总额、环境污染治理投资总额占地方生产总值比重、废气治理设施年运行费用、废水治理设施处理能力、废水治理设施年运行费用、矿山环境恢复治理投入资金、本年矿山恢复面积、地质灾害防治投资额、水土流失治理面积、工业固体废物综合利用量、工业固体废物处置量、工业固体废物处置利用率、工业用水重复利用率、城市污水处理率、生活垃圾无害化处理率（15个） |
| 环境影响竞争力（21个） | 自然灾害受灾面积、自然灾害直接经济损失、突发环境事件次数、人均工业废气排放量、人均工业烟（粉）尘排放量、人均工业废水排放量、人均生活污水排放量、人均工业固体废物排放量（8个） | 森林火灾次数、人均化学需氧量排放量、人均化肥施用量、人均农药施用量（4个） | 自然灾害绝收面积占受灾面积比重、地质灾害防治投资额、森林病虫鼠害防治率（3个） |

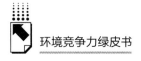

续表

| 指标 | 强势指标 | 优势指标 | 劣势指标 |
|---|---|---|---|
| 环境协调竞争力（19个） | 人口密度与人均水资源量比差、人口密度与人均能源生产量比差、人均工业增加值与人均矿产基础储量比差（3个） | 人均工业增加值与森林覆盖率比差（1个） | 人口自然增长率与工业废气排放量增长率比差、人口自然增长率与工业废水排放量增长率比差、人口自然增长率与工业固体废物排放量增长率比差、人口自然增长率与能源消费量增长率比差、人口密度与森林覆盖率比差、人口密度与人均矿产基础储量比差、工业增加值增长率与工业废气排放量增长率比差、工业增加值增长率与工业废水排放量增长率比差、人均工业增加值与人均水资源量比差、人均工业增加值与人均耕地面积比差、人均工业增加值与人均工业废气排放量比差、人均工业增加值与人均能源生产量比差（12个） |

# 陕西省环境竞争力评价分析报告

陕西省简称陕，位于中国西北地区东部的黄河中游，东隔黄河与山西相望，西连甘肃、宁夏回族自治区，北邻内蒙古自治区，南连四川、重庆，东南与河南、湖北接壤。全省土地面积为 20.6 万平方公里，2012 年末总人口 3753 万人，人均 GDP 达到 38564 元，万元 GDP 能耗为 0.88 吨标准煤。"十二五"中期（2010~2012 年），陕西省环境竞争力的综合排位呈现波动上升趋势，2012 年排名第 13 位，比 2010 年上升了 1 位，在全国处于中游地位。

## 27.1 陕西省生态环境竞争力评价分析

### 27.1.1 陕西省生态环境竞争力评价结果

2010~2012 年陕西省生态环境竞争力排位和排位变化情况及其下属 2 个三级指标和 18 个四级指标的评价结果，如表 27-1-1 所示；生态环境竞争力各级指标的优劣势情况，如表 27-1-2 所示。

表 27-1-1 2010~2012 年陕西省生态环境竞争力各级指标的得分、排名及优劣度分析表

| 指标项目 | 2012 年 | | | 2011 年 | | | 2010 年 | | | 综合变化 | | |
|---|---|---|---|---|---|---|---|---|---|---|---|---|
| | 得分 | 排名 | 优劣度 | 得分 | 排名 | 优劣度 | 得分 | 排名 | 优劣度 | 得分变化 | 排名变化 | 趋势变化 |
| **生态环境竞争力** | 43.3 | 21 | 劣势 | 43.0 | 22 | 劣势 | 43.4 | 22 | 劣势 | -0.1 | 1 | 持续↑ |
| （1）生态建设竞争力 | 19.4 | 26 | 劣势 | 18.8 | 26 | 劣势 | 19.2 | 26 | 劣势 | 0.2 | 0 | 持续→ |
| 国家级生态示范区个数 | 48.4 | 7 | 优势 | 48.4 | 7 | 优势 | 48.4 | 7 | 优势 | 0.0 | 0 | 持续→ |
| 公园面积 | 4.6 | 24 | 劣势 | 4.2 | 24 | 劣势 | 4.2 | 24 | 劣势 | 0.4 | 0 | 持续→ |
| 园林绿地面积 | 12.3 | 22 | 劣势 | 12.7 | 22 | 劣势 | 12.7 | 22 | 劣势 | -0.5 | 0 | 持续→ |
| 绿化覆盖面积 | 7.5 | 26 | 劣势 | 6.9 | 24 | 劣势 | 6.9 | 24 | 劣势 | 0.6 | -2 | 持续↓ |
| 本年减少耕地面积 | 62.7 | 19 | 中势 | 62.7 | 19 | 中势 | 62.7 | 19 | 中势 | 0.0 | 0 | 持续→ |
| 自然保护区个数 | 14.6 | 16 | 中势 | 14.0 | 17 | 中势 | 14.0 | 17 | 中势 | 0.5 | 1 | 持续↑ |
| 自然保护区面积占土地总面积比重 | 13.0 | 21 | 劣势 | 13.0 | 21 | 劣势 | 13.0 | 21 | 劣势 | 0.0 | 0 | 持续→ |
| 野生动物种源繁育基地数 | 8.8 | 14 | 中势 | 4.6 | 13 | 中势 | 4.6 | 13 | 中势 | 4.2 | -1 | 持续↓ |
| 野生植物种源培育基地数 | 4.0 | 8 | 优势 | 2.9 | 10 | 优势 | 2.9 | 10 | 优势 | 1.1 | 2 | 持续↑ |
| （2）生态效益竞争力 | 79.3 | 20 | 中势 | 79.5 | 18 | 中势 | 79.5 | 19 | 中势 | -0.3 | -1 | 波动↑ |
| 工业废气排放强度 | 87.9 | 16 | 中势 | 87.3 | 16 | 中势 | 87.3 | 16 | 中势 | 0.6 | 0 | 持续→ |
| 工业二氧化硫排放强度 | 78.3 | 23 | 劣势 | 74.3 | 23 | 劣势 | 74.3 | 23 | 劣势 | 4.0 | 0 | 持续→ |

续表

| 指　标　项　目 | 2012 年 | | | 2011 年 | | | 2010 年 | | | 综合变化 | | |
| --- | --- | --- | --- | --- | --- | --- | --- | --- | --- | --- | --- | --- |
| | 得分 | 排名 | 优劣度 | 得分 | 排名 | 优劣度 | 得分 | 排名 | 优劣度 | 得分变化 | 排名变化 | 趋势变化 |
| 工业烟(粉)尘排放强度 | 76.8 | 21 | 劣势 | 74.9 | 19 | 中势 | 74.9 | 19 | 中势 | 1.8 | -2 | 持续↓ |
| 工业废水排放强度 | 84.8 | 4 | 优势 | 80.1 | 6 | 优势 | 80.1 | 6 | 优势 | 4.7 | 2 | 持续↑ |
| 工业废水中化学需氧量排放强度 | 89.4 | 17 | 中势 | 88.2 | 19 | 中势 | 88.2 | 19 | 中势 | 1.2 | 2 | 持续↑ |
| 工业废水中氨氮排放强度 | 88.1 | 17 | 中势 | 88.0 | 17 | 中势 | 88.0 | 17 | 中势 | 0.1 | 0 | 持续→ |
| 工业固体废物排放强度 | 97.4 | 23 | 劣势 | 97.2 | 22 | 劣势 | 97.2 | 22 | 劣势 | 0.2 | -1 | 持续↓ |
| 化肥施用强度 | 0.0 | 31 | 劣势 | 17.4 | 30 | 劣势 | 17.4 | 30 | 劣势 | -17.4 | -1 | 持续↓ |
| 农药施用强度 | 95.7 | 6 | 优势 | 96.9 | 6 | 优势 | 96.9 | 6 | 优势 | -1.2 | 0 | 持续→ |

表 27 - 1 - 2　2012 年陕西省生态环境竞争力各级指标的优劣度结构表

| 二级指标 | 三级指标 | 四级指标数 | 强势指标 | | 优势指标 | | 中势指标 | | 劣势指标 | | 优劣度 |
| --- | --- | --- | --- | --- | --- | --- | --- | --- | --- | --- | --- |
| | | | 个数 | 比重(%) | 个数 | 比重(%) | 个数 | 比重(%) | 个数 | 比重(%) | |
| 生态环境竞争力 | 生态建设竞争力 | 9 | 0 | 0.0 | 2 | 22.2 | 3 | 33.3 | 4 | 44.4 | 劣势 |
| | 生态效益竞争力 | 9 | 0 | 0.0 | 2 | 22.2 | 3 | 33.3 | 4 | 44.4 | 中势 |
| | 小　计 | 18 | 0 | 0.0 | 4 | 22.2 | 6 | 33.3 | 8 | 44.4 | 劣势 |

2010～2012 年陕西省生态环境竞争力的综合排位呈现持续上升趋势，2012 年排名第 21 位，比 2010 年上升了 1 位，在全国处于下游区。

从生态环境竞争力要素指标的变化趋势来看，有 1 个指标处于波动下降趋势，即生态效益竞争力；有 1 个指标保持不变，为生态建设竞争力。

从生态环境竞争力基础指标的优劣度结构来看，在 18 个基础指标中，指标的优劣度结构为 0∶22.2∶33.3∶44.4。劣势指标所占比重高于强势和优势指标的比重，表明劣势指标占主导地位。

### 27.1.2　陕西省生态环境竞争力比较分析

图 27 - 1 - 1 将 2010～2012 年陕西省生态环境竞争力与全国最高水平和平均水平进行比较。由图可知，评价期内陕西省生态环境竞争力得分普遍低于 44 分，说明陕西省生态环境竞争力处于较低水平。

从生态环境竞争力的整体得分比较来看，2010 年，陕西省生态环境竞争力得分与全国最高分相比有 22.4 分的差距，也比全国平均水平低 3.1 分；到了 2012 年，陕西省生态环境竞争力得分仍比最高分低 21.8 分。总的来看，2010～2012 年陕西省生态环境竞争力与最高分仍保持较大差距，表明生态建设和效益仍有待提升。

从生态环境竞争力的要素得分比较来看，2012 年，陕西省生态建设竞争力和生态效益

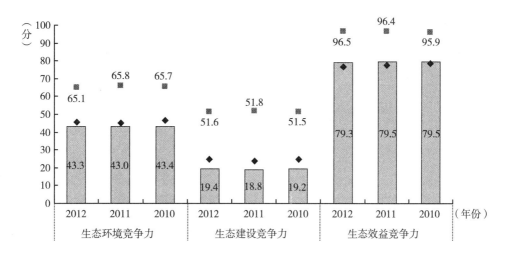

图 27-1-1　2010~2012 年陕西省生态环境竞争力指标得分比较

竞争力的得分分别为 19.4 分和 79.3 分，分别比最高分低 32.2 分和 17.2 分，前者低于平均分 5.3 分，后者高于平均分 2.6 分；与 2010 年相比，陕西省生态建设竞争力得分与最高分的差距缩小了 0.1 分，生态效益竞争力得分与最高分的差距扩大了 0.8 分。

### 27.1.3　陕西省生态环境竞争力变化动因分析

二级指标生态环境竞争力的变化是三级要素指标变化综合作用的结果，而三级要素指标变化又是四级基础指标变化作用的结果。三级和四级指标的变动情况如表 27-1-1 所示。

从要素指标来看，陕西省生态环境竞争力的 2 个要素指标中，生态建设竞争力的排名保持不变，生态效益竞争力的排名下降了 1 位，受指标排位升降的综合影响，陕西省生态环境竞争力持续上升了 1 位。

从基础指标来看，陕西省生态环境竞争力的 18 个基础指标中，上升指标有 4 个，占指标总数的 22.2%，平均分布在生态建设竞争力和生态效益竞争力指标组；下降指标有 5 个，占指标总数的 27.8%，主要分布在生态效益竞争力指标组；9 个指标保持不变。受指标升降的综合作用，评价期内陕西省生态环境竞争力排名上升了 1 位。

## 27.2　陕西省资源环境竞争力评价分析

### 27.2.1　陕西省资源环境竞争力评价结果

2010~2012 年陕西省资源环境竞争力排位和排位变化情况及其下属 6 个三级指标和 56 个四级指标的评价结果，如表 27-2-1 所示；资源环境竞争力各级指标的优劣势情况，如表 27-2-2 所示。

表 27 - 2 - 1　2010~2012 年陕西省资源环境竞争力各级指标的得分、排名及优劣度分析表

| 指标 项目 | 2012 年 | | | 2011 年 | | | 2010 年 | | | 综合变化 | | |
|---|---|---|---|---|---|---|---|---|---|---|---|---|
| | 得分 | 排名 | 优劣度 | 得分 | 排名 | 优劣度 | 得分 | 排名 | 优劣度 | 得分变化 | 排名变化 | 趋势变化 |
| **资源环境竞争力** | 45.2 | 15 | 中势 | 45.9 | 16 | 中势 | 44.0 | 11 | 中势 | 1.2 | -4 | 波动↓ |
| （1）水环境竞争力 | 47.3 | 15 | 中势 | 47.9 | 10 | 优势 | 46.4 | 16 | 中势 | 1.0 | 1 | 波动↑ |
| 水资源总量 | 9.1 | 20 | 中势 | 13.6 | 15 | 中势 | 10.9 | 19 | 中势 | -1.8 | -1 | 波动↓ |
| 人均水资源量 | 0.7 | 21 | 劣势 | 1.0 | 15 | 中势 | 0.8 | 21 | 劣势 | -0.2 | 0 | 波动→ |
| 降水量 | 19.2 | 18 | 中势 | 24.1 | 13 | 中势 | 20.1 | 17 | 中势 | -0.9 | -1 | 波动↓ |
| 供水总量 | 11.4 | 23 | 劣势 | 12.1 | 23 | 劣势 | 12.7 | 24 | 劣势 | -1.3 | 1 | 持续↑ |
| 用水总量 | 97.7 | 1 | 强势 | 97.6 | 1 | 强势 | 97.6 | 1 | 强势 | 0.1 | 0 | 持续→ |
| 用水消耗量 | 98.9 | 1 | 强势 | 98.7 | 1 | 强势 | 98.4 | 1 | 强势 | 0.5 | 0 | 持续→ |
| 耗水率 | 41.9 | 1 | 强势 | 41.9 | 1 | 强势 | 40.0 | 1 | 强势 | 1.9 | 0 | 持续→ |
| 节灌率 | 45.5 | 9 | 优势 | 44.9 | 10 | 优势 | 44.7 | 9 | 优势 | 0.8 | 0 | 波动→ |
| 城市再生水利用率 | 11.3 | 12 | 中势 | 9.0 | 12 | 中势 | 0.9 | 14 | 中势 | 10.3 | 2 | 持续↑ |
| 工业废水排放总量 | 84.0 | 12 | 中势 | 83.6 | 13 | 中势 | 83.0 | 17 | 中势 | 1.0 | 5 | 持续↑ |
| 生活污水排放量 | 86.7 | 12 | 中势 | 87.3 | 12 | 中势 | 87.4 | 12 | 中势 | -0.7 | 0 | 持续→ |
| （2）土地环境竞争力 | 28.6 | 11 | 中势 | 28.9 | 11 | 中势 | 28.5 | 11 | 中势 | 0.1 | 0 | 持续→ |
| 土地总面积 | 12.0 | 11 | 中势 | 12.0 | 11 | 中势 | 12.0 | 11 | 中势 | 0.0 | 0 | 持续→ |
| 耕地面积 | 33.1 | 16 | 中势 | 33.1 | 16 | 中势 | 33.1 | 16 | 中势 | 0.0 | 0 | 持续→ |
| 人均耕地面积 | 33.1 | 11 | 中势 | 33.2 | 11 | 中势 | 33.2 | 11 | 中势 | -0.1 | 0 | 持续→ |
| 牧草地面积 | 4.7 | 7 | 优势 | 4.7 | 7 | 优势 | 4.7 | 7 | 优势 | 0.0 | 0 | 持续→ |
| 人均牧草地面积 | 0.4 | 8 | 优势 | 0.4 | 8 | 优势 | 0.4 | 8 | 优势 | 0.0 | 0 | 持续→ |
| 园地面积 | 70.0 | 5 | 优势 | 70.0 | 5 | 优势 | 70.0 | 5 | 优势 | 0.0 | 0 | 持续→ |
| 人均园地面积 | 30.5 | 2 | 强势 | 30.3 | 2 | 强势 | 30.0 | 2 | 强势 | 0.5 | 0 | 持续→ |
| 土地资源利用效率 | 2.2 | 19 | 中势 | 2.0 | 19 | 中势 | 1.8 | 19 | 中势 | 0.4 | 0 | 持续→ |
| 建设用地面积 | 69.3 | 12 | 中势 | 69.3 | 12 | 中势 | 69.3 | 12 | 中势 | 0.0 | 0 | 持续→ |
| 单位建设用地非农产业增加值 | 14.9 | 11 | 中势 | 13.3 | 11 | 中势 | 12.0 | 11 | 中势 | 2.9 | 0 | 持续↑ |
| 单位耕地面积农业增加值 | 14.6 | 20 | 中势 | 14.8 | 20 | 中势 | 14.6 | 22 | 劣势 | 0.0 | 2 | 持续↑ |
| 沙化土地面积占土地总面积的比重 | 84.7 | 24 | 劣势 | 84.7 | 24 | 劣势 | 84.7 | 24 | 劣势 | 0.0 | 0 | 持续→ |
| 当年新增种草面积 | 27.5 | 4 | 优势 | 34.7 | 3 | 强势 | 30.7 | 3 | 强势 | -3.2 | -1 | 持续↓ |
| （3）大气环境竞争力 | 71.7 | 21 | 劣势 | 72.5 | 19 | 中势 | 72.0 | 17 | 中势 | -0.2 | -4 | 持续↓ |
| 工业废气排放总量 | 78.3 | 14 | 中势 | 79.8 | 15 | 中势 | 76.0 | 16 | 中势 | 2.3 | 2 | 持续↑ |
| 地均工业废气排放量 | 96.6 | 11 | 中势 | 96.5 | 12 | 中势 | 96.8 | 14 | 中势 | -0.2 | 3 | 持续↑ |
| 工业烟（粉）尘排放总量 | 63.5 | 22 | 劣势 | 67.8 | 21 | 劣势 | 62.5 | 15 | 中势 | 1.0 | -7 | 持续↓ |
| 地均工业烟（粉）尘排放量 | 81.4 | 16 | 中势 | 81.6 | 17 | 中势 | 82.2 | 12 | 中势 | -0.9 | -4 | 波动↓ |
| 工业二氧化硫排放总量 | 51.7 | 21 | 劣势 | 49.0 | 23 | 劣势 | 48.9 | 21 | 劣势 | 2.7 | 0 | 波动→ |
| 地均二氧化硫排放量 | 88.1 | 18 | 中势 | 87.8 | 18 | 中势 | 90.1 | 15 | 中势 | -2.0 | -3 | 持续↓ |
| 全省设区市优良天数比例 | 58.8 | 24 | 劣势 | 66.8 | 21 | 劣势 | 65.5 | 20 | 中势 | -6.7 | -4 | 持续↓ |
| 可吸入颗粒物（PM10）浓度 | 56.8 | 21 | 劣势 | 51.6 | 21 | 劣势 | 54.8 | 20 | 中势 | 2.0 | -1 | 波动↓ |
| （4）森林环境竞争力 | 38.5 | 12 | 中势 | 38.8 | 12 | 中势 | 39.8 | 12 | 中势 | -1.3 | 0 | 持续→ |
| 林业用地面积 | 27.3 | 8 | 优势 | 27.3 | 8 | 优势 | 27.3 | 8 | 优势 | 0.0 | 0 | 持续→ |
| 森林面积 | 32.3 | 10 | 优势 | 32.3 | 10 | 优势 | 32.3 | 10 | 优势 | 0.0 | 0 | 持续→ |
| 森林覆盖率 | 56.3 | 10 | 优势 | 56.3 | 11 | 中势 | 56.3 | 11 | 中势 | 0.0 | 1 | 持续↑ |

续表

| 指标项目 | 2012 年 | | | 2011 年 | | | 2010 年 | | | 综合变化 | | |
|---|---|---|---|---|---|---|---|---|---|---|---|---|
| | 得分 | 排名 | 优劣度 | 得分 | 排名 | 优劣度 | 得分 | 排名 | 优劣度 | 得分变化 | 排名变化 | 趋势变化 |
| 人工林面积 | 35.1 | 17 | 中势 | 35.1 | 17 | 中势 | 35.1 | 17 | 中势 | 0.0 | 0 | 持续→ |
| 天然林比重 | 76.3 | 10 | 优势 | 76.3 | 10 | 优势 | 76.3 | 10 | 优势 | 0.0 | 0 | 持续→ |
| 造林总面积 | 40.9 | 4 | 优势 | 44.5 | 4 | 优势 | 55.0 | 4 | 优势 | -14.1 | 0 | 持续→ |
| 森林蓄积量 | 15.0 | 11 | 中势 | 15.0 | 11 | 中势 | 15.0 | 11 | 中势 | 0.0 | 0 | 持续→ |
| 活立木总蓄积量 | 15.8 | 11 | 中势 | 15.8 | 11 | 中势 | 15.8 | 11 | 中势 | 0.0 | 0 | 持续→ |
| （5）矿产环境竞争力 | 19.1 | 11 | 中势 | 18.3 | 11 | 中势 | 17.2 | 15 | 中势 | 2.0 | 4 | 持续↑ |
| 主要黑色金属矿产基础储量 | 7.0 | 12 | 中势 | 7.5 | 11 | 中势 | 5.4 | 8 | 优势 | 1.7 | -4 | 持续↓ |
| 人均主要黑色金属矿产基础储量 | 8.2 | 11 | 中势 | 8.7 | 10 | 优势 | 6.3 | 10 | 优势 | 1.9 | -1 | 持续↓ |
| 主要有色金属矿产基础储量 | 23.8 | 7 | 优势 | 18.8 | 7 | 优势 | 17.2 | 10 | 优势 | 6.7 | 3 | 持续↑ |
| 人均主要有色金属矿产基础储量 | 27.8 | 7 | 优势 | 22.2 | 7 | 优势 | 20.1 | 8 | 优势 | 7.7 | 1 | 持续↑ |
| 主要非金属矿产基础储量 | 0.7 | 19 | 中势 | 0.7 | 18 | 中势 | 3.0 | 17 | 中势 | -2.3 | -2 | 持续↓ |
| 人均主要非金属矿产基础储量 | 0.8 | 18 | 中势 | 1.0 | 18 | 中势 | 4.0 | 16 | 中势 | -3.2 | -2 | 持续↓ |
| 主要能源矿产基础储量 | 12.5 | 4 | 优势 | 13.4 | 4 | 优势 | 14.7 | 4 | 优势 | -2.2 | 0 | 持续→ |
| 人均主要能源矿产基础储量 | 12.0 | 5 | 优势 | 12.8 | 6 | 优势 | 10.6 | 5 | 优势 | 1.4 | 1 | 持续↑ |
| 工业固体废物产生量 | 84.9 | 13 | 中势 | 84.8 | 15 | 中势 | 78.3 | 18 | 中势 | 6.6 | 5 | 持续↑ |
| （6）能源环境竞争力 | 64.5 | 21 | 劣势 | 67.0 | 22 | 劣势 | 58.8 | 18 | 中势 | 5.7 | -3 | 波动↓ |
| 能源生产总量 | 46.6 | 29 | 劣势 | 50.4 | 29 | 劣势 | 49.2 | 29 | 劣势 | -2.6 | 0 | 持续→ |
| 能源消费总量 | 72.8 | 14 | 中势 | 73.8 | 14 | 中势 | 74.6 | 15 | 中势 | -1.8 | 1 | 持续↑ |
| 单位地区生产总值能耗 | 63.5 | 14 | 中势 | 67.9 | 17 | 中势 | 60.4 | 14 | 中势 | 3.1 | 0 | 波动→ |
| 单位地区生产总值电耗 | 86.9 | 14 | 中势 | 82.6 | 21 | 劣势 | 84.8 | 14 | 中势 | 2.1 | 0 | 波动→ |
| 单位工业增加值能耗 | 69.7 | 12 | 中势 | 71.8 | 14 | 中势 | 66.5 | 12 | 中势 | 3.2 | 0 | 波动→ |
| 能源生产弹性系数 | 49.8 | 22 | 劣势 | 58.4 | 26 | 劣势 | 47.4 | 20 | 中势 | 2.4 | -2 | 波动↓ |
| 能源消费弹性系数 | 60.8 | 28 | 劣势 | 62.8 | 21 | 劣势 | 28.3 | 24 | 劣势 | 32.5 | -4 | 波动↓ |

表 27 - 2 - 2　2012 年陕西省资源环境竞争力各级指标的优劣度结构表

| 二级指标 | 三级指标 | 四级指标数 | 强势指标 | | 优势指标 | | 中势指标 | | 劣势指标 | | 优劣度 |
|---|---|---|---|---|---|---|---|---|---|---|---|
| | | | 个数 | 比重（%） | 个数 | 比重（%） | 个数 | 比重（%） | 个数 | 比重（%） | |
| 资源环境竞争力 | 水环境竞争力 | 11 | 3 | 27.3 | 1 | 9.1 | 5 | 45.5 | 2 | 18.2 | 中势 |
| | 土地环境竞争力 | 13 | 1 | 7.7 | 4 | 30.8 | 7 | 53.8 | 1 | 7.7 | 中势 |
| | 大气环境竞争力 | 8 | 0 | 0.0 | 0 | 0.0 | 4 | 50.0 | 4 | 50.0 | 劣势 |
| | 森林环境竞争力 | 8 | 0 | 0.0 | 5 | 62.5 | 3 | 37.5 | 0 | 0.0 | 中势 |
| | 矿产环境竞争力 | 9 | 0 | 0.0 | 4 | 44.4 | 5 | 55.6 | 0 | 0.0 | 中势 |
| | 能源环境竞争力 | 7 | 0 | 0.0 | 0 | 0.0 | 4 | 57.1 | 3 | 42.9 | 劣势 |
| 小　　计 | | 56 | 4 | 7.1 | 14 | 25.0 | 28 | 50.0 | 10 | 17.9 | 中势 |

　　2010～2012 年陕西省资源环境竞争力的综合排位呈现波动下降趋势，2012 年排名第 15位，与 2010 年相比下降了 4 位，在全国处于中游区。

　　从资源环境竞争力的要素指标变化趋势来看，有 2 个指标处于上升趋势，即水环境竞争力、矿产环境竞争力；有 2 个指标处于保持趋势，为土地环境竞争力和森林环境竞争力；有

2 个指标处于下降趋势,为大气环境竞争力和能源环境竞争力。

从资源环境竞争力的基础指标分布来看,在 56 个基础指标中,指标的优劣度结构为 7.1:25.0:50.0:17.9。中势指标所占比重显著高于劣势指标的比重,表明中势指标占主导地位。

### 27.2.2 陕西省资源环境竞争力比较分析

图 27-2-1 将 2010~2012 年陕西省资源环境竞争力与全国最高水平和平均水平进行比较。由图可知,评价期内陕西省资源环境竞争力得分普遍低于 46 分,呈现波动上升趋势,说明陕西省资源环境竞争力保持较低水平。

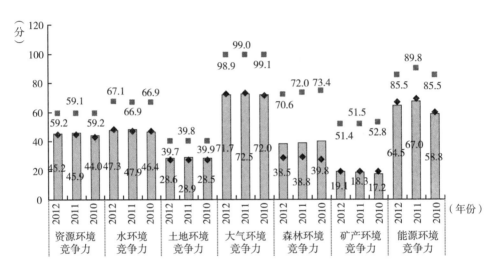

图 27-2-1 2010~2012 年陕西省资源环境竞争力指标得分比较

从资源环境竞争力的整体得分比较来看,2010 年,陕西省资源环境竞争力得分与全国最高分相比还有 15.2 分的差距,与全国平均分相比,则高了 1.1 分;到 2012 年,陕西省资源环境竞争力得分与全国最高分的差距缩小为 14 分,高于全国平均分 0.7 分。总的来看,2010~2012 年陕西省资源环境竞争力与最高分的差距呈缩小趋势,继续在全国处于中游地位。

从资源环境竞争力的要素得分比较来看,2012 年,陕西省水环境竞争力、土地环境竞争力、大气环境竞争力、森林环境竞争力、矿产环境竞争力和能源环境竞争力的得分分别为 47.3 分、28.6 分、71.7 分、38.5 分、19.1 分和 64.5 分,比最高分低 19.8 分、11.1 分、27.1 分、32.1 分、32.2 分和 21 分;与 2010 年相比,陕西省水环境竞争力、土地环境竞争力、森林环境竞争力、矿产环境竞争力和能源环境竞争力的得分与最高分的差距都缩小了,仅大气环境竞争力与最高分的差距保持不变。

### 27.2.3 陕西省资源环境竞争力变化动因分析

二级指标资源环境竞争力的变化是三级要素指标变化综合作用的结果,而三级要素指标变化又是四级基础指标变化作用的结果。三级和四级指标的变动情况如表 27-2-1 所示。

从要素指标来看,陕西省资源环境竞争力的 6 个要素指标中,水环境竞争力和矿产环境竞争力的排位出现了上升，而大气环境竞争力和能源环境竞争力的排位呈下降趋势，土地环境竞争力和森林环境竞争力的排位保持不变，受指标排位升降的综合影响，陕西省资源环境竞争力呈现波动下降趋势，其中大气环境竞争力和能源环境竞争力是资源环境竞争力排位下降的主要作用因素。

从基础指标来看，陕西省资源环境竞争力的 56 个基础指标中，上升指标有 12 个，占指标总数的 21.4%，主要分布在矿产环境竞争力等指标组；下降指标有 14 个，占指标总数的 25%，主要分布在大气环境竞争力和矿产环境竞争力等指标组。排位下降的指标数量略高于排位上升的指标数量，其余的 30 个指标呈现波动保持或持续保持，这使得 2012 年陕西省资源环境竞争力排名呈现波动下降。

## 27.3 陕西省环境管理竞争力评价分析

### 27.3.1 陕西省环境管理竞争力评价结果

2010～2012 年陕西省环境管理竞争力排位和排位变化情况及其下属 2 个三级指标和 16 个四级指标的评价结果，如表 27 - 3 - 1 所示；环境管理竞争力各级指标的优劣势情况，如表 27 - 3 - 2 所示。

表 27 - 3 - 1  2010～2012 年陕西省环境管理竞争力各级指标的得分、排名及优劣度分析表

| 指标 \ 项目 | 2012 年 | | | 2011 年 | | | 2010 年 | | | 综合变化 | | |
|---|---|---|---|---|---|---|---|---|---|---|---|---|
| | 得分 | 排名 | 优劣度 | 得分 | 排名 | 优劣度 | 得分 | 排名 | 优劣度 | 得分变化 | 排名变化 | 趋势变化 |
| **环境管理竞争力** | 47.7 | 15 | 中势 | 48.7 | 12 | 中势 | 47.6 | 12 | 中势 | 0.1 | - 3 | 持续↓ |
| （1）环境治理竞争力 | 23.4 | 14 | 中势 | 24.6 | 13 | 中势 | 29.7 | 8 | 优势 | - 6.2 | - 6 | 持续↓ |
| 环境污染治理投资总额 | 24.0 | 20 | 中势 | 21.3 | 18 | 中势 | 12.6 | 10 | 优势 | 11.4 | - 10 | 持续↓ |
| 环境污染治理投资总额占地方生产总值比重 | 27.0 | 19 | 中势 | 15.3 | 18 | 中势 | 56.7 | 7 | 优势 | - 29.7 | - 12 | 持续↓ |
| 废气治理设施年运行费用 | 12.3 | 19 | 中势 | 13.3 | 22 | 劣势 | 17.4 | 22 | 劣势 | - 5.1 | 3 | 持续↑ |
| 废水治理设施处理能力 | 8.8 | 22 | 劣势 | 6.0 | 20 | 中势 | 13.6 | 21 | 劣势 | - 4.8 | - 1 | 波动↓ |
| 废水治理设施年运行费用 | 9.6 | 22 | 劣势 | 14.8 | 21 | 劣势 | 16.2 | 21 | 劣势 | - 6.6 | - 1 | 持续↓ |
| 矿山环境恢复治理投入资金 | 9.8 | 21 | 劣势 | 15.8 | 23 | 劣势 | 15.8 | 16 | 中势 | - 6.0 | - 5 | 波动↓ |
| 本年矿山恢复面积 | 4.1 | 25 | 劣势 | 0.6 | 28 | 劣势 | 1.4 | 27 | 劣势 | 2.7 | 2 | 波动↑ |
| 地质灾害防治投资额 | 12.2 | 16 | 中势 | 10.3 | 15 | 中势 | 3.7 | 15 | 中势 | 8.5 | - 1 | 持续↓ |
| 水土流失治理面积 | 57.3 | 5 | 优势 | 83.8 | 2 | 强势 | 83.7 | 2 | 强势 | - 26.4 | - 3 | 持续↓ |
| 土地复垦面积占新增耕地面积的比重 | 72.0 | 4 | 优势 | 72.0 | 4 | 优势 | 72.0 | 4 | 优势 | 0.0 | 0 | 持续→ |
| （2）环境友好竞争力 | 66.6 | 16 | 中势 | 67.4 | 12 | 中势 | 61.5 | 16 | 中势 | 5.1 | 0 | 波动→ |
| 工业固体废物综合利用量 | 21.8 | 20 | 中势 | 22.6 | 17 | 中势 | 20.9 | 20 | 中势 | 0.9 | 0 | 波动→ |
| 工业固体废物处置量 | 12.5 | 15 | 中势 | 13.6 | 13 | 中势 | 18.1 | 9 | 优势 | - 5.7 | - 6 | 持续↓ |
| 工业固体废物处置利用率 | 79.0 | 23 | 劣势 | 83.3 | 18 | 中势 | 67.1 | 21 | 劣势 | 11.9 | - 2 | 波动↓ |
| 工业用水重复利用率 | 95.0 | 10 | 优势 | 96.4 | 6 | 优势 | 95.0 | 7 | 优势 | 0.0 | - 2 | 波动↓ |
| 城市污水处理率 | 93.4 | 10 | 优势 | 88.8 | 17 | 中势 | 79.4 | 24 | 劣势 | 14.0 | 14 | 持续↑ |
| 生活垃圾无害化处理率 | 88.6 | 16 | 中势 | 90.3 | 10 | 优势 | 79.8 | 17 | 中势 | 8.8 | 1 | 波动↓ |

表 27 – 3 – 2　2012 年陕西省环境管理竞争力各级指标的优劣度结构表

| 二级指标 | 三级指标 | 四级指标数 | 强势指标 | | 优势指标 | | 中势指标 | | 劣势指标 | | 优劣度 |
| | | | 个数 | 比重（％） | 个数 | 比重（％） | 个数 | 比重（％） | 个数 | 比重（％） | |
|---|---|---|---|---|---|---|---|---|---|---|---|
| 环境管理竞争力 | 环境治理竞争力 | 10 | 0 | 0.0 | 2 | 20.0 | 4 | 40.0 | 4 | 40.0 | 中势 |
| | 环境友好竞争力 | 6 | 0 | 0.0 | 2 | 33.3 | 3 | 50.0 | 1 | 16.7 | 中势 |
| | 小　　计 | 16 | 0 | 0.0 | 4 | 25.0 | 7 | 43.8 | 5 | 31.3 | 中势 |

2010～2012 年陕西省环境管理竞争力的综合排位呈现持续下降趋势，2012 年排名第 15 位，比 2010 年下降了 3 位，在全国处于中游区。

从环境管理竞争力的要素指标变化趋势来看，有 1 个指标处于持续下降趋势，即环境治理竞争力，而环境友好竞争力呈波动保持。

从环境管理竞争力的基础指标分布来看，在 16 个基础指标中，指标的优劣度结构为 0∶25.0∶43.8∶31.3。中势指标所占比重高于强势和优势指标的比重，表明中势指标占主导地位。

### 27.3.2　陕西省环境管理竞争力比较分析

图 27 – 3 – 1 将 2010～2012 年陕西省环境管理竞争力与全国最高水平和平均水平进行比较。由图可知，评价期内陕西省环境管理竞争力得分普遍低于 49 分，呈现波动上升趋势，说明陕西省环境管理竞争力仍处全国中游水平。

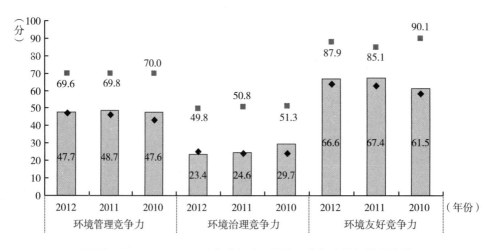

图 27 – 3 – 1　2010～2012 年陕西省环境管理竞争力指标得分比较

从环境管理竞争力的整体得分比较来看，2010 年，陕西省环境管理竞争力得分与全国最高分相比还有 22.4 分的差距，但与全国平均分相比，则高出 4.2 分；到 2012 年，陕西省环境管理竞争力得分与全国最高分的差距仍为 21.9 分，仅高出全国平均分 0.7 分。总的来看，2010～2012 年陕西省环境管理竞争力与最高分的差距呈缩小趋势，继续处于全国中游水平。

从环境管理竞争力的要素得分比较来看，2012 年，陕西省环境治理竞争力和环境友好竞争力的得分分别为 23.4 分和 66.6 分，分别比全国最高分低 26.3 分和 21.3 分；其中环境治理竞争力比全国平均水平低 1.8 分，环境友好竞争力比全国平均水平高 2.6 分；与 2010 年相比，陕西省环境治理竞争力得分与最高分的差距扩大了 4.7 分，环境友好竞争力得分与最高分的差距缩小了 7.3 分。

### 27.3.3 陕西省环境管理竞争力变化动因分析

二级指标环境管理竞争力的变化是三级要素指标变化综合作用的结果，而三级要素指标变化又是四级基础指标变化作用的结果。三级和四级指标的变动情况如表 27－3－1 所示。

从要素指标来看，陕西省环境管理竞争力的 2 个要素指标中，环境治理竞争力的排名下降了 6 位，环境友好竞争力的排名呈波动保持；受指标排位升降的综合影响，陕西省环境管理竞争力下降了 3 位，其中环境治理竞争力是导致环境管理竞争力下降的主要因素。

从基础指标来看，陕西省环境管理竞争力的 16 个基础指标中，上升指标有 4 个，占指标总数的 25%，平均分布在环境友好竞争力和环境治理竞争力指标组；下降指标有 10 个，占指标总数的 62.5%，主要分布在环境治理竞争力指标组。排位下降的指标数量显著大于排位上升的指标数量，使得 2012 年陕西省环境管理竞争力排名下降了 3 位。

## 27.4 陕西省环境影响竞争力评价分析

### 27.4.1 陕西省环境影响竞争力评价结果

2010～2012 年陕西省环境影响竞争力排位和排位变化情况及其下属 2 个三级指标和 21 个四级指标的评价结果，如表 27－4－1 所示；环境影响竞争力各级指标的优劣势情况，如表 27－4－2 所示。

表 27－4－1 2010～2012 年陕西省环境影响竞争力各级指标的得分、排名及优劣度分析表

| 指标项目 | 2012 年 | | | 2011 年 | | | 2010 年 | | | 综合变化 | | |
|---|---|---|---|---|---|---|---|---|---|---|---|---|
| | 得分 | 排名 | 优劣度 | 得分 | 排名 | 优劣度 | 得分 | 排名 | 优劣度 | 得分变化 | 排名变化 | 趋势变化 |
| **环境影响竞争力** | 74.3 | 10 | 优势 | 73.8 | 9 | 优势 | 71.4 | 20 | 中势 | 2.9 | 10 | 波动↑ |
| （1）环境安全竞争力 | 78.9 | 14 | 中势 | 73.6 | 18 | 中势 | 64.1 | 22 | 劣势 | 14.7 | 8 | 持续↑ |
| 自然灾害受灾面积 | 79.5 | 12 | 中势 | 70.7 | 14 | 中势 | 65.1 | 16 | 中势 | 14.4 | 4 | 持续↑ |
| 自然灾害绝收面积占受灾面积比重 | 65.9 | 20 | 中势 | 59.8 | 19 | 中势 | 82.4 | 11 | 中势 | －16.6 | －9 | 持续↓ |
| 自然灾害直接经济损失 | 79.1 | 16 | 中势 | 56.8 | 25 | 劣势 | 43.3 | 27 | 劣势 | 35.8 | 11 | 持续↑ |
| 发生地质灾害起数 | 93.0 | 21 | 劣势 | 92.5 | 28 | 劣势 | 86.8 | 25 | 劣势 | 6.1 | 4 | 波动↑ |
| 地质灾害直接经济损失 | 97.2 | 21 | 劣势 | 88.6 | 26 | 劣势 | 0.0 | 31 | 劣势 | 97.2 | 10 | 持续↑ |
| 地质灾害防治投资额 | 12.5 | 16 | 中势 | 10.3 | 14 | 中势 | 3.7 | 15 | 中势 | 8.8 | －1 | 波动↓ |
| 突发环境事件次数 | 88.0 | 26 | 劣势 | 99.0 | 7 | 优势 | 94.4 | 20 | 中势 | －6.4 | －6 | 波动↓ |

| 指 项 标 目 | 2012 年 | | | 2011 年 | | | 2010 年 | | | 综合变化 | | |
|---|---|---|---|---|---|---|---|---|---|---|---|---|
| | 得分 | 排名 | 优劣度 | 得分 | 排名 | 优劣度 | 得分 | 排名 | 优劣度 | 得分变化 | 排名变化 | 趋势变化 |
| 森林火灾次数 | 92.7 | 20 | 中势 | 85.7 | 19 | 中势 | 96.3 | 19 | 中势 | -3.5 | -1 | 持续↓ |
| 森林火灾火场总面积 | 95.2 | 16 | 中势 | 84.5 | 16 | 中势 | 98.8 | 14 | 中势 | -3.6 | -2 | 持续↓ |
| 受火灾森林面积 | 99.7 | 8 | 优势 | 92.6 | 15 | 中势 | 99.3 | 12 | 中势 | 0.4 | 4 | 波动↑ |
| 森林病虫鼠害发生面积 | 75.1 | 23 | 劣势 | 96.4 | 23 | 劣势 | 64.8 | 22 | 劣势 | 10.3 | -1 | 持续↓ |
| 森林病虫鼠害防治率 | 63.2 | 18 | 劣势 | 56.3 | 21 | 劣势 | 57.5 | 21 | 劣势 | 5.7 | 3 | 持续↑ |
| (2)环境质量竞争力 | 71.1 | 13 | 中势 | 73.9 | 11 | 中势 | 76.6 | 13 | 中势 | -5.5 | 0 | 波动→ |
| 人均工业废气排放量 | 74.6 | 15 | 中势 | 75.1 | 15 | 中势 | 86.2 | 17 | 中势 | -11.5 | 2 | 持续↑ |
| 人均二氧化硫排放量 | 57.2 | 23 | 劣势 | 66.1 | 22 | 劣势 | 64.5 | 22 | 劣势 | -7.4 | -1 | 持续↓ |
| 人均工业烟(粉)尘排放量 | 63.9 | 23 | 劣势 | 68.6 | 22 | 劣势 | 75.8 | 19 | 中势 | -11.9 | -4 | 持续↓ |
| 人均工业废水排放量 | 70.9 | 8 | 优势 | 69.8 | 8 | 优势 | 74.0 | 11 | 中势 | -3.1 | 3 | 持续↑ |
| 人均生活污水排放量 | 82.7 | 7 | 优势 | 87.0 | 5 | 优势 | 89.5 | 5 | 优势 | -6.8 | -2 | 持续↓ |
| 人均化学需氧量排放量 | 72.7 | 12 | 中势 | 73.0 | 13 | 中势 | 79.2 | 22 | 劣势 | -6.4 | 9 | 持续↑ |
| 人均工业固体废物排放量 | 96.2 | 24 | 劣势 | 93.9 | 22 | 劣势 | 92.3 | 23 | 劣势 | 3.9 | -1 | 波动↓ |
| 人均化肥施用量 | 27.4 | 27 | 劣势 | 35.6 | 24 | 劣势 | 33.5 | 22 | 劣势 | -6.1 | -5 | 持续↓ |
| 人均农药施用量 | 96.3 | 6 | 优势 | 97.3 | 5 | 优势 | 97.4 | 4 | 优势 | -1.1 | -2 | 持续↓ |

表 27 - 4 - 2　2012 年陕西省环境影响竞争力各级指标的优劣度结构表

| 二级指标 | 三级指标 | 四级指标数 | 强势指标 | | 优势指标 | | 中势指标 | | 劣势指标 | | 优劣度 |
|---|---|---|---|---|---|---|---|---|---|---|---|
| | | | 个数 | 比重(%) | 个数 | 比重(%) | 个数 | 比重(%) | 个数 | 比重(%) | |
| 环境影响竞争力 | 环境安全竞争力 | 12 | 0 | 0.0 | 1 | 8.3 | 7 | 58.3 | 4 | 33.3 | 中势 |
| | 环境质量竞争力 | 9 | 0 | 0.0 | 3 | 33.3 | 2 | 22.2 | 4 | 44.4 | 中势 |
| | 小　计 | 21 | 0 | 0.0 | 4 | 19.0 | 9 | 42.9 | 8 | 38.1 | 优势 |

2010 ~ 2012 年陕西省环境影响竞争力的综合排位呈现波动上升趋势，2012 年排名第 10 位，比 2010 年排名上升了 10 位，从全国中游区跨入上游区。

从环境影响竞争力的要素指标变化趋势来看，有 1 个指标处于持续上升趋势，即环境安全竞争力；有 1 个指标处于波动保持趋势，为环境质量竞争力。

从环境影响竞争力的基础指标分布来看，在 21 个基础指标中，指标的优劣度结构为 0∶19.0∶42.9∶38.1，中势指标所占比重高于强势和优势指标的比重，表明中势指标占主导地位。

### 27.4.2　陕西省环境影响竞争力比较分析

图 27 - 4 - 1 将 2010 ~ 2012 年陕西省环境影响竞争力与全国最高水平和平均水平进行比较。由图可知，评价期内陕西省环境影响竞争力得分普遍高于 71 分，且呈现持续上升趋势，说明陕西省环境影响竞争力处于中等偏上水平。

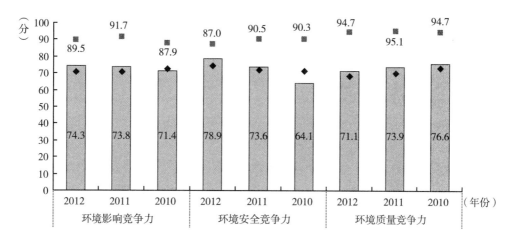

图 27-4-1 2010～2012 年陕西省环境影响竞争力指标得分比较

从环境影响竞争力的整体得分比较来看，2010 年，陕西省环境影响竞争力得分与全国最高分相比还有 16.5 分的差距，但与全国平均分相比，低了 1.0 分；到 2012 年，陕西省环境影响竞争力得分与全国最高分相差 15.2 分，高于全国平均分 3.7 分。总的来看，2010～2012 年陕西省环境影响竞争力与最高分的差距呈现缩小趋势。

从环境影响竞争力的要素得分比较来看，2012 年，陕西省环境安全竞争力和环境质量竞争力的得分分别为 78.9 分和 71.1 分，比最高分低 8.1 分和 23.6 分，但分别高出平均分 4.7 分和 3.0 分；与 2010 年相比，陕西省环境安全竞争力得分与最高分的差距缩小了 18.1 分，环境质量竞争力得分与最高分的差距扩大了 5.5 分。

### 27.4.3 陕西省环境影响竞争力变化动因分析

二级指标环境影响竞争力的变化是三级要素指标变化综合作用的结果，而三级要素指标变化又是四级基础指标变化作用的结果。三级和四级指标的变动情况如表 27-4-1 所示。

从要素指标来看，陕西省环境影响竞争力的 2 个要素指标中，环境安全竞争力的排名上升了 8 位，环境质量竞争力的排名呈波动保持，受指标排位升降的综合影响，陕西省环境影响竞争力排名呈现波动上升。

从基础指标来看，陕西省环境影响竞争力的 21 个基础指标中，上升指标有 9 个，占指标总数的 42.9%，主要分布在环境安全竞争力指标组；下降指标有 12 个，占指标总数的 57.1%，平均分布在环境安全竞争力和环境质量竞争力指标组。排位上升的指标数量小于排位下降的指标数量，但受其他外部因素的综合影响，2012 年陕西省环境影响竞争力排名呈现波动上升。

## 27.5 陕西省环境协调竞争力评价分析

### 27.5.1 陕西省环境协调竞争力评价结果

2010～2012 年陕西省环境协调竞争力排位和排位变化情况及其下属 2 个三级指标和 19

个四级指标的评价结果，如表 27 - 5 - 1 所示；环境协调竞争力各级指标的优劣势情况，如表 27 - 5 - 2 所示。

表 27 - 5 - 1　2010 ~ 2012 年陕西省环境协调竞争力各级指标的得分、排名及优劣度分析表

| 指标项目 | 2012 年 | | | 2011 年 | | | 2010 年 | | | 综合变化 | | |
|---|---|---|---|---|---|---|---|---|---|---|---|---|
| | 得分 | 排名 | 优劣度 | 得分 | 排名 | 优劣度 | 得分 | 排名 | 优劣度 | 得分变化 | 排名变化 | 趋势变化 |
| **环境协调竞争力** | 67.3 | 3 | 强势 | 69.8 | 1 | 强势 | 70.1 | 1 | 强势 | -2.8 | -2 | 持续↓ |
| （1）人口与环境协调竞争力 | 56.7 | 5 | 优势 | 54.9 | 11 | 中势 | 54.5 | 13 | 中势 | 2.2 | 8 | 持续↑ |
| 人口自然增长率与工业废气排放量增长率比差 | 94.5 | 4 | 优势 | 69.9 | 11 | 中势 | 79.5 | 10 | 优势 | 15.0 | 6 | 波动↑ |
| 人口自然增长率与工业废水排放量增长率比差 | 91.9 | 12 | 中势 | 100.0 | 1 | 强势 | 100.0 | 1 | 强势 | -8.1 | -11 | 持续↓ |
| 人口自然增长率与工业固体废物排放量增长率比差 | 80.1 | 11 | 中势 | 63.1 | 9 | 优势 | 92.1 | 4 | 优势 | -12.0 | -7 | 持续↓ |
| 人口自然增长率与能源消费量增长率比差 | 93.8 | 3 | 强势 | 97.7 | 2 | 强势 | 71.6 | 23 | 劣势 | 22.2 | 20 | 波动↑ |
| 人口密度与人均水资源量比差 | 3.6 | 25 | 劣势 | 4.4 | 24 | 劣势 | 4.4 | 25 | 劣势 | -0.8 | 0 | 波动→ |
| 人口密度与人均耕地面积比差 | 25.1 | 15 | 中势 | 25.1 | 15 | 中势 | 25.1 | 15 | 中势 | 0.0 | 0 | 持续→ |
| 人口密度与森林覆盖率比差 | 61.6 | 13 | 中势 | 61.6 | 14 | 中势 | 61.6 | 14 | 中势 | 0.0 | 0 | 持续↑ |
| 人口密度与人均矿产基础储量比差 | 17.1 | 11 | 中势 | 17.9 | 11 | 中势 | 15.5 | 15 | 中势 | 1.5 | 4 | 持续↑ |
| 人口密度与人均能源生产量比差 | 62.3 | 28 | 劣势 | 64.3 | 28 | 劣势 | 62.5 | 28 | 劣势 | -0.2 | 0 | 持续→ |
| （2）经济与环境协调竞争力 | 74.2 | 5 | 优势 | 79.6 | 2 | 强势 | 80.3 | 1 | 强势 | -6.1 | -4 | 持续↓ |
| 工业增加值增长率与工业废气排放量增长率比差 | 61.4 | 25 | 劣势 | 92.0 | 6 | 优势 | 85.0 | 9 | 优势 | -23.6 | -16 | 波动↓ |
| 工业增加值增长率与工业废水排放量增长率比差 | 40.1 | 29 | 劣势 | 51.3 | 13 | 中势 | 90.9 | 5 | 优势 | -50.8 | -24 | 持续↓ |
| 工业增加值增长率与工业固体废物排放量增长率比差 | 89.2 | 7 | 优势 | 83.4 | 7 | 优势 | 85.1 | 7 | 优势 | 4.1 | 0 | 波动→ |
| 地区生产总值增长率与能源消费量增长率比差 | 72.1 | 14 | 中势 | 90.9 | 8 | 优势 | 80.5 | 12 | 中势 | -8.4 | -2 | 波动↓ |
| 人均工业增加值与人均水资源量比差 | 68.5 | 19 | 中势 | 70.8 | 15 | 中势 | 72.8 | 15 | 中势 | -4.3 | -4 | 持续↓ |
| 人均工业增加值与人均耕地面积比差 | 97.7 | 3 | 强势 | 100.0 | 1 | 强势 | 99.9 | 3 | 强势 | -2.1 | 0 | 波动→ |
| 人均工业增加值与人均工业废气排放量比差 | 61.6 | 14 | 中势 | 59.8 | 16 | 中势 | 48.5 | 17 | 中势 | 13.1 | 3 | 持续↑ |
| 人均工业增加值与森林覆盖率比差 | 81.0 | 15 | 中势 | 78.9 | 14 | 中势 | 77.0 | 15 | 中势 | 4.0 | 0 | 波动→ |
| 人均工业增加值与人均矿产基础储量比差 | 76.7 | 14 | 中势 | 79.7 | 12 | 中势 | 78.8 | 12 | 中势 | -2.1 | -2 | 持续↓ |
| 人均工业增加值与人均能源生产量比差 | 90.8 | 3 | 强势 | 87.8 | 4 | 优势 | 89.2 | 4 | 优势 | 1.7 | 1 | 持续↑ |

表 27 - 5 - 2　2012 年陕西省环境协调竞争力各级指标的优劣度结构表

| 二级指标 | 三级指标 | 四级指标数 | 强势指标 | | 优势指标 | | 中势指标 | | 劣势指标 | | 优劣度 |
|---|---|---|---|---|---|---|---|---|---|---|---|
| | | | 个数 | 比重（%） | 个数 | 比重（%） | 个数 | 比重（%） | 个数 | 比重（%） | |
| 环境协调竞争力 | 人口与环境协调竞争力 | 9 | 1 | 11.1 | 1 | 11.1 | 5 | 55.6 | 2 | 22.2 | 优势 |
| | 经济与环境协调竞争力 | 10 | 2 | 20.0 | 1 | 10.0 | 5 | 50.0 | 2 | 20.0 | 优势 |
| | 小　计 | 19 | 3 | 15.8 | 2 | 10.5 | 10 | 52.6 | 4 | 21.1 | 强势 |

2010 ~ 2012 年陕西省环境协调竞争力的综合排位呈现持续下降趋势，2012 年排名第 3 位，比 2010 年下降了 2 位，仍处于全国上游区。

从环境协调竞争力的要素指标变化趋势来看，有 1 个指标处于持续上升趋势，即人口与

环境协调竞争力；有 1 个指标处于持续下降趋势，为经济与环境协调竞争力。

从环境协调竞争力的基础指标分布来看，在 19 个基础指标中，指标的优劣度结构为 15.8∶10.5∶52.6∶21.1。中势指标所占比重高于强势和优势指标的比重，表明中势指标占主导地位。

### 27.5.2　陕西省环境协调竞争力比较分析

图 27 - 5 - 1 将 2010~2012 年陕西省环境协调竞争力与全国最高水平和平均水平进行比较。由图可知，评价期内陕西省环境协调竞争力得分普遍高于 67 分，说明陕西省环境协调竞争力处于较高水平。

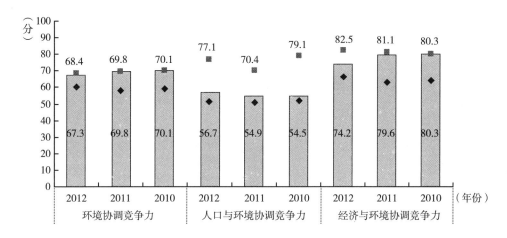

图 27 - 5 - 1　2010~2012 年陕西省环境协调竞争力指标得分比较

从环境协调竞争力的整体得分比较来看，2010 年，陕西省环境协调竞争力得分位居全国第一；到 2012 年，陕西省环境协调竞争力得分低于全国最高分 1.1 分，高于全国平均分 6.9 分。总的来看，2010~2012 年陕西省环境协调竞争力有所下降，但仍处于全国上游地位。

从环境协调竞争力的要素得分比较来看，2012 年，陕西省人口与环境协调竞争力和经济与环境协调竞争力的得分分别为 56.7 分和 74.2 分，比最高分低 20.4 分和 8.3 分，但分别高于平均分 5.5 分和 7.9 分；与 2010 年相比，陕西省人口与环境协调竞争力得分与最高分的差距缩小了 4.2 分，但经济与环境协调竞争力得分与最高分的差距扩大了 8.3 分。

### 27.5.3　陕西省环境协调竞争力变化动因分析

二级指标环境协调竞争力的变化是三级要素指标变化综合作用的结果，而三级要素指标变化又是四级基础指标变化作用的结果。三级和四级指标的变动情况如表 27 - 5 - 1 所示。

从要素指标来看，陕西省环境协调竞争力的 2 个要素指标中，人口与环境协调竞争力的排名持续上升了 8 位，经济与环境协调竞争力的排名持续下降了 4 位，受指标排位升降的综合影响，陕西省环境协调竞争力下降了 2 位，其中经济与环境协调竞争力是环境协调竞争力排名下降的主要因素。

从基础指标来看，陕西省环境协调竞争力的 19 个基础指标中，上升指标有 6 个，占指标总数的 31.6%，主要分布在人口与环境协调竞争力指标组；下降指标有 7 个，占指标总数的 36.8%，主要分布在经济与环境协调竞争力指标组。下降指标个数略大于上升指标个数，且下降的幅度大于上升的幅度，使得 2012 年陕西省环境协调竞争力排名持续下降了 2 位。

## 27.6 陕西省环境竞争力总体评述

从对陕西省环境竞争力及其 5 个二级指标在全国的排位变化和指标结构的综合分析来看，"十二五"中期（2010~2012 年）环境竞争力中上升指标的数量小于下降指标的数量，但上升的动力大于下降的拉力，受此综合影响，2012 年陕西省环境竞争力的排位上升了 1 位，在全国居第 13 位。

### 27.6.1 陕西省环境竞争力概要分析

陕西省环境竞争力在全国所处的位置及变化如表 27-6-1 所示，5 个二级指标的得分和排位变化如表 27-6-2 所示。

表 27-6-1 2010~2012 年陕西省环境竞争力一级指标比较表

| 项 目 年 份 | 2012 | 2011 | 2010 |
|---|---|---|---|
| 排名 | 13 | 11 | 14 |
| 所属区位 | 中游 | 中游 | 中游 |
| 得分 | 52.5 | 53.1 | 52.2 |
| 全国最高分 | 58.2 | 59.5 | 60.1 |
| 全国平均分 | 51.3 | 50.8 | 50.4 |
| 与最高分的差距 | -5.7 | -6.4 | -7.9 |
| 与平均分的差距 | 1.2 | 2.3 | 1.8 |
| 优劣度 | 中势 | 中势 | 中势 |
| 波动趋势 | 下降 | 上升 | — |

表 27-6-2 2010~2012 年陕西省环境竞争力二级指标比较表

| 项 目 年 份 | 生态环境竞争力 得分 | 生态环境竞争力 排名 | 资源环境竞争力 得分 | 资源环境竞争力 排名 | 环境管理竞争力 得分 | 环境管理竞争力 排名 | 环境影响竞争力 得分 | 环境影响竞争力 排名 | 环境协调竞争力 得分 | 环境协调竞争力 排名 | 环境竞争力 得分 | 环境竞争力 排名 |
|---|---|---|---|---|---|---|---|---|---|---|---|---|
| 2010 | 43.4 | 22 | 44.0 | 11 | 47.6 | 12 | 71.4 | 20 | 70.1 | 1 | 52.2 | 14 |
| 2011 | 43.0 | 22 | 45.9 | 16 | 48.7 | 12 | 73.8 | 9 | 69.8 | 1 | 53.1 | 11 |
| 2012 | 43.3 | 21 | 45.2 | 15 | 47.7 | 15 | 74.3 | 10 | 67.3 | 3 | 52.5 | 13 |
| 得分变化 | -0.1 | — | 1.2 | — | 0.1 | — | 2.9 | — | -2.8 | — | 0.3 | — |
| 排位变化 | — | 1 | — | -4 | — | -3 | — | 10 | — | -2 | — | 1 |
| 优劣度 | 劣势 | 劣势 | 中势 | 中势 | 中势 | 中势 | 优势 | 优势 | 强势 | 强势 | 中势 | 中势 |

（1）从指标排位变化趋势看，2012 年陕西省环境竞争力综合排名在全国处于第 13 位，表明其在全国处于中游地位；与 2010 年相比，排位上升了 1 位。总的来看，评价期内陕西省环境竞争力呈现波动上升趋势。

在 5 个二级指标中，有 2 个指标处于上升趋势，为生态环境竞争力和环境影响竞争力，这些是陕西省环境竞争力的上升动力所在；有 3 个指标处于下降趋势，为资源环境竞争力、环境管理竞争力和环境协调竞争力。在指标排位升降的综合影响下，评价期内陕西省环境竞争力的综合排位上升了 1 位，在全国排名第 13 位。

（2）从指标所处区位看，2012 年陕西省环境竞争力处于中游区，其中，环境协调竞争力指标为强势指标，环境影响竞争力指标为优势指标，环境管理竞争力和资源环境竞争力指标为中势指标，生态环境竞争力为劣势指标。

（3）从指标得分看，2012 年陕西省环境竞争力得分为 52.5 分，比全国最高分低 5.7 分，比全国平均分高 1.2 分；与 2010 年相比，陕西省环境竞争力得分上升了 0.3 分，与当年最高分的差距缩小了，与全国平均分的差距也缩小了。

2012 年，陕西省环境竞争力二级指标的得分均高于 43 分，与 2010 年相比，得分上升最多的为环境影响竞争力，上升了 2.9 分；得分下降最多的为环境协调竞争力，下降了 2.8 分。

### 27.6.2　陕西省环境竞争力各级指标动态变化分析

2010～2012 年陕西省环境竞争力各级指标的动态变化及其结构，如图 27 - 6 - 1 和表 27 - 6 - 3 所示。

从图 27 - 6 - 1 可以看出，陕西省环境竞争力的四级指标中上升指标的比例小于下降指标，表明下降指标居于主导地位。表 27 - 6 - 3 中的数据进一步说明，陕西省环境竞争力的 130 个四级指标中，上升的指标有 35 个，占指标总数的 26.9%；保持的指标有 47 个，占指标总数的 36.2%；下降的指标为 48 个，占指标总数的 36.9%。虽然下降指标的数量大于上升指标的数量，但在其他外部因素的综合作用下，评价期内陕西省环境竞争力排位上升了 1 位，在全国居第 13 位。

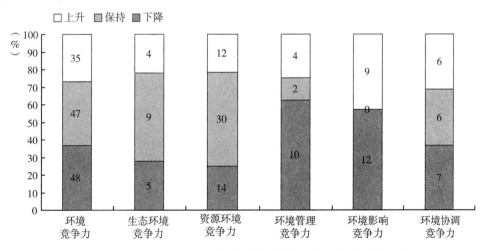

**图 27 - 6 - 1　2010～2012 年陕西省环境竞争力动态变化结构图**

表 27 - 6 - 3　2010～2012 年陕西省环境竞争力各级指标排位变化态势比较表

| 二级指标 | 三级指标 | 四级指标数 | 上升指标 | | 保持指标 | | 下降指标 | | 变化趋势 |
|---|---|---|---|---|---|---|---|---|---|
| | | | 个数 | 比重（%） | 个数 | 比重（%） | 个数 | 比重（%） | |
| 生态环境竞争力 | 生态建设竞争力 | 9 | 2 | 22.2 | 5 | 55.6 | 2 | 22.2 | 持续→ |
| | 生态效益竞争力 | 9 | 2 | 22.2 | 4 | 44.4 | 3 | 33.3 | 波动↓ |
| | 小　计 | 18 | 4 | 22.2 | 9 | 50.0 | 5 | 27.8 | 持续↑ |
| 资源环境竞争力 | 水环境竞争力 | 11 | 3 | 27.3 | 6 | 54.5 | 2 | 18.2 | 波动↑ |
| | 土地环境竞争力 | 13 | 1 | 7.7 | 11 | 84.6 | 1 | 7.7 | 持续→ |
| | 大气环境竞争力 | 8 | 2 | 25.0 | 1 | 12.5 | 5 | 62.5 | 持续↓ |
| | 森林环境竞争力 | 8 | 1 | 12.5 | 7 | 87.5 | 0 | 0.0 | 持续→ |
| | 矿产环境竞争力 | 9 | 4 | 44.4 | 1 | 11.1 | 4 | 44.4 | 持续↑ |
| | 能源环境竞争力 | 7 | 1 | 14.3 | 4 | 57.1 | 2 | 28.6 | 波动↓ |
| | 小　计 | 56 | 12 | 21.4 | 30 | 53.6 | 14 | 25.0 | 波动↓ |
| 环境管理竞争力 | 环境治理竞争力 | 10 | 2 | 20.0 | 1 | 10.0 | 7 | 70.0 | 持续↓ |
| | 环境友好竞争力 | 6 | 2 | 33.3 | 1 | 16.7 | 3 | 50.0 | 波动→ |
| | 小　计 | 16 | 4 | 25.0 | 2 | 12.5 | 10 | 62.5 | 持续↓ |
| 环境影响竞争力 | 环境安全竞争力 | 12 | 6 | 50.0 | 0 | 0.0 | 6 | 50.0 | 持续↑ |
| | 环境质量竞争力 | 9 | 3 | 33.3 | 0 | 0.0 | 6 | 66.7 | 波动→ |
| | 小　计 | 21 | 9 | 42.9 | 0 | 0.0 | 12 | 57.1 | 波动↑ |
| 环境协调竞争力 | 人口与环境协调竞争力 | 9 | 4 | 44.4 | 3 | 33.3 | 2 | 22.2 | 持续↑ |
| | 经济与环境协调竞争力 | 10 | 2 | 20.0 | 3 | 30.0 | 5 | 50.0 | 持续↓ |
| | 小　计 | 19 | 6 | 31.6 | 6 | 31.6 | 7 | 36.8 | 持续↓ |
| 合　计 | | 130 | 35 | 26.9 | 47 | 36.2 | 48 | 36.9 | 波动↑ |

### 27.6.3　陕西省环境竞争力各级指标变化动因分析

2012 年陕西省环境竞争力各级指标的优劣势变化及其结构，如图 27 - 6 - 2 和表 27 - 6 - 4 所示。

从图 27 - 6 - 2 可以看出，2012 年陕西省环境竞争力的四级指标中强势和优势指标的比例与劣势指标相等，中势指标占主导地位。表 27 - 6 - 4 中的数据进一步说明，2012 年陕西省环境竞争力的 130 个四级指标中，强势指标有 7 个，占指标总数的 5.4%；优势指标为 28 个，占指标总数的 21.5%；中势指标 60 个，占指标总数的 46.2%；劣势指标有 35 个，占指标总数的 26.9%；强势指标和优势指标之和占指标总数的 26.9%，数量与比重均与劣势指标相等。从三级指标来看，四级指标中强势指标和优势指标之和占四级指标总数一半以上的为森林环境竞争力，共计 1 个指标，占三级指标总数的 7.1%。反映到二级指标上来，强势指标有 1 个，占二级指标总数的 20%；中势指标有 2 个，占二级指标总数的 40%；劣势和优势指标各 1 个，均占二级指标总数的 20%。受此综合影响，陕西省环境竞争力在全国位居第 13 位，处于中游地位。

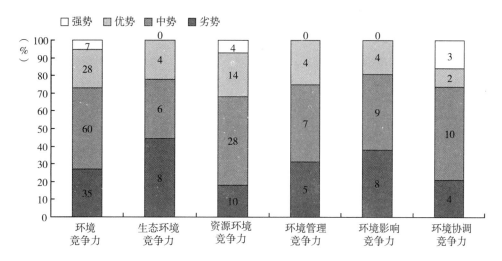

图 27 - 6 - 2 2012 年陕西省环境竞争力优劣度结构图

表 27 - 6 - 4 2012 年陕西省环境竞争力各级指标优劣度比较表

| 二级指标 | 三级指标 | 四级指标数 | 强势指标 | | 优势指标 | | 中势指标 | | 劣势指标 | | 优劣度 |
|---|---|---|---|---|---|---|---|---|---|---|---|
| | | | 个数 | 比重（%） | 个数 | 比重（%） | 个数 | 比重（%） | 个数 | 比重（%） | |
| 生态环境竞争力 | 生态建设竞争力 | 9 | 0 | 0.0 | 2 | 22.2 | 3 | 33.3 | 4 | 44.4 | 劣势 |
| | 生态效益竞争力 | 9 | 0 | 0.0 | 2 | 22.2 | 3 | 33.3 | 4 | 44.4 | 中势 |
| | 小　计 | 18 | 0 | 0.0 | 4 | 22.2 | 6 | 33.3 | 8 | 44.4 | 劣势 |
| 资源环境竞争力 | 水环境竞争力 | 11 | 3 | 27.3 | 1 | 9.1 | 5 | 45.5 | 2 | 18.2 | 中势 |
| | 土地环境竞争力 | 13 | 1 | 7.7 | 4 | 30.8 | 7 | 53.8 | 1 | 7.7 | 中势 |
| | 大气环境竞争力 | 8 | 0 | 0.0 | 0 | 0.0 | 4 | 50.0 | 4 | 50.0 | 劣势 |
| | 森林环境竞争力 | 8 | 0 | 0.0 | 5 | 62.5 | 3 | 37.5 | 0 | 0.0 | 中势 |
| | 矿产环境竞争力 | 9 | 0 | 0.0 | 4 | 44.4 | 5 | 55.6 | 0 | 0.0 | 中势 |
| | 能源环境竞争力 | 7 | 0 | 0.0 | 0 | 0.0 | 4 | 57.1 | 3 | 42.9 | 劣势 |
| | 小　计 | 56 | 4 | 7.1 | 14 | 25.0 | 28 | 50.0 | 10 | 17.9 | 中势 |
| 环境管理竞争力 | 环境治理竞争力 | 10 | 0 | 0.0 | 2 | 20.0 | 4 | 40.0 | 4 | 40.0 | 中势 |
| | 环境友好竞争力 | 6 | 0 | 0.0 | 2 | 33.3 | 3 | 50.0 | 1 | 16.7 | 中势 |
| | 小　计 | 16 | 0 | 0.0 | 4 | 25.0 | 7 | 43.8 | 5 | 31.3 | 中势 |
| 环境影响竞争力 | 环境安全竞争力 | 12 | 0 | 0.0 | 1 | 8.3 | 7 | 58.3 | 4 | 33.3 | 中势 |
| | 环境质量竞争力 | 9 | 0 | 0.0 | 3 | 33.3 | 2 | 22.2 | 4 | 44.4 | 中势 |
| | 小　计 | 21 | 0 | 0.0 | 4 | 19.0 | 9 | 42.9 | 8 | 38.1 | 优势 |
| 环境协调竞争力 | 人口与环境协调竞争力 | 9 | 1 | 11.1 | 1 | 11.1 | 5 | 55.6 | 2 | 22.2 | 优势 |
| | 经济与环境协调竞争力 | 10 | 2 | 20.0 | 1 | 10.0 | 5 | 50.0 | 2 | 20.0 | 优势 |
| | 小　计 | 19 | 3 | 15.8 | 2 | 10.5 | 10 | 52.6 | 4 | 21.1 | 强势 |
| 合　　计 | | 130 | 7 | 5.4 | 28 | 21.5 | 60 | 46.2 | 35 | 26.9 | 中势 |

为了进一步明确影响陕西省环境竞争力变化的具体指标，也便于对相关指标进行深入分析，从而为提升陕西省环境竞争力提供决策参考，表27－6－5列出了环境竞争力指标体系中直接影响陕西省环境竞争力升降的强势指标、优势指标和劣势指标。

表27－6－5　2012年陕西省环境竞争力四级指标优劣度统计表

| 指标 | 强势指标 | 优势指标 | 劣势指标 |
|---|---|---|---|
| 生态环境竞争力（18个） | （0个） | 国家级生态示范区个数、野生植物种源培育基地数、工业废水排放强度、农药施用强度（4个） | 公园面积、园林绿地面积、绿化覆盖面积、自然保护区面积占土地总面积比重、工业二氧化硫排放强度、工业烟（粉）尘排放强度、工业固体废物排放强度、化肥施用强度（8个） |
| 资源环境竞争力（56个） | 用水总量、用水消耗量、耗水率、人均园地面积（4个） | 节灌率、牧草地面积、人均牧草地面积、园地面积、当年新增种草面积、林业用地面积、森林面积、森林覆盖率、天然林比重、造林总面积、主要有色金属矿产基础储量、人均主要有色金属矿产基础储量、主要能源矿产基础储量、人均主要能源矿产基础储量（14个） | 人均水资源量、供水总量、沙化土地面积占土地总面积的比重、工业烟（粉）尘排放总量、工业二氧化硫排放总量、全省设区市优良天数比例、可吸入颗粒物（PM10）浓度、能源生产总量、能源生产弹性系数、能源消费弹性系数（10个） |
| 环境管理竞争力（16个） | （0个） | 水土流失治理面积、土地复垦面积占新增耕地面积的比重、工业用水重复利用率、城市污水处理率（4个） | 废水治理设施处理能力、废水治理设施年运行费用、矿山环境恢复治理投入资金、本年矿山恢复面积、工业固体废物处置利用率（5个） |
| 环境影响竞争力（21个） | （0个） | 受火灾森林面积、人均工业废水排放量、人均生活污水排放量、人均农药施用量（4个） | 发生地质灾害起数、地质灾害直接经济损失、突发环境事件次数、森林病虫鼠害发生面积、人均二氧化硫排放量、人均工业烟（粉）尘排放量、人均工业固体废物排放量、人均化肥施用量（8个） |
| 环境协调竞争力（19个） | 人口自然增长率与能源消费量增长率比差、人均工业增加值与人均耕地面积比差、人均工业增加值与人均能源生产量比差（3个） | 人口自然增长率与工业废气排放量增长率比差、工业增加值增长率与工业固体废物排放量增长率比差（2个） | 人口密度与人均水资源量比差、人口密度与人均能源生产量比差、工业增加值增长率与工业废气排放量增长率比差、工业增加值增长率与工业废水排放量增长率比差（4个） |

# 28

# 甘肃省环境竞争力评价分析报告

甘肃省简称甘,地处黄河上游的青藏高原、蒙新高原、黄土高原交汇地带,位于我国的地理中心。甘肃省东接陕西省,东北与宁夏回族自治区相邻,南靠四川省,西连青海省、新疆维吾尔自治区,北与内蒙古自治区交界,并与蒙古人民共和国接壤,总面积45.4万平方公里。2012年末总人口为2578万人,人均GDP达到21978元,万元GDP能耗为1.46吨标准煤。"十二五"中期(2010~2012年),甘肃省环境竞争力的综合排位呈现持续下降趋势,2012年排名第26位,比2010年下降了4位,在全国处于劣势地位。

## 28.1 甘肃省生态环境竞争力评价分析

### 28.1.1 甘肃省生态环境竞争力评价结果

2010~2012年甘肃省生态环境竞争力排位和排位变化情况及其下属2个三级指标和18个四级指标的评价结果,如表28-1-1所示;生态环境竞争力各级指标的优劣势情况,如表28-1-2所示。

表28-1-1 2010~2012年甘肃省生态环境竞争力各级指标的得分、排名及优劣度分析表

| 指标项目 | 2012年 | | | 2011年 | | | 2010年 | | | 综合变化 | | |
|---|---|---|---|---|---|---|---|---|---|---|---|---|
| | 得分 | 排名 | 优劣度 | 得分 | 排名 | 优劣度 | 得分 | 排名 | 优劣度 | 得分变化 | 排名变化 | 趋势变化 |
| **生态环境竞争力** | 35.4 | 28 | 劣势 | 35.9 | 28 | 劣势 | 41.1 | 26 | 劣势 | -5.7 | -2 | 持续↓ |
| (1)生态建设竞争力 | 19.4 | 27 | 劣势 | 19.0 | 25 | 劣势 | 19.6 | 25 | 劣势 | -0.2 | -2 | 持续↓ |
| 国家级生态示范区个数 | 1.6 | 26 | 劣势 | 1.6 | 26 | 劣势 | 1.6 | 26 | 劣势 | 0.0 | 0 | 持续→ |
| 公园面积 | 3.2 | 25 | 劣势 | 3.1 | 25 | 劣势 | 3.1 | 25 | 劣势 | 0.0 | 0 | 持续→ |
| 园林绿地面积 | 6.6 | 27 | 劣势 | 6.0 | 26 | 劣势 | 6.0 | 26 | 劣势 | 0.6 | -1 | 持续↓ |
| 绿化覆盖面积 | 4.1 | 28 | 劣势 | 3.8 | 28 | 劣势 | 3.8 | 28 | 劣势 | 0.3 | 0 | 持续→ |
| 本年减少耕地面积 | 81.7 | 9 | 优势 | 81.7 | 9 | 优势 | 81.7 | 9 | 优势 | 0.0 | 0 | 持续→ |
| 自然保护区个数 | 15.1 | 15 | 中势 | 15.1 | 15 | 中势 | 15.1 | 15 | 中势 | 0.0 | 0 | 持续→ |
| 自然保护区面积占土地总面积比重 | 45.4 | 4 | 优势 | 45.4 | 4 | 优势 | 45.4 | 4 | 优势 | 0.0 | 0 | 持续→ |
| 野生动物种源繁育基地数 | 1.8 | 22 | 劣势 | 0.1 | 27 | 劣势 | 0.1 | 27 | 劣势 | 1.7 | 5 | 持续↑ |
| 野生植物种培育基地数 | 1.2 | 15 | 中势 | 0.0 | 24 | 劣势 | 0.0 | 24 | 劣势 | 1.2 | 9 | 持续↑ |
| (2)生态效益竞争力 | 59.5 | 27 | 劣势 | 61.3 | 28 | 劣势 | 73.3 | 24 | 劣势 | -13.8 | -3 | 波动↓ |
| 工业废气排放强度 | 40.5 | 30 | 劣势 | 50.8 | 29 | 劣势 | 50.8 | 29 | 劣势 | -10.3 | -1 | 持续↓ |
| 工业二氧化硫排放强度 | 49.0 | 28 | 劣势 | 46.3 | 29 | 劣势 | 46.3 | 29 | 劣势 | 2.7 | 1 | 持续↑ |

续表

| 指　标　项　目 | 2012 年 | | | 2011 年 | | | 2010 年 | | | 综合变化 | | |
|---|---|---|---|---|---|---|---|---|---|---|---|---|
| | 得分 | 排名 | 优劣度 | 得分 | 排名 | 优劣度 | 得分 | 排名 | 优劣度 | 得分变化 | 排名变化 | 趋势变化 |
| 工业烟（粉）尘排放强度 | 67.3 | 22 | 劣势 | 62.1 | 24 | 劣势 | 62.1 | 24 | 劣势 | 5.1 | 2 | 持续↑ |
| 工业废水排放强度 | 64.4 | 16 | 中势 | 64.3 | 18 | 中势 | 64.3 | 18 | 中势 | 0.1 | 2 | 持续↑ |
| 工业废水中化学需氧量排放强度 | 63.6 | 27 | 劣势 | 64.5 | 27 | 劣势 | 64.5 | 27 | 劣势 | -1.0 | 0 | 持续→ |
| 工业废水中氨氮排放强度 | 31.7 | 30 | 劣势 | 36.0 | 30 | 劣势 | 36.0 | 30 | 劣势 | -4.3 | 0 | 持续→ |
| 工业固体废物排放强度 | 98.6 | 21 | 劣势 | 93.9 | 26 | 劣势 | 93.9 | 26 | 劣势 | 4.6 | 5 | 持续↑ |
| 化肥施用强度 | 69.6 | 9 | 优势 | 72.3 | 9 | 优势 | 72.3 | 9 | 优势 | -2.7 | 0 | 持续→ |
| 农药施用强度 | 64.7 | 28 | 劣势 | 73.6 | 26 | 劣势 | 73.6 | 26 | 劣势 | -8.8 | -2 | 持续↓ |

表 28 - 1 - 2　2012 年甘肃省生态环境竞争力各级指标的优劣度结构表

| 二级指标 | 三级指标 | 四级指标数 | 强势指标 | | 优势指标 | | 中势指标 | | 劣势指标 | | 优劣度 |
|---|---|---|---|---|---|---|---|---|---|---|---|
| | | | 个数 | 比重（%） | 个数 | 比重（%） | 个数 | 比重（%） | 个数 | 比重（%） | |
| 生态环境竞争力 | 生态建设竞争力 | 9 | 0 | 0.0 | 2 | 22.2 | 2 | 22.2 | 5 | 55.6 | 劣势 |
| | 生态效益竞争力 | 9 | 0 | 0.0 | 1 | 11.1 | 1 | 11.1 | 7 | 77.8 | 劣势 |
| | 小　计 | 18 | 0 | 0.0 | 3 | 16.7 | 3 | 16.7 | 12 | 66.7 | 劣势 |

2010～2012 年甘肃省生态环境竞争力的综合排位呈现持续下降趋势，2012 年排名第 28 位，比 2010 年下降了 2 位，在全国处于下游区。

从生态环境竞争力要素指标的变化趋势来看，有 1 个指标处于持续下降趋势，即生态建设竞争力；有 1 个指标处于波动下降趋势，为生态效益竞争力。

从生态环境竞争力基础指标的优劣度结构来看，在 18 个基础指标中，指标的优劣度结构为 0.0∶16.7∶16.7∶66.7。劣势指标所占比重远远高于强势和优势指标的比重，表明劣势指标占主导地位。

### 28.1.2　甘肃省生态环境竞争力比较分析

图 28 - 1 - 1 将 2010～2012 年甘肃省生态环境竞争力与全国最高水平和平均水平进行比较。由图可知，评价期内甘肃省生态环境竞争力得分普遍低于 42 分，说明甘肃省生态环境竞争力处于较低水平。

从生态环境竞争力的整体得分比较来看，2010 年，甘肃省生态环境竞争力得分与全国最高分相比有 24.6 分的差距，与全国平均分相比，则低了 5.3 分；到了 2012 年，甘肃省生态环境竞争力得分与全国最高分的差距扩大为 29.7 分，低于全国平均分 10.0 分。总的来看，2010～2012 年甘肃省生态环境竞争力与最高分的差距呈扩大趋势，表明生态建设和效益不断下降。

从生态环境竞争力的要素得分比较来看，2012 年，甘肃省生态建设竞争力和生态效益

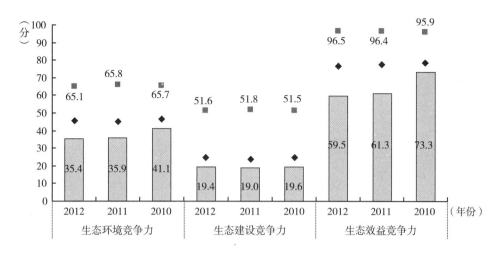

图 28-1-1 2010～2012 年甘肃省生态环境竞争力指标得分比较

竞争力的得分分别为 19.4 分和 59.5 分，分别比最高分低 32.3 分和 36.9 分，分别低于平均分 5.3 分和 17.1 分；与 2010 年相比，甘肃省生态建设竞争力得分与最高分的差距扩大了 0.4 分，生态效益竞争力得分与最高分的差距扩大了 14.3 分。

### 28.1.3 甘肃省生态环境竞争力变化动因分析

二级指标生态环境竞争力的变化是三级要素指标变化综合作用的结果，而三级要素指标变化又是四级基础指标变化作用的结果。三级和四级指标的变动情况如表 28-1-1 所示。

从要素指标来看，甘肃省生态环境竞争力的 2 个要素指标中，生态建设竞争力的排名下降了 2 位，生态效益竞争力的排名波动下降了 3 位，受指标排位升降的综合影响，甘肃省生态环境竞争力持续下降了 2 位。

从基础指标来看，甘肃省生态环境竞争力的 18 个基础指标中，上升指标有 6 个，占指标总数的 33.3%，主要分布在生态效益竞争力指标组；下降指标有 3 个，占指标总数的 16.7%，主要分布在生态效益竞争力指标组。虽然上升指标的数量大于下降指标的数量，但受其他外部因素的综合影响，评价期内甘肃省生态环境竞争力排名下降了 2 位。

## 28.2 甘肃省资源环境竞争力评价分析

### 28.2.1 甘肃省资源环境竞争力评价结果

2010～2012 年甘肃省资源环境竞争力排位和排位变化情况及其下属 6 个三级指标和 56 个四级指标的评价结果，如表 28-2-1 所示；资源环境竞争力各级指标的优劣势情况，如表 28-2-2 所示。

表 28 - 2 - 1　2010 ~ 2012 年甘肃省资源环境竞争力各级指标的得分、排名及优劣度分析表

| 指　　标 ＼ 项　　目 | 2012 年 | | | 2011 年 | | | 2010 年 | | | 综合变化 | | |
|---|---|---|---|---|---|---|---|---|---|---|---|---|
| | 得分 | 排名 | 优劣度 | 得分 | 排名 | 优劣度 | 得分 | 排名 | 优劣度 | 得分变化 | 排名变化 | 趋势变化 |
| **资源环境竞争力** | 40.4 | 22 | 劣势 | 40.9 | 22 | 劣势 | 39.2 | 22 | 劣势 | 1.1 | 0 | 持续→ |
| （1）水环境竞争力 | 48.6 | 12 | 中势 | 48.5 | 9 | 优势 | 47.8 | 11 | 中势 | 0.8 | -1 | 波动↓ |
| 水资源总量 | 6.1 | 24 | 劣势 | 5.3 | 25 | 劣势 | 4.5 | 25 | 劣势 | 1.6 | 1 | 持续↑ |
| 人均水资源量 | 0.7 | 22 | 劣势 | 0.6 | 21 | 劣势 | 0.5 | 22 | 劣势 | 0.2 | 0 | 波动→ |
| 降水量 | 17.7 | 20 | 中势 | 16.2 | 19 | 中势 | 15.2 | 21 | 劣势 | 2.5 | 1 | 波动↑ |
| 供水总量 | 17.1 | 20 | 中势 | 18.7 | 21 | 劣势 | 19.9 | 20 | 中势 | -2.7 | 0 | 波动→ |
| 用水总量 | 97.7 | 1 | 强势 | 97.6 | 1 | 强势 | 97.6 | 1 | 强势 | 0.1 | 0 | 持续→ |
| 用水消耗量 | 98.9 | 1 | 强势 | 98.7 | 1 | 强势 | 98.4 | 1 | 强势 | 0.5 | 0 | 持续→ |
| 耗水率 | 41.9 | 1 | 强势 | 41.9 | 1 | 强势 | 40.0 | 1 | 强势 | 1.9 | 0 | 持续→ |
| 节灌率 | 47.4 | 8 | 优势 | 46.3 | 8 | 优势 | 45.4 | 8 | 优势 | 2.1 | 0 | 持续→ |
| 城市再生水利用率 | 6.4 | 17 | 中势 | 6.8 | 15 | 中势 | 1.5 | 12 | 中势 | 4.9 | -5 | 持续↓ |
| 工业废水排放总量 | 92.0 | 7 | 优势 | 92.1 | 6 | 优势 | 94.4 | 7 | 优势 | -2.4 | 0 | 波动→ |
| 生活污水排放量 | 93.9 | 5 | 优势 | 94.2 | 5 | 优势 | 93.8 | 5 | 优势 | 0.1 | 0 | 持续→ |
| （2）土地环境竞争力 | 23.1 | 26 | 劣势 | 23.8 | 24 | 劣势 | 24.2 | 23 | 劣势 | -1.1 | -3 | 持续↓ |
| 土地总面积 | 27.0 | 6 | 优势 | 27.0 | 6 | 优势 | 27.0 | 6 | 优势 | 0.0 | 0 | 持续→ |
| 耕地面积 | 38.3 | 10 | 优势 | 38.3 | 10 | 优势 | 38.3 | 10 | 优势 | 0.0 | 0 | 持续→ |
| 人均耕地面积 | 57.4 | 5 | 优势 | 57.7 | 5 | 优势 | 57.8 | 5 | 优势 | -0.4 | 0 | 持续→ |
| 牧草地面积 | 19.2 | 6 | 优势 | 19.2 | 6 | 优势 | 19.2 | 6 | 优势 | 0.0 | 0 | 持续→ |
| 人均牧草地面积 | 2.3 | 5 | 优势 | 2.3 | 5 | 优势 | 2.3 | 5 | 优势 | 0.0 | 0 | 持续→ |
| 园地面积 | 19.6 | 21 | 劣势 | 19.6 | 21 | 劣势 | 19.6 | 21 | 劣势 | 0.0 | 0 | 持续→ |
| 人均园地面积 | 11.8 | 15 | 中势 | 11.8 | 15 | 中势 | 11.7 | 15 | 中势 | 0.2 | 0 | 持续→ |
| 土地资源利用效率 | 0.4 | 28 | 劣势 | 0.3 | 28 | 劣势 | 0.3 | 28 | 劣势 | 0.1 | 0 | 持续→ |
| 建设用地面积 | 62.8 | 16 | 中势 | 62.8 | 16 | 中势 | 62.8 | 16 | 中势 | 0.0 | 0 | 持续→ |
| 单位建设用地非农产业增加值 | 0.0 | 31 | 劣势 | 0.0 | 30 | 劣势 | 0.1 | 30 | 劣势 | -0.1 | -1 | 持续↓ |
| 单位耕地面积农业增加值 | 0.0 | 31 | 劣势 | 0.2 | 30 | 劣势 | 2.0 | 30 | 劣势 | -2.0 | -1 | 持续↓ |
| 沙化土地面积占土地总面积的比重 | 41.5 | 29 | 劣势 | 41.5 | 29 | 劣势 | 41.5 | 29 | 劣势 | 0.0 | 0 | 持续→ |
| 当年新增种草面积 | 18.6 | 6 | 优势 | 27.7 | 4 | 优势 | 30.5 | 4 | 优势 | -11.9 | -2 | 持续↓ |
| （3）大气环境竞争力 | 72.5 | 20 | 中势 | 71.2 | 22 | 劣势 | 71.6 | 18 | 中势 | 0.8 | -2 | 波动→ |
| 工业废气排放总量 | 79.6 | 11 | 中势 | 83.4 | 12 | 中势 | 88.9 | 5 | 优势 | -9.3 | -6 | 波动↓ |
| 地均工业废气排放量 | 98.6 | 6 | 优势 | 98.7 | 6 | 优势 | 99.3 | 4 | 优势 | -0.8 | -2 | 持续↓ |
| 工业烟（粉）尘排放总量 | 85.2 | 7 | 优势 | 85.0 | 8 | 优势 | 76.2 | 7 | 优势 | 9.0 | 2 | 持续↑ |
| 地均工业烟（粉）尘排放量 | 96.6 | 4 | 优势 | 96.1 | 5 | 优势 | 94.9 | 5 | 优势 | 1.7 | 1 | 持续↑ |
| 工业二氧化硫排放总量 | 69.0 | 13 | 中势 | 67.7 | 13 | 中势 | 67.4 | 12 | 中势 | 1.6 | -1 | 持续↓ |
| 地均二氧化硫排放量 | 96.5 | 7 | 优势 | 96.5 | 7 | 优势 | 97.1 | 7 | 优势 | -0.6 | -1 | 持续↓ |
| 全省设区市优良天数比例 | 0.0 | 31 | 劣势 | 0.0 | 31 | 劣势 | 0.0 | 31 | 劣势 | 0.0 | 0 | 持续→ |
| 可吸入颗粒物（PM10）浓度 | 59.3 | 20 | 中势 | 47.3 | 24 | 劣势 | 53.8 | 21 | 劣势 | 5.4 | 1 | 波动→ |
| （4）森林环境竞争力 | 22.5 | 21 | 劣势 | 22.8 | 21 | 劣势 | 23.7 | 20 | 中势 | -1.1 | -1 | 持续↓ |
| 林业用地面积 | 21.6 | 12 | 中势 | 21.6 | 12 | 中势 | 21.6 | 12 | 中势 | 0.0 | 0 | 持续→ |
| 森林面积 | 19.6 | 18 | 中势 | 19.6 | 18 | 中势 | 19.6 | 18 | 中势 | 0.0 | 0 | 持续→ |
| 森林覆盖率 | 10.7 | 26 | 劣势 | 10.7 | 26 | 劣势 | 10.7 | 26 | 劣势 | 0.0 | 0 | 持续→ |

续表

| 指标项目 | 2012 年 | | | 2011 年 | | | 2010 年 | | | 综合变化 | | |
|---|---|---|---|---|---|---|---|---|---|---|---|---|
| | 得分 | 排名 | 优劣度 | 得分 | 排名 | 优劣度 | 得分 | 排名 | 优劣度 | 得分变化 | 排名变化 | 趋势变化 |
| 人工林面积 | 15.1 | 23 | 劣势 | 15.1 | 23 | 劣势 | 15.1 | 23 | 劣势 | 0.0 | 0 | 持续→ |
| 天然林比重 | 83.0 | 5 | 优势 | 83.0 | 5 | 优势 | 83.0 | 5 | 优势 | 0.0 | 0 | 持续→ |
| 造林总面积 | 22.6 | 13 | 中势 | 25.9 | 16 | 中势 | 35.1 | 10 | 优势 | -12.5 | -3 | 波动↓ |
| 森林蓄积量 | 8.6 | 17 | 中势 | 8.6 | 17 | 中势 | 8.6 | 17 | 中势 | 0.0 | 0 | 持续→ |
| 活立木总蓄积量 | 9.4 | 16 | 中势 | 9.4 | 16 | 中势 | 9.4 | 16 | 中势 | 0.0 | 0 | 持续→ |
| （5）矿产环境竞争力 | 15.9 | 13 | 中势 | 15.5 | 14 | 中势 | 15.1 | 16 | 中势 | 0.8 | 3 | 持续↑ |
| 主要黑色金属矿产基础储量 | 7.1 | 11 | 中势 | 10.6 | 9 | 优势 | 5.2 | 9 | 优势 | 1.8 | -2 | 持续↓ |
| 人均主要黑色金属矿产基础储量 | 12.0 | 7 | 优势 | 18.1 | 6 | 优势 | 8.9 | 7 | 优势 | 3.1 | 0 | 波动→ |
| 主要有色金属矿产基础储量 | 12.7 | 13 | 中势 | 8.8 | 16 | 中势 | 9.2 | 15 | 中势 | 3.5 | 2 | 波动↑ |
| 人均主要有色金属矿产基础储量 | 21.6 | 9 | 优势 | 15.0 | 11 | 中势 | 15.8 | 11 | 中势 | 5.8 | 2 | 持续↑ |
| 主要非金属矿产基础储量 | 0.0 | 25 | 劣势 | 0.0 | 25 | 劣势 | 0.0 | 24 | 劣势 | 0.0 | -1 | 持续↓ |
| 人均主要非金属矿产基础储量 | 0.0 | 25 | 劣势 | 0.0 | 25 | 劣势 | 0.0 | 24 | 劣势 | 0.0 | -1 | 持续↓ |
| 主要能源矿产基础储量 | 3.8 | 13 | 中势 | 2.8 | 15 | 中势 | 6.9 | 13 | 中势 | -3.1 | 0 | 波动↓ |
| 人均主要能源矿产基础储量 | 5.3 | 10 | 优势 | 4.0 | 12 | 中势 | 7.3 | 8 | 优势 | -2.0 | -2 | 波动↓ |
| 工业固体废物产生量 | 86.1 | 12 | 中势 | 86.1 | 14 | 中势 | 88.2 | 9 | 优势 | -2.2 | -3 | 波动↓ |
| （6）能源环境竞争力 | 59.6 | 24 | 劣势 | 63.3 | 24 | 劣势 | 52.9 | 24 | 劣势 | 6.7 | 0 | 持续→ |
| 能源生产总量 | 93.2 | 14 | 中势 | 93.5 | 15 | 中势 | 92.7 | 12 | 中势 | 0.5 | -2 | 波动↓ |
| 能源消费总量 | 82.1 | 5 | 优势 | 82.6 | 5 | 优势 | 83.1 | 5 | 优势 | -1.0 | 0 | 持续→ |
| 单位地区生产总值能耗 | 39.2 | 26 | 劣势 | 47.2 | 26 | 劣势 | 34.7 | 26 | 劣势 | 4.5 | 0 | 持续→ |
| 单位地区生产总值电耗 | 54.0 | 29 | 劣势 | 54.9 | 29 | 劣势 | 48.4 | 29 | 劣势 | 5.5 | 0 | 持续→ |
| 单位工业增加值能耗 | 38.4 | 27 | 劣势 | 43.2 | 27 | 劣势 | 36.1 | 27 | 劣势 | 2.2 | 0 | 持续→ |
| 能源生产弹性系数 | 52.8 | 20 | 中势 | 68.8 | 17 | 中势 | 51.6 | 15 | 中势 | 1.1 | -5 | 持续↓ |
| 能源消费弹性系数 | 64.9 | 26 | 劣势 | 59.3 | 26 | 劣势 | 31.9 | 18 | 中势 | 33.0 | -8 | 持续↓ |

表 28 - 2 - 2　2012 年甘肃省资源环境竞争力各级指标的优劣度结构表

| 二级指标 | 三级指标 | 四级指标数 | 强势指标 | | 优势指标 | | 中势指标 | | 劣势指标 | | 优劣度 |
|---|---|---|---|---|---|---|---|---|---|---|---|
| | | | 个数 | 比重（%） | 个数 | 比重（%） | 个数 | 比重（%） | 个数 | 比重（%） | |
| 资源环境竞争力 | 水环境竞争力 | 11 | 3 | 27.3 | 3 | 27.3 | 3 | 27.3 | 2 | 18.2 | 中势 |
| | 土地环境竞争力 | 13 | 0 | 0.0 | 6 | 46.2 | 2 | 15.4 | 5 | 38.5 | 劣势 |
| | 大气环境竞争力 | 8 | 0 | 0.0 | 4 | 50.0 | 3 | 37.5 | 1 | 12.5 | 中势 |
| | 森林环境竞争力 | 8 | 0 | 0.0 | 1 | 12.5 | 5 | 62.5 | 2 | 25.0 | 劣势 |
| | 矿产环境竞争力 | 9 | 0 | 0.0 | 3 | 33.3 | 4 | 44.4 | 2 | 22.2 | 中势 |
| | 能源环境竞争力 | 7 | 0 | 0.0 | 1 | 14.3 | 2 | 28.6 | 4 | 57.1 | 劣势 |
| 小计 | | 56 | 3 | 5.4 | 18 | 32.1 | 19 | 33.9 | 16 | 28.6 | 劣势 |

　　2010～2012 年甘肃省资源环境竞争力的综合排位没有发生变化，三年间始终位于第 22 位，在全国处于下游区。

　　从资源环境竞争力的要素指标变化趋势来看，有 1 个指标处于上升趋势，即矿产环境竞争力；有 1 个指标处于保持趋势，为能源环境竞争力；有 4 个指标处于下降趋势，为水环境

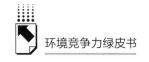

竞争力、土地环境竞争力、大气环境竞争力和森林环境竞争力。

从资源环境竞争力的基础指标分布来看，在56个基础指标中，指标的优劣度结构为5.4∶32.1∶33.9∶28.6。其中，中势指标的比重略大于优势指标所占比重，总体上中势指标占主导地位。

### 28.2.2 甘肃省资源环境竞争力比较分析

图28-2-1将2010~2012年甘肃省资源环境竞争力与全国最高水平和平均水平进行比较。由图可知，评价期内甘肃省资源环境竞争力得分普遍低于41分，且呈现波动上升趋势，说明甘肃省资源环境竞争力保持较低水平。

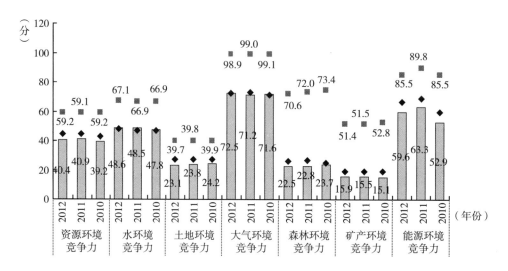

**图28-2-1 2010~2012年甘肃省资源环境竞争力指标得分比较**

从资源环境竞争力的整体得分比较来看，2010年，甘肃省资源环境竞争力得分与全国最高分相比还有20.0分的差距，与全国平均分相比，则低了3.7分；到2012年，甘肃省资源环境竞争力得分与全国最高分的差距缩小为18.8分，但低于全国平均分4.2分。总的来看，2010~2012年甘肃省资源环境竞争力与最高分的差距呈缩小趋势，继续在全国处于下游地位。

从资源环境竞争力的要素得分比较来看，2012年，甘肃省水环境竞争力、土地环境竞争力、大气环境竞争力、森林环境竞争力、矿产环境竞争力和能源环境竞争力的得分分别为48.6分、23.1分、72.5分、22.5分、15.9分和59.6分，比最高分低18.5分、16.6分、26.4分、48.1分、35.5分和25.9分；与2010年相比，甘肃省水环境竞争力、大气环境竞争力、森林环境竞争力、矿产环境竞争力和能源环境竞争力的得分与最高分的差距都缩小了，但土地环境竞争力的得分与最高分的差距扩大了。

### 28.2.3 甘肃省资源环境竞争力变化动因分析

二级指标资源环境竞争力的变化是三级要素指标变化综合作用的结果，而三级要素指标变化又是四级基础指标变化作用的结果。三级和四级指标的变动情况如表28-2-1所示。

从要素指标来看，甘肃省资源环境竞争力的 6 个要素指标中，矿产环境竞争力的排位出现了上升，能源环境竞争力的排位保持不变，水环境竞争力、土地环境竞争力、大气环境竞争力和森林环境竞争力的排位出现了下降，受指标排位升降的综合影响，甘肃省资源环境竞争力呈现保持趋势。

从基础指标来看，甘肃省资源环境竞争力的 56 个基础指标中，上升指标有 7 个，占指标总数的 12.5%，主要分布在大气环境竞争力等指标组；下降指标有 17 个，占指标总数的 30.4%，主要分布在矿产环境竞争力等指标组。排位下降的指标数量高于排位上升的指标数量，其余的 32 个指标呈波动保持或持续保持，使得 2012 年甘肃省资源环境竞争力排名呈现保持趋势。

## 28.3　甘肃省环境管理竞争力评价分析

### 28.3.1　甘肃省环境管理竞争力评价结果

2010～2012 年甘肃省环境管理竞争力排位和排位变化情况及其下属 2 个三级指标和 16 个四级指标的评价结果，如表 28 - 3 - 1 所示；环境管理竞争力各级指标的优劣势情况，如表 28 - 3 - 2 所示。

表 28 - 3 - 1　2010～2012 年甘肃省环境管理竞争力各级指标的得分、排名及优劣度分析表

| 指标项目 | 2012 年 | | | 2011 年 | | | 2010 年 | | | 综合变化 | | |
|---|---|---|---|---|---|---|---|---|---|---|---|---|
| | 得分 | 排名 | 优劣度 | 得分 | 排名 | 优劣度 | 得分 | 排名 | 优劣度 | 得分变化 | 排名变化 | 趋势变化 |
| **环境管理竞争力** | 43.3 | 20 | 中势 | 39.7 | 23 | 劣势 | 37.8 | 23 | 劣势 | 5.5 | 3 | 持续↑ |
| （1）环境治理竞争力 | 24.9 | 13 | 中势 | 19.5 | 19 | 中势 | 25.1 | 13 | 中势 | -0.3 | 0 | 波动→ |
| 环境污染治理投资总额 | 16.0 | 25 | 劣势 | 5.6 | 27 | 劣势 | 4.5 | 26 | 劣势 | 11.5 | 1 | 波动↑ |
| 环境污染治理投资总额占地方生产总值比重 | 57.5 | 7 | 优势 | 14.3 | 20 | 中势 | 49.4 | 11 | 中势 | 8.1 | 4 | 波动↑ |
| 废气治理设施年运行费用 | 9.1 | 24 | 劣势 | 12.0 | 24 | 劣势 | 12.5 | 24 | 劣势 | -3.4 | 0 | 持续→ |
| 废水治理设施处理能力 | 5.4 | 25 | 劣势 | 3.5 | 25 | 劣势 | 5.4 | 27 | 劣势 | 0.0 | 2 | 持续↑ |
| 废水治理设施年运行费用 | 3.7 | 28 | 劣势 | 3.7 | 29 | 劣势 | 5.9 | 29 | 劣势 | -2.2 | 1 | 持续↑ |
| 矿山环境恢复治理投入资金 | 4.0 | 27 | 劣势 | 35.0 | 12 | 中势 | 16.9 | 15 | 中势 | -12.9 | -12 | 波动↓ |
| 本年矿山恢复面积 | 23.8 | 8 | 优势 | 2.7 | 11 | 中势 | 4.9 | 13 | 中势 | 18.9 | 5 | 持续↑ |
| 地质灾害防治投资额 | 17.6 | 13 | 中势 | 14.7 | 9 | 优势 | 35.8 | 2 | 强势 | -18.1 | -11 | 持续↓ |
| 水土流失治理面积 | 62.5 | 4 | 优势 | 72.2 | 3 | 强势 | 72.9 | 3 | 强势 | -10.4 | -1 | 持续↓ |
| 土地复垦面积占新增耕地面积的比重 | 30.7 | 8 | 优势 | 30.7 | 8 | 优势 | 30.7 | 8 | 优势 | 0.0 | 0 | 持续→ |
| （2）环境友好竞争力 | 57.7 | 23 | 劣势 | 55.5 | 26 | 劣势 | 47.7 | 25 | 劣势 | 10.0 | 2 | 波动↑ |
| 工业固体废物综合利用量 | 17.7 | 23 | 劣势 | 17.7 | 21 | 劣势 | 9.9 | 26 | 劣势 | 7.8 | 3 | 波动↑ |
| 工业固体废物处置量 | 18.1 | 10 | 优势 | 15.2 | 10 | 优势 | 9.6 | 13 | 中势 | 8.5 | 3 | 持续↑ |
| 工业固体废物处置利用率 | 83.3 | 21 | 劣势 | 79.8 | 21 | 劣势 | 61.0 | 25 | 劣势 | 22.4 | 6 | 持续↑ |
| 工业用水重复利用率 | 95.9 | 7 | 优势 | 95.8 | 10 | 优势 | 90.9 | 11 | 中势 | 5.1 | 4 | 持续↑ |
| 城市污水处理率 | 79.6 | 27 | 劣势 | 72.7 | 27 | 劣势 | 67.0 | 30 | 劣势 | 12.6 | 0 | 持续→ |
| 生活垃圾无害化处理率 | 41.7 | 30 | 劣势 | 41.7 | 30 | 劣势 | 38.0 | 30 | 劣势 | 3.7 | 0 | 持续→ |

表 28 - 3 - 2  2012 年甘肃省环境管理竞争力各级指标的优劣度结构表

| 二级指标 | 三级指标 | 四级指标数 | 强势指标 | | 优势指标 | | 中势指标 | | 劣势指标 | | 优劣度 |
|---|---|---|---|---|---|---|---|---|---|---|---|
| | | | 个数 | 比重（%） | 个数 | 比重（%） | 个数 | 比重（%） | 个数 | 比重（%） | |
| 环境管理竞争力 | 环境治理竞争力 | 10 | 0 | 0.0 | 4 | 40.0 | 1 | 10.0 | 5 | 50.0 | 中势 |
| | 环境友好竞争力 | 6 | 0 | 0.0 | 2 | 33.3 | 0 | 0.0 | 4 | 66.7 | 劣势 |
| | 小　计 | 16 | 0 | 0.0 | 6 | 37.5 | 1 | 6.3 | 9 | 56.3 | 中势 |

2010～2012 年甘肃省环境管理竞争力的综合排位呈现持续上升趋势，2012 年排名第 20 位，比 2010 年上升了 3 位，在全国处于中游区。

从环境管理竞争力的要素指标变化趋势来看，1 个指标处于波动保持趋势，即环境治理竞争力，而环境友好竞争力呈波动上升。

从环境管理竞争力的基础指标分布来看，在 16 个基础指标中，指标的优劣度结构为 0.0：37.5：6.3：56.3。劣势指标所占比重显著高于强势指标和优势指标的比重，表明劣势指标占主导地位。

### 28.3.2　甘肃省环境管理竞争力比较分析

图 28 - 3 - 1 将 2010～2012 年甘肃省环境管理竞争力与全国最高水平和平均水平进行比较。由图可知，评价期内甘肃省环境管理竞争力得分普遍高于 37 分，呈现持续上升趋势，说明甘肃省环境管理竞争力保持较高水平。

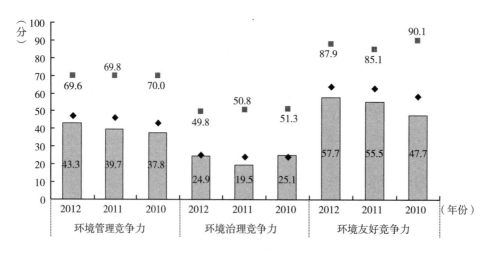

图 28 - 3 - 1　2010～2012 年甘肃省环境管理竞争力指标得分比较

从环境管理竞争力的整体得分比较来看，2010 年，甘肃省环境管理竞争力得分与全国最高分相比还有 32.2 分的差距，低于全国平均分 5.6 分；到 2012 年，甘肃省环境管理竞争力得分与全国最高分的差距缩小为 26.3 分，低于全国平均分 3.7 分。总的来看，2010～2012 年甘肃省环境管理竞争力与最高分的差距呈缩小趋势，继续保持全国中游水平。

从环境管理竞争力的要素得分比较来看，2012 年，甘肃省环境治理竞争力和环境友好竞争力的得分分别为 24.9 分和 57.7 分，分别比最高分低 24.9 分、30.2 分，分别低于平均分 0.3 分、6.3 分；与 2010 年相比，甘肃省环境治理竞争力得分与最高分的差距缩小了 1.2 分，环境友好竞争力得分与最高分的差距缩小了 12.2 分。

### 28.3.3　甘肃省环境管理竞争力变化动因分析

二级指标环境管理竞争力的变化是三级要素指标变化综合作用的结果，而三级要素指标变化又是四级基础指标变化作用的结果。三级和四级指标的变动情况如表 28-3-1 所示。

从要素指标来看，甘肃省环境管理竞争力的 2 个要素指标中，环境治理竞争力的排名呈波动保持，环境友好竞争力的排名波动上升了 2 位，受指标排位升降的综合影响，甘肃省环境管理竞争力持续上升了 3 位，其中环境友好竞争力是推动环境管理竞争力上升的主要动力。

从基础指标来看，甘肃省环境管理竞争力的 16 个基础指标中，上升指标有 9 个，占指标总数的 56.3%，主要分布在环境治理竞争力指标组；下降指标有 3 个，占指标总数的 18.8%，主要分布在环境治理竞争力指标组。排位上升的指标数量显著大于排位下降的指标数量，使得 2012 年甘肃省环境管理竞争力排名上升了 3 位。

## 28.4　甘肃省环境影响竞争力评价分析

### 28.4.1　甘肃省环境影响竞争力评价结果

2010~2012 年甘肃省环境影响竞争力排位和排位变化情况及其下属 2 个三级指标和 21 个四级指标的评价结果，如表 28-4-1 所示；环境影响竞争力各级指标的优劣势情况，如表 28-4-2 所示。

表 28-4-1　2010~2012 年甘肃省环境影响竞争力各级指标的得分、排名及优劣度分析表

| 指　　　项<br>标　　　目 | 2012 年 | | | 2011 年 | | | 2010 年 | | | 综合变化 | | |
|---|---|---|---|---|---|---|---|---|---|---|---|---|
| | 得分 | 排名 | 优劣度 | 得分 | 排名 | 优劣度 | 得分 | 排名 | 优劣度 | 得分变化 | 排名变化 | 趋势变化 |
| **环境影响竞争力** | 71.5 | 16 | 中势 | 72.5 | 13 | 中势 | 79.2 | 5 | 优势 | -7.7 | -11 | 持续↓ |
| （1）环境安全竞争力 | 75.9 | 18 | 中势 | 74.4 | 17 | 中势 | 77.5 | 12 | 中势 | -1.6 | -6 | 持续↓ |
| 自然灾害受灾面积 | 58.5 | 21 | 劣势 | 51.1 | 19 | 中势 | 59.4 | 17 | 中势 | -0.9 | -4 | 持续↓ |
| 自然灾害绝收面积占受灾面积比重 | 71.2 | 14 | 中势 | 46.4 | 27 | 劣势 | 80.3 | 15 | 中势 | -9.1 | 1 | 波动↑ |
| 自然灾害直接经济损失 | 67.2 | 22 | 劣势 | 78.3 | 17 | 中势 | 57.5 | 23 | 劣势 | 9.7 | 1 | 波动↑ |
| 发生地质灾害起数 | 95.8 | 18 | 中势 | 98.7 | 18 | 中势 | 96.7 | 15 | 中势 | -0.9 | -3 | 持续↓ |
| 地质灾害直接经济损失 | 93.5 | 26 | 劣势 | 73.2 | 30 | 劣势 | 76.2 | 21 | 劣势 | 17.3 | -5 | 波动↓ |
| 地质灾害防治投资额 | 18.0 | 13 | 中势 | 14.7 | 10 | 优势 | 35.8 | 2 | 强势 | -17.8 | -11 | 持续↓ |
| 突发环境事件次数 | 95.8 | 16 | 中势 | 98.0 | 10 | 优势 | 93.8 | 23 | 劣势 | 2.0 | 7 | 波动↑ |

续表

| 指 标 项 目 | 2012 年 | | | 2011 年 | | | 2010 年 | | | 综合变化 | | |
|---|---|---|---|---|---|---|---|---|---|---|---|---|
| | 得分 | 排名 | 优劣度 | 得分 | 排名 | 优劣度 | 得分 | 排名 | 优劣度 | 得分变化 | 排名变化 | 趋势变化 |
| 森林火灾次数 | 98.8 | 6 | 优势 | 99.2 | 6 | 优势 | 99.3 | 7 | 优势 | -0.5 | 1 | 持续↑ |
| 森林火灾火场总面积 | 98.9 | 9 | 优势 | 97.7 | 10 | 优势 | 99.0 | 13 | 中势 | -0.1 | 4 | 持续↑ |
| 受火灾森林面积 | 99.8 | 6 | 优势 | 99.3 | 6 | 优势 | 99.7 | 9 | 优势 | 0.2 | 3 | 持续↑ |
| 森林病虫鼠害发生面积 | 82.0 | 16 | 中势 | 97.5 | 15 | 中势 | 79.4 | 9 | 优势 | 2.6 | -7 | 持续↓ |
| 森林病虫鼠害防治率 | 39.4 | 28 | 劣势 | 42.4 | 22 | 劣势 | 72.2 | 15 | 中势 | -32.8 | -13 | 持续↓ |
| (2)环境质量竞争力 | 68.4 | 20 | 中势 | 71.2 | 16 | 中势 | 80.4 | 7 | 优势 | -12.0 | -13 | 持续↓ |
| 人均工业废气排放量 | 64.2 | 20 | 中势 | 69.7 | 18 | 中势 | 90.7 | 10 | 优势 | -26.5 | -10 | 持续↓ |
| 人均二氧化硫排放量 | 39.6 | 27 | 劣势 | 42.8 | 27 | 劣势 | 63.3 | 23 | 劣势 | -23.7 | -4 | 持续↓ |
| 人均工业烟(粉)尘排放量 | 79.1 | 17 | 中势 | 79.6 | 18 | 中势 | 77.7 | 17 | 中势 | 1.4 | 0 | 波动→ |
| 人均工业废水排放量 | 79.6 | 4 | 优势 | 79.8 | 4 | 优势 | 90.5 | 4 | 优势 | -10.9 | 0 | 持续→ |
| 人均生活污水排放量 | 95.1 | 2 | 强势 | 97.8 | 2 | 强势 | 95.4 | 2 | 优势 | -0.3 | 2 | 持续↑ |
| 人均化学需氧量排放量 | 68.9 | 14 | 中势 | 70.7 | 14 | 中势 | 89.5 | 8 | 优势 | -20.6 | -6 | 持续↓ |
| 人均工业固体废物排放量 | 99.1 | 18 | 中势 | 93.6 | 23 | 劣势 | 90.4 | 25 | 劣势 | 8.7 | 7 | 持续↑ |
| 人均化肥施用量 | 61.9 | 15 | 中势 | 63.0 | 15 | 中势 | 60.6 | 15 | 中势 | 1.3 | 0 | 持续→ |
| 人均农药施用量 | 37.6 | 30 | 劣势 | 52.0 | 30 | 劣势 | 69.4 | 25 | 劣势 | -31.9 | -5 | 持续↓ |

表 28-4-2　2012 年甘肃省环境影响竞争力各级指标的优劣度结构表

| 二级指标 | 三级指标 | 四级指标数 | 强势指标 | | 优势指标 | | 中势指标 | | 劣势指标 | | 优劣度 |
|---|---|---|---|---|---|---|---|---|---|---|---|
| | | | 个数 | 比重(%) | 个数 | 比重(%) | 个数 | 比重(%) | 个数 | 比重(%) | |
| 环境影响竞争力 | 环境安全竞争力 | 12 | 0 | 0.0 | 3 | 25.0 | 5 | 41.7 | 4 | 33.3 | 中势 |
| | 环境质量竞争力 | 9 | 1 | 11.1 | 1 | 11.1 | 5 | 55.6 | 2 | 22.2 | 中势 |
| | 小　计 | 21 | 1 | 4.8 | 4 | 19.0 | 10 | 47.6 | 6 | 28.6 | 中势 |

2010~2012 年甘肃省环境影响竞争力的综合排位呈现持续下降趋势，2012 年排名第 16 位，与 2010 年相比排位下降 11 位，在全国处于中游区。

从环境影响竞争力的要素指标变化趋势来看，环境安全竞争力指标持续下降 6 位，环境质量竞争力持续下降 13 位。

从环境影响竞争力的基础指标分布来看，在 21 个基础指标中，指标的优劣度结构为 4.8∶19.0∶47.6∶28.6。中势指标所占比重高于强势和优势指标的比重，表明中势指标占主导地位。

### 28.4.2　甘肃省环境影响竞争力比较分析

图 28-4-1 将 2010~2012 年甘肃省环境影响竞争力与全国最高水平和平均水平进行比较。由图可知，评价期内甘肃省环境影响竞争力得分普遍高于 71 分，虽呈持续下降趋势，但甘肃省环境影响竞争力仍保持较高水平。

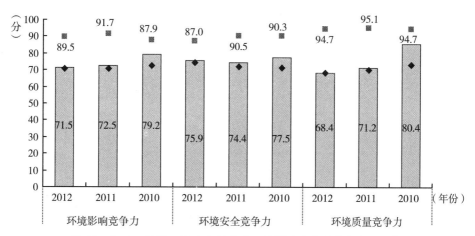

图 28－4－1　2010～2012 年甘肃省环境影响竞争力指标得分比较

从环境影响竞争力的整体得分比较来看，2010 年，甘肃省环境影响竞争力得分与全国最高分相比还有 8.8 分的差距，高于全国平均分 6.7 分；到 2012 年，甘肃省环境影响竞争力得分与全国最高分相差 18 分，高于全国平均分 0.9 分。总的来看，2010～2012 年甘肃省环境影响竞争力与最高分的差距呈扩大趋势。

从环境影响竞争力的要素得分比较来看，2012 年，甘肃省环境安全竞争力和环境质量竞争力的得分分别为 75.9 分和 68.4 分，比最高分低 11.1 分和 26.3 分，但分别高出平均分 1.7 分、0.3 分；与 2010 年相比，甘肃省环境安全竞争力得分与最高分的差距缩小了 1.7 分，但环境质量竞争力得分与最高分的差距扩大了 12 分。

### 28.4.3　甘肃省环境影响竞争力变化动因分析

二级指标环境影响竞争力的变化是三级要素指标变化综合作用的结果，而三级要素指标变化又是四级基础指标变化作用的结果。三级和四级指标的变动情况如表 28－4－1 所示。

从要素指标来看，甘肃省环境影响竞争力的 2 个要素指标中，环境安全竞争力的排名下降了 6 位，环境质量竞争力的排名下降了 13 位，在三级指标排位下降拉力的综合影响下，甘肃省环境影响竞争力排名呈持续下降趋势，其中环境质量竞争力是环境影响竞争力呈现持续下降的主要因素。

从基础指标来看，甘肃省环境影响竞争力的 21 个基础指标中，上升指标有 8 个，占指标总数的 38.1%，主要分布在环境安全竞争力指标组；下降指标有 10 个，占指标总数的 47.6%，主要分布在环境安全竞争力指标组。排位上升的指标数量小于排位下降的指标数量，使得 2012 年甘肃省环境影响竞争力排名呈现持续下降。

## 28.5　甘肃省环境协调竞争力评价分析

### 28.5.1　甘肃省环境协调竞争力评价结果

2010～2012 年甘肃省环境协调竞争力排位和排位变化情况及其下属 2 个三级指标和 19

个四级指标的评价结果，如表 28 - 5 - 1 所示；环境协调竞争力各级指标的优劣势情况，如表 28 - 5 - 2 所示。

表 28 - 5 - 1　2010~2012 年甘肃省环境协调竞争力各级指标的得分、排名及优劣度分析表

| 指　　　　　　标　　　　　　项　　　　　　目 | 2012 年 | | | 2011 年 | | | 2010 年 | | | 综合变化 | | |
|---|---|---|---|---|---|---|---|---|---|---|---|---|
| | 得分 | 排名 | 优劣度 | 得分 | 排名 | 优劣度 | 得分 | 排名 | 优劣度 | 得分变化 | 排名变化 | 趋势变化 |
| **环境协调竞争力** | 62.8 | 10 | 优势 | 58.4 | 17 | 中势 | 60.4 | 16 | 中势 | 2.4 | 6 | 波动↑ |
| （1）人口与环境协调竞争力 | 50.2 | 19 | 中势 | 46.0 | 26 | 劣势 | 50.3 | 20 | 中势 | -0.1 | 1 | 波动↑ |
| 人口自然增长率与工业废气排放量增长率比差 | 92.2 | 5 | 优势 | 61.0 | 16 | 中势 | 43.6 | 21 | 劣势 | 48.6 | 16 | 持续↑ |
| 人口自然增长率与工业废水排放量增长率比差 | 94.2 | 9 | 优势 | 83.3 | 15 | 中势 | 78.6 | 13 | 中势 | 15.6 | 4 | 波动↑ |
| 人口自然增长率与工业固体废物排放量增长率比差 | 46.0 | 21 | 劣势 | 41.5 | 17 | 中势 | 90.2 | 6 | 优势 | -44.1 | -15 | 持续↓ |
| 人口自然增长率与能源消费量增长率比差 | 79.5 | 15 | 中势 | 79.1 | 17 | 中势 | 93.4 | 8 | 优势 | -13.8 | -7 | 波动↓ |
| 人口密度与人均水资源量比差 | 0.2 | 30 | 劣势 | 0.5 | 30 | 劣势 | 0.5 | 30 | 劣势 | -0.3 | 0 | 持续→ |
| 人口密度与人均耕地面积比差 | 50.3 | 6 | 优势 | 50.6 | 6 | 优势 | 50.7 | 6 | 优势 | -0.3 | 0 | 持续→ |
| 人口密度与森林覆盖率比差 | 12.0 | 28 | 劣势 | 12.0 | 28 | 劣势 | 12.0 | 28 | 劣势 | 0.0 | 0 | 持续→ |
| 人口密度与人均矿产基础储量比差 | 7.1 | 28 | 劣势 | 6.1 | 28 | 劣势 | 8.9 | 21 | 劣势 | -1.7 | -7 | 持续↓ |
| 人口密度与人均能源生产量比差 | 94.5 | 15 | 中势 | 94.3 | 15 | 中势 | 93.1 | 16 | 中势 | 1.5 | 1 | 持续↑ |
| （2）经济与环境协调竞争力 | 71.0 | 11 | 中势 | 66.5 | 16 | 中势 | 67.1 | 13 | 中势 | 3.9 | 2 | 波动↑ |
| 工业增加值增长率与工业废气排放量增长率比差 | 74.4 | 19 | 中势 | 61.3 | 19 | 中势 | 88.5 | 8 | 优势 | -14.2 | -11 | 持续↓ |
| 工业增加值增长率与工业废水排放量增长率比差 | 77.2 | 14 | 中势 | 62.0 | 11 | 中势 | 70.5 | 13 | 中势 | 6.7 | -1 | 波动↓ |
| 工业增加值增长率与工业固体废物排放量增长率比差 | 69.6 | 22 | 劣势 | 41.0 | 25 | 劣势 | 59.0 | 17 | 中势 | 10.5 | -5 | 波动↓ |
| 地区生产总值增长率与能源消费量增长率比差 | 82.2 | 9 | 优势 | 92.0 | 6 | 优势 | 70.2 | 24 | 劣势 | 12.0 | 15 | 波动↑ |
| 人均工业增加值与人均水资源量比差 | 92.0 | 4 | 优势 | 91.4 | 4 | 优势 | 91.2 | 4 | 优势 | 0.8 | 0 | 持续→ |
| 人均工业增加值与人均耕地面积比差 | 53.3 | 25 | 劣势 | 53.0 | 25 | 劣势 | 53.2 | 25 | 劣势 | 0.1 | 0 | 持续→ |
| 人均工业增加值与人均工业废气排放量比差 | 49.8 | 22 | 劣势 | 45.1 | 25 | 劣势 | 24.9 | 27 | 劣势 | 24.8 | 5 | 持续↑ |
| 人均工业增加值与森林覆盖率比差 | 100.0 | 1 | 强势 | 100.0 | 1 | 强势 | 100.0 | 1 | 强势 | 0.0 | 0 | 持续→ |
| 人均工业增加值与人均矿产基础储量比差 | 92.6 | 8 | 优势 | 91.4 | 8 | 优势 | 93.5 | 5 | 优势 | -0.9 | -3 | 持续↓ |
| 人均工业增加值与人均能源生产量比差 | 24.0 | 28 | 劣势 | 25.0 | 28 | 劣势 | 27.2 | 27 | 劣势 | -3.2 | -1 | 持续↓ |

表 28 - 5 - 2　2012 年甘肃省环境协调竞争力各级指标的优劣度结构表

| 二级指标 | 三级指标 | 四级指标数 | 强势指标 | | 优势指标 | | 中势指标 | | 劣势指标 | | 优劣度 |
|---|---|---|---|---|---|---|---|---|---|---|---|
| | | | 个数 | 比重（%） | 个数 | 比重（%） | 个数 | 比重（%） | 个数 | 比重（%） | |
| 环境协调竞争力 | 人口与环境协调竞争力 | 9 | 0 | 0.0 | 3 | 33.3 | 2 | 22.2 | 4 | 44.4 | 中势 |
| | 经济与环境协调竞争力 | 10 | 1 | 10.0 | 3 | 30.0 | 2 | 20.0 | 4 | 40.0 | 中势 |
| | 小　计 | 19 | 1 | 5.3 | 6 | 31.6 | 4 | 21.1 | 8 | 42.1 | 优势 |

　　2010~2012 年甘肃省环境协调竞争力的综合排位呈现波动上升趋势，2012 年排名第 10 位，比 2010 年上升了 6 位，在全国处于上游区。

　　从环境协调竞争力的要素指标变化趋势来看，2 个指标即人口与环境协调竞争力和经济与环境协调竞争力都处于波动上升趋势。

从环境协调竞争力的基础指标分布来看，在 19 个基础指标中，指标的优劣度结构为 5.3∶31.6∶21.1∶42.1。劣势指标所占比重高于强势和优势指标的比重，表明劣势指标占主导地位。

### 28.5.2 甘肃省环境协调竞争力比较分析

图 28 - 5 - 1 将 2010～2012 年甘肃省环境协调竞争力与全国最高水平和平均水平进行比较。由图可知，评价期内甘肃省环境协调竞争力得分普遍高于 58 分，且呈波动上升趋势，说明甘肃省环境协调竞争力处于较高水平。

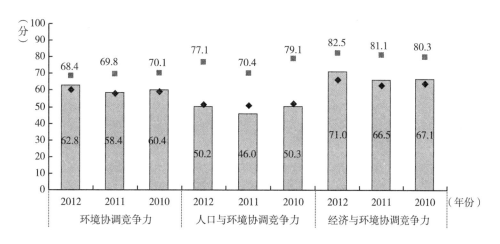

**图 28 - 5 - 1  2010～2012 年甘肃省环境协调竞争力指标得分比较**

从环境协调竞争力的整体得分比较来看，2010 年，甘肃省环境协调竞争力得分与全国最高分相比还有 9.6 分的差距，但与全国平均分相比，则高出 1.1 分；到 2012 年，甘肃省环境协调竞争力得分与全国最高分的差距缩小为 5.6 分，高于全国平均分 2.4 分。总的来看，2010～2012 年甘肃省环境协调竞争力与最高分的差距呈现缩小趋势，处于全国上游地位。

从环境协调竞争力的要素得分比较来看，2012 年，甘肃省人口与环境协调竞争力和经济与环境协调竞争力的得分分别为 50.2 分和 71.0 分，比最高分低 26.8 分和 11.4 分，人口与环境协调竞争力的得分低于平均分 1.0 分，但经济与环境协调竞争力的得分高于平均分 4.7 分；与 2010 年相比，甘肃省人口与环境协调竞争力得分与最高分的差距缩小了 2.0 分，经济与环境协调竞争力得分与最高分的差距缩小了 1.7 分。

### 28.5.3 甘肃省环境协调竞争力变化动因分析

二级指标环境协调竞争力的变化是三级要素指标变化综合作用的结果，而三级要素指标变化又是四级基础指标变化作用的结果。三级和四级指标的变动情况如表 28 - 5 - 1 所示。

从要素指标来看，甘肃省环境协调竞争力的 2 个要素指标中，人口与环境协调竞争力的排名波动上升 1 位，经济与环境协调竞争力的排名波动上升了 2 位，受指标排位升降的综合影响，甘肃省环境协调竞争力波动上升了 6 位，其中经济与环境协调竞争力是环境协调竞争力排名上升的主要动力。

从基础指标来看，甘肃省环境协调竞争力的 19 个基础指标中，上升指标有 5 个，占指标总数的 26.3%，主要分布在人口与环境协调竞争力指标组；下降指标有 8 个，占指标总数的 42.1%，主要分布在经济与环境协调竞争力指标组。虽然排位上升的指标数量小于排位下降的指标数量，但由于上升的幅度大于下降的幅度，2012 年甘肃省环境协调竞争力排名波动上升了 6 位。

## 28.6 甘肃省环境竞争力总体评述

从对甘肃省环境竞争力及其 5 个二级指标在全国的排位变化和指标结构的综合分析来看，"十二五"中期（2010~2012 年）环境竞争力中上升指标的数量与下降指标的数量相当，但由于上升的动力小于下降的拉力，2012 年甘肃省环境竞争力的排位下降了 4 位，在全国居第 26 位。

### 28.6.1 甘肃省环境竞争力概要分析

甘肃省环境竞争力在全国所处的位置及变化如表 28-6-1 所示，5 个二级指标的得分和排位变化如表 28-6-2 所示。

表 28-6-1 2010~2012 年甘肃省环境竞争力一级指标比较表

| 项目　　　年份 | 2012 | 2011 | 2010 |
|---|---|---|---|
| 排名 | 26 | 26 | 22 |
| 所属区位 | 下游 | 下游 | 下游 |
| 得分 | 47.3 | 46.1 | 48.0 |
| 全国最高分 | 58.2 | 59.5 | 60.1 |
| 全国平均分 | 51.3 | 50.8 | 50.4 |
| 与最高分的差距 | -10.9 | -13.3 | -12.2 |
| 与平均分的差距 | -4.0 | -4.6 | -2.5 |
| 优劣度 | 劣势 | 劣势 | 劣势 |
| 波动趋势 | 保持 | 下降 | — |

表 28-6-2 2010~2012 年甘肃省环境竞争力二级指标比较表

| 项目　年份 | 生态环境竞争力 | | 资源环境竞争力 | | 环境管理竞争力 | | 环境影响竞争力 | | 环境协调竞争力 | | 环境竞争力 | |
|---|---|---|---|---|---|---|---|---|---|---|---|---|
| | 得分 | 排名 | 得分 | 排名 | 得分 | 排名 | 得分 | 排名 | 得分 | 排名 | 得分 | 排名 |
| 2010 | 41.1 | 26 | 39.2 | 22 | 37.8 | 23 | 79.2 | 5 | 60.4 | 16 | 48.0 | 22 |
| 2011 | 35.9 | 28 | 40.9 | 22 | 39.7 | 23 | 72.5 | 13 | 58.4 | 17 | 46.1 | 26 |
| 2012 | 35.4 | 28 | 40.4 | 22 | 43.3 | 20 | 71.5 | 16 | 62.8 | 10 | 47.3 | 26 |
| 得分变化 | -5.7 | — | 1.1 | — | 5.5 | — | -7.7 | — | 2.4 | — | -0.7 | — |
| 排位变化 | — | -2 | — | 0 | — | 3 | — | -11 | — | 6 | — | -4 |
| 优劣度 | 劣势 | 劣势 | 劣势 | 劣势 | 中势 | 中势 | 中势 | 中势 | 优势 | 优势 | 劣势 | 劣势 |

（1）从指标排位变化趋势看，2012 年甘肃省环境竞争力综合排名在全国处于第 26 位，表明其在全国处于劣势地位；与 2010 年相比，排位下降了 4 位。总的来看，评价期内甘肃省环境竞争力呈现持续下降趋势。

在 5 个二级指标中，有 2 个指标处于上升趋势，为环境管理竞争力和环境协调竞争力；有 2 个指标处于下降趋势，为生态环境竞争力和环境影响竞争力，这些是甘肃省环境竞争力的下降的动力所在；其余 1 个指标排位保持不变。在指标排位升降的综合影响下，评价期内甘肃省环境竞争力的综合排位下降了 4 位，在全国排名第 26 位。

（2）从指标所处区位看，2012 年甘肃省环境竞争力处于下游区，其中，环境协调竞争力指标为优势指标，环境管理竞争力和环境影响竞争力为中势指标，生态环境竞争力和资源环境竞争力指标为劣势指标。

（3）从指标得分看，2012 年甘肃省环境竞争力得分为 47.3 分，比全国最高分低 10.9 分，比全国平均分低 4.0 分；与 2010 年相比，甘肃省环境竞争力得分下降了 0.7 分，与当年最高分的差距缩小了，但与全国平均分的差距扩大了。

2012 年，甘肃省环境竞争力二级指标的得分均高于 35 分，与 2010 年相比，得分上升最多的为环境管理竞争力，上升了 5.5 分；得分下降最多的为环境影响竞争力，下降了 7.7 分。

### 28.6.2　甘肃省环境竞争力各级指标动态变化分析

2010～2012 年甘肃省环境竞争力各级指标的动态变化及其结构，如图 28-6-1 和表 28-6-3 所示。

从图 28-6-1 可以看出，甘肃省环境竞争力的四级指标中下降指标的比例大于上升指标，表明下降指标居于主导地位。表 28-6-3 中的数据进一步说明，甘肃省环境竞争力的 130 个四级指标中，上升的指标有 35 个，占指标总数的 26.9%；保持的指标有 54 个，占指标总数的 41.5%；下降的指标为 41 个，占指标总数的 31.5%。下降指标的数量大于上升指标的数量，使得评价期内甘肃省环境竞争力排位下降了 4 位，在全国居第 26 位。

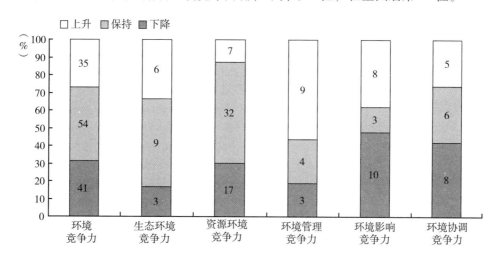

**图 28-6-1　2010～2012 年甘肃省环境竞争力动态变化结构图**

表 28 - 6 - 3　2010 ~ 2012 年甘肃省环境竞争力各级指标排位变化态势比较表

| 二级指标 | 三级指标 | 四级指标数 | 上升指标 | | 保持指标 | | 下降指标 | | 变化趋势 |
|---|---|---|---|---|---|---|---|---|---|
| | | | 个数 | 比重（%） | 个数 | 比重（%） | 个数 | 比重（%） | |
| 生态环境竞争力 | 生态建设竞争力 | 9 | 2 | 22.2 | 6 | 66.7 | 1 | 11.1 | 持续↓ |
| | 生态效益竞争力 | 9 | 4 | 44.4 | 3 | 33.3 | 2 | 22.2 | 波动↓ |
| | 小　计 | 18 | 6 | 33.3 | 9 | 50.0 | 3 | 16.7 | 持续↓ |
| 资源环境竞争力 | 水环境竞争力 | 11 | 2 | 18.2 | 8 | 72.7 | 1 | 9.1 | 波动↓ |
| | 土地环境竞争力 | 13 | 0 | 0.0 | 10 | 76.9 | 3 | 23.1 | 持续↓ |
| | 大气环境竞争力 | 8 | 3 | 37.5 | 1 | 12.5 | 4 | 50.0 | 波动↓ |
| | 森林环境竞争力 | 8 | 0 | 0.0 | 7 | 87.5 | 1 | 12.5 | 持续↓ |
| | 矿产环境竞争力 | 9 | 2 | 22.2 | 2 | 22.2 | 5 | 55.6 | 持续↑ |
| | 能源环境竞争力 | 7 | 0 | 0.0 | 4 | 57.1 | 3 | 42.9 | 持续→ |
| | 小　计 | 56 | 7 | 12.5 | 32 | 57.1 | 17 | 30.4 | 持续→ |
| 环境管理竞争力 | 环境治理竞争力 | 10 | 5 | 50.0 | 2 | 20.0 | 3 | 30.0 | 波动→ |
| | 环境友好竞争力 | 6 | 4 | 66.7 | 2 | 33.3 | 0 | 0.0 | 波动↑ |
| | 小　计 | 16 | 9 | 56.3 | 4 | 25.0 | 3 | 18.8 | 持续↑ |
| 环境影响竞争力 | 环境安全竞争力 | 12 | 6 | 50.0 | 0 | 0.0 | 6 | 50.0 | 持续↓ |
| | 环境质量竞争力 | 9 | 2 | 22.2 | 3 | 33.3 | 4 | 44.4 | 持续↓ |
| | 小　计 | 21 | 8 | 38.1 | 3 | 14.3 | 10 | 47.6 | 持续↓ |
| 环境协调竞争力 | 人口与环境协调竞争力 | 9 | 3 | 33.3 | 3 | 33.3 | 3 | 33.3 | 波动↑ |
| | 经济与环境协调竞争力 | 10 | 2 | 20.0 | 3 | 30.0 | 5 | 50.0 | 波动↑ |
| | 小　计 | 19 | 5 | 26.3 | 6 | 31.6 | 8 | 42.1 | 波动↑ |
| 合　计 | | 130 | 35 | 26.9 | 54 | 41.5 | 41 | 31.5 | 持续↓ |

## 28.6.3　甘肃省环境竞争力各级指标变化动因分析

2012 年甘肃省环境竞争力各级指标的优劣势变化及其结构，如图 28 - 6 - 2 和表 28 - 6 - 4 所示。

从图 28 - 6 - 2 可以看出，2012 年甘肃省环境竞争力的四级指标中强势和优势指标的比例显著小于劣势指标，表明劣势指标居于主导地位。表 28 - 6 - 4 中的数据进一步说明，2012 年甘肃省环境竞争力的 130 个四级指标中，强势指标有 5 个，占指标总数的 3.8%；优势指标为 37 个，占指标总数的 28.5%；中势指标 37 个，占指标总数的 28.5%；劣势指标有 51 个，占指标总数的 39.2%；强势指标和优势指标之和占指标总数的 32.3%，数量与比重均小于劣势指标。从三级指标来看，四级指标中强势指标和优势指标之和占四级指标总数一半以上的是水环境竞争力，共计 1 个指标，占三级指标总数的 7.1%。反映到二级指标上来，优势指标有 1 个，占二级指标总数的 20%；中势指标有 2 个，占二级指标总数的 40%；劣势指标有 2 个，占二级指标总数的 40%。这使得甘肃省环境竞争力处于劣势地位，在全国位居第 26 位，处于下游区。

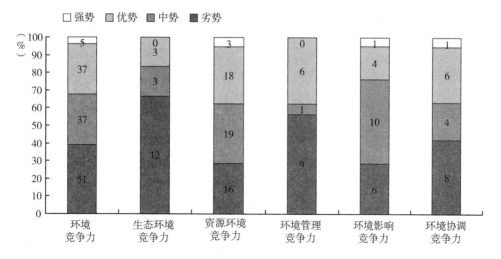

图 28 - 6 - 2  2012 年甘肃省环境竞争力优劣度结构图

表 28 - 6 - 4  2012 年甘肃省环境竞争力各级指标优劣度比较表

| 二级指标 | 三级指标 | 四级指标数 | 强势指标 | | 优势指标 | | 中势指标 | | 劣势指标 | | 优劣度 |
|---|---|---|---|---|---|---|---|---|---|---|---|
| | | | 个数 | 比重(%) | 个数 | 比重(%) | 个数 | 比重(%) | 个数 | 比重(%) | |
| 生态环境竞争力 | 生态建设竞争力 | 9 | 0 | 0.0 | 2 | 22.2 | 2 | 22.2 | 5 | 55.6 | 劣势 |
| | 生态效益竞争力 | 9 | 0 | 0.0 | 1 | 11.1 | 1 | 11.1 | 7 | 77.8 | 劣势 |
| | 小　计 | 18 | 0 | 0.0 | 3 | 16.7 | 3 | 16.7 | 12 | 66.7 | 劣势 |
| 资源环境竞争力 | 水环境竞争力 | 11 | 3 | 27.3 | 3 | 27.3 | 3 | 27.3 | 2 | 18.2 | 中势 |
| | 土地环境竞争力 | 13 | 0 | 0.0 | 6 | 46.2 | 2 | 15.4 | 5 | 38.5 | 劣势 |
| | 大气环境竞争力 | 8 | 0 | 0.0 | 4 | 50.0 | 3 | 37.5 | 1 | 12.5 | 中势 |
| | 森林环境竞争力 | 8 | 0 | 0.0 | 1 | 12.5 | 5 | 62.5 | 2 | 25.0 | 劣势 |
| | 矿产环境竞争力 | 9 | 0 | 0.0 | 3 | 33.3 | 4 | 44.4 | 2 | 22.2 | 中势 |
| | 能源环境竞争力 | 7 | 0 | 0.0 | 1 | 14.3 | 2 | 28.6 | 4 | 57.1 | 劣势 |
| | 小　计 | 56 | 3 | 5.4 | 18 | 32.1 | 19 | 33.9 | 16 | 28.6 | 劣势 |
| 环境管理竞争力 | 环境治理竞争力 | 10 | 0 | 0.0 | 4 | 40.0 | 1 | 10.0 | 5 | 50.0 | 中势 |
| | 环境友好竞争力 | 6 | 0 | 0.0 | 2 | 33.3 | 0 | 0.0 | 4 | 66.7 | 劣势 |
| | 小　计 | 16 | 0 | 0.0 | 6 | 37.5 | 1 | 6.3 | 9 | 56.3 | 中势 |
| 环境影响竞争力 | 环境安全竞争力 | 12 | 0 | 0.0 | 3 | 25.0 | 5 | 41.7 | 4 | 33.3 | 中势 |
| | 环境质量竞争力 | 9 | 1 | 11.1 | 1 | 11.1 | 5 | 55.6 | 2 | 22.2 | 中势 |
| | 小　计 | 21 | 1 | 4.8 | 4 | 19.0 | 10 | 47.6 | 6 | 28.6 | 中势 |
| 环境协调竞争力 | 人口与环境协调竞争力 | 9 | 0 | 0.0 | 3 | 33.3 | 2 | 22.2 | 4 | 44.4 | 中势 |
| | 经济与环境协调竞争力 | 10 | 1 | 10.0 | 3 | 30.0 | 2 | 20.0 | 4 | 40.0 | 中势 |
| | 小　计 | 19 | 1 | 5.3 | 6 | 31.6 | 4 | 21.1 | 8 | 42.1 | 优势 |
| 合　计 | | 130 | 5 | 3.8 | 37 | 28.5 | 37 | 28.5 | 51 | 39.2 | 劣势 |

为了进一步明确影响甘肃省环境竞争力变化的具体指标，也便于对相关指标进行深入分析，从而为提升甘肃省环境竞争力提供决策参考，表28－6－5列出了环境竞争力指标体系中直接影响甘肃省环境竞争力升降的强势指标、优势指标和劣势指标。

表28－6－5　2012年甘肃省环境竞争力四级指标优劣度统计表

| 指标 | 强势指标 | 优势指标 | 劣势指标 |
|---|---|---|---|
| 生态环境竞争力（18个） | （0个） | 本年减少耕地面积、自然保护区面积占土地总面积比重、化肥施用强度（3个） | 国家级生态示范区个数、公园面积、园林绿地面积、绿化覆盖面积、野生动物种源繁育基地数、工业废气排放强度、工业二氧化硫排放强度、工业烟（粉）尘排放强度、工业废水中化学需氧量排放强度、工业废水中氨氮排放强度、工业固体废物排放强度、农药施用强度（12个） |
| 资源环境竞争力（56个） | 用水总量、用水消耗量、耗水率（3个） | 节灌率、工业废水排放总量、生活污水排放量、土地总面积、耕地面积、人均耕地面积、牧草地面积、人均牧草地面积、当年新增种草面积、地均工业废气排放量、工业烟（粉）尘排放总量、地均工业烟（粉）尘排放量、地均二氧化硫排放量、天然林比重、人均主要黑色金属矿产基础储量、人均主要有色金属矿产基础储量、人均主要能源矿产基础储量、能源消费总量（18个） | 水资源总量、人均水资源量、园地面积、土地资源利用效率、单位建设用地非农产业增加值、单位耕地面积农业增加值、沙化土地面积占土地总面积的比重、全省设区市优良天数比例、森林覆盖率、人工林面积、主要非金属矿产基础储量、人均主要非金属矿产基础储量、单位地区生产总值能耗、单位地区生产总值电耗、单位工业增加值能耗、能源消费弹性系数（16个） |
| 环境管理竞争力（16个） | （0个） | 环境污染治理投资总额占地方生产总值比重、本年矿山恢复面积、水土流失治理面积、土地复垦面积占新增耕地面积的比重、工业固体废物处置量、工业用水重复利用率（6个） | 环境污染治理投资总额、废气治理设施年运行费用、废水治理设施处理能力、废水治理设施年运行费用、矿山环境恢复治理投入资金、工业固体废物综合利用量、工业固体废物处置利用率、城市污水处理率、生活垃圾无害化处理率（9个） |
| 环境影响竞争力（21个） | 人均生活污水排放量（1个） | 森林火灾次数、森林火灾火场总面积、受火灾森林面积、人均工业废水排放量（4个） | 自然灾害受灾面积、自然灾害直接经济损失、地质灾害直接经济损失、森林病虫鼠害防治率、人均二氧化硫排放量、人均农药施用量（6个） |
| 环境协调竞争力（19个） | 人均工业增加值与森林覆盖率比差（1个） | 人口自然增长率与工业废气排放量增长率比差、人口自然增长率与工业废水排放量增长率比差、人口密度与人均耕地面积比差、地区生产总值增长率与能源消费量增长率比差、人均工业增加值与人均水资源量比差、人均工业增加值与人均矿产基础储量比差（6个） | 人口自然增长率与工业固体废物排放量增长率比差、人口密度与人均水资源量比差、人口密度与森林覆盖率比差、人口密度与人均矿产基础储量比差、工业增加值增长率与工业固体废物排放量增长率比差、人均工业增加值与人均耕地面积比差、人均工业增加值与人均工业废气排放量比差、人均工业增加值与人均能源生产量比差（8个） |

# 29
# 青海省环境竞争力评价分析报告

青海省简称青，位于我国青藏高原东北部，分别与甘肃省、四川省、西藏自治区、新疆维吾尔自治区相连。境内的青海湖是中国最大的内陆高原咸水湖，也是长江、黄河源头所在。青海省土地面积 72 万平方公里，2012 年末人口 573 万人，人均 GDP 达到 33181 元，万元 GDP 能耗为 2.22 吨标准煤。"十二五"中期（2010～2012 年），青海省环境竞争力的综合排位呈现波动保持趋势，2012 年排名第 28 位，与 2010 年排位相同，在全国处于劣势地位。

## 29.1 青海省生态环境竞争力评价分析

### 29.1.1 青海省生态环境竞争力评价结果

2010～2012 年青海省生态环境竞争力排位和排位变化情况及其下属 2 个三级指标和 18 个四级指标的评价结果，如表 29 - 1 - 1 所示；生态环境竞争力各级指标的优劣势情况，如表 29 - 1 - 2 所示。

表 29 - 1 - 1　2010～2012 年青海省生态环境竞争力各级指标的得分、排名及优劣度分析表

| 指标项目 | 2012 年 | | | 2011 年 | | | 2010 年 | | | 综合变化 | | |
|---|---|---|---|---|---|---|---|---|---|---|---|---|
| | 得分 | 排名 | 优劣度 | 得分 | 排名 | 优劣度 | 得分 | 排名 | 优劣度 | 得分变化 | 排名变化 | 趋势变化 |
| **生态环境竞争力** | 42.1 | 23 | 劣势 | 43.2 | 21 | 劣势 | 42.0 | 24 | 劣势 | 0.1 | 1 | 波动↑ |
| （1）生态建设竞争力 | 23.3 | 15 | 中势 | 23.3 | 13 | 中势 | 23.5 | 14 | 中势 | -0.2 | -1 | 波动↓ |
| 国家级生态示范区个数 | 0.0 | 30 | 劣势 | 0.0 | 30 | 劣势 | 0.0 | 30 | 劣势 | 0.0 | 0 | 持续→ |
| 公园面积 | 0.4 | 30 | 劣势 | 0.4 | 30 | 劣势 | 0.4 | 30 | 劣势 | 0.0 | 0 | 持续→ |
| 园林绿地面积 | 1.1 | 30 | 劣势 | 1.0 | 30 | 劣势 | 1.0 | 30 | 劣势 | 0.1 | 0 | 持续→ |
| 绿化覆盖面积 | 0.0 | 31 | 劣势 | 0.1 | 30 | 劣势 | 0.1 | 30 | 劣势 | -0.1 | -1 | 持续↓ |
| 本年减少耕地面积 | 98.0 | 2 | 强势 | 98.0 | 2 | 强势 | 98.0 | 2 | 强势 | 0.0 | 0 | 持续→ |
| 自然保护区个数 | 1.9 | 29 | 劣势 | 1.9 | 29 | 劣势 | 1.9 | 29 | 劣势 | 0.0 | 0 | 持续→ |
| 自然保护区面积占土地总面积比重 | 88.6 | 2 | 强势 | 88.6 | 2 | 强势 | 88.6 | 2 | 强势 | 0.0 | 0 | 持续→ |
| 野生动物种源繁育基地数 | 0.0 | 31 | 劣势 | 0.0 | 28 | 劣势 | 0.0 | 28 | 劣势 | 0.0 | -3 | 持续↓ |
| 野生植物种源培育基地数 | 0.0 | 23 | 劣势 | 0.0 | 24 | 劣势 | 0.0 | 24 | 劣势 | 0.0 | 1 | 持续↑ |
| （2）生态效益竞争力 | 70.3 | 23 | 劣势 | 73.0 | 23 | 劣势 | 69.7 | 29 | 劣势 | 0.6 | 6 | 持续↑ |
| 工业废气排放强度 | 46.4 | 27 | 劣势 | 53.2 | 27 | 劣势 | 53.2 | 27 | 劣势 | -6.8 | 0 | 持续→ |
| 工业二氧化硫排放强度 | 69.9 | 24 | 劣势 | 69.3 | 24 | 劣势 | 69.3 | 24 | 劣势 | 0.6 | 0 | 持续→ |

| 指标项目 | 2012 年 | | | 2011 年 | | | 2010 年 | | | 综合变化 | | |
|---|---|---|---|---|---|---|---|---|---|---|---|---|
| | 得分 | 排名 | 优劣度 | 得分 | 排名 | 优劣度 | 得分 | 排名 | 优劣度 | 得分变化 | 排名变化 | 趋势变化 |
| 工业烟（粉）尘排放强度 | 31.1 | 28 | 劣势 | 41.9 | 28 | 劣势 | 41.9 | 28 | 劣势 | -10.7 | 0 | 持续→ |
| 工业废水排放强度 | 60.6 | 20 | 中势 | 62.2 | 20 | 中势 | 62.2 | 20 | 中势 | -1.6 | 0 | 持续→ |
| 工业废水中化学需氧量排放强度 | 62.1 | 28 | 劣势 | 64.5 | 28 | 劣势 | 64.5 | 28 | 劣势 | -2.4 | 0 | 持续→ |
| 工业废水中氨氮排放强度 | 77.7 | 27 | 劣势 | 80.3 | 27 | 劣势 | 80.3 | 27 | 劣势 | -2.6 | 0 | 持续→ |
| 工业固体废物排放强度 | 99.6 | 14 | 中势 | 98.9 | 17 | 中势 | 98.9 | 17 | 中势 | 0.6 | 3 | 持续↑ |
| 化肥施用强度 | 89.9 | 2 | 强势 | 92.3 | 2 | 强势 | 92.3 | 2 | 强势 | -2.4 | 0 | 持续→ |
| 农药施用强度 | 97.7 | 4 | 优势 | 97.8 | 4 | 优势 | 97.8 | 4 | 优势 | -0.2 | 0 | 持续→ |

表 29 - 1 - 2　2012 年青海省生态环境竞争力各级指标的优劣度结构表

| 二级指标 | 三级指标 | 四级指标数 | 强势指标 | | 优势指标 | | 中势指标 | | 劣势指标 | | 优劣度 |
|---|---|---|---|---|---|---|---|---|---|---|---|
| | | | 个数 | 比重（%） | 个数 | 比重（%） | 个数 | 比重（%） | 个数 | 比重（%） | |
| 生态环境竞争力 | 生态建设竞争力 | 9 | 2 | 22.2 | 0 | 0.0 | 0 | 0.0 | 7 | 77.8 | 中势 |
| | 生态效益竞争力 | 9 | 1 | 11.1 | 1 | 11.1 | 2 | 22.2 | 5 | 55.6 | 劣势 |
| | 小　计 | 18 | 3 | 16.7 | 1 | 5.6 | 2 | 11.1 | 12 | 66.7 | 劣势 |

2010～2012 年青海省生态环境竞争力的综合排位呈现波动上升趋势，2012 年排名第 23 位，比 2010 年上升了 1 位，在全国处于下游区。

从生态环境竞争力要素指标的变化趋势来看，有 1 个指标处于波动下降趋势，即生态建设竞争力；有 1 个指标处于持续上升趋势，为生态效益竞争力。

从生态环境竞争力基础指标的优劣度结构来看，在 18 个基础指标中，指标的优劣度结构为 16.7∶5.6∶11.1∶66.7。劣势指标所占比重高于强势和优势指标的比重，表明劣势指标占主导地位。

### 29.1.2　青海省生态环境竞争力比较分析

图 29 - 1 - 1 将 2010～2012 年青海省生态环境竞争力与全国最高水平和平均水平进行比较。由图可知，评价期内青海省生态环境竞争力得分普遍高于 41 分，说明青海省生态环境竞争力处于较低水平。

从生态环境竞争力的整体得分比较来看，2010 年，青海省生态环境竞争力得分与全国最高分相比有 23.7 分的差距，低于全国平均分 4.4 分；到了 2012 年，青海省生态环境竞争力得分与全国最高分的差距缩小为 23.0 分，低于全国平均分 3.4 分。总的来看，2010～2012 年青海省生态环境竞争力与最高分的差距呈缩小趋势，表明生态建设和效益不断提升。

从生态环境竞争力的要素得分比较来看，2012 年，青海省生态建设竞争力和生态效益

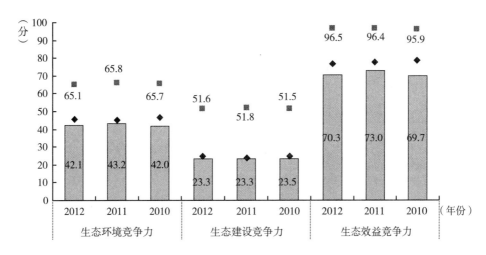

图 29 - 1 - 1  2010～2012 年青海省生态环境竞争力指标得分比较

竞争力的得分分别为 23.3 分和 70.3 分，分别比最高分低 28.3 分和 26.2 分，分别低于平均分 1.4 分和 6.3 分；与 2010 年相比，青海省生态建设竞争力得分与最高分的差距扩大了 0.4 分，生态效益竞争力得分与最高分的差距不变。

### 29.1.3  青海省生态环境竞争力变化动因分析

二级指标生态环境竞争力的变化是三级要素指标变化综合作用的结果，而三级要素指标变化又是四级基础指标变化作用的结果。三级和四级指标的变动情况如表 29 - 1 - 1 所示。

从要素指标来看，青海省生态环境竞争力的 2 个要素指标中，生态建设竞争力的排名波动下降了 1 位，生态效益竞争力的排名上升了 6 位，但受其他外部因素的综合影响，青海省生态环境竞争力波动上升了 1 位。

从基础指标来看，青海省生态环境竞争力的 18 个基础指标中，上升指标有 2 个，占指标总数的 11.1%，平均分布在生态建设竞争力指标组和生态效益竞争力指标组；下降指标有 2 个，占指标总数的 11.1%，主要分布在生态建设竞争力指标组。下降指标的数量与上升指标的数量相同，但受外部因素的综合影响，评价期内青海省生态环境竞争力排名上升了 1 位。

## 29.2  青海省资源环境竞争力评价分析

### 29.2.1  青海省资源环境竞争力评价结果

2010～2012 年青海省资源环境竞争力排位和排位变化情况及其下属 6 个三级指标和 56 个四级指标的评价结果，如表 29 - 2 - 1 所示；资源环境竞争力各级指标的优劣势情况，如表 29 - 2 - 2 所示。

表 29－2－1　2010～2012 年青海省资源环境竞争力各级指标的得分、排名及优劣度分析表

| 指标项目 | 2012 年 | | | 2011 年 | | | 2010 年 | | | 综合变化 | | |
|---|---|---|---|---|---|---|---|---|---|---|---|---|
| | 得分 | 排名 | 优劣度 | 得分 | 排名 | 优劣度 | 得分 | 排名 | 优劣度 | 得分变化 | 排名变化 | 趋势变化 |
| **资源环境竞争力** | 39.0 | 23 | 劣势 | 39.9 | 24 | 劣势 | 39.0 | 23 | 劣势 | 0.0 | 0 | 波动→ |
| （1）水环境竞争力 | 48.9 | 11 | 中势 | 47.8 | 12 | 中势 | 47.5 | 12 | 中势 | 1.4 | 1 | 持续↑ |
| 　水资源总量 | 21.1 | 12 | 中势 | 16.5 | 12 | 中势 | 16.0 | 15 | 中势 | 5.2 | 3 | 持续↑ |
| 　人均水资源量 | 11.3 | 2 | 强势 | 8.8 | 2 | 强势 | 8.6 | 2 | 强势 | 2.8 | 0 | 持续→ |
| 　降水量 | 39.0 | 11 | 中势 | 33.7 | 8 | 优势 | 33.4 | 12 | 中势 | 5.6 | 1 | 波动↑ |
| 　供水总量 | 0.8 | 30 | 劣势 | 1.5 | 29 | 劣势 | 2.9 | 29 | 劣势 | -2.1 | -1 | 持续↓ |
| 　用水总量 | 97.7 | 1 | 强势 | 97.6 | 1 | 强势 | 97.6 | 1 | 强势 | 0.1 | 0 | 持续→ |
| 　用水消耗量 | 98.9 | 1 | 强势 | 98.7 | 1 | 强势 | 98.4 | 1 | 强势 | 0.5 | 0 | 持续→ |
| 　耗水率 | 41.9 | 1 | 强势 | 41.9 | 1 | 强势 | 40.0 | 1 | 强势 | 1.9 | 0 | 持续→ |
| 　节灌率 | 21.4 | 20 | 中势 | 20.4 | 20 | 中势 | 19.6 | 19 | 中势 | 1.7 | -1 | 持续↓ |
| 　城市再生水利用率 | 0.6 | 26 | 劣势 | 0.3 | 27 | 劣势 | 0.0 | 25 | 劣势 | 0.5 | -1 | 波动↓ |
| 　工业废水排放总量 | 96.4 | 3 | 强势 | 96.6 | 4 | 优势 | 96.8 | 5 | 优势 | -0.5 | 2 | 持续↑ |
| 　生活污水排放量 | 98.6 | 2 | 强势 | 98.6 | 2 | 强势 | 98.0 | 2 | 强势 | 0.6 | 0 | 持续→ |
| （2）土地环境竞争力 | 25.4 | 19 | 中势 | 25.5 | 19 | 中势 | 25.6 | 19 | 中势 | -0.2 | 0 | 持续→ |
| 　土地总面积 | 43.2 | 4 | 优势 | 43.2 | 4 | 优势 | 43.2 | 4 | 优势 | 0.0 | 0 | 持续→ |
| 　耕地面积 | 2.9 | 27 | 劣势 | 2.9 | 27 | 劣势 | 2.9 | 27 | 劣势 | 0.0 | 0 | 持续→ |
| 　人均耕地面积 | 28.7 | 13 | 中势 | 29.0 | 13 | 中势 | 29.2 | 12 | 中势 | -0.5 | -1 | 持续↓ |
| 　牧草地面积 | 61.5 | 4 | 优势 | 61.5 | 4 | 优势 | 61.5 | 4 | 优势 | 0.0 | 0 | 持续→ |
| 　人均牧草地面积 | 33.7 | 2 | 强势 | 33.4 | 2 | 强势 | 33.5 | 2 | 强势 | 0.2 | 0 | 持续→ |
| 　园地面积 | 0.5 | 30 | 劣势 | 0.5 | 30 | 劣势 | 0.5 | 30 | 劣势 | 0.0 | 0 | 持续→ |
| 　人均园地面积 | 1.0 | 29 | 劣势 | 0.9 | 29 | 劣势 | 0.9 | 29 | 劣势 | 0.1 | 0 | 持续→ |
| 　土地资源利用效率 | 0.1 | 30 | 劣势 | 0.1 | 30 | 劣势 | 0.1 | 30 | 劣势 | 0.0 | 0 | 持续→ |
| 　建设用地面积 | 89.4 | 5 | 优势 | 89.4 | 5 | 优势 | 89.4 | 5 | 优势 | 0.0 | 0 | 持续→ |
| 　单位建设用地非农产业增加值 | 0.4 | 29 | 劣势 | 0.3 | 29 | 劣势 | 0.3 | 29 | 劣势 | 0.1 | 0 | 持续→ |
| 　单位耕地面积农业增加值 | 13.6 | 21 | 劣势 | 13.3 | 21 | 劣势 | 15.1 | 21 | 劣势 | -1.6 | 0 | 持续→ |
| 　沙化土地面积占土地总面积的比重 | 61.4 | 26 | 劣势 | 61.4 | 26 | 劣势 | 61.4 | 26 | 劣势 | 0.0 | 0 | 持续→ |
| 　当年新增种草面积 | 12.3 | 10 | 优势 | 13.9 | 9 | 优势 | 12.4 | 9 | 优势 | -0.2 | -1 | 持续↓ |
| （3）大气环境竞争力 | 81.1 | 9 | 优势 | 83.7 | 5 | 优势 | 82.6 | 5 | 优势 | -1.5 | -4 | 持续↓ |
| 　工业废气排放总量 | 92.0 | 4 | 优势 | 93.4 | 4 | 优势 | 93.0 | 3 | 强势 | -1.0 | -1 | 持续↓ |
| 　地均工业废气排放量 | 99.6 | 2 | 强势 | 99.7 | 3 | 强势 | 99.7 | 2 | 强势 | -0.1 | 0 | 波动→ |
| 　工业烟（粉）尘排放总量 | 87.4 | 6 | 优势 | 90.7 | 6 | 优势 | 81.4 | 6 | 优势 | 6.0 | 0 | 持续→ |
| 　地均工业烟（粉）尘排放量 | 98.2 | 2 | 强势 | 98.5 | 2 | 强势 | 97.5 | 2 | 强势 | 0.7 | 0 | 持续→ |
| 　工业二氧化硫排放总量 | 91.7 | 4 | 优势 | 91.8 | 4 | 优势 | 90.4 | 4 | 优势 | 1.3 | 0 | 持续→ |
| 　地均二氧化硫排放量 | 99.4 | 2 | 强势 | 99.4 | 2 | 强势 | 99.5 | 2 | 强势 | -0.1 | 0 | 持续→ |
| 　全省设区市优良天数比例 | 48.9 | 26 | 劣势 | 56.8 | 27 | 劣势 | 52.3 | 26 | 劣势 | -3.4 | 0 | 波动→ |
| 　可吸入颗粒物（PM10）浓度 | 35.8 | 25 | 劣势 | 42.9 | 25 | 劣势 | 50.0 | 24 | 劣势 | -14.2 | -1 | 持续↓ |
| （4）森林环境竞争力 | 17.0 | 25 | 劣势 | 17.6 | 25 | 劣势 | 17.0 | 25 | 劣势 | 0.0 | 0 | 持续→ |
| 　林业用地面积 | 14.3 | 21 | 劣势 | 14.3 | 21 | 劣势 | 14.3 | 21 | 劣势 | 0.0 | 0 | 持续→ |
| 　森林面积 | 13.7 | 22 | 劣势 | 13.7 | 22 | 劣势 | 13.7 | 22 | 劣势 | 0.0 | 0 | 持续→ |
| 　森林覆盖率 | 1.0 | 30 | 劣势 | 1.0 | 30 | 劣势 | 1.0 | 30 | 劣势 | 0.0 | 0 | 持续→ |

续表

| 指标项目 | 2012 年 | | | 2011 年 | | | 2010 年 | | | 综合变化 | | |
|---|---|---|---|---|---|---|---|---|---|---|---|---|
| | 得分 | 排名 | 优劣度 | 得分 | 排名 | 优劣度 | 得分 | 排名 | 优劣度 | 得分变化 | 排名变化 | 趋势变化 |
| 人工林面积 | 0.2 | 30 | 劣势 | 0.2 | 30 | 劣势 | 0.2 | 30 | 劣势 | 0.0 | 0 | 持续→ |
| 天然林比重 | 98.9 | 2 | 强势 | 98.9 | 2 | 强势 | 98.9 | 2 | 强势 | 0.0 | 0 | 持续→ |
| 造林总面积 | 17.2 | 18 | 中势 | 24.2 | 17 | 中势 | 17.6 | 19 | 中势 | -0.4 | 1 | 波动↑ |
| 森林蓄积量 | 1.7 | 26 | 劣势 | 1.7 | 26 | 劣势 | 1.7 | 26 | 劣势 | 0.0 | 0 | 持续→ |
| 活立木总蓄积量 | 1.8 | 27 | 劣势 | 1.8 | 27 | 劣势 | 1.8 | 27 | 劣势 | 0.0 | 0 | 持续→ |
| （5）矿产环境竞争力 | 21.1 | 10 | 优势 | 21.9 | 9 | 优势 | 24.2 | 9 | 优势 | -3.2 | -1 | 持续↓ |
| 主要黑色金属矿产基础储量 | 0.1 | 28 | 劣势 | 0.1 | 28 | 劣势 | 0.1 | 28 | 劣势 | 0.0 | 0 | 持续→ |
| 人均主要黑色金属矿产基础储量 | 0.8 | 25 | 劣势 | 0.9 | 26 | 劣势 | 0.7 | 25 | 劣势 | 0.1 | 0 | 波动→ |
| 主要有色金属矿产基础储量 | 5.0 | 21 | 劣势 | 3.8 | 22 | 劣势 | 3.9 | 20 | 中势 | 1.2 | -1 | 波动↓ |
| 人均主要有色金属矿产基础储量 | 38.6 | 4 | 优势 | 29.2 | 6 | 优势 | 30.1 | 5 | 优势 | 8.5 | 1 | 波动↑ |
| 主要非金属矿产基础储量 | 7.2 | 10 | 优势 | 7.3 | 10 | 优势 | 8.3 | 13 | 中势 | -1.1 | 3 | 持续↑ |
| 人均主要非金属矿产基础储量 | 53.1 | 4 | 优势 | 69.4 | 4 | 优势 | 73.2 | 3 | 强势 | -20.1 | -1 | 持续↓ |
| 主要能源矿产基础储量 | 1.9 | 17 | 中势 | 2.0 | 17 | 中势 | 2.0 | 18 | 中势 | -0.2 | 0 | 持续↑ |
| 人均主要能源矿产基础储量 | 11.7 | 6 | 优势 | 12.9 | 5 | 优势 | 9.7 | 9 | 优势 | 2.0 | -1 | 波动↓ |
| 工业固体废物产生量 | 73.6 | 23 | 劣势 | 73.9 | 23 | 劣势 | 94.4 | 4 | 优势 | -20.8 | -19 | 持续↓ |
| （6）能源环境竞争力 | 45.1 | 28 | 劣势 | 48.1 | 28 | 劣势 | 43.0 | 29 | 劣势 | 2.1 | 1 | 持续↑ |
| 能源生产总量 | 94.1 | 11 | 中势 | 94.6 | 10 | 优势 | 94.3 | 10 | 优势 | -0.2 | -1 | 持续↓ |
| 能源消费总量 | 91.1 | 3 | 强势 | 91.5 | 3 | 强势 | 92.8 | 3 | 强势 | -1.7 | 0 | 持续→ |
| 单位地区生产总值能耗 | 10.1 | 30 | 劣势 | 21.2 | 30 | 劣势 | 14.0 | 30 | 劣势 | -3.9 | 0 | 持续↓ |
| 单位地区生产总值电耗 | 6.5 | 30 | 劣势 | 22.1 | 30 | 劣势 | 0.0 | 31 | 劣势 | 6.5 | 1 | 持续↑ |
| 单位工业增加值能耗 | 28.1 | 29 | 劣势 | 54.5 | 25 | 劣势 | 28.0 | 29 | 劣势 | 0.1 | 0 | 波动→ |
| 能源生产弹性系数 | 47.2 | 25 | 劣势 | 61.4 | 22 | 劣势 | 43.2 | 22 | 劣势 | 3.9 | -3 | 持续↓ |
| 能源消费弹性系数 | 49.6 | 30 | 劣势 | 0.0 | 31 | 劣势 | 40.0 | 7 | 优势 | 9.6 | -23 | 波动↓ |

表 29－2－2　2012 年青海省资源环境竞争力各级指标的优劣度结构表

| 二级指标 | 三级指标 | 四级指标数 | 强势指标 | | 优势指标 | | 中势指标 | | 劣势指标 | | 优劣度 |
|---|---|---|---|---|---|---|---|---|---|---|---|
| | | | 个数 | 比重（%） | 个数 | 比重（%） | 个数 | 比重（%） | 个数 | 比重（%） | |
| 资源环境竞争力 | 水环境竞争力 | 11 | 6 | 54.5 | 0 | 0.0 | 3 | 27.3 | 2 | 18.2 | 中势 |
| | 土地环境竞争力 | 13 | 1 | 7.7 | 4 | 30.8 | 1 | 7.7 | 7 | 53.8 | 中势 |
| | 大气环境竞争力 | 8 | 3 | 37.5 | 3 | 37.5 | 0 | 0.0 | 2 | 25.0 | 优势 |
| | 森林环境竞争力 | 8 | 1 | 12.5 | 0 | 0.0 | 1 | 12.5 | 6 | 75.0 | 劣势 |
| | 矿产环境竞争力 | 9 | 0 | 0.0 | 4 | 44.4 | 1 | 11.1 | 4 | 44.4 | 优势 |
| | 能源环境竞争力 | 7 | 1 | 14.3 | 0 | 0.0 | 1 | 14.3 | 5 | 71.4 | 劣势 |
| 小　计 | | 56 | 12 | 21.4 | 11 | 19.6 | 7 | 12.5 | 26 | 46.4 | 劣势 |

　　2010～2012 年青海省资源环境竞争力的综合排位呈现波动保持，2012 年排名第 23 位，与 2010 年排位相同，在全国处于下游区。

　　从资源环境竞争力的要素指标变化趋势来看，有 2 个指标处于上升趋势，即水环境竞争力和能源环境竞争力；有 2 个指标处于保持趋势，为土地环境竞争力和森林环境竞争力；有

2 个指标处于下降趋势,为大气环境竞争力和矿产环境竞争力。

从资源环境竞争力的基础指标分布来看,在 56 个基础指标中,指标的优劣度结构为 21.4∶19.6∶12.5∶46.4。劣势指标所占比重高于强势和优势指标的比重,表明劣势指标占主导地位。

### 29.2.2　青海省资源环境竞争力比较分析

图 29-2-1 将 2010～2012 年青海省资源环境竞争力与全国最高水平和平均水平进行比较。由图可知,评价期内青海省资源环境竞争力得分普遍低于 40 分,且呈现波动保持趋势,说明青海省资源环境竞争力保持较低水平。

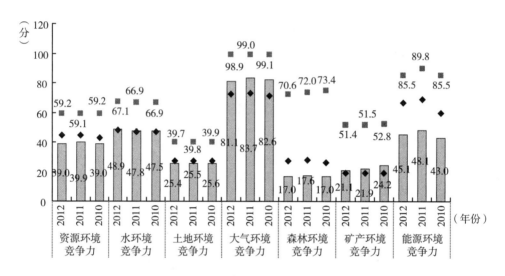

图 29-2-1　2010～2012 年青海省资源环境竞争力指标得分比较

从资源环境竞争力的整体得分比较来看,2010 年,青海省资源环境竞争力得分与全国最高分相比还有 20.2 分的差距,与全国平均分相比,则低了 4.0 分;到 2012 年,青海省资源环境竞争力得分与全国最高分的差距保持不变,低于全国平均分 5.5 分。总的来看,2010～2012 年青海省资源环境竞争力与最高分的差距保持不变,继续在全国处于下游地位。

从资源环境竞争力的要素得分比较来看,2012 年,青海省水环境竞争力、土地环境竞争力、大气环境竞争力、森林环境竞争力、矿产环境竞争力和能源环境竞争力的得分分别为 48.9 分、25.4 分、81.1 分、17.0 分、21.1 分和 45.1 分,比最高分低 18.3、14.3 分、17.7 分、53.6 分、30.3 分和 40.4 分;与 2010 年相比,青海省水环境竞争力、森林环境竞争力和能源环境竞争力的得分与最高分的差距都缩小了,土地环境竞争力的得分与最高分的差距保持不变,但大气环境竞争力和矿产环境竞争力的得分与最高分的差距扩大了。

### 29.2.3　青海省资源环境竞争力变化动因分析

二级指标资源环境竞争力的变化是三级要素指标变化综合作用的结果,而三级要素指标变化又是四级基础指标变化作用的结果。三级和四级指标的变动情况如表 29-2-1 所示。

从要素指标来看，青海省资源环境竞争力的6个要素指标中，水环境竞争力和能源环境竞争力的排位出现了上升，而土地环境竞争力和森林环境竞争力的排位保持不变，受指标排位升降的综合影响，青海省资源环境竞争力呈波动保持趋势。

从基础指标来看，青海省资源环境竞争力的56个基础指标中，上升指标有9个，占指标总数的16.1%，主要分布在矿产环境竞争力等指标组；下降指标有13个，占指标总数的23.2%，主要分布在水环境竞争力、矿产环境竞争力和能源环境竞争力等指标组。排位下降的指标数量高于排位上升的指标数量，其余的34个指标呈波动保持或持续保持，使得2012年青海省资源环境竞争力排名呈现波动保持。

## 29.3 青海省环境管理竞争力评价分析

### 29.3.1 青海省环境管理竞争力评价结果

2010~2012年青海省环境管理竞争力排位和排位变化情况及其下属2个三级指标和16个四级指标的评价结果，如表29-3-1所示；环境管理竞争力各级指标的优劣势情况，如表29-3-2所示。

表 29-3-1 2010~2012 年青海省环境管理竞争力各级指标的得分、排名及优劣度分析表

| 指标项目 | 2012 年 | | | 2011 年 | | | 2010 年 | | | 综合变化 | | |
|---|---|---|---|---|---|---|---|---|---|---|---|---|
| | 得分 | 排名 | 优劣度 | 得分 | 排名 | 优劣度 | 得分 | 排名 | 优劣度 | 得分变化 | 排名变化 | 趋势变化 |
| **环境管理竞争力** | 30.8 | 30 | 劣势 | 30.6 | 29 | 劣势 | 23.8 | 30 | 劣势 | 6.9 | 0 | 波动→ |
| （1）环境治理竞争力 | 7.9 | 29 | 劣势 | 6.8 | 30 | 劣势 | 11.0 | 28 | 劣势 | -3.1 | -1 | 波动↓ |
| 环境污染治理投资总额 | 2.7 | 30 | 劣势 | 0.0 | 31 | 劣势 | 1.2 | 30 | 劣势 | 1.6 | 0 | 波动→ |
| 环境污染治理投资总额占地方生产总值比重 | 27.8 | 18 | 中势 | 23.8 | 11 | 中势 | 39.7 | 17 | 中势 | -12.0 | -1 | 波动↓ |
| 废气治理设施年运行费用 | 3.7 | 29 | 劣势 | 3.8 | 29 | 劣势 | 5.2 | 29 | 劣势 | -1.4 | 0 | 持续→ |
| 废水治理设施处理能力 | 1.6 | 28 | 劣势 | 1.0 | 30 | 劣势 | 1.5 | 29 | 劣势 | 0.2 | 1 | 持续↑ |
| 废水治理设施年运行费用 | 1.4 | 30 | 劣势 | 1.1 | 30 | 劣势 | 1.4 | 30 | 劣势 | 0.1 | 0 | 持续→ |
| 矿山环境恢复治理投入资金 | 5.3 | 25 | 劣势 | 4.5 | 28 | 劣势 | 6.6 | 26 | 劣势 | -1.3 | 1 | 波动↑ |
| 本年矿山恢复面积 | 9.2 | 16 | 中势 | 5.5 | 6 | 优势 | 28.8 | 2 | 强势 | -19.6 | -14 | 持续↓ |
| 地质灾害防治投资额 | 8.4 | 19 | 中势 | 11.3 | 12 | 中势 | 1.2 | 23 | 劣势 | 7.2 | 4 | 波动↑ |
| 水土流失治理面积 | 6.8 | 25 | 劣势 | 7.5 | 25 | 劣势 | 7.6 | 25 | 劣势 | -0.8 | 0 | 持续→ |
| 土地复垦面积占新增耕地面积的比重 | 1.5 | 27 | 劣势 | 1.5 | 27 | 劣势 | 1.5 | 27 | 劣势 | 0.0 | 0 | 持续→ |
| （2）环境友好竞争力 | 48.6 | 28 | 劣势 | 49.1 | 29 | 劣势 | 33.9 | 30 | 劣势 | 14.7 | 2 | 持续↑ |
| 工业固体废物综合利用量 | 33.7 | 11 | 中势 | 36.0 | 10 | 优势 | 4.2 | 29 | 劣势 | 29.5 | 18 | 波动↑ |
| 工业固体废物处置量 | 0.0 | 31 | 劣势 | 0.0 | 31 | 劣势 | 0.0 | 29 | 劣势 | 0.0 | -2 | 持续↓ |
| 工业固体废物处置利用率 | 50.7 | 29 | 劣势 | 52.0 | 30 | 劣势 | 32.5 | 30 | 劣势 | 18.2 | 1 | 持续↑ |
| 工业用水重复利用率 | 49.8 | 24 | 劣势 | 48.6 | 26 | 劣势 | 47.3 | 25 | 劣势 | 2.5 | 1 | 波动↑ |
| 城市污水处理率 | 63.7 | 30 | 劣势 | 64.5 | 31 | 劣势 | 46.6 | 30 | 劣势 | 17.2 | 0 | 波动→ |
| 生活垃圾无害化处理率 | 89.3 | 14 | 中势 | 89.5 | 11 | 中势 | 67.3 | 25 | 劣势 | 22.0 | 11 | 波动↑ |

表 29 - 3 - 2　2012 年青海省环境管理竞争力各级指标的优劣度结构表

| 二级指标 | 三级指标 | 四级指标数 | 强势指标 | | 优势指标 | | 中势指标 | | 劣势指标 | | 优劣度 |
|---|---|---|---|---|---|---|---|---|---|---|---|
| | | | 个数 | 比重（%） | 个数 | 比重（%） | 个数 | 比重（%） | 个数 | 比重（%） | |
| 环境管理竞争力 | 环境治理竞争力 | 10 | 0 | 0.0 | 0 | 0.0 | 3 | 30.0 | 7 | 70.0 | 劣势 |
| | 环境友好竞争力 | 6 | 0 | 0.0 | 0 | 0.0 | 2 | 33.3 | 4 | 66.7 | 劣势 |
| | 小　计 | 16 | 0 | 0.0 | 0 | 0.0 | 5 | 31.3 | 11 | 68.7 | 劣势 |

2010 ~ 2012 年青海省环境管理竞争力的综合排位呈现波动保持，2012 年排名第 30 位，与 2010 年排位相同，在全国处于下游区。

从环境管理竞争力的要素指标变化趋势来看，有 1 个指标处于波动下降趋势，即环境治理竞争力，而环境友好竞争力呈持续上升。

从环境管理竞争力的基础指标分布来看，在 16 个基础指标中，指标的优劣度结构为 0.0∶0.0∶31.3∶68.8。劣势指标所占比重显著高于强势和优势指标的比重，表明劣势指标占主导地位。

### 29.3.2　青海省环境管理竞争力比较分析

图 29 - 3 - 1 将 2010 ~ 2012 年青海省环境管理竞争力与全国最高水平和平均水平进行比较。由图可知，评价期内青海省环境管理竞争力得分普遍低于 31 分，尽管呈现持续上升趋势，但青海省环境管理竞争力处于较低水平。

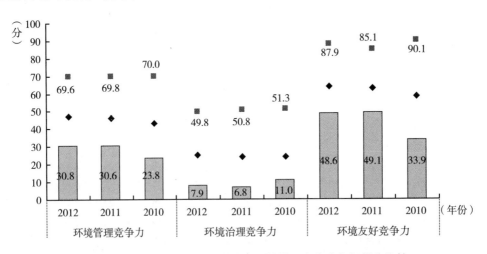

图 29 - 3 - 1　2010 ~ 2012 年青海省环境管理竞争力指标得分比较

从环境管理竞争力的整体得分比较来看，2010 年，青海省环境管理竞争力得分与全国最高分相比还有 46.1 分的差距，低于全国平均分 19.5 分；到 2012 年，青海省环境管理竞争力得分与全国最高分的差距缩小为 38.9 分，低于全国平均分 16.2 分。总的来看，2010 ~ 2012 年青海省环境管理竞争力与最高分的差距呈缩小趋势，继续保持全国较低水平。

从环境管理竞争力的要素得分比较来看，2012 年，青海省环境治理竞争力和环境友好竞争力的得分分别为 7.9 分和 48.6 分，分别比最高分低 41.9 分和 39.3 分，分别低于平均分 17.3 分和 15.4 分；与 2010 年相比，青海省环境治理竞争力得分与最高分的差距扩大了 1.6 分，环境友好竞争力得分与最高分的差距缩小了 16.9 分。

### 29.3.3  青海省环境管理竞争力变化动因分析

二级指标环境管理竞争力的变化是三级要素指标变化综合作用的结果，而三级要素指标变化又是四级基础指标变化作用的结果。三级和四级指标的变动情况如表 29 - 3 - 1 所示。

从要素指标来看，青海省环境管理竞争力的 2 个要素指标中，环境治理竞争力的排名波动下降了 1 位，环境友好竞争力的排名上升了 2 位，受指标排位升降的综合影响，青海省环境管理竞争力呈波动保持。

从基础指标来看，青海省环境管理竞争力的 16 个基础指标中，上升指标有 7 个，占指标总数的 43.8%，主要分布在环境友好竞争力指标组；下降指标有 3 个，占指标总数的 18.8%，主要分布在环境治理竞争力指标组。排位上升的指标数量显著大于排位下降的指标数量，但受外部其他因素影响，2012 年青海省环境管理竞争力排名呈现波动保持。

## 29.4  青海省环境影响竞争力评价分析

### 29.4.1  青海省环境影响竞争力评价结果

2010～2012 年青海省环境影响竞争力排位和排位变化情况及其下属 2 个三级指标和 21 个四级指标的评价结果，如表 29 - 4 - 1 所示；环境影响竞争力各级指标的优劣势情况，如表 29 - 4 - 2 所示。

表 29 - 4 - 1  2010～2012 年青海省环境影响竞争力各级指标的得分、排名及优劣度分析表

| 指标项目 | 2012 年 | | | 2011 年 | | | 2010 年 | | | 综合变化 | | |
|---|---|---|---|---|---|---|---|---|---|---|---|---|
| | 得分 | 排名 | 优劣度 | 得分 | 排名 | 优劣度 | 得分 | 排名 | 优劣度 | 得分变化 | 排名变化 | 趋势变化 |
| **环境影响竞争力** | 70.3 | 19 | 中势 | 73.6 | 11 | 中势 | 73.5 | 13 | 中势 | -3.3 | -6 | 波动↓ |
| （1）环境安全竞争力 | 84.9 | 3 | 强势 | 85.6 | 4 | 优势 | 80.1 | 9 | 优势 | 4.8 | 6 | 持续↑ |
| 自然灾害受灾面积 | 94.2 | 6 | 优势 | 89.2 | 6 | 优势 | 96.5 | 5 | 优势 | -2.4 | -1 | 持续↓ |
| 自然灾害绝收面积占受灾面积比重 | 81.3 | 7 | 优势 | 83.7 | 10 | 优势 | 80.7 | 13 | 优势 | 0.6 | 6 | 持续↑ |
| 自然灾害直接经济损失 | 96.9 | 4 | 优势 | 94.3 | 7 | 优势 | 54.6 | 24 | 劣势 | 42.3 | 20 | 持续↑ |
| 发生地质灾害起数 | 99.1 | 11 | 中势 | 99.8 | 10 | 优势 | 99.6 | 10 | 优势 | -0.5 | -1 | 持续↓ |
| 地质灾害直接经济损失 | 100.0 | 7 | 优势 | 100.0 | 5 | 优势 | 98.7 | 9 | 优势 | 1.3 | 2 | 波动↑ |
| 地质灾害防治投资额 | 8.8 | 19 | 中势 | 11.3 | 12 | 中势 | 1.2 | 23 | 劣势 | 7.6 | 4 | 波动↑ |
| 突发环境事件次数 | 97.9 | 11 | 中势 | 99.5 | 2 | 强势 | 99.4 | 7 | 优势 | -1.5 | -4 | 波动↓ |

续表

| 指标项目 | 2012 年 | | | 2011 年 | | | 2010 年 | | | 综合变化 | | |
| --- | --- | --- | --- | --- | --- | --- | --- | --- | --- | --- | --- | --- |
| | 得分 | 排名 | 优劣度 | 得分 | 排名 | 优劣度 | 得分 | 排名 | 优劣度 | 得分变化 | 排名变化 | 趋势变化 |
| 森林火灾次数 | 99.3 | 3 | 强势 | 99.2 | 6 | 优势 | 99.2 | 9 | 优势 | 0.2 | 6 | 持续↑ |
| 森林火灾火场总面积 | 98.4 | 10 | 优势 | 98.2 | 6 | 优势 | 97.8 | 17 | 中势 | 0.5 | 7 | 波动↑ |
| 受火灾森林面积 | 97.7 | 15 | 中势 | 97.6 | 10 | 优势 | 97.4 | 17 | 中势 | 0.3 | 2 | 波动↑ |
| 森林病虫鼠害发生面积 | 83.3 | 12 | 中势 | 97.5 | 14 | 中势 | 75.3 | 14 | 中势 | 8.0 | 2 | 持续↑ |
| 森林病虫鼠害防治率 | 51.3 | 24 | 劣势 | 55.6 | 19 | 中势 | 63.6 | 20 | 中势 | -12.3 | -4 | 波动↓ |
| （2）环境质量竞争力 | 59.9 | 27 | 劣势 | 65.1 | 27 | 劣势 | 68.9 | 25 | 劣势 | -9.0 | -2 | 持续↓ |
| 人均工业废气排放量 | 34.2 | 28 | 劣势 | 42.5 | 27 | 劣势 | 72.9 | 27 | 劣势 | -38.7 | -1 | 持续↓ |
| 人均二氧化硫排放量 | 26.8 | 29 | 劣势 | 39.9 | 28 | 劣势 | 56.3 | 26 | 劣势 | -29.5 | -3 | 持续↓ |
| 人均工业烟（粉）尘排放量 | 16.6 | 27 | 劣势 | 34.6 | 28 | 劣势 | 14.7 | 30 | 劣势 | 1.9 | 3 | 持续↑ |
| 人均工业废水排放量 | 53.3 | 19 | 中势 | 56.2 | 18 | 中势 | 63.7 | 21 | 中势 | -10.4 | 2 | 波动↓ |
| 人均生活污水排放量 | 85.0 | 4 | 优势 | 86.0 | 8 | 优势 | 83.0 | 15 | 中势 | 2.0 | 11 | 持续↑ |
| 人均化学需氧量排放量 | 38.4 | 30 | 劣势 | 41.8 | 29 | 劣势 | 46.6 | 29 | 劣势 | -8.2 | -1 | 持续↓ |
| 人均工业固体废物排放量 | 99.4 | 14 | 中势 | 97.9 | 17 | 中势 | 91.7 | 24 | 中势 | 7.7 | 10 | 持续↑ |
| 人均化肥施用量 | 85.8 | 3 | 强势 | 87.8 | 3 | 强势 | 85.3 | 4 | 优势 | 0.5 | 1 | 持续↑ |
| 人均农药施用量 | 97.0 | 5 | 优势 | 97.0 | 6 | 优势 | 96.7 | 6 | 优势 | 0.3 | 1 | 持续↑ |

表 29 - 4 - 2　2012 年青海省环境影响竞争力各级指标的优劣度结构表

| 二级指标 | 三级指标 | 四级指标数 | 强势指标 | | 优势指标 | | 中势指标 | | 劣势指标 | | 优劣度 |
| --- | --- | --- | --- | --- | --- | --- | --- | --- | --- | --- | --- |
| | | | 个数 | 比重（%） | 个数 | 比重（%） | 个数 | 比重（%） | 个数 | 比重（%） | |
| 环境影响竞争力 | 环境安全竞争力 | 12 | 1 | 8.3 | 5 | 41.7 | 5 | 41.7 | 1 | 8.3 | 强势 |
| | 环境质量竞争力 | 9 | 1 | 11.1 | 2 | 22.2 | 2 | 22.2 | 4 | 44.4 | 劣势 |
| | 小　计 | 21 | 2 | 9.5 | 7 | 33.3 | 7 | 33.3 | 5 | 23.8 | 中势 |

2010～2012 年青海省环境影响竞争力的综合排位呈现波动下降趋势，2012 年排名第 19 位，与 2010 年排位相比下降了 6 位，在全国处于中游区。

从环境影响竞争力的要素指标变化趋势来看，有 1 个指标处于持续上升趋势，即环境安全竞争力；有 1 个指标处于持续下降趋势，为环境质量竞争力。

从环境影响竞争力的基础指标分布来看，在 21 个基础指标中，指标的优劣度结构为 9.5∶33.3∶33.3∶23.8。强势与优势指标比重高于中势指标比重，表明优势指标占主导地位。

### 29.4.2　青海省环境影响竞争力比较分析

图 29 - 4 - 1 将 2010～2012 年青海省环境影响竞争力与全国最高水平和平均水平进行比较。由图可知，评价期内青海省环境影响竞争力得分普遍高于 70 分，虽然呈波动下降趋势，但青海省环境影响竞争力依旧保持中等水平。

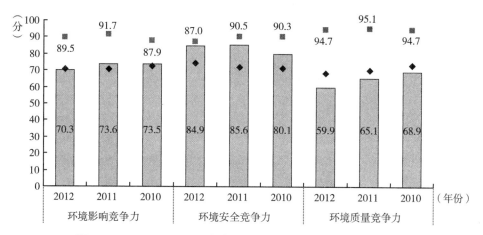

图 29-4-1 2010~2012 年青海省环境影响竞争力指标得分比较

从环境影响竞争力的整体得分比较来看,2010 年,青海省环境影响竞争力得分与全国最高分相比还有 14.4 分的差距,但与全国平均分相比,则高了 1.1 分;到 2012 年,青海省环境影响竞争力得分与全国最高分相差 19.2 分,低于全国平均分 0.3 分。总的来看,2010~2012年青海省环境影响竞争力与最高分的差距呈扩大趋势。

从环境影响竞争力的要素得分比较来看,2012 年,青海省环境安全竞争力和环境质量竞争力的得分分别为 84.9 分和 59.9 分,比最高分低 2.1 分和 34.8 分,前者高出平均分10.7 分,后者低于平均分 8.2 分;与 2010 年相比,青海省环境安全竞争力得分与最高分的差距缩小了 8.1 分,但环境质量竞争力得分与最高分的差距扩大了 9.0 分。

### 29.4.3 青海省环境影响竞争力变化动因分析

二级指标环境影响竞争力的变化是三级要素指标变化综合作用的结果,而三级要素指标变化又是四级基础指标变化作用的结果。三级和四级指标的变动情况如表 29-4-1 所示。

从要素指标来看,青海省环境影响竞争力的 2 个要素指标中,环境安全竞争力的排名上升了6 位,环境质量竞争力的排名下降了 2 位,受指标排位升降的综合影响,青海省环境影响竞争力排名波动下降了 6 位,其中环境质量竞争力是环境影响竞争力呈现持续下降的主要因素。

从基础指标来看,青海省环境影响竞争力的 21 个基础指标中,上升指标有 14 个,占指标总数的 66.7%,主要分布在环境安全竞争力指标组;下降指标有 7 个,占指标总数的 33.3%,主要分布在环境安全竞争力指标组。尽管排位上升的指标数量大于排位下降的指标数量,但受其他外部因素的综合影响,2012 年青海省环境影响竞争力排名呈现波动下降。

## 29.5 青海省环境协调竞争力评价分析

### 29.5.1 青海省环境协调竞争力评价结果

2010~2012 年青海省环境协调竞争力排位和排位变化情况及其下属 2 个三级指标和 19

个四级指标的评价结果，如表 29 - 5 - 1 所示；环境协调竞争力各级指标的优劣势情况，如表 29 - 5 - 2 所示。

表 29 - 5 - 1　2010～2012 年青海省环境协调竞争力各级指标的得分、排名及优劣度分析表

| 指标项目 | 2012 年 | | | 2011 年 | | | 2010 年 | | | 综合变化 | | |
|---|---|---|---|---|---|---|---|---|---|---|---|---|
| | 得分 | 排名 | 优劣度 | 得分 | 排名 | 优劣度 | 得分 | 排名 | 优劣度 | 得分变化 | 排名变化 | 趋势变化 |
| **环境协调竞争力** | 62.5 | 11 | 中势 | 56.8 | 19 | 中势 | 59.6 | 19 | 中势 | 2.9 | 8 | 持续↑ |
| （1）人口与环境协调竞争力 | 37.7 | 29 | 劣势 | 33.3 | 31 | 劣势 | 39.5 | 28 | 劣势 | -1.8 | -1 | 波动↓ |
| 人口自然增长率与工业废气排放量增长率比差 | 62.4 | 15 | 中势 | 24.4 | 28 | 劣势 | 23.6 | 27 | 劣势 | 38.8 | 12 | 波动↑ |
| 人口自然增长率与工业废水排放量增长率比差 | 80.1 | 18 | 中势 | 66.4 | 22 | 劣势 | 71.3 | 18 | 中势 | 8.8 | 0 | 波动→ |
| 人口自然增长率与工业固体废物排放量增长率比差 | 27.0 | 27 | 劣势 | 20.7 | 26 | 劣势 | 100.0 | 1 | 强势 | -73.0 | -26 | 持续↓ |
| 人口自然增长率与能源消费量增长率比差 | 74.1 | 17 | 中势 | 78.4 | 19 | 中势 | 75.5 | 20 | 中势 | -1.4 | 3 | 持续↑ |
| 人口密度与人均水资源量比差 | 9.8 | 11 | 中势 | 7.5 | 17 | 中势 | 7.4 | 19 | 中势 | 2.4 | 8 | 持续↑ |
| 人口密度与人均耕地面积比差 | 14.1 | 24 | 劣势 | 14.3 | 24 | 劣势 | 14.5 | 24 | 劣势 | -0.3 | 0 | 持续→ |
| 人口密度与森林覆盖率比差 | 0.9 | 30 | 劣势 | 0.9 | 30 | 劣势 | 0.9 | 30 | 劣势 | 0.0 | 0 | 持续→ |
| 人口密度与人均矿产基础储量比差 | 12.3 | 18 | 中势 | 13.5 | 18 | 中势 | 10.0 | 19 | 中势 | 2.2 | 1 | 持续↑ |
| 人口密度与人均能源生产量比差 | 69.3 | 24 | 劣势 | 71.0 | 24 | 劣势 | 68.5 | 25 | 劣势 | 0.7 | 1 | 持续↑ |
| （2）经济与环境协调竞争力 | 78.8 | 2 | 强势 | 72.3 | 6 | 优势 | 72.8 | 6 | 优势 | 6.0 | 4 | 持续↑ |
| 工业增加值增长率与工业废气排放量增长率比差 | 69.4 | 22 | 劣势 | 89.1 | 7 | 优势 | 83.8 | 10 | 优势 | -14.5 | -12 | 波动↓ |
| 工业增加值增长率与工业废水排放量增长率比差 | 55.6 | 23 | 劣势 | 1.4 | 30 | 劣势 | 58.9 | 20 | 中势 | -3.3 | -3 | 波动↑ |
| 工业增加值增长率与工业固体废物排放量增长率比差 | 80.8 | 14 | 中势 | 100.0 | 1 | 强势 | 30.2 | 26 | 劣势 | 50.6 | 12 | 波动↑ |
| 地区生产总值增长率与能源消费量增长率比差 | 72.6 | 13 | 中势 | 35.0 | 28 | 劣势 | 77.6 | 17 | 中势 | -5.0 | 4 | 波动↑ |
| 人均工业增加值与人均水资源量比差 | 85.6 | 6 | 优势 | 82.8 | 7 | 优势 | 85.1 | 6 | 优势 | 0.5 | 0 | 波动→ |
| 人均工业增加值与人均耕地面积比差 | 98.9 | 2 | 强势 | 99.2 | 3 | 强势 | 99.9 | 2 | 强势 | -1.0 | 0 | 波动→ |
| 人均工业增加值与人均工业废气排放量比差 | 96.7 | 2 | 强势 | 89.4 | 6 | 优势 | 58.4 | 13 | 中势 | 38.3 | 11 | 持续↑ |
| 人均工业增加值与森林覆盖率比差 | 70.8 | 18 | 中势 | 71.0 | 18 | 中势 | 73.8 | 17 | 中势 | -3.1 | -1 | 持续↓ |
| 人均工业增加值与人均矿产基础储量比差 | 82.2 | 9 | 优势 | 83.5 | 9 | 优势 | 82.1 | 8 | 优势 | 0.1 | -1 | 持续↓ |
| 人均工业增加值与人均能源生产量比差 | 71.0 | 7 | 优势 | 70.3 | 10 | 优势 | 71.5 | 11 | 中势 | -0.5 | 4 | 持续↑ |

表 29 - 5 - 2　2012 年青海省环境协调竞争力各级指标的优劣度结构表

| 二级指标 | 三级指标 | 四级指标数 | 强势指标 | | 优势指标 | | 中势指标 | | 劣势指标 | | 优劣度 |
|---|---|---|---|---|---|---|---|---|---|---|---|
| | | | 个数 | 比重（%） | 个数 | 比重（%） | 个数 | 比重（%） | 个数 | 比重（%） | |
| 环境协调竞争力 | 人口与环境协调竞争力 | 9 | 0 | 0.0 | 0 | 0.0 | 5 | 55.6 | 4 | 44.4 | 劣势 |
| | 经济与环境协调竞争力 | 10 | 2 | 20.0 | 3 | 30.0 | 3 | 30.0 | 2 | 20.0 | 强势 |
| | 小　计 | 19 | 2 | 10.5 | 3 | 15.8 | 8 | 42.1 | 6 | 31.6 | 中势 |

2010～2012 年青海省环境协调竞争力的综合排位呈现持续上升趋势，2012 年排名第 11 位，比 2010 年上升了 8 位，在全国处于中游区。

从环境协调竞争力的要素指标变化趋势来看，有 1 个指标处于波动下降趋势，即人口与

环境协调竞争力；有 1 个指标处于持续上升趋势，为经济与环境协调竞争力。

从环境协调竞争力的基础指标分布来看，在 19 个基础指标中，指标的优劣度结构为 10.5：15.8：42.1：31.6。中势指标所占比重高于强势和优势指标的比重，表明中势指标占主导地位。

### 29.5.2　青海省环境协调竞争力比较分析

图 29 - 5 - 1 将 2010 ~ 2012 年青海省环境协调竞争力与全国最高水平和平均水平进行比较。由图可知，评价期内青海省环境协调竞争力得分普遍高于 55 分，且呈波动上升趋势，说明青海省环境协调竞争力处于较高水平。

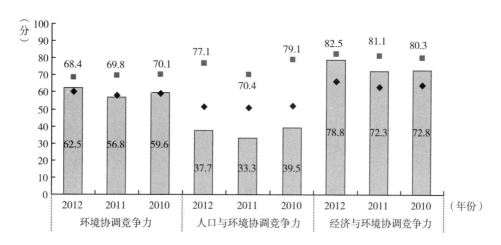

图 29 - 5 - 1　2010 ~ 2012 年青海省环境协调竞争力指标得分比较

从环境协调竞争力的整体得分比较来看，2010 年，青海省环境协调竞争力得分与全国最高分相比还有 10.4 分的差距，但与全国平均分相比，则高出 0.3 分；到 2012 年，青海省环境协调竞争力得分与全国最高分的差距缩小为 5.9 分，高出全国平均分 2.2 分。总的来看，2010 ~ 2012 年青海省环境协调竞争力与最高分的差距呈缩小趋势。

从环境协调竞争力的要素得分比较来看，2012 年，青海省人口与环境协调竞争力和经济与环境协调竞争力的得分分别为 37.7 分和 78.8 分，比最高分低 39.3 分和 3.7 分，前者低于平均分 13.5 分，后者高于平均分 12.4 分；与 2010 年相比，青海省人口与环境协调竞争力得分与最高分的差距缩小了 0.3 分，经济与环境协调竞争力得分与最高分的差距缩小了 3.8 分。

### 29.5.3　青海省环境协调竞争力变化动因分析

二级指标环境协调竞争力的变化是三级要素指标变化综合作用的结果，而三级要素指标变化又是四级基础指标变化作用的结果。三级和四级指标的变动情况如表 29 - 5 - 1 所示。

从要素指标来看，青海省环境协调竞争力的 2 个要素指标中，人口与环境协调竞争力的排名波动下降了 1 位，经济与环境协调竞争力的排名持续上升了 4 位，受指标排位升降的综合影响，青海省环境协调竞争力上升了 8 位，其中经济与环境协调竞争力是环境协调竞争力

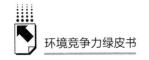

排名上升的主要动力。

从基础指标来看，青海省环境协调竞争力的 19 个基础指标中，上升指标有 9 个，占指标总数的 47.4%，主要分布在人口与环境协调竞争力指标组；下降指标有 5 个，占指标总数的 26.3%，主要分布在经济与环境协调竞争力指标组。排位上升的指标数量显著大于排位下降的指标数量，使得 2012 年青海省环境协调竞争力排名持续上升了 8 位。

## 29.6 青海省环境竞争力总体评述

从对青海省环境竞争力及其 5 个二级指标在全国的排位变化和指标结构的综合分析来看，"十二五"中期（2010~2012 年）环境竞争力中上升指标的数量大于下降指标的数量，但受其他外部因素的综合影响，2012 年青海省环境竞争力的排位处于波动保持趋势，在全国居第 28 位。

### 29.6.1 青海省环境竞争力概要分析

青海省环境竞争力在全国所处的位置及变化如表 29 - 6 - 1 所示，5 个二级指标的得分和排位变化如表 29 - 6 - 2 所示。

表 29 - 6 - 1　2010~2012 年青海省环境竞争力一级指标比较表

| 项目　　年份 | 2012 | 2011 | 2010 |
|---|---|---|---|
| 排名 | 28 | 29 | 28 |
| 所属区位 | 下游 | 下游 | 下游 |
| 得分 | 45.5 | 45.6 | 43.8 |
| 全国最高分 | 58.2 | 59.5 | 60.1 |
| 全国平均分 | 51.3 | 50.8 | 50.4 |
| 与最高分的差距 | -12.7 | -13.9 | -16.4 |
| 与平均分的差距 | -5.8 | -5.2 | -6.6 |
| 优劣度 | 劣势 | 劣势 | 劣势 |
| 波动趋势 | 上升 | 下降 | — |

表 29 - 6 - 2　2010~2012 年青海省环境竞争力二级指标比较表

| 项目　年份 | 生态环境竞争力 | | 资源环境竞争力 | | 环境管理竞争力 | | 环境影响竞争力 | | 环境协调竞争力 | | 环境竞争力 | |
|---|---|---|---|---|---|---|---|---|---|---|---|---|
| | 得分 | 排名 | 得分 | 排名 | 得分 | 排名 | 得分 | 排名 | 得分 | 排名 | 得分 | 排名 |
| 2010 | 42.0 | 24 | 39.0 | 23 | 23.8 | 30 | 73.5 | 13 | 59.6 | 19 | 43.8 | 28 |
| 2011 | 43.2 | 21 | 39.9 | 24 | 30.6 | 29 | 73.6 | 11 | 56.8 | 19 | 45.6 | 29 |
| 2012 | 42.1 | 23 | 39.0 | 23 | 30.8 | 30 | 70.3 | 19 | 62.5 | 11 | 45.5 | 28 |
| 得分变化 | 0.1 | — | 0.1 | — | 6.9 | — | -3.3 | — | 2.9 | — | 1.7 | — |
| 排位变化 | — | 1 | — | 0 | — | 0 | — | -6 | — | 8 | — | 0 |
| 优劣度 | 劣势 | 劣势 | 劣势 | 劣势 | 劣势 | 劣势 | 中势 | 中势 | 中势 | 中势 | 劣势 | 劣势 |

（1）从指标排位变化趋势看，2012 年青海省环境竞争力综合排名在全国处于第 28 位，表明其在全国处于劣势地位；与 2010 年相比，排位保持不变。总的来看，评价期内青海省环境竞争力呈波动保持趋势。

在 5 个二级指标中，有 2 个指标处于上升趋势，为生态环境竞争力和环境协调竞争力，有 1 个指标处于下降趋势，为环境影响竞争力，其余 2 个指标排位呈波动保持。在指标排位升降的综合影响下，评价期内青海省环境竞争力的综合排位保持不变，在全国排名第 28 位。

（2）从指标所处区位看，2012 年青海省环境竞争力处于下游区，其中，环境影响竞争力和环境协调竞争力为中势指标，生态环境竞争力、资源环境竞争力和环境管理竞争力指标为劣势指标。

（3）从指标得分看，2012 年青海省环境竞争力得分为 45.5 分，比全国最高分低 12.7 分，比全国平均分低 5.8 分；与 2010 年相比，青海省环境竞争力得分上升了 1.7 分，与当年最高分的差距缩小了，与全国平均分的差距也缩小了。

2012 年，青海省环境竞争力二级指标的得分均高于 30 分，与 2010 年相比，得分上升最多的为环境管理竞争力，上升了 6.9 分；得分下降最多的为环境影响竞争力，下降了 3.3 分。

### 29.6.2 青海省环境竞争力各级指标动态变化分析

2010～2012 年青海省环境竞争力各级指标的动态变化及其结构，如图 29－6－1 和表 29－6－3 所示。

从图 29－6－1 可以看出，青海省环境竞争力的四级指标中保持指标的比例大于上升指标，表明保持指标居于主导地位。表 29－6－3 中的数据进一步说明，青海省环境竞争力的 130 个四级指标中，上升的指标有 41 个，占指标总数的 31.5%；保持的指标有 59 个，占指标总数的 45.4%；下降的指标为 30 个，占指标总数的 23.1%。保持指标的数量大于上升指标或下降指标的数量，使得评价期内青海省环境竞争力排位呈现波动保持，在全国居第 28 位。

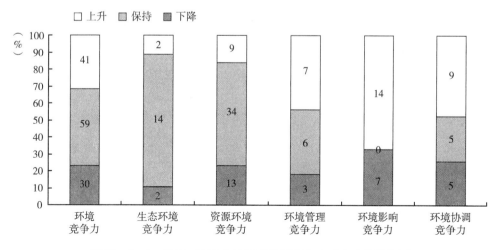

图 29－6－1 2010～2012 年青海省环境竞争力动态变化结构图

表 29 – 6 – 3　2010～2012 年青海省环境竞争力各级指标排位变化态势比较表

| 二级指标 | 三级指标 | 四级指标数 | 上升指标 | | 保持指标 | | 下降指标 | | 变化趋势 |
| | | | 个数 | 比重（%） | 个数 | 比重（%） | 个数 | 比重（%） | |
| 生态环境竞争力 | 生态建设竞争力 | 9 | 1 | 11.1 | 6 | 66.7 | 2 | 22.2 | 波动↓ |
| | 生态效益竞争力 | 9 | 1 | 11.1 | 8 | 88.9 | 0 | 0.0 | 持续↑ |
| | 小　计 | 18 | 2 | 11.1 | 14 | 77.8 | 2 | 11.1 | 波动↑ |
| 资源环境竞争力 | 水环境竞争力 | 11 | 3 | 27.3 | 5 | 45.5 | 3 | 27.3 | 持续↑ |
| | 土地环境竞争力 | 13 | 0 | 0.0 | 11 | 84.6 | 2 | 15.4 | 持续→ |
| | 大气环境竞争力 | 8 | 0 | 0.0 | 6 | 75.0 | 2 | 25.0 | 持续↓ |
| | 森林环境竞争力 | 8 | 1 | 12.5 | 7 | 87.5 | 0 | 0.0 | 持续→ |
| | 矿产环境竞争力 | 9 | 4 | 44.4 | 2 | 22.2 | 3 | 33.3 | 持续↓ |
| | 能源环境竞争力 | 7 | 1 | 14.3 | 3 | 42.9 | 3 | 42.9 | 持续↑ |
| | 小　计 | 56 | 9 | 16.1 | 34 | 60.7 | 13 | 23.2 | 波动→ |
| 环境管理竞争力 | 环境治理竞争力 | 10 | 3 | 30.0 | 5 | 50.0 | 2 | 20.0 | 波动↓ |
| | 环境友好竞争力 | 6 | 4 | 66.7 | 1 | 16.7 | 1 | 16.7 | 持续↑ |
| | 小　计 | 16 | 7 | 43.8 | 6 | 37.5 | 3 | 18.8 | 波动→ |
| 环境影响竞争力 | 环境安全竞争力 | 12 | 8 | 66.7 | 0 | 0.0 | 4 | 33.3 | 持续↑ |
| | 环境质量竞争力 | 9 | 6 | 66.7 | 0 | 0.0 | 3 | 33.3 | 持续↓ |
| | 小　计 | 21 | 14 | 66.7 | 0 | 0.0 | 7 | 33.3 | 波动↓ |
| 环境协调竞争力 | 人口与环境协调竞争力 | 9 | 5 | 55.6 | 3 | 33.3 | 1 | 11.1 | 波动↓ |
| | 经济与环境协调竞争力 | 10 | 4 | 40.0 | 2 | 20.0 | 4 | 40.0 | 持续↑ |
| | 小　计 | 19 | 9 | 47.4 | 5 | 26.3 | 5 | 26.3 | 持续↑ |
| 合　计 | | 130 | 41 | 31.5 | 59 | 45.4 | 30 | 23.1 | 波动→ |

### 29.6.3　青海省环境竞争力各级指标变化动因分析

2012 年青海省环境竞争力各级指标的优劣势变化及其结构，如图 29 – 6 – 2 和表 29 – 6 – 4 所示。

从图 29 – 6 – 2 可以看出，2012 年青海省环境竞争力的四级指标中劣势指标的比例大于强势和优势指标的面积，表明劣势指标居于主导地位。表 29 – 6 – 4 中的数据进一步说明，2012 年青海省环境竞争力的 130 个四级指标中，强势指标有 19 个，占指标总数的 14.6%；优势指标为 22 个，占指标总数的 16.9%；中势指标 29 个，占指标总数的 22.3%；劣势指标有 60 个，占指标总数的 46.2%；强势指标和优势指标之和占指标总数的 31.5%，数量与比重均小于劣势指标。从三级指标来看，四级指标中强势指标和优势指标之和占四级指标总数一半以上的分别有水环境竞争力和大气环境竞争力，共计 2 个指标，占三级指标总数的 14.3%。反映到二级指标上来，中势指标有 2 个，占二级指标总数的 40%；劣势指标有 3 个，占二级指标总数的 60%。这使得青海省环境竞争力处于劣势地位，在全国位居第 28 位，处于下游区。

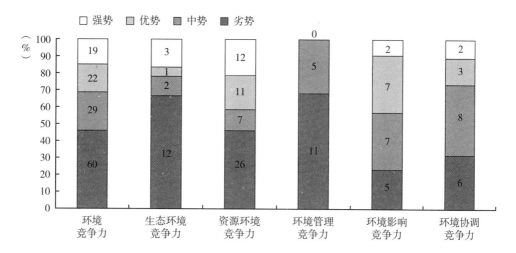

图 29 - 6 - 2　2012 年青海省环境竞争力优劣度结构图

表 29 - 6 - 4　2012 年青海省环境竞争力各级指标优劣度比较表

| 二级指标 | 三级指标 | 四级指标数 | 强势指标 | | 优势指标 | | 中势指标 | | 劣势指标 | | 优劣度 |
|---|---|---|---|---|---|---|---|---|---|---|---|
| | | | 个数 | 比重（%） | 个数 | 比重（%） | 个数 | 比重（%） | 个数 | 比重（%） | |
| 生态环境竞争力 | 生态建设竞争力 | 9 | 2 | 22.2 | 0 | 0.0 | 0 | 0.0 | 7 | 77.8 | 中势 |
| | 生态效益竞争力 | 9 | 1 | 11.1 | 1 | 11.1 | 2 | 22.2 | 5 | 55.6 | 劣势 |
| | 小　计 | 18 | 3 | 16.7 | 1 | 5.6 | 2 | 11.1 | 12 | 66.7 | 劣势 |
| 资源环境竞争力 | 水环境竞争力 | 11 | 6 | 54.5 | 0 | 0.0 | 3 | 27.3 | 2 | 18.2 | 中势 |
| | 土地环境竞争力 | 13 | 1 | 7.7 | 4 | 30.8 | 1 | 7.7 | 7 | 53.8 | 中势 |
| | 大气环境竞争力 | 8 | 3 | 37.5 | 3 | 37.5 | 0 | 0.0 | 2 | 25.0 | 优势 |
| | 森林环境竞争力 | 8 | 1 | 12.5 | 0 | 0.0 | 1 | 12.5 | 6 | 75.0 | 劣势 |
| | 矿产环境竞争力 | 9 | 0 | 0.0 | 4 | 44.4 | 1 | 11.1 | 4 | 44.4 | 优势 |
| | 能源环境竞争力 | 7 | 1 | 14.3 | 0 | 0.0 | 1 | 14.3 | 5 | 71.4 | 劣势 |
| | 小　计 | 56 | 12 | 21.4 | 11 | 19.6 | 7 | 12.5 | 26 | 46.4 | 劣势 |
| 环境管理竞争力 | 环境治理竞争力 | 10 | 0 | 0.0 | 0 | 0.0 | 3 | 30.0 | 7 | 70.0 | 劣势 |
| | 环境友好竞争力 | 6 | 0 | 0.0 | 0 | 0.0 | 2 | 33.3 | 4 | 66.7 | 劣势 |
| | 小　计 | 16 | 0 | 0.0 | 0 | 0.0 | 5 | 31.3 | 11 | 68.8 | 劣势 |
| 环境影响竞争力 | 环境安全竞争力 | 12 | 1 | 8.3 | 5 | 41.7 | 5 | 41.7 | 1 | 8.3 | 强势 |
| | 环境质量竞争力 | 9 | 1 | 11.1 | 2 | 22.2 | 2 | 22.2 | 4 | 44.4 | 劣势 |
| | 小　计 | 21 | 2 | 9.5 | 7 | 33.3 | 7 | 33.3 | 5 | 23.8 | 中势 |
| 环境协调竞争力 | 人口与环境协调竞争力 | 9 | 0 | 0.0 | 0 | 0.0 | 5 | 55.6 | 4 | 44.4 | 劣势 |
| | 经济与环境协调竞争力 | 10 | 2 | 20.0 | 3 | 30.0 | 3 | 30.0 | 2 | 20.0 | 强势 |
| | 小　计 | 19 | 2 | 10.5 | 3 | 15.8 | 8 | 42.1 | 6 | 31.6 | 中势 |
| 合　　计 | | 130 | 19 | 14.6 | 22 | 16.9 | 29 | 22.3 | 60 | 46.2 | 劣势 |

为了进一步明确影响青海省环境竞争力变化的具体指标，也便于对相关指标进行深入分析，从而为提升青海省环境竞争力提供决策参考，表29-6-5列出了环境竞争力指标体系中直接影响青海省环境竞争力升降的强势指标、优势指标和劣势指标。

表29-6-5　2012年青海省环境竞争力四级指标优劣度统计表

| 指标 | 强势指标 | 优势指标 | 劣势指标 |
|---|---|---|---|
| 生态环境竞争力（18个） | 本年减少耕地面积、自然保护区面积占土地总面积比重、化肥施用强度（3个） | 农药施用强度（1个） | 国家级生态示范区个数、公园面积、园林绿地面积、绿化覆盖面积、自然保护区个数、野生动物种源繁育基地数、野生植物种源培育基地数、工业废气排放强度、工业二氧化硫排放强度、工业烟（粉）尘排放强度、工业废水中化学需氧量排放强度、工业废水中氨氮排放强度（12个） |
| 资源环境竞争力（56个） | 人均水资源量、用水总量、用水消耗量、耗水率、工业废水排放总量、生活污水排放量、人均牧草地面积、地均工业废气排放量、地均工业烟（粉）尘排放量、地均二氧化硫排放量、天然林比重、能源消费总量（12个） | 土地总面积、牧草地面积、建设用地面积、当年新增种草面积、工业废气排放总量、工业烟（粉）尘排放总量、工业二氧化硫排放总量、人均主要有色金属矿产基础储量、主要非金属矿产基础储量、人均主要非金属矿产基础储量、人均主要能源矿产基础储量（11个） | 供水总量、城市再生水利用率、耕地面积、园地面积、人均园地面积、土地资源利用效率、单位建设用地非农产业增加值、单位耕地面积农业增加值、沙化土地面积占土地总面积的比重、全省设区市优良天数比例、可吸入颗粒物（PM10）浓度、林业用地面积、森林面积、森林覆盖率、人工林面积、森林蓄积量、活立木总蓄积量、主要黑色金属矿产基础储量、人均主要黑色金属矿产基础储量、主要有色金属矿产基础储量、工业固体废物产生量、单位地区生产总值能耗、单位地区生产总值电耗、单位工业增加值能耗、能源生产弹性系数、能源消费弹性系数（26个） |
| 环境管理竞争力（16个） | （0个） | （0个） | 环境污染治理投资总额、废气治理设施年运行费用、废水治理设施处理能力、废水治理设施年运行费用、矿山环境恢复治理投入资金、水土流失治理面积、土地复垦面积占新增耕地面积的比重、工业固体废物处置量、工业固体废物处置利用率、工业用水重复利用率、城市污水处理率（11个） |
| 环境影响竞争力（21个） | 森林火灾次数、人均化肥施用量（2个） | 自然灾害受灾面积、自然灾害绝收面积占受灾面积比重、自然灾害直接经济损失、地质灾害直接经济损失、森林火灾火场总面积、人均生活污水排放量、人均农药施用量（7个） | 森林病虫鼠害防治率、人均工业废气排放量、人均二氧化硫排放量、人均工业烟（粉）尘排放量、人均化学需氧量排放量（5个） |
| 环境协调竞争力（19个） | 人均工业增加值与人均耕地面积比差、人均工业增加值与人均工业废气排放量比差（2个） | 人均工业增加值与人均水资源量比差、人均工业增加值与人均矿产基础储量比差、人均工业增加值与人均能源生产量比差（3个） | 人口自然增长率与工业固体废物排放量增长率比差、人口密度与人均耕地面积比差、人口密度与森林覆盖率比差、人口密度与人均能源生产量比差、工业增加值增长率与工业废气排放量增长率比差、工业增加值增长率与工业废水排放量增长率比差（6个） |

# Ⓖ.31

## 30

# 宁夏回族自治区环境竞争力评价分析报告

宁夏回族自治区简称宁，位于我国西北地区，处在黄河中上游地区及沙漠与黄土高原的交接地带，与内蒙古自治区、甘肃省、陕西省等省区为邻。全区面积6.6平方公里，2012年末总人口647万人，人均GDP达到36394元，万元GDP能耗为2.38吨标准煤。"十二五"中期（2010～2012年），宁夏回族自治区环境竞争力的综合排位呈现持续保持趋势，2012年排名第31位，与2010年排位相同，在全国处于劣势地位。

## 30.1 宁夏回族自治区生态环境竞争力评价分析

### 30.1.1 宁夏回族自治区生态环境竞争力评价结果

2010～2012年宁夏回族自治区生态环境竞争力排位和排位变化情况及其下属2个三级指标和18个四级指标的评价结果，如表30-1-1所示；生态环境竞争力各级指标的优劣势情况，如表30-1-2所示。

表30-1-1 2010～2012年宁夏回族自治区生态环境竞争力各级指标的得分、排名及优劣度分析表

| 指标项目 | 2012年 | | | 2011年 | | | 2010年 | | | 综合变化 | | |
|---|---|---|---|---|---|---|---|---|---|---|---|---|
| | 得分 | 排名 | 优劣度 | 得分 | 排名 | 优劣度 | 得分 | 排名 | 优劣度 | 得分变化 | 排名变化 | 趋势变化 |
| **生态环境竞争力** | 21.1 | 31 | 劣势 | 20.5 | 31 | 劣势 | 21.4 | 31 | 劣势 | -0.3 | 0 | 持续→ |
| （1）生态建设竞争力 | 16.5 | 29 | 劣势 | 16.5 | 29 | 劣势 | 16.5 | 29 | 劣势 | 0.0 | 0 | 持续→ |
| 国家级生态示范区个数 | 1.6 | 26 | 劣势 | 1.6 | 26 | 劣势 | 1.6 | 26 | 劣势 | 0.0 | 0 | 持续→ |
| 公园面积 | 2.3 | 27 | 劣势 | 2.3 | 27 | 劣势 | 2.3 | 27 | 劣势 | 0.0 | 0 | 持续→ |
| 园林绿地面积 | 4.9 | 28 | 劣势 | 4.9 | 28 | 劣势 | 4.9 | 28 | 劣势 | 0.1 | 0 | 持续→ |
| 绿化覆盖面积 | 3.9 | 29 | 劣势 | 3.7 | 29 | 劣势 | 3.7 | 29 | 劣势 | 0.2 | 0 | 持续→ |
| 本年减少耕地面积 | 92.6 | 4 | 优势 | 92.6 | 4 | 优势 | 92.6 | 4 | 优势 | 0.0 | 0 | 持续→ |
| 自然保护区个数 | 2.7 | 28 | 劣势 | 2.7 | 28 | 劣势 | 2.7 | 28 | 劣势 | 0.0 | 0 | 持续→ |
| 自然保护区面积占土地总面积比重 | 27.2 | 10 | 优势 | 27.2 | 10 | 优势 | 27.2 | 10 | 优势 | 0.0 | 0 | 持续→ |
| 野生动物种源繁育基地数 | 1.0 | 25 | 劣势 | 1.5 | 19 | 中势 | 1.5 | 19 | 中势 | -0.5 | -6 | 持续↓ |
| 野生植物种源培育基地数 | 0.0 | 23 | 劣势 | 0.0 | 24 | 劣势 | 0.0 | 24 | 劣势 | 0.0 | 1 | 持续↑ |
| （2）生态效益竞争力 | 28.0 | 31 | 劣势 | 26.6 | 31 | 劣势 | 28.7 | 31 | 劣势 | -0.7 | 0 | 持续→ |
| 工业废气排放强度 | 0.0 | 31 | 劣势 | 0.0 | 31 | 劣势 | 0.0 | 31 | 劣势 | 0.0 | 0 | 持续→ |
| 工业二氧化硫排放强度 | 0.0 | 31 | 劣势 | 4.0 | 30 | 劣势 | 4.0 | 30 | 劣势 | -4.0 | -1 | 持续↓ |

续表

| 指标项目 | 2012年 | | | 2011年 | | | 2010年 | | | 综合变化 | | |
|---|---|---|---|---|---|---|---|---|---|---|---|---|
| | 得分 | 排名 | 优劣度 | 得分 | 排名 | 优劣度 | 得分 | 排名 | 优劣度 | 得分变化 | 排名变化 | 趋势变化 |
| 工业烟(粉)尘排放强度 | 3.4 | 30 | 劣势 | 0.0 | 31 | 劣势 | 0.0 | 31 | 劣势 | 3.4 | 1 | 持续↑ |
| 工业废水排放强度 | 11.7 | 30 | 劣势 | 0.0 | 31 | 劣势 | 0.0 | 31 | 劣势 | 11.7 | 1 | 持续↑ |
| 工业废水中化学需氧量排放强度 | 0.0 | 31 | 劣势 | 0.0 | 31 | 劣势 | 0.0 | 31 | 劣势 | 0.0 | 0 | 持续→ |
| 工业废水中氨氮排放强度 | 0.0 | 31 | 劣势 | 0.0 | 31 | 劣势 | 0.0 | 31 | 劣势 | 0.0 | 0 | 持续→ |
| 工业固体废物排放强度 | 100.0 | 1 | 强势 | 96.3 | 24 | 劣势 | 96.3 | 24 | 劣势 | 3.7 | 23 | 持续↑ |
| 化肥施用强度 | 64.1 | 13 | 中势 | 65.1 | 14 | 中势 | 65.1 | 14 | 中势 | -1.0 | 1 | 持续↑ |
| 农药施用强度 | 98.7 | 3 | 强势 | 99.1 | 3 | 强势 | 99.1 | 3 | 强势 | -0.3 | 0 | 持续→ |

表30-1-2　2012年宁夏回族自治区生态环境竞争力各级指标的优劣度结构表

| 二级指标 | 三级指标 | 四级指标数 | 强势指标 | | 优势指标 | | 中势指标 | | 劣势指标 | | 优劣度 |
|---|---|---|---|---|---|---|---|---|---|---|---|
| | | | 个数 | 比重(%) | 个数 | 比重(%) | 个数 | 比重(%) | 个数 | 比重(%) | |
| 生态环境竞争力 | 生态建设竞争力 | 9 | 0 | 0.0 | 2 | 22.2 | 0 | 0.0 | 7 | 77.8 | 劣势 |
| | 生态效益竞争力 | 9 | 2 | 22.2 | 0 | 0.0 | 1 | 11.1 | 6 | 66.7 | 劣势 |
| | 小　计 | 18 | 2 | 11.1 | 2 | 11.1 | 1 | 5.6 | 13 | 72.2 | 劣势 |

2010～2012年宁夏回族自治区生态环境竞争力的综合排位呈现持续保持趋势，2012年排名第31位，与2010年排位相同，在全国处于下游区。

从生态环境竞争力要素指标的变化趋势来看，2个指标即生态建设竞争力、生态效益竞争力都处于持续保持趋势。

从生态环境竞争力基础指标的优劣度结构来看，在18个基础指标中，指标的优劣度结构为11.1∶11.1∶5.6∶72.2。劣势指标所占比重高于强势和优势指标的比重，表明劣势指标占主导地位。

### 30.1.2　宁夏回族自治区生态环境竞争力比较分析

图30-1-1将2010～2012年宁夏回族自治区生态环境竞争力与全国最高水平和平均水平进行比较。由图可知，评价期内宁夏回族自治区生态环境竞争力得分普遍低于22分，说明宁夏回族自治区生态环境竞争力处于较低水平。

从生态环境竞争力的整体得分比较来看，2010年，宁夏回族自治区生态环境竞争力得分与全国最高分相比有44.3分的差距，与全国平均分相比，低了25.0分；到了2012年，宁夏回族自治区生态环境竞争力得分与全国最高分的差距缩小为44.0分，低于全国平均分24.4分。总的来看，2010～2012年宁夏回族自治区生态环境竞争力与最高分的差距变动不大，表明生态建设和效益没有实质性提升。

从生态环境竞争力的要素得分比较来看，2012年，宁夏回族自治区生态建设竞争力和

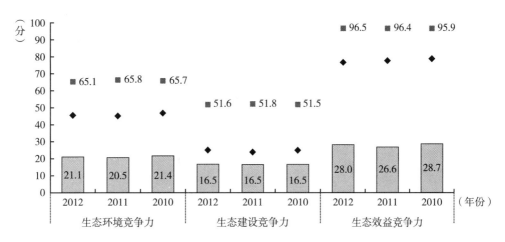

图 30 - 1 - 1　2010 ~ 2012 年宁夏回族自治区生态环境竞争力指标得分比较

生态效益竞争力的得分分别为 16.5 分和 28.0 分，分别比最高分低 35.2 分和 68.5 分，分别低于平均分 8.2 分和 48.6 分；与 2010 年相比，宁夏回族自治区生态建设竞争力得分与最高分的差距扩大了 0.2 分，生态效益竞争力得分与最高分的差距扩大了 1.3 分。

### 30.1.3　宁夏回族自治区生态环境竞争力变化动因分析

二级指标生态环境竞争力的变化是三级要素指标变化综合作用的结果，而三级要素指标变化又是四级基础指标变化作用的结果。三级和四级指标的变动情况如表 30 - 1 - 1 所示。

从要素指标来看，宁夏回族自治区生态环境竞争力的 2 个要素指标中，生态建设竞争力和生态效益竞争力的排名都保持不变，宁夏回族自治区生态环境竞争力也持续保持不变。

从基础指标来看，宁夏回族自治区生态环境竞争力的 18 个基础指标中，上升指标有 5 个，占指标总数的 27.8%，主要分布在生态效益竞争力指标组；下降指标有 2 个，占指标总数的 11.1%，平均分布在生态建设竞争力和生态效益竞争力指标组。上升指标的数量大于下降指标的数量，但由于保持指标占主导地位，评价期内宁夏回族自治区生态环境竞争力排名保持不变。

## 30.2　宁夏回族自治区资源环境竞争力评价分析

### 30.2.1　宁夏回族自治区资源环境竞争力评价结果

2010 ~ 2012 年宁夏回族自治区资源环境竞争力排位和排位变化情况及其下属 6 个三级指标和 56 个四级指标的评价结果，如表 30 - 2 - 1 所示；资源环境竞争力各级指标的优劣势情况，如表 30 - 2 - 2 所示。

表 30 – 2 – 1  2010～2012 年宁夏回族自治区资源环境竞争力各级指标的得分、排名及优劣度分析表

| 指标 项目 | 2012 年 | | | 2011 年 | | | 2010 年 | | | 综合变化 | | |
|---|---|---|---|---|---|---|---|---|---|---|---|---|
| | 得分 | 排名 | 优劣度 | 得分 | 排名 | 优劣度 | 得分 | 排名 | 优劣度 | 得分变化 | 排名变化 | 趋势变化 |
| **资源环境竞争力** | 35.2 | 29 | 劣势 | 33.9 | 31 | 劣势 | 33.4 | 30 | 劣势 | 1.8 | 1 | 波动↑ |
| （1）水环境竞争力 | 47.3 | 16 | 中势 | 47.9 | 11 | 中势 | 45.5 | 19 | 中势 | 1.8 | 3 | 波动↑ |
| 水资源总量 | 0.0 | 31 | 劣势 | 0.0 | 31 | 劣势 | 0.0 | 30 | 劣势 | 0.0 | -1 | 持续↓ |
| 人均水资源量 | 0.0 | 30 | 劣势 | 0.0 | 28 | 劣势 | 0.0 | 29 | 劣势 | 0.0 | -1 | 波动↓ |
| 降水量 | 1.4 | 28 | 劣势 | 1.3 | 28 | 劣势 | 1.3 | 28 | 劣势 | 0.1 | 0 | 持续→ |
| 供水总量 | 8.2 | 26 | 劣势 | 9.5 | 26 | 劣势 | 10.6 | 25 | 劣势 | -2.5 | -1 | 持续↓ |
| 用水总量 | 97.7 | 1 | 强势 | 97.6 | 1 | 强势 | 97.6 | 1 | 强势 | 0.1 | 0 | 持续→ |
| 用水消耗量 | 98.9 | 1 | 强势 | 98.7 | 1 | 强势 | 98.4 | 1 | 强势 | 0.5 | 0 | 持续→ |
| 耗水率 | 41.9 | 1 | 强势 | 41.9 | 1 | 强势 | 40.0 | 1 | 强势 | 1.9 | 0 | 持续→ |
| 节灌率 | 51.7 | 5 | 优势 | 55.7 | 5 | 优势 | 42.8 | 11 | 中势 | 8.9 | 6 | 持续↑ |
| 城市再生水利用率 | 10.1 | 13 | 中势 | 12.4 | 11 | 中势 | 2.7 | 10 | 优势 | 7.4 | -3 | 持续↓ |
| 工业废水排放总量 | 93.1 | 5 | 优势 | 92.3 | 5 | 优势 | 91.9 | 9 | 优势 | 1.2 | 4 | 持续↑ |
| 生活污水排放量 | 97.2 | 3 | 强势 | 97.4 | 3 | 强势 | 97.1 | 3 | 强势 | 0.1 | 0 | 持续→ |
| （2）土地环境竞争力 | 22.1 | 29 | 劣势 | 21.8 | 30 | 劣势 | 21.8 | 30 | 劣势 | 0.3 | 1 | 持续↑ |
| 土地总面积 | 3.6 | 27 | 劣势 | 3.6 | 27 | 劣势 | 3.6 | 27 | 劣势 | 0.0 | 0 | 持续→ |
| 耕地面积 | 7.8 | 25 | 劣势 | 7.8 | 25 | 劣势 | 7.8 | 25 | 劣势 | 0.0 | 0 | 持续→ |
| 人均耕地面积 | 54.0 | 6 | 优势 | 54.7 | 6 | 优势 | 55.2 | 6 | 优势 | -1.2 | 0 | 持续→ |
| 牧草地面积 | 3.5 | 8 | 优势 | 3.5 | 8 | 优势 | 3.5 | 8 | 优势 | 0.0 | 0 | 持续→ |
| 人均牧草地面积 | 1.7 | 6 | 优势 | 1.7 | 6 | 优势 | 1.7 | 6 | 优势 | 0.0 | 0 | 持续→ |
| 园地面积 | 3.2 | 28 | 劣势 | 3.2 | 28 | 劣势 | 3.2 | 28 | 劣势 | 0.0 | 0 | 持续→ |
| 人均园地面积 | 7.7 | 21 | 劣势 | 7.7 | 21 | 劣势 | 7.7 | 21 | 劣势 | 0.0 | 0 | 持续→ |
| 土地资源利用效率 | 1.1 | 24 | 劣势 | 1.0 | 24 | 劣势 | 0.9 | 24 | 劣势 | 0.2 | 0 | 持续→ |
| 建设用地面积 | 94.1 | 2 | 强势 | 94.1 | 2 | 强势 | 94.1 | 2 | 强势 | 0.0 | 0 | 持续→ |
| 单位建设用地非农产业增加值 | 6.9 | 22 | 劣势 | 6.5 | 21 | 劣势 | 5.8 | 21 | 劣势 | 1.1 | -1 | 持续↓ |
| 单位耕地面积农业增加值 | 1.1 | 28 | 劣势 | 2.2 | 27 | 劣势 | 3.7 | 27 | 劣势 | -2.6 | -1 | 持续↓ |
| 沙化土地面积占土地总面积的比重 | 61.0 | 27 | 劣势 | 61.0 | 27 | 劣势 | 61.0 | 27 | 劣势 | 0.0 | 0 | 持续→ |
| 当年新增种草面积 | 28.5 | 3 | 强势 | 22.1 | 7 | 优势 | 20.6 | 5 | 优势 | 7.9 | 2 | 波动↑ |
| （3）大气环境竞争力 | 76.1 | 15 | 中势 | 77.1 | 13 | 中势 | 73.8 | 11 | 中势 | 2.2 | -4 | 持续↓ |
| 工业废气排放总量 | 86.4 | 7 | 优势 | 87.1 | 7 | 优势 | 71.0 | 20 | 中势 | 15.3 | 13 | 持续↑ |
| 地均工业废气排放量 | 93.3 | 19 | 中势 | 93.0 | 19 | 中势 | 88.0 | 25 | 劣势 | 5.4 | 6 | 持续↑ |
| 工业烟（粉）尘排放总量 | 83.0 | 9 | 优势 | 84.1 | 9 | 优势 | 75.5 | 10 | 优势 | 7.5 | 1 | 持续↑ |
| 地均工业烟（粉）尘排放量 | 72.9 | 23 | 劣势 | 71.5 | 23 | 劣势 | 63.8 | 20 | 中势 | 9.1 | -3 | 持续↓ |
| 工业二氧化硫排放总量 | 75.2 | 9 | 优势 | 76.2 | 9 | 优势 | 79.8 | 7 | 优势 | -4.6 | -2 | 持续↓ |
| 地均二氧化硫排放量 | 81.0 | 21 | 劣势 | 82.4 | 21 | 劣势 | 87.9 | 20 | 中势 | -6.9 | -1 | 持续↓ |
| 全省设区市优良天数比例 | 61.5 | 22 | 劣势 | 65.5 | 22 | 劣势 | 65.5 | 20 | 中势 | -4.0 | -2 | 持续↓ |
| 可吸入颗粒物（PM10）浓度 | 56.8 | 21 | 劣势 | 58.2 | 19 | 中势 | 59.6 | 18 | 中势 | -2.8 | -3 | 持续↓ |
| （4）森林环境竞争力 | 12.2 | 28 | 劣势 | 12.3 | 28 | 劣势 | 12.4 | 28 | 劣势 | -0.2 | 0 | 持续→ |
| 林业用地面积 | 3.9 | 27 | 劣势 | 3.9 | 27 | 劣势 | 3.9 | 27 | 劣势 | 0.0 | 0 | 持续→ |
| 森林面积 | 1.9 | 29 | 劣势 | 1.9 | 29 | 劣势 | 1.9 | 29 | 劣势 | 0.0 | 0 | 持续→ |
| 森林覆盖率 | 6.3 | 29 | 劣势 | 6.3 | 29 | 劣势 | 6.3 | 29 | 劣势 | 0.0 | 0 | 持续→ |

续表

| 指 标 项 目 | 2012 年 | | | 2011 年 | | | 2010 年 | | | 综合变化 | | |
|---|---|---|---|---|---|---|---|---|---|---|---|---|
| | 得分 | 排名 | 优劣度 | 得分 | 排名 | 优劣度 | 得分 | 排名 | 优劣度 | 得分变化 | 排名变化 | 趋势变化 |
| 人工林面积 | 1.4 | 27 | 劣势 | 1.4 | 27 | 劣势 | 1.4 | 27 | 劣势 | 0.0 | 0 | 持续→ |
| 天然林比重 | 79.9 | 9 | 优势 | 79.9 | 9 | 优势 | 79.9 | 9 | 优势 | 0.0 | 0 | 持续→ |
| 造林总面积 | 12.0 | 22 | 劣势 | 12.3 | 22 | 劣势 | 14.2 | 21 | 劣势 | -2.2 | -1 | 持续↓ |
| 森林蓄积量 | 0.2 | 29 | 劣势 | 0.2 | 29 | 劣势 | 0.2 | 29 | 劣势 | 0.0 | 0 | 持续→ |
| 活立木总蓄积量 | 0.2 | 29 | 劣势 | 0.2 | 29 | 劣势 | 0.2 | 29 | 劣势 | 0.0 | 0 | 持续→ |
| （5）矿产环境竞争力 | 14.1 | 18 | 中势 | 13.0 | 22 | 劣势 | 13.8 | 19 | 中势 | 0.4 | 1 | 波动↑ |
| 主要黑色金属矿产基础储量 | 0.0 | 29 | 劣势 | 0.0 | 29 | 劣势 | 0.0 | 29 | 劣势 | 0.0 | 0 | 持续→ |
| 人均主要黑色金属矿产基础储量 | 0.0 | 29 | 劣势 | 0.0 | 29 | 劣势 | 0.0 | 29 | 劣势 | 0.0 | 0 | 持续→ |
| 主要有色金属矿产基础储量 | 1.8 | 26 | 劣势 | 0.4 | 28 | 劣势 | 0.1 | 29 | 劣势 | 1.7 | 3 | 持续↑ |
| 人均主要有色金属矿产基础储量 | 12.3 | 13 | 中势 | 2.7 | 27 | 劣势 | 0.9 | 28 | 劣势 | 11.4 | 15 | 持续↑ |
| 主要非金属矿产基础储量 | 0.0 | 23 | 劣势 | 0.1 | 22 | 劣势 | 0.1 | 22 | 劣势 | -0.1 | -1 | 持续↓ |
| 人均主要非金属矿产基础储量 | 0.1 | 22 | 劣势 | 1.0 | 17 | 中势 | 1.1 | 19 | 中势 | -1.0 | -3 | 波动↓ |
| 主要能源矿产基础储量 | 3.6 | 14 | 中势 | 3.7 | 13 | 中势 | 6.4 | 14 | 中势 | -2.8 | 0 | 波动↓ |
| 人均主要能源矿产基础储量 | 20.0 | 4 | 优势 | 21.1 | 4 | 优势 | 27.2 | 3 | 强势 | -7.2 | -1 | 持续↓ |
| 工业固体废物产生量 | 94.3 | 6 | 优势 | 93.2 | 7 | 优势 | 92.3 | 7 | 优势 | 2.0 | 1 | 持续↑ |
| （6）能源环境竞争力 | 42.3 | 31 | 劣势 | 34.0 | 31 | 劣势 | 36.1 | 31 | 劣势 | 6.2 | 0 | 持续→ |
| 能源生产总量 | 92.1 | 17 | 中势 | 92.2 | 17 | 中势 | 92.3 | 14 | 中势 | -0.2 | -3 | 持续↓ |
| 能源消费总量 | 88.4 | 4 | 优势 | 88.5 | 4 | 优势 | 89.6 | 4 | 优势 | -1.2 | 0 | 持续→ |
| 单位地区生产总值能耗 | 0.0 | 31 | 劣势 | 0.0 | 31 | 劣势 | 0.0 | 31 | 劣势 | 0.0 | 0 | 持续→ |
| 单位地区生产总值电耗 | 0.0 | 31 | 劣势 | 0.0 | 31 | 劣势 | 5.2 | 30 | 劣势 | -5.2 | -1 | 持续↓ |
| 单位工业增加值能耗 | 0.0 | 31 | 劣势 | 0.0 | 31 | 劣势 | 0.0 | 31 | 劣势 | 0.0 | 0 | 持续→ |
| 能源生产弹性系数 | 55.3 | 15 | 中势 | 50.0 | 29 | 劣势 | 43.1 | 23 | 中势 | 12.3 | 8 | 波动↑ |
| 能源消费弹性系数 | 73.6 | 18 | 中势 | 21.2 | 28 | 劣势 | 36.7 | 13 | 中势 | 36.9 | -5 | 波动↓ |

**表30-2-2 2012年宁夏回族自治区资源环境竞争力各级指标的优劣度结构表**

| 二级指标 | 三级指标 | 四级指标数 | 强势指标 | | 优势指标 | | 中势指标 | | 劣势指标 | | 优劣度 |
|---|---|---|---|---|---|---|---|---|---|---|---|
| | | | 个数 | 比重（%） | 个数 | 比重（%） | 个数 | 比重（%） | 个数 | 比重（%） | |
| 资源环境竞争力 | 水环境竞争力 | 11 | 4 | 36.4 | 2 | 18.2 | 1 | 9.1 | 4 | 36.4 | 中势 |
| | 土地环境竞争力 | 13 | 2 | 15.4 | 3 | 23.1 | 0 | 0.0 | 8 | 61.5 | 劣势 |
| | 大气环境竞争力 | 8 | 0 | 0.0 | 3 | 37.5 | 1 | 12.5 | 4 | 50.0 | 中势 |
| | 森林环境竞争力 | 8 | 0 | 0.0 | 1 | 12.5 | 0 | 0.0 | 7 | 87.5 | 劣势 |
| | 矿产环境竞争力 | 9 | 0 | 0.0 | 2 | 22.2 | 2 | 22.2 | 5 | 55.6 | 中势 |
| | 能源环境竞争力 | 7 | 0 | 0.0 | 1 | 14.3 | 3 | 42.9 | 3 | 42.9 | 劣势 |
| 小 计 | | 56 | 6 | 10.7 | 12 | 21.4 | 7 | 12.5 | 31 | 55.4 | 劣势 |

2010~2012 年宁夏回族自治区资源环境竞争力的综合排位呈现波动上升趋势，2012 年排名第 29 位，与 2010 年相比上升 1 位，在全国处于下游区。

从资源环境竞争力的要素指标变化趋势来看，有 3 个指标处于上升趋势，即水环境竞争力、土地环境竞争力和矿产环境竞争力；有 2 个指标处于保持趋势，为森林环境竞争力和能

源环境竞争力；有1个指标处于下降趋势，为大气环境竞争力。

从资源环境竞争力的基础指标分布来看，在56个基础指标中，指标的优劣度结构为10.7∶21.4∶12.5∶55.4。劣势指标所占比重显著高于强势和优势指标的比重，表明劣势指标占主导地位。

### 30.2.2　宁夏回族自治区资源环境竞争力比较分析

图30-2-1将2010~2012年宁夏回族自治区资源环境竞争力与全国最高水平和平均水平进行比较。由图可知，评价期内宁夏回族自治区资源环境竞争力得分普遍低于36分，虽然呈现持续上升趋势，但宁夏回族自治区资源环境竞争力仍然保持较低水平。

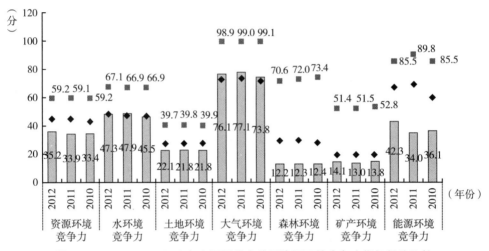

图30-2-1　2010~2012年宁夏回族自治区资源环境竞争力指标得分比较

从资源环境竞争力的整体得分比较来看，2010年，宁夏回族自治区资源环境竞争力得分与全国最高分相比还有25.8分的差距，与全国平均分相比，则低了9.5分；到2012年，宁夏回族自治区资源环境竞争力得分与全国最高分的差距缩小为23.9分，低于全国平均分9.3分。总的来看，2010~2012年宁夏回族自治区资源环境竞争力与最高分的差距呈缩小趋势，继续在全国处于下游地位。

从资源环境竞争力的要素得分比较来看，2012年，宁夏回族自治区水环境竞争力、土地环境竞争力、大气环境竞争力、森林环境竞争力、矿产环境竞争力和能源环境竞争力的得分分别为47.3分、22.1分、76.1分、12.2分、14.1分和42.3分，比最高分低19.9分、17.7分、22.8分、58.4分、37.2分和43.2分；与2010年相比，宁夏回族自治区水环境竞争力、土地环境竞争力、大气环境竞争力、森林环境竞争力、矿产环境竞争力和能源环境竞争力的得分与最高分的差距都缩小了。

### 30.2.3　宁夏回族自治区资源环境竞争力变化动因分析

二级指标资源环境竞争力的变化是三级要素指标变化综合作用的结果，而三级要素指标变化又是四级基础指标变化作用的结果。三级和四级指标的变动情况如表30-2-1所示。

从要素指标来看，宁夏回族自治区资源环境竞争力的6个要素指标中，水环境竞争力、土地环境竞争力和矿产环境竞争力的排位出现了上升，而大气环境竞争力的排位呈持续下降趋势，受指标排位升降的综合影响，宁夏回族自治区资源环境竞争力呈波动上升趋势。

从基础指标来看，宁夏回族自治区资源环境竞争力的56个基础指标中，上升指标有10个，占指标总数的17.9%，主要分布在大气环境竞争力和矿产环境竞争力等指标组；下降指标有18个，占指标总数的32.1%，主要分布在水环境竞争力和大气环境竞争力等指标组，其余的28个指标呈波动保持或持续保持。虽然排位下降的指标数量高于排位上升的指标数量，但受到外部其他因素的综合影响，2012年宁夏回族自治区资源环境竞争力排名呈现波动上升。

## 30.3 宁夏回族自治区环境管理竞争力评价分析

### 30.3.1 宁夏回族自治区环境管理竞争力评价结果

2010～2012年宁夏回族自治区环境管理竞争力排位和排位变化情况及其下属2个三级指标和16个四级指标的评价结果，如表30-3-1所示；环境管理竞争力各级指标的优劣势情况，如表30-3-2所示。

表30-3-1 2010～2012年宁夏回族自治区环境管理竞争力各级指标的得分、排名及优劣度分析表

| 指标项目 | 2012年 | | | 2011年 | | | 2010年 | | | 综合变化 | | |
|---|---|---|---|---|---|---|---|---|---|---|---|---|
| | 得分 | 排名 | 优劣度 | 得分 | 排名 | 优劣度 | 得分 | 排名 | 优劣度 | 得分变化 | 排名变化 | 趋势变化 |
| **环境管理竞争力** | 43.6 | 19 | 中势 | 39.5 | 24 | 劣势 | 39.7 | 21 | 劣势 | 3.9 | 2 | 波动↑ |
| (1)环境治理竞争力 | 19.3 | 21 | 劣势 | 13.3 | 25 | 劣势 | 14.9 | 25 | 劣势 | 4.4 | 4 | 持续↑ |
| 环境污染治理投资总额 | 7.0 | 28 | 劣势 | 5.2 | 28 | 劣势 | 2.4 | 27 | 劣势 | 4.6 | -1 | 持续↓ |
| 环境污染治理投资总额占地方生产总值比重 | 65.3 | 6 | 优势 | 52.5 | 3 | 强势 | 65.7 | 5 | 优势 | -0.3 | -1 | 波动↓ |
| 废气治理设施年运行费用 | 9.2 | 23 | 劣势 | 12.5 | 23 | 劣势 | 12.3 | 23 | 劣势 | -3.1 | 0 | 持续→ |
| 废水治理设施处理能力 | 4.1 | 27 | 劣势 | 2.5 | 26 | 劣势 | 5.3 | 28 | 劣势 | -1.2 | 1 | 波动↑ |
| 废水治理设施年运行费用 | 4.1 | 27 | 劣势 | 4.3 | 27 | 劣势 | 8.6 | 27 | 劣势 | -4.5 | 0 | 波动→ |
| 矿山环境恢复治理投入资金 | 10.5 | 20 | 中势 | 19.0 | 21 | 劣势 | 9.7 | 23 | 劣势 | 0.8 | 3 | 持续↑ |
| 本年矿山恢复面积 | 51.9 | 3 | 强势 | 2.6 | 12 | 中势 | 7.4 | 9 | 优势 | 44.5 | 6 | 波动↑ |
| 地质灾害防治投资额 | 0.4 | 30 | 劣势 | 0.6 | 29 | 劣势 | 0.1 | 29 | 劣势 | 0.4 | -1 | 持续↓ |
| 水土流失治理面积 | 14.4 | 20 | 中势 | 17.0 | 21 | 劣势 | 17.1 | 21 | 劣势 | -2.8 | 1 | 持续↑ |
| 土地复垦面积占新增耕地面积的比重 | 0.2 | 30 | 劣势 | 0.2 | 30 | 劣势 | 0.2 | 30 | 劣势 | 0.0 | 0 | 持续→ |
| (2)环境友好竞争力 | 62.5 | 18 | 中势 | 59.8 | 19 | 中势 | 59.0 | 21 | 劣势 | 3.5 | 3 | 持续↑ |
| 工业固体废物综合利用量 | 10.1 | 27 | 劣势 | 10.8 | 27 | 劣势 | 7.9 | 27 | 劣势 | 2.2 | 0 | 持续→ |
| 工业固体废物处置量 | 4.6 | 21 | 劣势 | 6.4 | 18 | 劣势 | 4.1 | 18 | 中势 | 0.5 | -3 | 持续↓ |
| 工业固体废物处置利用率 | 85.3 | 18 | 中势 | 84.7 | 17 | 中势 | 60.3 | 28 | 劣势 | 24.9 | 10 | 波动↑ |
| 工业用水重复利用率 | 95.0 | 11 | 中势 | 94.5 | 11 | 中势 | 95.1 | 7 | 优势 | -0.2 | -4 | 持续↓ |
| 城市污水处理率 | 98.6 | 5 | 优势 | 84.8 | 22 | 劣势 | 83.5 | 20 | 中势 | 15.1 | 15 | 波动↑ |
| 生活垃圾无害化处理率 | 70.7 | 27 | 劣势 | 67.0 | 25 | 劣势 | 92.5 | 6 | 优势 | -21.8 | -21 | 持续↓ |

表 30 – 3 – 2  2012 年宁夏回族自治区环境管理竞争力各级指标的优劣度结构表

| 二级指标 | 三级指标 | 四级指标数 | 强势指标 | | 优势指标 | | 中势指标 | | 劣势指标 | | 优劣度 |
|---|---|---|---|---|---|---|---|---|---|---|---|
| | | | 个数 | 比重（%） | 个数 | 比重（%） | 个数 | 比重（%） | 个数 | 比重（%） | |
| 环境管理竞争力 | 环境治理竞争力 | 10 | 1 | 10.0 | 1 | 10.0 | 2 | 20.0 | 6 | 60.0 | 劣势 |
| | 环境友好竞争力 | 6 | 0 | 0.0 | 1 | 16.7 | 2 | 33.3 | 3 | 50.0 | 中势 |
| | 小　　计 | 16 | 1 | 6.3 | 2 | 12.5 | 4 | 25.0 | 9 | 56.3 | 中势 |

2010～2012 年宁夏回族自治区环境管理竞争力的综合排位呈现波动上升趋势，2012 年排名第 19 位，比 2010 年上升了 2 位，在全国处于中游区。

从环境管理竞争力的要素指标变化趋势来看，2 个指标都处于持续上升趋势，即环境治理竞争和环境友好竞争力。

从环境管理竞争力的基础指标分布来看，在 16 个基础指标中，指标的优劣度结构为6.3∶12.5∶25.0∶56.3。劣势指标所占比重显著高于强势和优势指标的比重，表明劣势指标占主导地位。

### 30.3.2　宁夏回族自治区环境管理竞争力比较分析

图 30 – 3 – 1 将 2010～2012 年宁夏回族自治区环境管理竞争力与全国最高水平和平均水平进行比较。由图可知，评价期内宁夏回族自治区环境管理竞争力得分普遍高于 39 分，且呈现波动上升趋势，说明宁夏回族自治区环境管理竞争力保持较高水平。

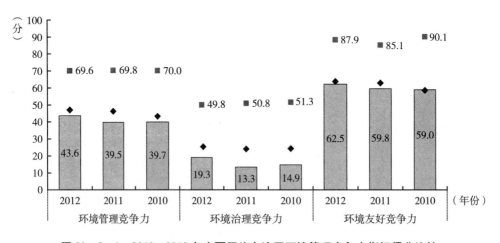

图 30 – 3 – 1  2010～2012 年宁夏回族自治区环境管理竞争力指标得分比较

从环境管理竞争力的整体得分比较来看，2010 年，宁夏回族自治区环境管理竞争力得分与全国最高分相比还有 30.3 分的差距，与全国平均分相比，则低了 3.7 分；到 2012 年，宁夏回族自治区环境管理竞争力得分与全国最高分的差距缩小为 26.0 分，低于全国平均分3.4 分。总的来看，2010～2012 年宁夏回族自治区环境管理竞争力与最高分的差距呈缩小趋势，继续保持全国较高水平。

从环境管理竞争力的要素得分比较来看，2012 年，宁夏回族自治区环境治理竞争力和环境友好竞争力的得分分别为 19.3 分和 62.5 分，分别比最高分低 30.5 和 25.4 分，且分别低于平均分 5.9 分和 1.5 分；与 2010 年相比，宁夏回族自治区环境治理竞争力得分与最高分的差距缩小了 5.9 分，环境友好竞争力得分与最高分的差距缩小了 5.7 分。

### 30.3.3　宁夏回族自治区环境管理竞争力变化动因分析

二级指标环境管理竞争力的变化是三级要素指标变化综合作用的结果，而三级要素指标变化又是四级基础指标变化作用的结果。三级和四级指标的变动情况如表 30 - 3 - 1 所示。

从要素指标来看，宁夏回族自治区环境管理竞争力的 2 个要素指标中，环境治理竞争力的排名上升了 4 位，环境友好竞争力的排名上升了 3 位，受指标排位升降的综合影响，宁夏回族自治区环境管理竞争力上升了 2 位。

从基础指标来看，宁夏回族自治区环境管理竞争力的 16 个基础指标中，上升指标有 7 个，占指标总数的 43.8%，主要分布在环境治理竞争力指标组；下降指标有 6 个，占指标总数的 37.5%，平均分布在环境治理竞争力和环境友好竞争力指标组。排位上升的指标数量大于排位下降的指标数量，2012 年宁夏回族自治区环境管理竞争力排名上升了 2 位。

## 30.4　宁夏回族自治区环境影响竞争力评价分析

### 30.4.1　宁夏回族自治区环境影响竞争力评价结果

2010～2012 年宁夏回族自治区环境影响竞争力排位和排位变化情况及其下属 2 个三级指标和 21 个四级指标的评价结果，如表 30 - 4 - 1 所示；环境影响竞争力各级指标的优劣势情况，如表 30 - 4 - 2 所示。

表 30 - 4 - 1　2010～2012 年宁夏回族自治区环境影响竞争力各级指标的得分、排名及优劣度分析表

| 指标项目 | 2012 年 | | | 2011 年 | | | 2010 年 | | | 综合变化 | | |
|---|---|---|---|---|---|---|---|---|---|---|---|---|
| | 得分 | 排名 | 优劣度 | 得分 | 排名 | 优劣度 | 得分 | 排名 | 优劣度 | 得分变化 | 排名变化 | 趋势变化 |
| **环境影响竞争力** | 57.8 | 29 | 劣势 | 56.9 | 30 | 劣势 | 55.6 | 30 | 劣势 | 2.2 | 1 | 持续↑ |
| （1）环境安全竞争力 | 82.7 | 6 | 优势 | 81.9 | 7 | 优势 | 83.4 | 5 | 优势 | -0.6 | -1 | 波动↓ |
| 自然灾害受灾面积 | 89.8 | 8 | 优势 | 83.4 | 9 | 优势 | 95.5 | 6 | 优势 | -5.7 | -2 | 波动↓ |
| 自然灾害绝收面积占受灾面积比重 | 87.6 | 3 | 强势 | 50.8 | 24 | 劣势 | 72.1 | 19 | 中势 | 15.5 | 16 | 波动↑ |
| 自然灾害直接经济损失 | 98.6 | 3 | 强势 | 95.7 | 6 | 优势 | 97.4 | 5 | 优势 | 1.2 | 2 | 波动↑ |
| 发生地质灾害起数 | 99.9 | 4 | 优势 | 100.0 | 4 | 优势 | 100.0 | 1 | 强势 | -0.1 | -3 | 持续↓ |
| 地质灾害直接经济损失 | 100.0 | 6 | 优势 | 99.8 | 9 | 优势 | 100.0 | 1 | 强势 | 0.0 | -5 | 波动↓ |
| 地质灾害防治投资额 | 0.9 | 29 | 劣势 | 0.6 | 29 | 劣势 | 0.1 | 29 | 劣势 | 0.8 | 0 | 持续→ |
| 突发环境事件次数 | 100.0 | 1 | 强势 | 99.5 | 2 | 强势 | 98.1 | 11 | 中势 | 1.9 | 10 | 持续↑ |

续表

| 指 标 项 目 | 2012 年 | | | 2011 年 | | | 2010 年 | | | 综合变化 | | |
|---|---|---|---|---|---|---|---|---|---|---|---|---|
| | 得分 | 排名 | 优劣度 | 得分 | 排名 | 优劣度 | 得分 | 排名 | 优劣度 | 得分变化 | 排名变化 | 趋势变化 |
| 森林火灾次数 | 99.0 | 5 | 优势 | 99.8 | 2 | 强势 | 99.7 | 3 | 强势 | -0.7 | -2 | 波动↓ |
| 森林火灾火场总面积 | 100.0 | 3 | 强势 | 99.8 | 3 | 强势 | 99.8 | 5 | 优势 | 0.1 | 2 | 持续↑ |
| 受火灾森林面积 | 99.9 | 4 | 优势 | 99.8 | 4 | 优势 | 99.8 | 8 | 优势 | 0.2 | 4 | 持续↑ |
| 森林病虫鼠害发生面积 | 80.6 | 18 | 中势 | 97.6 | 13 | 中势 | 70.7 | 16 | 中势 | 10.0 | -2 | 波动↓ |
| 森林病虫鼠害防治率 | 27.0 | 30 | 劣势 | 40.7 | 24 | 劣势 | 48.9 | 23 | 劣势 | -21.9 | -7 | 持续↓ |
| （2）环境质量竞争力 | 40.0 | 30 | 劣势 | 39.1 | 31 | 劣势 | 35.7 | 31 | 劣势 | 4.3 | 1 | 持续↑ |
| 人均工业废气排放量 | 0.0 | 31 | 劣势 | 0.0 | 31 | 劣势 | 0.0 | 31 | 劣势 | 0.0 | 0 | 持续→ |
| 人均二氧化硫排放量 | 42.1 | 26 | 劣势 | 46.3 | 26 | 劣势 | 13.5 | 30 | 劣势 | 28.6 | 4 | 持续↑ |
| 人均工业烟（粉）尘排放量 | 0.0 | 31 | 劣势 | 0.0 | 31 | 劣势 | 0.0 | 31 | 劣势 | 0.0 | 0 | 持续→ |
| 人均工业废水排放量 | 20.9 | 29 | 劣势 | 9.9 | 29 | 劣势 | 13.9 | 29 | 劣势 | 7.0 | 0 | 持续→ |
| 人均生活污水排放量 | 64.8 | 25 | 劣势 | 70.0 | 21 | 劣势 | 76.4 | 21 | 劣势 | -11.6 | -4 | 持续↓ |
| 人均化学需氧量排放量 | 0.0 | 31 | 劣势 | 0.0 | 31 | 劣势 | 0.0 | 31 | 劣势 | 0.0 | 0 | 持续→ |
| 人均工业固体废物排放量 | 100.0 | 1 | 强势 | 93.3 | 24 | 优势 | 96.9 | 18 | 中势 | 3.1 | 17 | 波动↑ |
| 人均化肥施用量 | 31.1 | 24 | 劣势 | 30.0 | 26 | 劣势 | 23.5 | 26 | 劣势 | 7.6 | 2 | 持续↑ |
| 人均农药施用量 | 94.5 | 8 | 优势 | 95.6 | 8 | 优势 | 95.7 | 8 | 优势 | -1.2 | 0 | 持续→ |

表30-4-2　2012 年宁夏回族自治区环境影响竞争力各级指标的优劣度结构表

| 二级指标 | 三级指标 | 四级指标数 | 强势指标 | | 优势指标 | | 中势指标 | | 劣势指标 | | 优劣度 |
|---|---|---|---|---|---|---|---|---|---|---|---|
| | | | 个数 | 比重（%） | 个数 | 比重（%） | 个数 | 比重（%） | 个数 | 比重（%） | |
| 环境影响竞争力 | 环境安全竞争力 | 12 | 4 | 33.3 | 5 | 41.7 | 1 | 8.3 | 2 | 16.7 | 优势 |
| | 环境质量竞争力 | 9 | 1 | 11.1 | 1 | 11.1 | 0 | 0.0 | 7 | 77.8 | 劣势 |
| | 小　计 | 21 | 5 | 23.8 | 6 | 28.6 | 1 | 4.8 | 9 | 42.9 | 劣势 |

2010~2012 年宁夏回族自治区环境影响竞争力的综合排位呈现持续上升趋势，2012 年排名第 29 位，与 2010 年相比上升 1 位，在全国处于下游区。

从环境影响竞争力的要素指标变化趋势来看，有 1 个指标处于波动下降趋势，为环境安全竞争力，环境质量竞争力处于持续上升趋势。

从环境影响竞争力的基础指标分布来看，在 20 个基础指标中，指标的优劣度结构为 23.8∶28.6∶4.8∶42.9。强势和优势指标所占比重高于劣势指标的比重，表明优势指标占主导地位。

## 30.4.2　宁夏回族自治区环境影响竞争力比较分析

图 30-4-1 将 2010~2012 年宁夏回族自治区环境影响竞争力与全国最高水平和平均水平进行比较。由图可知，评价期内宁夏回族自治区环境影响竞争力得分普遍低于 58 分，虽呈现持续上升趋势，但宁夏回族自治区环境影响竞争力仍保持较低水平。

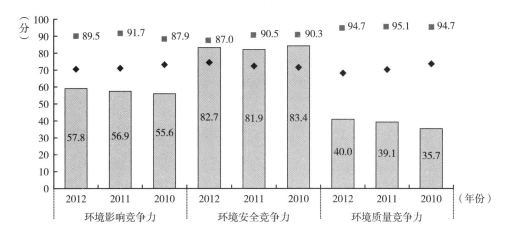

图 30 – 4 – 1　2010~2012 年宁夏回族自治区环境影响竞争力指标得分比较

从环境影响竞争力的整体得分比较来看，2010 年，宁夏回族自治区环境影响竞争力得分与全国最高分相比还有 32.4 分的差距，与全国平均分相比，则低了 16.9 分；到 2012 年，宁夏回族自治区环境影响竞争力得分与全国最高分相差 31.7 分，低于全国平均分 12.9 分。总的来看，2010~2012 年宁夏回族自治区环境影响竞争力与最高分的差距呈缩小趋势。

从环境影响竞争力的要素得分比较来看，2012 年，宁夏回族自治区环境安全竞争力和环境质量竞争力的得分分别为 82.7 分和 40.0 分，比最高分低 4.2 分和 54.7 分，前者高出平均分 8.5 分，后者低于平均分 28.1 分；与 2010 年相比，宁夏回族自治区环境安全竞争力得分与最高分的差距缩小了 2.7 分，但环境质量竞争力得分与最高分的差距缩小了 4.3 分。

### 30.4.3　宁夏回族自治区环境影响竞争力变化动因分析

二级指标环境影响竞争力的变化是三级要素指标变化综合作用的结果，而三级要素指标变化又是四级基础指标变化作用的结果。三级和四级指标的变动情况如表 30 – 4 – 1 所示。

从要素指标来看，宁夏回族自治区环境影响竞争力的 2 个要素指标中，环境安全竞争力的排名波动下降了 1 位，环境质量竞争力的排名持续上升了 1 位，受外部因素的综合影响，宁夏回族自治区环境影响竞争力排名呈持续上升。

从基础指标来看，宁夏回族自治区环境影响竞争力的 21 个基础指标中，上升指标有 8 个，占指标总数的 38.1%，主要分布在环境安全竞争力指标组；下降指标有 7 个，占指标总数的 33.3%，也主要分布在环境安全竞争力指标组。排位上升的指标数量略大于排位下降的指标数量，使得 2012 年宁夏回族自治区环境影响竞争力排名呈现持续上升。

## 30.5　宁夏回族自治区环境协调竞争力评价分析

### 30.5.1　宁夏回族自治区环境协调竞争力评价结果

2010~2012 年宁夏回族自治区环境协调竞争力排位和排位变化情况及其下属 2 个三级

指标和 19 个四级指标的评价结果，如表 30 – 5 – 1 所示；环境协调竞争力各级指标的优劣势情况，如表 30 – 5 – 2 所示。

表 30 – 5 – 1　2010 ~ 2012 年宁夏回族自治区环境协调竞争力各级指标的得分、排名及优劣度分析表

| 指标项目 | 2012 年 | | | 2011 年 | | | 2010 年 | | | 综合变化 | | |
|---|---|---|---|---|---|---|---|---|---|---|---|---|
| | 得分 | 排名 | 优劣度 | 得分 | 排名 | 优劣度 | 得分 | 排名 | 优劣度 | 得分变化 | 排名变化 | 趋势变化 |
| 环境协调竞争力 | 61.0 | 15 | 中势 | 60.5 | 13 | 中势 | 60.7 | 14 | 中势 | 0.4 | -1 | 波动↓ |
| （1）人口与环境协调竞争力 | 28.3 | 31 | 劣势 | 34.2 | 29 | 劣势 | 39.2 | 29 | 劣势 | -10.8 | -2 | 持续↓ |
| 人口自然增长率与工业废气排放量增长率比差 | 13.1 | 28 | 劣势 | 5.1 | 30 | 劣势 | 83.9 | 8 | 优势 | -70.9 | -20 | 波动↓ |
| 人口自然增长率与工业废水排放量增长率比差 | 45.0 | 27 | 劣势 | 51.6 | 26 | 劣势 | 56.7 | 25 | 劣势 | -11.8 | -2 | 持续↓ |
| 人口自然增长率与工业固体废物排放量增长率比差 | 13.5 | 30 | 劣势 | 14.7 | 29 | 劣势 | 8.9 | 30 | 劣势 | 4.6 | 0 | 波动→ |
| 人口自然增长率与能源消费量增长率比差 | 39.4 | 28 | 劣势 | 84.8 | 9 | 优势 | 66.2 | 25 | 劣势 | -26.8 | -3 | 波动↓ |
| 人口密度与人均水资源量比差 | 0.7 | 29 | 劣势 | 1.0 | 29 | 劣势 | 1.2 | 29 | 劣势 | -0.5 | 0 | 持续→ |
| 人口密度与人均耕地面积比差 | 47.5 | 7 | 优势 | 48.3 | 7 | 优势 | 48.9 | 7 | 优势 | -1.3 | 0 | 持续→ |
| 人口密度与森林覆盖率比差 | 8.6 | 29 | 劣势 | 8.6 | 29 | 劣势 | 8.7 | 29 | 劣势 | 0.0 | 0 | 持续→ |
| 人口密度与人均矿产基础储量比差 | 22.0 | 7 | 优势 | 22.9 | 7 | 优势 | 28.9 | 6 | 优势 | -6.9 | -1 | 持续↓ |
| 人口密度与人均能源生产量比差 | 65.9 | 27 | 劣势 | 65.0 | 27 | 劣势 | 64.4 | 27 | 劣势 | 1.5 | 0 | 持续→ |
| （2）经济与环境协调竞争力 | 82.5 | 1 | 强势 | 77.7 | 3 | 强势 | 74.8 | 4 | 优势 | 7.7 | 3 | 持续↑ |
| 工业增加值增长率与工业废气排放量增长率比差 | 97.5 | 4 | 优势 | 59.0 | 21 | 劣势 | 72.8 | 18 | 中势 | 24.7 | 14 | 波动↑ |
| 工业增加值增长率与工业废水排放量增长率比差 | 98.2 | 2 | 强势 | 96.7 | 2 | 强势 | 59.7 | 19 | 中势 | 38.5 | 17 | 波动↑ |
| 工业增加值增长率与工业固体废物排放量增长率比差 | 66.7 | 24 | 劣势 | 61.2 | 17 | 中势 | 15.9 | 30 | 劣势 | 50.8 | 6 | 波动↑ |
| 地区生产总值增长率与能源消费量增长率比差 | 90.2 | 5 | 优势 | 81.4 | 14 | 中势 | 99.4 | 2 | 强势 | -9.1 | -3 | 波动↓ |
| 人均工业增加值与人均水资源量比差 | 79.1 | 11 | 中势 | 78.4 | 12 | 中势 | 78.9 | 12 | 中势 | 0.3 | 1 | 持续↑ |
| 人均工业增加值与人均耕地面积比差 | 69.5 | 18 | 中势 | 69.1 | 18 | 中势 | 68.3 | 18 | 中势 | 1.2 | 0 | 持续→ |
| 人均工业增加值与人均工业废气排放量比差 | 75.0 | 9 | 优势 | 75.5 | 10 | 优势 | 78.8 | 9 | 优势 | -3.8 | -1 | 波动↓ |
| 人均工业增加值与森林覆盖率比差 | 82.4 | 13 | 中势 | 82.1 | 13 | 中势 | 82.7 | 12 | 中势 | -0.2 | -1 | 持续↓ |
| 人均工业增加值与人均矿产基础储量比差 | 95.0 | 4 | 优势 | 95.4 | 4 | 优势 | 98.8 | 3 | 强势 | -3.8 | -1 | 持续↓ |
| 人均工业增加值与人均能源生产量比差 | 71.6 | 6 | 优势 | 74.6 | 6 | 优势 | 76.2 | 9 | 优势 | -4.6 | 3 | 持续↑ |

表 30 – 5 – 2　2012 年宁夏回族自治区环境协调竞争力各级指标的优劣度结构表

| 二级指标 | 三级指标 | 四级指标数 | 强势指标 | | 优势指标 | | 中势指标 | | 劣势指标 | | 优劣度 |
|---|---|---|---|---|---|---|---|---|---|---|---|
| | | | 个数 | 比重（%） | 个数 | 比重（%） | 个数 | 比重（%） | 个数 | 比重（%） | |
| 环境协调竞争力 | 人口与环境协调竞争力 | 9 | 0 | 0.0 | 2 | 22.2 | 0 | 0.0 | 7 | 77.8 | 劣势 |
| | 经济与环境协调竞争力 | 10 | 1 | 10.0 | 5 | 50.0 | 3 | 30.0 | 1 | 10.0 | 强势 |
| | 小　计 | 19 | 1 | 5.3 | 7 | 36.8 | 3 | 15.8 | 8 | 42.1 | 中势 |

2010 ~ 2012 年宁夏回族自治区环境协调竞争力的综合排位呈现波动下降趋势，2012 年排名第 15 位，比 2010 年下降了 1 位，在全国处于中游区。

从环境协调竞争力的要素指标变化趋势来看，有 1 个指标处于持续下降趋势，即人口与环境协调竞争力；有 1 个指标处于持续上升趋势，为经济与环境协调竞争力。

从环境协调竞争力的基础指标分布来看，在 19 个基础指标中，指标的优劣度结构为

5.3∶36.8∶15.8∶42.1。强势和优势指标所占比重与劣势指标的比重相当,劣势指标占主导地位。

### 30.5.2 宁夏回族自治区环境协调竞争力比较分析

图30-5-1将2010~2012年宁夏回族自治区环境协调竞争力与全国最高水平和平均水平进行比较。由图可知,评价期内宁夏回族自治区环境协调竞争力得分普遍高于60分,且呈现波动上升趋势,宁夏回族自治区环境协调竞争力处于较高水平。

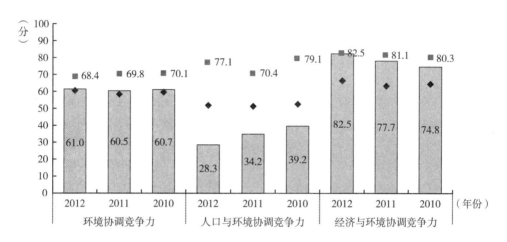

图30-5-1 2010~2012年宁夏回族自治区环境协调竞争力指标得分比较

从环境协调竞争力的整体得分比较来看,2010年,宁夏回族自治区环境协调竞争力得分与全国最高分相比还有9.4分的差距,但与全国平均分相比,则高出1.4分;到2012年,宁夏回族自治区环境协调竞争力得分与全国最高分的差距缩小为7.4分,高于全国平均分0.7分。总的来看,2010~2012年宁夏回族自治区环境协调竞争力与最高分的差距呈缩小趋势,仍处于全国中游地位。

从环境协调竞争力的要素得分比较来看,2012年,宁夏回族自治区人口与环境协调竞争力得分为28.3分,比最高分低48.7分,低于平均分22.9分;经济与环境协调竞争力的得分为82.5分,为全国最高分,高于平均分16.1分;与2010年相比,宁夏回族自治区人口与环境协调竞争力得分与最高分的差距扩大了8.7分,但经济与环境协调竞争力得分与最高分的差距缩小了5.5分。

### 30.5.3 宁夏回族自治区环境协调竞争力变化动因分析

二级指标环境协调竞争力的变化是三级要素指标变化综合作用的结果,而三级要素指标变化又是四级基础指标变化作用的结果。三级和四级指标的变动情况如表30-5-1所示。

从要素指标来看,宁夏回族自治区环境协调竞争力的2个要素指标中,人口与环境协调竞争力的排名下降了2位,经济与环境协调竞争力的排名上升了3位,受指标排位升降的综合影响,宁夏回族自治区环境协调竞争力波动下降了1位,其中人口与环境协调竞争力是环境协调竞争力排名下降的主要拉力。

从基础指标来看，宁夏回族自治区环境协调竞争力的 19 个基础指标中，上升指标有 5 个，占指标总数的 26.3%，主要分布在经济与环境协调竞争力指标组；下降指标有 8 个，占指标总数的 42.1%，平均分布在人口与环境协调竞争力和经济与环境协调竞争力指标组。排位上升的指标数量小于排位下降的指标数量，使得 2012 年宁夏回族自治区环境协调竞争力排名波动下降了 1 位。

## 30.6  宁夏回族自治区环境竞争力总体评述

从对宁夏回族自治区环境竞争力及其 5 个二级指标在全国的排位变化和指标结构的综合分析来看，"十二五"中期（2010～2012 年）环境竞争力中上升指标的数量大于下降指标的数量，但受其他外部因素的综合影响，2012 年宁夏回族自治区环境竞争力的排位持续保持，在全国居第 31 位。

### 30.6.1  宁夏回族自治区环境竞争力概要分析

宁夏回族自治区环境竞争力在全国所处的位置及变化如表 30-6-1 所示，5 个二级指标的得分和排位变化如表 30-6-2 所示。

表 30-6-1  2010～2012 年宁夏回族自治区环境竞争力一级指标比较表

| 项目　　　年份 | 2012 | 2011 | 2010 |
|---|---|---|---|
| 排名 | 31 | 31 | 31 |
| 所属区位 | 下游 | 下游 | 下游 |
| 得分 | 40.2 | 38.6 | 38.6 |
| 全国最高分 | 58.2 | 59.5 | 60.1 |
| 全国平均分 | 51.3 | 50.8 | 50.4 |
| 与最高分的差距 | -17.9 | -20.9 | -21.5 |
| 与平均分的差距 | -11.0 | -12.2 | -11.8 |
| 优劣度 | 劣势 | 劣势 | 劣势 |
| 波动趋势 | 保持 | 保持 | — |

表 30-6-2  2010～2012 年宁夏回族自治区环境竞争力二级指标比较表

| 项目　　年份 | 生态环境竞争力 | | 资源环境竞争力 | | 环境管理竞争力 | | 环境影响竞争力 | | 环境协调竞争力 | | 环境竞争力 | |
|---|---|---|---|---|---|---|---|---|---|---|---|---|
| | 得分 | 排名 | 得分 | 排名 | 得分 | 排名 | 得分 | 排名 | 得分 | 排名 | 得分 | 排名 |
| 2010 | 21.4 | 31 | 33.4 | 30 | 39.7 | 21 | 55.6 | 30 | 60.7 | 14 | 38.6 | 31 |
| 2011 | 20.5 | 31 | 33.9 | 31 | 39.5 | 24 | 56.9 | 30 | 60.5 | 13 | 38.6 | 31 |
| 2012 | 21.1 | 31 | 35.2 | 29 | 43.6 | 19 | 57.8 | 29 | 61.0 | 15 | 40.2 | 31 |
| 得分变化 | -0.3 | — | 1.8 | — | 3.9 | — | 2.2 | — | 0.4 | — | 1.6 | — |
| 排位变化 | — | 0 | — | 1 | — | 2 | — | 1 | — | -1 | — | 0 |
| 优劣度 | 劣势 | 劣势 | 劣势 | 劣势 | 中势 | 中势 | 劣势 | 劣势 | 中势 | 中势 | 劣势 | 劣势 |

（1）从指标排位变化趋势看，2012年宁夏回族自治区环境竞争力综合排名在全国处于第31位，表明其在全国处于劣势地位；与2010年相比，排位保持不变。总的来看，评价期内宁夏回族自治区环境竞争力呈持续保持趋势。

在5个二级指标中，有3个指标处于上升趋势，为资源环境竞争力、环境管理竞争力和环境影响竞争力，有1个指标处于下降趋势，为环境协调竞争力，生态环境竞争力排位保持不变。在指标排位升降的综合影响下，评价期内宁夏回族自治区环境竞争力的综合排位保持不变，在全国排名第31位。

（2）从指标所处区位看，2012年宁夏回族自治区环境竞争力处于下游区，其中，环境管理竞争力和环境协调竞争力为中势指标，生态环境竞争力、资源环境竞争力和环境影响竞争力指标为劣势指标。

（3）从指标得分看，2012年宁夏回族自治区环境竞争力得分为40.2分，比全国最高分低17.9分，比全国平均分低11.0分；与2010年相比，宁夏回族自治区环境竞争力得分上升了1.6分，与当年最高分的差距缩小了，与全国平均分的差距也缩小了。

2012年，宁夏回族自治区环境竞争力二级指标的得分均高于21分，与2010年相比，得分上升最多的为环境管理竞争力，上升了3.9分；得分下降最多的为生态环境竞争力，下降了0.3分。

### 30.6.2 宁夏回族自治区环境竞争力各级指标动态变化分析

2010～2012年宁夏回族自治区环境竞争力各级指标的动态变化及其结构，如图30-6-1和表30-6-3所示。

从图30-6-1可以看出，宁夏回族自治区环境竞争力的四级指标中保持指标的比例大于下降指标，表明保持指标居于主导地位。表30-6-3中的数据进一步说明，宁夏回族自治区环境竞争力130个四级指标中，上升的指标有35个，占指标总数的26.9%；保持的指标有54个，占指标总数的41.5%；下降的指标为41个，占指标总数的31.5%。保持指标的数量在指标体系中占主导地位，受此影响，评价期内宁夏回族自治区环境竞争力持续保持不变，在全国居第31位。

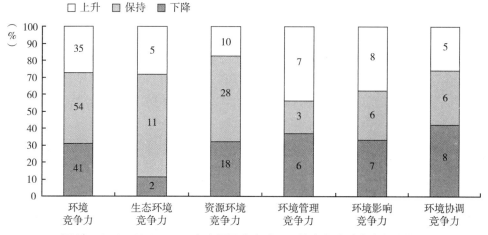

**图30-6-1 2010～2012年宁夏回族自治区环境竞争力动态变化结构图**

表 30 – 6 – 3　2010～2012 年宁夏回族自治区环境竞争力各级指标排位变化态势比较表

| 二级指标 | 三级指标 | 四级指标数 | 上升指标 | | 保持指标 | | 下降指标 | | 变化趋势 |
| --- | --- | --- | --- | --- | --- | --- | --- | --- | --- |
| | | | 个数 | 比重(%) | 个数 | 比重(%) | 个数 | 比重(%) | |
| 生态环境竞争力 | 生态建设竞争力 | 9 | 1 | 11.1 | 7 | 77.8 | 1 | 11.1 | 持续→ |
| | 生态效益竞争力 | 9 | 4 | 44.4 | 4 | 44.4 | 1 | 11.1 | 持续→ |
| | 小　计 | 18 | 5 | 27.8 | 11 | 61.1 | 2 | 11.1 | 持续→ |
| 资源环境竞争力 | 水环境竞争力 | 11 | 2 | 18.2 | 5 | 45.5 | 4 | 36.4 | 波动↑ |
| | 土地环境竞争力 | 13 | 1 | 7.7 | 10 | 76.9 | 2 | 15.4 | 持续↑ |
| | 大气环境竞争力 | 8 | 3 | 37.5 | 0 | 0.0 | 5 | 62.5 | 持续↓ |
| | 森林环境竞争力 | 8 | 0 | 0.0 | 7 | 87.5 | 1 | 12.5 | 持续→ |
| | 矿产环境竞争力 | 9 | 3 | 33.3 | 3 | 33.3 | 3 | 33.3 | 波动↑ |
| | 能源环境竞争力 | 7 | 1 | 14.3 | 3 | 42.9 | 3 | 42.9 | 持续→ |
| | 小　计 | 56 | 10 | 17.9 | 28 | 50.0 | 18 | 32.1 | 波动↑ |
| 环境管理竞争力 | 环境治理竞争力 | 10 | 5 | 50.0 | 2 | 20.0 | 3 | 30.0 | 持续↑ |
| | 环境友好竞争力 | 6 | 2 | 33.3 | 1 | 16.7 | 3 | 50.0 | 持续↑ |
| | 小　计 | 16 | 7 | 43.8 | 3 | 18.8 | 6 | 37.5 | 波动↑ |
| 环境影响竞争力 | 环境安全竞争力 | 12 | 5 | 41.7 | 1 | 8.3 | 6 | 50.0 | 波动↓ |
| | 环境质量竞争力 | 9 | 3 | 33.3 | 5 | 55.6 | 1 | 11.1 | 持续↑ |
| | 小　计 | 21 | 8 | 38.1 | 6 | 28.6 | 7 | 33.3 | 持续↑ |
| 环境协调竞争力 | 人口与环境协调竞争力 | 9 | 0 | 0.0 | 5 | 55.6 | 4 | 44.4 | 持续↓ |
| | 经济与环境协调竞争力 | 10 | 5 | 50.0 | 1 | 10.0 | 4 | 40.0 | 持续↑ |
| | 小　计 | 19 | 5 | 26.3 | 6 | 31.6 | 8 | 42.1 | 波动↓ |
| | 合　计 | 130 | 35 | 26.9 | 54 | 41.5 | 41 | 31.5 | 持续→ |

### 30.6.3　宁夏回族自治区环境竞争力各级指标变化动因分析

2012 年宁夏回族自治区环境竞争力各级指标的优劣势变化及其结构，如图 30 – 6 – 2 和表 30 – 6 – 4 所示。

从图 30 – 6 – 2 可以看出，2012 年宁夏回族自治区环境竞争力的四级指标中强势和优势指标的比例远远小于劣势指标，表明劣势指标居主导地位。表 30 – 6 – 4 中的数据进一步说明，2012 年宁夏回族自治区环境竞争力的 130 个四级指标中，强势指标有 15 个，占指标总数的 11.5%；优势指标为 29 个，占指标总数的 22.3%；中势指标 16 个，占指标总数的 12.3%；劣势指标有 70 个，占指标总数的 53.8%；强势指标和优势指标之和占指标总数的 33.8%，数量与比重均小于劣势指标。从三级指标来看，四级指标中强势指标和优势指标之和占四级指标总数一半以上的分别有水环境竞争力、环境安全竞争力和经济与环境协调竞争力，共计 3 个指标，占三级指标总数的 21.4%。反映到二级指标上来，中势指标有 2 个，占二级指标总数的 40%；劣势指标有 3 个，占二级指标总数的 60%。宁夏回族自治区环境竞争力呈持续保持，在全国位居第 31 位，处于下游区。

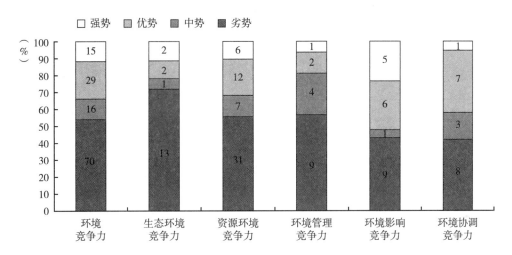

图 30 － 6 － 2　2012 年宁夏回族自治区环境竞争力优劣度结构图

表 30 － 6 － 4　2012 年宁夏回族自治区环境竞争力各级指标优劣度比较表

| 二级指标 | 三级指标 | 四级指标数 | 强势指标 | | 优势指标 | | 中势指标 | | 劣势指标 | | 优劣度 |
|---|---|---|---|---|---|---|---|---|---|---|---|
| | | | 个数 | 比重（%） | 个数 | 比重（%） | 个数 | 比重（%） | 个数 | 比重（%） | |
| 生态环境竞争力 | 生态建设竞争力 | 9 | 0 | 0.0 | 2 | 22.2 | 0 | 0.0 | 7 | 77.8 | 劣势 |
| | 生态效益竞争力 | 9 | 2 | 22.2 | 0 | 0.0 | 1 | 11.1 | 6 | 66.7 | 劣势 |
| | 小　计 | 18 | 2 | 11.1 | 2 | 11.1 | 1 | 5.6 | 13 | 72.2 | 劣势 |
| 资源环境竞争力 | 水环境竞争力 | 11 | 4 | 36.4 | 2 | 18.2 | 1 | 9.1 | 4 | 36.4 | 中势 |
| | 土地环境竞争力 | 13 | 2 | 15.4 | 3 | 23.1 | 0 | 0.0 | 8 | 61.5 | 劣势 |
| | 大气环境竞争力 | 8 | 0 | 0.0 | 3 | 37.5 | 1 | 12.5 | 4 | 50.0 | 中势 |
| | 森林环境竞争力 | 8 | 0 | 0.0 | 1 | 12.5 | 0 | 0.0 | 7 | 87.5 | 劣势 |
| | 矿产环境竞争力 | 9 | 0 | 0.0 | 2 | 22.2 | 2 | 22.2 | 5 | 55.6 | 中势 |
| | 能源环境竞争力 | 7 | 0 | 0.0 | 1 | 14.3 | 3 | 42.9 | 3 | 42.9 | 劣势 |
| | 小　计 | 56 | 6 | 10.7 | 12 | 21.4 | 7 | 12.5 | 31 | 55.4 | 劣势 |
| 环境管理竞争力 | 环境治理竞争力 | 10 | 1 | 10.0 | 1 | 10.0 | 2 | 20.0 | 6 | 60.0 | 劣势 |
| | 环境友好竞争力 | 6 | 0 | 0.0 | 1 | 16.7 | 2 | 33.3 | 3 | 50.0 | 中势 |
| | 小　计 | 16 | 1 | 6.3 | 2 | 12.5 | 4 | 25.0 | 9 | 56.3 | 中势 |
| 环境影响竞争力 | 环境安全竞争力 | 12 | 4 | 33.3 | 5 | 41.7 | 1 | 8.3 | 2 | 16.7 | 优势 |
| | 环境质量竞争力 | 9 | 1 | 11.1 | 1 | 11.1 | 0 | 0.0 | 7 | 77.8 | 劣势 |
| | 小　计 | 21 | 5 | 23.8 | 6 | 28.6 | 1 | 4.8 | 9 | 42.9 | 劣势 |
| 环境协调竞争力 | 人口与环境协调竞争力 | 9 | 0 | 0.0 | 2 | 22.2 | 0 | 0.0 | 7 | 77.8 | 劣势 |
| | 经济与环境协调竞争力 | 10 | 1 | 10.0 | 5 | 50.0 | 3 | 30.0 | 1 | 10.0 | 强势 |
| | 小　计 | 19 | 1 | 5.3 | 7 | 36.8 | 3 | 15.8 | 8 | 42.1 | 中势 |
| 合　计 | | 130 | 15 | 11.5 | 29 | 22.3 | 16 | 12.3 | 70 | 53.8 | 劣势 |

　　为了进一步明确影响宁夏回族自治区环境竞争力变化的具体指标，也便于对相关指标进行深入分析，从而为提升宁夏回族自治区环境竞争力提供决策参考，表 30 － 6 － 5 列出了环

境竞争力指标体系中直接影响宁夏回族自治区环境竞争力升降的强势指标、优势指标和劣势指标。

表 30－6－5　2012 年宁夏回族自治区环境竞争力四级指标优劣度统计表

| 指标 | 强势指标 | 优势指标 | 劣势指标 |
|---|---|---|---|
| 生态环境竞争力（18 个） | 工业固体废物排放强度、农药施用强度（2 个） | 本年减少耕地面积、自然保护区面积占土地总面积比重（2 个） | 国家级生态示范区个数、公园面积、园林绿地面积、绿化覆盖面积、自然保护区个数、野生动物种源繁育基地数、野生植物种源培育基地数、工业废气排放强度、工业二氧化硫排放强度、工业烟（粉）尘排放强度、工业废水排放强度、工业废水中化学需氧量排放强度、工业废水中氨氮排放强度（13 个） |
| 资源环境竞争力（56 个） | 用水总量、用水消耗量、耗水率、生活污水排放量、建设用地面积、当年新增种草面积、（6 个） | 节灌率、工业废水排放总量、人均耕地面积、牧草地面积、人均牧草地面积、工业废气排放总量、工业烟（粉）尘排放总量、工业二氧化硫排放总量、天然林比重、人均主要能源矿产基础储量、工业固体废物产生量、能源消费总量（12 个） | 水资源总量、人均水资源量、降水量、供水总量、土地总面积、耕地面积、园地面积、人均园地面积、土地资源利用效率、单位建设用地非农产业增加值、单位耕地面积农业增加值、沙化土地面积占土地总面积的比重、地均工业烟（粉）尘排放量、地均二氧化硫排放量、全省设区市优良天数比例、可吸入颗粒物（PM10）浓度、林业用地面积、森林面积、森林覆盖率、人工林面积、造林总面积、森林蓄积量、活立木总蓄积量、主要黑色金属矿产基础储量、人均主要黑色金属矿产基础储量、主要有色金属矿产基础储量、主要非金属矿产基础储量、人均主要非金属矿产基础储量、单位地区生产总值能耗、单位地区生产总值电耗、单位工业增加值能耗（31 个） |
| 环境管理竞争力（16 个） | 本年矿山恢复面积（1 个） | 环境污染治理投资总额占地方生产总值比重、城市污水处理率（2 个） | 环境污染治理投资总额、废气治理设施年运行费用、废水治理设施处理能力、废水治理设施年运行费用、地质灾害防治投资额、土地复垦面积占新增耕地面积的比重、工业固体废物综合利用量、工业固体废物处置量、生活垃圾无害化处理率（9 个） |
| 环境影响竞争力（21 个） | 自然灾害绝收面积占受灾面积比重、自然灾害直接经济损失、突发环境事件次数、森林火灾火场总面积、人均工业固体废物排放量（5 个） | 自然灾害受灾面积、发生地质灾害起数、地质灾害直接经济损失、森林火灾次数、受火灾森林面积、人均农药施用量（6 个） | 地质灾害防治投资额、森林病虫鼠害防治率、人均工业废气排放量、人均二氧化硫排放量、人均工业烟（粉）尘排放量、人均工业废水排放量、人均生活污水排放量、人均化学需氧量排放量、人均化肥施用量（9 个） |
| 环境协调竞争力（19 个） | 工业增加值增长率与工业废水排放量增长率比差（1 个） | 人口密度与人均耕地面积比差、人口密度与人均矿产基础储量比差、工业增加值增长率与工业废气排放量增长率比差、地区生产总值增长率与能源消费量增长率比差、人均工业增加值与人均工业废气排放量比差、人均工业增加值与人均矿产基础储量比差、人均工业增加值与人均能源生产量比差（7 个） | 人口自然增长率与工业废气排放量增长率比差、人口自然增长率与工业废水排放量增长率比差、人口自然增长率与工业固体废物排放量增长率比差、人口自然增长率与能源消费量增长率比差、人口密度与人均水资源量比差、人口密度与森林覆盖率比差、人口密度与人均能源生产量比差、工业增加值增长率与工业固体废物排放量增长率比差（8 个） |

# 新疆维吾尔自治区环境竞争力评价分析报告

新疆维吾尔自治区简称新，地处中国西北边疆，东部与甘肃、青海相连，南部与西藏相邻，西部和北部分别与巴基斯坦、印度、阿富汗、塔吉克斯坦、吉尔吉斯斯坦、哈萨克斯坦、俄罗斯、蒙古等国接壤，是国境线最长、交界邻国最多的省区。新疆维吾尔自治区总面积为 166 万多平方公里，是全国土地面积最大的省区，2012 年末总人口 2233 万人，人均GDP 达到 33796 元，万元 GDP 能耗为 1.99 吨标准煤。"十二五"中期（2010~2012 年），新疆维吾尔自治区环境竞争力的综合排位呈现持续保持趋势，2012 年排名第 30 位，与 2010年排位相同，在全国处于劣势地位。

## 31.1 新疆维吾尔自治区生态环境竞争力评价分析

### 31.1.1 新疆维吾尔自治区生态环境竞争力评价结果

2010~2012 年新疆维吾尔自治区生态环境竞争力排位和排位变化情况及其下属 2 个三级指标和 18 个四级指标的评价结果，如表 31 - 1 - 1 所示；生态环境竞争力各级指标的优劣势情况，如表 31 - 1 - 2 所示。

表 31 - 1 - 1　2010~2012 年新疆维吾尔自治区生态环境竞争力各级指标的得分、排名及优劣度分析表

| 指　　　标＼项　　　目 | 2012 年 | | | 2011 年 | | | 2010 年 | | | 综合变化 | | |
|---|---|---|---|---|---|---|---|---|---|---|---|---|
| | 得分 | 排名 | 优劣度 | 得分 | 排名 | 优劣度 | 得分 | 排名 | 优劣度 | 得分变化 | 排名变化 | 趋势变化 |
| **生态环境竞争力** | 32.0 | 30 | 劣势 | 36.5 | 27 | 劣势 | 40.6 | 28 | 劣势 | -8.6 | -2 | 波动↓ |
| （1）生态建设竞争力 | 20.0 | 22 | 劣势 | 19.7 | 22 | 劣势 | 21.1 | 21 | 劣势 | -1.1 | -1 | 持续↓ |
| 国家级生态示范区个数 | 4.7 | 24 | 劣势 | 4.7 | 24 | 劣势 | 4.7 | 24 | 劣势 | 0.0 | 0 | 持续→ |
| 公园面积 | 4.9 | 23 | 劣势 | 4.3 | 23 | 劣势 | 4.3 | 23 | 劣势 | 0.6 | 0 | 持续→ |
| 园林绿地面积 | 8.4 | 25 | 劣势 | 8.4 | 25 | 劣势 | 8.4 | 25 | 劣势 | 0.0 | 0 | 持续→ |
| 绿化覆盖面积 | 10.7 | 17 | 中势 | 9.9 | 18 | 中势 | 9.9 | 18 | 中势 | 0.7 | 1 | 持续↑ |
| 本年减少耕地面积 | 90.6 | 5 | 优势 | 90.6 | 5 | 优势 | 90.6 | 5 | 优势 | 0.0 | 0 | 持续→ |
| 自然保护区个数 | 6.3 | 26 | 劣势 | 6.3 | 26 | 劣势 | 6.3 | 26 | 劣势 | 0.0 | 0 | 持续→ |
| 自然保护区面积占土地总面积比重 | 35.5 | 6 | 优势 | 35.5 | 6 | 优势 | 35.5 | 6 | 优势 | 0.0 | 0 | 持续→ |
| 野生动物种源繁育基地数 | 3.2 | 20 | 中势 | 1.4 | 21 | 劣势 | 1.4 | 21 | 劣势 | 1.8 | 1 | 持续↑ |
| 野生植物种源培育基地数 | 0.6 | 18 | 中势 | 1.0 | 17 | 中势 | 1.0 | 17 | 中势 | -0.3 | -1 | 持续↓ |

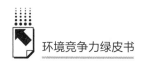

续表

| 指标项目 | 2012 年 | | | 2011 年 | | | 2010 年 | | | 综合变化 | | |
|---|---|---|---|---|---|---|---|---|---|---|---|---|
| | 得分 | 排名 | 优劣度 | 得分 | 排名 | 优劣度 | 得分 | 排名 | 优劣度 | 得分变化 | 排名变化 | 趋势变化 |
| （2）生态效益竞争力 | 50.1 | 30 | 劣势 | 61.7 | 27 | 劣势 | 69.9 | 27 | 劣势 | -19.8 | -3 | 持续↓ |
| 工业废气排放强度 | 52.4 | 26 | 劣势 | 71.7 | 23 | 劣势 | 71.7 | 23 | 劣势 | -19.3 | -3 | 持续↓ |
| 工业二氧化硫排放强度 | 45.3 | 29 | 劣势 | 51.9 | 28 | 劣势 | 51.9 | 28 | 劣势 | -6.6 | -1 | 持续↓ |
| 工业烟（粉）尘排放强度 | 0.0 | 31 | 劣势 | 34.1 | 29 | 劣势 | 34.1 | 29 | 劣势 | -34.1 | -2 | 持续↓ |
| 工业废水排放强度 | 57.9 | 21 | 劣势 | 62.4 | 19 | 中势 | 62.4 | 19 | 中势 | -4.4 | -2 | 持续↓ |
| 工业废水中化学需氧量排放强度 | 46.3 | 30 | 劣势 | 50.0 | 30 | 劣势 | 50.0 | 30 | 劣势 | -3.7 | 0 | 持续→ |
| 工业废水中氨氮排放强度 | 58.4 | 29 | 劣势 | 61.1 | 29 | 劣势 | 61.1 | 29 | 劣势 | -2.7 | 0 | 持续→ |
| 工业固体废物排放强度 | 2.2 | 30 | 劣势 | 41.7 | 30 | 劣势 | 41.7 | 30 | 劣势 | -39.5 | 0 | 持续→ |
| 化肥施用强度 | 83.4 | 3 | 强势 | 84.0 | 3 | 强势 | 84.0 | 3 | 强势 | -0.6 | 0 | 持续→ |
| 农药施用强度 | 99.2 | 2 | 强势 | 99.4 | 2 | 强势 | 99.4 | 2 | 强势 | -0.3 | 0 | 持续→ |

表 31 - 1 - 2　2012 年新疆维吾尔自治区生态环境竞争力各级指标的优劣度结构表

| 二级指标 | 三级指标 | 四级指标数 | 强势指标 | | 优势指标 | | 中势指标 | | 劣势指标 | | 优劣度 |
|---|---|---|---|---|---|---|---|---|---|---|---|
| | | | 个数 | 比重（%） | 个数 | 比重（%） | 个数 | 比重（%） | 个数 | 比重（%） | |
| 生态环境竞争力 | 生态建设竞争力 | 9 | 0 | 0.0 | 2 | 22.2 | 3 | 33.3 | 4 | 44.4 | 劣势 |
| | 生态效益竞争力 | 9 | 2 | 22.2 | 0 | 0.0 | 0 | 0.0 | 7 | 77.8 | 劣势 |
| | 小　计 | 18 | 2 | 11.1 | 2 | 11.1 | 3 | 16.7 | 11 | 61.1 | 劣势 |

2010～2012 年新疆维吾尔自治区生态环境竞争力的综合排位呈现波动下降趋势，2012 年排名第 30 位，比 2010 年下降 2 位，在全国处于下游区。

从生态环境竞争力要素指标的变化趋势来看，有 2 个指标处于持续下降趋势，即生态建设竞争力和生态效益竞争力。

从生态环境竞争力基础指标的优劣度结构来看，在 18 个基础指标中，指标的优劣度结构为 11.1：11.1：16.7：61.1。劣势指标所占比重高于强势和优势指标的比重，表明劣势指标占主导地位。

### 31.1.2　新疆维吾尔自治区生态环境竞争力比较分析

图 31 - 1 - 1 将 2010～2012 年新疆维吾尔自治区生态环境竞争力与全国最高水平和平均水平进行比较。由图可知，评价期内新疆维吾尔自治区生态环境竞争力得分普遍低于 41 分，说明新疆维吾尔自治区生态环境竞争力处于较低水平。

从生态环境竞争力的整体得分比较来看，2010 年，新疆维吾尔自治区生态环境竞争力得分与全国最高分相比有 25.1 分的差距，与全国平均分相比，低了 5.8 分；到了 2012 年，新疆维吾尔自治区生态环境竞争力得分与全国最高分的差距扩大为 33.1 分，低于全国平均分 13.4 分。总的来看，2010～2012 年新疆维吾尔自治区生态环境竞争力与最高分的差距呈

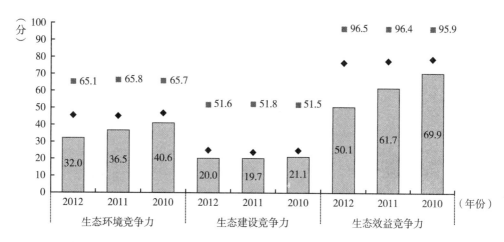

图 31 - 1 - 1　2010～2012 年新疆维吾尔自治区生态环境竞争力指标得分比较

扩大趋势,表明生态建设和效益不断下降。

　　从生态环境竞争力的要素得分比较来看,2012 年,新疆维吾尔自治区生态建设竞争力和生态效益竞争力的得分分别为 20.0 分和 50.1 分,分别比最高分低 31.6 分和 46.4 分,分别低于平均分 4.7 分和 26.5 分;与 2010 年相比,新疆维吾尔自治区生态建设竞争力得分与最高分的差距扩大了 1.3 分,生态效益竞争力得分与最高分的差距扩大了 20.3 分。

### 31.1.3　新疆维吾尔自治区生态环境竞争力变化动因分析

　　二级指标生态环境竞争力的变化是三级要素指标变化综合作用的结果,而三级要素指标变化又是四级基础指标变化作用的结果。三级和四级指标的变动情况如表 31 - 1 - 1 所示。

　　从要素指标来看,新疆维吾尔自治区生态环境竞争力的 2 个要素指标中,生态建设竞争力的排名下降了 1 位,生态效益竞争力的排名下降了 3 位,受指标排位升降的综合影响,新疆维吾尔自治区生态环境竞争力波动下降了 2 位。

　　从基础指标来看,新疆维吾尔自治区生态环境竞争力的 18 个基础指标中,上升指标有 2 个,占指标总数的 11.1%,主要分布在生态建设竞争力指标组;下降指标有 5 个,占指标总数的 27.8%,主要分布在生态效益竞争力指标组。由于下降指标的数量大于上升指标的数量,评价期内新疆维吾尔自治区生态环境竞争力排名下降了 2 位。

## 31.2　新疆维吾尔自治区资源环境竞争力评价分析

### 31.2.1　新疆维吾尔自治区资源环境竞争力评价结果

　　2010～2012 年新疆维吾尔自治区资源环境竞争力排位和排位变化情况及其下属 6 个三级指标和 56 个四级指标的评价结果,如表 31 - 2 - 1 所示;资源环境竞争力各级指标的优劣势情况,如表 31 - 2 - 2 所示。

表 31 - 2 - 1　2010～2012 年新疆维吾尔自治区资源环境竞争力各级指标的得分、排名及优劣度分析表

| 指标项目 | 2012 年 | | | 2011 年 | | | 2010 年 | | | 综合变化 | | |
|---|---|---|---|---|---|---|---|---|---|---|---|---|
| | 得分 | 排名 | 优劣度 | 得分 | 排名 | 优劣度 | 得分 | 排名 | 优劣度 | 得分变化 | 排名变化 | 趋势变化 |
| 资源环境竞争力 | 42.1 | 20 | 中势 | 45.0 | 18 | 中势 | 42.5 | 17 | 中势 | -0.4 | -3 | 持续↓ |
| (1) 水环境竞争力 | 61.3 | 2 | 强势 | 60.4 | 2 | 强势 | 59.3 | 2 | 强势 | 2.0 | 0 | 持续→ |
| 水资源总量 | 21.3 | 11 | 中势 | 20.0 | 8 | 优势 | 24.1 | 11 | 中势 | -2.8 | 0 | 波动→ |
| 人均水资源量 | 2.9 | 6 | 优势 | 2.7 | 4 | 优势 | 3.3 | 4 | 优势 | -0.4 | -2 | 持续↓ |
| 降水量 | 44.2 | 9 | 优势 | 38.3 | 5 | 优势 | 51.2 | 5 | 优势 | -7.0 | -4 | 持续↓ |
| 供水总量 | 100.0 | 1 | 强势 | 93.9 | 2 | 强势 | 96.8 | 2 | 强势 | 3.2 | 1 | 持续↑ |
| 用水总量 | 97.7 | 1 | 强势 | 97.6 | 1 | 强势 | 97.6 | 1 | 强势 | 0.1 | 0 | 持续→ |
| 用水消耗量 | 98.9 | 1 | 强势 | 98.7 | 1 | 强势 | 98.4 | 1 | 强势 | 0.5 | 0 | 持续→ |
| 耗水率 | 41.9 | 1 | 强势 | 41.9 | 1 | 强势 | 40.0 | 1 | 强势 | 1.9 | 0 | 持续→ |
| 节灌率 | 59.7 | 2 | 强势 | 57.7 | 2 | 强势 | 55.8 | 2 | 强势 | 3.9 | 0 | 持续→ |
| 城市再生水利用率 | 29.2 | 6 | 优势 | 31.1 | 3 | 强势 | 6.5 | 5 | 优势 | 22.8 | -1 | 波动↓ |
| 工业废水排放总量 | 87.5 | 9 | 优势 | 88.4 | 10 | 优势 | 90.6 | 10 | 优势 | -3.1 | 1 | 持续↑ |
| 生活污水排放量 | 90.8 | 7 | 优势 | 91.7 | 7 | 优势 | 89.6 | 9 | 优势 | 1.1 | 2 | 持续↑ |
| (2) 土地环境竞争力 | 29.8 | 8 | 优势 | 30.0 | 8 | 优势 | 30.3 | 8 | 优势 | -0.5 | 0 | 持续→ |
| 土地总面积 | 100.0 | 1 | 强势 | 100.0 | 1 | 强势 | 100.0 | 1 | 强势 | 0.0 | 0 | 持续→ |
| 耕地面积 | 33.7 | 13 | 中势 | 33.7 | 13 | 中势 | 33.7 | 13 | 中势 | 0.0 | 0 | 持续→ |
| 人均耕地面积 | 58.7 | 4 | 优势 | 59.4 | 4 | 优势 | 60.0 | 4 | 优势 | -1.3 | 0 | 持续→ |
| 牧草地面积 | 77.9 | 3 | 强势 | 77.9 | 3 | 强势 | 77.9 | 3 | 强势 | 0.0 | 0 | 持续→ |
| 人均牧草地面积 | 10.9 | 4 | 优势 | 10.9 | 4 | 优势 | 10.9 | 4 | 优势 | 0.0 | 0 | 持续→ |
| 园地面积 | 36.0 | 14 | 中势 | 36.0 | 14 | 中势 | 36.0 | 14 | 中势 | 0.0 | 0 | 持续→ |
| 人均园地面积 | 26.3 | 5 | 优势 | 26.3 | 5 | 优势 | 26.3 | 5 | 优势 | 0.0 | 0 | 持续→ |
| 土地资源利用效率 | 0.1 | 29 | 劣势 | 0.1 | 29 | 劣势 | 0.1 | 29 | 劣势 | 0.0 | 0 | 持续→ |
| 建设用地面积 | 52.0 | 19 | 中势 | 52.0 | 19 | 中势 | 52.0 | 19 | 中势 | 0.0 | 0 | 持续→ |
| 单位建设用地非农产业增加值 | 0.0 | 30 | 劣势 | 0.0 | 31 | 劣势 | 0.0 | 31 | 劣势 | 0.0 | 1 | 持续↑ |
| 单位耕地面积农业增加值 | 13.1 | 22 | 劣势 | 12.4 | 22 | 劣势 | 16.5 | 20 | 中势 | -3.5 | -2 | 持续↓ |
| 沙化土地面积占土地总面积的比重 | 0.0 | 31 | 劣势 | 0.0 | 31 | 劣势 | 0.0 | 31 | 劣势 | 0.0 | 0 | 持续→ |
| 当年新增种草面积 | 1.9 | 22 | 劣势 | 4.9 | 18 | 中势 | 1.1 | 27 | 劣势 | 0.8 | 5 | 波动↑ |
| (3) 大气环境竞争力 | 61.2 | 24 | 劣势 | 68.3 | 23 | 劣势 | 67.3 | 20 | 中势 | -6.1 | -4 | 持续↓ |
| 工业废气排放总量 | 76.7 | 17 | 中势 | 84.7 | 11 | 中势 | 83.5 | 8 | 优势 | -6.8 | -9 | 持续↓ |
| 地均工业废气排放量 | 99.6 | 3 | 强势 | 99.7 | 2 | 强势 | 99.7 | 3 | 强势 | -0.2 | 0 | 波动→ |
| 工业烟(粉)尘排放总量 | 42.6 | 27 | 劣势 | 64.2 | 24 | 劣势 | 45.8 | 21 | 劣势 | -3.1 | -6 | 持续↓ |
| 地均工业烟(粉)尘排放量 | 96.4 | 5 | 优势 | 97.5 | 3 | 强势 | 96.8 | 3 | 强势 | -0.5 | -2 | 持续↓ |
| 工业二氧化硫排放总量 | 54.4 | 20 | 中势 | 59.0 | 20 | 中势 | 62.6 | 16 | 中势 | -8.2 | -4 | 持续↓ |
| 地均二氧化硫排放量 | 98.6 | 3 | 强势 | 98.8 | 3 | 强势 | 99.1 | 3 | 强势 | -0.5 | 0 | 持续→ |
| 全省设区市优良天数比例 | 26.0 | 29 | 劣势 | 38.4 | 29 | 劣势 | 36.5 | 29 | 劣势 | -10.5 | 0 | 持续↓ |
| 可吸入颗粒物(PM10)浓度 | 0.0 | 30 | 劣势 | 8.8 | 30 | 劣势 | 18.3 | 30 | 劣势 | -18.3 | 0 | 持续↓ |
| (4) 森林环境竞争力 | 23.9 | 19 | 中势 | 24.2 | 19 | 中势 | 25.0 | 18 | 中势 | -1.0 | -1 | 持续↓ |
| 林业用地面积 | 24.1 | 10 | 优势 | 24.1 | 10 | 优势 | 24.1 | 10 | 优势 | 0.0 | 0 | 持续→ |
| 森林面积 | 27.8 | 13 | 中势 | 27.8 | 13 | 中势 | 27.8 | 13 | 中势 | 0.0 | 0 | 持续→ |

续表

| 指标项目 | 2012 年 | | | 2011 年 | | | 2010 年 | | | 综合变化 | | |
|---|---|---|---|---|---|---|---|---|---|---|---|---|
| | 得分 | 排名 | 优劣度 | 得分 | 排名 | 优劣度 | 得分 | 排名 | 优劣度 | 得分变化 | 排名变化 | 趋势变化 |
| 森林覆盖率 | 0.0 | 31 | 劣势 | 0.0 | 31 | 劣势 | 0.0 | 31 | 劣势 | 0.0 | 0 | 持续→ |
| 人工林面积 | 11.4 | 25 | 劣势 | 11.4 | 25 | 劣势 | 11.4 | 25 | 劣势 | 0.0 | 0 | 持续→ |
| 天然林比重 | 90.9 | 3 | 强势 | 90.9 | 3 | 强势 | 90.9 | 3 | 强势 | 0.0 | 0 | 持续→ |
| 造林总面积 | 26.8 | 9 | 优势 | 29.6 | 12 | 中势 | 37.9 | 8 | 优势 | −11.1 | −1 | 波动↓ |
| 森林蓄积量 | 13.4 | 13 | 中势 | 13.4 | 13 | 中势 | 13.4 | 13 | 中势 | 0.0 | 0 | 持续→ |
| 活立木总蓄积量 | 14.8 | 12 | 中势 | 14.8 | 12 | 中势 | 14.8 | 12 | 中势 | 0.0 | 0 | 持续→ |
| (5)矿产环境竞争力 | 30.4 | 7 | 优势 | 29.2 | 7 | 优势 | 26.3 | 8 | 优势 | 4.1 | 1 | 持续↑ |
| 主要黑色金属矿产基础储量 | 7.9 | 10 | 优势 | 7.8 | 10 | 优势 | 4.8 | 12 | 中势 | 3.1 | 2 | 持续↑ |
| 人均主要黑色金属矿产基础储量 | 15.5 | 6 | 优势 | 15.5 | 7 | 优势 | 9.6 | 6 | 优势 | 5.9 | 0 | 波动→ |
| 主要有色金属矿产基础储量 | 41.2 | 3 | 强势 | 34.6 | 3 | 强势 | 32.0 | 3 | 强势 | 9.2 | 0 | 持续→ |
| 人均主要有色金属矿产基础储量 | 81.0 | 2 | 强势 | 68.6 | 2 | 强势 | 64.1 | 2 | 强势 | 16.8 | 0 | 持续→ |
| 主要非金属矿产基础储量 | 0.0 | 25 | 劣势 | 0.0 | 25 | 劣势 | 0.0 | 24 | 劣势 | 0.0 | −1 | 持续↓ |
| 人均主要非金属矿产基础储量 | 0.0 | 25 | 劣势 | 0.0 | 25 | 劣势 | 0.0 | 24 | 劣势 | 0.0 | −1 | 持续↓ |
| 主要能源矿产基础储量 | 17.5 | 3 | 强势 | 18.5 | 3 | 强势 | 18.3 | 3 | 强势 | −0.8 | 0 | 持续→ |
| 人均主要能源矿产基础储量 | 28.3 | 3 | 强势 | 30.1 | 3 | 强势 | 22.5 | 4 | 优势 | 5.8 | 1 | 持续↑ |
| 工业固体废物产生量 | 83.4 | 17 | 中势 | 89.0 | 10 | 优势 | 87.7 | 10 | 优势 | −4.3 | −7 | 持续↓ |
| (6)能源环境竞争力 | 45.0 | 29 | 劣势 | 57.7 | 27 | 劣势 | 46.0 | 26 | 劣势 | −1.0 | −3 | 持续↓ |
| 能源生产总量 | 76.5 | 28 | 劣势 | 77.6 | 27 | 劣势 | 76.4 | 25 | 中势 | 0.2 | −3 | 持续↓ |
| 能源消费总量 | 69.7 | 18 | 中势 | 73.4 | 15 | 中势 | 76.3 | 12 | 中势 | −6.6 | −6 | 持续↓ |
| 单位地区生产总值能耗 | 25.3 | 28 | 劣势 | 48.6 | 25 | 劣势 | 26.9 | 27 | 劣势 | −1.6 | −1 | 波动↓ |
| 单位地区生产总值电耗 | 69.4 | 26 | 劣势 | 81.0 | 23 | 劣势 | 70.2 | 25 | 劣势 | −0.9 | −1 | 波动↓ |
| 单位工业增加值能耗 | 28.9 | 28 | 劣势 | 57.9 | 23 | 劣势 | 30.0 | 28 | 劣势 | −1.1 | 0 | 波动→ |
| 能源生产弹性系数 | 51.8 | 21 | 劣势 | 60.6 | 24 | 劣势 | 49.1 | 18 | 中势 | 2.7 | −3 | 波动↓ |
| 能源消费弹性系数 | 0.0 | 31 | 劣势 | 8.5 | 30 | 劣势 | 0.0 | 31 | 劣势 | 0.0 | 0 | 波动→ |

**表 31 − 2 − 2　2012 年新疆维吾尔自治区资源环境竞争力各级指标的优劣度结构表**

| 二级指标 | 三级指标 | 四级指标数 | 强势指标 | | 优势指标 | | 中势指标 | | 劣势指标 | | 优劣度 |
|---|---|---|---|---|---|---|---|---|---|---|---|
| | | | 个数 | 比重(%) | 个数 | 比重(%) | 个数 | 比重(%) | 个数 | 比重(%) | |
| 资源环境竞争力 | 水环境竞争力 | 11 | 5 | 45.5 | 5 | 45.5 | 1 | 9.1 | 0 | 0.0 | 强势 |
| | 土地环境竞争力 | 13 | 2 | 15.4 | 3 | 23.1 | 3 | 23.1 | 5 | 38.5 | 优势 |
| | 大气环境竞争力 | 8 | 2 | 25.0 | 1 | 12.5 | 2 | 25.0 | 3 | 37.5 | 劣势 |
| | 森林环境竞争力 | 8 | 1 | 12.5 | 2 | 25.0 | 3 | 37.5 | 2 | 25.0 | 中势 |
| | 矿产环境竞争力 | 9 | 4 | 44.4 | 2 | 22.2 | 1 | 11.1 | 2 | 22.2 | 优势 |
| | 能源环境竞争力 | 7 | 0 | 0.0 | 0 | 0.0 | 1 | 14.3 | 6 | 85.7 | 劣势 |
| 小　计 | | 56 | 14 | 25.0 | 13 | 23.2 | 11 | 19.6 | 18 | 32.1 | 中势 |

　　2010～2012 年新疆维吾尔自治区资源环境竞争力的综合排位呈现持续下降趋势，2012 年排名第 20 位，比 2010 年下降 3 位，在全国处于中游区。

　　从资源环境竞争力的要素指标变化趋势来看，有 1 个指标处于上升趋势，即矿产环境竞争力；有 2 个指标处于保持趋势，为水环境竞争力和土地环境竞争力；有 3 个指标处于下降趋势，为大气环境竞争力、森林环境竞争力和能源环境竞争力。

从资源环境竞争力的基础指标分布来看，在 56 个基础指标中，指标的优劣度结构为 25.0∶23.2∶19.6∶32.1。强势和优势指标所占比重高于劣势指标的比重，表明强势和优势指标占主导地位。

### 31.2.2　新疆维吾尔自治区资源环境竞争力比较分析

图 31-2-1 将 2010~2012 年新疆维吾尔自治区资源环境竞争力与全国最高水平和平均水平进行比较。由图可知，评价期内新疆维吾尔自治区资源环境竞争力得分普遍低于 46 分，且呈现波动下降趋势，说明新疆维吾尔自治区资源环境竞争力保持较低水平。

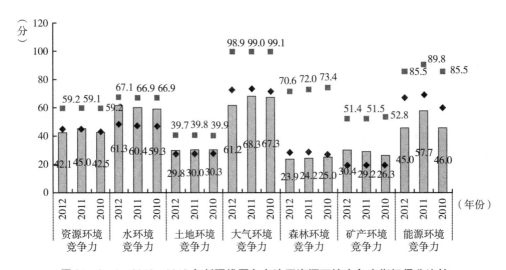

**图 31-2-1　2010~2012 年新疆维吾尔自治区资源环境竞争力指标得分比较**

从资源环境竞争力的整体得分比较来看，2010 年，新疆维吾尔自治区资源环境竞争力得分与全国最高分相比还有 16.7 分的差距，与全国平均分相比，则低了 0.5 分；到 2012 年，新疆维吾尔自治区资源环境竞争力得分与全国最高分的差距扩大为 17.1 分，低于全国平均分 2.5 分。总的来看，2010~2012 年新疆维吾尔自治区资源环境竞争力与最高分的差距呈扩大趋势。

从资源环境竞争力的要素得分比较来看，2012 年，新疆维吾尔自治区水环境竞争力、土地环境竞争力、大气环境竞争力、森林环境竞争力、矿产环境竞争力和能源环境竞争力的得分分别为 61.3 分、29.8 分、61.2 分、23.9 分、30.4 分和 45.0 分，比最高分低 5.8 分、9.9 分、37.7 分、46.7 分、21.0 分和 40.5 分；与 2010 年相比，新疆维吾尔自治区水环境竞争力、森林环境竞争力和矿产环境竞争力的得分与最高分的差距缩小了，但土地环境竞争力、大气环境竞争力和能源环境竞争力的得分与最高分的差距扩大了。

### 31.2.3　新疆维吾尔自治区资源环境竞争力变化动因分析

二级指标资源环境竞争力的变化是三级要素指标变化综合作用的结果，而三级要素指标变化又是四级基础指标变化作用的结果。三级和四级指标的变动情况如表 31-2-1 所示。

从要素指标来看，新疆维吾尔自治区资源环境竞争力的 6 个要素指标中，矿产环境竞争力的排位出现了上升，而大气环境竞争力、森林环境竞争力和能源环境竞争力的排位呈下降趋势，受指标排位升降的综合影响，新疆维吾尔自治区资源环境竞争力呈现持续下降趋势，其中大气环境竞争力是资源环境竞争力排位下降的主要作用因素。

　　从基础指标来看，新疆维吾尔自治区资源环境竞争力的 56 个基础指标中，上升指标有 7 个，占指标总数的 12.5%，主要分布在水环境竞争力等指标组；下降指标有 17 个，占指标总数的 30.4%，主要分布在能源环境竞争力等指标组，其余的 32 个指标呈保持趋势。排位下降的指标数量大于排位上升的指标数量，使得 2012 年新疆维吾尔自治区资源环境竞争力排名呈现持续下降趋势。

## 31.3　新疆维吾尔自治区环境管理竞争力评价分析

### 31.3.1　新疆维吾尔自治区环境管理竞争力评价结果

　　2010～2012 年新疆维吾尔自治区环境管理竞争力排位和排位变化情况及其下属 2 个三级指标和 16 个四级指标的评价结果，如表 31 - 3 - 1 所示；环境管理竞争力各级指标的优劣势情况，如表 31 - 3 - 2 所示。

表 31 - 3 - 1　2010～2012 年新疆维吾尔自治区环境管理竞争力各级指标的得分、排名及优劣度分析表

| 指标项目 | 2012 年 | | | 2011 年 | | | 2010 年 | | | 综合变化 | | |
|---|---|---|---|---|---|---|---|---|---|---|---|---|
| | 得分 | 排名 | 优劣度 | 得分 | 排名 | 优劣度 | 得分 | 排名 | 优劣度 | 得分变化 | 排名变化 | 趋势变化 |
| **环境管理竞争力** | 34.3 | 28 | 劣势 | 29.1 | 30 | 劣势 | 26.7 | 29 | 劣势 | 7.6 | 1 | 波动↑ |
| (1) 环境治理竞争力 | 23.3 | 15 | 中势 | 11.5 | 27 | 劣势 | 14.6 | 26 | 劣势 | 8.7 | 11 | 波动↑ |
| 环境污染治理投资总额 | 34.2 | 13 | 中势 | 17.8 | 22 | 劣势 | 5.5 | 25 | 劣势 | 28.6 | 12 | 持续↑ |
| 环境污染治理投资总额占地方生产总值比重 | 100.0 | 1 | 强势 | 34.6 | 8 | 优势 | 45.8 | 14 | 中势 | 54.2 | 13 | 持续↑ |
| 废气治理设施年运行费用 | 9.4 | 22 | 劣势 | 8.6 | 26 | 劣势 | 11.6 | 26 | 劣势 | -2.2 | 4 | 持续↑ |
| 废水治理设施处理能力 | 6.2 | 24 | 劣势 | 4.3 | 24 | 劣势 | 11.4 | 22 | 劣势 | -5.1 | -2 | 持续↓ |
| 废水治理设施年运行费用 | 9.8 | 21 | 劣势 | 8.3 | 23 | 劣势 | 30.9 | 11 | 中势 | -21.0 | -10 | 波动↓ |
| 矿山环境恢复治理投入资金 | 5.1 | 26 | 劣势 | 12.7 | 24 | 劣势 | 10.1 | 22 | 劣势 | -4.9 | -4 | 持续↓ |
| 本年矿山恢复面积 | 15.0 | 11 | 中势 | 4.7 | 9 | 优势 | 10.4 | 5 | 优势 | 4.6 | -6 | 持续↓ |
| 地质灾害防治投资额 | 0.7 | 29 | 劣势 | 1.5 | 30 | 劣势 | 0.6 | 26 | 劣势 | 0.1 | -3 | 持续↓ |
| 水土流失治理面积 | 8.3 | 24 | 劣势 | 4.1 | 24 | 劣势 | 3.9 | 27 | 劣势 | 4.5 | 3 | 持续↑ |
| 土地复垦面积占新增耕地面积的比重 | 7.0 | 19 | 中势 | 7.0 | 19 | 中势 | 7.0 | 19 | 中势 | 0.0 | 0 | 持续→ |
| (2) 环境友好竞争力 | 42.9 | 30 | 劣势 | 42.7 | 30 | 劣势 | 36.1 | 29 | 劣势 | 6.8 | -1 | 持续↓ |
| 工业固体废物综合利用量 | 20.1 | 22 | 劣势 | 15.0 | 24 | 劣势 | 10.4 | 24 | 劣势 | 9.6 | 2 | 持续↑ |
| 工业固体废物处置量 | 4.5 | 22 | 劣势 | 4.6 | 22 | 劣势 | 2.1 | 23 | 劣势 | 2.4 | 1 | 持续↑ |
| 工业固体废物处置利用率 | 53.7 | 27 | 劣势 | 62.4 | 25 | 劣势 | 42.0 | 29 | 劣势 | 11.8 | 2 | 持续↑ |
| 工业用水重复利用率 | 11.3 | 29 | 劣势 | 13.0 | 30 | 劣势 | 12.5 | 29 | 劣势 | -1.1 | 0 | 波动↓ |
| 城市污水处理率 | 89.0 | 22 | 劣势 | 81.4 | 25 | 劣势 | 78.5 | 26 | 劣势 | 10.5 | 4 | 持续↑ |
| 生活垃圾无害化处理率 | 78.8 | 25 | 劣势 | 79.5 | 20 | 中势 | 70.6 | 22 | 劣势 | 8.2 | -3 | 波动↓ |

表 31 – 3 – 2  2012 年新疆维吾尔自治区环境管理竞争力各级指标的优劣度结构表

| 二级指标 | 三级指标 | 四级指标数 | 强势指标 | | 优势指标 | | 中势指标 | | 劣势指标 | | 优劣度 |
| --- | --- | --- | --- | --- | --- | --- | --- | --- | --- | --- | --- |
| | | | 个数 | 比重（%） | 个数 | 比重（%） | 个数 | 比重（%） | 个数 | 比重（%） | |
| 环境管理竞争力 | 环境治理竞争力 | 10 | 1 | 10.0 | 0 | 0.0 | 3 | 30.0 | 6 | 60.0 | 中势 |
| | 环境友好竞争力 | 6 | 0 | 0.0 | 0 | 0.0 | 0 | 0.0 | 6 | 100.0 | 劣势 |
| | 小　计 | 16 | 1 | 6.3 | 0 | 0.0 | 3 | 18.8 | 12 | 75.0 | 劣势 |

2010 ~ 2012 年新疆维吾尔自治区环境管理竞争力的综合排位呈现波动上升趋势，2012 年排名第 28 位，比 2010 年上升了 1 位，在全国处于下游区。

从环境管理竞争力的要素指标变化趋势来看，有 1 个指标处于波动上升趋势，即环境治理竞争力，而环境友好竞争力呈持续下降。

从环境管理竞争力的基础指标分布来看，在 16 个基础指标中，指标的优劣度结构为 6.3∶0.0∶18.8∶75.0。劣势指标所占比重高于强势和优势指标的比重，表明劣势指标占主导地位。

## 31.3.2  新疆维吾尔自治区环境管理竞争力比较分析

图 31 – 3 – 1 将 2010 ~ 2012 年新疆维吾尔自治区环境管理竞争力与全国最高水平和平均水平进行比较。由图可知，评价期内新疆维吾尔自治区环境管理竞争力得分普遍低于 35 分，虽呈持续上升趋势，但新疆维吾尔自治区环境管理竞争力仍保持较低水平。

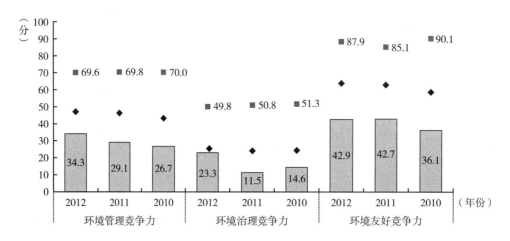

图 31 – 3 – 1  2010 ~ 2012 年新疆维吾尔自治区环境管理竞争力指标得分比较

从环境管理竞争力的整体得分比较来看，2010 年，新疆维吾尔自治区环境管理竞争力得分与全国最高分相比还有 43.3 分的差距，与全国平均分相比，则低了 16.7 分；到 2012 年，新疆维吾尔自治区环境管理竞争力得分与全国最高分的差距为 35.3 分，低于全国平均分 12.7 分。总的来看，2010 ~ 2012 年新疆维吾尔自治区环境管理竞争力与最高分的差距呈缩小趋势，继续保持全国较低水平。

从环境管理竞争力的要素得分比较来看，2012 年，新疆维吾尔自治区环境治理竞争力和环境友好竞争力的得分分别为 23.3 分和 42.9 分，分别比最高分低 26.5 分和 45.0 分，分别低于平均分 1.9 分和 21.1 分；与 2010 年相比，新疆维吾尔自治区环境治理竞争力得分与最高分的差距缩小了 10.2 分，环境友好竞争力得分与最高分的差距缩小了 9.0 分。

### 31.3.3 新疆维吾尔自治区环境管理竞争力变化动因分析

二级指标环境管理竞争力的变化是三级要素指标变化综合作用的结果，而三级要素指标变化又是四级基础指标变化作用的结果。三级和四级指标的变动情况如表 31 - 3 - 1 所示。

从要素指标来看，新疆维吾尔自治区环境管理竞争力的 2 个要素指标中，环境治理竞争力的排名上升了 11 位，环境友好竞争力的排名下降了 1 位，受指标排位升降的综合影响，新疆维吾尔自治区环境管理竞争力波动上升了 1 位，其中环境治理竞争力是环境管理竞争力上升的主要动力。

从基础指标来看，新疆维吾尔自治区环境管理竞争力的 16 个基础指标中，上升指标有 8 个，占指标总数的 50.0%，平均分布在环境治理竞争力和环境友好竞争力指标组；下降指标有 6 个，占指标总数的 37.5%，主要分布在环境治理竞争力指标组。排位上升的指标数量大于排位下降的指标数量，使得 2012 年新疆维吾尔自治区环境管理竞争力排名上升了 1 位。

## 31.4 新疆维吾尔自治区环境影响竞争力评价分析

### 31.4.1 新疆维吾尔自治区环境影响竞争力评价结果

2010~2012 年新疆维吾尔自治区环境影响竞争力排位和排位变化情况及其下属 2 个三级指标和 21 个四级指标的评价结果，如表 31 - 4 - 1 所示；环境影响竞争力各级指标的优劣势情况，如表 31 - 4 - 2 所示。

表 31 - 4 - 1　2010~2012 年新疆维吾尔自治区环境影响竞争力各级指标的得分、排名及优劣度分析表

| 指　　　项<br>标　　　目 | 2012 年 | | | 2011 年 | | | 2010 年 | | | 综合变化 | | |
|---|---|---|---|---|---|---|---|---|---|---|---|---|
| | 得分 | 排名 | 优劣度 | 得分 | 排名 | 优劣度 | 得分 | 排名 | 优劣度 | 得分变化 | 排名变化 | 趋势变化 |
| **环境影响竞争力** | 50.6 | 30 | 劣势 | 59.8 | 28 | 劣势 | 63.3 | 28 | 劣势 | -12.7 | -2 | 持续↓ |
| （1）环境安全竞争力 | 67.1 | 25 | 劣势 | 79.5 | 10 | 优势 | 72.7 | 18 | 中势 | -5.6 | -7 | 波动↓ |
| 自然灾害受灾面积 | 54.0 | 22 | 劣势 | 84.0 | 7 | 优势 | 71.5 | 15 | 中势 | -17.5 | -7 | 波动↓ |
| 自然灾害绝收面积占受灾面积比重 | 61.6 | 23 | 劣势 | 40.7 | 29 | 劣势 | 69.7 | 23 | 劣势 | -8.1 | 0 | 波动→ |
| 自然灾害直接经济损失 | 77.9 | 18 | 中势 | 90.1 | 8 | 优势 | 83.4 | 10 | 优势 | -5.6 | -8 | 波动↓ |
| 发生地质灾害起数 | 98.7 | 14 | 中势 | 99.7 | 11 | 中势 | 96.4 | 16 | 中势 | 2.3 | 2 | 波动↑ |
| 地质灾害直接经济损失 | 55.9 | 29 | 劣势 | 99.9 | 8 | 优势 | 87.4 | 19 | 中势 | -31.5 | -10 | 波动↓ |
| 地质灾害防治投资额 | 1.0 | 28 | 劣势 | 1.5 | 27 | 劣势 | 0.5 | 26 | 劣势 | 0.5 | -2 | 持续↓ |
| 突发环境事件次数 | 93.2 | 19 | 中势 | 97.0 | 12 | 中势 | 96.3 | 17 | 中势 | -3.0 | -2 | 波动↓ |

续表

| 指标\\项目 | 2012 年 | | | 2011 年 | | | 2010 年 | | | 综合变化 | | |
|---|---|---|---|---|---|---|---|---|---|---|---|---|
| | 得分 | 排名 | 优劣度 | 得分 | 排名 | 优劣度 | 得分 | 排名 | 优劣度 | 得分变化 | 排名变化 | 趋势变化 |
| 森林火灾次数 | 95.6 | 13 | 中势 | 93.2 | 16 | 中势 | 98.7 | 12 | 中势 | -3.1 | -1 | 波动↓ |
| 森林火灾火场总面积 | 99.8 | 6 | 优势 | 88.8 | 11 | 中势 | 99.8 | 6 | 优势 | 0.0 | 0 | 波动→ |
| 受火灾森林面积 | 99.6 | 9 | 优势 | 95.8 | 12 | 中势 | 99.6 | 10 | 优势 | 0.0 | 1 | 波动↑ |
| 森林病虫鼠害发生面积 | 0.0 | 31 | 劣势 | 88.4 | 30 | 劣势 | 6.9 | 30 | 劣势 | -6.9 | -1 | 持续↓ |
| 森林病虫鼠害防治率 | 54.7 | 22 | 劣势 | 57.4 | 17 | 中势 | 39.7 | 26 | 劣势 | 15.0 | 4 | 波动↑ |
| （2）环境质量竞争力 | 38.8 | 31 | 劣势 | 45.8 | 30 | 劣势 | 56.5 | 29 | 劣势 | -17.7 | -2 | 持续↓ |
| 人均工业废气排放量 | 52.0 | 25 | 劣势 | 67.5 | 21 | 劣势 | 83.6 | 22 | 劣势 | -31.6 | -3 | 波动↓ |
| 人均二氧化硫排放量 | 30.7 | 28 | 劣势 | 34.6 | 29 | 劣势 | 53.5 | 27 | 劣势 | -22.9 | -1 | 波动↓ |
| 人均工业烟（粉）尘排放量 | 2.9 | 30 | 劣势 | 37.2 | 27 | 劣势 | 37.1 | 27 | 劣势 | -34.2 | -3 | 持续↓ |
| 人均工业废水排放量 | 60.6 | 11 | 中势 | 63.2 | 13 | 中势 | 75.5 | 9 | 优势 | -14.9 | -2 | 波动↓ |
| 人均生活污水排放量 | 75.0 | 15 | 中势 | 81.8 | 10 | 优势 | 79.9 | 18 | 中势 | -4.9 | 3 | 波动↓ |
| 人均化学需氧量排放量 | 38.9 | 29 | 劣势 | 39.7 | 30 | 劣势 | 50.0 | 28 | 劣势 | -11.1 | -1 | 波动↓ |
| 人均工业固体废物排放量 | 0.0 | 31 | 劣势 | 0.0 | 31 | 劣势 | 38.0 | 30 | 劣势 | -38.0 | -1 | 持续↓ |
| 人均化肥施用量 | 0.0 | 31 | 劣势 | 0.0 | 31 | 劣势 | 0.0 | 31 | 劣势 | 0.0 | 0 | 持续→ |
| 人均农药施用量 | 83.6 | 12 | 中势 | 86.8 | 12 | 中势 | 87.5 | 12 | 中势 | -3.9 | 0 | 持续→ |

表 31 - 4 - 2　2012 年新疆维吾尔自治区环境影响竞争力各级指标的优劣度结构表

| 二级指标 | 三级指标 | 四级指标数 | 强势指标 | | 优势指标 | | 中势指标 | | 劣势指标 | | 优劣度 |
|---|---|---|---|---|---|---|---|---|---|---|---|
| | | | 个数 | 比重（%） | 个数 | 比重（%） | 个数 | 比重（%） | 个数 | 比重（%） | |
| 环境影响竞争力 | 环境安全竞争力 | 12 | 0 | 0.0 | 2 | 16.7 | 4 | 33.3 | 6 | 50.0 | 劣势 |
| | 环境质量竞争力 | 9 | 0 | 0.0 | 0 | 0.0 | 3 | 33.3 | 6 | 66.7 | 劣势 |
| | 小　计 | 21 | 0 | 0.0 | 2 | 9.5 | 7 | 33.3 | 12 | 57.1 | 劣势 |

2010 ~ 2012 年新疆维吾尔自治区环境影响竞争力的综合排位呈现持续下降趋势，2012年排名第 30 位，与 2010 年相比下降 2 位，在全国处于下游区。

从环境影响竞争力的要素指标变化趋势来看，有 1 个指标处于波动下降趋势，即环境安全竞争力；有 1 个指标处于持续下降趋势，为环境质量竞争力。

从环境影响竞争力的基础指标分布来看，在 20 个基础指标中，指标的优劣度结构为0.0∶9.5∶33.3∶57.1。劣势指标所占比重大于强势和优势指标的比重，表明劣势指标占主导地位。

### 31.4.2　新疆维吾尔自治区环境影响竞争力比较分析

图 31 - 4 - 1 将 2010 ~ 2012 年新疆维吾尔自治区环境影响竞争力与全国最高水平和平均水平进行比较。由图可知，评价期内新疆维吾尔自治区环境影响竞争力得分普遍低于 64 分，且呈持续下降趋势，说明新疆维吾尔自治区环境影响竞争力保持较低水平。

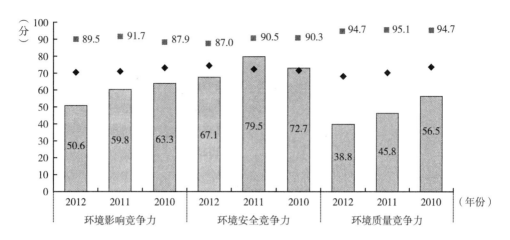

图 31 - 4 - 1　2010 ~ 2012 年新疆维吾尔自治区环境影响竞争力指标得分比较

从环境影响竞争力的整体得分比较来看，2010 年，新疆维吾尔自治区环境影响竞争力得分与全国最高分相比还有 24.7 分的差距，与全国平均分相比，则低了 9.2 分；到 2012 年，新疆维吾尔自治区环境影响竞争力得分与全国最高分的差距扩大为 38.9 分，低于全国平均分 20.0 分。总的来看，2010 ~ 2012 年新疆维吾尔自治区环境影响竞争力与最高分的差距呈扩大趋势。

从环境影响竞争力的要素得分比较来看，2012 年，新疆维吾尔自治区环境安全竞争力和环境质量竞争力的得分分别为 67.1 分和 38.8 分，比最高分低 19.9 分和 55.9 分，低于平均分 7.1 分和 29.2 分；与 2010 年相比，新疆维吾尔自治区环境安全竞争力得分与最高分的差距扩大了 2.3 分，环境质量竞争力得分与最高分的差距扩大了 17.7 分。

### 31.4.3　新疆维吾尔自治区环境影响竞争力变化动因分析

二级指标环境影响竞争力的变化是三级要素指标变化综合作用的结果，而三级要素指标变化又是四级基础指标变化作用的结果。三级和四级指标的变动情况如表 31 - 4 - 1 所示。

从要素指标来看，新疆维吾尔自治区环境影响竞争力的 2 个要素指标中，环境安全竞争力的排名下降了 7 位，环境质量竞争力的排名下降了 2 位，受指标排位升降的综合影响，新疆维吾尔自治区环境影响竞争力排名呈持续下降，其中环境安全竞争力是环境影响竞争力呈现持续下降的主要因素。

从基础指标来看，新疆维吾尔自治区环境影响竞争力的 21 个基础指标中，上升指标有 4 个，占指标总数的 19.0%，主要分布在环境安全竞争力指标组；下降指标有 13 个，占指标总数的 61.9%，也主要分布在环境安全竞争力指标组。排位上升的指标数量小于排位下降的指标数量，使得 2012 年新疆维吾尔自治区环境影响竞争力排名呈现持续下降。

## 31.5　新疆维吾尔自治区环境协调竞争力评价分析

### 31.5.1　新疆维吾尔自治区环境协调竞争力评价结果

2010 ~ 2012 年新疆维吾尔自治区环境协调竞争力排位和排位变化情况及其下属 2 个三

级指标和19个四级指标的评价结果，如表31-5-1所示；环境协调竞争力各级指标的优劣势情况，如表31-5-2所示。

表31-5-1　2010～2012年新疆维吾尔自治区环境协调竞争力各级指标的得分、排名及优劣度分析表

| 指标项目 | 2012年 | | | 2011年 | | | 2010年 | | | 综合变化 | | |
|---|---|---|---|---|---|---|---|---|---|---|---|---|
| | 得分 | 排名 | 优劣度 | 得分 | 排名 | 优劣度 | 得分 | 排名 | 优劣度 | 得分变化 | 排名变化 | 趋势变化 |
| **环境协调竞争力** | 59.5 | 21 | 劣势 | 55.2 | 20 | 中势 | 56.8 | 25 | 劣势 | 2.6 | 4 | 波动↑ |
| (1) 人口与环境协调竞争力 | 45.0 | 26 | 劣势 | 33.7 | 30 | 劣势 | 30.1 | 31 | 劣势 | 14.9 | 5 | 持续↑ |
| 人口自然增长率与工业废气排放量增长率比差 | 100.0 | 1 | 强势 | 0.0 | 31 | 劣势 | 8.2 | 30 | 劣势 | 91.8 | 29 | 波动↑ |
| 人口自然增长率与工业废水排放量增长率比差 | 53.6 | 25 | 劣势 | 62.0 | 23 | 劣势 | 43.7 | 30 | 劣势 | 9.9 | 3 | 波动↑ |
| 人口自然增长率与工业固体废物排放量增长率比差 | 19.5 | 29 | 劣势 | 0.0 | 31 | 劣势 | 13.3 | 29 | 劣势 | 6.2 | 0 | 波动→ |
| 人口自然增长率与能源消费量增长率比差 | 100.0 | 1 | 强势 | 80.4 | 15 | 中势 | 60.9 | 27 | 劣势 | 39.1 | 26 | 持续↑ |
| 人口密度与人均水资源量比差 | 1.3 | 28 | 劣势 | 1.4 | 28 | 劣势 | 2.2 | 28 | 劣势 | -0.9 | 0 | 持续→ |
| 人口密度与人均耕地面积比差 | 50.5 | 5 | 优势 | 51.3 | 5 | 优势 | 52.0 | 5 | 优势 | -1.4 | 0 | 持续→ |
| 人口密度与森林覆盖率比差 | 0.0 | 31 | 劣势 | 0.0 | 31 | 劣势 | 0.0 | 31 | 劣势 | 0.0 | 0 | 持续→ |
| 人口密度与人均矿产基础储量比差 | 29.8 | 6 | 优势 | 31.6 | 5 | 优势 | 23.4 | 7 | 优势 | 6.3 | 1 | 波动↑ |
| 人口密度与人均能源生产量比差 | 69.1 | 25 | 劣势 | 69.5 | 25 | 劣势 | 66.6 | 26 | 劣势 | 2.5 | 1 | 持续↑ |
| (2) 经济与环境协调竞争力 | 69.0 | 15 | 中势 | 69.4 | 11 | 中势 | 74.3 | 5 | 优势 | -5.4 | -10 | 持续↓ |
| 工业增加值增长率与工业废气排放增长率比差 | 52.5 | 29 | 劣势 | 73.9 | 14 | 中势 | 93.1 | 5 | 优势 | -40.6 | -24 | 持续↓ |
| 工业增加值增长率与工业废水排放量增长率比差 | 89.8 | 5 | 优势 | 42.2 | 9 | 劣势 | 60.5 | 18 | 中势 | 29.4 | 13 | 持续↑ |
| 工业增加值增长率与工业固体废物排放量增长率比差 | 71.0 | 20 | 劣势 | 64.9 | 14 | 中势 | 94.1 | 4 | 优势 | -23.1 | -16 | 持续↓ |
| 地区生产总值增长率与能源消费量增长率比差 | 29.7 | 27 | 劣势 | 72.0 | 20 | 中势 | 67.3 | 25 | 劣势 | -37.6 | -2 | 波动↓ |
| 人均工业增加值与人均水资源量比差 | 85.2 | 7 | 优势 | 83.3 | 6 | 优势 | 84.5 | 7 | 优势 | 0.7 | 0 | 波动→ |
| 人均工业增加值与人均耕地面积比差 | 61.3 | 22 | 劣势 | 61.9 | 22 | 劣势 | 60.7 | 21 | 劣势 | 0.6 | -1 | 持续↓ |
| 人均工业增加值与人均工业废气排放量比差 | 70.7 | 12 | 中势 | 57.3 | 17 | 中势 | 42.1 | 21 | 劣势 | 28.7 | 9 | 持续↑ |
| 人均工业增加值与森林覆盖率比差 | 78.6 | 16 | 中势 | 77.2 | 15 | 中势 | 77.9 | 14 | 中势 | 0.6 | -2 | 持续↓ |
| 人均工业增加值与人均矿产基础储量比差 | 93.1 | 6 | 优势 | 92.6 | 6 | 优势 | 100.0 | 1 | 强势 | -6.9 | -5 | 持续↓ |
| 人均工业增加值与人均能源生产量比差 | 62.0 | 12 | 中势 | 64.4 | 12 | 中势 | 68.4 | 12 | 中势 | -6.4 | 0 | 持续→ |

表31-5-2　2012年新疆维吾尔自治区环境协调竞争力各级指标的优劣度结构表

| 二级指标 | 三级指标 | 四级指标数 | 强势指标 | | 优势指标 | | 中势指标 | | 劣势指标 | | 优劣度 |
|---|---|---|---|---|---|---|---|---|---|---|---|
| | | | 个数 | 比重(%) | 个数 | 比重(%) | 个数 | 比重(%) | 个数 | 比重(%) | |
| 环境协调竞争力 | 人口与环境协调竞争力 | 9 | 2 | 22.2 | 2 | 22.2 | 0 | 0.0 | 5 | 55.6 | 劣势 |
| | 经济与环境协调竞争力 | 10 | 0 | 0.0 | 3 | 30.0 | 4 | 40.0 | 3 | 30.0 | 中势 |
| | 小　计 | 19 | 2 | 10.5 | 5 | 26.3 | 4 | 21.1 | 8 | 42.1 | 劣势 |

2010～2012年新疆维吾尔自治区环境协调竞争力的综合排位呈现波动上升趋势，2012年排名第21位，比2010年上升了4位，在全国处于下游区。

从环境协调竞争力的要素指标变化趋势来看，有1个指标处于持续上升趋势，即人口与环境协调竞争力；有1个指标处于持续下降趋势，为经济与环境协调竞争力。

从环境协调竞争力的基础指标分布来看，在19个基础指标中，指标的优劣度结构为

10.5∶26.3∶21.1∶42.1。劣势指标所占比重大于强势和优势指标的比重,表明劣势指标占主导地位。

### 31.5.2 新疆维吾尔自治区环境协调竞争力比较分析

图31-5-1将2010~2012年新疆维吾尔自治区环境协调竞争力与全国最高水平和平均水平进行比较。由图可知,评价期内新疆维吾尔自治区环境协调竞争力得分普遍低于60分,虽呈波动上升趋势,新疆维吾尔自治区环境协调竞争力仍处于较低水平。

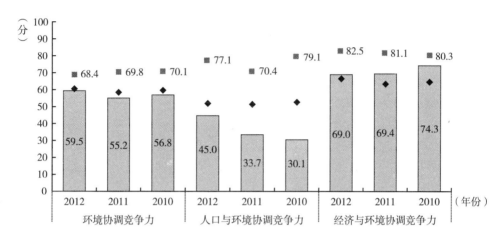

**图31-5-1 2010~2012年新疆维吾尔自治区环境协调竞争力指标得分比较**

从环境协调竞争力的整体得分比较来看,2010年,新疆维吾尔自治区环境协调竞争力得分与全国最高分相比还有13.2分的差距,与全国平均分相比,低了2.5分;到2012年,新疆维吾尔自治区环境协调竞争力得分与全国最高分的差距缩小为8.9分,低于全国平均分0.9分。总的来看,2010~2012年新疆维吾尔自治区环境协调竞争力与最高分的差距呈缩小趋势,但仍处于全国下游地位。

从环境协调竞争力的要素得分比较来看,2012年,新疆维吾尔自治区人口与环境协调竞争力和经济与环境协调竞争力的得分分别为45.0分和69.0分,比最高分低32.0分和13.5分,前者低于平均分6.2分,后者高于平均分2.6分;与2010年相比,新疆维吾尔自治区人口与环境协调竞争力得分与最高分的差距缩小了17.0分,但经济与环境协调竞争力得分与最高分的差距扩大了7.6分。

### 31.5.3 新疆维吾尔自治区环境协调竞争力变化动因分析

二级指标环境协调竞争力的变化是三级要素指标变化综合作用的结果,而三级要素指标变化又是四级基础指标变化作用的结果。三级和四级指标的变动情况如表31-5-1所示。

从要素指标来看,新疆维吾尔自治区环境协调竞争力的2个要素指标中,人口与环境协调竞争力的排名持续上升了5位,经济与环境协调竞争力的排名持续下降了10位,受外部因素的综合影响,新疆维吾尔自治区环境协调竞争力波动上升了4位,其中人口与环境协竞争力是环境协调竞争力排名上升的主要动力。

从基础指标来看，新疆维吾尔自治区环境协调竞争力的 19 个基础指标中，上升指标有 7 个，占指标总数的 36.8%，主要分布在人口与环境协调竞争力指标组；下降指标有 6 个，占指标总数的 31.6%，主要分布在经济与环境协调竞争力指标组。排位上升的指标数量大于排位下降的指标数量，使得 2012 年新疆维吾尔自治区环境协调竞争力排名波动上升了 4 位。

## 31.6    新疆维吾尔自治区环境竞争力总体评述

从对新疆维吾尔自治区环境竞争力及其 5 个二级指标在全国的排位变化和指标结构的综合分析来看，"十二五"中期（2010 ~ 2012 年）环境竞争力中上升指标的数量小于下降指标的数量，但受其他外部因素的综合影响，2012 年新疆维吾尔自治区环境竞争力的排位持续保持不变，在全国居第 30 位。

### 31.6.1    新疆维吾尔自治区环境竞争力概要分析

新疆维吾尔自治区环境竞争力在全国所处的位置及变化如表 31 - 6 - 1 所示，5 个二级指标的得分和排位变化如表 31 - 6 - 2 所示。

表 31 - 6 - 1    2010 ~ 2012 年新疆维吾尔自治区环境竞争力一级指标比较表

| 项目 \ 年份 | 2012 | 2011 | 2010 |
|---|---|---|---|
| 排名 | 30 | 30 | 30 |
| 所属区位 | 下游 | 下游 | 下游 |
| 得分 | 41.1 | 42.3 | 43.0 |
| 全国最高分 | 58.2 | 59.5 | 60.1 |
| 全国平均分 | 51.3 | 50.8 | 50.4 |
| 与最高分的差距 | - 17.1 | - 17.2 | - 17.2 |
| 与平均分的差距 | - 10.2 | - 8.5 | - 7.5 |
| 优劣度 | 劣势 | 劣势 | 劣势 |
| 波动趋势 | 保持 | 保持 | — |

表 31 - 6 - 2    2010 ~ 2012 年新疆维吾尔自治区环境竞争力二级指标比较表

| 项目 \ 年份 | 生态环境竞争力 得分 | 生态环境竞争力 排名 | 资源环境竞争力 得分 | 资源环境竞争力 排名 | 环境管理竞争力 得分 | 环境管理竞争力 排名 | 环境影响竞争力 得分 | 环境影响竞争力 排名 | 环境协调竞争力 得分 | 环境协调竞争力 排名 | 环境竞争力 得分 | 环境竞争力 排名 |
|---|---|---|---|---|---|---|---|---|---|---|---|---|
| 2010 | 40.6 | 28 | 42.5 | 17 | 26.7 | 29 | 63.3 | 28 | 56.8 | 25 | 43.0 | 30 |
| 2011 | 36.5 | 27 | 45.0 | 18 | 29.1 | 30 | 59.8 | 28 | 55.2 | 20 | 42.3 | 30 |
| 2012 | 32.0 | 30 | 42.1 | 20 | 34.3 | 28 | 50.6 | 30 | 59.5 | 21 | 41.1 | 30 |
| 得分变化 | - 8.6 | — | - 0.4 | — | 7.6 | — | - 12.7 | — | 2.6 | — | - 1.9 | — |
| 排位变化 | — | - 2 | — | - 3 | — | 1 | — | - 2 | — | 4 | — | 0 |
| 优劣度 | 劣势 | 劣势 | 中势 | 中势 | 劣势 | 劣势 | 劣势 | 劣势 | 劣势 | 劣势 | 劣势 | 劣势 |

（1）从指标排位变化趋势看，2012 年新疆维吾尔自治区环境竞争力综合排名在全国处于第 30 位，表明其在全国处于劣势地位；与 2010 年相比，排位保持不变。总的来看，评价期内新疆维吾尔自治区环境竞争力呈现持续保持趋势。

在 5 个二级指标中，有 2 个指标处于上升趋势，为环境管理竞争力和环境协调竞争力；有 3 个指标处于下降趋势，为生态环境竞争力、资源环境竞争力和环境影响竞争力。在指标排位升降和外部因素的综合影响下，评价期内新疆维吾尔自治区环境竞争力的综合排位持续保持不变，在全国排名第 30 位。

（2）从指标所处区位看，2012 年新疆维吾尔自治区环境竞争力处于下游区，其中，资源环境竞争力为中势指标，生态环境竞争力、环境管理竞争力、环境影响竞争力和环境协调竞争力指标为劣势指标。

（3）从指标得分看，2012 年新疆维吾尔自治区环境竞争力得分为 41.1 分，比全国最高分低 17.1 分，比全国平均分低 10.2 分；与 2010 年相比，新疆维吾尔自治区环境竞争力得分下降了 1.9 分，与当年最高分的差距缩小了，但与全国平均分的差距扩大了。

2012 年，新疆维吾尔自治区环境竞争力二级指标的得分均高于 31 分，与 2010 年相比，得分上升最多的为环境管理竞争力，上升了 7.6 分；得分下降最多的为环境影响竞争力，下降了 12.7 分。

### 31.6.2 新疆维吾尔自治区环境竞争力各级指标动态变化分析

2010～2012 年新疆维吾尔自治区环境竞争力各级指标的动态变化及其结构，如图 31 - 6 - 1 和表 31 - 6 - 3 所示。

从图 31 - 6 - 1 可以看出，新疆维吾尔自治区环境竞争力的四级指标中保持指标的比例大于下降指标，表明保持指标居于主导地位。表 31 - 6 - 3 中的数据进一步说明，新疆维吾尔自治区环境竞争力的 130 个四级指标中，上升的指标有 28 个，占指标总数的 21.5%；保持的指标有 55 个，占指标总数的 42.3%；下降的指标为 47 个，占指标总数的 36.2%。保持指标的数量大于下降指标的数量，使得评价期内新疆维吾尔自治区环境竞争力排位保持不变，在全国居第 30 位。

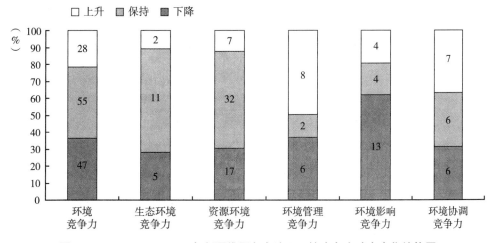

图 31 - 6 - 1　2010～2012 年新疆维吾尔自治区环境竞争力动态变化结构图

**表 31 - 6 - 3  2010～2012 年新疆维吾尔自治区环境竞争力各级指标排位变化态势比较表**

| 二级指标 | 三级指标 | 四级指标数 | 上升指标 | | 保持指标 | | 下降指标 | | 变化趋势 |
|---|---|---|---|---|---|---|---|---|---|
| | | | 个数 | 比重（%） | 个数 | 比重（%） | 个数 | 比重（%） | |
| 生态环境竞争力 | 生态建设竞争力 | 9 | 2 | 22.2 | 6 | 66.7 | 1 | 11.1 | 持续↓ |
| | 生态效益竞争力 | 9 | 0 | 0.0 | 5 | 55.6 | 4 | 44.4 | 持续↓ |
| | 小　计 | 18 | 2 | 11.1 | 11 | 61.1 | 5 | 27.8 | 波动↓ |
| 资源环境竞争力 | 水环境竞争力 | 11 | 3 | 27.3 | 5 | 45.5 | 3 | 27.3 | 持续→ |
| | 土地环境竞争力 | 13 | 2 | 15.4 | 10 | 76.9 | 1 | 7.7 | 持续→ |
| | 大气环境竞争力 | 8 | 0 | 0.0 | 4 | 50.0 | 4 | 50.0 | 持续↓ |
| | 森林环境竞争力 | 8 | 0 | 0.0 | 7 | 87.5 | 1 | 12.5 | 持续↓ |
| | 矿产环境竞争力 | 9 | 2 | 22.2 | 4 | 44.4 | 3 | 33.3 | 持续↑ |
| | 能源环境竞争力 | 7 | 0 | 0.0 | 2 | 28.6 | 5 | 71.4 | 持续↓ |
| | 小　计 | 56 | 7 | 12.5 | 32 | 57.1 | 17 | 30.4 | 持续↓ |
| 环境管理竞争力 | 环境治理竞争力 | 10 | 4 | 40.0 | 1 | 10.0 | 5 | 50.0 | 波动↑ |
| | 环境友好竞争力 | 6 | 4 | 66.7 | 1 | 16.7 | 1 | 16.7 | 波动↓ |
| | 小　计 | 16 | 8 | 50.0 | 2 | 12.5 | 6 | 37.5 | 波动↑ |
| 环境影响竞争力 | 环境安全竞争力 | 12 | 3 | 25.0 | 2 | 16.7 | 7 | 58.3 | 波动↓ |
| | 环境质量竞争力 | 9 | 1 | 11.1 | 2 | 22.2 | 6 | 66.7 | 持续↓ |
| | 小　计 | 21 | 4 | 19.0 | 4 | 19.0 | 13 | 61.9 | 持续↓ |
| 环境协调竞争力 | 人口与环境协调竞争力 | 9 | 5 | 55.6 | 4 | 44.4 | 0 | 0.0 | 持续↑ |
| | 经济与环境协调竞争力 | 10 | 2 | 20.0 | 2 | 20.0 | 6 | 60.0 | 持续↓ |
| | 小　计 | 19 | 7 | 36.8 | 6 | 31.6 | 6 | 31.6 | 波动↑ |
| 合　计 | | 130 | 28 | 21.5 | 55 | 42.3 | 47 | 36.2 | 持续→ |

### 31.6.3　新疆维吾尔自治区环境竞争力各级指标变化动因分析

2012 年新疆维吾尔自治区环境竞争力各级指标的优劣势变化及其结构，如图 31 - 6 - 2 和表 31 - 6 - 4 所示。

从图 31 - 6 - 2 可以看出，2012 年新疆维吾尔自治区环境竞争力的四级指标中强势和优势指标的比例小于劣势指标，表明劣势指标居于主导地位。表 31 - 6 - 4 中的数据进一步说明，2012 年新疆维吾尔自治区环境竞争力的 130 个四级指标中，强势指标有 19 个，占指标总数的 14.6%；优势指标为 22 个，占指标总数的 16.9%；中势指标 28 个，占指标总数的 21.5%；劣势指标有 61 个，占指标总数的 46.9%；强势指标和优势指标之和占指标总数的 31.5%，数量与比重均小于劣势指标。从三级指标来看，四级指标中强势指标和优势指标之和占四级指标总数一半以上的分别有水环境竞争力和矿产环境竞争力，共计 2 个指标，占三级指标总数的 14.3%。反映到二级指标上来，中势指标有 1 个，占二级指标总数的 20%；劣势指标有 4 个，占二级指标总数的 80%。这使得新疆维吾尔自治区环境竞争力处于劣势地位，在全国位居第 30 位，处于下游区。

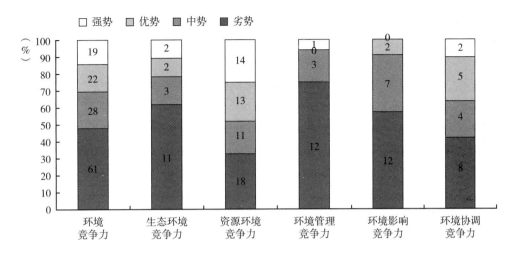

图 31 - 6 - 2　2012 年新疆维吾尔自治区环境竞争力优劣度结构图

表 31 - 6 - 4　2012 年新疆维吾尔自治区环境竞争力各级指标优劣度比较表

| 二级指标 | 三级指标 | 四级指标数 | 强势指标 | | 优势指标 | | 中势指标 | | 劣势指标 | | 优劣度 |
|---|---|---|---|---|---|---|---|---|---|---|---|
| | | | 个数 | 比重（%） | 个数 | 比重（%） | 个数 | 比重（%） | 个数 | 比重（%） | |
| 生态环境竞争力 | 生态建设竞争力 | 9 | 0 | 0.0 | 2 | 22.2 | 3 | 33.3 | 4 | 44.4 | 劣势 |
| | 生态效益竞争力 | 9 | 2 | 22.2 | 0 | 0.0 | 0 | 0.0 | 7 | 77.8 | 劣势 |
| | 小　计 | 18 | 2 | 11.1 | 2 | 11.1 | 3 | 16.7 | 11 | 61.1 | 劣势 |
| 资源环境竞争力 | 水环境竞争力 | 11 | 5 | 45.5 | 5 | 45.5 | 1 | 9.1 | 0 | 0.0 | 强势 |
| | 土地环境竞争力 | 13 | 2 | 15.4 | 3 | 23.1 | 3 | 23.1 | 5 | 38.5 | 优势 |
| | 大气环境竞争力 | 8 | 2 | 25.0 | 1 | 12.5 | 2 | 25.0 | 3 | 37.5 | 劣势 |
| | 森林环境竞争力 | 8 | 1 | 12.5 | 2 | 25.0 | 3 | 37.5 | 2 | 25.0 | 中势 |
| | 矿产环境竞争力 | 9 | 4 | 44.4 | 2 | 22.2 | 1 | 11.1 | 2 | 22.2 | 优势 |
| | 能源环境竞争力 | 7 | 0 | 0.0 | 0 | 0.0 | 1 | 14.3 | 6 | 85.7 | 劣势 |
| | 小　计 | 56 | 14 | 25.0 | 13 | 23.2 | 11 | 19.6 | 18 | 32.1 | 中势 |
| 环境管理竞争力 | 环境治理竞争力 | 10 | 1 | 10.0 | 0 | 0.0 | 3 | 30.0 | 6 | 60.0 | 中势 |
| | 环境友好竞争力 | 6 | 0 | 0.0 | 0 | 0.0 | 0 | 0.0 | 6 | 100.0 | 劣势 |
| | 小　计 | 16 | 1 | 6.3 | 0 | 0.0 | 3 | 18.8 | 12 | 75.0 | 劣势 |
| 环境影响竞争力 | 环境安全竞争力 | 12 | 0 | 0.0 | 2 | 16.7 | 4 | 33.3 | 6 | 50.0 | 劣势 |
| | 环境质量竞争力 | 9 | 0 | 0.0 | 0 | 0.0 | 3 | 33.3 | 6 | 66.7 | 劣势 |
| | 小　计 | 21 | 0 | 0.0 | 2 | 9.5 | 7 | 33.3 | 12 | 57.1 | 劣势 |
| 环境协调竞争力 | 人口与环境协调竞争力 | 9 | 2 | 22.2 | 2 | 22.2 | 0 | 0.0 | 5 | 55.6 | 劣势 |
| | 经济与环境协调竞争力 | 10 | 0 | 0.0 | 3 | 30.0 | 4 | 40.0 | 3 | 30.0 | 中势 |
| | 小　计 | 19 | 2 | 10.5 | 5 | 26.3 | 4 | 21.1 | 8 | 42.1 | 劣势 |
| 合　计 | | 130 | 19 | 14.6 | 22 | 16.9 | 28 | 21.5 | 61 | 46.9 | 劣势 |

　　为了进一步明确影响新疆维吾尔自治区环境竞争力变化的具体指标，也便于对相关指标进行深入分析，从而为提升新疆维吾尔自治区环境竞争力提供决策参考，表 31 - 6 - 5 列出

了环境竞争力指标体系中直接影响新疆维吾尔自治区环境竞争力升降的强势指标、优势指标和劣势指标。

表 31 - 6 - 5　2012 年新疆维吾尔自治区环境竞争力四级指标优劣度统计表

| 指标 | 强势指标 | 优势指标 | 劣势指标 |
|---|---|---|---|
| 生态环境<br>竞争力<br>（18 个） | 化肥施用强度、农药施用强度（2 个） | 本年减少耕地面积、自然保护区面积占土地总面积比重（2 个） | 国家级生态示范区个数、公园面积、园林绿地面积、自然保护区个数、工业废气排放强度、工业二氧化硫排放强度、工业烟（粉）尘排放强度、工业废水排放强度、工业废水中化学需氧量排放强度、工业废水中氨氮排放强度、工业固体废物排放强度（11 个） |
| 资源环境<br>竞争力<br>（56 个） | 供水总量、用水总量、用水消耗量、耗水率、节灌率、土地总面积、牧草地面积、地均工业废气排放量、地均二氧化硫排放量、天然林比重、主要有色金属矿产基础储量、人均主要有色金属矿产基础储量、主要能源矿产基础储量、人均主要能源矿产基础储量（14 个） | 人均水资源量、降水量、城市再生水利用率、工业废水排放总量、生活污水排放量、人均耕地面积、人均牧草地面积、人均园地面积、地均工业烟（粉）尘排放量、林业用地面积、造林总面积、主要黑色金属矿产基础储量、人均主要黑色金属矿产基础储量（13 个） | 土地资源利用效率、单位建设用地非农产业增加值、单位耕地面积农业增加值、沙化土地面积占土地总面积的比重、当年新增种草面积、工业烟（粉）尘排放总量、全省设区市优良天数比例、可吸入颗粒物（PM10）浓度、森林覆盖率、人工林面积、主要非金属矿产基础储量、人均主要非金属矿产基础储量、能源生产总量、单位地区生产总值能耗、单位地区生产总值电耗、单位工业增加值能耗、能源生产弹性系数、能源消费弹性系数（18 个） |
| 环境管理<br>竞争力<br>（16 个） | 环境污染治理投资总额占地方生产总值比重（1 个） | （0 个） | 废气治理设施年运行费用、废水治理设施处理能力、废水治理设施年运行费用、矿山环境恢复治理投入资金、地质灾害防治投资额、水土流失治理面积、工业固体废物综合利用量、工业固体废物处置量、工业固体废物处置利用率、工业用水重复利用率、城市污水处理率、生活垃圾无害化处理率（12 个） |
| 环境影响<br>竞争力<br>（21 个） | （0 个） | 森林火灾火场总面积、受火灾森林面积（2 个） | 自然灾害受灾面积、自然灾害绝收面积占受灾面积比重、地质灾害直接经济损失、地质灾害防治投资额、森林病虫鼠害发生面积、森林病虫鼠害防治率、人均工业废气排放量、人均二氧化硫排放量、人均工业烟（粉）尘排放量、人均化学需氧量排放量、人均工业固体废物排放量、人均化肥施用量（12 个） |
| 环境协调<br>竞争力<br>（19 个） | 人口自然增长率与工业废气排放量增长率比差、人口自然增长率与能源消费量增长率比差（2 个） | 人口密度与人均耕地面积比差、人口密度与人均矿产基础储量比差、工业增加值增长率与工业废水排放量增长率比差、人均工业增加值与人均水资源量比差、人均工业增加值与人均矿产基础储量比差（5 个） | 人口自然增长率与工业废水排放量增长率比差、人口自然增长率与工业固体废物排放量增长率比差、人口密度与人均水资源量比差、人口密度与森林覆盖率比差、人口密度与人均能源生产量比差、工业增加值增长率与工业废气排放量增长率比差、地区生产总值增长率与能源消费量增长率比差、人均工业增加值与人均耕地面积比差（8 个） |

# GⅢ 专题报告

Special Report

## G.33

专题报告一：
## "十二五"中期全国各省、市、区生态环境
## 保护状况与趋势展望

环境保护是我国的一项基本国策，是生态文明建设的主阵地，是建设美丽中国的主干线、大舞台和着力点。环保工作取得的任何成效任何突破，都是对推进生态文明、建设美丽中国的积极贡献。"十二五"规划实施以来，我国各省、市、区加快发展生态文明，不断加大环境保护力度，在环保工作上取得了巨大成就，体现在：环境治理投资持续加大、节能减排工作卓有成效、自然生态建设成效显著、水土资源保护力度不断加大、城市环境质量稳步提高、防灾减灾能力有效提升等方面。但同时我们也要意识到，我国仍存在能源资源消耗还比较大，污染物排放总量比较高，能源利用效率比较低，环境治理投资仍显不足，环境法制体系不够完善等问题。

党的十八届三中全会指出，建设生态文明，必须建立系统完整的生态文明制度体系，用制度保护生态环境。要紧紧围绕建设美丽中国深化生态文明体制改革，加快建立生态文明制度、健全国土空间开发、资源节约利用、生态环境保护的体制机制，推动形成人与自然和谐发展的现代化建设新格局。今后，我国各省、市、区应进一步贯彻十八届三中全会精神，加快经济发展方式转变和生态文明建设，加快推进绿色经济转型，建立健全生态文明制度体系，更加积极广泛地参与国际环境合作，持续提高公民的环保意识，有效改善生态环境质量，进一步增强可持续发展能力，不断提高生态文明水平。

## 一 "十二五"中期国内外生态环境保护形势分析

20 世纪以来，人类生产高速发展，经济极大繁荣，但环境也急剧恶化，环境危机步步

紧逼，环境问题已经成为全球性的问题和焦点，是未来影响世界的首要问题（赵敏、潘晓广，2012），更是未来经济社会发展的硬约束。世界各国高度重视环境问题，已经先后召开了一系列重要的全球环境大会，通过了一系列的环境宣言和环境保护公约，加强生态环境保护已经成为各国的广泛共识。后金融危机时代，世界各国都处于重要的战略转型期，绿色经济转型成为各国的共同选择，加强生态环境保护和环境领域的竞争对于推动绿色经济转型具有重要作用，在各国处于重要地位，已经进入国家发展的主流，环境诉求越来越强烈。

**1. 绿色经济转型是世界各国的共同选择**

经济转型是指资源配置和经济发展方式的转变，包括发展模式、发展要素、发展路径等的转变。从国际经验看，不论是发达国家还是新型工业化国家，无一不是在经济转型升级中实现持续快速发展。2008 年国际金融危机的爆发，说明原有的经济发展模式已经过时了，必须予以转变。后金融危机时代，全球生产和贸易格局发生重大改变，经济复苏缓慢、资源相对短缺、环境压力加大是各国普遍面临的挑战，传统的依靠高投入、高消耗、高污染，依靠外延扩张的经济发展方式已经难以为继，实现经济强劲增长、提高经济发展质量和效益、破解资源环境约束成为各国当前的主要任务。在这种情况下，全球经济复苏需要一个全新的发展观作为指导，加快经济结构调整、转变经济发展方式、加快推进经济转型和模式创新成为大趋势，必须在发展中促转变、在转变中谋发展。

2008 年底，联合国环境规划署提出"绿色经济"和"绿色新政"的倡议，绿色经济从此成为当前世界环境与发展领域新的趋势和潮流，为重新洗牌的世界经济格局指明了道路，是各国经济转型的方向。当前，世界各国已经将绿色经济当成拉动经济走向复苏的关键和动力，吹响了发展绿色经济的号角，争先出台各类绿色经济发展计划和政策举措，大力开展各类绿色技术创新，一场涉及生产方式、生活方式、价值观念的全球性"绿色经济革命"正在悄然拉开序幕。

**2. 加强生态环境保护是实现绿色经济转型的助推器和重要突破口**

绿色经济转型就是要求传统的资源消耗大、环境污染重的增长方式向依靠科技进步、劳动者素质提高、管理创新、绿色生产的新增长方式转变，大力发展支撑绿色经济发展的关键技术，提高环境技术创新水平，促进结构调整，扩展发展空间，改进消费模式，提高资源环境的利用效率，使经济发展建立在节约能源资源和保护环境的基础上，以节能环保来优化经济发展，提高可持续发展能力和水平。

从绿色经济的内涵和目标看，加强生态环境保护既是绿色经济发展的重要出发点和归宿之一，也是实现绿色经济转型的助推器和重要突破口，有利于培育新的增长领域，生态环境保护的多种手段和工具在绿色经济发展过程中大有可为。例如，严格执行环境影响评价制度有利于从源头上调整产业结构和空间布局，提高环境标准可以从上游和末端推动产业结构调整，加强环境执法可以减轻经济产出对环境的压力，推动环境产品认证可以引导绿色消费，制定环境经济政策可以推动环保产业的发展，提高环境信息公开程度可以促使公众积极参与绿色经济发展，加强环境科技应用可以为绿色发展提供技术支持。

此外，加强生态环境保护对于提升经济发展质量具有先导、优化、倒逼、保障等综合作用，将生态环境保护的"倒逼机制"传导到经济转型上来，能更好地促进产业结构调整和技术升级，淘汰落后的生产工艺、技术和项目，将宝贵的环境容量留给那些资源消耗少、科技含量高、环境效益好的项目，为经济可持续发展创造更大的空间，推动发展方式转变，并从更好的发展方式中获取环境效益，推动整个社会走上生产发展、生活富裕、环境良好的文明发展道路，这既是经济转型的重要内容，也是检验经济转型成效的重要标准。

**3. 环境领域成为世界各国竞争的焦点**

在资源环境的硬约束下，不同国家之间的竞争已不仅仅是以经济实力为主体的综合国力的较量，长期被忽视的环境问题被推上了国际竞争的前台，不仅作为国家经济竞争的组成要素，更日益成为关键竞争要素，发达国家之间、发达国家和发展中国家之间已经围绕着环境展开激烈的竞争和博弈，许多国家把环境治理和应对气候变化等作为参与外交以及国际竞争的重大筹码就是一个明证。

## 二 "十二五"中期全国各省、市、区生态环境保护的成效

面对日趋强化的资源环境约束，"十二五"以来，我国政府不断增强危机意识，牢固树立绿色、低碳发展理念，以节能减排为重点，加快建设资源节约型、环境友好型社会，加强资源节约与管理，加大环境保护力度，促进生态保护和建设，取得了显著成效。我国的可持续发展能力进一步提高，生态文明水平有效提升。

**1. 环境治理投资持续加大**

"十二五"以来，我国继续加大环境保护工作力度，环境污染治理投资保持快速增长，占 GDP 比重逐年提高，尤其是加大了对工业污染的治理投资。

从全国来看，环境污染治理投资总额从 2010 年的 6654.2 亿元上升到 2011 年的 7114 亿元，增长了 6.91%。但环境污染治理投资占 GDP 比重有所下降。国家和各省份持续加大对工业污染的治理力度，2012 年的工业污染治理投资完成额比 2010 年增加了 103.48 亿元，增长了 26.07%；人均工业污染治理投资额上升了 7.36 元，达到 36.96 元，上升了 24.84%。

从区域来看，除东部外，中部、西部、东北部的环境污染治理投资总额都有大幅增长，增长幅度均在 35% 以上，其中中部增长最快，增长了 40.77%。东部的投资下降了 15.01%，主要是由广东省的投资大幅下降导致的。环境污染治理投资总额占 GDP 比重最大的是西部地区，达到 1.94%，增长也最快，从 1.39% 增长到 1.94%。东部地区大大加强了工业污染治理力度，工业污染治理投资完成额增长幅度最大，达到 49.72%，人均工业污染治理投资额也是四个地区中最高的，达到 50.04 元，比 2010 年增加了 13.83 元，增长了 38.21%。而东北地区在工业污染治理方面的投资有所下降。

从各省份来看，2011 年，河北的环境污染治理投资总额最高，达到 623.90 亿元，贵州的增长幅度最大，为 116.33%，共有 23 个省份的投资出现了增长；其中，需要注

意的是,西藏从无到有,2011 年达到 28.20 亿元。环境污染治理投资总额占 GDP 比重最大的是西藏,达到 4.65%,远高于全国平均水平;而增幅最大的是贵州,达到 74.61%。2012 年,工业污染治理投资完成额增长幅度最大的是海南,达到 1008.98%,共有 20 个省份的投资出现了增长;人均工业污染治理投资额增长最快的也是海南,增长了986.46%,共有 20 个省份出现了增长,如表 1-1 所示。

表 1-1　2010~2012 年环境污染治理投资情况

| 指标\地区 | 2012 年 | | | | 2010~2011 年变化幅度 | | | |
|---|---|---|---|---|---|---|---|---|
| | 环境污染治理投资总额(亿元) | 环境污染治理投资占GDP比重(%) | 工业污染治理投资完成额(亿元) | 人均工业污染治理投资完成额(元/人) | 环境污染治理投资总额(%) | 环境污染治理投资占GDP比重(%) | 工业污染治理投资完成额(%) | 人均工业污染治理投资完成额(%) |
| 全 国 | 7114.00 | 1.50 | 500.46 | 36.96 | 6.91 | -9.34 | 26.07 | 24.84 |
| 北 京 | 213.10 | 1.31 | 3.28 | 15.87 | -7.91 | -20.03 | 69.81 | 61.00 |
| 天 津 | 174.90 | 1.55 | 12.56 | 88.85 | 59.43 | 30.07 | -23.76 | -29.90 |
| 河 北 | 623.90 | 2.54 | 23.63 | 32.42 | 68.21 | 39.93 | 117.60 | 114.80 |
| 上 海 | 144.80 | 0.75 | 11.59 | 48.70 | 8.06 | -3.37 | 23.17 | 19.15 |
| 江 苏 | 575.80 | 1.17 | 39.01 | 49.26 | 23.46 | 4.14 | 109.76 | 108.42 |
| 浙 江 | 238.70 | 0.74 | 28.30 | 51.67 | -28.47 | -38.64 | 136.70 | 135.39 |
| 福 建 | 198.40 | 1.13 | 23.76 | 63.40 | 52.97 | 28.38 | 55.02 | 52.74 |
| 山 东 | 614.10 | 1.35 | 67.06 | 69.24 | 26.91 | 9.58 | 46.82 | 45.35 |
| 广 东 | 332.60 | 0.63 | 28.10 | 26.52 | -76.51 | -79.69 | -9.53 | -10.83 |
| 海 南 | 28.00 | 1.11 | 4.83 | 54.46 | 18.64 | -2.90 | 1008.98 | 986.46 |
| 东 部 | 3144.30 | 1.23 | 242.13 | 50.04 | -15.01 | -12.82 | 49.72 | 38.21 |
| 山 西 | 248.50 | 2.21 | 32.33 | 89.53 | 20.11 | -1.66 | 15.63 | 14.45 |
| 安 徽 | 267.50 | 1.75 | 12.73 | 21.27 | 48.69 | 20.11 | 116.23 | 115.10 |
| 江 西 | 241.20 | 2.06 | 3.95 | 8.77 | 54.12 | 24.47 | -38.10 | -38.67 |
| 河 南 | 163.30 | 0.61 | 14.83 | 15.77 | 23.52 | 5.92 | 18.56 | 18.56 |
| 湖 北 | 259.80 | 1.32 | 14.90 | 25.78 | 76.98 | 43.94 | -46.30 | -46.78 |
| 湖 南 | 127.30 | 0.65 | 17.96 | 27.05 | 19.42 | -2.63 | 30.16 | 28.82 |
| 中 部 | 1307.60 | 1.43 | 96.70 | 31.36 | 40.77 | 14.38 | 2.57 | 1.63 |
| 内蒙古 | 395.90 | 2.76 | 18.97 | 76.20 | 65.72 | 34.70 | 43.29 | 42.27 |
| 广 西 | 161.50 | 1.38 | 8.56 | 18.29 | -1.58 | -19.65 | -7.76 | -9.17 |
| 重 庆 | 259.20 | 2.59 | 3.82 | 12.98 | 47.02 | 16.39 | -50.68 | -51.69 |
| 四 川 | 140.10 | 0.67 | 11.06 | 13.70 | 57.42 | 28.66 | 54.42 | 53.82 |
| 贵 州 | 64.90 | 1.14 | 12.47 | 35.25 | 116.33 | 74.61 | 83.11 | 82.84 |
| 云 南 | 119.20 | 1.34 | 19.73 | 42.34 | 12.24 | -8.82 | 85.62 | 83.33 |
| 西 藏 | 28.20 | 4.65 | 0.18 | 5.77 | — | — | — | — |
| 陕 西 | 153.30 | 1.23 | 27.13 | 72.28 | -14.45 | -30.79 | -19.39 | -19.78 |
| 甘 肃 | 59.60 | 1.19 | 21.10 | 81.85 | -6.73 | -23.44 | 44.03 | 43.05 |

续表

| 指<br><br>地    标<br><br>区 | 2012 年 | | | | 2010～2011 年变化幅度 | | | |
|---|---|---|---|---|---|---|---|---|
| | 环境污染治理投资总额（亿元） | 环境污染治理投资占GDP比重（%） | 工业污染治理投资完成额（亿元） | 人均工业污染治理投资完成额（元/人） | 环境污染治理投资总额（%） | 环境污染治理投资占GDP比重（%） | 工业污染治理投资完成额（%） | 人均工业污染治理投资完成额（%） |
| 青  海 | 26.20 | 1.57 | 2.19 | 38.17 | 54.12 | 24.59 | 124.48 | 120.68 |
| 宁  夏 | 57.40 | 2.73 | 6.92 | 106.86 | 66.38 | 33.73 | 69.11 | 65.39 |
| 新  疆 | 132.70 | 2.01 | 7.91 | 35.43 | 69.26 | 39.23 | 18.40 | 15.87 |
| 西  部 | 1598.20 | 1.94 | 140.03 | 44.97 | 35.73 | 39.27 | 21.85 | 31.00 |
| 辽  宁 | 376.50 | 1.69 | 11.94 | 27.22 | 82.32 | 51.40 | -19.13 | -19.39 |
| 吉  林 | 101.20 | 0.96 | 5.73 | 20.82 | -18.52 | -33.18 | -9.62 | -9.75 |
| 黑龙江 | 152.70 | 1.21 | 3.93 | 10.25 | 16.30 | -4.16 | -20.6 | -20.64 |
| 东  北 | 630.40 | 1.29 | 21.60 | 19.43 | 36.45 | 1.23 | -17.10 | -16.4 |

注：环境污染治理投资总额、环境污染治理投资占 GDP 比重均采用 2010 年和 2011 年数据，它们的变化幅度均为 2010～2011 年的数据。

## 2. 节能减排工作卓有成效

"十二五"以来，我国继续加大节能减排工作力度，大力建设资源节约型、环境友好型社会，在节能减排方面取得了显著成效，能源资源利用效率进一步提高，二氧化硫排放量减少。

从全国来看，2012 年，我国的万元 GDP 能耗为 0.77 吨标准煤/万元，比 2010 年下降了5.39%，共有 30 个省份出现了不同程度的下降，其中下降幅度最大的是宁夏，下降了37.45%；下降幅度最小的是云南，下降了 9.90%。二氧化硫排放量为 2117.63 万吨，比2010 年下降了 3.09%。但废水排放量和一般工业固体废物产生量均有所上升，分别增长了3.88% 和 36.56%。

从区域来看，中部地区的万元 GDP 能耗下降幅度最大，达到了 29.20%，西部地区的下降幅度最小，下降了 19.57%。东部、中部、西部的二氧化硫排放量均有所下降，下降幅度最大的是西部地区，下降了 4.48%，而东北地区则上升了 5.77%。各个区域的废水排放量均有轻微增加，其中中部增加最多，增长了 5.54%。各个区域的一般工业固体废物产生量上升比较快，其中西部上升最快，达到 48.94%。

从各省份来看，2010～2012 年，除西藏外，其他省份的万元 GDP 能耗均出现了不同程度的下降，下降幅度最大的是宁夏，达到 37.45%，还有 7 个省份的下降幅度也在 30%以上。共有 16 个省份的二氧化硫排放量下降，其中广西的下降幅度最大，下降了44.22%。全国只有 4 个省份的废水排放量下降，其中福建的下降幅度最大，下降了18.95%，而天津的增幅最大，上升了 23.33%。全国只有 4 个省份的一般工业固体废物产生量下降，其中北京的下降幅度最大，下降了 13.00%，西藏的增幅最大，上升了3227.07%，如表 1－2 所示。

表1-2 2010~2012年节能减排情况

| 指标<br>地区 | 2012年 | | | | 2010~2012年变化幅度 | | | |
|---|---|---|---|---|---|---|---|---|
| | 万元GDP能耗(吨标准煤/万元) | 二氧化硫排放总量(万吨) | 废水排放总量(亿吨) | 一般工业固体废物产生量(亿吨) | 万元GDP能耗(%) | 二氧化硫排放总量(%) | 废水排放总量(%) | 一般工业固体废物产生量(%) |
| 全 国 | 0.77 | 2117.63 | 684.76 | 32.90 | -5.39 | -3.09 | 3.88 | 36.56 |
| 北 京 | 0.44 | 9.38 | 14.0 | 0.11 | -27.9 | -18.43 | -3.57 | -13.00 |
| 天 津 | 0.6 | 22.45 | 8.28 | 0.18 | -19.74 | -4.5 | 23.33 | -2.26 |
| 河 北 | 1.22 | 134.12 | 30.58 | 4.56 | -25.8 | 8.71 | 9.77 | 43.83 |
| 上 海 | 0.57 | 22.82 | 21.92 | 0.22 | -21.69 | -36.27 | 2.38 | -10.18 |
| 江 苏 | 0.57 | 99.20 | 59.82 | 1.02 | -25.14 | -5.57 | 0.92 | 12.8 |
| 浙 江 | 0.55 | 62.58 | 42.10 | 0.45 | -25.24 | -7.75 | 0.20 | 4.53 |
| 福 建 | 0.61 | 37.1 | 25.63 | 0.7 | -25.15 | -9.24 | -18.95 | 3.11 |
| 山 东 | 0.82 | 174.88 | 47.91 | 1.83 | -23.51 | 13.72 | 8.07 | 14.37 |
| 广 东 | 0.53 | 79.92 | 83.86 | 0.60 | -22.22 | -23.92 | 6.74 | 9.34 |
| 海 南 | 0.67 | 3.41 | 3.71 | 0.04 | -21.29 | 18.49 | 3.86 | 81.94 |
| 东 部 | 0.66 | 645.89 | 337.83 | 9.78 | -23.88 | -3.56 | 2.40 | 22.57 |
| 山 西 | 1.69 | 130.18 | 13.43 | 2.90 | -28.58 | 4.21 | 15.64 | 58.90 |
| 安 徽 | 0.72 | 51.96 | 25.43 | 1.20 | -29.01 | -2.35 | 4.55 | 31.28 |
| 江 西 | 0.61 | 56.77 | 20.12 | 1.11 | -30.33 | 1.91 | 3.48 | 18.35 |
| 河 南 | 0.83 | 127.59 | 40.37 | 1.53 | -28.08 | -4.69 | 6.57 | 42.34 |
| 湖 北 | 0.87 | 62.24 | 29.02 | 0.76 | -29.27 | -1.61 | -0.98 | 11.71 |
| 湖 南 | 0.83 | 64.50 | 30.42 | 0.81 | -30.76 | -19.51 | 9.11 | 40.58 |
| 中 部 | 0.93 | 493.23 | 158.79 | 8.32 | -29.20 | -3.50 | 5.54 | 38.30 |
| 内蒙古 | 1.33 | 138.49 | 10.24 | 2.42 | -33.80 | -0.66 | 2.03 | 42.54 |
| 广 西 | 0.70 | 50.41 | 24.56 | 0.80 | -33.77 | -44.22 | 10.40 | 27.79 |
| 重 庆 | 0.89 | 56.48 | 13.24 | 0.31 | -24.98 | -21.49 | 0.75 | 9.80 |
| 四 川 | 1.13 | 86.44 | 28.37 | 1.32 | -15.32 | -23.57 | 1.36 | 17.34 |
| 贵 州 | 1.64 | 104.11 | 9.15 | 0.78 | -29.97 | -9.38 | 17.36 | -4.31 |
| 云 南 | 1.35 | 67.22 | 15.40 | 1.60 | -9.90 | 34.25 | 4.40 | 70.76 |
| 西 藏 | — | 0.42 | 0.47 | 0.04 | — | 8.50 | 1.05 | 3227.07 |
| 陕 西 | 0.82 | 84.38 | 12.87 | 0.72 | -30.35 | 8.36 | 5.69 | 4.69 |
| 甘 肃 | 1.34 | 57.25 | 6.28 | 0.67 | -27.95 | 3.75 | 6.05 | 78.14 |
| 青 海 | 2.05 | 15.39 | 2.20 | 1.23 | -23.83 | 7.27 | 3.30 | 589.91 |
| 宁 夏 | 2.16 | 40.66 | 3.89 | 0.30 | -37.45 | 30.85 | -1.23 | 20.11 |
| 新 疆 | 1.74 | 79.61 | 9.38 | 0.79 | -10.21 | 35.28 | 12.58 | 101.32 |
| 西 部 | 1.38 | 780.86 | 136.06 | 10.98 | -19.57 | -4.48 | 5.53 | 48.94 |
| 辽 宁 | 0.98 | 105.87 | 23.88 | 2.73 | -31.65 | 3.57 | 2.81 | 57.93 |
| 吉 林 | 0.84 | 40.35 | 11.95 | 0.47 | -30.52 | 13.24 | 2.88 | 1.91 |
| 黑龙江 | 1.00 | 51.43 | 16.26 | 0.63 | -17.92 | 4.92 | 7.92 | 16.79 |
| 东 北 | 0.94 | 197.65 | 52.09 | 3.83 | -26.98 | 5.77 | 4.37 | 40.28 |

注：废水排放总量的变化幅度为2011~2012年的数据。

### 3. 自然生态建设成效显著

"十二五"以来,我国坚持污染防治与生态保护并重、生态保护与生态建设并举的方针,不断加强自然生态保护,采取了一系列保护和改善自然生态环境的重大举措,自然保护区个数和面积继续扩大。同时,持续推进林业生态建设,投入力度不断加大,进一步加强、完善或改进了原有的自然生态系统,有效地保护和改善了自然生态环境。

从全国来看,2012 年,自然保护区个数比 2010 年增加了 81 个,达到 2669 个,增长了3.13%。自然保护区面积扩大到 14978.73 万公顷,增加了 0.23%。林业完成投资额达到3342.09 亿元,比 2011 年增长了 26.95%。

从区域来看,各区域的自然保护区个数都有一定增长,东北地区增长最快,增长了8.88%,西部地区增长最慢,增长了 0.51%。中部地区的自然保护区面积增长最快,增长了 3.66%,而西部地区则下降了 0.23%。东部地区大大加强了林业方面投资,林业完成投资额达到 952.93 亿元,比 2011 年增长了 41.71%,增长幅度最大,而东北地区仅增长了6.37%。

从各省份来看,2012 年,广东的自然保护区个数最多,达到 368 个,而河北的增幅最高,达到 22.86%,共有 15 个省份的自然保护区个数增加,只有内蒙古和云南的自然保护区个数减少。自然保护区面积最大的是西藏,达到 4136.89 万公顷,而增幅最大的是河北,达到 17.95%,共有 16 个省份出现了增长。林业完成投资额最高的是广西,达到 690.38 亿元,而增幅最大的是湖南,增长了 109.89%,共有 25 个省份出现了增长,如表 1 – 3 所示。

表 1 – 3　2010 ~ 2012 年自然生态保护情况

| 指标<br>地区 | 2012 年 | | | 2010 ~ 2012 年变化幅度 | | |
| --- | --- | --- | --- | --- | --- | --- |
| | 自然保护区个数<br>(个) | 自然保护区面积<br>(万公顷) | 林业完成投资额<br>(亿元) | 自然保护区个数<br>(%) | 自然保护区面积<br>(%) | 林业完成投资额(%) |
| 全　国 | 2669 | 14978.73 | 3342.09 | 3.13 | 0.23 | 26.95 |
| 北　京 | 20 | 13.40 | 147.08 | 0.00 | 0.00 | 54.24 |
| 天　津 | 8 | 9.11 | 5.34 | 0.00 | 0.00 | − 39.10 |
| 河　北 | 43 | 69.27 | 66.39 | 22.86 | 17.95 | 21.49 |
| 上　海 | 4 | 9.38 | 9.69 | 0.00 | 0.00 | 21.70 |
| 江　苏 | 30 | 56.71 | 92.87 | 0.00 | 0.38 | − 2.64 |
| 浙　江 | 32 | 19.69 | 80.78 | 3.23 | 1.23 | 24.21 |
| 福　建 | 93 | 46.36 | 221.50 | 1.09 | 4.07 | 32.63 |
| 山　东 | 86 | 108.20 | 251.37 | 0.00 | − 4.66 | 109.50 |
| 广　东 | 368 | 355.27 | 63.67 | 0.27 | − 1.09 | 26.05 |
| 海　南 | 50 | 273.53 | 14.25 | 0.00 | − 0.04 | 82.76 |
| 东　部 | 734 | 960.92 | 952.93 | 1.52 | 0.36 | 41.71 |
| 山　西 | 46 | 116.10 | 102.50 | 0.00 | 0.62 | − 1.44 |
| 安　徽 | 104 | 52.45 | 45.25 | 6.12 | 4.41 | 12.82 |
| 江　西 | 200 | 125.98 | 76.04 | 12.36 | 12.88 | 33.23 |
| 河　南 | 34 | 73.47 | 97.64 | 0.00 | 0.00 | 0.15 |

续表

| 指标<br>地区 | 2012 年 | | | 2010～2012 年变化幅度 | | |
|---|---|---|---|---|---|---|
| | 自然保护区个数<br>（个） | 自然保护区面积<br>（万公顷） | 林业完成投资额<br>（亿元） | 自然保护区个数<br>（%） | 自然保护区面积<br>（%） | 林业完成投资<br>额（%） |
| 湖 北 | 65 | 95.50 | 53.39 | 1.56 | −0.46 | 31.43 |
| 湖 南 | 129 | 128.53 | 127.90 | 4.88 | 3.26 | 109.89 |
| 中 部 | 578 | 592.03 | 502.72 | 6.45 | 3.66 | 25.61 |
| 内蒙古 | 184 | 1368.90 | 133.40 | −0.54 | −0.97 | 16.35 |
| 广 西 | 78 | 145.29 | 690.38 | 0.00 | 0.13 | 33.81 |
| 重 庆 | 57 | 85.02 | 51.67 | 18.75 | 2.74 | 21.84 |
| 四 川 | 167 | 897.43 | 177.36 | 0.60 | 0.79 | 23.69 |
| 贵 州 | 129 | 95.18 | 38.00 | 0.00 | 0.00 | −0.39 |
| 云 南 | 159 | 285.43 | 85.01 | −4.79 | −4.48 | 15.69 |
| 西 藏 | 47 | 4136.89 | 16.59 | 0.00 | −0.32 | 11.38 |
| 陕 西 | 57 | 116.31 | 74.93 | 5.56 | 0.17 | 50.39 |
| 甘 肃 | 59 | 734.68 | 75.69 | 0.00 | 0.00 | 24.47 |
| 青 海 | 11 | 2182.22 | 22.72 | 0.00 | 0.00 | 37.39 |
| 宁 夏 | 14 | 53.56 | 13.90 | 7.69 | 5.61 | −26.36 |
| 新 疆 | 27 | 2149.44 | 66.31 | 0.00 | 0.00 | 43.04 |
| 西 部 | 989 | 12250.33 | 1445.94 | 0.51 | −0.23 | 27.36 |
| 辽 宁 | 105 | 267.35 | 145.69 | 7.14 | 0.44 | 21.27 |
| 吉 林 | 39 | 232.93 | 71.46 | 2.63 | 1.10 | 17.16 |
| 黑龙江 | 224 | 675.18 | 174.21 | 10.89 | 5.36 | −6.73 |
| 东 北 | 368 | 1175.46 | 391.37 | 8.88 | 3.34 | 6.37 |

注：林业完成投资额变化幅度为 2011～2012 年的数据。

**4. 水土资源保护力度不断加大**

"十二五"以来，我国牢固树立依靠内涵科学发展观的理念，加大水土资源保护力度，严格控制水土资源的开发，优化水土资源配置，努力实现水土资源科学合理的开发利用，取得了一定成效，水土流失治理面积进一步扩大，人均用水量持续增加。

从全国来看，2012 年，人均水资源量比 2010 年减少了 124.35 立方米/人，下降了 5.38%。人均用水量达到 454.71 立方米/人，增加了 1.01%。化肥施用量增长了 4.98%，而水土流失治理面积增加了 4.74%。

从区域来看，各区域的人均水资源量均有不同程度的下降，其中东北地区下降最快，下降了 16.44%，西部地区下降最少，下降了 7.31%。东北地区的人均用水量增长最快，增长了 7.21%，而东部地区则下降最多，下降了 4.08%。同样是东北地区的化肥施用量增长最快，达到 10.44%，而东部仅为 0.13%。西部地区的水土流失治理面积增加最快，达到 6.41%。

从各省份来看，2012 年，西藏的人均水资源量最高，达到 137378.05 立方米/人，而天津的增幅最高，达到 226.91%，共有 14 个省份的人均水资源量增加。人均用水量最大的是新疆，达到 2657.39 立方米/人，人均用水量最小的是天津，为 167.12 立方米/人，而增幅最大的是山西，增长了 11.84%，降幅最大的是西藏，下降了 17.13%，共有 15 个省份出现了下降。化肥施用量最低的是西藏，仅为 4.99 万吨，是最高的河南的 0.73%，共有 6 个省份出现了下降，降幅最大的是上海，下降了 7.18%。水土流失治理面积增长最快的是新疆，上升了 28.89%，共有 27 个省份出现了增长，如表 1 - 4 所示。

表 1 - 4　2010 ~ 2012 年水土资源保护情况

| 指标\地区 | 2012 年 | | | | 2010 ~ 2012 年变化幅度 | | | |
| --- | --- | --- | --- | --- | --- | --- | --- | --- |
| | 人均水资源量（立方米/人） | 人均用水量（立方米/人） | 化肥施用量（万吨） | 水土流失治理面积（千公顷） | 人均水资源量（%） | 人均用水量（%） | 化肥施用量（%） | 水土流失治理面积（%） |
| 全　国 | 2186.05 | 454.71 | 5838.85 | 111862.81 | - 5.38 | 1.01 | 4.98 | 4.74 |
| 北　京 | 193.24 | 175.54 | 13.67 | 602.80 | 55.60 | - 7.31 | 0.00 | 11.05 |
| 天　津 | 237.99 | 167.12 | 24.45 | 54.24 | 226.91 | - 6.08 | - 4.27 | 16.83 |
| 河　北 | 324.24 | 268.90 | 329.33 | 6411.51 | 66.04 | - 1.23 | 2.00 | 1.93 |
| 上　海 | 143.40 | 490.62 | 10.99 | 0.00 | - 12.09 | - 12.34 | - 7.18 | 0.00 |
| 江　苏 | 472.01 | 698.21 | 330.95 | 1191.92 | - 3.52 | - 0.87 | - 2.98 | 13.27 |
| 浙　江 | 2641.29 | 362.20 | 92.15 | 2515.46 | 1.25 | - 4.37 | - 0.05 | 3.45 |
| 福　建 | 4047.78 | 535.84 | 120.87 | 1485.39 | - 9.88 | - 2.61 | - 0.14 | 0.99 |
| 山　东 | 283.93 | 229.58 | 476.26 | 4781.26 | - 12.48 | - 1.66 | 0.20 | 2.79 |
| 广　东 | 1921.00 | 427.53 | 245.38 | 1428.62 | - 1.15 | - 6.24 | 3.41 | 3.64 |
| 海　南 | 4130.76 | 513.98 | 45.53 | 38.72 | - 25.42 | 0.40 | - 1.94 | 18.32 |
| 东　部 | 1439.56 | 386.95 | 1689.57 | 18509.92 | - 9.75 | - 4.08 | 0.13 | 3.4 |
| 山　西 | 294.98 | 203.75 | 118.28 | 5290.62 | 12.80 | 11.84 | 7.17 | - 1.16 |
| 安　徽 | 1172.63 | 489.52 | 333.53 | 2245.01 | - 23.20 | 0.94 | 4.30 | 5.10 |
| 江　西 | 4836.01 | 539.44 | 141.26 | 4822.40 | - 5.49 | 0.06 | 2.64 | 6.83 |
| 河　南 | 282.58 | 253.92 | 684.43 | 4510.86 | - 50.10 | 6.79 | 4.47 | 1.86 |
| 湖　北 | 1410.97 | 518.86 | 354.89 | 4760.38 | - 36.34 | 3.13 | 1.17 | 2.01 |
| 湖　南 | 3005.68 | 496.88 | 249.11 | 2857.30 | 2.28 | - 0.86 | 5.30 | - 1.44 |
| 中　部 | 1833.81 | 417.06 | 1881.50 | 24486.56 | - 12.86 | 2.21 | 3.94 | 2.04 |
| 内蒙古 | 2052.68 | 741.63 | 189.04 | 11574.62 | 30.24 | 0.51 | 6.65 | 6.21 |
| 广　西 | 4476.04 | 649.76 | 249.04 | 2019.54 | 16.17 | 1.97 | 5.01 | 7.78 |
| 重　庆 | 1626.50 | 282.86 | 96.02 | 2439.97 | 0.60 | - 5.97 | 4.58 | 5.52 |
| 四　川 | 3587.16 | 304.99 | 253.03 | 6744.39 | 13.03 | 7.48 | 2.03 | 6.55 |
| 贵　州 | 2801.82 | 290.01 | 98.17 | 3513.93 | 2.75 | 0.28 | 13.45 | 13.01 |
| 云　南 | 3637.91 | 326.87 | 210.21 | 6175.57 | - 14.06 | 1.65 | 13.88 | 11.16 |
| 西　藏 | 137378.05 | 975.94 | 4.99 | 42.84 | - 10.61 | - 17.13 | 5.27 | 6.01 |
| 陕　西 | 1041.91 | 234.91 | 239.80 | 9512.32 | - 23.40 | 5.09 | 21.86 | 4.29 |

续表

| 指标\地区 | 2012 年 | | | | 2010～2012 年变化幅度 | | | |
|---|---|---|---|---|---|---|---|---|
| | 人均水资源量（立方米/人） | 人均用水量（立方米/人） | 化肥施用量（万吨） | 水土流失治理面积（千公顷） | 人均水资源量（%） | 人均用水量（%） | 化肥施用量（%） | 水土流失治理面积（%） |
| 甘 肃 | 1038.36 | 478.71 | 92.13 | 8244.68 | 23.37 | 0.50 | 8.06 | 3.78 |
| 青 海 | 15687.17 | 480.26 | 9.30 | 856.50 | 18.62 | -12.55 | 6.16 | 3.76 |
| 宁 夏 | 168.03 | 1078.00 | 39.44 | 1851.24 | 13.40 | -6.29 | 3.99 | -0.78 |
| 新 疆 | 4055.51 | 2657.39 | 192.70 | 541.90 | -20.87 | 7.86 | 15.00 | 28.89 |
| 西 部 | 14795.93 | 708.44 | 1673.87 | 53517.12 | -7.31 | -1.28 | 9.66 | 6.41 |
| 辽 宁 | 1247.83 | 324.28 | 146.90 | 6678.10 | -10.36 | -1.64 | 4.87 | 5.44 |
| 吉 林 | 1674.49 | 472.09 | 206.73 | 3691.32 | -33.11 | 7.88 | 13.09 | 2.92 |
| 黑龙江 | 2194.61 | 936.10 | 240.28 | 4979.77 | -1.52 | 10.31 | 11.82 | 6.17 |
| 东 北 | 1705.64 | 577.49 | 593.91 | 15349.20 | -16.44 | 7.21 | 10.44 | 5.05 |

### 5. 城市环境质量稳步提高

"十二五"以来，我国不断加强城市基础设施和市政设施建设，加快城市绿化，不断提升垃圾处理和污水处理能力，注重提升市民素质，继续深化城市环境综合整治，继续加强城市环境保护工作，提升环境治理能力，城市环境质量持续改善，生活环境更加优美。

从全国来看，2012 年，人均公园绿地面积比 2010 年增加了 1.08 平方米，增长了9.66%。建成区绿化覆盖率达到 39.59%，增幅达到 2.51%。城市污水处理能力达到13692.90 万立方米/日，增长了 2.24%。垃圾无害化处理能力也迅速提高，达到 446268.00吨/日，增长了 15.13%。

从区域来看，各区域的人均公园绿地面积均有不同程度的上升，其中西部地区上升最快，上升了 17.94%，东北地区上升最少，上升了 5.83%。西部地区的建成区绿化覆盖率增长最快，增长了 6.83%。东北地区的城市污水处理能力增长最快，达到 10.72%，而西部则下降 5.60%。中部地区的垃圾无害化处理能力提升最快，达到 22.51%，东北地区的提升速度也比较快，达到 20.66%。

从各省份来看，2012 年，重庆的人均公园绿地面积最高，达到 18.13 平方米，而西藏的增幅最高，达到 62.63%，共有 28 个省份的人均公园绿地面积增加。建成区绿化覆盖率最高的是北京，达到 46.20%，而增幅最大的是西藏，增长了 27.60%，共有 24 个省份出现了增长。城市污水处理能力最高的是广东，达到 1705.30 万立方米/日，增幅最大的是青海，提高了 62.12%，共有 24 个省份的城市污水处理能力提高。垃圾无害化处理能力最高的是广东，达到 43197 吨/日，但提升最快的是海南，提高了 136.22%，共有 27 个省份的垃圾无害化处理能力提高，如表 1－5 所示。

表 1-5　2010~2012 年城市环境状况

| 指标 地区 | 2012 年 | | | | 2010~2012 年变化幅度 | | | |
|---|---|---|---|---|---|---|---|---|
| | 人均公园绿地面积(平方米) | 建成区绿化覆盖率(%) | 城市污水处理能力(万立方米/日) | 垃圾无害化处理能力(吨/日) | 人均公园绿地面积(%) | 建成区绿化覆盖率(%) | 城市污水处理能力(%) | 垃圾无害化处理能力(%) |
| 全　国 | 12.26 | 39.59 | 13692.90 | 446268.00 | 9.66 | 2.51 | 2.24 | 15.13 |
| 北　京 | 11.87 | 46.20 | 400.50 | 16830.00 | 5.23 | 1.32 | 6.26 | 0.90 |
| 天　津 | 10.54 | 34.88 | 257.20 | 9500.00 | 23.13 | 8.80 | 14.72 | 18.75 |
| 河　北 | 14.00 | 40.98 | 522.80 | 13629.00 | -1.62 | -4.10 | 4.23 | 0.11 |
| 上　海 | 7.08 | 38.29 | 701.30 | 11732.00 | 1.58 | 0.37 | 3.18 | 11.26 |
| 江　苏 | 13.63 | 42.17 | 1564.50 | 43113.00 | 2.56 | 0.24 | -1.60 | 14.55 |
| 浙　江 | 12.47 | 39.86 | 691.10 | 37161.00 | 12.85 | 4.07 | 7.35 | 11.52 |
| 福　建 | 12.10 | 42.03 | 392.10 | 16425.00 | 10.10 | 2.59 | 23.53 | 28.85 |
| 山　东 | 16.37 | 42.12 | 954.00 | 35795.00 | 3.35 | 1.57 | 15.76 | 1.62 |
| 广　东 | 15.82 | 41.23 | 1705.30 | 43197.00 | 19.04 | -0.19 | -5.36 | 27.21 |
| 海　南 | 12.01 | 41.19 | 73.90 | 4167.00 | 7.04 | -3.38 | 9.48 | 136.22 |
| 东　部 | 12.59 | 40.90 | 726.27 | 23154.90 | 7.86 | 0.90 | 3.35 | 13.79 |
| 山　西 | 10.82 | 38.60 | 190.10 | 9936.00 | 15.60 | 1.55 | 1.22 | -5.98 |
| 安　徽 | 11.92 | 38.80 | 511.40 | 12426.00 | 8.86 | 3.47 | -3.22 | 31.91 |
| 江　西 | 14.10 | 45.95 | 226.00 | 9193.00 | 8.13 | -1.44 | -0.13 | 51.55 |
| 河　南 | 9.23 | 36.90 | 527.80 | 21790.00 | 6.71 | 0.93 | 8.07 | 6.73 |
| 湖　北 | 10.50 | 38.86 | 557.00 | 17040.00 | 9.15 | 2.97 | 8.43 | 33.13 |
| 湖　南 | 8.83 | 37.01 | 575.30 | 16704.00 | -0.67 | 1.01 | 5.66 | 41.34 |
| 中　部 | 10.90 | 39.35 | 431.27 | 14514.83 | 8.08 | 1.31 | 3.96 | 22.51 |
| 内蒙古 | 15.52 | 36.17 | 167.40 | 9868.00 | 25.57 | 8.46 | 7.65 | 7.65 |
| 广　西 | 11.42 | 37.50 | 720.20 | 8271.00 | 16.17 | 7.27 | -35.14 | 0.98 |
| 重　庆 | 18.13 | 42.94 | 238.40 | 8154.00 | 36.93 | 5.84 | 24.88 | 26.13 |
| 四　川 | 10.79 | 38.69 | 403.10 | 17296.00 | 5.89 | 2.14 | 7.98 | 1.90 |
| 贵　州 | 9.38 | 32.80 | 124.80 | 6296.00 | 27.97 | 10.89 | 2.30 | 10.51 |
| 云　南 | 10.43 | 39.30 | 229.70 | 9995.00 | 12.15 | 5.33 | 1.46 | 28.98 |
| 西　藏 | 9.40 | 32.41 | 5.00 | 0.00 | 62.63 | 27.60 | 0.00 | 0.00 |
| 陕　西 | 11.58 | 40.36 | 227.20 | 11212.00 | 8.53 | 5.41 | 8.55 | 4.72 |
| 甘　肃 | 9.52 | 30.02 | 159.10 | 3178.00 | 17.24 | 10.69 | 46.91 | -5.28 |
| 青　海 | 9.81 | 32.50 | 32.10 | 2006.00 | 15.01 | 10.62 | 62.12 | 115.47 |
| 宁　夏 | 15.71 | 38.37 | 79.50 | 2160.00 | -2.90 | -0.98 | -1.24 | -22.44 |
| 新　疆 | 10.00 | 35.88 | 214.20 | 7310.00 | 16.14 | -1.48 | 34.97 | 16.12 |
| 西　部 | 11.81 | 36.41 | 216.73 | 7145.50 | 17.94 | 6.83 | -5.60 | 9.49 |
| 辽　宁 | 10.89 | 40.17 | 670.90 | 21304.00 | 6.66 | 2.16 | 14.45 | 23.52 |
| 吉　林 | 10.96 | 33.94 | 247.80 | 8773.00 | 6.72 | -0.53 | 10.08 | 35.05 |
| 黑龙江 | 11.75 | 35.98 | 323.20 | 11807.00 | 4.26 | 3.12 | 4.12 | 7.64 |
| 东　北 | 11.20 | 36.70 | 413.97 | 13961.33 | 5.83 | 1.62 | 10.72 | 20.66 |

注:北京的建成区绿化覆盖率变化幅度为 2011~2012 年的数据。

### 6. 防灾减灾能力有效提升

"十二五"以来，我国把进一步加强防灾减灾能力建设作为重大国计民生事项，健全防灾减灾体系，增强灾害预防与治理能力，取得了显著成效，自然灾害造成的经济损失明显下降。

从全国来看，2012年，地质灾害防治投资比2010年减少了13.56亿元，下降了11.69%。森林病虫鼠害防治率为66.50%，比2010年下降了4.70%。自然灾害直接经济损失比2010年下降了1154.40亿元，下降了21.62%。

从区域来看，除西部外，东部、中部和东北地区的地质灾害防治投资均有不同程度的上升，其中中部地区上升最快，上升了79.59%，西部地区则下降了31.17%。东北地区的森林病虫鼠害防治率最高，达到85.34%，增长也最快，增长了20.54%。中部、西部和东北地区的自然灾害直接经济损失均下降较快，其中中部下降最快，下降了60.61%，而东部则上升了55.57%。

从各省份来看，2012年，四川的地质灾害防治投资最高，达到19.22亿元，而上海的增幅最高，达到643.41%，共有23个省份的地质灾害防治投资增加。森林病虫鼠害防治率最高的是北京和天津，均达到100%，而增幅最大的是吉林，增长了72.21%，共有10个省份出现了增长。自然灾害直接经济损失下降最快的是青海，下降了93.65%，共有20个省份出现了下降，如表1-6所示。

表1-6　2010~2012年自然灾害情况

| 指标<br>地区 | 2012年 | | | 2010~2012年变化幅度 | | |
|---|---|---|---|---|---|---|
| | 地质灾害防治投资(亿元) | 森林病虫鼠害防治率(%) | 自然灾害直接经济损失(亿元) | 地质灾害防治投资(%) | 森林病虫鼠害防治率(%) | 自然灾害直接经济损失(%) |
| 全　国 | 102.42 | 66.50 | 4185.50 | -11.69 | -4.70 | -21.62 |
| 北　京 | 0.42 | 100.00 | 171.10 | 0.00 | 0.58 | 8047.62 |
| 天　津 | 0.12 | 100.00 | 32.50 | 413.64 | 0.00 | 6400.00 |
| 河　北 | 1.68 | 77.66 | 397.20 | 47.28 | -22.34 | 307.38 |
| 上　海 | 0.63 | 98.04 | 5.20 | 643.41 | -1.18 | 0.00 |
| 江　苏 | 2.39 | 74.19 | 107.80 | 96.71 | 0.49 | 97.80 |
| 浙　江 | 4.50 | 83.12 | 309.90 | 57.77 | -13.68 | 311.01 |
| 福　建 | 5.08 | 52.82 | 47.30 | 104.86 | -5.93 | -70.23 |
| 山　东 | 2.22 | 91.38 | 244.80 | 6.33 | -2.34 | 19.18 |
| 广　东 | 8.23 | 38.39 | 75.70 | -41.82 | 10.92 | -57.52 |
| 海　南 | 0.30 | 59.25 | 15.50 | 194.69 | -21.57 | -88.25 |
| 东　部 | 25.57 | 77.48 | 1407.00 | 5.97 | -6.49 | 55.57 |
| 山　西 | 3.88 | 62.60 | 64.90 | 122.69 | -1.83 | -47.24 |
| 安　徽 | 2.64 | 81.36 | 87.20 | 132.30 | -5.03 | -16.23 |
| 江　西 | 4.48 | 83.78 | 113.30 | 144.27 | 15.08 | -78.21 |
| 河　南 | 0.79 | 83.21 | 26.80 | -17.76 | -7.31 | -86.27 |
| 湖　北 | 3.89 | 65.13 | 131.70 | 154.35 | -22.87 | -44.83 |

续表

| 地区 \ 指标 | 2012 年 | | | 2010~2012 年变化幅度 | | |
|---|---|---|---|---|---|---|
| | 地质灾害防治投资（亿元） | 森林病虫鼠害防治率（%） | 自然灾害直接经济损失（亿元） | 地质灾害防治投资（%） | 森林病虫鼠害防治率（%） | 自然灾害直接经济损失（%） |
| 湖　南 | 3.72 | 50.65 | 149.10 | 3.32 | -11.84 | -45.54 |
| 中　部 | 19.39 | 71.12 | 573.00 | 79.59 | -5.99 | -60.61 |
| 内蒙古 | 0.56 | 51.65 | 152.80 | -81.46 | 12.26 | 10.48 |
| 广　西 | 3.80 | 15.24 | 45.60 | 127.43 | -37.04 | -58.05 |
| 重　庆 | 5.93 | 63.28 | 56.00 | 565.63 | -35.01 | -18.01 |
| 四　川 | 19.22 | 76.78 | 402.40 | -56.83 | -4.18 | -17.86 |
| 贵　州 | 4.22 | 69.43 | 65.80 | -4.72 | -13.70 | -63.16 |
| 云　南 | 10.76 | 89.89 | 164.20 | 123.02 | -0.10 | -52.35 |
| 西　藏 | 1.07 | 56.27 | 2.90 | 309.47 | 61.53 | -50.85 |
| 陕　西 | 2.45 | 68.75 | 86.40 | 48.32 | 1.48 | -70.92 |
| 甘　肃 | 3.49 | 48.63 | 134.00 | -78.07 | -38.37 | -39.83 |
| 青　海 | 1.73 | 58.69 | 15.10 | 223.87 | -18.90 | -93.65 |
| 宁　夏 | 0.21 | 38.11 | 8.30 | 522.26 | -37.87 | -38.97 |
| 新　疆 | 0.24 | 61.58 | 91.30 | 2.82 | 13.35 | 5.31 |
| 西　部 | 53.68 | 58.19 | 1224.80 | -31.17 | -11.34 | -44.13 |
| 辽　宁 | 2.69 | 88.24 | 206.60 | 30.93 | -0.60 | 22.39 |
| 吉　林 | 0.80 | 79.44 | 52.10 | 129.35 | 72.21 | -90.05 |
| 黑龙江 | 0.29 | 88.34 | 69.90 | -56.89 | 14.01 | 16.31 |
| 东　北 | 3.78 | 85.34 | 328.60 | 23.20 | 20.54 | -56.34 |

# 三　"十二五"中期全国各省、市、区生态环境保护存在的问题

"十二五"以来，我国的环境保护事业虽然取得了积极进展，但生态环境保护面临的形势依然严峻，仍然存在着一些问题，主要表现在：首先，能源资源消耗比较大；其次，主要污染物的排放量比较高；再次，能源利用效率比较低；最后，环境污染治理投资仍显不足。

**1. 能源资源消耗比较大**

"十二五"以来，我国能源消费总量持续增加，从 2010 年的 324939 万吨标准煤增长到 2012 年的 361732 万吨标准煤，增长了 11.32%，我国已经是世界能源消耗第一大国。同时，根据国家发展和改革委员会发布的数据，我国也是世界上煤炭、钢铁、铁矿石、氧化铝、铜、水泥消耗最大的国家。我国的水资源相对比较稀缺，但我国对水资源的消耗比较大，2012 年的用水总量达到 6141.8 亿立方米，比 2010 年增长了 1.99%，占水资源总量的 20.8%。人均用水量达到 454.71 立方米/人，比 2010 年增长了 1.01%。

从各省份来看，一些省份的能源消费量非常大，如表 1-7 所示。2012 年，有 19 个省

份的能源消费量超过 1 亿吨标准煤，7 个省份的能源消费量超过 2 亿吨标准煤，2 个省份的能源消费量超过 3 亿吨标准煤，分别是山东省和河北省，其中山东省达到 4 亿吨标准煤，占全国的 9.36%，远高于其他省份，是消耗量最少的海南省的 23.7 倍。根据 2013 年 BP 世界能源统计年鉴，我国一些省份的能源消费量超过了世界上许多国家，如山东省的能源消费量为 280.25 百万吨标准油，除美国（2208.8 百万吨标准油）、加拿大（328.8 百万吨标准油）、德国（311.7 百万吨标准油）、俄罗斯（694.2 百万吨标准油）、印度（563.5 百万吨标准油）、日本（478.2 百万吨标准油）外，超过其他所有国家，而且增长速度更快得多。

表 1-7　2012 年全国各省份能源消费量情况

| 指标<br>省份 | 能源消费量<br>（万吨标准煤） | 能源消费量<br>（百万吨标准油） | 各省份能源<br>消费量比重（%） |
|---|---|---|---|
| 全　国 | 361732.00 | 2532.12 | 100.00 |
| 北　京 | 7177.70 | 50.24 | 1.68 |
| 天　津 | 8202.00 | 57.41 | 1.92 |
| 河　北 | 30250.21 | 211.75 | 7.07 |
| 山　西 | 19335.54 | 135.35 | 4.52 |
| 内蒙古 | 22103.30 | 154.72 | 5.17 |
| 辽　宁 | 22313.90 | 156.20 | 5.22 |
| 吉　林 | 9028.30 | 63.20 | 2.11 |
| 黑龙江 | 10041.70 | 70.29 | 2.35 |
| 上　海 | 11362.15 | 79.54 | 2.66 |
| 江　苏 | 28849.84 | 201.95 | 6.75 |
| 浙　江 | 18076.18 | 126.53 | 4.23 |
| 安　徽 | 11357.95 | 79.51 | 2.66 |
| 福　建 | 11185.44 | 78.30 | 2.62 |
| 江　西 | 7232.90 | 50.63 | 1.69 |
| 山　东 | 40035.78 | 280.25 | 9.36 |
| 河　南 | 23647.18 | 165.53 | 5.53 |
| 湖　北 | 17675.00 | 123.73 | 4.13 |
| 湖　南 | 16744.08 | 117.21 | 3.92 |
| 广　东 | 24080.97 | 168.57 | 5.63 |
| 广　西 | 2129.80 | 14.91 | 0.50 |
| 海　南 | 1687.98 | 11.82 | 0.39 |
| 重　庆 | 8284.94 | 57.99 | 1.94 |
| 四　川 | 16897.65 | 118.28 | 3.95 |
| 贵　州 | 9878.38 | 69.15 | 2.31 |
| 云　南 | 12498.00 | 87.49 | 2.92 |
| 西　藏 | — | — | — |

续表

| 指标<br>地区 | 能源消费量<br>（万吨标准煤） | 能源消费量<br>（百万吨标准油） | 各省份能源<br>消费量比重（%） |
|---|---|---|---|
| 陕　西 | 10625.71 | 74.38 | 2.48 |
| 甘　肃 | 7008.93 | 49.06 | 1.64 |
| 青　海 | 3524.06 | 24.67 | 0.82 |
| 宁　夏 | 4562.40 | 31.94 | 1.07 |
| 新　疆 | 11840.15 | 82.88 | 2.77 |

注：1. 由于各种原因，各省份能源消费量的总和与《中国统计年鉴》公布的能源消费总量不一致，我们在介绍全国总体数据时仍采用《中国统计年鉴》公布的数据，而在对各省份进行分析时，仍然用各省份的数据。在计算各省份占全国比重时，我们用各省份数据除以各省份的总和。2. 为了便于和其他国家进行比较，能源消费量采用百万吨标准油为单位。标准煤和标准油之间的转化系数为：1 吨标准煤 = 0.7 吨标准油。

**2. 污染物排放量比较高**

巨大的能源资源消耗给我国环境造成了很大的压力，我国的二氧化碳排放总量和主要污染物排放量也非常大。根据国际能源署数据，2012 年全球的二氧化碳排放量上升了 1.4%，达到创纪录的 316 亿吨。而中国是最大的排放国，为全球排放量的增加"贡献"了 3 亿吨[①]。除了二氧化碳排放外，我国各种污染物排放的总量也非常庞大。2012 年，二氧化硫排放总量达到 2117.63 万吨，废水排放总量达到 684.76 亿吨，比 2011 年增长了 3.88%，而一般工业固体废物产生量达到 32.9 亿吨，比 2010 年增长了 36.56%。备受关注的雾霾现象就是大气污染物排放过量的一个明证。

一些省份的污染物排放量也非常大，如表 1-2 所示。2012 年，有 7 个省份的二氧化硫排放量超过 100 万吨；有 23 个省份的废水排放量超过 10 亿吨，15 个省份超过 20 亿吨，2 个省份超过 50 亿吨，最高的广东省达到 83.86 亿吨；有 12 个省份的一般工业固体废物产生量超过 1 亿吨，4 个省份超过 2 亿吨，最高的河北省达到 4.56 亿吨。

**3. 能源利用效率比较低**

近年来，我国能源利用效率持续提高，但仍然很低，还有较大的提升空间。由表 1-8 可知，2012 年，我国的万美元 GDP 能耗高达 6.048 吨标准油/万美元，是世界平均水平的 2.6 倍，是日本的 6 倍，是最低的英国的 7.1 倍，远高于其他国家。由此可见，我国的能源利用效率还有很大的提升空间。

从各省份来看，一些省份的能源利用效率还比较高。由表 1-2 可知，2012 年，万元 GDP 能源消耗高于全国水平的省份达到 19 个，最高的宁夏达到 2.16 吨标准煤/万元，是全国水平的 2.8 倍。可见，各省份的能源利用效率还有较大的提升空间，还需要进一步通过各种途径努力提高效率。

---

① 《2012 年全球碳排放量创历史新高　达到 316 亿吨》，2013 年 6 月 19 日，人民网，http：// jx. people. com. cn/ n/ 2013/0619/c338125 - 18893262. html。

表 1 - 8　2005 ~ 2012 年世界各国的万元 GDP 能源消耗量

单位：吨标准油/万美元

| 年份＼国家 | 中国 | 世界 | 美国 | 日本 | 德国 | 英国 | 法国 |
|---|---|---|---|---|---|---|---|
| 2005 | 7.095 | 2.341 | 1.871 | 1.162 | 1.204 | 0.994 | 1.231 |
| 2006 | 6.938 | 2.312 | 1.809 | 1.140 | 1.184 | 0.957 | 1.194 |
| 2007 | 6.468 | 2.279 | 1.805 | 1.109 | 1.095 | 0.894 | 1.152 |
| 2008 | 6.188 | 2.277 | 1.771 | 1.107 | 1.091 | 0.909 | 1.157 |
| 2009 | 6.045 | 2.301 | 1.738 | 1.076 | 1.083 | 0.895 | 1.131 |
| 2010 | 6.092 | 2.336 | 1.756 | 1.090 | 1.090 | 0.905 | 1.148 |
| 2011 | 6.057 | 2.325 | 1.713 | 1.041 | 1.009 | 0.840 | 1.088 |
| 2012 | 6.048 | 2.322 | 1.634 | 1.015 | 1.016 | 0.851 | 1.091 |

注：本表用到的 GDP（可比价）数据来源于世界银行统计数据库，能源消费总量数据来源于 2013 年 BP 世界能源统计年鉴。

**4. 环境治理投资仍显不足**

"十二五"以来，我国不断加大环境保护力度，环境污染治理投资快速增长，但总的来看环境污染治理投资的总量还比较小，占 GDP 的比重还比较低。

2012 年，我国的环境污染治理投资总额为 7114 亿元，占 GDP 比重仅为 1.5%，比 2010 年还低 0.16%。这与我国庞大的经济总量、能源消耗量和污染物排放量相比，投入明显不足。根据国外经验，污染治理投资占 GDP 的比重达 1% 至 1.5% 时，环境污染的恶化有可能得到基本控制，环境状况大体能够保持在人们可以接受的水平上。污染治理投资占 GDP 的比重达 2% 至 3% 时，环境质量可得到改善。目前，世界上一些发达国家的污染治理投资占 GDP 的比例已达到 2% 以上。因此，相对来说，我国的污染治理投资占 GDP 的比重还非常低，与发达国家的差距还比较大，还难以达到改善环境质量的要求，这与我国当前迫切的环境需求是不相符的。

从各省份来看，一些省份的环境污染治理投资比较高，占 GDP 比重也比较大（见表 1 - 1），如 2012 年河北的环境污染治理投资额达到 623.9 亿元，占 GDP 比重达到 2.54%，远高于不少省份。但大部分省份的环境污染治理投资额比较小，最小的青海省仅为 26.2 亿元。如果看环境污染治理投资占 GDP 比重指标，形势则更为严峻。2012 年，环境污染治理投资占 GDP 比重超过全国水平的省份只有 12 个，比重超过 2% 的省份只有 8 个，最高的是西藏，为 4.65%，最低的是河南，仅为 0.61%。相对较低的环境污染治理投资不利于环境保护事业的发展，不利于提高污染治理效率、减少污染物排放和改善生态环境质量。因此，随着经济发展的不断加快，经济规模的不断扩大，各省份应该大幅增加环境污染治理方面的投入，切实提高其占 GDP 的比重，这是改善环境质量的重要保证。

## 四　未来全国各省、市、区生态环境保护的趋势展望

"十二五"以来，我国不断加大生态环境保护力度，生态环境保护事业取得了显著

成效, 生态环境质量有所改善, 但我国面临的生态环境形势仍然十分严峻, 资源环境约束日益凸显, 雾霾等极端天气现象频繁发生, 而且范围不断扩大, 控制和减缓生态环境污染的任务还相当艰巨。在未来一段时间内, 日趋强化的资源环境约束是我们必须要面对和解决的重要问题, 要真正实现"三大发展", 建设好"美丽中国", 切实提高生态文明水平, 还需要我们高度重视环境保护工作, 不断加快推进生态文明建设, 健全完善环境管理和法制, 更加广泛地参与国际环境合作, 持续提高公民的环保意识, 最终使我国的可持续发展能力大大增强, 生态文明水平进一步提高, 生态环境质量得到有效改善。

**1. 生态文明建设加快推进**

"十二五"规划以大篇幅的内容对绿色发展, 建设资源节约型、环境友好型社会进行了统筹安排, 从国家层面对环境保护事业进行了总体谋划, 其重视程度可见一斑。党的十八大报告更进一步明确提出, 要大力推进生态文明建设, 把生态文明建设放在突出地位, 融入经济建设、政治建设、文化建设、社会建设各方面和全过程, 努力建设美丽中国, 实现中华民族永续发展。建设生态文明的战略目标, 从根本上体现了我们党对新世纪新阶段我国基本国情和阶段性特征的科学判断, 体现了我们党对人类社会发展规律和社会主义建设规律的深刻把握。目前, 环境保护、生态文明建设已经成为我国落实科学发展观、构建和谐社会的重要内容, 建设资源节约型、环境友好型社会成为加快转变经济发展方式的重要着力点。加强生态环境的保护和建设, 促进经济社会发展与人口资源环境相协调, 走可持续发展之路, 是构建社会主义和谐社会的重要目标之一, 体现了加快转变经济发展方式、完善社会主义市场经济体制的更高要求。

今后, 我国各族人民将共同努力, 坚持以人为本, 坚持节约资源和保护环境的基本国策, 坚持节约优先、保护优先、自然恢复为主的方针, 树立全面、协调、可持续的发展观和建设资源节约型、环境友好型社会的理念, 摆正环境保护与经济社会发展的关系, 积极应对全球气候变化, 强化政府责任, 采取有力措施, 全面落实科学发展观, 加快经济结构调整, 转变经济增长方式, 加强资源节约和管理, 大力推进绿色发展、循环发展、低碳发展, 形成节约资源和保护环境的空间格局、产业结构、生产方式、生活方式, 促进生态保护和修复, 从源头上扭转生态环境恶化的趋势, 最大限度地减轻经济快速发展、城市化加速推进、消费迅速升级带来的巨大环境压力, 保障国家的环境安全, 实现人与自然的和谐发展, 切实提升生态文明水平, 最终走向社会主义生态文明新时代。

**2. 绿色经济发展模式成为主导**

在全面迈向小康社会的今天, 中国的经济需要的不再是传统的经济发展模式, 而是良性的、与资源环境相协调的绿色经济发展模式。但绿色经济发展模式的实现需要很多的前提条件, 只有当我国的经济发展达到一定程度, 法治和民生水平、全民素质有了明显提高, 环保理念深入人心, 绿色经济发展模式才能成为实际的行动, 才能成为经济社会发展的主导。

随着我国经济发展水平的不断提高, 社会民生的持续改善, 未来我国将加快环境立法, 引导新经济发展模式规范化实施, 使之有法可依, 有章可循。同时, 政府将对坚持清洁生产、循环生产、低碳生产和环境友好的企业给予财政政策、税收政策方面的优惠和鼓励，引导企业转变生产方式。在技术方面，我国将逐步建立起以企业为主体、政府支持的绿色经济理论和技术支撑体系，将高新技术与环境保护有效结合，提高经济发展的技术支撑和创新水平，促进绿色经济的快速发展。此外，随着绿色经济发展模式的成功实践和宣传力度的不断加大，绿色经济发展理念将深入人心，又进一步推动绿色经济发展模式的推广、实施。

**3. 环境法制体系日趋完善**

目前，我国已经颁布了一系列的环境保护法律、自然资源法、环境保护行政法规、环境保护部门规章和规范性文件、地方性环境法规和地方政府规章等，初步形成了适应市场经济体系，以《宪法》为基础，以《环境保护法》为主体的环境法律和标准体系，在法律文本的层面上已大体构建起了法治框架。今后，我国将进一步完善环境保护法律、法规和标准体系，为有效限制资源环境破坏活动、加快污染治理进程提供基础和依据，但现行法律法规仍存在不少问题。今后，我国将不断完善环保法律法规体系，更加重视提高体系的系统性和科学性，加快与国际接轨，并加强与其他政策和法律法规体系的配套。

此外，我国始终把环境执法放在与环境立法同等重要的位置，非常重视环境管理体制建设。目前我国已经逐步建立起由全国人民代表大会立法监督，各级政府负责实施，环境保护行政主管部门统一监督管理，各有关部门依照法律规定实施监督管理的体制。随着环境保护工作的深入开展，我国将不断加强环境执法工作，建立良好的执法工作体系，严格执法程序，加大执法力度，不断提高执法能力和执法水平，保证环境法律法规的有效实施。

**4. 环境保护与可持续发展的国际合作更加深入**

环境问题蔓延的无国界性和环境污染传导的全球性决定了生态环境保护是全人类共同的责任，关系到世界上的每一个国家、每一个公众，需要各国和人民全面参与，共同携起手来积极推动国际环境问题谈判和开展全球合作。全球生态环境破坏与气候变暖等问题的解决，需要有智慧和勇气超越狭隘的国家利益的束缚，朝着人类追求的国际合作、集体安全、共同利益、理性磋商的方向发展。只有通过国际社会的共同努力，才能实现经济发展与人口、资源、环境相协调的可持续发展目标。

一直以来，随着环保事业的稳步发展，我国在环境保护与可持续发展领域的国际合作与交流活动异常活跃，积极参加了很多多边环境谈判，包括气候变化、生物多样性保护等环境公约和有关贸易与环境的谈判，缔约或签署了多项国际环境公约，并积极参与有关工作，维护国际利益，履行国际义务，为解决人类面临的环境与发展问题作出了突出贡献。今后，我国将更加重视环境保护领域的国际合作，不断加强与其他国家、国际组织的环境合作，逐步与它们建立起有效的合作模式，积极引进、借鉴先进的环境保护理念、管理模式、污染治理技术和资金，促进我国环境保护事业的健康发展，同时也为更好地解决全球环境问题作出应有的贡献。

**5. 公民环保意识持续提高**

近年来，我国的环保宣传教育工作与时俱进，开拓进取，开展了丰富多彩的活动，取得了丰硕成果，对我国环境保护工作和可持续发展战略的实施起到了重要作用，环境意识深入人心，公民环境保护意识显著增强。今后，随着我国环境保护事业的进一步发展，生态文明建设的加快推进，人们对环境问题的认识将不断深化，关注面不断扩大，全民关心和参与环境保护的热情将被极大激发，将更加积极主动地参与环境保护，形成良好的生活方式和消费习惯，形成保护环境的社会风尚，有效地推动我国环境保护事业的发展，创造更加美好的生活环境。

# G.34

## 专题报告二：

# "十二五"中期全国各省、市、区低碳经济发展评价与战略路径

传统工业发展模式需要大量消耗化石能源，化石能源的不可再生性威胁到经济的可持续发展，同时化石能源生产消耗过程中大量排放以二氧化碳为主的温室气体，形成温室效应，从而引起气候变化，对生态环境的影响日益严重。国际社会高度关注气候变化，各国积极发展新能源、研发和应用低碳技术、发展碳汇，并通过机制创新来发展低碳经济，共同推进全球碳减排合作。《京都议定书》等国际碳减排协议规定了发达国家的碳减排任务，发展中国家也都力所能及地推进节能减排，通过各种途径减少温室气体排放。

中国作为发展中国家，虽然目前还不必承担硬性碳减排任务，但第一碳排放大国的身份在国际碳减排谈判中备受压力，从国内转变经济发展方式的要求来看，也必须尽快发展低碳经济，减少碳排放。中国已经明确宣布到2020年的碳排放强度要比2005年下降40%～45%，"十二五"规划提出要"坚持把建设资源节约型、环境友好型社会作为加快转变经济发展方式的重要着力点"，并确定到2015年单位国内生产总值能源消耗比2010年降低16%，单位国内生产总值二氧化碳排放降低17%，并把能源消耗和碳排放下降的具体目标分解到各个省份。各省经济基础和技术条件存在一定的差距，节能减排政策实施途径和执行力度也各不相同，能源约束和环境规制对经济、就业和贸易都会产生不同的影响，在低碳背景下的各省环境竞争力必定受到碳减排政策等环境规制的影响。

中国正处于工业化进程和城镇化进程加快推进的关键时期，能源消耗和碳排放总量增长还将持续较长一段时间，中国既面临着碳减排的外在国际压力，也有节能减排减轻生态资源压力的内在需求，需要尽快完善节能减排政策，促进各地积极发展低碳经济。本报告分析了"十二五"时期全国及各省、市、区的能源消耗和节能减排情况，并构建了低碳经济竞争力模型，对影响各省份低碳经济竞争力的环境管制和技术创新的影响作了分析。

## 一 "十二五"中期全国各省、市、区节能减排目标和低碳经济政策分析

### 1. "十二五"中期国家节能减排政策

我国历来十分重视节能减排工作，特别是我国是一个能源比较紧缺的国家，经济发展面临较大的能源束缚，需要不断提高能源利用效率，加大节能减排工作力度。早在1978年的《宪法》就明确提出，"国家保护环境和自然资源，防治污染和其他公害"，以国家根本大法

的形式，指导环境保护和资源节约工作。此后接连发布多部有关节能减排的法规和行政规划，1979 年首次发布《环境保护法》和《关于提高我国能源利用效率的几个问题的通知》，对我国在能源利用效率方面提出了具体规定。此后 1986 年的《节约能源管理暂行条例》是全面指导我国节能工作的一个行政法规。1995 年的《关于新能源和可再生能源发展报告》和《新能源和可再生能源发展纲要（1996～2010）》再次提出了积极发展风能、太阳能、地热等新能源和可再生能源，同年的《中国电力法》是中国第一部专论能源的法律。1998 年的《节约能源法》提出，国务院和省、自治区、直辖市人民政府应当加强节能工作，合理调整产业结构、企业结构、产品结构和能源消费结构，推进节能技术进步，降低单位产值能耗和单位产品能耗，改善能源的开发、加工转换、输送和供应，逐步提高能源利用效率，促进国民经济向节能型发展。2000 年《节约用电管理办法》要求，加强用电管理，采取技术上可行、经济上合理的节电措施，减少电能的直接和间接损耗，提高能源效率，保护环境。2004 年通过的《能源中长期发展规划纲要（2004～2020 年)》提出，要大力调整产业结构、产品结构、技术结构和企业组织结构，依靠技术创新、体制创新和管理创新，在全国形成有利于节约能源的生产模式和消费模式，发展节能型经济，建设节能型社会。2008 年修订的《节约能源法》进一步完善了我国的节能制度，规定了一系列节能管理的基本制度，明确了节能执法主体，强化了节能法律责任。2010 年修改后的《可再生能源法》提出，促进可再生能源的开发利用，增加能源供应，改善能源结构，保障能源安全。设立了可再生能源发展基金，完善了风电、太阳能等可再生能源全额收购制度和优先调度办法，为可再生能源的发展提供了有力的法律支持。2013 年国务院印发《大气污染防治行动计划》，提出要加快调整能源结构，控制煤炭消费总量的同时，逐步降低煤炭占能源消费总量比重，增加清洁能源供应，加大天然气、煤制天然气、煤层气供应，提高能源利用效率。

同时各部委也都出台了一系列相关的规章文件，大力推进节能减排工作。比如，2010 年发改委、财政部、人民银行、税务总局四部门公布《关于加快推行合同能源管理　促进节能服务产业发展意见的通知》，更明确地提出将采取资金补贴、税收等措施扶持节能服务企业，为节能产业的发展保驾护航。工业和信息化部发布了《工业节能"十二五"规划》，并下发《关于开展重点用能行业能效水平对标达标活动的通知》，2014 年全国工业和信息化工作会议提出，到 2015 年，工业领域单位工业增加值能耗和二氧化碳排放量力争比"十一五"末均降低 16% 左右，单位工业增加值用水量降低 25% 左右，工业固体废物综合利用率提高到 76% 左右。国资委颁布了《中央企业节能减排监督管理暂行办法》，以指导监督中央企业在节能减排和转变发展方式中进一步发挥表率作用。住房和城乡建设部发布了《关于落实〈国务院关于印发"十二五"节能减排综合性工作方案的通知〉的实施方案》《"十二五"建筑节能专项规划》和《关于加快推动我国绿色建筑发展的实施意见》；交通运输部发布了《关于公路水路交通运输行业落实国务院"十二五"节能减排综合性工作方案的实施意见》及部门分工方案，印发了《交通运输行业"十二五"控制温室气体排放工作方案》；财政部、科技部、工信部、国家发改委联合出台《关于开展私人购买新能源汽车补贴试点的通知》，确定在上海、长春、深圳、杭州、合肥等 5 个城市启动私人购买新能源汽车补贴试点工作，对于用户购买纯电动乘用车每辆最高补贴 6 万元。财政部和交通运输部 2011 年印发《交通运输节能减排专项资金管理暂行办法》，计划"十二五"期间中央财政从一般预算资金和车辆购置税交通专项资金中安排适当资金用于支持公路水路交通运输节能减排。国务院机关事务管理局发布了《公共机构节能"十二五"规划》。

在国家节能减排政策的鼓励和带动下，各省市也根据国家需求和自身实际，在节能方面进行了多样化探索，出台了很多促进节能减排的政策和工作计划，对促进各地节约能源使用、提高能源效率有很大的促进作用。上海是中国推行合同能源管理较早的地区之一，早在 2002 年 9 月，上海就在中国率先成立"合同能源管理指导委员会"，并实施了多个合同能源管理项目。2010 年出台《关于加快推行合同能源管理　促进节能服务业发展意见的通知》，用市场化的手段促进企业提高节能积极性，提高全社会的能源配置效率。北京市正努力探索建设应用最新理念的生态工业园，加强对资源的高效利用和循环利用，达到最低资源消耗和近零有害排放的生态工业目标，实现工业可持续发展。天津排放权交易所在全国率先开发了合同能源管理服务模式，启动了中国首笔通过排放权交易市场达成的合同能源管理项目。

**2. "十二五"中期国家低碳经济发展政策**

对于发展低碳经济，中国政府历来非常重视，较早参加了《联合国气候变化框架公约》，相继成立了国家气候变化对策协调机构，推动相关立法工作，并根据国家可持续发展战略的要求，采取了一系列与应对气候变化相关的政策和措施，为减缓和适应全球气候变化作出了积极的贡献。发改委 2007 年就出台了《中国应对气候变化国家方案》，明确中国将落实节约资源和保护环境的基本国策，发展循环经济，保护生态环境，加快建设资源节约型、环境友好型社会，积极履行《联合国气候变化框架公约》相应的国际义务，努力控制温室气体排放，增强适应气候变化的能力，促进经济发展与人口、资源、环境相协调，制定了发展低碳经济的指导思想、基本原则、主要目标、重点领域和政策措施。2009 年 8 月，全国人民代表大会常务委员会作出关于积极应对气候变化的决议，要求采取有力的政策措施，积极应对气候变化，提出要把加强应对气候变化的相关立法作为形成和完善中国特色社会主义法律体系的一项重要任务，纳入立法工作议程。

2010 年国家发改委下发《关于开展低碳省区和低碳城市试点工作的通知》，将广东省、辽宁省、湖北省、云南省、陕西省、天津市、重庆市、深圳市、厦门市、杭州市、南昌市、贵阳市、保定市五省八市列为全国首批低碳试点地区。要求各试点地区编制低碳发展规划，制定支持低碳绿色发展的配套政策，加快建立以低碳排放为特征的产业体系，建立温室气体排放数据统计和管理体系，积极倡导低碳绿色生活方式和消费模式。还计划定期对试点地区进展情况进行评估，指导开展相关国际合作，对于试点地区的成功经验和做法将及时总结，并加以推广示范。2011 年财政部、住房和城乡建设部、国家发展改革委选定北京市密云县古北口镇等 7 个小城镇作为绿色低碳重点小城镇，开始绿色低碳重点小城镇试点工作。2011年和 2012 年分别选定 26 个城市开展低碳交通运输体系建设试点工作。此外，国家发展改革委组织开展低碳产业试验园区、低碳社区、低碳商业评价指标体系和配套政策研究，探索形成适合中国国情的低碳发展模式和政策机制。2013 年 2 月，国家发展改革委、国家认监委联合印发《低碳产品认证管理暂行办法》，并在广东、重庆等省市开展低碳产品认证试点工作,加快形成鼓励企业生产、社会消费低碳产品的良好环境。

《国民经济和社会发展第十二个五年规划纲要》将应对气候变化作为重要内容正式纳入国民经济和社会发展中长期规划,把单位 GDP 能源消耗降低 16%、单位 GDP 二氧化碳排放降低 17%、非化石能源占一次能源消费比重达到 11.4% 作为约束性指标,明确了未来五年中国应对气候变化的目标任务和政策导向,提出了控制温室气体排放、适应气候变化影响、加强应对气候变化国际合作等重点任务。为落实"十二五"规划应对气候变化目标任务,2011 年国务院印发了《"十二五"控制温室气体排放工作方案》《"十二五"节能减排综合性工作方案》和《"十二五"控制温室气体排放工作方案重点工作部门分工》等一系列重要政策文件,加强对应对气候变化工作的规划指导和全面部署。其中《"十二五"控制温室气体排放工作方案》将"十二五"碳强度下降目标分解落实到各省、市、区,对于促进各地优化产业结构和能源结构,大力开展节能降耗,努力增加碳汇,推进低碳发展发挥了积极成效。国务院办公厅印发《2014~2015 年节能减排低碳发展行动方案》,进一步强化节能减排降碳指标、量化任务、强化措施,对"十二五"后两年节能减排降碳工作作出具体要求,其中单位 GDP 二氧化碳排放量两年分别下降 4%、3.5% 以上。

除了制定节能减排目标和任务以外,中国政府还积极发展新能源和推进化石能源的清洁利用,优化能源结构,减少温室气体排放,在实现节能减排的基础上开发新的经济增长点。2010 年国家能源局以《可再生能源法》为依据,组织制定了《可再生能源发展"十二五"规划》和水电、风电、太阳能、生物质能四个专题规划,提出了到 2015 年中国可再生能源发展的总体目标、主要措施等。发布实施《煤炭工业发展"十二五"规划》,将大力发展洁净煤技术、促进煤炭高效清洁利用作为"十二五"煤炭工业发展的重点任务之一;发布《天然气发展"十二五"规划》和《关于发展天然气分布式能源的指导意见》,明确了"十二五"期间继续推动常规化石能源生产和利用方式变革和清洁高效发展的目标和重点任务;组织制定了《页岩气发展规划(2011~2015 年)》和《煤层气(煤矿瓦斯)开发利用"十二五"规划》,进一步加大非常规能源开发力度。

加快推进植树造林工作,既是美化环境,推进生态文明建设的主要途径,也是增加森林碳汇,减缓碳排放增长趋势的重要手段。国家林业局制定了《林业应对气候变化"十二五"行动要点》《全国造林绿化规划纲要(2011~2020 年)》和《林业发展"十二五"规划》等发展规划,提出加快推进造林绿化、全面开展森林抚育经营、加强森林资源管理、强化森林灾害防控、培育新兴林业产业等 5 项林业减缓气候变化主要行动,明确了今后一个时期林业生态建设的目标任务。同时,国务院、科技部、农业部、国家海洋局等也相继出台了系列措施和规划,大力增强草原碳汇、海洋碳汇能力建设。

大力提高能源利用效率、减少二氧化碳等温室气体排放,除了政府直接干预的法规和行政手段以外,政府也非常重视建设和完善低碳经济市场体系,发挥市场机制在节约能源、提高能源利用效率从而减少温室气体排放的积极作用。2011 年,国家发展改革委在北京市、天津市、上海市、重庆市、湖北省、广东省及深圳市启动碳排放权交易试点工作,并于2012 年出台《温室气体自愿减排交易管理暂行办法》,标志着我国碳排放自愿交易机制的建立和启动,有利于发挥企业在节能减排中的主体地位,发挥市场在优化配置能源、降低碳减排成本的决定性作用。2013 年，深圳、北京、上海、广东和天津五个碳交易试点启动，湖北和重庆两个碳交易试点也于 2014 年启动，发展态势良好，但还面临企业参与度比较低的困境。

为贯彻落实应对气候变化国家方案，各省、市、区启动了本区域应对气候变化方案编制工作，统筹规划本地应对气候变化政策和行动。目前，中国 31 个省、区、市均已完成了应对气候变化方案的编制，进入了组织实施阶段。各省在方案中提出应对气候变化要坚持低碳发展、循环发展和绿色发展理念，以控制温室气体排放、促进低碳发展为目标，以保障经济可持续发展为核心，以增强自主创新和科技进步为支撑，以节约能源、发展新能源、加强生态保护和建设为突破口，以增强政府、企业和公众的气候变化意识为抓手，促进经济发展方式和消费方式的转变，不断提高应对气候变化能力。

为了提高应对气候变化能力，全国各省、市、区基本都出台了地方性应对气候变化实施方案，并编制"十二五"应对气候变化专项规划，同时在发展清洁能源和节能减排等领域纷纷制定专项规划，大力发展低碳经济，减少温室气体排放。比如，湖南、宁夏、黑龙江、内蒙古、广西等省区制定了新能源等战略性新兴产业发展规划，湖北、海南等省出台了节能中长期专项规划，云南省编制了发展低碳经济规划纲要，明确了建设低碳发展先行示范省的目标，重庆编制了温室气体控制规划纲要。贵阳市出台了《贵阳市低碳发展行动计划（纲要）（2010~2020）》，提出确保到 2020 年单位 GDP 二氧化碳排放强度下降 40%，具体任务包括推进建筑节能，在高耗能、高排放重点企业实施节能减排等计划。

2010 年启动国家低碳省区和低碳城市试点工作以来，首批试点的五省八市都成立了低碳试点工作领导小组，编制了低碳试点工作实施方案，提出了本地区"十二五"时期和2020 年碳强度下降目标，并寻求在经济发展中积极转变发展方式，推进建设低碳发展重点工程，大力发展低碳产业，推进低碳经济发展。广东重点开展低碳城市、园区、社区、企业示范城乡规划，构建低碳生态化、高效能、高品质的城乡规划建设模式。湖北开展低碳试点，探索低碳企业、低碳园区、低碳社区、低碳城市的发展模式和有效运行机制，打造咸宁华中低碳产业示范区。天津则积极构建高端化、高质化、高新化产业结构，形成了航空航天、新能源新材料等八大优势支柱产业，与新加坡、日本合作建设生态城和低碳示范区。重庆市将低碳试点工作与产业结构调整、城市规划建设、推进科技创新相结合，提升节能环保等新兴产业比重，加快发展低碳交通和绿色建筑、绿色照明，加强低碳技术的研发应用。另外，杭州、贵阳、厦门、南昌等试点城市也都出台了各种发展低碳经济的政策和措施，重视低碳绿色发展的理念，加快推进低碳产业、低碳建筑、低碳交通、低碳生活和低碳环境，充分发展低碳技术，建设生态文明城市。

**3. 中国节能减排目标和"十二五"中期中国能源消耗情况**

2005 年，国务院提出"十一五"期间 GDP 单位能耗下降 20% 的目标。2009 年 11 月，国务院进一步提出，到 2020 年中国单位 GDP 二氧化碳排放量比 2005 年下降 40%~45%。在《国民经济和社会发展第十二个五年（2011~2015 年）规划纲要》中，提出坚持减缓和适应气候变化并重，充分发挥技术进步的作用，完善体制机制和政策体系，提高应对气候变化能力。要积极应对气候变化，控制温室气体排放，增强适应气候变化能力，广泛开展国际合作，大力推进节能降耗，具体目标是资源节约环境保护成效显著，其中非化石能源占一次能源消费比重达到 11.4%，单位国内生产总值能源消耗降低 16%，单位国内生产总值二氧化碳排放降低 17%，新增森林面积 1250 万公顷，森林覆盖率提高到 21.66%，森林蓄积量增加 6 亿立方米。明确了未来五年中国应对气候变化的目标任务和政策导向，提出了控制温室气体排放、适应气候变化影响、加强应对气候变化国际合作等重点任务。2011 年国务院发布《"十二五"节能减排综合性工作方案》，明确到 2015 年，全国万元国内生产总值能耗下降到 0.869 吨标准煤（按 2005 年价格计算），比 2010 年的 1.034 吨标准煤下降 16%，比 2005 年的 1.276 吨标准煤下降 32%；"十二五"期间，实现节约能源 6.7 亿吨标准煤。并制定了各地技能目标，具体来看，"十二五"期间，天津、上海、江苏、浙江、广东等省份单位国内生产总值（GDP）能耗要下降 18%；北京、河北、辽宁、山东的单位 GDP 能耗要下降 17%；山西、吉林、黑龙江、安徽、福建、江西、河南、湖北、湖南、重庆、四川、陕西的单位 GDP 能耗要下降 16%；内蒙古、广西、贵州、云南、甘肃、宁夏的单位 GDP 能耗要下降 15%；海南、西藏、青海、新疆的单位 GDP 能耗要下降 10%。2013 年，国务院发布《能源发展"十二五"规划》，再次明确提出"十二五"期间要实施能源消费强度和消费总量双控制，到 2015 年能源消费总量 40 亿吨标准煤，用电量 6.15 万亿千瓦时，单位国内生产总值能耗比 2010 年下降 16%。能源综合效率提高到 38%，火电供电标准煤耗下降到 323 克/千瓦时，炼油综合加工能耗下降到 63 千克标准油/吨。单位国内生产总值二氧化碳排放比 2010 年下降 17%。每千瓦时煤电二氧化硫排放下降到 1.5 克，氮氧化物排放下降到 1.5 克。能源开发利用产生的细颗粒物（PM2.5）排放强度下降 30% 以上。《2014 ~ 2015 年节能减排低碳发展行动方案》明确了"十二五"后两年我国的工作目标是单位 GDP 能耗逐年下降 3.9%，即两年共计下降 7.8%。

2010 ~ 2012 年，中国的 GDP 从 40.2 万亿元增长到 51.9 万亿元，虽然增速不断下滑，但年均增速仍然达到了 9.1% 的高水平。同期能源生产总量从 2010 年的 29.69 亿吨标准煤增长到 2012 年的 33.18 亿吨标准煤，增速也是随着经济增长速度下降而下降，三年内年均增速为 5.7%，低于经济增长速度，能源生产的弹性系数从 0.78 逐步下降到 0.57，但人均能源生产量则从 2010 年的 2.22 吨上升到 2012 年的 2.46 吨。从能源消耗角度来看，2010 年能源消耗总量为 30.8 亿吨标准煤，2012 年增长到 34.1 亿吨标煤，年均增速为 5.2%，年度和平均增速一直低于 GDP 和能源生产的同期增速，能源消耗弹性系数为 0.58，也低于能源生产弹性系数，人均能源消耗量从 2010 年的 2.43 吨增长到 2012 年的 2.68 吨。2012 年电力生产和电力消费分别是 49876 亿千瓦时和 49763 亿千瓦，三年的增速基本相同，年均增速都是 8.9%，弹性系数都为 0.982，具体数据如表 2 - 1 所示。

从能源生产和消费的增长来看，都低于经济增长速度，能源生产弹性和能源消耗弹性都小于 1，说明"十二五"期间，我国对能源消耗的控制措施比较严厉，能源节约力度比较大。2012 年单位 GDP 能源消耗是 0.76 吨标准煤/万元，比 2010 年下降 6.2%，与"十二五"规划的目标（到 2015 年比期初单位 GDP 能源消耗下降 16%）差距比较大。按照时序进度要求，2012 年的单位 GDP 能源消耗应该是 0.755 吨标准煤/万元，考虑到我国经济增长速度将逐步放缓，节能任务更加艰巨。

表 2 – 1    "十二五"时期中国能源消耗情况

| | 单位 | 2010 年 | 2011 年 | 2012 年 |
|---|---|---|---|---|
| GDP | 亿元 | 401513 | 473104 | 518942 |
| GDP 增长速度 | % | 10.4 | 9.3 | 7.7 |
| 能源生产 | 万吨标准煤 | 296916 | 317987 | 331848 |
| 能源生产增速 | % | 8.1 | 7.1 | 4.4 |
| 能源生产弹性 | % | 0.78 | 0.76 | 0.57 |
| 人均能源生产 | 千克标准煤 | 2220 | 2366 | 2457 |
| 能源消耗 | 万吨标准煤 | 307987 | 331173 | 341094 |
| 能源消耗增速 | % | 6 | 7.1 | 3.9 |
| 能源消耗弹性 | % | 0.58 | 0.76 | 0.51 |
| 人均能源消耗 | 千克标准煤 | 2429 | 2589 | 2678 |
| 单位 GDP 能源消耗 | 吨标准煤/万元 | 0.81 | 0.79 | 0.76 |
| 电力生产 | 亿千瓦时 | 42072 | 47130 | 49876 |
| 电力生产增速 | % | 13.3 | 12 | 5.8 |
| 电力生产弹性 | % | 1.28 | 1.29 | 0.75 |
| 电力消耗 | 亿千瓦时 | 41934 | 47001 | 49763 |
| 电力消耗增速 | % | 13.2 | 12.1 | 5.9 |
| 电力消耗弹性 | % | 1.27 | 1.3 | 0.77 |

数据来源:《中国能源统计年鉴 2013》。

## 二    "十二五"中期全国各省、市、区低碳经济发展态势分析

**1. "十二五"中期全国 30 个省、市、区能源消耗总体情况**

表 2 – 2 列出了"十二五"中期全国 30 个省、市、区的能源消耗总体情况。从横向对比来看,2012 年能源消耗总量最大的是山东省,为 3.8899 亿吨标准煤,占全国能源消耗总量的 11.7%,其次是河北省和广东省,分别是 3.025 亿吨标准煤和 2.9144 亿吨标准煤,另外江苏省、河南省、辽宁省和四川省的能源消耗总量都超过 2 亿吨标准煤,北京、天津等 11 个省份的能源消耗总量不足 1 亿吨标准煤,其中海南省最低,只有 1688 万吨标准煤。从能源消耗变化来看,2010 ~ 2012 年,所有省份的能源消耗总量都有上升,其中新疆、青海、海南和宁夏 4 个地区的能源消耗年均增速都超过 10%,特别是新疆的年均增速接近 20%,增速最低的是北京和上海两个直辖市。与经济增长的速度比较来看,只有新疆、青海和海南 3 个省份的能源消耗增速高于经济增速,使得它们的能源消耗弹性大于 1。特别是新疆的能源消耗弹性系数高达 1.68,能源消耗增长的速度远远高于经济增速,反映出新疆的能源消耗过快增长,将导致能源消耗强度上升。其他 27 个省份的能源消耗弹性系数都小于 1,其中湖南、河北、河南、广东、浙江、北京和上海 7 个省份的能源消耗弹性系数小于 0.5,说明这些省份能源消耗控制效果比较好,有助于能源消耗强度下降。作为低碳试点省份,云南

和陕西的能源消耗弹性系数比较大，排在第5位和第6位，广东相对较低，只有0.44，是7个试点省份中能源消耗弹性系数最低的。

表2-2 “十二五”中期全国30个省、市、区能源消耗和经济增长比较

| 地 区 | 2010年能源消耗总量（万吨标准煤） | 2011年能源消耗总量（万吨标准煤） | 2012年能源消耗总量（万吨标准煤） | 能源消耗平均增速（%） | 经济增长平均速度（%） | 能源消耗弹性（%） |
|---|---|---|---|---|---|---|
| 北 京 | 6954 | 6995 | 7178 | 1.6 | 7.9 | 0.20 |
| 天 津 | 6818 | 7598 | 8208 | 9.7 | 15.1 | 0.63 |
| 河 北 | 27531 | 29498 | 30250 | 4.8 | 10.5 | 0.45 |
| 山 西 | 16808 | 18315 | 19336 | 7.3 | 11.6 | 0.61 |
| 内 蒙 古 | 16820 | 18737 | 19786 | 8.5 | 12.9 | 0.64 |
| 辽 宁 | 20947 | 22712 | 23526 | 6.0 | 10.9 | 0.54 |
| 吉 林 | 8297 | 9103 | 9443 | 6.7 | 12.9 | 0.50 |
| 黑 龙 江 | 11234 | 12119 | 12758 | 6.6 | 11.2 | 0.58 |
| 上 海 | 11201 | 11270 | 11362 | 0.7 | 7.8 | 0.09 |
| 江 苏 | 25774 | 27589 | 28850 | 5.8 | 10.6 | 0.54 |
| 浙 江 | 16865 | 17827 | 18076 | 3.5 | 8.5 | 0.41 |
| 安 徽 | 9707 | 10570 | 11358 | 8.2 | 12.8 | 0.62 |
| 福 建 | 9809 | 10653 | 11185 | 6.8 | 11.9 | 0.56 |
| 江 西 | 6355 | 6928 | 7233 | 6.7 | 11.7 | 0.56 |
| 山 东 | 34808 | 37132 | 38899 | 5.7 | 10.3 | 0.54 |
| 河 南 | 21438 | 23062 | 23647 | 5.0 | 11.0 | 0.44 |
| 湖 北 | 15138 | 16579 | 17675 | 8.1 | 12.5 | 0.63 |
| 湖 南 | 14880 | 16161 | 16744 | 6.1 | 12.0 | 0.49 |
| 广 东 | 26908 | 28480 | 29144 | 4.1 | 9.1 | 0.44 |
| 广 西 | 7919 | 8591 | 9155 | 7.5 | 11.8 | 0.63 |
| 海 南 | 1359 | 1601 | 1688 | 11.5 | 10.6 | 1.09 |
| 重 庆 | 7856 | 8792 | 9278 | 8.7 | 15.0 | 0.56 |
| 四 川 | 17892 | 19696 | 20575 | 7.2 | 13.8 | 0.51 |
| 贵 州 | 8175 | 9068 | 9878 | 9.9 | 14.3 | 0.68 |
| 云 南 | 8674 | 9540 | 10434 | 9.7 | 13.3 | 0.71 |
| 陕 西 | 8882 | 9761 | 10626 | 9.4 | 13.4 | 0.69 |
| 甘 肃 | 5923 | 6496 | 7007 | 8.8 | 12.5 | 0.69 |
| 青 海 | 2568 | 3189 | 3524 | 17.1 | 12.9 | 1.36 |
| 宁 夏 | 3681 | 4316 | 4562 | 11.3 | 11.8 | 0.96 |
| 新 疆 | 8290 | 9927 | 11831 | 19.5 | 12.0 | 1.68 |

数据来源：《中国统计年鉴2013》《中国能源统计年鉴2013》。

表2-3列出了“十二五”中期全国30个省、市、区能源消耗强度的变化情况。从横向对比来看，宁夏和青海两省区的单位GDP能源消耗最高，2012年分别是2.279吨标准煤/万元和2.081吨标准煤/万元，也是仅有的单位GDP能源消耗超过2吨标准煤/万元的两个

省份，山西、贵州、新疆、内蒙古、甘肃、河北6个省份的单位GDP能源消耗也都比较高，再加上云南、辽宁、黑龙江，共有11个省份的单位GDP能源消耗超过1吨标准煤/万元。只有安徽、天津、海南、江西、福建、上海、江苏、浙江、广东和北京10个省份的单位GDP能源消耗低于0.8吨标准煤/万元，也低于全国平均水平0.79吨标准煤/万元，说明东部经济较为发达地区的能源消耗强度较低，能源利用效率比中西部省份高。从能源消耗强度的变化来看，2010~2012年能源消耗强度下降幅度最大的是宁夏，其次是内蒙古，陕西、贵州和山西等能源消耗强度比较高的中西部省份，也表现为能源消耗强度下降比较快。只有新疆一个地区的能源消耗强度是上升的。7个试点省份中，表现最好的陕西，两年下降25.1%，仅次于宁夏和内蒙古，但天津、广东和重庆等省份的能源消耗强度下降幅度不够明显，低于大部分非试点省份。

表2-3 "十二五"中期全国30个省、市、区能源消耗强度

单位：吨标准煤/万元

| 地　区 | 2010年 | 2011年 | 2012年 | 两年变化(百分点) | 2015年目标降幅(%) |
|---|---|---|---|---|---|
| 北　京 | 0.582 | 0.459 | 0.459 | -21.1 | -17 |
| 天　津 | 0.826 | 0.708 | 0.708 | -14.3 | -18 |
| 河　北 | 1.583 | 1.300 | 1.300 | -17.9 | -17 |
| 山　西 | 2.235 | 1.762 | 1.762 | -21.2 | -16 |
| 内蒙古 | 1.915 | 1.405 | 1.405 | -26.6 | -15 |
| 辽　宁 | 1.380 | 1.096 | 1.096 | -20.6 | -17 |
| 吉　林 | 1.145 | 0.923 | 0.923 | -19.4 | -16 |
| 黑龙江 | 1.156 | 1.042 | 1.042 | -9.9 | -16 |
| 上　海 | 0.712 | 0.618 | 0.618 | -13.2 | -18 |
| 江　苏 | 0.734 | 0.600 | 0.600 | -18.3 | -18 |
| 浙　江 | 0.717 | 0.590 | 0.590 | -17.7 | -18 |
| 安　徽 | 0.969 | 0.754 | 0.754 | -22.2 | -16 |
| 福　建 | 0.783 | 0.644 | 0.644 | -17.8 | -16 |
| 江　西 | 0.845 | 0.651 | 0.651 | -23.0 | -16 |
| 山　东 | 1.025 | 0.855 | 0.855 | -16.6 | -17 |
| 河　南 | 1.115 | 0.895 | 0.895 | -19.7 | -16 |
| 湖　北 | 1.183 | 0.912 | 0.912 | -22.9 | -16 |
| 湖　南 | 1.170 | 0.894 | 0.894 | -23.6 | -16 |
| 广　东 | 0.664 | 0.563 | 0.563 | -15.2 | -18 |
| 广　西 | 1.036 | 0.800 | 0.800 | -22.8 | -15 |
| 海　南 | 0.808 | 0.692 | 0.692 | -14.4 | -10 |
| 重　庆 | 1.127 | 0.953 | 0.953 | -15.4 | -16 |
| 四　川 | 1.275 | 0.997 | 0.997 | -21.8 | -16 |
| 贵　州 | 2.248 | 1.714 | 1.714 | -23.8 | -15 |
| 云　南 | 1.438 | 1.162 | 1.162 | -19.2 | -15 |
| 陕　西 | 1.129 | 0.846 | 0.846 | -25.1 | -16 |

续表

| 地　区 | 2010 年 | 2011 年 | 2012 年 | 两年变化(百分点) | 2015 年目标降幅(%) |
|---|---|---|---|---|---|
| 甘　肃 | 1. 801 | 1. 402 | 1. 402 | - 22. 2 | - 15 |
| 青　海 | 2. 550 | 2. 081 | 2. 081 | - 18. 4 | - 10 |
| 宁　夏 | 3. 308 | 2. 279 | 2. 279 | - 31. 1 | - 15 |
| 新　疆 | 1. 525 | 1. 631 | 1. 631 | 7. 0 | - 10 |

注：两年变化幅度数值大于目标降幅，并不表示已经达标。这里的能源消耗强度是按当年价格地区生产总值计算的，2010～2012 年的变化是按名义能源消耗强度计算，而 2015 年目标降幅要求按照不变价测算，两者不具有可比性。

数据来源：《中国能源统计年鉴 2013》、国家统计局网站（http：//www. stats. gov. cn）。

　　表 2 - 4 列出了"十二五"中期全国 30 个省、市、区人均能源消耗的变化情况。从横向对比来看，人均能源消耗最高的是内蒙古，达到 7. 947 吨标准煤/人，其次是宁夏和青海，分别达到 7. 05 吨标准煤/人和 6. 148 吨标准煤/人，另外天津、辽宁、山西、新疆、上海、河北、山东等经济较为发达的省份，人均能源消耗也都比较高，超过了 4 吨标准煤/人，广西、海南、安徽和江西 4 个省份的人均能源消耗都低于 2 吨标准煤/人，能源消耗水平比较低。从 2010～2012 年变化来看，人均能源消耗增幅最高的是新疆，为18. 18%，其次是青海，为 16. 1%。另外，海南和宁夏两地的增幅也都超过 10%，其他省份人均能源消耗增幅相对较低，但只有北京和上海的人均能源消耗是下降的，分别下降了 1. 07%和 0. 94%。

表 2 - 4　"十二五"中期全国 30 个省、市、区人均能源消耗

单位：吨标准煤/人

| 地　区 | 2010 年 | 2011 年 | 2012 年 | 下降幅度(%) |
|---|---|---|---|---|
| 北　京 | 3. 544 | 3. 465 | 3. 469 | - 1. 07 |
| 天　津 | 5. 249 | 5. 608 | 5. 808 | 5. 20 |
| 河　北 | 3. 827 | 4. 074 | 4. 151 | 4. 15 |
| 山　西 | 4. 703 | 5. 097 | 5. 355 | 6. 71 |
| 内蒙古 | 6. 804 | 7. 550 | 7. 947 | 8. 07 |
| 辽　宁 | 4. 788 | 5. 182 | 5. 360 | 5. 81 |
| 吉　林 | 3. 020 | 3. 311 | 3. 433 | 6. 62 |
| 黑龙江 | 2. 931 | 3. 161 | 3. 328 | 6. 55 |
| 上　海 | 4. 864 | 4. 801 | 4. 773 | - 0. 94 |
| 江　苏 | 3. 275 | 3. 493 | 3. 643 | 5. 46 |
| 浙　江 | 3. 096 | 3. 263 | 3. 300 | 3. 24 |
| 安　徽 | 1. 629 | 1. 771 | 1. 897 | 7. 89 |
| 福　建 | 2. 656 | 2. 864 | 2. 984 | 6. 00 |
| 江　西 | 1. 424 | 1. 544 | 1. 606 | 6. 19 |
| 山　东 | 3. 630 | 3. 853 | 4. 016 | 5. 18 |
| 河　南 | 2. 279 | 2. 457 | 2. 514 | 5. 02 |

| 地 区 | 2010 年 | 2011 年 | 2012 年 | 下降幅度（%） |
|---|---|---|---|---|
| 湖 北 | 2.643 | 2.880 | 3.058 | 7.58 |
| 湖 南 | 2.265 | 2.450 | 2.522 | 5.53 |
| 广 东 | 2.577 | 2.711 | 2.751 | 3.32 |
| 广 西 | 1.718 | 1.850 | 1.955 | 6.69 |
| 海 南 | 1.563 | 1.824 | 1.904 | 10.36 |
| 重 庆 | 2.723 | 3.012 | 3.151 | 7.57 |
| 四 川 | 2.224 | 2.447 | 2.548 | 7.03 |
| 贵 州 | 2.350 | 2.614 | 2.835 | 9.84 |
| 云 南 | 1.885 | 2.060 | 2.239 | 9.00 |
| 陕 西 | 2.378 | 2.608 | 2.831 | 9.11 |
| 甘 肃 | 2.314 | 2.533 | 2.718 | 8.39 |
| 青 海 | 4.562 | 5.613 | 6.148 | 16.10 |
| 宁 夏 | 5.815 | 6.750 | 7.050 | 10.10 |
| 新 疆 | 3.794 | 4.494 | 5.299 | 18.18 |

数据来源：《中国能源统计年鉴 2013》。

**2. "十二五"中期全国 30 个省、市、区主要化石能源消耗情况**

由于全国各地的能源储藏总量和结构有很大差异，能源消费结构也有很大不同，体现在主要化石能源消耗的总量和结构上就有很大差别，下面对 2010～2012 年全国 30 个省、市、区煤炭、石油、天然气等主要化石能源的消耗情况进行比较分析。表 2-5 列出了"十二五"中期全国 30 个省、市、区煤炭消耗的变化情况。从横向对比来看，山东的煤炭消耗总量最高，超过 4 亿吨，另外内蒙古、山西和河北都超过 3 亿吨，是煤炭消耗最高的几个省份。云南、福建、宁夏、广西、江西、重庆、甘肃、上海、天津、北京、青海、海南 12 个省份的煤炭消耗比较低，都不足 1 亿吨，海南不足 1000 万吨。从 2010～2012 年变化来看，煤炭消耗增长最快的新疆和青海，都超过 20%，另外海南和宁夏的增速也都接近 20%，内蒙古和陕西的煤炭消耗增速也比较高，达到 16% 以上，只有北京、河南和上海的煤炭消费总量是下降的，其中北京的煤炭消耗总量下降了 7.2%，幅度最大。由于煤炭是我国储量比较大的能源，成本相对比较低廉，在全国各地得到广泛应用，各省的煤炭消耗在能源消耗总量中所占比重最高；但煤炭燃烧的污染物排放也是最高的，成为各地空气污染的主要来源之一，煤炭的含碳量最高，也是二氧化碳排放的主要来源之一，各地减少碳排放的主要途径就是优化能源消耗结构，降低对煤炭消耗的依赖，增加清洁能源消耗比重。北京等省份在节约煤炭消耗方面成绩非常明显，对减少污染物排放、控制大气污染、减少二氧化碳等温室气体排放有巨大的推进作用，低碳试点省份中，重庆和云南的增速相对比较低，但仍然高于北京、河南等非试点省份，而陕西和河北的增速比较高，超过大部分非试点省份。

表 2-5　"十二五"中期全国 30 个省、市、区煤炭消耗比较

单位：万吨

| 地　区 | 2010 年 | 2011 年 | 2012 年 | 平均增速（％） |
|---|---|---|---|---|
| 北　京 | 2635 | 2366 | 2270 | -7.2 |
| 天　津 | 4807 | 5262 | 5298 | 5.0 |
| 河　北 | 27465 | 30792 | 31359 | 6.9 |
| 山　西 | 29865 | 33479 | 34551 | 7.6 |
| 内蒙古 | 27004 | 34684 | 36620 | 16.5 |
| 辽　宁 | 16908 | 18054 | 18219 | 3.8 |
| 吉　林 | 9583 | 11035 | 11083 | 7.5 |
| 黑龙江 | 12219 | 13200 | 13965 | 6.9 |
| 上　海 | 5876 | 6142 | 5703 | -1.5 |
| 江　苏 | 23100 | 27364 | 27762 | 9.6 |
| 浙　江 | 13950 | 14776 | 14374 | 1.5 |
| 安　徽 | 13376 | 14123 | 14704 | 4.8 |
| 福　建 | 7026 | 8714 | 8485 | 9.9 |
| 江　西 | 6246 | 6988 | 6802 | 4.4 |
| 山　东 | 37328 | 38921 | 40233 | 3.8 |
| 河　南 | 26050 | 28374 | 25240 | -1.6 |
| 湖　北 | 13470 | 15805 | 15799 | 8.3 |
| 湖　南 | 11323 | 13006 | 12084 | 3.3 |
| 广　东 | 15984 | 18439 | 17634 | 5.0 |
| 广　西 | 6207 | 7033 | 7264 | 8.2 |
| 海　南 | 647 | 815 | 931 | 19.9 |
| 重　庆 | 6397 | 7189 | 6750 | 2.7 |
| 四　川 | 11520 | 11454 | 11872 | 1.5 |
| 贵　州 | 10908 | 12085 | 13328 | 10.5 |
| 云　南 | 9349 | 9664 | 9850 | 2.6 |
| 陕　西 | 11639 | 13318 | 15774 | 16.4 |
| 甘　肃 | 5390 | 6303 | 6558 | 10.3 |
| 青　海 | 1271 | 1508 | 1859 | 21.0 |
| 宁　夏 | 5765 | 7947 | 8055 | 18.2 |
| 新　疆 | 8106 | 9745 | 12028 | 21.8 |

数据来源：《中国能源统计年鉴 2013》。

　　表 2-6 列出了"十二五"中期全国 30 个省、市、区汽油消耗的变化情况。从横向对比来看，广东的汽油消耗量最大，为 1259.5 万吨，也是唯一汽油消耗量超过千万吨的省份，另外江苏、山东等经济发达省份的汽油消耗量也比较大，西部省份的汽油消耗量相对比较小，其中甘肃、海南、青海、宁夏 4 个省份的汽油消耗量不足百万吨。从 2010～2012 年变化来看，汽油消耗增长最快的是安徽，两年的汽油消耗增长速度达到 26.2%，其次是湖南，增速也超过 20%，另外河南、重庆等省份的汽油消耗增速也比较高，共有 15 个省份的增速

超过10%，一般表现为东部和中部省份的增速较高，而西部省份的增速较低，这也与各地经济发展水平特别是汽车拥有量的增速有关。汽油消耗总量下降的只有山西和内蒙古，分别下降了0.8%和3.6%，这两个省份由于煤炭资源比较丰富，煤炭消耗的增速比较高，是汽油消耗下降的主要原因。

表2-6 "十二五"中期全国30个省、市、区汽油消耗比较

单位：万吨

| 地 区 | 2010 年 | 2011 年 | 2012 年 | 平均增速（%） |
|---|---|---|---|---|
| 北 京 | 371.53 | 389.79 | 415.90 | 5.8 |
| 天 津 | 205.12 | 222.57 | 253.75 | 11.2 |
| 河 北 | 238.75 | 305.74 | 318.33 | 15.5 |
| 山 西 | 228.35 | 216.88 | 224.61 | -0.8 |
| 内蒙古 | 325.68 | 310.24 | 302.53 | -3.6 |
| 辽 宁 | 593.17 | 706.61 | 780.84 | 14.7 |
| 吉 林 | 166.61 | 181.51 | 182.60 | 4.7 |
| 黑龙江 | 363.79 | 466.56 | 465.99 | 13.2 |
| 上 海 | 415.37 | 472.87 | 517.35 | 11.6 |
| 江 苏 | 749.84 | 827.38 | 935.00 | 11.7 |
| 浙 江 | 586.70 | 647.76 | 706.16 | 9.7 |
| 安 徽 | 157.40 | 217.64 | 250.64 | 26.2 |
| 福 建 | 333.20 | 374.01 | 397.62 | 9.2 |
| 江 西 | 155.23 | 182.76 | 198.42 | 13.1 |
| 山 东 | 802.40 | 806.41 | 811.58 | 0.6 |
| 河 南 | 297.49 | 358.53 | 426.92 | 19.8 |
| 湖 北 | 457.80 | 497.81 | 566.71 | 11.3 |
| 湖 南 | 262.36 | 295.05 | 388.93 | 21.8 |
| 广 东 | 1086.12 | 1207.59 | 1259.50 | 7.7 |
| 广 西 | 247.68 | 259.48 | 285.41 | 7.3 |
| 海 南 | 52.63 | 60.50 | 65.05 | 11.2 |
| 重 庆 | 102.63 | 144.97 | 144.63 | 18.7 |
| 四 川 | 541.82 | 642.08 | 700.00 | 13.7 |
| 贵 州 | 143.36 | 145.23 | 158.30 | 5.1 |
| 云 南 | 232.49 | 250.34 | 287.51 | 11.2 |
| 陕 西 | 255.23 | 279.60 | 287.01 | 6.0 |
| 甘 肃 | 56.57 | 58.77 | 65.80 | 7.8 |
| 青 海 | 26.19 | 28.97 | 29.91 | 6.9 |
| 宁 夏 | 22.68 | 20.80 | 23.36 | 1.5 |
| 新 疆 | 131.17 | 138.84 | 154.63 | 8.6 |

数据来源：《中国能源统计年鉴2013》。

表2-7列出了"十二五"中期全国30个省、市、区天然气消耗的变化情况。从横向对比来看，四川消耗的天然气总量最高，达到153亿立方米，其次是广东、江苏和新疆，都

超过了100亿立方米，天然气消耗比较少的贵州、云南和广西三个西南省份，都不足10亿立方米。天然气具有比较清洁的特点，热能比较高，污染物和二氧化碳排放比较少，但我国大多数地区缺乏天然气，输气管道建设还不完善，各地天然气消耗跟当地的资源禀赋以及输气管道建设有关，而且各省的天然气消耗在整个能源消耗中所占的比重相对较低，对二氧化碳排放的影响比较小。

表2-7　"十二五"中期全国30个省、市、区天然气消耗比较

单位：亿立方米

| 地　区 | 2010 年 | 2011 年 | 2012 年 | 平均增速（%） |
|---|---|---|---|---|
| 北　京 | 74.79 | 73.56 | 92.07 | 11.0 |
| 天　津 | 23.10 | 26.02 | 32.58 | 18.8 |
| 河　北 | 29.74 | 35.09 | 45.13 | 23.2 |
| 山　西 | 28.93 | 31.93 | 37.39 | 13.7 |
| 内蒙古 | 45.32 | 40.84 | 37.84 | -8.6 |
| 辽　宁 | 19.06 | 39.07 | 63.72 | 82.8 |
| 吉　林 | 22.01 | 19.38 | 22.79 | 1.7 |
| 黑龙江 | 29.90 | 31.00 | 33.68 | 6.1 |
| 上　海 | 45.08 | 55.43 | 64.38 | 19.5 |
| 江　苏 | 72.14 | 93.74 | 113.14 | 25.2 |
| 浙　江 | 32.62 | 43.88 | 48.08 | 21.4 |
| 安　徽 | 12.54 | 20.14 | 24.90 | 40.9 |
| 福　建 | 29.10 | 37.89 | 37.49 | 13.5 |
| 江　西 | 5.27 | 6.34 | 10.04 | 38.0 |
| 山　东 | 47.75 | 52.86 | 67.23 | 18.7 |
| 河　南 | 47.21 | 54.96 | 73.92 | 25.1 |
| 湖　北 | 19.64 | 24.92 | 29.28 | 22.1 |
| 湖　南 | 11.88 | 15.34 | 18.79 | 25.8 |
| 广　东 | 95.71 | 114.46 | 116.48 | 10.3 |
| 广　西 | 1.82 | 2.53 | 3.18 | 32.2 |
| 海　南 | 29.72 | 48.86 | 47.49 | 26.4 |
| 重　庆 | 56.59 | 61.80 | 70.98 | 12.0 |
| 四　川 | 175.39 | 156.08 | 153.00 | -6.6 |
| 贵　州 | 4.19 | 4.76 | 5.26 | 12.1 |
| 云　南 | 3.64 | 4.20 | 4.30 | 8.7 |
| 陕　西 | 59.19 | 62.49 | 65.97 | 5.6 |
| 甘　肃 | 14.42 | 15.85 | 20.28 | 18.6 |
| 青　海 | 23.72 | 32.05 | 40.11 | 30.0 |
| 宁　夏 | 15.48 | 18.58 | 20.48 | 15.0 |
| 新　疆 | 80.15 | 95.02 | 101.95 | 12.8 |

数据来源：《中国能源统计年鉴2013》。

**3. "十二五"中期全国30个省、市、区清洁发展机制（CDM项目）情况**

清洁发展机制（CDM项目）是《京都议定书》中促进全球各国合作减少碳排放的一种崭新机制，允许发展中国家通过减少碳排放量，为具有碳减排责任的发达国家抵消碳减排任务，从而获得一定补偿的机制。这一方面增强了发展中国家通过CDM项目参与碳减排的积极性，另一方面也降低了全球碳减排任务的成本，有利于发达国家和发展中国家的共同发展。2004年中国政府颁布了《清洁发展机制项目运行管理暂行办法》，由发改委负责签发国内CDM项目的认定证书，再向专门机构申请核准。联合国执行理事会（EB）向实施清洁发展机制项目的企业颁发经过指定经营实体（DOE）核查证实的温室气体减排量，企业获得联合国执行理事会颁发的CER证书之后，减排指标就可以在国际碳市场上交易。全球各类碳基金的相继成立和中国出台相关政策的支持，极大地推动了各地CDM项目的发展。表2-8列出了截至2014年全国30个省份的CDM项目核准情况。

表2-8　全国30个省、市、区CDM项目比较

| 地　区 | CERs签发 | | 国家发改委批准 | |
|---|---|---|---|---|
| | 项目数（项） | 估计年减排量（万吨） | 项目数（项） | 估计年减排量（万吨） |
| 北　京 | 9 | 293 | 28 | 1014 |
| 天　津 | 2 | 26 | 18 | 260 |
| 河　北 | 77 | 1104 | 258 | 3143 |
| 山　西 | 34 | 2038 | 186 | 5573 |
| 内蒙古 | 163 | 2805 | 380 | 5477 |
| 辽　宁 | 61 | 2293 | 158 | 3389 |
| 吉　林 | 38 | 519 | 155 | 1895 |
| 黑龙江 | 28 | 572 | 141 | 2364 |
| 上　海 | 6 | 379 | 25 | 851 |
| 江　苏 | 44 | 3352 | 130 | 4444 |
| 浙　江 | 29 | 3301 | 121 | 4333 |
| 安　徽 | 33 | 508 | 96 | 1357 |
| 福　建 | 41 | 804 | 123 | 1499 |
| 江　西 | 24 | 198 | 84 | 813 |
| 山　东 | 61 | 2353 | 249 | 4319 |
| 河　南 | 33 | 993 | 174 | 2574 |
| 湖　北 | 45 | 584 | 135 | 1466 |
| 湖　南 | 60 | 827 | 200 | 1941 |
| 广　东 | 41 | 884 | 125 | 2081 |
| 广　西 | 33 | 524 | 128 | 1563 |
| 海　南 | 11 | 79 | 25 | 123 |
| 重　庆 | 22 | 547 | 80 | 1272 |
| 四　川 | 103 | 2420 | 546 | 8796 |
| 贵　州 | 42 | 427 | 175 | 2574 |
| 云　南 | 143 | 1935 | 483 | 4965 |

续表

| | CERs 签发 | | 国家发改委批准 | |
|---|---|---|---|---|
| | 项目数(项) | 估计年减排量(万吨) | 项目数(项) | 估计年减排量(万吨) |
| 陕 西 | 30 | 473 | 122 | 1587 |
| 甘 肃 | 101 | 1673 | 269 | 3178 |
| 青 海 | 15 | 147 | 72 | 519 |
| 宁 夏 | 26 | 354 | 162 | 1515 |
| 新 疆 | 37 | 757 | 200 | 3118 |

资料来源：中国气候变化信息网（http://www.ccchina.gov.cn）。

国家发改委批准的 CDM 项目数共 5048 项，项目数最多的是四川，其次是云南和内蒙古，分别是 483 项和 380 项，比较少的是安徽、江西、重庆、青海、北京、上海、海南、天津，都不足 100 项。从批准的碳减排量来看，最大的也是四川，估计年减排量达到 8796 万吨，其次是山西和内蒙古，都超过 5000 万吨。CERs 签发的项目共 1392 项，占国内批准项数的 27.6%，项目数最多的是内蒙古，其次云南和四川，而 CERs 签发的项目的碳减排量最大的江苏，其次是浙江，都超过 3000 万吨。从数据对比来看，国内批准的项目和 CERs 签发的项目，不管是项目数还是碳减排量，都存在较大的差距，需要国内管理部门和相关企业加强对国际清洁发展机制运行机制和管理规则的研究，掌握国家碳减排交易市场运行的趋势，加强国内 CDM 项目的论证和管理，提高项目质量和管理水平。从省域分布来看，CDM 项目在不同省份的差距比较明显，但没有明显的区域特征，说明各地都有机会和条件发展，不太受自然条件和资源禀赋的约束，各地应该加强这方面的工作，推动低碳经济更好地发展。从 7 个低碳试点省市来看，辽宁和云南的碳减排量规模比较大，但仍然排在第 6 位和第 8 位，CDM 项目数云南比较多，但仍然低于非试点省份内蒙古，其他试点省份的 CDM 项目和碳减排量都比较少，这些试点省份应该加强这方面工作的推进力度。

## 三 进一步促进全国各省、市、区低碳经济发展的政策建议

节能减排是我国转变经济发展方式的重要举措，也是承担国际碳减排责任的重要途径。要实现碳减排目标，在碳排放约束条件下快速发展经济，需要制定和完善低碳政策，鼓励各地区大力发展低碳经济，提高能源利用效率，减缓温室气体排放增长势头。

一是创新低碳环境政策，加大政策执行力度。从前瞻、长远和全局的角度，制定低碳经济发展战略和中长期发展规划，明确提出控制温室气体排放的行动目标、重点任务和具体措施，鼓励地方根据省情、区情制定发展低碳经济的具体行动计划。借鉴国外经验，设计并完善低碳政策组合，加大政策执行力度，完善区域碳减排测评和考核工作，提高低碳政策区域灵活性，提高低碳政策的实施效果。前述分析表明，四年多来低碳试点省份并没有特别突出的表现，在能源消耗总量增速、能源消耗强度下降和能源结构调整等方面，与非试点省份之间没有明显的差异，表明这些试点省份还没有找到切实可行的低碳经济发展路径，先行先试

的政策优势没有发挥出来。应该鼓励这些试点省份因地制宜、大胆创新，探索出一条适合当前我国经济发展阶段的低碳经济之路。

二是加大低碳技术创新，提高能源利用效率。加大低碳技术创新投入，加强相关学科建设和人才培养，加快低碳技术的引进、研发和应用，构建应对气候变化的科技支撑体系，增强自主创新能力，发挥技术创新在应对气候变化工作中的基础性作用。推进资源能源管理体制改革，深化能源价格体系改革，形成有利于节约化石能源的价格形成机制，加强特殊行业和重点领域的节能减排，切实提高生产生活中的能源利用效率。完善新能源财税体系，提高新能源产业自主创新能力和竞争力，着力培育国内新能源市场，大力提高新能源比重，优化能源消耗结构。

三是加强区域协调，完善低碳资源的市场配置功能。扩大低碳省份和低碳城市试点范围，把城市低碳化和工业低碳化结合起来，将低碳理念融入工业化进程和城市功能区布局，发挥我国各区域能源、产业和技术的比较优势，建立区域间碳减排合作机制。建立和完善有利于节能减排的市场机制，规范发展国内碳排放交易市场，促进区域、产业和企业间的碳排放交易，发掘和培育碳汇和碳金融等新兴市场，提高企业和居民碳减排的积极性。

# Ǵ.35

## 专题报告三：
## "十二五"中期我国生态省建设的
## 总体成效与前景展望

党的十八大报告强调指出，"建设生态文明，是关系人民福祉、关乎民族未来的长远大计"，必须"把生态文明建设放在突出地位，融入经济建设、政治建设、文化建设、社会建设各方面和全过程，努力建设美丽中国，实现中华民族永续发展"。这是党的十八大报告对推进中国特色社会主义事业作出的"五位一体"总体布局。十八届三中全会也提出，要"紧紧围绕建设美丽中国深化生态文明体制改革，加快建立生态文明制度，健全国土空间开发、资源节约利用、生态环境保护的体制机制，推动形成人与自然和谐发展现代化建设新格局"。为更好地推动生态文明建设，全面提升生态文明水平，实现经济社会可持续发展，我国大部分省份相继实施了建设生态省的战略部署。"十二五"以来，我国生态省建设继续加快推进，生态省建设的规划部署进一步实施，自然生态环境得到有效保护，循环经济和生态环保产业加快发展，节能减排工作扎实推进，人民生活水平得到全面提升，生态省建设总体上取得了显著的成效。今后，我国各省、市、区将进一步贯彻党的十八大和十八届三中全会精神，加快经济发展方式转变和生态文明建设，持续推进生态省建设，促进实现绿色经济转型，不断提高生态文明水平，增强可持续发展能力。

## 一 生态省建设的缘起、内涵及战略意义

### （一）生态省建设的缘起

生态省是具有中国特色的新概念、新提法。生态省建设既是新时期中国特色社会主义事业的具体实践内容，又是一个值得深入探讨的理论问题，是在深刻把握世界绿色发展、低碳发展新趋势的基础上对可持续发展理念的创新与拓展，对于丰富中国特色社会主义理论体系具有重要的意义。自 20 世纪 60 年代开始，人类面临的生态环境问题日益严峻，为了加强环境保护，世界各国先后召开了一系列的环境大会并达成了一系列的环保协议，通过对工业文明的反思，走可持续发展道路、构建生态文明新社会逐渐成为全球共同的理念和目标。我国也是在全球绿色发展的浪潮中日益重视生态文明建设，并提出了生态省建设的思路。为了应对生态环境的严峻形势，从 20 世纪 80 年代开始，我国兴起了对生态工程示范基地的研究与建设热潮，并由此出现了一大批的"生态村""生态乡（镇）"和"生态县"，成为生态省建设的"雏形"和"源头"。1983 年，于光远最早提出"生态省"概念，并建议"把青海

省建设为生态省"。进入 20 世纪 90 年代，我国"生态示范区建设"得到广泛支持并大力推进，生态文明建设更加深入人心。1999 年 3 月，海南省政府率先在全国提出创建生态省，同年 7 月海南省二届人大常委会第八次会议审议批准了《海南生态省建设规划纲要》，自此生态省的概念从实践层面为社会各界所普遍接受①，吉林、黑龙江、福建、浙江、山东、安徽、江苏等十余个省份也先后被批准为生态省建设试点。

生态文明建设是中国特色社会主义事业总体布局的重要构成部分，加快生态省建设是推进生态文明建设的必然选择。早在 2005 年召开的人口资源环境工作座谈会上，胡锦涛就使用了"生态文明"这一术语。他提出，我国当前环境工作的重点之一便是"完善促进生态建设的法律和政策体系，制定全国生态保护规划，在全社会大力进行生态文明教育"。十七大第一次把建设生态文明作为一项战略任务明确提了出来，要求"建设生态文明，基本形成节约能源资源和保护生态环境的产业结构、增长方式、消费模式"，并逐渐赋予生态文明建设与其他建设同等的地位②。十八大报告正式对推进中国特色社会主义事业作出了"五位一体"的总体布局，标志着"生态文明建设"上升到了前所未有的高度，也进一步为我国生态省建设指明了方向。与我国的生态省建设类似，国外主要致力于"生态城市"建设，如美国、德国、英国、法国、瑞典、丹麦、日本、澳大利亚、巴西、新加坡等国家都已成功地进行了生态城市建设，对于我国推进生态省建设具有重要的借鉴价值。

### （二）生态省建设的内涵

关于生态省的定义，学术界基本达成了以下共识：所谓生态省，就是实现了生态环境和社会经济协调发展、各个领域基本符合可持续发展要求的省级行政区域。它的主要标志是：生态环境良好并且不断趋向更高水平的平衡，自然资源得到合理的保护和利用；以生态或绿色经济为特色的经济高度发展，结构合理、总体竞争力强，基本形成生态经济体系；社会文明程度较高，群众形成生态意识、生态自觉，形成生态文化体系；城市和乡村环境优美，人民生活水平全面进入富裕阶段，环境污染得到根本控制和基本消除③。因此，生态省建设就是要以生态哲学为理念、以生态法制为保障，在生态环境可以承载的范围内发展生态经济，最终建设一个人与自然和谐相处的资源节约型、环境友好型省份④。具体来看，生态省建设应该包含以下内涵。

首先，生态省建设要以可持续发展理论与生态文明理念为指导，运用行政命令、市场机制、法律规范等手段，促进实现经济建设与人口、资源、环境的全面协调可持续发展。生态省建设作为一项区域发展战略，是生态文明建设的重要组成部分。处理好经济建设与人口、资源和环境之间的关系是生态省建设的关键内容。

其次，生态省建设的核心是实现经济的可持续发展。经济发展是建设生态省的物质基础和根本保障。生态省建设不能以追求生态环境保护为名限制经济增长，而是强调通过建立可

---

① 朱孔来：《对生态省概念、内涵、系统结构等理论问题的思考》，《科学对社会的影响》2007 年第 2 期。
② 郭如才：《十六大以来党中央建设生态文明思想述略》，《党的文献》2010 年第 4 期。
③ 郭兰成：《对生态省建设理论观点的梳理与评析》，《中共青岛市委党校青岛行政学院学报》2006 年第 1 期。
④ 凌欣：《生态省建设的理论与实践研究》，中国海洋大学博士论文，2008。

持续发展的生态经济体系来达到经济的高质量、有效益发展。因此，生态省建设的重点是构建集约型的经济增长方式。

再次，生态省建设的基础是资源的可持续利用和生态环境的可持续改善。经济发展是核心，但不能超越资源和环境的承载能力，因此，生态省建设要在经济发展的同时追求资源的永续利用和生态环境的有效保护。

最后，生态省建设的目标是谋求社会的全面进步。生态省建设是牵动经济社会发展全局的整体战略和系统工程，最终目标是改善人民生活质量、提高人民健康水平、保证人民安居乐业，从而实现社会的全面进步和共同发展。

### （三）加快推进生态省建设的重要意义

生态文明是追求人与自然真正和谐的绿色文明，是人类文明发展的新境界。生态省是我国区域生态经济建设的重要形式[1]，建设生态省是生态文明时代绿色经济发展的必然要求。在当前形势下，加快推进生态省建设具有重要意义。

（1）建设生态省是中国响应国际社会呼吁、实施可持续发展战略的具体行动[2]。从20世纪60年代开始，国际社会日益重视生态环境保护，并召开了以1972年联合国首次人类环境会议、1992年联合国环境发展大会、2002年可持续发展世界首脑会议以及2012年联合国可持续发展大会为代表的一系列国际环境会议[3]，充分说明加强环境保护已成为全球共识。当前，世界各国对设立可持续发展目标的态度已基本趋向一致。我国提出的生态省建设战略，是在总结国内外节能减排、生态环境保护经验教训基础上，响应国际社会环境保护呼吁作出的重要举措，体现了可持续发展战略的要求。

（2）建设生态省是推进区域经济发展模式转型、建设美丽中国的重要手段。改革开放以来，中国经济高速发展，但由于忽视生态环境保护，资源趋紧、环境污染、生态退化等问题日益突出。为了从根本上扭转生态环境恶化的严峻形势，必须改变传统"三高一低"的粗放型经济增长模式，积极推进绿色发展、循环发展、低碳发展，形成节约资源和保护环境的空间格局、产业结构、生产方式、生活方式。而建设生态省在本质上就是要构建一个生态经济系统体系，对于加快转变经济发展方式、实现经济社会的可持续发展具有重要的作用。十八届三中全会提出，要"完善发展成果考核评价体系，纠正单纯以经济增长速度评定政绩的偏向，加大资源消耗、环境损害、生态效益、产能过剩、科技创新、安全生产、新增债务等指标的权重"，明确释放出改革政绩考核评价体系的信号，有利于更好地引导和推进生态省建设。

（3）建设生态省是满足人们生态需求、全面建设小康社会的重大决策。按照马斯洛需求层次理论，生态需求属于人们最基本的生理需求之一，是政府应当提供的基本公共服务。改革开放以来，人们的生态需求未能得到较好满足。尽管近十多年来政府一直强

---

① 王松霈：《用生态经济学理论指导生态省建设》，《江西财经大学学报》2005年第1期。
② 张伟：《美丽中国战略的内涵、缘起及实施路径探讨》，《济南大学学报》（社会科学版）2013年第3期。
③ 周生贤：《中国特色生态文明建设的理论创新和实践》，《求是》2012年第19期。

调生态环境保护，也取得了明显的成效，但生态恶化、环境污染的趋势尚未得到根本性遏制，大气污染、水污染、食品安全等问题依然严峻。当前，我国正处于全面建设小康社会的关键时期，全面建设小康社会不但要求经济发展、生活富裕，也要追求生态优美、环境良好。由美国哥伦比亚大学地球研究所发布的2013年全球幸福指数报告显示，中国的幸福指数仅排在第93位，在156个评价对象中处于中下水平。居民幸福感指数不高，其中一个很重要的原因就是人们在生态需求、精神需求、社会需求等方面的幸福感与预期相比还存在较大差距，对环境、医疗、卫生等方面的关注度越来越高。因此，加快推进生态省建设，最大限度满足人民群众的生态需求，是夺取全面建设小康社会新胜利的必然选择。

## 二 "十二五"中期我国生态省建设的总体成效

"十二五"规划提出，要加快实现"绿色发展，建设资源节约型、环境友好型社会"，"增强可持续发展能力，提高生态文明水平"。省级行政区域作为落实中央调控指令的地方最高行政机关，也是协调地方经济发展与资源环境关系最直接的主体，因此是实现区域生态文明战略最重要的载体[①]。从各省份的"十二五"规划来看，生态文明建设理念在省域层面取得广泛共识，有26个省份明确将生态文明建设写入规划，其余省份也以不同表述强调推进生态文明建设。表3-1统计了各省份"十二五"规划中有关可持续发展和生态文明建设专篇规划的具体表述，福建、河南明确提出"加快生态省建设"，大部分省份的表述为"生态文明建设"和"两型社会建设"。在"十二五"规划中，大部分省份都明确提出"十二五"生态文明建设的思路和重点，强调以生态文明的理念指导经济社会建设，普遍将积极应对全球气候变化、加强生态建设、加强资源节约和环境保护、大力发展循环经济、推进节能减排和建立防灾减灾体系等作为生态文明建设的主要内容。

表3-1 各省、市、区"十二五"规划关于可持续发展专篇规划的表述

| 表述 | 生态省建设 | 生态文明建设 | 两型社会建设 | 绿色发展 | 可持续发展 | 生态建设与环境保护 |
|---|---|---|---|---|---|---|
| 省、市、区 | 福建、河南 | 安徽、甘肃、广西、贵州、海南、湖南、江西、山东、西藏、浙江 | 河北、湖北、内蒙古、宁夏、新疆、重庆、辽宁、陕西、山西 | 北京、广东、上海、天津、云南 | 吉林、江苏 | 青海、黑龙江、四川 |
| 个数 | 2 | 10 | 9 | 5 | 2 | 3 |

资料来源：各省、市、区国民经济和社会发展第十二个五年规划纲要。

转引自：黄勤、杨小荔：《我国省区生态文明建设战略比较研究》，《江西社会科学》2012年第1期。

---

① 黄勤、杨小荔：《我国省区生态文明建设战略比较研究》，《江西社会科学》2012年第1期。

自从 1999 年海南省率先在全国提出创建生态省以来，其余省份也相继制定了生态省建设规划纲要，大力推进生态省建设（如表 3 - 2 所示）。截至 2012 年底，全国共有海南、吉林、黑龙江、福建、浙江、山东、安徽、江苏、河北、广西、四川、辽宁、天津、山西、河南等 15 个省份开展了生态省建设，超过 1000 个县（市、区）开展了生态县建设，有 38 个县（市、区）建成了国家级生态县，1559 个乡镇建成国家级生态乡镇（环境优美乡镇），155 个村建成国家级生态村①。其余部分省份也正在积极开展生态省建设的前期调研与实践。在各省份的大力推动和积极引导下，我国生态省建设总体上取得了明显的成效。

表 3 - 2　部分省、市、区生态省建设规划纲要出台时间

| 时间 | 省市区 | 生态省建设规划 |
|---|---|---|
| 1999 年 7 月<br>2005 年 5 月 | 海南省 | 《海南生态省建设规划纲要》<br>《海南生态省建设规划纲要(2005 年修编)》 |
| 2001 年 12 月 | 吉林省 | 《吉林省生态省建设总体规划纲要》 |
| 2002 年 4 月 | 黑龙江省 | 《黑龙江省生态省建设规划纲要》 |
| 2003 年 8 月 | 浙江省 | 《浙江生态省建设规划纲要》 |
| 2003 年 12 月 | 山东省 | 《山东生态省建设规划纲要》 |
| 2004 年 2 月 | 安徽省 | 《安徽生态省建设总体规划纲要》 |
| 2004 年 11 月<br>2011 年 9 月 | 福建省 | 《福建生态省建设总体规划纲要》<br>《福建生态省建设“十二五”规划》 |
| 2004 年 12 月 | 江苏省 | 《江苏生态省建设规划纲要》 |
| 2006 年 5 月 | 河北省 | 《河北生态省建设规划纲要》 |
| 2006 年 9 月 | 四川省 | 《四川生态省建设规划纲要》 |
| 2007 年 8 月 | 广西壮族自治区 | 《生态广西建设规划纲要》 |
| 2007 年 9 月 | 天津市 | 《天津生态市建设规划纲要》 |
| 2007 年 12 月 | 辽宁省 | 《辽宁生态省建设规划纲要》 |
| 2010 年 9 月 | 山西省 | 《山西省生态省建设规划纲要》 |
| 2013 年 1 月 | 河南省 | 《河南生态省建设规划纲要》 |

## （一）生态省建设的规划体系不断完善

为推进生态省建设，各省、市、区都十分重视生态省建设规划的编制和实施，成立生态省建设工作领导小组及办公室，明确生态省建设的目标和任务，并且推动编制生态市、生态县建设规划，形成较为完善的生态省建设规划体系。例如，《山东生态省建设规划纲要》提出，到 2020 年，在全省初步形成以循环经济理念为指导的生态经济体系、可持续利用的资源保障体系、山川秀美的生态环境体系、与自然和谐的人居环境体系、支撑可持续发展的安全体系和体现现代文明的生态文化体系，全面增强经济社会的可持续发展能力，把山东基本建设成为经济繁荣、人民富裕、环境优美、社会文明的生态省。《四川

---

① 贵州省环境保护厅网站，http：//www. gzhjbh. gov. cn/zrst/stsfjs/48520. shtml，2012 年 12 月 21 日。

生态省建设规划纲要》提出，要按照国家生态省建设的要求，建设生态四川，打造绿色天府，通过 15 年或更长时间的努力，基本实现发达的生态经济、良好的生态环境、繁荣的生态文化、和谐的生态社会的奋斗目标。2011 年 9 月，福建省政府下发《福建生态省建设"十二五"规划》，明确到 2015 年，经济发展方式转变取得重大进展，生态省建设主要目标基本实现，生态文明建设位居全国前列，率先建成资源节约型、环境友好型社会。江苏省"十二五"期间对生态省建设的重点项目投资计划达 5000 亿元，2015 年环保投入占 GDP 比重要提高到 3.2%，全面完成节能减排约束性指标；到 2020 年，全省地表水、空气环境质量达到环境功能区划要求，城乡环境质量和生态功能得到全面改善，在全国率先基本建成生态省。2012 年浙江省第十三次党代会将"坚持生态立省方略，加快建设生态浙江"作为建设物质富裕、精神富有现代化浙江的重要任务，提出打造"富饶秀美、和谐安康"的"生态浙江"；2013 年，省委、省政府号召全面推进"美丽浙江"建设，再次契合"美丽中国"的发展脉搏。2013 年 1 月，河南省人民政府印发《河南生态省建设规划纲要》，提出要通过 20 年的努力，在全省构建六大生态体系：构建绿色高效的生态经济体系，构建可持续利用的资源保障体系，构建全防全治的环境安全体系，构建山川秀美的自然生态体系，构建环境友好的生态人居体系，构建健康文明的生态文化体系。河南省还提出分 3 个阶段进行生态省建设：第一阶段为 2011～2015 年，为全面建设阶段，将形成比较完善的生态省建设机制和制度框架，全面启动生态省建设；第二阶段为 2016～2020 年，要全面深入推进生态省建设，经济、社会与生态环境将基本步入协调发展轨道，生态省建设的主要目标任务基本完成；第三阶段为 2020～2030 年，经济社会与人口、资源、环境将实现协调发展，生态省建设主要目标任务全面完成。2013 年 8 月，广东印发了《中共广东省委、广东省人民政府关于全面推进新一轮绿化广东大行动的决定》，提出通过 10 年左右的努力，将广东省建设成为森林生态体系完善、林业产业发达、林业生态文化繁荣、人与自然和谐的全国绿色生态第一省。2014 年 3 月份，国务院下发《关于支持福建省深入实施生态省战略　加快生态文明先行示范区建设的若干意见》，充分说明了国家对生态省建设的高度重视。在生态省建设规划体系和任务目标的指引下，各省、市、区生态文明建设持续深入有序推进。

## （二）自然生态环境得到有效改善和保护

森林、草原等自然生态环境保护是生态环境建设的重要环节。各省、市、区强调构建良好的自然生态系统，把造林绿化作为生态省建设的重点任务之一。例如，福建提出建设"生态省"目标十余年来，历届省委、省政府班子坚持把生态省建设作为生态文明建设的重要载体，作为科学发展观在福建的具体实践，锲而不舍，持之以恒，在全省 GDP 保持年均增长 12.6%、财政收入翻两番的同时，森林覆盖率持续保持全国第一，成为全国唯一一个保持水、大气、生态环境均全优的省份。此外，广东提出的绿化生态省建设、江西的绿色生态省建设、河南的林业生态省建设等，都充分强调了造林绿化在生态省建设中的重要作用。如表 3－3 所示，2012 年我国自然保护区面积在保持稳定的基础上有所上升，河北、江西、宁夏、黑龙江、安徽、福建、湖南等省区的自然保护区面积上升的幅度较大。截至 2012 年底，我国共建立自然保护区 2669 个，占国土面积的 14.9%，超过世界平均水平 12%。从绿化覆盖面积来看，仅广东省略有下降，其余省、市、区均呈现上升趋势，而广东省的绿化覆盖面积为全国最大，达到 465408 公顷。2010~2012 年绿化覆盖面积增幅最大的为辽宁，达到 81.14%。西藏和浙江的绿化覆盖面积增幅也较大，分别为 58.32% 和 52.43%。内蒙古、重庆、云南、青海、新疆等地区的绿化覆盖面积增幅超过 20%。2012 年我国各省、市、区的人工林面积基本保持稳定，全国人工林总面积达到 6168.84 万公顷，居世界首位。自然生态环境的有效保护和改善，为生态省建设奠定了坚实的基础。

表 3-3　2010~2012 年各省、市、区自然生态保护情况

| 指标　地区 | 2012 年 | | | 2010~2012 年变化幅度(%) | |
| --- | --- | --- | --- | --- | --- |
| | 自然保护区面积（万公顷） | 绿化覆盖面积（公顷） | 人工林面积（万公顷） | 自然保护区面积 | 绿化覆盖面积 |
| 北　京 | 13.4 | 68204 | 35.65 | 0.00 | 4.37 |
| 天　津 | 9.1 | 26875 | 8.88 | 0.00 | 15.52 |
| 河　北 | 69.3 | 83775 | 212.27 | 18.06 | 2.39 |
| 山　西 | 116.1 | 41512 | 102.74 | 0.61 | 19.95 |
| 内蒙古 | 1368.9 | 49723 | 303.91 | -0.98 | 21.10 |
| 辽　宁 | 267.4 | 192045 | 283.03 | 0.45 | 81.14 |
| 吉　林 | 232.9 | 45108 | 148.94 | 1.09 | 2.94 |
| 黑龙江 | 675.2 | 82945 | 235.68 | 5.37 | 5.36 |
| 上　海 | 9.4 | 134405 | 5.97 | 0.00 | 3.26 |
| 江　苏 | 56.7 | 277481 | 104.15 | 0.35 | 7.15 |
| 浙　江 | 19.7 | 138877 | 267.44 | 1.03 | 52.43 |
| 安　徽 | 52.4 | 95952 | 209.87 | 4.38 | 12.51 |
| 福　建 | 46.4 | 62054 | 359.18 | 4.27 | 10.98 |
| 江　西 | 126 | 50752 | 291.87 | 12.90 | 3.74 |
| 山　东 | 108.2 | 199899 | 244.38 | -4.67 | 11.47 |
| 河　南 | 73.5 | 88232 | 217.39 | 0.00 | 12.96 |
| 湖　北 | 95.5 | 91713 | 167.01 | -0.42 | 14.22 |
| 湖　南 | 128.5 | 60071 | 464.04 | 3.21 | 10.20 |
| 广　东 | 355.3 | 465408 | 503.18 | -1.09 | -4.82 |
| 广　西 | 145.3 | 72785 | 515.52 | 0.14 | 10.80 |
| 海　南 | 273.5 | 52470 | 125.29 | -0.07 | 3.77 |
| 重　庆 | 85 | 51689 | 76.20 | 2.66 | 25.32 |
| 四　川 | 897.4 | 92255 | 415.65 | 0.79 | 15.09 |
| 贵　州 | 95.2 | 38873 | 199.86 | 0.00 | 13.70 |
| 云　南 | 285.4 | 39210 | 326.77 | -4.48 | 22.90 |
| 西　藏 | 4136.9 | 4398 | 3.36 | -0.32 | 58.32 |
| 陕　西 | 116.3 | 38668 | 183.27 | 0.17 | 16.36 |

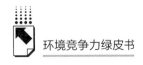

续表

| 指标 地区 | 2012 年 | | | 2010～2012 年变化幅度(％) | |
|---|---|---|---|---|---|
| | 自然保护区面积（万公顷） | 绿化覆盖面积（公顷） | 人工林面积（万公顷） | 自然保护区面积 | 绿化覆盖面积 |
| 甘　肃 | 734.7 | 23069 | 80.77 | 0.00 | 15.94 |
| 青　海 | 2182.2 | 4121 | 4.44 | 0.00 | 20.89 |
| 宁　夏 | 53.6 | 21969 | 10.38 | 5.72 | 11.68 |
| 新　疆 | 2149.4 | 53328 | 61.75 | 0.00 | 22.11 |

注：由于各省、市、区的人工林面积基本没有变化，故未计算其变化幅度。

### （三）循环经济和生态产业发展成效显著

发展循环经济和生态产业是建设生态省的根本途径。2013 年 1 月，国务院印发了《循环经济发展战略及近期行动计划》，从战略和全局的高度突出加快发展循环经济的重要意义。为推进生态省建设，各省、市、区积极鼓励循环经济和生态产业发展，加快推进再生资源回收利用，加大对废水、固体废物的再生利用。如表 3 - 4 所示，2012 年我国大部分省、市、区的城市污水再生利用量、工业重复用水量、工业固体废物综合利用量等指标有较大幅度的提升。2010～2012 年城市污水再生利用量上升幅度最大的是湖北省，达到 9753.80％，云南、黑龙江、青海、浙江、陕西、贵州等省份的上升幅度也较大，分别达到 2456.80％、460.40％、350.00％、288.40％、193.78％和 110.00％；个别省区的城市污水再生利用量出现了下滑，下降幅度最大的为山西，达到 94.41％。工业重复用水量有一半以上的省、市、区出现了增长，增长幅度最大的为广西，达到 51.45％，下降幅度最大的是云南，达到 95.26％。工业固体废物综合利用量除了天津、河北、上海、四川 4 个省市有小幅度下降之外，其余省、市、区都实现了增长，增长幅度最大的为西藏，达到 2900.00％，主要是由于其基数较小，尽管 2012 年的工业固体废物综合利用量仅有 6 万吨，但增长率却是最高的；青海、新疆、甘肃等省区的工业固体废物综合利用量也有较大幅度的增长。

表 3 - 4　2010～2012 年各省、市、区废水废物循环利用情况

| 指标 地区 | 2012 年 | | | 2010～2012 年变化幅度(％) | | |
|---|---|---|---|---|---|---|
| | 城市污水再生利用量（万吨） | 工业重复用水量（万立方米） | 工业固体废物综合利用量（万吨） | 城市污水再生利用量 | 工业重复用水量 | 工业固体废物综合利用量 |
| 北　京 | 75003 | 14777 | 872 | 10.28 | 19.93 | 4.41 |
| 天　津 | 1879 | 419712 | 1816 | 11.38 | 37.60 | -1.58 |
| 河　北 | 33076 | 539889 | 17361 | 27.52 | -9.31 | -3.41 |
| 山　西 | 7216 | 197771 | 20235 | -94.41 | -69.29 | 67.79 |
| 内蒙古 | 7587 | 180078 | 10925 | 80.82 | -13.56 | 14.25 |
| 辽　宁 | 21978 | 1171358 | 11862 | 7.14 | 13.27 | 44.49 |
| 吉　林 | 776 | 101805 | 3198 | -42.00 | -59.03 | 2.69 |
| 黑龙江 | 3962 | 134980 | 4646 | 460.40 | 33.90 | 11.45 |

续表

| 指标 地区 | 2012 年 | | | 2010～2012 年变化幅度（%） | | |
|---|---|---|---|---|---|---|
| | 城市污水再生利用量（万吨） | 工业重复用水量（万立方米） | 工业固体废物综合利用量（万吨） | 城市污水再生利用量 | 工业重复用水量 | 工业固体废物综合利用量 |
| 上 海 | — | 175349* | 2140 | — | 0.49* | -9.59 |
| 江 苏 | 33525 | 895929 | 9342 | 13.54 | 30.21 | 6.64 |
| 浙 江 | 10580 | 146580 | 4083 | 288.40 | 24.92 | 1.24 |
| 安 徽 | 1129 | 298251 | 10266 | 15.79 | 3.15 | 30.79 |
| 福 建 | 46 | 57632 | 6887 | -47.73 | -5.28 | 10.81 |
| 江 西 | 796 | 15531 | 6071 | 4.05** | -6.84 | 38.64 |
| 山 东 | 38595 | 1076410 | 17073 | 77.93 | 10.37 | 11.61 |
| 河 南 | 5785 | 361931 | 11597 | 17.58 | 20.90 | 38.38 |
| 湖 北 | 15569 | 251926 | 5737 | 9753.80 | 18.22 | 3.91 |
| 湖 南 | 332 | 8683 | 5188 | 14.48 | -44.16 | 8.14 |
| 广 东 | 3653 | 147511 | 5198 | -26.32 | 15.70 | 4.95 |
| 广 西 | — | 341099 | 5369 | — | 51.45 | 26.91 |
| 海 南 | 554 | 6726 | 238 | 6.33** | 49.47 | 33.41 |
| 重 庆 | 395 | 40 | 2569 | 24.21 | -50.00 | 10.89 |
| 四 川 | 22 | 47980 | 6052 | 69.23 | 41.53 | -1.74 |
| 贵 州 | 18100 | 20085 | 4839 | 110.00 | -61.58 | 15.93 |
| 云 南 | 25389 | 389 | 7938 | 2456.80 | -95.26 | 65.43 |
| 西 藏 | — | — | 6 | — | — | 2900.00 |
| 陕 西 | 3966 | 191447 | 4422 | 193.78 | 7.30 | 17.82 |
| 甘 肃 | 1265 | 201995 | 3593 | -4.82 | 28.10 | 101.51 |
| 青 海 | 45 | 479 | 6831 | 350.00 | -0.42 | 800.47 |
| 宁 夏 | 1453 | 81816 | 2044 | -11.94 | -4.72 | 43.71 |
| 新 疆 | 8120 | 581 | 4063 | 26.34 | 7.39 | 116.47 |

注：* 上海的“工业重复用水量”为 2011 年数据，变化幅度计算的是 2010～2011 年数据；** 江西、海南的“城市污水再生利用量”变化幅度计算的是 2011～2012 年数据。

## （四）节能减排工作取得积极进展

循环经济和生态产业的发展促进了节能减排工作的有效开展。2011 年 9 月，国务院印发了《“十二五”节能减排综合性工作方案》，提出了节能减排的一系列部署和举措，并且将单位国内生产总值能耗降低率、化学需氧量排放总量、二氧化硫排放总量等指标分解到各省、市、区。2012 年 8 月，国务院又印发了《节能减排“十二五”规划》，进一步明确了节能减排的目标任务、重点工程和保障措施等内容，以确保实现“十二五”节能减排约束性目标。“十二五”以来，各省、市、区积极推行清洁生产，加快淘汰落后低效产能，大力推进节能减排，提高能源利用率和减少污染物排放，努力破解资源环境对经济发展的制约。如表 3－5 所示，2010～2012 年大部分省、市、区的单位地区生产总值能耗、单位地区生产总值电耗、单位工业增加值能耗等指标都有不同程度的降低。其中，单位地区生产总值能耗下降 10% 以上的省、市、区为西藏、上海、北京、四川、吉林、重庆、河南、湖南,分别下降了 18.77% 、12.75% 、11.37% 、11.15% 、10.69% 、10.64% 、10.50% 、10.34%;单位地区生产总值电耗下降 10% 以上的省、市、区为天津、吉林、重庆、湖北、黑龙江、上海,分别下降了 15.57% 、13.36% 、12.68% 、10.48% 、10.40% 、10.17%;单位工业增加值能耗下降 10% 以上的省、市、区为西藏、湖南、安徽、吉林、四川、陕西、湖北、河北,分别下降了 19.46% 、14.54% 、13.71% 、13.41% 、13.07% 、11.53% 、11.20% 、10.40%。表 3 - 6 则反映了 2010 ~ 2012 年各省、市、区主要污染物排放的变化情况。有近半数省、市、区的工业二氧化硫排放量出现了下降,其中下降幅度最大的为广西,达到 44.38% ,广东、四川、上海、重庆、福建等地区的工业二氧化硫排放量也出现较大幅度下降;但还应该看到,部分省、市、区尤其是中西部地区的工业二氧化硫排放量依然较大,减排任务比较严峻。从工业废水排放量来看,超过一半的省、市、区出现了下降,下降幅度最大的为西藏,达到 52.04% 。工业固体废物排放量总体上较少,且大部分地区出现了下降,有 9 个省、市、区的排放量为 0 ,另外有部分省份的排放量在 0.5 万吨以下。

表 3 - 5   2010 ~ 2012 年各省、市、区能源消耗情况

| 指标<br>地区 | 2012 年 | | | 2010 ~ 2012 年变化幅度(%) | | |
|---|---|---|---|---|---|---|
| | 单位地区生产总值能耗(吨标准煤/万元) | 单位地区生产总值电耗(千瓦时/万元) | 单位工业增加值能耗(吨标准煤/万元) | 单位地区生产总值能耗 | 单位地区生产总值电耗 | 单位工业增加值能耗 |
| 北 京 | 0.460 | 560.044 | 2.495 | -11.37 | -7.31 | -5.80 |
| 天 津 | 0.701 | 617.376 | 1.477 | -9.16 | -15.57 | -8.53 |
| 河 北 | 1.282 | 1304.364 | 2.723 | -9.95 | -6.28 | -10.40 |
| 山 西 | 1.854 | 1692.778 | 3.727 | -7.57 | -2.83 | -5.91 |
| 内蒙古 | 1.386 | 1413.225 | 2.846 | -7.67 | 3.00 | -8.76 |
| 辽 宁 | 1.102 | 889.755 | 2.359 | -8.62 | -9.88 | -6.83 |
| 吉 林 | 0.895 | 603.507 | 1.913 | -10.69 | -13.36 | -13.41 |
| 黑龙江 | 1.067 | 692.382 | 2.787 | -8.08 | -10.40 | 6.73 |
| 上 海 | 0.589 | 701.417 | 1.674 | -12.75 | -10.17 | -5.54 |
| 江 苏 | 0.608 | 964.973 | 1.374 | -8.43 | -3.03 | -3.65 |
| 浙 江 | 0.597 | 1060.289 | 1.349 | -8.94 | -3.30 | -6.03 |
| 安 徽 | 0.774 | 927.627 | 1.660 | -8.04 | -0.76 | -13.71 |
| 福 建 | 0.641 | 905.511 | 1.479 | -8.88 | -4.03 | -8.76 |
| 江 西 | 0.664 | 796.547 | 1.475 | -8.82 | -0.77 | -8.11 |
| 山 东 | 0.840 | 818.928 | 1.842 | -8.19 | -5.49 | -3.02 |
| 河 南 | 0.875 | 1017.247 | 1.725 | -10.50 | -5.29 | -8.71 |
| 湖 北 | 0.938 | 800.446 | 2.144 | -7.77 | -10.48 | -11.20 |
| 湖 南 | 0.891 | 716.202 | 2.161 | -10.34 | -8.53 | -14.54 |
| 广 东 | 0.552 | 874.931 | 1.221 | -8.96 | -4.37 | -6.11 |
| 广 西 | 0.827 | 1041.772 | 2.042 | -7.48 | -7.06 | -7.85 |
| 海 南 | 0.720 | 887.177 | 3.943 | 1.66 | 7.06 | 3.93 |

续表

| 指标\地区 | 2012 年 | | | 2010~2012 年变化幅度（%） | | |
|---|---|---|---|---|---|---|
| | 单位地区生产总值能耗（吨标准煤/万元） | 单位地区生产总值电耗（千瓦时/万元） | 单位工业增加值能耗（吨标准煤/万元） | 单位地区生产总值能耗 | 单位地区生产总值电耗 | 单位工业增加值能耗 |
| 重　庆 | 0.918 | 715.387 | 2.103 | −10.64 | −12.68 | −4.50 |
| 四　川 | 0.976 | 868.356 | 2.208 | −11.15 | −8.69 | −13.07 |
| 贵　州 | 1.714 | 1815.949 | 5.297 | −7.48 | −4.06 | −5.75 |
| 云　南 | 1.172 | 1478.697 | 3.503 | −6.35 | 2.04 | 0.86 |
| 西　藏 | 0.084 | 444.545 | 1.066 | −18.77 | 7.96 | −19.46 |
| 陕　西 | 0.883 | 886.367 | 1.864 | −6.93 | −3.42 | −11.53 |
| 甘　肃 | 1.461 | 2073.489 | 3.987 | −6.59 | −2.38 | −0.84 |
| 青　海 | 2.219 | 3791.387 | 4.689 | 7.70 | 1.61 | 3.44 |
| 宁　夏 | 2.376 | 3863.794 | 6.332 | −0.84 | 8.54 | 0.56 |
| 新　疆 | 1.995 | 1838.936 | 5.253 | 13.81 | 31.41 | 19.14 |

表 3-6　2010~2012 年各省、市、区污染物排放情况

| 指标\地区 | 2012 年 | | | 2010~2012 年变化幅度（%） | | |
|---|---|---|---|---|---|---|
| | 工业二氧化硫排放量（万吨） | 工业废水排放量（万吨） | 工业固体废物排放量（万吨） | 工业二氧化硫排放量 | 工业废水排放量 | 工业固体废物排放量 |
| 北　京 | 5.93 | 9190 | 0 | 4.09 | 12.10 | — |
| 天　津 | 21.55 | 19117 | 0 | −1.16 | −2.86 | — |
| 河　北 | 123.87 | 122645 | 0 | 24.62 | 7.36 | — |
| 山　西 | 119.46 | 48108 | 16.12 | 4.15 | −3.55 | −83.10 |
| 内蒙古 | 124.15 | 33618 | 5.46 | 4.06 | −14.97 | 20.55 |
| 辽　宁 | 97.90 | 87168 | 10.4 | 13.97 | 21.88 | 273.07 |
| 吉　林 | 35.23 | 44842 | 0 | 17.06 | 16.00 | — |
| 黑龙江 | 39.73 | 58355 | 0 | −4.73 | 49.93 | — |
| 上　海 | 19.34 | 46359 | 0.25 | −12.49 | 26.33 | — |
| 江　苏 | 95.92 | 236094 | 0.01 | −4.27 | −10.49 | — |
| 浙　江 | 61.09 | 175416 | 0.4 | −6.59 | −19.32 | — |
| 安　徽 | 46.98 | 67175 | 0 | −2.94 | −5.35 | — |
| 福　建 | 35.24 | 106319 | 0.16 | −9.87 | −14.37 | — |
| 江　西 | 55.15 | 67871 | 2.46 | 17.09 | −6.42 | −81.41 |
| 山　东 | 154.38 | 183634 | 0 | 11.62 | −11.82 | — |
| 河　南 | 112.99 | 137356 | 2.11 | −2.85 | −8.68 | −1.40* |
| 湖　北 | 54.86 | 91609 | 1.06 | 6.32 | −3.15 | −74.58 |
| 湖　南 | 59.33 | 97133 | 0.66 | −5.37 | 1.60 | −95.97 |
| 广　东 | 77.15 | 186126 | 3.12 | −22.00 | −0.48 | −77.97 |
| 广　西 | 47.16 | 110671 | 0.41 | −44.38 | −33.01 | — |
| 海　南 | 3.30 | 7465 | 0.05 | 17.99 | 29.11 | — |
| 重　庆 | 50.98 | 30611 | 4.69 | −11.03 | −32.25 | −96.49 |

续表

| 指标<br>地区 | 2012 年 | | | 2010～2012 年变化幅度（%） | | |
|---|---|---|---|---|---|---|
| | 工业二氧化硫排放量（万吨） | 工业废水排放量（万吨） | 工业固体废物排放量（万吨） | 工业二氧化硫排放量 | 工业废水排放量 | 工业固体废物排放量 |
| 四　川 | 79.40 | 69984 | 2.14 | -15.36 | -25.11 | -33.62 |
| 贵　州 | 83.71 | 23399 | 14.05 | 31.21 | 65.60 | -76.49 |
| 云　南 | 62.26 | 42811 | 43.14 | 41.50 | 38.43 | 18.81 |
| 西　藏 | 0.13 | 353 | 0 | 31.60 | -52.04 | — |
| 陕　西 | 74.70 | 38037 | 2.24 | 5.66 | -16.38 | -83.27 |
| 甘　肃 | 47.99 | 19188 | 0.37 | 6.18 | 24.99 | — |
| 青　海 | 12.91 | 8917 | 0.05 | -2.94 | -1.26 | — |
| 宁　夏 | 38.44 | 16548 | 0 | 37.28 | -24.70 | — |
| 新　疆 | 70.47 | 29738 | 34.86 | 36.04 | 17.02 | -44.48 |

注：河南的"工业固体废物排放量"变化幅度计算的是 2011～2012 年数据。

## （五）人民生活水平得到全面提升

人民生活水平的全面提升是生态省建设的重要目标之一。人民群众生活水平和生活质量的提高在相当程度上依赖生态环境质量的改善。各省、市、区在推进生态省建设的过程中，高度重视生态建设和环境保护，着力创新生态建设和环境保护体制机制，努力实现有质量、有效益的经济增长，促进了人民生活水平和生活质量的全面改善和提升。按照联合国粮农组织的划分标准，恩格尔系数在 40%～49% 为小康，30%～39% 为富裕，2011 年我国城乡居民家庭恩格尔系数分别为 36.3% 和 40.4%，2012 年分别为 36.2% 和 39.3%，总体上已经达到小康水平，正在努力朝着全面建成小康社会的目标迈进。在联合国 2012 年首次发布的"全球幸福指数"报告中，中国排在第 112 位；在 2013 年发布的报告中，中国的幸福指数提升至第 93 位，尽管排名依然不是很理想，但在一定程度上反映了人民生活水平的提升。如表 3-7 所示，2010～2012 年各省、市、区的城镇居民人均可支配收入、农民人均纯收入都有了显著的提高，城镇居民人均文教娱乐支出、农民人均文教娱乐支出也大幅上升。

表 3-7　2010～2012 年各省、市、区人民生活水平变化情况

| 指标<br>地区 | 2012 | | | | 2010～2012 年变化幅度（%） | | | |
|---|---|---|---|---|---|---|---|---|
| | 城镇居民人均可支配收入（元） | 农民人均纯收入（元） | 城镇居民人均文教娱乐支出（元） | 农民人均文教娱乐支出（元） | 城镇居民人均可支配收入 | 农民人均纯收入 | 城镇居民人均文教娱乐支出 | 农民人均文教娱乐支出 |
| 北　京 | 36469 | 16476 | 3695.98 | 1152.67 | 25.44 | 24.23 | 27.36 | 21.26 |
| 天　津 | 29626 | 14026 | 2254.22 | 766.08 | 21.95 | 39.22 | 18.67 | 65.73 |
| 河　北 | 20543 | 8081 | 1203.80 | 358.49 | 26.32 | 35.63 | 20.26 | 21.07 |
| 山　西 | 20412 | 6357 | 1506.20 | 498.02 | 30.44 | 34.23 | 22.49 | 18.52 |
| 内蒙古 | 23150 | 7611 | 1971.78 | 513.97 | 30.81 | 37.63 | 20.14 | 37.36 |

续表

| 指标<br>地区 | 2012 | | | | 2010~2012 年变化幅度(%) | | | |
|---|---|---|---|---|---|---|---|---|
| | 城镇居民人均可支配收入(元) | 农民人均纯收入(元) | 城镇居民人均文教娱乐支出(元) | 农民人均文教娱乐支出(元) | 城镇居民人均可支配收入 | 农民人均纯收入 | 城镇居民人均文教娱乐支出 | 农民人均文教娱乐支出 |
| 辽 宁 | 23223 | 9384 | 1843.89 | 556.56 | 31.11 | 35.84 | 23.26 | 11.25 |
| 吉 林 | 20208 | 8598 | 1642.70 | 606.26 | 31.13 | 37.85 | 31.99 | 33.52 |
| 黑龙江 | 17760 | 8604 | 1216.56 | 518.04 | 28.17 | 38.53 | 21.48 | -7.61 |
| 上 海 | 40188 | 17804 | 3723.74 | 952.10 | 26.23 | 27.37 | 10.72 | -4.57 |
| 江 苏 | 29677 | 12202 | 3077.76 | 1184.18 | 29.35 | 33.82 | 44.28 | 30.40 |
| 浙 江 | 34550 | 14552 | 2996.59 | 902.23 | 26.28 | 28.74 | 15.87 | 7.51 |
| 安 徽 | 21024 | 7160 | 1932.74 | 385.92 | 33.16 | 35.48 | 30.61 | 6.05 |
| 福 建 | 28055 | 9967 | 2104.83 | 565.83 | 28.80 | 34.20 | 17.85 | 22.43 |
| 江 西 | 19860 | 7829 | 1487.30 | 342.70 | 28.29 | 35.24 | 26.05 | 20.15 |
| 山 东 | 25755 | 9447 | 1655.91 | 500.98 | 29.12 | 35.15 | 18.13 | 18.74 |
| 河 南 | 20443 | 7525 | 1525.33 | 343.83 | 28.33 | 36.22 | 34.14 | 37.27 |
| 湖 北 | 20840 | 7852 | 1651.92 | 394.63 | 29.78 | 34.46 | 30.78 | 36.97 |
| 湖 南 | 21319 | 7440 | 1737.64 | 400.22 | 28.69 | 32.34 | 22.47 | 26.68 |
| 广 东 | 30227 | 10543 | 2954.13 | 466.63 | 26.48 | 33.62 | 24.33 | 42.91 |
| 广 西 | 21243 | 6008 | 1626.05 | 270.24 | 24.49 | 32.25 | 30.74 | 48.04 |
| 海 南 | 20918 | 7408 | 1319.54 | 253.97 | 34.25 | 40.44 | 31.35 | -20.15 |
| 重 庆 | 22968 | 7383 | 1470.64 | 394.23 | 31.01 | 39.91 | 4.45 | 64.93 |
| 四 川 | 20307 | 7001 | 1587.43 | 329.29 | 31.34 | 37.63 | 29.61 | 50.62 |
| 贵 州 | 18701 | 4753 | 1396.00 | 226.44 | 32.23 | 36.90 | 11.27 | 21.62 |
| 云 南 | 21075 | 5417 | 1434.30 | 289.22 | 31.19 | 37.07 | 41.39 | 40.09 |
| 西 藏 | 18028 | 5719 | 550.48 | 40.86 | 20.35 | 38.17 | 15.18 | -19.98 |
| 陕 西 | 20734 | 5763 | 2078.52 | 445.47 | 32.11 | 40.39 | 30.25 | 12.04 |
| 甘 肃 | 17157 | 4507 | 1388.21 | 327.30 | 30.09 | 31.59 | 22.13 | 37.50 |
| 青 海 | 17566 | 5364 | 1097.21 | 283.28 | 26.78 | 38.86 | 20.83 | 42.69 |
| 宁 夏 | 19831 | 6180 | 1515.91 | 373.36 | 29.24 | 32.19 | 17.86 | 54.87 |
| 新 疆 | 17921 | 6394 | 1280.81 | 261.74 | 31.35 | 37.71 | 26.52 | 53.83 |

# 三 未来我国生态省建设的前景展望

## （一）生态省建设将作为一项长期的战略任务持续推进

"十二五"是我国全面建设小康社会的关键时期，也是深化改革开放、加快转变经济发展方式的关键时期。国家"十二五"规划确立了以科学发展为主题、以加快转变经济发展方式为主线的经济社会发展大政方针，这是适应全球绿色经济转型发展的必然要求，也将是未来我国经济社会发展长期坚持的一项政策举措。而加快生态文明建设是贯彻落实科学发展观、促进经济发展方式转变的重要内容和基本着力点。党的十八大报告不仅对"生态文明建设"大力着墨，还首次提出，要把资源消耗、环境损害、生态效益纳入经济社会发展评价体系，建立体现生态文明要求的目标体系、考核办法、奖惩机制。十八届三中全会也提出，要完善发展成果考核评价体系，纠正单纯以经济增长速度评定政绩的偏向，加大资源消耗、环境损害、生态效益、产能过剩、科技创新、安全生产、新增债务等指标的权重，更加重视劳动就业、居民收入、社会保障、人民健康状况。在生态文明建设的大背景下，生态省建设是我国当前和今后一个时期推进生态文明建设的有效载体和目标模式，必然将作为一项长期的战略任务持续推进。为更好更快地推动生态省建设，各省、市、区应在遵从客观规律的基础上，按照系统谋划、分类指导、循序渐进、多措并举、生态引领、绿色发展的原则，充分发挥生态环境保护在生态文明建设中的主阵地和"风向标"作用，促进生态省建设取得更大成效。加快建立并完善生态省建设推进的长效机制。首先，各省、市、区将逐步建立科学的考核评价机制，制定实施生态文明建设的目标指标体系，积极开展生态文明和生态省建设评估考核，将领导干部政绩考核和市县经济社会发展考核与生态省建设挂钩，并实行严格的奖惩制度，深入推进生态省、市、县建设工作，推动建立和健全符合生态文明建设要求的法制框架和制度体系。其次，为保证生态省建设的资金投入，各省、市、区将建立完善的社会化投融资机制，形成一整套有利于鼓励支持生态省建设的经济政策体系，进一步优化公共财政支出结构，加大对生态省建设的资金投入。在政府的政策扶持引导和社会各界的共同支持下，生态省建设将作为一项长期战略任务被推向一个新的高度。

### （二）生态文明建设理念将始终贯穿生态省建设过程

作为一项长期性、艰巨性的系统工程，生态省建设需要全社会共同参与，因此，必须在全社会树立生态文明理念。生态文明是对工业文明的反思和超越，是文明社会进步的标志。生态文明建设理念是蕴含丰富文化、道德、意识和价值等内涵的观念体系，包括生态忧患理念、生态科学理念、生态伦理理念、生态消费理念、生态责任理念等，它具有明显的基础性、前提性、引导性和约束性，是建设生态文明实践的思想指导。没有生态文明理念的指引，生态省建设就失去了方向。因此，十八大报告明确提出："必须树立尊重自然、顺应自然、保护自然的生态文明理念。"生态文明理念所倡导的对待自然的三种态度，是符合当下生态文明建设实践的最科学、最先进、最合理的论述和表达。通过各种新闻媒介的舆论宣传，在全社会积极开展群众性生态科普教育活动，提高公众素质和生态保护意识，在全社会范围内广泛宣传生态文明理念，形成落实科学发展观、建设生态省、走可持续发展道路的良好社会氛围，使生态文明建设理念不断深入人心，成为全社会的自觉行动和积极行为。形成生态文明理念，培育和发展生态文化，既是生态省建设的前提，也是生态省建设的重要内容，同时也是生态省建设可持续发展的重要支撑，它将贯穿整个生态省建设过程的始终。

### （三）高度重视生态文明的制度建设与法制建设

从当前我国生态省建设的实践来看，多数试点省份在创建生态省的过程中，十分注重环境法制对生态省建设的保障作用。为保障生态省建设的顺利进行，应进一步完善生态省制度建设和法制建设，制定出台一系列具有权威和可操作性的有关生态省建设的法规规章和规范性文件，将生态省建设的政策、规划和行为法定化和制度化，逐步建立起生态省建设的法治秩序，保证生态省建设依法推进。目前，全国的多数试点省份对与生态省建设相匹配的规章、制度和法规进行了大胆的实践和探索，并获得了有效的经验和初步的成功。在生态文明建设的大背景下，全国各省、市、区相继出台了一系列的法规和制度，诸如生态环境管理行政法规、生态补偿机制、生态环境教育政策、示范基地管理办法、干部政绩考核办法等，推动建立和健全符合生态文明建设要求的法律法规框架和激励机制，为生态省建设走向制度化和法制化奠定了基础。随着世界各国环境保护理论和实践的不断发展，尤其是随着一系列全球性环境行动的开展和可持续发展战略的实施，将着重强调政府的生态环保职能，强化机构设置，加快建立和完善有利于生态文明建设的政策体系，健全法律法规体系，同时，生态省法制和制度建设将呈现法典化、系统化和清晰化的趋势，以更加有效的措施强化生态环境执法力度，将生态省建设推向一个新的高度。

### （四）注重科技创新引领，推进产业升级和经济转型

迎接经济全球化和一体化的趋势需要科技创新，生态环境保护和生态系统恢复需要科技创新，生态省建设中经济结构调整和升级也需要科技创新。科学技术的革命是人类社会发展的精神内核与智力支撑，当下新能源革命引领的全方位的科技创新，逐步推进工业文明向后工业文明飞跃，促进绿色环保产业和新兴产业发展，大力推进我国产业升级和经济转型。生态省建设的最终目的在于促使国民经济建设朝着有利于环境保护的方向发展，妥善解决环境保护与经济发展的矛盾，促进经济发展方式转变，实现经济社会与生态环境的协调共存和可持续发展。生态省建设的提出，表明经济与环境已经对人类科技创新的模式和理念提出了新的要求，在未来的生态省建设过程中，要更加注重科技创新的引领作用，遵循生态规律，调整生态、经济结构，在经济活动中提高资源能源利用率，降低污染物的排放量和浓度，从而提高生态系统的供给能力，同时强调生态经济在生态省建设中的主导地位。21世纪以来，发达国家注重产业结构优化调整，大力发展绿色经济、循环经济和低碳经济，普遍推行"绿色新政"，通过技术创新、新能源革命推进产业升级和经济转型，引领经济社会走向可持续发展，为我国发展绿色经济、加快推进生态省建设、实现生态文明提供了有益的启示。

### （五）发挥区域比较优势，大力发展循环经济、绿色经济

发展循环经济、绿色经济是生态省建设的核心。循环经济、绿色经济实质上是一种生态经济，是一种与环境和谐的经济可持续发展模式。尽管生态省建设不能片面地理解为单纯的治理污染、保护生态环境，但人们对生态省建设的认识确实是从环境保护和治理开始的，因此，要着重强调循环经济和绿色经济对生态环境保护的作用，尤其是它们对生态省建设的贡献，发展生态经济已经成为时代发展的大趋势。建设生态经济所需的生态产业在选择合理区位时，容易受到生产要素、市场的地理分布等诸因素的影响。因此，生态省建设要考虑不同区域的地理区位、自然环境、自然资源和生态功能特点，根据不同地区的生态特色和工业背

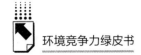

景，因地制宜、分类指导，明确保护、建设与发展的主要方向，实现优势互补、相互促进、共同发展的目标。合理的空间布局是生态产业发展的良好载体，我国各个省、市、区应当充分发挥区域比较优势，尤其是生态优势，进一步加强环境保护和生态建设，大力发展循环经济、绿色经济，打造新时期的生态省，推进资源节约型和环境友好型社会建设，努力建设人居环境优美、生态良性循环的可持续发展区域。这是中国现在甚至是未来很长一个时期都要探索和实践的经济道路，并在实践的过程中进一步完善。

# ⑥.36

# 专题报告四：
# "十二五"中期我国大气污染形势与应对策略

近年来，随着工业化和城市化的快速发展，环境问题备受关注。大气污染作为环境污染的重要组成部分，已成为全世界居民生活必须要面对的一个现实问题，诸如"雾霾""PM2.5 超标""空气污染指数"等都是由大气污染引申出来的关键词，许多地区主要污染物排放量都远远超过了环境容量。大气污染不仅会伤害人们的身体健康，还会抑制企业生产的发展。虽然我国大气污染防治工作取得了很大的成效，但受各种条件的约束，大气污染面临的形势依旧非常严峻。"十二五"时期，我国工业化和新型城镇化仍将快速推进，资源能源的消耗仍将持续增长，大气环境将面临前所未有的压力。因此，全面分析"十二五"中期我国大气污染的形势，认真总结这个时期大气污染防治工作取得的成就和经验，客观认识治理大气污染存在的问题，积极探索未来防治大气污染的发展路径，是一项具有重要理论意义和现实指导意义的研究课题。

## 一 "十二五"中期我国大气污染治理的形势分析

大气是人们赖以生存的基础，是人们生活所必需的空气，它包含氧气、氮气、少量二氧化碳和惰性气体等。大气污染是指空气中二氧化硫、氮氧化物、颗粒物等有害物质达到一定浓度的现象。这些有害物质将严重影响空气质量，并危害人们的身体健康。当前人们一系列病症的高发都与大气污染有着密切关系。比如：空气中大量的可吸入颗粒物通过呼吸系统进入人体支气管，造成慢性支气管炎发病率的增加；二氧化硫在大气中发生氧化反应，将产生对人的呼吸道、眼结膜等都有害的物质；臭氧会强烈刺激人的呼吸道等。此外，大气污染还将影响到人们正常的生产活动，如工厂排放的大量酸性物质、各种燃烧煤和机动车排放的尾气都会造成酸雨，这将严重损坏建筑物，危害森林植物。可见，大气污染将直接影响到人们生产生活的方方面面。

近些年来，我国经济高速发展，取得了举世瞩目的成就，与此同时，我国的大气污染问题也日益突出。一直以来，我国经济增长主要通过消耗大量的物质资源和能源来实现，粗放型的经济增长方式给大气环境造成了严重污染。当前，我国大气污染主要以 PM2.5 超标、臭氧超标为特征。在传统煤烟型污染问题尚未得到解决的情况下，PM2.5 成为我国环境空气最大的污染物之一，表现为 PM2.5 浓度绝对值较高、超标天数多、频率高、区域污染特征显著，由二氧化硫、氮氧化物、挥发性有机物、氨等气态污染物通过化学反应形成的二次颗粒物在 PM2.5 中占据较高的比例。基于大气污染对人体的危害以及经济发展方式转变的紧迫性，各级政府和相关部门在大气污染治理方面投入了很多精力和资金，使得环境空气质量得到了较大提高。

### （一）环境规划和大气污染防治计划相继出台

"十一五"期间，在党中央、国务院的高度重视以及各地区相关部门的共同努力下，大气污染治理工作取得了积极进展。为了推进"十二五"期间环境保护事业的科学发展，进一步解决危害人民群众身体健康的突出环境问题，加快资源节约型、环境友好型社会建设，国务院印发了《国家环境保护"十二五"规划》。规划要求，到 2015 年，主要污染物排放总量要显著减少，其中包括化学需氧量、氨氮排放总量、二氧化硫排放总量、氮氧化物排放总量的减少；要求地级以上城市空气质量达到二级以上标准的比例超过 80%。

2012 年 2 月，环境保护部批准《环境空气质量标准》（GB3095 - 2012）作为国家环境质量标准，由环境保护部和国家质量监督检验检疫总局联合发布（详见表 4 - 1）。新标准首先在京津冀、长三角、珠三角等重点区域以及直辖市和省会城市实施，其次在 113 个环境保护重点城市和国家环保模范城市实施，再次在所有地级以上城市实施，最后实现自 2016 年 1 月 1 日起在全国实施。与老标准相比，此次修订的新标准在内容上作了重大调整。①把三类区并入二类区，把环境空气功能区分为两类：一类区为自然保护区、风景名胜区和其他需要特殊保护的区域，二类区为居民区、商业交通居民混合区、文化区、工业区和农村地区。②增设了颗粒物（粒径≤2.5 微米）浓度限值和臭氧 8 小时平均浓度限值。③调整了颗粒物（粒径≤10 微米）、二氧化氮、铅和苯并芘等的浓度限值。此外，为了进一步强化重点行业和领域大气污染物控制要求，发布了一系列关于铁矿采选、炼铁工业、铁合金工业等污染物排放标准。

2012 年，我国发布了首部大气污染防治国家级规划《重点区域大气污染防治"十二五"规划》，规划范围为京津冀、长三角、珠三角、辽宁中部、山东、武汉及其周边、长株潭、成渝、海峡西岸、山西中北部、陕西关中、甘宁、新疆乌鲁木齐城市群。该规划要求，到 2015 年，重点区域二氧化硫排放总量下降 12%，氮氧化物下降 13%，工业烟粉尘排放总量下降 10%，空气中 PM10、$SO_2$、$NO_2$、PM2.5 年均浓度分别下降 10%、10%、7%、5%。该规划标志着我国大气污染防治工作从污染物总量控制到改善环境质量的重大转变，对于改善大气环境质量具有重要的里程碑意义。该规划根据所覆盖重点区域的具体情况，将它们划分为复合型污染严重型、复合型污染显现型、传统煤烟型三类，实施分类指导，这对于加强和提升区域大气污染联防联控管理能力有很大的促进作用。

针对日益严重的大气污染问题，新一届政府采取了历史上最严格的大气污染治理措施，于 2013 年 9 月公布了《大气污染防治行动计划》，把调整优化结构、强化创新驱动和保护环境生态结合起来，用硬措施完成硬任务。我国大气污染问题是长期发展所形成的，对大气污染的治理必须付出长期艰苦的努力。《大气污染防治行动计划》提出，到 2017 年，全国地级及以上城市可吸入颗粒物浓度比 2012 年下降 10% 以上，京津冀、长三角、珠三角等区域细颗粒物浓度分别下降 25%、20%、15% 左右。为实现这一目标，该行动计划确定了具体的十项措施，如加强工业企业大气污染综合治理，调整优化产业结构，加快企业技术改造等。力争经过 5 年努力，逐步消除重污染天气，使得全国空气质量得到明显改善。

表 4 - 1　环境空气污染物浓度限值

| 污染物项目 | 平均时间 | 浓度限值 | |
|---|---|---|---|
| | | 一级 | 二级 |
| 二氧化硫（SO₂） | 年平均 | 20 | 60 |
| | 24 小时平均 | 50 | 150 |
| | 1 小时平均 | 150 | 500 |
| 二氧化氮（NO₂） | 年平均 | 40 | 40 |
| | 24 小时平均 | 80 | 80 |
| | 1 小时平均 | 200 | 200 |
| 一氧化碳（CO） | 24 小时平均 | 4 | 4 |
| | 1 小时平均 | 10 | 10 |
| 臭氧（O₃） | 日最大 8 小时平均 | 100 | 160 |
| | 1 小时平均 | 160 | 200 |
| 颗粒物（粒径≤10） | 年平均 | 40 | 70 |
| | 24 小时平均 | 50 | 150 |
| 颗粒物（粒径≤2.5） | 年平均 | 15 | 35 |
| | 24 小时平均 | 35 | 75 |
| 总悬浮颗粒物（TSP） | 年平均 | 80 | 200 |
| | 24 小时平均 | 120 | 300 |
| 氮氧化物（NOₓ） | 年平均 | 50 | 50 |
| | 24 小时平均 | 100 | 100 |
| | 1 小时平均 | 250 | 250 |
| 铅（Pb） | 年平均 | 0.5 | 0.5 |
| | 季平均 | 1 | 1 |
| 苯并芘（BaP） | 年平均 | 0.001 | 0.001 |
| | 24 小时平均 | 0.0025 | 0.0025 |

资料来源：《环境空气质量标准》（GB3095 - 2012）。

### （二）环境空气质量取得明显改善

从全国来看，在国家一系列的规划和政策指导下，全国空气质量工作取得了显著成效。我国地级以上城市环境空气质量达标比例逐年增多，环保重点城市环境空气质量达标比例也在逐年增加，这表明我国大气环境质量逐年改善。2012 年，我国环境状况公报统计的城市中，达标城市的比例达到 91.4%，其中，达到一级标准的城市占 3.4%，二级标准的城市占 88.0%，三级标准的城市占 7.1%，劣于三级标准的城市占 1.5%。在影响空气质量的主要污染物中，98.8% 的城市的二氧化硫年均浓度达到或优于二级标准，不存在劣于三级标准的城市；所有地级以上城市的二氧化氮年均浓度达到二级标准，86.8% 的城市达到一级标准；92.0% 的城市可吸入颗粒物年均浓度达到或优于二级标准，1.5% 的城市劣于三级标准。

2011～2012 年，我国新增了 11 个环境保护模范城市，分别是大庆市、句容市、镇江市、廊坊市、吴江市、上海市青浦区、银川市、东莞市、徐州市、聊城市和临沂市。2012年，环保重点城市空气质量达标城市比例达到88.5%，比往年都有所增加。环保重点城市总体平均大气污染物浓度也有所下降，二氧化硫年均浓度低于0.04毫克/立方米，二氧化氮年均浓度大体持平，依然大于0.03毫克/立方米，可吸入颗粒物年均浓度维持在0.08毫克/立方米。综上分析可知，可吸入颗粒物仍然是影响我国城市空气质量的主要污染物[①]。

与2010年相比，2011~2012年全国酸雨分布区域保持稳定，主要集中在长江沿线及以南和青藏高原以东地区。酸雨发生面积约占国土面积的12.2%，主要分布在浙江、江西、福建、湖南、重庆的大部分地区，以及长三角、珠三角、四川东南部、广西北部地区。在全国监测的城市中，2012年发生较重酸雨（降水pH年均值<5.0）的城市比例为18.7%，比2010年降低了2.9个百分点；发生重酸雨（降水pH年均值<4.5）的城市比例为5.4%，比2010年降低了3.1个百分点。

从各省、市、区来看，"十二五"中期以来，各省、市、区进一步深化城市大气环境综合整治，积极推进城市清洁能源改造，优化城市布局，城市大气环境质量得到了很大改善。空气质量指数（AQI）是描述空气质量状况的无量纲指数，环境保护部统计了每日全国城市空气质量状况，并分为六个级别：一级（AQI<50），空气质量为优；二级（51<AQI<100），空气质量为良；三级（101<AQI<150），空气质量为轻度污染；四级（151<AQI<200），空气质量为中度污染；五级（201<AQI<300），空气质量为重度污染；六级（AQI>300），空气质量为严重污染。

表4-2给出了"十二五"中期各省、市、区空气质量优良天数比例、PM10浓度、酸雨出现频率及其变化幅度。从表4-2可以看出，2012年空气质量最好的是海南、福建和西藏，优良天数比例达到99%及以上；空气质量较差的是北京和甘肃，优良天数比例低于80%，这主要是因为这几个地区空气质量受沙尘天气影响较为严重。与2010年相比，除了陕西、四川、天津和云南外，其他27个省、市、区空气质量优良天数保持平稳变化，其中甘肃、广西、重庆、江苏、福建、黑龙江等6个省市优良天数增加了1%以上。甘肃省通过控制工业污染、燃煤污染、扬尘污染，减少机动车尾气污染，杜绝焚烧污染，在环境保护和生态建设方面取得很大的成就，2012年兰州空气质量优良天数达到270天，平均污染指数降到历史最低水平，城区环境未出现轻度以上的恶劣污染天气。

2012年空气中PM10平均浓度为0.079毫克/立方米，其中新疆、山东、北京、天津、湖北、河南、青海等7个省、市、区PM10浓度达到0.1毫克/立方米及以上，远远超过全国平均水平；广东和海南PM10浓度最低，低于或等于0.05毫克/立方米。与2010年相比，广西、安徽、甘肃等19个省份可吸入颗粒物浓度呈现下降趋势，海南、西藏、四川等9个省份PM10浓度保持不变，而天津、河北、吉林可吸入颗粒物浓度却在上升。

根据全国环境统计公报，2012年全国酸雨城市比例为30.8%，主要发生在浙江、江西、湖南、福建、广东、江苏等长江沿线及以南和青藏高原以东地区，其中浙江和江西酸雨出现

---

① 按照表4-1所列的环境空气质量标准，2012年地级以上城市空气质量达标比例为40.9%，环保重点城市达标比例为23.9%。

频率最高，分别为84.1%和80.7%。与2010年相比，除了安徽和福建外，其他地区酸雨出现频率都下降了。这主要是因为，"十二五"期间各省、市、区大力开展大气污染防治工作，空气中二氧化硫和氮氧化物的排放总量得到控制，从而使得酸雨出现频率保持稳定。

表4-2 "十二五"中期各省、市、区空气质量变化

| 指标<br>地区 | 2012年 | | | 2010~2012年变化幅度(%) | | |
|---|---|---|---|---|---|---|
| | 优良天数比例<br>(%) | 可吸入颗粒物<br>(PM10)浓度<br>(毫克/立方米) | 酸雨出现频率<br>(%) | 优良天数比例 | 可吸入颗粒物<br>(PM10)浓度 | 酸雨出现频率 |
| 北京 | 78.4 | 0.109 | — | 0.00 | -5.09 | — |
| 天津 | 83.3 | 0.105 | — | -0.65 | 4.58 | — |
| 河北 | 93.2 | 0.077 | — | 0.49 | 1.32 | -100.00 |
| 山西 | 95.1 | 0.072 | — | 0.00 | 0.00 | — |
| 内蒙古 | 94.8 | 0.068 | — | 0.59 | -0.73 | — |
| 辽宁 | 95.4 | 0.074 | 6.1 | 0.32 | -3.82 | -2.37 |
| 吉林 | 93.4 | 0.073 | — | 0.00 | 0.69 | — |
| 黑龙江 | 94.2 | 0.061 | — | 1.08 | -5.98 | — |
| 上海 | 94 | 0.071 | — | 0.92 | 0.00 | — |
| 江苏 | 91.9 | 0.092 | 36 | 1.67 | -2.61 | — |
| 浙江 | 98.6 | 0.072 | 84.1 | 0.87 | -2.67 | -2.19 |
| 安徽 | 96.5 | 0.079 | 29.7 | 0.16 | -11.12 | 17.53 |
| 福建 | 99.6 | 0.071 | 47.4 | 1.38 | 0.00 | 4.99 |
| 江西 | 98.8 | 0.064 | 80.7 | 0.00 | -1.53 | — |
| 山东 | 84.1 | 0.129 | — | 0.00 | -7.88 | — |
| 河南 | 89.3 | 0.1 | 0.23 | 0.85 | 0.00 | -24.17 |
| 湖北 | 92.8 | 0.104 | 19.8 | 0.05 | -1.87 | -15.30 |
| 湖南 | 87.9 | 0.077 | 68.5 | 0.00 | -1.89 | — |
| 广东 | 98.6 | 0.05 | 37.4 | 0.41 | -3.77 | — |
| 广西 | 98.8 | 0.057 | 23.9 | 3.13 | -24.50 | -15.15 |
| 海南 | 100 | 0.048 | — | 0.00 | 0.00 | — |
| 重庆 | 92.9 | 0.09 | — | 2.28 | 0.00 | — |
| 四川 | 96.9 | 0.067 | — | -0.36 | 0.00 | — |
| 贵州 | 95.9 | 0.069 | — | 0.16 | -5.34 | — |
| 云南 | 93 | 0.051 | — | -1.06 | -7.03 | — |
| 西藏 | 99 | 0.052 | — | 0.00 | 0.00 | — |
| 陕西 | 89.2 | 0.083 | — | -0.06 | -6.53 | -100.00 |
| 甘肃 | 73.8 | 0.081 | — | 3.42 | -8.14 | — |
| 青海 | 86.6 | 0.1 | — | 0.82 | 0.00 | — |
| 宁夏 | 89.9 | 0.083 | — | 0.34 | -3.97 | — |
| 新疆 | 80.6 | 0.129 | — | 0.19 | -1.52 | — |

数据来源：《中国环境统计年鉴2013》。

### （三）主要污染物排放总量明显减少

2012年召开的十八大把生态文明建设纳入中国特色社会主义建设当中，提出要推进生态文明，建设美丽中国。《国家环境保护"十二五"规划》也提出，要减少主要污染物排放总量，并提出了相关约束性指标。"十二五"中期以来，全国大力开展节能减排工作，大气污染物的排放量都有所下降。

从全国来看，2012年二氧化硫排放总量为2117.6万吨，比2010年减少了67.5万吨。自2006年以来，我国二氧化硫排放总量一直处于明显下降趋势，这充分表明了各级政府和相关部门在节能减排方面所做的积极努力。排入到大气中的二氧化硫可以分为工业来源和生活来源，从表4-3可以看出，2011年工业二氧化硫排放总量为2017.2万吨，占大气二氧化硫排放总量的90.95%，2012年工业二氧化硫排放总量为1911.7万吨，占大气二氧化硫排放总量的90.28%，可见工业二氧化硫的排放总量也在逐年减少，但工业源二氧化硫排放总量的比例依旧保持在90%以上，这表明工业生产仍然是我国二氧化硫排放的主要来源，工业生产废气是我国大气污染物的主要来源之一。此外，2012年我国烟（粉）尘排放总量为1235.8万吨，比2010年减少了42.0万吨，但是2012年我国氮氧化物排放总量比2010年有所增加，从2010年的1852.4万吨增加到了2012年的2337.8万吨，增加了485.4万吨，这与"十二五"规划的减排目标相差较大。国务院发布的《节能减排"十二五"规划》要求氮氧化物排放量需减少10%，并且强调在减排目标中，氮氧化物的减排难度较大，这也可以从"十二五"中期以来氮氧化物排放量的起伏波动得到验证。大气中的氮氧化物主要来源于汽车尾气和煤的燃烧，近些年来，由于机动车数量的增加，大气中特别是城市空气中的氮氧化物排放量总体呈现增长趋势。

表4-3　"十二五"中期我国主要污染物排放总量指标的变化

单位：万吨

| | 2010年 | 2011年 | 2012年 |
|---|---|---|---|
| 二氧化硫排放总量 | 2185.1 | 2217.9 | 2117.6 |
| 工业源 | 1864.4 | 2017.2 | 1911.7 |
| 城镇生活源 | 320.7 | 200.4 | 205.7 |
| 氮氧化物排放总量 | 1852.4 | 2404.3 | 2337.8 |
| 烟（粉）尘排放总量 | 1277.8* | 1278.8 | 1235.8 |

* 2010年数据等于烟尘排放量与工业粉尘排放量之和。

数据来源：2010~2012年中国环境状况公报。

从各省、市、区来看，主要污染物的排放存在很大差异。表4-4列出了"十二五"中期以来全国各省、市、区工业废气的排放量及其组成部分的变化。2012年，河北的工业废气排放量和工业烟（粉）尘排放总量最多，分别为67647.4亿立方米和1055732吨，与2010年相比，年均增长率分别达到9.59%和28.04%；山东的工业二氧化硫排放量最大，为154.38万吨，与2010年相比，年均增长率为5.65%。山东二氧化硫排放总量连续多年位居全国首位，这主要是燃煤电厂的大气污染物排放造成的。

2012 年工业废气排放量最少的是西藏，为 114 亿立方米，2010~2012 年年均增长率为 166.93%；2012 年只有重庆、北京和宁夏的工业废气排放量与 2010 年相比处于下降趋势，其他 28 个省、市、区的工业废气排放量都趋于上升。2012 年工业二氧化硫排放量最小的是西藏，为 0.1316 万吨，2010~2012 年年均增长率为 14.72%；2012 年天津、河南、青海、安徽、江苏、黑龙江、湖南、浙江、福建、重庆、上海、四川、广东和广西等 14 个省、市、区的工业二氧化硫排放量相比 2010 年处于下降趋势，其他 17 个省、市、区的工业二氧化硫排放量都处于上升趋势。2012 年工业烟（粉）尘排放量最小的也是西藏，为 955 吨，与 2010 年相比，年均增长率为负数，即 -30.9%；2012 年，除了云南、河北、新疆、贵州、陕西、黑龙江、上海、山西、辽宁、山东、内蒙古外，其他 20 个省、市、区的工业烟（粉）尘排放量相比 2010 年都处于下降趋势。

表 4-4    "十二五"中期各省、市、区主要污染物排放总量指标的变化

| 指标<br>地区 | 2012 年 | | | 2010~2012 年变化幅度（%） | | |
|---|---|---|---|---|---|---|
| | 工业废气<br>（亿立方米） | 工业二氧化硫<br>（万吨） | 工业烟粉尘（吨） | 工业废气 | 工业二氧化硫 | 工业烟粉尘 |
| 北　京 | 3263.7 | 5.933 | 30844 | -17.11 | 2.02 | -9.91 |
| 天　津 | 9032.2 | 21.5481 | 59036 | 8.40 | -0.58 | -2.42 |
| 河　北 | 67647.4 | 123.8737 | 1055732 | 9.59 | 11.63 | 28.04 |
| 山　西 | 38124.3 | 119.4634 | 948115 | 4.09 | 2.06 | 9.07 |
| 内蒙古 | 28132.7 | 124.1475 | 667689 | 1.17 | 2.01 | 2.46 |
| 辽　宁 | 31917 | 97.9025 | 626344 | 8.82 | 6.76 | 5.29 |
| 吉　林 | 10316.3 | 35.2337 | 195510 | 11.89 | 8.19 | -13.78 |
| 黑龙江 | 10444.6 | 39.7284 | 450097 | 1.64 | -2.39 | 12.76 |
| 上　海 | 13361.3 | 19.3405 | 63732 | 1.50 | -6.45 | 10.71 |
| 江　苏 | 48623.3 | 95.921 | 395978 | 24.81 | -2.16 | -6.19 |
| 浙　江 | 23967.3 | 61.0882 | 233228 | 8.30 | -3.35 | -12.41 |
| 安　徽 | 29645 | 46.9776 | 351639 | 28.88 | -1.48 | -13.60 |
| 福　建 | 14739.3 | 35.2389 | 233989 | 4.46 | -5.07 | -1.26 |
| 江　西 | 14814.1 | 55.1502 | 321830 | 22.87 | 8.21 | -5.84 |
| 山　东 | 45420.2 | 154.3766 | 525896 | 1.79 | 5.65 | 4.67 |
| 河　南 | 35001.9 | 112.9858 | 492771 | 24.15 | -1.44 | -16.16 |
| 湖　北 | 19512.5 | 54.8591 | 281577 | 18.63 | 3.11 | -1.63 |
| 湖　南 | 15887.5 | 59.3342 | 298832 | 4.06 | -2.72 | -31.07 |
| 广　东 | 27078.2 | 77.1467 | 267498 | 6.02 | -11.68 | -13.44 |
| 广　西 | 27610.7 | 47.1621 | 268524 | 37.90 | -25.42 | -31.24 |
| 海　南 | 1960.3 | 3.3036 | 10660 | 20.06 | 8.62 | -12.74 |
| 重　庆 | 8359.9 | 50.9788 | 166142 | -12.60 | -5.68 | -5.49 |
| 四　川 | 21909.6 | 79.3965 | 267820 | 4.39 | -8.00 | -18.28 |

续表

| 指 标 地 区 | 2012 年 | | | 2010～2012 年变化幅度（%） | | |
|---|---|---|---|---|---|---|
| | 工业废气（亿立方米） | 工业二氧化硫（万吨） | 工业烟粉尘（吨） | 工业废气 | 工业二氧化硫 | 工业烟粉尘 |
| 贵 州 | 14311.6 | 83.7101 | 256539 | 18.50 | 14.55 | 13.54 |
| 云 南 | 14955.2 | 62.2599 | 359517 | 16.72 | 18.95 | 40.94 |
| 西 藏 | 114 | 0.1316 | 955 | 166.93 | 14.72 | -30.90 |
| 陕 西 | 14767.4 | 74.7018 | 385522 | 4.55 | 2.79 | 13.36 |
| 甘 肃 | 13899.7 | 47.9938 | 156646 | 49.11 | 3.04 | -9.44 |
| 青 海 | 5507.6 | 12.9094 | 133698 | 18.05 | -1.48 | -5.59 |
| 宁 夏 | 9324.5 | 38.4378 | 180716 | -24.42 | 17.17 | -4.22 |
| 新 疆 | 15869.9 | 70.471 | 606003 | 30.56 | 16.64 | 18.30 |

数据来源：《中国环境统计年鉴2013》。

# 二 "十二五"中期我国大气污染治理面临的问题

从前文的分析可知，我国大气污染状况基本稳定，且呈现出逐步改善的趋势，空气质量有了很大的改善，但是仍然存在很多的问题，地区间污染物排放存在很大差异，机动车尾气污染影响越来越严重，人们对 PM2.5 的诉求逐渐增加等，都是阻碍我国推进生态文明、建设美丽中国的重要因素。与世界其他国家相比，我国主要污染物排放量依旧很大，远远超出了环境承载能力。我国现有的产业结构决定了经济发展对能源资源的依赖性很强。目前我国工业二氧化硫排放量占二氧化硫排放总量的 90% 以上，2012 年，虽然第二产业增加值所占比重逐年下降，第三产业增加值所占比重逐年增加，但我国产业结构依旧呈现出"二三一"的特征。由此可见，工业对于我国经济增长有着举足轻重的作用，工业污染物排放仍然是影响我国大气环境的重要因素。具体来看，"十二五"中期我国大气污染面临的问题主要表现为以下几个方面。

## （一）区域复合型大气污染日益突出

随着城市化、工业化和区域经济一体化进程的加快，大气环境形势严峻，二氧化硫、氮氧化物、汞、细颗粒物排放量大大增加，远远超出大气环境容量和环境承载能力。从表 4 - 5 可以看出，从全国范围来看，尽管"十二五"期间我国实施了一系列大气环境保护的相关法律政策，全国各地区废气中主要污染物的排放量有所减少，但仍然处于过度排放的水平。2012 年我国二氧化硫的排放量达 2117.63 万吨，氮氧化物的排放量达 2337.76 万吨，烟（粉）尘的排放量达 1235.8 万吨。其中，二氧化硫的排放量已经位居世界第二位，与上年相比，下降了一位；氮氧化物的排放量也在持续增长，2011～2013 年我国二氧化硫和氮氧化物的排放量一直居于世界前列。从区域范围来看，2012 年我国四大区域中二氧化硫的排放量从高到低依次为中部（82.20 万吨）、东北部（65.88 万吨）、西部（65.07 万吨）、东

部 (64.59 万吨); 氮氧化物的排放量从高到低依次为中部 (93.59 万吨)、东部 (85.76 万吨)、东北部 (79.76 万吨)、西部 (56.61 万吨); 烟 (粉) 尘的排放量从高到低依次为东北部 (56.34 万吨)、中部 (53.01 万吨)、东部 (34.64 万吨)、西部 (33.53 万吨); 其中, 中部和东北部废弃污染物排放总量更为突出, 中部达 228.8 万吨, 东北部达 201.99 万吨, 东部也达 184.99 万吨。

表 4 - 5　2011 ~ 2012 年全国各地区废气中主要污染物排放情况

单位: 万吨

| 地区＼指标 | 二氧化硫 | | 氮氧化物 | | 烟(粉)尘 | |
|---|---|---|---|---|---|---|
| | 2011 | 2012 | 2011 | 2012 | 2011 | 2012 |
| 全　国 | 2217.91 | 2117.63 | 2404.27 | 2337.76 | 1278.83 | 1235.77 |
| 东　部 | 67.94 | 64.59 | 89.47 | 85.76 | 37.54 | 34.64 |
| 中　部 | 87.24 | 82.20 | 97.65 | 93.59 | 56.28 | 53.01 |
| 西　部 | 67.42 | 65.07 | 56.55 | 56.61 | 32.30 | 33.53 |
| 东北部 | 68.71 | 65.88 | 81.71 | 79.76 | 59.37 | 56.34 |

数据来源: 2012 ~ 2013 年《中国统计年鉴》。

与此同时, 多种类的污染物交互作用又产生了高浓度的臭氧和细颗粒物等二次污染, 在废气中这些污染物尚未得到控制的情况下, 以细颗粒物 (PM2.5)、臭氧超标为特征的区域复合型大气污染日益突出。随着我国大气氧化性持续增强, 我国成为 PM2.5 污染最严重的国家之一。2014 年 1 月 10 日, 绿色和平组织发布了 2013 年全国 74 个城市的 PM2.5 年均浓度排名 (见表 4 - 6), 排名显示了如下特征。

(1) 京津冀地区空气污染尤为严重。2013 年年均 PM2.5 浓度最高的前 10 座城市中, 有 7 个位于河北省, 其中, 排在前两位的河北邢台、石家庄两市的年均 PM2.5 浓度高达 155.2 微克/立方米和 148.5 微克/立方米, 是国家标准的 4 倍以上。

(2) 空气污染问题在长三角地区也日趋严重。江苏有连续监测数据的 14 座城市中, 10 个城市年均浓度达到国家标准 (35 微克/立方米) 的两倍以上; 浙江大多数城市的 PM2.5 年均浓度也接近国家标准 (35 微克/立方米) 的两倍; 上海为 60.7 微克/立方米。2013 年 12 月, 上海、南京和杭州 PM2.5 的最大日均浓度分别达到 421 微克/立方米、312 微克/立方米和 361 微克/立方米, 达到《环境空气质量标准》规定的日均值 (75 微克/立方米) 的 4 ~ 5 倍。

(3) 中西部省份空气污染问题也逐渐凸显。西安、郑州、武汉、成都、乌鲁木齐、合肥、太原等城市的 PM2.5 年均浓度也都达到了国家标准的两倍以上, 西部地区二氧化硫、氮氧化物、烟 (粉) 尘的排放量是全国四大区域中最少的, 但在西部地区开发过程中, 部分污染产业也隐于其中, 形势不容乐观。最直接的表现是, 2013 年 1 月开始, 我国中部和东部地区, 尤其是中部地区, 连续出现覆盖范围广、持续时间长、污染物浓度水平高的重度雾霾天气, 发生频率居高不下的雾霾对大气环境、群众健康、交通安全带来了严重影响, 还引起了公众恐慌。

表 4-6　2013 年全国 74 个城市 PM2.5 年均浓度排行

| 排名 | 城市 | 省份 | PM2.5 年均浓度(微克/立方米) | PM2.5 的最大日均浓度(微克/立方米) | 排名 | 城市 | 省份 | PM2.5 年均浓度(微克/立方米) | PM2.5 的最大日均浓度(微克/立方米) |
|---|---|---|---|---|---|---|---|---|---|
| 1 | 邢 台 | 河 北 | 155.2 | 688 | 38 | 苏 州 | 江 苏 | 67.1 | 384 |
| 2 | 石 家 庄 | 河 北 | 148.5 | 676 | 39 | 盐 城 | 江 苏 | 67 | 455 |
| 3 | 保 定 | 河 北 | 127.9 | 675 | 40 | 嘉 兴 | 江 苏 | 66.9 | 417 |
| 4 | 邯 郸 | 河 北 | 127.8 | 662 | 41 | 衢 州 | 浙 江 | 66.5 | 406 |
| 5 | 衡 水 | 河 北 | 120.6 | 712 | 42 | 绍 兴 | 浙 江 | 66.4 | 426 |
| 6 | 唐 山 | 河 北 | 114.2 | 497 | 43 | 杭 州 | 浙 江 | 66.1 | 361 |
| 7 | 济 南 | 山 东 | 114 | 497 | 44 | 秦 皇 岛 | 河 北 | 65.2 | 335 |
| 8 | 廊 坊 | 河 北 | 113.8 | 490 | 45 | 重 庆 | 重 庆 | 63.9 | 187 |
| 9 | 西 安 | 陕 西 | 104.2 | 772 | 46 | 西 宁 | 青 海 | 63.2 | 319 |
| 10 | 郑 州 | 河 南 | 102.4 | 598 | 47 | 青 岛 | 山 东 | 61.7 | 280 |
| 11 | 天 津 | 天 津 | 95.6 | 394 | 48 | 上 海 | 上 海 | 60.7 | 421 |
| 12 | 沧 州 | 河 北 | 93.6 | 380 | 49 | 呼 和 浩 特 | 内蒙古 | 59.1 | 216 |
| 13 | 北 京 | 北 京 | 90.1 | 646 | 50 | 温 州 | 浙 江 | 56.5 | 248 |
| 14 | 武 汉 | 湖 北 | 88.7 | 339 | 51 | 肇 庆 | 广 东 | 54.7 | 174 |
| 15 | 成 都 | 四 川 | 86.3 | 374 | 52 | 南 宁 | 广 西 | 54.7 | 199 |
| 16 | 乌鲁木齐 | 新 疆 | 85.2 | 387 | 53 | 台 州 | 浙 江 | 53 | 284 |
| 17 | 合 肥 | 安 徽 | 84.9 | 383 | 54 | 佛 山 | 广 东 | 52.3 | 160 |
| 18 | 泰 州 | 江 苏 | 80.9 | 474 | 55 | 广 州 | 广 东 | 52.2 | 159 |
| 19 | 淮 安 | 江 苏 | 80.8 | 513 | 56 | 承 德 | 河 北 | 51.5 | 407 |
| 20 | 长 沙 | 湖 南 | 79.1 | 325 | 57 | 大 连 | 辽 宁 | 50.7 | 224 |
| 21 | 无 锡 | 江 苏 | 75.8 | 391 | 58 | 宁 波 | 浙 江 | 50.4 | 416 |
| 22 | 哈 尔 滨 | 黑龙江 | 75.7 | 756 | 59 | 贵 阳 | 广 州 | 49.4 | 229 |
| 23 | 常 州 | 江 苏 | 75.6 | 322 | 60 | 江 门 | 广 东 | 48.4 | 158 |
| 24 | 南 京 | 江 苏 | 75.3 | 312 | 61 | 丽 水 | 浙 江 | 47.9 | 196 |
| 25 | 徐 州 | 江 苏 | 74.9 | 304 | 62 | 中 山 | 广 东 | 47.6 | 146 |
| 26 | 太 原 | 山 西 | 74.2 | 416 | 63 | 东 莞 | 广 东 | 46 | 165 |
| 27 | 湖 州 | 浙 江 | 73.5 | 416 | 64 | 银 川 | 宁 夏 | 43.7 | 164 |
| 28 | 沈 阳 | 辽 宁 | 72.7 | 464 | 65 | 张 家 口 | 河 北 | 43.1 | 471 |
| 29 | 镇 江 | 江 苏 | 71.6 | 263 | 66 | 深 圳 | 广 东 | 39.7 | 131 |
| 30 | 扬 州 | 江 苏 | 71.1 | 312 | 67 | 珠 海 | 广 东 | 37.9 | 157 |
| 31 | 宿 迁 | 江 苏 | 70.7 | 502 | 68 | 惠 州 | 广 东 | 37.2 | 121 |
| 32 | 南 通 | 江 苏 | 70.2 | 248 | 69 | 昆 明 | 云 南 | 35.5 | 123 |
| 33 | 长 春 | 吉 林 | 69.2 | 425 | 70 | 福 州 | 福 建 | 33.2 | 112 |
| 34 | 南 昌 | 江 西 | 69.1 | 255 | 71 | 舟 山 | 浙 江 | 32.1 | 353 |
| 35 | 金 华 | 浙 江 | 69 | 473 | 72 | 厦 门 | 福 建 | 31.3 | 89 |
| 36 | 连 云 港 | 江 苏 | 68 | 407 | 73 | 拉 萨 | 西 藏 | 26 | 101 |
| 37 | 兰 州 | 甘 肃 | 67.1 | 259 | 74 | 海 口 | 海 南 | 25.6 | 130 |

数据来源：2014 年 1 月 10 日国际环保组织绿色和平组织公布数据。

### （二）机动车保有量过快增长

根据前文分析，"十二五"中期以来，空气中氮氧化物的排放量不降反升，这与汽车尾气和煤的燃烧有着不可分割的关系。氮氧化物是形成危害人体健康的光化烟雾的罪魁祸首。近年来，随着中国社会经济的快速发展，机动车保有量持续增长，这在为居民带来生活便利的同时，也产生了负面效应。机动车的过快增长，不仅导致城市交通状况不断恶化，而且大有从大城市向中小城市蔓延的趋势。据统计，我国二氧化硫、氮氧化物和烟尘等大气污染物排放的70%以上来自燃煤和汽车尾气，机动车尾气污染物一氧化碳、氮氧化物、碳氢化合物等已成为我国大气污染的主要污染源。随着机动车车辆的增加，尾气污染也有愈演愈烈之势，由局部性转变成连续性和积累性，对于居民尤其是城市居民存在着巨大的潜在危害。

根据《2013年中国机动车污染防治年报》统计，2012年，全国机动车排放污染物4612.1万吨，但四项污染物排放总量与2011年基本持平，其中氮氧化物640.0万吨，颗粒物62.2万吨，碳氢化合物438.2万吨，一氧化碳3471.7万吨。汽车是污染物总量的主要贡献者，其排放的氮氧化物和颗粒物占比超过90%，碳氢化合物和一氧化碳超过70%。与此同时，中国工业协会数据显示（见图4-1），2013年中国汽车产量达2211.68万辆，销量达2198.41万辆，我国汽车产销量第一次突破2000万辆，也是连续第五年位居全球第一，再次刷新全球汽车产销纪录。汽车产销量的增长速度也非常快，汽车产量增长率由2011年的0.8%升至2013年的14.8%，销量增长率也由2011年的2.5%升至2013年的13.9%。

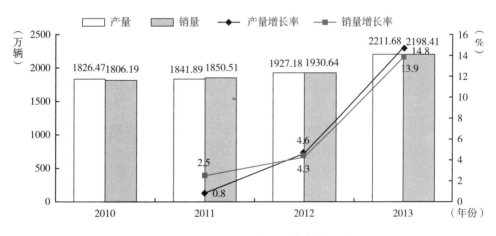

图4-1　2010~2013年中国汽车产销量情况

随着我国国民经济的迅猛发展和城市化进程不断加快，机动车作为城市目前最主要的交通工具，其不断增长的态势还将继续维持。近年来，我国主要大城市、特大城市的机动车在大幅度增长，但城市建设、道路建设却未与之相匹配，甚至有的地区严重滞后，造成车辆堵塞、车速低，绿化面积逐渐减少，加上高楼大厦林立与人口密度过高，致使大城市、特大城市大气污染物更为不易扩散。与此同时，我国机动车污染控制水平低，《2013年中国机动车污染防治年鉴》指出，与 2011 年相比，全国机动车保有量增加了 7.8%，达到 22382.8 万辆；其中，汽车 10837.8 万辆，低速汽车 1145.0 万辆，摩托车 10400.0 万辆。按环保标志分类，"绿标车"占 86.6%，高排放的"黄标车"仍占 13.4%，"黄标车"占比与 2011 年相比，仅下降了 3%，与过快增长的机动车保有量相比，污染控制力度仍然显得不足。我国的大气污染类型由过去的煤烟型渐渐演化到现在的煤烟加机动车尾气的混合型，其重要表征就是光化学污染的加重和雾霾的频频发生。机动车排放的污染物对多项大气污染指标的贡献率已达 60% 以上[①]，城市机动车尾气治理迫在眉睫。

### （三）应对全球环境问题挑战的压力逐渐加大

我国已成为世界第二大经济体，国际社会要求我国承担更多环境责任的压力日益加大，经济全球化在给我国带来经济利益的同时，也给我们带来更大的环境压力。在过去相当长一个时期，我国一直是较为粗放的工业模式，甚至在未来的一段时间内，粗放的经济发展模式仍然存在于我国部分地区，随产业结构重型化而来的能源消耗是不可逆的。我国已成为世界上能源、钢铁、水泥等消耗量最大的国家之一，主要矿产资源对外依存度逐年攀升。大气污染防治问题不仅仅是我国亟须解决的内部社会问题，它已成为影响国际经济政治关系的重大事项。在全球变暖话题成为全球关注焦点的同时，"中国环境威胁论"这种新型的"中国威胁论"说法越来越多，"中国将成为全球最大的温室气体排放国"，"中国是气候变化的主要威胁"，这些炒作说辞愈演愈烈，意图将中国说成全球的能源威胁和环境污染威胁，从而要求中国像发达国家一样"承担起减排的责任"。"中国环境威胁论"既损害了中国的国家形象，也给中国参与治理全球环境问题造成了很大压力。

不可否认，随着人口总量的持续增长，工业化、城镇化的快速推进，能源消费总量不断上升，污染物产生量将继续增加，这是我国 30 多年来经济集中快速发展的间接产物，结构型、压缩型和复合型的环境问题接踵而至，经济增长的环境约束日趋强化。联合国环境规划署发布的报告称，中国汞产量约占全世界产量的 60%，需求量占到全世界的 30%~40%，汞产量、需求量和排放量都位居全球第一，因而也成为受汞污染威胁最大的国家。事实上，我国受到贫油富煤能源结构的局限，有 70% 的能源消费来自煤炭。煤炭中通常会含有微量的汞，经过燃烧汞就会随煤烟排放到大气中，这部分汞的排放量占中国总汞排放量的 50%[②]。除了汞的排放量居全球之最外，我国消耗臭氧层物质排放量和二氧化碳排放量也居世界第一[③]，这些现实致使围绕中国要承担温室气体减排责任的博弈和斗争日趋激烈。的确，在环境安全列入国家安全重要内容的今天，我国污染物总量居高不下，对全球及周边国家环境正在产生越来越大的负面影响，与周边国家环境摩擦上升，同时经济快速增长带动的资源需求也影响了世界资源的供给，对国际资源市场也形成了越来越大的压力和冲击，这些都是我国应对全球环境问题挑战和压力的重要来源。

---

① 陈瑜、彭康：《我国城市机动车尾气污染现状及防治对策》，《广东化工》2011 年第 7 期，第 95~96 页。
② 田立新：《我国二氧化碳排放量影响因素分析》，江苏大学硕士学位论文，2013。
③ 《全球汞排放概况》，网易新闻，http://data.163.com/13/0315/00/8PVFA5GB00014MTN.html。

## 三　未来我国大气污染治理的策略思考

大气污染严重影响着居民身体健康和经济的可持续发展，为了控制大气污染，保护环境空气质量，国内外许多城市采取了一系列防治措施。比如：美国出台专项法案，民众可以通过环保署网站随时了解当地空气质量；德国重视环保技术开发，促进能源转型；新加坡制定车辆和燃油排放标准，减少二氧化硫排放等。这些防治措施对于进一步改善我国大气环境具有重要的借鉴价值和参考意义。"十二五"期间，我国计划投入 1000 亿元用于治理大气污染，大气污染防治专项规划的出台，足以表明我国治理大气污染的决心和力度。目前我国大气污染受环境、工业结构、交通等多方面因素的影响，只有综合运用多种手段，多管齐下，才能全面预防和治理大气污染，改善大气环境，促进经济、社会和环境的可持续发展，具体表现为以下几个方面。

### （一）统筹管理，推进大气污染治理的制度创新

《重点区域大气污染防治"十二五"规划》和《大气污染防治行动计划》都明确提出，要开展多污染物协同控制和区域联防联控。现有的法律法规大多只针对单一污染物的治理，我国大气污染物种类繁多，包括烟（粉）尘、二氧化硫、氮氧化物、扬尘、PM10、PM2.5等，且随着工业化进程的加速，污染物种类不断增加，这也加大了大气污染治理的难度，单一的环境保护政策和技术标准已无法满足改善空气质量的根本要求。

首先，通过缩小地区发展差距，实现区域联防联控。全面加强城市间的合作，推动建立大气污染联防联控机制。其次，结合其他技术、政策、体制等多方面手段，统筹管理。目前我国的大气环境治理主要采取行政手段，利用国家行政机构强制性的命令、指示、规定等加强环境监测，这些手段在短期内可以强化环境管理，但是长期效果十分有限，这也是国外环境管理中较少使用行政手段的原因之一。面对严峻的大气污染问题，要降低环境管理的执行成本，并取得理想的环境治理效果，应该坚持以科学发展观为指导，统筹规划大气污染治理面临的重点问题，因地制宜找到适合我国大气污染治理的新模式。比如，要注重经济手段，充分发挥市场经济的调节作用，建立一套激励政府官员和企业长期有效配置环境资源的机制。与行政手段相比，排污权交易市场具有较大的灵活性，更有利于促进减排标准执行，缓解环境和经济的矛盾。一方面，排污权交易可以为企业治理污染提供正向激励，就我国实际情况而言，可以先对一些较为严重的污染物实施排污权交易，逐步建立交易市场，运用市场机制治理污染；另一方面，由于市场机制的缺陷，排污权交易可能削弱高成本排放企业技术创新的动力。为此，在具体实施过程中，也需要借助政府的直接管制职能，共同治理大气污染。

### （二）突出重点，推动产业转型和能源转型

长期以来，我国传统产业对资源和环境的消耗与破坏巨大，大气污染物的浓度与能源结构和能源消耗有着密切关系。《大气污染防治行动计划》明确指出，调整优化产业结构，推

动产业转型升级，根据产业发展实际情况和环境质量状况，淘汰落后产能，严格控制高污染高能耗行业，倒逼产业转型升级。大气污染不仅仅是环境保护的问题，更是发展的问题，为了改善大气环境质量，需要转变能源结构、减少排放，更需要调整产业结构，实现产业升级。

首先，严格环境准入，优化产业布局。以环境约束规范经济发展，对产业发展布局、产业准入门槛、产业升级换代等提出更严格的要求，从根本上解决大气污染问题。基于各地区城市发展规划，明确城市功能区划，调整城市居住用地和工业用地以及绿地建设的布局，从空间布局上改变大气污染包围城市的局面。严格限制高污染高能耗产业在市区的布局，对已存在的这类企业加快实施搬迁，实现生产区和生活区的分离。其次，加快企业技术改造，实现清洁生产。对钢铁、水泥、化工等重点行业进行清洁生产审核，针对一些高污染高能耗领域，实施清洁生产技术改造。鼓励产业集聚发展，实现能源的循环利用。再次，推进清洁能源供应。我国能源以燃煤为主，煤烟型污染构成了我国大气污染的主要来源之一。为了进一步改善空气环境质量，减少大气污染物排放，要加快调整能源结构，控制煤炭消费总量，还需要引导公众使用清洁能源，调整能源消费结构，转变能源利用方式，推进太阳能、沼气等清洁能源及可再生能源的使用。

### （三）倡导低碳生活，加强污染排放总量控制

环境问题既是经济、社会问题，也是生态问题，对于不断凸显的深层次环境问题，必须从生产、生活和生态方面采取联动措施，实施全方位的综合控制。

首先，要加强公众环保意识，倡导低碳生活。环境属于一种准公共物品，具有排他性、非竞争性和非独占性的特点。进入 21 世纪，随着社会生产力和科学技术的迅猛发展，我国经济建设进入了高速发展的时期，资源的消耗及其过程中产生的废弃物和污染物也大量增加。这种准公共物品总体上的非理性利用，使得环境受到了极大的冲击和破坏。事实上，防治大气污染不仅仅是政府的职责，也需要公众的参与，除了需要有作为的政府进行制度创新和统筹管理，也需要各层次的人群参与。比如，企业对生产技术的把控和实施减排计划等，其中最重要的就是从思想根源上加强公众环保意识，倡导各层次的社会群体发展低碳经济、享受低碳生活，形成政府、企业、公众共同参与的大格局，从而全面提升人民群众的幸福指数和生活水平。公众是环境保护的直接受益者，也是环境污染的直接受害者，公众提高环境保护意识、积极参与环境保护，是推动大气污染治理事业发展的重要力量，对于解决我国的空气污染危机是极其重要的。大气污染的治理是一项具有综合性、长期性和艰巨性的系统工程，需要全社会的共同参与，培育低碳减排、节能降耗的生产方式和消费模式，让环境文化和生态文明深入人心，才能更好地倡导、推动和共享低碳生活。发展低碳经济、倡导低碳生活正在成为国际上普遍认同的经济社会发展模式。

其次，确定区域大气污染防治技术路线，加强污染排放总量控制。我国区域性大气污染问题明显，尤其是长三角、珠三角和京津冀地区，这些区域城市密度大、能源消费集中，导致大气污染物排放集中，酸雨、雾霾等重污染天气在区域内大范围同时出现。当前改善大气质量的首要途径是节能，发展工业节能、建筑节能、交通节能等，其中，最显著的是交通节

能。随着机动车辆数量的剧增，大气污染由传统煤烟型向混合型发展，这大大增加了大气污染控制的难度。治理交通污染一方面需要改进发动机的燃油设计，提高汽油的燃烧治理和燃油标准，提高新车排放尾气标准，积极推广清洁能源，减少有害废气的排放；另一方面要严格控制机动车数量，根据各地实际，逐步建立机动车准入的控制机制，最大限度控制机动车增长速度。同时，大力发展城市公交，倡导绿色出行，并加大机动车尾气的抽检和路检力度，实施机动车出行限制，实施尾号或按照尾气排放情况的限行措施，最大限度地控制上路行驶的机动车数量。在质和量上双管齐下，对机动车污染排放实现进一步的总量控制，促成有效的区域空气联防联控机制，

## （四）加强国际合作，共同应对大气污染挑战

大气环境是一个统一的整体，大气污染物的排放会随着风向和气流的变化把污染物从一个地区转移到另一个地区，当一个地区的大气环境被污染，它会危及其他地区或周边国家的大气环境，再加上大气环境复杂、未知因素多，认识大气环境和保护大气环境需要世界各国人民的共同努力。也就是说，大气环境污染问题是一个区域性的问题，重度污染的天气一般都是出现在一个区域，当这一区域超出一国范畴，那便形成一个国际大区域，一国内部区域大气污染治理需要区域间联防联控，国际大区域的大气污染问题，则需要加强彼此间的国际合作，这也是未来大气污染防治的一个大趋势。大气污染问题已是全球共同面临的严峻挑战，为守护人类共同的家园，应加强与发达国家的交流，学习借鉴先进经验与做法，积极消除向大气排放破坏臭氧层的物质，减少二氧化碳等温室气体的排放，推进我国的大气污染治理工作，构筑美丽中国，促进世界大气污染控制目标逐步实现。环境保护利益与经济发展利益的不均衡性，必然要求国际社会探寻一条有效的解决途径，在可持续发展理念的指导下，国际合作是必然的选择。在现代国际关系中，环境问题还关系到国际社会的安全和政治秩序的稳定，关系到国家之间的政治矛盾和经济矛盾，大气污染等环境问题已成为国际关系中不安定的因素。由于历史原因，中、日、韩等东亚地区国家之间的隔阂依然存在，大气污染等环境问题不同于政治问题，在环境问题上各国相对容易把握各方利益的平衡。在东亚地区构建长期稳定的大气污染防治合作机制，不仅能构筑绿色健康的东亚环境体系，也将会起到融合东亚各国利益，增进国家间友好关系，从而缓和和改善各国关系的重要作用。

专题报告五：

# "十二五"中期我国美丽乡村建设之路

## ——现代化进程中的农业文明传承与发展

党的十八大首次将生态文明纳入党和国家现代化建设的总体布局，努力建设美丽中国，实现中华民族的永续发展。十八届三中全会又进一步指出，要形成人与自然和谐发展的现代化建设新格局。我国是农业大国，没有了美丽的田园风光、传统的风土人情、纯朴的乡风民俗，美丽中国也就无从谈起；没有现代农业生态文明，也就难以形成人与自然的和谐发展。由此可见，构建现代农业生态文明体系，创建美丽乡村，是建设生态文明和美丽中国的必然要求。

鉴于我国当前的农业发展状况以及乡村建设的现实情形，农村成为美丽中国建设的重点和难点所在。为此，农业部在2013年将建设"美丽乡村"、改善农村生态环境作为工作重点，并启动了"美丽乡村"创建活动。2014年中央"一号文件"又作出了加强农村生态建设、环境保护和综合整治，努力建设"美丽乡村"的工作部署[1]。

创建"美丽乡村"是新农村建设的延续与提升。它在秉承和发展新农村建设宗旨思路，延续和完善相关方针政策的同时，紧紧围绕当前的农业文明、乡村建设遭受城镇化与现代化严重冲击的现实，更加关注农业发展方式的转变、农业功能多样性发展，以及传统农业文明的传承与发展。可以说，"美丽乡村"之美既体现在自然层面，也体现在社会层面[2]。因此，推进美丽乡村建设既是落实生态文明建设，提升农业产业竞争力的重要举措，也是缩小城乡差距，推进城乡一体化发展，使亿万农民分享现代化成果的有效途径。

## 一 乡村建设面临的新形势与新要求

当前我国的大多数乡村，还是基于传统农业文明与城乡二元分割状态，农民在解决温饱后要求提高人居环境建设水平，但是农业还局限于农产品供给的产业状态。近年来随着我国现代化进程的加快以及城乡一体化的推进，农民生活质量迅速提高，农业也开始由以粮食生产为核心向多业态并举转型，这一系列的变化都对当前的乡村建设提出了新的要求。

---

① 曹茸：《推进升级版的新农村建设——访农业部"美丽乡村"创建活动负责人》，中国美丽乡村网，http：//www. beautifulcountryside. net/Item/260. aspx。

② 曹茸：《推进升级版的新农村建设——访农业部"美丽乡村"创建活动负责人》，中国美丽乡村网，http：//www. beautifulcountryside. net/Item/260. aspx。

### （一）农村经济的可持续发展要求注重生态文明

当前我国农村经济正面临着发展缓慢与不可持续的问题。一方面，由于农业的低产出造成高素质、"精英式"的农村劳动力外流，留守老人与留守妇女更多依靠传统农业生产模式，造成农业经济发展滞后，资源粗放利用，自然生态与环境遭受破坏；另一方面，长期以来人们对农业现代化的理解仅仅局限于农业劳动生产率的不断提高，导致为了达到提高农业生产效率的目的而按照传统工业化生产的路子来搞农业，从而出现了环境污染、食品安全等重大问题[①]。而且依靠农药、化肥等的大量投入，来换取高产的"石化"农业，使得农业发展的资源约束趋紧，投入品的消耗却在不断增长[②]，这样的农业生产方式带来的环境污染与生态破坏不断显现。环境保护部和国土资源部2014年4月17日联合发布的全国土壤污染状况调查公报显示，全国土壤环境状况总体不容乐观，部分地区土壤污染较重，耕地土壤环境质量堪忧，近六分之一的土壤污染超标[③]。这种忽视生态文明，以牺牲环境资源为代价，过于倚重资源消耗的农业发展之路已难以为继，加快转变农业发展方式，加强农业生态文明建设刻不容缓。

发展农村产业是支撑农村经济快速发展的关键，然而，传统的以获取高产为唯一生产经营理念的农村产业，在现代人更加注重健康、绿色、有机的产品市场上，正在逐步丧失市场竞争力。为此，在农村现代化进程中，就必然要求以生态文明为指导理念，重构乡村产业形态，在注重经济效益的前提下，建立适应新的市场形势与具有竞争优势的乡村产业，推动农村经济快速、健康发展。

农村相比城市，生态基础更好，地域更广阔，治理调整的空间更大，这种先天优势决定了生态文明建设的希望在农村[④]。建设农村生态文明也就成为防止生态系统恶化、实施可持续发展战略、建设社会主义和谐社会的关键所在，成为作为农业大国的我国现代化进程中的重大战略选择[⑤]。

综上所述，要实现当前农村经济的持续快速发展，必须比以往更加注重生态文明。因为，生态文明是人类经历了原始文明、农业文明和工业文明之后，对自身发展与自然关系深刻反思的基础上的新型文明形态[⑥]，秉承人与自然、人与人、人与社会和谐共生、良性循环、全面发展、持续繁荣的基本宗旨。这就要求当前的乡村建设，应以农村生态文明建设为推动点，解决好人与自然的关系，重点发展生态经济、生态科技和生态文化，大力推进农业生产方式转型，倡导绿色消费、环保生活方式，推动农村经济的可持续发展。

---

① 张广海、王新越：《"旅游化"概念的提出及其与"新四化"的关系》，《经济管理》2014年第1期，第110~121页。

② 王衍亮：《聚焦生态文明 建设美丽乡村》，《农民日报》2013年4月2日第3版。

③ 国土资源部：《环境保护部和国土资源部发布全国土壤污染状况调查公报》，http：//www.mlr.gov.cn/xwdt/jrxw/201404/t20140417_1312998.htm。

④ 王衍亮：《聚焦生态文明 建设美丽乡村》，《农民日报》2013年4月2日第3版。

⑤ 柳兰芳：《从"美丽乡村"到"美丽中国"——解析美丽乡村的生态意蕴》，《理论月刊》2013年第9期，第165~168页。

⑥ 廖福霖：《生态文明建设理论与实践》，中国林业出版社，2001，第4页。

## （二）农民生活质量的提升要求改善人居环境

近年来，我国农民生活水平不断提升，尤其是进入新世纪以来，农村居民收入稳步增加（见图 5-1），总体上实现了由温饱向基本达到小康水平的飞跃。目前农民生活更加宽裕，正在朝着实现全面小康的目标快速前进。不断增长的收入也为农村居民改善生活条件提供了坚实基础，农民的住房质量、消费档次不断提升。更加殷实的生活，使农民对物质、精神和生态文明共同发展的需求也迅速增加。然而，当前农民的居住面貌并没有随着生活水平的提高而得到根本改观，基础设施和公共设施严重短缺，环境脏乱差的问题仍然很严重。有关部门指出，当前我国农村人居环境普遍较差，垃圾、污水处理问题亟待解决①。目前我国农村村庄垃圾自然堆放的比例高达 3/4，垃圾围村现象普遍；农村污水处理率仅 7%，而 93% 的生活用水没有经过处理就排放到河流、沟渠②。

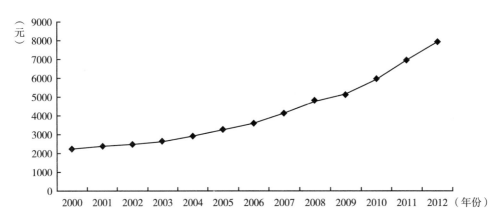

**图 5-1　我国农村居民家庭人均纯收入增长状况**

这种基础设施和公共设施建设的滞后，没有科学规划的居住环境，不仅造成农村居民的生活不便，而且也严重污染了自然环境。造成这一问题的原因，一方面是长期形成的城乡二元社会结构，重城轻乡的倾向，公共财政未能覆盖村庄公共设施的建设和维护，致使农村人居环境质量与城市相比有较大差距，也成为城乡发展差距的集中体现；另一方面是各级政府履行村庄规划职能存在不到位的现象，村庄建设缺少规划，无序建设普遍存在。村庄和居民点建设缺少布局规划和统一规划管理，致使村庄建设分散化、空心化现象严重，基础设施与公共设施难以有效供给。

以往处于温饱阶段的农民对于居住环境的关注度较低，随着生活水平的提高，需求层次不断提升，改善生活质量的诉求越来越高。尤其是改善农村人居环境成为当前亿万农民的急切期待。毕竟，人居环境是与人类活动密切相关的地表空间，是人类赖以生存的基本依托。

---

① 住房和城乡建设部村镇建设司司长赵晖：《村居建设勿忽略农村特色》，《珠海特区报》2012 年 8 月 20 日，http://news.southcn.com/dishi/newzhuhai/jd/content/2012-08/20/content_53163842.htm。
② 程小旭、朱菲娜：《（解读）美丽乡村建设需破解五大难题》，中国经济新闻网，2013 年 2 月 5 日，http://www.cet.com.cn/ycpd/xbtj/766131.shtml。

再加上城乡一体化进程中“工业反哺农业”、增加农村公共品供给的呼声愈来愈高。改善农村基础设施建设，科学规划村庄，有效治理垃圾、污水，建设优美的人居环境，成为当前乡村建设的迫切要求。

### （三）社会休闲旅游需求要求拓展农业功能

经济社会发展到一定程度后，对农业的需求结构就会发生变化，开始追求审美、休闲、观光、教育等其他享受，农业的功能开始得到拓展，表现为给人们提供休闲旅游的场所与方向[①]。这也是“现代工业社会对农业提出的社会期待”[②]。当前迅速发展的城市经济，在为人们带来快速增长的物质享受的同时，也使人们的生活节奏加快，生活空间压缩，与大自然的疏远，使人们的幸福感迅速降低。走出城市，融入乡村，亲近自然，享受乡村情趣，逐渐成为人们满足精神需求的一种主流形式。世界旅游组织的研究表明，当人均 GDP 达到 2000 美元时，休闲旅游将会获得快速发展；人均 GDP 达到 5000 美元时，社会将会步入成熟的度假旅游经济，休闲需求和消费能力日益增强并呈现出多元化发展的趋势。2012 年我国人均 GDP 达到了 6100 美元，休闲需求大幅度提升，为此，国务院也发布了《国民旅游休闲纲要（2013～2020 年）》，这意味着乡村休闲旅游正迎来一个大的发展契机。这将有效地促进农业与旅游业融合发展，依托农业生产、农民生活、农村风貌开展休闲农业、都市农业、生态旅游、乡村旅游等形式，发展乡村休闲旅游，可以在满足城市居民回归田园的旅游诉求的同时，加快改造传统农业，推进多功能农业的发展，调整农村经济结构，提升农民素质，改变农村生活生产观念[③]，推进农业经济与自然生态的和谐发展。

需要指出的是，环境优美的田园风光，美丽整洁的乡村，是吸引众多城市居民前往农村旅游的重要因素。但当前农药、化肥造成的环境污染，缺乏现代通信、医疗、交通等社会性基础设施的农村，以及日渐失去了农耕文化、杂乱无章、脏乱差的乡村，不仅难以满足社会的休闲旅游诉求，也严重阻碍了现代生产要素向农村、农业的流动。因此，当前的乡村建设，要在推进农村产业经济发展的同时，注重乡村环境、基础设施的投入，拓展农业的休闲旅游功能，满足人们对乡村休闲旅游的诉求。

### （四）农业文明的传承要求保护传统的村落文化

中华文明源自农耕，根脉系于农耕，农业文明在博大精深的中华文明体系中占据核心地位，对中华民族的生存方式、价值观念和文化传统都产生了极其深刻的影响。可以说，农业文明是我国现代文明、城市文明的根基，是中华民族的文化根脉和精神家园[④]。然而，随着

① 林卿、张俊飚：《生态文明视域中的农业绿色发展》，中国财政经济出版社，2012，第 298 页。
② 胡锦涛：《高举中国特色社会主义伟大旗帜　为夺取全面建设小康社会新胜利而奋斗》，新华网，2007 年 10 月 24 日。
③ 张广海、王新越：《“旅游化”概念的提出及其与“新四化”的关系》，《经济管理》2014 年第 1 期，第 110～121 页。
④ 曹茸：《推进升级版的新农村建设——访农业部“美丽乡村”创建活动负责人》，中国美丽乡村网，http://www.beautifulcountryside.net/Item/260.aspx。

现代化、全球化的推进，农耕文明在迅速走向衰亡。村落文化，这一传统农业文明的载体，正经受着工业化、城镇化的猛烈冲击。传统的民间文化开始变异，民俗风情开始变迁，很多传统民俗文化已成为明日黄花。因为在所谓的现代文明、中西方文化融合的冲撞下，象征着传统农业文明的村落文化逐渐失去了其赖以生长的土壤。许多具有民间特色的传统农业文化遗产仅存于城郊和偏远山乡，商业文化冲击下的传统文化传承者逐年减少，原有的形式迅速嬗变，初始的题材大为萎缩，濒于消亡的境地。可以说，面对商业文化的冲击，等我们回过头来再寻找自己的文化时，我们的文化已经被现代化、城市化、商业化冲得七零八落了。我们原有的文化的载体、文化的家园已经被冲得七零八落了①。传统文化遗产特别是民俗文化，都是农业文明的产物，而这些传统文化所包含的物质内容、文化习俗、精神方式和哲学信仰，曾经渗透在我们的生存方式、生存想象和审美追求中，逐渐消失的农耕文化，使现代人不知乡归何处，找寻不到"幸福感"②。

古村落是我们民族文化的家园，原来的农耕社会、中国文化的多样性也留存在农村，如果这些千姿百态的民族文化、村落文化消失了，那么我们文化的根就灭绝了。现在660多个城市，已经千篇一律了，如果我们村落的文化也像城市一样，那么我们文化的多样性，我们文化的根、文化的基因就找不到了③。失去了这些包含着"情怀"的文化，乡村休闲旅游也就没有了应有的吸引力。

当前的乡村建设中传统文化保护不能回避。应该说，古村落文化保护、农业文明的传承，关系着最终实现现代化新农村的精神内涵与文化主体，是乡村建设的关键。

## 二　乡村建设的国际经验及其启示

推动传统农业向现代农业转变，增加农民收入，缩小城乡差别，推进农村现代化建设，是每个国家现代化进程中的必经阶段。西方、东亚的一些发达国家或地区已经历了乡村建设阶段，它们的经验必将对我国的美丽乡村建设有所启示。

### （一）发达国家和地区的乡村建设经验

#### 1. 西欧的乡村建设

第二次世界大战以后欧洲经济快速发展，但城乡发展不均衡现象日渐凸显。大量劳动力流向城市，农村一片荒凉，出现了有地无人耕种的现象，不仅阻碍了农业经济的发展，也影响到了各国的粮食供给。为了缩小城乡差距，恢复农业生机，欧洲各国制定了一系列的政策，推进乡村建设，其中德国的"村庄更新"与法国的乡村建设比较有代表性。

---

① 冯骥才：《城镇化会把10年非遗抢救成果化为乌有》，文化中国－中国网，2011年5月26日，http：//cul. china. com. cn/yichan/2011 –05/26/content_ 4226333. htm。

② 曹茸：《推进升级版的新农村建设——访农业部"美丽乡村"创建活动负责人》，中国美丽乡村网，http：//www. beautifulcountryside. net/Item/260. aspx。

③ 冯骥才：《城镇化会把10年非遗抢救成果化为乌有》，文化中国－中国网，2011年5月26日，http：//cul. china. com. cn/yichan/2011 –05/26/content_ 4226333. htm。

（1）德国的"村庄更新"。在欧洲，德国国土面积较大，并且农业发展水平也较为先进，然而战后农村人口流失以及人口老龄化等问题，也使德国农村发展面临巨大挑战。为此，德国政府被迫开始重视农村发展，并进行了村庄更新建设[1]。20世纪50~60年代，德国巴登—符腾堡州以及巴伐利亚州开始出台村庄更新计划与规划，进而影响到全国，这一阶段的重点是新村建设和完善基础设施两个方面。在这一进程中，尽管农村生活水平不断提升，城乡差距不断缩小，但也出现了破坏老村庄原有肌理和风貌的现象[2]。70年代，随着城市居民返乡，开始出现土地开发过度、用地矛盾凸显等问题，村庄失去了原有的特色和魅力，为此，1976年联邦政府修订了《土地整理法》，将村庄更新明确写入法律，并开始在建设中注重村庄原有形态和建筑的保护，也更加关注村庄的生态环境整治。进入90年代，又将可持续发展理念注入村庄更新实践活动，同时也将农村的生态价值、文化价值、旅游价值和休闲价值提升到与经济价值同等重要的高度，推进了乡村的多维度建设。更新后的村庄不再是城市的复制品，而是生态环境优美、具有自身特色和极大自我发展潜力的村落。

在乡村建设中，为了顺利实现村庄更新，德国政府采取了相应措施。首先，1953年颁布、又多次修订的《土地整理法》，为村庄更新提供了法律保障。其次，将土地整理和土地改革以及实现农村地区可持续发展等内容纳入整个规划体系，并以规划为指导推进乡村建设，进而使村庄更新活动在有效控制下进行。再次，激励公众参与村庄更新活动，并强调村民的积极参与对村庄更新项目的完成起决定性作用。最后，强调多方参与和市场化运作的村庄更新，为村庄更新的快速发展注入了活力。

（2）法国补贴支持型的乡村建设[3]。法国素有"欧洲中国"之称，直到19世纪中叶，法国仍然是一个小农经济占主导地位的农业大国。19世纪下半叶，法国虽然完成了工业革命，成为发达的现代化工业大国，但直到1960年，法国农村依然落后。农村消耗的能源主要是薪柴、煤炭、动物粪便和生活垃圾，环境污染严重。而农村劳动力外移也使得法国农村经济举步维艰。为此，自1960年以来法国制定并实施了一系列有利于农村可持续发展、农业生产条件改善和农民生活水平提高的法规政策。1960年颁布了《农业指导法案》，加大对农业和农村地区的补贴，通过发放优惠贷款以及在农产品价格上给予丰厚补贴等措施，激励公众参与农业生产。通过建立数量众多的农业研究机构和农业高等院校，开办青年农民技术培训中心，来培育农业人才和提升农业科技，使得法国整个农村劳动力素质不断提升。此外，还进一步改善农村能源设施，推进清洁能源利用，治理乡村环境污染。为此，一方面，通过加大对农村电力设施的投入，推进农村能源建设；另一方面，在20世纪70年代后期，通过开发利用沼气作为农村生活燃料，改善了清洁能源利用状况。这一系列振兴农业农村政策措施的推行，不仅使法国农产品产出迅速增长，而且还使法国的乡村社区重获新的生命力。

---

① 曲卫东、斯宾德勒：《德国村庄更新规划对中国的借鉴》，《中国土地科学》2012年第3期，第91~96页。

② 常江、朱冬冬、冯姗姗：《德国村庄更新及其对我国新农村建设的借鉴意义》，《建筑学报》2006年第11期，第71~73页。

③ 以下部分内容参考王习明《新农村建设在国外（美国、法国篇）》，《中国环境报》2014年5月22日，http://www.cenews.com.cn/xwzx2013/word/201405/t20140522_774602.html。

### 2. 日韩的乡村建设

日韩的农业文化与农村经济发展历程与我国具有较大的相似性，在城市化进程中，都较为注重促进农村经济发展和传承农耕文化。因而它们的乡村建设路径与模式，对我国美丽乡村建设具有较大的借鉴意义。

（1）日本的"造村运动"①。第二次世界大战后，日本在致力振兴遭受重创的城市经济过程中，导致了大量农业劳动力流入城市。农村人口过疏使得农业生产力大幅下降，城乡差距日益扩大，农村经济面临瓦解的危机。提高农业生产率和寻找农业之外的致富途径成为日本农村复兴的关键所在。此外，随着日本近代社会现代化与信息化的快速发展，乡村文化越来越受到了城市文化的侵蚀，传统乡村文化没落，导致了传统乡村共同感和存在感的缺失。为此，20世纪70年代末，日本政府在立足乡土，放眼世界、自立自主，体现民意、培养人才，面向未来三大原则指导下，推行了"造村运动"。该运动强调对乡村资源的综合化、多目标和高效益开发利用，从而创造乡村的独特魅力和地方优势，恢复乡村活力。在日本"造村运动"中最具知名度和影响力的形式，是1979年开始提倡的"一村一品"运动。该运动是在政府引导和扶持下，根据地方（县、乡、村）自身的条件和优势，发展一种或几种具有特色、在一定销售半径内名列前茅的拳头产品（农特产品、特色旅游项目及文化资产项目等），并将其逐步培育为区域经济发展的支柱，推动乡村经济的快速持续发展。经过20多年的"造村运动"，日本农村发生了巨大的变化。一方面，农村休闲旅游推动了乡村经济的持续快速增长；另一方面，农民收入不断增加，城乡差距逐步缩小，从生产与生活基础设施方面看，农村与城市已没有任何差别。

（2）韩国的"新村运动"②。20世纪60年代以来，韩国政府实施重点扶持工业发展、"出口导向型"的经济发展战略，致使工农业发展严重失调，城乡收入差距拉大，农业基础薄弱，农村经济败落，农民鄙视、离弃农业的风气蔓延，年轻人纷纷涌入大城市。而滞留在农村的劳动力呈现出老龄化、弱质化的趋势，农业发展后继乏人。为了解决上述问题，20世纪70年代，韩国政府实施了以"勤勉、自助、协同"三大基本精神为指导的新村运动，旨在鼓励人们建设好自己生活的故乡、社会和国家，追求生活的意义和价值。新村运动初期主要采取政府主导型的发展模式，由政府主持投入新村项目开发和工程建设，以及新村教育等一系列公共基础设施，来改善农民居住环境和生活质量，逐步缩小城乡差距。到了"新村运动"发展中期，逐步演变为政府培育、社会跟进的发展模式，通过培育社会发展实体，为国民的自我发展奠定基础。在"新村运动"发展的后期，逐渐转变为国民主导型的发展模式，逐步让那些既具有客观生存与发展能力，又有助于农村经济、文化发展的机构，在新农村运动中发挥主导作用，政府只是为国民的自我发展创造更有利的外部环境。在政府的大力推动和广大村民及全体国民的积极参与下，30多年的新村建设不仅大大改变了韩国农村的面貌，而且促成了韩国整个经济社会的快速发展，使其由一个落后的农业国迅速转

---

① 以下部分内容参考李胜贤、郭明顺《日本新村建设对我国社会主义新农村建设的启示》，《沈阳农业大学学报（社会科学版）》2007年第3期，第307~309页。

② 以下内容参考李永才《韩国的新村建设及其借鉴》，吉林大学硕士学位论文，2007。

变为现代化国家。

**3. 我国台湾地区的"社区营造"①**

台湾从 20 世纪 60 年代开始，由政府自上而下地启动了"社区发展"政策，以应对快速城市化带给台湾社会的诸多问题。进入 90 年代，为了进一步缩小城乡差距，促进农村经济发展，推动乡村环境改善、乡村文化传承、乡村人际关系和谐和村民自治运动，1994 年台湾"行政院"文化建设部门正式提出并倡导民间自下而上地进行"社区营造"活动。社区营造运动以"建立社区文化、凝聚社区共识、建构社区生命共同体"作为主要目标，着重培养共同体意识，以及居民参与公共事务的能力。初期以社会空间改造、地方产业振兴和文化艺术活动为基础，进而逐步将社区参与、社会学习和社区美学等价值观融入社区营造运动，使其成为一项整合政府资源、提供专业协助和社区居民共同参与的公民学习与社会改造运动。社区营造的主要目的是整合"人、文、地、景、产"五大社区发展因素，来实现社区居民人际关系的和谐、社区历史文化的延续传承，维持良好的生态环境，营造社区独特景观，推进地方产业的长久发展。这种将自然和人文生态充分利用起来的社区营造活动，将台湾农村打造成为富有活力的美丽社区。

## （二）乡村建设的国际经验启示

**1. 乡村建设离不开政府的引导与支持**

纵观各国乡村建设的路径与模式，政府积极引导是推进乡村建设的前提。德国出台《土地整理法》，引导"村庄更新"；法国颁布《农业指导法案》，引领乡村建设；日本政府制定"立足乡土，放眼世界、自立自主，体现民意、培养人才，面向未来"的三大原则指导"造村运动"；韩国政府则以"勤勉、自助、协同"三大基本精神指导新村运动。可见，政府的合理引导为乡村建设指明了方向，避免了建设的盲目性与无序性，使乡村建设能够沿着科学规划的方向推进。

此外，政府的大力支持是乡村建设得以进行的重要保障。因为无论是完善农村基础设施建设，还是制定乡村规划，这些属于公共产品供给范畴的投入，都需要政府的竭力支持。自1992 年欧洲共同农业政策实行按规模的直接补贴后，法国政府以及欧盟对农民的直接补贴已占普通农民收入的25％以上，占山区农民收入的50％。为配合农村环境保护，法国政府规定，如果农场主按合同要求履行了环境保护方面的义务，一般每年可享受 5 万法郎的补贴②。日本政府在加大对农村基础设施建设投入的同时，还加大了对农民的补贴与扶持，一方面通过财政转移支付补贴农业；另一方面通过建立农产品价格风险基金保护农民利益。韩国政府更是大力扶持新村运动，据统计，1970～1980 年，韩国政府财政累计向新村建设投入2.8 万亿韩元，相当于 1972 年国民生产总值的一半③。

① 部分内容参考曾旭正《台湾的社区营造》，远足文化事业股份有限公司，2007。
② 王习明：《新农村建设在国外（美国、法国篇）》，《中国环境报》2014 年 5 月 22 日，http://www.cenews.com.cn/xwzx2013/word/201405/t20140522_774602.htm。
③ 李永才：《韩国的新村建设及其借鉴》，吉林大学硕士学位论文，2007，第 11～12 页。

### 2. 乡村建设离不开村民的积极参与

政府引导与支持乡村建设，并不意味着它应当包办一切。强调并激励乡村居民的主动参与，才是乡村建设能否成功的关键。为此，德国政府在村庄更新规划制定过程中，广泛向村民征询意见，规定公民有权参与整个过程，并提出自己的建议与利益要求。而我国台湾的"社区总体营造"本身就是鼓励民间自下而上的建设活动。政府在制定政策时优先考虑社区需求，以激发社区创造力。在执行上，政府部门并不直接参与社区营造计划的制定，也不会规定特定的营造执行方，只是提出鼓励的方向，由社区组织自行设计提交营造方案，政府给予相应财政支持。台湾社区营造可谓"社区主导，政府埋单"。这种广泛而持久的社区营造活动，唤起了台湾民众对于土地和家乡的感情，拉近了邻里关系，使整个社区成为一个有机整体。

### 3. 乡村建设需要多元主体共同参与

全社会多方力量的共同配合是乡村建设取得成功的重要途径。德国村庄的水电煤等基础设施由市民向政府管理部门申请要求配备，但私人企业也可向居民提供类似服务，这种市场化运作提高了资源的配置与利用效率。日本的"日本农业协同组合"（简称"农协"）在农村建设、农业发展和推动农产品市场化进程中发挥了很大作用。农协不仅通过营农指导员指导农民科学采购和农业生产，而且还兴办各种服务事业，把分散经营的农户与全国统一的市场紧密联结起来，有效地解决了小生产与大市场的矛盾。此外农协金融是日本农村金融的另一支主力军，尽可能地满足了乡村建设中农民的资金需求。由公立科研机构、大学、民间三大系统组成的农业科研体系，为农村产业升级提供了强有力的科技智力支持。韩国在"新村运动"发展中期，开始培育社会发展实体，为国民的自我发展培养力量，而到了"新村运动"发展后期，逐渐让一些有志于推进农村经济、文化发展的机构，在新农村运动中发挥主导作用。我国台湾的社区营造成功也是"多方协力"的结果。各相关产业界、学界、第三方力量均积极参与社区营造运动，并逐步形成了第三方力量与社区相互回馈的竞争合作模式，推动了社区营造的顺利进行。

### 4. 乡村建设关注传统文化的传承与发展

乡村建设不仅是特色乡村经济的发展，更是乡村文化的复兴。因为在工业化与城镇化进程中，乡村产业不断弱化，农村吸引力逐步减弱，年轻人大量外流，缺乏人才的乡村建设难以持续。而传统乡村历史文化资源是乡村共同历史、信仰发展的见证，是凝聚乡村共同感的重要元素。有效挖掘乡村历史文化资源，能够增强乡民向心力、凝聚力，培养共同的乡村建设愿景。为此，日本村民自行对社会生活进行检讨，重新省思其价值，并开展一系列文化活动。他们宣扬物品的创造并非为了赚取金钱，而是传承与创造文化的行为。德国在村庄更新中强化控制—规划手段，保护农村地区的传统文明，整修传统民居，保护和维修古旧村落等，使得德国乡村现在能够以其深厚的历史文化底蕴、优美的自然居住环境和独特的建筑风格，吸引城市居民迁往乡村。同时，通过有效认识并盘活这些特色文化资源，并通过与第二、三产业融合，创新发展成为具有特色的区域经济，为青年人创造出工作机会和发展前景，才能为乡村发展留住持续的活力。

## 三　我国美丽乡村建设的提出及建设模式分析

### （一）美丽乡村建设的提出与目标

无论是我国当前形势对乡村建设提出的一系列要求，还是国际乡村建设经验，都表明创建适应当前新形势的乡村，将是一个系统工程。美丽乡村建设，作为十六届五中全会提出的建设社会主义新农村的延续与提升，正是适应新时期农业发展与乡村建设要求的必然选择。

**1. 建设美丽乡村的提出与发展**

最早提出建设美丽乡村的是浙江省安吉县，2008 年，该县正式提出"中国美丽乡村"计划，并出台了《安吉县建设中国美丽乡村行动纲要》，提出用 10 年左右时间把安吉县打造成为中国最美丽乡村。安吉县在美丽乡村建设中，不但改善了农村的生态与景观，还打造出一批知名的农产品品牌，带动农村生态旅游的发展，带动农民收入增加，在全国引起强烈反响，成为全国关注的焦点。

受安吉县"中国美丽乡村"建设成功的影响，其他地方纷纷跟进。"十二五"期间，浙江省制定了《浙江省美丽乡村建设行动计划（2011～2015）》，广东省增城、花都、从化等市县从 2011 年开始也启动美丽乡村建设，2012 年海南省也明确提出将以推进"美丽乡村"工程为抓手，加快推进全省农村危房改造建设和新农村建设的步伐。至此，"美丽乡村"建设已成为中国社会主义新农村建设的代名词，全国各地正在掀起美丽乡村建设的新热潮。

**2. 美丽乡村建设的内涵与目标**

鉴于上述美丽乡村建设活动的开展，2013 年初，在总结浙江省美丽乡村建设经验基础上，中央财政依托一事一议财政奖补政策平台启动了美丽乡村建设试点，选择浙江、贵州、安徽、福建、广西、重庆、海南等 7 省市作为首批重点推进省份。而农业部则将建设"美丽乡村"作为农业科教环能工作三大重点工程之一，在全国启动了"美丽乡村"创建活动，并正式发布了实施意见与《农业部"美丽乡村"创建目标体系》。指出美丽乡村建设，应当是按照生产、生活、生态和谐发展的要求，坚持"科学规划、目标引导、试点先行、注重实效"的原则，以政策、人才、科技、组织为支撑，以发展农业生产、改善人居环境、传承生态文化、培育文明新风为途径，构建与资源环境相协调的农村生产生活方式，打造"生态宜居、生产高效、生活美好、人文和谐"的示范典型，形成各具特色的"美丽乡村"发展模式，进一步丰富和提升新农村建设内涵，全面推进现代农业发展、生态文明建设和农村社会管理。

《农业部"美丽乡村"创建目标体系》还制定了"产业发展、生活舒适、民生和谐、文化传承、支撑保障"等五个部分 20 个目标，为规范"美丽乡村"创建工作提供指导。在"产业发展"部分，通过产业形态、生产方式、资源利用以及经营服务等具体内容对相关目标进行了阐述，为美丽乡村创建中的产业发展提供了思路与标准。而"生活舒适"部分，则通过经济宽裕、生活环境、居住条件、综合服务等方面，提出了建设美丽乡村在人居环境方面的具体要求。对于"民生和谐"，则关注的是权益维护、安全保障、基础教育、医疗养老等公共服务提供的相关内容。"文化传承"则对乡风民俗、农耕文化、文体活动、乡村休闲提出了具体要求，遵循的宗旨是在保护传统文化的同时，深入挖掘传统文化的内涵与价值，并不断丰富社会的休闲文化生活。而"支撑保障"则对规划编制、组织建设、科技支撑、职业培训等外部服务提出了具体要求，为美丽乡村建设提出了具体的保障要求。这一系列的创建目标，为美丽乡村勾勒了大致的创建内容。

### （二）美丽乡村建设的模式及其思考

由于各地自然资源禀赋不同，经济发展基础不同，因此，在美丽乡村建设中很难有统一的创建模式。2014年2月23日，在第二届中国"美丽乡村·万峰林峰会"——美丽乡村建设国际研讨会上，中国农业部科技教育司发布中国"美丽乡村"十大创建模式。这十种美丽乡村建设模式，分别代表了某一类型乡村。它们依据自身的资源禀赋、社会经济发展状况、产业发展特点以及民俗文化传承等条件，创建美丽乡村。它们的成功经验，将为其他地方的美丽乡村建设提供有益启示。

**1. 美丽乡村建设的十大模式①**

（1）产业发展型模式。这一模式是依靠已拥有的产业优势和特色产业来带动乡村经济发展，通过农民专业合作社、龙头企业带动引领，不断提高产业化水平，实现农业生产聚集、农业规模经营，不断延伸农业产业链条，逐步形成"一村一品""一乡一业"的乡村产业经济发展模式。由于该模式是乡村产业发展带动，因此更适应市场经济较为发达的东部沿海地区。

该模式的典型示范村是江苏省张家港市南丰镇永联村。永联村位于我国东部沿海经济发达地区，区位优势明显，耕地资源贫乏，曾经被称为"江苏最穷最小村庄"。改革开放以来，永联村为解决全村村民的温饱问题，充分发挥劳动人民的智慧，想尽办法搞集体经济，经过多种尝试，敏锐地抓住轧钢这个行当，实现了永联村经济上的第一次飞跃。经济大踏步前进的同时，永联村通过对土地的整合，建设了集中安置社区，同村范围内拆旧建新，拆旧复垦新增耕地面积达到1082.3亩，大大增加了耕地面积，居住用地更加集约，使永联村逐渐形成了生态环境优美、土地节约集约、生产生活便利的新型社区。永联村依靠村办企业的产业优势、农民专业合作社等特色，实现了农业生产聚集、农业规模经营。这种农业产业链条不断延伸的模式，带动效果明显，使其成为全国建设美丽乡村"产业发展型模式"的典型参考范本。

（2）生态保护型模式。该模式主要依靠其优美的自然生态资源禀赋，通过保护生态环境，营造优美的传统田园风光和乡村特色，来发展生态旅游，将生态环境资源转变为经济资源，实现经济发展与生态保护相和谐的发展模式。由于此模式必须依靠相应的生态旅游资源，因而更适合自然条件优越，水资源和森林资源丰富，生态优美、环境污染少的地区。

此模式的典型示范村是浙江省安吉县山川乡高家堂村。高家堂村位于全国首个环境优美

---

① 部分资料来源于：http://www.beautifulcountryside.net/Item/402.aspx。

乡——山川乡境内，是一个竹林资源丰富、自然环境保护良好的浙北山区村。优越的自然条件，丰富的水资源和森林资源，传统的田园风光和乡村特色，再加上明显的区位优势，造就了高家堂村的休闲经济发展特色。根据当地实际，高家堂村突出发展林业产业和生态休闲产业，建设高效毛竹林现代园区和世界银行毛竹林阔叶林套种项目，成立竹笋专业合作社，设立风情旅游公司、休闲山庄等项目，不断发展高家堂村的休闲产业。这种集休闲、度假、观光、娱乐为一体，把生态环境优势变为经济优势的可持续发展之路，使其成为全国建设美丽乡村“生态保护模型”的典型参考范本。

（3）城郊集约型模式。这一模式是依据其显著的区位优势，较为完善的公共设施和基础设施，以及便捷的交通，来推进农业规模化、集约化经营。通过成为大中城市重要的“菜篮子”基地，来提高土地产出率，增加农民收入。这种美丽乡村建设模式的前提条件是临近大中城市。

宁夏回族自治区平罗县陶乐镇王家庄村是这一模式的典型代表。平罗县地处宁夏平原北部，距银川50公里，是沿黄经济区骨干城市郊区，是西北的鱼米之乡，有“塞上小江南”的美誉。王家庄位于平罗县沿黄经济区内，位于城郊的区位优势，再加上肥沃的土地，丰富的水资源，以及较高的土地产出率，使得农民的收入水平相对较高，经济条件较好。近年来，王家庄把精细农业作为加快现代农业发展的重要抓手，深入推进农业集约化、规模化经营，充分突出其城郊区位优势，发展都市农业。同时，加大生态水产业开发力度，积极参与沿黄旅游业的发展，已经形成了观黄河、游湿地、看沙漠的休闲胜地，实现了第一产业和第三产业有效对接的发展模式。

（4）社会综治型模式。这一模式是在人口居住较为集中，具有较强带动能力，规模大的村镇，通过提高社区服务功能，并依据相对完善的基础设施以及良好的区位条件，逐步形成具有一定现代功能的社会综合型农居社区。

该模式的典型示范村是吉林省松原市扶余县弓棚子镇广发村。广发村位于我国东北部的松辽平原上，辖区面积13.24平方公里，耕地969公顷，主要农作物为玉米、花生、烤烟、杂粮杂豆等。该村农业经济基础强，2010年全村经济总收入实现2500万元，人均纯收入10000元，村民人数达2500人，村落规模较大。在顺应全国统筹城乡发展，推进农村城镇化进程中，广发村成为扶余县新式农居的发源地，也是扶余县首个农村社区。通过提高农村社区服务功能，加大对农村基础设施和科教、文体、卫生等社会事业的投入，广发村已经成为松辽平原上生态环境优美、土地节约利用、生产生活便利的社会综合型农居社区。

（5）文化传承型模式。这一模式的美丽乡村建设，是对优秀民俗文化以及非物质文化保护、传承的基础上，挖掘其商业价值，实现文化传承与创意经济协调发展。依据该模式进行美丽乡村建设，需要具有丰富的乡村文化资源或特殊的人文景观，包括古村落、古建筑、古民居等文化资源。

该模式的典型示范村是河南省洛阳市孟津县平乐镇平乐村。平乐村位于我国中部华北平原地区，地处汉魏故城遗址，距洛阳市10公里，交通便利，地理位置优越，文化底蕴深厚。改革开放以来，平乐村依托“洛阳牡丹甲天下”这一文化背景，以农民牡丹画产业为龙头，已形成书画展览、装裱、牡丹画培训、牡丹观赏等一条龙服务体系，不仅增加了农民收入，也壮大了村级集体经济。凭借丰富的农村文化资源，优秀的民俗文化及非物质文化，平乐村探索出了一条新时期以文化传承为主导的建设美丽乡村的发展模式。

（6）渔业开发型模式。这一模式是通过发展渔业来带动农村经济的繁荣，推进美丽乡村建设。这就意味着该模式适用于沿海以及内陆江河流域等水网密集的传统渔业产区，通过发展渔业、现代水产业，使其逐渐成为该地经济发展中的主导带动产业，增加农民收入。

该模式的典型示范村是广东省广州市南沙区横沥镇冯马三村。冯马三村位于珠江三角洲腹地，西邻中山市，南接万顷沙镇，临近珠江口，地理位置优越，水陆交通方便，土地资源丰富，历史较为悠久，文化底蕴深厚。作为沿海和水网地区的传统渔区，冯马三村积极发展了985亩高附加值现代水产养殖，渔业在农业产业中占主导地位，开发渔业旅游资源，通过发展渔业促进就业，增加渔民收入，繁荣渔村经济。冯马三村依靠丰富的水资源，显著的区位优势，良好的生态环境，淳朴的民风，打造了独特的"岭南水乡"，使其成为全国建设美丽乡村"渔业开发型模式"的典型参考范本。

（7）草原牧场型模式。依据当地的牧草资源发展草原畜牧业，使其成为带动当地经济发展的基础产业，不断增加牧民收入，所以这一模式主要适用于我国广大的牧区和半牧区。

该模式的典型示范村是内蒙古锡林郭勒盟西乌珠穆沁旗浩勒图高勒镇脑干哈达嘎查。脑干哈达嘎查位于我国东北部传统草原牧区及半牧区，草原畜牧业是该牧区经济发展的基础产业，是牧民收入的主要来源。早期的脑干哈达嘎查人口多、草场面积小，受发展条件制约，一度畜牧业生产相对落后，牧民生活水平偏低。2009年以来，脑干哈达嘎查开始积极探索发展现代草原畜牧业，保护草原生态环境。通过坚持推行草原禁牧、休牧、轮牧制度，促进草原畜牧业由天然放牧向舍饲、半舍饲转变，建设育肥牛棚和储草棚，发展特色家畜产品加工业，进一步完善了新牧区基础设施，提高了牧区生产能力和综合效益。这种集保护牧区草原生态平衡，增加牧民收入，繁荣牧区经济为一体，形成独具草原特色和民族风情的发展模式，成为全国建设美丽乡村"草原牧场型模式"的典型参考范本。

（8）环境整治型模式。这一模式主要适用于农村脏乱差问题突出的地区，通过改善农村滞后的环境基础设施建设，依靠合理规划治理环境污染，并发展相应产业，在满足当地居民对环境整治强烈需求的同时，建成美丽乡村。

该模式的典型示范村是广西壮族自治区恭城瑶族自治县莲花镇红岩村。红岩村位于广西东北部，桂林市东南部，是典型的山区地貌，其中山地和丘陵占70%以上，早期非常贫困。改革开放以来，红岩村坚持走"养殖—沼气—种植"三位一体的生态农业发展路子，积极实施"富裕生态家园"建设，同时开展沿路、沿河、沿线、沿景区连片环境整治，加强农业面源污染治理，开展畜禽及水产养殖污染治理。红岩村以科技农业生产为龙头，逐步拓展了集农业观光、生态旅游、休闲度假为一体的发展模式，使其成为全国建设美丽乡村"环境整治型模式"的典型参考范本。

（9）休闲旅游型模式。该模式是通过利用当地丰富的旅游资源，发展休闲度假产业，通过健全与旅游相关的系列基础设施，诸如交通、住宿、餐饮、休闲娱乐等设备，来开发乡村的旅游潜力，发展乡村经济。因此，这一模式比较适宜具有发展乡村旅游潜力的地区，如距离城市较近，或具有休闲旅游吸引力的乡村。

该模式的典型示范村是贵州省黔西南州兴义市万峰林街道纳灰村。纳灰村位于我国西南地区万峰林景区腹地（世界自然文化遗产保护区），是一个民族风情浓厚、田园风光优美、历史文化底蕴深厚的古老布依族村寨。纳灰村土地肥沃，水资源丰富，是贵州主要的产粮区。改革开放以来，依靠丰富的旅游资源，纳灰村在传统种植业、养殖业的基础上，大力发展旅游业，已经形成了集特色农业、特色花卉培育、乡村旅游、休闲娱乐为一体的乡村旅游地区。纳灰村以农业为基础，以休闲为主题，以服务为手段，以游客为主要消费群体，实现了农业与旅游业的有机结合，不仅提升了公众对农村与农业的体验，也实现了农业与旅游业协调可持续发展。

（10）高效农业型模式。这一模式是通过充分利用当地的农业资源优势，发展农作物产业，通过不断改善农业基础设施，提升耕种效率，提高农产品商业化水平，增强农产品竞争力，来增加农业生产效益，促进农民增收。因此，该模式主要针对以农业为主，人均耕地较为丰富的乡村。

该模式的典型示范村是福建省漳州市平和县三坪村。三坪村位于我国东南部闽南地区，属于典型的山地和丘陵地貌。该村山地面积60360亩，其中毛竹18000亩，种植蜜柚12500亩，耕地2190亩，属于闽南地区重要的产粮区。改革开放以来，三坪村紧紧结合自身的地理地貌环境，充分发挥林地资源优势，以发展琯溪蜜柚、漳州芦柑、毛竹等经济作物为支柱产业，采用"林药模式"打造金线莲、铁皮石斛、蕨菜种植基地，以玫瑰园建设带动花卉产业发展，壮大兰花种植基地，做大做强现代高效农业。同时整合资源，发展千亩柚园、万亩竹海、玫瑰花海等特色观光旅游，和当地国家4A级旅游区三平风景区有效对接，提高旅游吸纳能力。作为优势农产品区，三坪村注重提升农业综合生产能力，逐步从传统农业向生态农业、乡村观光旅游、休闲娱乐发展，实现了高效农业的可持续发展。

**2. 美丽乡村建设模式的总结与思考**

总的来说，"美丽乡村"建设模式基本上涵盖了我国当前"美丽乡村"建设中"环境美""生活美""产业美""人文美"的基本内涵，具有很强的借鉴意义，能够为中国各地类似地区"美丽乡村"的建设提供很好的范本。

通过深入分析上述十个美丽乡村创建模式典型示范村，可以发现以下特点。其一，具有广泛的地域代表性。这十个"美丽乡村"示范村分布在全国十个省份，既有东部沿海江苏的永联村、浙江的高家堂村、广东的冯马三村、福建的三坪村，中部河南的平乐村，东北部吉林的广发村，内蒙古的脑干哈达嘎查，也有西北部宁夏的王家庄村，还有西南部广西的红岩村、贵州的纳灰村。从鱼米之乡到广袤草原，从经济发达地区到经济相对薄弱省份，覆盖范围之广，使其具有了典型的代表意义。

其二，具有明显的区位优势。高家堂村距离县城安吉20公里，距离省会杭州50公里，平乐村距离洛阳市只有10公里，王家庄村距离省会银川50多公里，冯马三村临近珠江入海口，纳灰村位于世界自然文化遗产保护区万峰林景区腹地，三坪村也地处国家4A级旅游区三坪风景区内，等等。从位于大中城市的郊区地带，到人数较多、规模较大、居住较集中的村镇（永联村、广发村），再到环境优美、风景秀丽的传统旅游区，这十个示范村说明了区位优势对美丽乡村建设的重要性。

其三，具有自己的主导产业。这十个"美丽乡村"示范村充分利用自身地域、区位、自然资源禀赋等特点，分别走出了不同的产业发展道路。永联村人多地少、经济资源贫乏，但借助改革开放的春风，走出了钢铁等生产的工业化道路。但更多的示范村还是在传统农业基础上对农村产业发展进行了探索。例如，三坪村的高效农业与乡村观光旅游业的结合，高家堂村的生态保护性种植业与休闲产业的结合，王家庄村的农业集约型产业与沿黄河旅游业的结合，冯马三村的渔业与旅游资源的结合，脑干哈达嘎查的畜牧业与草原生态环境保护的结合，红岩村的资源循环利用生态农业与生态旅游的结合，纳灰村以少数民族为特色的休闲旅游业、平乐村的牡丹画文化产业等等。不同的自然资源禀赋条件，决定了不同的发展道路，但如何扬长避短，成为其他地区美丽乡村建设中需要思考的问题。

其四，具有较为明确的功能定位。这十个"美丽乡村"示范村分别承担着不同的角色，如永联村成为城市工业生产的重要补充；王家庄村、冯马三村、脑干哈达嘎查成为当地大中城市的菜篮子，鲜活食品、牛羊肉、奶制品的重要产地；广发村成为推进农村城镇化过程中建设新农村社区的代表；平乐村则是洛阳地区深厚的牡丹花卉文化底蕴的证明与补充；三坪村是当地重要的粮袋子、经济作物产区；高家堂村、红岩村、纳灰村则是城镇居民的后花园、休闲娱乐区。不同的区位功能，不同的角色，为其他地区"美丽乡村"建设的功能定位起到了重要的参考作用。

然而，综观十种"美丽乡村"建设模式及其典型代表乡村，不难发现这十个示范村有以下共同特点。第一，大都集中在区位优势明显、自然资源丰富、经济比较发达的地区。这些村庄所在的县域人均收入水平在整个省域中排名都比较靠前，比较有代表性，如西北地区宁夏的王家庄村、西南地区广西的红岩村、贵州的纳灰村等。其中王家庄村所在的平罗县2012年农民人均纯收入达到8167.4元，在宁夏县域经济中属于经济富裕地区；红岩村所在的恭城瑶族自治县2012年农村居民人均纯收入6473元，在广西也属于经济发达地区。第二，它们几乎不约而同地把本地特色经济与旅游服务业紧密联系起来，形成了一条完整的产业链。例如，平乐村紧紧围绕牡丹做足了文章：画牡丹、赏牡丹、育牡丹、书画展销会、装裱、画师培训等各种类型，即增加了农民收入，也美化了农村生态环境，即丰富了农村文化资源，也发展了农村文化产业和旅游服务产业。第三，它们几乎都把当地生态环境保护与资源可持续利用紧密结合起来。红岩村"养殖—沼气—种植"三位一体的生态循环农业发展道路，三坪村"林药模式"（林下种植药材）的经济作物生态种植模式，脑干哈达嘎查由天然放牧向舍饲、半舍饲转变的保护草原生态环境可持续发展模式等等，都是在"美丽乡村"建设中注重环境美、生态美，来推进当地经济可持续发展。

那么，这是否意味着我国其他地区的乡村，应复制某一模式，来进行美丽乡村建设呢？总结上述示范村的成功经验发现，它们的成功都是在某些优势的基础上实现的，而我国绝大多数乡村区位优势不明显、自然资源不丰富、经济较为落后，不具备上述示范村的优越条件，那么它们应当如何创建美丽乡村呢？需要指出的是，上述总结的不同美丽乡村建设模式，不是要各个乡村去复制某一模式，而是要释放出信息：美丽乡村建设应当走"以生态文明为指导，充分利用当地资源，因地制宜，特色发展"的路径。

# 四　我国美丽乡村建设中的注意事项与未来展望

美丽乡村建设涉及了农村经济、农民生活、农业生态等方方面面的内容，因此，在当前的乡村建设中，必须深入思考各方面内容的联系与影响，处理好问题，协调好各种关系，从而实现在改善农村人居环境的同时，传承与发展农业文化；在推进农村经济快速发展的基础上，实现与自然生态相协调的可持续发展。

## （一）美丽乡村建设中需要注意的几个问题

**1. 美丽乡村建设在农民自愿基础上的统筹安排与合理规划**

随着社会各界对美丽乡村建设关注度的不断提升，一些地方政府在"政绩观"的影响下，出现了要在短时间内就能立竿见影的"运动式"创建活动。这种美丽乡村建设更多是在忽视实际的情况下，通过行政命令，大拆大建，通过"涂脂抹粉"，"有效地"改善了村容村貌。这种只注重形象工程建设的表面文章，往往忽视了农民的意愿，引起了农民的反感。有的地方政府也会挑选一些自然条件或基础较好的村庄，投入重金，对几个乡村进行全面改造①。这种挤占其他资源，扶持一两个乡村的美丽乡村建设，演变成了一种政绩工程。有调查显示，一些乡村没有调动广大农民的积极性、主动性和创造性，没有有效地发挥他们在美丽乡村建设中的聪明才智，而是行政式的形象工程与面子工程②。这样的美丽乡村建设，不仅得不到村民的支持与认可，而且只能是劳民伤财，引起村民的抵触。

为此，首先需要明确美丽乡村建设的主体是村民。应当时刻意识到乡村是村民的乡村，美丽乡村建设应以村民为主体，要有村民的参与，由村民来建设，而且建设的效果怎样，也应让村民来检验，只有这样才能真正调动村民的美丽乡村建设积极性。其次，不应操之过急，应通过与村民进行有效沟通，弄清楚村民的需求在哪里，最迫切的愿望是什么，最需要改善的方面有哪些。从而在政府相关政策的引领下，既要充分考虑当前农民生产生活的需求，对乡村建设进行整体布局，规划好相关基础配套设施的建设，又要考虑到乡村的人口、环境综合承载力，对垃圾收集、污染治理等环境保护公共设施进行有序、有效安排，通过统一合理的科学规划，避免社会财富不必要的损失和浪费。

**2. 美丽乡村建设以市场配置资源为基础的政府引导与扶持**

考虑到当前农村的经济实力，以及村民的组织能力，美丽乡村建设离不开政府的统筹与扶持，但这并不意味着政府应在美丽乡村建设中依据行政命令调配资源，通过资金投入扶持乡村经济发展，通过大包大揽进行乡村建设。因为政府的过度干预会使村民感觉难以保障其合理的集体资产产权，在一定程度上制约了农村剩余劳动力向城市的流动，降低了资源配置效率，造成了农业资源的过度利用。而且在城乡一体化背景下的乡村建设，忽视了市场对资源配置的决定性作用，不仅难以有效地盘活村民的资产要素，使之有效配置和利用，而且也

---

① 王玉初：《美丽乡村是谁的乡村》，《湖北日报》2013 年 8 月 1 日。
② 张钟福：《永春县美丽乡村建设研究》，福建农林大学硕士学位论文，2013。

会限制其他社会主体的参与，以及对乡村建设的资源投入。缺少了社会等多元主体参与的美丽乡村建设，也难以形成长效的运行机制。因此，美丽乡村建设应在市场对资源配置起决定性作用的基础上，激励多元主体参与共建。

为此，要积极推进政府职能转变，从管理型到引导、服务型转变。在统筹城乡、推进公共服务均等化方面，政府应积极承担相应的责任，建设高效政府。在乡村基础设施建设、景观改造、重建与发展文化创意产业方面，应形成以政府为主导、农民为主体、社会各方积极参与的共建模式，充分调动村民以及其他建设者的积极性。同时，加大资金、技术等生产要素的扶持力度，并增强协作共进的意识，支持发展农民合作组织，支持乡村产业和农村经济发展，为美丽乡村建设提供扎实的物质基础，从而使美丽乡村建设有人干、愿意干、干得好。

**3. 美丽乡村建设因地制宜基础上的差异化、特色化发展**

创建美丽乡村，究竟应当如何建设，应遵循的路径是什么，多数地方政府并不清楚。尽管可以从成功的示范典型中找到一些经验借鉴，但不同的资源禀赋，以及不同的经济发展基础，还会使一些地方政府对当地美丽乡村建设感到疑惑。为使美丽乡村建设从一个宏观的方向性概念转化为可操作的工作实践，确保美丽乡村建有方向、评有标准、管有办法，2014年4月2日，浙江省质监局组织召开了"美丽乡村建设规范"地方标准新闻发布会，发布了我国首个"美丽乡村"建设的地方标准。标准规范引用了新农村建设现有的国家、行业及地方标准21项，并对经济、环境保护、安全等基本指标及重要指标项目进行统一规范和量化，共涉及相关指标36项和11个章节，共涉及基本要求、村庄建设、生态环境、经济发展、社会事业发展、社会精神文明建设、组织建设与常态化管理7个部分[1]，为美丽乡村高质量建设、高效率管理、可持续维护、规范化服务、科学评价和整体推进农村综合改革提供了指导。

但需要指出的是，上述规范只是操作指引，并不是要求美丽乡村建设整齐划一。现实中往往存在与理解偏差的情况，一些地方政府通过迅速召开美丽乡村建设示范村座谈会，对农村房屋、自来水、水冲厕、路面硬化等基础设施提出了标准建设的模式，或干脆向农民发放民居建设范本，以至于有些地方只追求楼高了、路宽了、灯亮了，但是特色消失，出现了千村一面的问题[2]。当这种"一刀切"的建设模式使很多村镇千百年来传承的自然景观、生产方式、邻里关系、民风民俗等"田园牧歌"景观和承载的"乡愁"消失时，乡村也失去了其特有的文化传承韵味和原有的魅力，而没有了风格独特、特色鲜明、个性十足的乡村，也就无法满足社会对农村休闲旅游的需求。因此，美丽乡村建设应当是立足于农村现有的资源禀赋，通过差异化发展，特色化经营，避免村与村、村与镇、村与城的同质化、雷同化。前面提到的美丽乡村建设十种模式也表明，没有统一的模式标准，各村应立足于当地的自然生态条件和地形地貌，发展相关产业。从文化、经济结构、空间利用等方面整体考虑，通过合

① 《浙江出台美丽乡村建设规范　新农村建设"有标可循"》，新华社，2014年4月3日，http://www.gov.cn/xinwen/2014-04/03/content_2652540.htm。
② 政协委员：《美丽乡村建设不能搞一刀切》，中国经济网，2013年5月22日，http://www.ce.cn/xwzx/gnsz/gdxw/201305/22/t20130522_24409158.shtml。

理布局来彰显乡村特色,最大程度上保留原汁原味的乡村文化和乡村特色,打造与众不同的美丽乡村。

**4. 美丽乡村建设在改善乡村人居环境基础上的内涵式提升**

为了适应人们生活水平提高后的人居环境要求,美丽乡村建设必须提升农村的硬件建设水平,建设美丽而现代化的新房,完善的农村交通、通信、医疗等公共设施。然而,需要指出的是,美丽乡村建设是一场涉及农村整体环境与农民生产生活方式综合性变革的革命①,因此绝不能只停留在有形的美丽表面,而要深层次地提升农民的整体素质和文化内涵,乡村中的农民只有具备了现代素质和乡村建设的主体意识,才能使乡村真正美丽,才能够将乡村的美丽维系下去。

当前,随着城镇化与工业化的快速发展,大量农村青壮年劳动力外移,留守在乡村的是空巢老人与孩子。在城市逐渐掏空乡村的情况下,在没有新活力注入的情况下,在没有现代知识、信息、科技与创造力进入农村的情况下,乡村的败落将不可避免,美丽乡村建设也难以实现。再加上传统自给自足的小农经济生产生活方式,造成了中国农民典型的封闭、保守、个体分散特征,农民的乡村建设主体意识淡薄,甚至缺失。但是需要强调的是,农民是美丽乡村的建设主体、受益主体和价值主体,也是乡村历史的创造者,能否把美丽乡村建设变成农民的自觉行动,是美丽乡村建设成败的关键所在②。

为此,一方面要通过发展乡村现代产业,如具有高收益的生态产业,吸引高素质劳动力回归,吸引现代生产要素向农村流动,提升乡村的整体素质;另一方面,也要通过进一步改变农民的习惯与观念,在美丽乡村建设实践中不断提升他们的科学发展、创新发展能力,以及低碳环保生活、传统文化传承等意识,唤醒村民的主体意识、参与意识,激发出他们身上蕴藏的无限创造热情,参与到乡村建设中,使乡村成为拥有美丽人居环境与高素质村民的美丽乡村。

## (二)美丽乡村建设的未来展望

**1. 多元主体参与为美丽乡村建设提供活力**

美丽乡村建设是政府统筹引导下以农民为主体的乡村建设,但多元主体投入与建设经营,是现在也是将来推进美丽乡村建设的有效途径。无论是村庄道路的硬化、卫生的保持、村庄的绿化亮化,还是环境的美化,这一系列的基础设施建设都需要大量的资金投入。建立并经营服务于乡村生态农业、生态旅游、农家乐等的基础设施与服务体系,也同样需要大量的资金投入与人才投入。农村资金有限,人才缺乏,完全依靠财政扶持与政府支持并不现实,因此,有效调动社会经济主体的多元投入,将是创建美丽乡村的重点。

一方面,随着城市对农村休闲旅游需求、绿色有机农产品需求以及体验农耕文化的需求不断增加,相关的产品市场方兴未艾,拥有资本、技术与管理经验的经营主体有投资农村的

---

① 骆敏、俞鸿:《推进美丽乡村建设需把握的几个问题》,《绍兴日报》2012 年 1 月 29 日,http://epaper.shaoxing.com.cn/sxrb/html/2012 - 01/29/content_ 626963. htm。

② 刘凤梅:《美丽乡村建设实践中农民现代主体意识的培育》,《中共银川市委党校学报》2013 年第 11 期,第 39 ~ 41 页。

动力；另一方面，从农村外出的务工者，也都有回报村庄，在自己家乡成就一番事业的愿望。上述这两类主体能够将现代要素带入农村，并通过发展乡村产业，逐步成为美丽乡村建设的重要推动者。

当前的政策也为土地资源的市场化配置铺平了道路，为多元主体进入农村提供了便利。2014年中央"一号文件"提出，"放活土地经营权，允许承包土地的经营权向金融机构抵押融资"，土地的资本化及逐步入市改革，为乡村地区多业态混合经营的形成提供了可能。在农村建设用地实现市场化、资本化改革过程中和改革完成之后，农民直接参与多重股份合作制的机会就会明显增加，从而促进外部资本与技术的进入，与资本化后的集体资本进行混合，构成混合经济。不断清晰的产权结构，也会降低外来经营者对政策风险的预期，有了长期经营、长期获益的信心。而这一转变将会有效避免以往急于获取回报的短期投资、掠夺式经营模式，使得中长期投资成为可能，使得通过对生态资源的合理利用，以及乡村旅游基础设施建设与管理进行投资，获取中长期收益成为可能。

此外，通过创新合作模式，推进资源合理利用，实现美丽乡村建设与经营主体获益的双赢也是完全可能的。例如，山东省即墨在乡村绿化中，将道路两侧的土地流转给苗木公司，既解决了村庄无钱购置苗木的难题，苗木公司还扩大了生产规模，又没有占用耕地，一举三得[①]。因此，建设美丽乡村应与幸福村居工程、发展乡村旅游、农民住房改造、生态村庄建设等有机结合，通过项目带动、整合资源、合力推进，长久推进美丽乡村建设。

**2. 产业发展为美丽乡村奠定物质基础**

产业作为乡村经济的支撑，无论发展何种模式的美丽乡村，产业的稳定、快速与可持续发展都是必不可少的。依据产业发展带动的美丽乡村，无论是高效农业还是渔业、畜牧业等产业的带动，都将在现代要素的不断注入中，实现持续良性发展，为乡村建设提供物质支撑。而生态保护型、文化传承型的美丽乡村建设模式，则是在注重农业与旅游业不断实现产业融合的基础上，通过吸引游客感受乡村文化、青山绿水、田园风光，实现生态保护与文化传承的经济效益，通过充分利用现有的乡村生态文化资源，发展乡村可持续发展的产业。然而需要指出的是，要实现上述产业的健康发展，产业化是必然途径。因为只有不断改进的产业组织形式，推进分工合作与组织化经营，延长或拓展产业链，实现产业、农业、服务业的融合发展，才能发挥关联带动作用，才能提升乡村产业的竞争力。而且通过产业化发展，有效地将分散的农民与零星的个体产业主体整合组织起来，提高经营水平，一方面可以避免产业发展进程中不必要的恶性竞争，另一方面也为建立现代化的服务体系提供了组织条件，从而不断提升乡村产业的整体效益，保证美丽乡村建设的物质收益。

**3. 生态保护为美丽乡村保持优美环境**

美丽乡村建设中的产业发展，也将是以生态文明为指导的现代生产经营理念向乡村延伸的过程。在现代生产要素与生产管理模式以及生态文明的浸染下，乡村产业的经营理念与发

---

① 于洪光、吕兵兵：《建设美丽乡村，投入哪里来？》，中国农业新闻网，2013年11月25日，http：//www.farmer.com.cn/zt/mlxc/td/201311/t20131125_915387.htm。

展方式将会出现大幅度的变革。一方面，现代农业生产经营模式将会不断涌现，有机农业生产、休闲农业经营等，都将在不断提升生态文明的基础上，实现其相应的经济效益。另一方面，与农业相结合的创意理念也将迅速发展，实现农业与体验经济相结合，将会推进农村产业升级。创意农业将是体验经济在农业中应用的最重要领域，它给农业生产经营者的启示是，非物质产品比物质产品的价值更高，升值空间更大①。发展创意农业，会使农业生产和农产品承载更多的情感及文化内涵，诸如农产品的美色、美形、美味、美质、美感、美心将会给人们带来各种享受。与此同时，创意农业通过打造"智慧型农业""快乐型农业"，使田园美观化、农居个性化、农村景区化、农业旅游化，从而引导人们走进乡村、体验田园生活、回归自然，创造绿色文明的生活新风尚。可见，生态文明理念贯穿下的现代农业发展，不仅提升了农业经营收益，而且也将不断改善乡村的自然生态环境。

**4. 保护传统文化为美丽中国传承农业文明**

美丽乡村建设不是简单的"农村模仿城市"，不是建成与城市一样整齐划一的建筑模式，而是要在改善人居环境、实现基础设施和公共服务均等化的过程中，保持村庄固有的田园诗意，传承并发展农耕文化。只有处理好传统和现代、继承和创新的关系，才能形成村庄特色，并使其魅力得以保存。所以，美丽乡村不会让古村落、文化遗产在新型城镇化建设、美丽乡村建设的过程中慢慢消失，而是在保护好自然和文化遗产、原有古村落景观特征的同时，注重挖掘传统农耕、人居等文化的商业价值，通过在开发中保护、保护中建设，按照"修旧如旧"的原则，形成一村一景、一村一业、一村一特色，在不断提升乡村人居品位的同时，发展相关的休闲旅游产业。在实现人居环境不断美化的同时，提升村庄经济实力，同时传承与发展我国传统的农耕文化。

---

① 欧洲创意农业方兴未艾，http：//finance. qq. com/a/20100529/001185. htm。

# $\mathbb{G}$IV　附　录

Appendix

# $\mathbb{G}$.38

## 附录一：

## 环境竞争力的内涵及其要素构成

环境是人类赖以生存的基础和依托，是维系人类可持续发展的重要保证。随着发达国家工业化的完成和发展中国家工业化进程的加快，对环境的过度"透支"已使人类经济社会发展遭遇自然环境越来越严厉的"惩罚"，人类不得不开始重新思考经济发展模式的转变，在转变的过程中，环境问题无疑成为当今世界各国共同关注的主题和焦点。进入21世纪后，为了有效应对环境和气候变化可能带来的灾难性后果，各国积极寻求减少碳排放、发展低碳经济、推进经济发展方式转变，这已成为世界各国和地区发展的重心，人类已进入围绕环境开展竞争的时代。因此，开展环境竞争力的研究既是对环境和竞争力理论的进一步深化提升，又符合当前国际国内环境保护的发展趋势，具有重要的理论意义和实践价值。

### 1.1　环境竞争力的内涵

环境竞争力是一个涉及经济、社会、环境的庞大复杂的综合性系统，可分解为五个方面的内，如图1-1所示。

（1）承载力。反映一国或某地区的生态环境、资源环境对区域可持续发展的承载能力。区域的面积和空间有限，可供开发利用的环境资源有限，对污染物的承受量也有限。区域的大小、构成、功能不同，环境承载能力也各不相同。环境承载力并非一成不变，通过环境保护和技术进步，可以提升环境对开发利用活动的强度和规模的承受能力。同时，环境破坏一旦超过环境承载能力的最大阈值，将会影响环境功能，破坏生态平衡，而恢复也需要付出高额代价。

（2）协调力。反映一国或某地区的生态环境、资源环境与区域生产、生活活动的协调能力。环境为人类正常的生产、生活活动提供基本的物质和精神条件，消化并吸收人类活动产生的各种污染物；而人类活动，特别是大规模有组织的生产活动，也会从地表形态、物质循环、热量收支、生态平衡等方面影响环境。协调能力是环境竞争力的重要组成部分，可以通过生活方式转变、产业结构调整、污染物排放控制等综合手段加以调整和优化。协调能力越强，环境与人类的共生关系越融洽，环境竞争力越强。

（3）执行力。反映一国或某地区各级政府部门对生态环境、资源环境进行管理，以实现环境优化的执行能力。以各级政府的行政、经济、法律、教育、科技等管理手段为主，以公众参与、社会监督为辅，通过环境监测、环境检查、环境评估等方式，防治环境污染，保护并修复生态环境，全面优化环境，提升环境竞争力。执行能力体现在生产生活的各个环节以及生产—分配—交换—消费的整个过程，强调技术创新、体制创新、机制创新，将价格手段与非价格手段相结合，逐步增强环境竞争力。

（4）影响力。反映一国或某地区的生态环境、资源环境对邻近区域的影响能力以及人类活动特别是重大建设项目对区域内部环境的影响能力。影响力通过对环境质量现状、影响评价等综合反映区域自然环境影响能力和社会环境影响能力，是衡量环境竞争力的重要组成部分。影响能力随着环境管理手段、管理方式的改进而发生变化，也随着周边区域的影响能力的变化而不断变化。

（5）贡献力。反映一国或某区域现有环境、改善后的环境、破坏后的环境对区域可持续发展的贡献能力。环境素质的优劣、环境管理的成效、重大项目的实施直接影响环境贡献能力。环境贡献能力反过来又影响区域生态环境、资源环境的承载能力以及人类与环境的相互协调能力。贡献力是环境竞争力外部性的主要表现，也是环境竞争力的核心内容。

因此，本报告提出的环境竞争力的主要特点是：①既考虑现有环境的竞争能力，又考虑环境变化的潜在影响；②以自然环境的考察为主，内容与生态环境、硬环境有交叉；③同时考察环境保护理念下环境质量改善对区域内及区域外的影响；④考虑环境现状下环境保护措施实施的多重叠加效应。

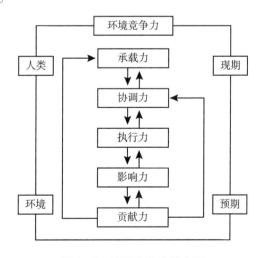

图 1-1　环境竞争力的内涵

# 1.2 环境竞争力的要素构成

## 1.2.1 环境竞争力的构成要素及其功能

综合环境竞争力的前期相关研究成果，本报告所讨论的环境竞争力构成要素主要包括生态环境竞争力、资源环境竞争力、环境管理竞争力、环境影响竞争力以及环境协调竞争力等五大部分。

### 1.2.1.1 生态环境竞争力

生态环境竞争力是环境竞争力的基本要素。生态环境是吸引人口居住、资金投入的主要因素，也是长期影响环境竞争力的重要因素。生态环境获取的成本十分低廉，但是一旦遭到破坏，修复成本十分巨大。生态环境包括自然生态、生物多样性及生物安全等内容。生态环境竞争力一方面考察生产生活过程中对生态环境的利用效益，采用各项污染物排放量与工业增加值比重、农药化肥使用量与有效灌溉面积等指标来体现，另一方面考察对生态环境的保护力度，使用公园、绿地、自然保护区等的数量及面积等指标来体现。生态环境竞争力既体现生态环境对人类活动的贡献能力，又体现人类对生态环境的利用强度和利用水平，还体现人类对生态环境的重视程度，是环境竞争力的评价基础。

### 1.2.1.2 资源环境竞争力

资源环境竞争力是环境竞争力的基础条件。资源环境包括水环境、土地环境、大气环境、森林环境、矿产环境、能源环境等内容，是环境竞争力的既有要素，为人类生产、生活提供了必要支持。水环境竞争力考察既有水资源量、使用效率及污染情况；土地环境竞争力分别考察耕地、牧草地、园地、建设用地的使用量及使用强度；大气环境竞争力考察工业活动向大气排放污染物情况；森林环境竞争力考察森林利用及植树造林情况；矿产环境竞争力考察各类矿产资源的储备情况；能源环境竞争力考察能源生产、消费、利用情况。资源环境竞争力是环境竞争力的内部要素，是环境竞争力形成的必要保障，综合体现环境对人类生产生活的承载能力。

### 1.2.1.3 环境管理竞争力

环境管理竞争力是环境竞争力的有力支持。环境管理以政府和公众为主体，利用各项行政手段、经济手段、法律手段协调社会经济发展同环境保护的关系。环境管理竞争力包括环境治理竞争力、环境友好竞争力两方面，分别用来反映对环境污染的投入力度以及治理成效。环境管理竞争力一方面需要经济以及非经济的投入，以保证环境管理的顺利开展和执行力度；另一方面，环境管理成效需要长期观察才能体现。环境管理竞争力综合反映对环境治理的执行能力，是环境竞争力提升的重要步骤。

### 1.2.1.4 环境影响竞争力

环境影响竞争力是环境竞争力的重要体现。环境影响既包括环境对人类生产生活的影响，也包括人类生产生活对环境的影响，既包括环境现状评价，也包括环境潜在影响评价。环境影响竞争力通过环境安全竞争力、环境质量竞争力得以体现，分别用来反映人类活动、自然灾害对环境素质的影响程度。环境影响竞争力是环境竞争力形成过程中的重要组成部分，一旦人类活动以及自然灾害的影响超越了环境本身的承载能力，就会直接影响环境竞争力，并在很长一段时间内持续呈现负面影响。在环境外部性作用下，环境影响竞争力不仅影响本区域的环境竞争力，还会通过吸收、波及等效应影响周边区域的环境竞争力，从而产生更为复杂的影响结果。

**1.2.1.5　环境协调竞争力**

环境协调竞争力是环境竞争力的主要评判依据。人口、经济、社会、环境协调发展是环境竞争力优势的重要判断标准，也是实现可持续发展目标的重要途径。环境协调竞争力通过人口与环境协调竞争力、经济与环境协调竞争力得以体现。环境协调竞争力随着生产技术的改进、生产结构的优化、生活方式的转变不断趋于和谐优化。环境协调竞争力是影响环境竞争力的外部要素，是环境竞争力形成的重要保障，也是环境竞争力发展变化的影响手段。

### 1.2.2　环境竞争力构成要素的内在联系

环境竞争力的形成是一个动态的复杂过程。生态环境竞争力、资源环境竞争力、环境管理竞争力、环境影响竞争力、环境协调竞争力是构成环境竞争力的重要基石，同时也是影响环境竞争力的重要环节。环境竞争力的这五个构成要素以增强环境开发利用效率、降低环境破坏程度、维持全球生态平衡、实现经济社会的可持续发展为目的，通过经济、行政等多种手段，综合反映和影响环境竞争力。

生态环境竞争力、资源环境竞争力以容纳—响应的方式综合反映环境的承载能力和贡献能力，是环境管理竞争力、环境影响竞争力以及环境协调竞争力的基础和保障。离开生态环境和资源环境，人类的生产生活得不到支持，对环境的利用、保护也无从谈起。而通过各种行政的、经济的政策、制度以及机制对生态环境和资源环境进行保护和治理，其过程和效果通过环境管理竞争力和环境影响竞争力得到反馈，并根据其表现不断进行调整和改善。环境质量提升的最终目的是推进人类与环境的和谐统一，实现人类与环境的可持续发展，这是环境协调竞争力所要反映的根本内容，也是环境优化的关键所在。因此，生态环境竞争力、资源环境竞争力、环境管理竞争力、环境影响竞争力、环境协调竞争力并非相互独立的单独个体，而是以容纳—响应—反馈—调整—优化为主线的相互作用的统一整体，如图 1-2 所示。生态环境竞争力、资源环境竞争力、环境管理竞争力、环境影响竞争力、环境协调竞争力的适当比例配合能够推动环境竞争力的全面提升。

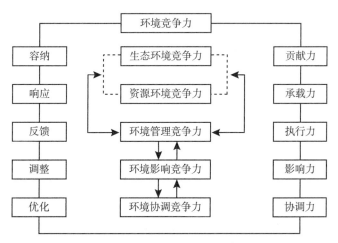

图 1-2　环境竞争力构成要素及其内在联系

# G.39

## 附录二：
# 中国省域环境竞争力指标体系
# 及其评价方法

要客观公正地评价中国省域环境竞争力水平，全面掌握中国省域环境竞争力的各个方面及内在机理，需要对中国省域环境竞争力进行综合评价，这要求建立一套能够客观、准确地反映中国省域环境竞争力所涉及的各个方面，又考虑到它的内在结构特征的指标体系，并能运用科学、合理的数学评价模型对其进行评估、分析。本报告基于我国省域环境的发展状况、发展目标，努力探索构建一套内容丰富、符合我国国情的中国省域环境竞争力评价指标体系及数学评价模型。

## 2.1 中国省域环境竞争力指标体系的构建

### 2.1.1 中国省域环境竞争力指标体系的设计

中国省域环境竞争力评价指标体系是由系统层、模块层、要素层、基础层四层指标构成，这四层指标分别对应为 1 个一级指标、5 个二级指标、14 个三级指标、130 个四级指标。其中一、二、三级指标属于合成性的间接指标，四级指标属于客观性的直接可测量的指标，在指标体系中居于基础性地位，在评价过程中将尽可能使用国家现行统计体系中公开发布的指标数据。由于我国现行统计体系中关于环境的统计数据还不够完整，影响到一些四级指标的数据采集，考虑到这些因素，本报告在构建指标体系的过程中，对于非常重要的、缺之不可的少量四级指标，采用合成或代替指标来采集数据。这类指标数量很少，因此对总体评价结果不会产生太大影响。中国省域环境竞争力评价指标体系的建立，将为中国省域环境竞争力的评价提供一个比较合理、有效的评价标准。

与此同时，课题组按照指标权重的确定方法，向 50 多位学术界从事相关研究工作的学者以及政府相关部门从事实践工作的领导和专家发出了"中国省域环境竞争力指标体系权重专家意见调查表"，所有专家均独立填写调查表，回收率为 100%。通过汇总整理"中国省域环境竞争力指标体系权重专家意见调查表"，扣除专家打分结果的最高权数和最低权数，取余下各专家赋权的平均数得到各指标的权重，并进行检验。检验通过后，最终形成中国省域环境竞争力指标权重体系，如表 2 - 1 所示。

## 表2-1 中国省域环境竞争力四级指标权重

| 一级指标 | | 环境竞争力（总权重1.00） | | | |
|---|---|---|---|---|---|
| 二级指标<br>（5个） | 权重 | 三级指标<br>（14个） | 权重 | 四级指标<br>（130个） | 权重 |
| 生态环境<br>竞争力 | 0.238 | 生态建设<br>竞争力 | 0.6 | 国家级生态示范区个数 | 0.090 |
| | | | | 公园面积 | 0.090 |
| | | | | 园林绿地面积 | 0.115 |
| | | | | 绿化覆盖面积 | 0.166 |
| | | | | 本年减少耕地面积（反向指标） | 0.120 |
| | | | | 自然保护区个数 | 0.113 |
| | | | | 自然保护区面积占土地总面积比重 | 0.126 |
| | | | | 野生动物种源繁育基地数 | 0.090 |
| | | | | 野生植物种源培育基地数 | 0.090 |
| | | | | 合　计 | 1.000 |
| | | 生态效益<br>竞争力 | 0.4 | 工业废气排放强度（工业废气排放总量/工业增加值，反向指标） | 0.120 |
| | | | | 工业二氧化硫排放强度（工业二氧化硫排放总量/工业增加值，反向指标） | 0.133 |
| | | | | 工业烟（粉）尘排放强度［工业烟（粉）尘排放总量/工业增加值，反向指标］ | 0.091 |
| | | | | 工业废水排放强度（工业废水排放量/工业增加值，反向指标） | 0.117 |
| | | | | 工业废水中化学需氧量排放强度（工业废水中化学需氧量排放量/工业增加值，反向指标） | 0.117 |
| | | | | 工业废水中氨氮排放强度（工业废水中氨氮排放量/工业增加值，反向指标） | 0.125 |
| | | | | 工业固体废物排放强度（工业固体废物排放量/工业增加值，反向指标） | 0.101 |
| | | | | 化肥施用强度（化肥施用量/有效灌溉面积，反向指标） | 0.091 |
| | | | | 农药施用强度（农药使用量/有效灌溉面积，反向指标） | 0.105 |
| | | | | 合　计 | 1.000 |
| 资源环境<br>竞争力 | 0.214 | 水环境<br>竞争力 | 0.204 | 水资源总量 | 0.084 |
| | | | | 人均水资源量 | 0.086 |
| | | | | 降水量 | 0.077 |
| | | | | 供水总量 | 0.081 |
| | | | | 用水总量（反向指标） | 0.080 |
| | | | | 用水消耗量（反向指标） | 0.100 |
| | | | | 耗水率（用水消耗量/用水总量，反向指标） | 0.117 |
| | | | | 节灌率（节水灌溉面积/有效灌溉面积） | 0.097 |
| | | | | 城市再生水利用率（城市污水再生利用量/城市污水排放量） | 0.090 |
| | | | | 工业废水排放总量（反向指标） | 0.092 |
| | | | | 生活污水排放量（反向指标） | 0.096 |
| | | | | 合　计 | 1.000 |

| 一级指标 | | 环境竞争力（总权重1.00） | | | |
|---|---|---|---|---|---|
| 二级指标<br>（5个） | 权重 | 三级指标<br>（14个） | 权重 | 四级指标<br>（130个） | 权重 |
| | | 土地环境<br>竞争力 | 0.156 | 土地总面积 | 0.056 |
| | | | | 耕地面积 | 0.082 |
| | | | | 人均耕地面积 | 0.113 |
| | | | | 牧草地面积 | 0.064 |
| | | | | 人均牧草地面积 | 0.064 |
| | | | | 园地面积 | 0.051 |
| | | | | 人均园地面积 | 0.056 |
| | | | | 土地资源利用效率（地区生产总值/土地总面积） | 0.100 |
| | | | | 建设用地面积（反向指标） | 0.082 |
| | | | | 单位建设用地非农产业增加值（第二、三产业增加值/建设用地面积） | 0.095 |
| | | | | 单位耕地面积农业增加值（农业增加值/耕地面积） | 0.108 |
| | | | | 沙化土地面积占土地总面积的比重（沙化土地面积/土地总面积，反向指标） | 0.059 |
| | | | | 当年新增种草面积 | 0.069 |
| | | | | 合　　计 | 1.000 |
| | | 大气环境<br>竞争力 | 0.184 | 工业废气排放总量 | 0.125 |
| | | | | 地均工业废气排放量（工业废气排放总量/土地面积，反向指标） | 0.125 |
| | | | | 工业烟（粉）尘排放总量 | 0.120 |
| | | | | 地均工业烟（粉）尘排放量［工业烟（粉）尘排放总量/土地面积，反向指标］ | 0.120 |
| | | | | 工业二氧化硫排放总量 | 0.125 |
| | | | | 地均二氧化硫排放量（二氧化硫排放总量/土地面积，反向指标） | 0.125 |
| | | | | 全省设区市优良天数比例 | 0.130 |
| | | | | 可吸入颗粒物（PM10）浓度 | 0.130 |
| | | | | 合　　计 | 1.000 |
| | | 森林环境<br>竞争力 | 0.185 | 林业用地面积 | 0.131 |
| | | | | 森林面积 | 0.135 |
| | | | | 森林覆盖率（森林面积/土地总面积） | 0.201 |
| | | | | 人工林面积 | 0.096 |
| | | | | 天然林比重［（森林面积－人工林面积）/森林面积］ | 0.112 |
| | | | | 造林总面积 | 0.091 |
| | | | | 森林蓄积量 | 0.116 |
| | | | | 活立木总蓄积量 | 0.119 |
| | | | | 合　　计 | 1.000 |

| 一级指标 | | | | 环境竞争力（总权重1.00） | |
|---|---|---|---|---|---|
| 二级指标（5个） | 权重 | 三级指标（14个） | 权重 | 四级指标（130个） | 权重 |
| | | 矿产环境竞争力 | 0.126 | 主要黑色金属矿产基础储量 | 0.103 |
| | | | | 人均主要黑色金属矿产基础储量 | 0.120 |
| | | | | 主要有色金属矿产基础储量 | 0.103 |
| | | | | 人均主要有色金属矿产基础储量 | 0.117 |
| | | | | 主要非金属矿产基础储量 | 0.105 |
| | | | | 人均主要非金属矿产基础储量 | 0.113 |
| | | | | 主要能源矿产基础储量 | 0.113 |
| | | | | 人均主要能源矿产基础储量 | 0.124 |
| | | | | 工业固体废物产生量（反向指标） | 0.102 |
| | | | | 合　　计 | 1.000 |
| | | 能源环境竞争力 | 0.145 | 能源生产总量（反向指标） | 0.130 |
| | | | | 能源消费总量（反向指标） | 0.132 |
| | | | | 单位地区生产总值能耗（反向指标） | 0.147 |
| | | | | 单位地区生产总值电耗（反向指标） | 0.146 |
| | | | | 单位工业增加值能耗（反向指标） | 0.155 |
| | | | | 能源生产弹性系数（能源生产总量增长率/地区生产总值增长率） | 0.145 |
| | | | | 能源消费弹性系数（能源消费总量增长率/地区生产总值增长率） | 0.145 |
| | | | | 合　　计 | 1.000 |
| 环境管理竞争力 | 0.193 | 环境治理竞争力 | 0.438 | 环境污染治理投资总额 | 0.116 |
| | | | | 环境污染治理投资总额占地方生产总值比重（环境污染治理投资总额/地方生产总值） | 0.136 |
| | | | | 废气治理设施年运行费用 | 0.072 |
| | | | | 废水治理设施处理能力 | 0.088 |
| | | | | 废水治理设施年运行费用 | 0.086 |
| | | | | 矿山环境恢复治理投入资金 | 0.105 |
| | | | | 本年矿山恢复面积 | 0.108 |
| | | | | 地质灾害防治投资额 | 0.105 |
| | | | | 水土流失治理面积 | 0.102 |
| | | | | 土地复垦面积占新增耕地面积的比重（土地复垦面积/本年新增耕地面积） | 0.082 |
| | | | | 合　　计 | 1.000 |
| | | 环境友好竞争力 | 0.562 | 工业固体废物综合利用量 | 0.158 |
| | | | | 工业固体废物处置量 | 0.155 |
| | | | | 工业固体废物处置利用率［（工业固体废物处置量＋工业固体废物综合利用量）/工业固体废物产生量］ | 0.170 |
| | | | | 工业用水重复利用率［工业重复用水量/（工业用新鲜水量＋工业重复用水量）］ | 0.186 |
| | | | | 城市污水处理率 | 0.165 |
| | | | | 生活垃圾无害化处理率 | 0.166 |
| | | | | 合　　计 | 1.000 |

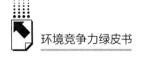

续表

| 一级指标 | | 环境竞争力（总权重1.00） | | | | |
|---|---|---|---|---|---|---|
| 二级指标<br>（5个） | 权重 | 三级指标<br>（14个） | 权重 | 四级指标<br>（130个） | | 权重 |
| 环境影响<br>竞争力 | 0.15 | 环境安全<br>竞争力 | 0.407 | 自然灾害受灾面积（反向指标） | | 0.120 |
| | | | | 自然灾害绝收面积占受灾面积比重（自然灾害绝收面积/受灾面积,反向指标） | | 0.045 |
| | | | | 自然灾害直接经济损失（反向指标） | | 0.112 |
| | | | | 发生地质灾害起数（反向指标） | | 0.058 |
| | | | | 地质灾害直接经济损失（反向指标） | | 0.090 |
| | | | | 地质灾害防治投资额 | | 0.089 |
| | | | | 突发环境事件次数 | | 0.090 |
| | | | | 森林火灾次数（反向指标） | | 0.091 |
| | | | | 森林火灾火场总面积（反向指标） | | 0.092 |
| | | | | 受火灾森林面积（反向指标） | | 0.081 |
| | | | | 森林病虫鼠害发生面积（反向指标） | | 0.060 |
| | | | | 森林病虫鼠害防治率 | | 0.072 |
| | | | | 合　计 | | 1.000 |
| | | 环境质量<br>竞争力 | 0.593 | 人均工业废气排放量（工业废气排放总量/总人口,反向指标） | | 0.117 |
| | | | | 人均二氧化硫排放量（二氧化硫排放总量/总人口,反向指标） | | 0.128 |
| | | | | 人均工业烟(粉)尘排放量（工业粉尘排放总量/总人口,反向指标） | | 0.092 |
| | | | | 人均工业废水排放量（工业废水排放总量/总人口,反向指标） | | 0.110 |
| | | | | 人均生活污水排放量（生活污水排放总量/总人口,反向指标） | | 0.107 |
| | | | | 人均化学需氧量排放量（化学需氧量排放总量/总人口,反向指标） | | 0.107 |
| | | | | 人均工业固体废物排放量（工业废气排放总量/总人口,反向指标） | | 0.108 |
| | | | | 人均化肥施用量（化肥施用量/总人口,反向指标） | | 0.115 |
| | | | | 人均农药施用量（农药使用量/总人口,反向指标） | | 0.116 |
| | | | | 合　计 | | 1.000 |
| 环境协调<br>竞争力 | 0.205 | 人口与<br>环境协调<br>竞争力 | 0.396 | 人口自然增长率与工业废气排放量增长率比差 | | 0.084 |
| | | | | 人口自然增长率与工业废水排放量增长率比差 | | 0.098 |
| | | | | 人口自然增长率与工业固体废物排放量增长率比差 | | 0.087 |
| | | | | 人口自然增长率与能源消费量增长率比差 | | 0.124 |
| | | | | 人口密度与人均水资源量比差 | | 0.133 |
| | | | | 人口密度与人均耕地面积比差 | | 0.094 |
| | | | | 人口密度与森林覆盖率比差 | | 0.135 |
| | | | | 人口密度与人均矿产基础储量比差 | | 0.116 |
| | | | | 人口密度与人均能源生产量比差 | | 0.129 |
| | | | | 合　计 | | 1.000 |

| 一级指标 | | | | 环境竞争力（总权重1.00） | |
|---|---|---|---|---|---|
| 二级指标<br>（5个） | 权重 | 三级指标<br>（14个） | 权重 | 四级指标<br>（130个） | 权重 |
| | | 经济与<br>环境协调<br>竞争力 | 0.604 | 工业增加值增长率与工业废气排放量增长率比差 | 0.090 |
| | | | | 工业增加值增长率与工业废水排放量增长率比差 | 0.088 |
| | | | | 工业增加值增长率与工业固体废物排放量增长率比差 | 0.085 |
| | | | | 地区生产总值增长率与能源消费量增长率比差 | 0.112 |
| | | | | 人均工业增加值与人均水资源量比差 | 0.100 |
| | | | | 人均工业增加值与人均耕地面积比差 | 0.100 |
| | | | | 人均工业增加值与人均工业废气排放量比差 | 0.110 |
| | | | | 人均工业增加值与森林覆盖率比差 | 0.096 |
| | | | | 人均工业增加值与人均矿产基础储量比差 | 0.110 |
| | | | | 人均工业增加值与人均能源生产量比差 | 0.109 |
| | | | | 合　计 | 1.000 |

需要说明的是，此次新调整确立的指标体系是在首部绿皮书《中国省域环境竞争力发展报告（2005～2009）》所构建的指标评价体系基础上，综合环境发展形势和数据的可获得性，对一部分指标略作调整。一是在生态建设竞争力中删除了"自然保护区面积"指标，主要是考虑到指标体系中已经有了另外两个关于自然保护区的指标，分别为"自然保护区个数"和"自然保护区面积占土地总面积比重"，而"自然保护区面积"提供的信息与这两个指标提供的信息会有较多重复。同时增加了"野生动物种源繁育基地数"和"野生植物种源培育基地数"两个指标，主要是考虑到这两个指标可以比较好地表现各个地区的生态建设情况。二是在生态效益竞争力中，将"工业烟尘排放强度"和"工业粉尘排放强度"整合为一个指标，为"工业烟（粉）尘排放强度"，这主要是因为国家统计局已经将工业烟尘和工业粉尘合计统计为工业烟（粉）尘数据。三是在土地环境竞争力中，删除了"荒漠化土地面积占土地总面积的比重"指标，主要是因为国家统计局已经不公布荒漠化土地面积的统计数据。同时增加了"当年新增种草面积"指标，主要用于反映各地区对改善土地环境作出的努力。四是在大气环境竞争力中删除了"工业烟尘排放达标量"和"工业粉尘排放达标量"，主要是因为国家统计局已经不公布这两个指标的统计数据；将"工业烟尘排放总量"和"工业粉尘排放总量"这两个指标整合为一个指标，为"工业烟（粉）尘排放总量"，原因同上；增加了"地均工业废气排放量""地均工业烟（粉）尘排放量""地均二氧化硫排放量"，主要用于反映各地区对污染气体或烟（粉）尘的承载情况；增加了"全省设区市优良天数比例""可吸入颗粒物（PM10）浓度"，主要用于反映各地区的大气环境质量情况。五是在环境治理竞争力中，删除了"'三同时'执行合格率""滑坡、泥石流治理面积""缴纳排污费单位数""排污费收入总额"四个指标，主要是因为国家统计局已经不公布这四个指标的统计数据；增加了"矿山环境恢复治理投入资金""本年矿山恢复面积"两个指标，主要用于反映各地区对矿山环境的治理情况。六是在环境友好竞争力中，删除了"'三废'综合利用产品产值""工业固体废物综合利用率""工业二氧化硫排放达

标率""工业二氧化硫削减率""工业废水排放达标率"五个指标，主要是因为国家统计局已经不公布"三废"综合利用产品产值、工业固体废物综合利用量、工业二氧化硫排放达标量、工业二氧化硫去除量、工业废水排放达标量等指标的统计数据，无法直接或者通过计算得到这几个指标的数值。七是在环境安全竞争力中增加了"地质灾害防治投资额"指标，主要反映各地区对地质灾害的防治情况；增加了"突发环境事件次数"指标，主要用于反映较大的突发环境事件在各地区的发生情况，也反映各地区的环境安全状况。八是在环境质量竞争力中，将"人均烟尘排放量"和"人均工业粉尘排放量"这两个指标整合为一个指标，为"人均工业烟（粉）尘排放量"，这主要是因为国家统计局已经将工业烟尘和工业粉尘合计统计为工业烟（粉）尘数据。

### 2.1.2 中国省域环境竞争力模型的建立

权重确定后，下一步就是构建中国省域环境竞争力模型，用于计算各省域环境竞争力的评价分值。评价分值越高，说明该省域的整体环境竞争力越强。中国省域环境竞争力模型为：

$$Y = \sum_{i=1}^{l} \sum_{j=1}^{m} \sum_{k=1}^{n} x_{ijk} w_{ijk} \qquad \text{（式 2 - 1）}$$

$$Y_i^1 = \sum_{j=1}^{m} \sum_{k=1}^{n} x_{ijk} w_{ijk} \qquad \text{（式 2 - 2）}$$

$$Y_{ij}^2 = \sum_{k=1}^{n} x_{ijk} w_{ijk} \qquad \text{（式 2 - 3）}$$

上式中，$Y$ 为中国省域环境竞争力的综合评价分值，$Y_i^1$ 为第 $i$ 个模块指标的评价分值，$Y_{ij}^2$ 为第 $j$ 个要素指标的评价分值，$x_{ijk}$ 为第 $i$ 个模块第 $j$ 个要素第 $k$ 项基础指标无量纲化后的数据值，$w_{ijk}$ 为该基础指标的权重，$l$ 为环境竞争力指标体系中模块层指标的个数，$m$ 为各模块层中要素层指标的个数，$n$ 为各要素层中基础层指标的个数。

中国省域环境竞争力模型建立后，对某个省域进行环境竞争力评价时，由于各指标的权重固定，因此，只需要输入该省域基础层指标的无量纲化数据值就可以得到该省域的环境竞争力评价分值，以及各个模块层指标和要素层指标的评价分值。根据中国省域环境竞争力模型，可以对我国各个省、直辖市、自治区的环境竞争力进行综合评价，根据得到的各省域环境竞争力综合评价分值可以对所有省域进行排序、比较、分析。

### 2.1.3 中国省域环境竞争力动态模型的建立

**2.1.3.1 中国省域环境竞争力是一个动态变化发展的过程**

前面强调的主要是对某个时段各省域环境竞争力的计算，而中国省域环境竞争力是一个动态发展的过程，不仅要从横向的角度进行考虑，也要从纵向的历史角度来进行考虑，这样才能更全面客观、深入地了解中国省域环境竞争力，以便于提出中国省域环境竞争力的提升策略。而且环境竞争力是一个相对的概念，除了要考虑各省域自身的内部因素外，也要考虑到其他省域发展的外部因素。一方面，一个省域自身的发展、环境的优化和改进会使得本省域环境竞争力指标体系中一些指标的得分及排位发生变化，从而导致整体环境竞争力的得分和排位发生变化；另一方面，其他省域的发展以及环境的优化和改进也会影响其环境竞争力的得分和排位发生变化，从而，本省域的环境竞争力受其影响也会发生得分和排位的变化。因此，如果要更全面、更具体、更深入地了解省域环境竞争力的变化状况，必须对环境竞争力进行横向的动态分析。

**2.1.3.2 中国省域环境竞争力的变化类型及界定**

从中国省域环境竞争力研究和发展的实践看，指标体系中各类指标的变化发展态势主要有6种类型。

（1）持续上升型。即那些处于持续上升状态的指标。这些指标不仅在本区域环境发展变化中处于持续上升状态，而且在与全国其他省域的比较中也始终具有竞争优势，它们是提升省域环境竞争力的关键性因素。持续上升型指标越多，省域环境竞争力越强。

（2）波动上升型。即在评价期内，那些在总体趋势上是上升，但是在中间过程中有下降或不变情况，呈不连续上升状态的指标。也就是说，在评价期内，不管这类指标的排位曾经发生过多大变化，在评价期末它的排位肯定高于评价期初的排位。这类指标也是提升省域环境竞争力的重要因素。

（3）持续保持型。即排位始终保持不变的指标。这并不是说这类指标的数值或得分没有发生变化，它的数值和得分很可能会有上升或下降的变化，但在外部因素的影响下，它的排位没有出现变化，持续保持原来的位次。

（4）波动保持型。即在评价期内，那些总体趋势上保持排位不变，而在中间过程中排位发生变化，呈波动变化状态的指标。也就是说，在评价期内，不管这类指标的排位曾经发生过多大变化，在评价期末它的排位肯定与评价期初的排位保持不变。

（5）波动下降型。即在评价期内，那些在总体趋势上是下降，但是在中间过程中有上升或不变情况，呈不连续下降状态的指标。也就是说，在评价期内，不管这类指标的排位曾经发生过多大变化，在评价期末它的排位肯定低于评价期初的排位。这类指标是拉低省域环境竞争力的重要因素。

（6）持续下降型。即那些处于持续下降状态的指标。这些指标不仅在本区域环境发展变化中处于持续下降状态，而且在与全国其他省域的比较中也始终处于劣势地位，它们是拉低省域环境竞争力的最主要因素。

**2.1.3.3 中国省域环境竞争力动态模型**

根据中国省域环境竞争力指标体系及其变化类型，课题组采取三维百分比堆积面积图、变化曲线图和综合评价表等技术手段，建立中国省域环境竞争力动态模型，对中国省域环境竞争力的动态变化趋势进行全面评价。具体的中国省域环境竞争力指标体系中一级、二级和三级指标的评价分值计算公式前面已列出，分别为：

$$Y = \sum_{i=1}^{l} \sum_{j=1}^{m} \sum_{k=1}^{n} x_{ijk} w_{ijk} , \quad Y_i^1 = \sum_{j=1}^{m} \sum_{k=1}^{n} x_{ijk} w_{ijk} , \quad Y_{ij}^2 = \sum_{k=1}^{n} x_{ijk} w_{ijk}$$

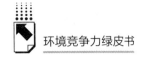

根据以上公式测度结果，采取百分比堆积面积图对省域环境竞争力动态变化进行直观展示，如图 2-1 所示。

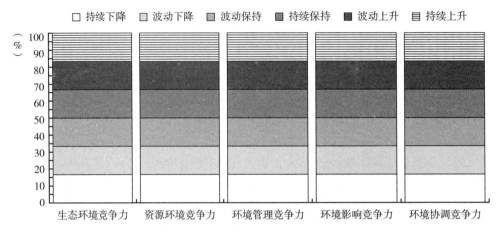

图 2-1　环境竞争力动态模型

除了用百分比堆积面积图对中国省域环境竞争力动态变化进行直观展示外，在分析过程中，还将用变化曲线图和综合评价表来描述评价期内指标的各年度排位变化情况。

## 2.2　中国省域环境竞争力的评价方法

### 2.2.1　评价时段和区域范围的界定

在进行环境竞争力评价时，受各种因素的制约，不可能对所有区域、任何时间段内的环境竞争力进行评价，从而需要对评价时段和范围进行界定。

（1）评价时段。以全国公开发布的统计数据为依据，时间涵盖"十二五"中期，即 2010~2012 年。

（2）省域评价范围。以省级行政区为范围来进行评价，对全国除香港、澳门和台湾以外的 31 个省、市、自治区环境竞争力的表现和动态变化情况，进行评价、分析和研究。

（3）区域评价范围。在省域评价结果的基础上，对东部、中部、西部、东北四大区域的环境竞争力进行简要评价、分析和研究。

### 2.2.2　指标的排位区段和优劣势的判定

根据已确定的指标体系，本报告采用趋势图等技术手段，对环境竞争力的各级指标进行分年度的阶段性评价和比较分析。为方便对分析结果进行评价，设定了 2 项评价标准。

（1）排位区段的划分标准。为判明一个省域总体的环境竞争力在全国处于何种状态，将处于全国前 10 位的省份定为上游区，11~20 位为中游区，21~31 位为下游区。

（2）优劣势的评价标准。分别用强势、优势、中势、劣势来评价指标的优劣度，凡是在评价时段内处于 1～3 位的指标，均属强势指标；在评价时段内处于 4～10 位的，均属优势指标，在评价时段内处于 11～20 位的，均属中势指标；在评价时段内始终处于 21～31 位的指标，均属劣势指标。对各级指标的评价均采用这一标准。

### 2.2.3 指标动态变化趋势的判定

根据前面界定的环境竞争力动态变化类型，本报告在各指标评价结果前分别用"持续↑""波动↑""持续→""波动→""波动↓""持续↓"符号表示指标的持续上升、波动上升、持续保持、波动保持、波动下降、持续下降等六种变化状态，简明扼要地描述指标的具体变化情况。

# Ｇ.40

## 附录三：

## 2010～2012年中国省域环境竞争力评价指标得分和排名情况

表3-1　全国31个省、市、区环境竞争力评价分值及变化表

| 项目\地区 | 2012年 | | | | | | 2011年 | | | | | | 2010年 | | | | | | 得分综合变化 |
|---|---|---|---|---|---|---|---|---|---|---|---|---|---|---|---|---|---|---|---|
| | 生态环境竞争力 | 资源环境竞争力 | 环境管理竞争力 | 环境影响竞争力 | 环境协调竞争力 | 环境竞争力 | 生态环境竞争力 | 资源环境竞争力 | 环境管理竞争力 | 环境影响竞争力 | 环境协调竞争力 | 环境竞争力 | 生态环境竞争力 | 资源环境竞争力 | 环境管理竞争力 | 环境影响竞争力 | 环境协调竞争力 | 环境竞争力 | |
| 北京 | 52.4 | 44.7 | 38.2 | 84.1 | 57.1 | 52.5 | 52.3 | 46.4 | 36.0 | 85.1 | 45.8 | 50.8 | 53.6 | 42.0 | 36.9 | 87.4 | 59.4 | 52.7 | -0.2 |
| 天津 | 46.4 | 37.2 | 42.5 | 81.8 | 44.5 | 48.3 | 46.4 | 38.5 | 43.2 | 84.4 | 47.6 | 49.5 | 46.1 | 34.6 | 41.2 | 85.0 | 44.8 | 47.9 | 0.4 |
| 河北 | 42.9 | 36.9 | 65.9 | 66.7 | 62.4 | 53.5 | 42.6 | 37.3 | 65.5 | 72.1 | 63.0 | 54.2 | 45.4 | 35.9 | 70.0 | 76.0 | 58.5 | 55.7 | -2.2 |
| 山西 | 41.4 | 36.5 | 65.9 | 67.9 | 65.7 | 53.6 | 40.8 | 36.5 | 60.1 | 62.2 | 68.2 | 51.6 | 40.8 | 35.7 | 55.2 | 68.3 | 67.9 | 51.0 | 2.6 |
| 内蒙古 | 49.3 | 54.2 | 67.0 | 49.6 | 59.0 | 56.1 | 49.7 | 53.1 | 56.1 | 52.8 | 59.1 | 53.7 | 49.3 | 51.9 | 62.5 | 55.1 | 57.3 | 55.0 | 1.0 |
| 辽宁 | 52.5 | 46.2 | 69.6 | 63.4 | 60.7 | 58.2 | 51.1 | 46.1 | 69.8 | 73.7 | 62.3 | 59.5 | 55.5 | 43.8 | 53.3 | 72.2 | 65.0 | 56.3 | 1.9 |
| 吉林 | 46.3 | 47.0 | 35.1 | 72.7 | 58.5 | 49.1 | 45.9 | 46.7 | 37.0 | 71.2 | 64.8 | 50.1 | 46.6 | 45.6 | 35.0 | 66.5 | 63.8 | 48.7 | 0.3 |
| 黑龙江 | 50.8 | 52.3 | 36.4 | 66.0 | 54.4 | 50.2 | 52.5 | 54.6 | 38.2 | 70.8 | 61.0 | 53.1 | 51.8 | 52.6 | 32.6 | 71.6 | 53.9 | 50.3 | -0.1 |
| 上海 | 43.4 | 38.4 | 34.2 | 74.9 | 61.1 | 47.0 | 43.9 | 40.1 | 41.0 | 76.1 | 54.3 | 48.4 | 44.2 | 37.2 | 41.6 | 79.8 | 60.8 | 49.5 | -2.5 |
| 江苏 | 54.4 | 35.0 | 62.5 | 70.8 | 58.8 | 55.5 | 54.4 | 35.9 | 60.5 | 72.3 | 53.1 | 54.5 | 52.4 | 33.2 | 56.2 | 76.1 | 51.4 | 52.7 | 2.8 |
| 浙江 | 50.3 | 45.3 | 50.3 | 70.2 | 63.3 | 53.9 | 50.1 | 45.6 | 47.6 | 68.5 | 51.9 | 51.4 | 47.8 | 42.9 | 48.0 | 77.5 | 58.7 | 52.6 | 1.3 |
| 安徽 | 45.9 | 41.2 | 58.0 | 73.8 | 64.1 | 54.4 | 45.5 | 41.3 | 56.9 | 74.2 | 64.7 | 54.2 | 46.0 | 39.9 | 49.6 | 76.7 | 63.6 | 52.5 | 2.0 |
| 福建 | 49.3 | 50.6 | 49.8 | 79.5 | 60.6 | 55.5 | 48.9 | 51.0 | 44.6 | 79.2 | 61.3 | 54.3 | 54.3 | 48.1 | 43.8 | 73.0 | 61.9 | 54.2 | 1.3 |
| 江西 | 52.5 | 49.2 | 47.3 | 75.5 | 60.3 | 54.9 | 48.3 | 48.0 | 43.4 | 70.6 | 59.7 | 51.8 | 52.5 | 48.1 | 47.4 | 67.7 | 59.8 | 53.5 | 1.4 |
| 山东 | 54.8 | 34.1 | 67.8 | 71.0 | 64.7 | 57.6 | 54.9 | 34.9 | 68.3 | 72.1 | 52.8 | 56.3 | 54.4 | 33.9 | 59.3 | 73.0 | 54.7 | 54.2 | 3.4 |
| 河南 | 46.1 | 38.3 | 51.7 | 72.9 | 64.8 | 52.3 | 45.7 | 37.0 | 54.2 | 70.8 | 63.7 | 52.1 | 46.3 | 34.8 | 49.1 | 72.7 | 61.9 | 50.6 | 1.8 |
| 湖北 | 44.0 | 44.5 | 50.2 | 67.2 | 65.2 | 51.9 | 43.2 | 45.9 | 52.6 | 62.4 | 63.4 | 51.6 | 45.7 | 43.6 | 44.6 | 68.6 | 63.9 | 50.8 | 1.1 |
| 湖南 | 53.0 | 46.4 | 42.5 | 61.1 | 59.8 | 51.2 | 48.7 | 46.5 | 43.2 | 58.4 | 60.2 | 49.9 | 54.2 | 43.6 | 38.2 | 66.4 | 63.1 | 51.1 | 0.1 |
| 广东 | 65.1 | 46.2 | 48.2 | 75.6 | 58.1 | 57.6 | 65.5 | 46.7 | 48.1 | 74.1 | 52.5 | 56.9 | 65.7 | 44.0 | 56.8 | 77.9 | 60.4 | 60.1 | -2.5 |
| 广西 | 38.9 | 50.6 | 49.0 | 67.2 | 61.4 | 50.9 | 39.5 | 51.5 | 44.0 | 66.5 | 58.1 | 49.4 | 35.4 | 46.4 | 46.0 | 61.1 | 56.9 | 46.8 | 4.1 |
| 海南 | 37.5 | 47.8 | 36.1 | 75.0 | 57.8 | 47.0 | 38.9 | 46.9 | 33.0 | 72.9 | 54.8 | 46.0 | 44.6 | 46.7 | 28.9 | 77.4 | 54.5 | 47.1 | 0.2 |
| 重庆 | 44.9 | 43.4 | 40.6 | 77.6 | 68.4 | 51.4 | 44.3 | 43.9 | 40.8 | 76.4 | 65.0 | 50.7 | 41.7 | 41.3 | 35.3 | 73.2 | 60.5 | 47.1 | 4.4 |
| 四川 | 48.9 | 54.0 | 53.0 | 72.0 | 68.2 | 56.9 | 48.5 | 53.7 | 51.7 | 70.7 | 64.5 | 55.7 | 45.7 | 51.5 | 50.8 | 73.8 | 63.3 | 54.5 | 2.4 |
| 贵州 | 34.1 | 44.6 | 46.8 | 72.8 | 52.7 | 47.4 | 34.4 | 44.4 | 45.1 | 65.6 | 53.4 | 46.2 | 38.8 | 41.9 | 40.3 | 67.4 | 61.5 | 47.0 | 0.4 |
| 云南 | 37.1 | 55.3 | 47.7 | 66.4 | 60.9 | 50.8 | 33.3 | 55.2 | 52.1 | 68.1 | 54.3 | 50.1 | 42.8 | 54.9 | 46.0 | 70.5 | 62.5 | 52.6 | -1.9 |

续表

| 项目\地区 | 2012年 | | | | | | 2011年 | | | | | | 2010年 | | | | | | 得分综合变化 |
| --- | --- | --- | --- | --- | --- | --- | --- | --- | --- | --- | --- | --- | --- | --- | --- | --- | --- | --- | --- |
| | 生态环境竞争力 | 资源环境竞争力 | 环境管理竞争力 | 环境影响竞争力 | 环境协调竞争力 | 环境竞争力 | 生态环境竞争力 | 资源环境竞争力 | 环境管理竞争力 | 环境影响竞争力 | 环境协调竞争力 | 环境竞争力 | 生态环境竞争力 | 资源环境竞争力 | 环境管理竞争力 | 环境影响竞争力 | 环境协调竞争力 | 环境竞争力 | |
| 西藏 | 52.6 | 59.2 | 0.9 | 89.5 | 45.4 | 45.3 | 51.5 | 59.1 | 6.5 | 91.7 | 40.6 | 45.9 | 49.2 | 59.2 | 0.6 | 87.9 | 41.5 | 43.5 | 1.8 |
| 陕西 | 43.3 | 45.2 | 47.7 | 74.3 | 67.3 | 52.5 | 43.0 | 45.9 | 48.7 | 73.8 | 69.8 | 53.1 | 43.4 | 44.0 | 47.6 | 71.4 | 70.1 | 52.2 | 0.3 |
| 甘肃 | 35.4 | 40.4 | 43.3 | 71.5 | 62.8 | 47.3 | 35.9 | 40.9 | 39.7 | 72.5 | 58.4 | 46.1 | 41.1 | 39.2 | 37.8 | 79.2 | 60.4 | 48.0 | -0.7 |
| 青海 | 42.1 | 39.0 | 30.8 | 70.6 | 57.4 | 45.5 | 43.2 | 39.0 | 30.6 | 66.8 | 56.6 | 45.6 | 43.0 | 39.0 | 23.8 | 73.5 | 59.6 | 43.8 | 1.7 |
| 宁夏 | 21.1 | 35.2 | 43.6 | 57.8 | 61.0 | 40.2 | 20.5 | 33.9 | 39.5 | 56.9 | 60.5 | 38.6 | 21.4 | 33.4 | 39.7 | 55.6 | 60.7 | 38.6 | 1.6 |
| 新疆 | 32.0 | 42.1 | 34.3 | 50.6 | 59.5 | 41.1 | 36.5 | 45.0 | 29.1 | 59.8 | 55.2 | 42.3 | 40.6 | 42.5 | 26.7 | 63.3 | 56.8 | 43.0 | -1.9 |
| 最高分 | 65.1 | 59.2 | 69.6 | 89.5 | 70.8 | 58.2 | 65.8 | 59.1 | 69.8 | 91.7 | 69.8 | 59.5 | 65.7 | 59.2 | 70.0 | 87.9 | 70.1 | 60.1 | -2.0 |
| 最低分 | 21.1 | 34.1 | 0.9 | 49.6 | 44.5 | 40.2 | 20.5 | 33.9 | 6.5 | 52.8 | 40.6 | 38.6 | 21.4 | 33.2 | 0.6 | 55.1 | 41.5 | 38.6 | 1.6 |
| 平均分 | 45.5 | 44.5 | 47.0 | 70.6 | 60.4 | 51.3 | 45.2 | 44.9 | 46.0 | 70.9 | 58.1 | 50.8 | 46.4 | 43.0 | 43.4 | 72.4 | 59.3 | 50.4 | 0.8 |
| 标准差 | 8.4 | 6.6 | 13.9 | 8.5 | 5.5 | 4.6 | 8.2 | 6.5 | 12.8 | 8.2 | 6.6 | 4.4 | 7.7 | 6.7 | 13.1 | 7.8 | 5.9 | 4.5 | 0.1 |

表3－2　全国 31 个省、市、区环境竞争力评价排名及变化表

| 项目\地区 | 2012年 | | | | | | 2011年 | | | | | | 2010年 | | | | | | 排名综合变化 |
| --- | --- | --- | --- | --- | --- | --- | --- | --- | --- | --- | --- | --- | --- | --- | --- | --- | --- | --- | --- |
| | 生态环境竞争力 | 资源环境竞争力 | 环境管理竞争力 | 环境影响竞争力 | 环境协调竞争力 | 环境竞争力 | 生态环境竞争力 | 资源环境竞争力 | 环境管理竞争力 | 环境影响竞争力 | 环境协调竞争力 | 环境竞争力 | 生态环境竞争力 | 资源环境竞争力 | 环境管理竞争力 | 环境影响竞争力 | 环境协调竞争力 | 环境竞争力 | |
| 北京 | 8 | 16 | 24 | 2 | 27 | 14 | 5 | 13 | 27 | 2 | 30 | 17 | 6 | 18 | 24 | 2 | 20 | 9 | -5 |
| 天津 | 14 | 26 | 21 | 3 | 31 | 23 | 14 | 25 | 20 | 3 | 29 | 22 | 15 | 28 | 19 | 3 | 30 | 23 | 0 |
| 河北 | 22 | 27 | 5 | 24 | 12 | 12 | 23 | 26 | 3 | 16 | 9 | 7 | 19 | 25 | 1 | 11 | 22 | 3 | -9 |
| 山西 | 24 | 28 | 4 | 21 | 4 | 11 | 24 | 28 | 5 | 27 | 2 | 15 | 27 | 26 | 6 | 23 | 2 | 16 | 5 |
| 内蒙古 | 11 | 3 | 3 | 31 | 22 | 5 | 9 | 5 | 7 | 31 | 16 | 9 | 10 | 4 | 2 | 31 | 23 | 4 | -1 |
| 辽宁 | 7 | 12 | 1 | 27 | 14 | 4 | 7 | 14 | 1 | 10 | 10 | 3 | 8 | 17 | 1 | 18 | 3 | 2 | 1 |
| 吉林 | 15 | 10 | 27 | 14 | 24 | 22 | 15 | 11 | 26 | 17 | 4 | 20 | 13 | 10 | 26 | 26 | 5 | 21 | -1 |
| 黑龙江 | 9 | 5 | 25 | 26 | 28 | 21 | 4 | 8 | 25 | 19 | 12 | 10 | 5 | 9 | 27 | 19 | 28 | 19 | -2 |
| 上海 | 20 | 24 | 29 | 9 | 14 | 27 | 19 | 23 | 21 | 6 | 22 | 24 | 21 | 24 | 18 | 4 | 13 | 20 | -7 |
| 江苏 | 3 | 30 | 6 | 18 | 23 | 7 | 3 | 29 | 4 | 14 | 25 | 5 | 8 | 31 | 5 | 10 | 29 | 10 | 3 |
| 浙江 | 10 | 14 | 10 | 20 | 9 | 10 | 9 | 17 | 14 | 22 | 28 | 16 | 12 | 16 | 11 | 21 | 12 | 12 | 2 |
| 安徽 | 17 | 21 | 7 | 11 | 10 | 9 | 17 | 21 | 6 | 7 | 5 | 8 | 16 | 21 | 9 | 8 | 6 | 13 | 4 |
| 福建 | 12 | 7 | 12 | 4 | 5 | 8 | 10 | 7 | 16 | 4 | 11 | 6 | 17 | 7 | 15 | 4 | 11 | 6 | 0 |
| 江西 | 6 | 8 | 17 | 22 | 16 | 15 | 7 | 6 | 18 | 21 | 15 | 13 | 7 | 6 | 18 | 24 | 18 | 14 | -1 |
| 山东 | 2 | 31 | 2 | 17 | 3 | 3 | 2 | 30 | 2 | 15 | 26 | 3 | 3 | 29 | 3 | 16 | 26 | 7 | 4 |
| 河南 | 16 | 25 | 9 | 12 | 6 | 15 | 16 | 27 | 8 | 18 | 7 | 12 | 14 | 27 | 10 | 17 | 10 | 18 | 3 |
| 湖北 | 19 | 18 | 11 | 22 | 5 | 16 | 20 | 15 | 9 | 26 | 8 | 14 | 18 | 15 | 8 | 22 | 4 | 17 | 1 |
| 湖南 | 4 | 11 | 22 | 28 | 20 | 18 | 11 | 12 | 19 | 29 | 14 | 21 | 9 | 14 | 22 | 27 | 8 | 15 | -3 |
| 广东 | 1 | 13 | 14 | 6 | 25 | 2 | 1 | 10 | 13 | 8 | 27 | 2 | 1 | 12 | 4 | 6 | 17 | 1 | -1 |
| 广西 | 25 | 6 | 13 | 23 | 13 | 13 | 25 | 6 | 17 | 24 | 18 | 23 | 30 | 15 | 2 | 29 | 24 | 27 | 8 |

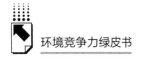

续表

| 项目 / 地区 | 2012年 | | | | | | 2011年 | | | | | | 2010年 | | | | | | 排名综合变化 |
|---|---|---|---|---|---|---|---|---|---|---|---|---|---|---|---|---|---|---|---|
| | 生态环境竞争力 | 资源环境竞争力 | 环境管理竞争力 | 环境影响竞争力 | 环境协调竞争力 | 环境竞争力 | 生态环境竞争力 | 资源环境竞争力 | 环境管理竞争力 | 环境影响竞争力 | 环境协调竞争力 | 环境竞争力 | 生态环境竞争力 | 资源环境竞争力 | 环境管理竞争力 | 环境影响竞争力 | 环境协调竞争力 | 环境竞争力 | |
| 海 南 | 26 | 9 | 26 | 8 | 26 | 25 | 26 | 9 | 28 | 12 | 21 | 27 | 20 | 8 | 28 | 8 | 27 | 24 | -1 |
| 重 庆 | 18 | 19 | 23 | 5 | 1 | 17 | 18 | 20 | 22 | 5 | 3 | 18 | 25 | 20 | 25 | 14 | 15 | 25 | 8 |
| 四 川 | 13 | 4 | 8 | 15 | 2 | 4 | 12 | 4 | 11 | 20 | 6 | 4 | 17 | 5 | 8 | 12 | 7 | 5 | 1 |
| 贵 州 | 29 | 17 | 18 | 13 | 29 | 24 | 29 | 19 | 15 | 25 | 24 | 25 | 29 | 19 | 20 | 25 | 12 | 26 | 2 |
| 云 南 | 27 | 2 | 16 | 25 | 16 | 20 | 30 | 2 | 10 | 23 | 23 | 19 | 23 | 2 | 14 | 21 | 9 | 11 | -9 |
| 西 藏 | 5 | 1 | 31 | 1 | 30 | 29 | 6 | 1 | 31 | 1 | 31 | 28 | 11 | 1 | 31 | 1 | 31 | 29 | 0 |
| 陕 西 | 21 | 15 | 15 | 10 | 3 | 13 | 22 | 16 | 9 | 9 | 1 | 11 | 22 | 11 | 12 | 20 | 1 | 14 | 1 |
| 甘 肃 | 28 | 22 | 20 | 16 | 10 | 26 | 28 | 22 | 23 | 13 | 17 | 26 | 26 | 22 | 25 | 5 | 16 | 22 | -4 |
| 青 海 | 23 | 23 | 30 | 19 | 11 | 28 | 21 | 24 | 29 | 11 | 19 | 29 | 24 | 23 | 30 | 13 | 19 | 28 | 0 |
| 宁 夏 | 31 | 29 | 19 | 29 | 15 | 31 | 31 | 31 | 24 | 30 | 13 | 31 | 31 | 30 | 21 | 30 | 14 | 31 | 0 |
| 新 疆 | 30 | 20 | 28 | 30 | 21 | 30 | 27 | 18 | 30 | 28 | 20 | 30 | 28 | 17 | 29 | 28 | 25 | 30 | 0 |

表3-3 全国31个省、市、区生态环境竞争力评价分值和排名表

| 项目 / 地区 | 2012年 | | | | | | 2011年 | | | | | | 2010年 | | | | | | 得分综合变化 | 排名综合变化 |
|---|---|---|---|---|---|---|---|---|---|---|---|---|---|---|---|---|---|---|---|---|
| | 生态建设竞争力 | | 生态效益竞争力 | | 生态环境竞争力 | | 生态建设竞争力 | | 生态效益竞争力 | | 生态环境竞争力 | | 生态建设竞争力 | | 生态效益竞争力 | | 生态环境竞争力 | | | |
| | 得分 | 排名 | 得分 | 排名 | 得分 | 排名 | 得分 | 排名 | 得分 | 排名 | 得分 | 排名 | 得分 | 排名 | 得分 | 排名 | 得分 | 排名 | | |
| 北 京 | 23.0 | 16 | 96.5 | 1 | 52.4 | 8 | 22.9 | 14 | 96.4 | 1 | 52.3 | 5 | 25.3 | 12 | 95.9 | 1 | 53.6 | 6 | -1.2 | -2 |
| 天 津 | 14.4 | 30 | 94.5 | 2 | 46.4 | 14 | 14.3 | 30 | 94.6 | 2 | 46.4 | 14 | 14.3 | 30 | 93.7 | 3 | 46.1 | 15 | 0.4 | 1 |
| 河 北 | 19.8 | 24 | 77.4 | 22 | 42.9 | 22 | 19.2 | 24 | 77.7 | 19 | 42.6 | 23 | 20.1 | 23 | 83.3 | 11 | 45.4 | 19 | -2.5 | -3 |
| 山 西 | 24.0 | 13 | 67.5 | 24 | 41.4 | 24 | 20.2 | 21 | 71.8 | 24 | 40.8 | 24 | 20.7 | 22 | 71.1 | 25 | 40.8 | 27 | 0.6 | 3 |
| 内蒙古 | 27.7 | 9 | 81.9 | 15 | 49.3 | 11 | 27.5 | 9 | 83.1 | 13 | 49.7 | 9 | 27.0 | 11 | 82.7 | 12 | 49.3 | 10 | 0.1 | -1 |
| 辽 宁 | 32.3 | 6 | 82.7 | 12 | 52.5 | 7 | 29.3 | 6 | 83.9 | 12 | 51.1 | 7 | 36.3 | 3 | 84.3 | 10 | 55.5 | 2 | -3.0 | -5 |
| 吉 林 | 21.0 | 20 | 84.3 | 10 | 46.3 | 15 | 20.6 | 19 | 83.9 | 11 | 45.9 | 15 | 21.2 | 20 | 84.7 | 9 | 46.6 | 13 | -0.3 | -2 |
| 黑龙江 | 29.5 | 7 | 82.6 | 13 | 50.8 | 9 | 29.4 | 5 | 87.3 | 5 | 52.5 | 4 | 28.0 | 8 | 87.6 | 5 | 51.8 | 9 | -1.1 | 0 |
| 上 海 | 11.0 | 31 | 92.0 | 4 | 43.4 | 20 | 11.0 | 31 | 93.1 | 3 | 43.9 | 19 | 11.2 | 31 | 93.7 | 2 | 44.2 | 21 | -0.8 | 1 |
| 江 苏 | 32.8 | 5 | 86.9 | 5 | 54.4 | 3 | 32.6 | 3 | 87.1 | 6 | 54.4 | 3 | 28.3 | 7 | 88.4 | 4 | 52.4 | 8 | 2.1 | 5 |
| 浙 江 | 26.6 | 10 | 85.8 | 8 | 50.3 | 10 | 25.7 | 11 | 86.8 | 8 | 50.1 | 9 | 21.9 | 19 | 86.8 | 9 | 47.8 | 12 | 2.4 | -1 |
| 安 徽 | 21.8 | 19 | 82.1 | 14 | 45.9 | 17 | 21.4 | 17 | 81.7 | 16 | 45.5 | 17 | 22.0 | 17 | 82.0 | 13 | 46.0 | 16 | -0.1 | -1 |
| 福 建 | 28.9 | 8 | 80.0 | 17 | 49.3 | 12 | 31.0 | 4 | 75.8 | 22 | 48.9 | 10 | 36.2 | 4 | 81.5 | 16 | 54.3 | 4 | -5.0 | -8 |
| 江 西 | 35.8 | 2 | 77.6 | 21 | 52.5 | 6 | 28.9 | 7 | 77.5 | 21 | 48.3 | 13 | 34.5 | 5 | 77.5 | 22 | 52.5 | 7 | 0.0 | 1 |
| 山 东 | 33.8 | 4 | 86.3 | 7 | 54.8 | 2 | 33.7 | 2 | 86.7 | 9 | 54.9 | 2 | 32.8 | 6 | 87.0 | 7 | 54.4 | 3 | 0.3 | 1 |
| 河 南 | 22.4 | 18 | 81.8 | 16 | 46.1 | 16 | 21.5 | 16 | 82.1 | 15 | 45.7 | 16 | 22.5 | 16 | 81.9 | 14 | 46.3 | 14 | -0.1 | -2 |
| 湖 北 | 20.4 | 21 | 79.3 | 18 | 44.0 | 19 | 20.3 | 20 | 77.5 | 20 | 43.2 | 20 | 23.3 | 15 | 79.3 | 21 | 45.7 | 18 | -1.7 | -1 |
| 湖 南 | 35.2 | 3 | 79.7 | 18 | 53.0 | 4 | 28.1 | 8 | 79.7 | 17 | 48.7 | 11 | 37.4 | 2 | 79.4 | 20 | 54.2 | 5 | -1.2 | 1 |
| 广 东 | 51.6 | 1 | 85.2 | 9 | 65.1 | 1 | 51.8 | 1 | 86.9 | 7 | 65.8 | 1 | 51.5 | 1 | 87.1 | 6 | 65.7 | 1 | -0.6 | 0 |

续表

| 项目 地区 | 2012 年 生态建设竞争力 得分 | 排名 | 生态效益竞争力 得分 | 排名 | 生态环境竞争力 得分 | 排名 | 2011 年 生态建设竞争力 得分 | 排名 | 生态效益竞争力 得分 | 排名 | 生态环境竞争力 得分 | 排名 | 2010 年 生态建设竞争力 得分 | 排名 | 生态效益竞争力 得分 | 排名 | 生态环境竞争力 得分 | 排名 | 得分综合变化 | 排名综合变化 |
|---|---|---|---|---|---|---|---|---|---|---|---|---|---|---|---|---|---|---|---|---|
| 广西 | 23.0 | 17 | 62.8 | 26 | 38.9 | 25 | 22.1 | 15 | 65.7 | 26 | 39.5 | 25 | 23.8 | 13 | 52.7 | 30 | 35.4 | 30 | 3.6 | 5 |
| 海南 | 20.0 | 23 | 63.8 | 25 | 37.5 | 26 | 20.9 | 18 | 65.8 | 25 | 38.9 | 26 | 27.5 | 10 | 69.9 | 28 | 44.4 | 20 | -6.9 | -6 |
| 重庆 | 19.6 | 25 | 83.0 | 11 | 44.9 | 18 | 18.4 | 27 | 83.1 | 14 | 44.3 | 18 | 18.6 | 27 | 76.3 | 23 | 41.7 | 25 | 3.2 | 7 |
| 四川 | 23.8 | 14 | 86.6 | 6 | 48.9 | 13 | 23.6 | 12 | 85.8 | 10 | 48.5 | 12 | 21.9 | 18 | 81.4 | 17 | 45.7 | 17 | 3.2 | 4 |
| 贵州 | 18.0 | 28 | 58.4 | 28 | 34.1 | 29 | 17.8 | 28 | 60.5 | 29 | 34.9 | 29 | 17.9 | 28 | 70.2 | 26 | 38.8 | 29 | -4.7 | 0 |
| 云南 | 24.4 | 12 | 56.3 | 29 | 37.1 | 27 | 19.2 | 23 | 54.5 | 30 | 33.3 | 30 | 19.9 | 24 | 77.1 | 22 | 42.8 | 23 | -5.7 | -4 |
| 西藏 | 26.0 | 11 | 92.6 | 3 | 52.6 | 5 | 26.0 | | 89.6 | 4 | 51.5 | 6 | 27.5 | 9 | 81.8 | 15 | 49.2 | 11 | 3.4 | 6 |
| 陕西 | 19.4 | 26 | 79.3 | 20 | 43.3 | 21 | 18.8 | 26 | 79.5 | 18 | 43.0 | 22 | 19.2 | 26 | 79.5 | 19 | 43.4 | 22 | 0.0 | 1 |
| 甘肃 | 19.4 | 27 | 59.5 | 27 | 35.4 | 28 | 19.0 | 25 | 61.3 | 28 | 35.9 | 28 | 19.6 | 25 | 73.3 | 24 | 41.1 | 26 | -5.7 | -2 |
| 青海 | 23.3 | 15 | 70.5 | 23 | 42.1 | 23 | 23.3 | 13 | 73.0 | 23 | 43.2 | 23 | 23.5 | 14 | 69.7 | 29 | 42.0 | 24 | 0.1 | 1 |
| 宁夏 | 16.5 | 29 | 28.0 | 31 | 21.1 | 31 | 16.5 | 29 | 26.6 | 31 | 20.5 | 31 | 16.5 | 29 | 28.7 | 31 | 21.4 | 31 | -0.3 | 0 |
| 新疆 | 20.0 | 22 | 50.1 | 30 | 32.0 | 30 | 19.7 | 22 | 61.7 | 27 | 36.5 | 27 | 21.1 | 21 | 69.9 | 29 | 40.6 | 28 | -8.6 | -2 |
| 最高分 | 51.6 | | 96.5 | | 65.1 | | 51.8 | | 96.4 | | 65.8 | | 51.5 | | 95.9 | | 65.7 | | -0.6 | |
| 最低分 | 11.0 | | 28.0 | | 21.1 | | 11.0 | | 26.6 | | 20.5 | | 11.2 | | 28.7 | | 21.4 | | -0.3 | |
| 平均分 | 24.7 | | 76.6 | | 45.5 | | 23.7 | | 77.4 | | 45.2 | | 24.9 | | 78.7 | | 46.4 | | -1.0 | |
| 标准差 | 7.8 | | 14.8 | | 8.4 | | 7.5 | | 14.1 | | 8.2 | | 8.1 | | 12.7 | | 7.7 | | 0.7 | |

表 3-4　全国 31 个省、市、区资源环境竞争力评价分值及得分变化表

| 项目 地区 | 2012 年 水环境竞争力 | 土地环境竞争力 | 大气环境竞争力 | 森林环境竞争力 | 矿产环境竞争力 | 能源环境竞争力 | 资源环境竞争力 | 2011 年 水环境竞争力 | 土地环境竞争力 | 大气环境竞争力 | 森林环境竞争力 | 矿产环境竞争力 | 能源环境竞争力 | 资源环境竞争力 | 2010 年 水环境竞争力 | 土地环境竞争力 | 大气环境竞争力 | 森林环境竞争力 | 矿产环境竞争力 | 能源环境竞争力 | 资源环境竞争力 | 得分综合变化 |
|---|---|---|---|---|---|---|---|---|---|---|---|---|---|---|---|---|---|---|---|---|---|---|
| 北京 | 58.2 | 28.1 | 73.2 | 14.6 | 11.0 | 79.2 | 44.7 | 58.0 | 27.7 | 74.3 | 14.4 | 10.8 | 88.7 | 46.4 | 50.5 | 28.0 | 73.3 | 14.4 | 10.4 | 73.1 | 42.0 | 2.8 |
| 天津 | 46.2 | 23.6 | 60.7 | 2.0 | 11.0 | 77.7 | 37.2 | 46.1 | 23.2 | 67.1 | 2.1 | 10.8 | 81.2 | 38.5 | 45.0 | 23.1 | 64.8 | 2.1 | 10.7 | 62.1 | 34.6 | 2.5 |
| 河北 | 46.3 | 24.3 | 45.9 | 24.7 | 15.7 | 59.4 | 36.9 | 46.4 | 24.1 | 45.9 | 24.6 | 16.6 | 61.2 | 37.3 | 43.1 | 24.6 | 53.5 | 24.9 | 18.2 | 49.3 | 35.9 | 1.0 |
| 山西 | 45.9 | 22.3 | 54.0 | 19.1 | 37.0 | 44.6 | 36.9 | 47.2 | 22.5 | 55.8 | 19.3 | 36.7 | 42.2 | 36.9 | 43.2 | 22.5 | 53.5 | 19.0 | 31.0 | 36.6 | 35.7 | 0.8 |
| 内蒙古 | 55.3 | 39.7 | 70.1 | 69.8 | 34.4 | 52.6 | 54.2 | 53.5 | 39.8 | 72.7 | 69.8 | 32.2 | 48.0 | 53.1 | 50.9 | 39.9 | 67.0 | 69.7 | 38.4 | 44.7 | 51.9 | 2.2 |
| 辽宁 | 44.4 | 26.3 | 63.6 | 30.5 | 51.4 | 69.5 | 46.2 | 44.9 | 26.1 | 65.7 | 30.4 | 51.2 | 67.9 | 46.2 | 41.8 | 26.3 | 52.8 | 30.2 | 52.8 | 57.7 | 43.4 | 2.4 |
| 吉林 | 43.7 | 25.5 | 83.6 | 9.7 | 15.2 | 74.5 | 47.0 | 43.7 | 26.2 | 69.2 | 9.7 | 15.2 | 75.5 | 46.1 | 43.7 | 26.0 | 68.0 | 9.7 | 15.2 | 67.6 | 44.6 | 1.4 |
| 黑龙江 | 52.4 | 32.7 | 83.1 | 54.1 | 18.2 | 70.2 | 52.3 | 51.6 | 32.9 | 84.3 | 62.1 | 17.3 | 75.5 | 54.4 | 52.0 | 32.7 | 81.2 | 63.8 | 17.3 | 64.6 | 52.6 | -0.3 |
| 上海 | 43.4 | 37.5 | 51.6 | 1.9 | 9.8 | 80.9 | 38.4 | 43.6 | 38.0 | 52.1 | 1.9 | 9.7 | 89.8 | 40.1 | 42.9 | 38.6 | 51.3 | 1.9 | 9.4 | 74.1 | 37.2 | 1.2 |
| 江苏 | 40.7 | 24.1 | 56.4 | 6.5 | 9.6 | 70.2 | 35.0 | 41.0 | 23.9 | 57.2 | 6.5 | 9.7 | 74.9 | 35.9 | 39.4 | 23.9 | 54.7 | 7.0 | 9.1 | 63.3 | 33.2 | 1.9 |
| 浙江 | 44.6 | 29.0 | 76.9 | 36.8 | 9.7 | 71.9 | 45.3 | 41.5 | 29.4 | 72.8 | 36.8 | 9.8 | 80.0 | 44.0 | 42.9 | 29.3 | 72.1 | 36.5 | 9.3 | 63.9 | 42.9 | 2.4 |
| 安徽 | 44.3 | 21.5 | 74.2 | 21.0 | 14.4 | 72.0 | 41.2 | 44.1 | 21.6 | 74.1 | 21.0 | 14.3 | 74.1 | 41.3 | 41.3 | 21.6 | 68.7 | 21.1 | 13.7 | 64.9 | 39.9 | 1.3 |
| 福建 | 47.7 | 33.8 | 83.7 | 46.2 | 12.8 | 76.2 | 50.6 | 42.4 | 33.3 | 84.9 | 47.7 | 13.0 | 82.1 | 51.0 | 47.2 | 33.8 | 81.0 | 45.4 | 12.1 | 67.6 | 48.3 | 2.3 |
| 江西 | 49.6 | 22.3 | 81.8 | 46.4 | 13.4 | 79.2 | 49.2 | 45.6 | 22.5 | 81.5 | 46.5 | 13.4 | 76.8 | 48.1 | 49.0 | 22.5 | 80.8 | 47.5 | 13.4 | 73.1 | 48.1 | 1.1 |

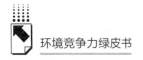
续表

| 项目地区 | 2012年 水环境竞争力 | 土地环境竞争力 | 大气环境竞争力 | 森林环境竞争力 | 矿产环境竞争力 | 能源环境竞争力 | 资源环境竞争力 | 2011年 水环境竞争力 | 土地环境竞争力 | 大气环境竞争力 | 森林环境竞争力 | 矿产环境竞争力 | 能源环境竞争力 | 资源环境竞争力 | 2010年 水环境竞争力 | 土地环境竞争力 | 大气环境竞争力 | 森林环境竞争力 | 矿产环境竞争力 | 能源环境竞争力 | 资源环境竞争力 | 得分综合变化 |
|---|---|---|---|---|---|---|---|---|---|---|---|---|---|---|---|---|---|---|---|---|---|---|
| 山东 | 40.0 | 26.2 | 42.5 | 14.6 | 15.1 | 62.3 | 34.1 | 40.4 | 26.3 | 43.5 | 15.0 | 14.2 | 66.1 | 34.9 | 44.7 | 26.7 | 41.6 | 15.1 | 14.5 | 55.8 | 33.9 | 0.2 |
| 河南 | 39.1 | 21.8 | 57.6 | 21.1 | 11.7 | 76.0 | 38.3 | 39.7 | 22.0 | 58.0 | 21.4 | 11.8 | 67.1 | 37.0 | 39.4 | 22.4 | 52.8 | 21.6 | 12.2 | 57.7 | 34.8 | 3.5 |
| 湖北 | 45.1 | 25.0 | 72.6 | 30.5 | 30.5 | 67.2 | 44.5 | 44.4 | 24.9 | 73.3 | 30.7 | 32.8 | 73.8 | 45.9 | 44.2 | 24.8 | 73.6 | 30.9 | 30.0 | 62.4 | 43.6 | 0.9 |
| 湖南 | 47.3 | 25.1 | 75.0 | 45.7 | 10.6 | 70.7 | 46.4 | 44.3 | 25.2 | 75.6 | 46.0 | 10.9 | 71.5 | 46.5 | 46.8 | 25.1 | 66.7 | 44.0 | 18.6 | 58.2 | 43.6 | 2.8 |
| 广东 | 38.9 | 30.2 | 80.3 | 41.9 | 12.3 | 72.6 | 46.2 | 37.6 | 30.5 | 80.2 | 42.2 | 12.2 | 76.9 | 46.7 | 39.2 | 30.6 | 73.0 | 41.9 | 19.5 | 60.3 | 44.0 | 2.2 |
| 广西 | 51.1 | 25.8 | 83.2 | 51.2 | 21.5 | 70.5 | 50.6 | 48.7 | 26.0 | 83.7 | 51.3 | 20.4 | 78.1 | 51.5 | 47.3 | 25.9 | 65.9 | 51.4 | 20.9 | 63.6 | 46.4 | 4.3 |
| 海南 | 46.3 | 32.2 | 98.2 | 23.6 | 13.7 | 75.2 | 47.8 | 46.6 |  | 98.1 | 23.6 | 13.7 | 69.0 | 46.9 | 45.7 | 32.2 | 98.2 | 23.6 | 14.2 | 69.3 | 46.7 | 1.1 |
| 重庆 | 42.7 | 25.6 | 76.7 | 26.5 | 12.3 | 76.4 | 43.4 | 42.7 | 27.0 | 76.7 | 27.2 | 12.1 | 77.0 | 43.9 | 41.9 | 26.5 | 73.1 | 27.7 | 11.5 | 66.3 | 41.3 | 2.1 |
| 四川 | 53.7 | 28.1 | 80.3 | 61.1 | 32.6 | 68.3 | 54.0 | 50.6 | 28.2 | 81.7 | 62.9 | 32.2 | 67.6 | 53.7 | 50.9 | 28.0 | 75.5 | 65.1 | 29.5 | 59.5 | 51.5 | 2.4 |
| 贵州 | 54.7 | 23.9 | 78.1 | 30.3 | 33.9 | 51.6 | 44.6 | 47.5 | 23.4 | 78.8 | 31.1 | 32.2 | 59.0 | 44.4 | 48.1 | 23.4 | 80.2 | 31.4 | 31.5 | 45.4 | 41.9 | 2.8 |
| 云南 | 57.1 | 29.7 | 82.2 | 70.6 | 27.2 | 62.1 | 55.5 | 49.3 |  | 82.4 | 72.3 | 31.5 | 68.2 | 55.0 | 51.5 | 30.0 | 86.2 | 73.4 | 31.5 | 57.4 | 54.9 | 0.4 |
| 西藏 | 67.1 | 34.4 | 98.9 | 51.8 | 11.4 | 85.5 | 59.2 | 66.9 | 34.4 | 99.0 | 51.5 | 11.3 | 85.4 | 59.1 | 66.9 | 34.7 | 99.1 | 51.8 | 11.3 | 85.5 | 59.2 | 0.0 |
| 陕西 | 47.3 | 28.6 | 71.7 | 38.5 | 19.1 | 64.5 | 45.2 | 47.3 | 28.9 | 72.5 | 38.8 | 18.3 | 67.0 | 44.9 | 46.4 | 28.5 | 72.0 | 39.4 | 17.2 | 58.8 | 44.0 | 1.2 |
| 甘肃 | 48.6 | 23.1 | 72.5 | 22.5 | 15.9 | 59.6 | 40.4 | 48.5 | 23.3 | 71.2 | 22.8 | 15.5 | 63.3 | 40.9 | 47.4 | 24.2 | 71.6 | 23.7 | 15.1 | 52.9 | 39.2 | 1.1 |
| 青海 | 48.9 | 25.4 | 81.7 | 17.0 | 21.1 | 45.1 | 39.0 | 47.5 | 25.5 | 83.7 | 17.6 | 21.9 | 48.1 | 39.9 | 47.5 | 25.6 | 82.6 | 17.0 | 24.2 | 43.0 | 39.0 | 0.1 |
| 宁夏 | 47.3 | 22.1 | 76.1 | 1.9 | 14.1 | 42.1 | 35.2 | 47.3 | 21.8 | 77.1 | 1.9 | 13.4 | 42.1 | 34.3 | 45.5 | 21.0 | 73.6 | 9.1 |  | 36.1 | 33.4 | 1.8 |
| 新疆 | 61.3 | 29.8 | 61.2 | 23.9 | 30.4 | 45.0 | 42.1 | 60.4 | 30.0 | 68.3 | 24.2 | 29.2 | 57.7 | 45.0 | 59.3 | 30.0 | 67.3 | 25.0 | 26.3 | 46.0 | 42.5 | -0.4 |
| 最高分 | 67.1 | 39.7 | 98.9 | 70.6 | 51.4 | 85.5 | 59.2 | 66.9 | 39.8 | 99.0 | 72.0 | 51.5 | 89.5 | 59.1 | 66.9 | 39.9 | 99.1 | 73.4 | 52.8 | 85.5 | 59.2 | 0.0 |
| 最低分 | 38.9 | 21.5 | 42.5 | 1.9 | 9.6 | 42.1 | 34.1 | 37.6 | 21.6 | 43.5 | 1.9 | 9.5 | 42.1 | 33.9 | 39.2 | 21.6 | 41.6 | 9.1 | 9.7 | 36.1 | 33.3 | 0.9 |
| 平均分 | 48.4 | 27.4 | 72.5 | 32.2 | 19.3 | 66.9 | 44.5 | 47.0 | 27.5 | 73.3 | 32.7 | 19.2 | 69.3 | 44.9 | 47.1 | 27.5 | 71.0 | 32.9 | 19.3 | 59.4 | 43.0 | 1.6 |
| 标准差 | 6.6 | 4.7 | 13.5 | 18.5 | 10.4 | 11.8 | 6.6 | 6.2 | 4.7 | 13.2 | 19.0 | 10.2 | 13.1 | 6.5 | 5.7 | 4.8 | 13.1 | 19.2 | 10.1 | 11.3 | 6.7 | -0.1 |

表3-5 全国31个省、市、区环境管理竞争力评价分值及排名表

| 项目地区 | 2012年 环境治理竞争力 得分 | 排名 | 环境友好竞争力 得分 | 排名 | 环境管理竞争力 得分 | 排名 | 2011年 环境治理竞争力 得分 | 排名 | 环境友好竞争力 得分 | 排名 | 环境管理竞争力 得分 | 排名 | 2010年 环境治理竞争力 得分 | 排名 | 环境友好竞争力 得分 | 排名 | 环境管理竞争力 得分 | 排名 | 得分综合变化 | 排名综合变化 |
|---|---|---|---|---|---|---|---|---|---|---|---|---|---|---|---|---|---|---|---|---|
| 北京 | 15.3 | 26 | 56.1 | 25 | 38.2 | 24 | 9.1 | 29 | 56.9 | 24 | 36.0 | 27 | 12.8 | 27 | 55.7 | 22 | 36.9 | 24 | 1.3 | 0 |
| 天津 | 8.7 | 28 | 68.8 | 12 | 42.5 | 21 | 10.5 | 28 | 68.6 | 11 | 43.2 | 20 | 10.1 | 29 | 65.3 | 11 | 41.2 | 19 | 1.4 | -2 |
| 河北 | 47.8 | 4 | 79.9 | 5 | 65.9 | 5 | 48.0 | 3 | 79.1 | 4 | 65.5 | 3 | 44.1 | 3 | 90.1 | 1 | 70.0 | 1 | -4.1 | -4 |
| 山西 | 37.6 | 6 | 87.9 | 1 | 65.9 | 4 | 27.8 | 10 | 85.1 | 1 | 60.1 | 5 | 28.9 | 11 | 75.6 | 3 | 55.2 | 6 | 10.8 | 2 |
| 内蒙古 | 44.3 | 5 | 84.6 | 3 | 67.0 | 2 | 36.6 | 6 | 71.3 | 8 | 56.1 | 7 | 51.2 | 2 | 71.3 | 4 | 62.5 | 2 | 4.5 | -1 |
| 辽宁 | 48.5 | 3 | 86.1 | 2 | 69.6 | 1 | 50.8 | 1 | 84.6 | 2 | 69.8 | 1 | 31.4 | 7 | 70.4 | 5 | 53.3 | 7 | 16.3 | 6 |
| 吉林 | 12.2 | 27 | 52.9 | 26 | 35.1 | 27 | 15.4 | 23 | 53.8 | 27 | 37.0 | 26 | 17.2 | 22 | 48.9 | 24 | 35.0 | 26 | 0.1 | -1 |
| 黑龙江 | 20.5 | 19 | 48.8 | 27 | 36.4 | 25 | 24.0 | 16 | 49.2 | 28 | 38.2 | 25 | 22.5 | 16 | 40.6 | 28 | 32.6 | 27 | 3.8 | 2 |
| 上海 | 15.9 | 25 | 48.4 | 29 | 34.2 | 29 | 17.1 | 21 | 59.5 | 21 | 41.0 | 21 | 18.1 | 21 | 59.9 | 18 | 41.6 | 18 | -7.4 | -11 |

续表

| 项目 地区 | 2012 年 | | | | | | | | | | | | 2011 年 | | | | | | | | | | | | 2010 年 | | | | | | | | | | | | 得分综合变化 | 排名综合变化 |
|---|---|---|---|---|---|---|---|---|---|---|---|---|---|---|---|---|---|---|---|---|---|---|---|---|---|---|---|---|---|---|---|---|---|---|---|---|---|---|
| | 环境治理竞争力 | | 环境友好竞争力 | | 环境管理竞争力 | | | | | | | | 环境治理竞争力 | | 环境友好竞争力 | | 环境管理竞争力 | | | | | | | | 环境治理竞争力 | | 环境友好竞争力 | | 环境管理竞争力 | | | | | | | | | | |
| | 得分 | 排名 | 得分 | 排名 | 得分 | 排名 | | | | | | | 得分 | 排名 | 得分 | 排名 | 得分 | 排名 | | | | | | | 得分 | 排名 | 得分 | 排名 | 得分 | 排名 | | | | | | | | |
| 江 苏 | 49.4 | 2 | 72.8 | 8 | 62.5 | 6 | | | | | | | 44.3 | 4 | 73.1 | 7 | 60.5 | 4 | | | | | | | 41.8 | 4 | 67.4 | 8 | 56.2 | 5 | | | | | | | 6.3 | -1 |
| 浙 江 | 29.1 | 12 | 66.8 | 15 | 50.3 | 10 | | | | | | | 24.0 | 15 | 66.0 | 14 | 47.6 | 14 | | | | | | | 29.4 | 9 | 62.5 | 15 | 48.0 | 11 | | | | | | | 2.3 | 1 |
| 安 徽 | 33.5 | 7 | 77.1 | 7 | 58.0 | 7 | | | | | | | 33.7 | 7 | 74.9 | 6 | 56.9 | 6 | | | | | | | 29.3 | 10 | 65.4 | 10 | 49.6 | 9 | | | | | | | 8.4 | 2 |
| 福 建 | 20.9 | 17 | 72.2 | 10 | 49.8 | 12 | | | | | | | 13.1 | 26 | 69.2 | 10 | 44.6 | 17 | | | | | | | 15.4 | 24 | 65.9 | 9 | 43.8 | 17 | | | | | | | 5.9 | 5 |
| 江 西 | 29.3 | 11 | 61.4 | 19 | 47.3 | 17 | | | | | | | 24.2 | 14 | 58.3 | 22 | 43.4 | 18 | | | | | | | 21.4 | 17 | 67.5 | 7 | 47.4 | 13 | | | | | | | 0.0 | -4 |
| 山 东 | 49.8 | 1 | 81.9 | 4 | 67.8 | 2 | | | | | | | 49.5 | 2 | 82.9 | 3 | 68.3 | 2 | | | | | | | 37.4 | 5 | 76.4 | 2 | 59.3 | 3 | | | | | | | 8.5 | 1 |
| 河 南 | 18.9 | 23 | 77.2 | 6 | 51.1 | 9 | | | | | | | 27.3 | 11 | 75.2 | 5 | 54.2 | 8 | | | | | | | 24.3 | 15 | 68.3 | 6 | 49.1 | 10 | | | | | | | 2.6 | 1 |
| 湖 北 | 29.3 | 10 | 66.4 | 17 | 50.2 | 11 | | | | | | | 36.9 | 5 | 64.8 | 18 | 52.6 | 9 | | | | | | | 25.3 | 12 | 59.7 | 19 | 44.6 | 16 | | | | | | | 5.6 | 5 |
| 湖 南 | 20.6 | 18 | 59.5 | 21 | 42.5 | 22 | | | | | | | 22.0 | 17 | 59.8 | 20 | 43.2 | 19 | | | | | | | 21.2 | 19 | 51.5 | 23 | 38.2 | 22 | | | | | | | 4.3 | 0 |
| 广 东 | 22.9 | 16 | 68.0 | 14 | 48.2 | 14 | | | | | | | 26.7 | 12 | 64.8 | 17 | 48.1 | 13 | | | | | | | 51.3 | 1 | 61.1 | 17 | 56.8 | 4 | | | | | | | -8.6 | -10 |
| 广 西 | 18.7 | 24 | 72.6 | 9 | 49.0 | 13 | | | | | | | 17.0 | 22 | 64.9 | 16 | 44.0 | 16 | | | | | | | 21.2 | 18 | 65.2 | 12 | 46.0 | 15 | | | | | | | 3.0 | 2 |
| 海 南 | 7.7 | 30 | 58.2 | 22 | 36.1 | 26 | | | | | | | 3.1 | 31 | 56.3 | 25 | 33.0 | 30 | | | | | | | 6.3 | 30 | 46.5 | 27 | 28.9 | 27 | | | | | | | 7.2 | 2 |
| 重 庆 | 19.3 | 22 | 57.2 | 24 | 40.6 | 23 | | | | | | | 19.5 | 18 | 57.4 | 23 | 40.8 | 21 | | | | | | | 19.9 | 20 | 47.2 | 26 | 35.3 | 24 | | | | | | | 5.3 | 2 |
| 四 川 | 30.6 | 8 | 70.3 | 11 | 53.0 | 8 | | | | | | | 32.9 | 8 | 66.3 | 13 | 51.7 | 11 | | | | | | | 34.3 | 6 | 63.5 | 13 | 50.8 | 8 | | | | | | | 2.2 | 0 |
| 贵 州 | 19.5 | 20 | 68.1 | 13 | 46.8 | 18 | | | | | | | 18.7 | 20 | 65.7 | 15 | 45.1 | 15 | | | | | | | 15.4 | 23 | 59.6 | 20 | 40.3 | 20 | | | | | | | 6.6 | 2 |
| 云 南 | 30.3 | 9 | 61.2 | 20 | 47.7 | 16 | | | | | | | 28.2 | 10 | 70.6 | 9 | 52.1 | 10 | | | | | | | 24.8 | 14 | 62.6 | 14 | 46.0 | 14 | | | | | | | 1.7 | -2 |
| 西 藏 | 2.0 | 31 | 0.0 | 31 | 0.9 | 31 | | | | | | | 14.9 | 24 | 0.0 | 31 | 6.5 | 31 | | | | | | | 1.4 | 31 | 0.0 | 31 | 0.6 | 31 | | | | | | | 0.3 | 0 |
| 陕 西 | 23.4 | 14 | 66.6 | 16 | 47.7 | 15 | | | | | | | 24.6 | 13 | 67.4 | 12 | 48.7 | 12 | | | | | | | 29.7 | 8 | 61.5 | 16 | 47.6 | 12 | | | | | | | 0.1 | -3 |
| 甘 肃 | 24.9 | 13 | 57.7 | 23 | 43.3 | 20 | | | | | | | 19.5 | 19 | 55.7 | 26 | 39.7 | 23 | | | | | | | 25.1 | 13 | 47.7 | 25 | 37.8 | 23 | | | | | | | 5.5 | 3 |
| 青 海 | 7.9 | 29 | 48.6 | 28 | 30.8 | 30 | | | | | | | 6.8 | 30 | 49.1 | 29 | 30.6 | 29 | | | | | | | 11.0 | 28 | 33.9 | 30 | 23.8 | 30 | | | | | | | 6.9 | 0 |
| 宁 夏 | 19.3 | 21 | 62.5 | 18 | 43.6 | 19 | | | | | | | 13.3 | 25 | 59.8 | 19 | 39.5 | 24 | | | | | | | 14.9 | 25 | 59.0 | 21 | 39.7 | 21 | | | | | | | 3.9 | 2 |
| 新 疆 | 23.3 | 15 | 42.9 | 30 | 34.3 | 28 | | | | | | | 11.5 | 27 | 42.7 | 30 | 29.1 | 30 | | | | | | | 14.6 | 26 | 36.1 | 29 | 26.7 | 29 | | | | | | | 7.6 | 1 |
| 最高分 | 49.8 | | 87.9 | | 69.6 | | | | | | | | 50.8 | | 85.1 | | 69.8 | | | | | | | | 51.3 | | 90.0 | | 70.0 | | | | | | | | -0.4 | |
| 最低分 | 2.0 | | 0.0 | | 0.9 | | | | | | | | 3.1 | | 0.0 | | 6.5 | | | | | | | | 1.4 | | 0.0 | | 0.6 | | | | | | | | 0.3 | |
| 平均分 | 25.2 | | 64.0 | | 47.0 | | | | | | | | 24.2 | | 63.0 | | 46.0 | | | | | | | | 24.2 | | 58.3 | | 43.4 | | | | | | | | 3.6 | |
| 标准差 | 12.9 | | 16.7 | | 13.9 | | | | | | | | 12.6 | | 15.6 | | 12.8 | | | | | | | | 12.1 | | 16.2 | | 13.1 | | | | | | | | 0.7 | |

**表 3 – 6　全国 31 个省、市、区环境影响竞争力评价分值及排名表**

| 项目 地区 | 2012 年 | | | | | | 2011 年 | | | | | | 2010 年 | | | | | | 得分综合变化 | 排名综合变化 |
|---|---|---|---|---|---|---|---|---|---|---|---|---|---|---|---|---|---|---|---|---|
| | 环境安全竞争力 | | 环境质量竞争力 | | 环境影响竞争力 | | 环境安全竞争力 | | 环境质量竞争力 | | 环境影响竞争力 | | 环境安全竞争力 | | 环境质量竞争力 | | 环境影响竞争力 | | | |
| | 得分 | 排名 | 得分 | 排名 | 得分 | 排名 | 得分 | 排名 | 得分 | 排名 | 得分 | 排名 | 得分 | 排名 | 得分 | 排名 | 得分 | 排名 | | |
| 北 京 | 83.3 | 5 | 84.7 | 2 | 84.1 | 2 | 87.0 | 3 | 83.8 | 2 | 85.1 | 2 | 84.6 | 2 | 89.4 | 2 | 87.4 | 2 | -3.4 | 0 |
| 天 津 | 87.0 | 1 | 78.1 | 4 | 81.8 | 3 | 90.5 | 1 | 80.1 | 4 | 84.4 | 3 | 90.3 | 1 | 81.3 | 5 | 85.0 | 3 | -3.3 | 0 |
| 河 北 | 64.4 | 26 | 68.4 | 19 | 66.7 | 24 | 75.3 | 16 | 69.7 | 19 | 72.1 | 16 | 78.5 | 10 | 74.2 | 16 | 76.0 | 11 | -9.3 | -13 |
| 山 西 | 80.1 | 10 | 59.2 | 28 | 67.9 | 21 | 61.0 | 26 | 63.0 | 28 | 62.2 | 27 | 76.7 | 13 | 62.4 | 26 | 68.3 | 23 | -0.4 | 2 |
| 内蒙古 | 57.1 | 30 | 44.2 | 29 | 49.6 | 31 | 59.0 | 27 | 48.4 | 29 | 52.8 | 31 | 57.2 | 27 | 53.7 | 30 | 55.1 | 31 | -5.6 | 0 |
| 辽 宁 | 64.1 | 27 | 62.9 | 25 | 63.4 | 27 | 82.9 | 6 | 67.1 | 22 | 73.7 | 10 | 74.7 | 16 | 70.4 | 24 | 72.2 | 18 | -8.8 | -9 |

续表

| 地区 | 2012年 环境安全竞争力 得分 | 排名 | 环境质量竞争力 得分 | 排名 | 环境影响竞争力 得分 | 排名 | 2011年 环境安全竞争力 得分 | 排名 | 环境质量竞争力 得分 | 排名 | 环境影响竞争力 得分 | 排名 | 2010年 环境安全竞争力 得分 | 排名 | 环境质量竞争力 得分 | 排名 | 环境影响竞争力 得分 | 排名 | 得分综合变化 | 排名综合变化 |
|---|---|---|---|---|---|---|---|---|---|---|---|---|---|---|---|---|---|---|---|---|
| 吉林 | 83.3 | 4 | 65.1 | 24 | 72.7 | 14 | 77.6 | 12 | 66.6 | 25 | 71.2 | 17 | 59.9 | 26 | 71.2 | 22 | 66.5 | 26 | 6.2 | 12 |
| 黑龙江 | 71.7 | 21 | 62.0 | 26 | 66.0 | 26 | 77.0 | 13 | 66.3 | 26 | 70.8 | 19 | 65.9 | 21 | 75.7 | 14 | 71.6 | 19 | -5.6 | -7 |
| 上海 | 79.3 | 12 | 71.7 | 10 | 74.9 | 9 | 79.9 | 9 | 73.5 | 12 | 76.1 | 6 | 82.0 | 7 | 78.2 | 9 | 79.8 | 4 | -4.9 | -5 |
| 江苏 | 78.1 | 15 | 65.5 | 23 | 70.8 | 18 | 80.3 | 8 | 66.6 | 24 | 72.3 | 14 | 83.7 | 4 | 70.7 | 23 | 76.1 | 10 | -5.3 | -8 |
| 浙江 | 70.6 | 22 | 69.9 | 16 | 70.2 | 20 | 65.1 | 24 | 70.9 | 17 | 68.5 | 22 | 83.8 | 3 | 73.0 | 20 | 77.5 | 7 | -7.3 | -13 |
| 安徽 | 77.4 | 16 | 71.2 | 11 | 73.8 | 11 | 75.7 | 15 | 73.1 | 13 | 74.2 | 7 | 75.3 | 14 | 77.7 | 10 | 76.7 | 9 | -2.9 | -2 |
| 福建 | 86.6 | 2 | 74.5 | 6 | 79.5 | 4 | 83.6 | 5 | 76.0 | 6 | 79.2 | 4 | 70.8 | 20 | 74.5 | 15 | 73.0 | 15 | 6.6 | 11 |
| 江西 | 79.2 | 13 | 72.7 | 8 | 75.5 | 7 | 65.8 | 23 | 74.0 | 10 | 70.6 | 21 | 54.3 | 28 | 77.3 | 11 | 67.7 | 24 | 7.8 | 17 |
| 山东 | 72.6 | 20 | 69.9 | 17 | 71.0 | 17 | 72.5 | 20 | 71.8 | 15 | 72.1 | 15 | 72.8 | 17 | 73.1 | 19 | 73.0 | 16 | -2.0 | -1 |
| 河南 | 75.4 | 19 | 71.1 | 12 | 72.9 | 12 | 68.2 | 21 | 72.6 | 14 | 70.8 | 17 | 71.9 | 18 | 73.2 | 18 | 72.7 | 17 | 0.2 | 5 |
| 湖北 | 68.4 | 24 | 66.3 | 21 | 67.2 | 22 | 56.4 | 28 | 66.8 | 23 | 62.4 | 26 | 63.5 | 23 | 72.2 | 21 | 68.6 | 22 | -1.4 | 0 |
| 湖南 | 42.6 | 31 | 74.4 | 7 | 61.1 | 28 | 33.5 | 31 | 76.3 | 5 | 58.4 | 29 | 51.7 | 30 | 77.0 | 12 | 66.4 | 27 | -5.3 | -1 |
| 广东 | 79.7 | 11 | 72.7 | 9 | 75.6 | 6 | 73.3 | 19 | 74.7 | 8 | 74.1 | 8 | 75.3 | 14 | 79.7 | 8 | 77.9 | 6 | -2.3 | 0 |
| 广西 | 68.6 | 23 | 66.1 | 22 | 67.2 | 23 | 63.0 | 25 | 69.0 | 20 | 66.5 | 24 | 62.9 | 24 | 59.8 | 28 | 61.1 | 29 | 6.1 | 6 |
| 海南 | 82.2 | 8 | 69.8 | 18 | 75.0 | 8 | 76.1 | 16 | 70.6 | 18 | 72.9 | 12 | 82.0 | 7 | 74.1 | 17 | 77.4 | 9 | -2.4 | 0 |
| 重庆 | 80.4 | 9 | 75.5 | 5 | 77.6 | 5 | 78.1 | 11 | 75.1 | 7 | 76.4 | 5 | 82.6 | 6 | 66.4 | 26 | 73.2 | 14 | 4.4 | 9 |
| 四川 | 58.1 | 29 | 82.0 | 3 | 72.0 | 15 | 54.1 | 29 | 82.5 | 3 | 70.7 | 20 | 60.9 | 25 | 83.0 | 4 | 73.8 | 12 | -1.7 | -3 |
| 贵州 | 76.6 | 17 | 70.1 | 14 | 72.8 | 13 | 53.3 | 30 | 74.4 | 9 | 65.6 | 25 | 48.2 | 31 | 81.2 | 6 | 67.4 | 25 | 5.3 | 12 |
| 云南 | 61.6 | 28 | 69.9 | 15 | 66.4 | 25 | 67.7 | 22 | 68.4 | 21 | 68.1 | 23 | 52.2 | 29 | 83.5 | 3 | 70.5 | 21 | -4.1 | -4 |
| 西藏 | 82.2 | 7 | 94.7 | 1 | 89.5 | 1 | 87.1 | 2 | 95.1 | 1 | 91.7 | 1 | 78.5 | 11 | 94.7 | 1 | 87.9 | 1 | 1.6 | 0 |
| 陕西 | 78.9 | 14 | 71.1 | 13 | 74.3 | 10 | 73.6 | 18 | 73.9 | 11 | 73.7 | 9 | 64.1 | 22 | 76.6 | 13 | 71.4 | 20 | 2.9 | 10 |
| 甘肃 | 75.9 | 18 | 68.4 | 20 | 71.5 | 16 | 74.4 | 17 | 71.2 | 16 | 72.5 | 13 | 77.5 | 12 | 80.4 | 7 | 79.2 | 5 | -7.7 | -11 |
| 青海 | 84.9 | 3 | 59.9 | 27 | 70.3 | 19 | 85.6 | 4 | 65.1 | 27 | 73.6 | 11 | 80.1 | 10 | 68.9 | 25 | 73.5 | 13 | -3.3 | -6 |
| 宁夏 | 82.7 | 6 | 40.0 | 30 | 57.8 | 29 | 81.9 | 7 | 39.1 | 31 | 56.9 | 30 | 83.4 | 5 | 35.7 | 31 | 55.6 | 30 | 2.2 | 1 |
| 新疆 | 67.1 | 25 | 38.8 | 31 | 50.6 | 30 | 79.5 | 10 | 45.8 | 30 | 59.8 | 28 | 72.7 | 18 | 56.5 | 29 | 63.3 | 28 | -12.7 | -2 |
| 最高分 | 87.0 | | 94.7 | | 89.5 | | 90.5 | | 95.1 | | 91.7 | | 90.3 | | 94.7 | | 87.9 | | 1.6 | |
| 最低分 | 42.6 | | 38.8 | | 49.6 | | 33.5 | | 39.1 | | 52.8 | | 48.2 | | 35.7 | | 55.1 | | -5.6 | |
| 平均分 | 74.2 | | 68.1 | | 70.6 | | 72.2 | | 70.0 | | 70.9 | | 71.5 | | 73.1 | | 72.4 | | -1.8 | |
| 标准差 | 10.1 | | 11.5 | | 8.5 | | 12.3 | | 10.7 | | 8.2 | | 11.4 | | 11.1 | | 7.8 | | 0.7 | |

表3-7　全国31个省、市、区环境协调竞争力评价分值及排名表

| 地区 | 2012年 人口与环境协调竞争力 得分 | 排名 | 经济与环境协调竞争力 得分 | 排名 | 环境协调竞争力 得分 | 排名 | 2011年 人口与环境协调竞争力 得分 | 排名 | 经济与环境协调竞争力 得分 | 排名 | 环境协调竞争力 得分 | 排名 | 2010年 人口与环境协调竞争力 得分 | 排名 | 经济与环境协调竞争力 得分 | 排名 | 环境协调竞争力 得分 | 排名 | 得分综合变化 | 排名综合变化 |
|---|---|---|---|---|---|---|---|---|---|---|---|---|---|---|---|---|---|---|---|---|
| 北京 | 54.4 | 9 | 58.9 | 26 | 57.1 | 27 | 56.2 | 9 | 39.1 | 31 | 45.8 | 30 | 65.1 | 2 | 55.8 | 25 | 59.4 | 20 | -2.3 | -7 |
| 天津 | 54.7 | 8 | 37.9 | 31 | 44.5 | 31 | 56.7 | 5 | 41.6 | 30 | 47.6 | 29 | 49.1 | 24 | 41.9 | 31 | 44.8 | 30 | -0.2 | -1 |
| 河北 | 45.0 | 27 | 73.8 | 7 | 62.4 | 12 | 46.7 | 25 | 73.7 | 5 | 63.0 | 9 | 48.3 | 25 | 65.2 | 17 | 58.5 | 22 | 3.9 | 10 |
| 山西 | 49.6 | 21 | 76.2 | 3 | 65.7 | 4 | 48.3 | 23 | 81.1 | 2 | 68.2 | 2 | 50.0 | 22 | 79.6 | 2 | 67.9 | 2 | -2.2 | -2 |
| 内蒙古 | 51.9 | 15 | 63.7 | 22 | 59.0 | 22 | 51.5 | 16 | 64.1 | 19 | 59.1 | 16 | 49.6 | 23 | 62.4 | 20 | 57.3 | 23 | 1.7 | 1 |

续表

| 项目 地区 | 2012 年 人口与环境协调竞争力 得分 | 排名 | 经济与环境协调竞争力 得分 | 排名 | 环境协调竞争力 得分 | 排名 | 2011 年 人口与环境协调竞争力 得分 | 排名 | 经济与环境协调竞争力 得分 | 排名 | 环境协调竞争力 得分 | 排名 | 2010 年 人口与环境协调竞争力 得分 | 排名 | 经济与环境协调竞争力 得分 | 排名 | 环境协调竞争力 得分 | 排名 | 得分综合变化 | 排名综合变化 |
|---|---|---|---|---|---|---|---|---|---|---|---|---|---|---|---|---|---|---|---|---|
| 辽宁 | 42.6 | 28 | 72.6 | 9 | 60.7 | 17 | 52.9 | 14 | 68.4 | 13 | 62.3 | 10 | 47.9 | 26 | 76.2 | 3 | 65.0 | 3 | -4.3 | -14 |
| 吉林 | 48.8 | 25 | 64.9 | 20 | 58.5 | 24 | 58.5 | 3 | 69.0 | 12 | 64.8 | 4 | 56.0 | 9 | 69.0 | 10 | 63.8 | 5 | -5.3 | -19 |
| 黑龙江 | 49.5 | 22 | 57.6 | 27 | 54.4 | 28 | 61.7 | 2 | 60.5 | 20 | 61.0 | 12 | 52.1 | 16 | 55.5 | 26 | 53.9 | 28 | 0.5 | 0 |
| 上海 | 77.1 | 1 | 50.7 | 30 | 61.1 | 14 | 70.4 | 1 | 43.8 | 28 | 54.3 | 22 | 79.1 | 1 | 48.8 | 29 | 60.8 | 13 | 0.3 | -1 |
| 江苏 | 51.3 | 16 | 63.6 | 23 | 58.8 | 23 | 56.7 | 7 | 50.7 | 26 | 53.1 | 25 | 51.5 | 18 | 51.4 | 28 | 51.4 | 29 | 7.3 | 6 |
| 浙江 | 61.7 | 2 | 64.3 | 21 | 63.3 | 9 | 58.5 | 4 | 47.7 | 27 | 51.9 | 28 | 62.7 | 7 | 56.1 | 24 | 58.7 | 13 | 4.6 | 12 |
| 安徽 | 55.6 | 7 | 69.6 | 13 | 64.1 | 8 | 50.6 | 18 | 74.0 | 4 | 64.7 | 5 | 55.2 | 11 | 69.2 | 9 | 63.6 | 6 | 0.4 | -2 |
| 福建 | 51.2 | 17 | 66.7 | 17 | 60.6 | 18 | 56.7 | 6 | 64.3 | 18 | 61.3 | 11 | 57.4 | 5 | 64.8 | 18 | 61.9 | 11 | -1.3 | -7 |
| 江西 | 49.1 | 24 | 67.7 | 16 | 60.3 | 19 | 49.5 | 21 | 66.4 | 17 | 59.7 | 15 | 56.8 | 21 | 61.8 | 21 | 59.8 | 18 | 0.5 | -1 |
| 山东 | 56.6 | 6 | 70.0 | 12 | 64.7 | 7 | 50.9 | 17 | 54.1 | 24 | 52.8 | 26 | 56.5 | 8 | 53.6 | 27 | 54.7 | 26 | 10.0 | 19 |
| 河南 | 54.2 | 11 | 71.8 | 10 | 64.8 | 6 | 54.1 | 12 | 70.0 | 9 | 63.7 | 7 | 55.1 | 12 | 66.4 | 15 | 61.9 | 11 | 2.9 | 4 |
| 湖北 | 52.3 | 14 | 73.7 | 8 | 65.2 | 5 | 53.7 | 13 | 69.7 | 10 | 63.4 | 9 | 55.2 | 10 | 69.6 | 9 | 63.9 | 8 | 1.3 | -1 |
| 湖南 | 50.2 | 20 | 66.1 | 18 | 59.8 | 20 | 50.0 | 20 | 66.9 | 15 | 60.2 | 14 | 57.5 | 4 | 66.7 | 14 | 63.1 | 8 | -3.3 | -12 |
| 广东 | 52.5 | 13 | 61.8 | 24 | 58.1 | 25 | 51.5 | 15 | 53.1 | 25 | 52.5 | 27 | 56.5 | 7 | 62.9 | 19 | 60.4 | 17 | -2.2 | -8 |
| 广西 | 49.4 | 23 | 69.2 | 14 | 61.4 | 13 | 44.5 | 27 | 67.0 | 14 | 58.1 | 18 | 51.2 | 19 | 60.6 | 22 | 56.9 | 24 | 4.4 | 11 |
| 海南 | 54.3 | 10 | 60.0 | 25 | 57.8 | 26 | 49.0 | 22 | 58.6 | 21 | 54.8 | 21 | 45.3 | 27 | 60.5 | 23 | 54.5 | 27 | 3.3 | 1 |
| 重庆 | 60.0 | 3 | 73.9 | 6 | 68.4 | 1 | 56.6 | 8 | 70.4 | 8 | 65.0 | 3 | 51.8 | 17 | 66.2 | 16 | 60.5 | 15 | 8.0 | 14 |
| 四川 | 56.9 | 4 | 75.7 | 4 | 68.2 | 2 | 55.0 | 10 | 70.7 | 7 | 64.6 | 6 | 54.1 | 15 | 69.3 | 8 | 63.3 | 7 | 5.0 | 5 |
| 贵州 | 51.0 | 18 | 53.8 | 28 | 52.7 | 29 | 47.7 | 24 | 57.2 | 22 | 53.4 | 24 | 50.2 | 21 | 68.9 | 11 | 61.5 | 12 | -8.8 | -17 |
| 云南 | 53.9 | 12 | 65.5 | 19 | 60.9 | 16 | 50.2 | 19 | 56.9 | 23 | 54.3 | 23 | 54.3 | 14 | 67.8 | 12 | 62.5 | 9 | -1.6 | -7 |
| 西藏 | 36.0 | 30 | 51.5 | 29 | 45.4 | 30 | 38.8 | 28 | 41.8 | 29 | 40.6 | 31 | 34.1 | 30 | 46.4 | 30 | 41.5 | 31 | 3.8 | 1 |
| 陕西 | 56.7 | 5 | 74.2 | 5 | 67.3 | 3 | 54.9 | 11 | 79.6 | 2 | 69.8 | 1 | 54.5 | 13 | 80.3 | 1 | 70.1 | 1 | -2.8 | -2 |
| 甘肃 | 50.2 | 19 | 71.0 | 11 | 62.8 | 10 | 46.0 | 26 | 66.5 | 16 | 58.4 | 17 | 50.3 | 20 | 67.1 | 13 | 60.4 | 16 | 2.4 | 6 |
| 青海 | 37.7 | 29 | 78.8 | 2 | 62.5 | 11 | 33.3 | 31 | 72.3 | 6 | 56.8 | 19 | 39.5 | 28 | 72.8 | 6 | 59.0 | 19 | 2.9 | 8 |
| 宁夏 | 28.3 | 31 | 82.5 | 1 | 61.0 | 15 | 34.2 | 29 | 77.7 | 3 | 60.5 | 13 | 39.2 | 29 | 74.8 | 4 | 60.7 | 14 | 0.4 | -1 |
| 新疆 | 45.0 | 26 | 69.0 | 15 | 59.5 | 21 | 33.7 | 30 | 69.4 | 11 | 55.2 | 20 | 30.1 | 31 | 74.3 | 5 | 56.8 | 25 | 2.6 | 4 |
| 最高分 | 77.1 | | 82.5 | | 68.4 | | 70.4 | | 81.1 | | 69.8 | | 79.1 | | 80.3 | | 70.1 | | -1.7 | |
| 最低分 | 28.3 | | 37.9 | | 44.5 | | 33.3 | | 39.1 | | 40.6 | | 30.1 | | 41.9 | | 41.5 | | 3.0 | |
| 平均分 | 51.2 | | 66.3 | | 60.4 | | 50.9 | | 62.8 | | 58.1 | | 52.1 | | 64.0 | | 59.3 | | 1.0 | |
| 标准差 | 8.4 | | 9.3 | | 5.5 | | 8.1 | | 11.6 | | 6.6 | | 9.0 | | 9.4 | | 5.9 | | -0.4 | |

# G.41
## 附录四：
## 参考文献

### 英文文献

Anastasios Xepapadeasa and Aart de Zeeuw. "Environmental Policy and Competitiveness：The Porter Hypothesis and the Composition of Capital ". *Journal of Environmental Economics and Management*, 1999 (2).

Audretsch, D. B., Feldman, M. P.. "R&D Spillovers and the Geography of Innovation and Production", *American Economic Review*. Vol. 86, (1996).

Birgit Friedl, Michael Getzner. Environment and Growth in a Small Open Economy：an EKC Case-Study for Austrian $CO_2$ Emissions. Discussion Paper of The College of Business Administration University of Klagenfurt, Austria, 2002.

Emerson, J., D. C. Esty, M. A. Levy, C. H. Kim, V. Mara, A. de Sherbinin, and T. Srebotnjak. 2010 Environmental Performance Index. New Haven：Yale Center for Environmental Law and Policy. January 2010.

Folke C., Jansson A., Larsson J., Et al. "Eco-system Appropriation by Cities". *Ambio*, 1997, 263, 26 (3).

Hannes Egli, Are Cross-Country Studies of the Environmental Kuznets Curve Misleading? New Evidence from Time Series Date for Germany. Discussion of Ernst-Moritz-Arndt University of Greifswald, 2001, 10.

Hardp, Bargs, Hodge T., et al.. Measuring Sustainable Development：Review of Current Practices . Oecasional Papernumber17, 1997, 11 (HSD).

Hilton FGH, Levinson A.. "Factoring the Environmental Kuznets Curve：Evidence from Automotive Emissions". *Journal of Environmental Economics and Management*, 1998.

Horst Siebert. *Economics of the Environment：Theory and Policy* (Seventh Edition). Springer Berlin Heidelberg New York, 2008.

Hunter Colin. "Sustainable Tourism and the Touristic Ecological Footprint". *Environment, Development and Sustainability*. 2002 (1).

Jaekyu Lim. *Economic Growth and Environment：Some Empirical Evidences from South Korea*. University of New South Wales, 1997.

Joseph Alcamo. "The GLASS Model：A Strategy for Quantifying Global Environmental Security". *Environmental Science & Policy*, 2002 (4).

Lester R. . Brown. "Redefining National Security". World Watch Paper No. 14, 1977.

Litfin Kt. "Constructing Environmental Security and Ecological Interdependence". *Glob Gov*, 1999, 5 (3).

Marco Trevisan. "Nonpoint-Source Agricultural Hazard Index: A Case Study of the Province of Cremona". *Environmental Management*, 2000, 26 (5).

Marcus Wagnera and Stefan Schaltegger. "The Effect of Corporate Environmental Strategy Choice and Environmental Performance on Competitiveness and Economic Performance: An Empirical Study of EU Manufacturing". *European Management Journal*, 2004 (5).

Matthew A. , Luck G. D. Jenerette, J. Wu, N. B. Grimm. "The Urban Funnel Model and the Spatially Heterogeneous Ecological Footprint". *Ecosystems*, 2001, 4 (8).

M. E. Porter, C. Van der Linde. "Toward a New Conception of the Environment-Competitiveness Relationship". *Journal of Economic Perspectives*, 1995 (9).

Myung Jin. "Jun A Metropolitan Input – Output Model: Multisectoral and Multispatial Relations of Production, Income Formation and Consumption". *The Annals of Regional Science*, 2004, 338 (1).

Panayotou, T. . Economic Growth and the Environment. Working Paper Center for International Development at Harvard University, 2000.

Porter, M. E. . *Green and Competitive: Ending the Stalemate.* In: On Competition, Boston: Harvard Business School Press, 1998.

Selden T. , Song D. . "Environmental Quality and Development: Is There a Kuznets Curve for Air Pollution Emission". *Journal of Environmental Economics and Management*, 1994, 35.

The Climate Institute and E3G. G20 low Carbon Competitiveness. 2009.

UN Commission on Sustainable Development. *Indicators of Sustainable Development for the United Kingdom.* London: HMSO, 1994.

Valerie Illingworth, *The Penguin Dictionary of Physics*, Beijing: Foreign Language Press, 1996.

## 中文文献

E. 库拉：《环境经济学思想史》，上海人民出版社，2007。

M. 韦伯：《经济与社会》，商务印书馆，1997。

阿特金森等：《公共经济学》，上海三联书店，1994。

安徽省统计局：《安徽统计年鉴》（2012～2013），中国统计出版社，2012～2013。

北京市统计局：《北京统计年鉴》（2012～2013），中国统计出版社，2012～2013。

贲克平、黄正夫：《中国生态省建设实践与理论探索》，《学会月刊》2004年第6期。

卞显红、张光生：《旅游目的地环境竞争力及其提升研究》，《生态经济》2006年第11期。

蔡艳荣：《环境影响评价》，中国环境科学出版社，2004。

曹凤中：《美国的可持续发展指标》，《环境科学动态》1996 年第 2 期。

曹茸：《推进升级版的新农村建设——访农业部"美丽乡村"创建活动负责人》，中国美丽乡村网，http：//www. beautifulcountryside. net/Item/260. aspx。

常江、朱冬冬、冯珊珊：《德国村庄更新及其对我国新农村建设的借鉴意义》，《建筑学报》2006 年第 11 期。

陈德敏：《区域经济增长与可持续发展》，重庆大学出版社，2000。

陈劭锋：《面向节约型社会的资源环境绩效国际对比研究》，《中国可持续发展》2006 年第 3 期。

陈劭锋：《2000 ~ 2005 年中国的资源环境综合绩效评估研究》，《管理科学研究》2007 年第 6 期。

陈英旭：《环境学》，中国环境科学出版社，2001。

陈瑜、彭康：《我国城市机动车尾气污染现状及防治对策》，《广东化工》2011 年第 7 期。

程声通：《环境系统分析》，高等教育出版社，1990。

邓宏兵、李俊杰、李家成：《中国省域投资环境竞争力动态分析与评估》，《生产力研究》2007 年第 16 期。

丁越兰、马凯、张伟琴：《西部城市环境竞争力实证研究》，《西北农林科技大学学报》2008 年第 2 期。

冯骥才：《城镇化会把 10 年非遗抢救成果化为乌有》，文化中国 - 中国网，2011 年 5 月16 日，http：//cul. china. com. cn/yichan/2011 - 05/26/content_ 4226333. htm。

福建日报评论员：《优美的环境也是竞争力》，《福建日报》2012 年 4 月 14 日第 1 版，http：//fjrb. fjsen. com/fjrb/html/2012 - 04/14/content_ 319441. htm。

福建省统计局：《福建统计年鉴》（2012 ~ 2013），中国统计出版社，2012 ~ 2013。

付晓东、胡铁成：《区域融资与投资环境评价》，商务印书馆，2004。

傅京燕：《环境规制与产业国际竞争力》，经济科学出版社，2006。

甘肃省统计局：《甘肃统计年鉴》（2012 ~ 2013），中国统计出版社，2012 ~ 2013。

高金田、董方：《环境保护与经济可持续发展问题分析》，《生态经济》2005 年第 1 期。
高敏雪：《国家财富的测度及其认识》，《统计研究》1999 年第 12 期。

高明、廖小萍：《大气污染治理政策的国际经验与借鉴》，《发展研究》2014 年第 2 期。

关琰珠、郑建华、庄世坚：《生态文明指标体系研究》，《中国发展》2007 年第 2 期。

广东省统计局：《广东统计年鉴》（2012 ~ 2013），中国统计出版社，2012 ~ 2013。

广西壮族自治区统计局：《广西统计年鉴》（2012 ~ 2013），中国统计出版社，2012 ~ 2013。

贵州省统计局：《贵州统计年鉴》（2012 ~ 2013），中国统计出版社，2012 ~ 2013。

郭如才：《十六大以来党中央建设生态文明思想述略》，《党的文献》2010 年第 4 期。

国家发改委：《中国应对气候变化的政策与行动》（2010、2011、2012、2013）。

国家统计局：《中国统计年鉴》（2012 ~ 2013），中国统计出版社，2012 ~ 2013。

海南省统计局：《海南统计年鉴》（2012～2013），中国统计出版社，2012～2013。

海热提、王文兴：《生态环境评价、规划与管理》，中国环境科学出版社，2004。

河北省人民政府：《河北经济年鉴》（2012～2013），中国统计出版社，2012～2013。

河南省统计局：《河南统计年鉴》（2012～2013），中国统计出版社，2012～2013。

黑龙江省统计局：《黑龙江统计年鉴》（2012～2013），中国统计出版社，2012～2013。

洪银兴：《可持续发展经济学》，商务印书馆，2000。

湖北省统计局：《湖北统计年鉴》（2012～2013），中国统计出版社，2012～2013。

湖南省统计局：《湖南统计年鉴》（2012～2013），中国统计出版社，2012～2013。

环境保护部自然生态保护司：《生态省建设理论与实践》，中国环境科学出版社，2009。

黄光宇：《城市生态环境与生态城市建设》，《城市》1998 年第 3 期。

黄勤、杨小荔：《我国省区生态文明建设战略比较研究》，《江西社会科学》2012 年第 1 期。

吉林省统计局：《吉林统计年鉴》（2012～2013），中国统计出版社，2012～2013。

贾士靖、刘银仓、邢明军：《基于耦合模型的区域农业生态环境与经济协调发展研究》，《农业现代化研究》2008 年第 5 期。

江苏省统计局：《江苏统计年鉴》（2012～2013），中国统计出版社，2012～2013。

江西省统计局：《江西统计年鉴》（2012～2013），中国统计出版社，2012～2013。

蒋小平：《河南省生态文明评价指标体系的构建研究》，《河南农业大学学报》2008 年第 1 期。

康晓光、马庆斌：《基于环境属性划分产业类型的全球城市体系环境演变研究》，《中国软科学》2005 年第 4 期。

匡耀求、孙大中：《基于资源承载力的区域可持续发展评价模式探讨：对珠江三角洲经济区可持续发展的初步评价》，《热带地理》1998 年第 3 期。

李桂香、赵明华：《资源节约社会评价指标体系构建初探》，《济南大学学报》2006 年第 4 期。

李晖：《节约型城市建设评价指标体系设计》，《求索》2006 年第 12 期。

李建平等：《全球环境竞争力发展报告（2013）》，社会科学文献出版社，2013。

李建平等：《"十一五"期间中国省域经济综合竞争力发展报告》，社会科学文献出版社，2012。

李建平等：《"十一五"中期中国省域经济综合竞争力发展报告》，社会科学文献出版社，2014。

李建平等：《中国省域环境竞争力发展报告（2009～2010）》，社会科学文献出版社，2011。

李建平等：《中国省域环境竞争力发展报告（2005～2009）》，社会科学文献出版社，2010。

李建平等：《中国省域经济综合竞争力发展报告（2008～2009）》，社会科学文献出版社，2010。

李建平等：《中国省域经济综合竞争力发展报告（2011～2012）》，社会科学文献出版社，2013。

李建平等：《中国省域经济综合竞争力发展报告（2009～2010）》，社会科学文献出版社，2011。

李建平等：《中国省域经济综合竞争力发展报告（2007～2008）》，社会科学文献出版社，2009。

李建平等：《中国省域经济综合竞争力发展报告（2006～2007）》，社会科学文献出版社，2008。

李建平等：《中国省域经济综合竞争力发展报告（2005～2006）》，社会科学文献出版社，2007。

李建平等：《中国省域经济综合竞争力评价与预测研究》，社会科学文献出版社，2007。

李军军：《中国低碳经济竞争力研究》，福建师范大学博士学位论文，2011。

李丽平：《加强环境保护 提升国际竞争力》，《中国环境报》2012年2月7日第2版，http://www.cenews.com.cn/xwzx/gd/qt/201202/t20120207_712318.html。

李胜贤、郭明顺：《日本新村建设对我国社会主义新农村建设的启示》，《沈阳农业大学学报》（社会科学版）2007年第3期。

李铁英：《我国自然保护区建设中的和谐社会理论探讨》，《林业资源管理》2008年第1期。

李雪松、孙博文：《大气污染治理的经济属性及政策演进：一个分析框架》，《改革》2014年第4期。

李永才：《韩国的新村建设及其借鉴》，吉林大学硕士学位论文，2007。

李芝、周兴、阎广慧：《生态环境与经济协调发展研究综述》，《广西社会科学》2008年第2期。

李宗尧、杨桂山：《经济快速发展地区生态环境竞争力的评价方法》，《长江流域资源与环境》2008年第1期。

两型社会建设指标体系研究课题组：《"两型"社会综合指标体系研究》，《财经理论与实践》2009年第3期。

辽宁省统计局：《辽宁统计年鉴》（2012～2013），中国统计出版社，2012～2013。

廖福霖：《生态文明建设理论与实践》，中国林业出版社，2001。

林卿、张俊飚：《生态文明视域中的农业绿色发展》，中国财政经济出版社，2012。

刘凤梅：《美丽乡村建设实践中农民现代主体意识的培育》，《中共银川市委党校学报》2013年第11期。

刘瑾、邹建国：《生物燃料的发展前景》，《生态学报》2008年第4期。

刘慷豪、柳治国：《区域投资环境竞争力的模糊综合评价研究》2006年第9期。

刘培哲：《可持续发展理论与中国21世纪议程》，气象出版社，2001。

柳兰芳：《从"美丽乡村"到"美丽中国"——解析美丽乡村的生态意蕴》，《理论月刊》2013年第9期。

鲁金萍、郑立：《中国部分省区生态环境竞争力探析》，《中国生态农业学报》2007年第6期。

陆虹：《中国环境问题与经济发展的关系分析——以大气污染为例》，《财经研究》2000年第10期。

罗乐、张应良：《区域投资环境竞争力评价——基于七省（市）的实证分析》，《重庆工商大学学报》2008年第10期。

骆敏、俞鸿：《推进美丽乡村建设需把握的几个问题》，《绍兴日报》2012年1月29日。

马丽、金凤君、刘毅：《中国经济与环境污染耦合度格局及工业结构解析》，《地理学报》2012年第10期。

内蒙古自治区统计局：《内蒙古统计年鉴》（2012～2013），中国统计出版社，2012～2013。

倪鹏飞：《中国城市竞争力报告No.1》，社会科学文献出版社，2003。

宁夏回族自治区统计局：《宁夏统计年鉴》（2012～2013），中国统计出版社，2012～2013。

秦大河、张坤民、牛文元：《中国人口资源与可持续发展》，新华出版社，2002。

青海省统计局：《青海统计年鉴》（2012～2013），中国统计出版社，2012～2013。

曲如晓：《环境保护与国际竞争力关系的新视角》，《中国工业经济》2001年第9期。

曲如晓、王月水：《环保：提升国际竞争力的重要手段》，《商业研究》2002年第10期。

曲卫东、斯宾德勒：《德国村庄更新规划对中国的借鉴》，《中国土地科学》2012年第3期。

山东省统计局：《山东统计年鉴》（2012～2013），中国统计出版社，2012～2013。

山西省统计局：《山西统计年鉴》（2012～2013），中国统计出版社，2012～2013。

陕西省统计局：《陕西统计年鉴》（2012～2013），中国统计出版社，2012～2013。

上海市统计局：《上海统计年鉴》（2012～2013），中国统计出版社，2012～2013。

尚金诚、包存宽：《战略环境评价导论》，科学出版社，2003。

四川省统计局：《四川统计年鉴》（2012～2013），中国统计出版社，2012～2013。

孙春兰：《坚持科学发展　建设生态文明——福建生态省建设的探索与实践》，《求是》2012年第18期。

孙永龙、张华明：《西部十二省市区旅游业发展环境竞争力比较研究》，《重庆工商大学学报》（西部论坛）2006年第3期。

唐剑武、叶文虎：《环境承载力的本质及其定量化初步研究》，《中国环境科学》1998年第3期。

天津市统计局：《天津统计年鉴》（2012～2013），中国统计出版社，2012～2013。

王春玲、付雨鑫：《城市大气污染治理困境与政府路径研究——以兰州市为例》，《生态经济》2013年第8期。

王古欣：《可持续发展指标体系的理论与实践》，社会科学文献出版社，2004。

王海燕：《论世界银行衡量可持续发展的最新指标体系》，《中国人口·资源与环境》1996年第1期。

王金南、雷宇、宁森：《实施〈大气污染防治行动计划〉：向PM2.5宣战》，《环境保护》2014年第6期。

王路光、刘佳、武岳、李静：《环首都圈大气污染防治的路径选择》，《经济与管理》2014年第3期。

王松霈：《用生态经济学理论指导生态省建设》，《江西财经大学学报》2005年第1期。

王习明：《新农村建设在国外（美国、法国篇）》，《中国环境报》2014年5月22日。

王衍亮：《聚焦生态文明 建设美丽乡村》，《农民日报》2013年4月2日第3版。

王玉初：《美丽乡村是谁的乡村》，《湖北日报》2013年8月1日。

温宗国：《城市生态可持续发展指标的进展》，《城市环境与城市生态》2001年第6期。

西藏自治区统计局：《西藏统计年鉴》（2012～2013），中国统计出版社，2012～2013。

夏光、赵毅红：《中国环境污染损失的经济计量与研究》，《管理世界》1995年第6期。

萧代基、郑惠燕等：《环境保护之成本效益分析》，台湾俊杰书局股份有限公司，2002。

肖红、郭丽娟：《中国环境保护对产业国际竞争力的影响分析》，《国际贸易问题》2006年第12期。

新疆维吾尔自治区统计局：《新疆统计年鉴》（2012～2013），中国统计出版社，2012～2013。

邢秀凤：《经济发展与环境保护关系的计量与实证分析》，《中国海洋大学学报》2005年第5期。

许俊杰、宋仁霞：《构建资源节约型社会的评价》，《统计研究》2008年第3期。

杨发明、许庆瑞：《环境技术与企业竞争优势》，《科学管理研究》1996年第12期。

杨士弘：《城市生态环境学》，科学出版社，2003。

杨彤、王能民、朱幼林：《城市环境保护对城市竞争力的影响机制与实证研究》，《华东经济管理》2007年第6期。

叶亚平、刘鲁君：《中国省域生态环境质量评价指标体系研究》，《环境科学研究》2000年第3期。

于洁、胡明远：《以生态文明推动生态省建设进程》，《环境科学与管理》2011年第7期。

俞海：《环保是经济转型的助推器》，中国环境网，2010年7月30日。http://www.cenews.com.cn/xwzx/gd/qt/201007/t20100729_662116.html。

云南省统计局：《云南统计年鉴》（2012～2013），中国统计出版社，2012～2013。

曾凡银、冯宗宪：《基于环境的我国国际竞争力》，《经济学家》2001年第5期。

曾凡银、冯宗宪：《贸易、环境与发展中国家的经济发展研究》，《安徽大学学报》2000年第4期。

曾旭正：《台湾的社区营造》，台北远足文化事业股份有限公司，2007。

张从主编《环境评价教程》，中国环境科学出版社，2002。

张广海、王新越：《"旅游化"概念的提出及其与"新四化"的关系》，《经济管理》2014 年第 1 期。

张红凤、陈淑霞：《环境与经济双赢的规制内在机理和对策》，《财经问题研究》2008 年第 3 期。

张伟：《美丽中国战略的内涵、缘起及实施路径探讨》，《济南大学学报》（社会科学版）2013 年第 3 期。

张毅、李俊杰、李家成：《中国城市投资环境竞争力动态分析与评估》，《地域研究与开发》2009 年第 3 期。

张钟福：《永春县美丽乡村建设研究》，福建农林大学硕士学位论文，2013。

赵建军：《如何实现美丽中国梦：生态文明开启新时代》，知识产权出版社，2013。

赵敏、潘晓广：《环境规制——技术创新与经济转型的理性思考》，《山西农业大学学报》（社会科学版）2012 年第 11 期。

赵细康：《环境保护与产业国际竞争力理论与实证分析》，中国社会科学出版社，2003。

赵细康：《环境保护与国际竞争力》，《中国人口·资源与环境》2001 年第 4 期。

赵细康：《环境政策对技术创新的影响》，《中国地质大学学报》2004 年第 1 期。

赵跃龙、张玲娟：《脆弱生态环境定量评价方法的研究》，《地理科学进展》1998 年第 1 期。

浙江省统计局：《浙江统计年鉴》（2012～2013），中国统计出版社，2012～2013。

中国环境年鉴编委会编《中国环境年鉴》（2012～2013），中国环境年鉴出版社，2012～2013。

中国科学院可持续发展战略研究组：《系统学开创可持续发展理论与实践研究的新方向》，《系统辩证学学报》2001 年第 1 期。

中国科学院可持续发展战略研究组：《中国可持续发展战略报告（2007）》，科学出版社，2007。

中国科学院可持续发展战略研究组：《中国可持续发展战略报告（2009）》，科学出版社，2009。

中华人民共和国国务院新闻办公室：《中国应对气候变化的政策与行动》（2010、2011、2012、2013）。

重庆市统计局：《重庆统计年鉴》（2012～2013），中国统计出版社，2012～2013。

朱孔来：《对生态省概念、内涵、系统结构等理论问题的思考》，《科学对社会的影响》2007 年第 2 期。

# G.42
# 后　记

　　本书是全国经济综合竞争力研究中心 2014 年重点研究项目、中央财政支持地方高校发展专项项目"福建师范大学产业与区域经济综合竞争力研究创新团队"2013~2014 年重大研究成果，中央组织部首批"万人计划"青年拔尖人才支持计划 2013~2014 年的阶段性研究成果、2010 年国家社科基金项目（项目编号：10BJL046）和福建省社科规划项目（项目编号：2010B046）的阶段性研究成果，福建省特色重点学科和福建省重点学科福建师范大学理论经济学 2013~2014 年的阶段性研究成果，福建省高等学校科技创新团队培育计划（闽教科〔2012〕03 号）、福建省社会科学研究基地——福建师范大学竞争力研究中心 2014 年重大研究成果和福建师范大学创新团队建设计划 2013~2014 年资助的研究成果。

　　进入 21 世纪后，不同国家和地区之间的竞争已不仅仅是以经济实力为主体的综合国力的较量，长期被忽视的环境问题被日益推上了国际和区域竞争的前台，不仅作为区域经济竞争的组成要素，更日益成为关键竞争要素，而且呈现愈加激烈之势。全球环境问题与国际政治、经济、文化、国家主权等非环境因素的关系越来越紧密，其背后反映的是各国各地区在全球化趋势下对环境要素和自然资源利用的再分配，是利益的争夺，国际竞争已经突破经济竞争的界限，环境问题已成为国际竞争的一个新兴领域。我国是一个发展中国家，又是一个处于工业化中后期的大国，在环境方面采取的手段和措施是全世界关注的焦点。增强环境竞争力才能更加彰显一个持续进步的中国，一个低碳的中国，一个和谐稳定的中国。

　　在当代中国经济发展进程中，省域经济是中国经济的一个重要组成部分，是全国经济承上启下的一个中观层次，也是中国社会主义市场经济的特色之一。改革开放以来，中国经济持续高速发展，区域经济特别是省域经济的发展壮大，是重要推动力之一。省域经济的地位日益凸显出来，愈来愈引起区域经济发展战略决策者和经济理论界的高度关注。面对日趋激烈的省域经济竞争，加强省域环境竞争力的研究，是我们国家当前和今后很长一段时间内需要关注的重大课题。在后危机时代，只有不断增强和提升省域环境竞争力，才能有效地利用经济全球化的机遇，应对经济全球化带来的挑战，并在经济全球化中分享更多更大的利益，从而促进全国经济持续、健康与全面发展。

　　为了深化中国省域环境竞争力的研究，结合全球气候变化、节能减排等环境问题的新形势和新要求，从 2009 年起，在中国环境保护部环境规划院、国务院发展研究中心管理世界杂志社、社会科学文献出版社领导的指导和支持下，全国经济综合竞争力研究中心福建师范大学分中心具体承担了环境竞争力绿皮书的攻关研究，从竞争力的视角，赋予环境经济新的内涵，并从理论、方法和实证三个维度来探讨中国省域环境竞争力的发展问题，至今已分别发布了《中国省域环境竞争力发展报告（2005～2009）》绿皮书、《中国省域环境竞争力发展报告（2009～2010）》绿皮书和《全球环境竞争力报告（2013）》绿皮书等系列研究成果，已在国内外产生了强烈的社会反响。2013 年是"十二五"中期评估之年，2014 年也是谋划制定"十三五"环境保护规划的关键之年。因此，本年度绿皮书我们就确定为对"十二五"中期我国各省级区域环境竞争力的评价与比较分析。在《"十二五"中期中国省域环境竞争力发展报告》绿皮书的研究过程中，福建师范大学原校长、全国经济综合竞争力研究中心福建师范大学分中心主任李建平教授亲自担任课题组组长和本书的主编之一，直接指导和参与了本书的研究和审订书稿工作；本书主编之一福建省新闻出版广电局党组书记李闽榕教授直接指导、参与了本书的研究和书稿审订工作；中国环境保护部环境规划院副院长兼总工程师王金南研究员对本书的研究工作给予了积极指导和大力支持，并担任本书的主编之一；国务院发展研究中心管理世界杂志社竞争力部主任苏宏文同志、福建师范大学经济学院原院长李建建教授为本项目研究积极创造条件；全国经济综合竞争力研究中心福建师范大学分中心常务副主任、福建师范大学经济学院副院长（主持工作）黄茂兴教授为本课题的研究从课题策划到最终完稿做了大量具体工作。

2013 年 11 月以来，课题组着手对这部最新的《"十二五"中期中国省域环境竞争力发展报告》绿皮书展开深入研究，并对环境竞争力的理论创新、指标评价体系等展开了深化研究，跟踪最新研究动态和测算指标数据，研究对象涉及中国内地 31 个省级区域。本书百余万字，数据采集、录入和分析工作庞杂而艰巨，采集、录入基础数据 1.1 万个，计算、整理和分析数据 5 万多个，共制作简图 242 幅、统计表格 494 个，竞争力地图 18 幅。这是一项复杂艰巨的工程，课题组的各位同志为完成这项工程付出了艰辛的劳动，在此谨向参与本项目研究并付出辛劳的李军军博士（承担本书第二部分第 2～3 章和第三部分"专题报告二"，共计 8.1 万字）、林寿富博士（承担本书第二部分第 6～8 章和第三部分"专题报告一"，共计 11.1 万字）、叶琪博士（承担本书第二部分第 10～11 章，共计 5.5 万字）、王珍珍博士（承担本书第二部分第 12～13 章，共计 5.5 万字）、陈洪昭博士（承担本书第二部分第 14～15 章和第三部分"专题报告五"，共计 8.5 万字）、陈伟雄博士（承担本书第二部分第 16～17 章和第三部分"专题报告三"，共计 7.9 万字）、周利梅博士（承担本书第二部分第 4～5 章和第 18～19 章，共计 10.9 万字）、易小丽博士（承担本书第二部分第 20～21 章和第三部分"专题报告四"，共计 7.6 万字）、张宝英博士（承担本书第二部分第 22～23 章，共计 5.5 万字）、杨雪星博士（承担本书第二部分第 24 章，共计 2.7 万字）、郑蔚博士以及研究生陈贤龙、郭少康、叶婉君、张璇、邱雪萍、李师源、兰筱琳、陈志龙、贾学凯、季鹏、邹尔明、肖蕾等同志表示深深的谢意。他们放弃节假日休息时间，每天坚持工作十多个小时，为本研究的数据采集、测算等做了许多细致的工作。

本书还直接或间接引用、参考了其他研究者的相关研究文献，对这些文献的作者表示诚挚的感谢。

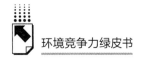

社会科学文献出版社的谢寿光社长，社会政法分社社长王绯以及责任编辑曹长香，为本书的出版，提出了很好的修改意见，付出了辛苦的劳动，在此一并向他们表示由衷的谢意。

由于时间仓促，本书难免存在疏漏和不足，敬请读者批评指正。

作　者

2014 年 7 月

# 中国皮书网

## www.pishu.cn

发布皮书研创资讯，传播皮书精彩内容
引领皮书出版潮流，打造皮书服务平台

## 栏目设置：

☐ 资讯：皮书动态、皮书观点、皮书数据、皮书报道、皮书新书发布会、电子期刊

☐ 标准：皮书评价、皮书研究、皮书规范、皮书专家、编撰团队

☐ 服务：最新皮书、皮书书目、重点推荐、在线购书

☐ 链接：皮书数据库、皮书博客、皮书微博、出版社首页、在线书城

☐ 搜索：资讯、图书、研究动态

☐ 互动：皮书论坛

中国皮书网依托皮书系列"权威、前沿、原创"的优质内容资源，通过文字、图片、音频、视频等多种元素，在皮书研创者、使用者之间搭建了一个成果展示、资源共享的互动平台。

自2005年12月正式上线以来，中国皮书网的IP访问量、PV浏览量与日俱增，受到海内外研究者、公务人员、商务人士以及专业读者的广泛关注。

2008年、2011年中国皮书网均在全国新闻出版业网站荣誉评选中获得"最具商业价值网站"称号。

2012年，中国皮书网在全国新闻出版业网站系列荣誉评选中获得"出版业网站百强"称号。

权威报告　热点资讯　海量资源

## 当代中国与世界发展的高端智库平台

皮书数据库　www.pishu.com.cn

　　皮书数据库是专业的人文社会科学综合学术资源总库，以大型连续性图书——皮书系列为基础，整合国内外相关资讯构建而成。该数据库包含七大子库，涵盖两百多个主题，囊括了近十几年间中国与世界经济社会发展报告，覆盖经济、社会、政治、文化、教育、国际问题等多个领域。

　　皮书数据库以篇章为基本单位，方便用户对皮书内容的阅读需求。用户可进行全文检索，也可对文献题目、内容提要、作者名称、作者单位、关键字等基本信息进行检索，还可对检索到的篇章再作二次筛选，进行在线阅读或下载阅读。智能多维度导航，可使用户根据自己熟知的分类标准进行分类导航筛选，使查找和检索更高效、便捷。

　　权威的研究报告、独特的调研数据、前沿的热点资讯，皮书数据库已发展成为国内最具影响力的关于中国与世界现实问题研究的成果库和资讯库。

# 皮书俱乐部会员服务指南

### 1. 谁能成为皮书俱乐部成员？

- 皮书作者自动成为俱乐部会员
- 购买了皮书产品（纸质皮书、电子书）的个人用户

### 2. 会员可以享受的增值服务

- 加入皮书俱乐部，免费获赠该纸质图书的电子书
- 免费获赠皮书数据库100元充值卡
- 免费定期获赠皮书电子期刊
- 优先参与各类皮书学术活动
- 优先享受皮书产品的最新优惠

社会科学文献出版社 皮书系列
SOCIAL SCIENCES ACADEMIC PRESS (CHINA)
卡号：248935473377
密码：

### 3. 如何享受增值服务？

**（1）加入皮书俱乐部，获赠该书的电子书**

　　第1步 登录我社官网（www.ssap.com.cn），注册账号；

　　第2步 登录并进入"会员中心"—"皮书俱乐部"，提交加入皮书俱乐部申请；

　　第3步 审核通过后，自动进入俱乐部服务环节，填写相关购书信息即可自动兑换相应电子书。

**（2）免费获赠皮书数据库100元充值卡**

　　100元充值卡只能在皮书数据库中充值和使用

　　第1步 刮开附赠充值的涂层（左下）；

　　第2步 登录皮书数据库网站（www.pishu.com.cn），注册账号；

　　第3步 登录并进入"会员中心"—"在线充值"—"充值卡充值"，充值成功后即可使用。

### 4. 声明

　　解释权归社会科学文献出版社所有

皮书俱乐部会员可享受社会科学文献出版社其他相关免费增值服务，有任何疑问，均可与我们联系
联系电话：010-59367227　企业QQ：800045692　邮箱：pishuclub@ssap.cn
欢迎登录社会科学文献出版社官网（www.ssap.com.cn）和中国皮书网（www.pishu.cn）了解更多信息

社会科学文献出版社

**皮书系列**

　　"皮书"起源于十七、十八世纪的英国，主要指官方或社会组织正式发表的重要文件或报告，多以"白皮书"命名。在中国，"皮书"这一概念被社会广泛接受，并被成功运作、发展成为一种全新的出版形态，则源于中国社会科学院社会科学文献出版社。

　　皮书是对中国与世界发展状况和热点问题进行年度监测，以专业的角度、专家的视野和实证研究方法，针对某一领域或区域现状与发展态势展开分析和预测，具备权威性、前沿性、原创性、实证性、时效性等特点的连续性公开出版物，由一系列权威研究报告组成。皮书系列是社会科学文献出版社编辑出版的蓝皮书、绿皮书、黄皮书等的统称。

　　皮书系列的作者以中国社会科学院、著名高校、地方社会科学院的研究人员为主，多为国内一流研究机构的权威专家学者，他们的看法和观点代表了学界对中国与世界的现实和未来最高水平的解读与分析。

　　自20世纪90年代末推出以《经济蓝皮书》为开端的皮书系列以来，社会科学文献出版社至今已累计出版皮书千余部，内容涵盖经济、社会、政法、文化传媒、行业、地方发展、国际形势等领域。皮书系列已成为社会科学文献出版社的著名图书品牌和中国社会科学院的知名学术品牌。

　　皮书系列在数字出版和国际出版方面成就斐然。皮书数据库被评为"2008~2009年度数字出版知名品牌"；《经济蓝皮书》《社会蓝皮书》等十几种皮书每年还由国外知名学术出版机构出版英文版、俄文版、韩文版和日文版，面向全球发行。

　　2011年，皮书系列正式列入"十二五"国家重点出版规划项目；2012年，部分重点皮书列入中国社会科学院承担的国家哲学社会科学创新工程项目；2014年，35种院外皮书使用"中国社会科学院创新工程学术出版项目"标识。

# 法 律 声 明